JN438936

The American Institute of Architects

건축설계실무 핸드북

이상준 김정곤 김형우 신춘규
심재현 여영호 이상진 정재욱 공역

Joseph A. Demkin, AIA, Executive Editor

STUDENT EDITION 13판

The Architect's Handbook of Professional Practice (Student Edition)

Thirteenth Edition

Published by John Wiley & Sons, Inc.

The Architect's Handbook of Professional Practice
/ Joseph A. Demkin, Executive Editor. - Student ed., 13th ed.
ISBN 0-417-176-72-9

Korean ISBN 89-90999-33-2 93540

Printed in Korea

역자 서문

건축교육에 있어 '건축실무'는 핵심교과목 중의 하나이다. 그럼에도 우리나라에서는 여지껏 이를 다룬 변변한 교재가 전무하였다고 해도 과언이 아니다. 한편, 최근 글로벌시대에 즈음하여 국내 건축교육편제도 바뀌고 있어, 전문 건축인 교육을 위한 '건축실무' 교재마련이 시급한 실정이다.

이에, 인식을 같이하는 국내 저명 건축설계교수 및 건축가 몇 분과 미국건축가협회에서 발간하고 미국 대다수 대학에서 교재로 쓰고 있는 '건축실무핸드북—제13판(학생용, 2002년)'을 공동으로 번역하게 되었다. 600여 쪽 분량의 원서를 적절히 나누어 번역하였는데, 일단 원문 그대로 직역하는 데 충실하였고, 그 중 국내 제도나 관습에 맞지 않는 부분도 제외시키지 않되, 경우에 따라 역자의 경험과 경륜을 바탕으로 하여 의역(意譯)함으로써, 독자들의 이해를 돕고자 하였다. 각종 용어들의 통일된 번역을 위해, 수차례 함께 모여 숙의(熟議)를 거쳤고, 인명, 지명, 협회, 기관 등 고유명사는 원문 그대로 옮겼으며, 곳곳에 미흡하다고 여겨지는 부분에는 원문을 곁들이거나 주(註)를 달아 번역에 충실을 기했다.

그러나 1918년 첫 출간 이래 지속적으로 수정과 증보(增補)를 거듭해 온 '미국건축실무핸드북' 내용을 이 한 권의 역서(譯書)로 전달하기에는 무리가 있을 것이다. 따라서 이를 계기로 국내 실정에 맞는 내용 조정을 포함하여 많은 후속작업이 뒤따라야 할 것이지만, 이 책의 폭넓은 내용과 경륜은 설계교수 및 학생들은 물론, 실무건축가, 관련 공무원, 개발회사, 건설회사 등 건축공사 관련자 모두에게 필수참고자료가 되리라 믿는다. 그러나 본 역서가 초판인 만큼 오류나 미숙한 번역도 적지 않을 것이니 동료교수, 실무건축가들을 비롯한 여러 독자들의 아낌없는 질정(叱正)과 지도편달을 기대한다.

끝으로, 이 책을 출판하는 데 수고를 아끼지 않은 도서출판 대가의 김호석 사장과 직원 여러분, 그리고, 추천사를 써주신 미국건축가협회 Ms. Kate Schwennsen, FAIA 회장과 우리나라 건축단체연합(FIKA) 윤석우 회장께 감사드린다.

대표 역자 이 상 준

이 책에서 사용된 'Architect'는 법적으로 실무를 하게끔 국가 면허 시험을 합격하고 적법하게 건축사 사무소 등록을 마친 전문가를 일컬으며, 우리나라에서는 '건축사'로 불린다. 참고로 국내에서 건축가는 건축 분야에 종사하며 건축설계에 어떠한 모습으로도 관여하는 설계 전문가를 일컬으며 건축사는 건축가로서 국가에서 시행하는 건축사 시험에 합격한 자를 칭한다.

[번역 집필자 명단]

- 이상준 : 서론, 목차, 머리말, index (총괄)
- 정재욱 : 1, 2, 3, 4, 15, 16, 18장
- 이상진 : 5, 6장
- 심재현 : 7, 8장
- 김형우 : 9, 10장
- 김정곤 : 11, 12장
- 여영호 : 13, 14장
- 신춘규 : 17장, Appendix

[전체 교정 및 검토]

- 홍광근

추천사

21세기를 맞이하여 우리나라의 건축계는 매우 중대한 시점에 와 있다고 해도 과언이 아닐 것입니다. 외적으로는 WTO 협정체제에 따른 건축설계전문업 시장의 개방과 내적으로는 국민소득 2만불 시대의 도래를 눈앞에 두고 있는 실정입니다. 또한 국제사회는 무한경쟁의 시대로 변모하고 있으며, IT 산업의 발전으로 세계화의 흐름은 더욱 빨라지고 있습니다.

이러한 변혁의 시대에 걸맞게 우리나라의 건축교육제도 역시 개편되어 2002년부터는 많은 대학에서 UIA(국제건축가연맹) 기준에 적합한 건축학 교육과정이 출발하였습니다. 저희 FIKA(한국건축단체연합)이 주도하여 설립된 KAAB(한국건축학교육인증원)에서는 이미 2006년도에 시범인증을 계획하고 있으며, 건축사 자격의 국제적 상호교류 준비를 가하고 있는 실정입니다.

이 시점에 AIA(미국건축가협회)에서 출간된 「건축설계실무 교육을 위한 건축가핸드북」(the Architect' s Handbook of Professional Practice)이 번역되어 건축학 교육과정에 활용될 수 있다는 소식은 매우 환영할 만하며, 시기적으로도 적절하다고 사료됩니다. 2005년도에 작성된 한국건축학교육인증원의 인증규준에는 「건축설계실무」의 교육이 명시되어 있으며, 건축설계업무를 수행함에 있어 필요한 관리 및 행정적 지식과 더불어 건축 사무소의 경영에 관련된 사업적 지식을 교육함으로써 건축사가 지녀야 할 전문가적 소양을 강조하고 있습니다. 이 교육을 위해 금번 이 번역도서는 크게 도움이 될 것으로 확신하며, 이를 근간으로 추후 한국 실정에 맞는 건축설계실무 교육을 위한 연구논문 및 도서의 출간이 뒤따를 것을 기대하는 바입니다.

2006. 1.

FIKA(한국건축단체연합) 대표 회장,
HAIA(미국건축가협회 명예회원)

윤 석 우

THE AMERICAN INSTITUTE OF ARCHITECTS

February 21, 2006

Sang Jun Lee, AIA, Professor
Yonsei University
Dept. of Architecture
Seoul 120-749, KOREA

Dear Mr. Lee:

I wish to extend my congratulations to you for the successful translation of the "Architect's Handbook of Professional Practice". As an architect and a teacher of professional practice to future architects, I personally know what a valuable resource this document is for this and future generations of architects.

I am confident that this translated version will serve you and your fellow Korean architects as well as the untranslated version has served our English-speaking colleagues.

Sincerely,

Kate Schwennsen, FAIA
2006 President

1735 New York Avenue, NW
Washington, DC 20006-5292
Information Central: 800-242-3837

차례

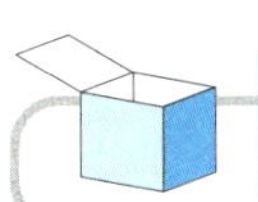

part 1 클라이언트

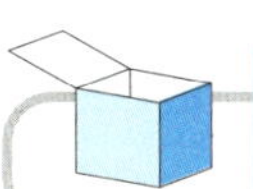

part 2 비즈니스

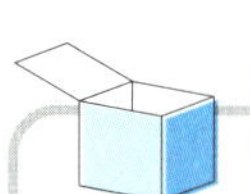

part 3 프로젝트 수행

제9장 프로젝트 수행 방법과 보수

제10장 계약서

제11장 위기 관리

제12장 기술과 정보시스템

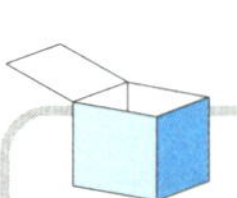

part 4 서비스

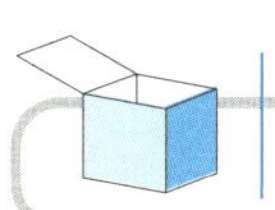

part 5 부록

AIA는 80년 이상 건축 실무자를 위한 포괄적 실무 편람을 제공하기 위해 실무 핸드북을 출간해 왔다. 이번 13번째 개정판에서는 그 내용을 더욱 강화했다.

핸드북에 대한 재정의

12번째 핸드북 개정판은 1994년에 출간되었다. 그 이후로 건축 실무자들은 새로운 도전에 직면해왔다. 이러한 기회이자 도전들은 급속도로 발전하는 기술과 폭발적인 정보량의 증가, 더 큰 이익을 추구하는 수준 높은 건축주의 증가, 확대되는 국제 경제, 전문 분야의 내 · 외에서의 강도 높은 경쟁과 긴밀히 연결되어 있다.

1990년대 후반에 AIA의 "전문 직종에 대한 재정의"에서 지식 기반 경제의 도전과 요구를 만족시키기 위해서 건축분야에 대한 태도 변화가 요구된다고 강조했다. 이러한 변화는 제조업 기반 산업에서 지식 주도형 산업의 변화까지 포함하는 것이다. 이러한 맥락 속에서 이번 13판에서는

- 건축주(client)를 어떻게 끌어들이고 그들의 가치관을 이해하며, 건축가와 건축주의 관계를 강화할 수 있는 방법 등을 알아본다.
- 건축 직종의 유지와 운용에 필수적인 사업성에 대해 중점적으로 다룬다.
- 전문 서비스에 대한 정의와 책임 및 수행 절차를 보여준다.
- 물리적 공간의 창조와 디자인을 넘어서서 건축이 다룰 수 있는 넓은 영역이 있음을 알린다.

13번째 개정판의 특징

13판은 형식, 구성, 내용 면에서 12판과 큰 차이가 있다. 12판은 네 권의 분책형식이었지만 13판은 한 권의 양장본(AIA의 문서견본이 담긴 CD ROM을 포함)으로 바뀌었다.

또한 절반 이상이 새로운 내용으로 구성되어 있다. 현실적인 주제에 초점을 맞추고 있기 때문에 전문 직종의 생활이나 인턴 개발 등의 주제는 학생 편에서 적절히 다루어질 수 있도록 남겨두었다.

13판의 구성과 내용

핸드북은 4부로 구성된다. 건축주(client), 사업(business), 수행(delivery), 서비스(service)의 각 부마다 설계회사의 운영, 기획, 마케팅 등을 다루는 장들로 구성되어있다. 각 장은 주제의 구체적인 면을 다루는 둘 이상의 내용을 포함한다. 예컨대 '건축주에 대한 이해' 장에서는 건축주의 본성과 건축주가 추구하는 가치에 대한 이해를 다룬다. '위기 관리' 장에서는 위기 관리 전략, 보험 적용범위, 분쟁 방지/관리 등의 주제를 다룬다.

어떤 주제는 주제에서 다루어진 부분이나 어떤 면에서 상세히 설명하는 참고자료가 포함되어 있다. 예를 들어 '재정 운영' 장의 재정 시스템이라는 주제에는 전산화된 재정 시스템에 관한 참고자료가 포함되고, 프로젝트 팀 협약이라는 주제에는 조인트 벤처 합의에 관한 참고자료가 포함된다.

또한 디자인 및 건설산업과 관련된 기관을 비롯하여 건축 실무 용어 정의 그리고 AIA 계약서류 등의 유용한 정보를 부록으로 수록하였다. 각 섹션의 내용은 12판에 비하여 추가되었다. 13판에 포함된 CD에는 AIA 계약서류 견본이 PDF 파일로 들어있다. 독자는 참고의 목적으로 서류 사본을 출력할 수 있다.

핸드북의 사용

핸드북을 읽을 때 어디에서 시작을 해도 상관없도록 구성되어 있다. 단, 1부의 클라이언트에 관한 것은 예외이다. 이 주제는 주제 간의 상호관계 때문에 가장 먼저 읽어야 한다. 각 장에 있는 주석은 독자들로 하여금 내용에 대한 이해를 돕고 주제에 대한 추가 정보를 제공한다. 예를 들어 주석은

- 독자들에게 핸드북과 관련된 주제나 배경 지식을 제공하고,
- 관련된 AIA의 프로그램이나 서비스 및 공식 문서들에 대한 정보를 제공하며,
- 2000년 AIA 설계회사 대상 설문조사의 결과를 보여준다. 또한
- 짧은 논평을 실었고,
- 선택된 인용문을 통하여 다른 사람들은 주제의 특정부분에 관해서 어떤 관점을 가지고 있는지를 보여준다.

몇몇 장의 끝부분에 있는 추가적인 정보는 주제에서 언급된 문제들에 대한 다른 정보, 서적, 기관을 밝힌다.

핸드북의 대상독자

이번 개정판은 적어도 5년에서 10년의 실무 경험을 가진 건축사 면허를 보유한 건축가를 대상을 하였다. 그러나 면허를 보유하지 않은 건축직 종사자-학생, 건축관련 컨설턴트들에게도 이 핸드북이 유용할 것이다. 다음의 사람들에게 이 핸드북은 매우 유용할 것이다.

- 새로운 시장을 찾거나 새 사무소의 역량기술이 필요하거나, 전략적 경영계획을 개발하거나 건축주와 컨설턴트와 협상하거나, 이에 대비해야 하는 건축사무소 소장
- 건축주와 컨설턴트가 제시한 위기 관리, 프로젝트 관리, 규제 등에 관해 논의할 필요가 있는 건축사무소
- 자신의 사무소가 경영근거와 운영기술을 요구하도록 인도되는 시스템을 갖추기를 원하는 건축가
- 건축 서비스에 종사하는 법인과 직원, 설립자, 공공기관
- 실무의 전반적이고 상세한 부분을 살펴보고자 하는 건축과 학생
- 건축가, 시공자, 건축주를 위해 일하기 때문에 건축 실무 정보가 필요한 변호사
- 건축 서비스를 이용하거나 이용할 예정인 건축주 및 그 대리인

핸드북은 어떻게 만들어졌는가

AIA 핸드북 편집 위원회(이하 편집 위원회)는 핸드북 편집 전반을 관장했다. 초기 기획 단계에서 편집위원회의 회원들은 핸드북의 포괄적인 뼈대와 내용개발 일정을 정하기 위하여 실 편집자들과 긴밀히 작업했다. 편집 계획을 작성한 후, AIA 회원과 비회원으로 이루어진 기고자들은 어떤 새로운 주제를 추가할 것인가 의견을 모았다.

개개의 잘 알려진 관습적인 주제들의 초안도 빈번한 검토를 필요로 했다. 건설적인 조언 및 제안이 최종원고에 반영되기 위하여 저자들에게 전해졌다. 이러한 과정이 편집자들의 이견과 시시각각 변하는 관점을 푸는 데 도움이 되었다.

저서에 참여한 사람들

AIA는 핸드북이 현실화되기까지 도움을 주신 모든 분들에게 깊은 감사를 드린다. 따로 또 같이 핸드북 편집 위원회는 편집계획과정에서 중요한 규칙을 수행했다. 조정위원장 Robin Ellerhorpe(FAIA)의 비전과 지도력 그리고 중요한 방향을 잡아준 AIA회장 Gordon Chong(FAIA)은 “재정의(再定義)되어야 할 주제들”을 찾아줌으로써 핸드북 집필에 큰 도움을 주었다. 12판 편집에 참여했던 David L. Hoffman(FAIA)는 계획 과정의 가치 있는 지식을 전수해 주었다. C. Richard Meyers(FAIA)와 Morris

Hancock(AIA)은 크고 작은 사무소에서 일하는 실무자로서의 의견을 제시, 현장성을 유지하는 데 도움을 주었다. AIA 문서협의회 교섭단체의 Allan Scalster(FAIA)는 문서화 진행 방향을 설정하는 데 도움을 주었으며, David Perdue 변호사(Hon. AIA)는 법적인 관점에서 법과 도덕적인 문제에 관하여 조언을 주었다.

또한 편집 위원회 토의에 참여해 주신 모든 AIA 회원에게 감사를 드린다. Ricard Hobbs(FAIA)는 최첨단 현실과 방법론에 관한 풍부한 생각과 정보를 제공해 주었으며, John R. Hoke, Jr.(FAIA)는 많은 편집과 제작에 도움을 주었다.

1부의 고객 문제 준비에 관하여 자신의 가능한 노력을 다해준 Kevin W. C. Green에게는 특별한 공로에 감사를 표한다. 이 주제의 모음은 핸드북의 실제적인 정보와 지식을 가지는 데 보탬이 되었다.

Victor O. Schinnnerer Company의 변호사 Frank D. Musica(Assoc. AIA)에게 감사를 전한다. 그의 관점은 보험 개발과 위기 관리에 관하여 매우 값진 도움이 되었다.

AIA는 여러 사업과 주제 제공과 핸드북의 여러 부분에서 수정을 한 Elena Marcheso Moreno에게 감사를 표한다. 컨설턴트 편집을 한 Karen Hass-Martin는 서비스 주제의 조율과 편집으로 많은 도움으로 주었다. 편집부의 Pamela James Blumgart는 내용 편집과 여러 관련된 잡일로 헤아릴 수 없는 도움을 주었다.

AIA 본부 직원 중에, 많은 도움을 준 협회의 법률자문인 Jay Stephens 변호사는 법적관점에서 핸드북을 검토해주었다. 현 AIA 회원이거나 전 AIA 회원인 Stan Bowman, David C. Bullen(AIA), Pradeep Dalal, Laura Eide, Dale Ellickson, Esq.(FAIA), Douglas H. Gordon(Hon. AIA), Christopher Gribbs(Assoc. AIA), Ricard Hayes(Ph.D, AIA), Joseph Jones 변호사.(AIA), C. D. Pangallo(Ed. D), Janet Rumbarger, Michael Tardif(Assoc. AIA), Gina Yegerlehner에게 감사를 표한다. 그들이 제공 및 안내한 검증된 정보와 검토된 선별 소재 및 기고한 발전적인 주제는 큰 도움을 주었다.

핸드북 편집은 많은 연구 요청을 흔쾌히 들어준 Maureen Booth, Art Levine과 AIA Knowledge Center 회원으로 구성되었다. 편집을 도와준 Michell Evans와 Cheryl Burlingame 또한 감사드린다.

끝으로, John Wiley & Co 직원들의 덕택으로 핸드북이 최종 형태로 만들어졌다. Wiley와 AIA 사이의 출판 진행에 수많은 변경사항을 조정해준 Amanda Miller에게 특별한 감사를 드린다. 그리고 디자인과 출판과정을 관리한 Maury Botton에게도 매우 감사를 표한다.

13번째 판 핸드북은 포괄적이고 심층적인 관점에서 다양한 구성요소를 통하여 오늘날의 건축 현실을 반영하도록 노력했다.

JOSEPH A. DEMKIN, AIA
The Americn Institue of Architects
Washington, D.C.

전문직으로서의 건축

Dana Cuff, Ph.D[1)]

건축은 전문직(profession)이라고 불리는 직업(vocation)군에 속한다. 이 전문직은 특정한 가치를 공유하며 사회적으로 특별한 위치를 차지하는데, 이 전문가로서 건축가의 신분이 바로 건축가 일상생활의 근간을 이룬다.

전문직의 정의

전문가가 된다는 것은 오늘날 여러 가지를 의미한다. 사람들은 전문적인 운동선수나, 전문적인 학생 또는 전문적인 전기 기술자가 될 수도 있다. 각각의 직업은 이 용어－전문적－를 우리가 흔히 의사나 변호사, 건축가를 일컬을 때 사용하는 전문적이라는 것과는 상당히 다른 의미로 사용하고 있다.

일반적으로 전문가는 생계를 위하여 특정한 일을 하는 사람을 일컬으며 이는 보수 없이 일하는 아마츄어과 구분되는 특징이다. 아마츄어－amateur－라는 용어는 취미로 하는 사람이나 수련을 적게 받아 전문성이 떨어지는 사람이라는 뜻을 내포한다.

또한 우리는 전문직을 다른 직업과 구별한다. 전문성, 수련, 그리고 기술이라고 일컬어지는 직업을 다른 직업과는 다른 특별한 지식이 필요한 영역의 직업으로 구별해 주는 것이다. 많은 직업이 전문성과 수련, 그리고 기술을 필요로 하기는 하지만 전문직은 고등교육에 의한 특정 학문에 기반을 두고 있다. 다른 직업이 직업학교나 직장을 통해서 교육받는 것과는 달리 전문직의 교육은 고등 교육 기관을 통하여 이루어진다. 대학 기관은 미래의 전문가들이 그들 분야의 지식과 이론을 접할 수 있도록 하며 이는 후에 인턴십 등의 형태로 실질적인 기술의 습득을 통하여 보강된다.

1) Dana Cuff, Ph. D.,는 캘리포니아 대학에서 건축과 도시설계의 교수를 겸임하고 있다. 그녀는 심도 있는 연구를 수행해 왔으며 건축 프로젝트에 관한 다양한 주제에 관하여 Architecture: The Story of Practice라는 책을 포함한 여러 논문을 발표했다.

전문가에게는 높은 수준의 교육이 기대되는데 이는 그들의 판단이 공익(public good)에 도움이 되거나 혹은—안좋은 쪽으로 활성화되어—공익에 해를 끼칠 수 있기 때문이다. 따라서 전문직을 가지고자 하는 이들은 보통 사회의 전반적인 문제에 관심을 가진다.

전문가로서의 지위와 그들의 내적 특성들, 그리고 그들의 사회와의 관계는 항상 인지되지는 않지만 지속적인 것으로 변화한다. 최근에 전문가의 수는 서비스 경제인 후기산업사회의 성장과 더불어 급증하였다. 전문직 고용의 성장은 경제의 서비스 부문의 확장과 더불어 이루어졌으며 오늘날 약 70%의 노동력이 이에 해당한다고 추산된다. 서비스 경제, 즉 정보와 지식의 산업이 중심이 되었으며 이러한 상황에서 전문직이 다른 직종들보다 성장할 수 있었다.

전문직의 특징

전문가는 동적인 존재로 우리 사회와 경제, 그리고 일반적으로 우리 시대를 반영한다. 모든 전문직을 다 포함하는 포괄적인 정의나 혹은 특징의 리스트는 현재 존재하지 않는다. 그러나 사실, 전문직은 역사적으로 드러나는 공통적인 몇몇 특징을 가지고 있다.

길고 고된 교육

아마도 가장 자주 언급되는 전문직의 특징은 길고 때로는 고된 교육일 것이다. 전문가는 기술적 지식을 습득하여야 하며 또한 그 지식을 사용하여 전문적인 판단을 내리는 능력을 길러야 한다. 따라서 모든 전문가는 오랜 기간의 높은 수준의 교육에 의해서 만들어진다.

전문적인 교육 또한 사회화의 한 형태이다. 초심자의 통과의식처럼 건축, 의학 그리고 법학대학은 그들에게 전문가로서의 지식과 가치, 그리고 기술을 가르치는 곳이다. 학생들은 그들의 분야에 대한 헌신과 능력에 대한 테스트를 거친다. 건축 학교에서 프로젝트 마감을 위하여 모든 역량을 집중하는 작업—때때로 밤샘작업을 포함하는—charrette[2] 가 그 좋은 예이다. 이러한 경험들은 건축의 중요성에 대한 암묵적인 믿음을 주입시키는 역할을 한다. 선택적인 입학과 신중하게 구성된 커리큘럼, 그리고 엄격한 졸업 기준을 통해서 학교들은 전문가들을 양성한다. 바로 전문학교[3]들이 전문가 집단을 특징짓는 세계관을 발전시키는 데 있어서 핵심적인 역할을 한다.

2) 역주: 프랑스 파리의 Ecole des Beaux-Arts(19세기 초 창립)에서 가르쳤던 건축수업방식. ① Esquissecsketch, ② Parti, ③ Composition, ④ Charrette 4단계로서 마치 고대의 경주마차(Chariot)를 몰듯이 전적으로 집중해서 결승점(마감)까지 도달하는 과정.

3) 역주: 전문학교(Professsion School)는 공식인증을 받은 대학 또는 대학원을 일컫는 말로 우리나라의 전문대학 개념이 아니다.

전문성과 판단

전문직은 상품을 판매하는 것이 아니라 아이디어와 서비스를 판매한다. 전문가들은 더 나은 상품을 판매하는 것이 아니라 그들의 전문성을 판매한다. 그들은 문외한이 이해할 수 있는 범위를 벗어나는 지식을 가지고 있다. 전문직은 기술적인 지식과 그러한 지식을 적용하는 데 있어서 이성적인 판단의 균형을 가지고 있어야 하며 또한 예술성이라고 불리는 설명할 수 없는, 심지어 신비롭기까지 한 재능을 가지고 있어야 한다. 따라서 의사들의 경우 높은 수준의 과학적 지식이 필요한 동시에 진찰하는 능력이 필요하고 또한 예의는 물론이고 이 이상의 미덕을 필요로 한다.

전문성은 대학에서 배우는 논리적인 지식을 통해서 시작되지만, 경쟁력 있는 전문가란 지식을 적용하는 방법을 알고 있다는 것을 의미한다. 실무자 중에서 전문가와 경험자 모두 양질의 작업을 수행하는 데 기여한다. 기초적인 기술은 학교에서 배우지만 전문적인 수련의 많은 부분은 실습과목이나 인턴십을 통하여 얻는다. 사실 경험과 더불어 새로운 개념이나 기술을 적용하는 과정을 통하여 배움은 평생 계속된다.

등록

전문적인 판단은 공익에 영향을 미치기 때문에 전문가들은 보통 실무를 하기 위한 자격증을 취득해야 한다. 이는 공공의 건강과 안전, 그리고 복지를 보호하기 위한 조치이다. 전문직은 정보와 사람과의 관계에 있어서 세련될 필요가 있다. 전문가들은 자격증을 취득하기 위하여 교육과 경험에 있어서 일정 수준에 도달할 것이 요구되며 의무적으로 종합적인 시험에 통과하여야 한다.

상대적인 자율성

전문가들은 중요한 판단과 결정을 내리기 때문에 전문적인 작업은 다른 사업자에게 고용되는 것과는 달리 많은 자율성이 주어진다.

다른 특성

이러한 주요한 특성들과 더불어 몇몇의 다른 특성들이 있다.

- 전문가들은 복잡한 서비스를 수행하도록 수련되었기 때문에 대부분 비교적 높은 수입을 가지고 있으며 그들이 속한 사회에서 인정을 받는다.
- 전문가 집단은 그들의 경력(직업)이 자신의 주체성과 밀접하게 관련되어 있으며 따라서 직업을 바꾸는 일이 거의 없다.
- 동일 전문직에 종사하는 사람들의 대부분은 공통의 가치관을 지니는 경향이 있

다. 또한 그들은 외부인들이 이해하기 힘든 많은 대화를 하기도 한다.

- 전문가들은 평생교육의 중요성과 가치를 잘 알고 있다.
- 전문직 집단은 비교적 잘 조직화되어 있으며 그들 구성원의 현저한 비율이 국가의 전문가 집단에 속해 있다. 예) 미국의사협회, 미국변호사협회, 건축가협회

이러한 특징들은 계속 변화한다. 예를 들어서 어떤 전문직에 대한 명성은 그에 대한 소비자의 불만족에 의해서 손상될 수 있으며 또한 그 긍정적인 사회적 영향을 끼칠 수 있을 만큼의 현저한 학문적 발전은 연관된 전문직의 명성을 높일 수도 있다. 한때 선택적이었던 전문학위는 이제 필수적인 것이 되었다. 전문가 조직은 실무자들의 주의를 끄는 프로그램 등을 통하여 정기적으로 강화되었다. 이러한 변화들은 부분적으로 전문가 자신들의 참여-학교, 전문가 조직, 지역사회-에 달려있다.

전문직 중 건축분야

건축 실무에 영향을 끼치는 많은 경향들은 다른 전문직에서도 비슷하다. 예를 들어서 복잡성과 전문화에 의해서 발생하는 긴장관계는 소비자에게 영향을 미치며, 다양한 수요와 목적을 따르는 예들은 또한 의사나 변호사 같은 전문직종에서도 볼 수 있다.

이러한 공통적인 영향들에도 불구하고, 각각의 전문직은 각기 다양성과 특이성을 지니고 있다. 그 중 건축직을 살펴보면 다음과 같은 특징들을 관찰할 수 있다.

예술분야와의 관계

다른 전문직과 건축을 명확하게 구분짓는 가치는 바로 건축과 예술의 밀접한 관련성이다. 창조성은 모든 전문직에서 중요하지만 건축가에게 있어서 이는 가장 중요한 우선순위이다. 게다가 건축가들은 공간 안에 고정된 대중과 높은 관련성을 지니며 일반적으로 오래 지속되는 건물들을 만들어낸다.

디자인의 중요성

모든 전문직이 기술과 수준 높은 지식 사이의 균형에 기초하고 있지만 일반적으로 그 중 하나에 대한 비중이 다른 것에 비하게 크다. 건축은 예술성, 즉 상대적으로 설명하기 어려운 전문성, 즉 디자인을 실무자의 핵심적 가치로서 강조한다. 디자인은 어떻게 건물을 함께 배치하고 기능하게 할 것인지, 역사적인 건물 유형과 재료, 설비, 구조 등에 대한 이성적인 지식을 필요로 한다. 이외에도 훌륭한 건축가란 다른 전문가에 비해 무엇인가 미적 감각, 재능, 또는 창조적 능력 등으로 표현될 수 있는 무엇인가를 더 가지고 있을 것이라고 예상되는 전문가이다.

사회 구조에서의 위치

한 연구에 따르면, 다양한 측면의 여러 전문직과 비교하여 건축은 명성에 있어서는 높은 위치를 점하지만 교육, 수입, 전문가 집단에 속하는 비율에 있어서는 평균에 비해 중간 수준이다. 이는 사회 구조에서 건축이 숫자나 돈 또는 전문적인 통제 등의 수단을 통해서보다는 사회에 의해서 존경받고 있다는 것을 보여준다.

사회 구조에서 전문직의 위치는 변화해왔다. 역사적으로, 교회, 국가, 영향력 있는 개인이 건축 서비스의 후원자가 되어 왔다. 오늘날에는 기업들이 주요한 고객이 되었다. 커뮤니티 디자인이 건축의 한 분야로 떠올랐던 1960년대에는 건축가는 주거와 이웃과의 관계를 찾아주었는데, 이러한 활동은 커뮤니티의 성장, 도시 디자인과 관련되어 왔다.

건축 실무는 건축가가 더 많은 대중과 교류할 수 있는 새로운 방법들을 발전시켜 왔다. 최근의 한 연구는 건축이 작은 집단의 부유한 사람들보다는 거대하고 비교적 영향력 있는 중산층과 더욱 밀접하게 관련되어 있음을 논하고 있다. 같은 맥락에서 전문직의 구성 또한 변화하고 있는데 특히 더 많은 여성과 소수 인종이 건축가가 되고 있다.

경제 구조에서의 위치

건축 전문인의 복지는 건강한 건설산업과의 관계에 달려있다. 국내외의 건설 활동의 수준이 어떤, 그리고 어느 정도의 건축 서비스가 필요한지를 결정한다.

미국이 도시화되고 산업화되면서 건물 수요가 커졌으며 건축 전문직은 급속하게 성장했다. 그러나 더 최근에 건설산업은 국가 경제에서 그 비중이 줄어들고 있다. 상품 생산 경제에서 서비스 경제로의 변화와 더불어, 이제는 새로운 대형 빌딩에 대한 수요가 매우 적다.

동시에 건축 서비스에 대한 수요는 초기 디자인과 준공 후 관리 서비스까지도 포함하여 늘어났다. 이는 다른 전문직과 더불어 서비스 경제의 한 부분으로서 건축 전문직의 위치변화를 의미한다. 서비스를 위한 새로운 역할과 새로운 시장이 만들어진 것이다. 게다가 새로운 역할과 전문화는 더 많은 전문가들이 한때는 개인의 일이었던 것을 하고 있다는 것을 의미한다.

내부 사회구조

어떤 전문직에나 서로 보완하거나 경쟁하는 사회적인 구분이 있기 마련이다. 전문직에 관하여 연구하는 이들은 이러한 구분을 직원들(the rank and file), 관리자(the administrator), 지식 계급(the intelligentsia)이라고 부른다.

건축 전문직에서 직원은 제도사나 하급 디자이너 및 실시설계 직원 사람이다. 관리자는 사장과 고급 디자이너, 그리고 프로젝트 관리자이다. 지식 계급은 학자와 비평 실무가와 이론가, 그리고 자신의 작업이 다른 사람들에게 길을 제시해 주어 새로운 방향을 개척하는 사람들이 이에 해당된다.

각 그룹의 가치와 목적이 달라서 서로간에 갈등하는 경우가 있다. 직원들과 관리자는 실무를 진행하는 데 있어서 서로 매우 다른 가치관을 가지고 있다. 비록 대부분의 설계 사무소가 소규모이기는 하지만, 이러한 차이들은 건축 서비스의 대부분이 큰 회사들(대부분의 건축가들이 고객이 아닌 사장으로부터 봉급을 받는 회사)에 의해 좌지우지되는 현실에서 더욱 중요해졌다. 2000년도의 AIA의 회사에 관한 조사는 이를 확인해 준다. AIA 회원 소유의 회사 중 24%만이 열 명 이상의 직원을 고용하고 있는 반면, 이 회사들이 전체 AIA 회원 소유의 회사들 매출의 83%를 차지하고 있다.

초기에, 전문가 내부의 계층화의 심화는 관리체계를 필요로 하게 되었고 회사는 조직표와 인사 정책, 프로젝트 진행을 위한 매뉴얼을 만들었다. 많은 전문가들이 조직화되어가고 있는 것이다. 회사들의 규모가 커지면서 이러한 현상을 다양한 방식으로 다루기 시작했다. 예를 들어서 대규모 최고 변호사와 다른 변호사 간의 관계가 상당히 동등한 편인 대형 로펌과 조직화되어 대단히 수직적 관계를 보여주는 병원을 비교해 보라. 그러나 오늘날 설계 사무소는 규모에 상관없이 계층화와는 상당히 거리가 있는 듯하다.

전문직과 사회

전문가들은 대중이 접근할 수 없는 지식과 능력을 지니고 있다. 결과적으로 대중은 전문가 집단과 관계를 정립하는 데 있어서 그들의 실무 영역에 있어서는 독점권을 가지는 것을 인정한다. 따라서 사회도 전문가 집단에게는 일정한 권리와 특권을 준다.

- 상당한 수준의 존경과 명성
- 상당한 수준의 자율성과 권위
- 비교적 높은 수준의 보수
- 전문적인 행위의 정당성에 대한 이성적인 배려의 수준

이러한 권리와 특권에 대한 보답으로 사회는 전문직이 다음과 같은 의무를 수행할 것을 기대한다.

- 허가 및 실무에 대한 규준을 마련하고 유지하는 것.
- 공중의 위생과 안전, 복지를 보호하는 것
- 개인 고객을 위하여 일을 할 경우에도 공익을 고려하는 것
- 개인적인 이득보다는 공공복지를 우선적으로 존중하는 것

모든 전문직은 대중에 대한 각 분야의 의무를 충족시키고, 전문직을 수행하는 임무를 성취하기 위해서 서로 협력한다. 이러한 임무는 전문 지식을 개발하는 것과, 전문가 자격의 규제 실무를 위한 규준을 유지하는 것을 포함한다. 각각의 전문직은 교육의 기준을 마련하고 실무에 참여하는 전문가에게 자격증을 수여하며, 지속적인 교육을 돕고, 전문가의 도덕적 규준과 품행을 유지하기 위한 제도를 발전시켜 왔다. 대체적으로 이러한 메커니즘은 전문가들에 의해서 계획되고, 구성된다. 건축가는 어디에서 어떤 식으로 새로운 건축가들이 교육되어야 하는지에 관하여 많은 목소리를 내고 있다. 그들은 건축사등록원의 구성원으로서 자격증 시험을 만들고 점수를 매기며 법을 추천하고 등록의 행정적인 기준을 마련한다. 건축가는 AIA 등을 통해 행동윤리요강을 제정하고 준수한다. 필요시 제재를 가하는 공청회를 개최하고 AIA를 통해서 도덕적인 행동 지침을 제정하고 집행한다. 다른 모든 전문가들과 마찬가지로 건축가 또한 그들 자신의 전문가적 위상을 공고히 하기 위하여 상당한 장치를 갖추고 있다.

인턴발전프로그램
(Intern Development Program, IDP)

미국 건축사 등록원 평의회(NCARB)

건축 교육은 일반적으로 건축 학교에서 시작되지만 거기서 끝나지 않는다. 건축 회사에서의 수련, 지속교육, 그리고 전문적인 실무는 교육의 지평을 더욱 넓혀준다. 학교와 회사에서도 많은 지식과 기술을 습득할 기회가 있겠지만 결국 건축가의 능력을 최대로 발전시키는 것은 각자에게 달려 있다.

주(state) 등록조건은 건축사가 되기 위한 최소한의 기준이지만 IDP에는 가장 널리 인정받고 있는 필요조건들이 포함되어 있다. IDP를 통해 개개인은 실무에 있어서 필수적인 수련에 폭넓게 참여할 수 있다. (인턴이라 함은 등록원의 수련 조건을 만족시키는 개인을 일컫는다. 이는 인증받은 건축 프로그램 졸업생, 졸업 전에 필요한 과정을 마친 건축과 학생, 또는 등록원에 의해 검증된 자격을 갖춘 개인을 포함하고 있다.)

IDP는 넓은 영역에 걸친 꾸준한 과정을 제공함으로써 인턴에게 필요한 전문분야의 개발을 돕는다. IDP의 수련 조건은 건축 실무 영역에서 수련의 정도를 정해준다. IDP의 Mentorship System을 통하여 인턴들은 실무 건축사로부터 지도를 받는다. IDP 기록유지 시스템은 인턴십 활동을 잘 정리할 수 있도록 만들어져 있고 IDP 보충 교육 시스템은 더욱 다양한 수련 자료를 제공한다.

IDP는 각 수련분야마다 두 종류의 서로 다른 활동으로 구성되어 있다. 인식하고 이해하는 영역은 인턴들에게 기본적인 정보를 제공하며, 기술과 적용 영역은 인턴이 실제 임무를 다루어 봄으로써 그 임무를 성공적으로 마쳤을 때 전문가로서의 기본(핵심)능력을 갖추도록 한다.

학교에서 사무실로 자리를 옮긴 것만으로 이론이 현실로 바뀌는 것은 아니다. 그것은 오히려 이론이 현실화되는 기간이라고 보는 것이 바람직하다. 따라서 인턴 기간은 많은 점에서 건축가로서의 경력 중 가장 소중한 자기 개발 기간이라 할 수 있다. 그 기간 동안 정규 교육 내용이 건축적 실습(기초적 실습 영역과 실습 과정에서 찾은 전문영역의 종합적 경험)을 통하여 매일의 현실에 적용되고 전문적 판단력을 발전시킴으로써 정규 교육의 연장선상에 놓이는 동시에 경력에 대한 목표가 구체화된다.

IDP 참가자는 건축사 자격시험(The Architect Registration Examination) 준비와 등록은 물론이거니와 그 이상의 경력 계발 기회를 얻게 된다.

IDP: 개요

역사적으로 대부분의 인턴들은 mentorship(도제 시스템)을 통하여 교육받았다. 매일매일의 작업을 함께하는 관계이므로 숙련된 건축사가 초심자에게 그 기술과 지식을 전수하는 것이 용이하기 때문이다. 그러나 이러한 학습환경은 건축 분야가 더 복잡해짐에 따라서 점점 그 효용이 떨어지고 있다.

이러한 mentorship의 감소로 인턴들은 정규교육에서 건축 실무로의 구조적 전환에 어려움을 겪게 되었다. 이러한 mentorship의 결핍은 훌륭한 전문가로서 건축가가 되게 하는 데에 어려움을 야기하는데, IDP는 이러한 어려움을 없애기 위해서 만들어진 것이다.

IDP의 목적과 목표

IDP는 훌륭한 건축 서비스를 제공할 수 있는 유능한 건축가들을 만들어내기 위한, 전문적이며 포괄적인 프로그램이다. 건축사로서 꼭 필요한 비율에 대한 욕구 및 자율, 성실성, 판단력, 기술, 지식 습득을 권유하고 동시에 강제할 필요성에 의해서 만들어졌다. IDP는 5가지 목적을 가지고 있다.

- 인턴들이 꼭 알아야 하는 기술과 지식을 습득해야 하는 건축 실무 분야를 파악하게 한다.
- 건축 실무의 다양한 측면에 대한 추가 수련을 촉구한다.
- 교육 인턴십, 전문적인 논의 기회에 대한 최상의 정보와 충고를 제공한다.
- 인턴 활동에 대한 정기적인 평가와 서류를 통합된 시스템을 통하여 제공한다.
- 수련의 다양화를 위하여 접근하기 쉬운 교육적 기회들을 제공한다.

IDP 조직

IDP의 정책들은 IDP Coordinating Committe(IDP 조정위원회)에 의해서 세워진다. IDP 조정위원회는 AIA(The American Institute of Architects), AIAS(The American Institute of Architecture Students), ACSA(The Association Collegiate Schools of Architecture), NCARB(The National Council of Architectural Registration Boards)로 구성되어 있다. CACE(The Council of Architectural Component Executive)와 SDA(The Society of Design Administration)는 조정위원회와 긴밀한 협력을 취하고 있다.

- 전문가들의 집단으로서 AIA는 그 주와 지역사회의 IDP 감독과 Mentors를 파악하고 조직화하여 교육할 일차적인 책임이 있다. 또한 AIA는 부가적인 교육을 개발하고 이를 인턴에게 소개하여 참여토록 한다.
- AIAS는 인턴십과 건축사 자격증 취득에 대한 학생들의 궁금 점 및 고민에 관하여 IDP 조정위원회와 협조한다. AIAS는 Student Chapter의 조직과 발표를 통하여 학생들에게 IDP의 바뀐 점과 더불어 관련된 이슈들을 알린다.
- ACSA는 건축 대학들의 조직이다. IDP에서 ACSA의 역할은 이 프로그램을 교수에게 알리고 변경된 새로운 사항들을 지속적으로 전달하여 교육자들이 수업과 연계시킬 수 있도록 돕는 것이다.
- NCARB는 미 합중국의 모든 주(州) 등록원의 연합으로서 건축사 등록을 위한 국가의 표준을 설정한다.

  또한 NCARB는 모든 인턴과 건축가, 등록원에게 등록 및 건축사 자격증 유지에 관한 기준을 알리고 기록을 보유하며, 중심 clearinghouse이자 contact point의 역할을 한다. NCARB는 수련의 필요조건을 만들고 이를 해석하여 적용시키는 책임이 있다.
- CACE는 AIA 지회의 행정 책임자들의 모임으로서 IDP 활동을 지원한다.
- SDA는 회사와 조직에서 IDP 수련을 지원하는 설계 사무소 운영자들을 대표한다.
- 조정위원회는 프로그램 참가자들을 통하여 IDP의 상황을 체크한다. IDP는 주의 coordinator, 지역 coordinator, 교육 coordinator로 구성된다.
- 주 coordinator는 각 주의 AIA 지회 또는 주 건축사 등록원에서 지정한다.
- 주 coordinator는 IDP 진척상황을 관리하고, 프로그램의 이해를 돕기 위한 단체 설명회와 주 전체 통신망을 구축한다.
- 지방의 coordinator들은 지방의 AIA 지부를 통하여 주 coordinator를 돕는다.

교육 coordinator들은 건축 대학에서 지정하는 교수진이다. 이들은 학생들과 동료 교수들에게 인턴에 관한 정보를 제공한다. IDP http://www.ncarb.org/idp/resources.htm.을 통하여 볼 수 있다.

건축사 등록과 IDP

건축사의 등록을 포함한 건축 전문직의 관계법령은 등록, 공공의 건강, 안전 그리고 안녕을 위하여 각 주마다 제정하여 시행하고 있다. 건축사 등록이란 관할 주에서 건축 실무를 할 수 있는 면허를 취득하기 위한 행정적 절차이다.

모든 50개의 주, 수도인 Washington D.C., 괌, 마리아나 제도, 푸에르토 리코, Virgin Island 등 모두 각기 건축사 등록원이 설립되어 있으며 이 등록원들로 NCARB가 구성되어 있다. 각 등록원마다 등록 조건을 마련해 놓아 이들을 충족시키면 건축사 면허를 내어준다.

비록 주마다 등록 규정이 다르지만 모든 등록원이 적절한 교육 수료, 수련 완료 그리고 면허 시험 통과를 요구하고 있다. NCARB에서는 각 주 등록원의 등록 조건들을 취합한 문서를 출판하였는데 이것은 www.ncarb.org/stateboards/index.html에서 볼 수 있다. 각 등록원의 조건들에 관한 더 상세한 정보는 해당 주 등록원을 통하여 얻을 수 있다.

교육의 요구 사항(Education Requirement)

역사적으로, 건축사 면허를 취득하려는 이들은 규정된 기간동안 건축 사무소에서의 도제 수련을 거쳐 등록 시험에 응시하는 자격을 얻을 수 있었다. 이러한 과정 외에 대다수의 NCARB 회원들은 이제는 건축의 고등 교육을 필요 조건으로 내세우고 있다.

NCARB의 약 70%가 미 건축교육인증원(National Architectural Accediting Board)에 의해 인가된 프로그램으로부터의 교육을 받거나, 또는 캐나다 인증원의 인가를 받게 될 캐나다 교육과정을 이수하도록 규정하고 있다. NAAB와 CACB가 인증한 전문 학위에는 건축학사와 건축 석사가 포함되어 있다. 이 프로그램들은 5-8년간의 고등 교육 과정이다. NAAB와 CACB는 4년제 건축 교육 과정을 인증하지 않는다(예: 건축학의 B.A. 건축학의 B.S. 환경디자인의 학사 등). 대부분의 전문직의 학위 과정들은 건축학사와 건축 석사과정들이다. 몇몇 학교들은 건축 석사 프로그램을 학부과정에서 다른 전공을 이수한 이들을 위해 마련해 놓고 있다. NAAB의 리스트는 www.naab.org에서 찾을 수 있다.

NAAB 인증전문학위를 요구하는 일부 등록원에서는 이에 상응하는 교육 프로그램의 이수도 인정하고 있다(예: 외국의 학교로부터 수여된 건축 전문 학위; www.ncarb.org/forms/educsand.pdf 참조). 미국과 캐나다 외 지역의 대학을 이수한 경우, NCARB 교육의 요구사항을 만족시킨다는 ECE(Educational Credential Evaluators, Inc.)로부터의 EESA-NCARB Evaluation Report가 요구된다.

그러나 모든 등록원이 NAAB에서 공인된 프로그램에서의 전문학위(혹은 상응하는 교육수준)를 요구하지는 않는다. 어떤 등록원의 경우, 조금 낮은 교육수준 대신에 더욱 많은 양의 수련을 요구하는 경우도 있다. 특정 주(state)의 자세한 사항은 해당하는 주의 게시판에서 직접 조회할 수 있다.

수련 조건(Training Requirement)

모든 NCARB 등록원은 등록된 건축사의 직접적인 지도를 통해 교육받은 인턴십을 요구한다. 다수의 등록원은 다른 전문가들의 지도 아래 쌓은 수련경험도 인정한다(예: 전문 엔지니어, 인테리어 디자이너, 조경 건축가, 플래너, 일반 계약자). 구체적인 경험의 수준은 위원회의 해당 주 등록원의 수련 조건에 나와 있다.

모든 등록원은 최소한의 수련 기간을 요구한다. 인턴의 NAAB의 공인 프로그램(혹은 상응하는 교육수준)의 전문학위 수여를 조건으로 하는 대부분 등록원은 3년의 수련을 요구한다. 기타 위원회들은 교육의 형태나 범위에 따라 수련 기간을 2년에서 13년으로 다양하게 요구하고 있다. 특정 주의 요구조건을 알고 싶다면 직접 문의할 수 있다.

지정된 수련 기간은 처음 건축등록법이 제정될 때부터 정해졌다. 최근 들어 등록원은 건축 실무의 특정분야에서 수련을 요구하기 시작했다. 대부분의 등록원은 등록을 위한 수련 조건으로서 IDP를 기준으로 한 수련 조건을 채택해 왔다. 인턴들은 자신의 등록원 수련 조건과 IDP 수련 조건을 비교해 보아 어떤 차이가 있는지 주의해서 살펴야 한다. 차이가 있다면 우선 해당하는 주의 요구조건을 따라야 하지만, IDP의 요구조건을 충족시키면 향후 다른 주에서의 등록에서 용이해질 것이다.

시험 조건(Examination Requirement)

모든 NCARB 회원은 심사조건으로 NCARB 건축사 시험(Architect Registration Examination, ARE)을 통과할 것을 요구하고 있다. 이 시험은 연중 시행되며 다음 분야를 다룬다.

- 예비디자인
- 대지 계획
- 건축 계획
- 건설 기술
- 일반구조
- 횡력
- 설비, 전기 시스템
- 재료와 공법
- 건설 서류와 서비스

ARE의 내용은 건축 서비스를 위해 독립적인 실무를 위해 등록하게 될 건축가들에게 요구되는 지식과 기술들을 바탕으로 하고 있다. ARE는 공공의 안전과 복지를 위해 건축 서비스의 공급에 따른 지원자들의 능력을 평가한다. ARE에 관한 자세한 정보를 원한다면 웹(www.ncarb.org/forms/areguide.pdf)상에 있는 NCARB' s ARE Guidelines를 참조하면 된다.

다른 주에서 등록하기(Registraion in Other States)

건축직 본래의 이동성 때문에 등록원 사이의 취득 요건이 동일해야 한다는 점은 매우 중요하다. 건축가들은 자신이 살고 있는 주에서뿐만 아니라 다른 여러 주에서도 작업을 하기 때문이다.

일단 건축가가 처음 면허를 취득한 후, 다른 주에서도 그들의 교육, 수련, 심사조건에 따라 면허를 취득할 수 있다. 취득 요건을 통합함으로써 등록원들이 특별한 추가 심사 없이 다른 주의 면허증을 취득할 수 있도록 제도를 발전시켰다. 등록원은 NCARB 자격증을 가진 건축가를 공인함으로써 이러한 과정을 편리하게 하였다. 즉 대부분의 경우, NCARB 자격증을 지닌 건축가들은 추가의 교육과 수련 또는 시험 응시 없이 면허를 받을 자격을 가지는 것이다.

NCARB는 검증을 거친 건축가들에게 행정상의 절차를 거쳐 자격증을 수여한다. NCARB 자격증에는 주등록원에서 발행한 면허증 그리고 NCARB의 교육, 수련, 시험 기준을 충족했음을 의미한다. NCARB' s Handbook for Interns and Architects에서 이런 요구조건들을 설명하고 있고, 또 www.ncarb.org/forms/handbook.pdf에서도 찾아볼 수 있다.

몇몇 등록원에서는 NCARB의 교육, 수련, 시험조건을 그들의 등록조건으로 채택하고 있기 때문에 NCARB 자격증 취득은 종종 등록 자체로 혼동되곤 한다. 하지만 두 과정은 유사한 목적을 위함이기는 하나, 실무적 측면에서 분명 서로 차이가 있다.

NCARB 자격증은 건축사 면허증이 아니다. 앞에서도 설명했듯이 건축가는 실무를 위해 건축사 면허증을 취득해야 한다. 초기면허를 받은 후, NCARB 자격증 취득을 통하여 다른 주에서의 등록도 용이해질 뿐이다. 많은 등록원들은 타 지역 건축가 중 오직 NCARB 수료를 받은 사람들만을 건축사로서 인정해주기 때문이다. 이와 관련된 더 많은 정보는 www.ncarb.org/stateboads/index.html에서 찾아볼 수 있다.

HOW IDP WORKS

IDP는 인턴들의 건축 실무에 대한 이해를 높힌다. IDP 과정을 이해하기 위해서는 각각의 프로그램이 어떠한 목표를 가지고 있으며 또한 이러한 목표를 성취하기 위하여 어떤 식으로 설계되어 있는지 잘 알고 있어야 한다.

IDP 수련조건(Training Requirement)

IDP의 수련조건은 프로그램의 기본이다. 이러한 조건을 만족시키기 위해서 인턴들은 네 개 영역의 특정한 수련기간을 마쳐야 한다. 이때의 수련은 디자인 시공 서류, 건설 경영, 관리, 관련 활동들과 관련이 되어있다. 건축 실무의 전통적 영역을 넘어선 영역에서의 수련이 권장되지만 요구조건은 아니다. 각각의 IDP 수련 범주는 수련영역으로 세분화된다. IDP 수련조건을 만족시키기 위해 각각의 수련을 특정 기간 동안 거쳐야 한다. IDP에서 수련은 단위를 통해 측정된다. 하나의 수련 단위는 8시간의 수행시간으로 구성되어 있다. 각각의 IDP 수련 범주와 영역에서 요구되는 수련 단위는 http://www.ncarb.org/idp/idptraining.htm.를 통해서 알아 볼 수 있다.

수련 단위들은 두 가지 방식 중 하나를 통해 이루어지며 자격이 있는 전문가의 감독하의 수련을 통해 얻을 수 있다. 인턴들은 수련에 참여하여 특정한 직무를 수행하면서 경험을 쌓게 된다. 이것이 프로그램의 수련목표를 만족시키는 최상의 방법이기도 하다. 전문가들과 함께 업무를 수행하면서 그들을 관찰하는 과정을 통해서도 경험을 쌓을 수 있다.

http://www.ncarb.org/idp/idpdescrip.htm를 통해서 각각의 IDP 수련 영역에 대한 상세 설명과 추천받은 인턴 활동을 찾아 볼 수 있다.

IDP 수련조건을 만족하는 필요사항들은 http://www.ncarb.org/idp/ trainingsettings .htm을 참조한다.

IDP 수련조건과 본 서류상에 제시된 조건들이나 특정 등록 위원회에서 발행된 서류상의 조건들 사이에는 차이점이 있을 수 있다. 인턴들은 우선 자신이 해당하는 위원회의 요구조건을 만족시켜야 한다. 동시에 IDP 요구 조건을 만족시키는 것이 다른 주에서의 등록을 쉽게 하는 데 필요할 것이다.

IDP Mentorship System

건축가는 인턴들에게 일일 수련과 장기적 경력 계획과 관련하여 가능한 한 최상의 조언을 해줄 책임을 지니고 있다. IDP에는 supervisor와 mentor가 이러한 책임을 진다.

supervisor는 회사나 조직 내의 한 사람으로 인턴의 기본적인 일과와 그 일의 수준, 그리고 정기적으로 인턴의 수련활동을 문서화하는 작업을 한다. 인턴과 Supervisor는 일상적으로 접촉이 가능한 같은 사무실에서 함께 일해야 한다.

supervisor들은 보통 등록된 건축가이다. 그러나 몇몇의 경우 그 일을 한 경험이 있는 다른 이들이 supervisor가 되기도 한다(예: 엔지니어, 조경건축가, 인테리어 디자이너, 플래너, 또는 계약가 등). IDP 수련의 요구사항을 만족시키는 이러한 환경의 영향에 관해서는 http://www. ncarb.org/idp/trainingsettings/htm.에서 찾아볼 수 있다.

supervisor들은 다음과 같은 사항에 책임이 있다.

- 인턴이 각각의 IDP 분야에서 적절한 경험을 쌓을 수 있도록 합리적인 기회들을 마련해줄 것.
- 일의 진행과정을 살피기 위하여 규칙적으로 인턴과 미팅을 하고 인턴의 IDP 수련 보고서를 검증할 것.

• 인턴이 세미나에 참석하도록 유도하고 다른 부가적인 교육 효과를 얻을 수 있도록 도와줄 것.
• 필요하다면 인턴의 mentor와 협의할 것.

mentor는 등록된 건축가로서 보통 인턴이 있는 회사 외부의 사람이다. mentor는 수련과정을 리뷰하기 위해서 정기적으로 인턴을 만나며 경력을 쌓아나가는 인턴의 목표에 대하여 조언을 해준다. 여러 면에서 mentor는 나이가 있는 전문가라는 전통적인 모델이다. 인턴의 supervisor는 동시에 인턴의 mentor가 될 수도 있다. NCARB는 mentor들을 위한 참고서적으로 the IDP Mentor Guidelines를 출판했다. 이 책에 있는 지침들은 www ncarb.org/forms/mentor.pdf에서 찾아볼 수 있다.

mentor들은 다음과 같은 사항에 책임이 있다.

• 인턴과 규칙적으로 만나서 수련과정을 검토하고 인턴의 IDP 수련 보고서에 서명을 할 것.
• 추가의 수련과 필요한 부가적인 교육을 제안할 것.
• 인턴의 전문성을 키우기 위하여 필요한 가이드라인을 제시할 것.
• 필요하다면 인턴의 supervisor와 협의할 것.

supervisor와 mentor를 선택하는 것에 관한 것은 http://www.ncarb.org/idp/gettingstarted.htm에서 찾아볼 수 있다.

IDP Record-keeping System

인턴은 IDP에 참여하는 동안 부가적인 교육활동이나 수련에 대한 지속적인 기록을 남길 책임이 있다. 이 기록은 몇 가지 기능을 가지고 있다. 인턴의 입장에서는 수련이 필요한 분야가 어디이며 어떤 분야가 부족한지에 대하여 파악할 수 있고, supervisor의 입장에서는 자산이자 개인 관리의 수단이 된다. 등록원에게는 IDP 수련의 요구사항을 충족시켰다는 증거물이 된다.

인턴들은 그들 자신의 매일의 record-keeping을 사용하거나 혹은 NCARB 사이트 www.ncarb.org/id p/idpworkbook.html에서 다운로드되는 엑셀 시트를 이용할 수 있다. 많은 회사들이 IDP 수련 시스템에 응용 가능한 자체적인 시간관리 시스템을 가지고 있다.

NCARB는 국가적으로 널리 알려진 record-tracking 시스템을 보유하고 있는데 이 시스템은 NCARB Council Record를 만들어내는 기초가 되었다. 이것은 매우 자세하게 분류된 교육, 수련, 그리고 성격에 대한 기록이다. Washington D.C.에 위치한 NCARB 사무실에 보관되어 있는 the Council Record는 시험과 등록, NCARB 인증에 사용된다.

Week One: 3/26/00–4/1/00

DESIGN & CONSTRUCTION	Sun	Mon	Tues	Wed	Thurs	Fri	Sat	Total Hours for Week	Units for Week	Total Units in Workbook
Programming								0.00	0.00	0.00
Site and Environment Analysis								0.00	0.00	0.00
Schematic Design								0.00	0.00	0.00
Engineering Systems Coordination								0.00	0.00	0.00
Building Cost Analysis								0.00	0.00	0.00
Code Research								0.00	0.00	0.00
Design Development					3.00			3.00	0.38	0.38
Construction Documents								0.00	0.00	0.00
Specifications and Materials Research								0.00	0.00	0.00
Document Checking and Coordination								0.00	0.00	0.00
								3.00	**0.38**	**0.38**
CONSTRUCTION ADMINISTRATION										
Bidding and Contract Negotiation								0.00	0.00	0.00
Construction Phase –Office		4.00		3.00				7.00	0.88	0.88
Construction Phase –Observation								0.00	0.00	0.00
								7.00	**0.88**	**0.88**
MANAGEMENT										
Project Mamagement			3.00					3.00	0.38	0.38
Office Management								0.00	0.00	0.00
								3.00	**0.38**	**0.38**
RELATED ACTIVITIES										
Professional & Community Service								0.00	0.00	0.00
Landscape Arch.						4.00		4.00	0.50	0.50
Select								0.00	0.00	0.00
Select								0.00	0.00	0.00
Other/Please Specify								0.00	0.00	0.00
								4.00	**0.50**	**0.50**
Hours Logged Per Day	0.00	4.00	3.00	3.00	3.00	4.00	0.00	17.00	2.13	2.13

대부분의 등록원은 인턴의 시험이나 등록 자격을 알아보기 위하여 Council Record를 요구한다. 인턴들은 그들의 좋은 record-keeping을 위해서 해당 주 등록원과 지속적으로 접촉하여야 한다.

IDP 부가 교육

부가 교육은 두 가지의 주된 기능을 가진다.

(1) 수련을 통해서 요구되는 기술과 지식을 확장하는 것.

(2) 동시에 건축 실무에 영향을 끼치는 새로운 정보를 유지하는 것.

IDP 관련 질의 응답

IDP(Intern Development Program)가 뭐죠?

IDP는 숙련된 건축가들이 인턴십 기간동안 체계적 방법을 통해 자기계발을 할 수 있는 프로그램입니다. IDP는 (건축가가 되기 위한) 일련의 요구조건이 아니며, ARE(Architect Registration Examination)에 합격하기 위한 공부 프로그램 또한 아닙니다. 주된 목적은 http://www,ncarb.org/idp/overview.htm에 명시되어 있습니다.

IDP에 어떻게 참가하나요? 참가를 위한 비용은 어떻게 되죠?

다음 단계에 따라 IDP에 참가하실 수 있습니다.

- NCARB(The National Council of Architectural Registration Boards)의 웹사이트(http://www.ncarb.org/Forms/req_idp.html)에 방문하여 IDP Information Package를 신청하시길 바랍니다. 이 패키지에는 관할지역 등록 원서가 첨부되어 있습니다.
- IDP supervisor를 확인하시고, IDP mentor(mentor)를 선택하시길 바랍니다. http://www.ncarb.org/idp/getting started.htm을 통해 일반적 선택 기준을 참조하기 바랍니다.
- 개별적으로 기록보유체제를 발전시키십시오. 매일, 매주, 그리고 매달 있을 문서작성 수련 또는 NCARB의 IDP 기록에 필요할 것입니다. http://www.ncarb.org/idp/idpworkbook.html을 참조하시기 바랍니다.
- NCARB 협회에 문서상 기록수립을 위해 원서를 제출하시길 바랍니다.
- 본인의 관할지역 위원회의 학점(학습) 이수조건에 맞도록 이수한 기존의 모든 학습내용을 담은 증빙서류를 첨부하시길 바랍니다.

IDP 참여 비용은 어떤 프로그램을 이용하느냐에 따라 다릅니다. http://www.ncarb.org/idp/ councilrecord.htm를 통해 확인하시기 바랍니다.

IDP에 참여하기 위해서는 공인된 건축학 학위가 필요한지 궁금합니다.

아직 학위를 받지 않은 경우(the level of postsecondary education)에는 각기 수준에 따라 IDP 수련 학점을 이수할 것을 요구합니다. 대부분의 등록위원회는 NAAB가 공인한 전문교육기관의 처음 3년의 과정을 마쳤거나, 타 전공학위 취득자가 건축대학원 석사과정의 처음 1년 과정을 마친 경우에만, 수련 학점 이수를 위한 등록을 승인하고 있습니다. 보다 많은 정보를 얻기 바라신다면, http://www.ncarb.org/idp/idpentrypoints.htm으로 들어오셔서 the IDP Entry Points를 참조하시길 바랍니다.

IDP에 참여함으로써 저의 학자금 대출 상환기일을 연장할 수 있나요?

특정규범을 따른다면, 대부분의 대출 기관들이 연방정부와 주가 1993년 7월 1일 이전에 보장한 학자금 대출에 대해서 연장해주고 있습니다. 본인의 대출기관을 확인하시고, 자세한 사항은 http://www.ncarb.org/idp/maintpart.htm#loans를 참조하시길 바랍니다.

인턴십을 시작할 때 문서작성까지 해야 하는 이유가 궁금합니다. IDP 수련을 끝마칠 때까지 하면 되지 않나요?

IDP를 통해 최대한의 이득을 얻기 위해서는, 수련과 추가적인 교육내용에 대한 기입(문서 작성)을 첫 번째 받는 일의 시작과 함께 동시에 실시해야 합니다. 과거의 내용을 토대로 소급하여 만드는 문서 작성은, 다음과 같은 이유에서 하지 않을 것을 원칙으로 하고 있습니다.

- 이전에 (인턴을 고용한) 고용주들이 심사승인을 하는 데 있어서, 수련의 진실성 부족으로 인해, 수련 학점이수를 제대로 입증해줄 수 없는 경우가 많았습니다.
- 소급하여 만든 문서의 경우 대개 심사신청절차를 늦추고, 심사와 등록이 미뤄지는 결과를 초래하였습니다.
- 몇몇 등록위원회는 이전의 경험을 토대로 소급하여 만들 수 있는 문서의 양을 제한하고 있습니다.

http://www.ncarb.org/idp/applyexam.htm의 가이드라인을 통해 심사신청절차에 대한, 보다 자세한 정보를 취득하십시오.

저는 지금 몇몇 부분(Areas)에서 필요한 최소이수학점을 얻는 데 있어서 어려움을 겪고 있습니다. 제가 이것들을 충족하기 위해 추가교육(supplementary education)을 이용할 수 있을까요?

안됩니다. 추가교육은 수련에 필요한 최소한의 수준을 유지(보충)하기 위함이지, 경험의 대체를 위해 있는 것이 아닙니다. 특히 추가교육으로는 IDP Training Areas 1-16에서 필요로 하는 최소 학점을 이수하지 못합니다.

AIA는 훌륭한 교육내용을 많이 개발해왔습니다. 그들은 당신이 필요로 하는 수련의 증진과, 건축적 시각을 늘리기 위한 도전에 촉매가 될 것입니다. 또한 당신은 mentor와 학습을 통한 배움의 방법에 대해 토론해야 하며, IDP의 설명과 가능한 활동에 대한 추천 핵심능력을 참조해야 합니다. 추가교육조건에 대해 http://www.ncarb.org/idp/supplementary.htm을 참조하십시오.

부가 교육은 각 IDP 수련 분야를 대체하기 위해서 설정된 것이 아니라 매일매일의 경험을 더욱 풍부하게 하기 위하여 설계된 것이다.

건축에서 postprofessional 학위를 위한 수련학점은 NAAB나 CACB에 의해서 인증된 건축 professional 학위(예를 들어 Bachelor of Architecture이나 Master of Architecture degree)를 수여한 경우에 얻을 수 있다. postprofessional 학위는 석사나 박사의 수준이 될 수 있다.

수련 학점들은 또한 개별 등록원에서 인정하는 추가 교육 프로그램들을 이수하는 것으로도 받을 수 있다. AIA는 국가, 지역, 주, 지방레벨에서 계속되는 교육 프로그램을 광범위하게 제공하고 있다. 또한 AIA는 다른 전문기관과 교육기관, 개인 컨설턴트들에 의해 제공되는 프로그램들을 승인하는 업무도 겸하고 있다.

수련 단위들은 AIA에서 승인된 연속 교육 프로그램을 가지고 AIA의 학습 단위시간에 0.15배를 곱한 만큼을 얻을 수 있다. AIA 사본은 반드시 IDP 수련 보고서가 첨부되어야 하며, 이는 AIA 승인 프로그램의 완료를 증명하기 위함이다. 보충 교육에 관련된 NCARB 조건들에 대해서는 http://www.ncarb.org/idp/supplementary.htm를 참조하면 된다. 인턴들은 보충교육의 조건들을 위원회의 조건들과 비교해보아야 한다. 만약 차이가 있을 경우 반드시 위원회의 조건을 따라야만 한다.

THE IDP PROCESS: GETTING STARTED

IDP로부터 가장 많은 이득을 얻기 위해서는 인턴 초기부터 참여하는 것이 좋은데, 참여하는 적절한 시기는 사전교육의 레벨에 따라 결정된다.

교육수준은 주마다 다르다. 예를 들어 몇몇 등록원은 고등학교 졸업 후의 경험도 인정하지만 대부분의 등록원은 NAAB가 공인한 건축학 학위 취득 후의 경험만을 인정한다.

IDP에 참여하기 위해서, 인턴들은 반드시 (1) supervisor를 확인하고, (2) mentor를 선택한 후 (3) 수련에 관련된 서류를 작성하여야 한다.

Identifying a Supervisor

supervisor를 담당할 건축가들은 의무적으로 그들이 건축 실무를 할 수 있는 주의 현행 면허증을 보유하고 있어야 한다. supervisor는 IDP의 목적과 실습요건에 대한 일반적 이해를 하고 있어야 한다. 그들은 인턴들의 활동을 서류로 작성해야 할 의무를 가지지는 않지만, 서류상 절차에 대해서는 숙지하고 있어야 한다. IDP supervisor는 인턴의 NCARB의 고용입증서류/IDP 수련 학점보고서 양식을 확인하고 서명하게 된다.

Mentor 선정

IDP mentor는 인턴이 전문가로서 성장할 수 있도록 장기적인 안목을 가지고 도와주어야 할 의무가 있다. 인턴-mentor의 관계는 건축 전문직의 역사적인 관계인 도제 시스템과 비슷한 것으로 구체화되어야 한다.

mentor는 인턴과 적어도 4달에 한번의 미팅을 통하여 수련의 진행상황을 검토하고 진로 및 목표에 대해 토의하게 된다. mentor는 반드시 현행의 건축사 자격증을 보유하고 있어야 한다. 그러나 그렇다고 해서 인턴이 속한 회사(혹은 기관)가 위치한 주에 등록되어 있는 자격증이어야 하는 것은 아니다.

mentor마다 독자적 견해(관점)가 담긴 지도를 하고 그들이 수련 활동에 대해 증명해야 할 필요는 없으므로, 대부분의 인턴들이 근무지가 아닌 외부로부터 mentor를 택하고 있지만 근무지 내에서 mentor를 택할 수도 있다. 2000년 7월 1일 이후의 모든 수련 기간동안, IDP mentor들은 그들의 인턴의 IDP 수련 학점보고서(IDP Training Unit Reports)의 승인서에 서명해야 한다.

mentor는 다음과 같은 방법으로 선정할 수 있다.

- 개인적 친분이 있는 사람에게 동의를 구하는 경우. (교수, 이전의 고용주)
- 고용주 혹은 같은 인턴들의 추천을 통하여.
- 지역의 AIA 회원을 만나서 조언을 구하는 것. 많은 AIA 회원들이 mentor로서 자발적으로 참여하고 있다.
- 개인적으로 주 혹은 지역의 IDP 책임자를 만날 것. (AIA와 관련된 정보는 http://www.ncarb.org/idp/resources.htm을 통해 구할 수 있다.)

IDP 활동의 기록 작성(Establishing a Record of IDP Activity)

인턴은 각자 IDP를 입증할 수 있는 기록을 가능한 한 빨리 작성해야 한다.

지속적인 서류 작성은

- 정확한 진술을 기록하게 하고,
- 자신에게 필요한 수련을 supervisor에게 제때 알리는 효과도 있고,
- 수련의 성과를 높일 수 있는 추가 교육이 필요한 분야를 알게 할 뿐 아니라,
- 후에 고용주에게 자신의 실무 경험을 입증할 서류를 제공하며,
- 건축사 시험 신청 시 많은 시간을 절약할 수 있도록 한다.

대부분의 등록원은 심사와 등록에 있어서 자격입증을 위해 공문서 내지는 정식기록(Council Record)을 요구하고 있다. 또한 등록을 용이하게 하기 위하여 정식기록을 NCARB 양식으로 받고 있다.

Council Record는 신청자의 성적(학위)증명서와 과거 및 현재의 고용 관련 서류를

포함하고 있다. 현재의 고용 관련 서류의 경우 IDP 수련분야에 대한 입증서류까지 포함한다.

Council Record는 기밀 서류이다. NCARB는 그 내용을 등록원들을 제외한 누구에게도 공개하지 않게 되어있다.

http://www.ncarb.org/idp/councilrecord.htm에 NCARB Council Record 작성 및 절차에 대해 설명되어 있다. Council Record는 신청자의 예정된 심사일보다 적어도 1년 전에는 시작해야 한다. 교육과 수련에 대한 입증이 지체되는 경우 벌금 또는 심사등록 연기를 초래할 수 있다.

IDP 진행과정: 지속적인 참여

인턴은 IDP의 첫 번째 수익자이다. 그러나 프로그램으로부터 최고의 이익을 얻기 위해서는, 인턴들은 고용주에게 협조해야 한다. IDP 실습을 위한 정규 시간을 논외로 하더라도 고용주들이 IDP 수련으로 인하여 얻는 손해를 고객에게 전가할 수는 없기 때문이다.

비록 회사가 적절한 실습의 기회를 제공하는 것에 책임이 있기는 하지만, 인턴들 역시 그들의 실습내용을 기록하고, supervisor와 mentor를 정기적으로 만나는 것, 그리고 추가교육기회를 적절히 활용할 의무가 있다. 이러한 활동들에 적어도 매달 2시간(정규노동시간을 제하고) 이상이 소요되어야 한다.

주기적인 실습내용의 기록은 기본적 프로그램 활동의 일환이다. 대부분의 건축회사가 다양한 프로젝트 진행의 소요시간을 기록하기 위해 일지를 작성하고 있다. 이러한 일지를 IDP 실습의 영역을 포괄하는 데 쉽게 응용할 수 있을 것이다. 많은 인턴들이 매주, 매달의 활동을 보여주는 컴퓨터 스프레드시트를 이용하고 있다. NCARB이 제공하는 엑셀 스프레드시트는 www.ncarb.org/idp/idpworkbook.html로부터 다운로드할 수 있다.

인턴들은 고용 입증서류와 더불어 수련 요건이 충족될 때까지 대략 4달에 한번씩 있을 IDP 보고서를 준비해야 한다. NCARB는 이러한 보고서를 (고용이 유지된다면) 대략 1월 1일, 5월 1일, 9월 1일 즈음에 NCARB에 제출하도록 추천하고 있다.

IDP에 지속적으로 참여하기 위해서, 인턴들은 자신의 업무능력을 점검하기 위해 정기적으로 supervisor와 mentor를 만나고, 고용서류와 IDP 수련 보고서를 입증하고, 취약한 수련 부분을 확인하고, 미래에 있을 일을 계획하여, 직업상 목표를 정립하여야 한다.

일자리 변경(Changing Employment)

IDP 참여 기간 동안, 개인 상황이나 외부요인으로 인해 회사를 옮기는 경우가 발생할 수 있다. 이러한 경우 다음의 절차를 따르는 것이 바람직하다.

- 새로운 supervisor를 확인한다.
- 기존의 mentor와 만남을 지속하기 어렵다면 새로운 mentor를 선택한다.
- 기존 회사에 고용되었을 당시의 고용 입증서류양식과 IDP 수련 보고서를 완벽하게 작성한다. 이 보고서에는 반드시 이전 supervisor의 서명이 있어야 한다.
- 보고서의 일지에 퇴직(이직)에 대한 것을 기입해야 한다.
- 새로운 IDP 수련 학점보고서 양식에 새로운 고용주 밑에서 다음 보고서를 작성할 기간을 기입한다(관련된 최소한의 기간은 http://www.ncarb.org/idp/trainingsettings.htm#duration 참조). 이 보고서는 반드시 새로운 supervisor가 서명해야 한다.

학자금 대출상환 연기(Deferring Repayment of Student Loans)

1993년 7월 1일 이전에 승인된 연방정부보증 학자금 대출의 상환은, IDP에 참가함에 따라 연기될 수 있다. 적격 기준과 연기방법은 각 대출기관에서 알아볼 수 있다. 연기할 경우 대부분 증명서 2부를 요구한다. 한 부는 supervisor("program official")가 인턴이 적절한 수련 환경에 있음을 증명하는 것이며 다른 한 부는 등록원 위원이 (1) 인턴십이 건축사 자격증 시험을 위해 필요하고, (2) 필요한 인턴십 기간, (3) 인턴십 프로그램에 들어가기 전에 학사학위가 필요함을 입증하는 것이다.

대출상환과 연기에 관해서는 대출기관이나 대출보증대행업체에 문의하면 된다. AIA와 NCARB는 연기양식에 서명할 권한을 지니지 않는다.

전문직 자격증을 위해서 필수적으로 인턴십이 필요하여 참여하는 경우는 1993년 1월 이후부터는 연방정부 보증 학자금 대출의 연기 조건에 해당되지 않는다. 단, 경제적으로 어려움이 있는 경우는 예외이다. 대출상환방법의 대안에 대한 질문사항은 반드시 개별적으로 대출기관에 문의하여야 한다.

IDP 진행과정: 건축사시험 신청

앞서 다루었듯이, 건축관련 등록은 주별로 행정절차에 따라 주내 건축사 자격의 심사가 이루어진다. 각 주등록원은 자체 시험 신청절차를 수립해 놓고 있다.

소수의 주 등록원은 인턴들이 교육 필요조건을 충족시키자마자 곧 시험을 치를 수 있도록 허용하고 있다(예를 들면, NAAB 공인 프로그램을 통해 전문학위를 취득하는 것). 그러나 대부분의 주 등록원은 시험 이전에 교육과 수련의 필요조건을 충족시킬 것을 요구하고 있다. 여기서 다루는 정보들은 IDP 수련 필요조건을 충족시켰거나, 곧 충족시킬 예정인 상태에서 시험신청을 한 사람을 위주로 마련했다.

인턴들은 신청자료(application materials)를 그들의 주 등록원에 예정된 시험일로부터 적어도 1년 전에 청구해야 한다. 각 등록원의 필요조건(그리고 관련된 신청절차)은 반드시 정밀하게 살펴봐야 한다. 다음 질문에 대한 대답을 점검해 보면 좋을 것이다.

- 등록원이 요구하는 수련 기간은? 만약 IDP 수련 필요조건 충족기간을 단축하면 그 기간이 단축될 수 있는가?
- 등록원의 교육 필요조건을 충족한 후에, 몇 년을 건축 사무소에 있어야 하는가?
- 시험 이전에 등록원의 교육과 수련 필요조건을 충족시켜야 하는가?
- NCARB Council Record가 등록원의 입증서류 대신에 받아들여지는가? Council Record는 필요한 것인가?
- 신원증명서가 필요한가?
- 누가 신원증명서를 사용하는 것인가?

모든 신청절차는 반드시 엄격하게 지켜져야 한다. 절차를 적시적소에 따라 하지 못한 경우, 시험 및 등록의 지연이라는 결과를 초래하게 된다.

신청자는 NCARB Council Record가 예정된 만료일보다 적어도 90일 이전에 시험 신청에 대한 통지를 서류로 NCARB에 제출해야 한다(www.ncarb.org/forms/req_idptran.html).

NCARB는 그 Council Record를 검토할 것이며, (만약 필요하다면) 추가적으로 고용 또는 교육에 대한 자료를 요구할 것이다. 모든 자료 및 신청비 접수 후 NCARB는 신청자 CR의 완전한 사본을 관계 등록원에 보내게 된다. 만약 NCARB의 교육과 수련 필요조건을 충족시켰다면, 시험을 치를 수 있다는 NCARB의 추천이 통보될 것이고, 해당 등록원은 신청자의 기록을 다시 검토하고 이에 대한 최종 결정을 내리게 된다.

맺음말

교육(education), 수련(training), 시험(examination)의 과정은 (건축가의 경력상 상당한 업적에 해당하는) 건축사 면허 취득과 함께 끝난다. 물론 전문적(또는 직업상의) 자기계발은 여기서 멈추지 않을 것이다. 오늘날 건축가들은 그들의 지식과 기술을 계속해서 발전시켜 나가야 하기 때문이다. 이것은 기초 소양의 배양과 확장을 통해, 새로운 경향과 변화에 뒤떨어지지 않아야 함을 의미하기도 한다.

일부 등록원은 건축사 면허 유지를 위해 평생 교육을 요구하기도 한다. NCARB는 이를 위해 회원들에게 PDP(Professional Development Program)를 통한 지원을 하고 있다. 그것은 건축가들이 그들의 교양 및 기초지식을 지속해서 늘릴 수 있도록 하는 국가적 프로그램이다.

또한 평생 교육은 AIA 멤버십을 유지하기 위해 필요하기도 한다. AIA 평생교육시스템(Continuing Education System)은 회원들이 그들의 전문인으로서의 목표를 달성하고, 전문 능력을 유지시키는 데 필요한 지원을 아끼지 않고 있다.

건축 학교와 설계회사들이 경력을 쌓고자 하는 인턴을 준비시키는 책임이 있다면, 우리 profession에게는 그들에게 건축가의 기회를 부여하고, 그들의 능력을 강화시키고 향상시켜야 하는 책임이 있다. 이러한 평생교육에 대한 지속적 약속과 책임을 통하여, 좋은 서비스를 바라는 공공의 기대에 부응할 수 있을 것이다.

머리말: 변화하는 건축 실무

Robin M. Ellerthorpe[4] , FAIA

오늘날 사업세계에 있어서, 건축가들은 더욱 더 지나친 요구를 하는 고객들을 만나고 건축 전문직 안팎에서 경쟁자들과 부딪친다. 건축가들이 이러한 변화들에 대응하는 것을 돕기 위해, 건축가들의 전문적 실습 안내서 13번째 개정판은 이전 개정판들의 관점에서 탈피했다. 이것은 이 책의 애호가들과 이 책의 내용, 동시에 안내서의 기본적인 개념 자체를 재정의함으로써 이루어졌다. 또한 이번 개정판은 아직은 산업 기준이 되지 않았음에도 불구하고 건축가들이 더 좋은 건설 환경을 창조하는 데 있어서 혁신적인 지도자가 되도록 도울 수 있는 생각과 개념들을 소개한다.

건축가에 대한 전망은 밝다. 장기간의 경기 호황에 힘입어 미국과 세계는 주거, 사무실, 건강 관리, 예배, 교육 및 오락 시설에 대한 수요가 늘어나고 있다. 경제 발전과 그 이전의 경기 침체를 거치면서 "비전통적 실무 건축가"가 등장하였다. 스튜어트 브란드는 그들을 "하이픈으로 연결한 건축가"라고 불러왔다. 교육자-건축가, 공공-건축가, 법인-건축가, 도시-건축가, 그리고 여러 다른 건축가들이 실무 전반에 걸쳐 급격히 증가해왔다.

배고프고 덜 디자인 지향적이었던 건축가들에 대한 임시변통의 수단으로서 나타났던 것이 건축가들이 "bookend services(책버팀 서비스)"라고 불리는 각종 실무와 경력을 쌓기 시작함에 따라 제도화되었다. 이러한 경향은 실무 관리, 문서, 위기 관리, 국제실무, 시공 관리, 설계/시공(design-build), 그리고 시설물 관리와 같은 분야들에서의 지식 개발을 지원하는 AIA Professional Interest Areas(PIAs)에 반영되었다.

1990년대 초반의 깊은 경기침체 기간 동안, 건축가들은 설계와 건설 산업에 있어서 법적 소송이 난무하던 60년대, 70년대, 80년대 동안 서서히 손상된 지도자의 위치를 되찾기 위한 방법을 모색해 왔다. 프로젝트 수행 개념이 그 전환점이 되었고, 새로

4) **로빈 엘로돌프(ROBIN ELLERTHORPE)**는 시카고의 OWP&P Architects, Inc에 근무하면서, 1997년에 시작한 시설관리 자문그룹의 책임자로 있다. 그는 13번째 개정판의 조정 위원회 의장을 맡았다.

전문직의 재정의: 성과품에 기초한 실무로부터 지식, 서비스에 기초한 실무로...		
	성과품에 기초한 실무	**지식, 서비스에 기초한 실무**
기본 전략	물리적이고 각종 제약 사항들 위주인 종래 건축주들의 필요에 부응하는 주요 지식과 기술들을 사용한다. 설계 전문가들은 완성된 건물을 최종목표물로 본다.	물리적이고 일반적인 필수사항들 이외의 더 넓은 범위의 필요들을 처리하기 위한 지식의 기초와 기술들을 넓힌다. 설계자는 완성된 건물을 건축주로 하여금 다른 목표들을 추구하도록 하는 수단으로 본다.
beyond projects (프로젝트 범위를 넘어서)	프로젝트는 물리적 공간의 창조를 위한 설계도서를 마련하는 서비스를 포함한다.	프로젝트는 건축가가 건축주가 희망하는 목표를 달성하기 위해 서비스들을 제공함에 있어서 계획된 사업수행으로 정의된다. 프로젝트는 물리적 공간을 창조할 수도, 또 아닐 수도 있다.
광범위한 서비스	서비스는 대부분 새로운 공간의 창조나 기존 공간의 개조를 위한 설계-시공 틀 안에 정렬되어 있다.	서비스의 확장된 범위는 설계와 시공을 위해 사용되는 것들 이외의 지식, 기술 자원들을 다함께 포함한다.
건축주, 건축사 간의 관계	건축가들은 일반적으로 컨설턴트들, 건설사, 그리고 다른 팀원들과 장기간 관계를 맺고 있다. 그러나 건축주-건축가 관계는 자주 개개의 프로젝트 스케줄에 따르게 된다.	건축가는 프로젝트 스케줄 범위를 벗어나 더 긴밀한 관계를 만들기 위해서 건축주와 교류한다. 이 과정에서 건축사는 믿음직한 조언자가 되어 자문 역할을 수행한다.
시설 수명주기	설계와 시공 분야에 중점을 둔다.	설계와 시공의 전 분야를 포함한 전체 시설 수명주기를 다룬다.
Facilitator and integrator	건축가는 설계 사고를 적용한 물리적 공간을 설계하고 만들어내기 위해 통합적인 기술들을 이용한다.	건축가는 설계 사고를 이용하고 물리적인 공간 창조의 범위를 벗어나는 광범위한 필요성을 다루기 위해 통합적인 기술들을 적절히 조정한다.

운 접근들은 건축가들이 시공 관리, 설계-시공, 시설 관리, 그리고 다른 서비스들에 참여하도록 하기 위해 소개되었다. 디자인 관련 PIAs가 여전히 인기를 끌었지만, 새롭게 확장된 분야에서의 회원수도 현저하게 증가되었다.

90년대 초반 동안 있었던 수많은 프로젝트 수행 포럼을 통해 건축가들은 그들의 실무, 그들의 프로젝트 수행 방식을 재정의하고 개선하기 시작했다. 몇몇은 보험회사들에 의해 지원받고 있었던 영역까지 확장하기 시작하였다. 이렇게 성숙해 가는 과정 동안, 확장된 서비스에 관한 토론 모두가 공통된 요소를 강조하게 되었는데, 이 요소는 건축 전문직의 미래에 가장 소중한 기회를 제공하기도 하는 건축주(client)이다.

확장된 건축 서비스에 대한 AIA 전략회의라 불리는 1995년의 사건을 분수령으로, AIA는 건축주들의 의견을 적극적으로 수용하고 이에 더욱 중점을 두기 시작했다. 물론 과거에도 AIA는 계약, 홍보 등과 같은 문제들을 다루기 위해 건축주 중심 위원회(client focus group)를 구성하기도 하였으나, 위 사건은 Quorum Healthcare와 the Bank of America와 같은 고객들로부터의 폭넓은 의견이 개진되는 계기가 되었다. 그들 중 일부는 의견을 들어 준 것에 감사했고, 나머지는 불만을 토로하며 그들이 제대로 이해되어야 한다고 주장했다. 그들은 건축가들이 다음의 것들을 할 필요가 있다고 말했다.

- 해당 프로젝트 이상을 생각할 것(Going beyond projects)
- 광범위한 서비스의 제공

- 장기간의 건축사와 건축주 간의 관계 발전
- 시설의 수명 주기에 대한 고려
- 협력자와 통합자의 역할 강조

이러한 건축주들의 소리에 의해서 결국 우리 전문직에 대한 재정의를 하도록 만든 AIA 실무/발전 프로그램에 대한 기준(platform)이 마련되었다. 이러한 쌍방의 노력은 PIA의 개입을 통하여 AIA 프로그램의 재편성, 건축주와 건축사 표준 계약 문서인 AIA 양식 B141을 재작성함으로써 위에 열거된 5가지 개념들의 장기적 제도화에 집중되었다. 이는 후에 AIA B141의 기본 서비스 내용은 남겨두되, 새로운 모듈 형식은 용역(service) 내용을 명확하게 기술할 수 있도록 하여 기본적인 서비스를 보충하거나 완전하게 대체하는 것이 가능하게 하였다. 이렇게 함으로써 건축주는 그것들을 제공하기 위한 보수와 함께, 그 서비스들의 범위나 중요성을 더 잘 이해할 수 있게 되었다.

1990년대 후반에는 부분적으로는 회원들에게서 비롯되었지만 훨씬 더 많은 부분은 건축주들에 의해 만들어진 공백 때문에 전문직에 대한 재정의에 대한 압박이 증가했다. 경제 확장과 대부분의 시장에서 더욱 까다로워진 건축주들은 전통적인 설계-입찰-시공 접근방식(design-bid-build approach)의 범위를 벗어나는 서비스들에 대한 요구를 초래했다.

이리하여, 핵심 용역 수행 능력을 키우고 서비스 과정에 치중하여 이를 위한 기술력 향상 위주였던 과거의 회사 전략을 흔드는, 건축에 있어서의 기초적인 변화가 시작되었다. 그 변화는 건물 생애주기서비스가 전통적인 건축, 엔지니어링, 인테리어 설계보다 더 많은 것을 요구한다는 것을 인식함에 의해 발생했다. 서비스 요구에 부합하기 위해 부가적인 기술들과 새로운 프로세스들을 결부시켜 생각하는 것은 미래의 성장과 기회들을 위한 열쇠가 되었다. 건축 사무소 내의 다양한 기술의 증가를 가능케 하기 위한 중요한 단어(code word)는 포괄(inclusiveness)이다.

13번째 개정판은 재정의된 지식의 전달과 건축 실무자들에게 도구가 되는 하나의 발돋움이 될 것이다. 이 책은 자신의 회사에 새로운 서비스를 소개하고, 건축주들에 대한 정보를 얻고(그들이 누구이고, 무엇이 그들에게 동기를 부여하는지 등을 포함한), 가장 좋은 사업 실무에 대한 정보 또한 얻기를 갈망하는 일반 건축가들을 위해서 쓰여 졌다. 결과적으로 핸드북의 편성은 과거의 건축가-회사-프로젝트 관점으로부터 더욱 포괄적인 고객-사업-프로젝트 수행-서비스 관점으로 바뀐 것이다.

앞을 내다볼 수 있는 사업 전략가들로부터 단서를 얻어, 본서는 우리 전문직종을 과거 건축가들이 한정된 범위의 서비스를 제공하는, 이것 아니면 저것(either / or)의 사고방식으로부터 포괄적인 시설 관련 서비스를 제공하기 위한 기본 능력에 추가로 확대된 능력이 조합되는 사고방식으로 유도하고자 한다. 이러한 변화 안에서, 건축가들은 그들의 고객들에게 더욱 훌륭한 가치를 제공하고, 설계와 시공 분야에서 지도자로서 다시 자리 잡을 수 있는 기회를 갖게 될 것이다.

part 1

클라이언트*

클라이언트의 만족은 건축 실무의 성공 여부를 측정하는 데 있어서 최대의 결정요소이다. 클라이언트 만족은 건축가(건축사)가 선정하는 클라이언트의 가치가 건축가의 것과 공명할 때 시작된다. 이해, 책임, 그리고 효과적인 의사소통으로 맺어진 강한 클라이언트－건축가 관계는 클라이언트의 만족을 증대시킨다. 클라이언트를 위한 시설의 필요성에 대하여 더 넓은 범주를 설명하면서 건축가는 신뢰받는 조언가로서의 역할을 완수하는 기회를 얻는다.

*클라이언트(client): 사전적 의미로서 넓게는 고객으로 해석될 수 있으나 건축분야에서는 주로 건축주를 의미하며 또한 법조계나 기타 영역에서는 의뢰인으로 번역된다. 본문에서는 클라이언트의 용어를 상황에 따라 다르게 해석할 수 있도록 번역하지 아니하고 원어를 그대로 명기하였다.

제1장 클라이언트의 이해

1.1 클라이언트의 성향

Kevin W. C. Green

오늘날 클라이언트들은 팀의 일원이 될 수 있고, 자신들의 견해를 이해하며, 그들 자신들의 목표를 성취할 수 있는 건축가를 찾는다.

예전에는 오늘날 정의하는 것과 같은 클라이언트가 존재하지 않았고 건축가(architect) 혹은 건축(architecture)이라는 용어가 없었다. 초창기의 사람들은 단순히 그들의 은신처를 설계하고 짓는 정도였다. 그럼에도 불구하고, 인간은 본능적으로 전문화되어 간다는 특성을 이해할 때 문명화된 직후에 이 은신처의 전문가들, 즉 이웃보다 더 좋게 설계하고 짓는 사람들이 등장했다고 생각할 수 있다. 그리하여 **건설자(builder)**가 등장하였고 **클라이언트(client)**가 생겨났다.

언제부턴가 토지를 소유한 계층이 특별한 느낌을 주는 은신처를 열망하기 시작했다. 대저택이나 큰 공공건물 혹은 종교건물을 원하는 부유한 클라이언트들은 특별한 기술을 가지고 있는 건설자들을 구하였고 장대한 구조물들을 의뢰하였다. 그래서 일반적 수준에서 벗어나길 기대하며 그 기대를 이룰 수 있는 자금을 소유한 클라이언트인 **후원자(patron)**가 나타났고 그리하여 거장의 마스터 빌더가 등장하게 되었다. 물론 현대적인 감각의 건축가는 아니었다. 마스터 빌더의 개념은 전례로 신화적인 데이다루스(Daedalus)까지 거슬러 올라가지만 오랜 기간동안 지속되어 피라미드의 설립자에서부터 레오나르도 다빈치(Leonardo da Vinci), 미켈란젤로(Michelangelo Buonarrati), 벨니니(Gian lorenzo Bernini), 워렌(Sir christopher Wren), 제퍼슨

케빈 그린(Kevin W. C. Green)은 Green & Associates, Inc., Alexandria의 대표로 건축 및 엔지니어링 사무소를 위하여 버지니아를 기반으로 한 마케팅 및 전략적 계획 컨설턴트를 운영한다. 그는 1988부터 1998까지 워싱턴 D.C 지부에서 Leo A. Daily의 마케팅 이사를 역임하였다.

"일반적인 건설자들은 요구되는 일상의 건축물을 시공할 수 있을 것이다: 올바른 설계와 적합한 장식에 관한 우아한 가치의 추가를 위해서 당신은 건축가를 적용해야 한다."

Barrington Kaye에 진술되어 있듯이, George Wightwick, c.(1825)가 장래의 클라이언트에게 보내는 편지. The Developtment of the Architectural Profession in Britain, 1960

(Thomas Jefferson) 그리고 라트로브(Benjamin Latrobe)와 같이 오늘날 건축에 영향을 미친 모든 사람들까지 그 범주에 포함한다.

이러한 역사적인 설계자들의 업적은 그 시대의 일반적인 설계나 시공이 아니다. 최근까지 대부분의 건물들은 우리가 건축 역사책을 통하여 알 수 있는 마스터 빌더에 의한 것이 아니라 단지 목수나 석공에 의해 설계되고 지어졌다. 이런 장인들의 대부분의 업적은 후원자를 위한 것이 아니라 프로젝트가 잊혀진 것과 같이 이름들이 잊혀진 일반적인 사람들을 위한 것이었다.

미국에서는 19세기 전까지도 예술가, 기술자, 아마추어 건축가들이 특별한 법적 규제 없이 건축가가 되었으며 오늘날 전문성을 정의하는 독특한 법적인 신분이나 그러한 신분이 의존하는 교육적인 하부조직체를 갖추지 못하고 있었다. 1868년이 된 후에야 MIT에서 4명의 신입생으로 시작한 최초의 건축 학교가 창설되었고, 1900년이 지난 후에야 미시시피 서부에 또 다른 건축 학교들이 등장하였다.

전문 직업의식을 지향했던 19세기말의 점진적 변화 속에서 추진한 것들은 건물과 시공에서의 책임에 관한 새로운 간단한 규약이었다. 이러한 규약들은 생명과 사람들의 생활의 질을 보장하려는 국가의 관심사이자 신속히 변하는 기술과 재료에 발맞추기 위한 필수사항이었고 때로는 논쟁거리였다.

이런 법적, 기술적, 그리고 사회 환경적인 점진적 변화로 인해 건물 설계와 기술 전문가인 현대적 건축가가 생겨났다. 체계적인 전문 교육을 통하여 잘 훈련된 건축가들이 처음으로 인증을 받기 시작하였고, 그들은 실질적으로 건물 시공의 모든 형식을 좌우하는 법규, 코드, 기준을 준수하여 인간 생활을 보호할 책임을 가졌다.

전문 건축가의 등장은 클라이언트들에게 극적인 영향을 미쳤다. 반면에 근본적으로 시공 의뢰에 대하여 자유로웠던 클라이언트들은 마을, 시, 주, 그리고 정부가 구조의 규모, 건물 후퇴선, 위생 시스템, 그리고 그 이상을 통제하기 시작하면서 더 많은 제한에 직면하게 되었다. 20세기 중반부터 전문 인증을 가진 사람들이—건축가, 엔지니어 또는 모두—소규모 주거를 제외한 대부분의 프로젝트에 광범위하게 참여하도록 법으로 요구되었다.

시공에 있어 선행조건이 되는 건축가의 발전은 대등한 새로운 유형의 클라이언트의 발전으로 이어졌다. 건축가의 도움 없이도 권위적으로 나누어 실행했던 구축 환경—건물, 다리, 공원, 정원, 집, 사무실, 은행, 창고 등—의 설계 및 시공시에 클라이언트들은 이제 건축가를 고용해야만 하였다.

세상은 엄청나게 빠른 속도로 변화하고 있다. 건축가는 특별히 정의된 법적 지위와 시공에 있어서 요구되는 역할을 가진(인가된) 전문가이다. 적절한 교육과 수련을 받은 건축가의 공헌 덕분에 세상은 확실히 점차 좋아지고 있다. 그럼에도 불구하고, 대부분의 클라이언트들은 그들의 프로젝트에서 건축가들을 과소평가한다. 문제는 만약 이러한 클라이언트가 필수적이지 않다면 건축가를 고용하겠는가 하는 것이다.

오늘날 클라이언트에는 통례의 몇몇의 후원자 유형의 클라이언트와 건축가를 고용하지 않고도 건축이 가능하였던 100년 전의 상황이 오늘날에도 계속 이어지길 원하는 클라이언트가 공존한다. 이 양 극단 사이에서 건축가가 제공하는 유일하고 가치 있는 공헌의 정도에 따라 클라이언트들은 광범위하게 분포되어 있다. 어떤 클라이언트들은 짓기(구축)를 원하고 어떤 클라이언트들은 다시 짓기(재구축)를 원하고, 어떤 클라이언트들은 고치기(보수)를 원하며 어떤 클라이언트들은 단순히 책상을 옮기기(공간배치)만을 원한다. 이러한 클라이언트의 인구는 아마도 항상 그래왔던 것처럼 혼성적일 것이다. 그리고 이것은 수백 년 동안 거의 변하지 않고 지속되어 왔다.

그러나 많은 변화가 있었다. 오늘날 미국의 모든 실무 건축가들은 정부가 규정하는 방법에 따라 건물을 구축하는 데 있어서 정부의 인증을 가지고 있는 사람들이고, 이들은 전형적으로 정부가 건물 프로젝트의 안전성을 확보하기 위해 제정한 법과 서비스에 의해 공식적으로 참여해야 한다. 그 결과 실제적으로 미국 내의 모든 클라이언트들은 건물 또는 다른 구조에 관계된 일을 하고자 할 때마다 그들의 변호사와 채무 투자자들로부터 건축가를 고용할 것을 직접적으로 요구받거나 조심스럽게 조언받는다.

사실상 모든 건물 개발에 대한 건축가의 참여에 관한 법적 요구사항은 측정이 불가능할 정도의 많은 작업량을 발생시키고 있다. 과거에는 건물 설계자를 고용한 마스터(master)와 보조 시공자들에게 또는 더 일반적으로는 직접 설계하고 시공하는 자들에게 그 작업의 대부분이 주어지지 않았을 것이라는 추정이 가능하다.

비록 의무적으로 건축가의 참여를 유도하는 이러한 변화는 전문직에 이익이 될지언정 대부분의 혜택이 그렇듯이 가격을 수반한다. 즉 오늘날의 건축가들은 과거의 위대하고 유명한 건축가들을 회고할 때 떠오르는 후원자다운 클라이언트들보다 – 수준, 취향, 특성, 교양, 열망, 동기 및 처음부터 건축가를 참여시키고자 하는 의지를 가진 – 상당히 다양한 계층의 클라이언트들을 다루어야만 한다. 과거의 클라이언트 역시 정반대 부류의 건물을 구축하고 유지하려는 동등하게 정반대의 광범위한 부류의 사람들이었다. 차이점은 과거의 클라이언트들 중 매우 적은 수가 벨니니(Bernini), 워렌(Wren) 또는 라트로비(Latrobe) 같은 사람을 고용하거나 만났다는 점이다. 오늘날 클라이언트의 범주는 마스터 설계자/건설자들에게 의뢰하는 후원자들뿐만 아니라 사업과 주거 사용자 – 건축주 간에 광대한 중간 계층이 형성될 만큼 확장되었고, 여기서의 요점은 몇 백년이 지난 후면 석공 및 목수의 거친 스케치 계획안에 대하여 전반적으로 만족한다는 점이다. 그것은 결국 – 중간 계층의 수가 항상 커지기 때문에 오늘날 건축가들은 기본적으로 건축가를 전혀 고용하지 않았던 조상들과 유사한 클라이언트들을 섬긴다는 것을 의미한다.

넓게 분포되어 있는 클라이언트에 대한 두 가지 우려를 가지고 있다. 현대적 전통주의 성향 – 그리고 벨니니, 워렌, 그리고 라트로비처럼 역량 있는 젊은 건축가들은 많은 클라이언트들에 대하여 실망할 것이라는 점 – 과 또 다른 하나는, 비록 건축가가 현대의 클라이언트들의 속성을 알고 있더라도, 오늘날 클라이언트는 광범위한 프로젝트

"미국인들은 건축에 관하여 신경을 많이 쓰지 않는다. 그들은 건축을 예술 또는 문화의 표현으로서보다는 하나의 제품, 은신처의 한 형태 또는 사회적 지위의 표시로서 인지하는 경향이 있다."

Andrea Oppenheimer Dean, Architectural Record, January 1999

에 의 도전, 실무, 그리고 클라이언트 관리를 제안한다는 것이다.

이러한 도전들은 건축가의 관심이나 설계에 대한 결의를 공감하지 못하거나 비용에 대한 걱정을 무엇보다도 최우선으로 여기는 클라이언트들의 행태를 포함한다. 특별한 도전 역시, 전통적인 건축 실무에 종사해온 건축가보다는 기회가 생길 때마다 설계 시공이나 건설 경영에 종사한 경쟁자 또는 최근에 발생하고 있는 또 다른 성향의 설계를 획득하기를 선택하는 클라이언트들로 하여금 발생한다. 이러한 여러 가지 상황으로 볼 때 건축은 1900년 이후로 실무가 이루어졌다는 것을 의미한다.

클라이언트의 정의

클라이언트는 절대로 무엇이 아니고 누군가이며 절대로 물건이 아니고 사람이다. 클라이언트는 어떠한 것, 예를 들어 회사 또는 기관을 대표할 수 있다. 클라이언트는 사람들의 그룹－이사회 또는 아마도 건물 위원회, 일을 수행하거나 합의에 의해 결정하는－구성원들을 이끌거나 대표할지도 모른다.

따라서 클라이언트를 정의하는 하나의 요소로서 최소한 한 사람이 최소한 한 명의 건축가와 매우 밀접하게 관계한다는 것이다. 그러한 인간 관계가 가장 중요한 프로젝트 성공의 결정적 요소이며, 결국 건축 실무의 성공을 좌우한다는 것에는 변함이 없다.

두 번째 정의된 클라이언트의 특성은 적어도 건축분야에 있어서, 구축 환경은 연관성을 가지고 있다는 것이다. 건축은 여러 분야의 지식과 이해를 포함한다－실제로 많은 경우에 건축가들은 전문적인 핵심 능력과 관련된 분야라도 자주 상호의견이 일치하지 않을 때가 많다. 구축 환경과 직접적으로 연관이 없는 지식분야들은 보통 다른 분야의 종사자들이 더 잘 이해한다는 것은 두말할 필요가 없는 사실이다. 구축 환경과 직접적인 관련이 있는 분야－예를 들어, 음향 공학－조차 일반적으로 또 다른 분야의 전문가 집단이 더 잘 이해한다. 그럼에도 불구하고, 건축의 구체적인 관계와 정의를 내리기 위하여 클라이언트는 어떠한 측면에서 시설계획, 설계, 시공, 운영 등의 몇 가지 관점에 대하여는 책임질 수 있는 개체임을 동의하여야 한다.

세 번째 정의된 건축 클라이언트의 특성은 항상 변화의 필요성에 직면하게 된다는 것이다. 정체는 건축실무에 있어서 큰 도움이 되지 못한다. 그러나 정체, 존재 가능성은 극히 적으며, 특히 구축 환경에서나 그 분야 사람들을 포함한 모든 환경에서 또한 존재하지 않는다. 사물은 끊임없이 변화하며 사람들이 생활하고 일하고 기도하며 놀기도 하는 건물은 그들의 변화의 필요, 요구 및 선호사항에 부합하도록 적응되어야 한다.

네 번째 정의된 클라이언트의 특성은 세 번째 정의와 맞물리는데 모든 변화가 환경 적응을 강요하지는 않는다. 간혹 사람들은 그렇게 만든다. 클라이언트들도 윤리적인 전문성의 제공을 위해서 건축가의 서비스를 필요로 해야만 한다. 만약 윤리적으로 그러한 필요성이 건축가가 그의 기능을 수행하는데 있어서 존재해야만 한다면, 그러

클라이언트…1. 형식적으로, 보호 또는 통제를 위하여 다른 이에게 의존적인 사람이다. 2. 변호사, 회계사, 홍보기관 등이 활동 중인 개인 또는 회사. 3. 고객…

American Language의 Webster's New World Dictionary, 1986

클라이언트…2. Rom. Antiq. 귀족의 통제 하에 평민으로, 이러한 관계에서는 보호자…, 속박된 자로, 특정 서비스의 대가로 그의 클라이언트 생명 및 관심을 보호해야 하는…2. gen. 다른 보호 또는 통제 하에 있는 자로 의존적인 사람…3. spec. 법적인 조언가의 서비스를 고용하는 자…;주장을 변론하는 자…4. gen. 사무의 분야에 상관없이 그 분야에 관한 전문가 또는 경영인의 서비스를 고용하거나 또는 그의 전문적 능력에 관한 이후 행위의 대상이 되는 자; 고객…

Oxford English Dictionary, 1977

한 필요성을 가진 사람들이 있으나 건축가가 인식하지 못했을 때에는 (건축가가)무엇을 할 수 있겠는가? 그들이 인식하도록 만들어라–그리고 클라이언트로 만들어라.

건축 클라이언트의 정의: 전문적인 도움을 필요로 하고 구축 환경 변화에 효과적으로 대처하는 사람이거나 집단이다.

단지 세 가지 종류의 사람들이 이 정의에 맞춰진다. 첫 번째–그리고 최상으로–이미 당신의 클라이언트가 된 사람이며 이는 측근에 있는 클라이언트는 건축사업에 있어서 유일하고 가장 가치 있는 상품이기 때문이다. 두 번째는 전문적 도움에 대한 필요성을 인식하고 적극적으로 추구하고 있는 클라이언트이며 이는 당신으로부터 나온 것일 수도, 아닐 수도 있다. 세 번째는 어렵지만 놀랍게도 자주 성공하는–도움을 필요로 하며 아직 그것을 인식하고 있지 못한 클라이언트이다.

의미론학자들은 클라이언트와 고객을 지나치게 분리하려고 하나 본질적으로 클라이언트와 고객은 동일한 것이다. 각각은 해결해야 할 문제를 가지고 있다. 클라이언트와 고객은 문제를 푸는 경쟁적인 방법 중에서뿐만 아니라 그 방법을 위한 경쟁적인 근원 중에서 선택하는 것이다.

"건축가와는 다르게, 건물의 설계와 시공을 마치 '종결'로서 관찰하는 자들로서 우리 클라이언트의 대다수는 보다 넓은 폭의 요구사항을 만족하는 수단으로서 건물을 인지한다... 건축가로서 직면해야 하는 가장 중요한 도전 중 하나는 우리의 클라이언트 및 그들의 동기를 충분히 이해한다고 확신하는 것이다."

Gordon Chong, FAIA, June 1998

클라이언트 vs. 고객

클라이언트와 고객은 문제에 대한 해답을 동등하게 찾는다. 그러나 마지막 결과로 해답을 해결된 문제로만 정의된다면 그 해답은 판매되지 않는다. 그것은 클라이언트와 고객이 구매하고자 하는 것은 해답에 대한 의도이다. 그러한 의도는 사실상 제품, 물건, 배달 가능한 것 안에 항상 존재하기 때문에 그것들의 이용과 적용을 통하여 문제를 해결한다. 드물게도, 그리고 특별히 건축분야에서는 서비스에 의미가 있다. 그것이 직관적으로 보이지 않는다면 시장 경영자인 띠오돌 레비트(Theodore Levitt)의 제안을 고려해 보아라: "고객은 3/4인치 드릴을 사지 않고 3/4인치 구멍을 산다." 레비트의 고객들이 직면한 문제의 해답–실질적으로 그들이 필요한 것은 드릴이 아니라 구멍인 것이다. 그 드릴은 단지 고객들이 해결할 때 필요한 방법인 것이다.

실질적으로 고객(및 클라이언트)에게 판매된 모든 제품(및 서비스)은 결국 목적을 의미한다. 사업이란, 간단히 말해서 그것이 건축이든 아니든 간에 그들이 요구하는 목적을 성취하기 위하여 클라이언트나 고객이 지고 있는 무거운 짐의 문제와 올바른 의도를 연결하는 일이다. 사업은 고객 및 클라이언트들이 당신에게 사업을 의뢰하는 승산을 증가하려는 시도로 인한 복합체가 된다.

"가치는 회사의 원칙에 의해 결정되지 않는다. 클라이언트에게 의해 결정되며 회사가 이것을 알 수 있는 유일한 방법은 클라이언트에게 묻는 것이다....설계 및 시공 회사들은 클라이언트가 무엇을 원하는지 알아내야 하며 그의 요구사항을 충족시켜야 한다. 그것이 프로젝트 선정을 가격 경쟁으로부터 벗어나게 하며 가치 기준을 선별하고 창조하는 방법이다."

American Consulting Engineers Council의 Steve Polk, A/E Marketing Journal, March 1994

다섯 가지 P

많은 마케팅 담당자들은 P라 불리는 다섯 가지의 기억 장치를 이용하는데 이는 클라이언트의 결정과정을 구조적으로 분해하기 위해서이다. 그 P들은 **판촉(promotion),**

제품(product), **사람**(people), **장소**(place), **가격**(price)을 의미한다. 그 항목은 아래와 같이 진행된다: 해결해야 할 문제가 주어진 클라이언트나 고객은 증진(동료의 조언, 광고, 뉴스기사)에 주의를 기울이기 시작할 것이고, 이는 올바른 제품 또는 서비스(해결에 대한 의도)를 찾는 노력 안에서 이루어지며, 이 제품은 도움을 줄 수 있는 사람들(하나의 원인에 대한 관점)로부터 얻을 수 있어야 한다. 그리고 편안한 장소(또 다른 원인에 대한 관점)와 합당한 가격 안에서 결정되어야 한다. 그처럼 간단하다.

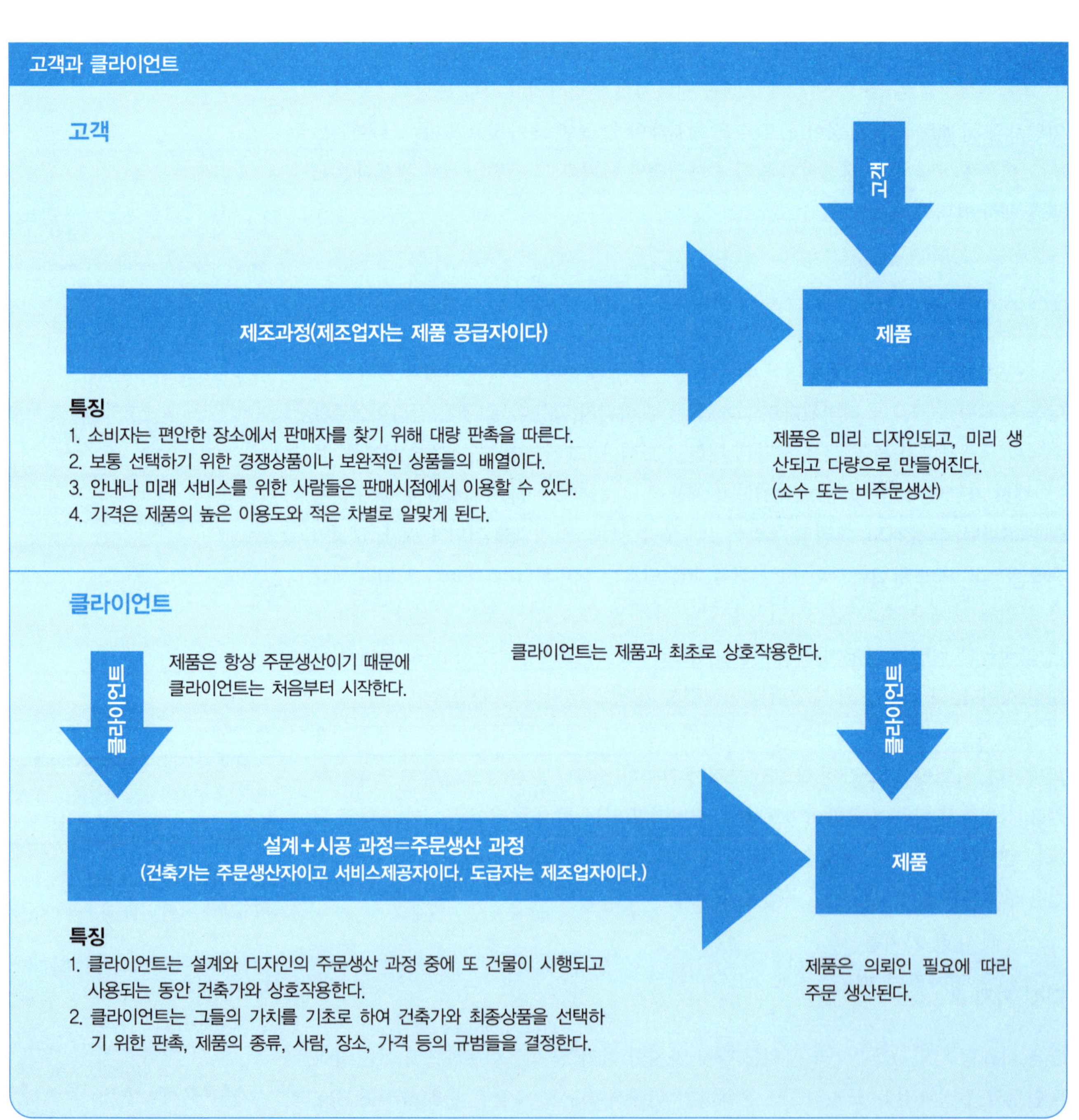

또는 사업을 마치 경마로 생각하는 것처럼 주어진 동일한 문제를 다른 클라이언트 또는 고객들이 동일한 해답을 달성하기 위하여 대체적으로–별개의 원인으로부터–별개의 수단을 선택하기 때문이다. 왜일까? 그것은 클라이언트와 고객은 제품을 기초로만 하여 구매하지 않기 때문이다. 그들은 다섯 가지 P 모두를 고려한다. 그리고 서로 다른 클라이언트와 고객들은 각각에 별개의 가치를 부여한다.

클라이언트 가치를 평가하기 위한 다섯 가지 P의 이용

판촉(promotion), 제품(product), 사람(people), 장소(place), 가격(price)은 방정식의 변수들과 같다. 방정식은 단지 한 개의 변수가 변함에 따라 다른 결과를 만들어 낸다.

예를 들어 클라이언트가 자신의 동료로부터 특정한 회사의 협업 기술이 훌륭하다는 칭찬을 듣고 다음번 프로젝트에 그 회사를 고용한다고 하자. 그렇다면 그 클라이언트는 동료의 견해(선전)와 협업을 잘한 건축가들(사람) 모두를 가치 있게 생각한 것이다. 또 다른 클라이언트는 그 회사가 최근 완공한 건축물의 외관이 싫어서 경쟁회사를 대신 선택하였다. 이 경우 제품이 사람이나 선전보다 더 가치 있게 평가된 것이다.

다른 예로서, 어떤 고객은 바겐세일에 무엇보다도 큰 가치를 두어 조금 더 좋은 가격을 찾기 위하여 기꺼이 먼 길까지도 나선다. 다른 고객은 장소에 대한 가치를 가격보다 높게 평가하기 때문에 똑같은 제품을 가까이에서 편하게 구매하는 데 돈을 아끼지 않는다.

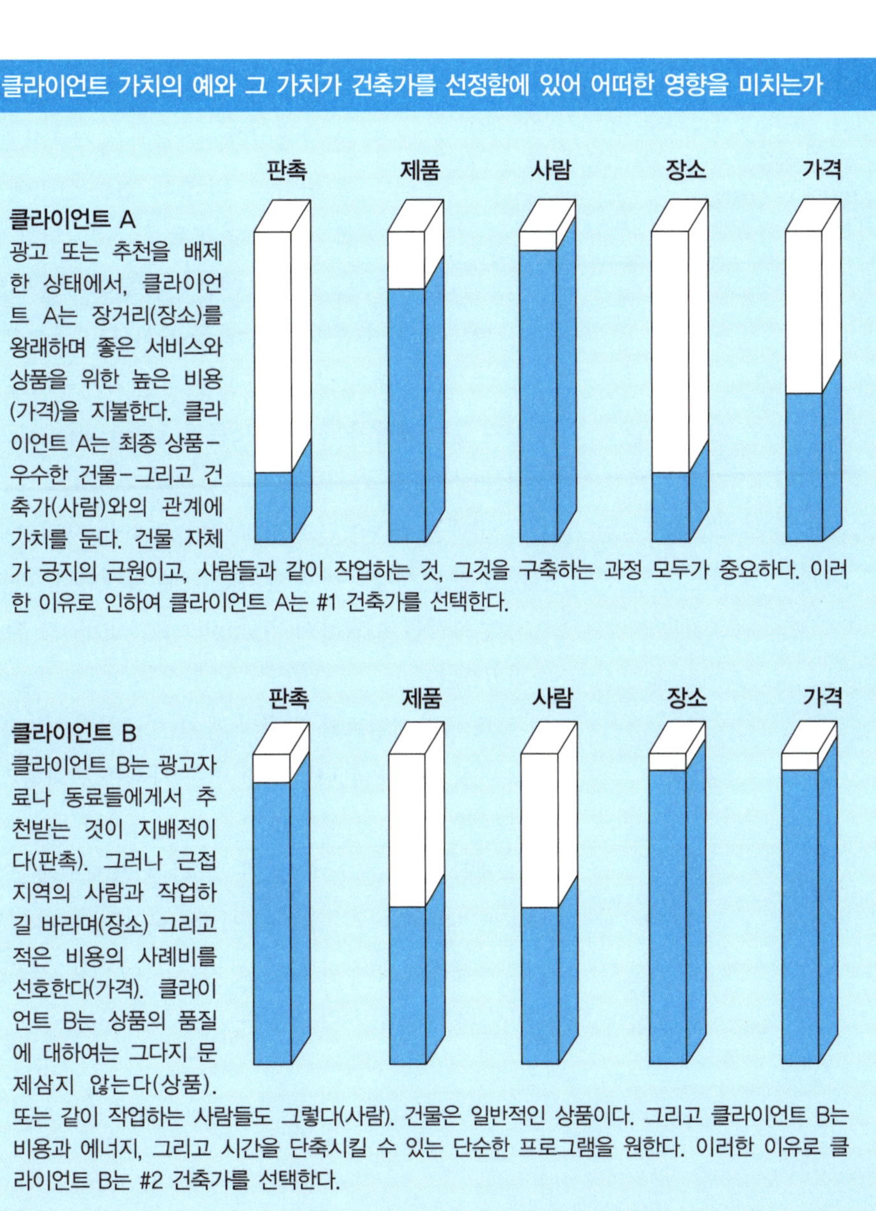

Home Depot vs. Mom and Pop

하드웨어 매장 고객들은 전통적으로 작은 이웃 하드웨어 매장에서 일하는 절친한 사람들의 충고와 안내에 큰 가치를 둔다. 그러나 Lowe's와 Home Depot처럼 지역적이고 전국적인 슈퍼 하드웨어 매장들의 등장으로 요즘의 많은 하드웨어 고객들은 이웃 하드웨어 매장에서 볼 수 있는 친절한 직원의 전통적 도움보다 저가와 폭넓은 제품 선택에 가치를 둔다는 것을 보여주었다.

흥미롭게도 Home Depot의 최근 전국 광고 캠페인은 앞에서 언급한 할인과 선택보다는 친절하고 도움을 주는 매장의 직원을 강조하고 있다. 왜? Home Depot는 현재의 고객뿐만 아니라 사람의 가치를 두는 옛 하드웨어 매장의 고객을 유혹할 수 있다면 그들의 영업은 크게 성장할 수 있을 것이라고 믿기 때문이다.

다섯 개의 P들은 의사결정 방정식에서 클라이언트와 고객은 각자 다른 변수를 추구한다는 가치에 주목한다. 그 가치는 끊임없이 변하고 새로운 것으로 가득 차있다. 예를 들어 건축분야에서 세인트 루이스(St.Louis) 도시 기반의 HOK사가 1990년대에 볼티모어의 야구 경기장을 매혹적으로 설계하여 매출이 3배 이상 올라갈 것이라고 예상한 사람은 거의 없었다. 다수의 미국 도시들이 다른 회사들은 만들지 못할 것이라고 했던 제품—Camden Yard에 있는 HOK의 Oriole Park와 같은 경기장—이 필요하다고 결정할 때 바로 그런 일이 발생했다.

다섯 개의 P들은 스테레오 증폭기에서의 그래픽 이퀄라이저와 같이 클라이언트 또는 고객에 의해 특별한 가치가 부여되는 각각의 눈금을 가졌다. 선전에 매겨지는 값은 그것이 어떤 종류이냐에 따라 높거나 낮을 수 있다. 가격에 부여된 값은 장소나 사람에 매겨진 값보다 더 높을 수도 있고 낮을 수도 있다. 항상 가장 높은 가치를 가지는 것은 상품이다. 즉 고객은 제품이 어려운 문제를 풀어줄 수 있다고 약속을 한다면, 별 효과 없는 선전에 주의를 기울일 수도 있고 아주 불편한 곳에서 쇼핑을 할 수도 있고 말도 안 되는 높은 가격을 지불할 수도 있고 무례한 판매원의 행동에도 참을 수 있다.

반대로, 비슷한 해결 방안을 제시하는 경쟁적인 방법과 차별이 거의 없다면, 제품에 매겨진 가치가 다른 P들에 매겨진 가치들보다 낮게 평가될 수도 있다. 그런 차별화되지 않는 제품을 우리는 보통 일용품(commodities)이라 부르며 그때에 가장 높은 가치를 갖는 P는 가격이다.

구매는 클라이언트와 고객이 그 다섯 가지 P에 적용된 가치가 그들이 생각하는 가치에 가장 정당하게 부합되었을 때 발생한다. 다시 말하면 클라이언트와 고객은 판매자의 그래픽 이퀄라이저(graphic equalizer)가 자신들의 것과 가장 유사할 때 구매를 결정한다.

또 클라이언트와 고객의 가치는 규칙적으로 변하고 자주 놀라움을 만들어 내지만, 그 다섯 가지 P를 나타내는 변수 자체는 변화하기 힘들다. 판촉, 제품, 사람, 장소, 가격은 방정식을 형성하고 그것은 의식적이든지 아니든지 간에 구매를 할 때 마음속에서 계산된다. 클라이언트가 그 다섯 가지 P에 적용하는 가치는 순간에 따라, 문제에 따라, 제품에 따라, 그리고 서비스에 따라 달라질 수 있다. 그러나 모든 구매자들은 각각의 제품에 대해서 다른 가치를 부여하고, 제품을 구매할 때나 구매하지 않을 때나 항상 다른 이유를 갖고 있다.

제2장 클라이언트와 변화

2.1 클라이언트와 변화의 힘

Kevin W. C. Green

건축은 가장 영원한 예술로서 시간속의 변화에 의해서만 그 정당성을 입증할 수 있다는 점에서 아이러니하며 시간의 흐름과 무자비한 변천은 처음부터 건축의 필요성을 초래했다.

클라이언트들과 건축가들은 그들의 특정한 사업에서나 거시적인 경제상황 안에서의 변화에 대해서 계속적으로 반응한다. 21세기의 도래 및 상품 중심의 경제에서 서비스 중심으로의 전환이 야기된 대변동과 함께 클라이언트들은 자신들이 생존할 수 있도록 변화에 직면하고 건물들에 적응하는 데 도움을 줄 수 있는 파트너들을 찾는다.

혁신적인 변화의 인식

철학자들은－프랑스의 Alphonse Karr에 의하여 대표되며, 많은 것이 변할수록 더 많은 것들이 머물러 있다고 관찰한－오랫동안 변화가 일정하다고 인식해 왔고, 아마도 유일하게 일정한 것이라고 여겼다. 카르의 찰스 다윈(Charles Darwin) 영문 현대판에서는 내부적(유전적)이고 외부적(환경적)인 변화가 진화와는 무관하게 발전한다는 개념을 발표하였으며, 이는 찰스 다윈이 진화론을 발표한 이후의 생물학자들은 그 이상의 것을 보여주지 못했다는 점에서 큰 중요성을 갖는 개념이다.

"우리가 확실히 예측할 수 있는 단 한 가지는 변화이다."

Jayne Spain

진화에 관한 생물학의 최근 입장은 시간에 따라 곡선을 형성하며 흐르는 강물이 백년주기의 범람처럼 극심한 대변동이 일어나기 전까지 순간적인 상황변화에 따라 상승

케빈 그린(Kevin W. C. Green)은 Green & Associates, Inc., Alexandria의 대표로 건축 및 엔지니어링 사무소를 위하여 버지니아를 기반으로 한 마케팅 및 전략적 계획 컨설턴트를 운영한다. 그는 1988부터 1998까지 워싱턴 D.C 지부에서 Leo A. Daily의 마케팅 이사를 역임하였다.

하고 하강하는 것처럼 보일 수 있다. 그 후에는 한때 미루나무 뿌리로 단단하였지만 지금은 농부 존스(Jones)가 작년 봄에 심어놓은 콩나무 줄기에 의지하고 있는 강둑에 비로 범람한 강물의 급류가 강하게 부딪히면서 극적인 상황이 벌어진다: 약화된 강둑은 무너지고 강물이 격렬히 새로운 진로－존스의 곡간 마당－를 가로지르며 나간다. 강물은 이 새로운 진로를 영원히 유지하거나 아니면 이후의 예측 불가능한 연쇄적인 변화－어떠한 것은 자연(비, 범람)에 의해, 어떠한 것은 아마도 인간(미루나무의 제거)에 의해 발생하는 것－들이 결합하여서 강물의 진로를 또다시 바꾸기 전까지 유지할 것이다.

진화의 개념이란 안정된 단계적인 변화과정이 아니라 갑작스런 폭발적 변화에 의한 대규모 진화론적 방향 전환과 이러한 사건들이 산재된 장기간에 걸친 조용한 상승단계로서 이것을 **분절 평형**(punctuated equilibrium)이라고도 부른다. 이는 오늘날 혁신의 작용방식 중 진화의 관점을 설득하는 데 가장 가까운 것이다. 가장 잘 알려진 예로는 아마도 오늘날 과학자들이 주장하는 6천5백만 년 전에 유카탄 반도에 추락한 유성이 기후적인 전환을 야기함으로써 공룡을 멸종시키고 우리의 종인 인류가 지구를 정복할 수 있는 길을 열어주었다는 설이다.

분절 평형은 건축가가 진화와 변화 모두를 다루고 내부적(실무에 관하여) 그리고 외부적(고객의 요구 및 기대사항에 관하여)으로 다루기 때문에 여기에 관련된다. 내부적으로 오늘날 건축 실무는 스스로 진화하여 이룬 결과이다. 설계 및 시공은 초창기부터 개발되었으나 19세기 중반의 근대 건축 실무의 출현 이후로 급격히 반복적으로 교육되어 온 무수한 진보, 개작, 개혁, 성향 및 기준의 총체적 산물로서 생산된 제품이다. 이 중 많은 변화들은 진화론적으로－실무의 평형을 강조하였고 영향력을 영구적으로 만들기 위하여－지나치게 권장되었으며 또 다시 환경조건들이 변하면서 사라져갔다. 예를 들어, 에너지 효율이라는 설계 목표의 중요성은 1973-74년의 석유파동 이후로 석유 비용에 따라 운율처럼 부가되었다가 사라진 적도 있었다. 변화가 언제, 또는 어떠한 범위 내에서 사물을 새로운 상승단계로 이동시키는 실질적이고 진화론적인 전환이 되는지는 쉽게 알 수 없다.

건축가처럼, 클라이언트도 역시 삶, 업무 그리고 기업에서의 변화를 열망하며, 이는 그들이 살고 일하는 건물에 대한 기대에서도 마찬가지이다(이러한 목표를 획득하도록 도와주는 컨설턴트에 대한 기대 또한 그렇다). 이러한 변화가 평형에 관한 진화론적 변환점이 되는 시기는 언제인가? 언급하기가 어렵다. 반면에 오늘날의 변화 추세는－국제적, 사회적 또는 지역적인 것과 무관하며 집에서나 직장에서나 매우 급격하여 실질적인 진화의 씨앗이 내재되어 있는－보다 큰 가능성이 있을지도 모른다.

세계적인 수준에서의 변화

아폴로11호의 "모든 인류의 평화를 기원하는" 달의 착륙으로부터 30여 년 지난 지금까지 가장 많은 이들에게 보편적으로 다가온 변화는 마샬 맥루한(Marshall McLuhan)

이 오래 전부터 예견한 지구촌의 실현이다. 지구는 지금 5조 이상의 사람들이 세계 전반에 걸친 무선통신(아직은 그렇지 않아 보일지라도) 네트워크에 의해 연결된 공동체로 실질적으로 모든 사람이 같은 연예오락, 정치적 견해 그리고 같은 상품, 서비스, 주식, 계약 및 통화를 거래할 수 있는 기회를 갖고 동등한 접속을 통하여 세계적으로 점차 많은 공유를 한다.

세계화의 첫 단계에서 조절이 거의 불가능했던 혼란은 태양계 규모를 제외한 모든 초창기 개척 시대를 연상케 한다. 국제무대에서 이윤을 추구하며 경쟁적으로 우세를 획득하려는 선진국 및 다국적인 기업을 위한 많은 기회와 위험이 동시에 혼재되어 있다. 다국적 기업들이 건축가를 동반하기 때문에 미국 회사들에게 있어서 기존의 클라이언트 관계는 해외 프로젝트에 대한 유일한 통로이다.

차별적인 서구 브랜드 이름을 지닌 상품과 서비스에 대한 해외국가들의 욕망－코카콜라(전 세계적으로 모든 탄산음료 제조의 50퍼센트 차지)의 음료에서부터 에르메스의 스카프와 구찌의 귀금속까지－은 건축에서도 마찬가지이다. 유럽, 중동 및 아시아 클라이언트(및 그들의 클라이언트)들은 미국적인 기술과 마찬가지로 미국적인 디자인에 수십 년 동안 굶주려 왔으며 이는 자주 (건축 및 기술적으로) 반영되고 있다. 이에 대응하여 건축산업에서 많이 알려지고 최고의 디자인을 자랑하는 많은 이름들－SOM과 KPF에서부터 게리(Gehry), 펠리(Pelli), 스턴(Stern) 그리고 그레이브스(Graves) 등－을 수입하였으며, 이는 서구 브랜드에 대한 국제적인 소비자들의 욕망을 충족시키기 위함이다.

동시에 선진국가의 기업들은 국제화로 인하여 타격을 받았다. 1997년 이후로 비틀거렸던 아시아 경제는 하락하는 미국 기반의 다국적 제조사들의 판매에 나섰다. 이러한 퇴보는 수입저하, 월 스트리트 주가하락으로 평가, 실직, 해외 타격으로 인하여 야기된 또 다른 무수한 타격으로 반영되었다. 이 중에서 특히 코카콜라 및 이스트맨 코닥은 그러한 아픔에 대해서 잘 알 것이다.

기회는 단연 선진국가의 기업들을 더욱 종사하게 만들 것이며 개발도상국의 시장에 대하여 관심을 갖게 만들 것이다. 그것이 국제화를 진화론적인 사건으로 만드는 것이다. 대규모의 미개발된 시장들이 기다리고 있다: 중국 인구는 독자적으로 세계 인구의 40퍼센트를 차지함으로써 많은 장벽에도 불구하고 억제할 수 없을 정도이다. 생산의 효율성 또한 기다리고 있다: 디즈니의 1999번째 영화인 타잔은 3년 동안 전 세계적인 휴무 없는 제작의 결과물이다. 많은 건축 및 기술 회사들은 해외 프로젝트에 대해서 이와 유사한 접근을 시도하고 있다.

세계화의 도래

아이비(Ivey) 경제 회보(1997년 겨울호)에 게재한 John McCallum은 세계화에 대하여 2개의 요소들을 지적한다.

첫째, 늘어나는 산업체 속에서의 세계화는 빠른 속도로 단일 세계 시장을 형성한다. 도시나 지역에서의 최고는 더 이상의 성공을 보장받지 못한다; 모두...... 어느 곳이나 경쟁자이며, 오직 세계적 수준의 기준만이 있을 뿐이다. 더욱 치열한 경쟁은 변화의 속도가 빨라지고 살아남기 위하여 더욱 노력한다.

둘째, 전자 통화, 세계적으로 연결된 금융시장, 24시간 전 세계적 통상, 극적인 부채잔치, 파생 상품, 그리고 뮤추얼 펀드는 새로운 재정 시대를 선도한다. 위기관리는 정당한 권리로서의 전문성을 확보한다.

McCallum은 MIT 경제학자 Lester Thurow의 세계화의 기관차는 과학 기술이라는 것에 동의하며, 이것은 3차 산업혁명을 선도하는 것이고 모든 것이 감동적인 1차와 2차 산업혁명의 완결이라 선언한다. McCallum에 의하면 "마이크로 전자공학, 분자 생물학, 입자 물리학, 그리고 광학은 생산으로 전환되며, 재정, 교통, 통신, 그리고 18세기 증기와 동력 기술이 그랬듯이 개인의 업무가 완전히 변하였고, 또한 19세기의 전기, 내연 장치, 그리고 전화기가 그러했다"라고 지적한다.

"변화는 언제나 일을 수반한다. 일은 많은 스케줄 상에서 제일 중요하게 취급되어져야 하는 것이 아니다. 편안하고 오래된 방법들은 없어져야 하고, 새로운 것들을 배워야 하며, 새로운 기술에 익숙해져야 한다....

사람들은 변화가 왜 필요한지를 잘 이해하지 못하는 타고난 어려움을 가끔씩 호소한다....

논점들은 복잡하고, 어떤 것도 확실하지 않고, 사람들은 이를 불안해한다."

John McCallum, "변화 뒤의 얼굴"

Ivey Business Quarterly, winter 1997 (아이비 경제의 4분기 경제 신문. 1997년 겨울)

그러나 이 새롭고 거대한 국제화 사업의 개척에 위험이 도사리고 있다. 예를 들어 NAFTA와 GATT와 같은 상호교류 동의체결, 그리고 최근의 아시아 및 중남미 노동자의 저임금에 대한 기대치는 곧 또는 차후에 미국과 유럽에서 현존하는 직업 동향을 혼란시킬 것이다. 당연히 보다 넓은 경제적 세계는 보다 넓은 폭의 잠재적인 문제로 거듭난다. 폴 블루스타인(Paul Blustein)이 최근에 워싱턴 포스트에 적은 글에서처럼, "어떠한 새로운 문제점이 불거져서 세계의 경제를 붕괴하기 위해 위협하게 되는 것은 단지 시간 문제일 수도 있다."

사회적인 레벨에서의 변화

21세기로의 들어서면서 분명히 인구학적 변화가 미국사회의 변화의 방향을 설정해 준 것은 분명하나 그러한 현상이 오랫동안 지속되는 혁신적인 효과를 가져 오리라 말하기는 어렵다. 그럼에도 불구하고 건축 클라이언트들에게 미치는 단기의 영향들은 현재나 앞으로도 중요하게 여겨진다.

베이비 붐 세대(1946년과 1964년 사이의 출생자들)가 출현하면서부터 인구통계학적 변화는 미국의 건축에 어떠한 다른 분야보다도 더 많은 영향을 끼치게 되었다. 50년대 초반에, 팽창하는 인구는 전국의 새로운 교외지역들에서 새로운 삶을 시작하는 수백 만의 사람들이 살 새 집의 건설을 추진시켰고, 수천 개의 새로운 고등학교와 대학 캠퍼스의 팽창을 불러왔다. 오늘날의 넘쳐나는 "화이트칼라" 족들이 일하는 사무실들과 그들이 부유해지면서 옮겨간, 규모가 커진 집들도 같은 목록 위에서 찾을 수 있다. 과거 10년간의 차트 드로잉보드를 훌쩍 뛰어넘는 것은 셀 수 없이 많은 출생 붐 세대의 아이들이 현재 다니고 있는 교외의 학교들이다. (1960년의 1세와 6세 사이의 인구보다 1966년의 같은 나이대의 인구가 더 많았다. 출생 붐으로 인해 그 나이대의 인구가 최고점에 달하였다.) 그리고, 첫 번째 출생 붐 세대가 70세가 될 때, 그들을 위한 새로운 노인시설들이 2016년을 즈음해서 무리를 이루게 될 것이다.

정보화 시대의 3가지 큰 동향

우리 삶의 방식에서 첫 번째 대전환은 이동성이다.

...미국인의 25퍼센트 이상이 매년 거취를 옮긴다. 우리 생활 가운데 이동성이 점차 커짐으로써 집은 일정한 장소가 아니라 하나의 개념이 되고 있다.

...건축계통의 전문가들은 사람들이 여행이나 모험을 떠날 때 그들이 집도 함께 가져갈 수 있도록 만들어주는 능력을 가져야 할 것이다.

두 번째로 큰 영향은 호모필리(homophyly)일 것이다. 생활과학 분야에서 빌려온 이 말은, 서로 닮아가기 위해 접촉하는 사물들 사이에서 일어나는 경향들을 의미한다. 즉 40년 동안 결혼생활을 한 부부는 서로 비슷하게 보고, 말하고, 생각한다. 인류는 서로 달라지는 것이 아니라, 더욱 닮아가는 것이다. 인류는 점차 동질화되어 가는 동시에 독특한 것들에게 더욱 더 큰 중점을 둘 것이다. 프랭크 게리의 빌바오 미술관(Frank Gehry's Guggenheim Museum Bilbao)은 동일성이 두드러진 시대에 신선하고 의미심장한 신호이다. 그리고 도시와 회사들은 다음 25년 동안 게리처럼 비정상적이고, 확연히 다른 디자인을 제출하기 위해 더욱 노력할 것이다...

미래의 건축의 세 번째로 큰 영향은 정보기술이 될 것이다... 1980년대가 개인 컴퓨터가 보급된 시대였고 1990년대가 마이크로프로세서의 보급이었다면, 새로운 세대의 특징은 환경과 반응을 감지하고 나아가 건물 자체의 구조와 내부의 사람을 위해 건물의 상황을 변경할 수 있는 마이크로전자기계의 시스템이다. 미래에 지어질 모든 새로운 건물은 더욱 강화된 센서/또는 인공지능 기능들로 인해 편리해질 것이다.

Watts Wacker, Architectural Record, March 1998

지역, 도시 그리고 커뮤니티 레벨에서의 변화

존 맥컬룸(John McCallum)이 언급한 "자기의존, 자유 시장 체제, 신중한 금융정부, 세금인하, 적은 서비스, 보조금의 감소, 민영화, 그리고 자유 무역에 관한" 새천년의 전환은 항상 주로 도시, 지역, 커뮤니티의 개발을 형성해 온 민간 클라이언트에 의해 통제된 경제력의 기반을 더욱 강화할 것이다. 그러한 동일한 경제력은 도시 외곽의 거대한 비계획 개발지역들을 이동시키기 시작하여, 결국 약 1960년 이후부터는 사업을 노동 인원을 따라 도심 밖으로 이주시키고 교외 그 자체를 19세기 미국의 보다 대성공적인 이야기로 거듭나는데 있어서 대단한 성과를 거두었다.

모든 확실한 비평은 전국의 교외지역에 집중하였고–백인 중산층의 특성, 동일한 주거계획 그리고 "그곳에는 결국 규정이 없다"라는 확산정책–전후에 대중적 지지를 받은 처음으로 증명된 교외 주거 개념은 오늘날 여전히 존재한다. 요점은 국가의 전통적인 교외 공동체로부터 출발한 첫 세대는 다음 세대를 위하여 그곳에 남아있다는 것이다. 오래된 학교, 전통적인 미국의 마을(주 도로망으로 완비된)의 반복적인 그리드 계획을 선호하고 곡선형 교외 동향을 거부하는 이러한 "새로운 시"의 움직임은 교외에 관한 사고–활력과 소생–체재는 팽창하고 모든 것을 위해 존재한다는 강력한 증거이다. 그것이 진화이다.

만약 존 맥컬룸이 맞는다면 그러한 팽창이 교외 및 외곽도시 개발 그리고 최후의 재개발을 내포한 원초적인 문제로 지속될 것이다. 요점은 사람들이 제시간에 출근을 하지 못할 정도로 교통상태가 악화되기 전까지는 경제적인 힘은 삶의 질적 문제들에 대하여 크게 신경을 쓰지 않는다는 것이다. 그러나 클라이언트들이 도시, 지역 및 공동체사회의 계획에 대하여 만약, 경제적 이유를 위하여 그리하였다면 그들은 낙후된 교외와 외곽도시에서 발생하는 비정상적인 도로 배치, 부적합한 조경계획 그리고 낙후된 교통시설에 관한 특징들을 설명하는 새로운 아이디어에 대하여 깊은 관심을 가질 것이다.

가족 레벨에서의 변화

미국 가정의 평균 규모가 축소되고 있는데, 1999년 6월호 타임(Time)지에서는 발전된 피임법과 여성의 취업인구가 증가했기 때문이라고 보고하였다. 그리고 1990년대에는 새로운 미국 주택의 평균 규모가 20% 정도 증가했다. 이 부분에 대하여 전문가들은 모계 측의 책임감도 지적하고 있다. 시공자들은 오히려 여성들이–미국의 가족 내에서 상품 구매에 관하여 가장 큰 결정의사를 가졌다고 한 연구자가 밝힌 바와 같이–부엌과 욕실(전통적으로 여성 중심의 공간)을 더 크게 지어야 한다고 주장하는 쪽이라고 한다.

여성의 새로운 역할은 주부의 고소득, 높아진 기대치, 육아와 일과의 정확한 시간 배분에 대한 욕구들로 변화되었다. 1999년 7월 국내의 결혼 비율이 1960년 이후 43퍼센트로 떨어졌다는 것은 그 기간 동안 독신 가구가 늘었다는 것을 말하고 있다. 이러한 통계가 주택 설계(단지 더 많은 공간과 더 적은 시간을 즐긴다는 것을 넘어서서)에 어떤 영향을 미칠지 몇몇 전문가들이 점쳐보고 있다.

기술은 집과 사무실의 기반시설이 변화했듯이, 변화될 것이라고 말한다. 이 두 상황에서의 클라이언트는 새로운 기술로서의 설계(평면고화질 TV에서 무선통신과 TV/PC/인터넷/전화팩스까지)가 가지는 기반적 융통성이 새로운 프로그램의 필수품들을 창조해 내기를 계속적으로 요구한다.

간단하게 말해서, 다음 30년 간 주택 설계를 좌우하는 다른 힘은 베이비 붐 세대가 고령화되면서, 2030년 즈음엔 65세 이상의 미국 인구를 3500백만(인구의 13%)에서 7천만(21퍼센트)으로 급상승하게 만드는 것이다.

"변화는 사건이 아니고 과정이다."

Tom Eherenfeld, Harvard Business Review, Jan-Feb. 1992

80퍼센트 정도의 대다수의 미국인들은 퇴직 후에 다른 환경이나 누군가가 돌봐주는 시설보다는 그들의 커뮤니티에 계속 속해 있기를 선택한다(사망하기 전까지는). 그래도 붐 세대가 고령화되면서 노인들의 육체적 활동능력이 감소된 것에 맞추어진-넓은 의미에서 퇴직 후의 삶을 위한-집들의 건설과 재건설은 전국의 남쪽으로 혹은 서쪽으로의 인구 이동을 계속적으로 지원할 수 있게 한다.

기업의 변화

기업 세계는 실행의 진화와 주요한 실례로서 클라이언트의 영향력이 변하는 것을 관찰할 수 있게 특별히 강요된 공간이다. 사업은 생존을 위한 고통의 현장이다.

국가, 사회, 커뮤니티, 그리고 가족들과는 다르게 기업은 궁극적으로 한 계층-소유권자-의 사리추구라는 하나의 목표만을 걱정하며 극대화된 가치를 위하여 노력한다. 결과적으로, 이득과 시장에서의 이윤을 경쟁적이며 공격적으로 탐색하게 된다.

생존과 마찬가지로, 이윤의 탐색은 연관된 몇 가지의 중요한 논점에 대한 관심으로 집약된다. 경쟁적인 이득은 여러 가지 방법으로 획득될 수 있는데, 모든 방법에 있어서 기업의 클라이언트들이 다섯 가지의 P(판촉, 제품, 사람, 장소, 그리고 가격)는 클라이언트에게 할당된 역할이라고 생각한다는 것을 조건으로 삼는다. 수익성, 즉 세입이 세출보다 많은 성취는 장려되어야 하고, 이는 세 가지 방법으로 이루어질 수 있는데 세입을 늘리거나, 세출을 줄이거나, 더 효과적인 제조과정을 통해서 그 둘 모두를 이루어내는 것이다.

결국에는 이윤에 영향을 미치는 요인들만이 모든 법인 클라이언트들의 관심사가 되며 변화는 그 요인에 대하여 법인 클라이언트들이 어떻게 생각하느냐에 따른 배경이 있다. 왜? 변화는 경쟁적인 이득에서든 이윤성에서든 자연스러운 순리이기 때문이다. 법인 클라이언트들의 클라이언트들은 판촉, 제품, 사람, 장소, 그리고 가격이라는 각각의 요소들에 부여하는 가치를 계속적으로 변경하는데, 이는 그들 자체의 환경이 지속적으로 부분적인 변화를 하고 있기 때문이고, 클라이언트의 경쟁자들이 똑같은 고객들을 대상으로 끊임없이 가치에 기초한 구매력을 계속해서 조절하기 때문이다. 따라서 시장에서의 회사의 경쟁적인 이윤 창출은 날마다 달라진다. 이윤을 위해서는, 언제나 세입을 늘리고 세출을 줄이는 것이 인플레이션을 일으키지 않는 현명한 방법이다. 회사의 사원들이 요구하는 봉급이 점차적으로 인상됨에 따라, 원자재의 가격이

변화에 준비되었는가

1996년에 데이비드 칼(David Karr), 케빈 하드(Kevin Hard), 그리고 쿠퍼 & 라이브란드(Coopers & Lybrand's)의 변화 관리 센터의 윌리엄 트란트(William Trahant)는 회계 자문회사의 클라이언트들이 순응하는 힘의 목록들을 제시했다. 목록과 그에 따른 기록은 여전히 가치 있게 인용되고 있다. 오늘날, 4가지 유형의 힘이 조직을 변화시키고 있다.

1. *시장의 힘.* 이것은 세계적인 경쟁, 새로운 시장 기회, 그리고 변화하는 고객의 필요와 선호를 포함하고 있다. 큰 차량 부품 회사인 France's Valeo의 Noel Goutard는 자사와 다른 회사가 직면한 상황을 다음과 같이 요약했다:" 저는 강한 자극이 없는 변화는 본 적이 없습니다. 지금 이곳에도 자극이 있지요. 변덕스러운 시장, 일본인과의 경쟁, 강한 업무 압력. 이러한 것들이 변화를 강요하고 있습니다."

   제너럴 일렉트릭(General Electronic)의 CEO인 잭 웰치(Jack Welch)는 "우리는 무엇을 해야 합니까? 개혁되고 의욕을 불태우는 유럽과 경제 개선으로 저렴한 가격을 앞세운 일본이 밀려오는데, 우리는 그들에게 지나간 신문의 스크랩이나 보여줍니까?" 웰치는 오늘날 경제의 국제적 역동성으로 인해 어떠한 나라도 자기만족을 위한 여유를 가지지 못할 것이라고 말했다. 또한 변화를 주도하고 있는 시장기회에 대해서도 언급하며, 아시아는 이 세대에서 가장 큰 성장을 하게 될 시장이며, 우리의 미래라고 말했다.
2. *빠르게 변화하는 기술.* 오늘날의 기술은 날씨가 변하듯이 바뀌고, 장기간 일기 예보와 비슷한 신뢰도를 가지고 있다. Silicon Graphics의 CEO인 Edward McCracken은 그의 회사에서는 가지를 쳐내는 것만이 경쟁력 우세를 얻기 위한 유일한 방편이라고 말한다. 그는 "아무도 미래를 예측할 수 없다. 전략 계획에 있어서 3년은 긴 시간이고, 아마도 2년도 길 것이다. 5년은 비웃음거리이다." 빠른 속도의 기술변화는 기술을 사용하는 조직과도 관련된다. 그들은 경쟁력 우위나 동등한 가치의 잠재성을 제공하지만, 그것은 조직이 하이테크한 도구로 사업을 하는 새로운 방법을 만들어내기 위해서 변화할 때만 그렇다. 단순히 자동으로 작동하는 현재의 프로세스를 통해 지속적으로 이윤을 얻을 수 있는 날은 이제 끝났다.
3. *정치 제도와 사회의 변화.* 사업과 서비스를 개인의 손에 넘겨준 것은 오랫동안 생산력과 사업 증가의 요인이 되어왔다. 지난 수십 년 동안 유럽의 사회주의 정부들의 정치적 성공을 위한 첫 번째 움직임은 거대산업과 서비스 산업들의 국영화였다. 하지만 국영화가 경제에 악영향을 끼친다는 것을 알아내고 그들은 정책을 바꾸기 시작했다. 미국에서는 1990년대에 통제를 철폐하고 국제적인 경쟁을 허용하여 서비스부분의 생산력이 1.6% 연간 성장률을 나타냈으며, 이는 1980년대의 0.8퍼센트의 성장률의 배에 달하는 것이다.

   두 가지의 부각되는 경향은 한때 국영이거나 독점이었던 기업들이 민영화된 것과 정부기관들이 더 효율적이고 비용이 덜 드는 방향으로 작동해야 할 필요가 생긴 것이다.
4. *경쟁 상황과 성능을 개선해야 할 내부적 필요성.* 변화를 위한 많은 강제적 상황들이 외부 세계에서 만들어지는 동안, 내부적 변화의 필요성은 많은 조직들에게 매일 현실로 다가서고 있다. 주주들의 불만, 이익과 시장점유율의 저하, 그리고 법인기구들의 생존을 위한 위협은 가장 즉각적인 주목을 끈다. 이탈리아의 Pirelli 타이어 회사의 예를 들면, 1980년대의 사업확장으로 인해 가진 자산의 1.5배에 달하는 빚으로 1990년대에 파산을 눈앞에 두고 있었다. 12개 공장의 폐쇄, 큰 지사의 매각, 부실한 사업체들의 정리, 170명의 회사 간부들의 해고라는 유럽의 경제상황에 상상할 수 없는 큰 영향을 준 "멸망의 가장자리"라는 시나리오의 변화가 즉각 시행되었다

   오늘날의 변화를 요구하는 상황에는 한 가지의 공통점이 더 있다: 변화는 없어지지 않는다. 미국의 대다수 경영자들이 투표를 한 결과, 변화의 속도가 오늘날의 "빠르거나 심각하게 빠른" 정도에서 더욱 가속될 것이라고 하였다.

크게 오르는 경우가 있다.

모든 기업 클라이언트의 또 다른 관심사는 높은 자산 가치에 대한 소유권자의 냉혹한 요구이다. 이것이 없다면, 소유권자는 자금을 더 높은 수익성에 투자하게 될 것이다. 이론적으로는 높아진 자산 가치는 월등한 경쟁력의 성과에 의한 유리함과 극대화된 수익성, 소유권을 유지하기 위하여 항상 클라이언트가 느끼는 위협, 그리고 경쟁력 있는 이익이나 더 효율적인 제조를 이루어내는 전략들을 개발하기 위한 여지를 남겨 두어야 한다. 그럼에도 불구하고, 우위가 뒤바뀔 수 있는 위협은 항상 근접해 있다.

제3장 클라이언트는 건축가를 어떻게 선택하는가

3.1 클라이언트의 가치가 건축가 선택에 어떻게 영향을 미치는가

Kevin W. C. Green

클라이언트들은 가치를 원한다. 클라이언트의 고유한 가치를 발견하는 것이 연구문제이며, 다섯 가지 P－판촉, 제품, 사람, 장소, 가격－에서 그 해답을 발견할 수 있다.

클라이언트의 성향(1.1절 참고)에서는 고객과 클라이언트가 구매 결정을 할 때에 다섯 가지 P－판촉, 제품, 사람, 장소 그리고 가격－에 주요한 가치를 할당한다고 논하였다. 클라이언트의 가치에 대한 이해(1.2)는 건축 클라이언트들이 포괄적으로 관심을 가질 수 있는 다른 가치에 대해서 논한다 : 비트루비어스(Vitruvius)의 견고함(firmness), 편리성(commodity), 즐거움(delight) 그리고 데이비드 마이스터(David Maister)의 납품(delivery), 서비스(service), 아이디어(idea)의 관점에서 가치를 논하여 보자.

클라이언트들이 이러한 가치를 분류하는 각각의 방법과 이것이 구매에 어떠한 영향들이 미치는가에 대하여 이해하는 것이 중요하다. 모든 클라이언트들은 이러한 가치의 중요도를 인식하는 정도에 따라 각각의 가치에는 다른 가중치가 부여되며, 독특한 방정식을 기초하여 구매를 한다. 아마도 그들이 전체를 부담할 수 없다는 것을 본능적으로 알고 있기 때문일 수도 있고 또한－그런 경향이 많기 때문에－그들이 단순히 어떠한 것들은 다른 것들보다 더 중요하다고 생각하며 클라이언트와 고객들은 특정한 속성을 찾아 나서고, 그러한 속성들이 가장 높은 강도를 나타낼 때 구매하기 때문일 수도 있다.

"전반적인 부분에서, 우리가 같이 일하는 회사의 기술능력은 동등하기 때문에 우리는, 우리의 질문에 직면하는 그들의 수행능력뿐만 아니라 그들의 프레젠테이션, 자신들을 다루는 방법과 우리의 이슈를 언급한 것과 같은 보다 주관적인 요소에 관심을 갖는다."

Mark Brenchly, 계획 및 개발부문의 부대표, A/E Marketing Journal, 1996년 2월

케빈 그린(Kevin W. C. Green)은 Green & Associates, Inc., Alexandria의 대표로 건축 및 엔지니어링 사무소를 위하여 버지니아를 기반으로 한 마케팅 및 전략적 계획 컨설턴트를 운영한다. 그는 1988부터 1998까지 워싱턴 D.C 지부에서 Leo A. Daily의 마케팅 이사를 역임하였다.

클라이언트의 가치

클라이언트를 만족시키기 위해서는 클라이언트가 실제로 원하는 것이 무엇인지 확실히 아는 것이 결정적이다. 건축가들은 그 해답을 얻기 위하여 이 다섯 가지의 P를 이용할 수 있다.

건축에 있어서 판촉(promotion)이란 전통적으로 약 25년 전만 해도 달갑게 받아들여지지 않았었다. 광고와 같은 명료한 형태는, 실제적으로 AIA회원들에게 허용되지 않았으나 미국 연방 대법원과 그 외 법원들에서 1970년대부터 일련의 규칙을 내놓기 시작하였고, 이는 어떠한 필수적인 수행 기준들을 단순하게 유지해 온 협회나 다른 전문적인 단체(미국 법조인 협회를 포함한)에 영향을 미쳤다. 광고 금지, 의뢰인을 위한 자유 스케치의 제작, 사전허가 없이 원 건축가를 다른 건축가로 대체하는 것, 그리고 이와 비슷한 경쟁적인 노력들이 자유로운 상거래를 비합리적으로 규제하는 것으로 판명되었다. 오늘날의 건축가들은 오늘날의 변호사들처럼 성향의 범위(물론 이는 제한된 범위는 없으나) 안에서 모든 합법적인 방법과 현장에서 판촉을 자유롭게 할 수 있다.

클라이언트는 그들 자신의 가치를 반영해주는 건축가를 찾고, 또한 판촉은 그 속에서의 반사작용인 것이다. 전문직업의 원초적 판촉방식은 건축가가 가능성을 가진 클라이언트들—부와 성향과 실질적인 비즈니스를 가지고 건축가에게 상업적이나 산업적인 일뿐만 아니라 지방의 주택관련 행정 일을 제공할 수 있는—에게 노출될 수 있는 한두 개의 상류 남성 클럽의 회원자격(건축은 그 당시 남성만의 요새였다)을 가진 품위 있는 건축가가 되는 것이다.

요즘의 건축 클라이언트들은 건축 그 자체처럼 상당히 민주적이다. 지난 20년간 건축가들은 자신들의 일을 특성화할 수 있는 가치를 판촉하기 위하여 광범위하게 노력하고 있다. 그러나 어떠한 상품이라도 그 활용의 폭은 클라이언트가 다섯 가지 P를 보는 관점이 각각 별개라는 점 그리고 클라이언트가 가치를 두는 것과 관련된 의도를 수용하는 개념에 의하여 제한된다.

> "우리는 회사들의 경험, 학교 관계에 있어서의 배경, 그리고 교육과 관련된 이슈의 이해를 주시한다. 우리가 가진 큰 의문은 이러한 회사들이 다른 지역을 위해 무엇을 해왔으며 이러한 일이 그들의 회사에 어떻게 도움을 줬고 지금 도움을 주고 있는지에 대한 것이다."
>
> 학교 시설 관리 감독인 Mike White, A/E Marketing Journal, 1996년 2월

건축에서의 **제품**은 견고함(firmness), 편리성(commodity), 그리고 즐거움(delight)에 관한 비트루비우스적 미덕에 초점이 맞추어진다. 건축가의 서비스 제품이 물리적인 구조가 아닐 때조차—시설관리계획, 절차에 따른 조사연구, 또는 단지 몇 마디의 충고의 경우라도—주제는 대체적으로 물리적인 환경을 다루고, 클라이언트는 대체적으로 한 가지 이상의 양상인 완성도(견고함), 인간주거를 위한 효율성(편리), 그리고 일반적인 의뢰인의 만족(즐거움) 유발에 초점을 맞춘다.

제품에 대한 확고한 지도를 받은 클라이언트들은 대체로 동일한 형태—건물, 계획, 보고서, 연구, 데이터베이스, 조언—를 가지며 사용, 활용, 목표, 또는 적용이 유사한 과거 제품에 관심이 있다. 얼마나 유사한가? 제품 지향적 클라이언트들은 과거 제품에 관심을 갖기 쉬우며 아래와 같은 측면에서 자신의 것들을 연상한다.

- **스케일:** 작은 것보다 큰 프로젝트들이 별개의 다른 도전을 제기하기 때문에
- **사용과 복잡성:** 요구사항이 대규모 변화를 포함할 수 있고, 많은 클라이언트들은 특정 건물들을 사용자의 요구에 특별히 부합되는 특정한 유형으로 인식하기 때문에
- **비용:** 비용의 억제는 항상 상관이 있기 때문에
- **스케줄:** 시간은 항상 돈이기 때문에
- **목표도달 방법:** 이는 비용과 스케줄에 영향을 주기 때문에
- **위치:** 지역적 친밀도는 변화를 나타내기 때문에
- **설계:** 이는 역사처럼 반복되는 경향이 있는 재능을 나타내기 때문에
- **클라이언트:** 비슷한 클라이언트들은 비슷한 방식으로 프로젝트를 진행시키는 경향이 있고, 비슷한 클라이언트의 과거 프로젝트는 막강한 신뢰를 갖기 때문에

건축분야에 종사하는 사람들(People)은 납품, 서비스, 그리고 아이디어에 초점을 맞춘다. 건축가의 서비스 제품이 무엇이든 클라이언트는 그것을 제공하겠다고 제안한 사람들이 과거와 같은 노력을 한다는 것을 알기 원한다. 이러한 확신은 클라이언트로 하여금 건축가가 그러한 서비스를 제공할 수 있는 지식과 재능을 겸비한 것으로 믿게 한다. 전문적으로 이루어진 조직으로서 신뢰도를 향상시키기 이전에 회사가 같은 종류의 일을 수행했었다는 개념은 마이스터(Maister)의 용어에 의하면, 유사한 상황에서 프로젝트 완성도, 클라이언트 서비스, 또는 영리한 아이디어를 겸비한 세대를 칭한다.

"우리는 회사의 경험, 직원의 자격, 그리고 누가 그 프로젝트에서 일인자가 되느냐에 따라 회사를 평가한다. 우리는 또한 프로젝트의 설계 단계가 끝난 후에 그 프로젝트를 얼마나 잘 수행하였느냐에 따라 회사를 평가한다."

California State University, Sacramento, 시설 계획 관리자 Ron Richardson, A/E Marketing Journal, 1996년 2월

관계형성에 가치를 두는 클라이언트들은 대체로 그들의 프로젝트를 제안한 사람들과 만나는 것과 배우기를 원한다. 최소한 그들은 다음의 사항을 알기 원한다.

- 회사에서 설명하는 것처럼 과거의 프로젝트를 수행했던 그 사람들이 같은 능력으로 일을 수행할 것인가
- 회사에서 가장 높은 사람들이 참여할 것인가—또는 차선책으로 높은(고임금의) 그리고 상대적으로 낮은(저임금의) 사람들이 비용의 한계 내에서 적절히 배치될 것인가
- 사람들이 프로젝트의 기술과 스케줄에 적합하도록 충분하게 투입되는가

건축분야에서 장소(Place)는 지리적인 것에 초점을 맞춘다. 클라이언트, 건축가, 그리고 프로젝트의 물리적인 위치는 어떤 클라이언트에게는 매우 중요하고, 어떤 클라이언트에게는 별 의미가 없는 삼각형의 위치를 형성한다. 위치에 대한 각 클라이언트의 가치판단은 클라이언트가 구매하고자 하는 서비스에 따라 변할 수 있다.

몇몇 클라이언트들은 프로젝트나 클라이언트의 사무실에 대한 컨설턴트의 접근성에 관한 이점을 잘 인식하고 있다. 그러나 많은 요소들이 접근반경보다 훨씬 중요하다. 예를 들어, 클라이언트가 전국 규모의 몇몇 회사에서만 특정한 기술적 복합성을 다룰 수 있는 능력을 찾는다면, 그 클라이언트는 멀리서 가장 적합한 회사를 찾을 것

이고 클라이언트나 프로젝트의 근접영역에서 한 사람도 고용하지 않을 것이다. 많은 종류의 건물(대규모 공항 터미널도 포함하여)에 있어서 회사의 단순한 공급이 클라이언트의 선택 방식을 가동시키는 것처럼 인식된다. 반면에 클라이언트와 가까이 있는 여러 회사들의 직무 자격이 유사하다면, 왜 타 지역에서 사람을 고용하겠는가?

이는 장소가 회사 서비스의 수출가능성에 대한 이슈를 제기하는 방법이다. 수출가능성이란 의뢰인의 특별한 가치를 X축으로 하고, 이 가치를 이루는 능력을 가진 회사의 수를 Y축으로 하여 만들어진 비율이다.

회사 서비스의 수출가능성은 종종 클라이언트로부터 가장 극적으로 표현되는데 이는 클라이언트가 설계의 탁월함에 너무 치우쳐서 선택의 논점에서 모든 장소성을 간과하게 될 때이다. 고전적인 예로 커민스 엔진 회사(Cummins Engine Corporation)의 회장인 어윈 밀러(Irwin Miller)는, 설계의 탁월함을 커민스의 본사가 있는 곳인 인디애나주 콜럼버스로 재능 있는 사람들을 끌어들이는 자석과 동일시하였다. 밀러는 국제적으로 경쟁력 있는 스타 건축가의 명부를 가지고 작은 지역의 사실상 모든 공공건물의 설계를 승낙하였다.

월트 디즈니 회사도 마찬가지로 플로리다 중심부에서 "새로운 시민" 실험에 대한 축제 분위기를 조성하는 등 이와 유사한 노력을 시도해 왔으며 이는 여러 건축가 중에서 (뉴욕의) 로버트 스턴(Robert A. M. Stern)이 설계한 연립주택, (뉴저지의) 마이클 그레이브스(Michael Graves)가 설계한 시청, (코네티컷의) 시저 펠리(Cesar Pelli)가 설계한 아르데코 영화관 등을 제공하는 것이다. 물론, 1920년대 위스콘신의 프랭크 로이드 라이트(Frank Lloyd Wright)를 동경에 가도록 한 것과 1960년대 필라델피아의 루이스 칸(Louis Kahn)을 샹디갈(Chandigarh)에 가도록 한 것, 그리고 1990년대 산타모니카의 프랭크 게리(Frank Gehry)를 빌바오(Bilbao)에 가도록 한 것은 역사적으로 극단적인 설계 위주의 수출가능성이었다.

클라이언트가 가치를 두어 프로젝트의 수출가능성 비율을 높이기에 충분한 특정 속성은, 스타급의 설계에서부터 기술의 복잡성, 유례 없는 프로젝트 유형에 대한 이해 또는 특별한 현장에 대한 유사함까지 어느 것이든 될 수 있다. 중요한 것은 클라이언트가 건축가 사무실의 위치에 전혀 상관없이 건축가의 경험적 효율성에 가치를 둔다는 것이다.

건축회사 그 자체는 클라이언트에게 중요한 위치 관련 사항이 될 수 있다. 회사의 규모나 직원, 시설, 장비, 그리고 기술은 그것들에 관심이 있는 클라이언트에게 위치만큼 중요할 것이다. 어떤 클라이언트, 예를 들어 보안을 위한 통제구역이 필요한 미국 정부 부처 그리고 그 외 연방 기관들은 특별한 작업공간 기준을 요구하는데 이것은 동등한 자격을 갖춘 회사들 중에서 신속하게 몇몇으로 압축하여 선택권을 좁힌다.

클라이언트의 가치가 경쟁적인 압박(건축에서와 마찬가지로 자신들의 비즈니스에 대한)에 반응하며 지속적으로 변화한다는 사실은 건축가 선택의 한 요소로서 사무기술의 진화(발달)에서 잘 나타난다. 1970~80년대의 CAD(computer aided design and draft)는 특별한 것이었고 비교적 적은 회사가 보유한 신기술로서 소수의 클라이언트들에게 강력한 구분요소로 매매(가격측정)되어 평가받았다. 그러나 1990년대 중반에는 CAD가 대부분의 회사에서 공용되어 대부분의 클라이언트의 기본적 요구가 되었다. 따라서 그 가치는 현재 엄청나게 감소하였고 이러한 특정 비용은 프로젝트 비용 산출에서 삭제되는 상황에 이르게 되었다.

건축에서의 가격은 사실상 모든 선택 결과를 좌우하고 공급과 수요의 법칙에 초점이 맞추어진다. 클라이언트가 설계, 공사, 또는 다른 서비스에 대하여 얼마나 지불할 수 있는가는 클라이언트의 가치와 그 가치를 이룰 수 있는 상대적인 회사의 희소성을 반영한다.

어느 시장에서나 제품 또는 서비스는 성숙도의 예상치를 가지고 수명주기 과정을 거친다. 처음 소개하였을 때, 제품(예를 들어, DVD플레이어)을 전형적으로 새로운 기술을 실험하려는 소수의 혁신자들에게만 팔린다. 제품의 인기는 대담성이 덜한 "초기 사용자"에게 확장되면서 구매는 늘어난다. 대중이 접했을 때에 구매는 급격한 연매출 성장 시기에 들어간다. 결국 제품이 TV와 같이 모든 사람들이 취급하는 중요한 산물이 된다면 그 시장은 성숙되거나 포화상태가 될 것이다. 그 시점에서 단위 매출은 계속되고 연 대체비율이 시장의 규모 또는 GDP로 측정되는 전체 경제의 연 성장률과 같아진다면 연 매출 성장은 정지할 것이다. 기본적인 제품 또는 서비스의 수명주기－소개(introduction), 성장(growth), 그리고 성숙(maturity)－는 전형적으로 경쟁과 가격의 특성을 지닌다. 예를 들어 새로운 제품 또는 서비스가 소개될 때는 경쟁사는 나타나지 않지만 매출이 늘어나면서 경쟁사가 복제를 통해 시장에 뛰어든다. 시장이 성숙되어 매출성장이 그치면 많은 제조자나 제공자들은 사실상 같은 제품과 서비스를 가지고 시장을 나누려고 경쟁할 것이다. 전형적으로 제품은 별 차이가 없기 때문에 제조자 또는 제공자들은 가격으로 경쟁할 것이다. 그들은 고객을 유도하기 위해 할인 경쟁을 할 것이고, 고성장 단계에서부터 제품의 원가를 최대한 줄이기 위하여 제작 공정을 향상시키는 데 투자해야만 이익을 얻을 수 있을 것이다.

차이가 거의 없어 고객이나 클라이언트가 가격에만 가치를 두는 제품이나 서비스는 성숙된 시장의 상품으로 정의할 수 있다. 전형적으로 혁신, 그리고 그 혁신을 기반으로 하는 차별적인 시장을 통하여 새로운 수명주기를 시작하는 제품이나 서비스로 재탄생되지 않는다면, 상품은 소량의 이익을 창출하고 미래의 성장을 약속하지 못한다.

모든 클라이언트는 가격에 관심이 있다. 그들의 관심정도는 그들이 찾는 서비스와 관련된 프로젝트 수명주기를 반영한다. 클라이언트가 찾는 특별한 프로젝트나 서비스 유형을 만족하는 회사들은 엄청난 보수, 관대한 시간당 수당, 편리한 계약 조건들을 누릴 수 있다. 반면 그들이 상품을 판매한다면 그러한 일은 있을 수 없을 것이다.

가치의 인식

클라이언트가 가치를 두기 원하는 것 그리고 그 가치를 반영하는 건축가를 선택하는 것을 체계적으로 살펴보았다. 그러므로 건축가는 미래 클라이언트의 가치를 확신시키기 위하여 열심히 일해야 할 의무가 있다. 어떻게? 해답은 "클라이언트에게 물어 본다" 이다. 클라이언트와 대화하는 것이 그들의 가치를 인식하는 직접적인 방법인 반면에 클라이언트에게 직접적으로 질문을 하는 것은 일반적으로 다음의 두 가지 이유에서 좋은 방법이라고 할 수 없다.

첫 번째 이유는 혁신(변화)은 비즈니스에서 경쟁적 이익과 제품 성능을 얻을 수 있는 유일한 방법이 아니다. 진화(지속적인 변화)는 비즈니스에서 고객(그리고 클라이언트)의 기대를 계속 증진시키는 요소로서 산출되는 결과이며, 이것은 제품과 서비스를 제공자에 의한 경쟁적 이익과 제품의 효율을 통하여 과거의 혁신의 집합체에 의하여 추진하기 때문이다.

기본적인 요구로부터 CAD의 진화를 구분하는 혁신은 이러한 자연 성향의 단 한가지 시범이며 파급 효과는 클라이언트의 기대를 예술작품 수준으로 항상, 또는 근접하게 만든다. 클라이언트들조차도 회사가 같은 가격으로 이룰 수 있는 다른 사람의 대안보다 못한 가치의 제품(그들의 관점에서 본)을 납품한다면, 혁신의 전설 같은 "피나는 노력" 이라는 의미에 있어서 부득이하게도 불만족스러울 것이라고 고백한다.

두 번째 이유로 직접적인 질문은 왜 효과가 없는가? 클라이언트는 그들의 가치를 스스로 정확히 그려내기 힘들다—우리는 이러한 인성을 지니고 있음에 감사해야 한다. 혁신에 바탕을 둔 클라이언트의 기대치는, 클라이언트가 무시당함을 방지하기 위하여 믿음을 더욱 증진시키며 활발히 가치의 최대치를 모색해야 한다는 신뢰를 의미한다. 제품과 서비스의 구매자들은 모든 가치의 최대화가 불가능하다는 것을 알지만 그러한 요구를 하지 않으면 가치가 줄어들 것이라고 염려한다. 욕심에 의한 이러한 상식 밖의 언행은 거의 매일 일어난다. 그렇기 때문에 주유소 대합실 같은 곳에 걸려 있는 재미 있는 만화 간판이나 전국적으로 고객이 모이는 장소에서 항상 기억되는 것은, "당신은 최상품으로, 빠르게 아니면 저렴하게 가질 수 있다. 두 개를 선택하라." 라는 문구이다.

가장 세련된 클라이언트들만이 다섯 가지 P의 최고 수준보다 조금 낮은 값에 대한 포부를 자유롭게 고백한다—그리고 그것은 아마 진실이 아닐 것이다. 사실은 더 많이, 더 많이, 더 많이 원하는 요구가 혁신을 움직이고 어떠한 사업이 경쟁해야 할 것인가에 대한 수준의 정도를 향상시키는 힘이다. 몇몇(고객만)이 그 제품과 서비스에 관련된 과거의 개선점을 반영하지 않는 구매에 대하여 기쁘게 할 것이다. 모든 제품과 서비스가 동등하게 창조된 것이 아니며, 또한 모두 선정되거나 구매되지 않는다. 아마도 다섯 가지 P의 가장 큰 가치는, 특정한 제품과 서비스 기여, 인간의 본능적 판단으로 지나치게

"사업적 생각을 가진 경영자는 좌측 뇌 그리고 인테리어 건축가와 설계자들은 반대편의 우측 뇌... 인테리어 설계 협회에서는 연구를 발표하였다.... 비록 다른 사업자들과 설계자들이 같은 언어를 사용하지만 얼마나 다른가에 대한 부분을 보여주는데 초점을 맞춘..."

"달라스에 있는 Benson Hlavaty & Paret Architects사의 팀 일원 중 한 명인 바바라 너갠트(Barbara Nugent)는 그것이 매우 귀중하다고 말하였다. '흔히 우리가 같은 말을 사용하지만 각각 단어의 의미를 다르게 생각하는 세상 속에 살고 있다. 원초적으로 들릴 수 있으나 그 연구로부터 우리는 클라이언트가 사무실이 무엇인지 알고 싶기보다도 사무실 설계의 효과를 알고 싶어한다... 많은 차이점이 발생하는 부분은 우리가 비용 조정이나 가치와 같은 단어에 대하여 대화를 할 때이다.

DesignIntelligence, 1998년 8월 15일

부담스럽지 않으며 최대 저렴한 가격에 최대 가능한 가치의 조합들을 열망하는 것들로서 클라이언트가 지각하는 가치 평가의 도구이며 측정의 방법이 된다.

3.2 건축가 선정을 위한 클라이언트의 접근법

Kevin W. C. Green

제품, 장소, 사람, 가격 그리고 판촉은 단순히 클라이언트의 가치에 대한 항목들이 아니다. 그것들은 모든 건축가가 경쟁하는 활동분야 차원의 것들이다.

클라이언트들이 자신의 사업결정에 접근하는 방법은 무엇이 회사의 생존과 번창을 위해 중요한가를 이해하는 기본적 이해로부터 나온다. 다섯 가지 P는 사업결정에 있어 역할을 하는, 보다 넓게 정의되는 요인들의 수단으로서 제공된다. 특별한 클라이언트들이 각각의 다섯 가지 P에 얼마나 많은 비중을 두고 있는지를 결정할 수 있는 건축가들은 회사와 잠재력이 있는 클라이언트 간의 조화가 얼마나 유익한가를 알 것이다. 회사의 가치가 클라이언트의 가치에 맞추어져 근접할수록 그 관계는 더욱 좋아진다—그리고 사업은 더욱 많이 연결된다.

선택의 접근방식

클라이언트들은 몇 가지 방법들 중 한 가지로 경쟁하는 회사들을 볼 수 있다. 회사들을 비교하는 가장 흔한 방법은 자격과 가격을 보는 것이다. 흔히 정부기관이 클라이언트인 경우는 건축가를 선정함에 있어 현상 설계(design competition)를 주최한다.

자격 제한을 기본으로 하는 선정. 연방정부의 표준 규정 254와 255에서는 관련된 P를 설명하는 연방 디자인 의뢰를 추구하는 모든 건축가에게 질문한다: 그들이 설계하고 건설한 유사한 제품, 직접적인 책임이 있는 사람, 그리고 제품이 생산된 장소 모두는, 클라이언트로 하여금 판촉에 대한 동등한 재확인을 할 수 있도록 일반적인 형식으로 짜여 있다—가격을 제외한 모든 것은 차후에 선정된 회사와 협의된다.

오늘날 대부분의 공공의 및 개인적인 클라이언트들은 표준 규정 254와 255에서 구체화된 기준과 비슷한 기준의 항목에 기초하여 건축가들을 선정한다. 그러한 모델—일반적으로 클라이언트의 가치 또는 진행 중인 특정한 프로젝트에 관한 정보 공유를 거부하며 완성된 것으로—은 크고 작은 클라이언트들에 의해 미국 전 지역에서 매일같이 제시되는 자격에 대한 요구(RFQs)와 제안에 대한 요구(RFPs)들로 반복된다. 다양한 언어지만, 가격을 제외하고는, P들은 그렇지 않으며—특별히 상품 서비스를 요청하는 사례에 대한—정부에서 발주하는 프로젝트보다 민영 프로젝트에 관심을 더 많이 그리고 우선적으로 받는다.

그러한 RFQs와 RFPs는 소위 RFVs(가치에 대한 요구)라 불린다. 왜냐하면 그것들은 회사와 클라이언트의 가치에 초점을 맞추기 때문이다. 특정한 프로젝트를 위한 클라이언트의 가치에 관하여 무엇인가를 이해할 만큼 과제를 충분히 수행한 건축가들은 보통 그들의 자격을 확대 형성하고 확장하며 그러한 가치를 반영하기에 충분히 지혜

연방 건축사 선정

연방 정부 표준 규정 254와 255는 클라이언트의 소속단체에 의해서 30년 전에 개발되었다. 대부분 건축가와 엔지니어로서 훈련받은 이들은 건축가가 연방 정부의 설계를 하려고 할 때 그들의 책상에 쌓이는 여러 종류의 산더미 같은 제안서(크기, 가격, 그리고 질과 관련된)를 치워버리기로 결정하였다.

그러한 이질적인 작업을 공평하게 비교할 수 없어서-연방 건축사 선정에서 가격이 아닌 단지 회사의 자격만을 위해 만들어진 텍사스를 대표하는 Jack Brooks's Bill에 의해-그 팀은 결국 표준 규정 254와 255를 아주 훌륭한 해결 방법으로 제시하였다. 30년 동안 건축사들이 가끔 그들의 설계를 완성시키는 데 적당하지 않은 형태라고 불평을 할지라도 표준 규정 254와 255는 전국 A/E의 가장 큰 단일 클라이언트인 연방 정부에 의해 보편적인 선택과정 방법으로 이용되어 왔다. 그들은 모든 의도와 목적으로 오늘날 전체 A/E 계약 에이전트에 사용하도록 한다. 표준 규정 254는 건축 시공업체를 운영하는 것처럼 프로젝트 생산의 제안을 제출하는 회사에 대한 정보를 요구한다-사무실 위치, 직원, 가장 일반적인 프로젝트 형태, 그리고 기타 등등. 표준 규정 255(SF255)는 프로젝트를 위해 형성된 팀에 관한 상세 정보와 팀에 추천된 개인들의 상세 이력서를 요구하면서 직접적으로 프로젝트에 초점을 맞춘다. 또한 표준 규정 255(SF255)는 팀에게 입찰에 관해 프로젝트를 비교할 수 있도록 하여 보다 나은 시공을 할 수 있는 10가지 프로젝트를 설명하고 보여주는 기회를 준다.

1990년대 중반 미국 연방 정부 총무청(GSA)-일반적으로 연방 정부에 관한 설계와 시공을 운영하는 것뿐만 아니라 종종 A/E 선정과 개인 에이전트의 프로젝트를 관리하는-에서는 오로지 "최상의 설계"라 불리는 것에 초점을 맞추는 선정 과정을 제안했다. 그 과정은 프로젝트가 그 국가의 가장 뛰어난 건축사들 중의 한 명에 의해 충분히 큰 규모, 충분한 비용이 소비되고 또는 공적으로 보증된 설계일 때만 사용된다. GSA에서 다른 건축가의 선정은 여전히 표준 규정 254와 255에 의존한다.

롭다.

비용에 기초한 선정. 가격은 항상 클라이언트의 가치이다. 가격의 신축성(Price elasticity)은 시장에서 제한된 공급에서 제품에 대하여 높거나 낮은 가격으로 지불하려는 구매자들의 의지를 위한 경제적 전문용어이며 이는 특정한 제품에 가치를 (당연히) 또 다른 방식들에 기초를 둔다. 누구나 얻기 힘든 무엇인가를 위하여 조금 더 지불할 수 있으며 어느 누구나 다른 가치들이 동등할 때에는 가능한 한 적게 지불할 것이다.

제품이나 서비스의 제공자 사이에서 비용에 기초한 경쟁은 최저 한계의 가격 탄력성을 시험한다. 그것은 시장에서 매우 일반적이고 무차별적인 제품이나 서비스에 영향을 미치며 가격 자체가 판매를 결정한다: 이럴 경우 고객들은 가격 측정을 일방적으로 할 수 있으며, 그러한 가격에 수익을 거두기가 불가능한 공급자들을 몰아낸다. 그것이 상품 시장에서 경쟁자들이 직면하는 대단한 위험이다.

가치에 기반을 둔 경쟁자들도 동일한 위험에 직면하게 된다. 그들 역시 파산위기에 빠질 수 있으며 곧 시장이 견딜 수 있는 것보다 더 많은 비용이 소비되는 생산적 수준에서 운영한다. 그러나 가치에 기반을 둔 경쟁자들은 이러한 재앙으로부터 보다 멀리 있

상품에 기반을 둔 회사들

- 설계를 통해 문제점을 해결한다
- 사람과 결과를 통제하려 한다
- 불가사의한 프로세스를 수행한다
- 전문가의 답변을 제공한다
- 프레젠테이션 능력을 키운다
- 클라이언트를 교육한다
- 모든 설계 위험을 감수한다
- 경청하고 해명한다
- 클라이언트들이 말하는 요구사항을 제공한다
- 대립을 극복하거나 타협한다

가치에 기반을 둔 회사들

- 클라이언트와 함께 문제점을 해결한다
- 영향력을 취득하기 위해 통제권을 희생한다
- 얼굴을 맞대고 진행하는 프로세스를 수행한다
- 신뢰받는 조언가를 제공한다
- 편리성에 대한 능력을 키운다
- 발견의 과정을 공유한다
- 책임을 공유한다
- 질의하고 해명한다
- 기대를 정의하고 관리한다
- 프로젝트 목표에 반하는 의견차이에 중점을 둔다

Vander Kaay & Co.,DesignIntelligence
로부터 발췌요약, 1998년 3월 31일

경쟁하는 법

클라이언트의 사업에 대해서 낱낱이 조사하라. 그 회사의 현재 진행중인 사업과 새로운 사업을 만들어내기 위한 전략에 대한 모든 것을 알아내어 고객 회사의 경영자가 성공적인 프로젝트를 위해 어떤 도전을 준비해야 하는지 명료하게 말할 수 있도록 하라.

클라이언트의 재정상태에 대한 프로필을 작성하라. 주식 중개인을 통해, 예상되는 고객의 지난 3년간 재정 상황에 대해 기록된 서류를 입수해라. 클라이언트가 정부에 제출한 서류들과 다른 사업 리포트들을 인터넷을 통해 찾고, 이러한 이미지들을 그의 재정 상태에 나타난 이미지들과 비교하라... 이는 당신 클라이언트의 수행 작전 계획에 대한 통찰력을 가진 부원의 통속으로서 느끼도록 하기 위함이다.

클라이언트가 설계 사항들에 대해 큰 관심을 가지고 있는지 알아내라. 그 회사가 사무실이나 건물을 소개할 때 언제나 스타 디자이너들을 고용했다면, 당신의 인터뷰에서 설계 경험의 정도에 큰 비중이 실릴 것이라고 확신할 수 있다.

클라이언트의 더 큰 목표를 이룰 수 있는 서비스들을 당신의 회사가 제공할 수 있음을 보여줘라. 세계적인 안목을 가진 클라이언트들과 당신의 서비스가 하나가 되기 위한 문제점 해결 팀의 일부가 될 수 있는 당신의 능력을 부각시켜라.

클라이언트가 듣고 싶어하는 것을 말하라. 그리고 그들에게 말한 것을 전달하기 위한 준비를 하라. 당신이 경제적인 문제들에 대해 민감하고, 계약자들, 시공 관리자들, 금융업자들과의 협력을 통해 클라이언트의 예산 목표에 부응할 수 있음을 보여주어라.

인터뷰 전에 질문을 던져라. 클라이언트의 특별한 관심에 대한 조사를 이전에 준비하기 위한 시간을 계획해두어라.

이미 경험해 보았음을 알려라. 이전 클라이언트에 의한 가시 돋친 문제를 당신이 어떻게 대응해내고, 효율적인 비용 해결책을 가져왔는지를 예를 들어 말하라.

당신의 전문성을 친절한 태도로 전달하라. 능력과 상관없이, 어느 누구도 거만하거나 지루하고, 혹은 불편하게 만드는 사람과 함께 일하고 싶어하지 않는다. 처음부터 친절하게 대하라.

클라이언트의 사업 목표를 위해 실질적인 관심을 보여라. 당신이 이 프로젝트의 모든 면에 스스로 참여할 것임을 분명히 해둬라.

클라이언트가 멋지게 보이도록 하라. 클라이언트나 클라이언트의 팀이 그들의 상관, 금융업자, 주주들의 눈에 띌 만큼 멋져 보이게 만들어 줄 수 있다는 것을 알게 해줘라.

Barry LePatner, Architecture, February 1996

는 것을 즐긴다; 그들의 운영비용은 한발 늦는 시장 변화 효율성에 덜 얽매어 있다. 이와 더불어 그들은 경쟁 제품들 사이에서 유일한 차별적 요소로서 가격에 의존하지 않는다.

비용에 기반을 둔 경쟁에서는 클라이언트들이 회사에 대한 일방적인 제한 및 가격에서뿐만 아니라 행위의 자유와 성실성에 제한을 두는 것을 허용한다. 가치에 기반을 둔 경쟁에서는 클라이언트와 회사 사이의 힘의 균형을 취한다—적당한 보상을 위한 제품과 서비스의 정당한 교환을 보증하면서 시장은 이상적인 형태로 운영된다.

반면에, 만약 가치에 기반을 둔 경쟁이 이상적인 형태의 시장이라면 비용에 기반을 둔 경쟁은 자연스런 형태의 시장이다: 이것은 홉스(Hobbes)의 자연의 상태처럼, 냉혹하게도 비효율적이고 이득이 없는 공급자들을 몰아내도록 운영되고, 따라서 공급을 줄이고 경쟁을 줄이며 가격에 있어서는 힘의 균형을 더욱 축적하는 것이 클라이언트가 서비스를 선택하는 데 있어서 여러 가치들 중 유일한 것이다.

그러는 동안 상품 시장에서 건축가들—혹은 가격을 상환하기에 충분한 차별적인 힘이 없다고 믿는 클라이언트들에게 평범한 서비스를 제공하는 건축가들—은 그러한 시장에 대해서 탄식하거나 그것으로부터 벗어나고 있다.

설계 경기. 클라이언트의 관점에서 설계 경기는 많은 매력이 있다.

이론적으로, 그리고 대개는 실제적으로 설계 경기에 대한 클라이언트의 관심은 클라이언트가 선정요인으로서 설계 해결법을 찾는 데 명백히 높은 가치를 두는 것을 나타낸다. 사실, 모든 참여자들에게 공개 설계 경기는 클라이언트를 위한 가치의 기초적인 공헌으로서 설계를 확립하는 것이다. 공개 설계 경기에 매우 적합한 프로젝트들이 있다. 당시 예일대학의 건축과 학생인 마야 잉 린(Maya Ying Lin)이 당선된 워싱턴 D.C.의 베트남 참전용사 기념비는 이러한 유형에 대하여 잘 알려진 예로 들 수 있다. 그리고 공개 설계 경기의 가능성 있는 경험 미숙의 수상자를 해결하는 방책들이 있다. 워싱턴의 쿠퍼 렉키(Cooper-Lecky) 건축사 사무소가 베트남 참전용사 기념비에 관여한 것처럼 경험 있는 협력 건축가의 협력이 일반적 예이다.

설계 경기가 가지는 매력은 이미 널리 확립되어 있고, 또한 클라이언트들의 고의적인, 혹은 고의적이지 않은 악용에도 열려져 있다는 것은 알려야 한다. 사려 깊고, 협력적인 프로그래밍 과정도 가끔 누락되는 예가 있고, 설계 경기는 클라이언트의 중요한 이슈가 뒤늦게 출현하여 문제를 야기하는 특성이 있다. 설계 경기는 대부분 항상 건축가들로 하여금 시간과 돈을 그들이 참여하는 것보다 더 많이, 설계 경기의 상금보다 더 많이 투자하도록 유도한다. 그리고 설계 경기로 인해 가끔 특정 회사나 회사 유형의 예정된 선택들이 베일에 쌓이며, 그에 엮이지 못한 경쟁자들에겐 값비싼 억울함이 전해진다.

언급되었든 되지 않았든, 지불되었든 되지 않았든, 합법적이든 속임수이든, 시행이 사적이었든 공개적이었든, 대중의 정밀한 조사와 클라이언트의 관점에서 최선으로 본 또는 보지 못한 결과에 대한 대중의 압력으로 인하여 설계 경기는 종종 문제가 된다. 그러나 지속적으로 굶주린 건축가들을 유혹하고 있으며 이는 실제의 분석(질 높은 디자인의 성취)에 대하여 낮은 주제로써 건축의 단일 관점에 높은 가치를 두거나 여러 개의 설계안을 보기 전까지 자신들의 요구를 상상하지 못하는 클라이언트들에 의하여 그러하다.

"(만족하지 못한 클라이언트들)은 몇 가지 면에서 매우 중요하다.....

그들은 당신의 문제점을 알려준다. 클라이언트들은 여러 가지 이유로 떠난다......만약에 그들이 떠난 이유가 당신의 사업에 의한 것이라면, 그것은 아마도 조치가 취해져야 한다는 신호일 것이다. 지금 변화를 주는 것이 당신의 클라이언트들의 장차 불평을 예방할 수 있는 것이다.....

그들은 경쟁자들의 제공사항들을 알려준다. 만약에 클라이언트들이 경쟁자가 제공하는 이익 때문에 당신에게 방어적이라면, 당신은 아마도 비슷한 가격이나 조건을 제공해야 하거나, 경쟁자들의 가치와 비교하여 당신의 서비스가 갖는 가치를 클라이언트들에게 알려야 할 것이다."

DesignIntelligence, 1998년 7월 15일

알려진 양적 측면으로서의 클라이언트 선택(반복사업하기)

부지런히 클라이언트의 가치를 연구하고 클라이언트의 가치를 거울삼아 자신의 가치와 업무로서 유일하게 경쟁하는 것에 대한 논쟁은 다음과 같다: 성공한 회사의 업무 중 80% 또는 그 이상은 반복 사업이거나 현재 클라이언트들로부터 위탁된 것이다. 그러므로 클라이언트들을 위해 일을 훌륭히 해내는 것은 단지 중요할 뿐만 아니라 결정적이다. 사실, 그것은 마케팅에서 유일하게 가장 중대한 측면이며 이는 우리가 인식할 수 있는 실제적인 가치에 근본으로 둔 일에 경쟁하는 것보다 그 이상도 이하도 아니다. 그리고 일을 훌륭하게 하는 가장 쉬운 방법은 클라이언트가 가치를 어떻게 정의하는지를 정확하게 파악하는 것이다.

클라이언트의 **가치**들을 이해하는 회사는 클라이언트가 가치로 정의하는 것을 어떻

게 전달할 것인가에 대하여 알고 있을 것이다. 그러한 무형의 것들 간의 관계는 단순하고 직설적이고, 그 관계는 갈수록 비례적으로 나타난다. 회사를 선택한 클라이언트는 그 회사가 납품을 완수할 수 있는 자격을 가졌다고 가정한다. 그리고 완수되어야 하며 그렇지 않으면 클라이언트의 기대는 줄어들 것이다.

클라이언트의 기대를 전달하지 못하는 회사를 상상해 보라. 마케팅 회보인 디자인 인텔리전스(DesignIntelligence)(1998 7월 15일)의 일부분을 인용하면, "클라이언트들은 당신의 서비스에 불만족스러워 한다는 것을 매우 효과적인 방법으로 이야기 한다–그들은 다른 곳으로 가버린다." "클라이언트를 잃지 않는, 그리고 그들을 되찾는" 방법은 불만족스러워하는 "당신의 모든 클라이언트와–떠나는 클라이언트만이 아니라–인터뷰를 지속적으로" 하는 것이라고 필자는 생각한다. "명백히 실패한 사업을 떠나는 클라이언트들... 주된 반격으로서 무엇인가 변화한다는 것을 초기에 확신시킴으로써 피할 수 있다."

귀를 열어 경청하라: 현존하는 당신의 클라이언트들을 유지하는 것이 그들을 대신할 사람들을 찾는 것보다 더 저렴하다. 클라이언트를 잃는 기회비용은 엄청나다. 그것은 클라이언트 개인으로부터 소산된 미래소득(EFEs)의 달러뿐만 아니라 당신에 대한 소문 그리고 앞으로 가능성이 있는 또 다른 클라이언트로부터의(EFEs) 달러까지를 포함한다.

당신이 약속한 가치의 의지와 서한을 전달해라. 그렇지 않으면 당신은 클라이언트를 보유하는 (시장 대부분의 상담자들이 모든 회사는 이러한 게임의 계획을 필요로 한다고 말할 정도로 유명한) 게임을 하게 될 것이다

그 게임 계획 중, 첫 번째 규칙: 포기하지 말라. "2주 안에 당신을 떠나는 모든 클라이언트들에게 전화를 하거나 편지를 써라." 라고 디자인 인텔리전스에서는 충고한다. "그들을 다시 돌아오게 하기 위해 당신이 무엇을 할 수 있는지 물어보아라... 상당수 잃어버린 고객들은 그들과 대화를 통해서 다시 회복할 수 있다."

만약 그것이 통하지 않는다면 두 번째 규칙으로 행하라: 자신의 실수로부터 배워라. 클라이언트를 잃는다는 것은 마케팅에 있어서 잘못된 것으로서 그로부터 어떠한 것도 얻지 못하기에는 너무나도 중요하다.

마지막으로 다음의 글로 위안을 얻어라.

> 무어만 잘트맨(Moorman, Zaltman) 그리고 데쉬판드(Deshpande)는 장기간 조성된 관계는 컨설팅 서비스 사무실에서 클라이언트의 사용목적에 관한 신뢰, 의뢰 그리고 책임의 긍정적인 영향력으로서 관계적 역동성을 약화시킨다고 제안하였다......장기간 관계의 클라이언트들......서비스 관계에 있어서 서비스 제공자가 "사고하는 부분에서 진부해지거나 그들과 너무 닮아졌고 그러므로 추가될 가치가 줄어들었다" 라고 인식할 수 있으며......결국......클라이언트는 장기간 관계해 온 서비스 제공자는 두 영역 사이의 신뢰성을 유리하게 이용하고 기회적으로 반응한다고

믿을 수도 있다.

마케팅 리서치 저널(Journal of Marketing Research)(2월 1999)의
캔트 그레이손(Kent Grayson)과 팀 앰블러(Tim Ambler)이 지음.

만약 당신에게 점차 식상해하는 클라이언트와의 관계를 회복하려 한다면, 그레이손(Grayson)과 앰블러(Ambler)가 제안하는 것을 시도할 수 있다: "클라이언트를 내부 팀으로 새롭게 전환하고, 새로운 관계로 시작해라." 그 누구라도 다 이길 수는 없는 것이다.

제4장 클라이언트와 함께 일하기

4.1 서비스에 집중하기

Kevin W. C. Green

서비스는 강력한 사업 전략이고 넓은 시장에서 일하기 위한 열쇠이다. 클라이언트들과 차후의 클라이언트들은 시장공략 방법과 실제 그 기준들에 성공적으로 부응할 수 있는 회사에 특정 가치와 기대치를 부여한다.

서비스를 중요한 요소로 만드는 한 가지 간단한 이유가 있다. 그것은 보험의 훌륭한 형태이다. 뛰어난 설계능력을 갖춘 회사라도 아직 스타일에 구속되고, 이는 주관적인 선호도가 오가고 그에 따라 클라이언트들도 오가기 때문이다. 같은 이야기로 아주 특별한 프로젝트를 기술적으로 이룰 수 있는 회사도 수요에 구속되는데 이는 프로젝트 스타일 역시 시장에서의 선호도에 따라서 성립되거나 성립되지 않기 때문이다. 고객들의 신임을 얻는 것만이 스타일과 수요의 퇴조기를 대비하여 스스로를 보호하며 그 기간을 늘릴 수 있다. 왜? 회사를 신임하는 클라이언트들은 회사가 그들의 가치를 이해하여 그들의 요구를 반영하는 일을 수행하기 위해서 무엇이든지 배울 것으로 믿기 때문이다. 그리고 회사는 좋은 서비스를 통해 그러한 신임을 얻는다.

"많은 사람들은 건축가, 인테리어 디자이너, 하청업자, 엔지니어, 시공자, 시공관리자, 그리고 동료 건축가들이 모두 같은 일에 대해 경쟁관계가 아닐 때를 호의적으로 기억할 것이다. 오늘날 어떠한 서비스 제공자들도 수준 있는 고객이라는 단어에 감히 집착하지 않는다. 고객들의 요구에 따라서 충실히 일해줄 수 있는 세심함과 명백한 의지가 그 기준이다."

Barry Lepatner, Architecture, 1995년 2월

전략으로서의 서비스

설계 전문가들을 위한 성공적인 전략(1987)–특정한 가치 기준을 가지고 있는 클라이언트들을 상대하는 회사들을 위한 "최선의 위치설정" 전략을 추천하는 간단하고 훌륭한 책이다–에서 데이빗 마이스터(David Maister)와 콕스 그룹(Coxe Group)은 특정화된

케빈 그린(Kevin W. C. Green)은 Green & Associates, Inc., Alexandria의 대표로 건축 및 엔지니어링 사무소를 위하여 버지니아를 기반으로 한 마케팅 및 전략적 계획 컨설턴트를 운영한다. 그는 1988부터 1998까지 워싱턴 D.C 지부에서 Leo A. Daily의 마케팅 이사를 역임하였다.

경쟁영역에서의 양질의 서비스

변화하는 시장 조건들에 적응해야 하는 필요성은 과정과 가치들을 동시에 변화시켜야 하는 서비스 조직들에게 엄청난 압박을 가한다. 최일선의 근로자들은 더 높은 질로 더 많이 일을 해내야 한다는 더욱 커진 책임감을 느끼게 된다. 그러한 압박감으로부터 의식적으로 벗어나려 하지 않는다면 그 결과는 자명하다. 불만족, 스트레스에 따른 증상, 그리고 재편성이 생산력과 서비스 질에 막대한 영향을 미칠 것이다. 많은 조직들은 작업계획이나 수행 규칙으로서 서비스 기준에 대한 형식적인 정의를 가지고 있다. 일반적으로 이러한 정의는 보편적인 규칙이 있다. "클라이언트는 항상 옳다." 혹은 "클라이언트를 만족시키는 것이 가장 훌륭하다." 이러한 말들은 우리가 접할 수 있는 가장 전형적인 예들이다. 반대로 고객, 생산품, 혹은 거래에 초점을 맞추는 정의들이 있다. 두 가지 예로 "클라이언트들의 요구사항을 알아라" 그리고 " 회사들 간에 차별화된 유일한 것은 고객을 어떻게 대우하느냐이다."라는 것이다.

그들은 무엇을 하는가

1. 유연한 판매: 크로스 판매(cross-selling) 서비스로 판매량을 늘릴 수 있다는 것을 고객들을 접하는 사원들에게 영업기술로 가르친다. 단 한 번의 성공적인 거래가 끝난 후에도 지속적인 관심을 주는 좋은 프로그램이 고객의 만족을 증가시킬 수 있다. 향상된 서비스 질의 결과가 단기간에 고객들로부터 사업의 증가를 가져온다면, 이러한 훈련방법이 더 적합하다.
2. 적극적인 사고: 의욕을 자극하는 프로그램은 특히 경험이 없는 사람들에게 인기가 있다. 종종 외부 컨설턴트에 의해서 진행되는 것은 최일선의 근로자의 속성을 변화시키도록 계획되는데 그것은 그들의 일과 회사와 클라이언트에 대한 속성을 새롭게 해준다. 그러나 좋은 감정은 사라진다. 불성실과 같은 의욕을 자극하는 혁신 프로그램의 과대 홍보와 관리에 둔감해진 냉소적인 직원들이 더 많아질 것이라는 잠재적인 결과가 따를지도 모른다.
3. 전화예절과 친절함의 기술: 불평에 대해서 경청하고 조사하여 정리하는 등의 전화 통화 내용을 다루는 기술은 친절함의 기술과 관련된다. 프로그램은 클라이언트 서비스 대리인의 능률을 증대시키고 적극적이고 호전적인 이미지를 나타내도록 계획된다. 친절하고 도움을 줄 수 있는 일선의 직원들은 더 큰 클라이언트 만족을 창출한다. 예를 들어, 에로텍(Aerotek)이 접수원들에게 전화를 하면 접수원은 회사의 첫 인상을 대표하는 것이 된다. 그러나 이러한 직원들은 문제를 해결하고 조치에 대해 확신시켜 줄 책임을 가져야 한다. 그 조직이 그러한 사항들에 대해서 책임질 준비가 되어 있지 않다면, 직원들에게 스트레스를 주고 좌절감을 주는 상태에서 회사의 서비스를 수행하는 것이다
4. 문제점 다루기와 경청하기: 고객의 문제점을 다루기보다 차라리 문제의 고객을 다루는 방법을 기술함으로써 이러한 프로그램은 문제가 더 크게 번지기 전에 개인들을 관리하고 문제점들을 확인하는 데 초점을 맞춘다. 친철함의 기술만큼이나 문제점 다루기와 경청하기 기술은 중요하다. 외부고객이 문제점을 나타낼 때 직원은 도움을 요청해서 그 사항을 해결해야 하고, 다른 사람들과 그 사항에 대해서 명백히 대화를 나누어야 하며, 비슷한 상황이 재발하지 않도록 해야 하며, 그리고 그 와중에 직원들의 상사에게 알려야 한다.

검토해야 할 공통의 필요사항

1. 보편적 적용사항: 모든 사람들은 서비스 질과 관련된 것을 필요로 한다.
2. 관리 참여: 매니저들은 실례로 이끌어야 한다.
3. 내부 고객-직원: 각 직원은 고객의 궁극적 만족과, 당장 클라이언트가 원하는 것과 필요한 것을 경청하는 사항의 중요성, 회사 내의 성능 기준들을 이용하는 것에 대한 가치, 클라이언트가 필요한 것을 접하게 돕는 일의 가치, 그리고 비생산적인 활동으로부터 생산적인 활동을 분리하도록 돕는 규정에 대해 자신들이 기여하는 바를 이해할 것이다.
4. 효과적인 훈련: 회사의 슬로건에 나타난 서비스 질의 가치는 지켜져야 하고 따라야 한다.
5. 통합성: 서비스 질과 상품의 질은 통합되어 완전해져야 한다.

Nancy Cushing, Carol Laughlin, and Roland Dum, DesignIntelligence, June 30, 1998

기술과 단 한 가지의 클라이언트 형태에 집착하는 과도의 일반성을 지닌 회사들이 대응해야 하는 어려움에 대하여 클라이언트들의 요구가 높아지고 있음을 언급한다. 그들은 그 고객들을 세 유형으로 압축한다.

- 효율적 비용의 프로젝트 납품에 가장 큰 가치를 두는 클라이언트들.
- 훌륭한 설계가 배어있는 아이디어에 최고의 가치를 두는 클라이언트들.

• 공정하게 위 두 사항의 조절점에서 서비스를 최고의 가치로 여기는 클라이언트들.

마이스터와 콕스 그룹에 따르면, 때로는 부족함(특별한 프로젝트 형태 혹은 훌륭한 설계에 특성화된 회사들과 경쟁할 수 있는 경쟁력이 부족)으로 인하여, 그리고 때로는 의도(특정 시장에서 이윤을 창출하기를 거부하려 할 때)에 의해서 점차 많은 회사들이 이 중간영역에서 일을 하게 된다. 그들은 더욱 많은 클라이언트들이 서비스에 집중하려는 경향이 있다고 말한다. 클라이언트들의 프로젝트나 사업 요구사항들이 변함으로써 새로 창출되는 회사들과 함께 다른 영역으로 이동하기도 하지만, 결국에는 다시 그 중간 영역에서 중심점을 잡는다.

마이스터와 그의 동료들에 있어 **서비스**는 전략이다. 그들은 시장을 그들의 클라이언트가 특정한 가치와 기대를 공유하는 넓은 시장으로 정의한다. 회사들은 관련된 시장 전략과 실제 기준들로 이러한 가치와 기대치에 성공적으로 대응할 수 있다. 그러나 서비스는 그 이상의 것이다. 만약 클라이언트 최저 기대치가 건축실무가 변하는 것처럼 올라가면 그것은 모든 시장에 있어서 모든 회사들로부터 서비스를 받을 수 있는 기대치까지 올라간 것이다.

바리 르파트너(Barry LePatner)는 Architecture(2월호 1996)에서 "고객들에게 '우리는 항상 이러한 형태의 서비스를 제공해왔고, 누구도 우리에게 그러한 방법으로 일하는 것에 질문할 수 없다' 는 식의 서비스는 더 이상 허용될 수 없다."라고 명시했다. 회사의 어떠한 전문 분야에서든 서비스에 대해서 고객들의 요구사항에 민감해야 하고 책임을 져야 한다.

A/E Marketing Journal(2월호 1998)에는 "모든 시장 프로그램에 대한 밑바탕은 강력한 고객 서비스이다"라는 새로운 수준의 클라이언트 기대치를 반영하고 있다. 새로운 클라이언트 유치뿐 아니라 기존 클라이언트의 유지를 말하면서 그 저널에는 건전한 전문 실전연습이 판매 기회가 되도록 하는 다섯 가지 서비스의 이용방식을 명시하고 있다.

클라이언트를 이해하라. 클라이언트의 사업과 그의 목표, 주관들, 사회적인 성향, 그리고 현재 진행 중인 프로젝트에 그가 두는 비중을 총체적으로 이해해야 한다.

생각을 발전시켜라. 클라이언트가 이 프로젝트를 통해 성공할 수 있도록 돕기 위해 팀원들과 브레인스토밍(Brainstorming)을 해라. 당신이 가치 공학, 전략적 협력, 혹은 다른 대안 요소들을 택함으로써 창출해내는 더 큰 서비스가 그에게 어떠한 기회를 제공하는지 깊이 생각하라.

타임라인을 확정하라. 약속된 모든 일과 일정을 시간 내에 전달할 수 있도록 시간을 관리해라. 당신의 팀과 클라이언트가 계획을 같이 이해하고 있음을 확실히 하고 제 시간에 이루어지도록 무엇이 필요한지를 알아라.

클라이언트와의 교제를 최우선시하라. 클라이언트와 자주 교제하라. 프로젝트의 현재 진행상태가 클라이언트의 더 큰 조직적인 목표에 기여하는지에 대해 관심을 표현하고, 특별한 일들로 클라이언트와 만날 수 있는 기회를 만든다면 그로 인한 반등작용을 일으킬 수 있을 것이다.

피드백(feedback)을 챙겨라. 일이 끝날 시에 모든 팀원을 모아 놓고 프로젝트를 평가하라. 고객의 목표가 얼마나 이루어졌는지, 시간, 비용, 이윤창출 목표에 부합했는지를 평가하라.

A/E Marketing Journal(1994.11)에는 한 회사의 리더가 집중적인 서비스 코스를 세워야 한다고 언급했다. 그리고 이는 그 회사의 CEO가 아래의 세 가지 서비스 공식들을 발표하지 않는다면 이루어지지 않을 것이라고 말한다.

1. **서비스 중심의 분위기를 조성하라.** CEO는 그가 어떻게 고객에게 매일 서비스를 제공하는지를 숨쉬듯 일상적으로 표현해야 한다. 행동과 프로그램을 통해서 표어들을 실천하라. 모든 직원들에게 열려진 정책을 수행하고, 매주 미팅을 가져서 그들에게 정보를 주고, 북돋아주며 서비스상의 문제를 공유, 해결하라.
2. **고객 서비스를 모두의 문제로 만들어라.** CEO는 직원들로 하여금 그들이 직접 그 회사를 소유하고 있게끔 느끼게 해서 그들이 회사의 성공 혹은 실패에 관여하게끔 만들어야 한다.
3. **관료적인 습관을 버려라.** 이것은 훌륭한 서비스를 제공하는 데 있어서 제일 큰 방해요인이다. CEO는 형식적인 지배구조를 최소화시키고 이를 위해 문화적인 분위기에 의존해야 한다. 그리고 직원들이 매일 클라이언트들을 상대해야 하는 최전선의 사원들을 완벽히 지원할 수 있도록 재교육시켜야 한다.

노드스톰(Nordstorm)의 예. 서비스에서의 중요성에 대한 이 교훈들은 건축, 설계 전문가 혹은 전문 업종 종사자들에서도 보편적으로 중요하다. 시애틀에 근거를 둔 의류소매상인 노드스톰은 클라이언트들을 위한 서비스를 위해 그들의 산업과 지리적인 시장구조를 혁신하였다. 노드스톰은 전체적인 시장전략으로서 서비스를 심각하게 받아들이고, 그들의 모든 관련 구조들을 이를 지원하기 위한 전제로 배치시켰다.

새로운 모든 노드스톰 백화점은 아래의 법칙들과 함께 개장한다.

- 고객의 요구에 즉각적으로 대응할 수 있는 물량재고 분배 시스템을 위해 경쟁업체들보다 두 배로 많은 재고를 각 상점에 분배한다.
- 물량주문에 따른 봉급지급 시스템으로 격려하고, 각 개인의 생산성과 효율성을 보상한다.
- 판매원들이 개인의 판매량을 극대화시키기 위해서 다른 점원에게 고객을 넘겨주기보다는 그들이 직접 다른 매장으로 인도해 주는 시스템을 도입한다.
- 항상 판매직인 최하위 직책만을 새로 고용하여 성과에 따라 상점매니저와 바이어로 진급해 나가는 시스템으로 인적자원을 관리한다.

노드스톰은 대단히 경쟁적이고, 한 발작이라도 더 나아가지 않으면 퇴출되는 분위기이다. 그러나 그들은, 가격(할인 판매를 하지 않는다), 장소(몇몇의 장소), 판촉(산업체의 평균적 기준에 맞는 홍보)에 있어 성공적으로 생산품을 제공하고 사람에게 중점을 둔 서비스를 계승해나가고 있다.

가치-연결고리 개념. 하버드의 마이클 포터(Michael Porter)는 1980년대 초반에 회사의 생산품, 인적자원, 장소, 진급, 그리고 가격들이 내부조직으로 흡수되는 가치로서의 기능을 한다고 주장하는 두 편의 책을 통해서 전략적인 서비스에 가치를 부여하고 있다.

클라이언트의 가치 vs. 회사내부 조직	
클라이언트의 관심사	건축 회사의 내부 조직
제품	디자인 가치와 방법론
장소	작업장 운영
사람	인력
판촉	마케팅
가격	가격, 계약, 청구

예를 들어, 건축 회사에 있어서 제품에 대한 클라이언트의 가치는 회사의 디자인 가치와 방법론에 상응하며, 장소에 관한 클라이언트의 관심사는 회사의 작업장에서의 효율에 상응하며, 사람에 관한 클라이언트의 흥미는 회사에서의 인적 자원에 상응하며, 판촉에 관한 클라이언트의 흥미는 회사에서의 마케팅에 상응하고, 그리고 클라이언트에 관한 고객의 흥미는 회사의 가격, 계약, 청구, 재무 회계접근법에 상응한다.

모든 대기업이나 회사에는 마케팅, 재정, 경영, 인사, 제품의 질 연구 부서들과 책임을 맡은 매니저들이 있다. 제품의 질에 초점을 맞추어 서비스를 제공하는 것처럼 이 부서들에서는 고객에게 서비스를 제공하기 위해 역할을 수행하고 있다. 사업을 위한 서비스 제공자들의 헌신이라는 이론은 단지 클라이언트와 직접 접하여 서비스를 제공하는 것이 아닌 전 부서와 전 직원 그리고 모든 활동 가치를 증진할 수 있는 축적된 하나의 큰 서비스를 제공함에 있어 모든 부서의 활동이 사슬로 연결되어 있다는 개념이다. 노드스톰은 서비스를 제공함에 있어 가치를 최대화할 수 있는 모든 측면에서 조직들을 정렬하고 조정함으로써 고객들에게 서비스를 제공한다.

건축 회사들도 이와 같이 모든 것을 포함한 포괄적 가치를 가지고 있다.

서비스 모델

클라이언트가 참여하여 함께 일할 수 있는 방법은 다양하겠지만, 수준을 향상시키고, 제공된 서비스나 사용된 프로젝트 전달 방법과 관계없이 회사와 클라이언트 간의 상

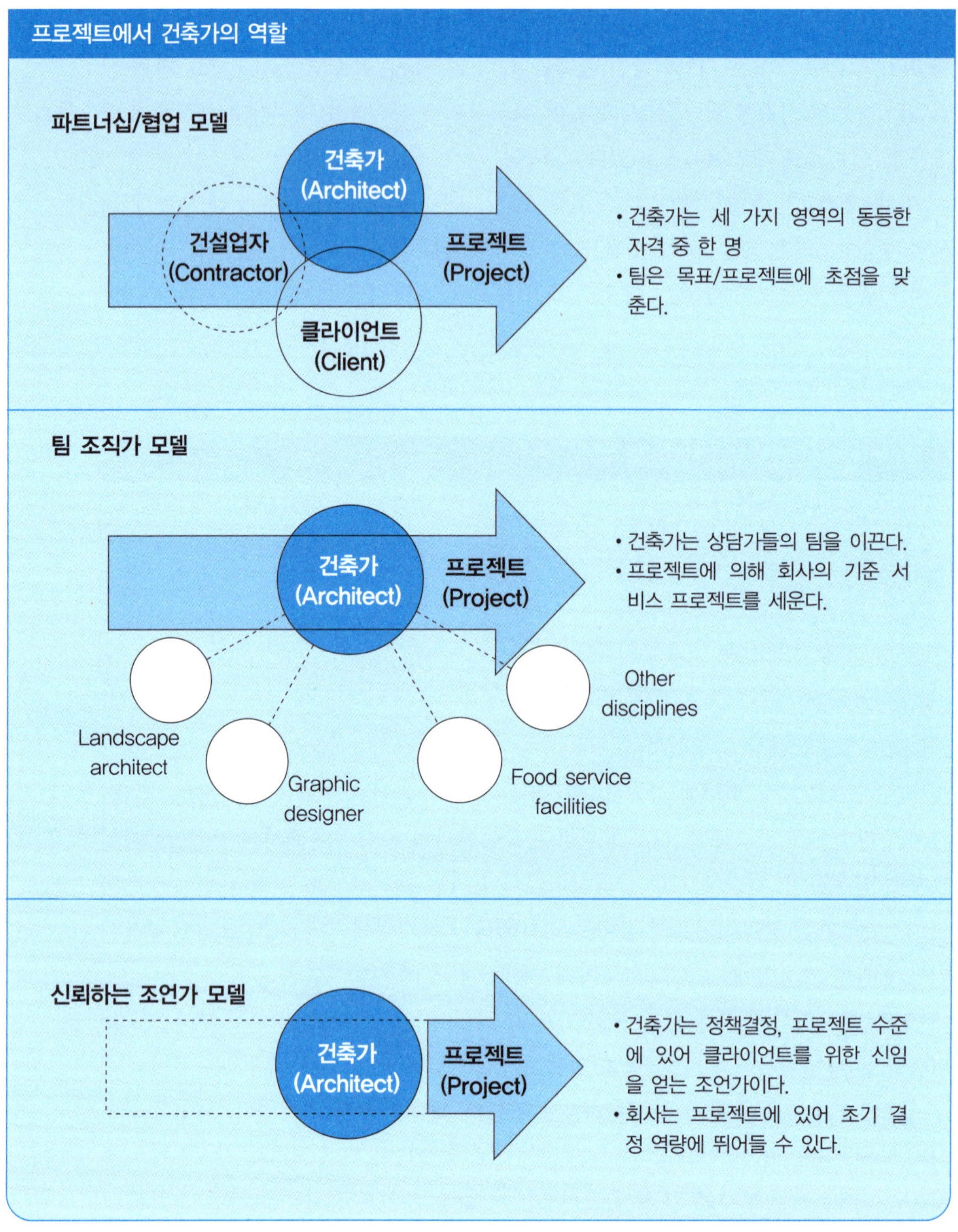

호 관계에 있어 본래 가지고 있던 잠재적인 가치에 대한 세 가지의 모델이 있다. 그것은 바로 협력/협업, 팀 조성, 그리고 신뢰의 조언자이다.

파트너십/협업 모델. 이 모델은 회사와 클라이언트가 공통의 가치와 공감하는 목표, 그리고 서로 사전에 이해된 기대치로 모든 프로젝트에 접근한다는 개념에 전제를 두는 기준 모델이다. 이것은 회사와 클라이언트는 각기 다른 역할과 책임을 맡지만, 협력적으로 수행한다는 인식에 기초를 두는 것이다. 클라이언트의 가장 큰 관심거리와 회사의 큰 바램은 최우선적으로 목표의 달성과 기대만족에 단일화되어 서술된다. 이상적으로 결과는 업무 관련자와 계약자를 포함해서 모든 역할 수행자들의 각기 다른 역할을 융통성 있게 조절하는 협력적 진행이 되지만, 진행과정보다는 오히려 제품의 질에 초점을 맞추게 된다.

"협력하기(Partnering)"란 이러한 모델을 반영하여 형상화한 것이다. 일반적인 설계 시공 프로젝트에서 협력하기에는 건축가, 건축주, 건설업자 등이 포함된다. 목표를 위한 다른 시각들을 정리하게 되면서 프로젝트를 맡은 각각의 사람들은 단일화된 프로젝트 팀으로 된다.

팀 조직가 모델. 이 모델은 회사의 구조, 서비스, 혹은 시장에서의 전반적인 마케팅 전략의 기초적 변화 없이, 많은 요구사항을 갖는 프로젝트에 대한 회사의 역할과 책임의 확대를 보여주면서 기준을 만든다.

심지어 작은 프로젝트라고 하더라도 점점 더 복잡해지기 때문에 전문성의 분야는 회사가 감지하고 있는 것 이상의 것이라도 불가피하게 필요한 것이다. 단지 건축만을 수행하는 회사들에 있어서 토목 공학, 구조 공학, 기계 공학, 전자 공학은 명백하고도 일반적인 실례들이다. 그러나 그 항목들은 그래픽 디자인과 공보활동 관계와 같은 건축설계에 직접적으로 관련이 없는 분야뿐만 아니라 조경건축에서부터 주방설비 디자인, 환경 디자인 분야까지 포함하는 부분까지 확대될 수 있다. 어떤 점에서 시장에서 클라이언트의 일반적인 요구에 의존하는 회사는 그들의 직원에게 특별한 훈련을 추가하도록 한다. 결과적으로 특별한 프로젝트에서의 요구(보다 더 정밀하고, 특별한 클라이언트의 요구)를 접할 때는 팀을 이루게 된다.

팀을 잘 구성한다는 것은 그 자체로서 하나의 연구 분야가 될 수 있다. 수많은 회사들은 학문분야와 특별한 프로젝트 유형에 전문가인 상담자의 수를 유지하기에 충분할 만큼 팀을 짠다. 그 개념은 적합한 능력이 있고, 유능하고, 믿음직스런 팀을 이룬다는 것이고, 그 팀원들은 회사의 수행능력에 필적하는 수준의 수행능력이 있음을 증명한다. 일반적인 팀원들 사이에서 보다 더 오랜 기간 동안의 전략적 협력관계를 이끌 수 있는 그러한 헌신은 상당히 중요하다. 왜냐하면 한 회사에 의해서 이루어진 팀의 성과 능력은 회사 자체의 성과 능력으로서 클라이언트에 의해 판단되기 때문이다.

한 회사의 제한된 전문기술 이상으로 고객들에게 서비스를 제공할 수 있다는 것, 즉 클라이언트의 요구사항에 의해 윤곽이 그려지는 서비스가 보다 넓은 영역으로 확장하여 거대한 조직이 되는 것은 세 가지 이유 때문이다.

첫 번째, 전문적인 제한이 아닌 고객의 필요사항을 중심으로 사업의 균형을 이룬다는 회사의 인식의 실천이다.

두 번째, 서비스를 제공하기 위해서뿐만 아니라 서비스를 관리하는 것이 매출과 직결된다.

세 번째, 회사가 전문적 서비스를 능가하는 수행능력의 영역을 실제 클라이언트에 의해 정의된 넓은 일련의 서비스관리까지 확장하도록 하는 것이다. 그것은 클라이언트에게 더 나은 서비스를 제공하며 당장 핵심 서비스에 영향을 미치지 않고서도 장래

도전적인 시장에 대면하고 있는 우리는 클라이언트나 그 조직에 있어 얼마나 중요한 존재라는 것을 항상 인식하지 못하고 있다.

"건축가는 수수료–서비스 정신에서 클라이언트–서비스 문화로... 건축가는 우리가 누구이고 무엇을 할 수 있는가에 대한 새로운 자세를 취하여야 한다. 우리는 클라이언트 세계속에서 생각하고 행동하며 호흡할 수 있어야 한다. 우리는 클라이언트를 위하여 무엇을 지어줄 것인가에 그치지말고 클라이언트를 위하여 무엇을 할 수 있는가를 생각하자. 클라이언트의 전략과 계획속에서 신뢰하는 파트너로 참여하는 것이 우리의 최우선 목적이다."

Paul Neel, FAIF

회사의 발전을 위한 발판을 만든다. 따라서 이 방식은 새로운 시장이나 제품의 발전에 항상 개방되어 있고, 이상적으로, 회사의 현 서비스보다 상품의 수명주기가 더 짧어질 것이다.

즉, 팀 조직가는 회사가 큰 프로젝트를 할 수 있는 이상으로 많은 것을 할 수 있게 한다. 그것은 회사가 새로운 종류의 경쟁적 이점, 생산적 효율성, 그리고 수익성을 발전시키는 새로운 기회에 접할 수 있도록 가능케 한다.

신뢰받는 조언가 모델. 위에서 논하였듯이 팀 조직화는 회사가 제공할 수 있는 서비스의 확대를 통한 수평적 통합의 형태처럼 보일 수 있다. 그것의 기본적인 가정은 비록 서비스의 영역이 확대되었어도, 서비스 그 자체는 프로젝트 진행에 의해 유지된다는 것이다. 즉, 회사는 프로젝트가 확실해질 때까지 클라이언트와 관계가 없는 것이다.

대부분의 전문적인 서비스를 제공하는 회사들은 보다 더 높은 위치, 다시 말해 특별한 프로젝트의 발생에 앞서서뿐만 아니라 그 프로젝트를 이끄는 문제의 발생에 앞서는 클라이언트의 요청을 열망한다. 전통적인 수행의 균형을 강조하고 그 위치에 이르는 회사들은 수직적 통합을 이루어왔다. 모든 건축가들은 먼저 건축가에게 요청 없이 이루어지는 위험의 부담을 갖지 않으려는 클라이언트들을 원한다. 전통적인 수행을 강조하는 회사들은 수직적 통합의 형태를 이루어 왔다. 조세분석, 재정, 예산에서부터 운영분석, 작업 진행 엔지니어링, 인간역학까지 시설 개발의 모든 논점을 클라이언트의 입장에서 보는 것처럼 시설에만 초점을 맞춘다면 창 가리개 뒤에 서있는 것과 마찬가지이다. 이러한 결과들은 음향 공학과 공공의 관계가 수평적으로 관련이 있는 것에 비해 빌딩 계획과 설계에 수평적으로 관계된 것이 아니다. 왜냐하면, 그것들은 시설 개발에 관해서는 모두는 아니지만 대부분 고객의 결정에 선행하는 것이기 때문에 시설 계획과 설계 그리고 그것보다 선행하는 것에 수직적으로 관계된다.

신뢰받는 조언가의 지위를 열망하는 회사는 클라이언트를 위한 정책을 만들 때 프로젝트 수준보다 상위의 시설 결정과 관련된 사항을 수반하여야 한다. 그러할 때는 부즈 알렌(Booz-Allens)과 아더 앤더슨즈(Arthur Andersens)가 경쟁을 하는 것처럼 전통적으로 높은 수준의 관리와 재정 컨설팅으로 경쟁하는 회사들 또한 설계전문 컨설팅에 의해 같은 클라이언트를 위해서, 예를 들어 계약 문서 제작과 같은 아주 기본적인 서비스에 충실해야 한다.

그러한 상호관계가 바뀔 수 있을까? 전통적인 지혜에 따라 그러한 설계 회사는 핵심능력을 경쟁하는 것에서 수직적 관계 때문에 그러한 경쟁에 있어서는 부즈 알렌이나 아서 앤더슨즈보다 더 큰 위험부담이 있다. 전통적인 관점은 이러한 활동분야에서 경쟁하기 위해 건축의 핵심 능력(설계)은 상담전문가들에게서 나오는 재정 능력과 경영 능력보다 아주 높은 가치로 평가받지 못한다. 이러한 관점은 시설 결정이 재정 결정과 경영 결정에 의해 이끌어진다는 간단한 사실로부터 생겨난다. 즉, 부즈 알렌과 아더 앤더슨즈는 일하는 작업장의 설계를 망쳐놓을 수 있고, 십중팔구, 그들의 핵심 재정 능력과 경영 능력의 평가가치를 줄이지 않고서 클라이언트를 여전히 유지할 수 있다. 똑같은 일에 재정적 관리를 망치는 시설 중심의 회사는 광범위한 서비스와 핵심 경쟁력뿐만 아니라 클라이언트와의 관계에 대하여 위험 부담을 갖는다.

아직 모든 설계회사가 재정과 관리 컨설턴트를 선호하는 회사와 같이 같은 수준의 '신뢰받는 조언가' 로서 일하기를 열망하지는 않는다. 어떤 회사는 디트로이의 스미스(Smiths) 그룹처럼 상위 6위 안에서 자금을 운용하는 반면, 또 다른 회사는 부즈 알렌과 아더 앤더슨즈보다 한두 단계 밑에서 틈새시장을 성공적으로 이루어내면서 시장에서는 건축과 엔지니어링이라고 일컬어진다.

그러는 동안 BSW International과 같은 회사는 클라이언트의 요구를 빠르고 효율적인 비즈니스 환경에 집중함으로써 클라이언트의 신뢰를 얻는 형식이다. Cesar pelli & Associates, Frank Gehry & Associates, Tod Williams Billie Tsien & Associates 그리고 많은 수상을 한 유명한 회사들은 그 클라이언트들－20세기 후반과 21세기 전반에 나타난 후원자－의 가치를 정확히 수행함으로써 클라이언트의 신뢰를 얻는 중이다. 이 모든 회사들의 공통점은 무엇인가? 아마도 그리 많지는 않을 것이다. 그러나 그들은 서비스를 수행하기 때문에 클라이언트와의 훌륭한 거래를 할 수 있다.

part 2
비즈니스

건축설계업의 사업(비즈니스)적 구성요소라는 것은 회사 전체를 위한 일련의 지원 행위들을 포함한다. 이 행위들은 그 회사의 전문업 수행을 지원하는 하나의 기반을 종합적으로 제공한다. 경영이라는 것은 회사의 임무를 규정하고, 그것의 전략적 방향을 수립하고 이끌며, 회사의 목표와 목적들에 충족하는 업무의 종류와 양을 획득하고, 그리고 회사의 목표를 달성하는 데 재정적, 인적 자원들이 적절한가를 확인하는 작업이다.

제5장 건축설계회사의 계획

비즈니스

Part 2

5.1 회사의 독창성과 전문성

Ellen Flynn-Heapes[1)]

모든 건축시장에서의 고객들은 그들의 건축가로부터 어떠한 가치를 찾고자 한다. 가상의 고객들이 최고로 평가할 수 있도록 당신 회사만이 갖는 독특한 전문성을 계획하라.

결과적으로, 전문직에 대한 보상은 가치를 생산한 전문가에게 돌아가게 된다. 물론 그 가치는 낮은 설계비 등과 같은 통속적인 방법으로 평가되기보다는 그 가치를 얻은 사람의 깊은 응찰 속에 나타난다. 어떤 고객들은 노만 포스터(Norman Foster)를 높이 평가하는 반면에 다른 이들은 한 지역에서 일을 수행하는 그 지역의 회사를 높이 평가한다. 어떤 사람들은 BSW[2)]와 그들의 롤아웃(rollout)[3)] 능력을 높이 평가하지만, 다른 이들은 프로그램 관리의 전문성을 이유로 히리 인터내셔널(Heery International)[4)]을 높이 평가한다.

크거나 작거나 전문가들은 하나의 가치를 생성한다. 사실, 그들은 운 좋게 이익을 얻는 것이 아니라 항상 유지 가능한 가치를 만들어 낼 수 있는 유일한 사람들이다. 서비스를 제공함에 있어 상대하기 편하고 유연한 회사가 되는 것은 상당히 소극적인 접

---

1) **엘렌 플린-힙스(Ellen Flynn-Heapes)**는 SPARKS(미국 버지니아에 알렉산드리아에 소재한 전략계획센터)의 대표이다. 이 회사는 디자인작업 상의 특수한 문제들을 집중 다루며, 설계회사의 성장과 변화를 위한 전략에 대해 건축가들을 자문하고 있다. 그녀는 백여 개의 논설과 4개의 책을 저술했으며 전략적 사업계획에 대해 많은 강의를 해오고 있다.

2) 역주: BSW International, 미국 남부에 걸쳐 있는 대규모 종합건축회사로서, 주로 상업시설 및 롤아웃(rollout) 프로젝트 등을 위한 건축설계로 유명하다.

3) 역주: rollout은 신 비행기의 시험비행, 신제품의 홍보전시 등의 의미로 사용되며, 여기에서는 여러 지역에 다수의 지점을 개점하는 프로젝트를 의미한다.

4) 역주: 미국 및 유럽에 걸쳐 사무소를 갖고 있는 대규모 종합건축회사로서, 건축설계만이 아닌 모든 기획 프로그램의 관리운영 및 자문으로 유명하다.

근방식이라고 할 수 있다. 그 대신에 당신 회사의 지도력, 숙련도, 혁신성, 기여도 등에 대해 고민하여야 한다.

이제 시작한 새천년은 전문가의 시대가 될 것이며 이는 전 세계의 선택인 것이다. 따라서 단지 중요한 질문들은 "당신은 어떠한 분야에서 전문성을 키울 것인가?" 그리고 "그 시장을 이끌기 위해 어떤 선택을 할 것인가?" 이다.

회사의 대표들이 갖는 최고의 직무는 바로 이 질문들에 대한 답을 얻는 것이라고 할 수 있다. 이 답에 대한 보상으로 성공적인 작업수행, 좋은 건축주들과 좋은 프로젝트, 좋은 직원들, 그리고 좋은 수준의 보수가 뒤따르게 된다. 이 답들은 한동안 서서히 전개되어 나갈 것이나, 어느 부분에서는 명확하고 잘 다듬어진 독창성, 의도적으로 잘 고안된 사업계획, 그리고 이익이 되는 작업 모델 등을 위해 힘을 쏟아야 한다. 그리고 당신이 이룰 수 있는 최선의 것에 당신의 모든 주의를 집중시킬 수 있어야 할 것이다.

회사를 디자인하는 것에 대하여

모든 회사는 이미 어느 정도 디자인되어 있다고 할 수 있다. 그러나 특별한 어떠한 것에 시선을 집중하고 지지하여야 함은 불변의 진리일 것이다.

의사에게 방문하는 것처럼, 회사 디자인에 대한 고려는 이 질문과 함께 시작할 것이다. "과연 어디가 다쳤는가?" 그 답들은 우리가 앞으로 나아가기 위한 아이디어들과 에너지를 찾을 수 있는 바로 그 곳에 있는 것이다. 동기(動機)에 대한 포괄적인 공부를 위해서는 빅토르 괴첼(Victor Goertzel)과 밀드레드 괴첼(Mildred Goertzel)의 '탁월함의 요람(Cradles of Eminence)' 이 도움이 될 것이며, 이 저서는 저명한 400명의 인사들과 그들의 위대함을 이끌어 낸 유년시절의 동기들에 대한 연구라고 할 수 있다.

설계 전문직에서 가장 사람들을 실망시키는 것은 무엇일까? 최고의 골칫거리들은 가격의 경쟁, 스케줄과 예산에 대한 고객의 불합리한 기대들을 충족시키기 위한 노력, 정당한 이익의 결여, 재능있는 사람들을 고용하지 못하거나 고용하였어도 그들을 유지하지 못함, 그리고 리더십, 또는 리더십 변화에 대한 조정역할의 부재 등이다. 대부분의 이 어려움은 서투른 비즈니스 디자인으로부터 직접 기인한다. 여전히 대부분의 많은 회사들이 사무소를 계획함에 있어 "이러이러한 분야에서 최고의 회사, 우수한 서비스와 질의 제공, 그리고 고객들의 기대에 적극적으로 부응할 것" 등과 같이, 임무에 대한 상투적인 언급과 애매모호한 기대심의 늪에 빠져 헤매고 있다. 다시 말해 이 회사의 지도자들은 훌륭한 작업을 수행할 수 있는 훌륭한 사람들과 함께 단지 회사를 꾸려가는 것뿐이지, 회사를 가속화시킬 수 있는 특별한 무언가를 향해 앞으로 나아갈 수는 없다는 것이다.

그렇다면 과연 무엇이, 단지 그들의 효율성을 쥐어 짜내거나 무조건 앞으로 내달리지도 않으면서, 한 회사가 훌륭한 비즈니스 디자인을 시작하는 데 도움을 줄 수 있는가? 좋은 예들은 많이 있으나 현재까지는 실제적으로 어떠한 종합된 자료들도 참고로 이용될 수가 없다. 스팍스 체계(The Sparks Framework)는 이 필요성에 대해 언급하고 있으며, 이것은 비즈니스 디자인의 결정에서 건축설계회사의 지도자들을 돕는 하나의 전략을 수립하는 방안이 된다. 이것은 주요한 선택들을 위한 세부적인 로드맵이며, 다시 말해 회사의 대표들이 최선의 방향을 결정하고, 올바른 투자를 선택하며, 또한 미래를 향하여 회사를 키워 나아갈 수 있도록 도와주는 새로운 도구인 것이다.

스팍스 체계(The Sparks Framework): 6가지 전형들

이 체계는 훌륭한 회사로의 선택을 핵심적으로 도와준다. 이는 매우 단순하지만 돌파구가 되는 한 가지 개념을 제공한다: 최고의 가치까지 쌓아올릴 수 있는 무언가에 최고의 전문성을 가져라—그것은 한 유형의 건축이 될 수도 있고, 한 유형의 고객, 하나의 현장, 또는 하나의 과정이 될 수 있을 것이다. 오직 이 때에 회사는 진실된 가치 창조를 이룰 수 있는 위치에 서게 된다.

스팍스 체계에서는 스위스 심리학자 칼 융(Carl Jung)이 언급한 6가지 전형의 영웅들이 갖는 인격구조체계를 설계전문가들의 여섯 전형에 대응하도록 각색하였다.

- 아인쉬타인(The Einsteins)
- 니치[5)]전문가(The Niche Experts)
- 마켓 파트너(The Market Partners)
- 지역사회 지도자(The Community Leaders)
- 오케스트라 단원(The Orchestrators)
- 효율적 전문가(The Efficiency Experts)

각각의 전형은 하나의 성향을 지니고 있다. 그것들을 모두 이해하게 되었을 때, 당신은 이렇게 말할 수 있을 것이다. "어떤 아인슈타인도 이것을 하려 하지 않겠네"라든지, 또는 "오케스트라 단원인 그들은 물론 그렇게 했겠지." 실제로 각 전형은 한 회사의 완전한 묘사체이며, 이것은 잠재된 추진력과 그 회사를 대표하는 중심적 가치들, 그 회사의 경영모델이 되는 일련의 가장 훌륭한 업무들과 최적의 이득을 위한 하나의 모델을 포함한다.

다음의 전형들 사이에서 당신의 회사를 찾을 수 있는지 확인하라. 그것은 확실하게 하나에 고정되어 있는가? 그것은 2개의 복합형으로 잘 디자인되어 있는가? 아니면 그것은 이것 조금, 저것 조금, 울타리에 양다리를 걸치고 있는가?

아인쉬타인 전형. 아인쉬타인 회사들은 독창적인 아이디어와 새로운 기술들을 창출한다. 건축에서, 그들은 독창적인 스타일과 철학을 지닌 성격이 뚜렷한 설계 회사들이

5) 역주: niche는 벽감(壁龕), 적소(適所) 등의 의미로 "남이 모르는 좋은 낚시장소"라는 은어로도 사용됨. niche-marketing은 틈새시장을 공략하는 경영전략을 의미한다.

다. 공학에서, 그들은 박사들을 소유하고 있으며 강력하고 헌신적인 연구와 개발을 진행하는 회사들이다. 이런 유형의 회사는 종종 연구 보조금 또는 기부금을 받으며, 이 회사의 구성원들은 실험하길 좋아하고, 뿐만 아니라 학교에서 가르치고 저서를 출간하기도 한다. 프리츠커(Pritzker) 상의 수상자인 렌조 피아노(Renzo Piano)는 심지어 온라인 설계공동연구회(www.rpwf.org)를 운영하기도 한다.

노만 포스터(Norman Foster), 프랭크 게리(Frank Gehry), 미셸 벌로귀(Michel Virlogeux), 칼라트라바(Santiago Calatrava), 그리고 벅민스터 퓰러(Buckminster Fuller) 등은 모두 아인쉬타인 유형의 회사들이다. 그들은 전 세계에 걸쳐, 그리고 모든 건물 유형에 걸쳐 적용할 수 있는 그들 특유의 독창적인 아이디어들로 유명하다. 그러나 그들의 철학은 각각 독자적으로 주의를 끌고 있는 것이다.

니치 전문가 전형. 니치 전문가는 비교적 넓은 시장을 갖고 있으며 특정한 유형의 프로젝트나 서비스에 일신을 다하는 전문가들이다. 그들은 아인쉬타인의 실험을 지켜보고 그것을 응용하여 최신기술의 작업을 창출해낸다. 그들은 주어진 프로젝트에 완벽한 서비스를 제공하기 위하여 종종 다른 회사들과의 네트워크를 통해 팀을 구성하기도 하는데 그 범위가 전국적 또는 국제적인 경우가 허다하다.

HOK Sport는 이 범주에 들어맞는다. 회사의 초점을 스포츠 시설에 집중시킴으로써 큰 성공을 거둠과 동시에, 모회사인 HOK와 연계된 독특한 명성을 즐긴다. 그러나 이 회사는 독립된 서술적 명성과 독립된 위치, 그리고 독립된 경영을 통해 이득을 얻는다.

듀어니 플래터-지벅(Duany Plater-Zyberk)은 "신도시화(new urbanism)" 마스터플랜에 초점을 맞춘 서비스의 니치를 점유하고 있다. 안드레 듀어니(Andres Duany)와 엘리자베스 플래터-지벅(Elizabeth Plater-Zyberk)은 그 전문분야에서 몇몇의 경우 가장 높은 보수를 요구하며 한 시장의 최강 팀을 건설하였다.

베이어 블라인더 벨(Beyer Blinder Bell)은 전통건축물의 보존작업에서, 크록스톤 콜래보라티브(Croxton Collaborative)는 서스테이너블 디자인(sustainable design)[6]에서, 그리고 앨런 그린버그(Allan Greenberg)는 신고전주의 건축에서의 작업을 통해 저명하게 되었다. 더글라스 카디날(Douglas Cardinal)과 같은 몇몇 회사들의 니치는 아메리칸 인디안 전래의 민속적 배경에 집중되기도 한다.

마켓 파트너 전형. 마켓 파트너는 하나 또는 몇몇의 주요 시장—예를 들어 의료, 고등교육, 식료품 산업, 또는 공항과 같은 분야—에서 앞서간다. 가장 먼저 일한 마켓 파트너 전형 중의 하나는 아인혼 야피 프레스콧(Einhorn Yaffee Prescott)이다. 그 회사를 설립하였을 때, 회사 대표들은 세 개의 시장을 목표로 삼았고 그 주변에 조직을 창설하였다: 대학, 법인, 정부. ADP 마샬(Marshall)은 테크놀로지와 R&D 시장에 전념한다. 윔벌리 알리슨 통 앤 구(Wimberly Allison Tong & Goo)는 호텔과 리조트 디자

6) 역주: 지속가능 디자인, 생태계가 파괴되지 않고 지속가능하도록 계획한다.

인으로 그 이름을 날린다. 패닝 호우위(Fanning Howey)는 학교 프로젝트들에서 전국적으로 다른 회사들과 경쟁하고 있고, 그리고 이기고 있다.

마켓 파트너들은 종종 고객의 거래 모임에서 십자군을 자처하고 로비활동을 이끌면서, 고객들과 그들의 사업을 위하여 강력한 옹호자가 된다. 그들은 개인적인 친분을 바탕에 깔고 그들의 고객들과 함께 목표와 가치들을 공유한다. 마켓 파트너들은 일반적으로 그들이 선택한 시장을 지지하기 위해(그리고 그들의 고객들이 더 많은 것을 위해 되돌아오는 것을 유지하기 위해) 폭넓은 범위의 서비스를 제공하며 그들의 산업과 이득 내에 있는 여러 가지 일들을 수행한다.

일반적으로 마켓 파트너들은 고객 회사의 과거 직원들을 회사에 가담시켜 같이 일하는 것이 그 특징이다. 건축, 엔지니어링, 그리고 실내디자인 회사인 AI는 기업 시장에 초점을 맞추는데, 멤버인 러스티 메도우스(Rusty Meadows)의 AT&T 배경으로 그 회사로부터 대형 비즈니스에 대한 기회를 선점한다. 정부관련 시장에 매진하는 많은 회사들은 목표가 된 기관들의 마케팅과 프로젝트 관리자 위치에 있었던 고위직의 전 고용자들을 보유하고 있으며, 이것은 시장 선택에 대한 실질적 약속을 의미한다.

지역사회 리더의 전형. 이 회사들은 그들의 지역에서 리더로서의 역할을 목표로 한다. 그들은 지역사회에 깊은 뿌리를 내리고 사회적이며 정치적인 레벨에서 밀접한 관계를 발전시킨다. 그들은 그 지역에서 최고의 프로젝트를 추구하며, 그 범위는 지역의 공공건물, 경찰서와 소방서, 레크리에이션 센터, 학교, 보호소, 공공작업소 등의 지역 시설들을 포함하여 크기와 유형을 총망라한다. 중요한 기술 지식을 요구하는 프로젝트를 위해서 그들은 전국에 있는 니치 전문가들과 하나의 네트워크를 구성하여 협력하기도 한다.

많은 설계 전문가들은 지역의 작은 일로 실무를 시작하게 된다. 최고 실력의 지역사회 리더가 되는 것과 수준 이하의 평범한 건축가가 되는 것의 차이점을 보면, 지역사회 리더는 그 지역사회 조직 속에 좋은 구성원이 되어 외부인들에게 닫혀 있는 문들을 열게 만든다는 것이다. 그들은 그 지역사회와의 전문가적인, 그리고 개인적인 우호관계에 의해 주요안건에 대한 결정을 용이하게 만든다.

지역사회 리더의 가장 좋은 예들 중 하나는 캘리포니아주 산타모니카에 있는 카르드 텐(Carde Ten) 건축 사무소이다. 지역사회 프로젝트에 역점을 두고 있는 이 회사는 프로젝트 기금을 위해 돌아다니고, 부동산 매매를 위한 기회를 마련하며, 가능성 있는 고객을 위해 프로젝트를 처음부터 끝까지 준비한다. 이렇듯 여러 과정을 포괄함으로써 타사와의 경쟁이라든지 시간에 따른 보수 개념의 영역에서 벗어날 수 있는 것이다. 좋은 설계 보수 외에, 그 회사는 개발사업이나 공사관리에 대한 보수 역시 차지한다.

▶ 공공의 봉사활동 및 지역사회의 참여(6.3)에서는 건축가가 공공과 지역사회에 기반을 갖기 위한 시도들의 다양한 방법들을 보여주고 있다.

지역사회 리더들은 그들 지역의 네트워크 안에서 중점적으로 투자한다. NBBJ의 대표인 프라이들 봄(Freidl Bohm)은 오하이오주 콜럼버스에 하부조직을 만들면서 청년사장들의 단체(YPO)와 함께 지역위원회에 참여하고, 그 도시에서 성공적인 체인점 식당을 소유하고 있다. 하비 간트(Harvey Gantt)는 노스캐롤라이나주 샬럿의 시장으로서 임기를 마쳤는데, 다시 한번 지역사회에 대한 깊이있는 참여를 일깨워주고 있다.

오케스트라 단원의 전형. 오케스트라 단원의 회사들은 빼어난 프로젝트 관리에 역점을 두며, 최고의 디자인/빌드(design/build)[7] 업무를 포함하여 크고 복잡한 프로젝트를 잘 수행함으로써 그들의 능력을 보여준다. 회사는 스피드와 협력, 그리고 제어를 강조하게 되는데, 많은 오케스트라 단원들은 그들의 프로젝트 관리(project management)와 건설 관리(construction management)의 전문성으로 유명해진다.

프로젝트의 수행(13.2)에서는 오케스트라 단원들의 전문성을 대표하는 프로젝트 관리(PM)에 관한 사항들을 다룬다.

벡텔(Bechtel), 플루어 다니엘(Fluor-Daniel), 그리고 또 다른 대형 엔지니어-건설사들은 모두 전통적인 오케스트라 단원들이다. 히리 인터내셔널(Heery International), 3D 인터내셔널, CRS 건설 등과 같은 저명한 프로그램 관리회사들 역시 오케스트라 단원의 범주에 든다.

디자인계에 종사하는 몇몇 실무자들은 대형의 회계 및 경영 관리회사들, 에컨대 언스트앤영(Ernst & Young)이나 앤더슨 컨설팅(Andersen Consulting)과 같은 회사들이 우리의 산업으로 침투하는 사실에 대해 비탄해 한다. 그러나 그들은 고수요(高需要)의 오케스트라 단원 역할을 통하여 이득을 취하고 있으며, 따라서 다른 전형의 회사형태에서는 그들이 활동하는 것을 보지 못할 것이다.

애스큐 닉슨 퍼거슨 건축회사(Askew Nixon Ferguson Architects)는 오케스트라 단원으로서 운영되는 작은 회사의 한 예이다. 회사 초창기에 ANFA는 신속함과 병참학적 세부계획을 필요로 하는 고객임에 틀림이 없는 페더럴 익스프레스(Federal Express)를 위해 일하기 시작했다. 회사는 프로젝트 관리에 관해서 최고의 에너지로 가득찬 사람들을 참여시키는 하나의 문화를 발전시켰다. 오늘날 그들은 여전히 페더럴 익스프레스(Federal Express)를 위해 일하며, 그들의 전문성에 맞는 또 다른 신속지향적인 프로젝트 유형으로 카지노를 포함시켰다.

오케스트라 단원의 업무영역에는 민영화사업 역시 포함된다. 오케스트라 단원들은 그들의 작업을 알고, 그 과정을 이해하며, 시간과 비용에 대한 도전을 즐기기 때문에, 이러한 재정적, 기술적 대형사업들에 대하여 효과적이다. 모든 설계회사 전형들 중에서 이 전형은 가장 많은 MBA들을 보유하게 된다.

효율적 전문가의 전형. 이 회사들은 표준형을 설계하고 부지에 맞춰 조정하며, 여러 부지에 프로젝트를 동시에 롤아웃(rollout)하는 일에 초점을 맞추어 실질적인 비용 이익을 얻고자 하는데, 편의점, 건강관리센터, 은행지점, 주유소, 통신타워, 미국직업고용센터, 그리고 대형 관청 프로젝트 등과 같은 업무를 다룬다.

고객의 조직이 다수의 전국적 시장으로 빠르고 값싸게 확장하기 위하여 대량의 롤아웃이 이용되는데 그 지역마다 독자적으로 개발되고 디자인되는 비용을 절약할 수 있기 때문이다. 이 전형의 선두주자인 툴사(Tulsa)에 위치한 BSW 인터내셔널은 월마트(Wal-Mart), 써킷시티(Circuit City), 매리엇(Marriott)과 같은 고객들을 위해 일하며,

7) 역주: 설계, 시공을 모두 담당하여 진행하는 프로젝트를 일컫는다.

복수의 시설들을 위한 빌딩 프로그램에 전문성을 가지고 있다. BSW는 고객들의 재정적인 성공을 향상시키기 위하여 거리낌 없이 헌신한다. 심지어 그 스스로가 부동산개발 용역회사가 되어 설계, 시공만이 아닌 프로그램 관리 및 부동산 매매, 부지 개발 등의 서비스까지도 제공한다. BSW는 월스트리트저널이나 비즈니스 윅, 포춘 잡지 등에서 특종이 되기도 하였는데 번성하는 디자인회사로서만이 아니라 미국 용역회사 중에 선두주자로 소개되었다.

효율적 전문가들은 시간과 비용면에서 비전문가처럼 이끄는 다른 디자인회사들과는 달리 종합적인 품질관리에 성공적이었다. 효율적 전문가들은 그들 고객의 재정적 성공에 필요 불가결한 분야이기 때문에 매우 빠르게 움직인다. 만약 시간과 비용에 대한 도전에서 이기고자 한다면, 우선 당신은 품질을 보장하는 진지한 프로그램이 필요할 것이며 그것은 당신의 고객들이 갖고 있는 것들과 일치하여야 할 것이다.

명확한 독창성에 초점을 맞춘 사업계획

위에서 분류한 유형들은 몇몇의 주요한 원리에 기초를 두고 있다. 각각의 여섯 가지 전형은 본질적인 목표와 가치에 의해 성립되며, 보완적인 고객 그룹들과 조화를 이루는, 과감하고 명백한 독창성을 지니고 있다. 각각은 결합력 있고 통합된 하나의 사업계획(business design)을 지니고 있으며, 그것은 각각의 운영 모델이 되는 가장 훌륭한 업무수행들의 발판이 된다. 비록 여기서 논의되지는 않겠지만, 각각의 여섯 전형들은 재정적인 효율성을 최대한 활용하는 독특한 이익모형을 지니고 있으며, 이것 역시 언급할 가치가 있는 것이다.

회사의 방향을 결정하는 것은 이러한 독창성에 대한 질문과 함께 시작한다. 실체가 완성되기까지는 어떠한 제품도 보여줄 수 없는 지식적(知識的) 산업의 조직들에게 이것은 특히 진실인 것이다. 다음 질문에 당신은 과연 답할 수 있겠는가?

- 회사가 가장 깊이 있게 지키고자 하는 가치는 무엇인가?
- 회사를 움직이는 힘은 무엇인가?
- 회사는 어떻게 특징적인가?
- 회사는 어떻게 전문적인가?
- 고객들에게 제공할 수 있는 회사의 가장 큰 가치는 무엇인가?
- 다음 20년 동안 무엇을 성취하길 희망하는가?

한 회사의 진수(眞髓)가 되는 독특한 요소들을 명확히 규정하고 밝히는 것은 쉽지 않을 것이다. 특히 학교에서 '오히려 선(善)은 어떠한 것도 디자인할 수 있는 능력 속에 존재한다' 라고 교육받은 건축가들에게는 더욱 어려울 것이다. 대조적으로 박사들은 한 전공분야라든지 하나의 업무에 초점을 맞추어 그 이상의 선택에 대한 확실한 기대심과 함께 교육받게 된다.

분명히 부(富)의 창출은 좋은 것이다. 그러나 만약 올바른 가치와 목적을 우선적으로 갖고 있지 못하다면 마이다스 왕처럼 당신은 문제에 봉착하게 될 것이다. 경영 전문가인 피터 드러커(Peter Drucker)가 말하듯이 목적을 규정하는 것은 오늘날 특히 중요하다. 가장 훌륭하고 가장 헌신적인 사람들은 결국 자발적으로 일할 수 있는 사람들이며 그들은 선택할 수 있는 많은 이익의 기회들을 가지게 된다. 그들은 그들이 중요하다고 생각하는 것을 하기 때문에 여러 가지 일자리들을 제안받고 회사를 고를 수 있는 것이다. 우수한 사람들을 끌어들이고, 자극을 주며, 유지하기 위해서 회사는 그들 고유의 독창성에 대해 명확한 이해가 필요한 것이다. 이것은 최고의 고객들을 유인하는 데 역시 두 배로 작용하게 된다.

"당신의 회사에 대해 이야기하시오."라는 요구에 의례적으로 "우리는 1909/1949/1979년에 창업되었고, 우리는 30/300/3,000명의 직원들과 3/7/15개의 지사가 있습니다. 우리는 이러이러한(세탁소리스트 같은) 서비스를 제공하며 우리는 이러이러한(또 다른 세탁소리스트를 보여주며) 다양한 프로젝트 유형들을 수행할 수 있습니다."와 같은 답들이 종종 뒤따르게 된다. 그리고 그 다음에는 그들의 훌륭한 서비스와 품질에 대해 토의하자는 식이 하나의 공식인 것이다.

"나의 문제들이 무엇인지 이해하고, 내가 필요한 것들에 대해 효율적으로 말해 주시오."라고 사업주들은 우리에게 계속해서 묻고 있다. 설계회사들을 위한 조사에서 우리가 인터뷰한 고객들의 96퍼센트가 전문가들, 다시 말해 그들이 하는 것이 무엇인지 이해하는 회사들을 원한다고 답했다. 많은 대형 회사들은 교차하여 판매하는 서비스는 어렵다고 알고 있다: 오늘날의 고객들은 프로젝트 유형의 다양성을 원하지 않는다. 그들은 오직 그들의 문제와 당신이 어떻게 관련되어 있는지에 대해서만 듣기를 원한다. 그들은 원스톱(one-stop) 쇼핑을 원하는 것이 아니라 그들의 현재 일을 가장 효율적으로 수행할 수 있는 종합대책이 있는가를 알고 싶어한다.

스미스 클라인(Smith Kline)의 한 대표는 최근 다음과 같이 말했는데, "우리에게 당신이 어떻게 다른지 말해주시오. 우리는 당신을 고용하길 원합니다. 그러나 당신이 어떻게 최고인지를 말해주지 않는다면 우리는 당신을 고용할 수 없습니다. 우리가 당신을 고용하여야 하는 진실된 이유를 주십시오. 우리에게 당신의 진면목을 보여주세요."

독창성의 근원: 추진력

비록 많은 회사들이 편의적이며 민감하게 운영된다 할지라도, 대부분은 그들이 점유하길 선호하는, 또는 적어도 갈망하는 위치가 있는 것이다. 그들은 다수의 가치들을 소유하고 있으나, 실제로는 한 개의 특별한 것이 전체의 우수함을 지배하는데, 그 회사의 가장 우수한 비즈니스적 가치는 바로 그 회사의 추진력이며, 만약 당신이 그것을 손에 쥘 수만 있다면 당신은 올바른 비즈니스 모델을 향해 나아가고 있는 것이다.

예를 들어, 오케스트라 단원 유형의 추진력은 체스게임의 병참학 이론[8]에 대한 애호와 같은 것이다. 오케스트라 단원 유형의 믿음인 프로젝트 매니지먼트(project management)는 세계에서 가장 위대한 도전이며 모두에게 가장 보람있는 노력의 대상이다. 그들은 그들 스스로를 경찰특수기동대(SWAT)와 같은 "엘리트 핵심요원"이라고 평가한다. 그들의 사업계획에 적용된 바와 같이, 우리는 매우 잘 조직되고 계획된, 그리고 감각적으로 협동체계를 이룬 회사를 볼 수 있다. 이 회사의 최고 직원들은 최고의 프로젝트 운영자들인 것이다. 그들은 공식적인 훈련 이수과정을 가지고 있으며, 대부분의 복합된 프로젝트들에서 최고의 이익을 만들어 낸다. 모든 임직원들은 무엇이 정말로 중요한 것인지를 잘 이해하고 있다.

> "모든 비즈니스는 믿음 위에서, 또는 가능성의 판단에서 진행되는 것이지 확실성 위에서는 아니다."
>
> 찰스 엘리어트(Charles W. Eliot)

독특한 추진력은 회사 전형별로 각각의 특성을 나타낸다. 그들은 함께 성취하기 위해 가장 필수적인 요소들이 무엇인가에 대해 본능에 가까운 믿음들을 공유한다. 문화적 가치보다는 추진력 위에 깔려 있는 일체감, 협동심, 또는 "재미"를 위한 그들 간의 협정이 그 회사의 성공에 더 많은 영향을 준다. 중요한 지점에서의 충돌은 그 회사를 파멸시킬 수 있는 것이다.

무엇이 당신 회사의 추진력인가?

회사의 전형	독창적인 추진력
아인쉬타인	앞장선 혁신성
니치 전문가	완벽한 전문성
마켓 파트너	고객과의 파트너십
지역사회 리더	지역사회와의 긴밀한 관계
오케스트라 단원	프로젝트 관리(PM)에 대한 도전
효율적 전문가	가격/품질에 대한 도전

독창성에 대한 뿌리 깊은 요소들을 찾아내고자 할 때, 우리는 종종 우려 깊은 저항에 직면한다: "우리는 유연하여야 한다!" "우리는 이러한 모든 능력을 갖추지 않고는 살아남을 수 없다!" "우리는 새로운 기회를 계속 찾아야만 한다!"

고객에 대한 유연함, 관대함, 그리고 대응성 등은 항상 요구된다. 그러나 그 회사 중심에서의 반발은 그 회사가 방향을 잃고 있다는 것을 보여준다. 어느 회사든 그 작업에서의 품질, 효율성, 창조성, 유연성, 관대함 그리고 고객에 대한 봉사심 등의 튼튼한 기초를 필요로 한다. 열쇠는 당신의 진실된 독창적 가치가 어디에 있느냐에 집중하는 것이고 힘을 키우는 것이다. 본질적인 문제는 당신이 어떻게 잘 대답할 수 있느냐가 아니라, 당신이 어떻게 잘 이끌 수 있느냐인 것이다.

추진력은 창조된다기보다는 발견되는 경향이 있다. 업무수행을 통해서, 그리고 다른 모델들을 통해서 회사들은 무엇이 그들을 현재까지 몰고 왔는가를 배울 수 있다. 그 추진력에 대한 완전한 묘사에 장애물을 선사할 수도 있고 용이하게 만들 수도 있는, 회사의 숨겨진 구조를 필시 찾아낼 수 있을 것이다. 그리고 만약 당신이 이러한 구조들을 발견하였다면, 당신은 은밀하게 작용하여 왔던 추진력의 정체를 밝혀낼 수 있을 것이고, 그 다음 그것들과 함께 작업을 할 수 있는 것이다.

몇몇 회사들은 단순한 발견과 개선이라기보다는 오히려 이를 넘어서 새로운 추진력과 함께 혁신적인 과정을 밟아나가고 있다. 오리건주 포틀랜드에 위치한 중형회사

8) 원문; logistics chess game－체스게임의 세밀한 전략을 짜기 위한 병참학 이론

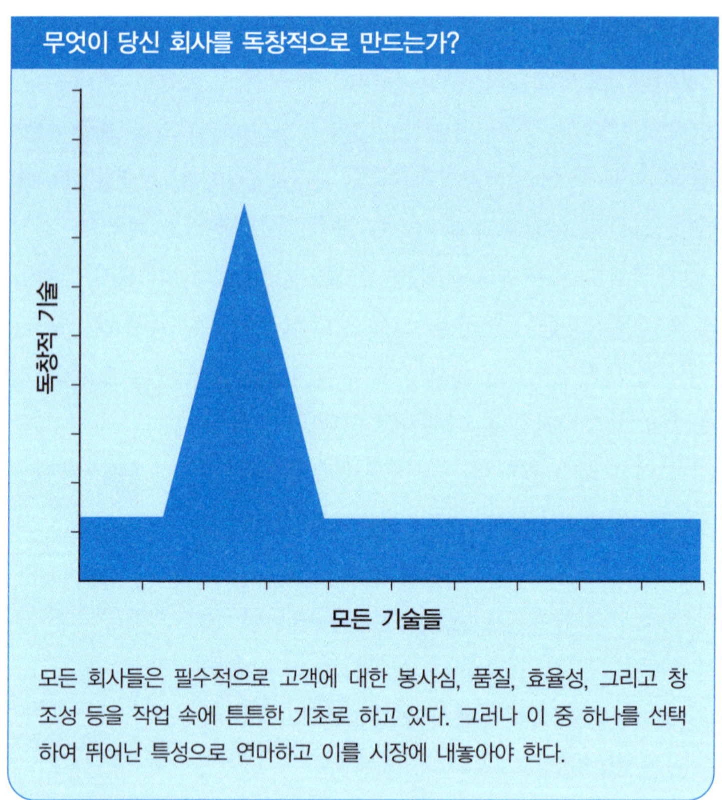

모든 회사들은 필수적으로 고객에 대한 봉사심, 품질, 효율성, 그리고 창조성 등을 작업 속에 튼튼한 기초로 하고 있다. 그러나 이 중 하나를 선택하여 뛰어난 특성으로 연마하고 이를 시장에 내놓아야 한다.

인 시에나 건축(Sienna Architecture)이 좋은 예인데, 이 회사의 대표들은 수년간에 걸쳐 잘 디자인된 전략계획 과정을 통해, 가격과 품질로 경쟁하는 회사로부터 태평양 연안의 미 북서 지역에서 가장 선구자적인 디자인회사로 탈바꿈하는 데 성공하였다.

당신이 당신의 추진력을 발견해냈을 때, 관심과 인내심을 사용하여 어떤 특정한 가치들은 육성하게 되고 다른 것들은 제거하게 될 것이다. 임직원의 구성, 마케팅, 프로젝트 시스템, 그리고 아마도 소유구조까지 포함하여 당신의 비즈니스 모형 전체를 재조정하게 될 것이다. 일단 이 모형에 관심이 집중되고 회사 내 의견이 모아지면, 더욱 강력한 비전을 현실적으로 만들게 되며, 결국 이것은 매우 명백한 사실로 나타난다.

추진력과 숨겨진 고객의 비망록. 독창성의 이점은 바로 당신과 같은 유형의 전문성을 찾는 고객들을 유인하는 자석처럼 작용한다는 것이다. 다시 말해, 어떤 고객의 그룹들은 전형적인 비망록이 있으며 그것을 위해 어떤 유형의 회사들을 필요로 하게 된다. 고객들은 그들의 말하지 않은 비망록들에서 거의 벗어나지 않으며, 그렇다고 할지라도 그들은 그 가치를 인정하려 들지 않을 것이다.

고객들이 무엇을 가장 가치있게 보는지를 결정하는 것은 까다로운 일이다; 사실, 몇몇은 그들 스스로도 의식하지 못한다. 물론, 그들은 프로젝트 수행에 취하여야 할 모든 것들을 원하고 필요로 한다. 그러나 어떤 점들은 다른 점들보다 더 치명적이고 중요할 수 있는 것이다. 두말할 나위 없이, 이 질문에 시간을 소비하고 진실한 답을 얻는 것이야말로 현명한 것이다. 그 고객이 당신에게 처음 이야기한 것을 넘어서서 나아가야 한다. 그 속기의 상투적인 문구: "더 빠르고, 더 싸게, 그리고 좋은 서비스를 달라."를 넘어서야 한다. 이것들이 정말로 중요한 요구인지 또는 그것들이 단지 양파의 마지막 껍질인지 아닌지를 찾아내야 한다. 당신이 선택한 고객들이 무엇을 가장 가치있게 평가하든지－그리고 당신이 무엇을 가장 가치있다고 깨닫든지－결국 그것들은 당신의 회사를 그에 관한 한 최고의 전문가로 만들 것이다.

고객의 숨겨진 비망록은 무엇인가?

회사의 전형	독창적인 추진력	숨겨진 고객의 비망록
아인쉬타인	혁신성	명성을 얻고 이미지를 제고하기 위한 필요성
니치 전문가	최첨단의 방법	위험하고 불리한 상황을 극복하기 위한 필요성
마켓 파트너	고객과의 파트너쉽	풀서비스 "파트너"로서 고객의 소유 기술들을 증가시키기 위한 필요성
지역사회 리더	지역사회의 기여	지역사회의 문지기[9]들을 통한 편의성의 필요성
오케스트라 단원	프로젝트 관리(PM)에 대한 도전	프로젝트의 복잡함을 다루기 위한 필요성
효율적 전문가	가격/품질에 대한 도전	최적의 예산을 가지고 결과물을 도출하기 위한 필요성

추진력과 필요불가결의 기술. 매우 특별한 기술들(여기에서는 컴퓨터 기술이라기보다는 실행을 위한 방법으로 규정)이 스팍스 체계(the Sparks Framework)에서 각 전형들의 특징을 이룬다. 이것들은 시장에서 그 회사가 평가받는 우수성의 진실한 핵심이 되는 것이다. 그것들은 전체적인 프로젝트 가치 사슬의 연결고리가 되며, 그것들을 동등한 가치로 평가하는 고객은 거의 드물 것이다. 혹시 일을 얻기 위해 너무 바빠서, 당신을 특별하게 만들 수 있는 더욱 복잡하고 모험적인 기술을 양성하는 데 소홀하지 않았는지 당신 스스로에게 물어야 한다. 그 회사의 추진력이 명백하고 그 회사의 지도자들이 고객을 위해 무엇이 가장 귀중한지를 이해했을 때, 그 회사의 핵심이 되며 정말로 필요한 기술 역시 명백해질 것이다.

당신의 업무수행에서 특별한 것은 무엇인가?

회사의 전형	독창적인 추진력	필요불가결한 기술
아인쉬타인	혁신성	최신의 아이디어와 기술들의 구현
니치 전문가	최첨단의 방법	목표로 하는 틈새시장으로 새로운 지식의 전수
마켓 파트너	고객과의 파트너쉽	분야별 특성화된 고객을 돕기 위한 방안들의 확장
지역사회 리더	지역사회와의 긴밀한 관계	지역 지도자들과의 관계를 위한 네트워크의 육성
오케스트라 단원	프로젝트 관리(PM)에 대한 도전	대형 프로젝트들에서 정교한 세부계획 운영의 추진
효율적 전문가	가격/품질에 대한 도전	훌륭하고 새로운 생산 기술의 개발

9) 지역사회의 정보를 지니고 있는 사람들

회사의 독창성(홍보용 멘트의 기업 독창성이 아닌)은 오로지 가치창조의 원천이 되는 것이다. 한 회사로서 당신은 무엇인가—그리고 당신이 아닌 것은 무엇인가—를 결정하는 것은 실제로 매우 진지하게 심사숙고할 가치가 있다. 그것은 실험을 요구하며, 다른 회사와의 비교, 그리고 특히 자신의 위치를 밝히는 용기가 필요하다.

비즈니스 디자인: 전략과 구조의 조직망

많은 디자인 회사들은 궁금하게도 그들 스스로를 디자인하지 않는다. 그들은 단순히 그들 고객의 분부를 이행하고, 그 순간에 필요로 하는 모든 것에 반응을 나타낸다. 몇몇 회사들은 비즈니스 디자인에 부주의하여 많은 구조적 장애물들이 성공의 길에 놓여 있으며 이로 인해 기능상 문제를 갖는다. 지역사회와 깊은 관계를 맺기를 원하였으나 그 대표들은 내향적인 기술전문가들만으로 구성된 회사의 경우를 당신은 아마도 볼 수 있을 것이다. 몇몇 회사들은 프로젝트 관리(PM) 전문성의 구축을 원하나, 단지 "사무관리자" 일 뿐이라는 만성적인 우려 속에 살고 있다. 몇몇은 특별한 분야의 전문 서비스 제공을 원하지만, 회사가 융통성 있게 움직일 수밖에 없음을 깨닫는다.

회사의 독창성에 대한 선택을 넘어서서, 그 다음의 필수적인 요소는 사업에 대한 신중한 디자인이며, 이를 통해 정상에서 최고의 성과를 거둘 수 있다. 한 회사가 "게임"을 잘할 때에는, 그것은 응집력 있고 일관된 업무수행의 발판으로 사용된다. 장애요소들이 대립 속에 있지 않다; 그것들은 그저 흐름 속에 있을 뿐이다. 비록 우리가 바라던 이 상태를 지탱하는 것이 무엇인지 알 수는 없을지라도, 그 회사는 이해 가능한 운영모델이나 또는 비즈니스 디자인을 포괄하여 내부 전략과 구조의 매우 특별한 조직망과 함께 움직이고 있는 것이다. 좋은 상황에서는, 그들은 별로 노력하는 것 없이도 바라는 행동들을 촉진하고, 바라지 않는 행동들을 억제할 수 있다. 비즈니스 디자인들은 대부분 불명료한 것으로 문화, 열망, 그리고 심지어 정치적인 면조차도 반영한다—그리고 그것들은 행동양식의 규범을 만들어내는 강력한 요소가 된다.

만약 그것이 올바르게만 된다면 사업상의 전략계획은 비즈니스 디자인을 통해 회사가 숙고하는 것을 도와주는 하나의 과정이며 신중한 치밀함을 이끌어낸다. 어떤 사람들은 전략계획의 마지막 결과는 이행되어야 할 업무들의 순차적인 리스트라고 간주하지만 그러나 그 리스트를 비즈니스 디자인과 비교하는 것은 쓸모없는 것이다.

스팍스 체계에서, 여섯 개의 각 전형들은 각각의 특성화된 비즈니스 디자인에 따른 것이다. 그리고 각각의 비즈니스 디자인은 구조적 요소들을 형성하는 세 가지의 뚜렷한 요소들로 구분된다.

1. 일의 수주: 시장과 마케팅
2. 일의 수행: 프로젝트와 사람들
3. 일의 조직: 돈과 지도력

이 세 가지의 요소들은 모든 회사에서 운용되는 기본적인 전략 시스템이다. 그리고 각 전형들은 이 세 가지의 시스템 안에서 움직이는 특성화된 전략들과 활동들을 갖고 있다. 광범위하게 말하자면, 우리는 이 전략들과 활동들을 나열한 하나의 연속체를 사용할 수 있는데 그 범주의 한 끝에는 아인쉬타인과 니치 전문가의 전형을 위치시키고 다른 한 끝에는 오케스트라 단원과 효율적 전문가의 전형을 위치시킬 수 있다. 다음의 표는 단지 거시적인 관점에서 볼 때 세 가지의 기본적인 업무수행들을 설명한다. 그 유형과 함께 대부분 정렬된 전략들을 강조함으로써, 회사들은 그들의 자산들을 가장 효과적으로 사용한다. 만약 과거에 선택한 것들이 있었다면 다른 것들 역시 두 번째 도구로서 채용할 수 있을 것이다.

예를 들어, 다음 표를 보자. 좌측의 전형들이 더 먼 미래의 가능성을 추구한다면, 그들은 쓰고, 가르치고, 말하는 작업들이 증가할 것이다. 우측의 전형들이 더 먼 미래의 가능성을 추구한다면, 그들은 전시하고, 우편물을 보내고, 광고하는 것으로부터 더 많은 이익을 취할 것이다. 좌측의 전형들이 그들 업무능력의 향상을 추구한다면, 그들은 더 실험적이고 협동적인 시도를 필요로 하며, 반면에 우측에 있는 그들의 동료들은 더 훌륭한 이용성과 생산성에 초점을 맞추어야 한다. 좌측의 전형들이 그들의 작업능력을 증진시키기 원한다면 디자인과 관련된 통계자료를 찾아보아야 하는 반면에, 우측의 그들 동료들은 예산과 스케줄에 관한 통계자료를 구하여야 할 것이다.

전형별 관점들

사업요소	아인쉬타인	니치전문가	마켓 파트너	지역사회 리더	오케스트 단원	효율적 전문가
일의 수주	쓰고, 가르치고, 이야기함		◀────▶			전시, 우편발송, 광고홍보
일의 수행	실험성과 협동성		◀────▶			높은 이용성과 생산성
일의 조직	디자인 작업능력과 통계자료		◀────▶			예산과 스케줄 통계자료

각각의 비즈니스 디자인을 상세히 설명하기 위해 하나의 도안이 사용될 수 있는데, 비즈니스 디자인 모형의 각 모서리에는 하나의 디자인 요소에 관해 언급하고 있다.

각각의 세 가지 요소들 내에는 일단의 부속시스템들이 있다. 물론, 많은 다른 부속시스템들이 주어진 어느 조직 내에서나 운영되고 있지만, 이것들은 가장 효율적인 하나의 집약된 리스트를 제공한다.

다음 페이지에서부터 시작되는 표들의 비즈니스 디자인들은 전국에 걸쳐 있는 성공적인 디자인 회사들과 함께 한 광범위한 연구와 현장 경험에 기초를 두고 있다. 우리는 그들의 전략이 혼합된 다양한 모델보다 하나의 모델에 시선을 정렬할 때 그 조직들은 대부분 성공한다는 것을 발견하였다.

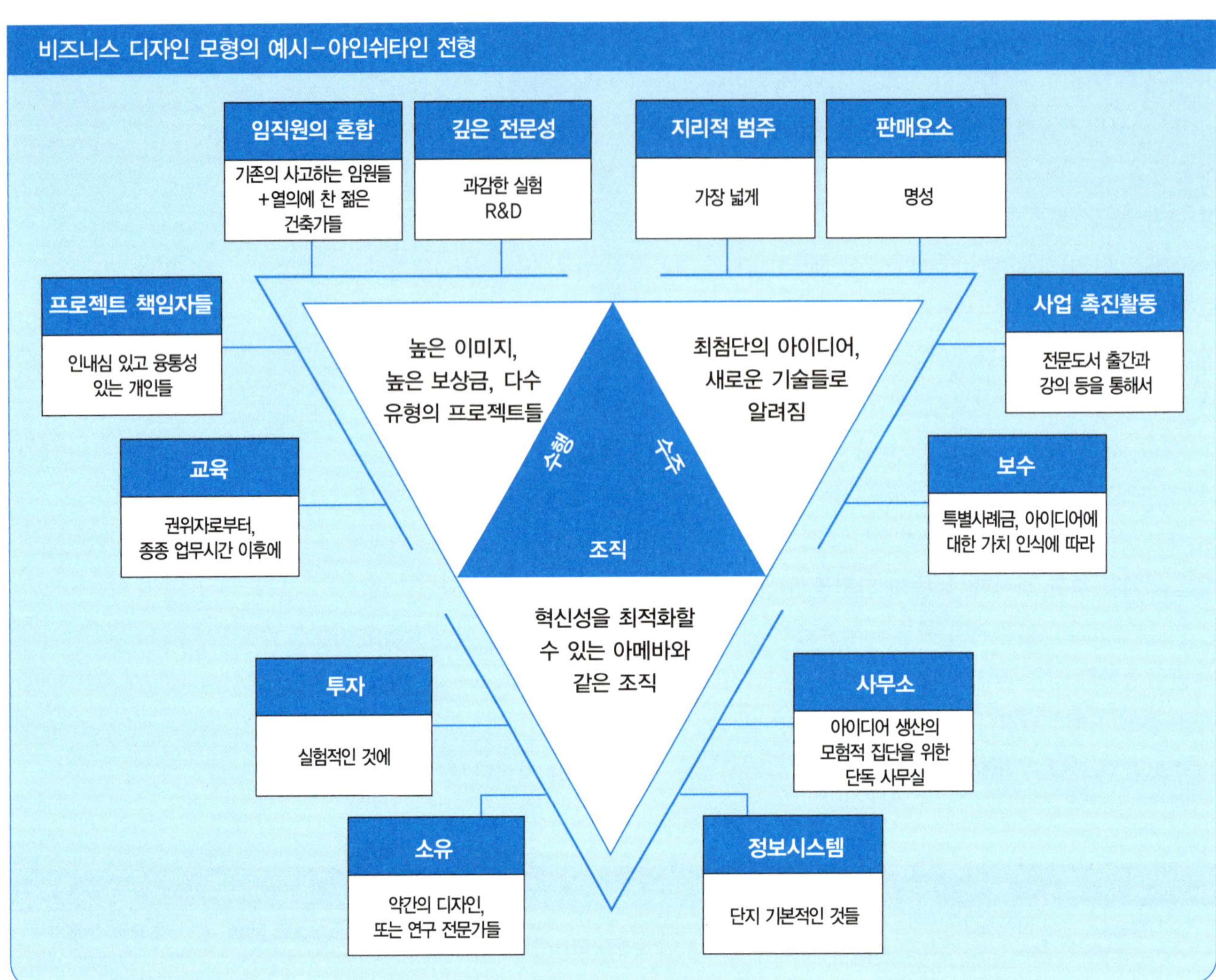

© 1998 Sparks: The center for Strategic Planning

비즈니스 디자인 모델의 기본적 요소

일의 수주: 시장과 마케팅	**그 회사는 무엇으로 알려지는가?** • 세일즈 메시지 • 사업촉진을 위한 전략 • 지리적 영향범위 • 최고의 보수
일의 수행: 프로젝트와 사람들	**무엇이 그 회사의 목표인가?** • 깊은 전문성 • 임직원의 혼합 • 프로젝트 관리 • 교육
일의 조직: 돈과 지도력	**그 회사는 비즈니스를 위해 어떻게 조직되는가?** • 소유권 • 투자 • 사무실 • 정보시스템

대부분의 회사들은 다수의 모델 아래에서 일하고 있는 자신들을 발견한다고들 말한다. 예를 들어, 마켓 파트너가 니치의 전략을 사용하고 있다든지 오케스트라 단원이 지역사회 지도자의 전략을 사용하고 있다는 등 우리는 잡종의 혼성물을 발견한다. 그러나 가장 훌륭한 선택은 확고하게 하나의 전형에 머무는 것이며, 그리고 나서 세심히 디자인된 방법 내에서 융합시켜 나가야 한다.

도전

어떤 회사라도 일반적인 성장과 다양화의 전술과 함께 그럭저럭 잘 해나갈 수 있다. 그러나 리 아이어코카(Lee Iacocca)가 언급하듯이, "크라이슬러에서의 나의 가장 큰 실수는 우리의 전문성을 넘어 다양화한 것이다." GE의 회장이며 오늘날 비즈니스에서 가장 뛰어난 지도자들 중 하나인 잭 웰시(Jack Welch)는 "우리는 우리의 직원과 업무의 반을 줄였다. 그리고 각각의 시장에서 일등 또는 이등이 되는 것에 초점을 맞췄다. 그것은 눈에 띄게 성공적이었다."라고 말했다. 만약 당신이 여전히 의심스럽다면 이 사실을 심사숙고하라: 지난 삼년간 산업에서의 분리설립(spin-offs) 수가 기록

"영예는 최고에서 큰 성취의 기쁨을 아는 자들에게 속한다. 그리고 최악에서 실패했을지라도 담대하게 도전하다 실패한 사람들의 것이다. 그들의 자리는 결코 승리도 패배도 모르는 차갑고 소심한 영혼들과 같이 하지 않을 것이다."

테오도르 루즈벨트(Theodore Roosevelt)

아인쉬타인(The Einsteins)	
고객의 비망록	명성, 이미지 상승에 대한 필요성
고객의 평가	앞서가는 아이디어 또는 기술들
일의 수주 앞서가는 아이디어로 알려짐	*지리적 범주:* 국내 및 국제적 *판매요소:* 명성 *사업촉진활동:* 강의/출간 *보수:* 특별사례금, 아이디어에 대한 가치 인식
일의 수행 높은 이미지, 높은 보상금, 다수의 유형들	*깊은 전문성:* 과감한 실험, 연구 및 개발 *임직원:* 기존의 사색가들, 열의에 찬 젊은 스타들 *프로젝트 관리:* 인내심, 융통성 *교육:* 전문가로부터, 종종 업무시간 이후에
일의 조직 혁신성을 최적화하기 위해 아메바와 같이 조직	*투자:* 실험적 행위 *소유자:* 한 명 또는 약간의 전문가 *정보시스템:* 기본적인 것들 *사무소:* 단독, 아이디어들을 얻기에 충분한 정도의 크기

니치전문가(The Niche Experts)	
고객의 비망록	프로젝트 위기 극복 또는 상황 반전에 대한 필요성
고객의 평가	특수한 영역에서의 탁월한 지도력
일의 수주 프로젝트 또는 서비스의 특수성으로 알려짐	*지리적 범주:* 국내 및 국제적 *판매요소:* 희귀한 지식 *사업촉진활동:* 고객그룹들에게 직접 홍보 *보수:* 특별사례금, 문서로 증명된 결과들
일의 수행 복잡하거나 위험성이 높은, 하나의 유형	*깊은 전문성:* 최근의 실무적 접근들 *임직원:* 상부의 전문가들, 하부의 헌신적인 젊은 건축가들, 그리고 중간의 안정적인 건축가들 *프로젝트 관리:* 프로젝트 과정을 현실적으로 잘 다룰 수 있는 헌신적인 전문가들 *교육:* 젊은 건축가들끼리의 맨토링
일의 조직 니치의 발전을 최적화하는 전문가들로 조직	*투자:* 새로운 적용들, 네트워크의 깊이 *소유자:* 뛰어난 전문가들 *정보시스템:* 서비스/디자인의 수행 *사무소:* 충분한 크기의 단독사무실, 동맹관계의 사무실

에 도달할 정도였고, 많은 회사들이 집중력을 가짐으로써 그들의 모회사보다 더 잘할 수 있었다.

전문가 회사들은 전문적 기술을 찾는 것에서 기쁨을 느낀다. 그들의 작업은 도전적이고, 그들의 비즈니스는 세계에 의미있는 기여를 창출한다. 가치있는 회사들을 창조해내기 위해서는 회사의 지도자들은 그들 회사의 뛰어난 모험정신을 설계하는 우두머리가 되어야만 한다. 그들이 한 프로젝트에 쏟는 만큼의 모든 노력과 열정을 가지고 그들은 이러한 책임감을 다루어야 한다.

전문가 시대라는 새로운 현실에 주목하라 — 이것에 우리는 도전장을 던질 것이다.

마켓 파트너(The Market Partners)	
고객의 비망록	신뢰할 수 있는 파트너, 기술 증가의 필요성
고객의 평가	한 시장의 범주 내에서 서비스의 깊이
일의 수주 한 산업분야에서의 광범위한 경험으로 알려짐	*지리적 범주:* 지역적으로 또는 전국적으로 *판매요소:* 시장에 헌신성, 경험, 접근방법 *사업촉진활동:* 산업과의 연고, 신 경향을 만드는 사람들 *보수:* 단골고객들과 함께 향상시킴
일의 수행 하나 또는 약간의 시장들 내에 있는 유형들의 범주	*깊은 전문성:* 산업에 관련된 경영, 사람들 *임직원:* 고정된 일련의 전문가들, 몇몇은 고객의 산업분야에서 *프로젝트 관리:* 시장에 경험이 많고 잘 조직된 *교육:* 컨벤션 참여, 비공식적인 맨토링 교육
일의 조직 시장 전문성을 최적화하는 실무그룹들로서 조직	*투자:* 실무단의 깊이, 기업인수와 같은 *소유자:* 시장을 잘 아는 선수들, 선택된 기술자들 *정보시스템:* 시장에 의한 통계자료들, 반복적인 고객들 *사무소:* 선정된 지역 사무실들

지역사회 리더(The Community Leaders)	
고객의 비망록	지역에의 접근과 봉사의 필요성
고객의 평가	지역사회에 공동 참여
일의 수주 지역사회에 대한 기여로 알려짐	*지리적 범주:* 지역사회를 근거로 *판매요소:* 지역 접근성, 봉사, 연고 *사업촉진활동:* 지역사회 행사, 광고홍보, 네트워크 *보수:* 최선을 다했을 때 향상
일의 수행 보통의 복잡성, 유형들의 범주	*깊은 전문성:* 지역적 관련성, 의제들 *임직원:* 여러 전문분야로 구성된 그룹들 *프로젝트 관리:* 혼합된 프로젝트 관리/훈련의 우두머리들; 큰 프로젝트의 경우, 다른 회사들과의 견실한 업무분담 과정이 요구됨 *교육:* 지역적으로, 전문적으로 정보교류망을 통해
일의 조직 지역연고를 최적화하기 위하여 지역의 지도자들로 조직	*투자:* 지역의 전망성, 니치 파트너들, 새로운 사무소들 *소유자:* 광범위한 그룹, 아마도 고용자 주주 계획을 가진 *정보시스템:* 지역사무소에 의한 실적 *사무소:* 지역사회 접근성을 위한 하나 또는 다수

- 당신이 가장 주의를 기울여 얻고자 하는 것에 헌신하라.
- 비즈니스 디자인에 완벽히 기초자금이 되어주는 필요한 자원들을 손에 쥐어라.
- 시장에서 지도력을 단호하게 행사하라.

추가적인 정보

'Creating Wealth' 를 포함하여 전략적 비즈니스 계획에 관한 저자의 저서들:

- Principles and Practices for Design Firms
- The Sparks Framework
- A Handbook of Value-Creation Strategies

오케스트라 단원(The Orchestrators)	
고객의 비망록	병참학적 세부계획 관리의 필요성
고객의 평가	대형의, 복잡한 프로젝트를 위하여 숙련된 프로젝트 관리
일의 수주 훌륭한 프로젝트 관리, 조직능력으로 알려짐	*지리적 범주:* 지역적으로 또는 전국적으로 *판매요소:* 신속함, 공정관리 *사업촉진활동:* 사업관련 정기간행물 *보수:* 프로젝트 관리 또는 건설 관리에 대한 특별사례금
일의 수행 세부적으로 대단히 복잡한, 대형 스케일의, 종종 디자인-빌드 프로젝트	*깊은 전문성:* 프로젝트 관리 *임직원:* 상급 및 하급의 프로젝트 관리자들, MBA들 *프로젝트 관리:* 최고의 프로젝트 관리 시스템, 도구, 자원 *교육:* 통상적인 훈련 과정
일의 조직 시스템과 기술을 최적화하기 위해서 프로젝트 관리자들로 조직	*투자:* 프로젝트 관리의 엘리트 사단, 지역의 회사 동맹들 *소유자:* 현재의 또는 이전의 프로젝트 관리자들, 법인 *정보시스템:* 프로젝트 레벨의 통계자료 *사무소:* 회사본부와 위성회사들; 프로젝트 관리자들 출장근무

효율적 전문가(The Efficiency Experts)	
고객의 비망록	성과물을 남기고, 예산을 최적화하기 위한 필요성
고객의 평가	비용, 품질 및 일관성
일의 수주 낮은 가격에 우량의 작업으로 알려짐	*지리적 범주:* 지역적 기반, 광범위한 현장의 동맹관계들 *판매요소:* 가격 대비 최고의 품질, 일관성 *사업촉진활동:* 직접적인 우편발송, 광고, 세일즈 외판원들 *보수:* 경쟁입찰을 통해, 영리한 효율성으로 입찰가격을 극복
일의 수행 대부분 표준형디자인/부지에 맞춰 조정	*깊은 전문성:* 복제에 따른 효율성 *임직원:* 하급의 전문가들과 기술자들 *프로젝트 관리:* 책임, 표준의 진행과정 *교육:* 통상적인 훈련 강습
일의 조직 효율성을 최적화하기 위하여 도면생산팀으로 조직	*투자:* 생산능력, 기술 *소유자:* 하나 또는 몇 명의 기업가들, 아마도 가족경영의 *정보시스템:* 생산 단가 *사무소:* 도면생산본부, 현장사무소들

• Making It Real: A strategic Planning Playbook for A/E Business Design and Transition

모든 책들은 다음 주소를 통하여 만날 수 있다

SPARKS: The Center for Strategic Planning, www.forsparks.com

이외에 비즈니스 디자인과 회사 전략을 다룬 추천 저서들:

- James C. Collins and Jerry I. Porras, Built to Last: *Successful Habits of Visionary Companies*, 1997
- Victor Goertzel and Mildred Goertzel, *Cradles of Eminence*, 1978
- Tom Peters, *Say It and Live it*, 1997
- Al Ries, *Focus: The Future of Your Company Depends on It*, 1996
- Al Ries and Jack Trout, *Positioning: The Battle for Your Mind*, 1993
- Adrian J. Slywotsky and David Morrison, *The Profit Zone: How Strategic Business Design Will Lead You to Tomorrow's Profits*, 1997
- Michael Treacy and Fred Wiersema, *The Discipline of Market Leaders*, 1995
- Benjamin Tregoe and John W. Zimmerman, *Top Management Strategy: What It Is and How to Make It Work*, 1980

5.2 회사 시작하기

Elena Marcheso Moreno[10)]

자신의 건축 사무소를 시작할 때가 되었다고 생각하면, 실질적인 많은 결정을 내려야 할 것이다.

회사를 시작하는 것은 건축가들이 지닌 오랜 기간의 야망이라 할 수 있다. 혼자서 시작하겠다는 결정은 때때로 고용주에 의한 감축 경영에 의해 또는 현재의 직업에서 느끼는 좌절에 의해 자극된다. 새로운 건축회사를 시작하는 이유는 그것을 시작하는 사람들만큼이나 다양하며, 다양한 연령의, 그리고 전문가로서의 경력이 절정에 달한 건축가들이 사무소를 시작하게 된다.

미건축사협회(AIA)가 모은 정보에 의하면 매년 약 1000여 개의 새로운 건축회사가 개업하고 있다. 회사를 시작하는 이유가 무엇이든 간에 건축가들－사실은, 모든 사업가들－은 사업을 유지하고 번창시키기 위한 충분한 돈을 벌어야 한다. 회사를 시작하는 건축가는 확실한 일단의 목표, 충분한 교육의 수료, 그리고 얼마간 운영할 수 있는 자본이 있어야 한다. 많은 건축가들이 일 없이 시작하지만, 이상적으로는 회사를 설립한 다음날을 기다리고 있는 프로젝트가 역시 있어야 할 것이다.

회사를 시작할 때의 조심성 있는 결정은 먼 미래에 이득이 될 것이다. 가능한 한 빨리 당신의 목표, 사업계획, 시장과 자금투자, 수주활동 및 업무수행능력을 확인하라. 매년 수천 개의 사업이 시작되지만, 전문가들은 사장이 간판을 내건 지 3년 후에도 사업적으로 여전하다고 할 수 있는 회사는 창업된 모든 건축 사무소의 단지 25%에 불과하다고 평가한다. 자금부족 때문에 힘든 시간을 버티지 못하고 많이 실패한다.

"비즈니스를 시작하는 것은 결혼하는 것과 같다. 적당한 시기도, 나쁜 시기도 없다."

익명

성공을 위해 필요한 것

회사를 운영하기 위해 당신이－또는 파트너가－몇몇의 기본적인 사업상의 기술들을 가지고 있거나 배워야 할 것이다. 일을 얻기를 원할 것이고 그러기 위해서는 당신의 서비스를 홍보하고, 계약을 협상하며, 합의에 도달해야 할 것이다. 누군가는 고객과의 관계를 만들어야 하고 그들의 신뢰를 유지시킬 필요가 있다. 성장하기 위해서는 직원과 컨설턴트를 고용해야 하고 그들의 충성심을 얻고 지키기 위해 열심히 일해야 한다. 또한 당신은 시공자 및 컨설턴트들과 함께 효과적으로 작업하기 위한 솜씨가 필요할 것이다.

당신은 현재 회사를 떠날 생각인가? 새로운 회사를 시작하기로 결정하기 전에, 다음의 것들을 고려해야 할 것이다.

- 당신에게는 현재 회사에서 이용되지 않고 있는 능력들이 있는가? 상사들은 당신의 요구사항들을 알고 있는가? 당신은 새로운 일련의 책무에 대해, 또는 당신과 상사 모두를 도울 수 있는 몇몇의 다른 변화에 대해 제안할 수 있는가?
- 건축 회사에서 새로운 역할을 찾고 있는가 아니면 건축을 실행하기 위한 새로운 환경을 찾고 있는가?

10) **엘레나 마체소 모레노(Elena Marcheso Moreno)**는 무소속 작가이고 버지니아 주 맥린(McLean)에 기반을 가진 편집장이다. 그 주제는 "Firm Start-Up"(James R. Franklin, FAIA, Architect' s Handbook of Professional Practice, 12th Edition)으로부터 인용되었다.

비즈니스

Part 2

이상적으로, 새로 개업하는 사람들 중 누군가가 이미 디자인 실무를 사업적으로 운영하기 위한 기술과 경험을 가지고 있을 수 있으며, 아니라면 그것들을 배워야 할 것이다. 융자금 및 기타의 자금 조달책을 찾아낸다든지, 임대차 계약에 들어간다든지, 또한 자금의 흐름과 재정적 안정성을 관리하는 것 모두가 요구되는 기술들이다. 이 기술들 모두가 모아졌을 때 많은 이익을 제공하는 사업이 될 것이다.

건축 사무소를 계획하는 것

건축가들이 사무실을 열 때, 그들은 일반적으로 어떠한 회사를 만들고 싶은지 마음속에 이미지를 가지고 있다. 회사의 크기, 프로젝트 유형들, 건축주들, 그리고 아마도 회사의 구조 등에 대해서일 것이다. 이 이미지를 현실에서 실행하기 위해서는 이 모든 예상되는 구성요소들이 잘 기능하는 하나의 통합체로 합쳐져야 한다. 그것은 건축실무조직의 구성, 건축시장의 확인, 프로젝트 유형들의 선택, 프로젝트 수주를 위한 활동, 건축주들을 새로 만나고, 이익을 위한 프로젝트 비용의 평가, 제시간에 프로젝트를 마무리하며, 사업을 이끌고 관리하는 것, 직원들을 찾고 발전시키며 잡아두는 것 등의 필요성을 의미한다.

회사조직의 형태들에 대한 규범:

개인사업자사무소: 설립이 가장 쉽다; 오직 당신만이 그것의 성장을 제한한다; 회사를 소유하는 데 파트너들을 필요로 하거나 원할 때까지만 그것이 가능하다.

공동사업자사무소: 만일 당신이 "잘 결혼"했다면 훌륭할 것이다; 대부분의 경우 종종 일찍 적합한 동료를 찾고자 한다; 많은 건축가들은 사업상 이유로 법인의 형태를 취하나, 여전히 그들을 파트너들로 생각한다.

법인회사: 독립된 법률상의 실체이며 특별한 법률과 세금, 그리고 문서와 함께 그것만의 존재를 영위한다.

사업의 법적 형태. 회사를 처음 조직할 때, 사업상의 법적 형태를 결정해야 한다. 법은 사업상의 다양한 형식을 승인하지만, 그 모든 형식은 단지 세 가지의 기본 구조로부터 취하게 된다: 개인사업자사무소, 공동사업자사무소 및 법인회사. 각 형식과 관련된 세금과 법률상의 중대한 요소들이 있으며, 회사가 앞으로 취하게 될 형식에 대한 결정을 변호사 및 회계사와 상의해야 한다.

선택한 사업구조는 많은 요소들에 의해 영향을 받을 것이다. 지금은 단독의 개인사업자사무소–사업상의 가장 간단한 형태–로 결정한다 할지라도, 당신의 사업과 프로젝트들의 복잡성 모두가 증가함에 따라 장래에는 그 사업상 형태를 바꾸기를 원할지도 모른다.

법인회사에는 S 법인[11]이라고 하는 하나의 변형된 형태가 있는데 많은 디자인회사들이 궁극적으로 이것을 선택한다. 이 형태에서는 한 작은 사업체가 마치 그것이 공동사업자사무소인 것처럼 소득을 다룰 수 있으며, 일반 법인에 전형적으로 부과되는 법인의 수입과 주식배당금 모두에 대한 이중 과세를 피할 수 있다. 주주들은 역시 S 법인과 함께 그들의 개인적 수입에 대해 발생한 사업상 손실을 보충할 수 있다. 유한책임의 공동사업자사무소 또는 유한책임법인과 같은 다른 형태들 역시 디자인 회사들이 선호하는 형식들이다. 당신의 회사와 그것의 법적 구조를 설정하기 전에, 적절한 법적, 그리고 재정상의 컨설턴트들과 함께 당신의 특수한 필요사항들에 대해 논하라.

조직에 관한 구조. 당신이 회사를 위해 디자인한 그 틀은 당신의 모든 사업활동에 근

11) 미연방 세무규정의 「Chapter 5」에 정의된 S-corporation을 의미함.

본적인 지지대가 될 것이다. 당신은 당신 회사만의 정체성을 확립하기를 원할 것이고, 일할 시장에서 그것을 어떻게 자리잡게 할지 결정해야 할 것이다.

정체성(또는 독창성)은 원하는 어떤 것이라도 될 수 있다–독특한 미적 가치관에 대한 집중, 서비스와 부가가치를 제공하는 것, 또는 기술적 혁신 등이 그 예이다. 목표가 된 시장들을 비축해두고 그것들에 대한 건축적 서비스의 성장 가능성을 평가하면서 진실로 자신에 대해 솔직해야 한다. 그러고 나서 당신이 집중할 곳을 구상하라–어떤 건축유형인지, 어떤 서비스의 분야인지를. 이 점에서 회사를 지나치게 확대하지 마라; 모든 사람들에게 모든 것을 제공할 수 없다. 오늘날 고객들은 그들의 설계사로서만이 아니라 그들의 자문역까지 제공할 수 있는 전문가들을 찾는다. 어떤 빌딩유형이든지 다 디자인하고 건축과 관련된 어떤 유형의 서비스도 모두 제공하는 건축 회사보다 시장에서 자기만의 니치[12)]를 찾고, 몇몇의 특수한 분야, 아니면 한 분야에서만이라도 전문화하는 것이 더 많은 이익이 될 것이다.

비즈니스

Part 2

이미지와 마케팅

당신의 마케팅 노력들과 회사의 이미지는 너무 밀접하게 연관되어 있어, 서로 다른 하나로 간주하는 것은 거의 불가능하다.

이미지. 새로운 회사들이 인지될 만한 이미지를 갖고 있다는 것은 드물기 때문에, 오로지 이미지만으로 일거리를 찾기는 쉽지 않을 것이다. 대신에 그 회사의 마케팅 노력과 회사 내지는 대표의 신망이 성공을 결정할 것이다. 당신의 회사에 대해 창조한 이미지는 새 회사를 위해 당신이 품고 있는 비전과 밀접하게 연관시켜야 한다. 이미지와 그 비전 사이에 일관성이 없다면, 성공을 향해 조직을 이끄는 데 어려움을 겪을 것이다. 회사의 이미지는 앞으로 회사의 이름으로 하는 모든 것에 투영될 것이다. 당신이 선택한 회사명, 편지지의 인쇄문구와 명함, 그리고 사무실과 그 위치 등. 현실적이고 단기간에 달성할 수 있는 이미지를 창조하라. 회사가 성장하면서 그 이미지 또한 성장할 것이다.

회사가 작다면, 아마도 작은 프로젝트들이 주어질 것이다. 작은 프로젝트는 회사의 전문적 기준을 정립하는 데에 아주 안성맞춤이 될 수 있다. 일찍 정립된 이 기준들은 유지하기가 더욱 용이하고, 그 결과로 만들어진 이미지는 몇 년간 좋은 고객들과 좋은 프로젝트들을 가져다 줄 수 있다. 거꾸로 말하면, 한두 개의 미숙한 전문가적 행동으로 당신과 당신의 회사는 고객들에 의해 당신이 바라지 않는, 가격조정을 당하는 선례를 곧바로 남길 수 있다는 것이다.

마케팅. 효과적인 마케팅 전략을 개발하는 것은 건축가의 창업을 위해 가장 중요한 활동 중 하나이다. 당신은 아마도 좋은 업무의 수행이 회사와 건축가를 변론할 것이고

12) 틈새시장의 남들이 잘 모르는 영역

조직의 형태

형태	이점	단점
개인사업자사무소 이것은 사업 중 가장 단순한 형식이다. 당신이 바로 회사인 것이다. 당신의 주요한 법적 걱정거리는 연 4회로 세금을 내고, 사업상 지출에 대한 모든 영수증과 기록을 보관하는 것이다.	• 형성이 용이함 • 창립을 위한 적은 법적 지출 비용 • 한 명의 소유주에게 모든 이익이 돌아감 • 쉽게 매각하거나 폐쇄	• 무제한의 개인적 책임 • 은행의 재정지원 획득이 제일 어려움 • 사업상 세금공제에서의 제한들 • 결정들을 공유하지 못함
공동사업자사무소 함께 일하는 둘 이상의 사람들과의 협정. 각 파트너는 자금과 서비스에 기여하고, 그리고 이득 또는 손실을 분배한다. 법적으로, 모든 파트너들은 보통 동등한 의결권을 가지며 모든 결정은 다수결에 의한다. 파트너들은 일반적으로 아무 때나 그 사업을 철회할 수 있다.	• 형성이 용이함 • 더 많은 사람들과 함께 이익을 위한 더 큰 기회를 가짐 • 더 유효한 자본금의 이용 • 정부의 제어가 적고, 특별 세금이 없음	• 무제한의 개인적 책임 • 공동사업자 간 협약상의 불일치 가능성 • 경영관리상의 알력 • 은행의 재정지원 획득이 어려움 • 팔기 어려운 공동사업자의 이익 관계
법인회사 주주들과는 상관없이 존재하는 독립된 법적 실체	• 제한된 주주의 책임(그러나 디자이너들은 여전히 종종 개인적인 책임을 진다) • 유연한 세무 계획과 경영 • 용이한 소유권의 이전	• 더 많은 정부의 규정 • 법인허가서와 정관에 의해 관리됨 • 대주주에 의한 잠재적인 표결의 조정 • 법인조직을 위한 비용지출

더 많은 일을 가져올 것이라고 생각할 수도 있다. 때때로 그것은 사실이다. 그러나 적극적인 마케팅 활동은 프로젝트를 따내기 위하여 훨씬 더 좋은 방법일 것이다.

마케팅을 시작하는 한 방법은 예상되는 고객들, 이전의 고객들, 과거에 함께 작업했던 컨설턴트들, 지역의 사업 단체들, 친구들, 친척들 및 업무를 소개할 수 있는 그 누군가에게 간단한 편지를 보내는 것이다. 이 편지는 사람들에게 당신의 개업을 알리고, 당신의 정체성을 확립하기 위한 것이다.

지역 도서관에서 회사들의 정기 보고서들과 사업체 인명부를 통해 고객들의 리스트를 작성할 수 있다. 당신의 주제 범위 내에 들어있는 단체들의 관련 참고 문헌들이 있을 것이고, 만약 당신이 종교 건축을 전문화하길 원한다면, 이런 시설들을 짓는 사람들이 멤버로 있는 조직에 대한 서적들을 찾아라. 미래의 고객들이 읽을 만한 출판물을 보고 고객을 향한 길잡이를 찾아라. 특정한 정부대행회사의 대표자들과 대화하고, 가까운 미래에 다가올 빌딩 프로그램들이 무엇인지 알아보라.

이미지처럼, 마케팅은 특정한 고객들에게 초점을 맞추는 것과 동시에 일상적인 활동을 통해 이루어진다. 강론을 하고, 한 지역사회 단체에 서비스를 제공하며, 매체에 기고하거나, 지역공동체에 봉사하고, 또는 언론에 기사거리를 제공하라. 중요한 것은 이름을 알리고 이미지를 확립하는 것이다.

마케팅 계획과 전략(6.1)에서는 당신 회사를 홍보하기 위한 방법들과 기술들을 제공한다.

회사가 어떠한 방향으로 갈지, 장점과 단점이 무엇인지, 갖기를 원하는 프로젝트의 유형은 무엇인지 등과 같이 당신 회사에 대한 몇 가지 요점들에 당신 스스로를 고정시킨 후에 마케팅 전략을 만들기 시작하라. 좋은 마케팅 계획은 요점상 명백하고 추정이 가능하다. 그 계획의 목표는 어느 특별한 시장에 도달하기 위한 단계들을 향하여 설정될 수 있다—당신이 매일 전화 거는 횟수, 당신이 주재하는 만남의 횟수, 당신이 제출한 제안서의 수 등.

마케팅 목표들은 마케팅 정보에 의지할 것이다. 이 정보는 당신이 직접 조사할 수 있고, 지역의 출판물에서 찾을 수 있으며, 사업체의 출판물들로부터 입수하거나, 컨설턴트를 고용해 조사시킬 수도 있다. 그 시장에서 자신의 회사가 제공하는 서비스가 꼭 필요하다는 정보가 입수되지 않는다면 시장을 향한 힘든 도전은 피하라. 통계에 의하면 보통의 디자인 회사가 추구하는 열 개의 프로젝트 중 하나 정도만 성사되는 것이 일반적이다. 그러므로 사업을 계획할 때 프로젝트들을 쫓아다니기 위한 자금과 시간이 포함되어야 함을 기억하라.

건축주 선택하기

재정상 견실한 건축 회사의 운영은 건축주들과의 강하고 장기적인 관계를 만들며 유지하는 것에 달려있다. 그것은 결국 적절한 건축주를 만나느냐에 달려있는 것이다.

새로이 개업하면서 건축주를 선택하는 것은 어리석게 보일 것이다—어느 누가 제공되는 일을 선택하는 사치를 부리겠는가? 하지만, 건축주를 선택하는 것은 사치가 아니다; 당신으로 하여금 프로젝트의 위험도를 낮추고 궁극적으로 회사의 수익성을 증가시키도록 하는 견실한 사업행위인 것이다.

건축주를 선택할 때, 그들에 대해 가능한 한 많은 것을 알아내야 한다. 크고 잘 운영되고 있는 법인회사가 믿을 수 있는 건축주이겠지만, 법인 및 기타의 영역에는 작은 건축 회사에게 큰 위험이 될 수 있는 수많은 다른 회사들이 있다. 건축주에 대해서 알아보라. 건축주가 과거에 건축물들을 위임한 적이 있는가? 건축주는 설계과정과 시공과정, 그리고 개발과정을 이해하는가? 건축주가 이 과정을 처음 접하는 것이라면, 그 과정을 설명하고 이루어질 작업들을 설득하는 데 더 많은 시간을 써야 할 것이다.

건축주에 대한 명망을 조사하라. 전에 건축주가 건설프로젝트에 참여했었다면, 어떤 사람은 설계했을 것이고 다른 어떤 사람은 건물을 지었을 것이다. 그 과정에 대해 물어보라. 답을 얻어야 할 질문 몇 가지가 있다: 그 건축주는 생각을 집중하고 결정적인가, 아니면 그들은 자신의 마음을 자주 바꿔 일을 다시 하게 만드는가? 그들은 시간을 맞추어 용역비를 지불하는가?

당신 건축주의 경영체계를 아는 것은 중요하다. 어떤 레벨 정도에서 상호 교류할 것인가? 당신은 최종의 의사결정자와 직접 만날 것인가, 아니면 명령체계에 따라 작업해야 하는 사람에게 아이디어를 설명할 것인가? 가장 좋은 시나리오는 당신을 고용한 사람이 직접 모든 결정을 내리는 것이다.

건축주의 재무 상태를 알아야 한다—그 조직 또는 개인은 안정적인가? 재정상의 신용평가에 대해 질문하라. 건축주의 거래은행을 체크하라. 신용등급 평가에 대한 이력을 체크하고, 건축주에 대한 재판 판결이나 기록들이 있는지 파악하라.

최종적으로 올바른 공감대를 형성하고 있는가? 이것은 건축주와 효율적으로 작업하기 위해서 중요한 요인이 된다. 만약 당신이 건축주를 좋아하지 않거나 서로 이해하지 않는다면, 그 관계는 깨지게 될 것이다.

상기의 많은 질문들에 대해 답을 내림으로써 당신은 건축주에 대한 슬기로운 선택을 할 수 있다. 당신은 역시 계약 협상을 위해 더 좋은 위치에 가 있을 것이다. 기억해야 할 것은 좋지 않은 건축주와 프로젝트는 막 시작하는 당신 회사의 명성에 부정적인 영향을 줄 수 있다는 것이다. 아주 조금의 좋지 않은 평판도 당신이 프로젝트를 가장 필요로 할 때 도미노 효과를 일으킬 수 있다는 것이다.

건축설계의 사업적 측면

대부분의 건축가들은 그들 사업체의 경영을 위한 관리적 측면을 즐긴다고 말하지 않지만, 번창하는 설계업무 수행을 위해서 원활히 기능하는 조직 없이는 희망이 없다는 것에 대부분 동의한다.

재정적 고려

디자인이 당신에게는 더 바라는 영역이겠지만 재정상의 계획 역시 마차가지로 중요하다. 성공적인 설계회사들은 일반적으로 쉽게 이해할 수 있는 재정계획을 가지고 있다.

영업을 시작할 때, 당신은 '창업자금'이 필요할 것이다. 대부분의 새로운 건축설계회사, 특히 공격적인 창업을 시도하는 회사는 상당히 큰 총액이 필요할 수 있다. 창업할 때 손에 쥐고 있는 프로젝트가 없다면, 창업자금으로 사무실 공간(집에서 일하는 것이 아니라면), 전화, 컴퓨터, 팩스, 전자우편, 제도용품, 가구 등등과 같은, 설계를 시작하고 프로젝트를 실행하는 데 필요한 물품들을 구입하여야 한다. 또한 문구류와 명함 등의 비용 역시 부담하여야 할 것이다. 역시 당신의 생활을 위한 돈이 필요하다면 창업자금으로 당신 자신에게 월급을 지급해야 할 것이다. 그것을 마케팅 비용으로 쓸 수도 있을 것이다. 당신 자신의 예금이 당신 회사의 금고로 들어가기 전에 그것을 당신의 컨설턴트들에게 지불할 수도 있을 것이다.

창업자금은 어디서 조달되는가? 대다수의 사무소 운영자들은 회사의 기반을 다지는 몇 달 동안이나 그 이상의 기간 동안 융자를 받는다. 또 다른 많은 이들은 자신의 저축을 사용하거나, 친척들로부터 빌리거나, 또는 새로운 건축주에게 넉넉한 보유자금을 지불하도록 설득한다.

은행은 돈을 벌기 위해 돈을 빌려주는 사업을 하는 것이다. 그들은 좋은 모험성의 사업이라고 간주하는 것에 투자하기를 원한다. 개업을 하거나 새로 구성된 설계회사를 좋은 모험성의 사업으로 보는 경우는 드물 것이다. 그래서 은행에 접근할 때는 많

새로 설립되는 회사를 위한 조언

당신이 원하는 회사의 모습을 결정하라. 이것은 자전거 타기와 같다. 당신이 기우는 방향으로 당신은 가게 된다. 건축주와 프로젝트 유형의 관점에서 보면, 제공된 서비스의 범위와 종류 안에서 과거에 당신에게 원활하고 빠르게 작용했던 그 방향으로 기울여라. 그런 후에 당신 스스로를 승리자로 표현하고, 승리했던 당신 회사의 특징을 크기, 직원, 자산, 전문성의 관점에서 설명하라. 그것이 바로 당신이라는 것을 평생 직시하고, 그 이미지를 벗어나지 말고 유지하라. 세상은 승리자를 좋아한다; 당신이 바로 승리자임을 명심하고 시작하라.

오직 당신의 회사가 번창하는 것을 도울 수 있는 건축주들에게 일을 구하라. 방향 선택을 잘 하는 것은 이 작업을 잘 마무리하는 것에 중요한 열쇠가 된다. 적절한 목표의 선정은 당신으로 하여금 올바른 기회의 순간에 표류하는 목표를 잡을 수 있도록 해주고, 그렇게 될 것이다. 당신이 선택한 건축주와 함께 교제하고, 같이 일하며, 즐기기도 하고, 문화 또는 도시 활동에서 함께 한 사람들 모두가 다음 프로젝트에서 귀중하고 훌륭한 문지기가 되어준다. 그들의 번영과 성공에 진정으로 흥미를 가짐으로써 그들에게 항상 기억이 되는 건축가가 되라.

건축주가 하는 말을 열심히 들으라. 하지만 단지 듣고만 있지 말라. 당신이 정확히 이해했다는 것을 그들이 알 때까지 당신에게 말했던 것을 다시 반복하여 그들에게 말하라. 당신이 주의 깊게 듣기 전에 스스로 판단을 내리고, 해답을 던지거나 문제를 해결하는 성급함으로부터 당신 자신을 지키는 것이 바로 힘든 부분이다. 당신이 적당한 문제를 물어보았고 그것들에 대한 토의가 충분히 유지되었기 때문에 건축주들이 가장 좋은 해결책을 발견하였다면 그 프로젝트는 성공할 것이다.

품질에 대한 위기관리정보를 모으고 그것을 기초로 하여 합리적인 결정을 내려라. 책임감에 대한 두려움 속에 살면서 업무수행에 제한을 주는 것 대신에, 가능성을 감지하여 스스로에게 힘을 싣도록 하라. 당신은 이미 필요로 하는 기술적 능력에 도달하였기 때문에, 적극적인 듣기의 문제이다. 세상물정에 밝은 사람이 되어라. 무언가 잘못될 수도 있고, 누군가 다칠지도 모르며, 또한 벌어진 일을 누가 가장 잘 처리할 수 있는가 등등의 의문들에 대하여 "그러면 어찌 되는데?"하고 즐겨라. 모든 것을 바로 가게 만들기 위하여 책임과 힘의 평등한 분배에 대해 건축주와 합의하라.

지적으로 아니라고 말하는 방법을 배워라. 아니라고 말해야 될을 피하는 최선의 방법은 처음부터 적극적인 듣기를 고집하는 것이다. 그것이 안 될 경우, 만약 그들이 당신에게 하나 또는 일련의 좋은 보상을 제공한다면 건축주들이 원하는 것에 기꺼이 동의하라. 그 보상들은 시간, 독립적인 검사나 평가, 컨설턴트들, 보험, 정보, 무엇이든지 평등하게 만들어 주는 것일 것이다. 공동도급, 제휴, 그리고 자문협정 등을 통해서, 당신 자신의 한계를 극복하게 해주고 건축주에게 최고의 흥미를 불러일으키는 사람이라면 누구와도 팀을 이루어라. 이것을 성공적으로 하는 것은 당신 자신의 한계를 알고 있다는 뜻이다.

자신의 데이터베이스를 만들어라. 새로운 프로젝트를 계획할 때, 협상을 준비할 때, 건축주들에게 합리적인 기대심을 갖도록 가르칠 때, 또는 청구서를 준비할 때, 이것은 당신 최고의 정보출처가 된다. 한 도면의 작성에 빠듯하게 소요되는 시간의 실제 합계를 매일 기록하는 것은 좋은 아이디어인데, 이것은 시간관리시스템의 이용을 말하며 프로젝트의 현금지불 목록 페이지에 포함되는 것이다. 그러나 죄의식을 가진다든지 경비에 부담이 되지 않을 정도로 단순하게 만들어야 한다.

그 나머지는 오직 돈이다. 새로운 회사가 실패하는 근본적인 이유는 불충분한 자본력인 것이다. 이러한 자본의 부족과 싸우기 위해서 창업회사들은 다음과 같은 몇몇의 전략들을 이용한다고 한다.

- 이익이 사업비용인 것을 이해하라. 수지가 비슷한 상태에서의 작업은 예기치 않은 지출들–어느 정도 있을 예정인–을 위해 아무것도 남길 수 없다.
- 손실요인들을 가볍게 다루지 마라. 총괄적인 회사이익과 이런 이익들이 발생할 가능성을 숙고하라.
- 선수금을 요청하라. 많은 건축주들은 당신이 요구할 때만 지불하려고 한다.
- 당신이 일의 범주나 지속기간을 정할 수 없을 때는 프로젝트의 모든 부분에 대하여 시간당 비율에 기초하여 비용을 청구하라.
- 일찍 그리고 자주 청구하라. 적어도 매달 청구하라. 일상적으로 작은 수표를 발행하는 것이 나중에 큰 합계의 돈을 지불하는 것보다 훨씬 더 쉽다. 많은 건축주들은 만약 당신의 현금 유통 조건들이 그들에게 미리 설명된다면 매 2주마다 지불하는 것조차도 신경 쓰지 않는다.
- 수주활동에 실패할 정도로 일을 너무 좋아하지 마라. 한 프로젝트가 끝나면, 그것에 더 이상 작업을 하지 마라. 왜냐하면 당신은 더 이상 할 것이 없기 때문이다; 밖으로 나가 다른 프로젝트를 노려라.

제임스 프랭클린(James R. Franklin, FAIA)
아바 아브라모비츠(Ava J. Abramowitz, Esq.)

은 준비가 필요하다. 당신의 회사가 실적을 갖고 있지 않기 때문에 융자를 받는 것은 대부분 당신 자신을 어떻게 잘 파느냐의 문제인 것이다. 당신이 잘 준비되어 있을수록 성공할 확률이 크다. 은행가에게 회사에 대해서 설명하는 것은 당신의 책임이다. 융자 절차를 밟기 위해서는 융자신청을 위한 제안서를 제출해야 할 것이다.

일반적으로 은행은 신생 회사의 경영인이 그의 저축 중 25% ~ 50%를 사업에 투자하기를 요구한다. 그런 다음에 은행은 회사의 특성과 차용자의 경영관리능력, 이익을 위한 회사의 전망을 고려할 것이다. 일반적으로 실적기록이 없는 작은 사업체에 대한 대출은 건축주에게 개인 보증을 요구한다. 비록 회사가 적정수준의 수입이 없거나 파산을 하더라도 대출금은 갚아야 한다.

은행에 갈 때에는 예비의 사업계획과 함께 당신의 현재 이력서, 그리고 운용예산에 대한 예측을 어떤 형식으로든 준비하여 가져가야 한다. 은행은 당신의 수입이 어디로부터 나오는지, 지출은 어디에 하는지, 그리고 회사의 자금유통을 다루기 위하여 당신이 어떤 계획을 세웠는지 알기를 원한다.

자금 확보(7.4)는 창업이라는 중요한 의제를 다룬다.

현금유통은 번창하는 회사에서도 충분한 관리가 어렵기 때문에, 새롭게 개업하는 회사의 경우 아예 예측하기가 불가능하다. 몇몇의 새로운 회사는 빚을 져서 사무실을 빌리고, 장비를 사는 등, 꽤 많은 비율의 돈을 창업 당시에 사용한다. 하지만 괄목할 만한 양의 일에 대해 계약을 맺지 않았다면, 더욱 신중한 접근이 천천히 이루어질 것이다: 실제 일을 수행하는 데 당신의 실질적인 요구에 대해 더 좋은 생각이 나올 때까지 집에 작업실을 만들고, 복사기를 단기간 동안 빌리며, 아직 쓸 만한 중고 장비를 사라. 이 방법이 가장 안정적이지만 단지 하나의 대안일 뿐이다. 이 단계에서는 당신이 필요하다고 생각하는 자산들과 앞으로 당신이 발생할 것으로 예상하는 지출비용의 목록을 상세한 금액의 합계와 함께 작성하는 것이 좋을 것이다. 그러고 나서 당신이 고른 회사의 독창성을 형성하는 데 즉시로 도움이 될 대안을 선택하라.

건축주들이 회사를 자주 찾지는 않을 공산이 클 것이다. 아마도 공들인 사무실이 필요하지 않을 것이다. 하지만 고품질의 문구와 관심을 끌 만한 명함에 투자를 하고, 가망 있는 건축주들에게 줄 수 있는 홍보물품을 준비하는 데 투자하라; 이 모든 것은 창업예산 안에서 해결해야 함을 기억하라.

몇몇 설계자들은 단지 1, 2개월 동안 유지하는 데 충분한 현금을 가지고 회사 운영을 시작하기도 한다. 프로젝트 없이 회사를 시작하는 건축가는 6개월에서 1년 동안의 운영에 충분한 저축을 유지하라고 컨설턴트들은 강력히 권고한다.

대출신청서의 구성요소

은행에 갈 때, 신규 회사의 생존 능력으로 대출을 준비하라. 대출신청서에는 다음이 포함되어 있어야 한다.

- 원하는 대출금액을 얼마나 오랫동안, 그리고 어떻게 사용할 것인지. 은행은 제 시간에 그들의 돈을 회수하고자 하므로, 당신이 어떻게 대출을 갚을지에 대한 계획의 언급과 당신이 내놓을 수 있는 담보물의 리스트를 확인한다.
- 당신의 사업에 대한 설명. 당신이 하는 일, 당신 자신의 배경과 자격, 예측되는 건축주들의 존재에 대하여 설명하라.
- 현재의 사업계획. 당신의 계획은 당신의 시장, 만약 있다면 당신의 니치, 조직상 구조, 마케팅 계획, 재정관리 방식, 그리고 소득 대상 등을 묘사하여야 한다.
- 재무예산과 운용비용. 이것은 프로젝트에 의해 편성되며 달마다, 일년마다, 또는 더 긴 기간마다 적절히 이루어진다.
- 추가적인 재무정보. 여기에는 수입 또는 손익 계산서, 대차대조표, 그리고 개인의 재정 등이 포함될 것이다.

자신의 회사를 시작할 때에는 자신의 돈과 다른 재원으로부터의 돈을 투자하는 것이다. 당신은 사업의 운영과 투자를 계속하기 위해 당신이 수행한 일에 대해 돈을 지불하겠다고 약속을 한 건축주의 돈–수령가능한 당신의 계정–을 필요로 한다. 설계회사의 실패는 수령 가능한 계정의 부적절한 관리로부터 유래할 수 있다. 수중에 충분한 자금 없이, 경영자는 훌륭한 사업조언자를 고용할 수 없고, 훌륭한 직원에게 급료를 지불할 수도 없으며, 면허나 다른 정부관련 비용들을 지불할 수 없다. 하물며 수중에 돈이 없으면 사업홍보도 제대로 이뤄질 수 없다.

이 문제를 해결하기 위해, 일단 새로운 사업을 위해 필요한 운영자금을 결정하라. 몇 가지 방법이 있긴 하지만, 그 중 편리한 한 가지 방법은 당신 회사의 월 평균 예산을 산출하는 것이다. 이것은 매월 건축주로부터 얼마만큼의 현금을 받아야 하는지 알려준다. 사무실을 개업했던 설계자나 경영 컨설턴트 모두 현금유통 문제가 우려되는 월말까지 기다리지 말라고 말한다. 그들이 받을 수 있을 것으로 확신하는 청구서를 보낸 후 바로 건축주에게 전화하고, 건축주가 시간에 맞추어 지불할 계획임을 검증하며, 지불기한 다음날에는 그것을 확인하라.

당신의 운영예산과 함께 마케팅 시간과 활동에 자금을 조달하는 것은 당신이 완성할 프로젝트에서 이익을 남겨야 한다는 것을 의미한다. 이익은 모든 사업 노력의 정상적인 한 요소이며, 설계회사 역시 다르지 않다.

보험 보상(11.2)에서는 보험의 유형과 필요성에 대한 개괄 내용을 알려준다.

설계비의 결정

수익을 내기 위해서는 모든 계산서에 돈을 지불하고도 남을 정도로 설계비를 산정해야 한다. 시간이 건축주에게 얼마나 가치가 되는지를 반영한 당신의 서비스를 평가하라. 이것에는 당신을 위한 봉급의 지불 역시 포함되는데 설혹 당신이 한동안 봉급을 받을 계획이 없었더라도 마찬가지다. 여기에는 간접비까지도 포함된다.

당신이 사업을 시작할 때, 더 큰 조직이 갖고 있는 간접비의 종류가 포함되지 않기 때문에 설계비는 매우 경쟁적일 것이라는 것이 일반적인 생각이다. 당신은 값비싼 임대료를 내지 않고, 봉급은 그리 많지 않으며, 장비는 그렇게 비싸지 않다. 새로 작은 사무소를 운영하는 것은 당신의 이전 고용주들에게 현실적이었던 간접비보다 훨씬 적은 비용을 요구할 것이다. 결과적으로, 당신의 간접비 비용은 적어질 수 있고 그래야만 한다.

위기 관리 전략(11.1)에서는 각 프로젝트가 야기할 수 있는 위기와 기회들을 받아들이고 다루는 총체적인 접근방안을 제시한다.

하지만 건축주는 당신의 모든 업무에 같은 비율로 청구될 것이라고는 기대하지 않는다. 행정관리직이 건축구조의 결정을 내리는 전문직과 같은 수준의 평가를 받지는 않을 것이다. 따라서 시간당 평균인건비를 확인하는 것이 프로젝트 비용의 산정에 가장 보편적인 접근방식이다. 그러나 지출비용에 기초한 평가가 아니라 그 가치에 기초한 설계비의 평가에 대해서는 논쟁의 여지가 있을 수 있다.

아직도, 건축가들은 지출비용에 기초를 두고 그들의 용역비를 산정하는 경향이 있

정부의 규정들은 당신에게 어떻게 영향을 미치는가?

해야 할 필요가 있는 것들:

- 사업자 등록
- 매출 조세번호 또는 매출세액 지불로부터의 공제 획득
- 필요한 도시 및 건축허가, 사업허가, 또는 면허증
- 연방정부, 그리고 아마도 주나 지방의 세금 및 보험 요구조건 준수

동의할 필요가 있는 것들:

- 연방정부(OSHA)와 주정부의 건강 및 안전 규칙
- 연방정부의 임금 및 근로시간 관련 법규
- 연방정부의 사회보장제도 요구조건
- 연방정부의 연금 관련 법규
- 미장애자차별금지법(ADA)의 요구조건
- 주정부의 실업자 및 노동자에 대한 배상 요구조건

쿠퍼즈와 리브란트(Coopers & Lybrand, Growth Company Starter Kit, 1992)로부터 인용

다. 만약 당신이 고용자로서 받았던 최종 급료가 지불되기를 원한다면, 시간당 급여에 예상하는 하루 작업시간을 곱하고, 그런 후에 거기에 일 년 중 일하는 날들을 곱하라. 이것이 급료의 기본이 되지만, 여기에 추가되어야 할 부가적인 비용이 있다. 당신의 간접비가 포함될 필요가 있다. 그리고 이익에 대한 비율을 포함하는 것 역시 잊어서는 안 된다.

알버트 루벨링(Albert Rubeling Jr.)은 '당신 자신의 설계사무소를 시작하고 운영하는 방법' 이라는 저서에서 시간당 급여가 간접비 비율에 의해 부과됨을 설명한다. 당신의 간접비 지수를 제시하기 위해서 당신의 직접비용을 당신의 간접비용－프로젝트에 직접 부과할 수 없는 것들－으로 나눠라. 루벨링에 의하면, 중간규모 회사의 정상적인 간접비 비울은 1:4라고 한다. 그러나 신규 회사는 더 높은 간접비요인으로 1:1 또는 1:2의 범위에서 그 비율을 가질 수 있다. 여기에 고객에게 청구할 시간당 보수를 구하기 위해 루벨링은 다음의 공식을 사용한다.

- 급여율(salary rate)×간접비 지수(overhead factor)＝급여에 대한 간접비 부과율(payroll burden)
- 급여율(salary rate)＋간접비 부과율(payroll burden)＝급여 및 간접비 부과율(salary＋burden rate)
- 급여 및 간접비 부과율(salary＋burden rate)×이익 지수(profit factor)＝시간당 청구율(hourly rate)

전형적인 간접비 지출

회계 및 세무 서비스
광고
자동차 비용, 수리, 보험
은행 업무비
사업상 접대비
사업상 그리고 전문성의 출판물
컴퓨터와 기타 장비의 임대
컴퓨터와 기타 장비의 수리
집회, 세미나 및 지속적인 교육
전자우편 서비스
연방정부 실업자보호세
건강 보험
이자 지출
법적 요금 및 제 경비
책임보험
면허증 요금
생명보험
사무실 임대료 및 제 경비
사무실 소모품
연금 계획
사진
우편요금, 선적료, 택배요금
홍보활동비
전화와 장거리 통화요금
임시직원 용역비
공공요금

재정 관리 시스템과 세금

대부분의 새로 시작하는 건축회사들은 복잡하거나 정교한 재정관리 시스템을 바라지 않는다. 대신에 그들은 그들을 위해 잘 움직이는 단순한 한 시스템을 원한다. 가장 훌륭한 기초적인 시스템은 한 특정한 시점에서 당신 사업의 건강상태를 보여주고, 당신이 조세 의무를 계획하고 충실히 지키도록 돕는다. 많은 사무소 경영자들에게, 그들의 월말 은행명세서는 은행가들, 연방세무국, 그리고 몇몇 건축주들이 요구하는 단순한 자금흐름의 예측 및 정기적인 문서작성과 함께 그들의 재정관리 시스템 전반을 잘 보여준다.

보험료. 책임보험은 건축업무수행의 필요불가결한 부분이 되었다. 건설과정과 건축재료들은 더 복잡해졌고, 사회는 쉽게 법적 절차를 밟는 경향이 생겼다. 책임보험은 실적이 없는 작은 회사에게는 매우 큰 비용이라 할 수 있다. 보험의 모든 선택항목들

시작하는 회사의 자금조달: 지출 항목

당신은 무엇을 지불해야 하는가?

초기 지출항목
- 임대료 및 리모델링 비용
- 가구
- 전화, 팩스, 복사기
- 컴퓨터 장비: MS Office와 CAD
- 초기의 변호사 및 회계사 보수
- 필요한 면허와 허가를 위한 비용
- 공공시설 이용을 위한 보증금
- 보험료
- 문구류 및 명함
- 기타 예상치 못한 비용

매월 지출항목
- 당신의 봉급 또는 "선수금"
- 직원 급료와 복지비용
- 사회보장세를 포함한 세금
- 임대료와 공공요금
- 홍보 및 광고비
- 전화, 복사기 사용료
- 사무실 유지관리비
- 변호사 및 회계사 보수
- 보험료
- 소모품들
- 그 외 갖가지 비용

당신은 어디서 돈을 조달하는가?

개인 재산
- 저축, 주식, 채권 등
- 부동산담보 대출
- 주택담보 재설정을 통한 잔여 대출금
- 보험의 중도해약 환급금에 대한 대출금
- 통장식예금대출, 신용조합대출, 개인대출
- 연대보증을 통한 대출
- 신용카드
- 가족들과 친구들로부터

다른 가능성
- 은행 대출
- 금융회사
- 정부 중소기업 또는 경제개발 지원 대출금
- 파트너들(주식회사라면 주주들)의 지분

쿠퍼즈와 리브란트(Coopers & Lybrand, Growth Company Starter Kit, 1992)로부터 인용

성공 전략

- 사업비용이 바로 이익이라는 것을 명심하라. 본전치기를 위해서 일을 하지 말라. 그렇지 않으면 특별한 지출을 위해 아무것도 남겨 놓을 수가 없으며, 그것은 당신의 예산에서 보통의 열거항목이 될 것으로 기대할 수 있는 것들이다.
- 작업을 커다란 관심과 함께 하나의 손실요인으로 간주하라. 당신은 총체적으로 이익이 되는 것들과 수입에서의 손실을 비교해봐야 하며, 그리고 역시 그 작업을 당신의 사업계획 전체의 한 부분으로 정의할 수 있어야 한다.
- 당신의 계약협상 시, 선수금을 포함하는 것을 잊지 말라. 건축주들은 선수금을 지불하겠지만, 드물게 제공한다.
- 그 결과나 필요한 작업시간을 명확히 할 수 없는 경우에는 작업시간에 따라 비용을 청구하라.
- 일찍 그리고 자주 청구하라–적어도 매달 청구하라. 그리고 건축주들이 당신의 청구서를 받았고 제 시간에 지불할 수 있도록 확인하라.
- 아무리 바쁘더라도 홍보하는 것을 멈추지 말라.

을 평가하는 데 시간을 갖고, 비용에 대한 잠재적인 손실을 숙고하라.

프로젝트의 크기가 작고 단순한 작은 설계회사들 중에는 책임보험을 들지 않는 회사들도 있으나 AIA(미건축사협회)에서는 그러지 말도록 권장하고 있다. 당신의 새로운 회사를 위해 어떠한 보험 선택을 하기 전에 적절한 법률과 보험 요건에 대해 자문을 받아라. 사업이 성장함에 따라, 책임보험과 손실방지 전략을 검토하라.

회사를 시작하는 적절한 시기는 언제인가? 답은 이것에 달려있다. 건축가가 한 고용주를 위해 일을 해야만 되는 정확한 연수가 정해져 있는 것은 아니다. 당신의 인턴기간이 완전히 끝나고, 당신의 면허에 대한 요구조건들이 채워져서, (더 좋게) 면허증을 취득하는 상황이 되기 전에 자리를 옮긴다는 것이 그리 좋은 생각은 아니겠지만, 당신의 개업을 위해 다른 회사에서 봉급을 받는 자리의 안전함을 포기하는 시기는 그것이 당신에게 적절하다고 느끼는 바로 그 순간일 것이다. 당신이 더 많은 경험이 필요하다고 믿는다면, 기다려라. 만약 지금이 바로 밖으로 행진할 때라는 확신이 있다면, 그리고 필요로 하는 자금에 접근이 가능하다면, 그 때가 바로 지금일 것이다.

추가적인 정보

회사의 창업에 대한 더 많은 추가자료를 위해 당신은 아마도 프랭크 스타시오스키(Frank Stasiowski, **Starting a New Design Firm, or Risking it All**, 1994), 그리고 알버트 루벨링(Albert W. Rubeling, **How to Start and Operate Your Own Design Firm**, 1994)의 자문을 받을 수 있을 것이다. 소기업협회에서는 지역 맨토링 프로그램을 운영하고 있는데, SCORE 프로그램을 통해서 은퇴한 기업가들로부터 사업 제반에 대해 무료 자문을 제공한다. 당신에게 가까운 SCORE를 위해(800) 8ASK-SBA로 전화하면 된다. 온라인상의 특정 주에 관련된 정보와 더불어, 사업 시작을 위한 추가정보를 위해, Oasis Press/Oasis Business Network @www.pri-research.com/resource.htm에 접속하라.

5.3 회사의 법적 구조

Philip R. Croessman, AIA, Esq.[1)]

회사의 크기나 방침에 관계없이 회사는 법적으로 규정된 몇몇의 기본 원칙에 따라 조직되고 활동한다.

건축회사는 개인사업자[2)], 공동사업자[3)], 법인회사 또는 유한책임회사 등으로 설립될 것이다. 영업의 형태를 선택할 때는 고려하여야 할 몇 가지 사항들이 있으며, 법적요구사항들이 모든 유형들에 적용될 것이다.

개인사업자사무소

법적인 관점에서 보면 개인사업자사무소는 가장 단순한 형태의 영업이다. 정의하자면 개인사업자사무소는 법인조직이 아닌 개인이 운영하는 사업을 의미한다. 개인사업자사무소는 영업을 행하기 위해서 다른 개인들과 법적인 협약이 필요 없으며 회사의 모든 것을 개인이 결정할 수가 있다. 개인과 회사는(협력관계가 없는) 하나이다.

개인사업자사무소가 개인적이거나 건축과 무관한 사업 노력으로부터 건축업 행위를 분리하기 위해 특별한 노력을 기울이지 않는다면 이 영업형태가 갖는 고유의 단순성을 어느 정도 잃게 될 것이다. 예를 들면, 비록 세무 목적을 위해 별도의 기록들을 보관할 어떤 법적 요건이 없더라도 개인의 재정적인 것들이 사무소의 재정과 얽힐 가능성이 있다. 국세청(IRS)은 개인적인 비용과는 다르게, 더 많은 호의를 가지고 영업적인 비용을 고려한다. 만약 영업비용에 대해 세금 감면을 취하고자 한다면, 그것은 필히 IRS에 보고되어야 하며, 따라서 별도의 장부기재가 필요할 것이다.

사업과 개인의 재정 분리를 유지하는 것은 재정적으로 성공적인 영업에 기여하는 경영원리의 중요한 부분이다. 단독의 개인사업자사무소는 세무서에 별도의 세무신고를 하지 않는다. 대신에 관련된 정보는 사업 소유자의 개인적인 세무신고에 포함된다.

단독의 개인사업자사무소가 고려할 가치가 있는지 아닌지를 결정하는 데에는 두 가지 의제가 중요하다: 책임, 그리고 사망 또는 퇴직 시의 영향

책임. 개인사업자사무소의 전문적인 실수나 누락 또는 사업 부채에 대한 책임에는 제한이 없다. 전문적 책임에 대한 요구자 및 사업상 서비스나 상품의 매각인 모두 그 개인사업자의 모든 자산에 영향을 미칠 수 있는데, 파산 선고에 따라 보호받는 경우는 제외될 수 있다. 전문가 책임보험 정책은 일정 범위 내에서 전문적인 책임 요구에 따

▶ 위기 관리 전략(11.1)에서는 전문가 책임보험의 사용을 회사 위기 관리전략의 일부로 평가한다.

1) **필립 크로스만(Philip R. Croessman)**은 워싱톤 주재 법률사무소 Bastianelli, Brown & Kelly, Chartered의 멤버이다. 그는 건설관련 소송과 계약법에 심오한 경험을 보유하고 있으며, 이것과 이에 관련된 내용에 관하여 많은 글들을 저술하였다.

2) 역주: proprietorship, 개인에 의한 단독 사업형태

3) 역주: partnership, 파트너들에 의한 공동 사업형태

른 손실로부터 개인사업자를 보호할 것이다. 그러나 그 개인사업자는 모든 사업상의 청구에 대해 충분히 책임져야 한다.

보험 보상(11.2)에서는 설계상 실수나 누락에 대한 전문가 책임범위의 세부내용을 제시한다.

사망 또는 퇴직. 개인사업자의 사망 또는 퇴직은 개인사업자사무소 영업의 끝을 의미한다. 한 상속자가 그 영업을 매수하거나 개인사업자의 프로젝트를 인계하기 위해 미리 준비된 내용이 없다면, 단독의 개인사업자사무소를 보호하기 위한 유일한 방법은 적절한 자산계획과 임시비용 확보에 대한 사업계획을 통한 것이다. 신탁기금에 어느 정도의 자산을 축적하는 것에는 이점들이 있는데, 그 중 주요한 하나는 유언검인(遺言檢認)을 피할 수 있다는 것이며, 따라서 개인사업자는 자산계획과 관련하여 신탁 증서의 사용을 고려할 수 있을 것이다.

공동사업자사무소

공동사업자사무소는 이익을 목적으로 하는 한 사업을 운영하기 위하여 둘 또는 그 이상의 사람들이나 단체들이 모여 만든, 법인이 아닌 조직이다. 그러나 공동사업자사무소(partnership)라는 의미는 공동경영자(partners)로부터 구분되는 별도의 법적 단체를 지칭하는 것은 아니다.

공동사업자사무소의 협약. 공동사업자사무소는 개인사업자사무소보다는 더 복잡한 형태이다. 공동사업자사무소의 협약은 문서화되어야 하며 다음과 같은 의제들이 언급되어야 한다.

"파트너들끼리 서로 잘 지낼 수 있음과 모두가 우두머리임을 서로 잘 알고 있다는 것을 확인하라."

Courtland L. Logue, 텍사스의 기업가, 포춘지에서 인용, 1996. 7. 10

- 파트너들의 재정적(자본금) 출자
- 파트너들의 책임과 권한
- 파트너들의 신용상 의무
- 파트너들의 부채
- 공동사업자사무소의 운영과 관리
- 손익의 배분
- 이익의 양도성
- 새로운 파트너들의 영입
- 분쟁의 해결
- 공동사업자사무소의 해산

거의 모든 주(州)들은 소위 표준 공동사업자사무소 법령(Uniform Partnership Act)이라고 하는 하나의 모범규정을 변형하여 사용하고 있는데, 이 법령은 두 파트너 간에 또는 여러 파트너들 간의 관계(파트너 자신들끼리 별도의 특정한 협정이 없는 한) 및 공동사업자사무소와 또 다른 단체들과의 관계에 적용되는 법적 의무사항들을 다루고 있다.

파트너들 사이의 협약들을 제정할 시 주 법령에 의존하는 것보다 특정한 서면 협약과 함께 공동사업자사무소의 설립을 더 선호하는 몇 가지 이유들이 있다. 예를 들어 공동사업자사무소 법령은 모든 파트너들이 동등하게 손익을 배분하도록 규정한다. 이 법령은 어느 특정한 사람들의 경우 수입이나 손실, 또는 모두에 관하여 다른 사람들과 다르게 취급받도록 하는 취지의 협약을 일반적으로 고려하지 않는다. 이 법령은 역시 공동사업자사무소가 성공하든 실패하든 파트너들에 의해 기여된 특정한 자산이나 노력이 다르게 평가되어야 함을 고려하지 않는다. 더군다나 대부분의 주 법령들은 어느 파트너들이 자본금에 기여한 만큼 그 파트너들보다 회사업무에 더 많은 노력을 기울이는 다른 파트너들의 기여를 인정하지 않는다. 그래서 만약 회사업무에 더 많은 노력을 기울인 사람들과 초기자본금에 기여한 사람들 사이의 공동사업자사업이 실패한다면, 더 많은 노력을 기울인 파트너들 역시 자본금의 손실에 일정 비율 책임이 있는 것이다.

파트너들의 책임. 각각의 파트너는 공동사업자사무소가 공동이든 단독이든 지닌 사업상 그리고 직업상의 모든 채무에 대해 책임이 있다. 그래서 만약 사업상 납품인이나 전문적 책임에 대한 요구자들이 공동사업자사무소에 대해 책임을 요구한다면 그 요구를 응하기 위하여 각 파트너의 개인 자산에 영향을 미칠 수도 있다.

새로 들어온 파트너에게는 어떤 책무가 주어지고 또는 떠나가는 파트너에게는 어떠한 책무가 계속 남게 되는가? 대부분의 주(州)에서 새로 들어온 파트너들은 그들이 파트너가 된 이후에 발생한 사무소의 부채에 대해서만 책임을 진다－단지 새 파트너의 자본금이 이전의 청구자나 채무자에 의한 책임청구를 조건으로 한 경우는 제외된다. 떠난 파트너들은 그들이 파트너일 때 발생한 모든 사무소의 부채에 대해 책임이 남아있다. 이것은 기술적으로 한 파트너가 은퇴하거나 사무소를 떠났을 때, 공동사업자의 관계는 해체되며 남아있는 파트너들 간에 새로운 공동사업자사무소가 자동적으로 구성되는 것이기 때문이다. 물론, 만약 공동사업자사무소의 약관 속에 그 의제에 대해 명확히 밝힌 바가 있다면 이러한 결과 역시 달라질 수 있다.

공동사업자사무소에의 참여를 결정하기 위해 고려해야 할 또 다른 사항은 사망이나 장애에 관한 규정이 합리적인지 아닌지에 대한 판단이다. 종종 퇴직한 또는 사망한 파트너에게 그 파트너의 기여에 사무소가 지불해야 할 또는 할 수 있는 것보다 훨씬 넘어선 보상이 주어질지도 모른다. 이러한 합의에 참여함으로써 기존 파트너들의 사망이나 은퇴 시 새 파트너는 위험에 처할 수도 있는 것이다.

건축사 등록에 대한 요구조건. 많은 주들은 모든 파트너들이 회사가 있는 주에 등록한 건축사들일 것을 요구한다. 어떤 주는 건축공동사업자사무소로 분류되기 위해서는 파트너들의 일정 비율이 등록건축사들이어야 함을 규정하고 있다. 만약 한 공동사업자사무소가 여러 실무분야의 전문가들로 구성되어 있다면 그 등록된 파트너들은 각각의 실무분야와 일치하여야 한다－예를 들어, "건축가들과 기술자들(Architects and

▶ 한 사무소에서 파트너가 되기를 고려하는 건축가는 그 또는 그녀가 짊어져야 할 책임의 크기를 세심하게 살펴봐야 한다. 그리고 본인의 자본금 기여가 기존의 채권자나 청구자들에게 곧바로 돌아가는 것이 아닌지 살펴봐야 한다.

▶ 소유권의 변화(5.4)에서는 사업의 매각이나 매입, 또는 폐지 등의 복잡하게 얽혀있는 일들을 살펴본다.

▶ 개발업, 디자인-빌더[4], 공사관리(CM) 등과 같이 시공업무에 관련된 건축가는 그 공사에 대해 예정된 주에서 허가한 공사업 면허가 필요할 것이다.

4) 역주: designer-builder, 설계부터 공사까지 맡아 프로젝트를 수행하는 건축가

Engineers).”

연방정부, 주정부, 그리고 가끔 지방관청의 경우, 소득세법과 규정들이 복잡하다. 그것들은 자주 변경되며 또한 지속적으로 재해석된다. 이 주제에 포함된 표는 요약된 몇몇의 규정들을 제공하고 있다. 당신의 회계사는 당신의 사업에 영향을 미칠 수 있는 변화에 대해 계속 주의를 이끌어야 한다.

소득세. 공동사업자사무소는 개별적으로 연방정부에 세무신고(소위 개인정보신고서라고 불리는)를 하게 되는데, 이익에 대한 연방소득세를 지출하지 않는다. 각 파트너의 이익 또는 손실에 대한 부분과 또 다른 보고하여야 할 세무정보를 보여주는 표가 사무소의 세무 신고 시 첨부되며 동시에 각 파트너들에게도 보내진다. 파트너들은 그 정보를 개인의 소득세 신고 시 실어야 하며, 사무소 이익이 실제로 분배가 되었든 안 되었든 그 몫에 대하여 세금을 지불하여야 한다. 주 정부와 지방관청에는 공동사업자사무소의 세금 및 세무 신고와 관련하여 또 다른 요구조건이 있을 것이다.

법인회사

법인회사는 독립된 법적 실체이며 그 법인의 이름으로 필요한 사업활동—소송을 일으키거나 소송을 당할 수도 있는—을 행한다. 법인회사들은 그들 고유의 “생명”을 지니기 때문에 설립하고 유지하는 데 가장 복잡하다. 중역회의, 주주총회, 그리고 또 다른 조직상의 갖가지 의제들에 대해 법적 요건들이 있다. 반면에 법인회사는 개인사업자사무소나 공동사업자사무소보다 더욱 더 안정(법적 판단에서)적이라고 할 수 있는데, 왜냐하면 그 실체가 그것을 소유하고 운영하는 개인보다 우위에 있기 때문이다.

많은 주에서는 일반업 법인과 전문업 법인을 분리하여 별도의 법령이 제정되어 있다.

- **일반업 법인**은 아마도 어떤 법적 목적을 이유로 형성될 것이며, 주정부의 일반 법인규정에 요구된 조건들을 따라야 한다. 모든 주는 일반업 법인의 설립을 허가하지만 몇몇의 주에서는 일반업 법인의 주된 사업으로 건축을 할 수 없도록 규정하고 있다.
- **전문업 법인**은 특별한 전문적 서비스를 제공하기 위해 설립되며, 전문업 법인규정에 열거된 제약조건을 따른다. 전문업 법인은 일반적으로 그 주에서의 실무면허를 지닌 전문가들에 의해 소유되거나 적어도 운영되어야 한다. 게다가 법인 그 자체는 일반적으로 전문적 책임에 대해 보호받지 않는다. 전문업 법인은 일반업 법인과 같이 소득세를 지불하도록 요구되기도 하며, 또한 세금에 대한 특별한 고려가 필요할지도 모른다.
- **법인형태로 영업.** 몇몇 주에서는 법인형태로의 건축영업을 금지하고 있다. 몇몇 주는 법인을 조직하고자 하는 건축가들에게 그 주의 내무장관에 의해 허가되고 인증된 전문업 법인의 형태로 영업할 것을 요구한다. 대부분의 주에서는 전문업 법인이나 일반업 법인을 통하여 영업을 허가하여 준다; 몇몇의 주는 둘 모두를 허가하여 준다. 등록건축사이어야 하는 법인회사의 대표 수는 그 법인이 영업을 하는 주에 따라 다르다.

법인이 조직된 주가 아닌 다른 주에서의 영업을 추구하는 법인회사는 그 주에 타

지역 법인으로 등록하여야 한다.

소유권과 운영. 한 사람이 주식을 지니고 있다는 이유로 그 또는 그녀의 기여가 소유권에 비례할 것이라는 의미는 불필요하다. 한 법인회사에서의 기여는 회사와 개인 간의 협약에 기초를 두고 있으며, 아마도 소유된 주식의 수와 관련지어 결정될 것이다. 이것은 역시 관리와 운영 면에서도 마찬가지이다. (비록 일반적이지는 않지만) 법인의 소유권과 법인의 관리와 운영은 다른 손에 있을 수 있다. 그러나 이것은 대주주들이 간부를 임명하는 중역진을 선출하기 때문에 일반적이지 않다. 대부분의 상황에서는 다수의 주식을 보유하고 있는 개인 또는 개인들의 그룹이 간부로서 그들을 또는 그들의 지명자들을 임명하는 중역진을 선출할 수 있다.

고객과의 합의서(10.1)에서는 공동사업자사무소와 법인회사의 경우 프로젝트 합의에 들어갈 때—또는 그 건과 관련하여 어떤 사업에 대한 합의에 들어갈 때—몇몇의 법적 의제들에 주의를 기울일 필요가 있다고 적시하고 있다.

한 법인회사로부터 주식지분을 제안받았을 때, 주식인수가격이 그 투자로 인해 돌아올 보수의 증액(또는 회사 내에서 영향력의 증가)에 합당한가를 고려하여야 한다. 만약 소유한 주식지분이 그에게 부여된 보상의 증가에 영향을 미치지 못한다면 그 지분의 매입은 아무런 가치가 없는 것이다. 특히 이것은 다른 주주에 비해 매입할 주식의 수가 아주 적을 때 사실인데, 이 경우 중역진의 선출이나 간부들의 임명에 새로운 주주의 목소리는 어떤 것일지라도 작을 수밖에 없다.

책임. 개인사업자사무소나 공동사업자사무소의 경우와 다르게 주주의 개인 재산은 법인의 부채를 해결하는 데 영향을 받을 수 없다. 만약 법인이 그 이름으로 서비스나 물품을 구입하고 지불을 하지 못하였다면, 그 매각인은 단지 법인에 지불을 요구할 수 있지 개인 주주에게 할 수 없다.

전문적 책임은 또 다른 문제이다. 많은 주에서 실수나 누락에 대한 건축가의 책임은 그것이 설혹 한 법인에 고용된 상태에서 발생한 것일지라도 지속적으로 남아 있게 된다. 다른 주에서는 전문적 실수나 누락에 대해 파트너로서 책임지어야 하는 것과 같은 방식으로, 디자인 전문가들로 하여금 합동으로 그리고 개별적으로 책임을 지도록 한다. 어떤 주에서는 법인회사로서의 건축영업은 실수나 누락에 대한 개인의 책임으로부터 건축가를 보호한다. 따라서 주식을 인수할 때 중요한 문제는 바로 전문적 실수나 누락에 대해 법인이 적절히 보험되어 있는가이며, 그 주의 법령이 그러한 실수나 누락에 대해 새로운 주주의 책임에 관하여 어떠한 사항을 적시하고 있는가이다.

소유권의 이전. 공동사업자사무소와 같이 한 주주가 은퇴하거나 사망한 경우, 그 또는 그녀의 고용 합의서에 따라 보상에 대한 권리를 주장할 수 있다. 주주가 되기 전에 그 법인회사가 미래에 건강하고 발전 가능한지를 결정하기 위해서는 떠나는 주주에게 어떠한 책무가 있는지를 필수적으로 이해하여야 한다. 이와 비슷하게, 새로 들어 온 주주의 궁극적인 은퇴나 종료 시, 주식보유 중 그들이 기울인 노력에 대해 정당하게 보상되도록 방책이 마련되어야 한다.

법인회사에서의 소유권 이전은 많은 점에서 공동사업자사무소보다 쉽다. 순조로운 소유권 이전과 퇴진하는 주주에게 그 몫을 지불하기 위해서는, 한 유형 이상의 그리고 변형된 주식들이 대단히 많은 상황 아래서 매매가 이루어질지 모른다.

떠나는 주주에게 보상하기 위한 일반적인 방법은 매매에 대한 합의이다. 이 합의서는 떠나는 주주가 그들의 주식을 회사나 다른 주주들에게 되팔 것을 요구하는데 이것은 그 주식들을 주주들의 "패밀리" 내에 유지시키기 위함이다. 이 합의서는 모든 주주가 건축사면허 보유자이어야 하는 주정부의 경우 등록 규정에 의해 요구될지도 모른다. 이 매매 합의서에는 떠나는 주주의 주식에 대한 매각방법과 구매가격을 정하고, 새로 들어오는 주주가 지불해야 할 주식가격 역시 결정할 수 있다. 이러한 장치들이 회사의 장기적 발전에 영향을 주기 때문에 주주가 되기를 고려하는 자는 다른 주주가 떠나간 이후에 회사의 발전 가능성을 결정하는 매매 합의서의 내용을 주의 깊게 살펴봐야 한다.

소득세. "S-법인[5)]의 선택(S election)"이 아니라면 법인은 세무행정상 분리된 하나의 독립체인 것이다. 그 법인의 고용자들인 개인 주주들은 일상적인 형태로 그들 봉급에 세금이 부과될 것이다. 법인은 전체 수주비용에서 봉급과 이외의 지출비용을 제외한 수입금을 자체적으로 보고한다. 이 잉여금의 합계는 법인세율에 따라 소득세가 법인에 부과될 것이다. 법인은 이 잉여금에 대해 선택적으로 처리할 수 있는데, 예를 들어 보너스로 지불하거나 이익분배 계획을 사용할 수도 있다. 만약 이 금액이 배당금으로 주주에게 분배된다면 이것은 중복과세가 될 것인데, 우선은 법인이 그 배당금에 대해 법인세를 지불하고 그 다음에는 개인 주주가 같은 배당금의 수입에 대해 세금을 지불하게 된다. 어떤 상황에서는 소득이 주주들에게 분배되지 않았을 경우, 축적된 소득의 세금이 그 법인에 부과될지도 모른다.

업무상 사업체를 정리하거나 매매한다면 법인은 그 자산평가에 대해 세금을 지불하고, 세금 처리된 매매액이 주주들에게 나누어졌다면 주주들은 그 금액에 대한 세금을 추가로 지불하여야 한다.

법인형태의 영업을 계획하고 있는 건축가는 여러 주에서의 영업 조건들과 세금 결과들에 대한 이해를 철저히 확인하기 위하여 법적 자문과 회계 자문을 구해야 한다.

S 법인. 어떤 기술적 요구조건들이 합치된다면, 한 법인은 연방정부의 소득세에 대해 S 법인의 형태로 부과될 것을 선택할 수 있다. S 법인은 세금부과 면에서 공동사업자사무소와 비슷하게 취급된다. 즉, S 법인의 주주들에게는 법인의 수입이 분배되든 되지 않든 일정비율의 몫만큼 세금이 부과된다. 그러나 S 법인 그 자체는 단지 특별한 경우에 한해서 소득세를 요구받게 된다. S 법인 상태의 활용은 법인수입에 부과될지 모르는 이중과세를 피하거나 줄일 수 있다.

세금에 대한 고려

시사된 바와 같이 다양한 형태의 법적 조직은 각기 다른 연방(그리고 종종 주정부에서

5) 역주: 소득세를 법인이 부담하는 것이 아니라 개인사업자나 공동사업자의 형태와 같이 각 주주가 책임지는 형태의 법인회사. 작은 규모의 영업에 적합하며 대개의 경우 주주가 75명으로 제한된다. 이 제도는 국내에 없으며 미국연방세무국(IRS)의 규정집 부록 S항에 있어서 subchapter S corporation이라고 불린다.

도) 소득세 부과방안을 따르게 된다. 추가적으로 소득세에 대한 몇 가지 고려사항은 다음과 같다.

세율. 현행법상 개인에게 부과되는 최대의 연방 소득세율은 최대의 법인세율보다 낮다. 개인소득이 낮은 어느 레벨에서는 개인소득세율이 법인세율보다는 높지만, 건축의 그리고 다른 용역서비스의 법인들은 이러한 세율 혜택을 받을 수 없고 그들의 모든 소득에 대하여 세율은 35%로 고정되어 있다.

과세 연도. 단독 개인사업자사무소, 공동사업자사무소 및 법인회사는 만약 다른 회

법적 구조의 비교: 법적 특성

법적 특성	개인사업자사무소	공동사업자사무소	S 법인회사	일반 법인회사	유한책임회사(LLC)
책임	모든 사업적 책무에 대해 개인적으로 책임	주요 파트너들은 사무소의 책임에 개별적으로 책임을 진다; 제한적 파트너는 그/그녀의 자본금 기여만큼 책임을 진다.	일반 법인과 같다.	대부분의 경우 주주들의 책임은 기여 자본금에 제한된다.	대부분의 경우 주주들의 책임은 기여 자본금에 제한된다.
소유주의 자격	개인 소유	제한 없음; 그러나, 적어도 2명 이상(주요 파트너 포함)	개인, 부동산기금, 그리고 특정 신용기금 등이 주주가 될 수 있다. (주주가 75명으로 제한된다.)	제한 없음	적절한 면허를 요구하는 전문적인 유한책임회사의 경우를 빼고는 제한이 없다.
소유권 유형의 추구	개인의 소유권	여러 부류의 파트너 허용	한 부류의 주식투자만 허용	여러 부류의 주식투자 허용	한 부류의 구성원
소유권의 이전	사업 자체보다는 사업체 자산의 이전	새로운 공동사업자사무소가 창립될 수 있음; 공동사업에 대한 관심이 이전된다면 다른 파트너들의 동의가 필요하다.	지분은 개인, 특정 형태의 신용기금 또는 부동산기금으로만 양도할 수 있다; S 법인선택에 대한 동의가 필요하지 않다; 주주들의 합의로 제한조건이 부과될 수 있다.	주식증권의 양도를 통한 소유권의 이전; 주주들의 동의로 제한조건이 생길 수 있다.	새로운 유한책임회사가 창립될 수 있다; 공동사업에 대한 관심이 이전된다면 다른 구성원들의 동의가 필요하다.
자본 조성	대출이나 소유주의 출자로만 자본이 모임	대출이나 파트너들의 출자	대출이나 주주의 출자; "직접부채"는 이등급의 주식이 되는 것을 피하게 해준다.	주식이나 채권 또는 다른 법인의 회사채의 판매를 통해	대출이나 구성원들의 출자
사업활동과 경영	단독의 개인사업자가 결정을 하고 바로 행동할 수 있다. 개인사업자가 모든 이익과 손실을 겪고 책임진다.	파트너들 또는 적어도 주요 파트너들의 만장일치 합의에 따라 활동이 결정된다. 제한적 파트너의 활발한 경영 참여로 그 파트너의 제한된 책임 범위를 넘어설 수 있다.	일반법인과 같다. 단, S 법인의 상태를 선택하려면 만장일치가 필요하다; S 법인을 철회하기 위해서는 50% 이상의 주주들의 동의가 있어야 한다.	중역이사회의 권한에 기초한 행동의 통합	전문 경영자 또는 구성원들에 의해 관리
유연성	제한 없음	공동사업자사무소는 계약상의 합의이다. 이는 합의 내용과 적용 가능한 주법을 지키는 범위 내에서 구성원들이 행할 수 있는 사업을 의미한다.	일반 법인과 같다.	법인은 주법에 의해 창조된 법적 실체이며, 명백히 또는 함축적으로 부여된 힘으로 기능하고 법적인 체계와 결정에 종속된다.	경영과 소유권에 유연성이 크다.

법적 구조의 비교: 세금상의 특성

세금상의 특성	개인사업자사무소	공동사업자사무소	S 법인회사	일반 법인회사	유한책임회사
회계 연도	일반적으로 연 단위(1.1~12.31)로 과세일정	444항[8] 또는 사업목적상 판단기준이 적합하지 않다면 일반적으로 연 단위 과세일정으로 요구됨	444항 또는 사업목적상 판단기준이 적합하지 않다면 일반적으로 연 단위 과세일정으로 요구됨	어느 형태의 일정도 허가; 단, 용역업 법인의 경우 제약사항이 있음	444항 또는 사업목적상 판단기준이 적합하지 않다면 일반적으로 연 단위 과세일정으로 요구됨
소유주들에 대한 평상적인 분배금	사업 매상고는 비과세함; 순이익에 대해 과세하며 개인사업자는 자기고용 수입에 대한 세금을 부과받는다.	일반적으로 비과세; 기본금을 초과한 분배에 대해 자본 이득으로서 과세	급여는 법인에 감면이 되며 수령자에 과세; 분배금은 일반적으로 비과세; 그러나 특정 분배금은 이익배당금으로 과세가 가능; 기본금 초과분의 분배=자본금의 증액	급여는 법인에 감면이 되며 수령자에 과세; 이익배당금의 지출은 법인에서 공제되지 않으며 일반적으로 수령한 주주들에게 과세	일반적으로 비과세; 기본금을 초과한 분배에 대해 자본 이득으로서 과세
소유주의 손실분 공제에 대한 제한	투자위험(at-risk) 손실 규정[9], 취미생활로 인한 손실과 수동적 사업행위[10]로 인한 손실 규정에 따름	조세기준의 제한조건에 종속됨; 파트너의 투자분+그/그녀의 공동사업자 책임에 대한 몫; 투자위험 손실 규정과 수동적 사업 손실 규정 적용 가능	법인에 대한 대출금을 포함하여 주주의 조세기준에 종속됨; 투자위험 손실 규정과 수동적 사업 손실 규정 적용 가능	주식의 판매나 법인의 청산이 아니고는 개인의 어떠한 손실도 인정 안함. 법인세 환불이나 이월 규정 적용 가능함. 탄탄한 구조의 법인의 경우, 투자위험 손실 규정과 변형된 수동적 사업 손실 규정에 의해 제한	조세기준 제한조건에 따라 소유주에 공제 가능; 파트너들의 투자분+그/그녀의 공동사업자 책임에 대한 몫, 그리고 투자위험 손실 규정과 수동적 사업 손실 규정 적용 가능
수령된 이익배당금	완전 과세	도관이론[11]에 따라 완전과세	공동사업자사무소와 동일	70~100%의 수령 배당금에 대해 공제	도관이론에 따라 완전과세
세제상 위치를 정하는 데 필요한 선행 선택사항	없음	없음	없음	없음	없음
자본 이득	개인 위치에서 과세	도관이론에 따라 개인 위치에서 과세	도관이론에 따라 주주(투자자) 위치에서 과세; 가능한 법인의 고정된 이득에 대해 과세	법인 위치에서 과세	도관이론에 따라 개인 위치에서 과세
자본 손실	무기한적으로 이월됨; 연 3,000달러로 제한	도관이론에 따라 파트너 위치에서 무기한적으로 이월됨; 연 3,000달러로 제한	공동사업자사무소와 동일	단지 자본이득으로 상쇄되는 단기의 자본손실에 대해 3년간의 환불과 5년간의 이월	도관이론에 따라 파트너 위치에서 무기한적으로 이월됨; 연 3,000달러로 제한
1231항[12]에 의한 자산 획득과 손실	개인 위치에서의 과세-1231항에 있는 기타 자산의 획득이나 손실을 합하여; 순자산의 획득은 개인 자본의 획득; 순손실은 개인의 평상적 손실임.	도관이론에 따름	도관이론에 따름; 가능한 법인의 고정된 자산 획득에 대해 과세	법인 위치에서의 과세 또는 공제	도관이론에 따름

6) 역주: 연방세법(Internal Revenue Code) 444항으로 일년단위(1.1~12.31) 회계년을 사용하지 않아도 되는 경우를 명시

7) 역주: 감세를 위한 손실분을 특정자산에 직접 투자위험을 부담한 금액으로 제한하는 규칙으로, 투자자로 하여금 실제 투자한 금액 이상으로 세금혜택을 받지 못하도록 하기 위한 것임.

8) 역주: 미연방세무국에서는 수동적 사업행위(passive activity)로 인한 손실에 대해 공제 규정이 있는데, 예를 들어 물질적 투자가 없는 사업이나 임대하여 행한 사업 등을 의미한다.

9) 역주: conduit theory, 투자회사는 투자활동에 있어 배당금이나 이자, 자본이득 등을 투자대상으로부터 투자자에게 단지 전달해주는 역할을 한다는 이론. 양측에 세금을 부과함은 부당하며 자격을 갖춘 투자자만 세금을 부담한다.

10) 역주: 미연방세법 1231항으로 자산의 획득과 손실에 대한 조세 규정

법적 구조의 비교: 세금상의 특성(계속)					
세금상의 특성	개인사업자사무소	공동사업자사무소	S 법인회사	일반 법인회사	유한책임회사
소유주에 대한 수입분배의 원칙	모든 수입은 소유주의 소득세 신고서에 보고된다.	만약 실질적인 경제효과를 얻는다면, 이익 및 손실의 협약을 통하여 수입과 공제액에 대한 "특별 참작"이 가능하다.	주식당, 일당 배분에 기초한 수입몫에 비례하여	주주에게 분배되는 수입금은 없다.	만약 실질적인 경제효과를 얻는다면, 이익 및 손실의 협약을 통하여 수입과 공제액에 대한 "특별 참작"이 가능하다.
순운영손실에 대한 분배의 원칙	모든 손실은 소유주의 소득세 신고에 포함된다.	만약 실질적인 경제효과를 얻는다면, 이익 및 손실의 협약을 통하여 수입과 공제액에 대한 "특별 참작"이 가능하다.	주식당, 일당 배분에 기초한 수입몫에 비례하여	주주에 분배되는 수입금은 없다.	만약 실질적인 경제효과를 얻는다면, 이익 및 손실의 협약을 통하여 수입과 공제액에 대한 "특별 참작"이 가능하다.
단체 입원보험과 생명보험의 보험료 및 의료비 상환계획	자기고용 개인들의 의료보험료의 45%는 총수입에서 공제된다; 잔여금은 명세된 의료지출에 대한 세후소득(AGI) 7.5%의 제한규정에 따른다. 45%는 다음과 같이 변하였다: 1999~2001, 60% 2002, 70% 2003, 100%	파트너들의 의료혜택에 대한 비용은 일반적으로 급여로 처리되며, 공동사업자사무소에서는 공제되고 개인 소득에 포함된다; 자기고용 의료보험료의 45%는 공제된다. 45%는 다음과 같이 변하였다: 1999~2001, 60% 2002, 70% 2003, 100%	2% 이상의 주주들에 해당되는 의료혜택 비용은 급여로 처리되며, 법인회사에서는 공제되고 주주들의 소득에 포함된다; 자기고용 의료보험료의 45%는 공제된다. 45%는 다음과 같이 변하였다: 1999~2001, 60% 2002, 70% 2003, 100%	만약 "고용자 편익"을 위한 계획이 있다면 주주-고용자들의 보험보상의 비용은 일반적으로 사업비 지출로 공제된다; 보통 고용자의 소득에서는 제외된다.	파트너들의 의료혜택에 대한 비용은 일반적으로 급여로 처리되며, 공동사업자사무소에서는 공제되고 개인 소득에 포함된다; 자기고용 의료보험료의 45%는 공제된다.
퇴직 시 혜택	제한 조건과 규정은 기본적으로 일반 법인회사와 동일하다.	제한 조건과 규정은 기본적으로 일반 법인회사와 동일하다.	제한 조건과 규정은 기본적으로 일반 법인회사와 동일하다.	명시된 퇴직혜택 계획과 명시된 출자금 계획에 따라 혜택이 제한된다; 탑헤비[13]계획에 의한 특별 제한규정; 1992년에 시작된 세법 401(k) 조항의 제한규정	제한 조건과 규정은 기본적으로 일반 법인회사와 동일하다.
조직 비용	해당 없음	60개월 이상 할부 상각	60개월 이상 할부 상각	60개월 이상 할부 상각	60개월 이상 할부 상각
자선사업 기부금	개인 적용 상한선; 사설재단의 이용을 위한 기부금, 세후소득(AGI)의 20%; 공공의 자선단체 기부금, 현금의 경우-세후소득의 50%, 평가자산의 경우-세후소득의 30%, 특별 기증 품목에 대해서는 다른 제한조건이 있음	도관이론에 따름	도관이론에 따름	특별공제 전 과세 소득의 10%에 제한됨	도관이론에 따름
과세 특혜 (최적조세)	최적조세 소득(AMTI)[14]의 첫 번째 175,000달러의 26%, 초과분의 28%로 누진됨; 20,000달러(종합소득세 신고의 경우, 40,000달러)의 초과분에 대한 세금 특혜를 포함하여 최소 과세소득에 적용됨; 일반 세금을 초과하는 정도까지 지불될 수 있음	도관이론에 따름	도관이론에 따름	법인 위치에서의 과세; 과세 특혜 및 40,000달러 초과분에 대한 조정으로 인한 20%, 또는 일반 의무적인 조세액, 둘 중 더 큰 것(평균 3년간 드러난 총수입이 7,500,000달러 이하의 법인에는 해당되지 않음)	도관이론에 따름

11) 역주: top-heavy, 상부조직이 너무 큰 상태를 의미하며 이 조직의 퇴직 시 혜택에 대한 제약조건을 세법에 규정하고 있음.

12) 역주: Alternative Minimum Tax Income, 최적의 세금지출을 위한 소득

법적 구조의 비교: 세금상의 특성(계속)					
세금상의 특성	개인사업자사무소	공동사업자사무소	S 법인회사	일반 법인회사	유한책임회사
소득 및 공제액의 성격	개인 레벨에서 과세; 투자 이윤 공제액에 대하여 제한 있음	도관이론에 따름	도관이론에 따름	법인 레벨에서 과세	도관이론에 따름
자기고용 세금	지불된 자기고용세금의 반이 총 수입에서 공제됨	개인사업자사무소와 동일	해당 없음	해당 없음	개인사업자사무소와 동일

계 연도를 채용하는 충분한 사업상 이유가 없다면 일반적으로 연간 과세(즉, 1월1일부터 12월31일까지) 일정을 사용하도록 요구된다. 건축 또는 용역서비스업에 속하는 법인은 그것이 전문업 법인조직이든 일반업 법인조직이든 세무계획 목적으로 하나의 회계 연도를 사용할 자격이 있는지에 대해 회계사의 자문을 구해야 한다.

회계 방법. 단독 개인사업자사무소, 공동사업자사무소 및 S 법인 형태의 건축회사는 회계상의 즉시불 방법으로 과세 수입금을 계산할 수 있다. 이 방법에서는 용역비가 청구되었을 때가 아닌 실제로 지불되었을 때에 한하여 수입금으로 보고된다. 마찬가지로 지출금 역시 지출이 요구된 해가 아닌 실제로 현금이 지불되었을 때만 수입으로부터 감할 수 있다. S 법인이 아닌 법인회사 형태의 건축회사는 역시 총 수입금이 일정 범위를 초과하지 않고, 연방세무국 규정의 또 다른 요구조건과 일치한다면 이 방법을 사용할 수 있다.

연금과 이익배분 계획. 어떠한 형태의 법적 조직일지라도 건축회사는 연금과 이익배분 계획을 세워야 한다. 만약 이 계획들이 연방세무국 규정의 요구조건에 합당하다면, 이 계획에 대한 기여(일정 범위에 한하여)는 그 플랜의 당사자에 의해 과세대상에서 감하여질 수 있다. 법인의 경우에는 그 법인이 그러한 기여에 대해 세금 감면을 받으며, 공동사업자사무소나 개인사업자사무소의 경우 파트너 또는 개인이 세금 감면을 받게 된다. 이러한 연금 플랜에 참여하는 개인이 59세가 되기 전에 취소한다면 아마도 벌금을 물게 될 것이다.

적격의 퇴직 후 플랜을 세우는 데에는 법인과 공동사업자 및 개인사업자사무소 사이에 더 이상 근본적인 차이가 존재하지 않는다. 그러나 법인의 경우, 단체기한생명보험, 의료보험과 같은 어떤 부가급부(아마도 더 좋은 세제 혜택이 제공될지도 모르는)에 대해서 다른 형태의 조직보다 어느 정도 이점이 있다.

다른 세금들. 많은 주정부와 몇몇의 도시에서는 그들만의 자체적인 소득세를 부과한다. 전문서비스업에 부과하는 곳도 있고, 총괄 수입에 대해 세금을 부과한 곳도 있다. 건축회사와 건축가에 부과되는 또 다른 연방세는 고용주 및 고용자의 주민세[13](그리고 공동사업자사무소와 개인사업자사무소의 경우 거의 동등한 자기고용세)와 고용자

13) 역주: 미국에서 Social Security taxes라고 불리는 세금

에게 지불된 실업수당에 대한 세금 등이다.

유한책임회사

유한책임회사는 법인회사와 공동사업자사무소의 혼합체이다. 이것은 그들 자신의 이름으로 영업을 행하는 독립된 실체이며 법인과 같은 많은 특징들을 지닌다. 그러나 이는 연방세 목적하에는 공동사업자사무소로 분류된다. 이것은 특히 그들 개인소득에는 손실을 입지만 동시에 책임을 제한하고자 하는 개인들의 투자나 사업에 적합하다.

건축설계업을 위한 유한책임회사의 활용은 주에 따라 매우 다양하다. 어떤 주에서는 일반유한책임회사가 어떤 제약조건도 없이 이용될 수 있다. 다른 주에서는 건축설계업을 위한 일반유한책임회사는 아예 금지되어 있는 반면에 또 다른 주에서는 전문유한책임회사의 창설을 위한 법령들이 마련되어 있다.

소유권과 운영. 유한책임회사(이하 LLC[14])는 그 회사의 주주구성원에 의해 관리되지 않는다는 점에서 특이하다. 법에서 일반적으로 LLC는 전문관리자에 의해 운영되도록 명시하고 있다. 이 관리자들은 회사와 관련된 행위에 한하여 제한적으로 책임을 지며 그 회사의 주주구성원은 아니다. 한편, 어떤 LLC는 그 회사의 주주구성원에 의해, 또는 일단의 주주구성원들에 의해 직접 관리될 수도 있다. 이것은 한 LLC의 관리와 소유에 커다란 유연성을 제공하며 역시 자본금 증자에 어느 정도의 흥미로운 기회를 제공한다. 사업적 요구에 적합한 관리를 행하기 위해서는 상세한 운영 합의서가 개발되어야 할 것이다. 그 운영 합의서는 법인의 정관이나 공동사업자의 합의서와 같이 그 관리자와 주주구성원의 권한과 어떻게 그 조직이 사업을 행하여야 할지에 대해 상술하고 있다.

책임. 법인과 같이 LLC의 주주구성원들은 제한된 책임을 갖는다. 그러나 많은 주에서 건축가에게는 비록 그들이 그 회사에 고용된 상태에서 행한 업무라고 할지라도 그들의 실수나 누락에 대해 전문적 책임이 남아있게 된다. 주마다 건축가의 책임에 대해 취하는 주정부의 자세가 매우 다양하지만 일반적으로 디자인전문가는 LLC나 법인회사의 형태에서 그 책임을 피할 수는 없다.

소유권 이전. 법인회사의 소유권과 같이 LLC의 소유권 역시 다른 주주구성원들의 동의하에 이전이 가능하다. 비록 많은 주에서 소유권의 이전 가능성에 대해 제한사항이 있지만 운영 합의서에는 소유권 이전에 대한 권한이 기술된다. 이것으로 소유권이 이전되었을 시 주법하에 한 LLC가 폐지되고 새 LLC가 설립되는 것을 피할 수 있다. 운영 합의서에 있는 조항에 추가하여 주주구성원은 구입가와 판매방법을 설정하는 매매 합의사항 역시 파악하여야 한다.

소득세. 앞서 언급한 바와 같이 LLC는 일반적으로 공동사업자사무소와 같은 세법

14) 역주: Limited Liability Company

의 적용을 받는다. LLC와 관련된 최근의 법령으로 인하여 세금 목적으로 공동사업자 사무소와 같은 요구조건을 LLC가 받는지에 대해 세무 자문을 받는 것이 중요하다. 그리고 법인회사의 형태로 조직할지 LLC의 형태로 조직할지는 종종 지방관청이나 주정부의 세금들과 기타의 연방정부 세금들, 그리고 다른 세무요인들 등으로 그 실체의 취급방법에 의존하기 때문에, 필히 그 선택에서 세무 자문을 받아야 한다.

5.4 소유권의 변화

Hugh Hochberg[15)]

어느 조직이든 문제와 기회 모두를 제공하는 체제 변화를 경험한다. 이러한 변화의 몇몇은 사업을 성숙시키는 데에 삽입된 변화과정들로부터 유래한다; 또 다른 것들은 리더십과 소유권의 변화에 영향을 미친다.

한 건축 회사가 운영되는 과정에서, 그 회사는 조직, 관리, 그리고 운영 등에 변화를 경험하게 된다. 예를 들어, 회계 절차를 바꾼다든지, 새로운 프로젝트 관리 체계를 실험한다든지, 컴퓨터 시스템의 운용을 확대한다든지, 이러한 모든 것은 그 회사 조직과 관리, 그리고/또는 직원 배치, 시장 개척, 재정 관리, 프로젝트 수행 및 위기 관리 등에 대한 회사 접근방식의 조정을 요구한다.

몇몇의 변화들은 회사의 기초적인 변화를 요구한다. 이 변화들은 성장에 대한 질문 중에서 가장 자주 발생한다: 회사는 파트너의 추가를 요구하는가? 회사는 근로의 더 많은 등급과 이에 따른 더 많은 조직을 필요로 하는가? 또 다른 변화들은 그들의 미래에 초점을 맞춘다: 회사는 다른 이들에게의 소유권과 리더십의 이전을 어떻게 계획하고 있는가?

성장

거의 모든 성공적인 업무수행들은 성장에 대한 기대에 직면한다. 한 완벽한 시장에서 양질의 작업과 강력한 전문적인 봉사는 더 많은 양의, 그리고 아마도 더 큰 프로젝트에 대한 기회를 오랜 기간 창출할 것이다. 성장하고자 하는 회사는 두 가지에 어느 정도 전념하게 되는데, 하나는 회사 내에서 조직과 관리를 좀 더 명확한 행위와 책무로 만들고자 하는 필요성의 증가이며, 다른 한 가지는 회사가 10~15명의 인원에서 20~25명 또는 그 이상의 인원으로 성장하는 것과 같은 부가적 변화에 대한 예측이다.

건축사가 1명인 회사들이 상당히 많다는 사실은 많은 회사의 책임자들이 다른 경험이 있는 건축가나 책임자를 받아들임으로써 발생하는 첫 번째 단계의 변화를 꺼린다는 것이다. 역으로 모든 미 건축사협회 멤버들의 80%가 5명 이상의 고용자들과 함께 일하고 있으며, 64%가 10명 이상의 회사들에서 일하고 있는데, 이 회사들은 성장을 선택해왔다고 할 수 있는 것이다. 신속히 변화하는 시장에서 일하는, 또는 이러한 시장을 목표로 하는 회사들은 유연성과 민감한 반응을 촉진하는 조직상의 철학과 구조를 받아들인다면 더욱 성공적일 것이다. 흥미롭게도, 안정감과 안전에 대한 의식으로 짜여진 튼튼한 경영 기반 조직은 시장의 조건과 지도자들 포부의 변화에 따른 새로

중형 회사의 비율이 비교적 변화가 없는 반면, 대형 회사의 비율은 1990년 이래로 거의 두 배가 되었다. 1990에서 1996년 사이에는 2~4인 회사들의 비율은 꾸준히 감소하였으나 1996년 이래로 4% 증가하였다.

고용자의 수	%
1	23
2~4	30
5~9	23
10~19	11
20~49	8
50+	3
100+	2

미건축사협회(AIA) 2000년 건축설계회사 통계자료

15) **휴 혹버르그(Hugh Hochberg)**는 워싱톤주 시애틀 소재 Coxe Group의 파트너이며, 20여년간 전문 용역회사들에 리더십, 경영, 시장개척, 소유권양도 등에 대해 자문하여 왔다.

몇몇의 핵심적인 변화들

징후들

"조(Joe) 혼자 모든 것을 다 할 수는 없다."

사장은 한 주에 60~70 이상의 시간을 일하지만, 여전히 모든 것을 처리하기에는 시간이 모자라다. 너무 많은 시간을 불 끄는 데 허비하고, 직원들은 사장으로부터 결정을 얻어내는 데 문제가 발생한다. 건축주들은 개인적 관심에 즐거워하지만 일을 마무리하도록 계속 재촉해야 하는 사실을 발견한다.

"왜 모두가 모든 결정을 내려야 하는가?"

회사는 15 또는 20인의 회사로 성장했다. 작업 부담상에 불균형이 나타나고 어떤 책임자들이 다른 이들보다 더 비중있게 움직이는 분위기가 형성된다. 회의 소집 없이 한 결정을 내리는 것은 불가능해진다.

"조는 모든 프로젝트에 대한 디자인의 노력을 멈춰야만 한다."

한 단독의 디자이너가 모든 프로젝트에 책임을 지고, 그 회사는 스케줄을 맞추는 데 어려움을 겪는다. 특히 디자인과정에서 수익성은 내려앉을 것이다. 프로젝트 크기에 따라 다르겠지만 이 현상은 주로 10인 정도의 작은 사무소에서 발생한다.

"내가 떠났을 때 어떤 일이 벌어질까?"

그 회사의 지도자는 55세가 넘었고, 가능성이 있는 자는 30세 이하이다. 회사는 몇몇의 훌륭한 사람들을 경쟁회사에 빼앗겼다. 그 조직은 오래되고 충실한 고객들을 젊은 회사들에게 내어주기 시작한다.

"어떻게 회사는 예전과 같이 움직이지 않는 것일까?"

그 회사의 설립자가 회사를 은퇴한 후 짧게 발생한다. 고객의 지지기반이 무너져 내리고, 회사는 새로운 고객들을 끌어들이는 데 어려움을 겪는다. 직원들은 축소되고, 젊고 재능있는 건축가들은 회사를 저버린다.

문제

그 회사는 모든 문제에 모두 대응하기에는 한 책임자의 능력을 넘어서 버렸다.

그 회사는 모든 볼들을 같이 저글링하기에는 그 지도자들의 능력을 넘어서기 시작하고 있다. 모든 책임자들이 건축주들을 새로 만나고 봉사하며, 결정을 내리는 데 모두가 목소리를 낸다.

그 회사는 디자인 책임을 한 사람이나 한 팀에 집중시킨다–품질관리를 확실히 하고, 일관성을 제공한다든지, 작가적 자존심이나 또는 이런 이유들의 복합으로 이렇게 한다.

회사 대표들은 소유권 이전을 위한 계획에 실패했다. 젊은 직원들에게 경영이나 소유권에 대한 기회가 주어지지 못했고, 그들과 함께 활력을 찾는 데–아마도 건축주들도–표류하게 되었다. 이것은 어떤 규모의 사무소에도 발생할 수 있다.

이것은 전통적으로 "두 번째 팀의 신드롬"이라 할 수 있다. 첫 번째 세대의 지도자들은 기업가적이고 카리스마를 지니며, 그들 주변에는 유능하고 지지하는 직원들로 둘러싸여 있었다–그 직원은 그 설립자가 은퇴한 후 회사를 지도할 기회를 갖지 못하고 아마도 능력이 없을 수도 있다.

해결책

- 직원규모를 4~5명으로 한정하며 1인 대표의 회사로 남는다. 개인적인 업무수행의 결과들을 즐기며, 당신이 처리할 수 있는 수의, 그리고 크기의 프로젝트에 실무적 한계를 수용하라.
- 어느 정도의 디자인, 기술, 또는 관리에 대한 책임을 직원의 범위 내에서 위임하라.
- 다른 책임자를 추가하라.(이것에는 한계가 있다; 만약 당신이 여전히 성장한다면, 성장을 중지할 필요가 있거나 또는 위임을 시작할 것이다.)
- 성장을 중지하고 당신이 스스로를 위해 설정한 한계의 범위 내에서 일하라.
- 그 회사의 누군가가 기본적인 고객/프로젝트에 대한 책임으로부터 해방되어 관리자 역할에 주요시간을 할당한다. 다른 책임자들은 그 관리담당 책임자에게 그들 권위의 일정량을 양도한다.
- 성장을 멈추고 각 업무에 한 개인의 흔적을 계속 남긴다.
- 디자이너는 프로젝트의 모든 것을 개인적으로 다루려 하지 말고, 다른 디자이너들의 작업을 감독하고, 품질관리를 담당하는 역할로 전환한다.
- 문을 닫고 은퇴하라–만약 당신에게 재정적 뒷받침이 있고 당신 스스로가 이것을 받아들일 수 있다면.
- 그 회사 내의 젊은 건축가들에게 권위, 책임, 그리고 한 조각의 활동이라도 넘겨주기 시작하라–그들이 준비되었다고 당신이 생각하기 훨씬 전일수록 더욱 좋다.
- 회사의 어떤 다음 세대는 그 회사를 멈추게 하는데, 그 명성에서 벗어나 살며, 경상비를 낮게 유지하고자 싸우고, 그리고 그들이 은퇴할 때는 회사(그 명성과 함께)를 팔아치우고자 한다.
- 회사의 어떤 다음 세대는 그 회사의 긍지를 삼키는데, 새로운 피를 수혈하고, 그들에게 고삐를 넘겨주며, 그리고 그들이 항상 최고였던 것으로 돌아간다.

웰드 콕스(Weld Coxe), 건축설계 및 엔지니어링 회사의 운영관리, 1980로부터 인용

운 위치 찾기에 대한, 회사 내의 숨어있는 무능력을 잘 가리고 있는지도 모른다.

직원규모의 변화. 성장하고 있는 회사들에는 조직상 특별한 영향을 미치는 일련의 직원규모가 있다. 대표들과 직원들−고객들의 조합과 프로젝트뿐만 아니라−의 성향과 능력이 지닌 특별한 상황들에 대하여 폭넓은 고려와 함께, 이러한 영향을 미치는 지점들이 7, 12, 18 그리고 35명의 직원규모에 있다는 것을 알 수 있다.

그것은 목공이 그의 4번째 동료를 고용할 때 자신의 연장을 내려놓는다는 사실에서 알 수 있다; 근로자들을 관리하고 품질을 감시하며, 사업의 경영과 일 수주활동 등에 하루일과를 보내게 된다. 비록 "연장 내려놓기"가 약간 더 큰 직원 크기에서 시작된다 할지라도, 같은 현상이 건축 회사에서도 발생한다. 파트너를 추가하고 프로젝트 수행과는 관련이 없지만 꼭 필요한 의제들을 다루기 위하여 새로운 한 역할을 개발하는 것은 회사가 성장 일로에 있을지라도 회사대표들로 하여금 계속 프로젝트 업무에 실질적으로 관계할 수 있도록 한다.

1인의 건축사 사무소가 얼마나 있는지 알기는 어렵다. 건축사협회에 그들 스스로를 개인사업자사무소라고 보고한 회사들 중 23%가 이 그룹에 명확히 속한다. 그 외의 30%는 2 내지 4인 직원의 회사라고 보고했다; 이 그룹의 많은 회사들은 1인 대표의 회사이다.

12명 정도의 직원규모의 경우, 회사업무의 순수한 관리적 측면, 특히 재정상의 운용과 같은 측면이 검토되어야만 한다. 이 크기로의 변화를 다루는 몇몇의 방법이라는 것은 더 효율적인 관리 시스템들과 절차들을 마련한다든지, 관리 역할의 자리를 추가한다든지, 또는 마치 2개의 더 작은 회사들이 효과적으로 공존하는 조직으로(아마도 파트너의 추가가 필요하겠지만) 개편하는 것 등이다.

비록 어떤 규모의 변화에서라도 일반적으로 그 스트레스가 괄목할 만큼 더 크겠지만, 12명의 직원규모에서 발생한 스트레스와 같은 종류의 스트레스가 직원규모가 18명에 다다랐을 때 다시 발생한다. 그 스트레스는 양쪽 모두의 규모에서 전형적으로 그리 높지는 않다. 특히 만약 성장이 더 진척되길 원한다면 종종 사무관리자(또는 다른 경영관리자)가 종종 고용되어 회사 내의 다른 사람들이 건축주에게 가장 높은 가치를 제공할 수 있는 것들에 계속 집중할 수 있도록 허락한다.

또 다른 현상이 30~40명 범위의 규모에서 전형적으로 발생한다. 회사들은 어떤 방식으로라도 그들의 문화를 하나의 "가족"으로 종종 표현하고자 한다. 그러나 한 회사가 이 규모에 이르게 되면 모든 고용원들이 그들 스스로가 이 가족의 구성원이라고 진실로 생각하지 않는 것 같다. 신입의 또는 젊은 직원들은 특히 회사의 상부조직들과의 접촉이 어려워진다; 그들은 가족으로서 공유하여야 할 회사의 역사와 유산에 연결되지 않는다. 회사 내에 있는 사람들 모두가 더 이상 회사 내의 다른 사람들 모두를 알지 못한다는 것이다.

회사 내의 모든 사람들이 상부조직−업무를 이끄는 책임자들−에 충분히 접근하지 못할 때, 그래서 그들의 업무에 대한 생각이 회사 내의 모든 사람들에게 분명히 전달되지 못할 때, 그것은 회사가 현재 다른 변화의 통과지점에 도달하였다는 강력한 신호이다. 이 상황에서는 회사의 지도자들과 업무수행자들 사이의 중간층을 형성하는 사람들의 강력한 관리가 정상궤도를 유지하기 위해 필요하다. 그리고 이러한 맥락에서의 관리는 일반적으로 건축가들과 맞지 않기 때문에, 회사에 그러한 중간관리층의

파트너

혼인-파트너가 된다는 것은 혼인의 한 형태이다-과 같이 공동사업자사무소(partnership)에서는 누가 과연 그것을 성공적으로 만들 것인지 또는 누가 과연 오랜 기간의 짝으로 적합할지 예측하기가 힘들다. 같은 취미와 같은 지적 수준의, 또는 능력을 갖고 있으면서도 이혼법정에서 끝을 맺고 마는 부부들을 우리 모두 알고 있다. 그러나 어떤 부부들은 강하고 단결된 하나의 실체가 된다; 그들은 서로 호환이 가능하고, 어떤 상황에서라도 상대를 위해 대신할 수 있다.

반면에, 당사자들 서로가 아주 다른 수많은 혼인들의 경우, 그 차이들에 의해 오히려 매혹되고, 그것을 즐기며 인생을 살아간다. 어떠한 상황에 처하더라도 정말 중요한 것은 그들의 목적, 동기, 그리고 성실함에 관하여 가치를 공유하고, 서로 존경하며, 완벽한 신뢰를 구축하는 것이다.

수년간 당신이 상대를 알지 못했다면, 그리고 많은 프로젝트에 함께 작업한 경험이 없다면, 그 파트너 관계를 테스트할 수 있는 방법을 생각해보라. 조인트벤처 방식의 파트너 관계로 같이 프로젝트를 해볼 수도 있다. 개별적으로 프로젝트를 진행하고 결과를 공유해본다; 그것은 당신에게 전문가로서의 공생에 대한 가능성을 판단하게 해줄 것이다. 특히 상호 보완이 되는 강점과 약점, 그리고 가능한 책임의 분담에 대해 살펴보라.

경영관리 전문가인 캐롤 맥코너치(Carol McConochie)의 이 말을 기억하라: "회사는-어느 시대에서든지-파트너들 사이의 강력한 관계에서 강해진다."

제임스 프랭클린(James R. Franklin, FAIA)

추가는 고통스러울 수 있다.

한 회사가 유지되는 평생의 기간 중, 이 단계에서의 경영관리상 주요한 기여는 리더십이 성취하고자 하는 것이 무엇인지에 대해 그 직원에게 설명하는 것이다. 그 설명은 책임자들이 회사가 어디를 향해 가기를 원하고 어떻게 그곳에 다다를 것인가에 대해 적절한 대화를 보장하는 것과 같은 주관적인 방식으로 나타난다. 또한 다음과 같은 객관적인 방식으로도 나타나는데, 즉 적절한 고객들과 프로젝트 유형들의 수주목표를 확실히 하고, 개인과 그룹의 업무성과를 위한 목표의 설정, 회사의 요구와 목표에 일치하는 전문가로서의 성장을 촉진하는 훈련 및 개발 프로그램의 유지, 그리고 업무수행을 감시하고, 필요하다면 조정 단계를 밟는 것 등이다.

일반적으로 대형 회사들은 법인회사들이다. 큰 회사들의 점유율이 지난 3년간 성장하여 왔듯이, 법인회사들의 점유율 역시 성장하여 왔다. 법인회사들의 점유율은—그것이 개인회사이든, 전문회사이든, 또는 전문용역회사이든—1996년에 22%인 것이 1999년에는 25%로 성장하였다.

미건축사협회(AIA) 2000년 건축설계회사 통계자료

규모 축소

성장의 이면은 축소이다. 1960년 이래로 경기가 후퇴하는 기간은 대략 6번 정도가 있었다. 매 후퇴기간마다 건축 사무소의 평균 크기에 전반적인 축소가 있었다. 시장과 경쟁력 있는 상황에 대한 부적절한 기대감, 그리고 그저 단순한 불운과 같은 것들이 회사를 축소하도록 만들 수 있다.

다른 경우로, 회사의 지도자들이 그들의 업무수행에 더 바람직한 방법으로써 작은 크기의 회사를 추구할 수 있다. 규모 축소는, 성장처럼 조직상의 요구조건을 조사하는

회사의 성장 단계와 변화: 한 가지 관점

제임스 프랭클린(James R. Franklin, FAIA), 소형회사 경영에서의 현대실무(AIA, 1990)
케나르드 부사르드(H. Kennard Bussard, FAIA) 제공

이것은 회사의 성장과 변화를 관측하는 한 방법이다. 위의 그래프는 회사의 시각이며, 아래의 그래프는 대표자의 시각이다.

회사의 성장

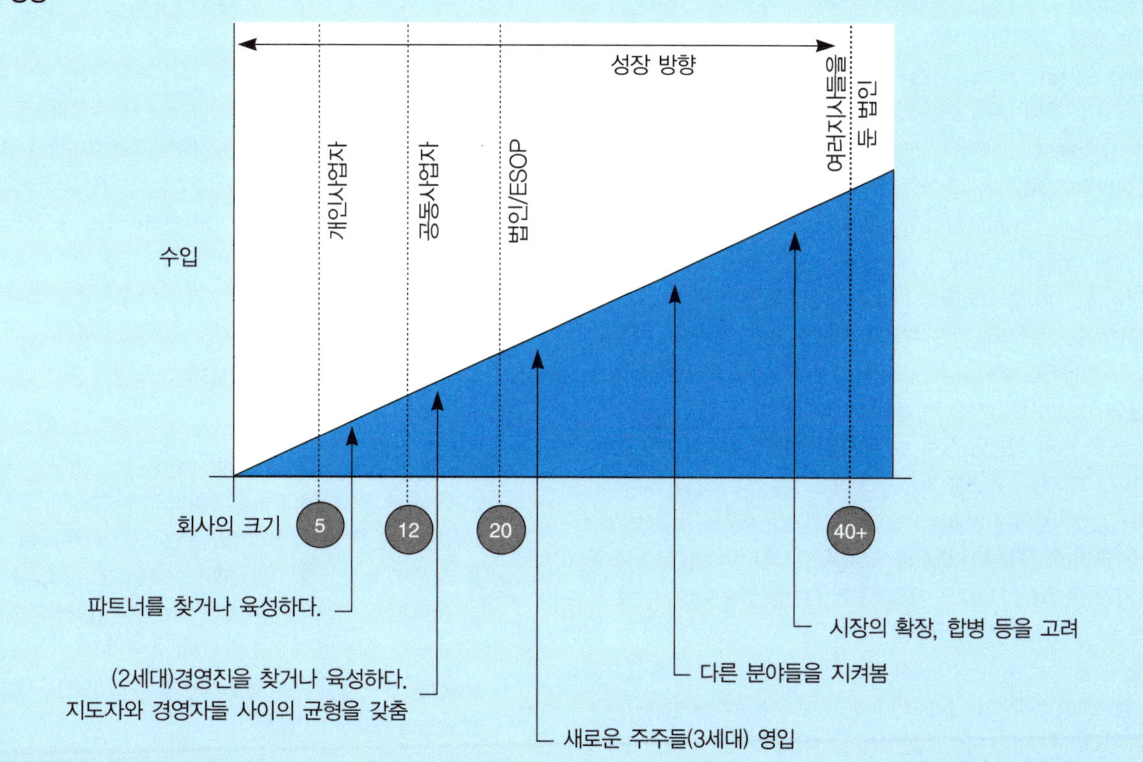

대표자의 이력

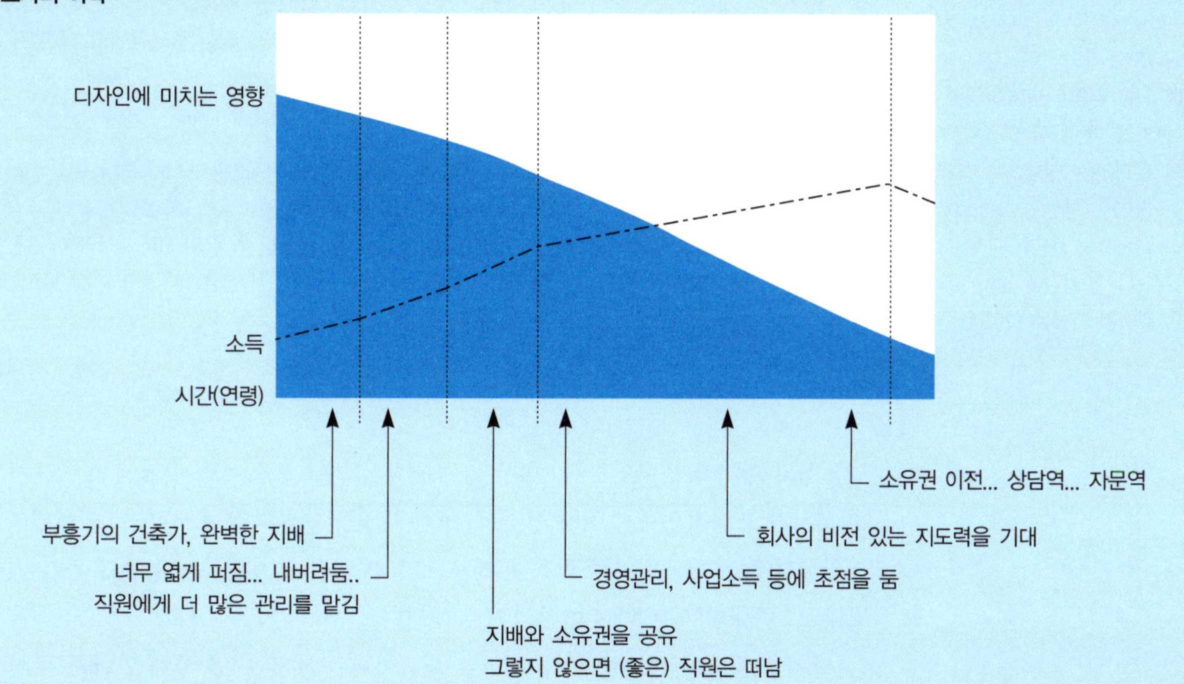

계획된 규모 축소: 적절한 실례

수년간 건축주들과 건축시장의 요구에 성공적으로 잘 적응한 후에, A회사는 55명의 직원을 가진 회사로 성장하였다. 3명의 파트너들이 경영관리, 수주활동 및 건축주 상대의 주요한 역할을 담당하여 왔다. 그들은 관리시스템을 구축하였고 주요한 프로젝트의 업무수행은 다른 이들에게 위임하였다. 그러나 깊이 생각해 보니, 그들은 회사를 시작하고 키움으로써 나타났던 강한 개인적 만족감을 더 이상 얻을 수 없음을 깨달았다.

회사 내로부터, 그리고 건축주들로부터 제공된 자료들과 함께 그 상황을 조사한 후, 그 파트너들은 그들의 힘을 너무 많은 일에 소진한 나머지 그들이 원하던 프로젝트에 더 이상 관여할 수 없다는 것을 깨달았다. 그들은 이에 대한 해결책으로 여러 옵션들을 확인하고, 토의 후 그것들을 세 가지로 압축하였다.

첫째 옵션. 관리에 대한 책임을 숙련된 경영전문가에게 위임한다. 그 전문가는 회사의 비 프로젝트 활동에 권한을 가지며, 파트너들이 그들의 에너지를 프로젝트에 더 집중할 수 있게 한다. 파트너들은 여러 이점들을 볼 수 있었다. 그들은 회사의 탄력을 유지하고, 고객들이 얼굴을 돌리지 않도록 하며, 이익성을 유지하고 (일단 관리기능이 자리를 잡고 모두가 자기의 새로운 역할에 적응한다면), 또한 직원들의 발전을 도울 수 있고자 하였다. 그들이 만난 가장 큰 위험은 아마도 매일매일의 회사운영에 다소 거리를 둔다는 것이 절대로 편하지 않다는 것이었다.

둘째 옵션. 그들이 상대하여야 할 건축주와 프로젝트에 대하여 더 선택적이 된다. 그 선택적인 자세가 프로젝트에 관계하는 파트너에게 작지만 만족스런 작업량을 가져다 줄 것이라고 가정하여야 한다. 그 회사가 현재의 이익률(백분율 베이스로)을 유지하기 위하여, 파트너들은 두 가지의 것이 발생해야 한다고 결론을 내렸다: 직원규모를 30인으로 감축해야 한다는 것과, 회사의 역점을 파트너에 의한 경영관리가 아니라 재정관리, 수주활동 및 사무지원 등의 관리시스템에 두겠다는 것이다. 그들은 그 하강부분을 직원 발전의 둔화라는 인식으로-그리고 아마도 실제로-보고 있는 것인데, 직원들이 책임을 발휘할 능력을 키우고 있는 중이거나, 또는 이미 발휘하는 중인데도 파트너들이 그 모든 책임을 떠안고 있었던 것이다. 장기간에 걸쳐, 회사를 지도할 능력이 있는 많은 직원들이 회사를 떠났을 것이다.

셋째 옵션. 기존의 방침을 고수한다. 파트너들은 한동안 이것이 소득증대의 성장을 초래할 것으로 기대했으나, 그들의 전문가적 만족도가 갈수록 작아지면서 의욕과 소득이 감소하게 되었다. 이 경향은 파트너들이 건축주들과 프로젝트들을 찾아 매일 밖에서 어슬렁거릴 때 더 악화될 것이다.

다른 회사들이 프로젝트들에 대한 파트너의 깊은 관여를 약속하며 A회사의 건축주들을 잠식하기 시작하자, 파트너들은 프로젝트에 관여하고 싶은 그들의 갈망을 하나의 추진력이라고 결론지었고 오히려 그것을 경쟁력 있는 요구조건으로 취급하게 되었다. 그 결과, 그 파트너들은 두 번째 옵션을 선택하기로 결정하였다. 그 결정근거는 그들의 건축주들, 회사, 그리고 그들 자신이 최고의 책임감을 가져야 한다는 철학에 있었다-최우선순위를 고객, 직원, 그리고 수익성에 두었던 것으로부터의 변화인 것이다.

그들의 의지가 분명해지고 파트너들은 다음과 같은 주요 움직임들을 만들게 되었다.

- 새로 시작된 프로젝트와 건축주에 초점의 집중을 강조하며, 시장전략과 홍보 프로그램을 개발하고 수행하였다.
- 가장 적절한 직원들의 혼합체를 확인하고, 개별적으로 각 개인을 만났다. 그리고 남기를 원하는 직원에게는 역할을 분담하고, 회사의 장기목표에 부적합한 이에게는 전직알선을 제공하였다. 후자 중에 현재의 프로젝트를 마무리하는 데 중요한 몇몇에게는 후한 보상금을 제공하며, 회사가 어쨌든 그들을 내보낼 수밖에 없음을 인지시켰다.
- 그들은 새로운 지위를 개발했는데, 회사의 관리적인 면을 감독하고, 파트너들에게 경영관리 정보를 제공하고, 파트너들의 주의를 요하는 사안에 대해서는 항상 일깨워 주며, 특정한 제약조건 내에서 결정을 내리는(예를 들어, 500달러 가치 이내에서의 구매 등) 경영관리 책임자가 바로 그것이다.

회사의 지속된 유지를 위하여, 직원들이 소유주나 파트너로 대규모 영전한다는 사고를 버리는 것이 새로운 철학이 되었다. 대신에, 그들의 역량, 스타일 및 헌신이 회사 미래의 지도력에 매우 중요하다고 인지되는 제한된 수의 사람들을 확인하고 잘 돌보면서 소유권 이전에 초점을 맞추었다.

필요성의 계기가 된다-특히, 회사의 기본적 임무와 프로젝트 수행에 성공하기 위해서 회사가 조직적으로 무엇을 행하고, 또한 무엇을 제공하길 요구하는가? 15명의 직원 크기에서 잘 수행되던 지도력과 관리가 50명의 직원 크기에서는 별로 효과가 없을 것 같다; 그 반대의 경우 역시 마찬가지일 것이다.

단지 외형적인 변화를 통해 옛날로 되돌아가는 것은 그 회사에 일단의 뚜렷한 문제점들을 제공한다. 회사가 팽창하는 동안에는 꾸준히 사람들이 추가되는데, 아니면 적어도 소그룹들이 늘어나는데, 회사는 한 시점에 한번의 증가로 천천히 성장하는 경향이 있다. 반면에, 규모 축소는 직원의 상당 부분을 한번에 해고시킴으로써 회사의 큰 부분을 잘라내기도 한다. 이 때에 떠나는 사람이나 남아있는 사람 모두에게 정신적 충격이 있다.("내가 다음차례인가?" "다른 곳을 찾기 시작해야 할까?" "여기에서 나의 위치를 지키기 위해 더 방어적이 되어야 할까?")

규모 축소는 계획되었든지 아니었든지 고려하여야 할 몇 가지 사항들이 있다.

- 경비내역을 주의 깊게 살펴보고 그것들을 적당한 곳에서 줄여라. 회사 경비의 어느 부분은 훨씬 더 큰 조직을 위해 사용하도록 의도되었을 수도 있다.
- 더 이상 회사의 홍미를 잘 이끌어내지 못하는 사업 관계의 단절을 두려워하지 말아라. 예를 들어, 임대차 계약을 깨는(계약을 위반하더라도) 것이 더 이상 불필요하고 재임대할 수도 없는 공간에 임대료를 계속 지불하는 것보다 덜 비쌀 수 있다.
- 어떤 고용자들을 해고할지 결정하는 것에는 특별한 주의를 기울여라. 편파적인 행동들은 피하되, 그 결정이 고의적이지 않도록 보여라.
- 남아있는 사람들의 단결심을 유지하기 위해 당신이 할 수 있는 모든 것을 하라; 규모를 축소하는 동안에는 신뢰가 바탕되어야 함을 기억하라.
- 연구자료, 프로젝트 및 사무실 관련 정보들이 회사에 남아있는 것을 확인함으로써 회사의 사업상 기밀을 보호하라; 이것은 어느 정도의 문서화가 필요할 것이다.
- 크기가 조정된 회사가 어떻게 그들의 요구를 계속 만족시킬 것인지 알리면서, 건축주들과 그들에 수반되는 주요한 예상 프로젝트들을 유지하라.
- 시장에서 회사의 목표들과 위치를 고쳐 생각해 볼 기회를 잡아라: 크기가 조정된 회사는 그것의 작은 변형인가, 아니면 새로운 회사인가? 많은 회사들은 크기를 조정한 결과, 그들이 거품을 제거하고 평범해질수록, 더 집중적이고 효율적이 되었다고 믿는다.

직원과 지도자들 사이의 거리는 대형회사들이 규모를 축소할 때 종종 겪는 문제들에 포함된다.

아마도 가장 잘 요약된 조언은, 첫째로 회사 내의 사람들을 주의 깊게 살펴보는 것이고, 두번째는 일단 축소가 성립되면 그것이 완료된 후의 회사를 상상해 보라는 것이다. 과연 작은 회사로서 잘 성장하는 데 필요한 사람들, 전문성, 그리고 마음가짐을 보완해야 하는가?

리더십과 경영권의 변화

회사의 일부 핵심적인 변화들은 리더십과 경영권 사이의 상호작용이라는 하나의 기능인 것이다. 본질적으로 가장 성공적인 건축실무란, 그 방향과 목표, 기준, 그리고 가치가 매우 분명하고, 진행되는 모든 것들에 의해 강조됨으로써 그 회사에서 일하는

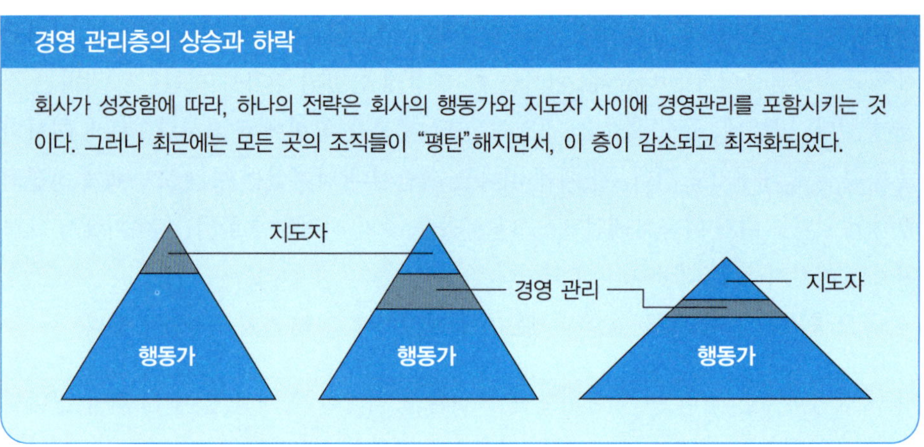

사람들이 최소한의 감독하에서 자신들에게 맡겨진 일을 해내는 것이라고 강하게 주장할 수 있겠다. 바꾸어 말하면, 그러한 회사는 강하게 리드되며, 최소로 관리된다는 것이다.

강하게 리드되는 업무수행의 기본 지침이 불명확해질 때, 즉 회사가 더 이상 강하게 리드되지 않을 때, 회사는 어느 정도 어려움을 겪게 된다. 여러 가지 징후들이 나타나는데, 전체적으로 다른 목표를 향해 일하는 사람들, 공유되지 않는 가치, 적절한 고객과 프로젝트의 선정에 관한 의견불일치, 시장 내의 약화된 위치, 그리고 불안정한 재정적 성과가 이에 포함된다. 이러한 상황에서 증가된 직원의 수는 각각의 사람들이 리더들과 함께 할 시간이 적어졌음을 의미하기 때문에, 회사 내의 행동가들은 아마도 더 이상 리더들과 가깝게 지내지 못하게 된다. 회사의 성장과 조직개편으로 인해, 신참들은 회사의 자산, 문화 그리고 가치들을 거의 알지 못한다. 더욱 치열해진 시장에서의 경쟁으로 리더들은 회사 안에서보다 밖에서 더 많은 시간을 보내게 된다.

명백하면서도 난해한 해결책은 회사의 리더십을 강화하는 것이다. 또 다른 해결책은 회사 내에 "지도자에 대한 순종"을 강화하는 것인데, 이것은 목표와 가치들을 공유하는 사람들로 필요한 인력을 새로 채용하는 것이다. 두 가지 접근은 모두 이론적으로 이치에 맞지만, 실무적 견지에서의 해결책은 회사의 경영관리를 강화하는 것이다.

회사들이 경험하는 변화과정은 회사의 가장 영향력 있는 운영자들의 기본적인 특성에 의해 언제든지 추적될 수 있다. 소유자의 첫 번째 세대인 회사들은 새로운 회사를 시작하는 모험을 감수하는 도전심을 드러내며, 창업자의 기업가 정신에 의해 특성화된다.

새로운 회사들이 여러 해 존속하다 보면, 다른 특성들 역시 기여하게 될 것이다: 그것들은 일을 얻고, 고객에게 봉사하며, 재능 있는 직원들을 유치하고 보유하고 발전시키는 능력 등이다. 꽤 눈에 두드러지는 것은, 회사와 함께 성장한 주요 경력직원들은 그들보다 앞서는 회사 내 핵심멤버들의 막강한 힘을 모방하기보다는 보완하려고 한다는 것이다. 한 세대에서의 창업자들은 덜 기업가적이고, 위험을 더욱 꺼리며, 그리고 더 기술적이고 프로젝트 지향적인 사람들에 의해 둘러싸이게 되며, 결국 회사는 이들

지도자들은 비전과 영감을 제공함으로써, 기꺼이 지위를 지키고 위험을 감수하려 할 것이다. 경영자들은 사람과 시스템을 함께 작동시키며 그 조직의 임무를 완수하도록 하는 것에 숙련되었다.

에 의해 계승된다. 인간적 입장에서, 이런 개개인들은 소유권의 지위를 얻기 위해 힘겹게 충성하고 인내하면서 기꺼이 20년 이상을 기다린다.

두 번째 세대가 회사의 운영을 맡았을 때 그 회사가 필요로 하는 균형은 일반적으로 그 특성이 회사의 창시자와 다르지 않은, 더욱 기업가적이고 더 젊은 사람으로부터 온다. 회사의 발전에 미치는 이 지점에서의 중요한 위기는, 두 번째 세대들은 모험 회피와 변화에 대한 저항감이 묘하게 혼합되어, 그들이 창업자에게 보였던 같은 충성심을 그들을 따르는 사람들에게도 기대한다는 것이다. 반면에 더 기업가적인 유형은 경험과 나이 모든 면에서 그들의 시간이 다가오고 있으며 더 일찍 그들의 기회가 와야 한다고 느낄지도 모른다. 만약 이러한 요구가 채워지지 않는다면, 그들은 첫 번째 세대와 같이 행동을 하거나 그들이 원하는 회사를 창립하기 위해 떠날지도 모르다.

부분들이 중요하다고 할지라도, 회사는 하나의 통합된 조직체라는 것이다. 그것은 살아서 숨을 쉰다. 환경의 변화에 반응하고, 회사의 움직임으로 환경을 변화시킨다. 회사의 목적을 성취하기 위해 그 스스로 입지를 정한다. 그리고 회사는 시간이 흐르면서 변화한다. 여기에서 가장 중요한 생각은 바로 건축가는 전문적이고 사업적인 목표를 성취하기 위하여 그들의 회사와 업무의 수행을 기획할 수 있다는 것이다.

소유권의 변화

시간이 지남에 따라, 대부분의 회사에는 두 개의 힘이 작용하게 된다. 첫째로 창립 멤버들은 점점 나이를 먹어가면서 다른 흥미롭고 앞서가는 사항들을 개발하려고 한다. 둘째로 몇몇의 새로운 또는 젊은 간부들은 회사의 리더십과 경영권, 그리고 소유권의 증대에 자신의 입지를 굳히기 위해 애쓰게 된다. 만약 회사의 흐름을 유지하고 훌륭한 사람을 확보하는 것이 중요하다면, 소유권의 변화가 무엇보다도 가장 중요한 변화인 것이다.

특히 세계 2차대전 이후의 회사 창립자들이 은퇴시기에 다다르면서, 소유권의 변화가 가장 큰 화제거리가 되어 왔다. 새로운 소유자와 현재의 소유자가 한동안 공동 경영자로 있었다면, 그 양도 과정은 점진적일 수 있다. 양도는 내부자에게 또는 외부자에게 이루어질 수 있다; 오늘 당장 현금이 될 수도 있고 또는 지불이 내일로 미루어

세대의 계승

회사가 성장함에 따라, 회사의 지도자들은 종종 상호보완적인 힘을 가진 사람을 고용하고 승진시킨다. 소유권 이전을 위한 시기가 오면, "두 번째 세대"의 지도자들은 회사의 창립자들과 종종 공통점이 있는 다음 세대 직원들의 상호보완적인 힘이 필요하다는 것을 알게 된다.

첫 번째 세대

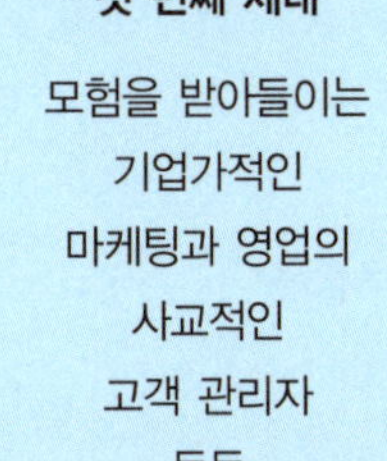

모험을 받아들이는
기업가적인
마케팅과 영업의
사교적인
고객 관리자
등등

두 번째 세대

모험을 회피하는
관리적인
영업의
내향적인
프로젝트 관리자
등등

세 번째 세대

모험을 받아들이는
기업가적인
마케팅과 영업의
사교적인
고객 관리자
등등

기업 합병의 실례

제임스 프랭클린(James R. Franklin, FAIA), 소형회사 경영에서의 현대실무(AIA, 1990)
케나르드 부사르드(H. Kennard Bussard, FAIA) 제공

이 표본에서는 두 개의 건축 회사가 한 지주회사가 됨으로써 그 지주회사에 의한 회사들의 추가적인 합병을 기대한다.

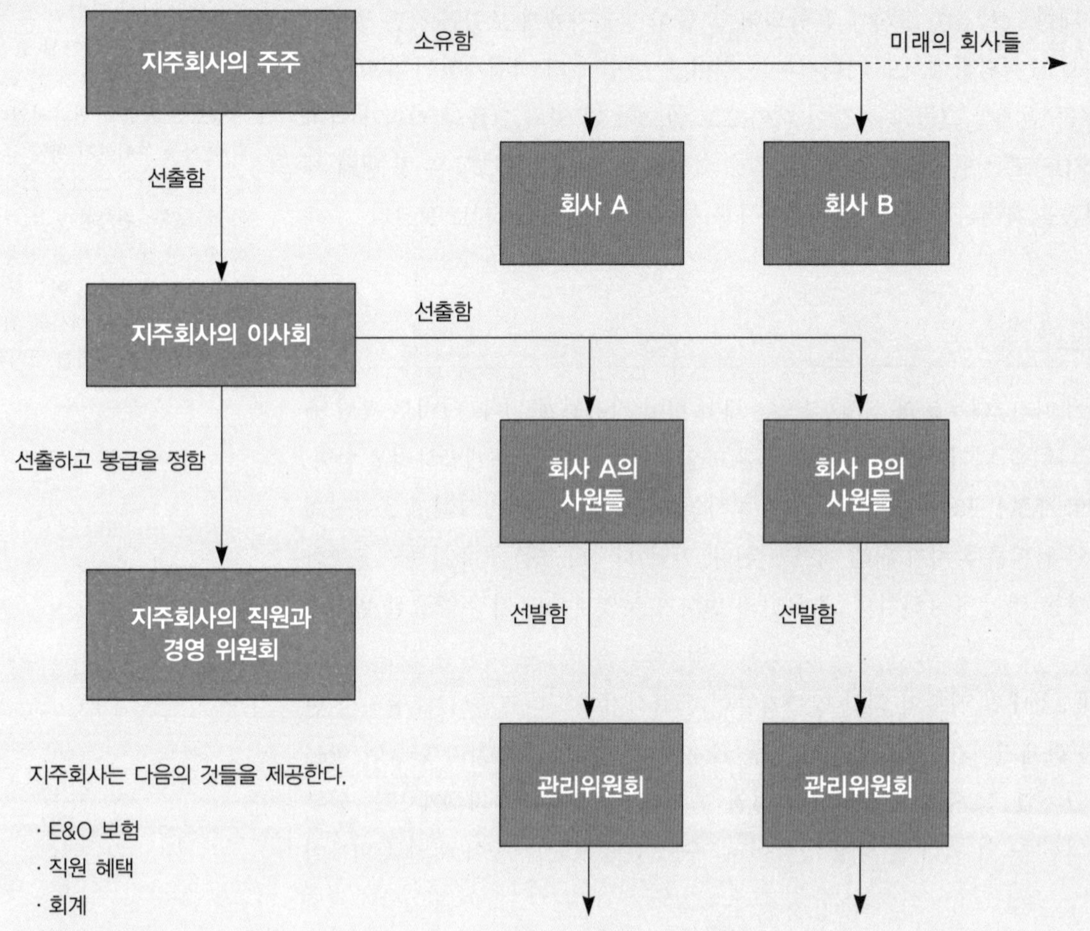

지주회사는 다음의 것들을 제공한다.

- E&O 보험
- 직원 혜택
- 회계
- 급여
- 프로젝트의 기록
- 프로젝트 데이터베이스
- 교차 마케팅
- 공동 마케팅
- 세무 준비 및 보고
- 회사의 소유자들에게 투자수익 배당

이 아이디어는 회사 A와 B는 건축가로서 프로젝트를 위해 해야 하는 모든 행위를 유지한다. 지주회사는 이익을 위해 가능한 그 나머지의 많은 것을 처리한다.

각각의 자회사는 회사가 소유한 프로젝트를 위해 마케팅하고, 협상하며, 계약, 인력관리, 설계, 도서의 제작, 설계비 청구 및 수금 등을 한다.

각각의 자회사는 지주회사에게 다음의 것들을 지불한다.

- 일정 비율의 순관리비
- 지주회사 주주에게 제공하는 일정의 목표투자수익 협정금액

이 아이디어는 회사 A와 B가 각각 독립적으로 그들의 이익률을 결정하고 성취한다.

질 수도 있다.

양도를 예상하는 회사 창립자들은 그들의 업무수행 내에서 후계자의 개발을 원할 것이며, 그리고 그들은 미래의 회사 매수자 개발을 일찍 시작하도록 잘 권유받았을 것이다. 경험을 가진 사업 전문가들이 말하길 젊은 건축가가 영향력 있는 지도자로서의 경험을 얻기 위해선 5년에서 10년 정도가 걸린다고 한다. 그들은 양도 과정을 일찍 시작할 것을 권하는데, 창립자들이 40대에 접어들어서는 시기까지는 확실히 이루어야 한다고 말한다. 변화의 정도는 대개 어떤 책임을 포기하거나 은퇴하는 창립자의 시간 구도에 달려있다.

왜 파는가? 건축가들은 그들의 회사를 매각하는 것에 대한 다양한 이유들을 갖고 있다.

- 회사를 존속시켜 소유자의 자존심을 달래고 고객과의 관계를 보존하기 위해
- 회사를 그 위치에 있게 하기까지 노력해 왔던 힘과 감정, 그리고 돈의 투자를 재정적으로 돌려받기 위해
- 같은 결과를 향한 다른 회사들의 노력에 대해 알기 위해
- 주요한 직원들이 회사에 머물 수 있도록 유도하기 위해
- 마케팅과 디자인 그리고 현명한 프로젝트 경영에 도움을 줄 수 있거나, 또는 특수한 건물유형에 전문성을 지닌 새롭고 재능 있는 사람들의 유치를 위해
- 은퇴기간 동안 재정적인 안정의 추구를 위해
- 다양한 고객들과의, 다양한 프로젝트에서의 업무들을 폐쇄해야 하는 어려움을 피하기 위해

왜 사는가? 여기에 또한 회사를 매입해야 하는 다양한 이유들이 있다.

- 한 사람의 전문가적 미래를 더 훌륭하게 관리하기 위해
- 회사업무의 질적 수준을 더 훌륭하게 통제하기 위해
- 회사의 경영방식에 대한 결정권을 갖기 위해
- 개인의 영업 역할에서 더 큰 영향력을 갖기 위해
- 회사를 확장하고 새로운 시장에 진출할 가능성을 얻기 위해
- 재정적 수익을 얻기 위해

이론상, 이 두 개의 목록들이 서로 상충하는 것은 아니지만, 회사의 사고파는 과정을 마무리하는 데는 어느 정도의 마찰이 있게 된다. 차이점들은 종종 회사의 재정적 평가, 지불 기한과 조건, 기존 경영자들에 대한 새 경영자들의 상대적인 지배권, 그리고 미래의 잠재적 건축주들에 대한 확인 등에서 발생한다. 하지만 힘든 작업을 통해 이런 차이점들은 협상될 수 있으며, 소유권 양도계획에 대한 세부내용 역시 결정된다.

새로운 파트너를 가진다는 것은 한 명의 경영주가 다른 누군가와 정보를 공유하고 의사결정을 함께 해야 한다는 것을 의미한다. 이것은 어떤 경영자들에게는 불안한 경

험이 될 수도 있다. 소유권이 제공될 때 정보의 완전 공개라는 개념이 제시된다. 회사를 파는 사람은 사업과 재정의 모든 면에 대하여 타당한 정보를 사는 사람에게 주어야 한다. 어떤 매각자들은 이 요구조건들에 저항하기도 하며, 심지어 몇몇은 이 중차대한 시점에 계약을 포기하고 돌아간다.

매각자와 매입자 모두에게 소유권 양도의 과정을 쉽게 해주는 몇 개의 지침들이 다음에 있다.

양도와 회사의 입지. 이 두 개의 개념들은 아주 밀접하게 얽혀 있다. 회사 입지의 변화로 회사는 양도를 경험하게 될지 모른다; 새로운 접근들과, 새로운 시장, 그리고 가치의 변화가 불가피하게 회사의 양도를 요구한다. 이와 반대의 경우도 마찬가지이다; 양도를 겪는 회사들은 그들이 봉사하는 시장과 그들의 업무수행방법, 그리고 건축주들의 가치와 목표에 관한 그들의 입지를 재평가해야 할 필요성을 발견할지도 모른다.

합병과 매입. 매입의 경우, 한 회사는 다른 회사의 소유권과 지휘권을 갖게 되면서, 매입된 회사의 대표들은 매입한 회사의 고용인이 된다. 합병은 두 개 이상의 회사들이 그들의 결합된 자원과 대차대조표들을 공동 관리함으로써 더 큰 회사를 만들고, 각각의 회사 소유자들은 새로운 한 회사의 소유자가 된다. 합병의 흥미로운 변화는 바로 그 지주회사인데, 일정의 독립성–자존심, 마케팅, 재정적, 또는 다른 이유들을 위해–을 유지하며 협조를 선택한 회사들이 함께 일할 수 있는 하나의 우산을 제공한다.

외부인에게 회사를 매각하는 것과 회사의 합병은 적어도 타당한 수준의 이익이 항상 있는 것처럼 보인다. 과거의 전문직종에서는 디자인 회사들이 전문적인 업무수행보다 경제적 상품으로서 사고팔리는 측면–종종 전반적인 사업 공동체에서 월스트리트 활동의 기능이다–을 보여주었다. 이러한 거래의 대부분은 실망스러운 결과를 낳았다.

특히 목표의 공통점과 문화적 합치를 둘러싼 의제들이 이전에 충분히 검토되었을 때, 복합된 사업과 전문적인 이유들로 시작된 합병과 매입은 더더욱 성공적이어 왔다. 시장을 확장시키고, 설계와 기술적인 능력을 향상시키며, 서비스를 확대하고, 잉여의 리더십 역량을 이용하고, 지리적으로 확장함과 동시에, 좀더 크거나 더 특수한 프로젝트를 얻는 능력을 키우며, 이전에 활용되지 않은 리더십 역량을 야기하는 등의, 전문적으로 관련된 목적을 향한 수단으로써 합병과 매입은 종종 주목할 만한 성과를 가져왔다. 그 목적이 사업적으로 더 연관될 때, 예를 들어 재정적으로 어려운 회사의 구제조치로 이루어질 때 그 성과는 결코 좋지 않다.

사고파는 이유에 상관없이 소유권 양도에 관련된 각각의 참여자들에게 전문가의 도움은 이익이 될 것이다. 법률가, 회계사, 경영자문들은 이러한 양도가 그들의 이익을 보호하도록 도움으로써 중대한 협조를 제공한다.

몇 가지 소유권 양도의 지침서

모든 양도는 다르다. 여기에 양도를 진행하는 데 고려해야 할 일반적인 몇 가지 견해들이 있다.

- 소유권 양도를 시도하는 이유에 대해 명확히 하라.
- 성공을 이어가는 데 회사가 필요로 하는 것들에 대해 이해하라–그리고 염두하고 있는 미래의 소유자들을 확인하고 발전시켜라. 매매의 부가적인 유인책으로써, 매각자들에 대한 지출은 수년에 걸칠 수 있음을 기억하라; 이 기간동안에 회사의 성공은 매입자의 회사 구입과정에 여유를 갖게 한다.
- 매입자들은 보통 현금이 모자라는 것을 명시하고, 적은 세후 지출의 매매계획은 호소력 있고 감당할 수 있는 변화를 만들 수 있다.
- 의사결정의 구조와 참여를 포함하여, 게임의 법칙들을 문서화하는 소유권계획을 짜라. 이 규칙들이 일방적으로 바뀌지 않는 한, 소유권계획은 새로운 경영자와 기존의 경영자 사이를 더욱 강화시킬 수 있다.
- 회사를 구입하는 것에 흥미를 가진 사람들은 실무와 경영에 대한 접근방식이 회사를 파는 사람들과 같지 않을지도 모른다는 사실을 인식하라. 다음 세대의 소유자들 개개인의 성격과 힘, 그리고 스타일에서의 차이점을 이해하는 것은 성공적인 양도와 회사의 지속적인 개혁에 중요하다.
- 매입자와 매각자의 기대를 명확히 하여 공통된 일단의 목표들에 참여하는 결과가 되도록 토론과 협상을 이끌어라.
- 회사의 가치를 결정지어라. 매입자와 매각자가 다른 관점에서 회사의 가치를 볼 수 있기 때문에, 가치의 평가는 문제가 될 수 있다. 문제가 되는 것은 그것의 누적된 장부가치, 계획서류상의 가치, 그리고 평판의 가치일 것이다. (뒤의 2가지 요소들은 보통 장부상의 가치에 몇 배수로 작용하여 반영된다.) 협상을 촉진하기 위하여 회사의 가치에 관한 외부의견의 확보가 매우 유용할지 모른다.
- 소유권을 이행하는 동안의 문제점을 피하기 위하여, 소유권과 지도력의 의제들을 따로 분리하여 언급하라.
- 매입자와 매각자들은 특히 고객과 마케팅에서 회사의 연속성을 확실하게 하기 위해, 권리를 잃은 대표들이 회사에 함께 남을지–남는다면 얼마동안 있을지–에 대해 서로 동의하길 바랄 것이다.
- 매입자와 매각자는 매매 이전에 완료된 프로젝트의 저작권을 어떻게 간주할지에 대해 서로 동의하길 바랄 것이다.
- 각각의 잠재적 소유자들을 소유권 층에 속하게 될 다른 사람들과 분리하여 독립적으로 간주하고, 그러고 나서 그들을 역시 총체적으로도 간주하라.
- 소유권의 확대가 가장 신중하게 계획되었음에도 불구하고 소유권의 "결합"이 계획한 대로 되지 않을 수 있다. 회사소유자와 직원, 그리고 건축주들에게 최소의 영향을 미치며, 소유자들의 "이별"을 위한 과정을 규정하는 것은 가치가 있다. 만약 그 소유권 양도가 제대로 안되었을 때, 소유권을 다시 사려는 창립자를 위하여 절차를 제정하는 매매 합의서의 도출을 강조하라. 다시 사려는 권리의 가치평가와 지불상환 일자 역시 포함되어야 한다.
- 소유권 양도 계획을 준비하고 문서화하는 데에 자문과 법률적 조언을 구하라. 이것은 법적, 그리고 과세기준들을 만족하였는지 확신할 수 있게 한다. 전문회사의 소유권 양도에 능숙한 누군가의 서비스는 객관적인 제3자의 견해를 제공한다.

건축회사의 가치평가는 언제나 협의의 대상인 것이다. 1980년대 초중반에는 장부가에 대한 배율이 주로 평균 1.5배였으나, 지난 10년간에 걸쳐 회사 내부에서의 양도에 대한 가치평가는 오히려 장부누적가액에 점점 가까워지거나 이젠 거의 같다. 가치의 감소 이유는 간단하다: 내부 매입자의 지불 능력은 회사 이익에 대한 그들의 배당과 직접적인 관련이 있고, 거의 대부분의 내부 매입자들은 충분한 자금과 회사로부터의 보수를 넘어선 재정지원을 갖지 못한다. 재정업무의 수익성과 지속성이 감소됨에 따라 회사는 그러한 평가를 받게 된 것이다. 그러나 다른 매입자들에게는 회사에 대해 다른 가치가 평가될 수 있다. 내부의 매입자들에게는 장부가액에 가까운 수치를 제공받을지 모르지만, 외부의 매입자들에게까지 매각자의 관대함이 필요하지는 않을 것이다.

외부 매각에 있어서는, 더 나은 가치평가 방법이 있을 수 있으며, 수익률이나 현금유통 할인율 등이 그것이다. 경험에 따르면, 일반적으로 대차대조표의 목록이 아닌 계획서류상의 가치와 평판의 가치를 제외하고, 알맞은 장부누적가액은 누적된 총소득액(컨설턴트 비용이나 지불청구가능 비용과 같은 경과성 자금을 제외하고)의 약 25%를 차지한다. 따라서 이 회사는 연간누적 총소득액의 0.25배의 가치인 장부누적가액의 1.0배로 가치가 평가된다. (경고: 단지 매우 적은 수의 건축회사만이 공개적으로 소유되고 거래되기 때문에, 비율을 적용하고, 그러한 회사들로부터 "비교가능 수치들"을 예측하고, 그것을 사적으로 소유된 디자인 회사들에 적용한다는 것은 거의 항상 부적절하다. 그러한 평가기술이 적용될 때, 결과된 가치평가는 대개의 경우 매입자의 지불 능력과 의지를 훨씬 초과한다.)

휴 혹버그(Hugh Hochberg)

제6장

마케팅과 고객과의 접촉

6.1 마케팅 계획과 전략

Roser L. Pickar[1)]

번창하는 건축사무소의 운영은 꾸준히 도전적인 프로젝트의 수주를 요구한다. 마케팅이란 회사가 고객을 유치하고, 건축설계업의 지속에 필요한 프로젝트들의 추구에 주력하는 일련의 과정이다.

모든 회사는 거래를 한다. 회사는 고객과 친분을 쌓고, 건축사무소의 목표 달성을 위해 프로젝트가 꾸준히 주어지기를 추구한다. 모든 회사는 매일 고객들의 요구에 귀 기울이고, 새로운 기대를 채울 방법을 찾으면서 마케팅에 몰두한다. 또한 몇몇 회사들은 새로운 고객과 프로젝트를 얻기 위해서, 또는 새로운 서비스를 시도하기 위해서 마케팅 홍보에 대한 매우 신중한 고려와 집중에 착수한다.

> 회사는 마케팅 계획과 전략을 개발하기 전에, 우선 그 자신의 가치와 전문성을 평가하고 그 가치와 전문성이 적용되는 시장을 확인하여야 한다. 회사의 독창성과 전문성(5.1)을 참고하라.

가장 일반적인 수준에서 마케팅 활동은 상호 관련된 4개의 영역으로 구분할 수 있다.

- **마케팅:** 시장 조사와 홍보 및 광고와 같은 수주활동 지원 장치들을 계획, 이행, 평가하는 것을 포함하는 사업 발전과 고객 증진의 전체 과정
- **홍보:** 회사의 마케팅 목표들을 지지하여 스스로를 알려지게 하는 것
- **수주:** 회사가 잠재적인 고객들에게 자신과 서비스를 보여주고, 협상하며, 계약을 체결하는 단계
- **프로젝트의 수행:** 오랜 건축주들에게 잘 봉사하고, 프로젝트의 완성까지 책임을 다함으로써, 그들로부터 새로운 프로젝트를 의뢰받는 것

1) **로저 피커(Roger Pickar)**는 인텔리-시스(I3 Intelli-Sys) 정보회사의 회장이다. 전국적으로 알려진 강사이자 작가로서 디자인과 도급계약 및 기타의 전문서비스 회사들을 위한 전략적인 마케팅 계획에 초점을 맞추고 있다.

마케팅은 씨를 뿌리는 것으로 간주하고 프로젝트의 획득 과정은 수확하는 것으로 간주하면 도움이 될 것이다. 이 주제가 '씨뿌리기' 에 대해 언급한다면 프로젝트의 수주(6.2)에서는 '수확' 에 대해 설명한다.

몇몇의 건축설계회사들은 이 영역들을 각각 명확하게 이해하며, 교제를 하고, 회사를 알리며, 일의 단서를 포착하고 추적하며, 프로젝트를 완성하기 위해 특정한 계획과 전략 및 일상의 행동을 전개한다. 이 회사들은 회사의 프로젝트담당 건축가들 역시 마케팅 노력의 일부로 보며, 고객들이 그들과 함께 계속 일하도록 유지함으로써 업무적 관계와 신용의 축적을 기대한다. 성공의 비밀은 회사 노력의 '집중' 과 4개 영역의 '조정' 에 달려있다.

나머지 회사들은—대부분의 소규모 회사들을 포함하여—4개 부문이 한데 섞여 있는 것으로 본다. 그들은 종종 철저한 조사와 계획의 작성 없이, 덜 형식적으로 일한다. 그들은 부가적인 일을 끌어오기 위해 4개 부문 중의 한 부문—프로젝트의 수행—에 의존하고, 그 대신에 다른 마케팅은 전혀 하지 않는다고 말할지도 모른다. 이러한 비형식성에도 불구하고, 이 회사들에게 역시 '집중' 과 '조정' 이라는 두 개의 아이디어는 똑같이 중요하다. 그러나 오늘날의 많은 소규모 회사들은 각각의 이러한 활동들이 중요하다는 것을 이해한다. 그들은, 특히 더 작은 회사들의 경우, 어떤 회사들도 회사의 발전을 돕지 않는 방식에 제한된 시간과 자원을 낭비하도록 내버려둘 수 없다는 것을 잘 알고 있다.

"노아가 방주를 만들고 있을 때 비는 오지 않았다."

하워드 러프(Howard Ruff)

지난 10년간 마케팅 전술의 분야에서는 혁신이 늘어나고 있다. 건축회사들은 다른 산업으로부터 배움을 통해 그들의 마케팅 노력에 정교함을 극적으로 증가시키는 중이다. 몇몇의 건축가들은 인터넷 홈페이지를 만들고 무역전시회나 박람회 등에 참여하는 것뿐만 아니라, 직접적인 우편발송 프로그램들과 미디어 광고를 공격적으로 수행한다.

원칙

다음과 같은 몇몇의 기초가 되는 원칙들은 집중과 조정을 추구하는 대부분의 건축설계회사들에게 도움이 된다.

건축 회사의 약 40퍼센트 이상이 마케팅 수단으로 인터넷을 사용한다. 다재다능한 마케팅의 도구에 관한 더 많은 정보를 위하여 건축실무에 사용되는 인터넷 서비스 (12.2)를 보라.

큰 그림을 그려라. 당신의 회사는 어떤 종류인가? 그리고 어떻게 되어지길 원하는가? 당신이 고객에게 제공하는 부가적인 가치는 무엇인가? 당신의 강점은 무엇이고, 당신은 이것이 어떻게 만들어지길 원하는가? 당신이 추구할 수 있는 고객들과 프로젝트들은 어떤 종류이며, 당신은 어떻게 그것에 접근할 수 있는가?

관계를 만들어라. 디자인 서비스를 원하는 고객들은 건축가를 조사할 때 신뢰의 필요성에 대해 말한다. 그들은 이 관계가 전문적인 것이며, 큰 거래가 걸려 있다는 것을 인정한다. 신뢰할 수 있다는 것은 사고파는 상품이 아니며, 오히려 시간에 따라 성장하는 인식이다. 장기간 유지되고, 서로 보완되며, 유익한 고객과의 관계를 형성한 회사는 이 고객을 위하여 프로젝트를 수행하는 데에 최고의 입지에 위치한다. 그 회사는 고객에게 무엇을 요구하고, 고객이 회사에 무엇을 요구한다고 그들이 믿는지에 대해 고객과 대화하는 것이 관계를 형성하는 첫걸음이라는 것을 인정한다.

선점하라. 대부분의 건축 프로젝트들은 장기간의 과정을 거쳐 탄생한다; 그들에게 프로젝트가 알려지기 오래 전에, 그들은 건축주에게 순간적으로 눈에 띄었을지도 모른다. 일찍이 프로젝트의 형성과 정의에 관련되었던 건축가는 주요한 정보와 지침을 고객들에게 제공함으로써 실제 도움이 될 수 있다. 물론 장기간의 관계 유지는 선점을 위한 중요한 열쇠이다. 그러나 선점하는 것 못지않게 종종 자격과 경험을 갖추는 것도 중요하다.

마케팅의 4가지 영역

몇몇의 건축설계회사들은 이 영역들을 별개의 것으로 보고, 각각에 대한 계획과 전략 및 전술을 발전시킨다. 다른 회사들은, 특히 매우 작은 회사의 경우에는 하나로 합쳐진 것으로 본다.

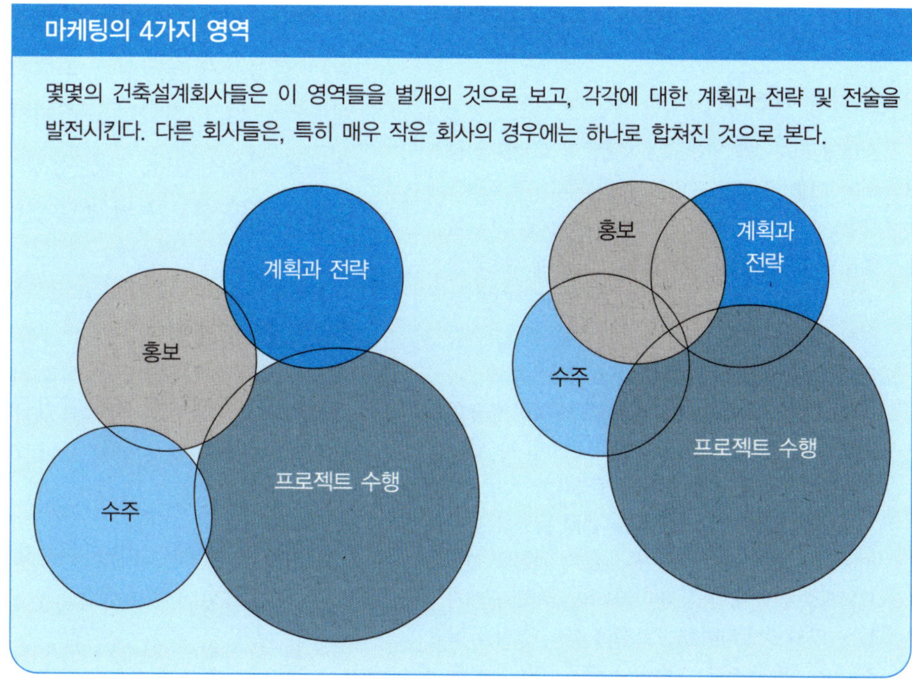

당신이 약속한 것보다 더 수행하라. 대부분의 회사들에게 있어서 이것은 부가되는 가치이다. 어떤 회사에게는 이것이 남보다 더 우수한 디자인이며, 어떤 회사들에겐 별도로 생산되는 서비스의 수행이다. 회사가 무엇을 제공하든지간에 서비스는 현재 하나의 상품임을 기억하라–고객이 무엇을 추구하는지를 최대한 알고 서비스를 잘 제공하는 것이 다시 일을 얻는데 중요하다.

건축설계회사의 일거리 중 가장 크고 유일한 출처는 기존의 고객들이다. 1999년의 자료에 의하면, 비경쟁으로 선정되어 얻어진 일은 회사에 의해 완료된 모든 일의 46퍼센트에 달한다.

건축설계회사들은 다양한 방법으로 이러한 원칙들을 이행한다. 몇몇의 회사들은 그들이 마케팅을 위한 대량의 불필요한 노력에 투자할 필요가 없음을 깨닫는다. 그들은 회사와 회사 서비스의 부가적 가치들에 만족해하는 반복적인 고객들의 확립된 기반을 갖는다; 비록 경쟁자들이 있어도 그들의 시장은 안정적이고 또는 성장한다. 이러한 회사들은 관계를 설정해 왔으며, 거기에 선점한다; 정확하게 말하면, 그들은 고객들로부터 신임을 얻은 것이다. 회사는 그들이 성장함에 따라 프로젝트 기회들과 가능성에 응답하면 된다는 사치를 즐긴다. 그러나 그들 스스로를 달래어 만족하는 것은 실수이다. 모든 회사들은 규칙적으로 새로운 사업개발에 투자할 필요가 있다. 회사 내의 몇몇은 앞으로의 3~4년간 프로젝트를 예측하고 지속적으로 마케팅을 해야 한다.

대부분의 건축주들은 항상 건축을 하는 것이 아니다. 회사들은 풍부한 새 고객들과 프로젝트들을 요구한다. 거의 모든 시장은 매우 활발히 경쟁하며, 극소수의 회사만이 오랜 기간 안정적인 것이다. 그러므로 대부분의 건축설계회사들은 고객들과 프로젝트들을 추구하는 경쟁의 위치 속에 있는 스스로를 발견하게 된다.

경쟁은 복잡한 하나의 현상이다–건축가들은 상이한 방법으로 그것에 접근한다. 일부 회사들은 훌륭한 디자인, 서비스, 또는 전문서비스의 제공에 대한 경험과 함께 경쟁하면서 그것을 받아들인다. 다른 회사들은 그들의 기준에 따라 목표–아마도 그 분야에서 최고의 회사가 되는 것—를 설정한다. 대개의 회사들은 그들의 경쟁자가 수주하는 고객과 동일한 그들에게 비슷한 서비스를 제공하는 다른 회사임을 인지하면서, 어느 정도 그 시장에 그들 스스로를 적응시킨다. 이런 경쟁자들은 건축엔지니어, 실내디자이너, 또는 컨설팅 회사가 될 수도 있다.

우리가 아는 것

오늘날 디자인을 구매하는 사람들이 회사를 선정하는 가장 주요한 요인은 신뢰성이다. 플로리다 롱우드에 위치한 MRS/ Pickar, Inc.에 의해 접촉되는 디자인회사 고객들은 신뢰성이 선정과정에서 가장 중요한 척도가 된다고 밝힌다. 다른 주요한 척도는 시간 내에 일을 완수할 수 있는 능력과 예산 내에서 일을 마칠 수 있는 능력이다. 그 고객들은 프로젝트의 복잡성에 준하여 중요한 만큼 효율적이고 유능하게 일을 완수할 수 있는 기술적인 경험을 가진 회사를 꼽았다.

병원이나 첨단 설비를 갖춘 건물 유형을 취급하는 고객들은 매우 뛰어난 기술적 경험을 선정요인으로 삼았다. 공공 분야에서의 디자인 구매자들은 역시 이러이러한 요소들에 특히 초점을 맞추었다. 설비관리자, 선출직의 관료, 그리고 기술자들은 2년 내지 5년에 걸쳐 결함이 없는 건축물의 건설을 원하였다. 따라서 기술적인 능력을 강조하는 고객들에게조차도 신뢰는 가장 중요한 것이다.

주도적인 마케팅

그들이 어떤 접근방식을 받아들이든 간에, 대다수의 회사들은 그들의 경쟁적 추구에서 주도적인 자세가 필요하다는 것을 깨닫는다. 이 회사들은 반드시 그들이 원하는 곳으로 데려갈 수 있는 고객들에게 다가가는 시간과 노력을 투자해야 한다. 매우 경쟁적인 시장에서 이것은 의사결정과정—심사숙고 단계인—에 일찍 고객에게 접근할 수 있음과 공식적인 건축가 선정 이전에 신뢰를 얻을 수 있음을 의미한다. 이러한 방식으로 마케팅을 하는 디자인 회사는 잠재적인 고객에게 특별한 관심대상이 되는 디자인문제들에 대하여 자료와 식견을 제공하고자 한다. 그 회사에 대한 정보를 가지고 이러한 접근방식을 택하는 것은 성공을 위한 첫걸음이 될 수 있다. 가능한 한 이러한 정보들의 작성을 지속함으로써 처음의 접촉을 끝까지 유지하는 것은 잠재적 고객의 신뢰를 발전시키고, 프로젝트를 계약할 수 있는 가능성을 증가시킨다.

주도적인 마케팅의 담당자들은 거의 문 앞에 와있는, 계획에 없었던 프로젝트의 가능성에 직면하는 그들을 발견하기조차 한다. 그들은 알려지지 않은 고객으로부터의 인쇄된 자격요청서 요구에 대해 응답을 결정하여야 할지도 모른다. 최고의 노력에도 불구하고, 아마도 그들은 프로젝트를 얻기 위해 모르는 잠재 고객에게 예약 없는 임의 방문을 해야만 하는 사실을 깨닫게 될 것이다. 그러나 중요한 점은 주도적인 회사들은 단순히 대응만 하는 마케팅과 많은 불확실성에 매달리지만은 않는다는 사실이다.

수동적인 마케팅(고객에 의해 제의된 프로젝트 참여에 단순히 응하는)에 의존하는 회사들은 2가지 국면의 어려움에 처해 있음을 깨닫는다.

- 그들은 마케팅 전망보다 수주 예측에 더 많이 움직일 것이다. 경쟁이 더 가속화된다면, 그들은 잠재적 고객의 의사결정과정에 뒤늦게 뛰어들게 될 것이다. 그들은 프로젝트의 단서들(종종 목표하지 않은)에 반응하고, 그것들을 걸러낸 후 팀으로 가져와서, 계약에 대한 어떤 가능성을 불러일으키는 것에 의존한다. 그들의 성공은 많은 양의 잠재적 일들을 확인하고, 거르며, 수주하는 그들의 대표들—또는 마케팅 전문가들—의 능력에 거의 전적으로 달려있다.
- 그들의 수주노력 한가운데에 그들 스스로와 그들의 기술적 전문성을 위치시킬

것이다. 그 회사들은 가능성에 대해 반응하고, 그들의 자격을 판매하는 것에 더 많은 시간을 소비해야 하기 때문에, 그들의 자격이 가장 중요한 위치에 서게 된다. 이러한 상황에서는, 그들 시장의 정보—그 고객들이 누구이고, 어떻게 그들이 자신들의 요구를 표현하며, 디자인 회사로부터 무엇을 얻기를 원하는지 등—에 관하여 접촉이 끊길 수 있다.

협상하는 상황에서의 마케팅은 시간과 상호교감을 필요로 한다. 한 건축설계회사가 더 일찍 잠재적 일거리를 확인할수록, 신뢰 요소들을 입증하는 데에 더 많은 시간을 소비한다—신뢰성, 정직성, 성실함, 일관성 및 전문성 등. 다음의 내용은 주도적인 마케팅에 포함되는 단계이다.

- 회사의 목표와 강점을 이해하고 동의하기
- 회사의 운영에 가장 도움을 줄 수 있을 것 같은 시장과 고객에 초점을 맞추기
- 이러한 시장들을 조사하고, 경향을 파악하며, 일에 대한 실마리들을 창출함과 동시에, 잠재적 고객들과 그들의 요구와 입장을 확인하고 걸러내기 위한 네트워크를 형성하기
- 잠재적 고객들이 무엇을 추구하는지에 대하여 결정하고, 홍보용 자료들을 개발하며, 이에 따라 프레젠테이션을 잘 짜맞추기
- 신뢰의 증진과 유능한 사업적 정보제공자로서의 관계 설정을 통해 계약을 성사시키기

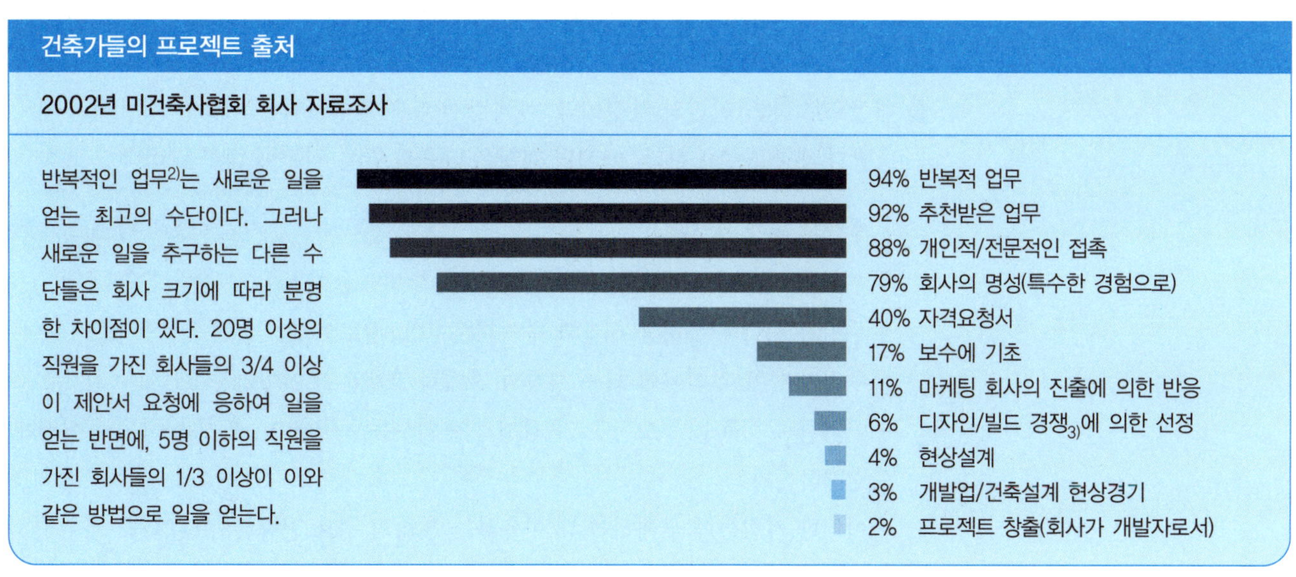

2) 역주: 같은 건축주로부터 반복적으로 수주한 업무

3) 역주: 원문에는 competitive design/build 라고 되어 있으며 우리나라의 턴키현상을 의미한다고 할 수 있다.

끼워 팔기

회사 내 한 부서의 기존 고객들에게 다른 부서로부터의 디자인 전문성을 끼워 파는 것은 효과적일 수 있겠으나, 여기에는 함정이 숨어있다. 디자인 숙련도가 실제로 문제가 된다: 고객 중의 한 명에게 조경 팀이 건축서비스를 판매한다면 이것은 문제가 된다. 뿐만 아니라, 그 반대 역시 마찬가지이다. 이것의 본질적인 위험은 회사로부터 받아온(또는 계속 받을 예정인) 서비스 등급에 대한 고객의 기대이다. 만약 새로운 프로젝트가 더 복잡하다면, 고객과 건축가 모두가 예상했던 것보다 디자인에 더 많은 시간이 요구될 것이고, 결국 고객에게는 더 많은 비용이 들어갈 것이고 회사에게는 이익이 되지 못할 것이다. 그럼에도 불구하고, 현재 시장에서는 특히 중간규모에서 대규모 사이의 회사들에서는 끼워 팔기가 더 흔해지고 있으며, 회사가 이미 고객들과 쌓아온 신용과 좋은 관계의 기회를 기대하게 된다. 그러나 모든 새로운 유형의 업무에는 학습 단계가 있다—당신이 새로운 프로젝트 유형을 원하기 전에 새로운 전문성의 수주는 시간과 헌신을 요구한다.

계획하기

어떤 회사들은 마케팅이란 단지 잠재적 고객들과 기존의 고객들에게 전화하는 일; 단서를 제공하는 방대한 네트워크의 인맥들과 접촉; 브로셔, 편지, 이력서 등을 준비하고 나눠주는 일 등이라는 아주 편협한 관점을 가지고 있다. 비록 이러한 것들이 그 과정의 모든 부분이라고 할지라도, 만약 그 과정의 첫 단계—마케팅의 계획—에 의해 집중되며, 좀더 포괄적이고 덜 위험한 일단의 행동들을 포함한다면, 마케팅 프로그램은 일반적으로 더 효과적일 것이다.

간단하게 말하면, 마케팅 계획이란 한 건축설계회사가 특별한 시장과 의사결정자를 대상으로 하는 일련의 과정이다. 마케팅 계획은 경쟁보다는 이러한 시장에 구애하는 방법의 제공을 추구한다. 마케팅 계획은 다음과 같은 질문에 대한 답이다.

- 우리는 누구인가?
- 우리는 미래에 어디에 있으며, 무엇이 되길 바라는가?
- 우리가 지향해야 하는 성장과 수익성은 어느 정도인가?
- 우리가 목표로 삼아야 하는 시장과 잠재적 고객은 무엇인가?
- 이러한 고객들을 두고 우리와 경쟁하는 회사는 누구이며, 우리는 이들과 어떻게 경쟁하는가?
- 이러한 기회들에 구애하는 데 이용하는 우리의 주요 전략은 무엇인가?
- 우리가 선택한 전략들을 어떻게 최고로 수행할 수 있는가?
- 목표로 하는 잠재적 일들을 어떻게 수주하며 완료할 수 있는가?
- 고객에게 어떻게 최고로 봉사할 것인가?

• 우리는 어떻게 하고 있으며, 더 잘 할 수 있는가?

마케팅 계획은 현재와 미래에 그리고 내적, 외적 상황에 기초하여, 회사를 위한 마케팅 과정을 도표화하는 단계별 진행과정이다. 마케팅 계획은 일반적으로 회사의 계획 및 위치 결정과 함께 시작하며; 마케팅의 목표와 전략 및 전술을 규정하고; 수개월에서 수년 사이의 간격을 두고 행해질 필요가 있는 것을 구체적으로 착수하는 유연한 계획을 만들어 낸다.

재무계획(7.2)에서는 마케팅 계획으로부터 돌출된 개념들이 어떻게 그 회사의 재무계획에서 요소들을 이루는가에 대해 설명한다.

성공을 향한 중요한 열쇠는 마케팅 계획을 담당하는 회사의 지도자들과 직원들의 참여이다. 회사의 지도력은 비전을 발전시키고 성격을 결정하기 때문에, 공동경영자 중의 한 파트너 또는 대표자가 계획과정에 반드시 참여하여야 한다. 큰 회사의 경우, 마케팅담당 대표(때로는 담당이사)가 모든 노력을 총괄하며, 회사의 지도자들은 반드시 그것을 받아들여야만 한다.

다음 단계는 다른 마케팅 참여자들의 선발이다. 그 과정에서, 회사 지도자들은 다음과 같은 요소들을 참작하기 바란다.

- **동기 부여와 참여.** 마케팅에 참여한 직원들은 회사가 미래를 향해 나아가도록 하기 때문에 계획과정에 그들이 공감하고 참여하도록 하는 것이 중요하다. 이런 개별적 참여가 계획에 대한 전면적 참여를 유도하게 된다.
- **능력.** 그 계획의 개발과 실행에 책임 있는 사람들은 실제적으로도 그렇게 할 수 있는 능력이 있어야 한다.
- **자원의 파악.** 그 계획자는 어떤

주도적인 마케팅과 수동적인 마케팅

주도적인 마케팅

장점

- 회사로 하여금 시장에서 기회에 대한 거시적인 견해를 갖도록 한다.
- 회사로 하여금 일찍이 잠재적 고객들을 확인함으로써 그 시장에 파고들도록 돕는다.
- 회사로 하여금 회사의 독창성을 설정하도록 허락한다.
- 잠재적 고객의 가능한 문제들에 대해 감지하고 있기 때문에 프로젝트 수주에 도움을 준다.
- 회사의 주요 파트가 마케팅에 참여하는 것을 허락하는 구도를 세운다.
- 품질에 중점을 둔 선택을 하고 가격의 중요성을 줄이도록 돕는다.

단점

- 개발하고 이행하는 데 시간과 돈이 든다; 이것은 아마도 현실적인 것이다.
- 회사의 지도자로부터 교육과 참여, 그리고 도움이 필요하다.
- 각각의 시장 분석을 위하여 상당한 양의 조사가 요구된다.
- 초기의 접촉에서 영업의 완료까지 시간이 연장된다.
- 한 새로운 시장 내에서 회사의 경험부족으로 그 시장에서의 첫번째 프로젝트에 대하여 여분의 노력이 요구된다.
- 성공이 보장되지 않는다; 상당한 시간의 투자에도 불구하고, 어떤 프로젝트들은 여전히 결실을 맺지 못하고 있다.

수동적인 마케팅

장점

- 작은 변화 또는 투자를 요구한다.
- 프로젝트에 최대한의 시간을 부과하도록 허락함으로써 총 경상비를 낮춘다.
- 수익성을 높일 수 있다—시장 내에 많은 일이 있는 한
- 작업이 빠르다.
- 단순하고 편안하게 느껴진다; 어떤 관습들도 깨뜨릴 필요가 없다.
- 성사되지 않은 프로젝트에 시간과 돈을 투자하는 위험을 줄인다.

단점

- 회사는 시장에 그때그때 반응해야 한다. 즉 회사는 시장의 장기적 필요와 문제들에 대하여는 알지 못한다.
- 회사가 시장에서의 단기적인—그리고 중기적인—오르고내림에 달려있게 된다.
- 너무 작고(또는 너무 크거나), 너무 경쟁적이며, 또는 회사의 실제 능력 밖의 것일지 모르는 고객과 프로젝트에 시간을 집중하게 한다.
- 상당수의 견적과 프레젠테이션, 그리고 관련된 영업상 방문이 증가할 것이다.
- 가끔은 가능한 프로젝트라면 무엇이든지 가져와야 할 필요가 있다.

자원들—시간, 돈, 그리고 마케팅 계획을 수행하는 데 필요한 기타의 헌신—이 가능한지 아닌지를 알아야만 한다.

마케팅 계획은 한 디자인 회사에게 괄목할 만한 이익을 제공할 수 있다. 그러나 성공하기 위해선 다음의 몇 가지 장애물을 넘어야만 한다.

> **마케팅 계획에서의 단계**
>
> 당신은 이미 총체적인 전략계획의 노력을 통하여 앞 과정의 4단계 또는 5단계를 수행하였을지 모른다.
>
> 1. *회사의 임무를 정하라.* 회사의 임무나 목표에 대한 언급은 왜 당신의 회사가 영업 중에 있는지를 반영하고, 앞으로의 계획에 대한 기본 지침을 제공하며, 그리고 미래의 광범위한 변수들을 설정한다.
> 2. *회사의 목표를 세워라.* 목표는 당신의 회사가 성취하고자 하는 총체적인 결과를 규정한다. 그것들은 마케팅 계획과 그것을 수행하는데 필요한 전략을 유도한다.
> 3. *외부조건의 분석을 실행하라.* 외부 조건의 분석은 시장의 동향을 검색한다; 시장의 경제가 좋은지 나쁜지, 지역의 경제적 수준, 시장의 유형, 가능한 자금조달, 그리고 시장의 수요 등
> 4. *내부조건의 분석을 실행하라.* 내부조건의 분석은 당신 회사의 강점과 약점을 살펴보는 것이다-변화를 요구하는 것과 마케팅의 강조를 필요로 하는 것. 당신 회사의 운영에 관한 고객의 견해를 포함하는 것은 좋은 생각이다.
> 5. *마케팅의 목표를 세워라.* 마케팅의 목표는 당신 회사가 미래에 마케팅을 통해 무엇을 이룰 수 있다고 생각하는지를 반영한다-예를 들어, 새로운 사업과 기존 사업의 양, 일과 고객의 윤곽, 홍보와 수주 목표 등이다.
> 6. *이러한 목표를 이룰 수 있는 전략을 세워라.* 전략은 앞으로의 2, 3년간 걸친 마케팅 목표들을 성취할 수 있는 특별한 행위들이다. 전략은 새로운 유형의 고객을 추구하는 것부터 기존 시장의 지리적 확장 또는 전문성의 추가나 변화에까지 이른다.
> 7. *전략을 연구하고 개선하라.* 당신의 목표를 달성할 수 있게 하는 그런 전략들을 단지 선택하면서, 가능한 많이 집중하는 것이 중요하다.
> 8. *홍보와 수주를 위한 전술을 만들고 다듬어라.* 전술은 전략을 실행하기 위해 행해지는 단기간의 즉각적이고 계획된 행동이다. 전술은 연구조사에 대한 세부적인 반응이다. 마케팅 목표를 달성하기 위해 필요한 것들에 전술을 국한하라.
> 9. *계획을 실행하라.* 일단 계획이 실행에 옮겨지면, 좋은 협조, 그리고 기록의 보존이 그것의 성공에 매우 중요하다.
> 10. *실행된 계획을 평가하라.* 마지막으로, 전 마케팅 계획과정은 지속적으로 평가되고 개선되어져야 한다. 성공적인 것과 문제가 되었던 것을 함께 연구하여, 마케팅 목표를 달성하려는 당신의 노력에 대해 정기적인 평가를 실시하라.

- 한 계획을 개발하고 이행하는 데 시간이 걸린다.
- 특히 익숙하지 못한 분야에서는, 앞으로 계속 나아가기 위한 훈련을 필요로 한다.
- 주목할 만한 객관적 평가가 지속되어야 한다.
- 이것은 종종 제한적으로 나타나는데, 한 회사의 좋은 기회일지 모르는 것을 잃게 한다.
- 새로운 상황에 직관적으로 반응하는, 편안하고 오래된 패턴을 깨뜨린다.

조사와 마케팅 목표

회사의 진행 중인 임무—즉, 건축주가 그 회사의 사업상 존재 이유로 보는 것—와 함께, 그 다음 단계는 상황을 분석하고, 그것의 흥미와 능력에 가장 잘 일치하는 시장에서 사업을 확장할 수 있게 하는 목표를 세우는 것이다.

시장에서 한 회사의 입지, 강점과 약점, 그리고 임무에 대한 비평적인 내부의 분석은 마케팅 계획의 나머지 부분들을 위한 기반을 조성한다. 이는 회사가 무엇과 함께 일을 해야 하며, 무엇을 알아야 하는지를 말해준다. 상황 분석은 내적 분석과 외적 분석 모두를 포함하는데, 이것들은 시장 내에서의 경쟁과 회사가 당면한 시장의 동향 및 시장 내에서 떠오르고 사라져 가며 꾸준히 지속되는 수요들이 어디에 있는지를 이해하고자 노력한다.

회사의 직원들과 고객들 모두로부터 회사에 대한 객관적 의견을 얻는 것은 매우 소중하

다. 내적인 분석은 3단계로 접근할 수 있다: 회사 고객들에 대한 조사, 그 다음은 회사와 직원들에 의한 동등한 평가, 그리고 회사의 프로젝트, 수주방식, 마케팅과 수익성에 대한 주의 깊은 평가이며, 여기에는 회사의 임무와 목표에 견주어 이것들을 비교하는 것이 포함된다.

외적 분석 단계는 시장에서의 동향—수요, 갑작스러운 감소, 잠재적인 성장—과 그 경쟁이 무엇을 할 예정이고, 또는 무엇을 하였을지 모르는 것의 조사를 포함한다. 회사의 강점 및 약점과 결합하여 이런 두 가지 요소들을 고려하는 것은 회사의 전략과 방향에 관해 명확한 결정을 내리도록 하는 튼튼한 기초를 제공할 것이다.

다음의 단계들은 일반적으로 외적 분석에 포함되는 것들이다.

- 분석의 대상을, 특히 회사가 구애하는 데 흥미를 갖는 시장을 결정하라.
- 그들의 크기, 성장 분야, 그리고 얼마나 오래 그 성장이 지속될지를 포함하여 이 시장들에 대해 공부하라. 바로 앞의 미래를 넘어 멀리 보라: 시장이 어디로 향해 가는가? 시장에 대해 아는 사람들은 다음에 전개되는 단계나 무대가 어떤 것이라고 생각하는가?
- 시장을 이해하고 필요할 때 더욱 깊이 있는 정보를 제공할 수 있는 사람들의 네트워크를 발전시켜라.
- 당신의 전문가들로부터 설명된 동향 또는 방향을 발견한다면, 다른 자료들과 함께 그것들을 명확히 하라.
- 어떤 디자인 회사를 고용할지 결정하는 사람들의 목록을 작성하고 그 의사결정자들의 특별한 요구와 관심을 확인하라.

확실한 마케팅 계획은 당신의 회사를 평가했던 방법과 동일하게 경쟁자에 대한 평가를 포함하는 것이다: 그들의 목표와 강점 그리고 약점은 무엇인가? 그들은 대체로 어디에서 가장 성공적이었는가? 기존의, 그리고 새로운 경쟁의 결과들과 이 회사들이 잘하는 것에 대한 확정이 어떤 특정한 시장으로 움직이는 당신의 결정에 영향을 미칠 것이다. 여기에 고려해 볼 만한 몇 가지 의견들이 있다.

- 현재의 주요한 경쟁자들뿐만 아니라 미래에 경쟁할 것 같은 회사들도 포함시켜라.
- 경쟁자의 내적인 약점들을 탐색하고 이러한 약점들에 비추어 특정한 시장과 전략들이 적절한지를 확인하라.
- 당신 회사를 강하게 하기 위해 당신이 할 일을 확인함으로써, 그 회사는 효과적인 경쟁자가 될 것이다.

마케팅의 목적은 어떤 목표들이 이치에 맞는가를 규정하도록 돕는다. 그것들은 회사가 관여해야만 하는 홍보, 조사 그리고 수주업무들이 얼마나 많으며, 어떤 결과가 예상되는지에 관한 질문들에 답한다. 예를 들어, 만약 궁극적인 목표가 새로운 시장에 진입하는 것이라면, 마케팅의 목표는 어떠한 시장이냐를 직시하고, 이루고자 하는 침투의 정도에 걸맞는 특정한 목표물을 설정한다. 실행 가능한 마케팅의 목표는 회사 자원의 한계와 회사 대표들의 기대를 인정하는 것이다. 일단 더 깊이 있는 조사와 경험이 상황 분석으로 모아진 정보들로 덧붙여진다면 목표들은 언제든지 나중에 수정될 수 있다.

마케팅의 목표는 3가지 분야로 분류될 수 있다: 조사, 홍보, 그리고 수주업무이다. 목표 리스트의 열거를 피하고, 성취할 수 있는 몇 가지의 목표로 제한하라. 초기 리스트에 열거된 목표들을 이루지 못하는 것보다는 나중에 새로운 목표를 추가하는 것이 더 바람직하다. 종합적인 회사 목표와 함께 효과적인 마케팅의 목표들은 다음과 같아야 한다.

- 동기부여의, 성취 가능한, 그리고 도전적이며
- 희망이라기보다는 특별하고 심사숙고한 생각들이고
- 명확하게 표현되어서 마케팅을 하지 않는 사람들에게도 이해되며
- 범위가 제한되어야 한다.

목표, 전략, 그리고 전술

마케팅 계획은, 그리고 일반적인 계획 역시, 회사가 목표와 전략, 그리고 전술을 정의하도록 제안한다. 여기에 몇 개의 간단한 정의들과 예들이 있다.

목표는 끝이며, 하나의 세부적인 시간 구도 내에서 이루어질 수 있는 예측 가능한 상황이다. 다음은 하나의 사례가 되는 마케팅 목표이다.

- "3년 이내에 20%까지 사립대학과 종합대학으로부터 우리 회사의 소득을 증가시키는 것."

전략은 회사가 하나 이상의 목표를 달성하기 위해 추구하는 수단이다. 다음은 사례가 되는 목표의 달성을 위한 전략의 사례이다.

- "시설관리와 프로젝트 정의를 포함하여 기존의 대학 고객들에게 제공하는 서비스들을 확장하는 것."

전술은 회사가 하나 이상의 전략 수행을 목표로 하는 상세한 단기간의 행위이다. 다음은 사례가 되는 전략을 수행하기 위해 그 회사가 선택할 수 있는 두 가지 전술의 사례이다.

- "거주후 평가 프로젝트들의 이익을 묘사하는 '백서'를 개발하는 것. 우리의 지난 고객들로부터 이 서비스를 통해 그들이 무엇을 얻었는지에 관한 검증서를 구하고 인쇄한다."
- "우리 지역에서 새로 만들어진 교육시설의 사용자들 모임에서 활동하는 것: 미팅에 참여하고, 최근에 착공된 시설들의 투어에 우리 고객들을 참여시키며, 이 그룹을 우리의 소식지 발송명부에 올린다."

그러나 당신이 목표와 전략, 그리고 전술을 정의하더라도, 다음과 같은 무의미한 일반개념들은 피하라.

"우리의 정책이 경쟁을 주도할 것이다."
"우리는 더 나은 상품을 공급할 것이다."
"우리는 사회의 주목을 받을 것이다."
"우리의 계획은 수주를 증가시킬 것이다."
"우리는 고급의 시장에 침투하는 것을 목표로 할 것이다."
"우리의 계획은 고객을 만족시킬 것이다."

마케팅의 전략과 전술

마케팅 전략은 목적을 달성하기 위한 회사 자원들의 계획된 활용으로 정의될 수 있다. 마케팅 전략은 그 회사가 단기적이나 장기적으로 어디에 위치할지를 결정짓기 때문에, 마케팅 전략은 운영상의, 재무상의, 그리고 관리상의 전략과 계획들을 위한 기초로서 종종 역할을 한다.

마케팅 전략을 선정하는 목적은 회사의 수익성을 포함하여 목적을 성취하는 데 필요한 것들을 선택하기 위함이다. 모든 가능성들을 지켜보고, 그 다음 정해진 마케팅 목표들의 달성을 위해 최고의 잠재성을 가진 것들을 개발하라. 너무 많은 선택을 가지고 거래하는 것은 자원의 효과를 반감시키며, 목표 달성을 더욱 어렵게 한다.

하향 순으로, 일반적으로 시장거래를 더 쉽게 한다.

- 기존의 고객에게 기존의 서비스
- 기존의 고객에게 새로운 서비스
- 새로운 고객에게 기존의 서비스
- 새로운 고객에게 새로운 서비스

마케팅을 경험해본 적 없는 회사에게 아마도 최고의 상황은 회사에 이익이 되는 핵심 서비스로 더 많은 사업을 일으킬 수 있는 마케팅 프로그램과 함께 시작하는 것이다. 그 목표는 제공해온 서비스를 고치지 않고 기존의 고객이나 새로운 고객으로부터 더 많은 사업을 얻는 것이다. 이러한 접근은 당신 회사의 마케팅 노력이 시장에서 경쟁적이지 못할 때 당연한 선택이다.

개선된 마케팅 프로그램을 넘어 나아가는 것은 다음과 같은 전략들을 제안한다.

- 고객들의 기반구축
- 회사의 지리적 확장
- 부가적 서비스의 도입
- 혁신성의 채용
- 주도적 서비스의 도입
- 새로운 프로젝트와 고객 유형의 획득
- 서비스의 지리적 확장

프로젝트의 수주(6.2)에서는 특수한 프로젝트를 획득하기 위한 전술의 개요를 언급한다.

이 전략들은 각각 그 회사에 잠재적인 이득을 제공하지만, 동시에 그 회사로부터 무언가를 요구한다. 어떤 상황에서는 아주 잘 작용하지만, 늘 그렇듯이, 앞으로 나아가기 전에 신중하게 검토되어야 하는 위험들을 만들기도 한다. 몇몇의 이 전략들은 성장하고자 노력하고 있는 회사들이 성장할 수 있도록 도와준다; 그러나 경쟁적인 시장에서는 단순히 현 상태를 유지하기 위해 이 전략들의 하나 또는 그 이상의 적용이 필요할지도 모른다.

또 다른 하나의 전략은 더욱 일반적인 시장 공략의 방법인데—신속히 프로젝트를 끝내는 것과 같이—다양한 건축주들과 시장들을 대상으로 한다. 이러한 일반적인 접근을 선택하는 데 있어서의 가설은 그 회사가 많은 시장에서 명확하고 빠르게 이해되는 하나의 가치인식을 만들어 낼 수 있다는 것이다. 그러나 시장의 미래를 전망한다면, 이러한 전략은 거의 적용할 수 없으며, 특히 실행하기 어렵다.

장기간의 전략들을 성취하기 위한 단기간의 행동이 바로 전술인 것이다. 특정의 선택된 전략들에 따라 그 전술은 다음을 포함할지도 모른다.

- 현재의, 그리고 예상되는 고객들과 공유할 수 있는 정보와 지침을 생성하는 연구 프로젝트들과 기타의 활동들

몇 가지의 마케팅 전략들

1. 기존 고객의 기반 다지기

언제. 일반적으로 다른 전략들보다는 마케팅 노력을 덜 요구하는 보수적인 전략이다. 기존의 수익적 관계에 기초하여, 이는 회사가 마케팅자원의 최소투자로 소득과 수익성의 증가를 추구할 때 유용하다.

논리적 근거. 기반 다지기는 고객의 기반을 넓히지 않으면서 더 많은 일을 얻는 것에 이용되는 비교적 간단한 전략이다. 다음과 같은 조건일 때 일반적으로 이용된다.

- 기존 고객의 기반이 견고하다.
- 고객의 만족도가 높다.
- 더 많은 프로젝트를 얻게 되더라도, 당신 작업의 질이 감소할 위험이 없다.
- 시장조사에서 기존의 고객들이 더 많은 일을 당신 회사에 기꺼이 줄 것으로 보인다.

주의사항. 장기간 동안 몇 개의 바구니 속에 당신 회사의 모든 달걀을 담아야 한다면, 기반 다지기는 위험한 전략이 될 수 있다. 단지 한 고객의 요구에만 매달리는 작은 회사가 될 수 있다. 비록 신규사업의 개발이 거의 필요하지 않다는 이유로 이 전략이 호소력 있어 보일지 몰라도, 필요한 노력의 결핍은 잘못된 안도감에 당신을 빠뜨릴 수 있으며, 새로운 사업의 개발에 노력을 기울여야 할지도 모른다.

2. 부가적 서비스의 도입

언제. 부가적 서비스의 전략은 고객의 요구를 처리하는 데 느리거나 창의적이지 못하더라도, 수익성을 증가시키고 혹시 생각을 돌릴지 모르는 기존의 고객들을 계속 붙잡기 위해 추진될 수 있다. 부가적 서비스는 그러한 서비스를 제공하지 않는 다른 회사들에게 실망한 새로운 고객들을 유치해 올 때 역시 이용될 수 있다. 무시되어서는 안 되는 한 가지 부가적 서비스는 디자인/빌드이다.

논리적 근거. 다음과 같은 몇 가지 조건들이 해당될 때, 부가적 서비스의 실시는 의미가 있다.

- 부가적 서비스들이 기존 고객의 기반을 견고히 할 것이다.
- 고객에 대한 조사에 따라 부가적인 서비스 또는 결과물이 필요하며, 실패 위기를 감소시킨다.
- 회사는 서비스를 제공하는 데 전문성을 가지고 있다.
- 당신의 경쟁은 이미 그 서비스를 공급하고 있으며, 만약 당신이 그렇지 않다면 당신의 고객 기반이 상당히 손상되었을 수도 있다.

주의사항. 부가적인 서비스들이 고객들의 요구와, 또는 요청되어온 것과 일치하는지를 확인하고, 서비스의 질이 실망시키지 않을 것임을 확신하라.

3. 주도적 서비스의 도입

언제. 주도적 서비스의 전략은 당신이 회사의 수익성 있는 핵심 서비스에 더 많은 사업을 가져오길 원할 때, 도입될 수 있다. 먼저 고객에 접근함으로써 경쟁을 선점하는 데 이용된다.

논리적 근거. 다음과 같은 몇 가지 조건들이 있을 때 주도적 서비스를 고려하라.

- 그것은 당신이 제공한 기본 서비스의 중대한 변경 없이 수익성의 고객들을 만들 것이다.
- 기존 서비스의 수익성은 좋으나 더 많은 고객들을 원한다.
- 그 서비스는 상당량의 신뢰를 창출할 수 있다.
- 주도적 서비스와 뒤따르는 핵심적 서비스 사이에 명확한 관계가 존재한다.

주의사항. 만약 당신이 이전에 그 서비스를 제공해오지 않았고 이 서비스가 당신의 기존 능력 밖에 있다면, 주도적 서비스의 시작은 일반적으로 치밀한 계획을 요구한다. 그 목적을 다하기 위해서, 서비스는 분명히 고품질이어야 한다-그리고 다른 고객들의 기대에 부응하기 위해서 융통성 있게 가격이 책정되어야 한다. 당신은 당신의 능력을 만들기 위해 주가적으로 직원 또는 다른 자원이 필요할지 모른다.

4. 서비스의 지리적 확장

언제. 이 전략은 먼 거리의 고객들에게 어렵더라도 그 전문성을 사고싶을 정도의 매력을 줄 수 있는 고품질의, 아니면 특별한 서비스를 당신이 가졌을 때 이용된다. 그러나 이것은 단지 당신의 회사가 침투하길 바라는 시장에서 현실적으로 얻지 못하는 전문성을 실제로 가졌을 때만 효과적이다.

논리적 근거. 확장을 위한 이 접근방법은 다음과 같은 조건에서 가장 훌륭히 작용한다.

- 당신의 회사는 다른 잠재적 경쟁자보다 시종일관 더 깊은 경험적 기반을 갖추고 있다.
- 고객들에게 당신의 깊이 있는 전문성이 필요한 것이 분명하다.
- 이러한 서비스의 명확하고, 넓은 요구가 또 다른 지역에 존재한다.
- 당신의 회사가 먼 거리의, 명확히 제한된 시장의 공략이 가능하다고 인식한다.

주의사항. 당신의 회사는 먼 거리의 고객들에게 서비스하는 회사의 능력과 실적, 특히 프로젝트 부지로 출장가는 주요직원들의 용이함을 반드시 입증하여야 한다. 이러한 프로젝트의 수주 가격을 낮추기 위해서, 마케팅은 연구조사/단서의 생성 및 홍보를 위한 당신의 마케팅 지원기능들을 특히 강화해야만 한다.

(계속)

5. 회사의 지리적 확장

언제. 현재 시장에서 성장의 잠재성이 아래의 요인들에 의해 제한될 때 지리적 확장을 고려하라.

- 특정 서비스에 대한 요구가 잠잠해졌다.
- 현재 지역에서 시장의 성장속도를 넘어 경쟁이 증가하였다.
- 기존의 시장에서 장기간 침체의 조짐이 있다.
- 지역경제가 너무 주기적이고, 제한된 시장 기반에 너무 의존적임이 입증되었다.

지리적 확장의 선택에 대한 다른 이유들은 지역 사무소(그 시장에서 중요한 부가서비스에 대한 당신의 예측에 의해 유지되는)에 대한 고객의 요구가 될 수 있으며, 또는 더 독립적인 상황 속에서 개인적 성장의 기회를 원하는 당신의 유능한 관리직원들의 존재 때문이다.

논리적 근거. 지리적 확장은 다음 상황 속에서 매우 효과적일 수 있다.

- 당신이 제공하기를 바라는 디자인 서비스에서의 전문적 경험에 대한 장기적 수요가 새로운 지역에서 입증되었다.
- 당신의 회사가 제공되는 서비스에서 독특한 깊이의 전문성을 가지고 있다거나 또는 서비스, 품질, 가격책정 등에 관하여 경쟁적으로 우월한 업무수행을 하고 있다.
- 새로운 시장이 현 상황에서의 침체된 경기에 대응하여 안정성을 제공한다. 때때로 지리적인 확장은 강력한 지역의 또는 전국적인 경쟁자들이 지역의 발판을 마련하는 것에 저항하는 방어적 자세를 경험하게 된다.
- 당신은 "뉴키드-온-더블럭"[4)]으로서 시장공략을 위하여 첨단 기술을 사용하는 데 익숙하다.

주의사항. 새로운 지역에서 성공하기 위해서, 당신의 회사는 경쟁적이거나 더 나은, 그리고 더 나은 부가 가치들을 제공할 수 있는 일정수준의 서비스와 품질을 공급해야만 한다. 당신이 한 틈새시장을 찾는 동안에, 그 지역회사들이 이미 제공하고 있는 서비스의 공급은 당신의 자원을 고갈시킬 것이다. 당신 회사가 확장을 시작하기 전에, 그 시장의 특별한 요구와 관심을 조사하고 확인하고, 그것들을 회사의 경험과 힘, 그리고 자원들에 접목시켜라. 새로운 사무실의 설립을 위한 자금 및 이득과 기존 사무실에서 고객에게 봉사할 때의 것들을 비교하고, 알려진 부가 가치의 자원들을 확정하라.

6. 혁신성의 채용

언제. 이 전략은 잠재적 고객들이 가치, 가격, 속도, 기간, 그리고 수명 등에 관하여 명확히 인식하는 이점을 기존의 시장에 제공할 때 유리하다. 혁신성은 대부분의 잠재적 고객들이 당신 회사를 선택하도록 촉진하기에 충분할 정도로 힘이 있다.

논리적 근거. 최고의 혁신성은 다음과 같은 경우이다.

- 혁신과 그 결과물에 대한 시장의 요구가 확실하다.
- 혁신 그 스스로 회사의 정해진 목표에 도달할 수 있는 수단을 제공한다.
- 혁신에 의해 생겨난 회사의 이미지와 직접적인 이득은 가격에 대한 잠재적 고객의 민감함을 감소시킨다.

주의사항. 혁신성은 회사의 혁신에 대한 최우선의 관심이 계속 유지될 수 있고, 그 능력이 즉석에서 복제되거나 개선될 수 없을 때, 마케팅 도구로서 가장 효과적이다. 당신이 구매자에게 직접적인 이익을 명확히 보여줄 수 있는지를 정하기 위하여 당신의 제안된 혁신성을 조사하라. 시장의 요구를 충족하기 위하여 그것을 쉽게 생산할 수 있음을 확신하라.

혁신으로 인한 변화가 회사 서비스의 일반적 범주 내에 적합하고 당신을 새로운 시장으로 모는 것 없이 기존 시장을 강화할 수 있다면, 기술적 혁신성을 시장에 내놓는 결정은 아주 성공적일 것이다.

7. 새로운 프로젝트와 고객 유형의 획득

언제. 당신의 기존 고객들의 기반이 경쟁적으로 공략당하고 있거나, 포화상태 또는 성장에 대해 거의 약속받지 못한다면 새로운 고객 유형(그리고 불가피하게 새로운 프로젝트 유형)의 탐색이 중요하다. 새로운 고객의 유형들, 그들이 요구하는 서비스의 본질, 그리고 건축설계회사들을 선정하고 함께 작업하는 그들의 접근방식은 당신의 서비스, 능력, 자세와 절차 등에 중대한 변화를 가져올 것이다.

논리적 근거. 새로운 유형의 고객들을 받아들이는 것은 다음과 같은 상황에서 가장 훌륭히 작용한다.

- 기존의 고객과 프로젝트 유형으로부터 당신의 노력을 확장하거나 바꾸어야 한다.
- 새로운 유형의 고객에게 당신이 제공하는 서비스가 절대적으로 필요함이 조사를 통해 입증되었다.

주의사항. 이 전략은 새로운 종류의 고객관계를 요구한다. 새로운 고객의 입장을 이해하고자 시도할 때, 지나친 시장조사는 거의 불가하다. 이 전략이 성공하려면, 그 건축주들이 새로운 회사로 얼굴을 돌리도록 하는 서비스, 품질, 그리고 가격에 분명히 인지할 만한 개선이 있어야 한다. 뚜렷한 이익의 전제 없이 새로운 시장의 공략은 일반적으로 실패한다.

4) 역주: "New Kid On The Block", 미국의 신세대 보컬그룹(이제는 신세대가 아니지만)

새로운 또는 개선된 마케팅 프로그램의 개발

새로운 또는 개선된 마케팅 프로그램의 개발은 계속 진행되어야 한다. 당신의 일이 현재 많거나 적거나 마케팅은 유지되어야 한다.

새로운 마케팅을 시도하기 전에, 그 방향을 검증하기 위한 약간의 조사가 필요하다. 그 프로그램을 명확히 수행하기 위해 2~3년을 투자하라. 이 시간은 마케팅 프로그램이 만족할 만큼 실행되고 회사에 그것의 가치를 증명하는 데에 필요하다.

합의가 이루어지지 않은 환경에서는 마케팅 프로그램이 효과가 없는 경우가 종종 있다. 목표와 전략 및 전술에 합의하고, 마케팅과 세일즈 기법을 발휘하는(또는 얻고자 노력하는) 것에 관심과 능력이 있는 직원들을 끌어들여라. 기술적 성향을 지닌 개인들에게 마케팅에 더 관계하도록 요구하는 것에는 신중을 기하라. 어떤 사람들은 마케팅 업무를 맡기에는 인성이나 야망도 모자라고 훈련도 되어있지 않다. 될 수 있으면, 마케팅 프로그램을 개발하고 실행할 수 있는 친근하고 사교적인 사람들을 선택하라.

마지막으로, 새로운 프로그램의 성공이 증명될 때까지 당신의 회사는 포기하지 않을 것이라는 믿음이 필요하다. 과정상 기울이게 되는 이중의 노력으로 업무가 추가될 것이나, 새로운 프로그램이 확립되고 결과를 낳을 때까지의 중간단계는 매우 중요할 것이다.

- 회사의 회보, 소개서, 소식지, 홍보지, 그리고 회사와 회사의 업적에 초점을 맞추는 기타의 모든 노력들을 포함하는 홍보활동
- 프로젝트가 완료될 시에 개최할 수 있는 공공행사, 파티, 오픈하우스 및 회사와 회사의 업적에 초점을 맞추는 기타의 모든 노력들
- 회보, 소식지, 연하장, 그리고 관계를 유지하는 기타의 모든 방법들
- 중요한 자문들(은행가, 부동산중개인, 보험중개인, 회계사)과 컨설턴트들, 시공자들 및 기타를 포함하는 상호협력의 네트워크
- 마케팅 계획과 전략들에 의해 설정된 전체적인 범주 내에서 특정한 건축주들과 프로젝트들의 획득에 초점을 맞추는 다양한 활동들

수행과 평가

공공의 봉사활동 및 지역사회의 참여(6.3)에서는 건축가들로 하여금 공공의 활동무대로 그들의 지식과 기술들을 발휘할 수 있는 기회를 제공한다.

마케팅의 목표, 전략, 그리고 전술을 손에 쥐고 이제는 모든 것들을 테스트해보는 시간이다.

책임. 누군가는 전체적인 마케팅의 노력을 지휘해야 하며, 전 회사의 책임 있는 참여를 확인하는 최종적인 책임을 담당하여야 한다. 책임의 크기는 회사 규모에 따라 다를 것이다. 작은 회사에서는 그 지휘자가 바로 행동하는 사람일 것이다; 그 리더십에 의한 책무는 역시 그 행동에까지 이를 것이다.

큰 회사에서는 지휘하는 그룹과 행동하는 그룹이 구분될 것이다. 아마도 마케팅 관리자와 임명된 마케팅 직원이 있을 것이다. 회사에 참여하는 대표들과 마케팅 또는

사업개발 담당 이사들, 그리고 그 업무를 지원하는 핵심 직원들로 구성된 마케팅 위원회에 의해서 마케팅 업무가 협의 조정될 수도 있다. 이 위원회는 마케팅에 대한 노력과 그 결과에 대해 책임질 것이다.

모든 구성원들이 진행되는 변화를 이해하고 그들의 역할이 무엇이 될지를 안다면, 그 마케팅 계획의 이행이 더 쉬워질지도 모른다. 결과를 모니터하는 좋은 시스템과 함께 그 분야의 회사 사람들에게 부과되는 헌신과 인내는 프로그램의 성공을 도울 것이다.

비용. 마케팅의 비용은 얼마나 능동적으로 그 회사가 새로운 사업을 확장하려고 노력하는가에 의존한다. 단지 그들에게 찾아온 기회에만 대처함으로써 장기적으로 번영할 수 있는 회사는 거의 없을 것이다. 대부분은 그들의 이익과 기회를 최적화하기 위해 일관성 있게 마케팅, 광고 및 수주에 시간과 기타의 자금들을 투자해야 한다는 사실을 발견한다. 매년 괄목할 만한 성장과 새로운 고객들을 추구하며, 공격적인 자세를 취하고 있는 회사는 마케팅에 특별한 자금-아마도 수입의 15퍼센트에 미칠 정도의-을 투자할 필요가 있을지도 모른다.

1999년 자료에 의하면 AIA 회원인 설계회사들의 평균 마케팅 비용은 총 지출의 7.5%에 달했다.

AIA 회원사 2000년 조사자료

평가. 최상의 기능을 위해, 마케팅 전략과 전술에 대한 지속적인 평가가 필요하다. 어떤 활동들은 매주 재검토되고 평가되며, 다른 것들은 매달 또는 분기별(3개월 단위)로 평가될 수 있다. 마케팅 계획은 정기적으로, 아마도 분기별로, 재검토되어야 한다. 각각의 검토는 마케팅 조사의 효율성, 마케팅의 전략과 전술들, 수주활동과 촉진을 위한 노력, 그리고 고객 서비스에 대해 몇몇의 본질적인 질문을 물어야 한다. 이러한 조심성은 그 회사로 하여금 새로운 상황이 발생하였을 때 바로 대처할 수 있도록 계획을 갱신함으로써 그 계획으로부터 가장 많은 것을 얻을 수 있게 한다.

추가적인 정보

이 주제에 있는 내용들은 마케팅 연구자로서 저자의 시각에 기초한 것이다. 특정 전략에 대한 더욱 상세한 취급과 사례분석들을 저자의 1991년 저서 「1990년대의 설계회사 마케팅」(**Marketing Design Firms in the 1990s**)에서 볼 수 있다.

웰드 콕스(Weld Coxe, Hon. AIA)의 **Marketing Architectural and Engineering Services**(2d ed., 1990)은 하나의 고전(古典)이다. 전략실행을 위한 비법들과 함께 기본적인 마케팅 전략에 관한 다른 책들로는 딕 코너(Dick Connor)와 제프 데비슨(Jeff Davidson)의 **Getting New Clients**(1993); 로드니 스튜아트(Rodney D. Stewart)와 앤 스튜아트(Ann L. Stewart)의 **Proposal Preparation**(2d ed., 1992); 그리고 데비드 쿠퍼(David G. Cooper)의 **Finding and Signing Profitable Contracts: A Guide for Architects, Engineers and Contractors**(1993) 등이 있다.

더욱 광범위한 업무-모든 유형의 전문 디자인 서비스회사에 적용되는-에 관한 저서들의 부분들은 마케팅의 여러 측면들에 대한 실무적인 충고를 제공한다. 여기에는 데이빗 메이스터(David Maister)의 **True Professionalism**(1997)의 3장, 그리고 바바라 게라티(Barbara Geraghty)의 **Visionary Selling**(1998) 등이 포함된다. 또 다른 중요한 두 저서는 해리 벡위스(Harry Beckwith)의 **Selling the Invisible**(1997)과 하비 멕케이(Harvey Mackay)의 **Dig Your Well Before You're Thirsty**(1997) 등이 있다.

회사들은 AIA 회원미팅이나 세미나 및 연례 컨벤션대회 등의 마케팅 관련 분과에 참여하여 최신의 정보에 접할 수 있다. 최근에 공고된 내용을 보기 위해서 www.aia.org를 방문하길 바란다. 또 다른 정보출처로 마케팅 전문가들의 단체인 마

마케팅 책임에 대한 실례

마케팅 위원회

- 목표에 대한 재검토(분기별로)
- 모든 마케팅 노력에 대한 분석(매달)
- 운영상의 논점들을 숙고하고, 일상의 마케팅 노력에 의한 결과물들을 모니터하고 평가하며, 발전시키기 위한 협의(매 2주마다)

회사대표들

- 회사의 마케팅 목표를 설정하고, 그 마케팅 노력에 동기 부여를 유도
- 장기마케팅계획 위원회에 참여
- 마케팅과 수주업무에 관여하는 사원들을 모집하고, 훈련하고, 조직하며, 동시에 동기를 부여함
- 주요한 직원들이 판에 박힌 일과를 새롭게 하도록 도움
- 중요한 계약의 가격책정방침에 대한 권고
- 결정할 준비가 되었다고 전망할 때 협상의 정지
- 만족스러운 비율의 총 마케팅 지출을 유지하는 정책들과 규약들의 설정
- 광고회사들에 회사를 소개

프로젝트 담당 건축가를 포함하는 수주 팀

- 새로운 고객 접촉의 예측, 이득에 대한 계획 및 적절한 예산의 개발에 참여
- 주요한 수주 가능성을 위해 특별한 수주계획을 개발
- 잠재 고객들을 접촉하고, 회사의 능력을 소개하며, 회사의 신용을 쌓을 수 있는 유용한 정보를 제공하고, 질문에 답하며, 계약 가능성을 실현시킴으로써 새로운 프로젝트 기회를 발전시킴
- 고객과의 관계를 조정
- 과거의 고객들과 접촉을 유지하고 최근에 만난 고객들을 관리

마케팅 책임자

- 회사 폐업을 제외하고 회사의 모든 마케팅 노력을 감독
- 마케팅 위원회를 주관
- 회사의 수주관리기법에 집중하고 발전시킴
- 수주 기회를 식별하고 명시
- 수주의 방향을 설정하고 수주의 바른 흐름을 확인
- 고객들에게 감사하는 것으로 모든 완료된 일들을 관리하고 그들의 다음 일에 대한 가능성을 확인(대표들이나 프로젝트 담당건축가들에게도 그 역할이 주어질 수 있음)
- 모든 중요한 고객들이 회사에 만족하는지 아니면 어떠한 변화를 기대하는지를 결정하기 위해, 그들과의 규칙적인 접촉을 유지
- 고객과 관련된 모든 문서들과 파일들, 계약서 및 수주에 대한 통계자료들을 유지 관리
- 시장과 경쟁분석, 비교적인 수주분석, 그리고 예측에 대한 자료들을 수집
- 목표가 되는 모든 업종의 협회들과 그들의 세미나 및 정기 간행물들을 모니터
- 새로운 시장, 제품, 용역들 및 수주기회들을 식별하고, 수주활동(새로운 시장의 개척) 및 이익에 대한 예측과 함께 그것들을 공략할 수 있는 명확한 전략계획을 준비
- 새로운 프로젝트들과 고객들을 식별하기 위한 시장조사 연구들을 정의하고 행함
- 광고, 건축박람회, 홍보책자, 소식지 등을 포함한 수주 노력들을 지원하는 홍보용 인쇄물들과 프로그램들의 개발
- 상기의 업무들을 수행하거나 그것을 돕는 마케팅 직원들을 감독

마케팅 지원 직원

- 수주 전망과 현재 및 과거의 고객들에 대한 정보를 집중시킨 마케팅 파일들과 수주 조언시스템의 유지 관리
- 회사 업무의 슬라이드 및 사진파일들의 유지 관리
- 시장의 조사/단서 유발을 담당
- 제안서를 작성하고 조정하는 업무를 협조
- 홍보용 자료들의 제작을 도움
- 언론과의 좋은 관계를 유지

케팅 전문서비스협회(the Society for Marketing Professional Services, SMPS)가 있으며, 프로그램, 행사 및 제공되는 간행물들에 대한 정보를 위해 SMPS(전화 703-549-6117)로 연락하거나 www.smps.org에 접속하기 바란다.

마케팅 프로그램의 평가

로저 피카(Roger L. Pickar), 1990년대의 설계회사 마케팅(1991)

정기적으로, 아마도 분기별로(연 4회), 전체적인 마케팅 프로그램의 평가가 이루어져야 할 것이다. 마케팅 정보와 분석에 대한 다음과 같은 질문들이 있을 것이다.

- 우리가 선택한 전략에 심각하게 영향을 미칠 수 있는 어떤 변화의 조짐들이 있는가?
- 우리의 전략과 전술을 변경하고자 결정을 내리는 데 충분한 정보를 얻었는가?
- 우리의 경쟁자가 고객들에게 접근함에 있어 나타나는 눈에 띄는 변화를 우리는 깨닫고 있는지?
- 우리의 이미지가 건축주들에게 바뀌었는가?
- 우리는 잠재적 건축주들의 가장 조속한 결정을 위한 요점들을 알고 있는가?
- 우리의 잠재적 건축주들은 우리가 왜 특별한지를 이해하는가?
- 우리는 미래의 비슷한 상황을 피하기 위해 우리가 일을 뺏긴 이유를 분석하고 있는가?

전략과 전술에 대하여 다음과 같은 질문들을 해보라.

- 이러한 전략이나 전술들이 정확히 잘 전달되고 이해되고 있는가?
- 이러한 전략이나 전술들은 경쟁자의 강점과 약점들에 근거한 것인가? 우리는 상대의 강점을 극복하고, 상대의 약점을 탐구하는 프로그램을 가지고 있는가?

사업 촉진에 대한 다음과 같은 질문들을 물어보라.

- 우리의 해결책들과 우리가 공유하는 정보가 건축주들의 요구와 관련이 있는가?
- 우리가 사용하는 편지들과 다른 통신도구들은 우리의 가장 좋은 면을 잘 보여주고 있는가?
- 접근방법에서 우리는 우리의 경쟁자들과 차별화되어 있는가?
- 우리는 고객들과 장래의 고객들로부터 전문가로 인식되고 있는가?
- 우리는 우리의 업무를 마무리하기 위해 자원들을 충분히 활용하고 있는가?
- 투자를 줄일 수 있는 상황 속에 우리의 노력을 집중함으로써 이 상황을 더 낳게 만들 수 있는가?
- 더 적은 고객들을 목표로 하고, 그들을 잡기 위한 노력에 더 많은 돈을 사용함으로써 더 효율적일 수 있는데, 불필요한 이미지 만들기에 자원을 낭비하고 있지는 않은가?

수주노력에 대하여 다음과 같은 질문들을 해보라.

- 우리의 목표를 성취하기 위해 사업적 전화통화를 충분히 하고 있는가?
- 잠재적 고객들에게 얼마나 많은 사업적 전화통화를 하고 있는가?
- 잠재적 고객들과의 사업적 전화통화를 위한 노력의 강도를 줄일 수 있는 방법은 있는가?
- 우리는 고객들이 표현하는 요구들을 듣고 있는가? 그 요구들은 바뀔 것인가?
- 우리의 수주기법은 우리가 가까이 하려고 노력하는 건축주들의 유형을 반영하고 있는가?
- 우리는 건축문제에 대한 해결책을 팔고 있는가, 아니면 반대로 우리들 자신을 팔고 있는가?
- 우리는 프로젝트에서 왜 성공하고 실패하는지 알고 있는가?

끝으로 당신의 고객 서비스업무의 효율성을 체크하기 위해 매 분기마다 이 질문을 하라.

- 우리의 고객들은 만족하는가? 그리고 그것은 어느 정도인가?

6.2 프로젝트의 수주

Howard J. Wolff [1)]

많은 유명한 건축가들 역시 그들의 첫 번째 작업은 바로 일을 얻는 것이라고 말한다. 현명한 건축주들과 많은 우수한 건축회사들의 세계에서 일을 얻는다는 것은 아마도 하나의 도전일 것이다.

프로젝트를 추구하는(영업의) 여러 가지 행동들은 하나의 과정으로 관리된다. 일반적으로, 수주과정은 다음의 10가지 단계를 포함한다.

- 일에 대한 단서 찾기
- 가능성 있는 일들을 가려내기
- 일 추진여부에 대한 결정
- 일에 대한 관심의 표현
- 전략의 개발
- 가능성 있는 일들의 추구
- 제안서의 작성
- 프레젠테이션
- 마무리 업무
- 결과보고

다음의 짧은 리스트는 일의 단서를 제공하는 출처원이 되며 바로 이용이 가능하다.

변호사들
은행가들
매일경제신문
지역봉사단체들
컨설턴트들
시공자들
직원들
기존의 건축주들
친구들
단서 찾기의 전문업체들
단서 교류의 네트워크들
뉴스 미디어
다른 건축가들
과거의 건축주들
부동산업자들
회사 비서들
종교단체들
비서들
공공사업들
통상 단체들
통상 관련 간행물들
물품공급업체들

10가지 단계는 필수적으로 연속적인 것은 아니다; 그래서 그것들은 열거된 순서대로 나타나지 않는다. 일의 추구는 여러 달, 심지어 몇 년 앞서 시작될 수도 있으며, 상기에 열거된 모든 단계 내내 계속될 수도 있다. 어떤 건축주들은 서비스에 대한 제안서가 제출될 때까지 상세한 자격증명서의 제출을 요구하지 않는다. 회사가 한 건축주와 오랜 기간 관계를 맺고 있다면, 열거된 모든 행위가 건축주를 선정하는 한 번의 통화나, 한 번의 회의에서 즉시 이루어질 수도 있다.

일에 대한 단서 찾기

일의 단서가 되는 요소들은 모두 당신 주위에 있다. 가장 쉽고 값싼－그리고 종종 가장 많은 열매를 맺는－요소들은 당신의 현재, 그리고 최근의 건축주들이다. 그들은 당신을 알고, 당신의 회사를 알고 있으며, 당신의 능력을 알고 있다. 이러한 질문들을 던지는 것에 두려워하지 마라: "당신이 갖고 있는, 우리가 도와줄 수 있는 그 다음의 것

1) **하워드 월프(Howard J. Wolff)**는 호놀룰루, 뉴포트 비치, 런던 및 싱가폴에 사무실을 둔 국제적인 건축회사로 계획, 설계 및 컨설팅 업무를 전문으로 하는 Wimberly Allison Tong & Goo사의 부사장이자 세계적인 마케팅 담당 이사이다. 종종 그는 디자인전문업의 판촉에 관하여 강연도 하고 글도 쓴다.

들이 무엇인지?" "그 밖의 누구와 내가 이야기를 나누어야 하는지?" "내가 당신을 참고인으로 이용하여도 되는지?"

이러한 질문들은 협의의 건축 서비스들에 대한 정의를 넘어서 생각하는 기회가 될 것이다. 당신이 한 고객의 필요성을 발견한다면 그 문제의 해결을 도와 줄 수 있는 자문으로서 당신 스스로를 생각하라. 어떻게 당신이 당신의 사업을 보는지를 재구성함으로써, 고객을 도울 수 있는 방법을 넓히도록 하라. 예를 들면, 건축가는 광범위한 서비스를 제공할 수 있는데, 그것은 시설의 유지관리, 미장애자규정에 대한 심의, 대지분석, 건축주의 직원훈련, 그리고 개발상담 등을 포함할 것이다. 건축가들은 또한 프로젝트를 신속히 처리하기 위하여 건축주들이 필요로 하는 사업적 관계들의 형성을 도울 수 있을 것이다.

당신 고객들의 필요성에 대하여 직접적으로 물어보는 다른 이점은, 이렇게 해서 생성된 일의 단서는 대체로 당신의 것이며 특히 당신 혼자만의 것이 된다는 것이다. 당신은 같은 정보(예를 들어, 간행물들을 통해 얻은 단서들과 같이)를 은밀히 공유하는 수십의 경쟁자들을 갖고 있지 않다는 것이다.

당신은 역시 당신의 시장조사와 홍보, 그리고 네트워크 조직활동을 통해 일에 대한 단서를 포착할 수 있다. 예를 들어, 한 대형의 지역회사는 다음과 같은 사실을 깨닫는다: 거기엔 혹시 시설들에 대한 조사가 필요하지 않을까? 당신의 위대한 성공은 다른 사람들에게 그 기회가 알려지기 전에 당신이 그 단서들을 먼저 발전시킬 수 있는 상황으로부터 올 것이다.

쉽게 하는 즉석의 전화통화

대부분의 건축가들은 즉석의 전화통화를 두려워한다. 다음은 덜 고통스럽고 더 생산적으로 그 과정을 만드는 몇 가지의 비법들이 다-어쩌면 오히려 즐거움이 될 수도 있을 것이다.

- 매주, 매일, 아니면 무엇이든지 일정한 시간대를 남겨두어라-그리고 다른 어떤 일정에서 벗어나 깨끗이 정리된 당신의 책상에서 전화통화를 하라.
- 일반적으로 당신이 원하는 그 사람에게 이르기 위해서는 여러 통화가 필요하다는 것을 알아라. 3곳의 전화통화를 계획하라.
- 비록 당신이 원하는 사람을 발견하지 못하였다 할지라도, 즐겁고 호감이 가게 하라. 관계 형성은 잠재적인 건축주의 조직 내에 있는 모든 사람들에게 적용된다.
- 통화하는 사람을 긴장시키지 말아라. 당신이 누구이고 당신의 회사가 무엇이며, 왜 전화 하였는지에 대한 설명과 함께 시작하라.
- 당신은 아마도 간단한 통화 보고서를 디자인하여 당신이 통화할 때 당신 앞에 그것을 가지고 있을 수도 있다. 당신은 또한 그 대화를 지속적으로 얻고 유지하기 위해서 "시작내용들"과 "조사내용들"의 리스트를 지녀야 할지도 모른다. 시작내용의 예: "우리는 신문에서 귀하의 재조직에 대해 많은 것을 읽었습니다. 이것은 귀하께서 시설들의 변화를 고려하고 있다는 것을 의미합니까?"
- 영업담당원이라기 보다는 오히려 전문적인 컨설턴트나 문제해결사의 이미지를 주어라. 한도가 없는 질문들을 던져서 건축주가 담화의 대부분을 차지하도록 하고 당신은 주로 경청하라.
- 임의적인 전화통화의 목적은 일반적으로 일을 얻기 위해서가 아니라 정보를 모으고, 관계를 맺으며, 협의를 위한 면담약속을 정하기 위한 것임을 기억하라.

만약 당신이 다음과 같은 생각을 항상 염두에 둔다면 그 과정은 더욱 가치 있고 보상이 따를 것이다: 당신의 목적은 팔기 위함이 아니라, 고객의 구매를 돕기 위함이라는 것이다.

가능성 있는 일들을 가려내기

위기 관리 전략(11.1)에서는 잠재적 고객들의 주의 깊은 가려내기는 역시 하나의 훌륭한 위기 관리 전략이라고 주장한다.

일에 대한 단서를 발견한 후, 그 다음 단계는 그것의 가능성을 평가하는 것이다. 이 단계에서의 목적은 두 질문에 대한 답을 냄으로써 단순히 그 단서들의 진위를 가리는 것이다: "이것은 실제 고객과 함께 하는 실제 프로젝트인가?" "그것은 우리들에게 적절한가?" (예를 들어, "어떻게 그 고객과 프로젝트를 우리의 마케팅 전략에 맞출 것인가?")

만약 어느 한 문제에 대해서도 답이 '노'(no)이면, 더욱 유망한 다른 것으로 이동하라.(당신의 네트워크 형성을 돕기 위해, 아마도 당신과 경쟁하지 않는 회사에 그 단서를 양도할 수 있을 것이다.) 양쪽 모두에 '네'라는 답이 있다면, 계속 진행할 것인지 아닌지의 결정이 여전히 필요하다. 한 가지 흥미로운 참고사항은 만약 당신이 프로젝트보다 오히려 건축주를 찾아다니는 접근방법을 선택한다면, 당신은 아마도 어떤 특정한 일을 놓칠 수 있겠지만(또는 그 일에서 제외되거나), 그 개인, 조직, 또는 단체들과는 성공적인 관계를 오랫동안 지속시킬 수 있다는 것이다.

점점 더, 잠재적인 고객들의 조사를 진행하기 위한 가장 훌륭하고 빠른 길은 인터넷을 경유하는 것이다. 종종 뉴스기사에 실렸던 관련 있는 인용구들과 함께 개인의, 또는 회사의 홈페이지를 조사할 수 있다.

일 추진여부에 대한 결정

'네'라고 말하기는 쉽다. 그러나 대부분의 건축가들은 제안서 제출의 기회가 왔을 때—특히 일에 대한 단서가 그들의 무릎 위에 떨어졌거나 불시에 제안서를 제출하도록 요청받았을 때— '아니오'라고 답하기란 쉽지 않을 것이다.

그 결정이 어려운 만큼, 어떤 기회를 거부하는 것은 노력을 집중하고, 당신 회사를 성장시키는 데에 아주 중요한 일이다. 당신의 마케팅 전략에 규정된 기준과 맞지 않는 일을 추구하는 것은, 목표에 더 근접한 프로젝트에 집중해야 할 시간과 돈과 에너지를 낭비하는 것이다.

당신에게 기회가 적은 프로젝트에 반복적으로 시도하는 것은—지속적으로 실패하면서도—이해득실면이 아니라 회사의 사기에 나쁜 영향을 미친다. 언젠가는 내 차례가 올 것이라는 믿음 속에서 단순히 같은 건축주(특히 관공서의 경우)에게 반복적으로 제안서를 제출하는 것은 그 일이 당신 회사에 적합하지 않다면 성공할 수 없다. 올바른 전략은 당신의 목표를 정확히 설정하고 그것에 당신 최고의 모습을 보여주는 것이다.

몇몇 회사는 본능적인 감각에 의해 일의 추진여부를 결정하지만 다른 회사들은 각 요소에 할당된 측정수치를 기준으로 작성된 체크리스트를 개발하여 의사결정에 도움을 받는다. 당신이 아마도 직감에 따른 당신 응답의 잘못을 인정한다면 의사결정 과정에 도움을 주는 일정 양식의 디자인을 원할 것이다.

건축가의 프로젝트 공급원

제임스 프랭클린(James R. Franklin, AIA), 작은 사무소의 관리를 현재 담당하고 있음(1990).

권총

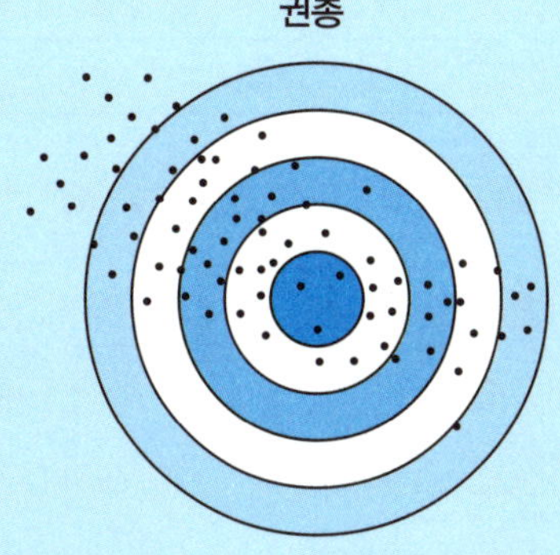

- 성공을 위해 필요한 시간 내내 많은 자원을 요구한다.
- 그 시장이(그리고 운이) 당신의 운명을 지배한다.
- 당신 능력의 영역 밖에 있는 프로젝트를 수행하도록 당신을 유혹할 수 있다.
- 당신의 명중률을 낮출 수 있고, 결국 당신의 자긍심과 확신감 역시 낮춰진다.
- 엄청나게 큰 에너지와 시간을 요구한다.
- 언젠가는 마를지도 모르는 "틈새 시장"에서 당신 회사가 끝나도록 유지한다.
- 정치학적으로 또는 인구통계학적으로 한정된 시장에서 하나의 유일한 선택일지도 모른다.
- 종종 사무실을 시작하기 위한 필수적인 전략이 된다.

장총

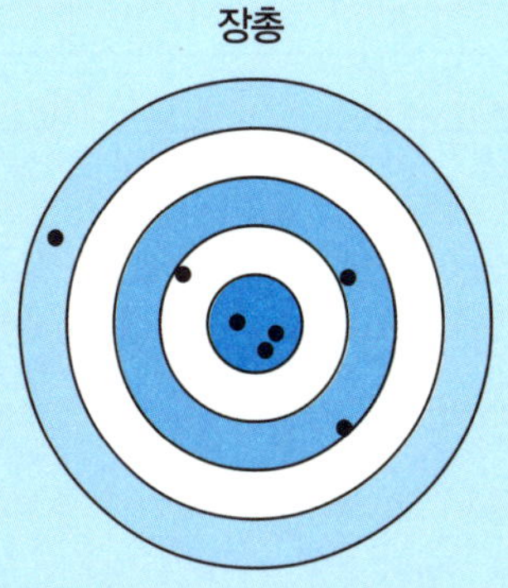

- 당신으로 하여금 그 시장에서-단지 반응하는 것이 아니라-주도적으로 활동하게 한다.
- 당신으로 하여금 당신에게 좋은 프로젝트 유형에서 일련의 성과와 전문가적 수준의 정립을 가능하게 한다.
- 건축주들과의 관계를 만들고, 기존의 건축주들을 유지하는 방식으로 프로젝트를 관리하도록 당신을 격려한다.
- 건축주를 평가하고 받아들이거나 거절하는 데에 더 나은 능력을 갖게 한다.
- 당신이 손해 볼 때, 더 많은 상처를 준다.
- 당신의 시장을 확대하는 것에 반하여 작용한다-의도하지 않은 전문화의 문제로 이끌 수 있다.
- 기회를 잃는 결과를 초래할 수 있다.
- 많은 정신력과 의지력을 요구한다.

최종적인 일 추진여부의 질문은 프로젝트를 추구하는 데 필요한 비용을 추정하는 데서 전개될 것이다. 상당한 경비가 대표자의 시간 소비, 팀 회의, 여행경비, 제안서 작성, 특별 인쇄비, 그리고 그래픽 처리 등에 들어갈 것이다. 만약 당신 회사가 최종후보자 리스트에 올라있다면, 인터뷰에 대한 준비와 수행을 위한 경비가 필요하며, 또한 지속적인 일 추구를 위한 노력을 유지하는 데 비용이 들어갈 것이다.

일에 대한 관심의 표현

당신이 특정한 가능성 있는 일을 추구하기로 결정한 후에, 일반적으로 당신의 회사를 소개해야 한다. 당신이 그 일을 위해 열심히 노력할 것을 확신시키기 위하여 당신의 능력을 설명하는 충분한 정보를 보내라.

고객의 요구와 관심을 언급하는 개인적인 첨부편지는 그 경쟁으로부터 당신이 벗어날 수 있는 놀라운 일을 행하기도 한다. 당신이 고객에게 제공할 수 있는 특별한 이

가능성 검토 양식

출처: *Perkins & Will*

Prospect ______________________ Raters ______________________

Location ______________________ Date ______________________

Score	-5	-4	-3	-2	-1	0	1	2	3	4	5	6	7	8	9	10
Fee	< 10,000	10,000	25,000	50,000	75,000	100,000	200,000	300,000	400,000	500,000	750,000	1,000,000	1,250,000	1,500,000	1,750,000	> 2,000,000

Criterion	Scale labels (left → right)	Score
Fee	-5 to 10	____
Need to associate	NEED (0) – DON'T NEED (5)	____
Competition	WIRED (-5) – HEAVY (0) – LIGHT (5); NONE (10)	____
Firm's relationship with client	POOR (-5) – NONE (0) – EXCELLENT (10)	____
Likelihood of project proceeding	NOT LIKELY – UNCERTAIN – LIKELY – CERTAIN	____
Firm's special qualifications	NO EXPERIENCE – AVERAGE – ABOVE AVERAGE – SPECIALIST	____
Future potential with client	NONE – SOME – EXCELLENT	____
Contributes to current or future market expertise	MINIMAL – CONSIDERABLE	____
Marketing expense/effort	EXTRAORDINARY – HIGH – AVERAGE – LOW	____
Technical leader available	NOT AVAILABLE – MARGINAL – AVAILABLE	____
Marketing support available	NOT AVAILABLE – MARGINAL – AVAILABLE	____
Likelihood of securing commission	NOT LIKELY – UNCERTAIN – LIKELY – VERY LIKELY	____

TOTAL ____

익들에 초점을 맞춘 편지는 당신 회사에 대해 단순한 사실을 언급하는 것보다 훨씬 큰 영향을 미친다. 이 단계에서 피하여야 하는 몇 가지의 함정이 있다.

- 그 고객에게 본질에서 벗어난 정보를 보내지 마라. 당신이 추구하는 특정한 프로젝트에 아주 특별히 적합한 한 회사로서 당신을 자리잡게 할 수 있는 것들을 보내라. 적을수록 훨씬 낫다.
- 당신이 소유하고 있는 인쇄된 자료들 모두를 포함시키지 마라. 아직도 수주과정의 여러 단계가 남아 있다는 사실을 기억하라. 당신의 소매 속에 하나나 둘의 에이스를 숨기고 있어라.
- 만약 그 고객이 공식적인 자격조건에 대한 제출이나 또는 전문용역업무에 대한 제안서를(후에 더 많은 것을) 요구하였다면, 관심에 대한 비공식적인 표현을 사용하지 마라.

전략의 개발

프로젝트에 흥미가 있음을 공적으로 표명한 후, 그 고객이 찾아보고 자격을 검토하는 동안에 당신은 일반적으로 일 수주를 위한 추진계획에 시간을 쓰게 된다. 이 단계에서 정보를 모으는 것은 이 사업에서 이기는 전략을 개발하는 데 도움을 줄 뿐만 아니라; 당신을 고객에게 그들의 요구와 관심을 명료하고 확실하게 도와주는 전문 컨설턴트로(일을 잘 마무리한다면) 자리잡게 해줄 것이다.

일반적으로, 가장 좋게 알려진 회사는 일을 얻을 수 있는 가장 큰 기회를 가진다. 그 정보의 가장 좋은 출처는 일반적으로 고객과의 직접 면담이다. 이것은 아마도 전화통화보다는 더 많은 시간 소비와 비용이 들 것이나 당신에게 (1) 더욱 좋은 관계로 발전시키고, (2) 무엇이 말하여지고 동시에 어떻게 말하여지는지를(말로 할 수 없는 정보를) 기록할 기회를 제공한다.

건축가는 그 프로그램의 물리적 요구조건들, 예산과 대지 등에 관하여 질문하도록 훈련받는다(얼마나 큰지, 얼마나 많은지, 얼마나 높은지, 기타 등등). 더더욱 중요한 일은 다음과 같은 질문에 대한 답과 함께 건축주 주변에 대한 정보를 모으는 것이다.

- 프로젝트의 지난 과정은 무엇인가?
- 당신 고객의 관심과 기대는 무엇인가?
- 그 밖의 누가 이 프로젝트를 위해 있거나 혹은 반대편에 있는가?
- 그들과 함께 일했던 다른 건축가들에 대해 그 고객은 어떻게 느끼고 있는가?
- 어떤 일정계획이 세워져 있는가?
- 이 프로젝트의 자금조성은 어떻게 되는가?
- 당신은 누구와 경쟁하게 되는가?

훌륭한 의사와 같이 처방을 내리기 전에 잘 진단하여야 한다. 이 단계에서 모든 초점은 고객에 맞춰져야 한다; 효율적인 청취술이 중요하다. 도움이 되는 힌트들은 다음과 같다.

- 생각을 불러일으키는, 열린 질문들을 던져라.
- 메모하라.
- 요약하라.

고객의 의사결정 과정에 대해 질문을 하는 것 역시 당신에게 도움이 될 것이다.

- 그 의사결정 과정은 무엇을 수반하는가?
- 이 결정을 내리는 데 누가 고객을 도울 것인가?

경고 한 구절: 이 질문에 대한 답들은 어떤 사람이 그 정보를 공급하는지에 따라 다를 수 있다. 어떤 건축주의 조직에서는, 건축가 선정과정이 아주 정치적일 수 있다. 이 경우에, 만약 당신이 당신의 주된 접촉창구뿐만 아니라 기술적인 의사결정자, 재정상의 의사결정자, 또는 회사의 최고실력자에도 질문을 던지게 된다면, 이 일을 얻기 위한 당신의 전략을 펼치는 데 아주 잘 준비되어야 한다.

"계절이 바뀌면 새로운 고객들과 거래하라. 달이 돌아올 때마다 기존의 고객들에게 전화하라. 조석으로 프로젝트를 수행하라. 구름이 몰려올 것을 예견하라. 그리고 당신이 손안에 움켜질 수 있는 태양에 흠뻑 취하라."

리 월드론(Lee Waldron, Gerald Associates Ltd.), 1990대를 위한 최고의 마케팅 충고, 1993

가능성 있는 일들의 추구

대부분의 경우, 건축주는 상대적으로 큰 투자인 건축가의 서비스를 사기 위해 결정을 고려한다. 덧붙여, 그것은 종종 위험도가 높고 가시도가 높은 결정으로 인지된다. 그러므로 그 건축주의 의사결정 과정은 연구되어야 하고 빈틈이 없어야 한다. 조금 더 이르게 일을 추구할수록 성공의 찬스는 더 커질 것이다. 고객을 알고자 노력하기도 전에 제안서 요청이 오기만을 기다리는 사람들은 분명 불이익을 받을 것이다.

"당신의 고객을 안다는 것은 당신의 고객이 정말로 원하는 것이 무엇인지 알고 있다는 것을 의미하는데, 그것은 당신의 제품일 수도 있지만 어쩌면 그 밖의 다른 것일 수도 있다: 인정, 존중, 신뢰, 관심, 서비스, 자만감, 우정, 도움 등."

하비 맥케이(Harvey Mackay), 산채로 먹히지 않으면서 상어들과 수영하기, 1988

자격을 잘 갖춘, 비슷비슷한 건축가들 중에서 한 건축가를 선정하는 요소는 그 프로젝트를 이끌어가는 사람에게서 건축주가 느끼는 편안함의 정도인 경우가 종종 있다. 친구들이 친구들로부터 물건을 사는 것은 일반적으로 간직된 믿음인 것이다. 그러므로 일을 추구하는 과정의 의제는 그 잠재적 고객과 함께 사업적 우정을 발전시키는 것이다. 이것은 함께 사교행사에 참석한다거나 각자의 삶에 사적으로 관여하는 필연적 결과를 필요로 하지는 않는다. 오히려, 고객의 사업상 필요한 사항들과 관심들에 대한 이해를 얻고, 그 다음에 다양한 방법으로 도움을 주고자 하는 협조적 자세의 개발을 강조하여야 한다.

적으로 보이는 것 대신에, 당신 스스로를 귀중한 동료로 자리잡게 할 수 있다. 여기에 당신의 고객과 함께 관계를 구축할 수 있는 몇몇의 예가 있다.

- 그들의 관심주제에 대한 유용한 기사를 보내라.
- 그들이 참석할 수 있는 유익한 세미나를 알려주어라.
- 당신 회사의 소식지 안에 그들을 대서특필하라.
- 당신 회사에 그들에 대해 소개해줄 것을 요청하라.

다른 사업 관계처럼, 고객들이 인간으로서 어떤 사람들인지를 이해하는 것은 도움이 된다—그들이 좋아하고 싫어하는 것이 무엇인지, 그들이 무엇에 대해 강하게 생각하는지, 그들의 특별한 관심사는 무엇인지, 그들이 성취해온 것 중 무엇을 가장 자랑스럽게 여기는지. 오직 그 때 당신은 강한 유대를 발전시킬 수 있을 것이다.

선정 위원회는 하나의 특별한 도전을 제공한다. 누가 그 위원회에 있는지, 당해 프로젝트와 같은 유형의 프로젝트들에서 그들은 어떤 경험들을 갖고 있는지, 그리고 어떤 사람들에게 특별한 관심이나 행동지침들이 있는지를 찾아내려고 노력하라. 고객이 인터뷰에 앞서 위원회 구성원들과의 접촉을 금할 때에도, 당신은 그 고객에 대해 모을 수 있는 만큼의 많은 정보들을 모음으로써 그 사람들에 대해 알 수 있을 것이다.

어떤 관계에 있어서도 친화력은 대단히 중요하다. 당신이 어떤 특정한 고객을 좋아하지 않는다면, 역시 그 또는 그녀에게 당신이 특별히 편안하게 느껴지지 않을 확률이 높다. 만약 당신이 유일한 회사의 소유자가 아니라면, 파트너 중 한 사람이 그 고객과 더 사이좋게 잘 지낼 수도 있다. 만약 고객을 양도할 수 있는 누군가가 없다면, 그때는 당신이 편안할 수 있는 영역에서 물러나 고객의 성격에 맞도록 당신 스타일을 조정할 수밖에 없다.

비즈니스

Part 2

제안서의 작성

프로젝트를 찾는 제안서의 단계는 당신에게 당신이 얼마나 잘 경청하는가를 증명하는 기회를 제공한다. 효과적인 제안서는 명확하고 간결한 용어로 고객의 요구에 대한 당신의 이해와 그 요구사항들을 수용하기 위하여 당신이 희망하는 당신의 독특한 능력이 무엇인지를 언급한다.

제안서–가능성을 향상시키기 위한 전략

- 제안서를 제출할 기회를–선행학습에 기초하여–찾아라; 단순히 자격서 요청(RFQ)[2]이나 제안서 요청(RFP)[3]에 응답하는 꾸러미 중의 하나가 되는 것을 넘어서라.
- 당신이 할 수 있는 만큼 고객의 초점에서 제안서를 작성하라. 당신의 언어를 검사하라: '나', '나를', '나의', '우리', 또는 '우리의' 보다는 '당신', '당신의' 라는 단어들을 사용하라.
- 만약 그렇게 하는 것이 가능하다면, 그 고객이 미리 검토할 수 있도록 당신 제안서의 초안을 제출하라. 정보가 정확한 것인지를 묻는 것은 "그것은 정말로 우리가 원하는 것이 아닙니다."라는 말과 함께 수일의, 또는 수주의 노력을 날려버리는 것으로부터 당신을 구할 수 있을 것이다.
- 당신이 공식적인 자격서 요청이나 제안서 요청에 응하고 있다면, 요청된 형식이나 양식에 맞춰 당신의 정보를 제공하라. 이것은 예술적 허가증을 필요로 하는 장소가 아니다.
- 가능하면 어느 때든지 제안서를 손으로 직접 전달하라. 이것은 당신에게 고객을 접촉할 또 하나의 기회를 주며, 그 프로젝트에 대한 당신의 관심을 강조한다.
- 당신의 제안서가 설명적이고 완전하면서도 여전히 간결함을 확인하라. 본질에서 벗어난 정보로 읽는 사람을 압박하지 말아라.

2) 역주: Request for Qualification

3) 역주: Request for Proposal

많은 회사들은 영업적 수단이 아니라 오히려 순수하게 기술적인 서류로 제안서를 보는 실수를 범한다. 한 훌륭한 제안서는 당신의 특별함과 전문성에 대한 고객의 인식을 향상시키는 한편, 동시에 당신이 무엇을 할 수 있고 다른 사람들이 무엇을 할 것으로 기대하는지에 대하여 당신으로 하여금 조항 및 조건들을 명확히 밝히게 함으로써 당신의 영업 노력을 지지한다.

잘 쓰여진 제안서는 받는 사람들에게도 역시 도움이 되는데, 그 이유는 다음과 같다.

- 충격적인 일을 최소화할 수 있다.
- 의사결정 과정을 더 쉽게 만든다.
- 한 회사를 선정한 이유에 대해 건축주가 정당화하는 것을 돕는다.

건축주와 상황에 따라, 요청된 제안서의 형태는 괄목할 정도로 다르다. 가끔은 제안 편지 정도만 요구될 경우도 있다. 이런 경우에는, 아마도 "비용이 얼마나 드는가와 언제 일을 시작할 수 있는가?"를 단순히 알기 원하는 반복되는 고객일 것이다.

대부분의 회사들은 엄청난 양의 제안서들이 자격서 요청(RFQ)이나 제안서 요청(RFP)에 응하여 제출된다는 사실을 발견한다. 이것은 일반적으로 경쟁이 심한 상황인데, 누구로부터 제안서를 간청하고 어떤 정보의 이해를 중요하다고 여기는지에 대해 고객들이 결정을 내려야 한다.

비슷비슷한 것들의 비교를 조금 더 쉽게 하기 위하여, 많은 공공의 그리고 개인적인 고객들은 당신의 경험과 자격들을 상세히 묻는 질문서의 작성을 요구한다. 표준양식 254와 255는, 연방정부에서 그리고 몇몇의 주정부나 지방관청에서 사용되는데, 이러한 제출양식의 예가 된다.

건축 서비스 및 보수(9.2)에서는 프로젝트 비용과 제안서에 대해 전반적으로 설명한다.

만약 당신이 한 고객의 필요성을 확인했다면, 아마도 당신은 요청되지 않은 제안서를 제출하는 입장에 있을 수 있다. 이런 경우, 당신은 제안서를 디자인하고 구성하며, 언제 제출할지를 결정한다.

거의 모든 제안서(특히 긴 제안서)의 중요한 구성요소에는 부수적인 리스트들이 포함되기도 한다. 모든 다른 분야의 마케팅과 영업에서처럼, 제안서는 고객과 그 프로젝트에 세심하게 맞춰져야 한다. 회사 찾기를 끝내고 일 시작하기를 고대하는 고객에게 두꺼운 꾸러미의 제안서가 부적절한 것처럼, 지성적인 고객에게 짧은 편지는 부적절할 수 있다. 여기에 당신의 제안서 작성노력의 능률과 효과를 증대시키는 몇 가지 비법을 소개한다.

서비스의 범위를 세부적으로 서술하는 설계보수에 대한 제안서가 다른 형태의 설명적인 제안서를 수반하거나 또는 뒤따를 수 있다.

- 디자인 프로젝트를 처리하듯이 프로세스에 접근하라: 일의 범위를 정의하고, 저술과 제작에 책임을 할당하며, 이 노력에 바칠 시간과 돈의 크기를 결정하라.
- 당신이 싣기를 원하는 메시지에 대해 생각하고 그것을 앞에 배치하라. 가능한 위치에 중요한 것들을—고객 요구에 대한 분석과 당신의 접근, 그리고 보수에 대한 제안 등—서두로 놓아라. 긴 제안서는 임원용 요약본이 요구될지

가능한 제안서의 항목들

Howard J. Wolff

- *첨부편지.* 당신 자신과 당신 회사를 판매하는-그리고 고객에게 왜 당신을 선택하여야 하는 것을 말하는-첫 번째 기회가 된다.
- *목차.* 제안서 안의 항목들을 정리하고 페이지 번호를 매기는 데 도움이 된다.
- *임원용 요약본.* 요약본은 고객에 초점을 맞춘 언어로 현재 상황에 대한 당신의 이해를 확인하고, 당신이 제안하고자 하는 것의 개요를 제공하며, 당신 회사가 왜 그 프로젝트에 특별히 적합한지 강조한다.(이것은 가장 중요한 부분인데, 당신의 제안서 중 확실한 의사결정자가 읽을 유일한 부분일지도 모른다.)
- *범위 및 상황 분석.* 여기에서 고객이 필요로 하는 것들과 프로젝트의 범위에 대한 당신의 지식을 전달하는 기회가 된다.
- *서비스.* 당신의 제안서에 포함되는 서비스들을 알려준다. 당신은 아마도 논의는 되었지만 제안서의 부분이 아닌 서비스 제외사항들을 특별히 나열하기 원할지도 모른다.
- *접근 및 방법론.* 당신 서비스의 제공을 어떻게 계획하는지에 대해 상세히 밝힌다. 당신이 그 경쟁으로부터 당신 자신을 돋보이게 할 수 있는 부분을 눈에 띄게 강조하라.
- *프로젝트 팀.* 서비스 제공을 위하여 어떻게 조직할 것인지를 묘사한다. 프로젝트를 담당할 핵심 직원들의 특별 주문된 이력서를 포함하라는 것은 좋은 충고일 것이다.
- *최근의 관계있는 실적.* 다른 건축주들을 위해 비슷한 문제들을 어떻게 해결해 나갔는지의 사례를 나열하고 설명한다.
- *일정계획.* 일을 마무리하는 하나의 시간표이다. 일정이 어긋날 수 있기 때문에(종종 건축가의 잘못 없이), 특정한 달력 일자들보다는 주 단위나 달 단위로 시간 구성을 나타내는 것이 더 현명할지도 모른다. 또한, 고객의 검토를 위한 시간 편성 역시 확인하라.
- *보상(보수).* 만약 요구된다면, 제공되는 서비스의 범위에 대한 명확한 기술에 기초하여 보수액을 제안한다.
- *참고인.* 고객에 의해서 항상 요구되는 것은 아니지만, 강력한 참고인 명단은 선택되기 위한 당신의 능력을 크게 강화시킬 수 있다. 접촉 가능한 사람들의 명단, 지위, 회사 및 집 전화번호, 그리고 당신이 그들에게 제공했던 서비스들의 간단한 기술 등을 나열한다. 당신의 참고인들이 당신이 그들의 이름을 사용하고 있다는 사실을 안다는 것을 확인하라.
- *부가적인 정보.* 고객에게 도움이 되고 당신의 영업노력을 지지한다고 생각되면, 일찍이 보고되지 않은 어떤 자료이든 서류에 포함시킬 수 있다: 수여된 상의 리스트, 기사들의 발췌인쇄물, 브로셔 자료 등등

도 모른다.

- 당신이 반복해 사용하고 있는 정보의 관례적인 복사물에 대해서도 중요하게 여겨라. 필요에 따라 짜맞춰서, 너무 일반적으로 보이지 않게 하라. 제안서의 80%가 될 수도 있는 그 반복사용 항목들에는 회사에 대한 서술, 당신의 능력, 철학, 중요한 직원들의 이력서, 관련 프로젝트에 대한 기술, 디자인 과정과 방법론, 그리고 표준의 협약과 조건들이 포함될 것이다. 반복사용 내용물이 사용되어도 좋은지 검사하라.
- 여분의 선행 시간을 요구하는 제안서 부분에 대해서는 일찍 시작하라: 주문제작 표지, 특수한 그래픽(사진, 도표, 그리고 다른 그림들), 팀원이 될 컨설턴트로부터의 정보 등이다.
- 제안서를 받는 사람의 입장에서 스스로 질문하라. "이 제안서는 내가 이 회사를 선택하기 위해 알아야 할 것들을 말하고 있는가?"
- 편집하고, 교정하고, 검독(檢讀)하고, 바인딩하고, 제안서를 전달하는 데 대한 시간을 계획하라. 얼마나 많은 복사본을 고객이 갖기를 원하는지 미리 알아두어라.
- 그 제안서가 제출되기 전 회사의 다른 누군가가 그것을 재검토하여야 한다.
- 그 제안서는 회사와 회사의 통솔자들을 대표한다는 사실을 명심하여야 한다.

어떤 제안서 요청들은 제안서에 무엇이 포함되어야 하고 어떻게 그 정보를 서술해야 하는지 매우 명확하다. 이런 요구사항을 무시함으로써 둔감한 자가 되는 위험에 뛰어들지 말아라.

프로젝트 수주를 위한 메시지들

제임스 프랭클린(James R. Franklin, FAIA), 작은 설계회사 관리에서의 현대 실무(1990)

상황에 따라, 건축주는 당신을 크다 또는 작다로, 지역 건축가로 또는 지역 외의 건축가로, 그 프로젝트 유형에 전문가로 아니면 초보자로 평가한다-또는 당신은 건축주가 그렇게 하기를 원할지도 모른다. 물론 정직이라는 범주 내에서 당면한 상황에 그들의 능력을 결부시키는 데 회사들이 사용하는 몇몇의 메시지들이 여기에 있다.

작은 회사

- 오늘날의 신속히 바뀌는 기술은 만능인으로서의 시야와 하나의 책임소재를 필요로 한다-그것은 바로 저입니다.
- 우리는 모든 프로젝트 유형에 전문가이려고 노력하는 사내 기술자들에 의해 방해받지 않는다. 우리는 당신의 독특한 프로젝트를 위해 진실로 전문성을 가진 컨설턴트들로부터 할 수 있는 가장 훌륭한 팀을 조직한다. 대부분의 전국적으로 알려진 디자이너들은 이 사실에 대한 우리의 견해에 동의한다-회사 내에는 기술자가 없다.
- 당신의 프로젝트는 우리에게 큰 것이다. 그것은 많은 것을 의미하며, 매일매일 우리의 관심을 최고로 부여할 만한 가치가 있다. 이 일은 낮은 계급으로 좌천되지 않을 것이다. 우리 회사에서는 같은 한 건축가(나)가 개인적으로 다룰 것이다(디자인, 시방서 및 과정의 다른 요소들).
- 당신의 사업처럼, 건축에서의 모든 것 역시 사람에 달린 것이다. 당신은 전문적 견해를 만드는 사람들과-컴퓨터나 테크니션이 아닌-거래하기를 원하는 것이다.
- 당신의 일은 우리들에게 많은 의미가 있으며, 우리가 담당직원들을 교체하지 않을 것임을 당신은 보장받을 수 있다.
- 우리는 유대가 긴밀한 사무실이다-한 프로젝트의 모든 면에 대해 자동적으로 총괄하고 협조한다. 사무실에 있는 모두가 모든 것을 엿듣게 된다-사무실은 나누어져 있지 않다. 우리 모두가 일대일로 일한다.
- 시공자는-당신처럼-회사의 대표와 함께 거래하고 더 관심을 표하고자 한다.
- 한 프로젝트에 효과적으로 일할 수 있는 사람들의 수에는 한계가 있다. 회사 크기와는 상관없이, 그것은 항상 그 프로젝트 팀에 달린 것이다. 우리가 바로 그 한 팀이고 넘칠 정도로 충분하다.

큰 회사

- 오늘날의 산업사회에서 '거장'이 되는 것은 불가능하다. 전문가들의 팀이 필요하다.
- 우리는 사내에 그 능력을 갖추고 있으며, 그러므로 훌륭한 자격을 갖춘 전문가들 사이에서의 협조관계와 팀워크를 시험하여 왔다. 우리는 협력을 강조한다. 우리는 당신이 우리 전문가들의 조직 숙련도에 투자할 것을 기대하지 않는다. 당신은 당신 프로젝트를 마무리하는 헌신적인 팀을 얻게 될 것이다.
- 우리의 크기에는 이유가 있다-우리는 서비스와 대응에 관심을 기울인다. 당신은 당신 프로젝트에 100% 프로젝트 관리자를 가지며, 그는 한 파트너의 감독아래 있을 것이다.
- 기술은 빠르게 변하고 있으며, 한 회사가 [CAD, 품질 관리 시스템, 지속적인 교육 및 기타 등등-사실이라면]을 수용하려면 우리와 같은 크기가 필요하다.
- 우리는 전문적인 판단의 질을 보장하는 풍부한 임직원들과 다양한 대안들이 있다.
- 우리는 필요시 장애물을 이겨내고 프로젝트를 지속시킬 수 있다.
- 우리는 회사 밖의 컨설턴트들에 의존하지 않으며 따라서 본질적인 협조가 사내에서 이루어진다-그리고 그것은 자동적이다.
- [건설관리, 시방서, 디자인, 프로젝트관리, 등등]은 모두 회사 본연의 업무이다-우리는 전문가 자격이 있다.

지역의 건축사무소

- 우리는 장기간 동안 여기에 있었다. 우리는 지역사회에 개인적인 연고권이 있으며, 동시에 전문적인 연고권 역시 가지고 있다. 우리는 여기에서 당신이 이루어낸 그 결과물들과 함께 생활할 것이다.
- 우리를 필요로 할 때마다, 우리는 여기에 있다-우리는 단지 현장으로부터 몇 분 거리에 있다. 우리는 우리에게 전화해야 하는 당신이나 시공자 없이 그 작업에 있어야 할 때를 알고 있다.
- 지역적으로 쓰이는 비용은 지역에서 7번이나 다시 쓰인다. 우리 자신의 고장에 그 돈을 유지합시다.
- 비록 우리가 지역 외의 공사업자와 관계를 끝내더라도, 대부분의 실제 작업은 지역 사람들에 의해 수행될 것이다. 그들이 당신 눈에 안 들지라도, 그들은 앞으로 몇 년 동안 우리와 함께 일하여야만 한다. 우리는 계속 점수를 매길 것이며 그들은 그것을 잘 알고 있다.

(계속)

지역 외의 건축사무소

- 우리는 순수하게 전문가이다-무엇이 최고이냐가 아니고 당신 프로젝트를 위해 어떠한 것이나 어떠한 사람을 이용해야 한다는 지역적 편견이나 압력이 없다. 그것이 만약 당신의 요구와 바람을 충족시킨다면, 우리는 당신을 위해 그것을 얻기 위해 싸울 것이다. 우리에게 특별한 자격이 없었다면, 당신은 우리에게 말하지 않았을 것이다.
- 정보 사회에서, "멀리 있는" 것은 아무것도 없다. 어떻게 우리가 프로젝트를 위한 대화와 협조체제를 계획하는지 알 수 있을 것이다.
- 건축 서비스를 위한 보수는 프로젝트 전체비용의 1퍼센트의 약 10분의 1일뿐이다. 가장 좋은 것을 고르시오.
- 우리는 신선한 눈, 새로운 생각, 그리고 시공자 및 하도급자들의 업무수행에 대한 객관적인 평가를 제공한다. 그리고 다른 지역에서의 가장 훌륭한 작업과 그들 작업의 비교를 위한 기초자료를 가지고 있다.

경험이 거의 없는 경우

- 윌리엄 카우딜(William W. Caudill, FAIA)은 다음과 같이 말한다. "10개의 학교 프로젝트를 처리했다고 주장하는 건축가는 실제로 한 학교를 10번 했을 뿐이다." 우리는 어떤 선입견도 가지고 있지 않다. 우리는 당신이 규정짓는 대로 당신의 요구사항에 응답하여 일할 것이다.
- 우리는 최신의 기술들을 찾을 것이다. 당신의 프로젝트와 그 부지는 독창적인 기회들을 우리에게 선사할 것이다. 당신은 요리책 해법 이상의 보답을 당연히 받을 만하다.
- 당신의 프로젝트에 대해 무엇이 독창적인지, 그리고 우리가 어떻게 그 디자인에 접근할 것인지에 대해 이야기를 나누자.
- 우리와 엮인 어떤 라인도 없다. 우리는 만능의 전문가로 남기 위해 열심히 일한다. 비슷하지만 상이한 프로젝트의 유형들은 우리가 진부해지지 않도록 유지해준다. 여기에 비슷한 상황에서 우리가 다루어 왔던 상이한 프로젝트들의 예들이 있다-그리고 그것을 통해 당신의 프로젝트를 우리가 훌륭히 수행할 수 있는 다양한 경험들을 어떻게 갖게 됐는지를 알 수 있을 것이다.
- 우리는 다양한 프로젝트 유형을 다루면서 우리 자신을 열정적으로 유지하며 전문적으로 성장하고자 한다. 어떠한 것도 기계적으로 되지 않으며, 우리의 총력을 다한 전문적인 관심 없이는 이루어질 수 없다. 우리는 프로젝트에 주의를 기울여야만 한다.

경험이 많은 경우

- 누구나 승리자를 좋아한다-그것이 바로 당신의 프로젝트에 우리가 선택되어야 하는 이유인 것이다. 당신은 여기에서 많은 문제에 처해 있다. 그리고 우리는 자랑할 수 있는 실적을 가지고 있다.
- 우리에게는 이것이 어떠한 학습과정도 아니며, 당신에게 우리의 학비를 지불해달라고 부탁하는 것도 아니다. 그 프로젝트 유형을 배우기 위해 낭비하는 시간 대신에, 우리는 당신의 특별한 요구사항들을 위하여 무엇이 독창적인가에 초점을 맞출 수 있다.
- 그동안 우리가 다루어 온, 당신 프로젝트와 유사한 모든 프로젝트들을 보여 줄 수 있다. 당신은 이 유형의 프로젝트에 대해 우리의 다른 건축주들과 대화할 것을 원할 것이다. 여기에 참고인의 리스트가 있다.
- 당신의 프로젝트 유형은 우리가 좋아하고 많이 일해 온 것이기 때문에, 우리는 손쉽게 그것을 연구하며, 그것과 관련 있는 디자인과 기술에서 최근의 진전에 뒤떨어지지 않도록 계속 유지한다. 우리는 당신이 대화할 그 밖의 어느 회사보다도 앞서 왔다.
- 우리는 우리의 디자인을 자랑스럽게 여기지만 그것은 여전히 우리가 제공하는 서비스의 15~20퍼센트에 불과하다. 당신은 기술적인 면에서도 전문가들을 원한다-그 사람들이 거기에 있어 왔으며, 그 모든 다양함을 보아왔다. 우리는 이러한 사람들을 많이 보유하고 있다.

프레젠테이션

그들이 모든 디자인 회사들을 잘 알고 있지 않다면, 고객들은 일반적으로 선발 후보자 명단에 올려진 회사들에게 프레젠테이션을 요청할 것이다. 어떤 상황에서는, 이것이 건축가와 건축주가 일 수주과정에서 얼굴을 마주하는 처음이자 유일한 기회가 되는 결과로 나타나기도 한다.

이 지점에 이르는 광범위한 선발과정을 겪고 나면, 대부분의 고객들은 인터뷰할 모든 회사들이 프로젝트를 처리할 능력이 있다고 간주한다. 당신은 현재 기회를 갖게 된 것인데—그러나 단지 프레젠테이션 그 자체를 브리핑하는 것이지만—이를 통해 신뢰관계를 쌓고 확신감을 불어넣게 된다. 이 단계에서 일을 따내는 것은 보통 과거의 경험이 아니라 친근감과 프로젝트에 대한 당신의 지식이다.

당신이 승리를 거두기 위하여 할 수 있는 것들은 많이 있다. 주의 깊은 준비가—고객의 마음에 있는 것을 예측하는 것과 고객의 당면한 요구사항들과 관심들에 적절히 응답하는 것을 포함하여—중요하다. 그 건축가 선정을 위한 인터뷰는 당신의 제품을 보여주는 것이 아니라 신용과 신뢰감을 쌓는 시간인 것이다.

마무리 업무

비록 당신이 그 프레젠테이션에서 수상자로 결정되었다고 할지라도, 아직은 그 일을 꼭 맡을 필요는 없다.

가격이 이 시점까지의 논점이 아니었다면, 이제는 그 때가 된 것이다. 만약 당신이 강한 신뢰관계를 발전시키고 이 일을 위한 가장 훌륭한 건축가로 당신의 지위를 심기 위해 수주과정의 다른 단계들에서 할 수 있는 모든 것을 했다면, 당신의 서비스에 대한 적절한 보수액의 협상은 자연스런 결과일 것이다.

특정의 협상기술을 아는 것이 도움이 되는 한편, 그 잠재적 건축주가 서명란에 서명하도록 만드는 "속임수"를 배우는 것에 강조를 둘 필요는 없다. 만약 당신과 건축주사이의 계약관계가 윈–윈의 협상으로 인지된다면, 당신은 좋은 출발을 하게 된 것이다.

따라서, 축하드린다. 당신은 일을 드디어 맡은 것이다. 기술적인 문제들과 프로젝트 관리에 대한 관심사에 당신의 초점을 돌리기 전에, 당신 스스로를 당신 고객의 신발에 맞추는 것이 중요하다. 여기에는 약간의 감정이입이 오래갈 것이다.

한 소비자 심리학 연구에서 구입과정의 가장 긴장된 단계는 결정을 내린 바로 다음 순간이라고 알려준다. 초조함과 의심이 종종 만들어진다. 이 시점에서는 당신을 고용한 것이 건축주의 올바른 결정이라는 것을 확인하며, 건축주의 요구와 관심들에 지속적으로 강화된 초점의 집중을 당신 행동을 통해 보여줄 수 있다.

"건축주에게 한달에 한번씩 전화하고 다음과 같이 물어라: 어떻게 지내는가? 무엇을 더 낫게 할 수 있는가? 이것은 더 역동적인 전문적 관계와 친교, 그리고 반복적 사업관계를 초래한다."

Steven L. Einhorn, FAIA, Einhorn Yaffee Prescott, P.C., 1990년대의 최고 마케팅을 위한 충고, 1993

결과 보고

마무리라는 용어는 프로젝트를 찾는 과정에서의 마지막 단계를 의미하지만, 사실은 그 이상의 단계가 있다. 결과 보고, 또는 승리한 회사가 선발된 이유에 대한 이해는 마케팅의 장기적인 성공을 확실히 하는 데 중요하다. 많은 회사들은 어째서 그들이 선발되지 않았는지를 묻는 것에 대해 생각해보나 거의 모두 묻지 않는다—그리고 더 적은 수의 회사만이 그들이 왜 선발되었는지를 물어본다. 양쪽 모두의 경우, 건축주와 함께 하는 정직한 결과보고 회의를 통해 귀중한 정보를 얻을 수 있다.

만약 당신이 일을 잃게 되면, 당신 회사에 관심을 보였던 것에 대해 고객에게 감사 전화를 하라. 못 먹는 감 찔러나 보자 식의 오기가 아니다. 오랜 기간 동안 그 고객의 사업에 흥미가 있어왔다고 말하라. 다음번에 좀 더 나은 일을 당신이 할 수 있도록 도울 수 있는 정보를 그 고객이 기꺼이 나누어 줄 수 있는지 물어보라. 설명이나 정당화하지 말고 그 고객이 말하는 것을 경청하라. 만약 당신이 방어자세로 나오면, 그 고객은 정직한 뒷이야기의 제공을 멈출 것이다. 역시 모든 이야기의 입수가 항상 있는 것은 아니라는 사실을 명심하라.

만약 당신이 일을 얻었다면, 그 과정이 그 건축주의 마음에 남아 있을 테니 이러한 질문들을 던져라.

- 고객은 당신의 어떤 점이 좋았는가?
- 당신이 무엇을 잘 했고 당신의 경쟁자들은 무엇을 잘 못했는가?
- 당신은 무엇을 더 잘 할 수 있었을까?
- 고객은 당신 회사의 독특함을 무엇으로 보는가?
- 고객은 무엇으로 다양한 회사들을 차별화하였다고 보는가?

당신이 결과보고로부터 수렴한 정보들과 함께, 당신은 다음 프로젝트 찾기의 진행을 시작할 준비가 된 것이다. 그리고 그 다음의 것, 또 그 다음의 것.

노력을 집중하기

AIA 설계회사 조사에서 시종 일관 지적하였듯이, 건축가 작업의 열 중 적어도 여덟이 반복적인 건축주들, 추천, 그리고 명성으로부터 온다고 가정한다면, 논리적으로 당신 영업노력의 적어도 80퍼센트는 기존 건축주들과 장기적인 관계를 만들고 더 강화하는 데에 쏟아야만 한다.

> "전문적 관심은 여전히 최고의 영업 도구이다."
>
> Eugene Kohn, FAIA, RIBA, Kohn Pederson Fox Associates, P.C., 1990년대의 최고 마케팅을 위한 충고, 1993

그러나, 대부분의 회사들은 새로운 건축주들을 찾는 것에 마케팅 노력의 대부분을 쓴다—종종 그들을 성공하도록 도왔던 충실한 건축주들을 잃는 것도 무릅쓴다. 기존의 건축주들을 당연하다고 경시하는 것은 사업을 잃고, 동시에 명성을 잃는다는 점에서 손실이 클 수 있다. 역으로, 당신이 쓸 수 있는 가장 비용효율이 높은 영업자금은 오래된(또는 현재의) 건축주들로부터 새로운 일을 얻는 것 위에 존재한다. 많은 연구들이 기존의 한 건축주를 유지하는 것보다 새로운 건축주를 얻는 데에 5~6배의 비용이 들어간다고 말한다.

수주활동은 마케팅의 한 부분이다—마케팅은 관계를 세우는 것으로 시작하는 하나의 커다란 과정인데, 홍보와 수주활동(특정한 프로젝트를 찾고 마무리하는 것)을 포함하며, 그리고 프로젝트 내내 계속된다. 마케팅 계획과 전략(6.1)에 열거된 대부분의 근거들은 프로젝트 획득에 대해 언급한 것이다.

> 고객과의 계약(10.1)는 예측된 일들을 정렬하는 지속적인 과정에 대해 지침을 제공한다.

참 • 고 • 자 • 료 *Backgrounder*

프로젝트를 위한 인터뷰

하워드 월프(Howard J. Wolff)

건축가 선정을 위한 인터뷰는 중요한 기회가 된다. 만약 그것이 관계 형성의 오랜 기간 끝에 도달한 것이라면, 그것은 확신감을 심어주고 신뢰관계를 구축할 수 있는 당신 회사의 마지막 기회인 것이다. 만약 어떠한 호의적인 배려가 없다면, 그 인터뷰는 아마도 프로젝트를 획득할 수 있는 당신의 유일한 기회를 의미할 것이다.

프레젠테이션이 진행되는 사이에, 고객들은 그 프로젝트에 당신이 선정된다면 그들이 무엇을 겪게 될지를 판단하기 위한 단서들을 찾고자 한다:

- 만약 주어진 시간을 초과한다면, 고객들은 당신이 일정 준수에 문제가 있을지도 모른다고 생각할 것이다.
- 만약 프레젠테이션이 잘 기획되지 않았다면, 그것은 당신의 디자인 팀 운영에 문제가 있음을 의미한다고 여겨질 것이다.
- 만약 프로젝터의 전구가 나갔는데 여분의 전구가 준비되지 않았다면, 고객들은 당신이 앞을 내다보며 계획할 수 없는 것이 아닐까 의심할지도 모른다.
- 만약 프레젠테이션에 그 고객들을 끌어들인다면, 그것은 당신이 선정된 후, 디자인과 의사결정과정에 그들을 계속 관여시킬 것임을 시사하는 것이다.
- 만약 당신이 고객의 필요와 관심들을 분명히 하고 정확하게 요약함으로써 당신의 듣고 대화하는 솜씨를 보여준다면, 그것은 전문가로서 당신의 능력에 확신감을 심어줄 것이다.
- 만약 프레젠테이션의 내용과 발표 안에서 내내 당신의 성격이 빛날 정도로 기분 좋게 자신을 보여준다면, 고객들이 "바로 내가 같이 일하고 싶은 사람"이라고 느낄 승산이 극적으로 증가한다.
- 만약 인터뷰를 첫 번째 프로젝트 팀 미팅인 것처럼 상상하며 인터뷰에 임한다면, 당신은 그 프로젝트의 완성을 위해 어떻게 함께 일할 것인지를 (단지 말이 아니라 행동을 통해) 보여줄 수 있다.

성공적인 프레젠테이션을 위한 비결이 계획되고 준비되어야 한다. 다음은 이를 위한 몇 가지 제안들이다.

고객과 프로젝트에 대한 정보를 모으라. 사업개발과정에서 조금 더 초기에 얻어진 정보는 이 단계에서 입증되고 갱신될 수 있다.

선정 위원회의 구성원들에 대해 파악하라. 청중을 알아야 한다. 누가 참석할지를 알아내고 그들의 배경, 역할, 흥미, 성향, 그리고 관심 등에 대해 학습하라.

프레젠테이션 집행의 세부적 특징들을 손에 넣어라. 앞서 이루어진 다음 것들의 확인은 도움이 될 것이다.

- 일자, 시간, 장소, 그리고 프레젠테이션 소요시간.
- 협의록에 대하여 고객이 선호하는 안건.
- 프레젠테이션 공간의 외적인 특색: 크기와 모양; 의자배치; 전기콘센트, 창, 그리고 커튼들의 위치; 소도구들(프로젝터, 컴퓨터, 삼각받침대, 플립차트 등)의 이용가능성.

선정과정에 대한 세부사항들을 밝혀라. 당신은 다음과 같은 질문들에 대한 답에 따라 메시지를 교정하고 다듬을 수 있다.

- 얼마나 많은 다른 회사들이 인터뷰를 하고 있으며, 그들은 누구인가?
- 당신은 프레젠테이션의 몇 번째 순서에(1번째, 마지막, 또는 중앙에) 있는가?
- 고객의 선택 기준은 무엇인가?(체크리스트나 예를 들어, 매트릭스)
- 프레젠테이션이 끝나고 얼마나 빨리 결정이 이루어지는가?(추가적인 어떠한 정보가 필요할 수도 있는가?)

틀림없이, 이 문제들에 대한 대답이 항상 쉽게 얻어지는 것은 아니다. 어떤 고객들은 다른 사람들처럼 협조적이지 않아서, 공식적인 프레젠테이션을 하도록 요청받기에 앞서 그 고객과의 관계 발전을 통한 이점을 강조하게 된다.

가장 많은 정보를 가진 건축팀은 이길 수 있는 프레젠테이션을 계획하고 실행하는 데 가장 좋은 위치에 있는 것이다. 그러나 단순히 정보를 갖는 것만으로는 불충분하다; 계획하고 준비하는 작업은 계속되어야 한다.

당신 프레젠테이션을 위한 전략을 세워라. 현재 가지고 있는 지식에 기초하여, 이제는 당신의 메시지를 갈고닦고 발표할 대표선수들을 결정할 시간이다. 고객의 문제가 어떻게 독특하며, 그것을 해결하기 위한 당신의 접근이 어떻게 적절한가에 대한 이해를 보여줄 필요가 있다. 대부분의 고객들은 그들과 함께 일할 "행동대원들"을 직접 만나길 원한다는 사실을 기억하며, 그 인터뷰에 누가 참여할 것인지를 결정하라. 그 인터뷰에 참여한 모든 사람들이 각각의 역할을 가지고 있다는 것을 확인하라. 원고를 개발하고 행동작전을 세워라.

시각자료를 준비하라. 슬라이드, 보드, 파워포인트, 차트, 비디오, 오버헤드 프로젝터 등과 같은 많은 시각자료들의 사전 준비가 가능할 것이다. 만약 당신이 마커칠에 자신이 있다면, 당신의 프레젠테이션을 향상시키기 위하여 시각자료를 보여주면서 당신이 말하는 것처럼 스케치하기를 원할지도 모른다. 슬라이드를 보여주기 위해 방을 어둡게 하는 것—그리고 시간이 늘어져 당신 청중들의 집중력을 잃게 하는 것—은 신뢰관계의 구축을 위한 당신의 능력을 손상시킬 것이다. 만약 당신이 프레젠테이션 기법(프로젝터, 컴퓨터, 등등)을 사용하고 있다면, 모든 것이 접속되고 이전에 작동함을 확인하라– 그리고 교체부품(프로젝터의 전구와 같은)을 준비하라.

예행연습, 예행연습, 또 예행연습 그렇다, 반복적으로 예행연습하고 당신의 프레젠테이션이 미리 준비된 것처럼 보이도록 해야 한다. 그러나 이것은 대부분의 건축가들에게 가능성이 거의 희박하다. 신선하고 자연스럽게 보이기 원하는 것을 핑계로 많은 발표자들은 준비 안 되고 구성이 잘 안 되는 위험을 감수한다.

프레젠테이션이라는 공연의 예행연습은 발표내용을 다시 듣는 것만큼 중요하다. 다음의 것들을 우연으로 남겨두지 말아라.

- 언제 어디서 누가 이야기할 것인가?
- 어떻게 시작하고 어떻게 넘겨줄 것인가?
- 누가 불을 키고 프로젝터의 스위치를 키고 끄는가? 블라인드는? 보드 설치는?
- 어떻게 그리고 누가 질문에 답할 것인가?

당신이 이야기할 모든 것을 말하고 고객과 대화할 적절한 여분의 시간을 포함하여 프레젠테이션의 모든 부분에 대해 시간을 재라. 비디오테이프 녹화는 이러한 것들을 연습하는 데 도움이 될 것이다.

악역의 고용을 고려해보라. 동료를 건축주의 자리에 앉도록 부탁하고, 나올 만한 질문들을 던지고 당신의 대답들이 분명하고 간결해질 때까지 압박을 가하게 하라. 당신 프레젠테이션의 리뷰를 위해 비디오를 도구로 이용하길 원할지도 모른다. 훈련 상담가들인 팀 알렌(Tim Allen)과 피터 롭(Peter Loeb)은 비디오상에서 그들을 보는 사람들의 두려움을 줄이기 위해 다음과 같이 제안한다.

- 발표자들에게 당신의 평을 던지기 전에 그들 자신을 보게 한 후 무엇을 생각하는지 말할 기회를 주어라.
- 당신이 보고 좋아하지 않는 것들을 고치는 것이 다른 사람들이 당신에게 원하는 것에 대해 말하는 것의 경청보다 더 귀중하고 강력하다.
- 프레젠테이션이 얼마나 잘 진행되는지를 보고, 그것이 함축되거나 세련될 수 있는지를 결정하기 위하여 전 프레젠테이션 과정을 비디오테이프로 제작하라.
- 한 사람의 프레젠테이션에 할당된 작은 부분—최대 3분정도—에만 집중하라. 누구도 동시에 그보다 많은 것을 흡수해서는 안된다. 그 한 부분을 개선하고 그 다음 프레젠테이션의 나머지 부분에 그 교훈들을 적용하라.
- 그 발표자로 하여금 그가 원하는 것을 고친 뒤, 다시 같은 3분을 갖도록 하라. 긍정적인 언급으로 끝을 맺으라.

고객이 말할 수 있도록 하라. 가장 좋은 인터뷰는 독백이 아니라 대화이다.

요약하면, 당신 메시지의 내용과 전달–그리고 그들의 요구들과 관심들에 대한 이해를 보여주는 사이에 고객과의 신뢰관계를 발전시키는 당신의 능력—은 뛰어나게 논리정연해야 하고 훌륭한 발표자보다 더욱 더 중요하다는 사실이다. 고객들은 일반적으로 건축가들에게 세련된 공개강연자의 능력을 기대하지 않는다. 그러나 만약 당신이 이 분야의 능력을 편안한 수준까지 증가시키길 원한다면, 사회자 교육프로그램(거의 모든 지역에서 제공되는) 등이 훌륭하게 작용할 수 있다.

프레젠테이션 요령

여기에 어떻게 회사들이 그 군중들로부터 버텨내고 프레젠테이션에 승리하였는지를 보여주는 현장 스토리들이 있다.

- 한 디자인 팀은 그들이 그날 고객에게 프레젠테이션하는 8번째 회사라는 것을 안 후, 소다와 팝콘을 인터뷰에 가져왔고 선정위원회에게 공감대를 형성할 수 있었다.
- 한 병원 건축주가 특성화하고자 하는 장비의 제조업자와 대화함으로써 한 건축가(이전에 의료시설 디자인 경험이 없는)는 그 장비가 엘리베이터에 들어가지 않는다는 것을 알아냈고, 그리고 그 프레젠테이션에서 대안을 논의함으로써 건축주 또는 경쟁자들보다 문제에 대한 더 큰 이해를 보여주었다.
- 그가 무료로 아이디어 개념의 제공을 고객으로부터 요구받았을 때, 건축가는 테이블에서 일어나 탭 댄스를 추었다. "이것이 바로 제가 무료로 제공할 수 있는 것입니다."라고 말하였다. 그리고 "그 밖의 모든 것에는 비용지출이 필요합니다."

6.3 공공의 봉사활동 및 지역사회의 참여

William M. Polk, FAIA[4)]

공적 생활에 참여함으로써, 건축가는 건축환경과 그것을 체험하는 사람들의 삶을 개선하는 기회를 갖는다. 이러한 입장에서, 건축가는 공적으로 더 알려지게 되고, 새로운 접촉을 만들며, 공적인 장소에서는 어떻게 일이 성사되는지를 배우고, 그들의 고객에 서비스하는 데에 도움이 될 수 있는 지식을 얻는다.

대부분의 건축가들은 그들 작업상 공적 생활에 있다고 할 수 있다. 그들은 대중을 위한 건축물들과 장소들을 설계한다. 건축작업이라는 바로 그 본성은 그들의 작업을 매우 높이 시각적으로 노출시키며 한 지역의 빠질 수 없는 부분이 되게 한다. 가장 성공적인 건축가들 중 일부는 자원봉사자나 지역사회의 활동가, 공공 봉사활동의 피임명자, 그리고 선출된 정부지도자로서 그들의 개인적인 노력과 함께 그 가시성에 영향을 주어왔다. 그리고 시민으로서, 건축가들은 그들의 흥미와 가치, 그리고 믿음을 공유하는 정부 관리들을 위해 안건들을 지지하고 투표하는 것에 의해서 공적인 그리고 정치적인 환경에 참여한다.

참고자료인 '정치적 절차에서의 건축가(6.3)에서는 공공의 정책 변화와 건축환경의 질을 향상시키는 프로그램들을 위한 대변자로서의 건축가를 소개한다.

지역사회의 봉사활동에 적극적으로 참여하는 것의 의미는 건축가는 외형상 높은 직권으로 일하는 것이 아닐 때라도 대중의 면전에 있다는 것이다. 비록 사무실로부터 벗어난 시간이 아깝다고 할지라도, 그것은 잘 소비된 시간이 될 수 있는 것이다. 공공의 봉사활동은 궁극적으로 건축가의 이미지를 향상시킬 수 있고, 건축가를 잠재적인 미래의 고객들과 함께 나란히 일할 수 있게 하며, 회사의 무형의 호의적 자산들을 끌어올린다.

건축가들은 다양한 방법으로 지역사회나 공공의 봉사활동에 참여할 수 있는데, 지역활동 시민단체나 위원회와 같은 여러 공적 실체들을 위한 자원봉사자들로 일하거나, 전문가적 관점과 견해들을 나누어주는 대변자로서 봉사하고, 공익을 위한 무료봉사를 제공한다든지, 지명의 또는 선출된 정부 관료로서 봉사할 수 있다.

미 건축사협회(AIA)에서는 지역/도시설계협력팀(R/UDATS)[5)] 및 다른 지역사회 봉사활동 프로그램들을 후원하고 있다. 어떻게 참여할 수 있는지에 대한 정보는 AIA 지부나 AIA 본부를 방문하면 얻을 수 있다.

자원봉사

많은 건축가들은 분주한 작업일정이나 가족과의 또는 개인적인 시간에도 불구하고 그들의 지역사회에 자진봉사를 위한 시간을 찾는다. 허가된 건축사들이 찾거나 지명받게 될 자원봉사 역할의 예는 다음과 같다.

4) **윌리엄 포크(William M. Polk)**는 워싱톤주 시애틀에 위치한 William Polk Associates 건축설계회사의 대표이다. 워싱톤주 하원의 연설자였다.

5) 역주: Regional/Urban Design Assistance Teams

- 지역조례와 도시계획 위원회
- 역사보존 위원회
- 건축 및 설계심의 위원회와 소위원회
- 건축법 위원회 및 법개정심의 위원회
- 주 면허등록 위원회
- 주택공급, 토지이용, 환경, 설계 및 건설에 관한 정책을 심의하고 추천하는 특별 위원회
- 박물관, 주택조합, 역사보존재단들과 같은 비영리조직의 이사회나 위원회

이러한 지위들—보수가 지급되거나 지급되지 않는 자원봉사자들로서—에서 건축가들은 정부와 지역사회 조직들의 일상적 업무에 그들의 기술적 전문성과 전문가적 가치를 기여한다. 직업상 그리고 사업상의 잠재적 고객으로부터, 건축가들은 중요한 지식과 접촉을 이 지위들에서 얻는다. 건축가들은 그들이 관리하거나 조정하는 프로젝트들에 전문적 서비스를 제공한다는 사실을 인지하여, 이 실체들은 잠재적인 이익의 충돌을 다루기 위하여 진행절차들을 개발시켜 왔다.

지역조례, 도시계획 및 설계 위원회에 참여하는 건축가들은 법적으로, 윤리적으로 그들이 흥미를 갖고 있는 프로젝트들에 대한 심사의 투표에서 그들을 제외할 수 있음을 일반적으로 알게 된다. 만약 당신이 이처럼 봉사하고 있다면, 당신은 공적 봉사자로서의 역할 안에서 이익의 충돌을 겪게 되는 프로젝트를 피해야 할지도 모른다.

비즈니스

Part 2

공공의 대변행위

공공의 정책을 만들고 이 정책을 실행하는 프로그램을 개발하는 것이 정부의 작업이다.

"공공"이라 함은 다양한 관심과 동기를 지닌 사람들과 조직들의 집합체라는 것을 인지하면서, 그 정책 제조과정은 공공의 요구와 기대를 종합하려고 노력한다. 이 사람들과 조직들은 현재의 안건들에 대한 견해들을 개발하고 지지하며, 정책에 영향을 주고자 하는 의도로 연합체를 형성한다. 정책 입안에 책임 있는 입법자들과 정부관료들로서는 그들에게 제시된 정보와 견해들에 의존하게 된다.

어느 순간에도, 정부 관료들, 입법자들, 그리고 법정들조차 건축가들이 알고 있거나 관심을 갖고 있을지 모르는 규정들, 의회 발의들, 그리고 사례들을 참작하고 있다. 건축가들은 개인적으로 일하면서, 특히 연합체의 부분으로 일하면서 정부 행위에 중대한 영향을 줄 수 있다. 또한 개인적 전문가들로서, 그리고 그들의 전문가 연합체를 통하여, 공적 분야에서의 중요한 문제들과 질문들에 기술적 전문성을 기여하고—대변자로서—의제들과 발의들에 대한 전문적 견해를 명확히 하고 전달함으로써 정책 제조과정에 참여할 수 있다. 예를 들면, 건축가에게는—일반적으로 미 건축사협회의 구성원으로서, 혹은 주나 지역 건축사협회의 구성원으로서—행정부와 입법부, 특히 그들의 의안기초 직원들에게 아이디어 및 문안까지도 기여하는 과정에 포함되는 것은 특별한 일이 아니다. 이 건축가들은 한 발의안에 입법상의 관심을 구축하고 유지하며, 수석 행정관이 서명을 하거나 거부하도록 격려하는 데에 시간과 에너지를 바친다. 건

아키팩(ArchiPAC)은 초당적인 정치적 행동위원회이며 미 건축사협회 회원들의 자원봉사 기여를 통하여 존재한다. 미 건축사협회의 정부업무담당부서(202-626-7406)를 방문하라.

"나는 항상 건축의 과정은, 건축에서 사용되는 접근방식들은 공적인 논쟁을 쉽게 그리고 효과적으로 발전시킨다는 사실에 매혹되어 왔다. 건축의 창조과정은 하나의 문제와 가능한 해결책들의 광범위한 실험을 가능하게 하며－법적 전문업이 우리의 법적시스템에 부과했던 사례사(事例史) 접근방식에 의해 지배되는 폐쇄성에 반대한다."

리차드 스웨트(Richard N. Swett, FAIA), 주 덴마크 대사, "공적 생활로의 건축가들 유도하기", 보스톤 글로브, 2000. 10. 5.

축가들은 역시 법적 소송과정에 참석자들－원고들과 피고들－로서 관여될 수 있는데, 이것은 기존의 법률들을 시험하고 새로운 판결상의 해석들을 유발할 수도 있다.

효과적인 대변(代辨)행위는 지속성과 안정된 관계를 요구한다. 이것은 전국적인 전문가의 조직체뿐만 아니라 지역과 주의 미 건축사협회 지부들을 통해 가장 자주 행해진다. 많은 자원봉사자들에게는 그 메시지들을 전달할 필요가 있다. 가장 효과적인 로비는 고려되고 있는 한 의안이나 다른 제안에 의해서 직접적으로 영향을 받을 법제 정권자들에 의해 수행된다. 입법부 의원들과 중요한 정부 관료들을 개인적으로 방문할 뿐만 아니라, 많은 미 건축사협회 구성원들은 입법자들을 위한 특별 이벤트와 로비의 날, 그리고 그들의 멤버들과 정치권의 그들 사이에 접촉을 책임지는 신속한 대응프로그램들을 마련한다.

정치적 행동위원회(PAC)[6]는 대변행위에 대하여 또 다른 포럼을 제공한다. 한 이익집단에 속한 많은 개인 멤버들의 금융상 지원과 함께, PAC는 그 이익집단의 목표와 관심을 공유하는 입법자들을 선출하도록 돕는 중요한 역할을 담당한다. 미 건축사협회의 PAC－ArchiAIA－는 전국적 의제들에 관한 미 건축사협회의 정책과 견해들에 대하여 의회의 인식을 증가시키고자 하는 협회 노력의 총체적 부분이다. 따라서 많은 미 건축사협회의 주 지부들은 PAC를 운영하고 있는 것이다.

전문직 무료봉사

건축가들은 설계전문가인 동료들과 일하고, 그들의 가치와 지위를 명확히 표명하고 전달하며, 정치행위를 통한 공익에 봉사함으로써 그들의 자만감, 더 나아가 이상주의를 말한다.

문자 그대로 "공익을 위한" 전문직의 무료봉사를 제공하는 건축가들의 수는 점점 증가하고 있다. 이것은 지역계획과 설계 업무를 포함하여 여러 형태로 나타날 수 있다; 지역의 문제에 대한 해결책들의 권고; 노숙자시설, 에이즈 격리소 및 필요한 전문용역에 대한 자금이 한정되거나 존재하지 않는 기타 상황들의 프로젝트에의 참여 등이다. 어떤 건축가들은 지역의 문화회관, 교회, 극장, 그리고 기타의 비영리적인 조직들을 위해 디자인 서비스를 자원하여 봉사한다.

그러나 여전히 많은 건축가들은, 아마도 그럴싸한 이유와 함께, 전문직 무료봉사 활동을 의심쩍은 눈으로 바라본다. 반복적으로 만들어지는 관점은 이와 유사한 조직들의 다수는 건설을 위하여 기금을 모으는데, 왜 이 기금조달 노력에 설계비를 포함하지 못하느냐는 것이다. 논점은 건축가와 시공자 모두 그들 작업에 비용이 지불되어야 한다는 것이다. 그러나 많은 건축가들과 설계회사들에게 가장 큰 제약이 되는 것은 작업비용의 결여가 아니라 법적 파생문제들이다. 그들의 용역에 지불이 되는지에 관계없이, 그 등록 건축사는 많은 경우에서 어떤 문제가 발생하면 그 건에 온전히 책임질 수 있다는 사실이다. 그 건축가의 법적 책임은 떠나지 않는 것이다.

6) 역주: Political Action Committee

그러나 일반적으로 책임 문제에는 한 가지 중요한 예외가 있다. 건축물 감정을 위하여 재난 서비스 작업자들로 자원봉사하는 건축가는 그들의 재난 협조에 대하여 적절한 정부단체에 의해 종종 대표되고 보호된다. 재난 제거를 위한 도움을 자원봉사하기 전에 이 사실을 체크하는 것은 좋은 생각이다.

전문서비스에 대한 관심의 정도는 무료로 봉사하기 때문에 감소되는 것은 아니다.

종종 무료봉사 업무는 기금조성을 위해 사용될 수 있는 분석, 개념, 견적 및 프레젠테이션을 제공하는 시작단계에 집중된다. 그러나 가끔은 실시설계도서 및 건설과정을 통한 모든 서비스를 제공할지도 모른다.

무료봉사 작업에 시간을 내는 건축가는 개인적인 그리고 전문적인 만족감과 동시에 새로운 종류의 문제들에서 일할 수 있는 기회를 발견한다. 그들은 또한 지역사회에서의 가시성이 증가됨을 인정하며, 그것은 회사를 위한 새로운 고객들과 새로운 프로젝트들로 이끌 수 있다고 생각한다.

참여의 건축

건축전문직이 대체로 사회에 기여하는 것이 많다는 것은 명백한 사실이다. 계획가로서, 문제 해결사로서, 그리고 총체적이고 낙천적인 만능선수로서, 건축가는 그 지역사회에, 사업 세계에, 그리고 정치 분야에 가치 있는 능력을 제공한다. 정중함, 협력, 그리고 개방성이라는 우리들의 속성은 대단히 중요하다. 우리의 전문적 훈련은 건축가로 하여금 한 나라의 시민적 삶 안에서 약속에 잘 순응하도록 한다. 어떻게 우리는 "시민의 약속"을 정의하고 이러한 뜻깊은 약속을 위하여 기본틀의 개발을 시작할 것인가?

1998년에 「미국적 가치를 위한 연구소」에 의해 발간된 '시민사회를 위한 호출: 시민사회 평의회로부터의 국가 보고서' 에 의하면, 관심있는 시민들의 초당적인 한 그룹에서는 민주적이고 도덕적인 진실의 쇄신을 위하여 한 전략을 세웠다. 그 보고서는 12가지 "시민 미덕의 묘상(苗床)"을 확인하고 있는데, 여기에는 "우리의 능력과 기질, 그리고 시민정신"을 만들어내는 우리 사회의 측면들 중에서 인문과학과 인문과학제도들을 포함한다. 시민 미덕의 또 다른 묘상은 우리의 자원시민조직이며, 그 보고서는 이것을 "미국적 우수성의 특징"으로 꼽고 있다.

이것은 오늘날의 시민들 그리고 건축가들로서의 우리에게 무엇을 의미하는가? 자원시민단체들과 정치적인 계획입안절차들, 언론매체와 미국 문명사회 사이의 관계는 무엇인가? 국가의 시민적 삶에 활발히 참가하는 건축가들에게 어떤 기회들이 있는가? 그에 따른 위험은 무엇인가? 어떻게 우리는 미국 시민의 삶에 전문직의 충분한 종사(從事)를 시작할 수 있는가?

우리의 지역사회 안에서 삶의 질을 유지하고, 떠받쳐주고, 활기있게 하는 건축가들에게는 광대한 기회가 주어질 것이다. 합의를 이끌어내고 복잡한 프로젝트를 완성하는 우리의 능력과 우리의 비전, 그리고 지도력을 지닌 건축가들보다 누가 더 그것에 적합하겠는가? 그러나 시민 참여의 세계를 깊이 탐구하면서 우리는 1924년에 쓰여진, 루이스 멈포드(Lewis Mumford)의 걸작 '막대기와 돌' 의 훈계를 가슴 깊이 새겨야 한다. "건축과 문명"이라는 항목에서 멈포드는 다음과 같이 적고 있다.

우리의 건축적 발전은 문명의 진로와 밀접한 관계가 있다: 이것은 자명한 이치인 것이다. 우리가 제도와 조직을 맹목적으로 기능하도록 허락하는 한, 우리는 우리의 침대가 만들어지면 그 위에 반드시 누워야만 한다; 그럼에도 불구하고, 우리가 거대한 미적 흥미가 있는 개별의 빌딩들을 생산한다면......물리적 지역사회의 기반은 이러한 분리된 보석들의 존재에 의해 잘 성취될 수 없을 것이다.

멈포드는, 건축과 문명 사이의 본질적인 관계를 이해하면서, 지역사회의 삶에의 참여는 건축가에게 중대한 요구임을 밝히고 있다. 다시 멈포드가 적은 것처럼.

정확히 말해서, 도시는 집의 집합에 의해 존재하는 것이 아니라 인간의 연합에 의해 존재한다.

일하러 나갑시다.

해리 스타인버그(Harris M. Steinberg, AIA)

공무원으로서의 건축가

건축가의 일상적인 실무 대부분은 도시계획법과 계획조례, 지역의 설계기준, 랜드마크 및 환경관리 기준, 건축법규 및 기준, 그리고 건축실무와 수행을 제한하는 규정들의 형태로 정부에 의해 통제된다. 관리 법규들의 성장에 따라, 이 규정들은 종종 복잡하게 얽혀있고 그것들의 관리, 해석, 그리고 시행에 기술적인 전문성을 요구한다. 정부에서의 경력을 선택한 건축가들은 다음과 같이 봉사한다.

- 건축설계직 및 공공시설의 설계와 건설 프로그램들의 관리자
- 설계와 건설 기관의 전문가 및 연구원

- 법 집행담당관
- 주 면허등록위원회 직원
- 입법의원, 입법기관과 위원회, 그리고 환경과 설계 및 건설 정책을 담당하는 집행기관의 직원

건축가는 다양한 자격과 여러 레벨에서 선출된 공무원으로 봉사하기도 한다. 어떤 사람들은 풀타임으로 봉사하고, 어떤 사람들은 디자이너로 일하거나 한 회사를 운영하면서 동시에 파트타임으로 봉사한다.

정치적 경력을 추구하는 건축가들에게 가장 호감이 가는 면은 아마도 주택공급, 건강관리, 교육, 그리고 도시개발과 같은 분야에서 인류의 다수에게 이익이 될 법률제정이나 프로그램을 성취하기 위한 도전과 자격인 것이다. 물론 정치적 경력의 수명은 투표자들의 손에, 그리고 그들 정부를 운영하기 위하여 만든 구조시스템에 달려있다. 그럼에도 불구하고 선출직위가 유지되는 한 변화를 일으킬 기회는 없을 것이다.

프로그램이나 공개토론회에 관계없이, 건축가의 공적 생활 참여는 전문화된 훈련과 문제해결의 초점을 지역사회 활동에 맞추게 하며, 관련된 사람들과 그룹에 큰 이익을 제공한다. 그리고 당신의 기여에 대한 인정이라는 직업상의, 그리고 개인적인 보상은 건축가에게 대단히 큰 것이라고 할 수 있다.

참·고·자·료 *Backgrounder*

정치적 절차에서의 건축가

윌리엄 포크(William M. Polk, FAIA)

효과적으로, 정부 제도들은 모든 수준에서 개인적인 참여를 요구한다. 동시에, 정치 세계는 협력단체들의 세계인 것이다. 협력단체들은 개인들이 입법 업무에 참여할 수 있는 유용하고 효과적인 체제를 제공한다. 이 참고자료는 개인의 건축가를 위하여 쓰여졌으나 어떤 형태의 협력단체, 예를 들면 지부, 조합, 위원회, 특별본부(task-force) 또는 유사한 동기들을 가진 느슨하게 결합된 그룹 등과 같은 상황에서도 쓰여지도록 의도되었다. 그 원리들은 모두에게 공히 작용한다.

기본원칙들

입법 업무에는 몇몇의 기본원칙들이 있다.

당신의 입법의원에 대해 알아야 한다. 마치 당신이 그 입법의원을 하나의 고객으로 만들려고 노력 중인 것처럼 이 업무에 접근하라. 동네 모임이나 클럽, 또는 단체 모임에서처럼 가벼운 대화를 가질 수 있고, 서로에게 편할 수 있는 기회들을 찾아라.

무엇이 그 입법의원을 움직이게 하는지 찾아라. 어떤 위원회에서 그 또는 그녀가 일하는가? 어떤 의제가 그 지역에 중요한가? 당신이 이 정보를 밝혀냄에 따라, 당신의 의제를 전달하는 최선의 방법에 대해 더 나은 이해를 얻을 수 있을 것이다.

친구의 경청을 구하는 것이 늘 좀 더 편하다. 당신의 친구라면, 입법의원들은 당신이 누구이고, 당신의 흥미가 무엇이고, 당신의 편이 누구이며, 당신의 정치적인 관계가 무엇인지 궁금해하지 않을 것이다. 그 또는 그녀는 이미 알고 있는 것이다. 당신은 당신의 입법의원이 관여할 수 있는 견지에서 당신의 의제들을 더 좋게 설명할 수 있다-그리고 친목을 위한 작은 대화 없이 빠르게 그것을 처리할 수 있다.

입법과정에 관여하라. 나중에 법안을 바꾸는 것보다는 법률로 되기 전에 그 법안을 바꾸는 것이 훨씬 더 쉽다. 입법 정황의 역학구도는 계속 바뀐다-가끔은 날마다 그리고 시시각각으로 바뀐다. 이것은 입법 활동의 현재진행형 부분으로서 AIA나 그 구성원들을 포함한 많은 협회들로 하여금 로비를 하도록 강요한다.

당신의 의제들을 제한하라. 모든 시민들이 하듯이, 건축가들 역시 아무 의제에나 소리칠 권리는 있다. 만약 너무 많은 의제들이나 그들의 전문성에서 벗어난 의제들에 소리를 낸다고 하면, 그 효과는 필연적으로 감소할 것이다. 결과적으로, 대부분의 건축가

들은 그 직종에 가장 중요한, 손에 쥘 수 있는 정도의 의제들에 한정시키게 된다. 너무 많은 의제들은 에너지를 약화시킨다; 그것들은 역시 그 직종에 작은 승리를 던져주면서 주목적은 이루지 못하게 하는 길을 그 입법의원들에게 제공한다.

힘의 분할을 이해하라. 정부의 행정, 입법, 그리고 사법부들 사이의 힘의 분할을 상기함으로써 실제로 우리를 도울 수 있는 사람들에게 우리의 전문적인 관심을 집중하게 된다. 그러나 힘의 분할은 항상 명확하지는 않다. 어떤 입법 기능은 행정부에 위임되기도 한다. 행정부의 거부권은 입법행위의 한 형태이다. 마찬가지로, 부서들, 위원회들, 국, 또는 청들에 의한 관리상 규정들과 절차들에 대한 작성 역시 입법행위이다. 법안이 입법부를 통과한 후의 많은 축하들이 행정부의 거부권에 의해서 훼손되기도 한다. 법 제정의 많은 성공적인 지지자들은 그 관리규정이 발표된 후에 무엇이 잘못되었는지를 찾아 왔다. 역으로, 많은 사람들은 규정의 작성과 거부권의 힘을 통하여 그들의 입법상 목표를 이루어 왔다

어떻게 그 시스템이 작동하는지 공부하라. 입법 소개에서 그 통과까지의 길은 길고 험하다. 입법 지도부에서는 법안을 그 구성원들이 철학적으로 그것에 반대할지도 모르는 위원회에 맡길 수도 있다. 위원회 의장들은 그 법안의 모든 장애들을 제거하는 합리적인 기회를 주기에 충분한 공청회를 개최하지 않음으로써 영향력을 발휘할 수 있다. 그 규정 위원회 의장은 그 법안 심리를 일찍 할지 늦게 할지에 대한 의사일정표를 주문할지도 모른다. 이 미묘하지만 중대한 영향들을 추적하기 위하여 지속적인 로비스트의 역할이 있는 것이다.

로비 활동

그 입법의원의 필요수단은 훌륭한 정보이다. 따라서 정보는 입법 추진자가, 직업적인 로비스트든지 민간의 로비스트든지, 입법의원의 주의와 신용을 사는 현금이 된다.

정보의 제공. 입법부 직원들은 총체적인 의제들에 관하여 조사분석을 마련한다; 로비스트는 그 로비스트 자신의 그룹에 미치는 한 제안의 영향에 대하여 상세히 설명하는 정보를 제공한다. 제공받은 그 정보는 사실에 입각하고 잘 정리되어야만 한다. 그 정보는 로비스트 관점의 지지를 위한 표명으로 인지되나, 매우 정확하고 완전한 것으로 기대된다. 일단 개인 혹은 그룹이 가치 있는 정보를 제공한 것으로 알려지면, 그 시스템은 그 정보를 탐색하게 될 것이다.

대부분의 경우 그 입법의원들이 요약서를 심의할 동안, 입법부 직원들은 당신의 견해를 지지하는 광대한 문서를 공급받게 된다. 어떤 입법의원들은 그들 자신의 직원들이 직접 작업하도록 하고 직접 그 복사 서류를 전달받았을 때 만족한다. 그러나 일반적으로 말해서, 시간의 압력은 한 제안을 둘러싼 사실들에 대하여 누군가의 평가를 수용하도록 지시한다.

증언. 한 위원회 앞에서의 증언은 위원회 위원들, 직원들, 그리고 언론매체에 동시에 미치는 호소력을 지닌다. 그러나 당신은 참석한 그들 모두의 분산되지 않은 주의를 이끌 것이라고 보장할 수 없다. 그들은 아마도 선입견에 빠져있을 수도 있고, 여전히 지난 프레젠테이션을 생각하고 있을 수도 있으며, 또는 그들끼리 서로 다른 의제들을 토론하고 있을 수도 있다. 당신은 마치 건축가 선정위원회를 마주대할 때처럼 그 위원회의 인간적 역학관계에 주의를 기울이고 싶을 것이다. 항상 그 구성원들과 함께 한 당신의 프레젠테이션에 대하여 최소한의 요약 문서를 남겨라.

유권자 접촉. 유권자들은 그 입법의원들의 주의를 첫 번째로 얻기 때문에-그 입법의원이 그 제안에 동의하지 않을지라도-유권자 접촉은 여러 로비노력 중에 필수적인 요소이다. 만약 한 유권자가 포함된다면, 그 입법의원은 전화에 응답하고, 편지에 답하며, 약속을 만들려고 할 것이다. 유권자 접촉을 입법의원 개개인에 초점을 맞추는 협력체들은 일을 쉽게 만들어낸다.

당신이 아는 입법의원들을 방문하라. 점심에 그들을 초대하거나, 그들의 사무실에서 그들을 보기 위해 약속을 만들고, 또는 필요하다면 그들의 사무실 앞에서 시간이 날 때까지 기다려라. 입법의원들은 결정력을 가진 사람들에게-특히, 그들 역시 유권자라면-깊은 인상을 받는다. 당신에게 시간 여유가 주어질 때, 그것을 최대로 이용하라. 잘 정리되고 솔직한 자세로 당신이 말해야 할 것을 대화하라.

독자적인 것으로 만들라. 당신이 입법의원에게 알릴 수 있는 가장 중요한 정보는 문제의 제안이 당신에게 미칠 영향이다. 그 의제를 구체적인 예시로 해석하라. 그것을 독자적인 것으로 하라. 이것은 어느 다른 출처로부터 올 수 없는 정보이며, 그 입법의원에게는 아무도 모르는 유일한 조각의 정보를 전달하는 것이다. 이것은 법개정을 토론하는 데 매우 귀중한 것이며, 회의장에서 논쟁을 벌이는 그 입법의원에게는 하나의 금광이 될 수 있다.

당신의 협조를 제의하라. 건축과 그 환경에 영향을 미치는 의제들에 관하여 정보 출처원이 되는 것을 제의하라. 이것은 여러 측면에서 성취될 수 있다. 예를 들면, 그 입법의원의 직원은 당신에게 그 전문직종이 관심을 가질 수 있는 모든 법안의 복사물을 당신의 검토와 논평을 위해 보낼 수 있다. 이것은 그 의제들을 독점화하고 당신이 입법의원과의 접촉을 유지하는 또 다른 기회인 것이다.

마지막 한마디. 그 결과가 어떻든지, 그들의 심사숙고에 대해 당신이 요청했던 입법의원들에게 감사하고, 당신과 함께 투표했던 사람들에게 감사하라. 당신의 주장을 지지했던 그들에게 지부 소식지나 다른 공적 매체에 공로로 인정해주어라. 지부 회원에게 누가 건축사협회 입장에 반대했는지를 알려주는 것은 좋지만, 마찰을 일으키거나 적대적인 이야기들에 의해 얻어질 것은 아무것도

없다. 당신이 친구들을 위해 그 입법부를 탐색하여야 할 때 또 다른 경우를 만날 수 있기 때문에 승리나 패배 시에도 항상 품위를 지켜라.

선거

알려진 가장 좋은 방법은 입법의원이 선출되도록 돕는 것이다. 자리를 원하는 모든 입후보자들은 조직원, 작업자, 정보와 기금조성을 필요로 한다. 성공적인 캠페인은 다음의 계획을 요구한다; 의제들의 선정과 명확한 표현; 효과적인 매체와 홍보; 소식지, 표지들 및 다른 그래픽들; 그리고 가장 중요한 것으로, 많은 일대일의 접촉과 대화, 시간과 재능 (그리고 또는) 자금을 기여하는 당신의 결정은 개인적인 것이다. 당신은 규칙적인 정치적 단체활동을 통해, 또는 직위를 위한 특정 후보자 주변에 조직된 특별한 위원회와 독립된 캠페인들을 통하여 참여를 결정할 수도 있다.

조직하라

건축사협회를 통한 행동은 그 직종에 이익이 되고자 하는 성공적인 입법상의 노력에 필수적이다. 그 협회에 속한 부서와 함께 당신의 활동을 협조하기 위해, 당신 지부의 대관업무 프로그램에 참가하라.(건축사협회의 '구성요소의 운영에 관한 지침서'[7]에는 없는 상황에서 어떻게 조직하는가에 대한 항목이 있다.) 이 프로그램은 관심있는 의제들을 식별하고 지부의 목표와 우선사항의 설정을 원하는 지부회원들 사이의 토의를 위한 주요논점이 될 것이다. 이러한 대관업무 프로그램은 다른 지부들이나 엔지니어, 조경건축가, 실내건축가, 시공자 및 부동산중개인들과 같은 조직들과 연합하여 맡을 수 있다.

7) 역주; Component Operations Manual

7.1 재무시스템

Lowell Getz, CPA

회사의 재정을 운영하는 것과 재무의 견실함을 유지하는 것은 그와 관련된 시스템을 체계화시켜 놓기만 하면 그리 어려운 일이 아니다.

사업을 유지하려면 당연히 자금에 신경을 써야만 한다. 대부분의 건축가들은 모호하기만 한 재무의 개념, 재무제표 그리고 회계사 등에 골치 썩히는 일이 없이 사업을 운영할 수 있기를 바란다. 그러한 반면, 그들이 운영하고 있는 기업이나 프로젝트의 재정적인 상태를 언제나 손쉽게 체크할 수 있기를 바란다. 기업이 제대로 운영되고 있는지를 알고 싶기 때문이다.

기업의 재정적인 상태를 추적하기 위해서는 재무관리시스템이 도입되어야 할 필요가 있다. 기업은 다음에 열거된 사항들을 위하여 그들이 진행하고 있는 프로젝트나 회사 전체의 재정 상태를 필요한 시기에 일정수준의 정확도를 가지고 감시할 수 있기를 바란다.

- 기업이 제대로 재정적인 요구나 이윤을 포함한 목표를 수행하고 있는가에 대해 알고 싶어하는 것이다. 사업을 계속해 나가려면 기업은 당연히 이윤을 창출해야만 한다. 이윤이란 회사를 유지하고 또한 기업이 목적하는 서비스를 제공하기 위한 지출을 제하고 남는 소득의 잉여부분을 말한다.

재무계획(7.2)에서 수익계획에 대한 내용 참조

재무건전도(7.3)에서 재정적인 수준에 대한 지표 참조

Lowell V. Getz는 건축, 엔지니어링, 플래닝 그리고 환경설비 회사들의 재정 컨설턴트로 일하고 있다. 그는 또한 재무관리에 관한 저술과 강연을 하고 있으며, 공인회계사와 공인 경영컨설턴트로서 활동하고 있다.

- 직원의 급여와 기타 지출을 지불하기 위한 자금에 여유가 있는지를 알고 싶어 하는 것이다. 이윤을 충분히 창출할 수 있는 기업인 경우에도 직원의 급여나 기타 지출을 지불할 수 있는 잉여 자금을 보유하고 있어야만 재정적인 곤경에 처하지 않게 될 것이다.
- 장비 구입이나 다른 재정적 지출에 필요한 자금을 계획하여야 한다. 컴퓨터 또는 그와 관련된 기술이 더욱 중요해지고 있듯이, 장비 구입을 위한 자금을 준비해 놓는 것은 이제 대부분의 기업에게 필수적인 것이 되고 있다.
- 건축주의 요구에 가장 부합할 뿐만 아니라 회사가 지속적으로 사업을 수행하고 양질의 서비스를 유지할 수 있는 용역비의 수준을 정해야 한다.

사업을 운영하는 건축가의 목적은 건축행위이다. 그러기 위해서는 누군가가 자금을 관리할 필요가 있다. 만약 당신이 그러한 사람이라면, 또는 그러한 일에 관심이 있는 사람이라면, 이 장의 내용은 당신에게 직접적으로 관련이 있다. 만약에 그러한 사람이 아닐지라도, 설계회사를 운영하는 데 필요한 재정적인 부분과 어떻게 하면 회사의 목적을 달성하기 위하여 관리되어야 하는지에 대한 지식을 얻을 수 있을 것이다.

이 장에서 다루는 실무 주제는 건축회사를 운영함에 있어서 일반적인 자금을 마련하는 것과 소요되는 비용, 회계 방법과 시스템 그리고 장부정리와 같은 재정시스템에 관한 정보에 관한 것이다. 이 장의 후반부에서는 예산 계획, 즉 성취할 수 있는 목표의 설정, 재정의 견실도, 즉 기업의 재무현황, 그리고 필요할 때 자금을 확보하는 것에 대한 자료를 제공한다. 일부 회사에서는 경제적인 수익을 올리기 위해 부동산 개발 또는 인테리어 설계 등을 겸하기도 하는데, 이러한 경우에 재정 관리는 좀 더 복잡하게 된다.

자금원과 자금의 활용

건축회사의 기본적인 회계, 즉 자금이 어디에서 오고 어디로 쓰이는지에 대한 계산은 일반적으로 그리 복잡하지 않다.

수입원(소득원). 회사를 운영하기 위한 수입원은 주로 전문용역서비스를 제공한 결과로 받게 되는 용역비에 의한 것이다. 추가적인 수입원은 다음과 같은 것에서 발생할 수 있다.

자금 확보(7.4)에서 자금 소요와 그에 대한 방법 참조

- 회사를 시작할 때와 회사가 성장하는 과정에서 필요에 의해 투입되는 창업자의 자기 자본 그리고 새로운 대표자를 추가하는 경우, 소유권이 확대되면서 들어오는 자금
- 소프트웨어 개발, 인테리어 설계/시공 또는 부동산 등과 같은 다른 영역의 업무로부터 들어오는 자금
- 은행이자, 임대료, 특허권 사용료, 사례금, 투자이윤, 자산매각 또는 다른 부수적인 소스에서 들어오는 자금

재무시스템(7.1)에서 전산시스템의 선정에 대한 가이드 참조

직접비(프로젝트 비용). 수입원과 마찬가지의 경우로 건축회사에서 발생하는 가장 큰 비용은 프로젝트를 수행하는 데 들어가는 비용이다. 이러한 직접비는 회사에서 수행하고 있는 프로젝트별로 정해지게 되며, 이것은 크게 세 가지, 즉 직접인건비, 외부용역비(컨설팅 비용) 그리고 기타 직접비로 구분할 수 있다.

직접인건비는 프로젝트를 수행하는 과정에서 전문적인 또는 지원적인 업무를 하는 사원들의 인적 비용이다. 이것은 프로젝트 관리 및 외부 컨설팅에 소요되는 시간을 포함하여 전체적으로 프로젝트 활동에 소요되는 비용이다.

외부용역비(컨설팅 비용)는 프로젝트를 위하여 외부의 컨설턴트를 고용하는 데 소요되는 경비이다. 건축회사는 이러한 외부 컨설턴트를 고용함에 있어 소요되는 자체 비용, 예를 들어, 관리비, 추진비, 회계, 위험부담금과 같은 비용을 사전에 고려하여야 한다.

프로젝트를 수행하다 보면 일반적으로 출장, 전화 사용, 인쇄/출력 그리고 그 밖에 여타 비용들이 소요된다. 이러한 기타직접비는 전체용역비에 포함되어 있는 경우(nonreimbursable)와 전체용역비와는 별개로 건축주에 의하여 별도 지불되는 경우(reimbursable)로 나눌 수 있다.

기타직접비는 프로젝트에 의해 발생하는 비용으로, 건축주와 처음에 프로젝트를 계약할 당시에는 정확한 소요비용을 산출하는 것이 쉽지 않으므로 프로젝트가 진행되면서 별도로 발생하는 비용을 건축주에게 청구하게 되는 비용을 말한다. 이렇게 상환되는 비용(reimbursable)에 대한 계정은 건축주와의 계약에 명기되어야 하며, 그에 속하는 것은 숙식을 포함한 출장비, 통신비, 출력비, 전문컨설팅 용역비 같은 기타 비용들이다. 각 비용에 대한 상환은 건축주에게 하게 되며 이때 건축주가 요청할 시에는 그에 적절한 증명서류(일례로 통신비 내역)를 제출하게 된다. 상환되는 비용들은 사내의 행정서비스와 관련되므로 비용에 대한 지불이 요청될 때마다 회계장부에 기장되어야 한다. 때로는 이러한 기타 직접비에 대하여 건축주와 계약 시에 최고한도액(not-to-exceed)을 정하여 집행하는 경우도 있다. 물론 이러한 경우에는 적절한 예상비용과 추가비용이 고려되어 책정되어야 한다.

간접비. 회사에서 지출하는 비용의 모두가 프로젝트와 직접 관련된 것만은 아니다. 간접비는 크게 두 가지로 나누어 볼 수 있다. 하나는 직원의 후생복지에 드는 비용과 다른 하나는 관리에 드는 비용에 속한다.

후생복지 비용에 해당하는 것은 건강보험, 임금보장보험, (연방 및 주정부의) 실업보험과 급여에 대한 세금 등을 포함하여 회사 직원들을 위하여 지출되는 비용이다.

기타 제반 비용은 일반관리비에 속하게 된다. 여기에 속하는 것들은 관리인원들의 급여와 연금, 홍보비, 직원교육비, 사회활동비와 같이 직접 특정 프로젝트에 청구되지는 않지만 회사를 유지하는 데 드는 비용을 말한다. 사무실 임대나 취득에 관련한 비용, 사무실 운영비용, 제반 세금, 법인세, 책임보험 그리고 감가상각비와 같이 직접 프로젝트와 상관이 없더라도 회사를 유지하기 위하여 소요되는 것들도 이에 속하는 비용이다.

▶ 정부부처는 직접비용과 간접비용에 대한 자신들만의 정의를 가지고 있는 경우가 있다. 그리고 어떤 간접비용이 일반관리비의 비율에 포함될 수 있는지에 대한 지침이 있기도 하다.

이러한 간접비를 포괄적으로 일반관리(overhead)비용이라고 부르는데, 이는 회사의 총지출의 상당한 부분을 차지하고 있다. 프로젝트 용역을 제안함에 있어 이러한 간접비는 직접인건비를 기준으로 일정 비율(일례로 150%)을 적용하는 경우와 직접인건비에 승수(예를 들어, 2.5)를 적용하는 경우가 있다. 또한 기본급여비(DSE, Direct Salary Expense)이 아닌 급여와 후생복리비를 포함한 직접인건비(DPE, Direct Personnel Expense)에 일반관리비 비율이나 승수를 적용하는 경우가 있다. 이러한 경우, 물론 후생복리비는 일반관리비 계정에서 제외된다.

수익. 수입원과 비용 간의 차이에서 나타나는 수익은 회사를 지속적으로 운영하게 되는 근간이 되며, 비상 상황을 대비한 유보 자금, 회사를 운영하는 임원과 직무를 수행하는 직원들의 보너스 그리고 회사의 인력과 장비의 추가적인 투자 등에 소요되는 재원을 의미한다.

재무관련 용어

재무시스템은 그에 관련된 전문 용어들로 구성되어 있다. Appendix B에 아래 나열된 단어의 의미가 정리되어 있다.

Account
Account balance
Accounting period
Accounts payable
Accounts receivable
Accrual accounting
Aged accounts receivable
Asset
Audit
Average collection period
Backlog
Bad debt
Balance sheet
Bankruptcy
Billable time
Billing rate
Bookkeeping
Book value
Break even
Break-even multiplier
Budget
Budgeting
Burden
Capital
Capital accounts
Capital expenditure
Cash accounting
Cash budget
Cash cycle
Cash flow
Cash flow statement
Cash journals
Cash projection worksheet
Chart of accounts
Compensation
Contribution
Credit
Current asset
Current liability
Current ratio
Debit
Debt
Deferred revenue
Depreciation
Direct expenses
Direct personnel expense (DPE)
Direct salary expense (DSE)
Dividend
Double-entry bookkeeping
DPE factor
Draw
DSE factor
Earned revenue
Earned surplus
Earnings per share
Equity
Equity capital
Expenditure
Expense
Fee
Fidelity bond
Fiscal year
Fixed assets
General journal
General ledger
Goodwill
Gross income from projects
Income
Income statement
Indirect expense
Indirect expense allocation
Indirect expense factor
Insolvency
Interest
Investment credit
Invoice
Journal
Liabilities
Line of credit
Liquid assets
Liquidity
Long-term
Loss
Margin
Moving average
Net
Net worth
Nonexpense items
Organizational expense
Outstanding stock
Overhead expense
Paid-in capital
Par value
Payroll journal
Payroll taxes
Pension plan
Petty cash
Profit
Profit margin
Profit-sharing plan
Profitability
Pro forma
Pro rata
Project gross margin
Project revenues
Reimbursable expenses
Retained earnings
Revenue
Salary
Share
Short-term
Solvency
Staff leveling
Statement of account
Stock
Trial balance
Unbilled revenue
Unearned revenue
Utilization ratio
Variance
Vouchers
Working capital
Work in process
Write off

회계시스템

건축가의 금융 활동은 대부분 프로젝트를 중심으로 이루어진다. 그러므로 재무관리시스템은 각 개별 프로젝트뿐만 아니라 회사 전체에 대하여 조절하여야 한다.

프로젝트 회계(비용관리). 이것은 프로젝트와 직접 관련된 비용을 관리하는 것이다. 업무일지는 각 프로젝트에 대한 용역비용을 산출하여 준다. 제반 직접 비용은 일반적으로 코드를 부여하여 해당 프로젝트에 한하여 발생되거나 지급되는 것을 산출하게 된다. 프로젝트에 해당하는 일반관리비는 직접비의 일정 퍼센트에 따라서 부과된다. 일례로, 관리비는 직접비의 150%의 비율로 할당될 수도 있다. 프로젝트 회계

는 소비된 프로젝트 비용과 소득을 비교함으로써 해당 프로젝트에 이익 또는 손해가 발생하고 있는지를 알 수 있게 한다. 만약에 프로젝트의 용역비가 상환받을 수 있는 금액을 포함하여, 일정비율의 직접적인 비용을 포함한다면 직접비는 프로젝트 비용에 총괄적으로 포함되는 것이다. 효율적인 프로젝트의 관리시스템은 실질적으로 발생한 비용과 예상된 비용을 비교하여 해당 프로젝트가 계획대로 진행되고 있는지를 점검할 수 있게 한다. 여러가지 다양한 종류의 전산화된 회계프로그램이 있다. 오늘날에는 아주 광범위한 소프트웨어가 활용되고 있으므로 소규모 사무실에서도 용이하게 프로젝트 회계의 정확한 정보를 관리할 수 있다.

지출비용

직접비용

직원의 임금과 외주용역비를 제외하고도 프로젝트에 청구할 수 있는 여러 가지 직접비용이 있다. 건축주에게 청구할 수 있거나 아니면 청구할 수 없는 비용일 경우를 포함하여 프로젝트에 소요되는 직접비용에는 다음과 같은 것이 있다.

- 인쇄, 복사, 출력과 같이 도면이나 서류에 드는 비용
- 사진, 촬영
- 컴퓨터 디스켓, 테이프와 건축주가 요구하는 기타 전자매체
- 프로젝트와 관련된 캐드 및 여타 컴퓨터 작업
- 건축주가 요구한 사항에 대한 잡비, 허가비용, 현장 설명 비용, 모형 및 투시도
- 프로젝트 회의비
- 현장 간의 교통비
- 출장비(숙식비)
- 장거리 전화, 팩스, 텔렉스 등
- 우편, 배달 및 급행서비스
- 프로젝트 관련된 보증 보험
- 기본적인 보험 외의 추가적인 책임보험에 드는 비용
- 기타 제반 프로젝트 수행과 관련된 보험
- 프로젝트와 관련된 법무와 회계와 관련된 사항에 드는 비용
- 건축주의 요구에 의한 서비스에 드는 비용

일반행정비용(G&A expense)

특정한 프로젝트에 직접 할 수 없으나 회사를 운영하는 데 드는 간접비용에는 프로젝트에 부과되지 않은 급여, 후생복리비 그리고 제반 분야의 일반행정비용이 포함된다. 이러한 일반행정비용에는 다음과 같은 비용이 포함된다.

실지 운영비용

- 임대비, 시설비용, 운영 및 관리 비용, 건물 수리, 장비 그리고 자동차 등
- 출력, 복사, 사진 그리고 여타 홍보와 직접 프로젝트에 들지 않는 비용
- 사내용 검증도면과 외부용역을 위한 도면 출력
- 컴퓨터 장비, 프로그램 그리고 운용에 드는 비용
- 우편 및 택배, 운송비
- 홍보 그리고 회사 또는 사원들의 개발에 소요되는 여비와 접대비
- 사무용 비품
- 도서관 자료, 서적, 간행물
- 전화, 팩스, 전자메일 및 기타 정보서비스
- 부동산 및 사적소유물에 대한 세금
- 전문직 관련 등록비와 면허비
- 세미나, 컨벤션, 사내교육과 전문교육
- 홍보물과 제안서
- 섭외 및 홍보활동
- 기부금 및 후원금
- 자동차, 물품, 건물, 임원들의 생명, 중요한 서류, 일반책임, 장비, 회사 보증 등에 소요되는 제반 보험
- 일반대출과 신용대출의 금리
- 채권수수료

감가상각비

- 가구, 장비, 자동차, 건물의 가치 저하
- 임대 분할 상환금

손실

- 보험에 가입되지 않은 도난 또는 손해
- 오류에 의한 비용 – 디자인의 오류나 누락, 보험 공제에 대한 계산의 오류
- 회수 불가능한 용역비와 악성 부채

선불비용

현재의 회계 연도를 넘어서 운영에 필요한 비용과 국세청이 정한 장기회계비용, 예를 들어, 장기보험료, 특정한 세금에 관련된 비용, 장비임대료, 면허비, 법인비용 등

일반회계. 일반회계는 회계장부를 기록하고 재무제표와 세무신고를 준비하는 활동들을 말한다. 일반회계는 급여에 대한 기록, 영수증, 지출내역서, 미수계정과 지급계정 그리고 모든 거래관계를 요약하고 재무상태를 기록한 회계장부로 구성된다.

회계장부. 회계시스템은 회사가 사용하는 비목들이 나열된 회계장부를 포함하고 있다. 그러한 의미에서 회계장부는 회사의 전반적인 회계와 관련된 내용이 포함된 사전과 같은 역할을 한다. 회계장부는 아래와 같은 비목들로 구분된다.

- 자산: 회사가 소유하고 있거나 외부에 빚을 지고 있는 모든 것을 말한다.
- 채무: 자산에 대한 채권자의 권리 즉 회사가 다른 이에게 빚을 지고 있는 것을 말한다.
- 순가치: 자산에 대한 회사 소유주나 소유주들의 권리 즉 회사가 소유주에게 빚을 지고 있는 부분을 말한다.
- 수입: 회계 연도 동안에 회사가 벌어들인 가치와 자금을 말한다.
- 지출: 회사의 소득을 얻기 위하여 소요된 비용을 말한다.
- 이윤과 손실: 수입과 지출 간의 차이를 말한다.

회계코드. 회계코드는 다양한 회계사항을 기록하기 위하여 작성한 코드이다. 각 프로젝트는 그에 해당하는 프로젝트 번호를 부여받는다. 좀 더 복잡한 시스템에서는 서브코드가 부여되어 유관부서나 진행단계 그리고 추가업무(보완이나 변경 등)의 내용을 포함시킬 수 있다. 회계장부에 기록되는 회계코드는 항목별로 분류된 세부적인 소득, 지출, 자산, 채무에 대하여 상세한 정보를 제공한다. 회계코드는 프로젝트의 관리를 더욱 용이하게 해준다. 이것은 프로젝트별, 단계별, 업무별, 지출항목별 소득과 지출에 대한 상태를 추적할 수 있게 하여 편리한 비용관리와 향후 프로젝트에 대한 예산책정을 효율적으로 개선할 수 있게 한다.

회계방법

회계 거래를 기록하는 방법에는 자금방식(cash method)과 누적방식(accrual method)의 두 가지 주된 방식이 있다. 일반적으로 회사에서는 이 중에 한 가지 또는 두 가지 방식을 병행하여 사용할 수 있다.

자금방식. 자금방식의 회계는 자금거래가 발생하였을 때 항목에 대한 내용을 입력하는 것이다. 예를 들어, 수입에 대한 기록은 건축주가 용역비를 지불하였을 때에 기록되며, 지출에 대한 기록 또한 자금으로 지급되었을 때에 기록하는 것이다. 자금을 포함되지 않은 거래는 자금거래가 될 때까지는 기록되지 않는다. 건축주에게 비용 청구를 했더라도 그것이 자금으로 입금되기 전에는 소득으로 기록되지 않는다.

자금방식 회계는 매우 직접적인 부기방법이다. 이것의 문제는 소득과 지출이 부합되지 않을 수 있다는 것이다. 예를 들자면 고용인들에 대한 임금 지불과 거래처 청구에 대한 지불과 같은 자금 지출은 일반적으로 그것들에 대한 지불요구가 발생하는 즉시 지급된다. 반면에 회사가 제공한 서비스에 대한 수입은 훨씬 시간이 흐른 뒤에야 입금되는 것이 일반적이다. 그러한 연유로 수입과 지출이 동시에 기록되지는 않기 때문에 자금방식의 회계에 의한 손익계산서로는 특정한 기간에 대한 회사의 흑자 또는 적자 상태를 알기가 애매하다. 자금위주의 손익계산서는 일정 기간 동안에 발생한 자금의 초과분 또는 부족분만을 기록한다고 볼 수 있다.

누적방식. 누적하는 회계방식은 소득과 지출의 발생 자체를 기록하는 것이다. 예를 들어서, 1월에 프로젝트에 대한 인건비와 지출이 부과된다면, 그것에 해당하는 프로젝트로부터 수입금이 입금되어 있지 않더라도 그 지출비용에 대한 수입으로 역시 1월에 같이 기록된다. 이것은 수입원이 실지로 발생하기 전에 장부에 기록된다는 것이다. 이에 대한 위험은 회사가 실제로 이 수입금을 받지 못하게 될 수도 있다는 것이다. 그로 인하여 수입원이 몇 달 전에 기록되어 있음에도 불구하고 이후에 불량 부채로 판명이 되었을 때는 할 수 없이 그 수입원을 삭제할 수밖에 없게 된다. 수입과 유사하게 지출에 대한 항목 역시 실제 자금을 지출했을 때가 아니라 청구되었을 때 장부에 기록된다. 예를 들어, 외부에서 지불에 대한 청구서가 1월에 회사에 접수되면 그에 대한 실제 지불은 몇 달 후에 하더라도 장부에는 1월에 지출한 것으로 기록된다. 청구서는 실제 지출 또는 지출할 항목으로 기록되어 그에 해당하는 수입원과 맞추는 것이다. 이와 같은 관계로 선 납부되는 연간보험금과 같은 지출은 그에 해당하는 연도에 각 월별로 분할 배분된다.

수입에 대한 세금보고를 목적으로 대부분의 회사는 자금방식의 회계에 의해서 세금을 납부한다. 즉, 어떤 사업자도 아직 받지 못한 미수금에 대해서 세금을 내고 싶지 않을 것이다. 이러한 회사들은 관리적인 차원에서는 누적방식으로 회계를 기록하다가 연말에 세금보고를 위해서는 자금방식으로 기록된 회계로 전환하여야 한다.

대부분의 회사는 누적방식 회계를 선호하는데 그 이유는 소득과 지출을 부합시킴

자금위주 회계(Cash Method)와 누적방식 회계(Accrual Method)

1월 한달기간의 사례에서 보듯이 누적방식 회계는 특정 기간동안의 수입과 지출에 대하여 명확한 자료를 제공한다. 이 방식은 그 달에 해당하는 활동과는 관계없는 자금의 유입과 유출에 영향을 받지 않는다.

여기 제시된 간단한 사례를 살펴보자. 자금위주 회계로는 이 회사는 1월에 12,000달러의 여유자금이 있는 것으로 기록된다. 하지만 실제로는 여기에서 생긴 여유자금은 그간에 밀린 청구에 대하여 건축주가 용역비를 지불한 것이다. 어쩌면 연말정산을 위해서 청구 금액을 지속적으로 요청했기 때문일 것이다. 1월의 경우, 회사는 실제로 수입보다 3,000달러 넘는 돈을 더 지불하여야만 하는 상황이다.

1월 – 자금방식 회계	
회사로 들어온 자금:	
10월 청구	6,000
11월 청구	14,000
12월 청구	22,000
1월 총 수입	42,000
급여, 용역비 등 지출	30,000
1월의 순수입	12,000

1월 – 누적방식 회계	
건축주로부터 받은 자금	27,000
1월에 발생되는 지출:	
건축주 청구 가능(프로젝트관련)	15,000
청구와 무관(홍보관련)	5,000
기타 지출	10,000
1월 총지출	30,000
1월 순수익(손실)	(3,000)

으로써 창출된 이윤에 대한 설명을 가능하게 하기 때문이다. 또한 진행 중이지만 아직 청구하지 않은 회사의 수입과 청구 중인 수입 모두 장부상에는 회사의 자산으로 기록된다. 이 회계수치들을 매달 기록함으로써 회사가 지급받아야 될 금액과 지출하여야 할 금액을 확인할 수 있다. 이를 미리 알게 됨으로써 회사는 받은 돈에 대한 조치를 사전에 취할 수 있다. 그와 마찬가지로 지급되지 않은 회사의 부채 역시 미리 알 수 있다.

누적방식 회계를 사용한다는 것이 자금에 대한 중요성과 입출금 상태에 대한 면밀한 모니터링 그리고 회사의 자금 보유에 대한 것을 간과하는 것을 의미하는 것은 아니다. 회사의 회계보고서로는 자금방식의 회계와 누적방식의 회계에 대한 기록 모두가 필요하지만 회사의 전체적인 업무성취에 대한 측정은 누적방식 회계에 의해서 수월하게 알 수 있다. 법인의 형태로 조직된 회사는 일반적으로 자금방식 회계에 기초하여 세금을 부과받게 된다. 그래서 회계사가 세금 결산을 할 때에는 누적방식 회계에 의해서 기록된 내용을 자금방식 회계로 전환하여야 한다.

재무기록

재무관리시스템을 통하여 회사와 프로젝트의 진행상태를 알 수 있는 보고서가 만들어진다.

손익계산서와 대차대조표. 회사의 기본적인 재무상태를 기술하는 가장 일반적인 두 가지 양식은 손익계산서와 대차대조표이다. 이 두 가지 양식을 복합하면 회사의 현재 재정상황의 전반적인 내용을 알 수 있다. 근본적으로 손익계산서는 지속적인 흐름을 알려주는 반면에 대차대조표는 작성 당시의 상황을 알 수 있게 한다. 손익계산서는 월별, 분기별, 연도별 특정 회계 연도에 대한 소득, 지출 그리고 이윤에 대한 요약이라고 볼 수 있다. 또한 손익계산서는 특정 기간에 대한 활동, 운영 그리고 결과를 보여준다. 반대로 대차대조표는 특정 시기의 회사의 자산과 채무 상태를 보여주면서 현재 상황의 재정적인 상태를 보여준다.

재무 건전도(7.3)에서 회사의 재무현황을 즉각적으로 파악하기 위한 약식 보고서에 대한 내용 참조

운영 상태에 대한 기술로서 잘 기록된 손익계산서는 수익률, 승수(multiplier), 운용비, 직원당 매출소득 그리고 간접비 비율과 같은 주요한 비율을 모니터링하는 데 사용된다. 대차대조표는 보유 자금과 회사가 가지는 채권의 평균 회수 기간을 모니터링하는 데 활용될 수 있다. 이 표들은 회사의 부채, 지불 능력 그리고 자산의 자금화에 대한 능력을 표시하여 준다.

관리보고서. 전산화된 재무관리시스템은 청구와 관련된 사항, 회사의 채무와 채권에 관한 요약, 세무와 규정 그리고 일반적으로 회사를 관리하는 데 사용되는 그 밖에 정보들 제공하기도 한다. 프로젝트 보고서는 예산 또는 담당 건축가가 산정한 프로젝트의 완수까지 필요한 비용의 산출과 대비된 지출 현황을 점검한다. 이러한 보고서들은 프로젝트 관리자가 회사의 프로젝트 서비스에 대한 재정적인 측면을 이해하고 관리에 필요한 상세내용을 제공하기도 하며 회사의 경영자들에게는 프로젝트의 성과에

프로젝트 감독(13.3)에서 프로젝트 현황 보고서에 대한 내용 참조

대한 요약된 정보를 제공하는 역할을 하게 된다.

보고서 작성 빈도. 재무보고서들은 얼마나 자주 작성되어야 하는가? 그에 대한 대답은 회사의 규모와 구조적 체계 그리고 경영진의 재무 상태 점검 횟수에 따라 다르다. 대부분의 회사는 15일 주기로 프로젝트의 진행상황을 요약하고 월별로 재무상태를 보고하는 것을 기본으로 운영되고 있으나 회사에 따라서는 필요시마다 정보를 제공

손익계산서와 대차대조표

여기에 가상으로 정한 9명의 직원이 있는 회사의 연말 손익계산서와 대차대조표가 있다.

손익계산서에 나타나듯이, 이 회사는 718,840달러의 수입과 659,651달러의 지출이 발생하여 연말에 59,189달러의 순수익이 생겼다. (이것은 세전 순수익으로 연방정부, 주정부 또는 지방에 내는 세금이 공제되어 있지 않다.)

어쩌면 이 회사의 사장은 이 정도의 수익이면 만족하다고 생각할지 모르지만, 실지로 회사가 책정했던 90,000달러의 예상 수익을 간과하고 있다.

수익계산서를 분석하여 보면 회사는 예산으로 책정하였던 것보다 적게 용역비를 받았으며 직접 인건비와 여타 직접비용을 예산 규모에서 집행한 반면에 외부 컨설팅 비용과 간접(관리) 비용은 초과하였다.

다음연도 예산을 책정할 때, 이 회사는 용역비 수입을 증가시키고, 관리비용을 조절하며, 좀 더 현실적인 수익 목표를 정해야 한다.

대차대조표에 의하면 회사는 연말에 240,868달러의 자산을 기록했다. 그중에 140,694달러는 청구 미수금이고 46,182달러는 진행 중인 업무에 해당하는 금액이다.

회사의 부채는 몇 개의 지출청구서와 은행 채권을 포함하여 총 32,168달러이다. 이 금액을 자산에서 빼면 208,700달러의 순 수익(소유주의 수익)이 된다.

대차대조표는 단지 일시적인 회계 상황이란 것을 염두에 두어야 한다. 대차대조표를 이용하여 중요한 회계 정보(예를 들어 회사가 보유한 자금은 4,182달러이며 이것으로는 지출해야 할 7,168달러를 부담하기 어려움) 또는 심각한 재정문제(예를 들어 용역비에 대한 회수를 추적하여 받아야 하는 필요성)를 파악할 수 있다. 그러나 가장 유용하게 사용되기 위해서는 매기간의 대차대조표를 상호 비교하여 회사의 자산, 부채 그리고 자기 자본 수익이 증가하는지 감소하는지를 볼 필요가 있다.

손익계산서 사례(1월1일부터 12월31일까지의 기간)

수입	예산	집행	차액
용역비	700,000	681,340	(18,660)
지출상환금	37,500	37,500	0
총 수입	737,500	718,840	(18,660)
지출 예산 집행	**차액**		
직접비용			
직접인건비	187,500	185,897	1,603
외부용역비	124,000	128,500	(4,500)
기타 직접비용	18,500	16,483	2,017
총 직접비용	330,000	330,880	(880)
간접비용			
간접인건비	130,000	146,566	(13,566)
기타간접비	150,000	147,705	2,295
총 간접비용	280,000	291,271	(11,271)
회수 가능 비용	37,500	37,500	0
총 지출	647,500	659,651	(12,151)
세전 순 수익	90,000	59,189	(30,811)

대차대조표 사례(12월31일자)

자산	예산	집행	차액
현금 10,000	10,000	(4,182)	(5,818)
회수가능 금액	150,000	140,694	(9,306)
진행 중 업무	50,000	46,182	(3,818)
고정자산(감가상각 반영)	50,000	49,810	(190)
총 자산	260,000	240,868	(19,132)
부채와 소유주 수익	**예산**	**집행**	**차액**
지출 금액	10,000	7,168	(2,832)
대출 상환	25,000	25,000	0
총 부채	35,000	32,168	(2,832)
자기 자본 수익	225,000	208,700	(16,300)
부채와 수익의 합계	260,000	240,868	(19,132)

회계컨설턴트의 선정, Peter Pven, FAIA

재무 분야의 여러 측면에서 전문가의 조언을 받는 것은 도움이 될 뿐만 아니라 필요하다.

회계사. 일반회계사과 공인회계사(CPAs, Certified Public Accountants)는 회계보고서 작성, 회계감사 그리고 세무보고 분야의 전문가이다. 공인회계사가 되기 위해서는 일정한 준비과정과 인증시험을 통과하여야 하며 그리하여 주정부로부터 자격증을 받는 것이다. 그들은 세무보고와 회계감사에 전문인들이다. 회계사는 회사의 재무관련 장부를 구성하여 주고 재무관련 직원이 업무를 적절히 수행하도록 지도하여 줄 수 있다. 그들의 배경과 경력에 따라서는 회계사가 건축가들의 회사 운영에 대한 관리적인 조언을 해줄 수도 있다.

변호사. 변호사는 영업에 관한 법적 사항, 법인 등록, 노동과 고용, 기업관련 법, 재정상의 안전, 연금, 계약, 부채 그리고 소송에 관하여 해박한 지식을 가지고 있다. 추가적으로 어떤 변호사는 여러 가지 형태의 사업적인 거래, 연결 관계 그리고 규정에 대해서도 숙달되어 있으므로 건축가에게는 용역에 대한 계약, 용역비 산정 그리고 용역비의 회수와 같은 재정적인 분야에서도 도움을 줄 수 있다.

관리컨설턴트. 건축의 영업 관리 분야는 새로운 독특한 분야로 부상하였다. 관리컨설턴트는 이러한 분야의 능력을 제공하는데, 그들 중에는 건축가와 일한 경험이 있거나 또는 그들 자신이 건축가인 경우가 있다.

개인 재정 상담원. 개인의 수입과 지출 예산, 보험, 투자 그리고 노후대책 등과 같은 개인의 재정적인 사항에 대하여 상담을 해주는 일들이 재정 상담자, 분석가 그리고 설계자들에게 새로운 업무의 영역으로 떠오르고 있다. 이러한 분야의 일부 종사자들은 보험회사, 증권중개사 또는 연금관련 회사의 직원이기도 하지만, 관련 서비스에 대한 용역비를 기준으로 하여 상담을 해주는 개인 컨설턴트도 있다.

컨설턴트를 고용하는 데 있어서 중요한 사항은 다음과 같다.

- 적절한 자격을 갖추고 있을 것
- 당신이 도움을 필요로 하는 분야에 대한 경험이 있을 것
- 임시적인 답변이나 해결방안을 제시하는 것이 아니라 당신의 이야기에 귀 기울이며 문제를 이해하고 있을 것
- 당신이 편하게 대할 수 있으며 친밀하게 일을 할 수 있을 것

할 수 있는 전산화된 프로그램을 사용하기도 한다. 이때 보고서는 채권과 채무, 프로젝트 예산에 대한 요약, 보유 자금 현황 등에 관련된 것으로 즉각적인 보고나 주별 요약 보고의 형태로 작성되며, 이러한 회사들은 그들의 전산화된 시스템을 통해 가장 최근의 재정적인 정보를 얻을 수 있다. 또한 회사는 은행, 보험사, 정부 그리고 고객을 위하여 이와 같은 보고서를 준비할 필요가 있으며, 이러한 요구에 의해 보고서 작성 빈도가 결정되고 있다.

재무보고서의 활용

건축가는 재무와 관련하여 전문적인 회계사가 될 필요는 없다. 건축가에게는 재무보고서 작성에 대한 세부 사항보다는 전반적인 재정에 관한 정보의 중요성을 이해하는 것이 더욱 필요한 일이며, 이를 통해 재정상태에 대한 질문을 할 수 있고, 명확한 설명을 구하고, 회사의 운영에 필요한 정보를 습득할 수 있게 되는 것이다.

추가적인 정보

LoWell V. Getz가 저술한 An Architect's Guide to Financial Management(1997), FAIA의 Robert E. Mattox가 저술한 updates Financial Management for Architects(1980) Getz의 저서는 Mattox 연구에 기본을 두고 저술되었다.

참·고·자·료 Backgrounder

전산화된 재무시스템

Lowell Getz, CPA

소규모 회사에서도 구입할 수 있을 정도로 컴퓨터 장비와 소프트웨어 프로그램의 가격이 낮아짐에 따라 실질적으로 어느 건축회사든지 전산화된 재무시스템을 사용할 수 있다. 건축가가 당면한 문제는 어떤 시스템이 현재와 가까운 미래의 필요성에 가장 적합하게 부응할 수 있는지를 판별하고 선택하는 것이다.

착수

처음 구입하는 경우라면 우선 여러 가지 시스템에 대한 경험을 동료들로부터 들어보는 것으로부터 시작해야 한다. 세미나에 참석하거나 그에 대한 기사를 읽어보고 경험 있는 컨설턴트와 상담하여 보는 것도 빠르게 변화하는 분야의 가장 새로운 정보를 얻을 수 있는 길이다. 중요한 점은 시스템을 선택하기 전에 이 분야에 대한 연구가 필요하다는 것이다. 아무런 생각 없이 전산품 판매처에 가면 당신에게 가장 적합한 시스템을 선택하지 못하는 경우가 많다.

시스템의 선정

회사에서 사용하고 있는 컴퓨터의 기종에 가장 적합한 시스템을 찾는 것에 주의를 기울여야 한다. 가장 보편적으로 시스템은 윈도우 프로그램에 기반을 둔 것이다. 제공되는 것들이 어떤 것들인지에 대하여 익숙해진다면 당신에게 필요한 재무 양식을 제공하는 회사의 제품으로 선택의 폭을 압축시킬 수 있을 것이다. 출력된 리포트를 면밀하게 검토하고 그 시스템에 관한 관리 운영적인 측면을 평가하여야 한다. 여러 장의 리포트를 일일이 다 검토하지 않아도 당신이 필요로 하는 정보를 쉽게 얻을 수 있는가? 요약된 리포트의 중요성만큼 상세한 세부 리포트가 당신이 사용하기에 적절한가? 최대 용량이나 사용 속도와 같은 시스템의 기술적인 면에서 난감할 필요는 없다.

다음의 사항들은 적절한 시스템을 선정하는 데 도움이 될 것이다.

- 현재 당신이 사용하고 있는 시스템을 검토한다. 새로운 시스템을 사용하여 개선할 사항을 정리한다.
- 판매처의 자료를 조사한다. 당신이 원하는 시스템을 제공하는 판매처를 정리하고 추가적인 정보를 받는다.
- 최종선정을 한다. 당신의 필요에 가장 적합한 시스템을 2~3가지로 좁힌다. 테스트용 프로그램을 받아보고 판매처에서 제공하는 문서의 샘플을 살펴본다.
- 가능하다면 당신의 회사와 유사한 회사에서 시스템을 시연하여 보고 참조문을 조회해 본다.

회계 기능

시중에 출시된 제품을 검토하다 보면, 아래와 같은 여러 가지 회계 기능을 수행하는 시스템을 접하게 될 것이다.

회수 가능 계정. 시스템은 아직 진행 중인 작업의 미 발급된 청구서와 이미 발송되었으나 미수로 남아있는 청구계좌를 기록하고 진행상황을 갱신하여 준다. 작업별 소요 시간 기록 용지와 상환 비용의 기록으로부터 얻은 정보는 회수 가능 계정으로 기록된다.

지급 가능 계정. 시스템은 회사가 지불할 의무가 있는 지급 가능 계정에 대하여 기록하고 진행상황을 갱신하여 준다. 시스템의 지급 가능 계정 모듈은 물품과 서비스가 해당 프로젝트 또는 일반 관리계정에 적절하게 부가되어 있는지를 명확하게 한다. 상환 가능 비용은 건축주에게 적절하게 청구될 수 있도록 별도로 관리되어야 한다.

급여. 급여 모듈은 연방, 주정부, 지방의 세금과 보험료 그리고 기타 급여공제액을 제하도록 구성되어 있다. 다른 기타 보고서는 분기별 그리고 연말을 기준으로 자동적으로 기록이 작성된다.

일반대장. 이 모듈은 매 월말 또는 회계기간의 종료시점에서 모든 계정 거래를 정리하여 요약된 리포트를 작성한다. 요약된 정보는 회사 경영자에게 재무보고서의 형식으로 제출된다.

프로젝트 관리. 프로젝트 관리 모듈은 예산 대비 실행에 대한 정보를 수집하고 정리하는 것으로 프로젝트 관리자는 이 정보를 바탕으로 프로젝트를 어떻게 진행하여야 하는지 알 수 있게 된다. 이 모듈은 당신이 시스템을 선정하는 데 가장 중요한 사항이다. 다른 모듈들은 어떤 비즈니스이든지 간에 기초적인 기능이지만 이 프로젝트 관리 모듈은 독특한 기능이다. 이것이 다른 여타 회사들에 적용되는 시스템(예를 들어 변호사나 회계사의 시간 대비 청구 시스템)을 사용하기보다는 설계회사를 위한 특정한 시스템을 선정하는 것이 중요한 이유이다.

주요 시스템의 특성

컴퓨터 시스템을 선정할 때, 다음과 같은 사항을 염두에 두어야 한다.

시스템의 통합성. 통합 시스템은 정보를 한번 입력하면 다른 모듈에도 자동적으로 기록된다. 예를 들어, 작업 소요 시간에 관한 정보 입력은 프로젝트 관리 모듈과 급여 모듈에 동시에 적용된다. 통합 시스템은 시스템마다 따로 정보가 입력되어야 하는 개별 시스템보다 우수하다고 볼 수 있다. 왜냐하면 통합된 정보 교환으로 정보 입력에서 발생할 수 있는 실수가 줄어들기 때문이다.

실적. 고려하고 있는 시스템 제공자가 건축/엔지니어링 분야에 얼마만큼 경험이 있는지 그리고 해당 분야에서 어떤 평판을 가지고 있는지 알아야 한다. 이것은 매우 중요한 사항이다. 왜냐하면 아무리 뛰어난 시스템을 개발하였다고 하더라도 신뢰할 수 있는

제공자가 아니면 나중에 당신이 그들의 도움을 받고자 할 때에 사라졌을 수도 있기 때문이다.

추천. 당신 분야의 다른 어떤 회사가 그 시스템을 사용하고 있는가? 그 회사를 방문해서 현장에서 시연을 해 볼 수 있는가? 추천을 받아보는 것은 시스템을 선정에 대한 결정에 필수적이다.

설명 자료와 교육. 소프트웨어와 함께 어떤 설명 자료들이 제공되는가? 그리고 얼마나 알기 쉽게 설명되어 있는가? 시스템을 구입할 경우에 어떤 교육이 가능한가? 그리고 구입 이후에 어떤 서비스(예를 들어 무료통화 지원센터)가 제공되는가?

시스템 업그레이드. 좋은 소프트웨어 제공사는 첨단 기술에 맞춰 지속적으로 그들의 제품을 향상시킨다. 제공사의 제품 향상에 대한 기록을 살펴보고 소비자에게 어떻게 서비스하여 왔는지를 알아봐야 한다.

고객맞춤 프로그램. 만약에 시스템이 전반적인 면에서 당신의 요구에 부응하지 못한다면 그것을 요구에 맞도록 제품의 개별화가 가능한가? 시스템을 사용해서 당신에게 맞춘 리포트를 작성할 수 있는가? 제공사는 이런 제품의 고객맞춤 서비스를 하고 있는가? 주의해야 할 것은 이런 맞춤 서비스는 향후 제품 업그레이드가 용이하지 않을 수 있다는 것이다.

지역 지원. 가까운 지역에 시스템에 대해서 전문적인 서비스센터가 있어서 문제가 발생하였거나, 업그레이드 또는 시스템의 전환이 필요할 때에 이루어질 수 있는가?

계약 조건. 컴퓨터 서비스관련 계약을 잘 알고 있는 변호사와 계약 조건을 검토하여야 한다. 시스템이 당신의 데이터를 가지고 최종적으로 운영될 때까지는 잔금을 유보할 수 있게 협상을 하여야 한다. 또한 당신이 시스템에 대해서 익숙해질 때까지 교육기간을 최대한으로 연장하여야 한다. 왜냐하면 이러한 부분이 제공자에게는 상당한 시간 지연을 요하는 부분이기 때문이다. 변호사에게 제공자가 폐업하였을 때를 고려하여 계약의 내용을 검토하도록 요청하여야 한다.

사용자 그룹. 고려하고 있는 시스템을 위한 사용자 그룹이 있는지 찾아보고 그룹 활동에 대한 정보를 입수한다. 그룹의 회원들과

일반적인 재무 관리 프로그램의 모듈

오늘날 개인컴퓨터에서 작동시킬 수 있는 소프트웨어가 보편화되어 어떤 규모의 회사라도 전산화된 재무관리를 쉽게 접할 수 있다. 일반적으로 이러한 프로그램 패키지는 프로젝트와 일반회계의 여러 기능을 다루는 모듈로 구성되어 있다. 그리고 프로젝트 진행을 관찰하고, 건축주에게 청구하며, 회수 또는 지급해야 할 계정을 정리하며, 급여 지급에 대한 정보뿐만 아니라 필요한 대관서류를 작성한다. 일부 패키지는 사용자가 임의로 수정한 데이터를 입력할 수도 있다. 대부분의 것들은 사용자에 맞춘 여러 가지 보고서 작성 기능을 갖추고 있다.

아래에 있는 다이어그램은 콜로라도주 Fort Collins에 소재한 Wind2 Software Inc.가 개발하고 보급하는 Wind2 FMS에서 사용하고 있는 모듈과 보고서에 대한 개요이다.

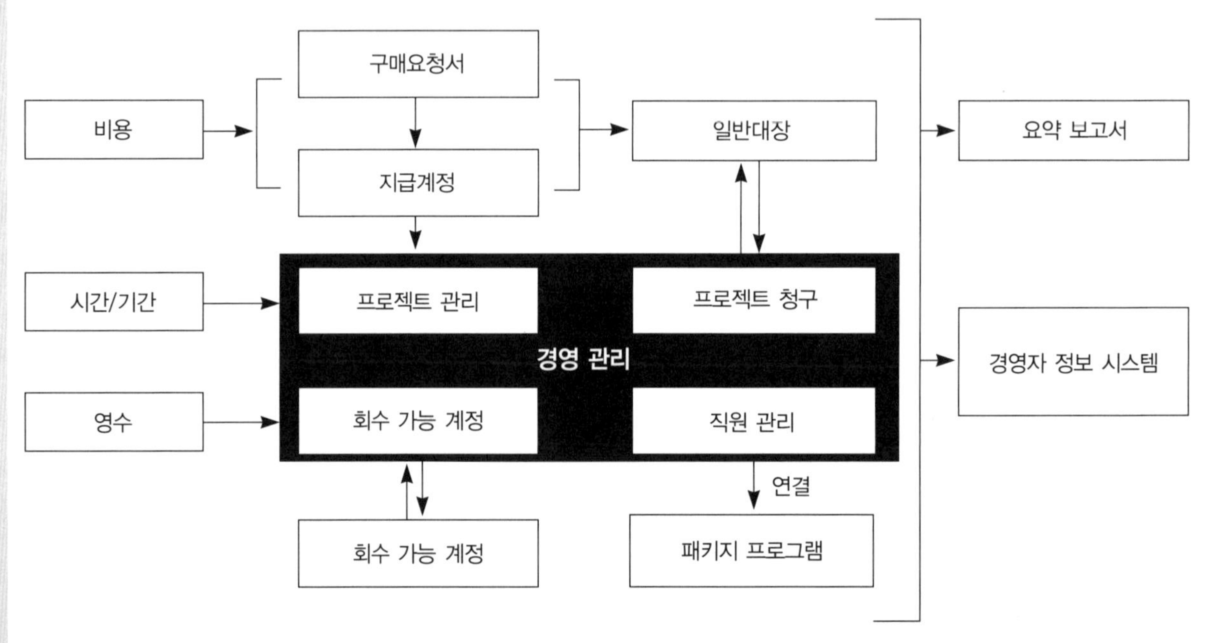

연락하여 시스템에 대한 경험을 물어본다. 이런 그룹은 제공자에게 시스템에 대한 의견을 제공하여 시스템 보완이 이루어지게 하기 위한 목적으로 구성된다. 비록 최우선적인 고려사항은 아닐지라도 이러한 사용자 그룹이 있다는 것은 제공회사가 장기적인 시스템의 개발에 전념하고 있다는 것을 시사한다.

전반적인 서비스. 제공회사의 고객에 대한 자세와 대응은 종종 제품 선정에 중요한 역할을 한다. 얼마나 편리하게 제공회사 담당 직원과 연결될 수 있으며 문의사항에 대한 답변을 얻을 수 있는지 관찰할 필요가 있다. 제공회사와의 연결이 어렵다는 것은 당신이 소비자가 된 이후에는 더욱 큰 문제가 될 것이다.

일반적으로 어느 특정 시스템이 다른 것들보다 월등하게 우월한 경우는 거의 없다. 그러므로 시스템을 선정할 때는 반드시 몇 가지 중요한 사항을 놓고 상호간에 장점과 단점을 비교하여야 한다. 여러 가지 시스템을 면밀하게 검토하고 비교하는 것이 당신이 필요한 것을 얻을 수 있는 기회를 높여준다.

7.2 재무계획

Lowell Getz, CPA

재무계획은 목적을 설정하고 전문적인 서비스와 운영에 대한 비용 산출을 위한 주요한 자료를 제공한다.

재무관리시스템의 주된 임무는 회사의 운영과 목표를 성취하게 하는 것이다. 효율적인 재무관리는 단계별 목표 설정을 요구하는데, 예를 들면 회사의 현재 상태가 어떠하며 다음주, 다음달, 다음 연도에는 어떻게 되기를 원하는지를 설정하는 것이다. 이러한 지표는 회사가 달성하고자 하는 수익, 직원의 고용과 적절한 서비스를 제공하는 데 소요되는 비용 등을 고려하여 설정된다.

사업계획

사업계획은 건축회사가 임의의 기회 포착보다는 미리 설정한 진로를 계획하고 그에 대한 방향을 따라갈 수 있게 한다. 이러한 계획은 회사의 큰 밑그림에 의한 전략과 위치 파악으로부터 시작된다. 이러한 목표와 전략이 사업계획, 즉 일련의 재정적인 전망과 회사의 기본 방침에 기인한 운영계획으로 반영되는 것이다.

사업계획은 모든 단계에서 어떤 형태로든지 작성될 수 있다. 간략하고 단순한 양식에서부터 금융권에 대출이나 자금 지원을 요청하기 위한 복잡한 양식의 서류에 이르기까지 다양한 형태로 나타날 수 있다. 연초에 사업계획서를 작성하는 것이 일반적이기는 하지만 그 작성의 빈도 또한 위에 언급한 작성의 형태만큼이나 다양하다. 연도별 사업계획서는 전형적으로 다음의 네 가지 요소를 포함한다.

재무시스템(7.1)에서 기본적인 재무 관리에 대한 개념과 시스템 참조

- **예상수입**은 계획 완료 또는 진행 중인 프로젝트로부터 기대되는 수입 그리고 아직 확정되지 않은 프로젝트로부터 예상되는 수입을 총괄적으로 말한다.
- **인원계획**은 예상매출에 기초하여 서비스를 제공할 때 필요한 인력의 규모와 비용을 말한다.
- **일반관리 예산**은 예상매출과 고용계획을 근거로 해서 직원들을 보조하고 서비스를 제공하는 데 소요되는 간접적인 비용을 말한다.
- **수익계획**은 회사의 지속적인 운영과 목표 달성을 위해 요구되는 이익에 대한 예산을 수립하는 것이다.

이러한 네 가지의 요소들은 상호 긴밀하게 연관되어 있다. 즉 어느 한 가지에 대한 결정은 다른 것들에 중요한 영향을 줄 수 있으므로, 이들을 상호 보완적으로 작성하는

Lowell V. Getz는 건축, 엔지니어링, 플레닝 그리고 환경설비 회사들의 재정 컨설턴트로 일하고 있으며, 재무관리에 관한 저술과 강연 활동을 하고 있다.

것이 무엇보다 중요하다. 계획을 수립하는 데 있어서 다음 표에서 보듯이 두 가지 방법 중에 하나를 선택할 수 있다.

- 예상되는 작업량을 중심으로 그것을 수행할 수 있는 재정여건을 수익과 함께 결정한다. (Path A)
- 고용 인력과 기타 재원에 목표하는 수익을 더하여 그것들을 성취할 수 있는 작업량을 산출한다. (Path B)

다른 방법으로는 목표하는 수익을 중심으로 그것을 달성할 수 있는 자산과 지출의 관계를 결정하는 것도 가능하다. 위의 모든 방법의 기본은 수익 목표를 설정하고 비용에 대한 청구를 결정함으로써 회사의 재정적인 상태를 모니터링하고 추진상의 문제점을 수정할 수 있는 척도를 제공하는 것이다.

이 장에서는 Path A의 방법을 따르고 있다. 미니멀리스트 재무관리자들은 Path B를 따른다.

비즈니스

Part 2

수입 전망

수입을 계획하는 과정은 예상되는 수입, 지출 그리고 수익으로부터 시작할 수 있다. 대부분의 회사는 수입을 예측하는 것으로부터 시작한다. 수입에 대한 설계(즉 당신이

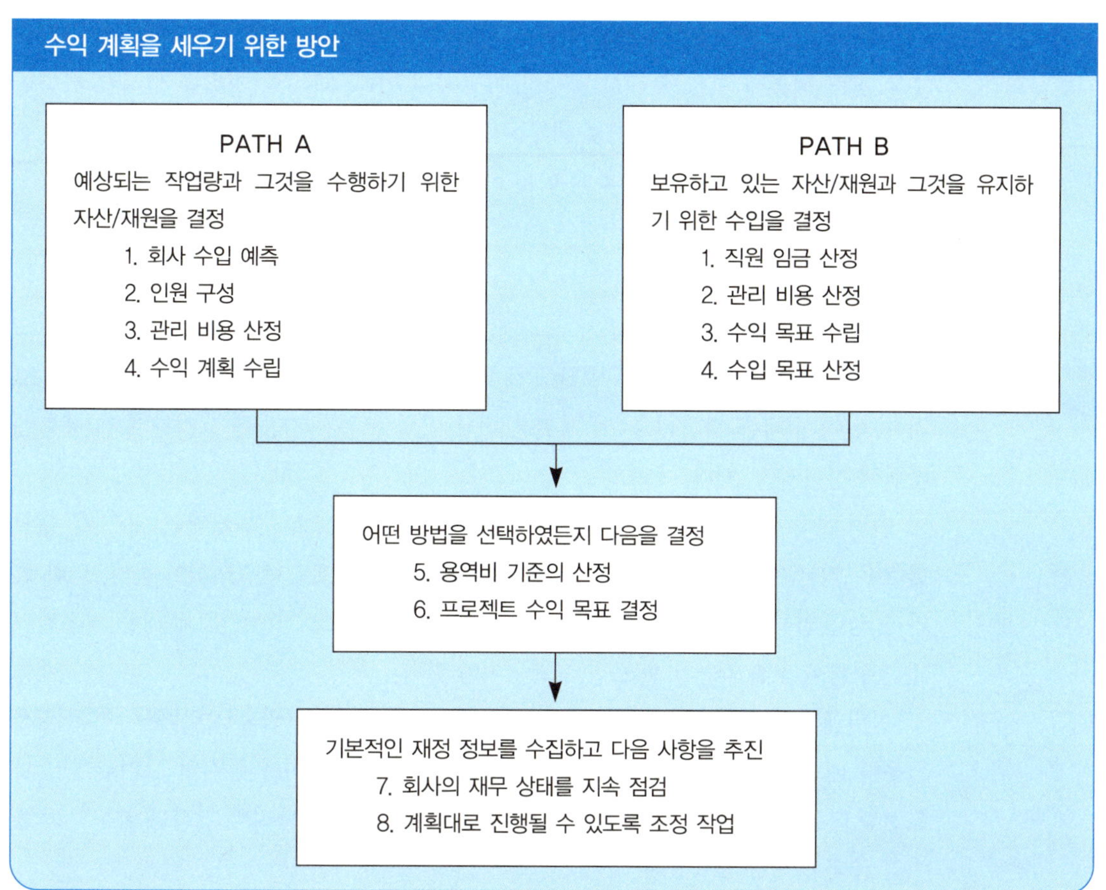

프로젝트를 수행한 용역비와 다른 자산운영으로부터 얼마나 많은 수익을 현실적으로 기대하는가)는 지나치게 낙관적이거나 비관적이어서는 안 되며, 다만 다음 연도의 시장 상황에 대한 최상의 예측을 반영하고 있어야 한다. 이러한 계획은 즉각 실현 가능한 프로젝트들과 가장 실현 가능해 보이는 프로젝트 수주를 중심으로 계획 연도에 대한 회사의 마케팅 목표를 설정하게 하는데, 수입에 대한 전망은 보통 수입을 예상하는 한 가지씩의 유형을 포함한 세 가지의 유형으로 구분할 수 있다.

언뜻 보기에는 월간 예측에 관한 서류는 부수적인 일로 보일 수 있다. 그러나 실제로 이것이 자금흐름을 파악하는 데 도움을 준다. 들어올 자금의 양만큼이나 언제 들어올지 그 시기를 예측하는 것이 중요하다.

종료될 현재 진행 중인 프로젝트. 현재 진행 중인 프로젝트에 대한 작업에 대해서는, 앞으로 들어올 보수액을 근거로, 해당년도의 대차대조를 목표로 월단위로 예산이 책정한다. 계획년도를 넘어서 연장되는 작업분에 대해서는 그 수입 분을 다음연도로 넘길 수 있다. 여기서 나온 수입 총액은 앞으로 들어올 수입액이며, 현재 진행 중인 프로젝트에서 벌어들일 수 있는 총 수입액이다. 이 예정수입액은 계획을 하는데 있어서 매우 중요하며 세심하게 모니터링 되어져야 한다. 이 예정수입액이 줄어드는 것은 재정적인 문제가 임박해오고 있다는 것에 대한 조기 경보라고 볼 수 있다. 만약에 이 예정수입액이 종전의 비율로 회복되지 못한다면, 회사는 조만간에 재정적인 문제에 봉착하게 된다.

수주 가능한 프로젝트. 이 유형의 수입전망은 나열된 제안서를 기초로 하여 그것들을 실지 프로젝트로 전환 시킬 수 있는지 가능성을 예측하는 것이다. 또한 그 제안서가 실지 계약으로 연결될 가능성에 대한 예측이 설정되어야 한다. 이러한 경우에는 매월 단위로 예측되는 수입이 계획에 포함되어 진다.

미확정 프로젝트. 만약 당신의 회사가 일반적인 회사라면 다음 년도 수입의 일정 부분은 전혀 예측치 못한 곳에서 발생할 가능성이 있다. 과거의 경험을 토대로 한다면 이러한 종류의 일들이 어느 정도 이루어질지 예측 할 수도 있을 것이다. 현재 진행 중인 프로젝트의 지속적인 업무수행 역시 이 수입 예측에 포함되어져야 한다.

인건비

재무 건전도(7.3)에서 운용비율과 회사 관리의 중요성에 대하여 언급하고 있다.

다음 단계는 현재 회사의 고용인원에 대한 내용과 다음해에 예상되는 급여 증액을 고려한, 인력에 대한 계획이다. 이 계획은 신규 인력 고용과 감소를 고려한 수입 예측에 맞춰 수정될 수도 있다.

인력 운용계획을 수립하는 데는 특정한 가정이 필요하다. 구체적인 예로 각 개인별 또는 직급별로 투입되는 시간에 대한 비율이 현실적으로 예측되어야 한다. 또한 휴가 및 공휴일이 고려되어야 하며, 신규 인력을 교육시키고 기존 인력에 대한 지속적인 교육 수행에 소요되는 비용 또한 고려되어야 한다.

시간당 청구금액의 계산:

건축가의 시간당 수당	30달러
간접비용	45달러
소계	75달러
수익률(25% 기준)	18.75달러
시간당 청구금액	93.75달러

* 급여부담금(150% 기준)

인원계획은 각 개인 별 또는 직급별 비용에 대한 체계를 필요로 한다. 이것은 직접 노동에 대한 비용(시간별 임금)과 후생복리비(소득세액, 여타 복지비 그리고 임금과 관련된 다른 제반 비용, 예를 들어 병가에 대한 비용), 일반관리비 그리고 회사의 목표 수익 금액 전체를 포함한다.

The Minimalist Financial Manager

William H. Haire, AIA, Oklahoma State University

여기에 6단계의 재무 계획과 관리를 위한 간단한 접근법을 수록한다.

Step 1: 수익계획의 설정

재정적인 지표는 관리 예산을 책정하는 수익계획에 의해 설정된다. 여기에 소규모 회사의 수익계획을 단순한 방법으로 예시한다.

A. 비용을 산출하라. 경영자와 임직원의 급여(예상되는 임금조정 포함), 급여세금과 복리지원 그리고 제반 지출비용(전년도를 기준으로 세우고 당해 연도 예상 조정)을 포함한다. 지출에 대한 청구회수금과 외주용역비처럼 들어왔다가 나가는 비용은 포함하지 않는다.

B. 수익목표를 세운다. 회사마다 각기 수익목표를 세운다. 아래의 예시에서는 순수입의 20%를 세전 수익으로 잡고 있다.

C. 예측되는 비용과 수익목표를 더하여 순수입목표를 계산한다. 순수입이라고 한 것은 비용에 대한 청구회수금과 외주용역비가 빠져 있기 때문이다.

수익목표 예시(외주 용역비와 청구회수금 제외)

비용			
급여			
사장	(1인 기준 $75,000)$75,000		
건축사	(1인 기준 $45,000)$45,000		
기술직	(2인 기준 $30,000)$60,000		
비서	(1인 기준 $20,000)$25,000		
총 급여			$200,000
급여세금과 복지비용(@25%)			$50,000
사무비용			
임대료		$12,300	
시설비		5,500	
통신비		2,500	
장비 대여		8,000	
우편, 택배		1,500	
출판		1,000	
보험(자동차, 사무실, 책임)		16,000	
사무비품		2,500	
여행경비		5,000	
출력비		3,500	
홍보관련 비용		3,200	
교육비: 등록, 훈련 등		5,000	
법무와 회계비		3,000	
기타 비용		1,000	
총 사무비			70,000
총 비용			$320,000
수익목표(순수입금액의 20%)			80,000
순수입목표			$400,000

Step 2: 효율성을 반영한 수익계획의 수정

건축회사에 있어서 수입(그리고 수익)은 직접서비스 용역, 즉 프로젝트를 수행하는 인적자원에 의해서 창출된다. 재무 상태를 계획하고 평가하는 가장 간단하면서 보편적인 공통요소는 직접인건비이다.

기본급여비(DSE)=프로젝트에 투여된 시간에 대한 급여비용(청구 가능 소요 시간/기간)

기본급여비 산출을 위한 승수의 형식으로 재무지표는 예상되는 기본급여비를 분리하기 위하여 수정된 수익계획으로부터 수월하게 계산할 수 있다. 이것은 전체 임금에 대한 예상되는 운용비율(Utilization Ratio)을 적용시킴으로써 산출할 수 있다.

운용비율=기본급여비÷총급여비

달리 말하자면,

기본급여비=총급여비÷운용비율

운용비율은 각 회사마다 다르지만 통계적인 조사에 따르면 적절한 수익성을 유지하기 위해서는 경영진과 직원을 평균하여 전반적으로 65% 효율성이 가장 보편적이다. 나머지 35%는 직접 청구될 수 없는 (간접)시간으로 홍보 마케팅, 직원 교육, 일반 사무 관리, 휴가, 연차, 병가 등에 소요된다.

운용비율은 수입을 창출하는 회사의 능력을 반영하기 때문에 지속적으로 관리되어야 한다. 낮은 비율은 낮은 수입을 의미하고 반대로 높은 비율은 높은 수입을 의미한다.

위에서 언급된 운용비율을 적용하여 회사의 수익계획을 다시 재조정할 수 있다.

수정된 수익계획(운용비율 65% 적용)

기본급여비	($200,000×0.65)		$130,000
간접비			
간접인건비	($200,000×0.35)	$70,000	
급여세금과 복지비		50,000	
사무비		70,000	
총 간접비		190,000	
총 기본급여비+간접비			$320,000
수익목표(수입의 20%)			80,000
순 수입목표			$400,000

Step 3: 승수의 계산

이번 단계는 계획된 기본급여비의 승수를 계산하는 것으로 이것은 위에 수정된 수익계획의 주요 항목들에 적용된다. 각 항목들을 직접인건비로 나누면, 제시되었던 회사의 경우에는 다음과 같다.

(계속)

기본급여비에 대한 지출 $130,000÷$130,000 = 1.00
간접비에 대한 지출 190,000÷$130,000 = 1.46
위의 두 개를 더한 손익분기점 승수 2.46
수익을 추가 80,000÷$130,000 = 0.62
순승수 3.08

낮은 운영비율은 필요한 손익분기점 승수를 높인다. 왜냐하면 직접시간 투입보다 간접시간 투입이 더 많으므로 낮은 한계수익점으로 나타나기 때문이다.

Step 4: 최소 시간당 용역비 수준을 결정하기 위한 순승수의 사용법

위의 사례에서 나타난 3.08 승수를 사용하면 다음과 같은 시간당 용역비 비율을 알 수 있다. (1년을 근무시간으로 환산하여 2,080 시간 기준)

경영진($75,000 기준) $36.06×3.08=$111/시간
건축사($45,000 기준) $21.63×3.08=$67/시간
전문직($30,000 기준) $14.42×3.08=$44/시간
관리직($20,000 기준) $9.62×3.08=$30/시간

이것은 수익계획을 달성하기 위한 최소한의 청구비율이다. 실현적인 비율에서는 서비스와 시장가치를 고려한 부분이 추가될 수 있다.

Step 5: 프로젝트 수익목표의 수립

수익계획을 달성하기 위하여 이 회사는 20%에 해당하는 순수입을 유보자금으로 가지고 있어야 한다. 프로젝트가 들어오면 순비용의 20%를 떼어서 건드리지 말고 유보하여야 한다. 수익계획을 맞추기 위해서는 프로젝트를 나머지 자금으로 운영해야 한다.

Step 6: 재정 상태를 점검하기 위한 순승수의 활용

다음과 같은 방법을 이용하면 손쉽게 회계사의 도움 없이도 비교적 정확한 계산을 할 수 있다. 이것을 위해 필요한 정보는

- 벌어들인 순수입 (청구되었던 용역비 중)
- 기본급여비 (작업시간표에 기록된 시간당 수당을 기준으로 한 프로젝트 투여 시간)

프로젝트 분석 사례

	(1) 벌어들인 순수입	÷	(2) 기본급여비 지출	=	(3) 순승수	−	(4) 손익분기점 승수	=	(5) 벌어들인 수익비율	(6) 개략 수익 또는 손실[(2)×(5)]
프로젝트 A	$20,000		$6,800		2.94		2.46		0.48	$3,264
프로젝트 B	35,000		11,000		3.18		2.46		0.72	7,920
프로젝트 C	12,500		6,000		2.08		2.46		(0.38)	(2,280)
프로젝트 D	42,000		17,500		2.40		2.46		(0.06)	(1,050)
	$109,500		$41,300		2.65		2.46		0.19	$7,854

이 프로젝트의 사례 분석은 Step 3의 회사 목표로 설정되었던 손익분기점 승수를 사용하였다. 또한 각 금액은 $100단위에서 반올림하였다.

이 분석에서 손익분기점 승수만이 유일하게 유동적인 요소이다. 이것은 정기적으로 누적방식을 활용한 회계정보를 기초로 재산정되어야 한다. (아마 이때는 회계사의 도움이 필요할 것이다.) 한편으로 운용비율을 살펴보자. 만약에 당신이 계획하였던 대로 유지되고 있다면, 급작스럽게 많은 간접비용이 발생하지 않는 한, 손익분기점은 별 변화가 없을 것이다.

비록 절대적으로 정확하다고 할 수는 없지만(왜냐하면 손익분기점 승수에 여러 가지 변화요인이 있기 때문에) 이 진단 방법은 재정상태를 손쉽게 알아 볼 수 있도록 해준다. 또한 프로젝트에 어떠한 조치가 필요한지를 알 수 있게 해준다.

예를 들어, 시간당 30달러를 청구하는 건축가가 있다고 하자. 이 경우에 청구액에 대한 비율은 다음과 같다. 이 계산에서 사용되는 일반관리비와 수익에 대한 비율은 사업계획의 다른 측면에서 올 수 있다(다음 장의 일반관리비 지출 참조). 사례에서 보이는 숫자는 기본급여비의 3.125배에 해당하는 청구 비율을 갖는다. 다시 말하자면 3.125배율을 적용함으로써 직접 노동에 대한 비용과 일반관리비 그리고 회사의 수익률 같은 것들이 포함되는 것이다. 회사를 운영하는 데 있어 이러한 배율을 설정하는 것은 회사가 추구하는 서비스에 대한 용역비를 명확히 설정하는 데 중요한 것이다.

수입 예측

여기에 있는 설명과 다음 세 개의 장(인원계획, 일반관리비용 예산 그리고 수익계획)은 지금 막 일 년의 회계기간을 마친 가상적인 회사의 사업계획이다.

수입 예측에 대한 분석은 이 회사가 많은 단기 프로젝트를 시행하려는 것을 보여주고 있다. 이 계획이 세워진 시기(1월 1일)에 이 회사는 앞으로 9개월 동안에 $280,000의 밀린 예상 수입이 있었다. 프로젝트는 $300,000에 달하는 확실한 프로젝트가 있었다. 실제로 이 프로젝트를 수주할 가능성에 대한 인자를 적용하여 경영자는 3월부터 시작하여 이 프로젝트에 대한 제안으로부터 $105,000을 벌어들일 수 있다는 가정하에 이 계획을 준비하였다.

이 회사는 직원과 전반적인 목표를 달성하기 위하여 $40,000에서 $45,000의 수입이 요구된다는 것을 예측할 수 있다. 즉 이 수치는 다음 장에서 설명될 인원계획, 일반관리비용, 수익계획 그리고 예상되는 수입금 중에 얼마나 외부 컨설턴트에게 넘어가는가에 대한 평가에 기초하여 산출되었다. 불확실한 향후 작업에 대한 수치는 회사의 마케팅 계획에 기초하여 세워졌으며 수입목표를 실현하기 위하여 그 부분에 대한 수입이 설정되었다.

회사 프로젝트들의 성격을 반영하여 수입 예측은 매달 갱신되었다. 뒤로 밀린 제안과 우선적인 제안은 조심스럽게 점검되었다. 동시에 이 회사는 목표 달성을 위하여 마케팅에 대한 노력이 필요하다는 것을 명확히 알고 있다.

		Total	*Jan*	*Feb*	*Mar*	*Apr*	*May*	*June*	*July*	*Aug*	*Sept*	*Oct*	*Nov*	*Dec*
Existing Projects														
Project A		$200*	$15	$15	$30	$30	$30	$30	$20	$10	$10	$10		
Project B		60	15	15	10	10	5	5						
Project C		20	10	10										
Total backlog		$280												
Proposals Outstanding														
Project X	60 @ 25%	15			5	5	5							
Project Y	120 @ 50%	60				5	10	20	20	5				
Project Z	120 @ 25%	30							5	10	10	$5		
Total proposals		$105												
Unidentified Future Work														
Institutional clients		$115								15	20	20	$30	$30
Planning studies		25										5	10	10
Total	$140													
Grand Totals		$525	$40	$40	$45	$50	$50	$55	$45	$40	$40	$40	$40	$40

이 회사는 각각의 우선적인 제안에 실현 가능성에 대한 요소를 적용하는 것을 포함시켰다. 예를 들어, 프로젝트 Z는 $120,000의 용역비 수입이 예상되나 그 프로젝트를 수주할 수 있는 가능성을 25%로 예측하여 $30,000정도만 예산에 포함시켰다.

*수치 단위는 천 달러

인원계획

이 가상의 회사는 5명의 직원이 있다. 각 직원의 직접 근무시간에 대한 시간당 수당을 계산하기 위하여 다음과 같이 계산하였다. 각 개인의 일년 연봉을 일년에 근무 가능한 시간, 즉 일년을 52주로 계산하고 일주일을 40시간으로 계산하면 총 2,080시간으로, 정규 직원의 일년 근무시간을 정하였다.

직원의 모든 근무시간을 프로젝트에 직접 부과할 수는 없으므로 운용비율(청구할 수 있는 백분율)을 각 직원에게 적용시켰다. 결과적인 청구 가능 시간은 기본급여비(시간당 청구금액)로 전환되며 전체 청구할 수 있는 수입(기본급여비 곱하기 회사에서 정한 승수)으로 전환된다. 마지막 항목은 프로젝트에 직접 부과할 수는 없지만 일반관리(간접)비의 예산에 포함되는 직원의 인건비 부분을 포함한 것이다.

이 회사는 대략적으로 일년 동안 순수입(외부 컨설팅과 청구상환 가능 비용은 제외함) 면에서 약 $400,000을 청구하여야 한다. 이것은 직원 규모를 유지하고 일반관리비를 조달하며 회사의 수익 목표를 달성하기 위한 것이다.

	Base Salary	*Hours per Year*	*Hourly Rate*	*Percent Chargeable*[1]	*Chargeable Hours*	*Direct Salary*[2]	*Billable Revenue*[3]	*Indirect Salary*[4]
Principal	$75,000	2,080	$36.06	60%	1,248	$45,000	$138,600	$30,000
Registered architect	45,000	2,080	21.63	70%	1,456	31,500	97,000	13,500
Technical employee	30,000	2,080	14.42	85%	1,768	25,500	78,500	4,500
Technical employee	30,000	2,080	14.42	85%	1,768	25,500	78,500	4,500
Secretary	20,000	2,080	9.62	12.5%	260	2,500	7,700	17,500
Totals	$200,000				$6,500	$130,000	$400,300	$70,000

1 It is important to recognize the distinction between the terms *billable* and *chargeable* and their implications. Time spent on projects is chargeable and may or may not be billable. If the project fee is anything other than an hourly fee (with or without a maximum), then none of the hours charged to the project are billed. Billing is a percentage of the fee for work completed. Therefore, billable hours are possible only on hourly fee projects.

2 Direct salary is calculated by multiplying the chargeable hours by the staff member's hourly rate.

3 Billable revenue is calculated by multiplying direct salary expense by the firm's DSE multiplier (3.08—see profit plan).

4 Indirect salary is calculated by multiplying nonchargeable hours (available hours minus chargeable hours) by each staff member's hourly rate.

일반관리비

다음 단계는 다가오는 해에 소요되는 일반관리비 또는 간접비 지출에 대한 예측에 관한 것이다. 간접비의 각 요소는 전년도에 발생한 실제 비용에 병행하여 기술되어야 하며, 이를 바탕으로 다음해에 발생할 수 있는 예산을 현실적으로 책정할 수 있게 되는 것이다.

임대료나 보험 가입액의 증가와 같은 비용의 증가 또한 실제 비용에 포함되어야 한다. 다른 지출 항목 또한 면밀히 검토되어야 하는데 이러한 것들에는 인플레이션과 이전 경험에 의한 금액의 변동과 같은 내용들이 포함된다. 이러한 현실적인 가정을 설정하는 데 있어서는 전체적으로 일정한 퍼센트를 적용하는 것보다 실제로 일어날 수 있는 항목에 대한 예측을 하는 것이 더 중요하다.

전반적인 일반관리비의 금액을 기초로 하여 다음 연도에 대한 일반관리비를 예측하는 것이 가능하다. 대부분 설계 회사는 기본급여비(DSE) 방식을 사용하는데, 이것은 전체적인 일반관리비(간접비) 예산을 전체적인 기본급여비로 나눔으로써 그 관리

일반관리비 예산

이 가상의 회사는 일년 회계 연도 동안에 총 $190,000의 일반관리비용이 발생할 것으로 예측하고 있다. 이 수치를 예상되는 총 기본급여비($130,000)로 나누면 기본급여비의 1.46 또는 146%에 해당하는 일반관리비 비율을 산출할 수 있다. 즉 이 비율은 시간당 청구 수준에 대한 승수를 산출하는 데 쓰인다.

	전년도	본 회계 연도	차이
간접인건비	$68,000	$70,000	$2,000
후생복리(전체 임금 기준)	45000	50,000	5,000
임대	12,300	12,300	0
공공요금	5,000	5,500	500
전화	2,200	2,500	300
장비구입/유지관리	10,000	8,000	(2,000)
우편과 운송	1,500	1,500	0
출판	1,000	1,000	0
보험	17,500	16,000	(1,500)
사무용품	2,800	2,500	(300)
출장	4,800	5,000	200
출력	4,500	3,500	(1,000)
홍보물 제작	3,000	3,200	200
직원 교육	4,000	5,000	1,000
법무와 회계/세무	3,000	3,000	0
기타 일반 행정	1,000	1,000	0
총 합계	$185,600	$190,000	$4,400

기본급여비(DSE, Direct Salary Expense)를 기준으로 한 일반관리 비율의 산출

총 일반관리비	$190,000	
총 기본급여비로 나누기	130,000	
산출된 일반관리 비율	1.46	또는 146%

기본급여비(DSE)의 손익분기점에 대한 승수 산출

총 직접인건비+총 일반관리비	$320,000
총 기본급여비로 나누기	130,000
산출된 기본급여비의 손익분기점 승수	2.46

직접인건비(DPE, Direct Personal Expense)의 손익분기점에 대한 승수 산출

총 직접인건비	
총 기본급여비	$130,000
후생복지비용	50,000
총 인건비	$180,000
총 일반관리비(후생복지비 제외)	$140,000
총 직접인건비+일반관리비	$320,000
총 직접인건비로 나누기	$180,000
직접인건비의 손익분기점에 대한 승수	1.78

수익계획

여기에 있는 수익계획에 대한 내용은 앞서 진전된 산출내용들을 포함한다. 전체적인 윤곽을 잡기 위하여 외부 컨설팅비용($125,000)과 청구 가능한 지출상환금($37,500)이 더해졌다. 이 계획은 수익목표를 $80,000, 달리 말하자면 순수입(총수입에서 외부 컨설팅비용과 청구 가능 지출상환금을 제외한 금액)의 20%를 잡고 있다.

이 수익계획과 앞서 언급된 세 가지 부분의 설명은 모두 이 가상적인 회사의 사업계획과 실행에 대한 통찰력을 제공한다. 이러한 정보는 회사의 예산, 수입, 인원, 일반관리비 그리고 수익계획의 상호 연관성을 잘 보여주고 있다.

그러나 이러한 전제 뒤에는 실질적으로 이 회사에 대해서 간과되고 있는 부분이 많다. 즉 회사의 전반적인 목표와 그 위상에 대한 설정, 운용에 대한 효율의 상승 또는 하강, 회사의 장기적인 재정 견실도 그리고 회사 서비스의 질적인 문제 등을 들 수 있다. 사업계획과 재무제표는 회사의 전반적인 목표나 서비스의 질적 수준과 같은 것에 대한 답을 제공하지는 못한다. 다만 여기에 언급된 산출내역들을 지속적으로 갱신하고 전년도와 비교함으로써 재무계획과 재무제표는, 그것들을 기초로 한 판단으로, 회사가 재정적인 목표를 달성할 수 있는지에 대한 능력과 전반적인 상태에 대한 정보를 제공하여 준다.

수익목표

예상 수입		$525,000
청구 가능 지출상환금		–(25,000)
외부 컨설팅비용		–(100,000)
예상 순용역비		$400,000
예상 지출 비용		
기본급여비	– $130,000	
간접비용	– $190,000	
총 합계		$320,000
수익목표(순용역비의 20%)		$80,000

수익목표를 달성하기 위한 순기본급여비의 승수 산출

총 예상 순용역비	$400,000
기본급여비로 나누기	$130,000
순기본급여비에 대한 승수 산출	3.08

비율을 책정하는 것이다.

어떤 회사에서는 직접인건비(DPE) 방식을 사용하는데 이 방식에서는 후생복리비(급여에 대한 세금, 사회 복지금, 급여보험, 비고용 보험, 그리고 건강 및 연금 계획, 연가, 병가, 그리고 다른 제반 복리에 소요되는 비용)가 전체 관리비 예산에서 제외되어 직접인건비의 일부로 포함된다.

수익계획

수익 또한 다른 재정적인 요소들과 마찬가지 방식으로 산출된다. 회사는 예상되는 수익의 수준을 책정하고 그에 따라서 인건비와 제반 일반관리비를 산출하여 그에 대한 계획을 수립한다.

수익은 직원들의 급여를 지급하고 자산을 늘리며 경영자가 가지게 되는 위험부담에 대한 보상의 역할을 하게 된다. 수익의 일정 부분은 회사의 경영자에게 분할되어 지급되며 보너스나 회사지분에 대한 이익금으로 지출되기도 하고 또한 회사에 재투자되기도 한다. 모든 프로젝트에서 목표로 하는 수익을 달성하기는 어렵다. 그러나 수익의 수준을 책정하는 그 자체가 중요한 것이다.

회사가 가장 일반적으로 수익을 예측하는 방법은 수입에 대한 일정 비율로서 수익을 설정하는 것이다. 다른 방법으로는 회사의 소유주에 의한 투자, 그 투자에 대한 적절한 환수, 그리고 보너스와 지분에 대한 수익을 지불할 수 있도록 회사업무를 수행함으로써 얻을 수 있는 적정한 수준의 수익목표를 설정하는 것이다.

그 수익목표가 어떻게 설정되었든지 간에 새로운 프로젝트는 이 목표를 근거로 새로 검토되어야 한다. 이 목표보다 낮은 수익을 창출하는 프로젝트는 결국 전체적인 수익을 감소시킨다.

개별 프로젝트 계획

설계회사는 각 프로젝트별로 수익을 달성하게 된다. 이것은 각 프로젝트가 건물의 벽돌처럼 하나하나가 회사 전체의 수익을 달성하거나 축소시키는 역할을 하게 되는 것을 말한다. 회사의 수익목표를 달성하기 위한 몇 가지 주요한 요소가 다음에 열거되어 있다.

- 신뢰 있는 건축주와 프로젝트
- 건축주와 프로젝트에게뿐만 아니라 회사의 적절한 이윤을 보장할 수 있는 용역비
- 그러한 내용을 포함한 계약
- 컨설턴트를 포함하여 적절한 서비스를 제공할 수 있는 재능과 경험을 가진 직원
- 프로젝트 서비스와 유대관계 그리고 위험성에 대한 적절한 관리

프로젝트의 수주(6.2)에서 적절한 프로젝트 수배, 건축주를 위한 준비사항, 기회와 위험성에 대한 검토 그리고 적절한 가격 제안서 작성 등에 관한 기본적인 사항을 언급하고 있다.

프로젝트 수행을 위한 제반 여건들은 회사의 재정적인 관리와 연관되어 다음의 몇 가지로 예시될 수 있다: 회사업무를 수행하기 위한 자금의 확보, 적절한 수준의 인력 수급, 일반관리비의 조절, 예산 대비 프로젝트 진행에 대한 모니터링, 회사가 받을 수 있는 돈에 대한 청구와 수금, 그리고 회사 재정을 운영하는 사람의 침착한 운영. 이러한 주제들은 다음에 오는 재정의 건전(8.3)과 자금 수급(8.4) 편에서 다시 설명될 것이다.

7.3 재무 건전도

Peter Piven, FAIA

잘 관리되고 있는 회사는 지속적으로 자체적인 재무 건전도를 검진하며 그러기 위해 적절한 조치를 취한다.

건축가라면 누구나 회사가 재정적으로 건전하기를 바랄 것이다. 그 이유는 자명한 것이다. 재정이 건실하지 못하다면 그의 사업목표를 달성하지 못하기 때문이다. 건축주와의 약속을 이행하고 회사의 수행한 업무와 위험에 대한 보상과 투자에 대한 이윤의 회수 같은 사업목표를 달성하기 위하여 적절한 수준의 수익성을 유지하면서 사업을 진행시켜야만 한다.

재무계획의 세 가지 요소

부록 B에서 재무관련 용어 참조

재무 건전도를 유지하기 위해서는 상호 연관된 세 가지 요소를 이해하고 계획하며 모니터링하고 조절하여야 한다.

- 수익성—지출에 상회하는 수입을 창출할 수 있는 가능성
- 유동성—자산에 대한 가치를 떨어뜨리지 않고 시기적절하게 자금화시킬 수 있는 가능성
- 지급능력—채무에 대한 변제가 용이하게 이루어질 수 있는 가능성

수익성

수익성은 세 가지 의미에서 필요하다.

- 회사가 불경기에도 지속적인 성장을 유지하기 위한 자금을 투입할 수 있도록 수익을 보유 또는 재투자하기 위한 것
- 수익 창출에 기여한 사람들에 대한 포상 지불이 가능한 것
- 회사 소유주들이 선택한 사업적 위험성과 그들의 투자분에 대한 수익 배당이 가능한 것

재무시스템(7.1)에서 설계회사의 수입과 지출, 자금과 누적방식 참조

건축가는 수익을 얻음으로써 프로젝트 또는 회사 전반적인 운영에서 지출이 수입을 상회하지 않는다는 것을 확신할 수 있다. 일반적인 프로젝트 순환과정은 서비스를 제공하고, 그에 대한 청구를 하고, 직접적 또는 간접적인 보수를 받는 세 가지 영역을

피터 피벤(Peter Piven)은 디자인 전문직의 마케팅과 경영 컨설턴트회사인 Coxe Group, Inc.의 필라델피아 지사장이다. 그는 급여 관리를 포함하여 폭넓게 실무에 관련한 주제에 대하여 저술과 강연 활동을 하고 있다.

포함한다. 건축가가 서비스를 원활하게 수행한다면 이 순환과정을 통하여 필요한 비용뿐만 아니라 수익을 창출하게 되는 것이다. 손실을 입는다는 것은 두 가지를 의미한다. 수익이 없다든지, 더 심각하게는 지출조차도 만회하기 어렵다는 것이다. 회사가 회계방식으로 자금방식을 쓰든지 누적방식을 쓰든지 간에 이러한 손실은 결국 자금의 고갈로 이어지게 되는 것이다.

프로젝트 감독(13.3)에서 청구와 수금에 대한 전략 참조

유동성

건축가는 회사를 운영함에 있어서 장기적인(fixed) 그리고 단기적인(current) 자산을 취득하게 된다. 장기적인 자산은 부동산, 임대 공간 보수(leasehold improvements), 가구, 기기, 기계 그리고 자동차와 같이 단기간에 쉽게 자금화하기 어려운 자산을 말한다. 단기적인 자산이라 함은 자금 그리고 미수금 계정이나 진행 중인 서비스와 같이 쉽게 자금으로 전환할 수 있는 자산을 말한다.

회사 운영이 재정적으로 실행 가능하기 위해서는 건축가가 정기적으로 수행한 서비스에 대하여 비용을 청구하여 서비스를 자금화하여 유동성을 유지하여야만 한다. 꾸준히 서비스에 대한 수금을 확보함으로써 미수금 계정을 자금으로 전환하여야만 한다.

지불 능력

지불 능력은 건축가가 회사를 운영하고 자금을 지출하는 데 있어서 회사의 수익성과 유동성을 매일같이 실감하고 있는 요소이다. 지불 능력과 수익성은 긴밀하게 연관되어 있다. 즉 수익을 내지 못하는 회사는 결국에는 회사로 들어오는 지불 요구를 충당할 자금이 없게 된다. 그러한 경우, 결국에는 부채를 감당하지 못하고 도산하게 될 수도 있다.

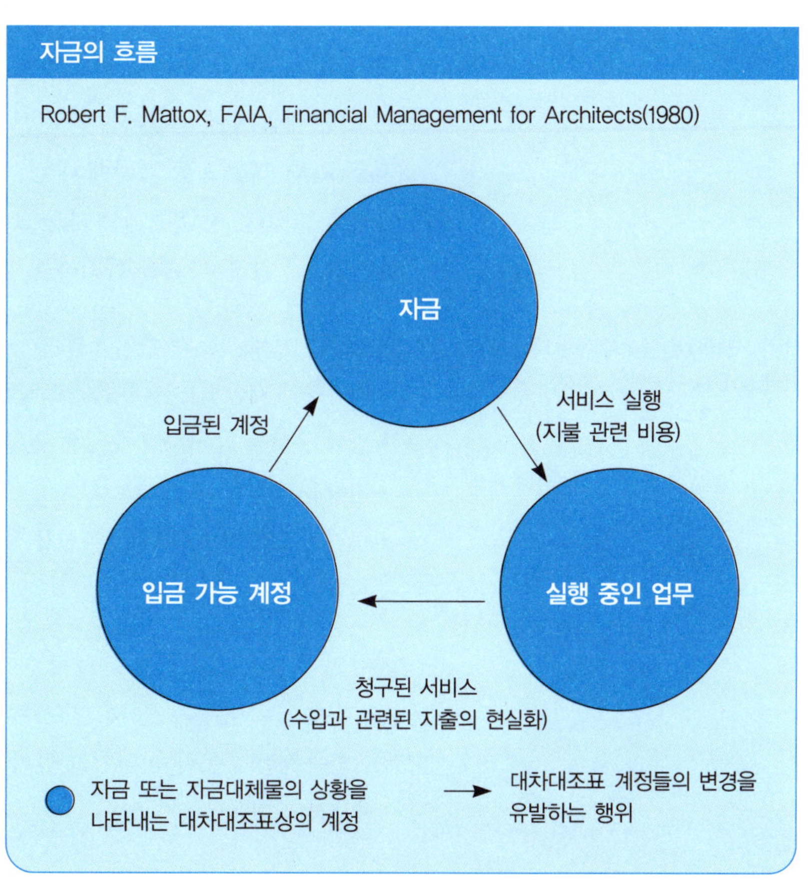

자금 관리

유동성을 유지하기 위해서는 자금을 관리할 필요가 있다. 유동성이란 자금의 문제이다. 즉, 얼마의 자금이 무엇 때문에, 언제, 어떤 출처에 필요한가에 대한 문제이다.

자금 관리는 회사를 통하여 자금이 흘러 들어오고 나가는 상황을 예측하고 조절하는 체계적인 과정을 말한다. 자금관리의 목적은 충분한 자금을 확보하고, 또한 잔여자금이 있다면 그것을 현명하게 투자하는 것을 의미한다.

자금 흐름의 예측. 언급된 자금 문제와 회사의 유동성을 평가하기에 가장 좋은 방법은 자금에 대한 예산을 작성하는 것이다. 이를 위해서는 자금의 규모, 시기 그리고 향후 예정된 자금의 입출금에 대한 신뢰성 등을 토대로, 회사자금에 대한 정확한 정보를 확보함으로써 향후 자금의 흐름을 예측해야 한다. 즉 자금에 대한 예산을 작성하는 것은 자금의 흐름을 예측하는 것이다. 그것을 통해 언제 수입과 지출이 이루어져야 하는지에 대한 계획을 수립하는 것이 목적인 것이다. 이러한 예측은 단기적인 부족자금의 차입 또는 여유자금의 투자 등에 대한 방향을 제시한다.

자금에 대한 예산을 작성하는 데 다음과 같은 단계가 있다.

- 청구 가능한 금액에 대해 예측한다.
- 그러한 청구에 의한 입금 규모와 시기에 대해 예측한다.
- 프로젝트 수입금 외에 다른 투자에 대해 회수, 임대료 그리고 자산 매각에 따른 자금 등으로부터 들어오는 입금에 대해 예측한다.
- 급여, 외부용역비, 제반 직접비용과 간접비용, 상환 가능한 지출과 경비에 대해 예측한다.
- 위의 제반 입금과 출금 계획을 종합하여 월별 자금의 증감을 계산한다.

현재 보유 자금과 위의 월별 증감을 종합하면 월별 회사의 자금 보유 수준을 측정할 수 있다. 매월 말에 결산되는 자금 보유액은 다음달을 위한 보유 자금인 것이다.

자금 흐름에 대한 조절. 자금에 대한 예산 책정으로 향후 필요한 자금의 필요성을 미리 예측할 수 있다. 자금 흐름에 대한 조절은 예산 대비 실행의 정도 측정과 필요한 수금 행위를 요구한다. 자금을 관리하는 방법은 다음과 같다.

예산이란 단어와 혼용되는 자금의 흐름은 단순하게 회사로 유입되거나 유출되는 돈의 움직임을 말한다. 바람직한 자금의 흐름(positive cash flow)은 특정기간 동안에 유출되는 자금보다 유입되는 자금이 많다는 의미이다.

- 새로운 프로젝트와 서비스를 수주하여 지속적인 업무의 흐름을 확보한다.
- 건축주가 제공되는 서비스를 인정하도록 하여 명확하게 지불을 청구하도록 한다.
- 입금 상황을 감시하고 수금이 원활하게 이루어질 수 있도록 한다.
- 지출을 조절한다.
- 정기적으로 자금에 대한 예산을 책정하고 그것을 활용하여 실제 자금 흐름을 감시한다.

자금의 흐름을 관리하기 위해서는 청구와 수금이 특히 중요하다. 전반적인 회사 운영의 경험으로 비추어 볼 때, 건축주가 청구에 대한 지불을 늦추는 것은 제공된 서비스를 만족스럽지 못하게 여기고 있거나 또는 프로젝트 진행에 저해가 되는 어떤 문제가 발생하고 있음을 암시한다.

자금 흐름 예측 과정

Robert R. Mattox, FAIA, Financial Management for Architects(1980)

여기 있는 3월 1일자 자금 예측은 회사가 언제 이것을 입금하여야 하는지에 관하여 예측되는 수입을 보여주고 있다. 예를 들어, 1월에 총 $36,000이 청구되어 1월에 $9,000, 2월에 추가적으로 $21,600 그리고 나머지 $5,400은 3월에 받을 것으로 예측하고 있다. 유사하게 3월의 예상되는 입금($33,000 중에 $8,250)은 3월에 입금이 되고, 다른 60%($19,800)는 4월에 그리고 15%($4,950)는 5월에 입금될 것으로 예측되고 있다.

용역비 청구 외에 다른 곳으로부터 들어오는 입금을 더하면 월별 총 자금 수치가 만들어진다. 지출금을 제하면 월별 예상 자금 이득과 손실을 볼 수 있다. 전달의 월말 잔고를 더하면 매월 예상되는 잔고를 알 수 있다. 2월의 $1,500의 잔고를 3월에 예측하는 자금 이득 $3,950에 더하면 3월말의 잔고는 $5,450이 된다.

자금 흐름 예측: 3월 1일	1월	2월	3월	4월	5월
총 청구액					
집행	$36,000	$34,000			
예측			$33,000	$38,000	$40,000
수취가능 계좌의 입금					
첫 번째 달(25%)	9,000	8,500	8,250	9,500	10,000
두 번째 달(60%)		21,600	20,400	19,800	22,800
세 번째 달(15%)			5,400	5,100	4,950
기타 입금			1,000	1,000	1,000
총 입금액			$35,050	$35,400	$38,750
자금 지출					
직접비			$14,900	$15,500	$17,000
간접비			16,000	17,500	15,200
기타 비용			200	0	6,000
총 지출액			$31,100	$33,000	$38,200
월별 순자금이득			$3,950	$2,400	$550
월초 잔고			1,500	5,450	7,850
월말 잔고		$1,500	$5,450	$7,850	$8,400

자금의 흐름을 관리하는 데 있어서 수금을 관리하는 것은 문제의 한 면에 불과하다. 즉, 다른 한 면은 지출을 관리하는 것이다. 지출에 대한 시간조절은 자금의 과도한 흐름을 조절하는 효과적인 방법이다. 회사의 입장에서 볼 때, 지출에 대한 조절은 용이한 반면 수금에 대한 조절은 상대적으로 용이하지 못하다. 이것이 잘못되었을 때, 회사가 지불하여야 할 업체나 사람들에게 지출이 지연되고 경영자의 임금이 삭감되거나, 필요한 경우에는 외부의 단기 차입금을 빌려야 한다.

만약에 지속적으로 적자가 예상된다면 다음과 같은 장기 차입이 필요하게 되는 경우도 있다.

- 담보에 의한 장기 대출을 받는다.
- 현 경영진, 추가경영진 또는 주주들이 출자한다.

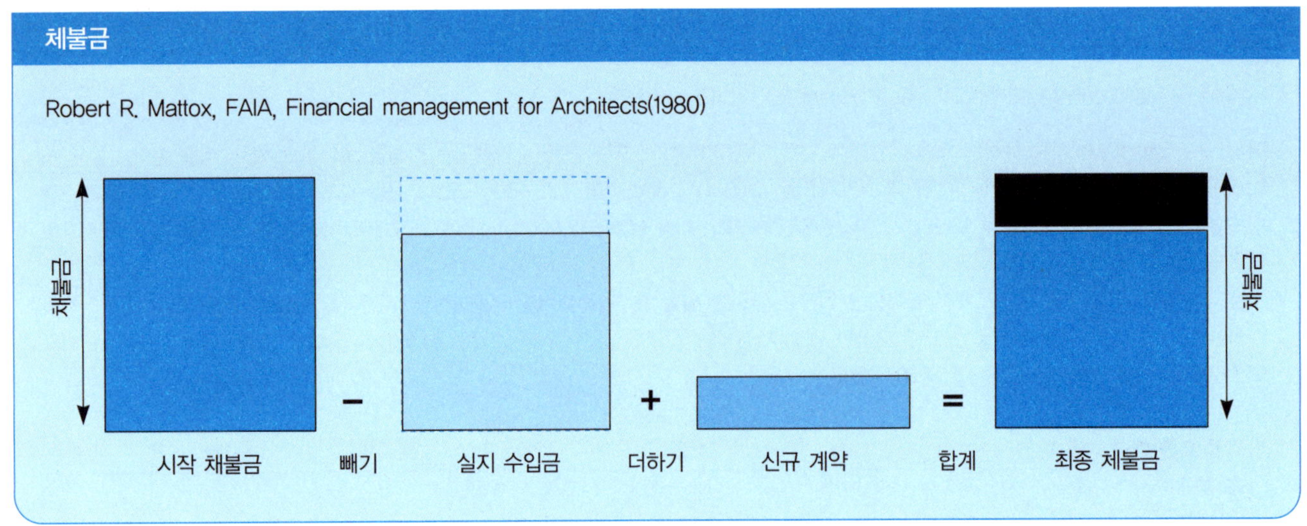

- 회사 수입에 대한 수익 배분을 유보한다.
- 자금의 지출을 연기한다.

재무의 견고성

회사의 재정적인 상황과 재정의 건전성을 측정하는 여러 가지 지표가 있다. 종종 이러한 지표는 회사의 일상적인 운영과 재무보고서 또는 대차대조표에 의한 단순 비율로서 표현되기도 한다. 이러한 비율은 필요 자금의 확보, 생산성의 평가, 일반관리비 및 프로젝트 비용의 관리, 용역비의 산정 그리고 보수에 대한 회수 등에 유익하게 활용될 수 있다.

자금 확보(7.4)에서 재무적으로 단기적인 자금의 유동성과 장기적인 발전을 위한 부수적인 수입원에 대한 내용을 다루고 있다.

가용 자금. 건축가는 조만간에 예상되는 지출의 규모뿐만 아니라 실지로 회사가 보유하고 있어야 할 가용 자금이 얼마나 되는지를 알아야 한다. 가용 자금이란 회사가 운영이 유지되기 위해서 필요한 최소자금을 말한다. 좀 더 상세히 말하자면, 현재 진행되고 있는 일들로부터 들어올 수 있는 수입이 들어올 때까지 소요되는 자금의 흐름을 유지할 수 있는 최소의 자금 보유액을 말하는 것이다. 이것은 다음과 같은 방식으로 계산된다.

가용 자금＝현재의 자산액－현재의 부채액

현재의 자산액은 자금을 비롯하여 손쉽게 자금화시킬 수 있는 것들을 말한다. 현재의 부채액은 12개월의 기간을 기준으로 지불하여야 할 것을 말한다.

수금 계정. 일반적으로 건축회사의 자산 중에 가장 큰 부분은 수금 계정이라고 할 수 있다. 이 자산의 유동성은 회사의 원활한 재정에 매우 중요하다. 지속적으로 적시에 수금 계정을 실지로 자금화하는 것은 필수적이다.

재무 성과 데이터

Operating Statistics Survey(Harper and Shuman, 1998)

몇 가지의 통계조사는 전반적인 건축회사의 재무 성과 지표를 밝혀준다. 예를 들어, 여기에 Harper and Shuman의 운영 통계 조사에 응답한 1988년도 자료가 있다. 다른 발표 자료와 마찬가지로 여기에 있는 수치는 응답자(이 자료의 경우에는 Harper and Shuman의 200명이 넘는 고객)의 경험과 조사된 연도에만 국한하여 반영한 것이다. 각 조사는 각 항목을 정의하고 있다. 그리고 물론 여기의 조사 그룹은 당신의 회사와는 다를 수 있다.

회사유형별	효과적인 승수	일반관리 수준	부과 비율	세전 수익
Architecture	2.98	144%	64%	4.6%
Architecture/engineering	2.73	147	64	5.0
Engineering/architecture	2.74	155	65	2.1
Engineering	2.68	132	66	5.9
Environmental	3.35	196	56	3.6
Interior Design	2.95	163	59	0.0
기타	2.86	160	65	0.4

회사유형별	효과적인 승수	일반관리 수준	부과 비율	세전 수익
1 to 5	2.44	144%	59%	2.3%
6 to 10	2.88	161	62	4.8
11 to 15	2.70	142	63	4.8
16 to 20	2.84	154	62	3.7
21 to 30	2.92	146	64	3.3
31 to 50	2.87	136	64	5.2
51 to 100	2.91	144	64	3.1
101 to 200	2.75	141	63	2.7
200+	2.88	142	66	5.9

예를 들어, 1개월의 용역기간 동안에 서비스를 완료하여 월말에 용역비에 대한 지불을 청구해서 2개월 후에 용역비를 받았다고 가정하면 이러한 업무를 수행하는 회사로서는 3개월의 운영자금이 필요하다. 이것은 회사 일년 수입의 사분의 일을 차지한다는 것을 의미한다. 그러므로 가용 자금의 여부는 수금 계정으로부터 자금을 회수하는 기간과 긴밀한 연관관계가 있다.

회사에서 발행하는 각 청구서를 지속적으로 관리하는 것이 권장될 뿐만 아니라 청구에 대한 회수율을 알고 있는 것 또한 중요하다. 거기에 대한 계산은 다음과 같다.

평균 회수기간(일별)=수금 계정수÷일일 기준 평균수입금

일일 기준 평균수입금을 계산하려면 수입 총액을 계산하고자 하는 기간의 일수로 나누면 된다. 일반적으로 매월은 30일, 매년은 365일을 기준으로 계산한다.

건축가들에게 가능한 한 매 30일을 평균 회수기간으로 권고하지만 건축주에 따라서 이것이 어려울 수도 있다.

인당 매출. 재무 건전도의 또 다른 측정 방법은 인당 매출을 기준으로 하는 것이다. 이것은 외부에 비용을 지불하기 전에 들어온 총수입을 말하는 것이며, 비용을 제외할 경우는 순수입이라고 한다. 이것의 산정은 프로젝트의 실무자수를 기준으로 할 수도 있고 회사 전체 인원수로 계산할 수도 있다. 전체 인원 대비 총수입의 비율은 마케팅과 관리를 포함하여 회사 전체의 활동을 분석하는 데 유용하며, 전체 인원 대비 순수

입의 비율은 일례를 들어 컴퓨터 시스템화의 효과와 같은 특정 작업의 효율성을 분석하는 데 유용하다.

회사 전반적인 수익. 순수입의 일정 부분으로 수익은 중요한 지표이다. 몇몇 통계자의 조사에 의하면, 지난 수년간 이 분야 직종의 평균수익률은 1~2% 범위 내로 낮은 것으로 나타나고 있다. 하지만 동시에 다수의 회사들은 25%에 달하는 수익률을 나타내기도 한다. 하지만 평균적으로 일반적인 수익률은 10~15% 정도라고 볼 수 있다.

일반관리비의 관리

회사를 운영함에 있어서 특정 프로젝트에 부과할 수 없는 간접비용이 발생한다. 이러한 간접비용은 수입의 30~40% 또는 기본급여비(DSE)의 100~200%에 달하기도 한다.

이러한 간접비용은 관리되어야만 한다. 만약에 간접비용이 지나치게 과다하면 회사의 활발한 작업에도 불구하고 수익을 창출할 수 없기 때문이다. 반대로 만약에 간접비용이 지나치게 작을 때에는 마케팅, 관리, 수익, 행정업무 또는 다른 중요한 일에 지출이 없다는 것이므로 결국에는 회사 업무에 양적 그리고 질적 영향을 미치게 된다.

재무계획(7.2)에서 일반관리비, 기본급여비 그리고 직접인건비에 대한 내용 참조

간접비 요소. 간접비와 프로젝트 간의 관계를 이해하는 것은 매우 중요하다. 이 연관관계를 이해하는 데는 여러 가지 방법이 있으나 기본급여비(DSE) 대비 모든 간접비(후생복리비와 일반관리비 포함)을 나타내는 간접비 비율이 가장 유용하다.

간접비 비율＝일반관리비÷기본급여비

간접비 비율이 1.75 또는 175%라는 것은 회사가 1원의 직접인건비를 지원하기 위해서는 1.75원의 간접비가 소요된다는 것이다. 비록 이 간접비 비율은 매월 달라질 수 있지만 회사가 적절한 간접비 비율을 유지하기 위해서는 전반적인 일반관리비를 지속적으로 감시하고 조절하여야 한다.

만약에 이 간접비 비율이 적정한 수준을 유지한다면 각각의 개별적인 간접비가 점검되어야 할 필요는 없다. 그러나 반대로 간접비 비율이 책정된 수준보다 높아지고 있다면 건축가는 개별적인 간접비 항목들을 점검하여 누수되고 있는 부분을 검토하여야 한다.

간접인건비. 간접비의 제일 큰 부분을 차지하는 것은 간접인건비이다. 즉, 행정, 회사 관리, 마케팅, 교육, 훈련, 사회봉사 그리고 프로젝트 공백기간에 소요되는 인건비를 말한다.

임금의 활용 비율이 낮은 수치로 나타날 때는 종종 과다한 간접경비가 발생하고 있음을 의미한다. 이 비율은 기본급여비와 총임금지출액의 비율을 말한다.

시간 활용의 비율＝직접 투여 시간(해당 프로젝트)÷전체 소요 시간

근무시간 분석 자료 사례

MICRO/CFMS, Harper and Shuman, Inc., Cambridge, Massachusetts

이 자료는 전월의 직원들이 보고한 근무시간을 살펴보고 직접과 간접업무 시간을 구분하여 간접업무 시간(휴가, 병가 등)의 활용을 표시하며 다음과 같은 세 가지의 비율을 산출한다.

(A) 직접투여 시간을 총 근무시간으로 나눈 것
(B) 직접투여 시간을 실질적으로 일한 시간으로 나눈 것
(C) 목표 비율

위의 세 가지 비율은 각 직원들과 조정하여 시스템에 기록하였다.

Time Analysis Report: Apple and Bartlett

	Hours Worked			Ratios			Indirect Time (hours)								
	Total	*Dir.*	*Ind.*	*A*	*B*	*C*	*Vac*	*Sick*	*Hol*	*B.Dv*	*Civc*	*Mgmt.*	*Actg.*	*P.Dv*	*Other*
00001 Apple, William															
Current	89	82	7	92	92	55						4			3
Year-to-date	840	552	288	66	68	55	16		16	3		23			229
00002 Bartlett, James															
Current	110	103	7	94	94	65						4			3
Year-to-date	859	561	299	65	69	65	27		16	12		31			214
00101 Gray, Brenda															
Current	86	62	24	72	100	85	24								
Year-to-date	821	685	137	83	94	85	32	37	24	3					42
00201 Stone, Richard															
Current	101	101		100	100	95									
Year-to-date	823	699	124	85	91	95	8	32	16	8					60
00202 Lambert, Roberta															
Current	114	114		100	100	95									
Year-to-date	873	795	78	91	97	95	32	8	16						22
00203 MacKenzie, Jonathan															
Current	108	108		100	100	95									
Year-to-date	324	300	24	93	93	95									24
00301 Spencer, Wilbur															
Current	80	64	16	80	100	95		16							
Year-to-date	823	744	78	90	99	95	8	45	16						9

임금 활용의 비율＝기본급여비(DSE)÷전체 임금에 드는 비용

활용에 대한 비율을 이해하는 데 가장 중요한 사항은, 인원의 수를 고정적으로 놓고 볼 때, 프로젝트에 투여되는 직접 시간과 임금에 대한 비율이 낮아질수록 전체적인 간접 시간과 비용은 올라간다는 것이다. 일반적인 상황에서는 프로젝트에 참여하는 실무자를 관리인으로 업무를 전환시키게 되면, 그만큼 프로젝트 성취에 대한 노력과 수입이 감소하게 되며 동시에 간접인건비와 전체적인 일반관리비가 상승하게 된다.

활용 비율을 모니터링하기 위해서 다음의 두 가지 방법이 활용될 수 있다.

• 개인별 그리고 누적된 실무자 작업 시간 소요량에 대한 시간 분석에 의한 방법

일반적인 설계회사의 운용비율은 대략 62~72% 정도이며, 흑자회사일 경우는 65% 이상이다. 한 회사 내에서도 직능에 따라서 운용비율이 다른데, 행정직일 경우에 10%, 임원일 경우에 30~50%, 실무자급일 경우에 75~85%에 이른다. 이러한 비율은 해당하는 시간에 따른다. 즉, 일년에 2주일의 휴가, 7일의 공휴일 그리고 2일의 병가를 포함하여 2,080시간을 근무하는 근로자는 일년 평균 91%를 사무실에서 보낸다. 이때 모든 근무시간을 프로젝트에 투여할 경우에 91%의 운용비율을 가지게 된다.

- 기본급여비와 간접인건비가 기록되어 있는 손익계산서에 의한 방법

활용 비율에 대한 분석은 회사가 직접인력에 대하여 실지로 지출한 부분에 한하여 효과적인 지표라는 것을 이해하여야 한다. 실무자가 프로젝트에 부과하는 시간이 반드시 청구될 수 있는 시간은 아니다. 건축주에게 청구될 수 있는지를 생각하지 않고(일례로 일정 계약금액으로 계약되어 이미 프로젝트 비용이 소모된 상태) 프로젝트에 시간을 부과하는 경우는 활용 비율의 잘못된 이해로 결론지어질 수 있다. 즉, 그러한 경우, 활용 비율이 높게 나타나서 낮은 간접비 비율과 효과적인 운영으로 보이지만 수익 률은 반대로 낮아진다. 하지만 그러한 경우라도, 직원이 프로젝트에 투입한 시간에 대한 기록은 향후 다른 프로젝트의 예산 책정에 중요한 자료가 되므로 중요한 사항이다. 예측된 시간 투여와 실지 투여된 시간을 비교한 운용 비율(utilization ratio), 그리고 이와 결합된 프로젝트 진행보고서는 회사의 효율성을 관리하는 데 효과적인 방법이라는 것을 몇몇 회사가 증명한 바 있다.

기타 간접비. 만약에 간접인건비가 낮은데도 불구하고 전체적인 일반관리비가 높은 경우에는 회사에서 지출하는 다른 간접비용에 대하여 조사하여야 한다.

기타 간접비는 전년도의 사례를 기준으로 예산이 책정되거나, 특정한 새로운 요구를 고려하여 Zero-based 예산 책정 방법(이 경우에는 포함되는 모든 항목에 대한 신중한 고려와 타당성이 요구됨)에 의하여 책정될 수 있다. 개별 항목(계정), 소계 그리고 총액은 절대수치(일정한 금액한도) 또는 총 급여액, 총 지출액, 총 수입액과 같은 다른 항목과 비교한 상대수치를 기준으로 계획되고 모니터링될 수 있다. 예산에 있어 예상 사항과 변경사항은 기록, 검토되어야 하며 필요 부분에 대해서는 종합적인 대처가 취해져야 한다. 만약에 예산 범위 내로 일반관리비를 조절하는 것이 불가능하다면 회사 전반적인 재무계획을 수정할 필요가 있을 것이다.

프로젝트 비용의 관리

프로젝트 비용이라 함은 직접인건비, 외주용역비 그리고 프로젝트와 관련된 출장, 출력, 모형과 투시도, 장거리전화 그리고 제반 기타 비용을 포함한 비용이다. 이 중에서 프로젝트에 투여된 직접인건비가 가장 큰 부분을 차지한다. 직접인건비를 관리하는 데 있어서 중요한 원칙은 다음과 같다.

- 효율성 – 실무자들이 프로젝트에 전념하도록 하는 것
- 생산성 – 회사의 직접적인 노력이 수익을 창출하는 정도

생산성을 검증하는 가장 일반적인 방법은 순승수(net multiplier)를 활용하는 것이다. 이것은 회사가 벌어들인 순수입(순수입은 외주비용, 상환금 그리고 여타 지출되는 금액을 제외한 것임)을 기본급여비로 나눈 비율로 산출된다.

인원계획과 활용

Askew, Nixon, Ferguson Architects, Inc., Memphis, Tennessee

이 차트와 다음 페이지의 차트는 30명 남짓한 회사의 인원 활용을 계획하고 점검하는 데 사용된 두 개의 보고서이다. 첫 번째 것은 사전에 계획된 다음주의 인원 작업 일정표이다. 두 번째 것은 이달과 지난 3개월 기간동안에 각 직원의 조정된 목표에 대하여 실질적인 활용 비율을 나타내고 있다. 이 보고서는 축소 복사되어 회사의 경영진의 참고자료로서 시간 관리 시스템 자료파일로 가지고 다닐 수 있게 편집되어 있다.

WEEKLY WORK SCHEDULE

No.	Project	P				CA	CAD	SM	SPM																		T2				Hrs
		BF 3	BN 2	LA 1	SH 3	GW 1	CS 2	CW 3	BJ 2	BJB 1	DG 2	DW 1	JHJ 1	JPW 2	LES 2	MH 2	MO 3	RC 3	SD 1	DC 1	DH 1	JFW 2	JWJ 1	KA 1	SB 3	mb 3	BLa hourly	JLW 1	JWs 2	WB 3	1240
1093.00	PATH Medical Jv											36																			36
26102.15	UST Archibus																														
87047.10	FEC CTC FM					1																									1
87080.40	Logistics Sup Fac	6																											20		26
89108.40	TANG Aerial Port													2																	2
90114.10	IRS MSC	2	32		40	4	24															44				36		8		20	210
91064.30	MCS SE Elem	4													22																26
92009.20	TVA Allen					6																									6
92011.20	TVA Turbine Mnt																														
92024.11	Sprint Vienna	12					8																								20
92033.70	Dobbs SanFran										4																				4
92040.25	MSCAA ALP																														
92051.25	US Tobacco															16															16
92062.20	Sharp Toner Bldg										4																				4
92072.20	TVA Wilson Ops	2																													2
93004.25	MSCAA #8 FM																														
93018.20	Plough Print Plnt	3									32									20									18		73
93035.20	TVA Allen Portal												16						16												32
93036.25	Betz Contract																						36								36
93037.80	Hardin Hsp					2														20											22
93040.70	Dobbs San Ant										4						9														13
93051.10	Boatman's Bank												8															8			16
93057.80	Boyd Sam's Twn			30		16				36					22	16	13	36							36						271
93066.10	ATT Atlanta																		20												20
93068.10	TVA Allen Coal C					6																					10				16
93078.70	UClub Grill																														
93079.35	Baptist EAST POB																														
93082.25	ATT Pittsburgh							20																							20
93088.10	FEC Indy Phase V	9												30			18										10				67
20.00	Marketing	8	12	6		1							12	4										36							85
40.00	Training	3					12	8						8											4			4	4		43
60.01	Committee Work					8																								5	13
80.00	Computer																														
	Vacat/Comp/Hol								40									4			36										80
	TOTAL	49	44	36	40	44	44	28	40	36	44	36	36	44	44	32	40	40	36	40	36	44	36	36	40	36	20	20	42	25	1160

P Principal
CA Constr. admin.
CAD CAD manager
SM System manager
SPM Sr. project manager
PM 40 hour time record
T1 Tech level 1
T2 Tech level 2
T3 Tech level 3

순승수=순수입÷기본급여비

위의 단위 승수는 회사의 지출을 제외하고 순수하게 회사 자체적으로 벌어들인 순수입을 기준으로 계산되므로 생산성을 알 수 있는 가장 좋은 지표이다. 예를 들어 단위 승수가 3.0일 경우는 100원의 기본급여비가 회사에 300원의 수입을 올린다는 것을 의미한다.

재무계획(7.2)에서 순승수(net multiplier)와 손익분기점 승수를 계산하는 방법 참조

인원계획과 활용 (계속)

운용비율차트

	Personnel	Plan'd Weekly	MAY 5	12	19	26	JUNE 2	9	16	23	30	JULY 7	14	21	28	AUGUST 4	11	18	25	1993 Plan'd Yearly	1993 Actual YTD	1992 Plan'd Yearly	1992 Actual 1992	1991 Plan'd Yearly	1991 Actual 1991
PRIN:	L. Askew	62	70	87	82	87	52	22	97	55	99	87	57	31	52	56				62	64.5	60	62.5	60	59
	B. Nixon	70	67	79	74	84	63	42	75	87	87	73	82	88	84	79				70	73.2	65	75.2	60	70
	B. Ferguson	70	54	20	33	38	29	25	52	49	61	17	25	26	39	49				70	40.8	65	67.4	60	56
	H. Wolfe	62	85	85	79	59	60	55	74	87	70	34	34	34	34	12				62	62.2	60	53.5	60	48
	S. Hill	75	81	92	88	80	78	89	74	77	67	49	49	45	78	75				75	77.1	80	72.0	70	75
CA:	G. Wagoner	80	41	29	58	61	72	91	97		57	3	54	76	96	79				75	69.8	75	76.1	75	73
	C. Wagner	40	14	52	62	59	40	91	8	20	40	18	45	23	28	52				40	43.2	30	29.7		
SPM:	B. Baggett	85	100	100	100	100	100	51	0	33	98	74	97	92	97	100				82	87.4	80	74.7	75	75
	D. Garrigan	85	84	82	96	90	67	91	92	48	93	70	94	35	86	75				82	78.9	80	85.3	70	79
	Les. Smith	85	85	98	98	98	79	100	99	99	100	82	97	97	97	98				82	77.5	80	85.7	75	77
	J. Wieronski	85	89	98	85	94	77	99	11	66	99	73	95	1	38	20				82	75.0	80	79.9	75	68
PM:	R. Conrad	90	94	97	95	94	75	94	12	72	100	76	95	96	97	96				85	83.8	80	85.6	80	82
	S. Dicus	90	67	97	97	93	82	96	86	96	98	88	71	59	76	84				85	79.9	80	86.0	80	76
	M. Ordoyne	90	97	98	97	97	65	98	91	97	98	75	95	92	96	96				85	90.3	80	84.7	80	81
	J. Safranek	90	78	95	75	84	72	93	20	35	90	49	87	93	93	75				85	76.4	80	85.6	80	78
	S. Bryant	92	94	79	75	74	76	94	97	81	99	78	97	94	97	99				87	82.7	87	69.0		
	D. Choo	92	99	100	40	60	80	91	84	100	94	84	99	96	99	99				87	91.6	87	84.8	86	85
	J. James	92	92	100	92	77	80	86	100	98	100	75	75	77	99	38				87	86.2	87	88.7	86	87
	C. Smeltzer	85	74	94	93	87	82	97	90	93	99	66	76	76	82	44				80	76.9	75	75.5	86	80
	J. Wikins	92	95	97	96	68	26	93	84	95	94	69	95	92	73	75				87	87.4	87	78.7	86	84
T2:	W. Bower	70	27	54	64	15	47	55	88	80	91	56	77	84	85	74				65	58.6	70	59.1	70	45
	J. Wittichen	92	100	87	91	87	69	86	77	97	93	67	97	93	94	66				87	66.7	87	73.2	87	83
	John Williams	92							67	87	93	77	94	89	91	70				87	61.3	87	73.2	87	83
MRT:	B. Jones	50	73	59	50	62	33	63	67	20	69	41	58	20	29	29				50	54.9	40	53.3	15	18
	J. Jones	60	9	75	10	25	60	40	57	56	22	53	78	53	44	49				60	31.2				
	K. Aquilini	30								0	18	11	20	27	1	0				30	25.8	30	20.9	15	13
SUPT:	R. Fite	20	25	20	12	10	10	7	12	9	16	15	46	15	7	6				20	18.3	20	4.3	5	1
	L. Smith	20	0	5	0	7	5	7	7	0	15	25	7	12	22	15				20	14.9	20	16.2	5	7
	C. Whitaker	20	4	0	0	0	5	0	0	0	9	42	34	15	0	0				20	5.1				
	AVERAGE	74.5	70.5	76.9	68.7	69.0	60.1	68.5	64.0	67.4	77.5	58.7	70.5	60.6	67.0	60.2				71.9	67.7	70.1	67.4	63.8	61.2

PRIN: Principal
CA: Const. admin.
CADD: CADD spec.
SPM: Sr. project manager
PM: 40 hour time record
T1: Tech level 1
T2: Tech level 2
T3: Tech level 3
MKT: Marketing
SUPT: Support

□ Achieved planned weekly UR
■ Achieved 10% above planned weekly UR (5% for T1)
▨ Timesheet not turned in – amount shown is estimate

8.2절의 사업 계획에 제시되듯이, 기본급여비의 승수들을 통하여 회사의 운영 상태를 알 수 있다.

기본급여비 지출:	100원÷100원=	1.00
간접비 지출:	150원÷100원=	1.50
수입/지출 동등 지수:		2.50
수익 포함:	50원÷100원=	0.50
순기본급여비 지수		3.00

요약 보고서

MacArchitect, Arne T. Bystrom, FAIA, Seattle, Washington

일부 전산화된 프로젝트와 재무 관리 시스템은 프로젝트와 회사의 실적 현황에 대한 경영자 요약 보고서를 출력할 수 있는 기능이 있다. 다른 일부 회사에서는 자체적으로 가지고 있는 재무 관리 시스템을 활용하여 프로그램을 개발하거나 요약표를 만들고 있다. 그것에 대한 두 가지의 사례가 아래에 있다. 하나는 회사의 목표 손익분기점 승수로 얻은 여타 승수들을 비교하는 프로젝트 예산 요약보고서이고, 다른 하나는 재무 지표에 대한 이력서이다.

Project Budget Summary

Breakeven Multiplier: 2.41 Planned Net Multiplier: 3.01 Earned Profit Multiplier goal: 0.60

No	Active project abbrev	1. Net revenue earned		2. Direct Salary Expense		3. Net mult earned		4. Break-even mult		5. Profit Mult Earned	6. Approx profit (loss) DSE x PME	Prj type
19	9212	$ 4,320	(÷)	$ 1,632	(=)	2.65	(–)	2.41	(=)	0.24	$ 387	hrly
18	9211	0		0		0.00		2.41		0.00	0	phse
16	9210	11,640		4,640		2.51		2.41		0.10	458	hmax
15	9209	10,000		2,675		3.74		2.41		1.33	3,553	phse
13	9207.F	2,395		1.080		2.22		2.41		–0.19	(208)	hmax
12	9206	57,529		19,484		2.95		2.41		0.54	10,573	pcnt
17	9205	4,500		1,250		3.60		2.41		1.19	1,488	phse
7	9128a	105		38		2.80		2.41		0.39	15	hmax
6	9128	65,126		20,140		3.23		2.41		0.82	16,589	phse
Totals		$155,615	(÷)	$50,938	(=)	2.96	(–)	2.41	(=)	0.55	$32,854	

Resume of Performance Finances

Active Efficiency Utilization Ratio:		69.21
Total Efficiency Ratio:		69.21
Period Efficiency Ratio:		68.59
Date Efficiency Ratios Calculated:	5.18.93	
Overhead Ratio:		44.74%
Breakeven Multiplier:		2.41
Planned Net Multiplier:		3.01
Date Multipliers Calculated:	8.16.93	
Financial Performance Profit/Loss (–):		$32,854
Date Financial Performance Calculated:	8.16.93	
Total Receivables:		$77,140
Net Receivables:		$54,097
Receivables over 30 Days:		$ 7,202
Receivables over 60 Days:		$ 2,562
Receivables over 90 Days:		$ 0
Ratio Receivables over 90 Days		0.00%
Date Receivables Calculated:	6.15.93	
Total Active Office Salaries:		$12,267
Total Active Proposal Salaries:		$ 1,084
Cost per Proposal Win:		$ 1,084
Ratio per Proposal Win:		50.00%
Date Proposals Calculated:	5.31.93	

간접비의 관리

다음은 간접비(일반관리)의 사례와 어떻게 관리될 수 있는가에 대한 사례이다.

- *간접인건비.* 각 직원은 청구할 수 있는 시간에 대한 목표 가이드를 따라야 한다.
- *전문직의 책임 보험.* 아마 이 비용은 일반관리비에서 간접인건비와 공간에 대한 임대비 다음으로 큰 지출일 것이다. 이 비용은 회사의 전반적인 위험부담 관리 프로그램 차원에서 설정되고 조정되어야 한다. 전문직의 책임보험 가입에 대한 결정은 보험 보상(12.2)에서 다루고 있다.
- *일반 종합 책임 보험.* 유능한 보험설계사를 활용하여 화재, 도난, 책임 그리고 자동차에 대한 보상을 종합적으로 나열한 보험 설계를 받아본다. 명심하여야 할 것은 중요한 가치가 있는 서류에 대한 보상을 포함시켜야 한다는 것이다.
- *사무 공간.* 임대 만료 이전에 충분한 시간을 가지고 공간에 대한 필요성을 계획하여야 하며 인접공간에 대한 우선 임대계약의 우선권을 체결하도록 한다. 회사 규모를 축소하여야 할 경우에는 잔여공간을 재임대하는 것을 고려하거나 임대비가 부담이 되는 경우에는 계약 해지를 고려하여야 한다.
- *장비 임대.* 소유와 임대 간의 차이를 분석하고 회계사와 함께 세금에 대한 영향을 고려하여야 한다.
- *회계와 법무 비용.* 변호사와 회계사를 선임하는 것에 대하여 다른 건축가들의 추천을 알아보고 선정대상이 되는 이들이 전문 서비스 회사와 일해 본 경험이 있는지 확인하여야 한다. 비용에 대하여 의논을 한다. 즉 어떻게 그들의 비용 지불을 조정할 수 있는지에 대한 제안을 요구하여야 한다.
- *직원 교육.* 회사 내의 유경험자를 활용하여 다른 직원에 대한 사내교육이 실시되도록 한다.
- *사무 비품.* 사무용품 분야의 사업은 매우 경쟁적이므로 가장 저렴한 판매처를 물색한다.
- *홍보 비용.* 매년 초에 홍보비용을 설정하고 이 예산에 따라서 집행되도록 점검한다.
- *지원 인력.* 이 분야에 적절한 인력이 확보되어 있는지 확인하여야 한다. 일시적인 또는 급작스런 일량을 감당하기 위해서는 파트타임, 임시직 또는 직원 임대를 활용한다.
- *부가 급부.* 임금수준의 조사, 여타 산업 자료를 활용하고 다른 회사에 비해서 경쟁력 있는 복지에 대한 비용이 적절한지를 다른 건축가들과 상의하여 본다.

Lowell Getz, CPA

이러한 승수는 현재와 과거의 운영상태 또는 다른 회사의 운영상태를 비교하여 전체적인 회사 운영계획과 프로젝트 자금을 관리하는 데 유용하게 활용될 수 있다. 건축가들은 이 승수를 활용하여 프로젝트에 투여되는 시간(즉 기본급여비), 간접비의 규모 그리고 예상 수익을 계획할 수 있다.

일반적으로 건축주가 설계회사의 승수 자체에 관심을 갖는 것은 아니다. 일부 경우에만, 예를 들어, 기본급여비 또는 직접인건비(후생복리비를 간접비가 아닌 직접인건비 안에 포함시킨 것)의 승수를 기준으로 건축가에게 작업에 대한 보상을 하기도 한다.

엔지니어링 서비스를 자체적으로 수행하고 있지 않은 설계사무소의 경우에는 그에 대한 외부용역비가 회사의 기본급여비를 상회하는 경우가 있다. 종종 대형 프로젝트나 복잡한 프로젝트에서 그러한 현상이 나타나는데, 출장, 출력, 모형과 투시도와 같은 기타 제반 직접비용은 일반적으로 기본급여비의 20~25% 수준으로 나타난다.

재무계획(7.2)에서 일반적인 계획과 예산 참조

견실한 프로젝트 비용의 관리는 실지로 비용이 발생하기 전에 지출에 대한 계획(예산과 실행계획)을 세우고 프로젝트 진행에 따라 수입과 지출을 모니터링하고, 계획이 변경되었을 때 즉시 적절한 조치를 취하는 것이다.

《《《《《 **추가적인 정보** 》》》》》

제4장의 Lowell B. Getz가 쓴 **건축가를 위한 재무가이드**에서 회사의 재무 건전도를 측정하기 위한 재무 비율들과 분석 방법에 대해 언급하고 있다.

AIA는 설계회사의 청구내역에 대한 통계를 포함한 지표조사를 정기적으로 실시하고 있다. 2000년도 AIA 조사보고서는 회사의 규모별 그리고 직원별 데이터를 수록하고 있다. 이와 다른 종류의 조사들은 아래에 열거되어 있다. 자료의 구매 가능 여부, 내용의 범위, 가격 등은 각 출판사에 문의하면 된다.

운영 통계 조사(Operating Statistics Survey), Haper & Shuman, 68 Moulton Street, Cambridge, MA 02138, (617) 492-4410, 통계조사자료는 www.harperandshuman.com에서 다운로드할 수 있음.

PSMU 재무 통계 조사(PSMJ Financial Statistics Survey), PSMU 출판, Practice Management Associates(10 Midland Avenue, Newton, MA 02158, (617) 965-0055)에서 구입 가능함. PSMJ는 또한 설계비, 임원 보수 그리고 인력 관리 등에 대한 통계 자료를 출판하였음.

Zeein White & Associates, Inc.(ZWA)에서 건축가, 엔지니어 그리고 환경 전문가들을 위한 재무 성과, 재정과 회계에 관한 통계자료를 출간하고 있음. 상세한 내용은 ZWA, 600 Worcester Street, Natick, MA 01760, (600) 466-6275 또는 www.zwa.com/bookstore로 문의

7.4 자금 확보

Peter Piven, FAIA

회사가 업무목표를 달성하기 위하여 시작하는 시점에서 그리고 중간단계에 자금을 투입할 필요가 있다.

다른 모든 사업과 마찬가지로 설계회사 또한 시작하는 시점과 진행 단계의 중요한 시점에서 자금 투여가 필요한 경우가 있다.

착수

일반적으로 자금의 필요성을 느끼는 첫 단계는 건축가가 사무실(회사)을 개업하는 시점이다. 이 시점에서 두 가지 중요한 질문은 "얼마나 많은 자금이 필요한가?"와 "어떻게 자금을 마련할 수 있는가?"이다.

필요 자금. "얼마나 많은 자금이 필요한가?"에 대한 대답은 두 가지 의미를 가진다. 그 첫 번째는 다음과 같은 항목에 대하여 필요한 자금을 말한다.

- 법적인 그리고 회계적인 지원
- 사무실 공간의 취득 또는 임대
- 가구, 사무기기 그리고 각종 장비
- 문구, 명함, 사무양식과 같은 양식 문서
- 소개 책자와 같은 홍보물

두 번째는 회사가 서비스를 수행하여 수입을 얻고 회사 운영이 궤도에 오를 때까지 필요한 기초 자금을 말한다.

흔히 건축가들은 사업적인 관계에서 새로운 프로젝트를 의뢰받거나 의뢰한다는 것을 약속 받으면서 근무하던 직장을 그만두고 독립하는 경우가 많다. 프로젝트와 건축주 그리고 수입이 들어온다는 것은 자금 순환이 이루어지고 있다는 것이다. 그리하여 대부분의 회사는 서비스에 대한 홍보를 하고, 프로젝트를 의뢰받고, 서비스를 수행하고 그에 대한 용역비를 청구하게 되고 마지막으로 자금 순환을 이루는 수입이 생기게 되는 것이다. 이러한 경우, 사업을 개시하기 위해 요구되는 자금은 실지 용역에 의한 수입이 생기기 전까지 제반 지출을 감당할 수 있어야 한다.

재무 건전도(7.3)에서 설계회사의 자금 흐름 참조

실지로 신규 프로젝트를 수주하기에는 몇 개월이 소요될 수 있으므로 건축가가 개업하기 위해서는 개업에 들어가는 비용과 약 6개월을 유지할 수 있는 충분한 자금이

피터 피벤(Peter Piven)은 디자인 전문직의 마케팅과 경영 컨설턴트회사인 Coxe Group, Inc.의 필라델피아 지사장이다. 그는 급여 관리를 포함하여 폭넓게 실무에 관련한 주제에 대하여 저술과 강연 활동을 하고 있다.

필요하다. 평균 용역비 회수 기간을 고려하여 일반적인 상황에 비추어 볼 때, 만약에 프로젝트가 이미 수주되었다면 약 3개월의 자금이 필요하다.

자금원. 초기 자금의 출원은 다음과 같은 것에서 이루어질 수 있다.

- 개인 저축
- 개인 신용카드
- 부동산 소유 부동산의 가치(주택 담보 대출)
- 중소기업 지원 대출
- 친척, 친구로부터의 융자
- 은행 대출

은행 대출에 관하여 고려할 사항은 대금업자(은행)는 회사의 투자자가 되기를 바라는 것이 아니라는 것이다. 은행의 대출업무는 성공적인 기업에 투자하여 이윤을 회수한다는 불확실성에 있는 것이 아니고, 단지 대출금의 이자 회수가 확실한지의 여부에 따라 결정되는 것이다. 투자 수익에 대한 것은 투자자들의 관심이지 대금업자의 관심은 아니다. 그렇기 때문에 은행은 대출을 승인하기 위해서 건축주가 자기 자본을 회사 전체 지분의 반 이상에 투자할 것을 요구한다. 그렇지 않으면 은행이 그 회사의 가장 큰 투자자가 되면서 그만큼 위험 부담이 높아지기 때문이다. 그러한 연유에서 건축가는 개업 초기 자금의 대부분을 은행 대출 이외의 것에서 충분히 마련하여야 한다.

재무 성장

여러 가지 이유에서 회사는 성장을 하게 되고 그에 따른 업무량이 많아질수록 그것을 감당하기 위한 직원, 장비, 공간 또한 증가된다.

공간과 장비에 대한 자금조달: 임대할 것인가, 구매할 것인가? 추가적인 공간과 장비에 대한 요구는 직접 구매하는 방법과 자금 지출을 축소하여 임대하는 경우를 들 수 있다. 임대의 경우는 임대인이 필요한 자금을 제공하고 임대기간 동안에 그에 대한 금액을 상환하는 것이다.

직원과 기타 필요한 것에 대한 자금조달. 사업의 확장에 따른 자금의 소요는 꽤 부담이 될 수 있으며 또한 임대로 해결될 수 없는 것들이 있다.

일반적인 상황에서 회사의 업무를 수행하여 그에 대한 대가를 지불받을 때까지를 고려하여 3개월의 예비자금이 필요하다면, 그것은 이미 일년을 기준으로 4분기 중에 1분기에 해당하는 자금을 마련하여야 한다는 것이다. 예를 들어, 회사의 연 순수입을 4억원으로 가정한다면 회사를 유지하기 위해서 1억원에 해당하는 자금을 미리 확보해야 한다는 것이다. 만약에 사업이 번창하여 수익률이 25%에 달하는 5억원으로 증가되었다면, 그것은 또한 추가 수입인 1억원에 대하여 1/4에 해당하는 2천5백만원이 향후 다가올 임금 지불, 수익 배당 그리고 제반 비용 등을 충당하기 위해서 준비되어야

비즈니스 Part 2

한다는 것을 의미한다.

이러한 상황은 각 실무 분야에서 일어난다. 회사의 수입이 증가할수록 직원과 그로 인한 자금의 필요도 커진다. 반대로 회사를 축소시킨다면 그로 인하여 현재 회사유지에 필요한 자금이 남는 일이 발생한다. 이러한 경우에, 경영자는 잔여자금을 직원들에게 보너스로 지출하거나 또는 향후 회사에 필요한 유보자금으로 남겨놓게 된다.

> 자금의 필요는 회사의 평균 수금 기간과 비례한다. 만약 수금에 3개월이 소요된다면, 2개월이 소요되는 것에 비해서, 회사는 4개월의 기간 또는 연간 자금소요의 1/3을 보유하고 있어야 한다.

자금에 대한 수요는 회사의 자금회수 능력에 의존한다. 즉 진행되고 있는 업무와 미수금계정은 자산 중에 현재 보유하고 있는 자금이 아니므로 그러한 것들을 줄인다면 다른 곳에서 자금을 구해야 하는 부담을 줄일 수 있다. 반대로 진행 중인 업무와 미수금계정이 자꾸 늘어난다는 것은 그만큼 자금회수가 원할하지 못한 것이고, 결국 회사를 유지하기 위해서는 다른 곳에서 자금을 마련하여야 한다는 것을 의미한다.

자금조달 수단. 설계회사는 거의 항상 단기 또는 장기 자금을 필요로 한다.

실무적인 측면에서 볼 때, 단기 자금 조달은 단기적인 방법으로 해결하여야 한다. 즉 생산을 가속화하여 비용을 청구하고 그에 대한 보수를 받아야 하고 경영자의 이윤배당을 축소시키며 자금 지출을 줄이거나 연기시켜야 한다. 다른 방법으로 신용에 의한 단기 대출을 할 수도 있다.

> 프로젝트 감독(13.3)에서 청구와 수금 참조

장기 자금 조달은 장기적인 방법으로 해결하여야 한다. 이러한 방법으로는 소득을 저축해놓고 장기대출을 확보하거나 현재의 경영자 또는 새로운 경영자를 참여시켜 자금을 투입토록 하는 것들이 있다.

보유(사내) 이익잉여금. 주식회사인 경우는 법인세를 지불하고 난 후에 수익을 배분하지 않고 회사에 보유하고 있을 수 있다. 일반적으로 주식회사 형태로 사무실을 운영하는 건축가인 경우는 배당하지 않은 수익으로 인하여 세금이 높아지는 것을 우려하여 수익이 발생하면 보너스의 형태로 수익을 배분한다.

개인소유이거나 동업(그리고 합자 회사) 등의 경우에는 출자자들이 세무적인 목적으로 동업자로 등록하는 형식을 취할 수 있다. 일반적으로 회사의 수익이 회사를 운영하는 소유주의 수익이라고 보는 관점에서는 회사가 수익을 그대로 소유할 수 없다. 개인 또는 동업형태로 회사를 운영하는 건축가는 수익이 발생하면 그것에 대한 세금을 지불하고 그 이후에 남은 수익은 재투자할 수 있는 것이다.

> 기업의 소득은 두 번에 걸쳐 징수된다는 것을 염두에 두어야 한다. 한번은 기업의 소득세로 징수되며, 또 한번은 주주들의 소득세로 징수된다.

대출과 신용

건축회사는 단기대출 또는 장기대출을 위해서 회사의 신용을 활용할 수 있다.

> 회사의 법적 구조(5.3)에서 법인, 합명(합자)회사, 자영업에 대한 세금부과 참조

신용거래. 예상치 않았던 거액의 지출이 발생하는 경우처럼 단기간의 자금 지원이 필요한 경우에 신용을 활용할 수 있다. 이것은 흔히 활용되는 단기 자금의 확보방안이다.

신용대출은 임의로 자의에 의해서 대출을 신청할 수 있는데, 이때 신용 한도에 의해 대출금액과 기간 이자가 정해진다. 대출자(주로 은행)와 대출금액, 기간, 이자 등의

창업 시의 예상 견적

여기에 있는 예상 재무제표는 두 명의 창업경영자가 첫해의 영업을 계획함에 있어 준비하여야 할 손익계산서와 대차대조표를 보여주고 있다.

두 명의 건축가는 $1,000의 출자금과 $4,000의 자금을 각출하여 총 $10,000의 자본금을 가진 주식회사를 창업하였다. 또한 그들은 개인 담보를 통하여 임대공간의 개선, 가구와 컴퓨터 구입을 위한 비용으로 $12,000을 대출받았다. 또한 이 비용은 곧 있을 용역비의 회수를 예상하여 운영비용을 지불하기 위한 것이었다.

그들은 각자 $40,000의 급여를 책정하였다. 그들은 업무시간의 60%를 청구할 수 있으리란 것과 그들이 급여 대비 세 배의 회수금이 생길 수 있도록 프로젝트 예산을 계획하였다. 또한 그들은 자문비용은 직접적으로 지출상환비가 아닌 그들의 용역비에서 발생시키는 것으로 가정하였다.

다음의 보고서는 누적 방식으로 계산되었으며, 연말 수익의 배분 이전의 것으로 제출되었다. 왜냐하면 자금은 일반적으로 연말에 되어서는 창출되지 않기 때문이다.

손익계산서

수입금		
용역비	$200,000	100.00 %
청구 가능 지출상환금	10,000	5.00
총 수입금	210,000	105.00
청구 가능 지출상환금		
복사, 출력 등	10,000	5.00 %
총 청구 가능 지출상환금	10,000	5.00
직접비		
기본급여비	48,000	24.00 %
컨설턴트	56,000	28.00
기타 직접비	2,000	1.00
총 직접비	106,000	53.00
간접비		
간접인건비	32,000	16.00 %
급여 세금과 복지비	16,000	8.00
일반관리비		
장소 임대	10,000	5.00 %
통신	1,500	.75
보험	8,000	4.00
우편, 운송	500	.25
비품	1,000	.50
출력	1,000	.50
출판	500	.25
직원 교육	500	.25
법무와 회계	1,000	.50
총 간접비	72,000	36.00
운영 수익	22,000	11.00 %
지표		
운용비율		.60
일반관리 비율		1.50
순기본급여비 승수		2.96

대차대조표

자산	
자금	$5,000
수취가능 계정	25,000
진행 중 업무	7,000
선불된 보험	3,000
총 현재 자산	40,000
임대공간의 개선	5,000
가구	4,000
컴퓨터	5,000
감가상각	(2,000)
총 고정 자산	12,000
총 자산	52,000
채무	
은행 대출	12,000
컨설턴트 계정	6,500
상거래 계정	1,500
세금 지출	500
총 채무	20,000
순 가치	
주식	2,000
납입자본	8,000
당해 수익(손실)	22,000
주주의 자산 가치	32,000
지표	
현재 비율	2.0
부채 대비 자산 가치 비율	.375
평균 회수 소요 기간	45일

제반조건을 명시한 약정서를 맺음으로써 대출이 성사된다. 일반적으로 대출자는 대출금을 일년 내에 상환하고 상환이 끝나면 그 신용도에 따라서 대출을 해주는 형태를 취할 수 있다. 또한 대출자는 대출 상환에 문제가 발생했을 때를 대비하여 재산에 대한 저당을 요구할 수도 있다. 흔히 여러 가지 자산 중에 미수금계정에 대한 권리 양도 또는 개인 재산에 대한 저당을 요구한다.

신용대출에 대한 신청. 신청을 하기 위해서는 신중하게 준비하여야 한다. 회사에 대한 평가와 주요한 재무 자료들을 제공하여야 한다. 대출자는 차용인이 대출금을 상환할 수 있는지에 대한 능력을 평가하기 위해서 두 가지의 재무 자료를 면밀히 검토한다. 그 중에 하나가 회사 자금의 유동성을 측정하는 유동 비율이다.

유동 비율＝현재의 자산 가치÷현재의 부채 금액

현재의 자산가치와 부채금액은 일반적으로 일년 안에 자금화될 수 있는 것을 말한다.

은행은 이것을 평가함에 있어서 현재의 자산 가치가 현재 회사에 쌓인 부채를 해결하고도 남을 수 있는 정도인지를 판단한다. 현재의 자산가치에는 보유자금, 진행 중인 업무 그리고 미수금계정 등이 포함된다. 현재의 부채 수준은 외부용역비의 미지출 금액들과 제반 단기 부채 상황을 포함한 것이다. 은행에서 대출을 받기 위해서는 적어도 유동비율이 1:1 이상이 되어야 하며 2:1 정도로 높아질수록 유리하다. 즉 100원의 부채에 상응하는 200원의 자산을 보유하고 있어야 한다는 것이다. 두 번째 지표는 부채(debt)와 재산 가치(equity)에 대한 비율이다.

부채 대비 재산가치 비율＝전체 부채 금액÷소유주의 지분에 대한 가치

부채와 재산 가치의 비율에 관하여 은행은 외부의 부채와 회사의 소유주가 자신이 회사에 투자한 금액을 비교한 수준을 측정하는 것이다. 일반적으로 이것 또한 최소 1:1의 비율은 유지되어야 한다.

소유권의 확산 및 변경

건축가들은 회사의 연속성 유지, 퇴직 등의 여러 가지 이유로 회사의 소유권을 변경할 수 있다. 또한 회사의 사업을 확장하기 위해서 새로운 투자자를 모집하면서 소유권을 확산시킬 수 있다. 소유권을 확산하는 것에는 다음과 같은 방법이 있다.

- 새로운 투자자의 영입
- 우리사주신탁제도－직원이 회사의 주주가 되는 것
- 다른 회사와의 합병
- 주주의 공개 모집

새로운 투자자의 영입. 새로운 투자자(경영자)를 유입하는 것에는 여러 가지 기준이

있겠지만, 무엇보다 회사가 필요로 하는 요구에 순응할 수 있어야 한다. 이러한 것은 일반적으로 자금의 투자, 새로운 프로젝트나 건축주의 확보, 관리업무, 품질 향상 그리고 지도력과 같은 사항들을 말한다. 자금과 관련해서는, 일반적으로 건축가들은 자신들이 일을 하여 얻는 수익 이외에 개인적인 재산이 많지는 않다고 사료된다. 그러므로 건축가가 회사의 소유권을 가지고 참여할 때는 어떤 방식으로든 출자를 하는 경우가 많다. 만약에 새로운 소유주로서 출자를 하고 들어갈 때에는 개인 저축이나 대출로 자금을 마련하게 되며, 이후에 회사의 수익을 올려서 그에 대한 투자를 회수하게 된다. 그러므로 자금을 마련하기 위하여 새로운 투자자를 영입하는 경우에는 회사가 결국 지불하여야 할 돈이 증가한다는 것으로 이해하여야 한다.

소유권의 변화 (5.4)에서 소유권 양도의 사유와 의미 및 설계회사의 평가 참조

우리사주신탁제도(ESOP, Employee Stock Ownership Plan). 직원들을 주주로 참여토록 하여 회사에 필요한 자금을 마련할 수 있도록 미국 국회에서는 ESOP 규정을 통과시켰다. ESOP는 소유주로 하여금 좀 더 값싼 자금을 확보할 수 있는 방안을 마련하여 준 것이다.

쉽게 말해 우리사주신탁조합(ESOT, Employee Stock Ownership Trust)을 회사에 설립하여 모든 직원들이 주주가 되는 방식이다. 회사는 대략 30~ 50% 정도의 주식을 조합에게 양도하는 형식을 취한다. 조합은 주식을 인수받기 위하여 은행으로부터 저렴한 이자율로 대출을 받게 되는데 이때의 대출 이자율은 일반적인 이자율의 75% 수준이다. 이렇게 자금을 마련한 회사는 매년 조합이 대출금을 상환할 수 있도록 자금을 돌려줌으로써 지속적으로 저리의 이자를 유지할 수 있게 한다.

비록 ESOP를 이용하여 자금을 확보할 수는 있지만 이것을 만병통치약으로 간과해서는 안 된다. 이 방법은 결국 자금에 대한 유입뿐만 아니라 전 직원에게 소유권을 양도하는 형태이기 때문이다. 또한 만만치 않은 재무 회계, 연간 평가와 보고서가 정부에 제출되어야 하는 어려움도 있다. 그러므로 조합의 대출금을 상환하기 위하여 지불하여야 하는 돈은 회사의 재정상태와 상관없이 이루어져야만 한다. 마지막으로 회사가 조합으로부터 주식을 다시 회수하기 위해서는 세금보고 이후의 자금에 대해서 전체적인 회계 감사를 받아야 하기 때문이다.

다른 회사와의 합병. 합병(merge)과 인수(acquisition)에 대한 정의에는 민감한 차이가 있다. 합병은 두 회사가 동등한 주주의 자격으로 합쳐지는 것을 말한다. 인수는 한 회사가 다른 회사를 매입함으로써 매수된 회사의 경영권을 가지게 되는 것을 말한다.

합병은 보통 실질적인 자금의 교환 없이 이루어진다. 일반적인 방법이 두 회사 간에 실질적인 가치를 따져서 양쪽 회사의 소유주가 새로 합병한 회사의 지분을 적절하게 나누는 것이다. 비록 합병이 회사의 자금을 유입할 수 있는 방법이긴 하지만 이것은 같이 합병하는 회사가 자사가 보유하고 있던 재산을 같이 합치는 형태에 동의하여야 가능한 일이다.

반면에 인수는 매입하는 회사의 가치를 지불하는 형태로 이루어진다. 가치의 평가는 회사를 자의적으로 매각하려는 사람에게 매수하는 사람이 지불하는 금액으로 정의

된다. 따라서 인수과정에서 매각하는 사람과 매수하는 사람은 회사의 전반적인 재무 자료와 운영관련 자료를 검토하여 회사의 가치를 협의하고 그에 따라 지불에 대한 조건을 결정하게 된다. 이에 대한 지불은 주로 자금으로 이루어지는데, 일반적으로 계약 당시 일부를 자금으로 지급하고 나머지 부분에 대해서는 순차적으로 지불하는 방법이 쓰인다. 이렇게 할부된 금액은 세후(after-tax)기준으로 지불될 수 있는데, 그러한 경우에는 매수하는 사람이 그에 해당하는 세금을 납부해야 한다. 그리고 급여, 외부용역비 또는 로얄티를 지불하는 형태로 세전(pre-tax)기준으로 지불할 때는 매각하는 사람이 세금을 부담하여야 한다.

주주의 공개 모집. 드물기는 하지만 회사의 주식을 일반인에게 매각하는 방법이 있다. 이 방법을 사용하면 개별 소유주에게 포상금을 지급하거나 회사의 운영과 성장을 유지할 수 있는 충분한 재원을 마련할 수도 있다.

실질적인 건축회사의 소유권은 엄밀하게 보면 폐쇄적이다. 즉 일반 대중 시장에 그들에 대한 수요나 공급이 그리 크지 않다. 과거의 경우를 보면, 일반적으로 성공적인 주식의 공개는 대형으로, 사업적으로 다각화된, 전국적으로 알려진 회사들에서 발생하며 안정적이며 수익성 있는 회사들이다.

공공의 소유권은 법적으로나 회계상 심각한 책임과 감사가 따른다. 이것은 예전에는 개인 소유주만 알고 있으면 되는 사항까지 일반에게 모두 공개되어야 하기 때문이다. 대부분의 경우, 개인 소유주는 주식의 전체를 포기하는 것이 아니라 그 중 일부만 매각하여 경영권을 고수한다. 이러한 주식의 공개 모집은 드물게 사용되는 방법이다. 왜냐하면 외부의 소유주들은 회사 운영에 대하여 실질적인 경영권이 없으므로 향후 회사의 운영 그리고 성공으로 인한 그들의 투자에 대한 이윤 회수 가능성이 불투명하기 때문이다.

제8장 인적자산

8.1 인사관리

Kathleen C. Maurel, Assoc. AIA, and Laurie Dreyer-Hadley

당신을 위해 일하는 당신의 직원들은 회사의 가장 중요한 자산이다. 효과적으로 회사의 인적자원을 다루는 것은 성공을 위한 중요한 전략일 수 있다.

건축은 최후의 르네상스 직업일 수 있다. 건축가들은 디자인에 숙달되어 있으면서도 건설기술에 익숙해져야 한다. 실제로 적어도 한번은 금융, 법률, 마케팅, 인사관리 등의 문제에 직면하게 된다. 이 모든 것들과 인적자원을 다루는 것은 가장 어려운 일일 수 있다. 이것은 규모나 업종에 관계없이 어떠한 직업군에서든 어려운 일이다.

비록 건축 서비스가 대체로 건물들의 건설이나 운영을 담당한다고 하더라도, 건축회사의 '생산물' 은 건물이 아니다. 오히려 디자인 과정과 결과물에 대한 기술적인 생각 그리고 건물을 건설하기 위해 필요한 정보가 그 '생산물' 이다. 건축가들은 지식의 조달자인 셈인 것이다. 그러므로 사람은 건축 회사의 가장 중요한 자원이며, 건축회사의 핵심은 투자자본이나 장비 또는 컴퓨터가 아니라 사람인 것이다.

직원들을 평가하여야 하는 또 다른 이유가 있다. 건축주들은 서비스를 수행하고, 프로젝트를 완성시킬 감각을 가진 직원을 만나고 싶어한다. 회사와 그러한 직원들 간의 관계는 회사의 의뢰인과 직원들과의 관계에서 반영된다.

전문직의 기반지식이 광대해지고 복잡해짐에 따라 전문적인 기술을 가지고 있는 직원들을 고용하는 데 좀더 많은 비용이 들게 된다. 그렇기 때문에 회사는 이직률을

회사들은 프로젝트를 수주하는 것에서 고객을 확보하는 것으로 마케팅의 중점을 바꾸고 있다. 고객과 직접 용역을 수행하는 프로젝트 담당 건축가와 직원들이 고객과의 관계를 발전시키고 유지하는 중요한 역할을 한다.

캐서린 마우렐(Kathleen Maurel)은 시애틀에 소재한 국제적인 건축설계회사인 Callison Architecture의 인사담당 책임자이다. 급여, 직원복리 그리고 실적 평가 시스템을 개발하였으며, Callison사의 직원 교육 프로그램을 관장하고 있다. **라우레 드레여-핸들리(Laurie Dreyer-Hadley)**는 Gensler사의 인사 담당 부사장으로서 회사의 모든 인사 관련 사항을 책임지고 있다. 이 책에 있는 주제는 Cythia A. Woodward, AIA가 쓴 개정 12판에 있는 내용을 기초로 한 것이다.

줄이는 것이 최대의 관심사가 된다. 게다가 내부적으로 직원을 양성하는 것이 훨씬 더 이익인 것이다. 회사에서 양성된 개인들은 그렇지 못한 이들보다 좀더 헌신적이고 생산적일 것이고, 양성된 직원들은 회사 최고의 마케팅 도구가 될 것이기 때문이다.

크기를 막론하고 모든 회사들이 직원 개발과 관리의 중요성을 인지하기 때문에, 직원들에게 투자한다. 회사는 직원들에게 집중하고, 그들을 회사 계획에 포함시키며, 작업환경에 주의를 기울이며, 건물을 구축하는 것과 같이 직원을 양성하고자 한다.

인적자원 기능 관리

인적자원 기능들은 설계회사에 있어서 정식이든 약식이든 사업의 요구에 폭넓게 지원된다. 조직에 이러한 서비스 및 관련된 지원을 제공하는 인적자원 관리에는 여러 가지 측면과 방법이 있다. 일부 핵심기능은 모든 회사에서 요구되는 인적자원의 활동 부분이다. 다른 기능은 회사의 문화에 따라 다양하게 변화한다. 이러한 인적자원의 부가가치는 보직회전율을 감소시키고 직원들에게 회사가 매력적으로 보이게 하는 데 일익을 할 수 있다.

어떻게 인적자원의 기능들이 채용되는가는 회사의 구조와 규모에 의해 결정된다. 어떤 회사들은 인적자원으로 활용될 수 있는 직원을 채용하는 데 주력하는 반면, 어떤 회사들은 이러한 기능들에 대해 충분히 인지하지 못하고 있을 수도 있다.

핵심 기능

다음에 열거되어 있는 것들은 모든 건축회사는 물론이고 개인업자에게도 반드시 실행되어야 할 중요한 기능들이다. 소규모 회사일 경우는 그것들을 관리하기 위해 하도급자나 계약직을 고용하거나 업무를 분담하는 것을 선택할지도 모른다.

- **모집/채용/교육.** 홍보 전략을 세우기, 이력서들을 재검토하기, 지원자들과 면접하기, 일 제의를 결정하고 받아들이기, 그리고 새로운 피고용인들을 적응시키는 것 등이다.
- **복지관리.** 이와 관련된 기능은 계약 협상; 등록; 추가사항, 삭제사항, 변경사항; 1986에 제정된 통합예산조정에 대한 조례(Consolidated Ownibus Budget Reconciliation Act)에 의한 사항; 청구사항; 급여공제사항; 그리고 여타 수익과 관련된 사항이다. 복지관련 사항으로 의학, 치·의학, 생명보험, 휴가 등은 선택적인 사항이 될 수 있고 임금, 병가 등은 필수적인 사항이 될 수 있다. 복지 프로그램은 적용할 수 있는 법률, 정책 등과 병행된다.
- **임금.** 임금을 지불한다는 것은 근무시간표를 처리하는 것과 임금대장 공제와 적용되는 세액, 법령에 근거한 임금, 세무보고; 그리고 제반 이와 관련된 기능들을 포함한다.

- **법과 규정.** 인적자원으로서의 직원은 반드시 해당 지역, 국가와 지방법, 인센티브제, 관련법과 정책 등을 이해하고 적용해야만 한다(예를 들면, 유급 시간(면제된 vs 면제되지 않은)의 사용, 소수민족 차별 철폐 운동, 미국에서 일할 수 있는 적격성 등). 회사의 정책들은 그에 관하여 적용되는 법률에 따라야 한다. 당신에게 필요하지 않다면 정책 또는 규칙을 만들지 말아야 한다.

참고자료, 고용주로서의 건축가: 법적 요구사항(8.1)에서 고용에 관한 미국연방정부법 참조

부가가치 기능

인적자원 기능은 회사의 사업전략에 밀접하게 동참함으로써 회사의 가치를 더해줄 수 있다. 근본적으로 뛰어난 개인과 회사의 성능에 기인하며 이직률을 줄이는 것은 더 많은 이익창출의 근간이 된다. 회사는 다음에 설명된 모든 기능을 충족시킬 것을 요구받을 수 있다.

- **상담.** 상담은 직원과 회사의 요구와 계획을 조사하고 직원 조사를 지도하고, 고충을 수렴하고 혹은 고충이 있는 직원이나 관리직을 상담하여 가상시나리오들을 재검토함으로써 문제를 해결하는 것을 의미한다. 인적자원에 대한 이러한 관심은 명백하고 커다란 효과 없이 많은 시간을 소비할 수 있다. 하지만 회사가 자체 문화와 환경을 구성하는 데 많은 부분이 고려될 수 있다. 개방성과 대화를 제안함으로써 회사와 직원 간의 신뢰가 형성될 것이다.
- **교육프로그램.** 상담을 통해 수집된 정보는 회사가 어떤 것을 익혀야 사업과 직원에게 가장 유용한가를 결정하는 데 도움을 줄 수 있다: 실행비용 관리 교육, 발표능력 교육, 상황 판단에 관한 교육, 포상과 인정에 관한 프로그램, 건축 사업에 관한 교육, 다양한 사고의 인식에 관한 교육 등을 들 수 있다.
- **전문성 개발의 기회.** 직원들은 그들이 전문적으로 성장하고 거기에서 그들의 능력을 발전시킨다는 것을 믿을 때, 조직에 남아 계속해서 일하는 경향이 있다. 각기 맡은 지위에 따라서 그들의 진로를 알려주고, 건축물의 기술에 대하여 배움의 기회를 제공하며, 상사와 직원 상호가 유대적인 관계로 일하도록 지원하는 것이 회사의 인적자원을 양성하고 유지하는 데 필수적인 것이다. 효과적인 실적 평가 프로그램을 개발하고 관리하는 것은 전문직원 개발에 대한 강조점이 되며, 그로 인하여 직원의 고정적인 보유를 강화할 수 있다.
- **포상과 표창.** 업무자세, 실적, 회사의 문화와 가치에 대한 공헌을 표창하고 보상하는 프로그램은 필요로 하는 결과물을 향상시키고 지속시키는 역할을 한다.
- **급여와 수당 체계.** 회사는 회사의 추진 목적과 그와 관련된 가치를 공고히 할 수 있는 급료 및 수당 체계를 개발해야만 한다. 보수와 수당은 신중히 계획되어야 하며 회사 이익 창출과 직원들의 선호도, 적용 가능한 법과 규칙 그리고 요구되는 결과물에 대한 보상 등이 서로 조화를 이루어야 한다. 회사의 최고경영자는

이러한 프로그램들에 대한 지표를 설정하여야 한다.

인적자원의 채용

인적자원 기능들은 아래에 설명된 다양한 방법으로 채용될 수 있지만 어떤 경우에도 두 가지의 요소는 불변한다. 첫째는 인적자원의 방침은 일관적이고 공정하게 관리되어야만 한다. 둘째는 인적자원 관리는 전담된 한두 명이 하는 것이 아니라 실질적으로 그에 대한 책임을 분담하여야만 한다. 예를 들어, 회사의 모든 직원은 인재고용에 있어 영향력을 미칠 수 있고 또한 각각의 개별 직원이 회사에 잔류할 것인지 그렇지 않을 것인지를 결정하는 데에 영향을 미칠 수 있다. 회사의 적극적인 지원으로 인적자원에 대하여 신경을 쓰는 것은 결국 회사의 종합적인 성공에 효과적으로 기여하게 된다.

중, 소규모의 회사에서 일반적으로 인적자원의 활용 계획 및 관리는 마케팅과 재무관련 사항처럼 담당임원의 책임이거나 부서장의 고유 영역이다. 다른 직원들은 관리 지원 업무를 수행하고 종종 회계부서 직원들이 수익관리와 직원 급료 관리업무를 수행한다.

좀더 작은 회사들은 회사의 변호사(공인 회계사, 그리고 전문 쟁점들에 손을 대는 보험설계사)에게 의존하기도 한다. 다른 종류의 컨설턴트들은 종업원 매뉴얼을 만들거나 업적 고가 시스템을 개발하는 것과 같은 일들을 도울 수 있다. 지방대학과 종합대학들은 종종 이러한 주제에 대해 세미나를 열거나 컨설팅 서비스를 제공하기도 한다. 인적자원의 화제에 대한 충실한 다수의 정기간행물들은 좋은 배경지식을 제공하고 사고를 자극한다.

일반적으로 회사의 직원이 100여 명에 달한다면, 파트타임 형식으로는 직원과 관련된 사안이 너무 많아서 다루기 힘들고 어려워서 사람들의 그룹을 조화시키기 힘들어지는 일이 발생한다. 이때가 정규직으로 인적자원 관리직원을 충원하거나 지명해야 할 시기이다. 인적자원 또는 사업에 경험이 있는 건축가는 이러한 이례적인 역할을 도맡아야 한다고 생각할 수 있다. 그러나 그보다는 인적자원 전담직원, 특히 전문 서비스 회사에서 근무한 경험이 있는 직원을 활용하는 것이 바람직하다. 그런 인적자원 전담직원은 고용법률, 이윤 조절, 구인 및 선발 방법과 급여 계획을 세우는 일에 익숙하다. 회사 내 인적 관리 직원들은 프로그램을 조율하고 설계하는 데 있어서 기업간부들과 밀접하게 일할 수 있으며 또한 결과적으로 설계직원들이 고객과 프로젝트에 집중할 수 있도록 함과 동시에 전체적인 외부 컨설턴트에 대한 의존도를 낮출 수 있다.

인적자원 기능을 관리하는 사람은 임원들로부터 권한과 신용을 위임받은 사람이어야 한다. 그러한 직무를 효과적으로 하기 위해서는 이들이 회사의 주요 간부들에게 보고하고, 경영에 있어 주된 역할을 해야 하며, 직원들로 하여금 인적자원 기능이 회사에 중요한 사업적 가치가 있는 것으로 인식하게끔 독려하여야 한다.

건축가는 대부분 창의적이며, 그러한 창의력을 부양하는 환경이 요구된다. 이전 연구들에서 회사가 이러한 창의력을 부양하는 방안이 언급되고 있다.

- 새로운 아이디어를 표현할 수 있도록 허용하며, 그러한 아이디어가 발전될 수 있도록 장려한다.
- 위험을 무릅쓸 수 있도록 장려하며, 때로는 그에 대한 실패를 수용한다.
- 개인의 노력을 인정한다.
- 전문적인 성장과 발전에 필요한 것들을 제공한다.
- 일에 대한 업적을 인정하고 포상한다.
- 일에 대한 방향성을 지도하기 위하여 지속적으로 '큰 목표(big picture)'를 염두에 두도록 한다.

오늘날의 노동력에 대한 이해

예전부터 산업혁명기에 이르기까지 건축 교육과 실습은 도제 제도를 통해서 이루어졌는데, 스승에 대하여는 마치 가족처럼 책임이 강했고 높은 충성이 요구되었다. 산업혁명 기간 중에는 대학교육이 체계를 갖추기 시작하면서 이러한 교육을 받을 여유가 있는 사람과 그렇지 못한 사람을 분리시켰다. 기술이 발전하면서 건축물들이 좀더 복잡해짐에 따라 설계를 문서화하기 위한 더 많은 정보와 노력이 요구되었다. 회사의 작업 관계도 장인-도제 형식에서 건축가를 중심으로, 많은 수의 설계사가 일하는 것으로 바뀌었다.

2차 세계대전 이후로 이러한 패턴은 다시 변화했다. 오늘날 일반적인 건축 사무소에서 근무하는 사람들은 고학력이며 그들 자신의 경력에 대한 높은 기대를 가지고 있다. 직업에 대한 존귀성은 개인 회사보다는 프로젝트와 전문성에 더 비중을 두게 되었으며 동시에 프로젝트들은 점차 팀 단위에 기초한 기술의 다각화를 요구하게 되었다.

건축주의 요구 또한 전면적으로 변화했다. 요구되는 전형적인 설계 서비스는 '더 높이, 더 빨리, 더 튼튼하게, 그리고 저렴하게' 가 되었다. 건축주는 종종 좀더 저렴하게 더 많은 서비스를 받기 위해 현장 대리인을 고용함으로써 좀더 수월하게 건축 서비스를 받게 되었다. 이러한 사업의 성격과 협상에 성공하기 위해서는 자체 교육에 관심을 가지고 건축주와의 관계를 유지시킬 필요가 있다.

대체로 디자인 서비스에 사용되는 도구 역시 변화했다. 현재 CAD는 일반화되었고, 사람들은 이 직업군에 있어서 대학 밖에서도(비록 어떤 것이 좋은 설계인지 이해하지 못하더라도) 기술적으로 높은 역량을 갖추게 되었다. 관록 있는 건축가와 경영자는 어떤 것이 좋은 설계인지 판단할 수 있을지는 모르지만 기술적으로 도구를 사용하는 것에는 능숙하지 못하다. 이러한 경향은 사업가로서 우리가 전반적으로 새로운 수요에 대비하도록 전면적으로 부추기고 있다.

기술적, 환경적, 경제적, 통계적 경향은 미래에 우리가 어떻게 사업을 해 나갈 것인가에 영향을 미칠 것이다. 특히 회사에 재직하는 직원들을 어떻게 관리할 것인가 하는 부분이 그러하다. 동시에 사회적인 변화는 어떻게, 어디서, 누가 일할 것인가와 같이 일하는 방식 자체를 본질적으로 변화시킬 것이다.

오늘날의 고학력자인 직원들은 자신의 일과에 영향을 미칠 만한 결정에는 참여하기를 기대한다. 현재에도 경영에 참여하는 방식이 있다. 또한 직원들은 그들의 개인적 요구를 충족하기 위하여 정당한 급여 기준이나 수익의 정도를 알고 싶어한다.

오늘날의 인력은 모든 관점에서 좀더 다양화되었다. 전보다 여성인력과 소수민족, 장애인 직원도 증가하였고 공공연하게 동성연애자 직원도 보인다. 육아에 관심이 많은 맞벌이 부부 직원들도 늘었다.

전국 각지의 건축학교에는 외국 및 다른 문화 출신의 1세대 학생이 크게 증가한 것으로 보인다. 이러한 사실은 다양성과 문화 통합기능, 사용 가능한 설계적인 사고의

원격 근무

많은 회사들은 현장 밖에서 직원들이 회사의 모든 업무 또는 부분적인 작업을 수행할 수 있는 유동적인 작업스케줄과 재택근무 혹은 원격회의를 고려하고 있다. 그 이유는 건축회사에서 수행되는 업무 성격상 많은 부분이 팀 공동작업과 협동작업에 의지하기 때문에 모든 작업을 현장에서 떨어진 채 수행하기는 어렵기 때문이다. 반면에 현장 밖에서 독립적으로 정규작업을 하는 직원들의 생산성이 실제로 향상되는 경우가 나타나기도 한다. 만약 당신의 회사가 원격 근무 기회를 활용하고자 한다면 그에 대한 방침이 마련되어야 하며 그 효율성을 감독할 수 있는 프로그램을 만들어야 한다. 회사는 원격 근무에 대한 직원들의 배치를 재택 근무와는 구별 하여야 한다. 일반적으로 원격 근무라는 것은 직원이 현장 밖에서(일반적으로 집) 정기적인 베이스로 일하는 사전 스케줄을 짜게 된다. 이러한 배치는 비정규적으로 현장 밖에서 일하는 상황이나 또는 집에서 일할 경우에 정규 근무 시간 외에 정기적인 추가 근무와는 다른 것이다.

그에 덧붙여서 원격 근무에 대한 일반적인 방침에 추가하여 회사는 원격 근무 직원들과 개별적인 계약을 맺어야 한다. 이에 대한 것은 특수한 계약 조건과 업무 목적으로 직원에게 대여된 비품과 장비에 대한 리스트 작성, 그리고 기타 제반 작업을 명시하는 것과 같은 것을 말한다. 다음은 원격 근무에 대한 작업 공정을 작성할 때 고려하여야 할 몇 가지 중요한 이슈에 대한 사례이다.

원격 근무 방침에 대한 고려 사항들

원격 근무는 대체로 집에서 이루어지는 직원들의 모든 원격 작업일정에 있어서, 직원과 관리자 간의 상호간 합의되는 작업계획이다. 이 합의는 일의 필요, 공사 그룹, 건축주 그리고 회사의 필요에 의해서 이루어진다.

원격 근무 배치는 작업 책임자의 결정에 따라서 언제나 변경되거나 중단될 수 있다. 또한 직원도 작업 책임자에 의해 평가될 원격 근무 배치의 변경 또는 중지를 요청할 수 있다.

적격성(Eligibility). 보통 직원들은 원격 근무를 시작하기 전에 사전 교육 기간을 거칠 것이다. 원격 근무자로 선정되기 위해서는 적절한 자격 요건을 충족시켜야 한다. 원격 근무 배치를 받는 것은 정규직 또는 비정규직 그리고 시간제 근무자 모두에게 해당될 수 있다. 원격 작업은 작업 책임자가 결정한 대로 현장 밖에서 작업시간을 적절하게 활용하여 수행할 수 있는 일이어야 한다.

작업 스케줄과 의사소통(Work schedule and communication). 원격 근무에 대한 계약은 주당 직원이 근무하는 시간과 일수에 대한 작업 계획으로 상세히 제시되어야 한다. 매일 전화가 가능한 시간이 사전에 약속되어야 한다. 직원들은 지정된 작업 시간동안에 그들의 작업에 전념하여야 한다. 원격 근무자 들은 작업에 집중하기 위하여 육아 및 제반 사항들을 조치하여야 한다.

원격 근무자들은 일반적으로 작업 책임자, 팀 직원들, 또는 건축주와 협의하기 위해 그리고 정기 미팅에 참석하기 위해 일주일에 적어도 하루는 회사에 나와야 한다. 원격 근무자가 작업에 관해 보고를 하는 일자와 시간도 사전에 합의되어야 한다.

정규적인 일정에 추가하여 작업 책임자는 원격 근무자에게 프로젝트 작업, 교육, 실행평가, 회의 또는 다른 제반 사항들이 필요한 경우에 회사 또는 다른 특정한 장소에서 보고할 것을 요구할 수 있다. 작업 책임자는 가능하면 이러한 보고에 대한 요구 사항을 적어도 하루 전에 통보하는 것이 좋다.

근무자와 책임자는 서면보고의 방법과 빈도 그리고 우편을 통한 방법, 메신저 서비스, 이메일, 그 외 방법의 의사소통 방법을 상호 결정하여야 한다.

근무처(Workplace). 원격 근무자의 현장 외 작업 위치는 대체로 직원들의 집일 것이다. 근무자는 깨끗하고 안전한 전용 작업공간을 확보하고 유지해야 한다. 작업 책임자는 근무처가 적당한지 현장 실사를 하고 이후에도 정기적으로 실사를 할 필요가 있다. 그들의 집 또는 여타 장소를 근무처로 꾸미는 데 들어가는 비용은 원격 근무자가 부담한다. 작업과 관련된 가구 전화선의 설치 비용 또한 원격 근무자가 부담하여야 한다.

원격 근무자는 작업 기간 동안에 지정된 근무처에서 상해가 발생했을 경우 보상을 받을 수 있다. 하지만 집에서 발생했을지라도 작업과 관련되지 않은 상해에 대해서는 보상받지 못한다.

고용주는 작업공간이 작업을 수행하기에 적절하고 안전하고 올바르게 배치되었는가를 확인하기 위해 사전 통보 후 작업공간을 조사할 수 있다.

장비와 비품(Equipment and supplies). 작업 책임자는 원격 근로자에게 어떤 장비와 비품을 지급할지 결정하여야 한다. 회사에 의해서 대여된 장비에 대해서는 원격 근무나 작업에 관한 계약 기간이 만료된 후에 회사로 반납되어야 한다. 회사로 반환되지 않는 장비에 대해서는 원격 근무자가 책임을 져야 한다.

원격 근무자는 일반적으로 공간과 기본 사무용 가구, 필요한 전화, 팩스, 모뎀 등을 갖추어야 한다. 회사는 작업과 관련된 전화 통화 비용을 상환하여 준다. 컴퓨터 장비와 프로그램은 회사에서 제공할 수도 있고 또는 근무자가 자기의 것을 사용할 수도 있다. 만약 후자를 선택하였을 경우 근무자는 자신의 컴퓨터를 회사로 가져와서 회사의 기본적인 프로그램을 설치받아야 한다. 갑작스런 정전에 대비할 수 있는 장비가 마련되어야 한다. 회사 소유의 장비는 전산요원들에 의해서 집에 설치될 수 있다.

회사는 장비의 수리와 유지를 책임진다. 그러나 고의적인 손상이나 부주의, 또는 고용인의 가족이나 다른 사람들에 의해 발생한 손상에 대해서는 원격 근로자가 책임을 져야 한다. 회사에 소속된 장비는 부주의에 의한 손상이 아닐 경우 보험으로 처리되고 있다.

지적 재산권과 비밀 보장(Intellectual property and confi-

(계속)

dentiality). 회사와 관련된 모든 자료와 정보는 비밀이 보장되어야 한다. 보안에 민감한 자료들은 회사에 돌려주거나 원격 근로자가 파기시킨다. 모든 작업 관련 자료는 지정된 장소에 보관한다. 정보와 자료는 작업에 관련된 사람들만 공유해야 한다.

작업의 관리(Supervision of work). 작업 책임자와 원격 근로자 사이에 수행되어야 할 작업에 관해서 상호 이해하고 합의하는 것이 무엇보다 중요하다. 원격 근로 합의를 위한 상세한 목적과 설명서는 공정표와 실행계획서로 작성되며 정기적으로 업데이트되어야 한다. 원격 근로자들을 위해서 주된 관리 연락처 예비 연락처가 결정되어야 한다.

근로자의 실적은 적어도 1년에 한번 회사 규정에 의해서 평가받아야 한다. 원격 근로자들을 위해서는 작업 목적 달성을 좀더 자주 평가하고 거기에 대한 피드백을 교환하는 것이 좋다.

작업 시간표가 책임자 또는 경리부에 정기적으로 제출되어야 한다. 작업 책임자는 원격 근로자가 작성한 근무시간과 프로젝트 작업 번호를 검토하여야 한다.

세금 관련 사항(Tax issue). 원격 근로자와 그의 세무사는 작업과 관련된 공제 내역에 대해서 세금 보호를 위해 준비하여야 한다. 회사는 이에 대한 책임이 없다.

회사 방침과 지침에 대한 준수(Applicability of firm polices and guidelines). 원격 근로자와 별도의 사전 합의가 없는 한 근로자는 회사의 모든 정책과 지침을 따라야 한다.

폭을 넓히는 데 영향을 미친다. 그리고 회사 때문에 외국 취업비자를 취득하고 이주를 함으로써 새로운 수요가 창출되기도 한다. 기술과 새로운 설계 재능, 그리고 전세계적 시장과의 접촉을 위해서 이러한 다양한 그룹들을 장려할 필요가 있다. 회사들은 점점 융통성 있는 고용 패턴들, 새로운 직원 배치, 그리고 새로운 교육적 제안에 대응하고 있다.

몇 해 전에는 회사가 낮은 봉급으로 장시간 일하는 새로운 젊은 직원을 발굴하는 것이 상대적으로 수월했으나, 오늘날의 직원들은 전보다 더 높은 기대치와 지적 수준을 가진 좀더 다양한 그룹이 되었다. 이러한 새로운 세대의 직원들은 결코 후퇴하지 않고, 그들의 재능은 하나의 직업에 국한되지 않을 수 있기 때문에 그들의 기대는 회사가 유능한 지원자에게 무엇을 제안하는가에 영향을 미친다. 그들이 전문성을 제공하는 반면, 오늘날의 회사는 그들이 제안하는 것에 대한 답을 주어야만 한다.

이러한 점점 다양해지고 다중문화적인 인력의 요구에 응하기 위하여 고용자는 다음과 같은 것들을 포함하여 많은 새로운 프로그램과 포상을 고려해야만 한다.

- 융통성 있는 근무시간
- 시간제 근무
- 통근 교통에 대한 대안
- 보육 서비스 혹은 관리
- 세탁 서비스
- 석식 제공 서비스
- 가능한 직원들에게 어디서나 작업할 수 있는 노트북 컴퓨터 제공
- 베이비 붐 세대를 위한 노부모와 유아 보조
- 팀 작업

- 문화적 다양성 인식
- 영어 교육
- 기본적인 사업 에티켓(외국과의 업무 시)

이러한 보조프로그램과 포상은 다양한 직원들의 기본적 요구에 도움을 주어 좋은 작업환경을 만드는 데 기여한다. 이것들은 회사의 문화이고, 직원을 지속적으로 유지시키기 위한 인적자원에 대한 접근방법이다.

추가적인 정보

다양한 기관에서 인적 관리와 운영에 대한 사항에 대한 정보를 제공하고 있다.

The Society of Design Administration(SDA)는 유사 디자인 관련 회사들 간의 경영원칙에 관한 아이디어와 정보의 교환을 증진하는 데 노력하고 있다. 상세한 정보는 SDA, (803) 785-2521 또는 www.shrm.org에 문의한다.

The Society of Human Resource Management(SHRM)에서는 인사관리전문직에 종사하는 사람들의 의견을 제공하고 있으며. 이에 대한 자료는 (703) 548-3440 또는 www.shrm.org에 문의한다.

The American Management Association International(AMA)에서는 운영 관리의 개발과 교육에 중점을 두고 있으며, 인적 관리에 대한 정보를 제공하고 있다. AMA의 웹사이트 www.amanet.org/shart.htm에 문의한다.

참•고•자•료 *Backgrounder*

고용주로서의 건축가: 법적 요구사항

James J. O'Brien, Esq.

고용 관계는 연방과 주 법령들, 규칙, 행정적 절차 그리고 판례법에 저촉된다. 대부분의 주정부가, 별도의 특별한 계약 요건이 없는 한, 고용인의 고용은 그에 대한 시간과 사유 그리고 통보의 유무와 상관없이 파기할 수 있는 '자유 의지'를 근간으로 하는 고용 관계를 따르고 있지만, 오늘날의 현실은 이러한 '자유 의지'에 예외적인 고용을 제어하는 법률의 몇몇의 개요는 다음과 같다. 법률에 준한 고용의 근간은 복잡하고 개별적인 환경에 의해 좌우되는 경우가 많다. 게다가, 이러한 대략적인 고찰이 고용 관계에 적용되는 법적인 규제들이나 예외적인 돌발 상황들까지 포괄할 수는 없다. 이러한 이유 때문에, 이 개요가 전문적인 법률적 자문 자료로 대체 사용되어서는 안 될 것이다.

면접과 고용

The Fair Credit Reporting 법령(1971)은 고용주들이 지원자들의 이력 사항을 검토하는 과정에서 신용평가 기록을 사용하고자 하는 경우 정보사용에 따른 법령을 따를 것과, 관련된 지원자나 직원들에 대한 신용 조회만을 열람할 수 있도록 규정짓고 있다.

The Drug-Free Workplace 법령(1988)은 연방 정부에 속한 업자들이 작업장 내의 마약 근절을 보증할 수 있는 프로그램을 구비할 것을 규정짓고 있으며, 연방정부는 해당 업자의 직원들에 대해 경우에 따라서 마약 테스트를 요구할 수 있도록 하고 있다. 많은 주와 일부 지역 사법관할에서 직원들과 입사 지원자들의 마약 테스트를 위한 자체적인 법령들을 가지고 있으며 이 법령들은 아주 다양한 형태들로 제시되고 있다.

The Employee Polygraph Protection 법령(1988)은 대부분의 지원자나 직원들에 대한 거짓말 탐지기의 사용을 금지하고 있으며 대부분의 주 법령들도 이를 금지하고 있다.

The Immigration Reform and Control 법령(1986)은 미국 내에서의 합법적인 고용을 위해서 신규 채용에 대한 증빙서류와 더불어 고용주들이 I-9 서류를 작성하고 소지하도록 명하고 있다. 이 법령은 국적에 근간한 인종 차별 역시 금하고 있다.

다른 이력사항 검토. 입사지원자와 직원들에 대한 검토는 연방 정부나 주 법률에 의해 규제될 수 있는데 예를 들면 전과 조사, 신체검사 그리고 채용을 위한 고용주의 신청서에 관한 질문 등과 같은 것들이 이에 해당한다.

임금과 복지

The Fair Labor Standards 법령은(1938) 최저 임금과 시간 외 수당을 규정하고, 이러한 요구사항들로부터 제외되는 직원들을 분류한다. 직원에게 정기적인 급여를 지불하는 것은 면세처리를 위한 하나의 기본적 요소이다. 그러나 정기 급여를 받는 직원들이라도 그들의 업무가 합당하다면, 주당 40시간 이상의 일에 대해서는 시간외 수당을 받을 자격이 있다. 건축 수습사원의 적절한 세무 관리를 위하여 고용주들은 사전에 면밀한 검토를 하여야 한다.

각각의 주와 많은 지자체들은 유사한 법률을 가지고 있다. 연방 정부와 계약된 건설 공사들 중 일부는 그 지역에서 보급된 최저 임금수준에 맞추어 임금지불을 요구하는 Davis-bacon 법령을 따라야 할 것이다.

The Employee Retirement Income Securities 법령(1974)은 퇴직연금 제도(잠재적으로 고용주들의 복지후생에도 적용될 수 있는) 등을 포함한 복지 후생 계획에 대한 고용주들의 의무와 책임 등을 규정하고 있다. 또한 법령은 이러한 복지후생 계획의 참가자들에 대한 전반적인 공개를 요구하고 있다.

The Family and Medical Leave 법령(1993)은 50인 이상의 직원을 가진 고용주는 직원들에게 심각한 건강상의 문제가 있는 경우에 1년에 12주까지 무급 휴가를 제공하도록 규정하고 있는데, 다음과 같은 경우들이 해당된다; 임신과 출산, 입양이나 육아 혹은 직원의 배우자, 부모, 또는 아이의 병증. 이 법령은 적어도 1년 혹은 지난 12개월 동안 적어도 1250시간을 직장에서 근무한 직원들에게 적용될 수 있다. 또한 몇몇 주는 병가를 제공하고 있으며, 고용인들은 연방과 주 양쪽 모두의 법률 내에서 복지 후생을 지원 받을 자격을 가지게 될 것이다.

고용 세금과 공제

내국세 법령은 고용인들의 급여에 대해 세금을 부과하여 국세청에 납부하도록 되어 있다. 고용주들이 이에 불응하였을 때는 압류 등 여러 가지 책임이 따른다. 각 주정부는 세금 부과에 대한 유사 법률들을 가지고 있으며, 이는 지역의 사법 관할들도 마찬가지이다.

사회 보장법(1935)은 사회 보장 제도를 위해 직원들의 급여에서 이에 해당하는 세금을 공제하고 또한 고용주가 고용인들을 대표하여 기부액을 공제하도록 되어 있다.

실업 보험은 연방 실업 수당을 위해 고용주들로부터 이에 대한 지출을 요구한다, 또한 주 법령들은 휴직 또는 해고된 실직자들에게 지불하는 지원금을 결정한다.

고용 계약 및 조건

차별: 1964년의 시민권 법령의 타이틀 VII은 15인 이상 사업장의 고용주에게 적용되고 1866년의 시민권 법령은 모든 고용주에게 적용된다. 이 법령은 종족, 피부색, 성별, 임신, 종교 그리고 국적에 의한 차별을 금지한다. 연방정부 도급자 또는 금액 규모에 따라 정부와 계약된 개인 도급자에게 적용되는 실행령(Executive Order) 11246은 소수민족과 여성에게 보다 많은 기회를 제공하는 고용 평등에 관한 법을 준수하는 것과 같은 일정한 요구사항을 명기하고 있다. 대부분의 주정부와 지자체들은 고용의 차별을 금지하고 있다.

성희롱: 성적 희롱은 법률에 의해 금지된 성 차별의 유형으로 법정에서 해석된다. 이 쟁점에 대하여 최근 법원 결정은 고용주에게 중대한 책임을 부과하고 있으며, 모든 고용주는 엄격한 방침으로 그러한 차별에 대하여 조치하여야 하고 그러한 성희롱에 대한 불만이 호소될 경우에 적절한 대응절차를 마련하고 있어야 한다.

장애자: 장애인에 관한 법령(The Americans With Disabilities Act, 1990)은 작업의 필수적인 부분을 수행할 수 있는 장애인에 대한 차별을 금지하고 있으며, 어떤 경우에는 장애근로자가 그 기능들을 수행할 수 있도록 고용주가 적절한 보조지원을 제공하도록 하고 있다. 연방 정부와 관련 있는 고용주는 1973년의 장애인 재활 법령(The Rehabilitation Act)에 의거해서 장애인 고용에 대한 차별이 없어야 하며, 일부 고용주는 정식으로 고용 평등에 대한 규정을 만들기도 해야 한다. 대부분의 주정부는 또한 개인사업자에게 유사한 조문을 적용시키고 있다.

연령: The Age Discrimination in Employment Act(1967)은 20인 이상 사업장의 고용주에게 연령에 따른 고용의 차별을 금지하고 있다. 이러한 보호 범주에 속하는 대상은 40세 이상의 사람들이다. 또한 이 법령은 퇴직 연금 계획의 운영에 관여하고 있으며, 일부의 경우에 고용 해지에 대한 협약 기준을 마련하고 있다.

지급의 평등. The Equal Pay Act(1963)은 모든 고용주들에게 합법적인 조건을 갖춘 차별임금을 제외하고는 동일한 기술과 노력과 책임에도 불구하고 성적인 차이로 인한 임금 차별을 금지하고 있다. 많은 주들이 유사한 법을 집행하고 있으며, 동일하지 않으나 유사한 직종에 있어서 비교 동일한 임금에 대한 기준을 적용하고 있기도 하다.

퇴역군인의 고용 권리. 이 권리는 모든 개인사업자를 포함하는

Uniformed Service Employment and Reemployment Rights 법령에 의해 보호된다. 병역에 신청 혹은 군복무 회원임으로 인한 차별을 금지하고 있다. 그것은 군 훈련 또는 서비스로부터 돌아온 퇴역군인에게 이전 직위로 복직시킬 것을 요구하고 있으며, 고용, 유보금, 승진 그리고 다른 후생복지에 있어서 차별을 금하고 있다. The Vietnam Veteran Readjustment Act는 일부 정부와 관련된 고용주에게 적용되기도 하며, 베트남전 참전군인과 장애자가 된 퇴역 군인들에 대하여 차별을 금지하고 있다.

노동조합. The national Labor Relations Act(1935)는 조합을 설립하고 운영하거나 노동 연합과 연계하는 직원의 권리를 보호하고, 합의된 활동에 있어서 권리를 보장하며 단체협상권을 보호한다.

Workers' compensation law. 거의 모든 주에서 적용하고 있는 이 법안은 고용주들이 고용인들에게 적절한 이윤을 배분하며, 소송에 대한 불이익을 당하지 않도록 노동자의 보상 보험(또는 이와 유사한 다른 선택사양)을 보유할 것을 요구하고 있다. 그러한 보험에 들지 않은 고용주는 직원들의 상해에 대하여 직접 배상을 하여야 하며 유사한 상황에서 어떠한 보호혜택을 받지 못한다. 주에 따라서 이 법조항에 차이가 있음을 유념하여야 한다.

The Occupation Safety and Health Act(1970)은 직원의 건강과 안전을 규정하고 작업장소의 안전성을 요구한다. 노동부는 특히 공사장 등의 일정 작업공간에 대한 규정을 명시한다. 주정부의 승인된 법령에 의거하여, 주정부는 이에 대한 영역을 통제한다. 또한 법령은 상해에 대한 기록과 화재방지를 위하여 사무직원을 규제하기도 한다.

The Jury Service and Selection Act(1968)은 고용주가 직원을 연방배심원으로 참여했다는 이유와 참여하기 위해서 결근했다는 이유로 해임하는 것을 막아준다. 또한 거의 모두 주정부들은 직원들이 배심원으로 참석할 때에는 이에 대한 불이익을 당하기 않고 결근할 있도록 조치하고 있다.

고용계약. 고용주가 계약상으로 구속력이 있지 않았을 때조차도 계약은 지속될 수 있다. 사실상, 고용주가 별다른 의도가 있지 않는 한, 모든 고용 관계는 적절하게 자유의지에 의한 계약을 유지한다는 것을 목적으로 이해되어야 한다. 그렇기 때문에 일자리에 대한 제안, 고용 방침 그리고 사무매뉴얼을 작성할 때, 계약상에 의도되지 않은 애매모호한 문구가 포함되지 않도록 유념하여야 한다. 더욱이 무경쟁, 무권유에 대한 합의는 건축회사 간에 불필요한 경쟁이나 보유하고 있는 직원이나 건축주에 대한 타 회사의 침해를 방지할 수 있다. 이 분야에서 판례법이 빨리 변화하고 있는 것을 유념하여야 한다.

공고. 연방과 국가 법령은 직원들이 그들의 권리에 대해 알 수 있도록 공지할 것을 규정하고 있다.

고용의 해지

The Workers' Adjustment and Retraining Notification Act(1988)는 100인 이상 사업장의 고용주는 공장 폐쇄 혹은 50인 이상 직원들의 해임에 있어서 60일 통지문을 직원과 지자체에게 공지할 것을 요구하고 있다. 대부분의 주정부는 또한 근로자 해임과 공장 폐쇄에 대한 법적 사항을 마련하고 있다.

The Consolidated Omnibus Budget Reconciliation Act(COBRA)는 직원들에게 해직 이후에도 다른 적절한 상황이 마련되기 전까지는 단체 건강 보험을 유지할 수 있다는 것을 공지하도록 되어 있다. COBRA 법령은 직원 20인 이상 고용주에게 해당된다.

고용기록

보관. 많은 연방과 국가 법률은 고용이 관련된 기록의 보유를 요구한다. 이 기록이 계속되어야 하는 기간은 해직 이후 짧게는 90일에서 길게는 30년이다. 또한 대부분의 법령들은 소송이 제기되었을 경우에는 그 일이 최종 마무리될 때까지 보유할 것을 요구한다, 고용주들은 특정한 기록에 관해서 법률고문에게 자문을 받아야 한다.

접근. 고용에 관련된 기록으로의 제삼자 접근은 정부 관리들의 경우에는 법령 권한에 의해서 통제되고, 다른 사람들에게 공개되는 경우에는 직원들의 사생활 보호를 위해 주 법률에 의해 제한된다. 주정부는 직원과 이전 종업원들이 자신의 고용에 관한 개인 파일의 접근이 허용될 수 있도록 하고 있으나, 반면에 주정부는 여전히 그러한 파일들은 고용주의 자산이며 직원들이 그것에 대한 당연권한은 없다고 명시하고 있다.

James J. O'Brien은 워싱턴, Krupin의 법률 사무소, Greenbaum & O'Brien, LLC에서 파트너이다.

8.2 직원 모집과 채용

Laurie Dreyer-Hadley and Kathleen C. Maurel, Assoc. AIA

건축회사를 구성하는 것 중 가장 중요한 하나는 고용을 결정하는 일이다. 각각의 새로운 직원들은 회사의 능력을 신장시키고 각 성과물에 대한 달성 가능성을 증가시키는 데 기여한다.

회사는 많은 근거에 기인하여 고용을 결정한다. 새로운 직위를 추가하거나 현재 비어 있는 결원을 보충하는 것이 될 수도 있으며, 때때로 회사를 새롭게 할 기술력 있는 직원을 물색하기도 하고 미래를 대비하기 위해 직원을 변화시키기도 한다. 동기가 무엇이든지 간에 다음과 같은 질문을 통해 고용을 결정하게 된다.

- 회사에 필요한 것은 무엇인가—현재와 미래?
- 현재보다 회사를 더 성장시킬 수 있는 직원을 채용할 기회가 있는가?
- 어떤 방식으로 충원하는 것이 회사의 성과를 달성하는 데 가장 긍정적인 영향을 가져올 수 있는가?
- 회사가 직원과 직책에 있어 또 다른 변화를 유도하기 위해 이러한 기회를 활용할 필요가 있는가?

구인과 면접과 선택의 과정은 시작에 불과하다. 개인이 얼마나 적응되고 훈련되어 프로젝트에 적절하게 투여되었고 관리되었는지가 궁극적으로 모든 고용의 성공을 결정한다.

필요성에 대한 결정

현재와 미래에 필요한 직원을 예상하는 것은 항상 간단하지 않다. 여러 가지 다양한 요인들이 계획된 작업에 영향을 미치고, 필요한 직원의 형태, 경제적인 상황, 변동되는 프로젝트 일정, 마케팅 노력의 성과, 이직률 등을 예상하는 것은 쉽지 않다.

우선, 회사는 모두가 그들에게 가능한 직무인지, 일의 분배에 있어서 최선인지 판단하기 위해 현재 직원 상황과 업무의 분배를 검토하여야 할 것이다. 현 직원들의 목표와 업무의 분배 그리고 새로운 직원의 필요에 관한 의견을 반영하는 것은 자주 도움이 된다. 현 직원이 새로운 책임업무에 관심을 가질 가능성을 고려하지 않고, 현재의 결원을 채우기 위한 불합리한 고용은 하지 말아야 한다. 이것은 누군가에게 새로

라우레 드레여-핸들리(Laurie Dreyer-Hadley)는 Gensler사의 인사 담당 부사장으로서 회사의 모든 인사 관련 사항을 책임지고 있다. **캐서린 마우렐(Kathleen Maurel)**은 시애틀에 소재한 국제적인 건축설계회사인 Callison Architecture의 인사담당 책임자이다. 이 책에 있는 주제는 Cythia A. Woodward, AIA가 쓴 개정 12판에 있는 내용을 기초로 한 것이다.

운 임무를 주고 진급시킬 수 있는 기회가 될 수도 있기 때문이다. 직원들은 회사에서 성장 기회가 없다고 느끼면, 그들을 필요로 하는 다른 곳으로 떠날 것이다. 회사를 유지하는 것은 종종 회사 내 전문적 성장 기회에 대한 직원의 인지에 달려있다.

새로운 직무를 추가하려면 이전의 사례와 계획되었던 소요 경비를 재검토하고, 완료된 작업과 요구되는 기술, 소요경비의 사용률과 적절한 급여 등에 대해 고려해야 한다. 추가적으로 임금대장과 지출, 경비를 관리하기 위해서는 주어진 공간, 가구, 비품, 소프트웨어, 제공되는 서비스, 훈련과 교육에 관련된 지출도 고려해야 한다. 또한 계획된 일과 팀에 있어서 "학습 곡선(learning curve)"의 영향도 고려해야 한다.

결정 후에는 책임과 기술이 요구되고 직위의 범위들이 정해진다. 대부분의 회사들은 풀타임 정규직 고용인들에 대해 고려하지만 반면에 다른 선택사항도 있다. 직위는 풀타임이나 또는 파트타임이 될 수 있고, 임시직(일정 기간이 정해진) 또는 정규직이 될 수 있다. 파트타임 고용과 융통성 있는 작업일정은 그들의 경력과 함께 그들의 삶의 스타일에 맞는 새로운 방법을 찾기 위해 노력하는 사람들에게 점점 선호되고 있다. 어떤 회사는 업무의 성격이나 일정을 고려하여 재택근무 형태를 채택하기도 한다. 신규 채용과 직원 유지가 논점이 되므로 몇몇 회사는 혁신적인 일정이나 대비책을 발전시키려고 하고 있다. 일반적으로 회사는 회사를 성장시킬 수 있는 잠재력을 가지고 있는 풀타임 또는 파트타임 정규 직원을 찾는다.

직원의 임용

어떠한 회사에서든 가장 중요한 사무 기능은 고객에게 최상의 결과를 제공하고, 업무시간의 활용도를 높이며, 사업수익률을 보장하기 위한 적절한 직원의 임용이다. 직원 평가는 채용할 필요가 있는 분야의 사람을 결정하는 데 도움을 주며, 현재의 직원에게 요구되는 새로운 기술을 확인하고, 현재 직원의 전문적 개발 목표를 수립할 수 있도록 한다. 수입 예측과 연동하여 직원 평가는 수입을 예상하고 새로운 프로젝트 수주의 필요성을 사전에 알려주는 역할을 하기도 한다.

David Maister의 책 'Managing the Professional Services Firm(1997)'에 보면 디자인 전문직 직원의 역할에 대한 부분이 있다. 그는 임용 결정이 이루어질 때 핵심 업무 목적의 균형을 맞출 필요성에 대하여 논의한다: 수익성, 고객 만족, 전문적 개발 목표, 개인적 사안과 직원들의 요구 그리고 현재 직원의 승진. 새로운 직업 역할 또는 임명은 디자인 전문직의 개인 경력을 향상시키기 위한 핵심적인 방법 중 하나다. 직원 임용은 어떤 디자인 전문직에 있어서 경력 개선의 중요한 측면이다.

실제로 디자인회사에서 직원이 자주 바뀐다는 것은 건축주들도 알고 있는 상황이며, 그렇기 때문에 프로젝트를 의뢰할 때, 고정된 직원의 배치를 요구하는 경우가 많다.

때때로 회사는 유급직원으로 학생들을 고용하는데, 많은 경우가 산학 협력단체를 통해서 이루어진다. 이러한 학생들은 단기간의 공백기와 기초수준의 요구를 충족시킬 수 있고 향후 정규직으로 채용될 수도 있다. 다수의 회사들이 협동조합 프로그램이 있는 학교와 원만한 관계를 발전시킴으로써 초급수준의 직원들과 지속적인 교류를 갖고 있다. 학교는 그들의 학생들이 폭넓은 경험을 가질 수 있도록 산학체험 프로그램을 마련하고 있다. 학생들이 고용된다면, 이들은 정규직이 되며 다른 직원들과 같이 동일한 정책과 규정의 영향을 받는다. 또한 학생들은 그들이 회사에서 하는 일로 대학의 학점을 받을 수 있고, 혹은 이러한 실습경험은 학위를 취득하기 위해서 요구되는 경우도 있다.

대부분의 회사는 고용에 있어 자의에 의한 규정을 따르는데, 그 의미는 고용이 언제든 어느 한쪽이 원할 경우에 종료될 수 있다는 것이다. 그러므로 계약상 평생직장에 대한 문구나 어느 한쪽이든 계약상의 구속을 포함한 단어나 규정은 피하는 것이 좋다.

'평생고용'에 대한 용어의 사용을 지양해야 한다. 왜냐하면 그러한 법적인 약속을 이행할 수 있는 회사는 별로 없기 때문이다.

추가적으로 회사로부터 급여를 받는 직원들에게는 다른 형태의 인사적인 사항이 적용될 수 있다.

계약직. 이 서비스는 일반적으로 적절한 임무와 기간으로 계약되어 있는 기술자들에 의해 제공된다. 이 사람들은 독립적인 컨설턴트나 도급자 혹은 그들의 공간에서 직무를 하거나 필요하면 회사에 나와서 일하는 사람들인데, 세금과 보험금 그리고 여타 소득에 대한 책임은 자신들에게 있다. 이러한 형태는 회사에 시급을 청구하고 개인에게 지불하며 세금이나 보험금 그리고 여타 수익에 있어서의 책임을 지는 계약 서비스 업체에 의해서 제공(또는 임대)될 수도 있다. 이러한 개인이나 업체들은 일반적으로 정상 시급보다 더 높게 지불되는데 그 이유는 회사가 그들의 간접비용을 부담하지 않기 때문이다. 계약직에 대해서 특정한 법적 그리고 세무적인 범위가 지정되어 있으며 일반 직원과 계약직 직원을 구분하고 있다는 것을 인지하는 것이 중요하다. 정규직과 독립적인 계약직 사이의 구별은 중요하며, 회사는 고용인들이 적절히 분류되어 있는지에 대하여 법적 그리고 세무적인 조언을 구하는 것이 바람직하다. 때때로 계약에 기초하여 회사나 다른 직원들에 의해 고용된 임시직원들은 회사가 그들을 정규직으로 고용하고자 한다면 장기적인 고용에 대한 지원자가 될 수도 있다.

대여 직원(Loaned Employees). 때때로 회사의 경영상 느슨한 기간에는 또 다른 회사에 직원을 빌려줄 수 있다. 그러한 직원들은 고용된 회사의 사무실에서 일하지만 여전히 그들의 본래 고용주의 명부에 남아있다. 고용한 회사는 다른 회사에 보상하며 일반적으로 시급에 있어서 직 · 간접적인 개인 비용을 포함한다. 때로는 낮은 비율의 관리비를 본래 회사의 행정적인 비용을 지불하기 위하여 시급에 추가시키기도 한다. 이러한 상황에서는 회사 간에 법적검토나 동의계약서를 작성할 것이 장려된다.

직원 모집

필요한 직원 모집의 방법은 회사의 규모나 지리적 위치 그리고 찾고자 하는 사람의 종류에 따라 다양하다.

직원의 추천(Employee Referrals). 조사에 따르면 회사의 분위기에 적합한 좋은 사람을 찾는 효과적인 방법은 직원을 통한 추천방식이다. 곧 업무에 대한 내용이 작성되고 그것을 회사의 직원에게 알리면서 적절한 사람을 찾도록 할 수 있다. 그러나 주의해야 할 것은 현재의 직원에 의해 추천되어 고용된 사람은 회사가 추구하는 다양성을 저해할 수도 있다는 것이다. 회사가 직원들의 다양성을 넓히기 원한다면 다른 고용 방법을 고려하여야 할 것이다.

구인광고(Advertising). 충원되어야 할 인력에 따라서 회사는 지역 광고나 전국적인 신문, 전문 출판물 또는 잡지에 광고하는 것을 고려할 수 있다. 또한 건축사 회보를 활용할 수 있고, 지역의 회사 목록(온라인 혹은 서류)을 가지고 있는 지역건축사협회에 구인을 공고할 수 있다. 최근에는 회사의 웹 사이트를 통해 공지하는 것이 점차 보급되고

고용직원이냐, 독립적인 계약자냐

직원의 융통성을 유지하기 원하는 회사는 수시로 임시직원을 고용하는 것을 생각한다. 장기적인 계약 이행에 대한 책임, 세금에 대한 징수, 실직 보험금의 지출 등을 고려한다면 독립적인 계약자 같은 임시직원 고용을 고려해 볼 만할 것이다.

미국국세청(Internal Revenue Service, IRS)는 최근에 이에 대하여 면밀히 연구하고 있다. IRS의 관점에서는 독립적인 계약자보다 정규직으로 채용되었을 때에 고용주가 가져야 하는 부담이 더욱 크다는 것이다.

다음과 같이 IRS는 시험적으로 20개의 일반적인 법적 조항을 사용하였다. 만약 이 요소 중 어느 하나라도 적용된다면, 그 사람은 독립적인 계약자이기보다는 일반 고용인으로 볼 수 있다.

1. 근로자는 사무 수행을 위해 전일 근무하여야 하는 책임이 있다.
2. 근로자는 수행하는 일에 대하여 회사의 지시에 따라야 하는 의무가 있다.
3. 근로자는 수행하는 일에 대하여 지시나 훈련을 받는다.
4. 근로자는 그 회사의 전반적인 사업운영과 일체되어 작업을 수행하여야 한다.
5. 근로자는 수행하는 업무에 직접적이고 개인적인 서비스를 제공한다.
6. 근로자는 보조원을 고용하고, 관리하며 보조수당을 지급하여야 한다.
7. 근로자는 회사와 함께 지속적인 업무 관계를 유지한다.
8. 근로자는 회사에 의하여 정해진 근무시간을 준수할 의무를 가진다.
9. 근로자는 그 회사에서 정한 장소에서 근무한다.
10. 근로자는 회사에서 정한 절차에 따라서 업무를 수행한다.
11. 근로자는 회사에 정기적인 보고서를 제출할 의무가 있다.
12. 근로자는 회사에서 정한 일정기간에 규칙적인 금액의 보수를 받는다.
13. 근로자는 회사로부터 출장과 관련된 비용을 받는다.
14. 근로자는 업무에 필요한 도구와 재료를 고용인으로부터 지급받는다.
15. 근로자는 서비스를 이행하는 데 사용하는 시설 면에 상당한 투자를 하고 있지 않다.
16. 근로자는 서비스에 대한 이득이나 손실을 개인적으로 창출하지는 않는다.
17. 근로자는 한번에 한 가지의 업무를 수행한다.
18. 근로자는 일반 공공에게 서비스를 제공하지 못한다.
19. 근로자는 회사에 의해 해고될 수 있다.
20. 근로자는 책임의 발생과 상관없이 언제라도 그만둘 것이다.

나타난 결과에 따라서 법률 자문을 받거나 IRS에 질의서를 제출하여 당신이 채용을 수락하기 전에 법적 요건에 대해서 알아야 한다.

있다. 웹에 기초하여 활용성 있는 직업 알선 서비스는 대개의 경우 요금을 지불하여야 한다. 일례로 www.mosaix.com과 www. monsterboard.com은 건축 회사들이 사용하는 두 개의 사이트다. 어디에 공시하는가에 대한 결정은 구인 형태나 모집 기간, 그리고 적합한 지원자가 이 사이트를 활용할 것인지에 대한 가능성을 바탕으로 내려지게 된다. 간부급이나 쉽게 구하기 어려운 사람들을 위해서는 이주 경비의 제공이 문제가 되지 않는 한 몇몇 다른 지역에 광고를 할 수도 있다. 때때로 경제적인 상황이 안 좋은 지역으로부터 적합한 사람을 뽑는 것이 가능하기도 하다. 그러한 사람은 새로운 장소에서 직업의 기회를 얻기 위하여 적은 이주비용을 수용하거나 그들 자신의 비용으로 기꺼이 이주 할 것이다.

광고는 직위, 목록, 최소한의 학력과 기재사항, 나이와 요구되는 경력사항 그리고 필요한 기술과 프로젝트의 경험을 명확하게 제시해야 한다. 회사에 관한(프로젝트의 형태나 직원의 규모, 가치관) 간략한 소개서가 포함될 수 있다. 비록 익명의 광고(회사의 소개는 있으나 회사명과 주소를 알려주지 않는 형태의 광고)가 사용될 수도 있으나, 이러한 경우에는 자격이 있는 사람일지라도 응답하기를 주저할지 모른다. 대부분의 경우에 회사는 그들의 이름과 이메일 주소, 전화번호와 팩스 번호 그리고 접속하는 사람을 기입한다. 광고는 요구되는 정보와 제출사항(이력서, 급여나 요구사항, 포트폴리오, 또는 작업 샘플 등), 지원 방법(개인의 주소, 이메일 등)과 접수 마감일 그리고 동등한 취업을 제공하는 회사의 알림글 등을 포함한다.

대학교육기관(Universities). 신입 모집에 활용되는 방법은 건축 프로그램을 통해 지역 대학의 캠퍼스를 탐방하는 것이며, 현재 직원들의 출신교뿐만 아니라 평판이 좋은 프로그램을 가진 다른 대학을 알아보는 것이다. 일정기준을 정하고 지정된 대학 프로

그램과 연계하는 것은 훌륭한 지원자를 선별하는 좋은 방법이다.

파트타임 수업, 강의, 심사와 비평은 회사가 건축 교육 프로그램을 지원하고 가장 우수한 학생을 확인할 수 있는 방법들이다. 이러한 활동에 참여하는 것은 회사 직원들의 성장 기회가 될 수 있으며, 학장, 교수진과의 관계를 진전시키는 것으로서 대학 프로그램뿐만 아니라 회사에도 이득을 줄 수 있다. 만일 학교가 캠퍼스 신입사원 모집 행사의 후원자가 된다면 그 회사는 많은 수의 지원자를 검증할 수 있고 정보를 공유할 수 있는 기회를 가질 수 있다. 대학 구인은 짧은 기간에 많은 이익을 남긴다. 그 결과는 당장 중요한 초보 수준의 신입사원과 향후 직업을 전환할 준비가 되었을 때 회사를 기억하고 교섭할 수 있는 다른 잠재력 있는 신입사원들에게 직접적인 체험을 제공할 것이다.

외부 채용알선 업체(Search Firms and External Recruiters). 때때로 회사는 개인에게 눈을 돌리거나 혹은 직원을 채우는 데 있어서 그들을 도와줄 구인 전문 대행사를 찾는다. 한때 이러한 관행은 경험자와 지역이나 전국을 대상으로 조사를 요구하는 전문직에 제한되었다. 최근에는 재능에 대한 요구가 점차적으로 늘어나고 있으며, 일부 회사는 지역적인 조사나 신입 수준이나 중간 간부 수준의 전문 인력을 구하기 위하여 외부의 정보를 이용한다. 시간제 임시직원을 채용하는 한 가지 방법으로는 지원자를 선발하고 이력서와 작품집을 검토하며 추천서를 검증함으로써 적합한 대상자를 선별하는 것이다. 일반적으로 이러한 외부 알선 업체는 고용 결정에 따른 재정적인 책임이 없으며 단지 회사가 유능한 인재를 채용할 수 있는 폭을 넓혀주는 것이다.

AIA(미국건축사협회)는 웹사이트인 www.aia.org에서 취업정보를 제공하고 있다.

회사 형식이거나 또는 개인적으로 일하는 채용 전문가와 같은 외부 채용 알선 업체를 흔히 "헤드헌터"라고 부른다. 이러한 업체의 서비스 용역비와 조건은 크게 다를 수 있으며, 계약 시 이러한 계약 조건을 숙지하는 것은 중요하다. 두 가지 주된 용역비 구조로는 착수금(retainer)형식과 분할금(contingency) 형식이 있다.

착수금 형식은 조사 기간이나 지원자의 고용 여부에 상관없이 일정액의 보수를 미리 결정하는 것을 포함한다. 분할금 형식은 지원자가 고용되었을 경우, 지원자의 첫해 급여 수준에 따라서 용역비 일체를 지불받는 것을 말한다.

이러한 외부 용역이 활용되었을지라도 회사는 선정된 후보자와의 임금 관련 사항의 협상과 일자리에 대한 제안에 대하여 독자적인 권한을 요구한다. 마지막으로 중요한 사항은 채용 알선을 하는 사람은 채용되는 직위의 요구사항뿐만 아니라 그것을 요구하는 회사의 문화와 특색을 이해하고 있어야 한다.

고용 센터(Employment Agencies). 관리직이 필요한 경우에는 지역 고용 센터를 활용할 수 있다. 이러한 센터는 종종 사전에 검증된 지원자를 공급할 수 있다. 요즘에는 이러한 센터 중 여러 곳에서 CAD 임시 요원을 제공하기도 한다. 일반적으로 이에 대한 용역비는 분할금을 기준으로 전문직을 채용하는 형식과 유사하게 고용되는 직원의 첫해 임금을 기준으로 한 일정 비율로 지급한다. 통상 단기간의 보증금이 지급되며 회사는 일반적으로 보증 기간동안 불만족스러운 고용의 경우에는 이를 대체하기도 한다. 만약 회사가 정규 직원으로 그들을 고용하기를 희망한다면 임시고용직을 알선한

지속적인 직원의 고용을 위하여 일부 회사에서는 "지원자은행(applicant banks)"을 관리하고 있다. 이것은 단순히 자리가 없어서 고용되지 못했던 이전 지원자와 잠재적인 적임자의 명단을 관리하는 것이다. 고용의 기회가 생기면 바로 준비된 지원자의 명단을 활용할 수 있기 때문이다.

센터에서는 이것에 대한 특정한 계약조건을 합의하게 된다. 회사나 대행사를 통하여 직업을 찾을 땐 신중하게 계약 기간을 검토하여야 하며, 이들과 일했던 다른 회사로부터 조언을 받아보는 것을 주저하지 말아야 한다.

수시모집(Ongoing Recruiting). 필요한 사람을 채용하는 것은 한순간에 급하게 필요한 일이지만 그것을 효과적으로 성취하는 것은 회사의 지속적인 홍보와 마케팅의 일부이다. 회사의 실적과 언론 발표, 전 현직직원들의 자연스러운 평가, 경영자들의 인지도 등이 모두 일하고 싶은 회사의 이미지에 공헌한다. 대학과의 교류, 지역 건축사협회 참여, 효율적인 건축주와 외부 컨설턴트와의 관계, 회사 소개 행사 등은 미래의 지원자의 관심을 끌어들일 수 있는 좋은 방법이다. 제한된 유능한 지원자를 구하기 위하여 경쟁하여야 하는 각박한 노동시장에서 좋은 명성과 지역사회, 대학교육기관, 건축주 그리고 그 밖의 사람들과 교류하고 있는 유능한 회사의 대표자들은 회사의 신입 채용이나 유지노력에 있어서 확실하고 직접적인 영향을 미칠 수 있다. 모든 직원들에게 직원 채용이 특정한 결원을 메우기 위한 남의 일이 아니라, 모두가 지속적으로 관련되어 있음을 상기시켜야 한다.

규모가 큰 회사에서 인사 팀은 신입 채용과 선발 과정을 계획하고 조정하기도 한다. 상대적으로 규모가 작은 회사에서는 회사의 경영자나 임원이 이러한 것들을 하기도 한다. 어떠한 경우라도 최종적으로 누가 채용 과정을 관리 조정하고, 누가 선발에 대한 평가를 하며, 최종적인 결정은 누가 하는지를 결정하여 놓는 것이 중요하다.

적격심사와 면접

지원자의 이력서에 대한 적격심사는 면접을 위하여 가장 우수해 보이는 지원자를 선발하는 것이다. 당신이 면접에서 지원자를 평가할 뿐만 아니라 지원자 역시 당신과 당신의 회사를 평가한다는 것을 명심해라.

이력서와 지원서의 검토(Reviewing Resume and Application). 대부분 회사는 모든 지원자에게 지원 기준 양식을 작성할 것을 요구한다. 그러한 형식의 이점은 지원자를 평가하고 비교함에 있어서 동등한 형식 안에 같은 정보를 수록하고 있기 때문이다. 즉 이러한 내용으로는 일반적으로 정확한 경력과 학력증명서, 자격증 그리고 정확한 정보임을 증명하는 일반적인 서약과 추천사항을 공개할 수 있는 동의 같은 것이다. 반면에 단점은 지원자 전체가 작성한 지원서를 돌려받는 데 있어서 더 많은 시간이 걸린다는 것이며, (특정한 직위에 대한 모든 지원자는, 반드시 그렇지 않더라도, 회사가 이러한 방법으로 신입사원을 선발할 경우 지원서를 완성하도록 요구된다.) 시간을 요하는 과정으로 인하여 유능한 지원자가 다른 곳에서 먼저 일자리를 구하는 경우가 발생할 수 있다는 것이다. 다른 회사와 비교하여 불필요한 서류와 번거로운 과정들은 그것을 꺼리는 지원자에게는 치열한 노동 시장에서 회사의 약점이 될 수 있다.

정확한 지원 정보를 접수받은 후, 직업의 임무와 요구되는 기술 사항을 잘 알고 있는 사람은 다음과 같은 사항을 염두에 두고 서류를 검토하여야 한다.

- 지원자는 요구된 정보를 시간 내에 제공하는가?
- 서류와 이력서 혹은 지원서는 잘 쓰여졌고 정확한가?
- 프로젝트 종류와 책임감에 대한 수준에 대한 지원자의 경력이 회사에서 요구하는 것과 일치하는가?
- 경력은 업무의 복잡성과 책임감이 증가됨에 따라 발전적인 면을 보여주는가?
- 설명되지 않은 이직이 자주 발생하였는가?
- 개인의 목표와 장래성(일정하다면)은 필요한 직무를 수행하기에 일관되게 보이는가?
- 작업 샘플이나 포트폴리오(요구된 경우)는 회사에서 추구하는 업무의 질적 수준이나 형태를 반영하는가?
- 바라는 보수나 급여에 대한 요구는 해당 직위에 예상한 보수와 일치하는가?

다음 과정은 전화 심사가 될 것이다. 지원자에 대한 정보는 사전에 준비된 질문서와 함께 면접 전에 면담책임자 앞에 놓여 있어야 한다. 당신이 적격 심사를 하는 것이라면, 우선적으로 당신은 전화를 통하여 지원자로부터 더 많은 정보를 수집하고, 그 후에 개인 면접 대상을 결정할 것이라고 알려줘야 한다. 때때로 면접을 볼 사람을 결정하기에 앞서 사전 검토 단계에서 더 많은 정보와 작업 샘플을 지원자에게 요구하게 되는 경우가 있다.

면접(Job Interview). 면접은 양방향의 과정이 있다. 회사는 지원자를 평가하게 될 것이고 지원자는 회사를 평가하게 될 것이다. 처음에 사내에서 면접에 참여할 사람을 결정하고, 그들이 지원자들의 자료를 사전에 검토하도록 하고, 그들이 면담에 대하여 숙달되었는지 확인하여야 한다. 일부 다른 회사의 대리인들은 같은 지원자를 놓고 면접할 때는 소규모(2명에서 4명)그룹을 구성하거나 또는 연속적인 일대일 개별면담 또는 소그룹 면담에 대한 스케줄을 고려하기도 한다. 면접에 적당한 장소를 제공하고 정확한 일정과 조정이 효율적으로 진행되어 면담에 참여한 모든 사람들이 면담 자체가 계획한 대로 효율적으로 진행된다는 것을 느끼게 하여야 한다.

면담은 다음과 같은 몇 가지 형식으로 진행될 수 있다.

- 체계적인 형식의 면담은 각각의 지원자를 합리적으로 수월하고 공평하게 비교하기 위하여 사전에 준비된 질문에 면담의 초점을 맞추는 것이다.
- 비체계적인 형식은 좀 더 자연스러운 대화 위주로 진행된다. 이 형식은 중요한 직업기준과 요구사항이 면담 중에 검토될 수만 있다면 바람직한 시도이다.
- 반응 형식 면접은 과거의 업적이 미래의 일에 있어서 최고의 예언자라는 개념에 기초한다. 지원자는 어려운 상황이나 과제에 대응하는 것을 보여줄 수 있는 이전 학교나 직장의 구체적인 사례를 제시하도록 요구될 것이다. 때때로 가상적인

비즈니스

Part 2

면담 질의 리스트 사례

1. 학력과 경력
- 왜 전공 분야로 건축을 선택하셨습니까?
- 학교 재학 중에 인턴으로 근무한 경력에 대하여 알려주십시오.
- 건축가로 양성하는 데 있어서 학교 교육은 어떻게 진행되었습니까?
- 당신이 지원하는 업무와 관련된 경험, 교육, 특정한 기술 그리고 관련된 분야에서 가졌던 임무에 대하여 설명하십시오.
- 당신이 함께 일한 경험이 있는 상급자는 몇 명이나 됩니까? 당신은 주어진 업무에 대하여 어떻게 우선순위를 정합니까?

2. 직업 목적 / 일 만족
- 언제 다른 직장에 대한 생각을 하게 됩니까? 그리고 어떤 것을 찾게 됩니까?
- 이전 직장에서 도전을 느끼거나 만족스런 요소는 어떤 것입니까? 그때 도전에 대해서 어떻게 대응하였습니까?
- 당신의 지난 일에서 가장 만족스럽지 못한 요소는 무엇입니까?
- 과거에 목표를 설정하고 그것을 성취한 사례를 말하십시오.
- 당신이 최고의 능률을 올리기 위한 관리 방안은 무엇입니까?
- 자신을 위해 세운 직업 목표가 무엇입니까? 당신은 이 직장이 당신의 목표를 성취하는 데 어떤 역할을 할 수 있다고 생각하십니까?
- 현실적으로 회사에 할애할 수 있는 당신의 시간은 얼마나 됩니까?

3. 사회적응력
- 많은 사람들과의 효과적인 교류를 할 수 있는 당신의 능력을 보인 이전 직장에서의 사례를 들어보십시오.
- 과중한 업무와 급하게 처리하여야 하는 업무의 스트레스를 다루는 당신의 능력을 보인 사례를 말해보십시오.
- 당신이 효과적인 공동업무 수행 또는 팀원으로서 어떤 능력이 있는지 사례를 들어 말해보십시오.
- 당신이 어려운 협상의 상황에서 서로에게 이득이 되는 윈-윈 성과를 이룬 경험을 말해보시고, 또한 그것이 실패한 사례를 말해보십시오.
- 대하기 어려웠던 고객 상황의 예를 들어보십시오.
- 직원들 간의 의사소통이 어려운 것에 대해 예를 들어보십시오.
- 예전 직장에서 팀워크를 위해 무슨 일을 했는가? 구체적으로 말해보십시오.
- 같이 일하기에 선호되는 사람의 유형과 그렇지 않은 사람의 유형을 말해보십시오.

4. 업무 태도
- 당신은 어떻게 일에 대한 우선순위를 결정하고 시작하십니까?
- 당신에게 가장 쉬운 결정은 무엇이고, 또 가장 어려운 결정은 무엇인가?
- 당신이 동의하지 않는 회사의 방침을 따라야만 했던 경우를 들어보십시오. 그러한 상황에서 어떠한 생각이 들었나요?
- 일을 성취하기 위하여 당신의 권한을 넘어야만 했던 사례를 들어보십시오.
- 당신이 위임하는 일에 대한 사례와 직접 하는 일의 사례를 들어보십시오.
- 지도자로서 당신의 스타일을 말해보십시오.
- 당신의 회사를 위해 전체 일관된 이미지를 어떻게 유지하십니까?
- 당신은 회사 내외에서 당신의 이미지에 대해 어떻게 알고 있습니까?

5. 관리
- 당신의 직원이 당신의 경영 스타일을 어떻게 평가합니까?
- 직원을 다루는 데 있어서 규율적인 문제를 적용한 경우와 고용인을 해고하여야 했던 사례를 들어보십시오.
- 각 직원의 적정 작업량을 어떤 방법으로 결정하십니까?
- 당신은 계약 협상, 예산, 스케줄, 직원 조직을 어떻게 처리하십니까?

6. 직업에 대한 의욕
- 당신이 이 회사에 중요한 인적자산이 될 수 있는 점은 어떤 것입니까?
- 당신은 왜 이 회사에서 특정한 직위(또는 일정한 직위)에 관심을 가지십니까?

7. 신체적 요건
- 이 직업은 종종 무거운 것을 들어야 합니다. ; 또는 무거운 것을 끌거나 밀어야 합니다. ; 또는 상당히 긴 시간을 앉아 있어야 하는데 이 작업 상황을 수용할 수 있습니까? 당신은 이러한 일을 수행하기 위해 어떤 도움이 필요합니까?

8. 기타 질문
- 특별히 잘하는 것이 있습니까? 당신의 최고의 성과는 무엇입니까? 체력은 어떻습니까?
- 일을 하는 데 있어서 특히 어려운 것은 어떤 것입니까? 직업적으로 성장하기를 원하는 위치는 어디입니까? 배우고 개발하기 원하는 곳은 어디입니까?
- 직업에서 어떤 좌절을 했었고, 어떻게 그것을 해결했습니까?

(계속)

당신의 현재 업무 수행에 대해서 어떻게 생각하십니까?

- 더 많은 책임감을 가지고 일을 수행하여 발전되었을 때 어떤 것을 느꼈습니까?
- 예전 직장을 퇴사한 이유는 무엇입니까? 당신은 왜 현재 직업을 고수하려고 합니까?
- 과거에 일했던 업무의 스케줄과 마감일에 대한 것을 말해보십시오. 당신은 그것들에 어떻게 대처했습니까?
- 싫어하는 것과 좋아하는 것을 말해보십시오.
- 강점과 약점은 무엇입니까?
- 회사 안에서 무엇이 중요하다고 생각합니까?
- 일의 흐름과 과정을 개선하기 위한 제안서를 상사에게 제출한 적이 있습니까? 만약 그렇다면, 당신의 제안서에 어떤 반응을 보였습니까?
- [가정으로 하는 질문] 당신은 ____한 특정한 문제를 어떻게 처리하겠습니까? (특정한 시나리오 내에서) 당신은 어떻게 하겠습니까? _____문제에 대하여 당신은 경험은 어떻습니까? (예를 들어, 골치 아픈 건축주, 필수적인 자료에 대한 지연 등)

상황에 대한 질문으로 지원자들에게 의문과 쟁점을 일으켜 그들이 이것을 어떻게 다룰 것인지 물어보기도 한다.

가장 일반적인 접근은 격의없는 대화와 함께 가상의 질문을 포함한 몇 개의 준비된 질문으로 진행되는 것이다. 어떤 형식을 쓰든지간에, 지원자들을 평가할 업무와 관련된 영역의 질문과 자원자 모두에게 공통으로 해당되는 질문을 준비하는 것이 도움이 될 것이다. 체계적인 형식의 접근방법으로 다수의 지원자가 면접을 하고 답변을 할 때 그것을 수치적으로 점수 매길 수 있는 방법이 있다. 때때로 회사를 대신해서 나온 면접자가 우선 1차 면접을 하고, 그 중에서 가장 뛰어난 지원자를 선발한 후에 회사의 다른 임원들과의 2차 면접을 추진한다.

지원자의 디자인 능력이나 기술력을 평가하는 것은 적절한 자료가 제출되고 그에 대한 검토가 이루어지며 적절한 질문이 던져진다면, 수월하게 될 수 있다. 특정 회사의 문화에 적응하는 지원자의 능력을 예상하는 것은 항상 간단하지만은 않다. 대부분의 경우에 개인의 기술, 스타일 그리고 능력의 평가에 기초하여 좋은 결정을 할 수 있다. 고용에 대하여 확실한 결정을 하기 위해서는 지원자에게 역할과 그 책임 전문가로의 성장 가능성, 급여과 후생복지에 관한 정확하고 전반적인 정보를 줘야 한다. 면접과 선택 과정에서 다른 회사의 관련인들(동료, 관리자, 그리고 부하직원)을 포함하여 항상 신원확인을 하여야 한다.

신원의 확인을 위하여 지원자에게 과거에 관리자나 동료 부하직원 또는 고객으로서 다른 참여 작업을 했던 사람들의 이름을 알고 있는지를 물어보라. 전체적인 면접 과정의 일부로서 이전의 경력을 확인하게 될 것이라는 것을 지원자에게 알려주는 것이 예의다. 지원자들의 답변을 상호 비교할 수 있도록 사전에 표준화된 질문서를 준비하는 것이 바람직하다. 만약에 신원을 확인하는 절차에 대해서 익숙하지 않다면 회사의 고문 변호사와 신원에 대한 정보 취득, 공개 그리고 공유하는 것에 대한 책임 소지에 대하여 상의하는 것이 좋다.

신원 보증

개인에 대한 신원 보증을 제공하는 것은 종종 승산이 없는 상황일 수 있다. 즉, 만약 당신이 화려한 추천을 해준다면, 그것은 아마 당신이 무엇인가를 숨기고 있다고 상대방이 해석할 수도 있다. 만약 이전의 고용인에게 문제가 있었다면, 당신은 그것들에 대해서 언급하기를 원치 않을 것이다. 그리고 당신이 적어도 그 문제의 일부인 경우도 있을 수 있다. 요즘 적은 케이스지만 지속적으로 발생하는 소송 중 하나는 이전 고용주가 고용인에 대하여 안 좋은 평가를 전달하는 데서 발생하는 잠재적인 책임소재에 관한 건이다. 현재까지 소송은 모욕, 명예훼손, 차별에 기초하여 정리 보관되어 있다. 부주의로 인한 과실의 소송은 또한 잠재적인 고용인들에게 솔직한 평가를 주지 않아 초래될 수도 있다.

많은 건축가들은 그들이 신원 확인에 대한 요청에 응답해야 한다고 생각한다. 당신이 언급하는 수준이 곧 그에 대한 결정이 된다고 본다. 그렇기 때문에 당신은 그것에 대한 책임을 어느 정도까지 질 것인가 하는 위험성을 고려하여야만 한다. 만약 당신이 인적자료에 대하여 공정성, 일관성, 지속적인 관리를 해왔으며 고용인이 왜 해고되어야만 했는지에 대한 객관적인 자료를 보유하고 있다면, 그 자료를 활용하면 불필요한 위험이 발생하지는 않을 것이다. 당연히 고용인과 이전에 상의하지 않았던 문제에 대해서는 언급하지 말아야 한다.

또한 당신은 다음과 같은 표현을 할 수도 있다. "존은 일에 대하여 확실한 방향과 지시가 있으면 아주 잘 수행합니다. 그러나 다만 내가 그러한 식으로 일을 하기 어렵습니다." 이것은 그 이전 직원을 직접 비난하지 않고도 중요한 정보를 전달한다.

다음은 개인적인 평가를 전달하는 또 다른 방법의 예시이다.

- 어떤 회사는 직원이 퇴직할 시에 고용인이 요구할 경우에 추천서를 제공하는 방침을 정해 놓고 있다.
- 어떤 회사는 비공식적으로 그들이 추천할 만한 직원에 한하여 전체적인 추천서를 제공하는 반면, 그렇지 못한 직원에 대해서는 근무 경력에 대한 확인만을 제공한다. 하지만 이러한 비공식적인 방침은 전 직원이 차별적인 대우에 대하여 소송을 제기할 위험성을 안고 있다.
- 어떤 회사는 이전 직원에 대한 평가를 전혀 제공하지 않는 것을 방침으로 정하고 있다.

마지막으로, 당신의 추천서가 당신과 당신의 정직성을 반영하고 있다는 것을 상기하여야 한다. 그것들에 대하여 주의 깊게 고려해 보아야 한다.

지원자와의 접촉과 면접을 관리하는 데 있어서 전문적이고 공손한 태도는 항상 회사의 가장 큰 관심사다. 이것은 부적격한 지원자와 존중과 공손함이 서툰 면접자들을 다루는 일을 포함한다. 고용주로서 그리고 건축상의 서비스 제공자로서 만약 지원자들이 불공정하고 부당한 대우를 받는다고 느낀다면 회사의 평판은 훼손될 수 있으며, 이러한 것들이 다른 잠재적인 지원자들에게 전달될 수 있다. 신입사원 모집은 마케팅의 한 형식이라는 것을 명심해라. 불합격된 지원자일지라도 잠재적인 고객이나 훌륭한 친구를 가지고 있을지 모르는 일이다.

사후처리(Following Up). 이력서를 제출하거나 면접을 본 사람에게는 적절한 시간 내에 결과를 알려 줄 의무가 있다. 결과에 대한 통보는 개인의 전화(음성메세지가 아닌)나 개인별 상황에 적합한 서류 혹은 적합한 문서로 할 수 있다. 어떤 경우에는 전자우편이나 이메일 메시지가 가능할 수도 있다. 지원자에게 불합격 통보를 할 때, 회사에서 필요로 했던 사항에 대하여 좀 더 설명하거나 또는 다른 지원자들의 경력사항이나 기술 또는 배경, 직무자격과 비교하여 상대적으로 부족했던 부분에 대해 간단한 설명을 첨부하여도 좋다. 만약 필요하다면 지원자격을 더욱 발전시켜 줄 수 있는 특정한 직무나 프로젝트 경력에 관하여 사실적인 정보를 제공할 수도 있다. 과거의 업무 경력이나 면접 태도 또는 제공받은 불리한 정보에 대하여 불필요한 비판은 피하도록 한다.

그러한 설명은 간결하고 사실적이어야 한다. 만일 그것이 각 지원자에게 향후 재검토 가능성을 위해 설명하는 것이 아니라면 미래의 채용 가능성을 대해 지원한 지원자에게 약속을 하여서는 안 된다. 그러나 지원자들에게 다음번에 다시 지원을 고려하도록 권유해 볼 수는 있다.

지원자의 파일과 정보를 보존하기 위해서는 특정한 규제사항이 적용된다. 회사에 해당되는 규제사항을 체크하기 위하여 법률자문을 받아서 확인하는 것이 좋다.

고용의 평등(Equal Opportunity). 신입 사원을 둘러싼 법률적인 환경은 최근에 더 복잡해졌으나 그것은 필요한 직무에 가장 적합한 사람을 고용하는 것을 방해하려는 목적이 아니다. 사실상 이러한 것은 당신의 시야를 더욱 넓힐 수 있으며 적합한 인재를 찾고 다양한 지원자들을 구할 수 있는 가능성을 높여준다. 회사는 인종, 종교, 국가 또는 도덕적 관념, 성별, 임신, 이민 여부, 나이, 결혼 여부, 직업의 요구사항과는 상관없는 육체적 혹은 정신적 장애, 그리고 어떤 권력이나 성적인 관심에 상관없이 모든 지원자를 대해야 한다.

차별 대우에 대한 소송을 피할 수 있는 최선의 방법은 간단히 모든 지원자를 일관되고 공정하게 대우하는 것이다. 대부분의 소송은 차별 대우에 기인하여 발생한다. 지원자뿐만 아니라 현재 또는 이전의 직원들도 고용의 평등을 관리하는 단체(equal employment opportunity commission) 또는 지역의 인권단체에게 조사를 의뢰할 수 있다.

고용주로서의 건축가: 법적 요구사항(8.1)에서 법과 규제의 환경 참조

차별 철폐 조처(Affirmative Action). 연방정부를 위해 일하거나 그런 것을 하는 고객과 함께 일하는 회사들은 연방정부에 확실한 차별 철폐 조처에 대한 계획서를 제출하도록 요구될 수 있다. 이 계획은 그 피고용인을 고용하는 회사의 전체 직원에 대비하여 회사가 필요한 인력을 차출하는 인력 집단에 속한 소수민족 그리고 여성근로자의 근로 기회에 대한 구성을 분석한다. 그러한 계획은 회사에 고용된 소수집단이나 여성의 총 인원수가 노동시장 정보에 기초하여 예상된 것보다 더 적은지를 확인한다. 목표를 설정하고 상황에 따라 조정한다. 예를 들어 소수민족의 출판물에 광고하거나 소수민족을 위한 대학교육기관에 신입 채용을 의뢰한다. 만약 그 회사가 고용의 평등을 추구한다면 법적인 조언이나 고용 평등에 관한 전문 상담가에게 도움을 받는 것이 좋다.

직원 선발과 고용 제안

지원자들의 기술적 수준과 회사에의 적합여부를 평가한 후에 우선적인 협상 대상자를 선정할 것이다. 만약 지원자의 서류와 면접과정이 무리 없이 처리되고 결정권자가 그러한 과정에 필요한 서류들을 선별한다면 결정은 공정하게 진행될 것이다. 때때로 두세 명의 유력한 지원자가 발생할 수 있다. 만약 그러한 경우, 첫 번째 선택한 지원자가 제의를 거절한다면 나머지 다른 사람들 중 한 명에게 제안하게 된다. 이러한 이유에서

첫 번째 제안에 기한을 두고, 다른 지원자에게 알리기 전에 확실하게 수락여부를 확인하여야 한다.

채용에 대한 제의를 구체적으로 하고 기한을 두는 데 있어서는 임금에 대한 조건을 신중히 고려하여야 한다. 유사한 경험과 의무를 가지고 있는 현재의 피고용인에 대한 보수를 기준으로 임금 수준에 대한 제안을 할 수 있다. 임금 지불의 형평성은 늘 회사가 안고 있는 문제이다. 그러므로 새로운 고용인의 급여 수준을 현재 직원의 임금 수준에 맞추어 조절하여야 한다. (임금에 대한 공개는 지양될지라도 직원들 사이에서는 종종 서로 공개된다.) 어떤 회사는 고용을 증진하기 위하여 신입사원에게 일회에 한하여 특별 상여금을 지급하기도 한다. 다른 지역에 거주하는 지원자들을 위해 이사 경비를 위한 보상액은 협상할 수 있다. 기본적인 임금 조건은 당신이 초기 제안을 하기 전에 결정되어야 한다. 하지만 이후에도 어느 정도의 협상은 이루어질 수 있다.

구두로건 서류상으로건 간에 채용에 대한 제안은 회사나 혹은 개인 사이에서 수반되는 계약의 일부다. 서류상의 제안이 보다 바람직하지만 초기에 구두로 제안하는 것을 선택할 수도 있으며, 지원자가 제의를 수락한 후에 그것을 문서로 확정할 수도 있다.

서류는 계약 기간과 직업의 종류, 임무, 일정(풀타임 또는 파트타임 그리고 시간제), 보수, 면세와 과세 상태와 초과 근무 수당 자격, 재배치 비용 혹은 배상액, 다른 수당이나 보상 책임, 지정된 상급관리자와 같은 조건들을 포함해야 한다. 시간당 또는 주당, 월당 보수를 언급해 주는 것이 바람직한데, 왜냐하면 단지 연봉만을 언급한다면 1년 계약으로 잘못 오해될 수도 있기 때문이다. 일부 회사는 그들의 보수나 수익에 대한 정보를 일정하게 관리하기 위하여 표준적인 기준을 활용한다. 아직 당신의 회사가 그렇게 운영되지 않았다면, 적격한 지원자에게 그들이 새로운 고용인으로서 미국 내에서 근무할 수 있는지에 대한 증명 그리고 미국 이민국에서 발생하는 서류를 작성하여 제출할 것을 요구하여야 한다. 큰 규모의 회사에서는 직원 매뉴얼을 통하여 고용과 관련된 규정과 조건을 알려주고 있으며, 그러한 매뉴얼을 채용 제안 시에 나누어 주기도 한다.

전반적인 기초 교육

신입사원이 며칠 또는 몇 주 동안 새로운 환경에서 일하는 것을 보면 그들이 만족스러운 장기근로자가 될 것인지 아닌지를 예측할 수 있다. 직원이 회사에 처음 접하게 되는 것은 그들과의 고용관계의 시작이라는 점에서 조심스럽게 계획되고 실행되어야 한다. 많은 회사들은 신입사원에게 처음에 투여하는 시간과 노력이 결과적으로 더욱 향상된 수익성을 직접적으로 반영하는 신입사원의 효율성과 조직력 그리고 직원 만족도와 연관된다는 것을 알고 있다.

새로운 직원이 일을 시작하기 전에 그들을 채용한 임원과 상급관리자는 직무에 직접적인 관련이 있는 다른 직원들에게 알려야 하며, 회사 내에서 신입사원의 임무나 그들의 배경에 대한 간단한 정보를 주어야 할 것이다. 작업공간과 모든 가구 그리고 비품은 일반적으로 회사에서 제공해주며 설치되어 있어야 한다. 더 큰 회사의 경우에는 경영지원팀 또한 이러한 것을 공지받아야 되며 새로운 직원의 첫 날을 위해 준비해야 할 것이다.

새로운 직원은 회사의 다양한 상황, 즉 회사의 문화, 가치관, 업무 영역, 명확한 사업, 일의 과정, 기술과 공급원 그리고 지원되는 서비스와 몇몇의 지명을 배워야 한다. 회사의 규모와 조직의 복잡함에 따라 오리엔테이션 프로그램의 범위가 결정된다. 일반적으로 한 개별 직원이나 그룹을 구성하여 이러한 과정을 계획하고 조절하면서, 과정이 이해하기 쉽고 적절한 내용을 담고 있는지 검토하여야 한다. 경영임원이나 관리임원, 인사관리담당자와 여타 관련 전문가들은 프로그램의 각기 다른 분야에서 오리엔테이션 과정에 참여할 수 있다.

최근에 회사들은 많은 온라인 정보를 제공하기 시작했으며 직원들이 자신의 일정에 맞추어 쉽게 접근하도록 장려하고 있다. 몇몇 특정 항목은 처음 며칠 내에 교육되어야 하지만 전체 오리엔테이션 과정은 몇 주 몇 달에 걸쳐서 진행될 수도 있다. 오리엔테이션 프로그램에 포함되는 몇 개의 항목은 일반적으로 다음과 같다.

목표, 문화, 가치. 회사는 종종 이러한 항목을 규정하는 공식적인 지침서를 가지고 있으며, 마케팅이나 신입 채용 자료, 안내책자 형식으로 그것들을 발행한다. 그러한 것들의 좋은 예로 회사의 활동 범위에 대한 사례를 열거함으로써 회사의 성격과 가치를 신입사원에게 알리는 데 매우 효과적인 도구가 될 수 있다.

시장과 프로젝트. 새로운 직원들은 회사가 추진하고 있는 중요한 시장과 서비스 영역을 알아야 한다. 회사가 수행해왔던 사업에 대한 정보 역시 피고용인이 회사에 더 효과적으로 적응하도록 돕는다.

사내 자원과 지원서비스. 행정적, 관리적 지원(전화, 팩스 등), 디자인관련 지원(설계서, 삽화, 모델 등), 복사기술, 사진기술, 마케팅, 정산, 조사기관 또는 도서관, 자료 도서관, 비품 그리고 인력과 기타 지원 서비스에 대한 정보를 제공하여야 한다. 이러한 자원들을 사용하는 방법은 명확하게 전달되어야 한다.

기술과 특수 장비. 점점 증가하는 컴퓨터의 사용과 정보 시스템, 정교한 소프트웨어와 전자 통신의 중요성과 함께 회사의 기술과 자원에 새로운 피고용인을 적응시키는 것이 점차 요구되므로 그러한 것들의 사용에 익숙해져야 한다.

고용 규정과 안내자료. 피고용인은 이러한 정보를 어디로부터 얻을 수 있는지 알 필요가 있으며, 일반적으로 오리엔테이션 과정에서 이러한 자료에 대하여 인지하고 있는지를 서면으로 확약해 둘 필요가 있다.

임금과 후생복지. 보수와 초과 수당 전근비용과 그 외 보상에 대한 기준들도 숙지되어야 한다. 복지관련 사항은 피고용인에게 중요한 것이며 때때로 복잡하여 특정한 서류 제출이 필요한 경우도 있다.

오리엔테이션

각 회사에 맞는 요구를 기초로 하여 오리엔테이션 프로그램을 개발할 필요가 있다. 다음의 몇 가지 사항은 오리엔테이션 초반에 가장 흔하게 다루는 사항들이다.

- 필요한 급여서류, 세금, 그리고 기타 제반서류(연방정부와 주정부의 세무서류 포함)의 검토와 작성. 즉, 고용인의 적격 확인, 긴급연락처, 집 주소와 전화번호 기록 등이 있다. 이것들은 직원의 첫 출근 일에 대부분 이루어진다.
- 스튜디오, 프로젝트 팀, 다른 관련 업무 부서의 소개. 새로 온 직원의 포트폴리오나 이전 작업에 대한 샘플을 동료들과 함께 나누는 시간을 가진다.
- 회사를 둘러보고 리셉션, 발송, 임금대장, 정보 서비스 등을 관할하는 지원부서를 소개한다.
- 고용 복지와 연금에 대한 신청과 급여 공제에 대해서 검토한다.
- 회사의 방침에 대한 책자를 검토하고 회사 정책과 업무에 대한 절차, 회사 차 사용, 출장비용 상환, 회의실 사용 기준, 안전에 대한 지침과 실천방안에 대하여 의논한다.
- 전화, 메시징 프로그램, 컴퓨터 장치와 소프트웨어, 이메일, 네트워크, 캐드에 대한 전반적인 내용을 알려준다.

책임 업무, 프로젝트 팀, 조직. 모든 피고용자는 그들이 누구의 지시를 받으며 무엇을 하여야 할지에 대하여 이해할 필요가 있다. 실무 지침은 (유용하다면) 일반적으로 공유할 수 있고 지침에 따라서 실무 목표가 재검토될 수 있다.

전문 개발과 교육의 기회. 회사가 지원하는 지속 교육 활동과 훈련 프로그램 그리고 전문 단체의 가입 여부를 검토하여야 한다.

이러한 모든 정보를 공급받는 데는 많은 다양한 경로가 있으며 새로운 정보를 한꺼번에 숙지하게 하는 것에는 한계가 있다. 몇몇 회사들은 직원 간에 협동체계(buddy system)를 구축하여 전임자들이 신규 채용 직원들이 회사에 익숙해지도록 도와주는 형식을 취하고 있다. 회사는 새로운 직원을 소개하기 위해 심지어 간단한 점심이나 일과후의 모임에 대한 비용을 지불하거나 격려하는 경우도 있다. 규모가 큰 회사에서는 새로운 직원의 입사소식을 가정신문이나 이메일, 게시판 혹은 구내 통신망을 통해 공지하기도 한다.

어떤 경우라도 오리엔테이션 프로그램의 주요 구성은 경영자와 임직원들이 모든 신입사원이 처음 일주일 동안 일에 대한 동등한 정보를 제공받고 회사에 잘 적응하고 있는지를 정기적으로 체크하는 것이어야 한다. 회사와 그들의 직위에 관련된 철저한 오리엔테이션을 받은 신입사원은 시작에 있어서 좀 더 생산적이고 성공적으로 되기 쉽다.

추가적으로 대학을 갓 졸업한 대학생을 신입사원으로 채용한 경우에는 사업 환경과 그들이 회사의 전문직업인으로서 가져야 할 책임에 대한 오리엔테이션을 실시할 필요가 있다. 건축직으로 처음 시작하는 신입사원은 회사의 수익 창출에 관한 사항과 시간을 관리하는 방법, 그리고 학교와는 다른 환경에 효과적으로 적응하는 방법에 관하여 배울 필요가 있다. 업무 과정과 용역비 청구에 대한 목표나 보고, 회계시스템과 역할에 대한 기대 등은 전문가로 막 접어든 신입사원들에게 잘 설명되어야 한다.

수습 기간

대부분의 회사는 회사와 새로운 직원이 서로 익숙해질 수 있는 수습 기간–일반적으로 3개월에서 6개월–을 정하며, 고용관계에 있어서 서로의 만족도를 검토한다. 이 기간동안에는 회사가 거는 기대에 대하여 충분히 이해할 수 있도록 개인별로 자주 조언을 해주는 노력을 기울여야 한다. 이러한 수습기간 동안의 결과는 직원과 회사가 함께 평가되어야 하며, 그들의 성과가 현실적으로 어떻게 부응하였는지 아닌지에 대한 의견을 상호 교환하여야 한다.

수습기간이 종료되었다는 것을 부각시키기 위하여 업무 수행에 만족스런 신입사원에게 수습기간 동안에 유보되었던 여러 가지 혜택을 부여한다. 회사의 정책에 따라서 급여의 인상은 이때에 이루어질 수도 있다. 만일 신입사원의 기술이나 능력에 관한 의문이 남는다거나 피고용자가 요구된 기술의 전 범위에 있어서 증명할 기회를 갖지 못했다면, 수습기간을 약 1개월에서 3개월 가량 연장할 수도 있다. 반면에 만약 그들의 업무 수행이 불만족스럽다면 수습사원은 이때에 사전 통보나 경고 없이 해고될 수 있다.

참 • 고 • 자 • 료 *Backgrounder*

급여와 혜택

Laurie Dreyer-Hadly and Kathleen C. Maurel, Assoc. AIA

최근 급여과 혜택은 회사의 전체적인 근로비용을 나타내는 "통합된 급여"로 하나로 묶이고 있는 추세이다. 또한, 직원의 개인적인 재정 상태를 평가할 때에 급여와 함께 혜택의 부분이 근로자들에게 점점 더 중요해지고 있다. 결정적으로 한 회사에 머무를 것인지 다른 회사로 옮길 것인지에 대하여 근로자들은 급여과 혜택을 연동하여 평가한다.

회사는 직원의 전체 급여 수준, 즉 기본급과 다양한 기타 급여(상여금, 이익 수당 등)를 포함하여 고려하여야 한다. 한 회사의 운영에 대한 철학과 급여의 실행은 회사의 가치와 문화를 더욱 공고히 하여야 하며, 그 사업 목표의 달성을 지원할 수 있어야 한다. 그 회사의 수익성과 성공은 유능한 직원을 끌어들이고 유지할 수 있도록 잘 관리된 급여 프로그램과 밀접한 관계를 가지고 있다.

급여와 혜택에 관한 프로그램을 구성하는 데 고려되어야 할 사항은 다음과 같다.

- 공식적이고 체계화된 접근방법과 느슨하며 비형식적인 접근 방법의 대비
- 구체적이고 상세한 업무지침과 폭넓은 직업 그룹을 기반으로 한 접근의 대비
- 유사업종 간의 수준을 상회할 것인지, 맞출 것인지 또는 따라갈 것인지에 대한 결정
- 인지될 수 있는 형평성과 정당성(근로자들은 정보를 나눈다)
- 개인 또는 팀의 실적, 근무연한, 기술에 대한 포상
- 그 회사의 문화("가족과 같은"), 평등주의, 혜택에 대한 계획과 선택에 있어서 직원들의 참여를 유도

안정된 급여와 혜택에 대한 프로그램을 만들기 위해서는 여러 가지 문제를 고려하여야 한다. 작업인원의 통계는 반드시 고려되어야 하는데 그것은 신규 채용과 기존 직원 간에 평평한 균형을 이루어야 하기 때문이다. 프로그램은 현실성(어떤 회사가 효율적으로 관리하고 여유 능력이 있는지)에 기반을 두어야 하며, 연방정부와 주정부의 법령을 따라야 하고, 보호가 필요한 계층(예를 들어, 소수민족, 여자, 장애인들)에 대한 차별이 없어야 한다.

급여

유능한 직원을 채용하기 위해서는 회사의 급여 구조가 시장의 유사한 업종과 비교하여 경쟁력이 있어야 한다. 예를 들어, 만일 회사가 지역적으로 채용한다면 급여비율은 지역의 수준에 맞게 책정될 수 있다. 반면에 광역적으로 혹은 전국적으로 채용한다면 보상과 혜택에 대한 수준은 지역적인 평균과는 차이가 있을 수 있다. 회사규모와 지역에 따른 급여율의 정보는 국가적 측정(때로 지역적)을 가능케 한다. 회사에 적합하지 않을 때의 정보는 조심히 평가되어야 한다. 유사한 경력 수준과 업무에 대한 책임 등이 통계자료를 활용하여 고려되어야 하며, 회사의 업무에 대한 자료와 맞춰져야 한다. 시장의 급여수준을 검토할 때는 기본급과 상여금, 생활비에 기인한 지역적 차등, 지방세의 차이 그리고 더욱이 현금으로 보장하는지를 고려해야 한다. 왜냐하면, 대부분의 근로자들은 단지 기본급만을 비교하기 때문에 상여금이나 수당 등에 대한 다양한 비교와 혜택에 대한 가치를 상세히 설명할 필요가 있다.

회사가 성장하고 각 직급별로 더 많은 직원이 필요함에 따라 급여의 형평성이 문제가 될 수 있다. 특히 만약 신입사원 또는 경력이 적은 신규사원이 더 많은 경력을 가진 기존 직원들에 비해 높은 급여를 받는다면 더욱 그러하다. 대부분의 중규모기업과 대기업은 직종 또는 교육수준을 포함한 경력 연수를 기반으로 급여 비율을 더욱 구조적으로 접근하여 채용한다. 급여 구조는 두 개인의 동등한 상황, 즉 둘 다 건축학 학사이며 똑같이 5년차 경력을 가졌다고 해서 급여가 같아야만 한다는 것을 의미하지는 않는다. 그것은 오직 불공정을 피하기 위한 틀을 제공할 뿐이다. 회사는 정기적으로 업무나 실적과 관련된 어떤 급여 차이가 발생하고 있는지를 관리하여야 한다.

보통 기본급 비율은 신규 졸업자와 인턴사원들 사이에는 큰 차이가 없다. 급여의 차이는 개인이 얻은 능력과 특수한 업무 영역

을 습득하고, 또한 회사의 발전에 다양하게 기여함에 따라 벌어진다. 기본급 비율은 회사의 청구비율과 밀접한 관계에 있다(근로자가 고객에게 제공한 서비스의 대가를 회사가 청구할 수 있는 양).

대부분의 회사들은 기초 수당을 업무 수행에 따라 정해놓고 대신에 사전 결정된 목표에 도달하거나 특정한 개인, 프로젝트, 팀 또는 스튜디오의 실적 기대치에 도달함은 물론 초과 달성하기 위하여 생산성 향상 장려금 제도를 세우고 있다. 어떤 회사는 종종 회사 내 직위와 임무에 관련된 업무 수행과 또는 회사의 이익 수준에 기초하여 임의의 지급을 허용하는 보너스 프로그램을 가지고 있다. 임금제도에는 다양한 방법들이 있으며 매우 경쟁적인 노동 시장 내에서 회사는 그들의 임금제 내에서 최고의 능력을 보상하고 이끌기 위한 혁신적인 방법을 찾고 있다.

모든 임금제도는 연방정부와 주정부 그리고 지역 법을 따라야 한다. 특히 중요한 것은 세금의 면제와 공제에 대한 차이가 발생하는 시간제와 연봉제 직원을 구별하는 것이다. 초과 수당이 필요할 때에는 급여 산출을 위한 명확한 지침을 따라야 한다. 또한 회사는 임금 지급 시기와 임금 삭감을 규정하는 법과 규제를 따라야 한다. 임금에 대한 규정에 대해서 법률 자문을 받고 정기적으로 검토할 필요가 있다.

회사는 어떠한 경우에 임금 인상이 이루어지고, 어떠한 인센티브나 보너스 프로그램에 대한 원칙이 있는지를 직원들에게 공지하는 것이 필요하다. 지속적인 대화와 효과적인 관리는 성공적인 급여 프로그램의 중요한 구성 요소이다.

후생복지

직원에게 주어지는 혜택은 회사의 규모, 연대와 함께 점진적으로 변하며 진화한다. 회사가 직원에게 제공하는 혜택은 급속하게 성장할 수 있으며 기본봉급의 30~35퍼센트까지도 추가될 수 있다. 한번 그러한 혜택이 주어지면, 직원의 사기에 영향을 미치기 때문에 혜택을 삭감하거나 취소하는 것은 어렵다. 그러므로 그 회사는 각각의 추가사항을 조심스럽게 고려하고 돈이 많이 들어가는 혜택을 고려할 때는 외부로부터 컨설팅을 받아보는 것이 좋다.

회사가 제공하는 혜택 프로그램의 종류는 또한 근로자들의 필요와 요구를 반영해야 된다. 사람들은 그들의 삶에 있어서 서로 다른 관점에서의 요구와 우선권에 의미를 두는 경향이 있으며, 또한 업무의 다양화가 이루어짐에 따라 혜택 프로그램을 각각의 요구에 맞춰 개선하는 것은 어려운 일이다. 개인적 선호가 다양한 반면에 일반적인 경향을 분석하면 혜택을 계획함에 있어서 도움을 받을 수 있을 것이다.

건축분야의 급여수준

회사의 직책에 의한 임금기준

	평균	1/4	2/4	3/4
상급간부직원	$71,900	$60,000	$69,000	$80,000
간부직원	63,300	53,100	60,200	70,000
건축직원3	54,700	46,800	53,800	61,000
건축직원2	48,100	42,000	47,000	54,300
건축직원1	41,100	36,000	40,000	45,000
인턴사원3	40,700	36,000	40,000	45,000
인턴사원2	33,500	30,000	33,000	36,700
인턴사원1	28,300	25,000	28,000	31,300
엔지니어	58,700	53,000	57,700	65,000
계획직	55,500	43,100	52,000	65,000
조경설계가	46,300	37,700	44,000	51,000
인테리어 디자이너	43,600	36,000	44,400	50,000
시공 관리자	51,500	42,500	50,000	60,000
CAD 관리자	43,400	35,000	41,000	50,000
제도사	32,600	28,000	32,000	37,500
MIS 관리자	53,000	43,700	54,000	60,700

감독	57,600	44,600	56,800	67,900
회계직	34,200	28,800	34,300	40,000
마케팅 간부직원	52,100	40,000	50,000	60,000
마케팅 직원	34,000	29,100	33,000	38,000
총무직	37,600	29,000	50,000	44,000
행정직원	29,700	25,200	33,000	33,400

이 표에 있는 통계치는 1999 AIA 임금 조사로부터 건축가 임금의 세 가지 요소를 기초로 제공되었다. 그 임금 표는 봉급, 보너스 그리고 수익배분을 포함한 금액이다.

이 데이터들은 1,770개의 AIA회원이 근무하는 건축회사로부터 총괄하여 받은 자료이다. 그 통계치는 1999년 AIA 보고서에 미국 건축회사의 임금 통계로 수록되어 있다. 그 리포트의 목적은 건축 부분의 통계적인 급여 수준을 AIA회원과 건축회사 경영자에게 정보로 제공하기 위한 것이다. 직원들의 급여와 제반 용역비는 각 회사의 개별적인 상황에 맞춰 각기 적절한 수준을 책정하는 것이 AIA의 기본 방침이다.

직급과 회사 규모에 따른 평균 임금

	5-9	10-19	20-49	50+
상급간부직원	$56,900	$63,300	$69,500	$80,500
간부직원	54,900	56,500	61,600	68,500
건축직원3	49,100	48,800	51,300	58,700
건축직원2	42,400	44,700	45,800	50,600
건축직원1	37,600	39,900	40,000	42,300
인턴사원3	37,100	39,400	41,100	42,200
인턴사원2	31,100	32,800	33,700	34,700
인턴사원1	26,800	27,400	28,400	29,100

직급과 지역에 따른 평균 임금

	New England	Middle Atlantic	East North Central	West North Central	South Atlantic	East South Central	West South Central	Pacific North-west	Pacific South-west
상급간부직원	$73,500	$75,700	$71,700	$71,800	$69,900	$68,400	$69,800	$59,800	$76,400
간부직원	62,800	63,400	64,100	64,900	62,900	59,000	64,100	54,400	65,600
건축직원3	55,700	54,000	53,500	58,800	52,900	52,300	56,900	48,100	55,700
건축직원2	50,100	47,100	47,300	51,700	46,100	46,100	49,900	42,500	48,900
건축직원1	43,400	39,300	40,100	41,100	40,000	39,400	43,000	39,200	41,800
인턴사원3	42,800	41,900	39,700	38,500	41,000	37,500	39,800	37,800	42,700
인턴사원2	33,700	34,300	33,400	31,900	33,800	32,000	32,600	31,900	35,600
인턴사원1	29,000	28,000	28,300	26,900	28,700	27,500	27,700	26,700	29,600

- 젊은 미혼의 근로자들은 일반적으로 현금 급여와 유급휴가 그리고 의료 보험과 같은 매우 기본적인 혜택을 선호한다. 장기적인 저축과 퇴직연금에 초점이 맞춰진 혜택 패키지는 별로 선호하지 않는 경향이 있다. 그들의 일차적인 요구와 관심은 현금이다.
- 결혼하여 자녀가 있으며 주택을 소유한 직원이라면 현금, 휴가, 그리고 육아를 보조하는 패키지에 더욱 관심이 있을 것이다.
- 중년직원들은 가족을 위한 사항이나 퇴직에 맞춘 연금계획 등에 관심을 기울인다. 종합건강보험, 치과보험 그리고 생명과 상해보험 등이 이러한 그룹에서 더 중요하게 여겨질 수 있다. 퇴직연금과 비과세 저축 계획은 더욱 바람직하다.
- 노년의 직원은 퇴직연금과 혜택 그리고 수익성 있는 저축에 더 큰 관심이 있다.

그 외 다른 혜택 프로그램을 소개하면 다음과 같다.

- *필수/고정 혜택(Required/Statutory Benefits):* FICA(사회보장공제), unemployment taxes, 급여와 기타 제반 급여에 관련된 세금 등 고용주가 고용인을 위해 내어주는 기타 세금을 포함한다. 고용인들은 종종 고용주가 이러한 혜택을 제공하고 있다는 사실을 알지 못하지만, 이러한 것들은 회사 전체적인 노동비용에 포함된다.
- *복지 혜택(Welfare Benefits):* 이것은 근로자와 그 가족들의 복지를 위한 것이다. 여기에는 의료, 치아, 안과 치료, 장기적인 상해와 생명보험이 포함된다.
- *퇴직연금 혜택(Retirement Benefits):* 퇴직연금은 근로자가 일을 그만둔 후에도 지속적인 수입이 제공된다. Pension Plan과 401(k)와 같은 다양한 종류의 연금계획이 있다. 일부 퇴직연금은 연금 수령 일정과 연금 수령을 위한 일정기간의 근무 연수에 대한 규정 등이 있는 경우도 있다.
- 추가적으로 휴가, 병가 그리고 공휴일 같은 경우에 유급 휴가를 지원한다.

비록 그들이 그렇게 할 법적인 의무가 없다고 하더라도 대부분의 회사들은 유능한 직원을 유입하고 유지하기 위하여 복지, 퇴직연금 그리고 유급휴가 등의 기초적인 혜택을 제공하고 있다. 그러므로 기본적인 혜택 패키지는 의료보험과 생명보험, 유급휴가, 그리고 퇴직연금 저축 등이다. 이러한 혜택을 제공하기 위한 비용은 고용주가 모두 지불하거나, 피고용인들과 적절하게 배분할 수도 있다.

건축회사에서는 치아, 안과, 장기적 또는 단기적 장애, pretax premium plans, 건강관리 그리고 자녀를 돌보는 비용과 401(k)와 같은 연금계획을 포함한 것이 일반화되어 가고 있는 추세이다. 여기에 자녀교육비, 출퇴근 교통비, 탁아서비스, 고용인 지원 프로그램(EAPs) 그리고 기타 여러 가지 혜택을 제공하기도 한다. 소수이기는 하지만 일부 회사에서는 직원들에게 우리사주주식(ESOP)을 배당하여 향후에는 그것을 현금화시킬 수도 있게 배려하고 있다. 또한 일부 회사는 주식 보너스를 제공하거나 한정된 직원에 대해서 주식 옵션을 제공하는 경우도 있다.

지난 십여 년 동안 유급휴가에 대한 관심은 지속적으로 증가해 왔다. 맞벌이 가족이 늘어감에 따라 레저활동에 대한 관심이 증가했으며(융통성 있는 스케줄들과 재택근무뿐만 아니라) 유급휴가가 많은 직원들에게 주 관심이 되었다. 전형적인 유급휴가는 휴가, 병가, 그리고 공휴일을 포함한다. 배심원참석, 상제, 여타 다른 형식의 유급휴가가 주어지기도 한다. 일부 회사는 모든 유급휴가를 하나로 통합하는 유급휴가 저축제도를 만들어서 각 직원의 필요에 따라 활용하도록 허용하기도 한다. 비록 유급휴가가 법률로 지켜져야만 하는 사항은 아니지만, 만약 회사가 그것들을 제공한다면 근로자의 근무시간과 연관된 지방정부, 주정부 그리고 연방정부의 법적 사항에 따라 관리되어야 한다. 예를 들어 가족과 의료휴가 법(the Family and Medical Leave Act)에 따르면, 일정한 규모 그리고 일정한 상황에 따라 고용주는 근로자에게 휴가를 허용하여야 하고, 직원들이 누적된 유급휴가를 사용할 수 있도록 하여야 한다.

몇몇 회사들은 직원들의 다양한 요구에 부응하기 위하여 각자에게 맞는 혜택 옵션을 선택할 수 있게 하기도 한다. 기본적으로 직원들에게 금액으로 환산한 일정한 혜택을 지급하고 직원들은 자기의 필요에 따라 더 연장된 휴가기간, 더 나은 의료보험, 육아서비스 등과 같은 혜택을 구입할 수 있게 한다. 이런 유연성 있는 옵션은 직원들에게 혜택의 가치에 대한 인식을 극대화시킬 수 있다. 이 프로그램은 관리하기가 복잡하고 어려운 부분이 있기 때문에 일반적으로 큰 규모의 회사에서 실행하고 있다.

다른 종류의 혜택으로는 전문면허를 유지하기 위한 비용 제공, 사내 또는 외부의 전문교육 제공, 컨퍼런스나 세미나에 참석하는데 드는 비용과 유급처리 등을 들 수 있다.

몇몇 회사들은 직원들이 받는 혜택 부분을 금액으로 환산하여 알려주기도 한다. 그들은 저축, 주식 혹은 연금의 가치를 정기적으로 보고서형태로 알려주기도 하고 직원들을 대신하여 회사가 지급하고 있는 상황을 알려주기도 한다.

직원을 위한 혜택 프로그램은 해가 지남에 따라 지속적으로 그 종류와 수에서 복잡해졌고 또한 정부의 규제도 증가되어 왔다. 단체 연금 계획을 관장하는 법령과 규칙이 있고, 고소득의 직원이나 고용주의 이익을 우선하는 차별을 금지하고 있다. 처음으로 혜택 패키지를 만들고자 할 때는 혜택 프로그램에 대한 자료를 조사하고 유사한 업종의 회사에서 제공하고 있는 수준을 파악하며 전문 컨설턴트의 자문을 받아보는 것이 좋다. 혜택 프로그램을 지속적으로 유지하고 관리하는 것에는 시간적인 소모가 많기 때문에 이러한 것을 계획할 당시 사전에 고려하여야만 한다.

일단 계획이 수립되면, 이후에 정기적이고 지속적인 검토를 통해서 변하는 규제사항에 부합하는지, 회사의 철학과 사내 분위기와 일치하는지 그리고 대부분의 직원의 요구를 만족시키고 있는지의 여부를 관리하는 것이 중요하다.

8.3 퇴직, 정리해고, 실적 사항

Laurie Dreyer-Hadley, Kathleen C.Maurel, Assoc. AIA, and Jennifer L.Taylor

직원 이탈은 모든 건축회사의 현실이다. 이탈 발생사유가 무엇이든지간에 이 상황을 잘 조정하는 것은 프로의 특징이다.

지도와 개발에 대한 노력에도 불구하고, 일부 직원들은 단순히 회사에 적합하지 않으며 그러한 경우 그들의 고용은 종결되어야 한다. 다른 사람들은 개인적인 이유 때문에 은퇴하거나 떠나기를 결정할지도 모른다. 또한 회사는 비기능직과 관련된 일 때문에 다른 사람을 위한 누군가의 고용을 종결하기 위한 결정을 해야 할지도 모른다. 오랜 기간에 걸쳐 직업 환경은 변화하고, 건설 산업은 직원의 필요성에 대한 변동을 야기하며 그로 인한 팽창과 수축의 순환으로 결과적으로 해고가 불가피한 경우가 있다. 고용 종결을 위한 이유는 매우 많으며 회사의 조정 능력을 벗어나는 경우가 다반사 이다. 그러나 높이 평가되는 직원이 어떠한 이유에서든지 회사를 떠나는 경우에 그에 대한 충격은 간과될 수 없다.

자발적인 퇴직

회사가 직원에게 한 투자는 양쪽 입장에서 고려되어야 한다. 만약에 퇴직을 생각하고 있다면, 그동안 회사에서 자기를 포함하여 직원들에게 투자한 것을 고려하여 옳은 결정을 하고 있는지 다시 생각해봐야 한다.

우수한 직원의 퇴직은 타격이 클 수 있다. 좋은 결과를 유도하기 위해 최선의 노력을 기울여야 한다. 규모가 큰 대도시라 할지라도 건축에 관련된 연관관계는 상호 상당히 밀접하다. 오늘의 불만족스러운 직원은 내일의 건축주 대리인으로서 나타날 수 있다.

일반적으로 직원이 퇴직하기 2주 전에 퇴직 의사를 밝히는 것이 관례이다. 때때로 프로젝트의 연속성을 고려해서 임원들과 더 오랜 기간을 협상하는 것이 가능하다. 일반적으로 회사를 사임하기로 결정한 사람은 붙잡지 않는 것이 좋다. 향후 돌아갈 가능성을 고려하면 문을 열어두는 것이 더 바람직하다. 상황에 따라서 회사에 불만족한 직원에게는 퇴직의 유효한 날짜보다 먼저 떠나는 것을 허용하여 그에 대한 시간을 버는 것이 오히려 바람직하다. 그 이유는 불만을 가지고 있는 직원들은 잔류하는 기간동안 회사의 분위기를 저해하며 비생산적일 수 있기 때문이다.

관리부서는 직원이 회사를 떠나기 전에 업무 종료 면담을 실행하여야 한다. 면담의 목적은 사람들의 업무 경험에 대한 해당 직원의 견해를 얻기 위해서이다. 이 면담은 퇴직하는 직원의 일상 업무와 관련이 없는 객관적인 입장을 취할 수 있는 사람이 하여야 한다. 면담자는 주의 깊게, 공평하게, 회사를 옹호하려 하지 말고 의견을 경청

라우레 드레여-핸들리(Laurie Dreyer-Hadley)는 Gensler사의 인사 담당 부사장으로서 회사의 모든 인사 관련 사항을 책임지고 있다. **캐서린 마우렐**(Kathleen Maurel)은 시애틀에 소재한 국제적인 건축설계회사인 Callison Architecture의 인사담당 책임자이다. **제니퍼 타일로**((Jennifer L. Taylor)는 NBBJ 건축설계회사의 오하이오주 콜롬비아 지사의 인사담당 관리자이다.

하여야 한다. 이러한 면담에서 회사 운영에 많은 도움이 되는 의견을 얻을 수 있다.

해고

고용인을 해고하는 것은 때때로 인사문제를 해결하는 유일한 방책일 수 있다. 해고는 중대한 과오를 범한 경우가 아니면, 이미 업무 실행의 개선에 실패한 경우에 있을 결과를 통보하고 지속적인 평가 결과를 받아 온 직원에게 급작스런 통보로 전달되어서는 안 된다.

직원을 해고하는 좋은 방법이란 있을 수 없지만 이에 대한 협의가 이루어지기 전에 사전 계획이 있어야 한다. 이 협의는 해당 직원, 상관 그리고 관리와 인사부서 담당자 사이에 사적으로 이루어져야 한다. 이전 업무에 대한 기록을 검토하고, 해고에 대한 명백하고 객관적인 이유를 설명해줘야 한다. '자의' 에 의한 고용을 기준으로 하는 회사는 해고에 대하여 정당성 사유를 제출하여야 하는 것은 아니지만 해고를 결정하게 된 근본적 이유를 설명하여 주는 것이 좋다. 이에 대한 반응은 해명에서 비난까지 다양하게 나타난다. 비록 해고된 직원이 화를 내고 흥분할지라도 경영자는 차분함을 유지해야 한다.

대부분의 경우에 해고된 직원은 즉시 회사에서 내보내야 한다. 모든 문서서류(예를 들어 보험관련 서식, 연금의 해지 그리고 향후 연락처)에 해당 직원이 서명할 수 있도록 준비하여야 한다. 회사의 열쇠를 회수하고 소프트웨어와 보관서류의 접근을 제한하며 컴퓨터와 다른 접근 코드를 변경하여야 한다. 어떤 경우에는 회사 물건을 자기 소유로 하기 위해 같이 해임된 고용인을 데려오기도 한다.

일부 주정부는 마지막 급여 지급에 대하여 엄격히 시간을 제한하고 있다. 1986년에 제정된 통합예산조정에 관한 조례(The Consolidated Omnibus Budget Reconciliation Act, COBRA)는 해고직원과 가족 모두에게 회사는 주어진 기간동안 그룹건강수당을 계속 지급할 것을 요구하고 있다.

경영자나 임원의 해고는 또 다른 면에서 충격을 준다. 그런 경우 공고함으로써 해고를 알리는 것이 일반적인 경우가 되었다. 이것은 회사뿐 아니라 개인의 진실성에 대한 체면을 살리는 기술이다. 왜냐하면 대개의 경우, 그 회사와 해당임원은 회사를 떠나는 것이 회사와 개인 상호에게 가장 좋은 방책이라고 이미 동의한 상태이기 때문이다. 어떠한 사유를 공지할 것인지는 상호 동의되어야 한다.

소유권 명의 변경, 책임, 진행 중인 일에 신용, 복지, 종료 급여 및 다른 규정들에 대하여 명확한 동의가 이루어져야 한다. 어떤 식이든 상호 타협은 꼭 필요한데 이것은 적격한 제3자에 의해 조율될 수도 있다. 모든 분리 합의는 문서화되어야 하며, 법적인 검토를 병행하는 것이 바람직하다. 이 전체 과정은 어느 정도의 시간을 소요하는데, 무리 없이 전환하기 위해서는 3개월 정도 또는 그 이상 걸리기도 한다.

이직률은 해당 연도의 퇴직건수를 평균 직원수로 나누어서 100을 곱한 수이다.

직원모집과 채용(8.2)에서 독립적 계약자와 일반 직원을 구분하는 20개항의 문답 참조

퇴직사유에 따라서 퇴직한 직원은 실업자 보험의 혜택을 받을 수 있다. 주정부마다 다르기는 하지만, 일반적으로 귀책사유에 의하지 않은 자발적인 퇴직인 경우에는 이러한 혜택을 받을 수 없거나 장기간의 유예기간을 거쳐야 한다. 그렇지 않고 혜택을 받을 수 있는 경우에는 청구가 들어올 때마다 회사 보조금에 대한 지출이 증가하게 된다.

정리해고

더딘 경제의 순환은 건축관련 산업의 일부이다. 설계와 건설시장의 파동은 때때로 회사로 하여금 규모를 축소할 수밖에 없는 상황을 만든다. 예상되는 수입을 면밀히 검토하여 보면 그 회사가 자체적으로 지원할 수 있는 급여의 수준이나 직원의 수를 예측할 수 있다. 더 큰 어려움은 다음 사항을 결정하는 것이다. 여기에 정리해고를 비켜갈 수 있는 몇 가지 기본적인 조치가 열거되어 있다.

- 교체가 발생하지 않는 한, 자연적인 감소를 허용한다.
- 시간외 수당을 삭제한다.
- 프로젝트 착수 날짜와 계획 사업 스케줄을 앞당긴다.
- 직원의 휴가는 덜 바쁜 기간에 허용하거나 요구하도록 하여라. 즉 자발적인 휴직을 권장한다.
- 용역비 청구를 최대화하기 위하여 프로젝트를 조절한다.
- 사무공간을 전대하거나, 일시적으로 상여금을 줄이고, 일반관리비를 긴축하여 가능한 비용을 절감하는 방안을 강구한다.

소유권의 변화도(5.4)에서 회사의 전략적 축소 참조

경제적 불황기에 직원과의 의사 교류는 매우 중요하다. 비용 절감을 실행할 때, 이 전략의 취지를 직원들에게 공개하여 정직하게 알려줘야 한다. 이런 것을 간과하면 쓸데없는 소문에 휩싸이게 된다. 그로 인하여 회사는 남아있기를 원하는 재능 있고 좋은 직원들을 잃을 수도 있다. 때로는 직원들이 비용 절감의 노력에 대하여 좋은 아이디어를 제안할 수도 있다.

만약 이 조치가 성공적이지 못하다면, 모든 직원을 유지하기 위하여 몇 가지 차선책이 있다. 다른 건축회사에 직원들을 일정 기간 동안 임대할 수 있는지 알아보는 방법이다. 회사의 경영자부터 시작하여 임원, 간부 그리고 직원 순으로 급여를 삭감하는 것을 고려할 수도 있다. 또 다른 대안은 프로젝트에 필요한 시간만큼만 일하도록 근무시간을 줄이는 것이다.

만약 정리해고가 불가피하다면 경영자는 임시 해고할 직원을 선별하는 작업을 진행하여야 한다. 이것은 작업에 필요한 기능, 연공서열(맨 나중에 입사한 사람이 제일 먼저 나간다.) 그리고 실적을 기반으로 이루어질 수 있다. 만약에 실적이 선별 기준이 된다면 모든 직원들이 공평하게 평가받을 것에 유의하여야 한다. 문서화된 실적 평가 또는 제반 평가 기준을 만들어서 이러한 결정을 내리는 것이 좋다. 정리해고를 할 직원을 선별하는 데 일정한 과정을 사용한다면, 이후에 불합리한 해고에 대한 소송을 미연에 방지할 수 있다. 정리해고를 하여야만 하는 회사가 "고용의 평등 원칙" 에 기초하여 인사 관리를 하는 경우에는 보호 대상이 되는 여성근로자와 소수민족에 속하는 직원의 해고가 부차적인 영향을 미칠 수 있다는 것을 인지하고 있어야 한다.

퇴직수당

퇴직수당은 절대적으로 요구되는 것은 아니지만, 직원을 정리해고할 때 일반적으로 행하여지고 있다. 퇴직수당의 수준은 회사마다 다를 수 있는데 일례로 근속 연수에 따라 1년당 1주일의 수당을 지급하는 것으로 계산하기도 한다. 또한 퇴직수당은 회사와 직원이 함께 상호 퇴직에 동의한 경우에도 사용된다. 이것은 긴장된 시간을 진정시킬 수 있고, 이전 직원이 다른 앞길을 찾아 나가도록 도움을 줄 수 있다. 회사가 공식적으로 퇴직수당 정책을 가지고 있는 것은 권장되지 않는다. 다만 필요한 경우에 한하여 이것에 대한 방침을 정해 놓으면 된다. 정책적이고 표준적인 퇴직수당의 지침을 가지고 있으면 그것을 1974년에 제정된 Employment Retirement Income Security Act에 준해서 직원의 후생복지계획으로 공식 문서화시켜야 한다.

은퇴

경력 초기에 은퇴는 먼 훗날의 일처럼 보인다. 하지만 조만간 그 날이 올 것이다.
은퇴는 많은 사람에게 복잡한 결정사항이다. 전문직의 관점에서 봤을 때, 동기부여와 성취에 대한 문제가 있다. 개인적인 관점에서 봤을 때, 개인적인 활력과 성취도에 대한 문제가 있다. 경제적인 측면에서 봤을 때, 비용과 수익에 대한 문제가 있다. 또한 회사의 요구와 요망사항 또한 고려되어야 한다.

고용의 연령차별 금지법은 고용인이 임의로 정년을 제한하는 것을 금지하고 있다.

만약 고용인이 은퇴하기를 원한다면, 그 회사는 이 변화를 순조롭게 도와줘야 할 것이다. 어떤 연금계획 아래 얼마만큼의 수입을 기대할 수 있는지를 산출하여 보거나 또는 회사 내 업무의 인수인계와 전문적 기술을 어떻게 전수할 것인가에 대하여 충분한 시간을 가지고 조율하는 것이 바람직하다. 독자적인 개인사업이나 두세 명의 경영자가 운영하는 회사에 있어서 이들의 은퇴는 그 회사가 폐업되거나 또는 매각될 가능성을 의미한다. 물론 이러한 경우, 은퇴 이전에 오랜 기간에 걸쳐 사전에 전반적인 전환이 이루어진다.

대부분의 건축가는 공식적으로 은퇴하지 않는다. 그것은 독자적인 경영자이기 때문이며 요구되는 상황에서 전문적인 서비스를 제공한다. 이러한 경우, 대부분 작은 프로젝트를 맡거나 흥미 있는 분야나 특정한 역할을 찾는다. 즉 무료자원봉사 프로젝트, 전문적인 공공사업에 관한 일, 전문적인 기술 검증, 또는 전문 분야의 상담 등이 그러한 일들이다.

업무행위 문제의 제기

커다란 손실을 야기하는 행동을 제외하고 직원의 해고는 마지막 단계의 해결책이다. 직원은 하룻밤 사이에 근무에 대한 문제를 야기하는 것이 아니며 또한 이에 대한 해고를 고려하기 전에 이를 정정하고 올바르게 고쳐 나갈 수 있는 기회를 주어야 한다.

어느 누구도 대립을 피하려고 하는 자연스러운 습성이 있다. 하지만 회사의 관리를 책임지고 있는 사람이라면 좋은 것이건 나쁜 것이건 간에 이러한 업무의 행위에 대하여 관리를 하여야만 한다. 문제가 되는 행위를 간과하고 넘어간다면 직원들에게 기준에 못 미치는 행위가 허용될 수도 있다는 것을 시사하는 것이다. 또한 직원은 스스로 문제가 있다는 것을 모를 수도 있으므로 그들에게 지적을 한다면 오히려 문제는 쉽게 고쳐질 수도 있다. 이것은 결국 장기적인 측면에서 회사의 이직률에 대한 비용을 절감하게 된다.

처음으로 문제되는 행위가 발생하였을 때, 관리자는 실증적인 증거를 포착하여 해당 직원과 논의하여야 한다. 관리자는 해당하는 문제를 제기하고, 직원의 의견을 경청하며, 직원에게 거는 기대를 확실하게 상기시킬 수 있다. 관리자는 이와 관련된 토의를 문서로 남겨놓아야 한다. 그 문제가 지속되거나 재발하면 이때 사전에 문제를 명시하고 정정하여 줄 것을 요구하는 메모와 함께 다시 한번 그에 대한 논의를 할 수 있다. 이때 사용되는 문서는 다음과 같은 내용을 포함한다. 즉 어떠한 부분의 업무 수행이 부족한 것인가, 그러한 직원을 보조하기 위하여 어떠한 조치가 취해졌는가, 이전 토론 날짜, 어떠한 기대를 하고 있는가, 실질적인 변화가 일어날 수 있는 시간적인 기간 그리고 이에 부응하지 못했을 때 발생할 수 있는 결과 등이다. 관리자는 인사관리지침에 따라서 이에 대한 지도와 규칙적인 절차를 따라야 한다. 모든 직원이 동등하게 관리되는 것에 근거하여 행위를 지적받은 모든 직원은 개인기록에 이에 대한 기록이 남는 것이지 그 자체가 해고될 운명에 처해 있다는 것을 의미하는 것은 아니다. 해당 직원에게 동의의 뜻이 아닌 단지 내용에 대한 증명으로 서명을 받아 놓는 것이 바람직하다.

업무행위 개선을 위한 지도

혹시 있을지 모르는 법적 소송을 피하기 위하여, 고용인으로서 모든 직원을 공평하게 대우해야 한다는 것을 명심하여야 한다. 특히 보호대상이 되는 직원들에 대하여 일반직원과 차별이 없어야 한다. 해고된 직원이 고용인을 상대로 소송하는 비율은 상대적으로 낮을지라도, 소송이 발생한 경우에 그들이 소송에서 이기는 경우가 많다.

다음의 다섯 단계는 문제 직원의 근무 수행능력의 개선을 돕기 위해 지도할 때 수반되어야 한다.

- 문제가 되는 행위를 분명하게 설명하여야 한다.
- 그 문제나 상황에 대한 직원의 관점을 요청한다.
- 해결을 위한 방책을 직원에게 요구한다.
- 그 문제를 해결하고 일을 수행하기 위한 실행계획을 협상하고 상호 동의한다.
- 향후 진행 과정을 검토할 시간을 정한다.

무언가 잘못됐을 때, 그 문제를 해결하고 다음번에 더 잘 할 수 있도록 하는 것에 집중하여야 한다. 비판하는 것만이 능사는 아니다. 지도의 목적은 문제를 해결하고, 일의 수행과 결과를 개선시키고, 근무 관계를 개선시키고, 전문적인 개발을 도와주는 것이다. 즉 벌주기 위해서, 모욕하기 위해서, 왜곡시키기 위해서가 아니다.

직원 문제에 대한 대응	
제기된 문제점	**가능한 해결책**
업무수행에 갑작스러운 저해요소 (이혼, 자녀 질병과 같은 외적 요인)	일상적인 대화, 근로자 지원 프로그램(EAP) 또는 다른 외부 상담을 권유, 일시적으로 수행 업무 전환, 문제가 종결될 때까지 인내
기술 연마와 경험 부족	서적, 강의, 교육을 권유, 방법을 가르쳐 주고 익숙할 때까지 경험토록 지도
행동, 성격 문제	고치기 어려움, 근로자 지원 프로그램(EPA) 권유, 일에 미치는 영향에 집중, 심리분석 지양
동기 결여	인센티브 변경, 업무 구조나 과제를 변경
지적 능력 결여	업무 과제의 변경

지도에 관한 조언(Coaching Tips). 지도하는 역할을 맡았을 때, 정중하고 공손하여야 한다. 적극적으로 듣고, 효과적으로 의사소통하고, 그 직원과 당신 사이에 오가는 언어로 표현되지 않는 신호에 주의를 기울여라. 속단하는 것을 피하고, 그들을 대신해서 문제를 해결하려고 하기보다는 오히려 그 직원이 스스로 문제를 해결하는 것에 초점을 맞춰라. 새로운 정보에 열려있으나 가능하면 협상하고 필요하면 단호해야 한다. 비록 당신과 의견이 맞지 않더라도 합의를 유도하는 것이 바람직하다. 당신의 약속을 지키고 차기 검토에 대한 계획을 세우고 그것을 확실히 지켜라. 직원과 오고간 메모와 기록을 문서화시켜야 한다. 결국 이에 대한 성공 또는 지속되는 문제에 대하여 결정적인 통보를 하는 것은 당신에게 달려있다.

part 3

프로젝트 수행

전문 서비스 제공은 프로젝트별 특성에 적합한 프로세스를 기반으로 추진된다. 프로젝트 수행 프로세스와 관련하여 조직 구조 및 계약 조건, 보수, 프로젝트 위기 관리, 적정 기술 및 정보 시스템 활용, 자원의 운영과 관리 문제가 있다. 전문 서비스 제공 과업은 법적 · 윤리적 한계와 조건을 감안하여 수행된다.

제9장 프로젝트 수행 방법과 보수

9.1 프로젝트 수행 방법

Philip G. Bernstein, FAIA

건축 프로젝트 수행 방법을 결정할 때는 두 가지 중요한 사항을 고려해야 한다. 개발 및 건설 과정에서 건축주와 건축가, 시공자가 담당하는 각각의 역할은 무엇인가? 어떤 변수(비용, 일정, 품질, 리스크, 고객의 역량)가 선택의 핵심 요소인가?

설계 및 건설 과정에서 수많은 사람이 참여하여 내리는 복잡한 의사 결정의 결과로 하나의 건물이 완성된다. 누군가는 이 과정에 참여하는 사람들의 핵심 역할을 규정하고 업무를 조정하며 프로젝트 수행 과정을 관리해야 한다. 프로젝트 초기 단계부터 끝날 때까지 깊게 관여하는 건축가가 일반적으로 이 역할을 맡는다. 건축주는 프로젝트 수행과 관련하여 건축가의 전문성에 의존하며, 건축가에게 가장 좋은 프로젝트 수행 방법을 묻기도 한다. 그러므로 성공적인 건축을 위해서는 다양한 프로젝트 수행 방법을 이해할 필요가 있다.

프로젝트 수행 방법(project delivery methods)은 기본적으로 건설 주체의 역할이 변화함에 따라 발전해 왔다. 시공자(contractor), 종합건설업체(general contractor, GC), 건설관리자(construction manager), 설계-시공 일괄 사업자(designer-builder) 등 건설 주체의 역할과 책임은 프로젝트 수행 방식에 따라 큰 차이를 보인다. 설계 및 건설 업계에서 프로젝트 수행 방식이 이렇게 다양하게 발전한 시기는 1970년대 말의 신용 경색 사태 이후였다. 이 시기에 차입금의 금융비용이 크게 상승했으며, 그에 따라 기존의 건설 일정을 대폭적으로 단축시킬 필요가 생겼다.

필립 번스타인(Philip G. Bernstein)은 Autodesk, Inc의. AECMG(Architecture/Engineering/Construction Market Group) 부사장이다. 코네티컷주 뉴헤이븐에 위치한 Cesar Pelli & Associates에서 근무했었다. 예일대학교 건축과에서 강의도 맡고 있다. 또한 프로젝트 관리, 기술, 현장 실무를 주제로 글을 쓰고 강연도 한다.

"건축주/고객, 건축가, 엔지니어, 시공자 모두 전통적인 설계-입찰-시공방식의 프로젝트 수행에 익숙해져 있다. 하지만 최근 들어 이 방식에 의한 프로젝트 성과물에 불만을 나타내는 경향이 증가하고 있다. 무엇이 문제인가? 프로세스 자체가 문제인가? 참여업체의 전문 지식이 부족한가? 건축주의 가치와 기대 수준이 바뀌었기 때문인가? 외부 비즈니스 환경이 바뀌었기 때문인가? 아니면 이 모든 것이 문제인가?"

Gordon Chong, AIACC Handbook on Project Delivery (1996)

1970년대 후반까지 대부분의 프로젝트는 "전통적인 수행 방식(traditional delivery approach)"으로 추진되었다. 현재는 "설계-입찰-시공방식(design-bid-build)"이라고 불리는 이 방법은 프로젝트 참여자에게 명확한 역할을 부여했다. 건축주는 설계 업무를 담당하는 건축업체를 선정하여 보수를 지불했다. 또한 일련의 계약 문서를 작성하여 경쟁 입찰을 추진하고, 시공자는 하도급업체를 동원하여 입찰에 참여했다. 최저 입찰가 방식으로 낙찰자를 선정했다.

한때 유일한 프로젝트 수행 방법이었던 "설계-입찰-시공방식"은 이제 설계업체, 건축주, 건설업체의 역할과 책임이 조금 다른 다양한 변형 형태로 발전했다. 1970년대 후반에 금리가 상승하면서 프로젝트를 더욱 빨리 추진할 필요가 있었으며, 그에 따라 단일 건설 프로세스는 사라졌다. 대신 구성 부분별로 설계가 끝나면 입찰을 받아 진행하는 복잡한 방식의 프로세스가 등장했다. 이에 따라 현장에서는 한 프로젝트를 구성하는 여러 부분이 동시다발적으로 진행된다. 이에 따라 종합건설업체는 복잡하게 변한 프로젝트의 관리를 맡는 건설관리자(construction manager)가 되었다.

1980년대의 배상 책임 사태(liability crisis)는 건축가로 하여금 현장의 책임을 회피하게 만들었고, 시공자는 새로운 리스크 부담을 떠맡게 되었다. 대부분의 시공자는 전체 설계-건설 비용 가운데 더 많은 부분을 차지하는 대신에 그런 책임을 기꺼이 떠맡았다. 프로젝트가 복잡해지고 실패에 따른 위험성도 더 커짐에 따라, 건축주는 설계 과정에서 심도 깊은 조언을 요구했지만 건축가는 그런 조언을 제공하길 꺼렸다. 심지어 그럴 능력이 없는 곳도 있었다. 건축가와 시공자와의 분쟁이 법원까지 가서 치열하게 다투는 상황이 발생하자, 건축주는 설계와 건설 책임을 한 곳에 통합시킬 수 있는 방안을 찾기 시작했다. 건설 작업 중에도 계속 운영되어야 하는 병원이나 공항 같은 곳의 리모델링 사업 등 대규모 건설 프로젝트는 건축가의 역량이나 관심 분야를 넘어서는 정교한 관리 및 기획 능력을 필요로 했다. 이에 따라 전문 프로그램 매니저(professional program manager)라는 새로운 역할이 생겨났다. 20년 전에 비해 오늘날의 프로젝트는 더 빨리 진행되고 많은 위험이 있으며 훨씬 많은 사람이 참여한다.

위기 관리 전략(11.1)에서 위험 최소화를 위한 건축가의 전략을 설명한다.

프로젝트 수행 프로세스의 참여자

어떤 식으로 관계를 맺고 있든지, 모든 프로젝트의 필수 3대 참여자는 건축주(owner), 건축가(architect), 시공자(contractor)이다. 각각의 역할과 전문 분야, 기대 사항을 정리하면 다음과 같다.

건축주(또는 의뢰인)는 건설 사업을 시작하며, 결국에는 완성된 건물의 소유주 또는 운영자가 된다. 건축주라 함은 설계 프로젝트를 개시한 개인, 조직, 또는 기타 단체를 의미한다. 프로젝트 수행 측면에서 건축주는 건축가 및 시공자와 하나 이상의 계약을 체결하고 이들 참여업체에 보수를 지불한다. 또한 건축주는 건설비용의 지불 책임도 맡고 있다.

건축주의 설계 및 건설 관련 전문 지식의 수준은 큰 차이를 보이는데, 일반적으로 개인 또는 회사가 맡고 있는 프로젝트의 규모와 복잡성에 비례한다. 건축주는 일반적으로 다른 프로젝트 참여업체에게 폭넓은 기대를 갖고 있다.

건축가는 건축주를 대신하는 "대리인" 역할을 하면서 건축 전문 지식과 기술을 제공하여 프로젝트 전반의 설계 개념(design concept)을 창출하는 전문적 설계면허를 가진 사람을 의미한다. 프로젝트 수행 방법에 따라 건축가의 구체적인 역할은 큰 차이를 보이지만, 일반적으로 프로젝트 수행을 위해 설계, 문서 관리, 계약 관리를 담당한다. "건축가"는 개인일 수도 있고 회사일 수도 있으며, 설계 작업을 지원하고 뒷받침하는 엔지니어 등 컨설턴트도 포함된다. 프로젝트 수행 방법에 상관없이, 일반적으로 건축가는 설계 개념을 정리한 도서를 만들고, 이 도서를 바탕으로 시공자가 건물을 짓는다.

시공자는 실제로 건물을 짓는다. 일반적으로 시공자는 다양한 하도급업체, 공급업체, 제작업체로 구성되며, 이들은 건축가가 작성한 도서를 근거로 하여 설계 개념을 구체적으로 구현한다. 시공자는 설계 프로세스의 특정 단계에서 일정 금액으로 건설을 맡겠다고 합의하고 계약을 체결한다. 시공자를 선정하고 계약하는 순간과 시공자의 역할 및 책임에 따라 프로젝트 수행 방법이 크게 달라진다.

문서 파인더(부록 C)에서 AIA 문서를 유형별로 정리하여 설명한다. 또한 건축주와 건축가가 해당 프로젝트에 가장 적당한 문서를 찾는 데 도움이 되는 방법도 설명하고 있다.

변수

종전에는 프로젝트 수행 방법을 결정하는 데 가장 중요한 요소가 바로 건설비용이었으며, 대개는 최저 가격을 제출한 업체가 시공자로 선정되었다. 하지만 오늘날에는 다양한 변수가 프로젝트 수행 방법의 결정에 영향을 준다. 대표적인 것이 건설비용, 일정, 품질 수준, 리스크, 건축주의 역량이다.

건설비용. 건축주가 부담해야 할 건설비용은 설계 및 건설에 있어서 가장 중요한 요소라 할 수 있다. 건물을 짓는 데 많은 비용이 소요되며, 충분한 자금을 갖고 있는 건축주는 거의 없다. 예산이 정해져 있기 때문에 건축가와 시공자의 역할 및 책임을 명확히 규정할 수밖에 없다.

일정. 프로젝트가 언제까지 끝나야 하고, 건물을 언제부터 사용할 수 있어야 하는지 정해진 일정 또한 감안해야 한다. 건축주가 사업 목표를 감안해 정해진 일정에 맞춰야 하므로, 일정은 프로젝트 수행 방식을 결정하는 데 있어서 가장 중요한 요소 가운데 하나이다. 대표적인 사례가 학교 건설 프로젝트이다. 학사 일정이 고정되어 있으므로 여기에 맞추어 프로젝트가 진행되어야 한다. 금리가 높고 자금이 충분하지 못해 조금만 지체되어도 자금 부담이 크게 늘어나는 상황에서는, 일정을 정확히 맞추거나 그보다 더 빨리 끝내는 것이 매우 중요하다.

참고자료, 프로젝트 스케줄 관리(13.3)에서 각종 일정 수립 방법과 기법을 비교하며 설명한다.

건물 품질. 시스템, 마감 처리, 칸막이, 기타 요소의 품질 수준 또한 일정 및 건설비용 관련 의사결정과 직접적인 관계가 있다. 건축가는 일반적으로 프로젝트의 품질 수

준, 예산, 프로그램 사이의 관계를 명확히 규정해야 한다. 한 요소가 증가하면 다른 요소도 영향을 받아 바뀐다. 건축주가 건설비용을 아끼기 위해 낮은 품질 수준을 수용할 수도 있다. 아니면 더 빨리 프로젝트를 끝내기 위해 품질 수준을 낮게 잡기도 한다. 반대로 오랫동안 사용할 건축물(예, 공공건물)을 건설하는 프로젝트는 품질 기준이 매우 높을 수 있으며, 그에 따라 건설비용과 일정 역시 상향 조정해야 한다.

프로그램 관리

규모가 크고 복잡한 프로젝트는 많은 요소와 복잡한 프로세스로 구성된다. 예를 들면 새로운 공항 터미널 건설 프로젝트가 바로 그런 것이다. 기존 시설의 운영에 영향을 주지 않으면서, 그와 인접한 곳에 도로, 격납고, 활주로를 건설해야 한다. 이런 프로젝트를 추진하는 건축주는 프로젝트 관리자를 선임하여 프로젝트 전체를 감독하고 조정하게 하기도 한다. 프로젝트 관리자는 건축주의 이익을 대변하며 건축주의 프로젝트 목표를 달성하기 위해 활동한다. 이런 프로젝트 관리 서비스는 일반적으로 대규모 건설 관리 조직이 제공한다.

리스크. 건설 프로젝트에서 가장 관리하기 어려운 변수가 바로 리스크(risk, 또는 위험)이다. 프로젝트 참여업체는 프로젝트 진행 과정에서 발생하는 리스크를 축소하거나 없애기 위해 최선을 다해야 한다. 고려해야 할 중요한 리스크 요소는 다음과 같다.

- 건축주: 일정 및 예산 범위 이내에서 프로젝트 목표를 달성할 수 있는가?
- 건축가: 품질 기준, 건축주의 요구, 비용 범위 안에서 프로젝트를 추진할 수 있는가?
- 시공자: 계약서에 규정된 일정과 비용 범위 안에서 프로젝트를 완료할 수 있는가?

건축주의 역량. 건축주 조직의 내적인 역량도 건축주, 건축가, 시공자의 역할을 규정하는 데 상당한 영향을 준다. 건축주의 강점, 약점, 기타 문제점을 파악해야 한다. 이에 대한 인식은 설계, 문서 관리, 건설 관리, 운영 부분을 어느 수준까지 외주처리하며 프로젝트 참여업체 각각의 역할과 책임을 어떻게 규정할지 결정하는 데 영향을 준다.

프로젝트 수행 방법

건설비용, 일정, 품질 수준, 리스크 변수를 고려하여 프로젝트 참여업체의 책임과 관계를 설정하면서 프로젝트 수행 방법이 결정된다. 다음 사항을 검토하면 프로젝트 수행 방법을 정하는 데 도움이 될 것이다.

- 건축가의 역할. 건축가의 책임은 무엇이며 프로젝트를 구성하는 일련의 설계 및 건설 단계에 어떻게 적용할 것인가?
- 시공자의 역할. 시공 책임을 맡은 곳은 어디이며, 언제 시공자를 선정할 것인가?
- 건설비용 결정. 건축주와 시공자 사이에 언제 계약을 체결하고 실제 건설비용을 결정할 것인가?
- 설계 및 건설 계약의 건수와 유형. 설계 및 건설을 위해 체결해야 할 계약 건수는 얼마나 되는가?

시장 여건에 따라 프로젝트 수행 방법이 정해지기도 한다. 대규모 프로젝트는 작은 단위로 나누어 지역업체의 경쟁을 유도하는 방법이 바람직하다. 시간이 오래 걸리는 부분과 핵심적인 부분은 조기 집행(fast-tracking) 방식으로 하는 것이 좋다. 그래야 조기에 발주가 나갈 수 있다.

현재 설계 및 건설 시장에서 활용하고 있는 방식은 다양하며 새로운 방식도 계속 등장할 것이다. 하지만 일반적으로는 설계-입찰-시공방식(design-bid-build), 건설 관리방식(construction management, CM), 설계-시공방식(design-build) 등 3종류로 구분할 수 있다.

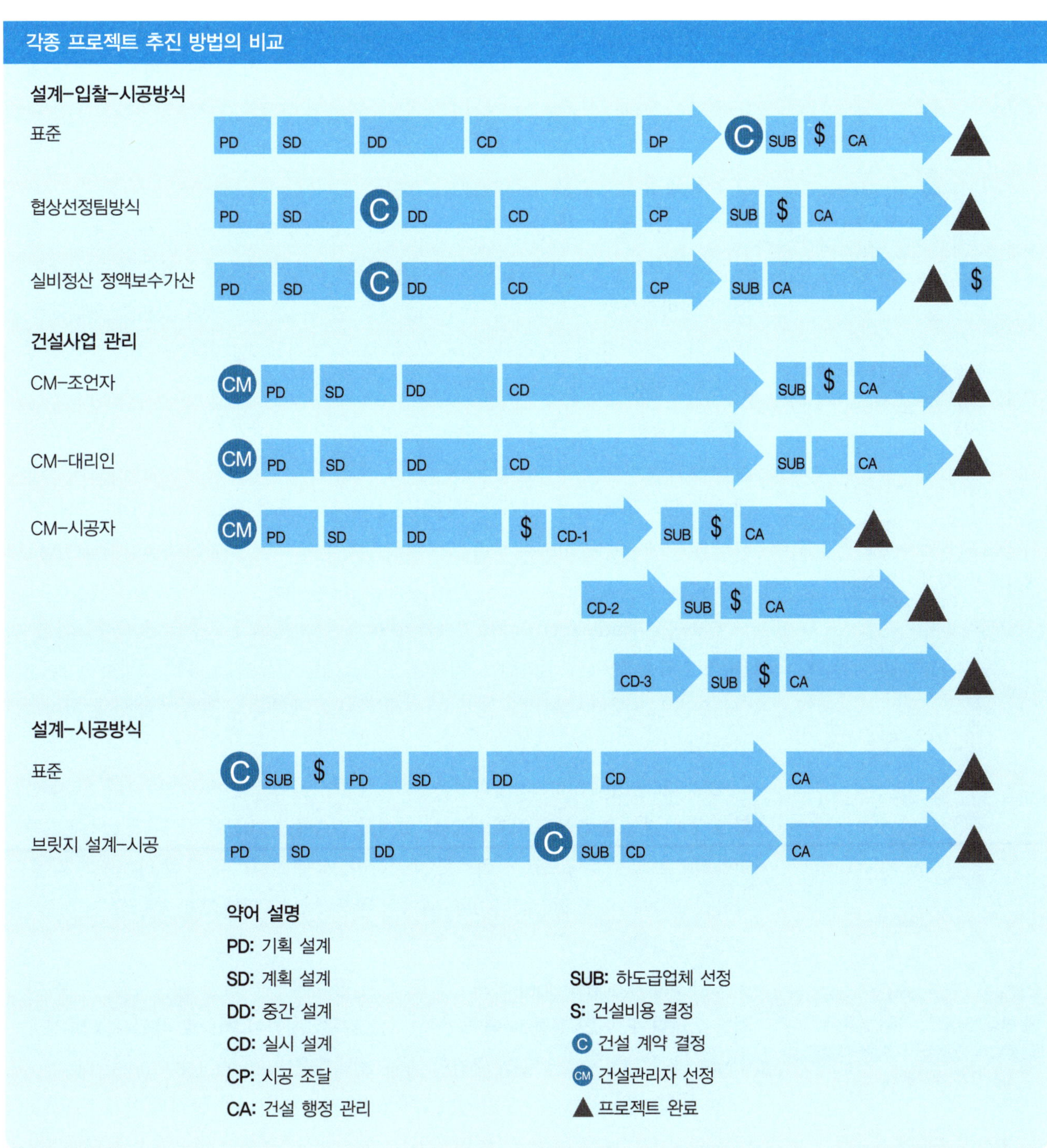

설계-입찰-시공방식(design-bid-build). 전통적인 방법이라고도 하는 이 방식은 직선형 설계 프로세스를 거치면서 시공자가 제출한 고정 금액 입찰(fixed price bid) 서류를 기초로 일련의 건설 계약을 체결한다. 설계-입찰-시공방식에서는 계약 문서에 규정된 기준에 부합하는 제안서와 함께 최저 가격을 제시한 시공자가 선정된다. 미국에서는 대부분의 프로젝트가 이 방식으로 추진되고 있다.

종합건설업체는 단일 계약서에 의거하여 건설 성과물과 서비스를 제공한다. 전문분야 시공자(speciality contra-ctor)와 공급업체(supplier)는 특정 제품, 공사, 기타 프로젝트 관련 부분을 수행한다. 전문 시공자는 종합건설업체와 하도급 계약을 맺는 경우가 종종 있으므로, 이들을 일반적으로 "하도급업체(sub)"라고 부른다.

건설 경영(17.6)에서 이 방식을 채택하는 이유와 관련 프로세스를 자세히 설명한다.

공사계약서(10.3)에서 최대공사비(GMP)와 기타 시공자 보수 지급 방식을 자세하게 다룬다.

AIA는 자문 역할의 CM과 시공자 역할의 CM 등 각종 건설 관리 프로젝트에 활용할 수 있는 다양한 표준 계약서를 발행한다.

법률에 의해 일부 설계-시공방식이 금지되기도 한다.

설계-입찰-시공방식의 한 변형으로 설계 프로세스 초기에 시공자를 선정하고 건설 문서 작성 이전에 계약 조건(경상비 및 이익) 일부를 결정하는 "협상 선정팀 방식(negotiated select team approach)"이 있다. 다음에 하도급업체를 선정하고 모든 문서가 완료되면 최종적으로 시공팀(contractor team)이 구성된다. 시공이 특히 어려운 부분을 이 방식으로 추진하면 빠르게 진행할 수 있다.

또한 실비정산 정액보수가산(cost plus fixed fee) 방식이 있다. 계약 체결과 함께 시공자가 선정되지만, (알 수 없는 요소로 인해) 업무 범위가 명확히 규정되지 않을 수 있다. 실비정산방식의 계약에 따라 시공자는 실제 건설비용과 인건비를 지급받는다. 또한 현장 업무 조정 비용도 받는다. 프로젝트가 조기에 완료되거나 예산 범위 안에서 종료되면 인센티브가 추가될 수 있다.

건설 경영방식(construction management, CM). 시공자가 설계 및 건설 과정에서 자문 역할과 기술적 역할을 모두 수행하기 때문에 이런 명칭이 붙여졌다. 건축주는 설계 초기 단계부터 건설 및 기술과 관련된 심도 깊은 조언을 요구하고 있다. 그리고 건설업계는 "건설경영"이라는 분야를 만들어 건축주의 이런 요구를 충족시키고 있다. 건설경영자(construction manager, CM)는 다음 3가지 역할 가운데 하나를 수행한다.

CM-조언자(advisor): CM-조언자는 설계 및 건설 프로세스에서 건설 가능성 및 비용 관리 관련 분야의 컨설턴트 역할을 한다. 건설 공사에는 직접 개입하지 않는다. CM-조언자는 여기에 설명된 방법 가운데 하나로 계약을 체결하여 컨설팅 서비스를 제공한다.

CM-대리인(agent): CM-대리인은 초기 컨설팅 서비스를 제공하며 건설 공사 이전 및 도중에 건설 업무의 조정과 정리에 있어서 건축주를 대신할 수 있다. CM-대리인은 일반적으로 고정 비용으로 서비스를 제공하며, 실제 건설비용 관련 리스크는 직접 부담하지 않는다. 비용 절감이나 비용 과다가 발생해도 그 혜택 또는 부담을 건축주에게 그대로 전가한다.

CM-시공자(constructor): 프로젝트 설계 단계에서는 시공자가 기술 · 비용 자문 역할을 하다가, 미리 정한 어떤 순간부터 프로젝트 시공자 역할로 바뀐다. CM-시공자(CMc) 방식으로 프로젝트를 추진할 때는 최대공사비(guaranteed maximum price, GMP)를 설정한다. CMc는 초기 설계 문서(일반적으로 마지막 단계의 설계 문서)를 토대로 일정 금액에 시공을 맡는다. 하지만 CMc 방식은 CM이 시공자이자 평가자라는 두 가지 역할을 맡는다는 문제가 있다. 설계 초기 단계의 결정 사항이 CM의 이후 시공비용(및 이익)에 직접적인 영향을 준다. 이런 방식을 고려하고 있는 건축주가 있다면 문제점도 함께 인식할 필요가 있다.

일반적으로 프로젝트가 복잡하고 일정과 비용 목표 달성이 중요하면, CM이 프로젝트의 핵심 역할을 맡는다. 프로젝트 성공에 있어서 CM의 역할이 더욱 강조되고 있으며, 현재 CM은 많은 대규모 건설 프로젝트에서 주도적인 역할을 맡고 있다.

설계-시공방식(design-build). 건축주가 설계 및 건설 업무 모두를 한 곳에 맡기려

할 때는 이 방법이 적합하다. 건축가와 시공자가 서로 상반된 입장에서 프로젝트를 추진하다가 수많은 분쟁과 마찰이 발생했던 경험이 있는 건축주가 새로운 방식을 모색했으며, 이 과정에서 설계-시공방식이 등장하게 되었다. 설계-시공방식에서는 한 곳에서 건축주를 위해 설계와 시공 서비스를 제공한다. 건축주와 건축-시공자 또는 설계-건설업체 사이에 하나의 계약서가 체결된다. 설계 서비스 비용과 건설비용을 모두 고정시켜 놓는다. 설계-시공방식에서는 설계-시공 팀의 역할과 책임을 명확히 규정한다.

설계-시공방식의 프로젝트에서 흥미로운 점은 건축주가 프로젝트 성과 및 품질 변수를 정하고 강제하는 메커니즘이다. 시공자와 별도로 건축주를 대리하는 대리인으로서 건축가가 이 역할을 담당한다. 설계-시공방식의 한 변형이 "브릿지 설계-시공(bridged design-build)" 방식이다. 이 방식은 개념 설계를 담당하는 "설계 건축가(design architect)"와 기술 기준을 정하고 건설 계약 문서를 만드는 "도서작성 건축가(production architect)" 모두를 포함하는 건축가팀(architect team)의 업무 방식을 차용하고 있다.

디자인-빌드(17.9)에서 이 방식을 살펴보고, 건축가가 수행할 수 있는 생산적인 역할을 설명한다.

브릿지 방식으로 하면 결국 건축가 두 곳이 참여한다. 첫 번째 건축가는 설계 건축가로서 예비 설계를 담당하고 최종 설계 문서가 충족시켜야 할 세부 기준을 정한다. 이렇게 완성된 개념과 설계 기준(설계 도면과 시방서를 바탕으로 함)을 토대로, 건축 및 시공 역량을 모두 갖춘 설계-시공팀 선정 작업에 들어간다.

설계-시공팀이 입찰에 참여하고 기술 문서와 건설비용 일체를 고려하여 가장 적당한 팀을 선정하는 단계가 바로 개념 설계(concept design)와 기술 설계(technical design)의 "브릿지(bridge)"에 해당된다. 설계 건축가는 건축주의 자문 역할을 계속 수행하면서, 앞서 정한 기준을 토대로 새로 작성되는 설계 문서와 건설 결과를 검토하고 평가한다. 설계-시공팀의 일원인 기술 건축가가 상세한 기술 문서를 작성한다. 이 방식은 전통적인 건축가-건축주 관계의 장점과 설계 건축가 참여에 따른 이점을 기대할 수 있으며, 설계-시공방식의 계약 책임을 단순화시킨다. 하지만 설계 및 건설 프로세스 전체에 걸쳐 건축가와 건축주 사이의 긴밀한 상호 관계가 필요한 프로젝트에는 적당하지 않을 수 있다. 설계팀의 일부가 시공자와 맺은 계약에 묶여 있기 때문이다.

다른 많은 전문가와 마찬가지로 건축가는 설계 및 시공 프로젝트의 기초를 이루는 수많은 복잡한 사항을 결정해야 한다. 프로젝트 수행 방법에 대하여 건축주에게 좋은 조언을 제공하려면, 건설 프로세스에 참여하는 업체들을 파악하고 그들의 역할을 이해해야 하며, 프로젝트 수행 방법의 선택에 영향을 주는 핵심 변수, 그리고 현재의 설계 및 건설 시장에서 활용 가능한 선택 범위를 파악해야 한다. 설계, 품질, 건설, 자금 조달, 일정 관리 방식이 구체화되면서 예상치 못한 새로운 방법이 등장할 가능성도 있다. 건설 프로젝트에서 중심 역할을 유지하려면, 건축가는 그 모든 방법을 이해하고 숙지하며 참여할 수 있어야 한다.

실제 계약 의무의 이행에 수반되는 법적 책임과 리스크를 감안하면 회사의 보험 가입 상태를 전반적으로 검토할 필요가 있다. 특수 보험 가입을 통해 모든 문제를 해결할 수도 있다.

프로젝트 추진 방법 평가 매트릭스

	전통적인 설계-시공방식	건설사업관리자(CM) 방식	CMAR(CM at-risk)방식 (multi-bid packs)	설계-시공방식	브릿지 방식
프로젝트 특성					
복잡성	중-저	중-고	고(가능성 있음) -다수의 입찰 절차	책임 통합의 주요인	고(가능성 높음), "브릿지" 전문성 필요
일정	합리적-주요 요소 아님	빡빡할 수 있음	공격적	통합팀으로 책임 전환	주요 동인일 수 있음
예산	일반적 중요도	중요도 높음-고정	중요도 높음, 고정 방식도 가능, GMP 가능	고정 방식 가능	일반적 중요도
프로그램 해결	원만한 해결	예비 설계 가능	주요 동인 아님	주요 동인 아님	주요 동인 아님. 에이전시사가 해결.
설계 품질	주요 동인 아님	복잡성에 의해 높은 수준의 품질 유도 가능	복잡성에 의해 높은 수준의 품질 유도 가능	주요 동인 아님	복잡성 때문에 높을 필요가 있음
건설 품질	보통	복잡성은 높은 수준의 품질 의미	복잡성은 높은 수준의 품질 의미	보통	복잡성은 높은 수준의 품질 의미
거래 구조					
보수	총액-모든 참여업체	서비스 보수 또는 총액	설계팀-표준 보수, CM-GMP	통합팀-총액, 설계 품질	설계 회사 모두 보수 확보, 일부 중첩 가능
계약서	사업주-건축가 및 사업주-시공업체	다수의 설계/GC; 하도급업체-입찰 또는 협상	B141CM 또는 변형 문서; 입찰 또는 협상	고정팀의 단일 연락 창구	다수의 설계 계약서
추진팀 구조					
필요 분야	일반적인 프로젝트 설계 및 시공팀	표준 설계팀 + CM	표준 설계팀 + CM	시공 및 설계 통합	범위/설계 회사-생산 회사 통제
필요 경험	중	다양한 경험 필요	복잡한 프로젝트: 높은 수준의 경험-전부	설계-시공 경험 필요	역할의 명확성 유지, 설계 중심, 설계 및 에이전트
책임 분배	시공 시 GC에 책임 집중	미해결-건축가와 CM이 분류해야 함	모호함-CM이 리스크를 안고 있으므로 다소 공격적임	사업주와의 단일 연락 창구	설계회사: 기술적, 생산
커뮤니케이션	전통적인 에이전트로서 건축가	에이전트로서 건축가: CM은 사업주의 대표자, GC는 컨설턴트	에이전트로서 건축가, CM은 시공업체 – "오픈북"	통합	프로젝트 비전을 생산 회사와 공유해야 함
법률/리스크 관리					
책임	표준	표준, CM의 존재가 리스크 확산?	CMAR, 하지만 설계팀이 더 많이 노출됨	단일 포인트: 1차 방어선-설계팀	생산 건축가로 전이
분쟁 해결	일반적인 ADR, 중재 소송(파트너링)	표준, 파트너링 가능	표준, 파트너링 가능	외부-표준; 내부-좋은 질문	외부-표준; 내부-좋은 질문
이해의 충돌	없음	CM이 사전 컨설턴트 역할, 이해의 충돌?	CM이 사전 컨설턴트 역할, 이해의 충돌?	설계팀 가능	가능-생산 회사가 GC와 연계된 경우
프로젝트 관리					
일정 관리	시공업체	CM	CM	사업주가 통합 설계-시공팀이 관리하기를 희망. 팀 내부 책임 분배 문제가 중요	GC
비용 관리	시공업체/건축가	CM, 설계팀과 협의	CM, 설계팀과 협의	CM, 설계팀과 협의	범위 설정 시에 정확한 비용 산출 필요, CA가 관리
품질 관리	건축가/시공업체	CM, 설계팀과 협의	CM, 설계팀과 협의	CM, 설계팀과 협의	설계-범위 규정, 생산-기술적 관리

GMP 방식의 건설 사업 관리

최근까지 최대공사비(guaranteed maximum price, GMP)는 부분적으로 완성된 설계 문서를 토대로 건축주와 CM-시공자가 합의한 건설비용을 의미했다. 설계 문서에 내재된 리스크도 감안하여 공사비를 설정한 것으로 이해되었다. 수많은 CM-기반 프로젝트는 이제 설계 프로세스에서 동일 시점에 GMP를 정하되, 건설 완료 시점까지 이를 유지하면서도 최종 비용에 대해서는 유연성을 갖고 대처한다. 건설 문서를 토대로 신중하게 계산하여 정한 GMP가 확정 금액이라고 주장할 수도 있다. 설계 단계 이후에 건설비용을 정할 때 이 용어에 대한 이해와 규정에 있어서 신중해야 한다.

《《《《《 추가적인 정보 》》》》》

AIA 캘리포니아 위원회, 설계전문 보험회사와 DPIC(Design Professionals Insurance Company)가 1996년에 출간한 **프로젝트 수행 핸드북(The Handbook on Project Delivery)**은 다양한 프로젝트 수행 방법을 포괄적으로 설명하고 있다. 1998년에 출간된 **리스크의 이해와 관리(Understanding and Managing Risk)**(Victor O. Schinnerer & Company)의 2.2항도 각종 프로젝트 수행 방법과 다양한 리스크 요소를 전반적으로 설명한다.

9.2 건축 서비스 및 보수

Clark S. Davis, FAIA

건축주는 건축가의 서비스 가치에 맞는 보수를 기꺼이 지불한다. 건축가가 제공하는 서비스와 그 서비스를 통해 얻을 수 있는 혜택을 건축주에게 충분히 이해시키는 것은 건축업체에게 달렸다.

건축가는 건축주에게 제공하는 서비스의 적정 보수 수준을 파악하고 그 보수를 받아야 한다. 건축 분야가 더욱 복잡하게 변하면서, 적정 보수의 확보는 계속 문제가 되고 있다.

건축이 뚜렷한 한 분야를 차지했던 과거에는 건축가와 이들의 활동 대부분이 국가의 지원을 받았다. 중세 시대에는 교회가 많은 건축가와 장인을 고용했다. 르네상스 시대에는 주요 유럽 도시를 중심으로 부유한 가문과 신흥 사업가들이 건축가의 후견 역할을 맡았다. 한 가문이나 사업가가 건축가를 오랫동안 지원했다.

지난 2세기 동안에 건축가와 새로운 엔지니어링 분야의 기술자, 건설업체의 역할이 분화되었으며, 프로젝트 방식이 업계의 표준으로 자리잡았다. 건축가의 초기 프로젝트 기반 비용 구조는 건설비용의 일정 비율을 토대로 결정되었으며, AIA를 비롯한 많은 업계 단체가 표준 비용을 제시했다.

> "계산될 수 있는 모든 것이 실제로 계산되는 것은 아니며, 계산되는 모든 것을 실제로 계산할 수 있는 것도 아니다."
>
> 알프레드 아인슈타인 (Alfred Einstein)

비용 기반 구조

21세기 건설 프로젝트의 복잡성과 규모, 독특성으로 인해 설계 서비스의 보수를 비용 기준 보수(cost-based fees) 방식으로 정하고 있다. 이 방식은 건축가의 서비스 제공 과정에서 발생한 비용(인건비와 경비)의 회수를 강조한다. 예상 업무, 직원 임금, 경상비, 경비, 이익 등 세부적인 협상이 필요하다.

비용 기반 방식은 유연성을 갖춘 것처럼 보이지만, 몇 가지 심각한 문제점을 갖고 있다. 건축가의 가치를 아이디어나 결과가 아닌 투입 시간만 고려하여 계산한다는 점이다.

> "모든 시장에는 두 종류의 바보가 있다. 한 바보는 너무 조금 요구하고, 다른 바보는 너무 많이 요구한다."
>
> 러시아 속담

고객의 새로운 요구와 기대에 맞추려는 업체를 중심으로 몇 가지 새로운 경향이 나타나고 있다.

- (개별 프로젝트를 많이 하는 것보다는) 한 고객과 장기적인 관계를 유지하는 것이 비즈니스 토대를 굳건히 하는 데 더 이익이 된다고 생각하는 건축가가 많다. 이 경우에 각종 서비스와 프로젝트 특성, 현장 위치를 고려하여 유연한 보수 조건을 유지한다.

클라크 데이비스(Clark S. Davis)는 HOK(Hellmuth, Obata+Kassabaum) 부사장이자 HOK 세인트루이스 및 시카고 지사 최고운영책임자(CAO)이다. 세인트루이스와 미주리 지역 AIA 회장이기도 했다.

- 설계-입찰-시공방식(design-bid-build) 이외의 방법으로 추진되는 프로젝트가 늘어나고 있다. 개발업체, 건설관리자(Construction Manager, CM), 프로그램 매니저 등 제3자에 의한 프로젝트 관리 또는 설계-시공방식이 그 예이다. 이에 따라 건축 서비스 제공 및 보수 산출에 있어서도 새로운 접근이 필요하다.
- 다양한 서비스 제공 방식으로 인해 건축가는 더 많은 비즈니스 리스크에 노출되고 있으며, 적정 수준의 보수를 추구하고 있다. 예를 들어 건설비용 리스크를 공유하는 건축가는 고객의 프로젝트 예산 범위 이내에서 절감되는 부분에 대해 인센티브를 요구할 수도 있다.
- 고객의 사업 성공에 건축가의 서비스가 기여한 정도를 바탕으로 건축 서비스의 가치를 더욱 명확히 인식하는 고객이 증가하고 있다. 현명한 고객은 건축가의 독특한 아이디어가 비즈니스 프로세스를 가속시키고 소비자를 끌어들이고 기쁘게 하며 핵심 인재를 유치하고 유지하는 데 도움이 되고, 현명한 선택이 비용 절감으로 이어질 수 있음을 인식한다.

건축가의 서비스

오늘날의 건축은 단순한 설계 이상의 것을 포괄한다. 4부에서 설명하고 있듯이, 많은 건축가는 고객의 새로운 요구와 시장 기회에 대응하여 서비스 영역을 창조적으로 확대시키고 있다. 과거와 달리 인식의 폭을 넓혀가고 있는 것이다.

보다 구체적으로 설명하면, 이제 고객의 요구(needs)는 기획 및 설계에서 시작하여 시설의 완공으로 끝나지 않는다. 오늘날의 건축가는 기획, 변경 관리(설계 및 건설 포함), 시설 운영 등 고객이 관심을 갖는 시설 수명주기 전체를 서비스 영역으로 한다. 그렇기 때문에 건축가는 고객과 장기적인 관계를 맺고 서비스를 지속적으로 제공할 수 있는 것이다. 전통적인 의미의 설계 서비스에 국한될 수도 있지만, 시설 운영과 관련된 요구나 미래의 방향을 고려한 신규 시설 전략 수립에도 개입한다.

이와 같은 서비스 분화는 건축가, 회사, 컨설턴트의 전문화 확대를 가져왔다. 그러므로 서비스의 정의와 보수 구조는 더욱 복잡해지고 있다. 이제 건축회사의 책임자나 프로젝트 주도자는 각종 전문 지식과 경험을 갖춘 다양한 팀원들로부터 정보와 아이디어를 쥐어짜는 "심문관"의 역할을 해야 한다.

서비스 규정 방법

건축 서비스 규정 및 적정 보수 결정의 첫 단계는 고객이 요구하는 서비스 범위와 기준을 구체적으로 파악하는 것이다. 고객의 목적에 따라 서비스 대상을 매우 정교하게 규정할 수도 있고 느슨하게 정할 수도 있다. 건축 서비스 범위의 이해와 커뮤니케이션을 위한 3가지 기본 방법은 다음과 같다.

AIA 문서 B727 "특수 서비스 계약서"를 활용하여, 서비스 규정에 도움이 되는 서비스를 포함한 각종 용역의 범위를 규정할 수 있다.

고객작성 업무 범위(client-generated work scope). 일부 고객은 건축 용역 RFP(request for proposal)에 용역 기준을 매우 상세하게 설명하기도 한다. 이 방식은 건축주의 직원이 직접 관리하는 반복적인 프로젝트나 표준적인 프로젝트에서 흔히 발견되며, 건축 용역 제안서를 서로 비교할 때 주로 활용된다. RFP를 상세하게 작성하면서 프로그램 기준, 사업장 현황, 용역 기대 사항, 필요 성과물, 일정을 규정하기도 한다.

고객과의 계약(10.1)에서 건축주와 건축가 사이의 표준 계약서를 살펴본다.

건축주-건축가 합의(owner-architect agreements). 상대적으로 전통적인 설계 및 건설 프로젝트인 경우에는 표준 용역 계약서를 활용하여 건축 용역을 규정할 수 있다. 최신 AIA 표준 계약서(예, B141-1997)는 해당 업계 선도업체의 경험을 바탕으로 개발된 용역의 정의, 체크리스트, 계약 조건 및 조항을 담고 있다.

고객주문 업무 계획 및 범위 기술(customized work plans and scope descriptions). 특별 용역인 경우에는 건축가와 고객 사이의 광범위한 협의를 거쳐 프로젝트 특성에 맞게 업무 계획과 범위를 규정하고 용역 및 보수 계약을 체결한다. 고객주문 업무 범위 문서는 구체성의 수준이 다양하지만, 공통적으로 다음 요소를 포함해야 한다.

주 계약서(prime contract)는 건축주와 직접 체결한다. 주 계약업체는 특정 용역 또는 (건설 공사인 경우에) 공사의 일부를 다른 업체에게 하도급을 줄 수 있다.

- 고객의 목적과 목표(건축 용역 관련)
- 용역 과업 및 예상 결과물
- 주요 검토 및 의사결정 마일스톤
- 과업, 단계, 마일스톤 일자 등 일정
- 다른 곳에서 제공하는 정보 또는 용역의 기준
- 건축가의 범위를 벗어나는 변화 또는 사태에 대한 대비책
- 필요에 따라 특정 용역의 제외 및 추가

건축 용역 보수를 결정하기에 앞서, 회사의 전략과 프로젝트 특성을 감안해 가치와 리스크 문제를 검토하는 것이 중요하다.

가치 제안

기존의 비용 기반 프로젝트 보수(cost-based project compensation) 방식은 건축업체 전반의 수익성을 낮췄다. 일부 예외가 있지만 많은 건축가가 합리적인 보수 수준으로 단 몇 퍼센트의 세전 이익을 수용해야 했다. 현실적으로 이런 수익 구조로는 장기간 사업을 영위하기가 어렵다.

"한 프로세스의 투입 부분과 산출 부분 사이의 차이인 부가가치 개념이 비즈니스의 기본이자 기업의 핵심 목적이다."

Kenneth Allinson, 디자인 경영: 건축가의 디자인 및 프로젝트 관리 가이드(Getting There by Design: An Architect's Guide to Design and Project Management,1997년)

설계 및 건설 투자의 주기성은 이 문제를 더욱 악화시켰다. 경기 불황기에는 건축가와 기타 설계 전문가들이 전혀 이익을 보지 않거나 손실을 감수하고도 치열하게 경쟁하여 수주를 받아 인건비와 경상비를 충당해야 한다. 불황기에는 이런 프로젝트를 하고 호황기에도 낮은 수익을 감수하고 일을 맡아 하면, 회사의 시장 입지가 훼손될 수 있다. 경기에 상관없이 회사의 재무 구조는 악화되기만 한다.

오늘날의 건축가는 다른 전문 분야와 대비하여 건축 용역의 가치를 새롭게 인식하고 있다. 또한 건축 용역을 통해 고객업체가 얻을 수 있는 뚜렷한 혜택도 인식하고 있다. 궁극적으로 가치는 고객업체가 규정하지만, 건축가 역시 고객업체에게 돌아가는 혜택을 근거로 비즈니스 전략을 개발하고 용역을 제공할 수 있음을 인식하고 있다.

건축 용역 가치에 대한 또 다른 관점

다음의 경우에 건축 용역의 가치는 어느 정도일까?

- 소매점 리모델링의 결과로 1평방 피트당 연간 매출이 $100씩 증가하는 경우.
- 시설 재사용 방법을 권고함으로써 고객업체가 매년 500만 달러를 절감하게 된 경우.
- 독특한 디자인과 특징 때문에 사무실이 100퍼센트 사전 임대되는 경우.
- 신규 연구 시설의 독특함과 편리성 때문에 최고 과학자를 유치하는 데 성공하여 최고 수준의 의약품을 개발하게 된 경우.

회사 시장 입지 및 전략과의 관계. 성공한 기업은 고객업체가 인식하는 건축 용역 가치를 근거로 비즈니스 전략을 채택하고 시장 입지를 확고히 굳혀왔다. 원칙은 간단하다. 고객의 요구를 충족시키는 독특한 용역을 제공하며 최고로 인정되는 회사는 많은 고객이 찾으며 최고의 보수를 받는다. 반대로 독특한 경쟁력이 없고 "그저 그런" 곳으로 인식되는 회사는 제시 가격만을 근거로 평가된다.

여러 회사가 자신의 요구를 충족시킬 능력을 동등하게 구비하고 있으며, 그러므로 상품 가격을 비교하듯이 업체를 비교하여 가장 싼 곳을 선정하려는 고객을 찾아보기 쉽다. 이런 상황에서는 경쟁업체보다 훨씬 더 효율적으로 일하여 더 낮은 비용으로 프로젝트를 끝내지 못하면, 생존 가능성을 보장하기 힘들다. 이 때에는 더 낮은 비용으로 표준 수준의 결과물을 만들어내는 능력이 가장 중요하다고 볼 수 있다.

회사의 독창성과 전문성(5.1)에서 회사와 시장과의 관계를 살펴본다.

하나 이상의 분야에서 높은 부가가치(그리고 높은 이익)를 추구하는 전문화된 건축업체가 있다. 고객업체로부터 가치를 인정받고 그에 맞는 용역을 제공할 수 있는 방법이 많이 있다.

탁월한 설계 능력. 설계 품질이 우수한 것으로 인정되는 회사는 높이 평가되며, 설계 용역에 대한 보수 수준도 높다. 지역 차원을 벗어나 국제적으로 설계 능력의 우수성을 인정받을 수 있다. 또한 설계 능력이 탁월하면 다양한 유형의 고객업체를 상대로 많은 프로젝트를 수행할 수 있다. 예를 들어 최근 한 설계사는 공공 건설 프로젝트를 맡아 하면서 실제 설계 경비 이외에도 25만 달러 이상의 선급금을 받았다.

특정 건설 분야의 전문성과 경험. 대부분의 고객은 특정 분야의 경험과 전문성을 갖춘 건축가를 찾는다. 사옥, 학교, 도서관, 병원, 주택 등 특정 분야에서 두각을 나타내는 회사가 있다. 경기장이나 공항 같은 일부 분야는 경험을 갖춘 회사가 얼마 되지 않아, 4개 또는 5개 업체가 전체 시장을 차지한다.

건설 프로젝트를 빈번하게 추진하거나 법적 제약을 많이 받는 고객업체는 일반적으로 일정한 프로젝트 수행 방법만 활용한다. 그리고 경험이 쌓이면서 그 기법도 발전하며, 고객의 입장에서는 다른 대안을 모색할 필요가 없을 수도 있다. 반면 고객업체와 건축가가 함께 협의하여 가장 적절한 프로젝트 수행 방안을 정하기도 한다.

프로젝트 리더십 역량. 더 간단하고 효율적인 프로젝트 관리 방법을 고객업체가 요구하고 있으므로, 프로그램 관리부터 건설 관리, 설계-시공 용역 등 프로젝트 수행 프로세스 전반을 이끌 수 있는 업체가 필요하다. 수많은 건축업체가 이와 같은 프로젝트 리더의 위상을 되찾을 필요가 있다고 생각한다. 지난 20년 동안은 건설업체와 엔지니어링 업체가 그 자리를 차지했다. 프로젝트 관리 비용이 늘어나, 이제는 건축가의 전통적인 설계 용역 비용 전체를 합친 금액과 비슷한 수준이 되었으며, 리스크는 오히려 더 적다.

독특한 용역 방법과 도구. 기획, 건설, 고객업체 시설 관리에 있어서 품질, 속도, 신뢰성을 증진시키는 특별한 용역을 통해 가치를 높이는 회사도 있다. 오늘날의 일부 설계 회사는 기술적 품질 및 일정 준수와 관련하여 자신의 몫을 걸고 보증을 제공한다. 또한 CAD(computer-aided design)와 CAFM(computer-aided facility management) 능력을 구비한 회사도 있다. 하지만 이런 종류의 혁신도 경쟁업체가 따라하면 그리 오래가지 못한다. 예를 들어 시설 프로그래밍(facility programming)은 처음에 독특한 것이었지만, 이제는 보편적인 용역이 되었다.

AIA 윤리 및 행동 규칙(Code of Ethics and Professional Conduct)은 AIA 회원이 프로젝트에서 경제적 이익을 취할 수 있도록 허용하고 있다. 또한 규칙 2.301(1997년 판)은 건축가의 경제적 이익을 고객업체에 공개하도록 요구한다.

모든 회사는 자신만의 시장 전략과 가치 제안을 인식해야 한다. 또한 각각의 고객과 용역 활동에 어떻게 적용할지도 알아야 한다. 핵심 욕구(key needs)를 파악할 수 있을 정도로 모든 고객을 충분히 알고 다른 회사는 모방할 수 없는 방식으로 그 욕구를 충족시킬 수 있는 역량을 구비해야 한다. 이런 것을 Rackham과 DeVincentis는 "컨설팅 판매(consultative selling)"라고 불렀다("Rethninking the Sales Force: Redefining Selling to Create and Capture Customer Value", 1999년).

건축 용역 보수 산정에 있어서 리스크 평가

명백한 가치 기회 창출 이외에도, 건축가는 용역 제공과 관련하여 비즈니스 리스크를 인식해야 한다. 리스크는 기본적으로 자신의 통제 범위를 벗어나는 경제적 손실 가능성을 의미한다. 오늘날의 다양한 프로젝트 수행 방식 때문에 새로운 리스크를 감안해야 한다.

"전형적인" 프로젝트는 거의 없다. 각각의 프로젝트마다 보수 및 계약 조건과 관련된 리스크를 평가해야 한다. 특정 고객이나 프로젝트와 관련된 리스크를 예상할 때, 리스크의 근원을 제거하거나 건축가의 통제 범위를 벗어나는 상황 변화에도 불구하고 공정한 보수를 받을 수 있는 길을 모색하는 데 목표를 두어야 한다.

물론 가장 대표적인 리스크는 특히 고정 비용 방식 계약 구조에서 건축가의 용역에 대한 이해 차이이다. 두 고객이 한 건축가를 고용하여 각기 다른 별개의 프로젝트를 맡긴다고 가정하면, 그 건축가에게서 기대하는 것이 서로 다를 수 있다. 프로젝트에 따라 보수 수준이 두 배나 차이가 날 수도 있다. 그렇기 때문에 AIA 표준 건축주-건축가 계약서는 일련의 개정을 거치면서 건축가의 기본 책임 영역과 추가 책임 영역을 더욱 명확히 했다.

고객업체와 미리 협의하고 건축 용역 제안서에 포함시켜야 할 리스크가 몇 가지 있다.

고객의 의사결정과 승인. 건축가는 고객업체의 의사결정 프로세스 구조와 속도를 파악해야 한다. 한두 사람이 결정을 내리는지, 아니면 건축가가 다양한 그룹의 사람과 함께 검토해야 하는지 알아야 한다. 중요한 결정이 단 며칠 만에 내려질 수도 있고, 몇

주가 걸리기도 한다. 모두 고객업체의 내부 프로세스에 달려 있다.

범위 변경. 설계 및 건설 중에 업무 범위가 확대되거나 실질적인 변화가 발생한다면, 그 때문에 업무량이 늘어나고 비용도 추가될 수 있다. 급속한 성장이나 조직 변화 상태에 있는 고객업체에서 흔히 이런 문제가 발생한다. 시설 변경이 계속적으로 발생하고, 그에 따라 추가 비용도 발생한다. 이런 점을 미리 고려해야 한다.

제3자 프로젝트 관리. 고객업체가 다른 프로그램 매니저나 CM으로 하여금 설계 및 건설 프로젝트 관리를 맡긴다면, 건축가가 두 곳 이상의 지시를 받아야 하므로 관계가 상당히 복잡해질 수 있다. 이런 상황이 발생하면 건축가의 시간이 더 많이 소요된다.

조기 집행 및 건설 중심의 프로젝트 수행 일정. 건설 일정이 빠르게 진행되면 설계 관련 결정도 빠르게 진행되며 건축가도 그에 따라 신속하게 보조를 맞추어야 한다. 건설 문서도 빨리 만들어야 한다. 한두 권 정도의 문서만 만들면 될 것이라고 예상하며 프로젝트를 시작했다가, 나중에는 훨씬 많은 문서를 만들게 될 수도 있다. 문서량이 늘어나면 비용도 많이 들고 기술적 조정도 훨씬 어려워진다.

건설비용 책임과 우발 상황. 건축가는 일반적으로 자신이 검토하고 계산한 결과를 바탕으로 고객업체가 정한 예산 범위에 맞추어 설계할 책임이 있다. 하지만 다른 곳에서 산출한 결과를 근거로 설계를 하거나(제3자 프로그램 매니저나 CM 업체) 부분적인 설계 및 비용 산출 정보를 토대로 조기에 건설 작업이 시작되면 상황이 복잡해진다. 최소한 그에 맞추어 설계해야 하고, 프로그램 불확실성, 설계 완료, 가격 변동, 건설 과정 중에 발생되는 예상치 못한 조건을 감안한 적정 예비 예산이 있는지 확인해야 한다.

> 일부 건축주(특히 공공 기관)는 전체 건설비용을 파악하고 계약을 체결하기 전에는 건설 공사를 시작하지 못하게 법으로 규정되어 있다(또는 자금 제공원에 의해 제한). 반면 자체 선택에 따라, 설계와 건설 단계를 중첩하여 추진하며, 이때 발생하는 리스크를 수용하는 곳도 있다.

설계 및 기술적 조정에 있어서 기대 수준. 건축가가 제공하는 기술 문서는 절대로 완벽하지 않으며 해석의 차이에서 자유로울 수 없다. 건설 프로젝트의 전체 비용 가운데 일부는 기술 문서의 누락이나 조정 문제와 관계가 있다. 일부 고객업체는 이런 현실을 간과하고 건축가가 일반적인 조정 문제로 인한 추가적인 건설비용도 부담할 것을 요구하므로 협상 과정에서 심각하게 논의해야 할 문제이다. 리스크를 상쇄할 정도의 금액을 확보해야 한다.

> 참고자료, 지적재산권과 건축가(10.4)에서 용역 제공 과정에서 작성된 문서의 소유권과 관련된 문제를 설명한다.

자금 및 지불 조건. 고객업체의 자금 상태와 일반적인 지불 조건을 확인해야 한다. 지불이 늦게 되어 리스크를 안고 설계 작업을 하면, 해당 프로젝트의 수익성과 회사 전체의 수익성이 크게 감소한다.

보수 결정 방법

새로운 고객과 관계를 시작하거나 새로운 프로젝트를 추진할 때 몇 가지 보수 결정 방법을 고려할 수 있다. 어떤 방법을 채택하느냐에 따라 건축가 입장의 유연성, 수익성, 리스크 대비 수준이 다양하다.

고정 비용 방식 또는 계약 합의된 공사금액(fixed (stipulated sum) fees). 특정 용역 범위에 대하여 일정한 고정 보수 금액을 적용하는 방식이다. 용역 범위가 명확히 규정되어 있고 고객업체가 용역 범위를 정확히 이해하며 건축가 역시 지정 용역을 고정 예산 범위 이내에서 제공할 수 있다는 확신이 있다면 고정 비용 방식이 편리하고 적절하다.

고정 비용 방식은 일반적으로 가장 큰 이익을 확보할 수 있는 것이다. 협상 과정에서 예상 이익 규모가 노출되지 않으며, 건축가는 적은 비용으로 지정 용역을 완료함으로써 수익성을 높일 수 있다. 하지만 리스크도 있다. 실제 용역 비용이 고정 비용을 토대로 정한 예산 범위를 초과할 가능성도 있다. 예상 가능한 리스크를 고려하여 고정 비용을 산출하는 것이 중요하다.

프로젝트 업무 범위가 명확하지 않거나 수많은 개별 프로젝트를 포함하는 "포괄계약서(umbrella agreement)"를 체결하는 경우에는 초기 과업에만 고정 비용을 적용하고 다음 단계의 금액은 나중에 확정하기로 하는 것이 합리적이다. 건축가의 통제 범위를 벗어나는 프로젝트 변경에 대응하여 비용 조정이 가능한 조항을 계약서에 포함시켜야 한다.

시간당 단가 및 요율(hourly billing rates and fee multipliers). 시간당 단가 방식이 건축가나 고객업체 모두에게 좋은 가장 유연한 것이며, 용역 범위가 정확히 규정되지 않은 상태일 때 적용하면 가장 바람직하다. 그렇기 때문에 프로젝트 예비 단계에서 시간당 단가 방식을 적용하고, 나중에 고정 비용 방식으로 전환하기도 한다.

직접인건비, 부가 급여, 경상비, 이윤을 감안한 고정 요율(예, 시간당 $125)을 적용한다. 이 방식은 실제 인건비나 회사의 경상비와 이익 구성분을 직접적으로 노출시키지 않는다. 또한 담당자를 특별히 정하지 않고 직위를 토대로 요율을 적용하기 때문에 프로젝트팀 구성원을 유연하게 운영할 수 있다.

프로젝트팀의 기본급여비에 일정 요율을 적용하여 계산하는 방식을 선호하는 고객도 있다. 두 종류의 요율이 일반적으로 활용된다. 하나는 기본급여비(direct salary expense, DSE)의 일정 배수로 하는 것이다. 부가 급여, 회사 경상비, 이윤을 감안한 일정 비율로 용역 수행 과정에서 발생되는 기본급여비를 곱한다. 또 다른 방식은 직접인건비(direct personnel expense, DPE)의 일정 배수로 하는 것이다. 이때 직원의 부가 급여는 기본 DPE의 일부를 구성한다. 요율의 일부로 포함되지 않는다.

시간당 단가 방식은 사람과 비용이 투입되어야 일정 비율의 이윤을 확보할 수 있다는 점에서 이익이 한정된다는 단점이 있다. 고객이 시간당 용역 단가에 상한선을 두고자 한다면 문제는 더 심각해진다. 이런 경우에 건축가는 보다 효율적인 업무 처리를 통해 이익을 증가시킬 가능성이 없어도 고정 비용 방식의 리스크를 감수한다.

실비정산 정액보수가산 방식(cost plus fixed fee, CPFF). 실제 투입 비용(기본 임금, 부가 급여, 경상비)을 일정 요율 또는 단가 방식으로 청구하고 고정 비용을 회사의 이익으로 협상하는 방법이다.

고객이 총액을 정하고자 하지만 알 수 없는 변수가 많아 처음부터 총액을 정하기 어려운 상황에서는 이 방법이 유용하다. 불확실한 부분 때문에 불필요할 수도 있지만 건축가가 우발 사태에 대비한 안전장치를 고정 비용에 추가하기를 원할 때 이 방식이 도움이 된다. 건축가 입장에서도 이 방식은 이익을 제한할 수도 있지만, 고정 비용 방식에 대비하여 손실 리스크가 크게 줄어든다.

단가 방식(unit cost methods). 평방 피트, 방, 매장, 건물, 또는 기타 단위당 비용 방식으로 보수를 지급하는 고객도 있다. 예를 들어 사무실 인테리어 작업을 할 때, 평방 피트 단위로 금액을 정한다. 사무실 임대료 산정 시에도 그렇게 한다. 호텔 건설 프로젝트 역시 객실 하나당 일정 비용을 적용해 총액을 계산하기도 한다.

단가 계산을 위해서는 각 단위별 용역 제공 비용에 대한 정확한 자료가 필요하다. 또한 한 프로젝트에서 처음 손대는 부분에 일반적으로 더 많은 노력과 시간이 소요된다는 점을 생각해야 한다.

건설비용 백분율(percentage of construction cost). 프로젝트 건설비용과 보수를 연계시키는 방법이다. 건축 용역 업무 범위나 비용과 연계시키지 않는다. 다른 프로젝트 경험을 토대로 하여 일정 비율로 비용을 정할 때 유용한 점이 있지만, 고객과 건축가에게 불공정하기 때문에 오늘날에는 이런 식으로 보수를 정하지 않는다.

또한 이 방법은 건설비용과 건축가의 용역이 직접적인 비례 관계에 있다고 가정하는 오류를 갖고 있다. 건축가의 활동에는 아무런 변화가 없어도 건설 시장 여건에 따라 고객이 혜택을 보고 건축가가 손해를 보거나, 반대로 고객이 손해를 보고 건축가가 이익을 보기도 한다. 건설비용 감축을 위해 노력하는 건축가는 오히려 손해를 본다. 그러므로 고객은 건축가가 건설비용을 절감하기보다는 상승시켜 이익을 보려 한다고 생각할 수 있다. 결국 건축가와 고객은 적대적인 관계에 놓이게 된다.

실제 건설비용의 백분율로 비용을 산출하면, 일정 총액 비용, 실비 정산 비용, 또는 다른 방식의 비용 계산 등 보수 산정 방식을 객관적으로 점검할 수도 있다.

실비정산 직접비용 및 실비정산불가 직접비용(reimbursable and nonreimbursable direct costs). 건축가의 용역 비용 가운데 상당 부분이 직원 인건비이므로, 회사 경상비에 포함되지 않는 기타 업무 관련 직접 경비를 예측하고 예산에 포함시키는 것도 중요하다. 일반적으로 출장비, 장거리 통신 요금, 우편 요금, 택배비, 인쇄비, 사진 촬영비, 컴퓨터 용역 및 출력 비용, 각종 물품 또는 설비 비용이 이에 해당된다.

이들 직접 비용을 실비로 정산(고객에게 실비를 직접 청구)하거나 그렇지 않을 수도 있다(기타 경비 부분에 포함). 위에서 설명한 시간당 단가 방식과 CPFF 방식에 따라 직접 경비는 거의 대부분 실비정산된다.

"혼합식(mix-and-match)" 보수 산정 방법은 많은 장점을 갖고 있다. 예를 들어 프로젝트 기획, 개념 설계, 건설 계약 관리 용역은 시간당 단가를 적용해 청구하고(필요 시간을 건축가 마음대로 정할 수 없으므로), 상세 설계 및 설계 문서 용역에 대해서는 일정 총액을 정할 수 있다.

종합 정리: 용역 제공 및 비용 산출 전략

새로운 고객이나 프로젝트를 위해 건축 용역 제안서를 작성할 때는 이 모든 방법을 고려하고 적용해야 한다. 어떤 하나의 방식이 가장 좋다고 말할 수 없다. 전문 지식과 경험을 바탕으로 가장 적당한 방식을 찾아야 한다. 많은 회사가 활용하고 있는 방법을 설명하면 다음과 같다.

1. **고객의 요구와 우선사항(priorities)을 파악한다.** 새로운 비즈니스 관계를 맺을 때 가

장 중요한 단계는 고객을 파악하는 것이다. 고객의 요구(needs), 기대 사항(expectations), 스타일, 관심 사항을 이해해야 한다. 고객에게 질문을 하고 고객의 말을 잘 듣고 고객의 조직에 가장 적합한 방안을 모색한다. 협상 단계에서 컨설턴트 역할을 하는 것이다. 이 과정을 통해 고객의 "핵심 가치 요소(value drivers)", 고객이 가장 중요하게 생각하는 부분을 발견할 수 있다. 적절하게 대응하기만 하면 계약을 성사시키고 높은 수준의 보수도 보장받을 수 있다.

공식 RFP 프로세스를 통해 용역 제안서를 제출하는 경우에는 이 단계를 진행하기가 어려울 수 있다. 고객과 마주 앉아 고객의 입장을 진지하게 논의할 기회가 한정된다. 하지만 단순한 가격 비교만으로 업체를 선정하지 않는다면, 고객이 특히 관심을 갖는 부분을 파악하고 적절하게 대응할 수 있는 길을 찾을 수 있을 것이다.

2. 용역 전략, 팀, 업무 범위를 파악한다. 고객의 요구를 파악한 다음에는 전반적인 용역 전략을 개발한다. 고객의 요구를 성공적으로 충족시킬 수 있는 전략 개발을 위해 다음 사항을 검토한다.

- 설계 및 문서 작성 용역만 대상인가, 아니면 다양한 용역을 단계별로 제공하는 장기 계약인가?
- 어떤 용역과 어떤 사람이 그 프로젝트에 적당한가?
- 어떤 컨설턴트와 외부 자원을 활용할 필요가 있는가?
- 고객업체, 시설 이용자, 공공 기관, 기타 팀 구성원과 어떤 식으로 의사소통과 의사결정을 하는가?

프로젝트팀 계약(10.2)에서 컨설턴트와의 계약과 건축주가 고용한 컨설턴트와의 업무 협조에 관한 사항을 살펴본다.

이 시점에서 앞서 설명한 표준 계약서나 업무 계획서를 활용하여 용역 내용을 기술할 수 있다. 그러면 가장 바람직한 보수 결정 방식이 보일 것이다.

3. 용역 비용 견적을 작성한다. 일정 금액을 정하지 않고 시간당 단가 방식을 제시하지 않는 한, 제안서 작성 단계에서 용역 제공 비용을 산출하는 것이 중요하다(회사 내부 인력, 외부 컨설턴트, 직접 경비 포함). 고정 비용 프로젝트의 견적을 산출할 때 AIA B141 "건축주-건축가 계약서" 설명 부분에 제시된 보수 계산 정산표를 활용하면 도움이 된다.

시간당 보수 계산 방식인 경우에는 임금, 부가 급여, 경상비를 포함해 실제 비용을 감안한 시간당 단가 또는 요율을 정해야 한다. 다년 계약인 경우에는 요율을 연간 단위로 조정하는 조항이 없다면, 단계적 요율 상승 조항을 구체적으로 명시한다.

관리("우리 방식으로 처리하기를 원한다"), 품질("우리의 요구에 맞는 일을 우리 자신이 가장 잘 한다"), 효율성("목적 달성에 가장 적합한 프로세스나 시스템을 우리 스스로 만들 수 있다")을 강조하며 자체 인력으로 프로젝트를 추진하는 것이 좋다고 주장하기도 한다. 반대로 투자비용과 효과를 비교하여 자체 인력보다는 외부의 용역을 받는 것이 더 유리하다고 주장하기도 한다.

4. 리스크 요소를 평가하고 적절한 대처 방안을 마련해 적용한다. 이 장에 기술된 리스크 요소를 평가하고 이를 상쇄할 수준의 추가 보수 수준이 어느 정도인지 결정한다. 예상 견적 비용에 일정 금액을 추가하는 방법도 있고, 시간당 단가의 인상이나 기준 요율의 증가 방법도 있다.

잠재 리스크를 고려하여 우발 상황이 발생했을 때를 대비한 방안을 마련해 협상에 임한다. 이런 과정을 통해 건축가와 고객이 리스크 요소를 함께 논의하고 용역 비용에

고정 수수료 방식 보수 계산(견본)

보수 계산서

설계 개발

프로젝트 명칭: FRANKLIN ELEMENTARY

프로젝트 번호: 9301 일자: 6·30·93

건축주: ALTON SCHOOL DISTRICT

건축가: APPEL & BARTLETT

번호		4.01	4.02	4.05	4.06	4.23	4.25	4.26	4.31	4.61
용역 내용		프로젝트 관리	조정	일정	비용 예산	건축설계	기계설비 설계	전기 설계	엔지니어/구조	조경계획
투입 인원	시간	10	10	20	5	30			5	20
	$	200	200	400	100	600			100	400
	시간	20	20	40	10	60			10	40
	$	300	300	600	150	900			150	600
	시간	40	40	80	20	120			20	80
	$	400	400	800	200	1200			200	800
	시간	20	20	—	—	60			10	40
	$	100	100	—	—	300			50	200
	시간	10	—	—	—	50			20	—
	$	10	—	—	—	50			20	—
소계	시간	100	90	140	35	320			65	180
	$	1010	1000	1800	450	3090			320	2000
외부 소계	시간									
	$						1500			
	시간									
	$									
비고										

총시간	총액	항목	번호
100	2000	사장 @$20	1
200	3000	감독 @$15	2
400	4000	기술자 I @$10	3
150	750	기술자 II @$5	4
80	80	기술자 III @$1	5
930	9830	기본급여비	6
	—	직접인건비[1]	7
	14745	간접경비[2] @150% OF #6	8
	1228	기타 실비정산불가[3] @5% OF #6+8	9
	25803	직접비 #6+8+9	10
	1500	외부 용역 비용	11
	30803	예상 총 비용	12
	5000	예비비	13
	10000	이익	14
	45803	제안 보수	15
	1000	예상 실비정산 경비	16

대안 계산

9830	Direct In-House Salary Expense
12287	Direct 125% Personnel Expense of #6
2458	Indirect Expense @20% OF #7
1228	Other Nonreimbursable Direct Expense[3]
25803	Total In-House
	Outside

1. 직접인건비는 프로젝트 참여 직원의 직접 임금과 법적/관습적 비용 부분(예, 세금 및 기타 법적 수당, 보험, 병가, 공휴일, 퇴직충당금, 기타 경비)을 의미한다.
2. 간접비는 특정 프로젝트와 직접적으로 관계되지 않는 모든 비용이며 일반관리비(overhead)라고도 한다.
3. 기타 실비정산불가 직접비는 자체 사용을 위한 문서 복사 비용, 정산 불가 출장비, 고객을 위해 지불한 기타 비용으로, 정산 대상에서 제외된 것 등 인건비와 경비에 포함되지 않은 직접 경비를 대상으로 한다.

주: AIA 문서 B141 "표준 건축 용역 관련 건축주와 건축가 사이의 표준 계약서"에서 인용한 것이다. 모든 수치는 계산 과정의 이해를 돕기 위한 하나의 예에 불과하다. AIA B141 설명 부분에 작성 방법이 자세히 기술되어 있다.

미치는 파급 효과를 파악할 수 있다. 건축가의 기본 이익 부분이 침해되지 않도록 한다.

5. 가치 제안(value position)을 평가하고 적정 이익 조건을 추가한다. 마지막으로 고객에게 제공하는 용역의 특별한 가치를 평가하고 각각의 경우별로 가장 바람직한 비용 및 이익 구조를 결정한다. 이때 다음 세 가지 사항을 기본적으로 검토한다.

- 최소 목표 이익. 기본 경비를 충당하고 회사의 전반적인 재정적 건전성 확보를 위해 모든 프로젝트에서 기본 수준의 이익 확보 계획을 세워야 한다.
- 용역의 시장 가치. 앞서 설명한 바와 같이 고객이 독특하거나 최고라고 생각하는 회사와 용역은 경쟁 상대가 없으며 더 많은 이익을 확보할 수 있다. 회사의 경쟁력 수준을 파악하고 그에 따라 용역 가격을 정한다.
- 해당 프로젝트의 가치. 신규 시장에 진출하거나 전략적으로 중요한 고객을 새로 확보하거나 불황기에 운영 경비 확보를 위해서 용역 가격과 이익 수준을 낮추기도 한다.

적어도 목표 이익 수준에 맞추어 고정 보수, 시간당 단가, 또는 요율을 정한다. 또한 용역 제공의 효과와 가치가 높은 경우에는 인센티브나 보너스를 받는 식으로 보수와 이익을 늘리는 방법도 가능하다. 예를 들어 지정 기한 내의 프로젝트 완료, 사무실 임대 성공률, 사후 평가 결과 등과 연계시켜 인센티브 금액을 정할 수 있다.

용역 범위와 보수 금액을 결정하는 방법은 다양하다. 단 하나의 유일한 방법은 없다. 제안서를 직접 작성할 때도 있고, 고객의 질의서에 답변하는 방식일 수도 있다. 계약 조건과 조항 이외에도 용역 범위와 보수를 직접 협상하는 위치에 있을 수도 있고, 그렇지 못할 때도 있다.

6. **과거의 경험과 비교한다.** 과거의 보수 결정 방식과 비교한다. 대개는 한 프로젝트의 추정 건설비용 대비 백분율로 기본 설계 용역 보수를 생각하는 경향이 있다. 과거의 보수와 수익성을 검토하되 동일 고객을 대상으로 하는 연관 프로젝트 사이에도 많은 변수가 있으므로, 예정 보수 조건을 다른 사람들과 협의한 다음에 용역 제안서를 완성하는 것이 좋다.

용역 범위와 보수 조건을 정한 다음에 제안서에 포함시켜 고객에게 제출한다. 제안서의 형식은 다양하다. 서신에 관련 문서를 첨부시켜 제출하기도 하고, AIA B141 같은 정식 계약서 형식으로 만들 수도 있다. 아니면 고객업체의 RFP에 지정된 방식으로 만들기도 한다. 나름대로 제안서의 표준 형식을 정해 두고 있다.

용역 제안서는 최소한 다음 요소를 포함하고 있어야 한다.

- 대상 용역에 대한 설명
- 예정 용역 제공 일정
- 건축가의 핵심 팀원 소개 및 건축주의 직원 또는 다른 프로젝트 참여업체와의 관계
- 예정 보수 조건(실비정산비의 근거와 기본 업무 범위 이외의 추가 용역 포함)
- 제안서 작성의 근거, 가정
- 계약서 초안(고객의 검토 및 승인용)

고객업체 및 컨설턴트와의 협상을 위해 이 정도의 정보는 있어야 한다.

청구 및 지불

아무리 정교하게 보수 조건을 정해도 제때에 지불받지 못하면 아무 소용이 없다. 계약

협상과 프로젝트 운영, 그리고 고객과의 관계에서 실제 보수의 지급 문제를 간과하는 건축가도 일부 있다. 보수 지급 문제는 건축업체의 관리자가 고객업체의 담당자와 협의하여 다룰 필요가 있다. 실무 작업자 차원에서는 지급 방식에 대한 경영진의 생각을 바꾸어 놓기 힘들다.

고객업체의 운영 및 회계 처리 방식을 파악한다. 고객업체와 프로젝트 목표, 요구 사항, 용역 범위를 협의할 때, 가능한 한 초기 단계부터 청구 및 지불 조건도 논의에 포함시킬 필요가 있다. 대부분의 고객업체는 이런 논의가 중요하다고 생각한다. 상세한 부분은 계약서에 명시하겠지만, 몇 가지 기본적인 사항을 질문하고 답을 이끌어내야 한다.

- 용역비(숫자 명시)를 주 단위로 청구하고자 하는데, 가능하겠습니까?
- 청구서 제출 일정과 관련하여 특별한 기준이 있습니까?
- 청구서와 함께 제출해야 할 문서가 있습니까?
- 청구서의 결재 경로는 어떻게 됩니까?
- 결재 승인이 나면 실제 지불까지 얼마나 걸립니까?

고객업체가 이런 질문에 호의적인 답변을 내놓지 못한다면, 어떤 재정적 리스크가 있다는 의미로 이해할 수 있다. 그러므로 보수 조건을 정할 때 더욱 신중해야 한다.

적정 청구서 제출 및 지급 조건. 고객업체의 내부 회계 절차에 따라 다르지만, 일반적으로는 용역 비용을 월간 단위로 또는 4주 단위로 청구한다. 특히 시간당 단가 지급 방식일 때는 청구를 자주 할수록 유리하다.

30일 단위로 청구하는 방식이 일반적이지만, 실제로 지불까지 걸리는 기간이 60일 이상인 경우가 대부분이다. 지불 기간이 늘어나면 직원 인건비와 기타 직접비 지불에 어려움이 있을 수 있다. 경비 부담이 늘어나기 때문이다. 45일 이상 지불이 지연되는 경우에는 연체 이자를 물리게 하는 조건을 추가하는 방식도 고려해야 한다.

특별 리스크 및 대응 조치. 용역 계약서를 체결하기 전에 고려해야 할 특별한 사항이 있다.

고객의 신용도. 물건이나 용역 제공업체와 마찬가지로, 건축가는 고객업체가 프로젝트를 추진할 자금을 갖추고 있는지 물어볼 권리가 있다. 재정 능력이 의심스럽다면, 프로젝트를 거절하거나 선급금 요구와 함께 실제 비용 지출에 앞서 미리 지불하도록 요구하는 지불 조건을 제시한다.

지불 유보. 지불 유보 조건(프로젝트 또는 업무 단계의 완료까지 용역 보수의 지불을 유보하는 조건)을 계약서에 포함시키면 건축업체의 재정 상태가 악화되고 리스크가 증가된다. 가능하면 지불 유보 조항을 계약서에서 삭제해야 한다.

까다로운 지불 조건. 고객업체가 지불 절차를 복잡하게 하고 되도록 천천히 지불하려 한다면 건축가로서는 심각한 비즈니스 리스크를 떠맡게 된다. 이런 문제가 발생하면 계약 체결에 앞서 건축업체 경영자가 고객업체의 경영자를 만나 직접 해결하거나,

계약서에 선급금 지불 또는 연체 이자 부과 조항을 포함시켜야 한다.

성과 평가의 기회. 비용 청구는 건축 용역의 품질과 가치에 대한 고객업체의 인식을 알아보는 중요한 기회가 되기도 한다. 청구서를 발행할 때마다 개인적으로나 정식 문서로 건축업체의 업무 성과에 대한 고객업체의 인식을 자연스럽게 물어볼 수 있다. 지불 방식이 바뀐다면, 이는 용역에 대한 고객의 인식이 변했다는 징후일 수 있다. 그러므로 건축업체 경영자가 직접 나서서 고객업체의 생각을 알아보는 것이 바람직하다.

추가적인 정보

고객의 진정한 가치와 필요사항을 이해하는 것이 적정 보수를 받는 데 필수적이다. 오늘날의 고객이 원하는 것을 이해하고 충족시키기 위한 전략이 Neil Rackham과 John DeVincentis의 책(Rethinking the Sales Force: Redefining Selling to Create and Capture Customer Value, 1999년)에 제시되어 있다.

세계적인 단체인 PPS(Professional Pricing Society)는 가격 문제와 관련된 각종 자료와 지원을 제공한다. 책과 워크북, 저널, 뉴스레터, 워크숍 등 각종 정보가 PPS 웹사이트(www.pricing-advisor.com)에 올려져 있다.

제10장 계약서

10.1 고객과의 계약

Edward T. M. Tsoi, FAIA

고객과 건축가 사이에 체결되는 계약서는 계약 당사자의 목표와 기대 사항을 반영하며, 목표 달성의 조건을 규정한다.

일반적으로 특정 목적의 달성을 위해 계약 당사자가 서로에 대해 한 약속을 기록한 법적 문서가 계약서이다. 계약서는 건축 용역 내용과 그에 대한 보수를 규정하고 있으며 리스크 요소에 대한 대응 방법을 제시하고 변경이 발생했을 때 대처 방법을 규정하며 분쟁 해결 방법도 명시하는 등의 역할이 중요하다.

하지만 표준 계약서는 단순한 법적 문서 이상의 많은 내용을 담고 있다. 다양한 고객 유형에 맞춰 용역 제공 방식을 정해야 한다. 건물과 인테리어를 설계한다는 종래의 인식을 뛰어넘는 다양한 전문 용역을 어떻게 제공할지 고려하여 계약서를 작성해야 한다. 고객과 건축가 간의 계약서는 오늘날의 건설업계가 직면한 급속한 변화를 담아내야 한다. 그리고 건축주와 건축가, 수많은 설계 및 건설 전문가 사이의 업무 분담과 책임 소재를 명확히 규정해야 한다.

한 책임 보험 회사가 실시한 조사에 따르면, 건축가를 상대로 한 청구 소송 가운데 55퍼센트는 건축주가 제기한 것으로 밝혀졌다. 이 통계 자료는 고객 또한 건축 용역에 대한 불만이 상당하며, 또는 건축가가 실제로 제공하기로 합의한 것이 무엇인지 명확하지 않다는 의미로 해석된다. 또한 고객업체가 무엇을 기대하는지 건축가 역시 잘 모

에드워드 티소이(Edward T. M. Tsoi)는 매사추세츠주 케임브리지에 위치한 건축 설계 회사인 Tsoi/Kobus & Associates(90여 명의 직원이 근무)의 설립자이며 AIA 문서위원회의 장기기획팀 의장이기도 하다. 이 장은 AHPP(Architect' s Handbook of Professional Practice) 12판에 소개된 "건축주-건축가 계약서"(Charles R. Heuer, Esq., FAIA) 부분을 토대로 한 것이다.

르고 있다는 반증이기도 하다.

계약서는 제대로 활용하기만 하면 훌륭한 커뮤니케이션 도구가 될 수 있다. 놓치고 넘어갈 수 있는 수많은 것들을 분명히 해둘 수 있다. 서로 분명히 해두지 않고 넘어가면 시한폭탄처럼 언제 터질지 모른다. 하지만 목표와 가정을 명확히 해두면 상호 이해를 촉진하고 모두가 만족하는 용역의 토대가 마련된다. 계약 당사자 사이의 생각을 일치시키고 서로 분명하게 협의하여 합의한 사항을 정리한 것이 계약서이다.

계약서는 권리와 보상, 책임과 리스크를 명확히 규정하므로, 법적 책임과 비즈니스 리스크에 대비할 수 있다. 처음부터 서로 어떤 생각을 갖고 있는지 이해하고 시작하면, 프로젝트를 효율적이고 효과적으로 추진할 수 있다. 고객마다 독특한 프로젝트 목표와 요구 사항이 있음을 이해해야 한다. 건축가는 고객의 기능적 요구 사항과 재정 상태뿐만 아니라 전반적인 목적과 비전을 이해해야 한다.

계약서를 통해 건축가는 미래를 예상하고 준비할 수 있다. 시간이 지나면 상황도 바뀐다는 것을 우리는 경험적으로 잘 알고 있다. 예를 들어 애초의 범위를 넘어서는 일도 해야 하는 경우가 있다. 계약서를 작성할 때는 쌍방이 모두 그런 사태를 예상하고 그에 대한 대응 방법을 정해 놓아야 한다. 변경이 있을 것이라는 점은 분명하므로, 예상 가능한 변경과 예상 불가능한 변경에 대비한 안전장치를 계약서에 명시해 두어야 한다. 그리고 이러한 변경이 발생했을 때 어떻게 대처할지 정해 놓는 것이 중요하다.

마지막으로 계약서는 분쟁 해결의 수단이기도 하다. 모든 계약서는 계약 당사자가 계약 조건에 따라 서로 신의를 갖고 계약 의무를 이행한다는 생각을 바탕으로 작성된다. 하지만 오해나 의견 차이를 완전히 배제할 수는 없다. 모든 문제점을 미리 예상하여 완벽한 대비책을 마련해 둘 수는 없지만 분쟁 발생시의 해결 방법과 좋은 관계를 계속 유지할 수 있는 방안이 명시되어 있어야 좋은 계약서이다.

제안서와 계약서

건축주-건축가 관계에서 초기에 건축가는 용역 제공 제안서를 작성해 제출하라는 요청을 받는다. 건축가 자신이 필요하다고 생각하는 용역을 제안하라는 요청일 수도 있고, 건축주인 고객이 원하는 용역과 관련하여 보수 조건을 제시하라는 요청일 수도 있다. 어떤 상황에서 제안서를 작성하건, 용역 내용을 기술하고 견적을 제시하는 것만으로는 충분하지 않다. 그런 제안서는 비즈니스 관계의 토대로 고객업체가 받아들일 수는 있지만, 고객업체와 건축가 사이의 법적 합의는 아니다. 건축가가 제출하는 제안서는 마케팅 성격도 있고, 부분적으로는 공식 계약서의 토대가 될 비즈니스 조건들을 기술하기도 한다. 또한 프로젝트 개요를 설명하고 프로젝트팀 구성 및 프로젝트 일정을 제안할 수도 있다.

건축 서비스 및 보수(9.2)에서 전문 용역 제공 보수 및 제안서 작성 방법을 설명하고 있다.

용역 범위와 보수 조건을 제시한 모든 제안서는 다음 몇 가지 가정을 전제로 한다. 건축가가 어떤 것을 하고 어떤 것을 하지 않을지, 고객은 어떤 것을 하고 어떤 것을 하지 않을지, 용역 제공 일정 및 지불 일정, 법적 조건 및 조항, 기타 일련의 명시적 또는 묵시적 요소들을 전제로 한다. 계약서 초안을 작성하기에 앞서, 두 가지 중요한 사항을 확인해야 한다.

- 모든 가정이 명확히 규정되어 있는가? 프로젝트 범위, 프로그램, 장소, 예산, 일정이 확고하게 규정되어 있으며, 건축주와의 계약 체결을 위한 토대로 삼을 수 있는가? 프로젝트 범위 설정을 위한 단기 계약서를 먼저 체결하고 다음 단계를 진행하는 2단계 프로세스를 제시할 필요가 있는가?
- 모든 가정을 명확히 이해하고 있는가? 모든 일이 완료된 다음에야 금액을 지불하려 한다면 어떻게 하는가? 프로젝트가 빠르게 진행될 가능성은 없는가? 여러 건의 계약 문서가 필요하지는 않은가? 건설관리자(construction manager, CM)가 개입하지 않을까? 컨설턴트를 누가 선정하는가? 건축가인가, 건축주인가? 건축주가 예산 범위 안에서 프로젝트를 완료하기가 불가능하거나 건축가가 받아들이기 힘든 수준의 조건을 건축주가 제시한다면 어떻게 하는가?

오퍼로서의 제안서

제안서를 "오퍼(offer)"라고도 하며 이것은 비즈니스 관계의 토대이다. 고객이 제안서에 제시된 조건을 수용한다면 아무 문제가 없다. 하지만 제안서의 조건을 수용하지 않거나 제안서 작성의 토대가 되는 가정과 맞지 않는 상황이 발생한다면, 협상 과정에서 수정을 가할 수 있다. 예를 들어 AIA 문서를 거의 그대로 활용하고 있다면, 이런 상황에서 가장 효과적인 방법은 "최신 AIA 문서 B141의 건축주-건축가 계약서에 규정된" 조건과 조항을 적용한다는 문구를 넣는 것이다. 세세하게 규정해 놓지는 않았지만 예상치 못한 상황이 발생했을 때 협상할 수 있는 여지를 마련해 두는 것이다.

불행히도 비표준 형식을 활용하는 일부 고객은 건설 과정 중에 자신을 포함하여 모든 사람에게 발생할 수 있는 문제점을 인식하지 못한다.

많은 고객은 기획 업무가 건축가의 기본 용역 가운데 하나라고 생각한다. 실제로 그렇다면 기획 부분을 제안서에 포함시키고 그에 대한 보수도 책정해 놓는 것이 논리적이다. 제안서에 B141을 언급해 놓으면, 기획 용역은 기본 보수의 대상이 아니며 용역 범위 확대를 통해 포함시킬 수도 있다는 의미의 객관적 근거를 마련해 둘 수 있다.

구두 합의 및 의향서

제안 및 협상 단계가 어떻게 진행되건, 공식 계약서의 체결에 앞서 건축가의 용역 제공을 원하는 고객도 있다. 계약서 체결도 없이 용역 제공을 시작한다면 상당히 위험할 수 있다. 상황이 계획대로 진행되지 않아 법정까지 간다면, 법원은 공식 계약서가 체결되지 않았으므로 구속력이 없다고 판결할 것이다. 그런 경우에 건축가는 보수 없이 "자발적"으로 일한 것으로 간주되거나 잘해야 그동안 일한 부분에 대해서만 보수를 받아낼 수 있다. 예상 이하의 금액일 수 있으며, 또한 양방간의 리스크 부담 원칙이 무시됨으로써 건축가는 치명적인 손실을 입기도 한다.

구두 합의는 어떨까? 구두 합의도 유효한가? 일반적으로는 구두 합의도 유효하다. 문제가 되는 것은 구두 합의의 유효성이 아니라 조건의 증거이다. 어떤 것이 합의되었는가? 실제로 합의가 있었는가? 어떻게 답변하느냐에 따라 당사자 사이의 이해가 엇갈린다. 일을 진행하면서 결정 사항을 기록해 놓지 않으면, 기억하고 싶은 것만 기억하거나 상대방이 기억하는 것과 다를 가능성도 크다. 그렇다면 어떻게 하는가?

이런 상황에서 공식 계약서가 체결될 때까지 용역 제공을 유보하고 싶지 않거나 유보할 수 없다면, 임시 계약서(interim agreement)를 활용할 수 있다. 공식 계약서의 체결에 앞서 제안서에 따라(또는 표준 시간당 단가 방식이나 다른 방식에 따라) 용역 제공을 시작한다는 내용을 명문화하는 것이다. 건축가가 고객업체에 제시한 계약 조건을 인용하여 임시 계약서를 작성할 수 있다. 고객업체가 특정 계약 형식을 제시하지 않는다면, 건축가가 먼저 계약서 초안을 작성해 제공한다. 최대한 많은 계약 조건을 포함시켜 고객업체의 검토와 승인을 받는다. 이 문서는 프로젝트 조건에 대한 건축가의 모든 이해를 반영하며, 그러므로 고객업체 또는 고객업체의 변호사가 계약서 초안의 변경을 요청할 때까지는 건축가의 생각을 대표하는 문서가 된다.

일단 건축가가 용역 제공을 시작하면, 건축주인 고객업체는 공식 계약서를 시급히 체결해야 한다는 생각을 하지 않을 것이다. 그렇기 때문에 임시 계약서 방식을 검토하는 것이 바람직하다. 공식 계약서가 체결되면 정식으로 용역 제공을 계속하고, 그렇지 않으면 일정 기간이 지난 다음에 모든 용역을 중단해야 한다. 일반적으로 필수 부분은 이미 협상을 끝낸 상태이므로 계약서를 체결하는 데 30일 내지 60일 정도면 충분하다. 이 기간 안에 계약서가 체결되지 않으면, 프로젝트의 성공 가능성을 다시 생각해볼 필요가 있다는 징조일 수 있다. 뭔가 심각한 문제가 잠재되어 있다는 경고이다.

어떤 유형의 계약서여야 하는가?

건축주와 건축가 사이에 체결되는 계약서에는 세 종류가 있다. 첫 번째는 건축주가 작성한 계약서이다. 공공 기관, 대형 단체나 대기업은 지속적으로 건설 프로젝트를 추진하여 오랜 경험을 바탕으로 매우 구체적인 계약서를 만들어 놓고 있다. 과거의 경험을 통해 얻은 교훈과 프로젝트별 특성에 맞춘 자세하고 구체적인 계약서이다. 두 번째는 AIA(American Institute of Architects) 이외의 다른 전문 단체가 작성하여 제시한 계약서가 있다. 세 번째는 AIA 표준 계약서 가운데 하나를 활용하는 것이다.

▶ 프로젝트팀 계약(10.2)에서 컨설턴트 및 기타 팀 구성원의 선정 방법을 살펴본다.

AIA 표준 계약서는 100년 이상의 오랜 역사를 갖고 있으며, 건축가와 건축주 간의 계약 관계 이외에도 건축주와 시공자, 건축가와 컨설턴트 간의 계약 등 수많은 문서로 발행되었으며 건설업계에서 많이 활용되고 있다. AIA 표준 문서는 건설업계 전반에 영향을 주는 변화뿐만 아니라 건축 분야의 독특한 변화도 반영하여 주기적으로 개정된다. 그러므로 최신 문서의 새로운 조항과 조건을 세밀하게 검토하고 법적 측면에서도 살펴볼 필요가 있다.

건축주의 특성

상대방을 잘 알아야 하겠지만, 잠재 고객의 모든 것을 알 수는 없을 것이다. 하지만 고객의 일반적인 특징을 유형별로 정리할 수는 있다.

경험이 적은 고객은 건축가에게 비현실적인 기대를 갖고 있을 수 있다. 완벽함을 기대하며 조금만 문제가 생겨도 실망감을 표시할 수 있다. 계약 협상 과정에서 많은 교육이 필요하다. 이런 경우에는 고객이 현실적인 기대와 목표를 유지하도록 하며, 고객과의 의사소통을 위해 계약서를 활용하는 것이 특히 중요하다.

자금이 부족한 고객은 계약 협상 과정에서 특히 주의를 기울여야 한다. 부담 능력 이상의 더 많은 것을 원하기도 하고, 또는 건설비용 조달을 위해 받은 은행 융자금을 해결할 때까지 건축 용역 대금을 지불하지 못하기도 한다. 사실 이런 고객은 프로젝트를 진행할 자금을 전혀 갖추고 있지 못할 수도 있다. 그러므로 처음부터 예산을 확정하는 것이 중요하다. 예산 범위 이내에서 설계 용역을 제공하도록 계약서에 규정되어 있다면 특히 그래야 한다. 그러므로 예산 편성의 중요성과 예산이 프로젝트 범위에 미치는 파급 효과를 고객이 이해할 수 있도록 최선을 다해야 한다. 고객이 무제한의 자금을 갖추고 있다고 가정하지 말아야 한다. 항상 물어보아야 한다.

위원회나 이사회가 운영 주체인 고객을 상대할 때는 특별한 주의가 필요하다. 학교 운영 위원회, 교회 건설 위원회, 콘도미니엄 위원회, 기타 재단이나 회비 또는 공적 자금으로 운영되는 단체는 "정보공개법(sunshine law)"에 따라 운영되고 있다. 모든 것이 구성원의 감시를 받기 때문에 프로젝트 목표, 일정, 예산을 정하고 합의를 이루기가 어려울 때도 있다. 또한 계약서 자체를 철저하게 검토하기 때문에 계약서를 체결하는데 상당한 시간이 걸리기도 한다..

권한과 책임을 갖춘 대표자를 지정하게 하면 도움이 된다. 이사회나 위원회의 의장이 그런 역할을 맡을 수 있다. 대표자는 구성원의 다양한 의견을 수렴하여 건축가에게 방향을 제시한다. 건축가는 이 정리된 결정을 바탕으로 일을 한다.

툭 하면 소송을 일삼는 고객 또한 문제이다. 특히 소송을 남발하는 사람이나 단체가 있다. 개인적 특성일 수도 있고 비즈니스 방침이 그럴 때도 있다. 고객의 성향이 의심스럽다면, 지역 건축 설계 단체를 통해 알아보는 것이 좋다. 변호사와 상담하거나 재판 기록을 점검하는 방법도 있다. 과거의 소송 기록만으로 편견을 가져서는 안 되지만, 그런 정보를 미리 확보한다면 잠재적인 문제점을 미리 알고 대처하는 적절한 대응 방안을 계약서에 포함시킬 수도 있다.

고객이 건축가를 선정하는 방식을 살펴보아도 고객이 기본적으로 중요하게 생각하는 가치와 중점 부분에 대한 정보를 얻을 수 있다. 여러 건축가의 용역 범위와 품질을 조사하고 비교하면서 가장 적합한 건축가를 선정하려는 자세는 전혀 문제될 것이 없다. 여러 건축가가 경쟁하고 있다면 가격 조건이 중요한 요소라는 생각도 잘못된 것은 아니다. 하지만 고객에 대해 다음과 같은 몇 가지를 생각해볼 수 있다. ① 입찰 공고 내용에서 잠재 고객이 충분한 자금을 갖고 있는 것 같은가? ② 전문가의 보수를 어떻게든 깎아 자금 부족 문제의 일부를 해결하려 하지는 않는가? ③ 전문 용역의 특성을 제대로 이해하고 있는 것 같은가?

모든 건축 용역이 다 똑같다고 생각하는 고객이 있다(프로젝트의 특성과 필요한 용역 범위 등에 대한 고려 없이). 그런 고객은 가격만을 중요하게 생각하므로 앞으로 많은 문제가 기다리고 있을 수 있다. 건축가를 서비스 제공자가 아닌 물품 공급자로 생각하는 고객은, 건축가의 "제품"이 완벽하지 않다고 생각하면 실망하고 불만을 표시할 것이다. 고객이 원하는 것, 건축가의 자질, 프로젝트 특성, 서비스 유형과 범위를 반영해 고객과 건축가가 적정 보수 수준을 협의하여 정한다면 좋은 비즈니스 관계가 될 수 있다.

프로그램 매니저를 고객업체가 고용하기도 한다. 경험이 없거나 건설 프로그램 관리 인력이 없을 때는 외부에서 프로그램 매니저를 고용한다. 그런 경우에 고객업체는 외부의 프로그램 매니저나 컨설턴트를 고용하여 건축가, 건설관리자, 시공자 관리를 맡긴다. 하지만 프로그램 매니저(이 역시 건축가일 가능성이 높다)는 고객업체를 완전히 대신하지 못하고, 고객이 다만 설계 및 건설과 관련된 결정을 내리도록 보조한다. 또한 여러 사람과의 의사소통이 원활히 이루어지게 하여 필요한 결정이 제때에 내려지도록 한다.

프로젝트의 특성

고객 유형별로 계약 조건에 영향을 주는 특성이 다르듯이, 프로젝트 유형별로도 그런 특성이 있다. 특정 프로젝트 유형의 소송 사례, 지역별 법적 조건 차이, 설계 및 건설 특성, 건설 및 프로젝트 예산의 적정성, 설계 및 건설 일정 등이 특히 중요하다.

소송 내역. 기존 소송 자료를 보면 콘도미니엄, 학교, 병원 프로젝트가 상대적으로 대규모 소송에 휘말린 사례가 많다. 그럴 만한 이유가 있다. 이들 프로젝트는 위원회가 주도하며 건축주와 이용자가 다른 경우가 많다. 공식 발주 고객과 실제 사용자의 기준이 서로 다를 수 있으며, 두 목소리를 한번에 모두 충족시키기란 불가능하다는 사실을 인식해야 한다. 건축주가 최종 사용자가 아니면서 최종 사용자가 프로젝트 프로세스의 일부에 참여한다면, 최종 사용자의 역할도 건축주와 건축가 간의 계약서에 명시해야 한다. 이렇게 함으로써 누가 지시를 내리고 결정을 하며 건축가는 누구의 말을 들어야 하는지 모든 당사자가 분명하게 이해할 수 있다.

지역별 법적 조건 차이. 주정부에 따라 전문 용역 계약 기준이 서로 다르다. 서명 당사자는 계약 체결을 위한 법적 능력을 갖추어야 하며, 서명 역시 주정부가 인정하는

계약 조건의 협상

좋은 건축이 되려면 좋은 의뢰인이 있어야 한다는 말이 있다. 의뢰인을 훌륭한 고객으로 만들기 위해 용역 계약 조건 협상에 도움이 되는 몇 가지 조언과 기준을 정리할 필요가 있다. 고객과 함께 공유하면 좋을 몇 가지 사항을 정리하고자 한다.

건축가와 의뢰인 간의 공식 계약서는 프로젝트, 기준, 기대 사항을 공유하는 좋은 기회를 제공한다. 이런 기준과 기대 사항을 종이에 옮겨 적기 전에, 아래에 기술된 다섯 단계를 통해 빠진 부분이 없는지 확인한다.

프로젝트 기준 설정

프로젝트 기준(project requirements)을 간단하게 또는 구체적으로 다음 사항을 확인하여 적는다.

- 프로젝트 목적: 무엇을 설계하고 지을 것인가?
- 프로젝트 장소: 어디에 지을 것인가?
- 품질 및 편리성 수준
- 프로젝트의 역할(고객의 삶, 비즈니스, 지역사회 등에 있어서)
- 일정 기준 또는 제약 조건
- 목표 완공 일자
- 예산 및 자금원
- 예상 핵심 팀원

프로젝트 과업의 기술 및 각각의 책임 부여

건축주와 건축가는 프로젝트 목표 달성에 필요한 운영, 설계, 건설, 시설 관리 과업을 파악해야 한다. 다음에는 프로젝트에 필요한 용역 유형을 파악하고 각각을 누가 책임질 것인지 정한다.

일정 기준 파악

프로젝트를 정해진 일정 안에 완료하는 데 필요한 과업과 책임을 정리하고 각각의 과업별 예상 소요 기간을 정한다. (규제 당국의 검토처럼 다른 곳에서 실시하는 부분까지도 포함해 가능한 모든 과업을 포함시킨다.) 어떤 이유로든 지체된다면 프로젝트 전체 일정에 영향을 줄 수 있는 과업을 찾아낸다. 일례로 자금 확보 또는 건축 허가 승인이 그런 것이다. 목표 일정과 예상 일정을 비교하고 필요하면 조정한다.

건축가와 다른 핵심 팀원 모두가 일정 기준을 숙지하고 지켜야 한다.

일정의 비판적 검토

의사 결정에 필요한 시간을 충분히 잡아 놓아야 한다. 프로젝트 기준과 예산을 고려하여 합리적으로 작성된 일정인가? 건축가의 제출 문서 검토와 규제 당국의 승인 확보, 권고 의견 제시 및 검토, 각종 의사 결정에 필요한 시간을 충분히 반영했는가?

기획 결과를 토대로 한 건축 용역 보수 수준 결정

지금까지 설명한 과업 및 일정 기준을 토대로 제안서를 작성한다.

건축주-건축가 계약서

여기까지 제대로 했다면 계약서 작성에 문제가 없을 것이다. 프로젝트 범위, 용역 내용, 책임, 일정, 예산, 건축 용역 보수 등 핵심 문제에 대해 고객과 건축가는 인식의 일치를 보았을 것이다. 이제 아래의 사항을 따라서 프로젝트를 효율적으로 진행할 수 있다.

계약서 작성. 악수를 하거나 간단한 서신을 주고받는 것만으로 충분하지 않다. 고객과 건축가의 역할과 책임, 의무 등 모든 것을 철저하게 기술한 계약서가 필요하다.

AIA 문서 활용. 1880년대부터 개발된 AIA 표준 계약서는 오랫동안 치밀한 검토와 검증을 거쳤다. 건설업계에서 널리 사용되고 있는 이들 문서는 건축주, 변호사, 시공자, 엔지니어, 건축가 등 여러 이해당사자 사이에 합의된 사항을 반영하고 있다. AIA 문서는 서로 긴밀한 관계에 있다. 예를 들어 건축가와 컨설턴트 간의 계약서는 건축주와 건축가 간의 계약서에 종속되며, 일반적으로 나중에 체결되는 고객과 시공자와의 계약서는 건축가의 용역을 실제 건설 공사까지 확대시킨다. AIA 문서는 지역 AIA 사무소에서 쉽게 구할 수 있다(전화: 800-365-2724). 프로젝트 특성에 맞추어 AIA 문서를 변형해 사용할 수 있지만 AIA 문서를 변형할 때는 신중해야 한다. 이들 문서는 일련의 유기적 계약 관계를 반영하고 있으므로, 한 계약서의 사소한 변경도 다른 계약서의 대폭적인 변경 필요성을 유발할 수 있기 때문이다.

건축가가 결과를 보증 또는 보장할 수 없음을 이해한다. 변호사나 의사처럼 전문 용역 제공자인 건축가는 나름대로의 전문 지식과 기준에 따라 업무를 수행한다. 법원 역시 이런 점을 인정하고 있고, 고객 역시 그런 부분을 인정해야 한다.

계약서 체결에 앞서 변호사와 보험사의 자문을 구한다.

출처: AIA 브로슈어(You and Your Architect)(2001년)

형식이어야 한다. 파트너십이나 법인 방식의 건축 용역 제공에 제약을 가하는 주도 있고, 법인 방식을 허용하면서도 한 사람이 법인 대표자로 서명할 것을 요구하는 주도 있다. 일부 주에서는 영업 허가(business license)를 획득해야 한다.

프로젝트 장소에 따라 건축가 역시 건축 영업 허가를 획득해야 한다. "영업 행위(practice)"의 대상이 규정되기도 하며, "건축가"라는 명칭의 사용이 제한되는 경우가 많다. 다른 주에서 일을 할 때는 그 주에서 면허를 획득한 다른 사람을 참여시킨 새로운 회사를 세워야 하는 수도 있다.

프로젝트 수행 지역에서 건축 용역을 제공할 수 있는 필수 자격 조건을 갖추고 있다는 사실을 입증할 필요가 있다. 적정 자격을 갖추지 못하면 법적 처벌의 대상이 되기도 할 뿐만 아니라, 그런 상태에서 용역을 제공했다가 보수를 받지 못하거나 다른 분쟁이 발생해도 법의 보호를 받지 못하기 때문이다. 이런 조건을 미리 조사해 놓아야 계약이 성사될 수 있다.

건축가가 건설 예산을 평가하고 건축주의 예산 편성을 지원하는 용역을 제공하는 등, 건설 예산 관련 업무에 개입하는 경우도 종종 있다.

설계 및 건설 특성. 실험적 설계나 건설 기법 또는 비정상적인 현장 조건을 특징으로 하는 프로젝트라면, 설계 변경 가능성을 고려하여 일반적인 설계 기간보다 훨씬 더 긴 기간을 예상하여 계약서를 작성해야 한다. 건설 문제 발생 건수 및 변경 요청, 건설 비용 증가와 사업 지연이 발생할 수 있기 때문이다. 이런 유형의 프로젝트에서는 당연히 그런 현상이 발생한다. 예상 가능한 위험 요소를 고객에게 미리 알려주고 건축주와 건축가, 그리고 건축주와 시공자 사이의 리스크 분담 방법을 명확히 규정해 놓는 것이 중요하다.

건설비용 관리(13.4)에서 예산 및 예산 편성 문제를 다룬다.

예산 및 일정. 고객의 가장 비현실적인 기대 사항은 예산 및 일정과 관련된 것이라고 할 수 있다. 예를 들어 건설비용과 프로젝트 비용을 혼동하는 고객도 있다. 사실 프로젝트 수행에 많은 비용이 소요되며, 건설비용은 그 가운데 하나일 뿐이다. 이런 점을 고객이 분명하게 인식하도록 해야 한다. 법적 비용과 회계 비용, 토지 비용, 측량 및 지질 조사 비용, 금융비용, 건설 중의 품질 검수 비용, 기타 시설 및 장비 비용 등 예상 가능한 기타 비용 요소를 인식시킨다. 예산을 편성할 때는 우발적인 상황을 고려해야 한다. 시장 상황 변화와 업무 범위 변경, 설계 조정 때문에 비용이 증가 또는 감소될 수도 있기 때문이다. 일단 건설 예산을 정하고 나면, 건축가와 건축주는 정해진 자금으로 어떤 것을 달성할 수 있는지 현실적으로 검토해야 한다. 건축가가 할 수 있는 것이 무엇이고 할 수 없는 것이 무엇인지 논의해야 한다.

또한 고객이 제시한 일정도 현실적으로 검토할 필요가 있다. 하룻밤 사이에 프로젝트를 끝낼 수는 없다. 비현실적인 고객의 요구를 그대로 두어서는 안된다. 계약서의 일부에 일정도 포함시킬 필요가 있다. 그리고 건축가가 통제할 수 있는 부분이 어디인지 명확히 해두어야 한다. 예를 들어 6월 1일에 시당국의 어떤 승인이 있을 것으로 예상되고 그 다음 용역 단계를 수행하는 데 60일이 소요된다면, 정확히 8월 1일까지 끝낸다는 약속을 해서는 안된다. 7월 15일에 시당국의 승인이 내려진다면 어떻게 할 것인가? 대신 시당국의 승인 확보 이후 60일 이내에 다음 용역 단계가 완료된다고 정해 놓는 편이 바람직하다. 프로젝트가 지연되면 고객은 실망과 불만을 표시할 것이다. 그러므로 현실적인 입장을 유지해야 한다. 현실적인 부분을 의사소통하는 수단으로 계약서를 활용한다.

용역 제공 시스템의 선정

일반적으로 건축가는 고객을 위해 일할 "설계 및 건설 팀"의 첫 번째 구성원이다. 그러므로 건축가는 프로젝트 수행 방법과 프로젝트에 참여할 다른 전문가의 선정, 다른 참여업체의 용역 범위 결정, 건축가 업무와의 관계 설정에 있어서 실질적인 영향력을 행사할 수 있다.

건축가는 건설업체 선정 방법과 건설 계약 금액의 산정 근거를 건축주에게 제시한다. 건축주가 활용할 수 있는 프로젝트 수행 방법은 다양하며 그 수도 계속 늘어나고 있다. 고객업체가 어떤 프로젝트 수행 방식을 선택하느냐에 따라(예, 설계-입찰-시공 방식(design-bid-build), 협상계약방식(negotiated contract), 설계-시공방식(design-build), 턴키방식(turnkey), 또는 기타 다양한 혼합형 프로젝트 진행 방식), 건축가는 계약 문서 작성과 관련된 자신의 책임 영역을 자세하게 파악하지 못할 수도 있다. 어떤 프로젝트 수행 방법을 선정하느냐에 따라 계약 문서 역시 크게 달라진다. 그러므로 건축주와 건축가가 프로젝트 수행 방식을 조기에 결정해 놓는 것이 중요하다. 새로운 방법의 장점은 생각하지 않고 기존의 검증된 방법을 고집하는 건축주도 있다. 그러므로 프로젝트 범위의 규정 정도, 예산 운영 방식(고정식 또는 변동 운영식), 일정을 감안하면 다양한 프로젝트 진행 방식의 장점과 단점을 논의하는 데 있어서 건축가가 중요한 역할을 할 수 있다. 초기부터 이런 부분에 개입하면, 건축가는 설계 및 건설 프로세스와 관련하여 건축주에게 포괄적인 자문 제공의 기회를 갖게 된다. 이것이 바로 건축가가 제공할 수 있는 가장 중요한 전략적 용역이다.

프로젝트 수행 방법(9.1)에서 설계 및 건설 용역 제공을 위한 다양한 방법을 설명하고 있다.

리스크의 이해

지금까지 설명한 모든 사항은 전문가 책임(professional liability) 부담 및 리스크 관리 프로그램 개발에 도움이 된다. 리스크 및 책임 문제가 발생하는 가장 중요한 두 가지 이유는 1) 고객과의 커뮤니케이션 부족과 2) 용역 제공자의 태만 때문이다.

고객과의 커뮤니케이션이 중요하다. 용역 제안서부터 시작하여 계약 초안 작성 및 협상 단계를 거쳐 공식 계약서를 체결하고 프로젝트를 진행하는 동안에 고객과 긴밀한 커뮤니케이션을 유지하도록 노력해야 한다. 어떤 일이 일어나고 있는지 고객이 알도록 하고, 고객이 현실적인 것을 기대하도록 하며, 필수적인 의사 결정 과정에 참여하도록 해야 한다. 그래야 손해 배상 요구나 소송까지 이어지는 사태를 방지할 수 있다.

리스크 및 책임 문제가 발생하는 또 다른 이유는 부실한 용역 제공에 있다. 건축가와 엔지니어의 건설 문서 조정 등 수많은 이유로 인해 변경해야 할 세부 설계 부분, 건축주의 예산을 초과하는 설계 문서, 합의된 일정과 달리 용역 제공의 지체, 현재의 법률 및 기타 관련 규정과 맞지 않는 설계 결과 때문에 리스크와 책임 문제가 발생할 수 있다.

건축가 역시 경쟁 압력을 받고 있다. 일정 시간과 예산 범위 안에서 달성해야 하는 부분을 너무 낙관적으로 생각하면 보수를 최소한으로 제시하여 계약을 성사시키려는 유혹에 빠지기 쉽다. 냉정을 되찾을 필요가 있다. 제안서와 계약서는 무시해 버려도 되는 그런 것이 아니다. 제안서와 계약서는 모두가 지켜야 할 규칙이며, 프로젝트 수행을 위한 "법"이다. 쉽지는 않겠지만 흥분을 가라앉히고 냉정하게 분석할 필요가 있다.

건축가가 제공하는 용역과 고객의 책임 부분을 명확히 규정한 계약서가 있어야 한다. 그래야 리스크를 예방하거나 문제가 발생해도 그에 따른 손실을 서로 분담할 수 있다. 건축주나 다른 누군가가 건축가의 태만을 주장한다면, 건축가는 자신이 계약에 따른 의무를 다했다는 사실을 증명해야 한다.

일반적인 의무는 법률, 판례, 규정 등에 지정되어 있고, 구체적인 의무는 계약서에 규정된다. 달리 말하면 건축주와 건축가 사이에 체결되는 계약서가 프로젝트 수행 과정에서 지켜야 할 건축가의 의무를 규정하는 중요한 기본 문서이다. 의무를 다하지 않으면 태만은 정당화될 수 없다. 서로의 관계에서 당사자가 책임져야 할 부분과는 별개로 하고, 건축주와 건축가 사이에 체결되는 계약서에 전문가 책임 관련 리스크 부분을 명확히 해놓아야 한다.

- 극단적인 입장을 취하는 고객도 있다. 건축가가 어떤 "보증(guarantee)"을 하도록 요구한다. 건축가는 법적으로나 직업적으로 완벽함을 보증할 의무가 없으므로, 그런 조건을 수용하는 것은 현명하지도 못하며 막대한 부담으로 이어질 수 있다.
- 반면 극단적인 입장을 취하는 건축가도 있다. 일체의 책임을 부담하지 않겠다고 주장하는 것이다. 완벽함을 기대하지는 않아도 문제가 발생하면 어느 정도의 책임은 져야 한다고 생각하는 건축주는 이런 입장을 받아들이지 않을 것이다.

경험이 풍부한 건축주와 건축가는 건축가가 책임져야 할 성과의 수준 또는 정도가 어디까지인지 잘 알고 있다. 성과 수준은 다른 사람, 특히 하도급업체에게 프로젝트 기준을 제시하는 데 필요한 문서 및 설계 문서의 수준과 관계가 있다. 또한 프로젝트 수행에 필요한 문서의 수준은 프로젝트의 복잡성, 고객이 선정한 프로젝트 수행 방법, 고객이 제시한 일정, 그리고 고객과 건축가가 상호 협의하여 정한 보수 수준에 따라 달라진다. 예를 들어 여러 장소에 소매점을 짓는 일을 건축주가 한 시공자에게 맡긴다면, 건축가가 만들어야 할 문서의 수준은 그리 높지 않아도 된다. 반면 독특한 박물관을 건설하는 프로젝트라면, 다양하고 복잡한 문서가 필요하다. 건축주와 건축가의 협상 과정은 성과 수준을 논의하고 건축주가 생각하는 문서 수준이 프로젝트 유형에 비추어 충분하지 않을 때 발생하는 리스크의 대처 방안을 협의하는 중요한 기회이다.

보상(면책) 조항. 건설 프로젝트와 관련하여 발생하는 분쟁에는 여러 당사자가 개입된다. 문제 분석 초기 단계에서는 문제의 원인이 어디에 있는지(설계 결함, 건설 결함, 운영 및 유지관리 결함) 분명하지 않을 수 있다. 그러므로 프로젝트 관련자 모두(건축주, 건축가, 시공자)가 분쟁에 휘말린다. 법적 판결로 건축가에게 문제가 없음이 증명된다고 해도, 그 과정에서 많은 비용과 시간 손실이 발생한다. 그렇기 때문에 건축가의 전적인 태만에 의한 것 이외의 문제로 제3자가 소송을 제기하는 경우, 건축가에게 면책권을 부여하거나 건축가가 입은 손해에 대하여 보상할 것을 요구하는 건축가가 많다. 면책 조항의 유효성을 인정하는 주도 있고, 그런 조항을 전적으로 배제하는 주

도 있다(AIA 문서 A201, 3.18 참조).

지적재산권. 과거의 사례를 보면 일부 건축주는 도면과 각종 문서를 건축주의 것으로 취급하여 다른 장소에서 추진하는 유사 프로젝트에 그 문서를 다시 사용하려고 한다. 건축가로서는 예상치 못한 것이다. 사실 도면과 시방서 등 설계 문서는 건축 용역의 결과물이며, 특정 상황에서 특정 프로젝트에만 사용할 목적으로 만든 것이다. 다른 상황의 다른 프로젝트에 사용하기에는 적합하지 않다. 건축가가 작성한 문서를 누군가가 변경하거나 잘못 해석하거나 조건이 다른데도 그대로 사용하는 행위를 한다면, 건축가는 그런 사실을 증명하고 그에 따른 문제에 책임을 지지 않아도 될 것이다. 하지만 그렇게 증명하려면 시간과 돈이 소요되므로, 문서의 오용 또는 허용되지 않은 용도의 사용에 따라 문제가 발생했을 때, 건축가가 손해를 보지 않도록 한다는 조항을 계약서에 포함시키는 경우가 많다(B141의 1.3.2.1 참조).

계약서의 작성

필수 사항을 모두 검토하고 해결한 다음에 계약서 작성에 들어간다. AIA가 발행한 표준 계약서 가운데 하나나 공공 기관의 표준 계약서, 또는 프로젝트 특성에 맞게 작성한 계약서를 사용할 수 있다.

표준 계약서

AIA 문서 프로그램의 목적은 모든 계약 당사자에게 공정하며 건설업계 내부의 합의 사항을 반영해 유용한 문서를 만드는 데 있다. AIA는 건축주-건축가 표준 계약서를 발행한다. 표준 계약서는 각종 필수 계약 조항과 조건을 다루고 있으며, 현재의 상황을 반영하기 위해 주기적으로 검토하여 개정된다. 또한 모든 AIA 문서 요약서를 주기적으로 발행한다. 이 요약서는 각종 문서를 설명하고 어떤 상황에서 어떻게 활용하는지 제시한다.

표준 문서를 전자 문서 형식으로도 발행한다. 전자 문서 형식으로 모든 계약서 전문을 제공하며 내용을 편집하여 사용할 수도 있다. 전자 문서의 본문을 편집하여 변경한 사항은 밑줄이 그어진 상태로 표시된다. 삭제 부분 역시 표시가 남는다. 그러므로 건축주와 건축가 모두 AIA 표준 계약서와 비교하여 어떤 점이 수정되었는지 쉽게 알아볼 수 있다.

AIA 문서(10.4)에서 AIA의 문서 프로그램을 소개한다.

AIA 문서 B141-1997 "건축주-건축가 계약서"는 AIA 문서 가운데 가장 널리 활용되는 것이다. 1997년에 발행된 B141 문서는 이전 것과 큰 차이가 있다. 문서 편집 융통성이 커져서 프로젝트 유형과 규모, 용역 종류에 맞추어 조정할 수 있지만 B141의 핵심 조건과 조항은 크게 달라진 것이 없다.

문서 파인더(부록 C)에서 AIA 문서를 유형별로 정리하여 설명하고 용역 유형에 따라 필요한 문서를 쉽게 찾는 방법도 제시한다.

AIA 문서 B151 "건축주-건축가 계약서(한정된 범위의 건설 프로젝트)"는 덜 복잡

AIA 건축주-건축가 표준 계약서

AIA(American Institute of Architects)는 1888년부터 건설업계를 위해 각종 계약 문서를 개발해 제공하고 있다. 최초의 건축주-건축가 표준 계약서(현재 AIA 문서 B141의 첫 번째 문서)는 1915년에 발행되었다.

이 책이 만들어진 당시에 가장 많이 사용된 계약 문서를 정리하면 다음과 같다.

- 건축주-건축가 표준 계약서(B141)
- 지정 용역(B163)
- 한정된 범위의 프로젝트(B151)
- 소규모 프로젝트(B155)
- 특별 용역(B727)

이외에도 다음 분야와 관련된 계약서가 개발되었다.

- 인테리어 용역(B171; B177 – 한정된 범위의 프로젝트)
- 정부 부처 건물을 포함하여 단일 또는 복합 주거 건물(B181 – 미국 도시주택부(Department of Housing and Urban Development) 채택)
- 주거 프로젝트를 위한 한정된 용역(B188)
- 건설관리자가 건축주의 자문 역할을 수행하는 프로젝트에서의 건축 용역(B141/CMa)
- 건축가가 건설관리 용역도 제공하는 프로젝트의 건축 용역(B144/ARCH-CM)
- 설계-시공 수행업체의 건축 용역(B901)

Dale R. Ellickson, FAIA

한 프로젝트에 적당하다. 여러 부분으로 구성된 B141과 달리 한 부분으로 구성되어 있다. B151은 B141의 이전 판과 유사하다. 다만 전문 용역 기술이 보다 단순하고 계약 조건과 조항은 최대한 압축적이므로 다음 두 가지 사항을 환기할 필요가 있다.

- 제목 자체에 "한정된 범위(limited scope)"라는 표현이 있다고 해도, 설계 및 건설 팀원 사이의 관계와 프로젝트의 복잡성 측면에서 절대 단순하지 않다. 계약 금액이 적은 것도 아니다.
- 복잡하지 않은 프로젝트라도 많은 책임 문제와 리스크가 있을 수 있다. 계약 조건과 조항이 프로젝트에 적절해야 한다.

동봉된 CD-ROM의 B141 부록에서 이 문서를 구절별로 분석하여 설명하고 있다.

B141. B141은 다양한 프로젝트 유형, 고객 유형, 프로젝트 수행 방법에 활용할 수 있는 건축주와 건축가 사이의 포괄적인 계약서이다. 여러 부분으로 구성된 B141을 만든 목적은, 건축주와 프로젝트의 유형에 맞추어 조정해 사용할 수 있는 건축주와 건축가 사이의 핵심 계약서를 제공하는 데 있다.

건축가의 단체가 만든 계약서를 사용하는 데 회의적인 시선을 보낸 건축주도 많았다. B141이 건축주보다는 건축가를 보호하기 위한 것이라고 주장한 사람도 있었다. AIA 문서의 목적은 건축가의 의무와 책임을 건축주에게 떠넘기거나 건축주의 의무와 책임을 건축가에게 떠넘기기 위한 것이 아니다. 프로젝트 수행에 앞서 주요 사항의 개념을 명확히 하는 데 중점을 두고 있어 건축가가 전문 용역을 보다 정확히 제안하도록 하는 데 목적이 있다. 또한 B141은 어떤 용역이 제공되는지, 특히 건축가의 일반적인 용역("기본 용역") 이외에도 추가적인 용역이 필요한 경우에 어떤 용역이 제공되어야 하는지 고객이 명확히 이해하도록 하는 데도 중점을 두고 있다. 이 문서는 다음의 네 가지 특징을 갖고 있다.

초기 정보. B141은 2페이지에 걸쳐 예정 프로젝트에 대해 확보해야 할 초기 정보 사항을 설명한다. 이 정보를 통해 건축주와 건축가는 프로젝트의 목적, 규모, 위치, 프로그램, 예산, 추진 방법을 규정할 수 있다. 또한 건축주, 건축가, 건축가의 컨설턴트를 대표할 핵심 인물을 파악할 수도 있다.

용역 변경. B141은 계약 체결 이후에도 필요에 따라 계약서를 변경할 수 있도록 했다. 프로젝트가 설계 단계에서 건설 단계로 진행되면서 흔히 발생되는 용역 변경도 감안했다. 1.1의 가정 또는 초기 정보가 변경되거나 B141의 이전 판에 기술된 것과 유사한 변경에 의해 건축가의 용역 변경이 시작될 수 있다. 이 부분은 1.3.3에 기술되어 있다. 또한 현장 방문 등의 결과로 발생할 수 있는 건설 관리 용역의 변경은 2.8.1에 규정되어 있다. 이외에도 건설 관리 용역의 기타 변경에 관한 사항은 2.8.2에 기술되어 있다.

B141은 시공 상세도 검토, 현장 방문, 펀치리스트 작업, 최종 점검, 사후 관리와 관련된 건축가의 다양한 용역을 명시하면서 건설 관리 용역을 명확히 규정한다.

책임 분담. 프로젝트 특성을 감안하고 기본 용역 범위를 벗어나는 다양한 용역을 고객이 요구할 때를 대비하여, 2.8.3에 그런 용역을 정리해 놓았다. 해당 용역 부분을 파악하고 그에 대한 책임을 누가 부담하는지 정한다. 건축가가 어떤 부가 용역을 책임진다면, 그 용역에 대한 구체적인 사항을 부록에 기술하거나 B141의 표준 용역 기술 부분이 아닌 다른 곳에 정리하고 참고하게 할 수 있다.

건축주의 예산에 맞춘 설계. B141의 2.1.7.5는 고객의 예산 범위에 맞추어 설계할 의무를 규정하고 있다. 설계 결과가 예산 범위를 벗어난다면, 건축가는 자신의 비용으로 설계를 다시 해야 한다. 하지만 필요에 따라 프로젝트 범위나 품질을 조정할 수 있는 융통성은 있다. 이 의무는 B141의 초기 판과 비교해 크게 달라진 것은 없다. 초기 정보 확보 과정에서 파악한 예산 수준에 동의를 했다면, 건축가는 건축주의 예산에 맞출 의무가 있다. 건축주의 목표 달성에 그 예산이면 가능하다고 판단하고 그에 대해 동의했다면, 당연히 그 예산으로 가능하게 설계해야 한다. 1.1 및 2.1.7.5는 고객의 예산 기준에 합의할 때 신중해야 한다고 규정하고 있다. 합의된 품질 수준의 성과를 달성하는 데 그 정도 예산이면 적절하다고 동의하면, 동시에 건축가는 그 범위 안에서 설계할 책임을 수용한 것이 된다.

표준 계약서의 변형. 건축가와 건축주 모두 표준 계약서를 조정할 수 있다. 해당되지 않는 조항이나 다른 이유로 필요 없는 조항을 삭제할 수도 있다. 또한 표준 계약서에는 없지만 필요하다고 생각되는 부분을 반영한 조항을 추가하는 것도 가능하다.

비표준양식 계약서

일부 건축주는 자의 또는 규제 기준에 따라 자체적으로 계약서를 작성한다. 고객업체

계약 체결: 법적 문제

건축가는 다양한 계약서를 체결한다. 프로젝트와 관련된 것도 있고, 일반적인 비즈니스 목적의 계약서도 있다. 계약서는 법적 형식을 구비해야 한다. 프로젝트 계약서를 체결하기에 앞서 건축가와 그의 변호사는 프로젝트 수행 지역의 법적 기준과 건축가 및 건축주의 사무소가 위치한 곳의 법적 기준을 모두 확인할 필요가 있다.

"블랙의 법률 사전(Black's Law Dictionary)"은 (둘 또는 그 이상의 당사자 사이에) "어떤 특별한 것을 하거나 하지 않을 의무를 규정하며 체결하는 것"이 계약서라고 규정한다. 계약서의 필수 요소는 다음과 같다.

- *법적 자격을 갖춘 당사자(competent parties)*. 두 사람이 탱고를 추듯이 계약도 둘 사이에 이루어지는 것이다. 물론 둘 이상의 당사자가 하나의 계약서를 체결하기도 한다. 계약 당사자가 계약서에 명시되어 있어야 하며, 계약 당사자는 법적으로 아무 문제가 없는 나이여야 하고, 정신적 금치산자가 아니어야 한다. 법인, 조합, 합작 법인 등 법적 단체가 계약 체결의 법적 자격을 갖춘 당사자가 될 수도 있다. 하지만 그 단체를 위해 계약서에 서명하는 사람이 그런 권리를 부여받았는지 확인해야 한다.
- *주제(subject matter)*. 계약서는 특정 주제를 갖고 있어야 한다. 계약의 주제와 계약서에 의거한 각 당사자의 의무를 계약 당사자 사이의 "의사 표시의 일치(meeting of the minds)"라고 부르기도 한다.
- *대가(consideration)*. 계약 당사자 각각은 어떤 가치 있는 것을 제공하고 받아야 한다. 법적 대가는 금전적 지불일 수도 있고 그렇지 않을 수도 있다. 또한 계약 당사자가 하지 않아도 되는 행위의 수행이나 계약 당사자가 행동에 옮길 권리가 있는 행위를 하지 않기로 합의하는 기준이 되기도 한다.

파트너십. 전문 용역 계약서는 일반적으로 파트너십의 이름으로 계약을 체결하며, 이때 최소한 파트너 가운데 한 명이 서명한다. 계약서에 서명하는 파트너는 프로젝트 수행 지역의 적법한 면허를 구비한 건축가여야 한다. 파트너십의 이름으로 한 파트너가 서명한 계약서는 해당 파트너십과 그에 소속된 모든 파트너에게 구속력을 발휘한다. 파트너십 소속 파트너의 자격이 의심스러울 때는 미리 조사하고 확인한 다음에 계약서를 체결한다.

법인. 법인과 계약서를 체결할 때는 정확한 법인 명칭(약칭 포함)을 첫 페이지와 마지막 서명 페이지에 명기한다. 또한 서명 페이지에는 계약서 체결의 권한을 부여받은 사람의 이름과 직책, 법인 날인, 기업 임원의 증명이 포함되어야 한다. 수권책임자의 직책을 기재하는 이유는, 개인이 아니라 법인을 대리하여 서명한다는 의미를 명확히 하기 위해서이다.

법인과 계약을 체결할 때는 다음 사항을 확인해야 한다.

- 그 법인이 정관과 내규에 따라 해당 계약서를 체결할 수 있어야 한다.
- 이사회 의결 등 적합한 절차를 통해 계약 체결 권한을 확보했어야 한다.
- 계약서에 서명하는 자는 그렇게 할 수 있는 권한을 부여받았어야 한다.

이런 부분을 확인하지 않고 넘어가면, 나중에 법인이 계약서에 서명한 개인에게 책임을 떠넘기는 사태가 발생할 수도 있다.

공공 기관. 공공 기관(예, 학교)을 상대할 때는 계약 당사자가 계약 체결의 권한을 갖고 있는지 확인해야 한다. 계약 체결을 승인한 의결 문서 사본을 계약서에 첨부하도록 요청하는 방법이 있다. 또한 건축 용역의 대가 지불을 위한 자금이 확보되었는지도 확인해야 한다.

증인. 계약의 유효성을 확보하는 데 증인이 법적으로 꼭 필요한 것은 아니지만, 계약서의 실제 체결 사실을 입증할 수 있는 누군가가 입회하도록 하면 도움이 된다. 공증인이 이 목적에 적합하다.

날인. 계약 당사자가 계약의 적법성을 증명하기 위해 계약서에 문장을 찍었던 영국 전통에 따라 계약서에 날인을 하기도 한다. 현재는 계약서의 서명 부분 뒤에 "날인(seal)" 또는 L.S.라고 표기한다. 계약서에 날인하는 것은 대부분의 주에서 단순히 전통적인 의미에 불과하다. 하지만 아직도 절반에 달하는 주에서 계약서 날인은 계약의 의미를 더욱 강화시켜 구속력 있는 의무를 발생시키며(그 의무에 대한 대가가 전혀 없는 경우에도) 계약 관련 법적 행위의 수행 기간을 확장시킨다. 이런 지역에서는 "날인" 부분에 서명해야 한다. 여기서 날인을 할 때는 정식 인감을 사용해야 하며 일반 도장이나 다른 것을 사용해서는 안 된다.

Howard G. Goldberg

의 특별한 운영 기준에 맞추어 작성하거나 AIA 문서를 대폭적으로 변형하기도 한다. 비표준양식 계약서를 상대할 때는 주의를 기울여야 한다.

- 용역 범위와 내용, 의무, 보수 조항을 이해해야 한다.

- 건축가의 책임 관련 부분에서 책임 보험 대상에서의 제외를 제안하거나 고객업체의 보상 조건을 요구한 다음에 보험 전문가의 검토를 받는다.
- AIA 문서를 변형하여 사용하는 상황을 굳이 마다할 이유는 없지만, 변호사의 조언을 구하는 것이 좋다. AIA 문서 B141, B163, D200을 기반으로 한 체크리스트(프로젝트 체크리스트) 또는 자체 체크리스트를 활용하여 계약서 초안을 비교하는 방법도 바람직하다.
- 건축주와 체결하는 계약서를 다른 프로젝트 계약서(예, 건축가-컨설턴트 계약서, 건축주-시공사 계약서)의 조항과 일관성을 갖도록 조정한다.

고객이 작성한 계약서 조항을 신중하게 검토하고 평가할 필요가 있다. 참고자료, 건축주 작성 계약에 대한 대응(10.1)에서 이 문제와 관련하여 가이드라인을 제시한다.

계약 체결 이후의 변경

프로젝트가 진행됨에 따라 계약 변경이 발생할 수 있다.

시간이 지나고 건설 작업이 구체적으로 진행됨에 따라, 초기에 설정했던 프로젝트 범위, 일정, 예산 규모 등이 변경되기도 한다. 법적 기준과 가용 자금 수준에 따라 설계 변경이 발생하기도 한다. 입찰 및 협상 과정에서 대체의 필요성이 제기될 수도 있다. 상세 설계 과정에서 프로젝트의 형태가 더 자세하게 갖추어진다. 현장의 여건 때문에 변경 필요성이 제기되기도 한다. 시간이 경과하고 기술이 개선됨에 따라, 그리고 고객의 건설 프로젝트 경험이 쌓이면서, 설계 변경이 불가피하게 발생한다.

건축주-건축가 계약서는 물론이고 모든 프로젝트 계약서가 언제든지 변경될 수 있다고 생각해도 좋다. 프로젝트 진행 상황에 따라 필요하면 변경될 수 있는 것이다.

그러므로 변경이 발생하면 그 내용을 기록하는 것이 중요하다. 계약서에 처음 기술된 사항을 기준으로 하여, 프로젝트 진행 중에 발생한 변경을 기록한다. 건축 용역 범위, 비용, 시간에 큰 영향을 주지 않는 사소한 변경도 있지만, 대부분의 변경은 실질적인 영향을 준다. 변경이 수시로 발생할 수 있으므로, 건축가는 변경 사항을 즉시 기록하고 그에 따른 파급 효과를 평가한다. 그리고 건축주는 물론이고 관련 당사자 모두에게 변경과 그 영향을 이해시켜야 한다.

AIA 문서 G604 "전문 용역 보완 승인"은 건축주 및 건축가, 그리고 건축가 및 컨설턴트 간의 계약에 활용할 수 있다. 한 당사자가 다른 당사자의 추가 용역 제공과 용역 범위 변경, 추가 경비의 처리, 기타 변경 처리에 관한 사항을 접수하여 처리하는 조항이 포함되어 있다. 또한 용역 제공 시간과 보수의 조정에 관한 사항도 기술되어 있다.

추가적인 정보

대부분의 건축 관련 법률 서적에는 건축주-건축가 계약서와 관련된 논문과 참고 사례가 포함되어 있다.

AIA 문서 활용을 법적 측면에서 설명하고 해석한 책도 있다("AIA Legal Citator", Steven G. M. Stein 편집, Matthew Bender Company 출간). AIA의 A, B, C 시리즈 문서와 관련된 판례가 잘 정리되어 있다.

건축주 작성 계약에 대한 대응

Frank Musica, Esq., Assoc. AIA

미국의 민사 사법 제도는 건축가에게 특별한 지위를 부여하고 있다. 건축가의 판단을 존중하고 설계 용역의 독특성을 인정하며 합리적이고 신중한 건축가의 행위를 보호한다. 하지만 자신의 책임을 결정할 당사자의 자유와 계약에 따른 권리도 인정한다. 신중하고 합리적인 용역(미국 법률 제도가 건축가에게 요구하는 수준의 신중함을 바탕으로 한 용역) 제공 의무 및 건축가의 일반적인 법적 책임은 계약서에 의거하여 변형할 수 있는 건축가의 자유와 권리 사이에 존재하는 긴장 관계로 의도하지 않은 또는 예상치 못한 리스크를 발생시킨다.

합리적인 전문 용역 계약 조건의 협상

대부분의 고객은 설계 프로세스가 대규모 자본 투자의 첫 단계에 불과하다는 사실을 잘 알고 있다. 설계 작업은 실제 건설뿐만 아니라 결과물의 이용 또는 판매와도 관계가 있다. 규모가 작은 일부 프로젝트를 제외하면, 대부분의 고객은 설계 용역의 협상 시작 단계부터 변호사, 리스크 관리 전문가, 보험사로부터 조언을 구한다.

고객에게 유리한 조항으로 계약서를 만들어 종래의 건축주-건축가 관계를 재규정하라고 고객을 유혹하는 사람도 종종 있다. 그렇다고 설계 및 건설 프로세스에 경험이 풍부한 법률 전문가가 고객을 대표한다는 의미는 아니다. 고객의 변호사나 기타 자문 역할을 하는 사람이 고객과 건축가의 비즈니스 관계에 영향을 줄 수는 있지만, 건설업계에 대한 이해나 설계 용역의 전문성에 대한 인식을 충분히 갖추었다고 보기는 어렵다.

설계 및 건설은 역동적인 프로세스이다. 협상을 거쳐 계약을 체결한 다음에도 수많은 의사 결정이 매일 벌어진다. 프로젝트가 진행되는 동안 고객과 건축가 사이에는 수많은 협의가 계속 벌어진다. 고객과 건축가 사이의 효과적인 커뮤니케이션이 프로젝트 성공의 열쇠라고 할 수 있다. 이와 같은 협의가 계속 필요한 이유 가운데 하나는, 건설 프로세스를 잘 알지 못하는 변호사가 계약서를 만들면 분쟁을 예방하기보다는 분쟁을 유발하기 때문이다.

AIA 문서에 포함된 정보를 고객 또는 고객의 변호사에게 설명하면 교육 및 커뮤니케이션 프로세스에 도움이 되고 전문 용역 계약서에 포함된 수준의 현실적인 기대를 갖게 할 수 있다. 또한 계약서를 만들 때는 프로젝트의 특이적인 조항과 일반 조건 및 조항을 포함시키고, 비현실적이거나 모호한 조항은 제한해야 한다. 물론 해당 AIA 표준 계약서에 대비하여 계약서 초안을 비교 검토하는 것도 도움이 된다.

생산성 도구인 계약서

계약 협상 과정은 건축주와 건축가의 관계를 굳건히 하고 생산적으로 만드는 좋은 기회이다. 건축주와 건축가 모두 협상 과정에서 제기된 문제와 상호 관계, 상대적 중요성을 충분히 이해해야 한다. CNA/Schinnerer 전문 책임 보험 프로그램의 리스크 관리 전문가에 따르면, 계약 협상 과정의 결과물이 다음 기준을 충족시키는 계약서로 이어진다면 성공적이라고 볼 수 있다고 한다.

- 고객과 건축가 모두의 기대 사항을 명확히 규정하고 합리적으로 통합시킨다.
- 고객과 건축가의 권리 및 의무를 명확히 표현한다.
- 리스크와 보상을 분명히 하고 공정하게 분담한다.
- 리스크 항목별로 그 리스크를 통제 또는 관리하기에 가장 적당한 당사자를 선정한다.
- 법률이나 계약에 의거한 보상 책임을 보험으로 처리한다.
- 프로젝트 진행 과정에서 발생하는 변경을 합리적으로 처리할 수 있는 메커니즘을 구축한다.
- 고객과 건축가 사이에 상호 이해된 부분을 문서로 작성한다.

고객과 건축가 간의 계약서를 구체적으로 잘 작성하면 혼란과 불확실함, 불만을 예방할 수 있다. 계약서는 용역 범위, 전반적인 관계, 커뮤니케이션 시스템, 주의 의무, 양방의 권리와 책임을 규정한다. 계약서를 작성하고 양자의 합의 사항을 명확히 규정하면, 오해와 분쟁, 소송 발생 가능성이 크게 줄어든다.

고객이 작성한 계약서를 검토할 때 고려해야 할 사항

고객이 작성한 계약서를 검토할 때는 다음 사항을 확인해야 한다.

- 무슨 말을 하고 있는가? 무슨 의미인가?
- AIA 표준 계약서의 조항 대신에 이 조항을 채택한 이유는 무엇인가?
- 이 조항은 어떤 문제의 해결을 목적으로 하는가?
- 이 조항은 건축가의 책임에 어떤 영향을 주는가?
- 이 조항이 고객과 건축가의 비즈니스 관계에 부정적인 영향을 줄 것 같지는 않은가?

법원이 터무니없는 것이라고 판결할 것 같은 계약서라면 다시 생각해야 한다. 계약법의 목적은 예측 가능한 상거래를 보장하는 데 있다. 공공 정책에 반하지 않거나 협박 또는 부정행위에 의해 체결되지 않은 계약서만 인정한다. 달리 말하면 법원은 아무리 부당한 거래라고 해도, 계약 체결 권한을 인정하고 계약 조건의 이행을 명령할 것이다.

거래 및 책임 조항

용역 내용, 계약 의무, 보수를 규정한 프로젝트의 특이 조항과 일반 조건 등 계약서의 비즈니스 관련 조항에는 일반적으로 거래 및 책임 조항이 수반된다. 신중하지 못한 건축가에게는 함정이 될 수도 있지만, 대개는 두 당사자 모두에게 부담이 된다.

계약 관계를 건축가가 거부하게 만들 수 있는 조항도 있다. 계약서의 문구 때문에(계약서에 의거한 관계, 업무 범위와 보수의 적절성, 건축가의 리스크 관리 역량 문제가 아니라) 용역 제공 여부를 다시 생각하게 하기도 한다. 건축가의 리스크 관리 능력을 벗어나는 조항도 있다. 이러한 조항은 전문 책임 보험이나 기타 보험으로 처리할 수 있는 범위를 넘어서기도 한다.

계약서를 검토할 때는 아래에 기술된 조항에 특히 주의해야 한다. 리스크를 크게 증가시킬 수 있고, 또한 건축가가 적절하게 관리하거나 보험 가입을 통해 해결할 수 없을 정도의 상황을 유발하기도 한다.

보상 또는 면책 조항. 이 조항은 리스크를 한 당사자에서 다른 당사자에게로 떠넘기는 것이다. 일반적으로 건축가에게 리스크를 떠넘기는 경우가 많다. 법에 의한 수준 이상의 보상을 건축가에게 요구하는 사례도 종종 있다. 그렇지 않다면 이런 조항을 계약서에 포함시킬 이유는 없을 것이다.

방어 의무. 방어 의무를 별도로 명시하는 경우는 거의 없다. 다만 보상 조항에 숨겨져 있다. 건축가의 태만에 따라 방어 비용이 발생한다면 방어 비용의 보상을 고객이 요구하는 것은 타당할 수 있다. 하지만 건축가의 방어 책임 부담은 전적으로 다른 문제이다. 예를 들어 전문 책임 보험 회사가 건축가와 고객 모두를 보호하는 경우는 드물다. 대개는 건축가의 적극적인 태만에 대한 주장이 없는 경우에도 고객의 법적 방어에 소요된 많은 비용을 건축가 혼자 책임진다.

명시적 보증 또는 보장. 현실적이지 못하고 효과적이지도 못한 방식으로 책임을 부과하는 조항이다. 또한 계약서 전반에 걸쳐 이런 조항이 있기도 하며 교묘하게 위장되어 있기도 하다. 건축가는 그의 통제 범위 안에 있는 사실이나 상황에 대해 보증을 하는 것에 아무 문제를 느끼지 못할 수도 있지만(예, 프로젝트 진행 장소에서 용역을 제공하는 데 필요한 전문 자격증과 영업 허가증의 보유), 용역 보증의 제공은 비합리적이다. 더구나 다른 사람의 성과를 보증(예, 시공자의 작업 결과)하는 것은 무책임하기까지 하다. 건축가는 시공자를 관리할 수 없기 때문이다.

주의 의무. 주의 의무의 부적절한 또는 과도한 규정은 충족시키지도 못할 기대를 갖게 할 수 있다. 모든 것은 법이 정한 바에 따라야 한다. 주의 의무를 명시하지 않아도 건축가는 용역 제공 당시에 일반적으로 인정되는 수준의 통상적인 주의 의무를 다하여 용역을 제공해야 한다. 주의 의무를 명시적으로 표시하거나 건축업체의 능력과 자격 조건을 토대로 주의 의무 대상을 확대할 때는 신중해야 한다.

비용 예측. 비용 예측 부분에는 예측의 목적과 산출 방법을 표시해야 한다. 예를 들어 처음에는 개념적 수준의 방법으로 비용을 산출하다가 설계 작업이 진행되는 과정에서 건축가의 판단과 경험을 토대로 더 세밀하게 다듬을 수 있다. 시장 상황이나 입찰 절차를 건축가 마음대로 할 수는 없으므로, 고객은 입찰 금액이나 건설비용이 비용 예측과 차이날 수 있음을 인정해야 한다.

현장 방문. 현장 방문의 이유를 명확히 해야 한다. 시행업체의 작업 결과 평가를 위해 건축가가 다양한 용역을 제공할 수 있지만, 고객은 그런 용역의 범위와 비용, 한계를 명확히 인식해야 한다. 또한 현장 방문 횟수를 고객이 알고 있어야 한다. 특정 건설 공정에서 합의된 횟수만큼 방문할 수도 있고, 건축가가 판단하기에 필요할 때마다 방문하는 것으로 할 수도 있다.

누락 조항

고객이 작성한 계약서에는 건축가에게 중요한 부분이 빠져 있을 수 있다. 건축가의 용역과 시공자의 업무를 명확히 구분하는 조항이 특히 중요하다.

결과의 책임. 시공자가 건설 작업의 수단, 방법, 기법, 순서, 절차와 궁극적인 프로젝트 결과에 대해 책임진다는 명확한 조항이 건설을 목적으로 하는 설계 계약서에 포함되어야 한다. 건설 관리 또는 설계-시공 용역이 대상이 아닌 프로젝트라면, 건축가가 프로젝트 진행 중에 시공자의 작업 결과를 평가할 수는 있지만, 그런 평가로 인해 설계에 따른 시공자의 시공 책임이 달라지는 것은 아니라는 점을 고객이 이해해야 한다.

작업자 안전. 시공자는 현장 통제권을 갖고 있으므로, 건설 작업자, 고객, 현장에서 일하는 기타 사람들, 그리고 인접 주민의 안전을 시공자가 책임져야 한다. 의무 부담에 따라 책임이 발생하며, 책임 부분이 부정확한 표현으로 암시되어 있을 때의 리스크는 상당한 손실을 초래할 수도 있다.

건설 과정 중의 에이전시 지위. 시공자가 제기한 청구 소송에 건축가의 관여를 방지하는 조항은 건축가가 고객의 대리인임을 명확히 표현한 것이다.

분쟁 해결. 분쟁 해결 방법을 계약서에 포함시켜야 한다. 분쟁을 어떤 식으로 해결할지 간단히 규정해 놓는 것이 중요하다. 고객이 분쟁을 법정으로 갖고 가는 것보다 더 나쁜 사태는 없다.

문서 관리 및 소유권. 문서의 상태를 명확히 규정해야 한다. 소유권이나 보수의 문제가 아니고 용역과 관리에 관한 것이다. 문서는 생산이 아닌 전문적인 판단이 용역 대상이다. 고객이나 고객의 컨설턴트가 책임지지 않으면서 문서를 마음대로 바꿀 수 있다는 생각을 갖지 못하게 해야 한다.

리스크 관리 중심의 용역 제공

물론 중요한 것은 법적 책임이 아니라, 다양한 종류와 수준의 리스크를 관리하는 데 있다. 리스크를 파악하고 그에 따른 파급효과를 평가할 수 있다면, 리스크 관리 전략을 계약서에 포함시킨다. 프로젝트 진행 중에도 리스크 관리 방법을 개발해야 한다. 리스크를 관리하지 않거나 부적절하게 관리하면 계약 당사자는 물론이고 프로젝트 관련자 모두에게 문제가 된다.

고객이 건축가의 역할을 이해하고 프로젝트 특성에 따른 건축가의 의무와 한계를 명확히 인정하느냐가 중요하다. 원활한 커뮤니케이션과 건축가 역할의 지속적인 강화가 리스크를 낮추는 중요한 방법이다.

CNA/Schinnerer 가이드라인(Guidelines for Improving Practice) 정보 용역 편집 책임자인 Frank Musica는 전문 책임 보험 관련자를 상대로 자문을 제공한다. 또한 AIA 문서위원회 보험 자문이며 AIA 활동에 많은 도움을 주고 있다.

Part 3 프로젝트 수행

10.2 프로젝트팀 계약

Timothy R. Twomey, Esq., AIA

건축가가 컨설턴트를 개입시키거나 다른 회사와 공동으로 사업을 추진할 때, 계약서를 추가로 체결하게 된다.

프로젝트 설계팀은 규모가 작을 수도 있고 필수 전문 기술과 모든 전문 용역 수행 능력을 구비한 건축가 한 사람이 담당할 수도 있다. 반면에 건설 엔지니어링 시스템, 특수 설계, 특정 건설 유형, 기타 프로젝트 요소 등 분야별로 전문 기술을 갖춘 여러 회사로 구성된 팀이 운영하기도 한다.

필요하면 설계 또는 건설 컨설턴트를 선정하여 프로젝트팀에 포함시킨다. 이런 컨설턴트는 건축가의 하도급업체에 해당하며, 건축가는 컨설턴트의 전문 용역에 대하여 건축주에게 책임을 진다. 특정 프로젝트만을 위해 건축가-컨설턴트 관계가 형성되기도 하고, 참여업체 사이에 전략적 협력 관계를 맺기도 한다. 아니면 둘 이상의 회사가 장기적인 업무 관계를 구축하는 경우도 있다.

프로젝트팀을 자체적으로 구축하려는 건축주가 증가하고 있다. 건축주가 고용한 프로젝트 관리자 또는 프로그램 매니저라고 하는 제3자가 프로젝트팀을 책임지고 관리하는 경우가 종종 있다. 이런 상황에서 일부 컨설턴트는 건축주나 건축주의 프로젝트 관리자 또는 프로그램 매니저와 직접 독립적으로 계약을 체결하기도 한다. 건축주는 (1) 자체 인력을 통해 여러 계약업체(건축가 포함)의 업무를 전반적으로 조정하거나, (2) 이런 조정 업무를 프로젝트 또는 프로그램 매니저에게 맡기거나, (3) 계약업체 가운데 한 곳(예, 건축가)에 이런 조정 책임을 맡긴다.

그러므로 상황에 따라 건축가가 부담하는 책임과 리스크의 수준은 다양하며, 전통적인 방식의 프로젝트와도 큰 차이를 보인다. 예를 들어 1번과 2번 시나리오에 따라 프로젝트를 진행한다면, 건축주와 건축가 모두 종래의 관습과 기대를 저버리지 못할 수 있다. 건축가가 일반적인 조정 용역도 제공하리라고 기대할 수 있다. 건축주의 자체 인력이나 건축주가 고용한 프로그램 매니저 또는 프로젝트 관리자의 조정 능력이 부실한 경우에는, 특히 이런 기대가 큰 문제로 이어질 수 있다. 건축가의 개입을 요구하는 압력이 상당히 커질 것이다.

프로젝트 수행 방법(9.1)에서 프로젝트 수행을 위한 다양한 방법을 살펴보고 있다.

3번 시나리오의 경우에도 건축가는 다른 계약업체에 영향력을 발휘하고 여러 참여업체의 업무를 효과적으로 조정하기는 어렵다. 계약에 의거하여 건축가의 지시를 받는 입장이 아니기 때문이다. 이런 경우에 건축가는 조정 책임은 있지만, 이 책임을 수행하는 데 필요한 도구는 갖고 있지 못하다.

Timothy R. Twomey는 Shepley Bulfinch Richardson & Abbott Incorporated의 사장이자 최고운영책임자(CAO)이다. 보스턴 소재 건축 회사를 상대로 법률, 경영, 운영 지원을 맡고 있다.

건축가-컨설턴트 관계

관련 AIA 표준 계약서를 활용하여 주계약서와 컨설턴트 계약서를 조정한다.

다른 분야의 다양한 전문가와 컨설팅 계약을 체결하기도 한다. 심지어 다른 건축가와 그런 계약을 맺는 수도 있다. 가장 대표적인 것은 상세 설계 및 건물 시스템 가운데 하나 이상의 영역에서 전문적인 기술을 구비한 엔지니어링 업체와의 컨설팅 계약이다. 규모가 크고 복잡한 프로젝트는 토목 공사, 구조 작업, 기계, 전기 분야의 전문 기술이 필요하다. 다양한 엔지니어링 분야의 전문가를 자체적으로 구비한 건축업체도 있지만, 대부분은 그렇지 못하기 때문이다.

컨설턴트 용역과 책임

2000년 AIA 조사에 참여한 업체 가운데 67퍼센트는 순수 건축회사라고 응답했다. 16퍼센트는 인테리어 디자인 용역도 제공한다고 대답했으며, 5퍼센트는 건축/엔지니어링 또는 엔지니어링/건축 회사라고 응답했다.

컨설턴트가 건축가에게 제공하는 용역 내용을 건축가-컨설턴트 계약서에 명시한다. 컨설팅 용역과 기타 계약 조건 및 조항은 건축가-건축주 계약서와 일치시켜야 한다.

용역. 건축가와 건축주가 계약서에 포함시킬 용역 내용을 확정하면서, 컨설턴트의 필요성을 검토할 수 있다. 프로젝트 성공에 필요한 용역 종류를 검토하고 각각의 용역을 누가 책임질 것인지 정한다. 전문 용역 분야별로 제공업체는 다음과 같다.

- 건축업체(자체 인력 확보)
- 건축업체와 계약을 맺은 컨설턴트. 컨설턴트는 다른 건축업체, 업무 제휴 파트너 업체, 또는 건축업체의 하도급업체인 다른 회사일 수 있다.
- 건축주와 계약을 맺은 컨설턴트. 건설관리자, 프로젝트 또는 프로그램 매니저, 프로젝트의 다른 부분을 맡은 별도의 설계 전문가, 또는 건축 용역의 일정 부분을 맡아 수행하는 또 다른 건축업체일 수 있으며, 건축가의 업무 조정 대상에 포함될 수도 있고 아닐 수도 있다.
- 건축주. 건축주의 담당자가 직접 또는 다른 방식으로 용역을 제공할 수 있다. 이 역시 건축가의 업무 조정 대상에 포함될 수도 있고 아닐 수도 있다.

건축주와 건축가 사이의 업무 책임을 명확히 하면, 어떤 컨설턴트의 용역이 필요한지 건축가가 파악하는 데 도움이 되며, 건축주와 건축가, 프로젝트팀에 속하는 다른 업체 사이에 프로젝트 리스크를 분담시키는 작업을 시작할 수 있다.

프로젝트 기획 역할. 건축가-컨설턴트 관계가 프로젝트 초기에 형성되거나 프로젝트 시작에 앞서 형성되면, 컨설턴트가 프로젝트 기획 단계에 참여할 수 있으며, 건축가에 앞서 컨설턴트가 먼저 용역 종류, 업무 범위, 일정, 비용을 검토할 위치에 있게 된다.

계약을 성사시키기 위한 마케팅 활동의 일환으로 프로젝트팀을 구성하는 것이 적절할 수도 있다. 정교한 엔지니어링 기술이나 다른 특별한 전문성을 필요로 하는 프로젝트인 경우, 건축주는 경험이 풍부하고 능력 있는 컨설턴트와 바람직한 건축가-컨설턴트 관계의 확립을 중요하게 생각한다. 그런 경우에 컨설턴트는 인터뷰 및 선정 과정에서 중요한 부분을 차지한다.

건축가의 책임. 주계약업체로서 건축가는 건축가와 계약을 맺은 컨설턴트가 수행한 업무 성과의 정확성과 완벽성에 대해 일차적인 책임을 진다. 문제가 생기면 컨설턴트가 수행한 용역에 대해 건축가가 법적 책임을 지기도 한다. 컨설턴트 역시 정당한 주의를 기울여 용역을 제공해야 한다. 하지만 컨설턴트가 그런 의무를 다하지 못했을 때, 그 책임은 건축가의 몫이다.

> "계약서에 감추어진 불리한 조건을 이해할 수 있도록 하는 것이 교육이다. 직접 하지 않고도 얻는 것이 경험이다."
>
> Pete Seeger

그러므로 컨설턴트 선정의 중요성과 건축가와 컨설턴트 사이의 명확한 계약서 작성의 필요성이 더욱 강조된다. 또한 건축가는 컨설턴트의 권고 의견이 갖는 의미와 파급 효과를 이해해야 하며, 권고 의견에 대한 일차적인 책임을 수용할 자세가 되어 있어야 한다. 그렇기 때문에 보험에 가입한 컨설턴트를 요구하는 건축가가 증가하고 있으며, 컨설턴트로부터 보험 증서를 요구하기도 한다.

특별 전문 분야 및 컨설턴트

프로젝트 특성과 건축주, 건축가의 역량에 따라 전문 용역 제공이 필요한 특수 전문 분야가 다양하게 있다.

건설 유형	시설 관리
공항	재정 문제
경기장/스포츠 시설	방화
컴퓨터 시설	식품 용역/주방
컨벤션 센터/공공 회의 시설	그래픽 디자인
범죄 교정 시설	보험
교육 시설	역사적 보존
보건 의료 시설	인테리어 디자인
호텔	조경
실험실	법적 문제
도서관	인명 안전
레크리에이션 시설	조명
거주 시설	전광
극장/공연 시설	운영
	시장 분석
설계/사업 문제	물품 취급
접근성	기계 엔지니어링
음향	전력 공급 시스템
시청각 기술	공정 엔지니어링
토목	프로그래밍
외장/커튼월	심리학
청정실	홍보
건설	방사선 차폐
건설 관리	부동산
법률 해석	기록 유지
커뮤니케이션	문헌 복사 기술
컴퓨터 기술	안전
콘크리트	위생 기술
비용 산출	일정 관리
인구통계학	보안
디스플레이	사회학
생태학	토양/기초
경제학	공간 계획
편집 문제	규격
전기 엔지니어링	구조 엔지니어링
엘리베이터/에스컬레이터	통신
에너지 시스템	교통/주차
환경 분석	도시 계획
설비	가치 공학

건축가-컨설턴트 계약서

건축가-컨설턴트 계약서에 포함시켜야 할 두 가지 중요한 사항이 있다. 건축주와의 계약에 의거한 건축가의 권리와 책임을 컨설턴트에게 이관하고 리스크와 보상을 공유하는 것이다. 일단 이 두 가지 핵심 요소를 포함시키고 나면, 건축주-건축가 계약서에 의거한 사항을 포함하는 건축가-컨설턴트 계약서를 만들기가 어렵지 않다.

법적 권리와 책임. 일반적으로 건축가는 건축주에게서 확보한 것과 동등한 법적 권리를 컨설턴트에게도 부여해야 한다. 동시에 컨설턴트는 자신의 전문 분야와 관련하여 건축주와의 계약에 의거해 건축가가 부담하는 것과 동일한 수준의 책임을 져야 한다.

건축주-건축가 계약서에 규정된 권리와 책임을 그대로 반복하면 오류 또는 누락 위험성이 있다. 일반적으로 건축주-건축가 계약서를 건축가-컨설턴트 계약서에 통합시켜 컨설턴트가 지정 분야의 용역을 제공하고 건축가가 건축주와의 계약서에 따라 준수해야 할 조건과 조항을 컨설턴트도 지키도록 한다.

각각의 컨설턴트가 제공할 용역이 무엇이고 컨설턴트가 다시 다른 사람에게 위임할 수 있는 용역이 무엇인지 분명히 해두어야 하며 컨설턴트와 함께 협의하여 정한다. 세부 사항

AIA 건축가-컨설턴트 계약서

AIA 문서 C141 "건축가와 컨설턴트 사이의 표준 계약서"는 AIA 문서 B141 "건축주-건축가 계약서" 또는 AIA 문서 B181 "주거시설 설계에 대한 건축주와 건축가(건축사) 사이의 표준 계약서" 등 주계약서와 연계하여 사용할 수 있는 것이다. C141은 개념 설계 단계부터 프로젝트 진행 과정 전반에 걸쳐 건축 용역의 기본 토대를 이루는 엔지니어링 용역(예, 구조, 기계, 전기 엔지니어링)을 대상으로 한다. 또한 계약에 의거하여 건축가와 엔지니어가 서로에게 책임지는 부분과 각자의 권리를 규정한다. 엔지니어를 대상으로 하는 것이지만, B141에 따라 건축주에게 제공되는 기존의 5단계 기초 용역과 관련된 컨설턴트도 C141을 활용할 수 있다. C141의 조항은 B141 및 AIA 문서 A201 "건설 공사 계약 일반 조건"과 연관성을 갖고 있다.

AIA 문서 C142 "약식 건축가-컨설턴트 계약서"는 건축주와 건축가 사이에 체결된 주계약서의 조항을 인용하도록 하고 있다. 주계약서가 AIA 문서 B141을 근거로 하는 경우에 해당된다.

AIA 문서 C727 "특별 용역을 대상으로 하는 컨설턴트와 건축가 사이의 표준 계약서"는 건축주와 건축가 사이의 주계약서 조항을 포함하지 않는다. 그러므로 컨설턴트의 용역 범위가 제한적이고 건설 단계까지 이어지지 않는 경우를 포함해 C 계열 문서를 활용하기가 적당하지 않은 상황에 사용할 수 있다. C727은 컨설턴트의 용역 내용을 기술하도록 되어 있다. 상황에 맞추어 계약서를 조정할 수 있다.

을 AIA 문서 B141의 2.6.4.3과 AIA 문서 A201의 3.12.10에 따라 정하고 관련 법규에 부합하는지 검토한 다음에 건축주와 협의한다.

리스크와 보상. 프로젝트 관련 리스크를 평가할 때 건축가는 리스크를 컨설턴트와 어떤 식으로 공유할지 검토해야 한다. 건축가와 컨설턴트는 모두 각자의 분야에서 발생할 수 있는 리스크를 파악하고 공유하는 것이 가장 바람직하다. 건축주-건축가 계약서 사본을 제공하면 이 작업이 훨씬 수월하게 진행되며 컨설턴트와의 논의가 솔직하게 진행될 수 있다.

보수 문제. 컨설턴트에게 지불할 보수는 양방이 협상하여 정해야 하는 사안이다. 예상 가능한 리스크와 책임을 이해하고 있어야 적정 보수를 협상할 수 있을 것이다. 보수 문제와 관련하여 건축가는 다음의 두 가지 사항을 검토할 필요가 있다.

- 컨설턴트 용역과 관련하여 필요한 업무 조정 수준은 어느 정도인가? 컨설턴트 용역은 건축가의 업무와 통합되어야 하므로, 업무 조정이 매우 중요하다. 또한 업무 조정에 시간과 돈이 들어가므로, 보수를 정할 때는 이런 부분도 검토해야 한다. 조정 용역 부분의 비용을 별도로 정하는 경우도 있고, 업무 조정의 필요성과 운영비용과 책임 부분을 감안하여 컨설턴트 비용을 상향 조정하여 정하기도 한다.
- 건축주가 건축가에게 계약 금액을 지불하지 않거나 프로젝트가 정당한 이유 없이 지연되면 어떤 일이 벌어지는가? 컨설턴트 보수 지급은 건축가와 컨설턴트 모두에게 골치 아픈 문제가 된다.

> "두 사람이 의합지 못하고야 어찌 동행하겠으며"
>
> 성경, 아모스서 3:3

계약서 형식. 엔지니어 등 컨설턴트와 체결하는 계약서는 건축주-건축가 계약서와 유사해야 한다. (시방서 작성, 주방, 엘리베이터, 보안 시스템 등 한정된 분야의 용역을 제공하는 컨설턴트와의 계약서는 중요도가 떨어진다.) 계약 조건 및 조항과 용역에 대한 구체적인 설명이 주계약서와 하부 계약서 전반에 걸쳐 일관성을 갖고 있어야 한다. AIA 표준 계약서를 사용하면 큰 문제가 없다. 하지만 AIA 표준 계약서를 변형하여 사용한다면, 모든 계약서에 반영되도록 하는 것이 중요하다. 건축주-건축가 계약서의 용

컨설턴트 보수

건축주가 건축가에게 보수를 지급하지 않으면 컨설턴트는 용역을 제공하고도 보수를 받지 못할 위험에 처한다. 그런 사태를 예방하기 위해 컨설턴트는 건축주의 재정 상태와 비즈니스 절차를 프로젝트 시작에 앞서 건축가에게 물어보아야 한다. 만족스러운 답이 나오지 않으면 컨설턴트는 그 일을 하지 않는 편이 낫다. 실제로 보수 미지급 사태가 발생하면, 건축가가 대금 회수를 위해 얼마나 노력하느냐에 달려 있다.

그러므로 계약서를 만들 때는 이 부분을 확인하고 넘어가야 한다. 건축가가 건축주로부터 보수를 지급받지 못해도 컨설턴트에게 보수를 지불할 것인가? 컨설턴트의 귀책 사유로 인해 지급이 되지 않는다면, 보수가 지급되지 않아도 컨설턴트는 이해할 것이다. 하지만 그런 경우가 아니라면 컨설턴트는 미지급 사태를 이해하지 않는다. 이런 부분은 계약 당사자 모두가 미리 대처 방안을 마련해 두어야 할 중요한 비즈니스 리스크이다.

건축가가 대금을 지급받지 못한 경우에 어떻게 대응할지 아무런 언급이 없다면, 건축주와 주계약을 맺은 당사자가 지급을 받아야 컨설턴트 보수를 지급하는 방식이 설계 및 건설 업계의 관행이라고 설명해야 할 것이다. 컨설턴트가 건축주와의 주계약 당사자이거나 건축가가 컨설턴트와 계약을 맺는 경우에도 마찬가지이다.

다음 사항을 고려하면 이런 관행은 어쩔 수 없는 면이 있다.

- 주계약업체가 프로젝트 수주와 관련한 비용(그리고 리스크)을 부담한다.
- 주계약업체는 대금 지불이 지체되는 경우에 대금 회수를 위한 비용도 부담한다.
- 프로젝트 진행 과정에서 주계약업체는 설계 과정의 긴장과 수많은 변경에 대하여 고객업체에게 직접적인 책임을 진다.

컨설턴트의 용역에 대한 비용 지급 시기에 대해 아무런 조항도 계약서에 없다면, 법률에 따라 합리적인 기간 안에 지불하도록 규정한 주도 있다는 사실을 알아야 한다. 건축가가 건축주로부터 지불을 받아야 컨설턴트에게 용역 비용을 지급한다는 조항이 건축가와 컨설턴트 간의 계약서에 명시되어 있지 않으면, 건축주가 건축가에게 대금을 지불하지 않았다고 해서 변명의 사유가 되지 않는다.

역 범위에 관한 부분이 변경되면, 컨설턴트와의 계약서도 그에 따라 수정되어야 한다.

건축주와 직접 계약을 맺은 컨설턴트

> 일부 주는 건축주가 고용한 컨설턴트의 업무를 건축가가 조정하도록 법으로 정해 놓고 있다. 관련 법규를 확인하고 건축주-건축가 계약서를 협상할 때 이런 부분을 고려해야 한다.

건축주가 직접 프로젝트 컨설턴트와 계약을 맺기도 한다. 이런 컨설턴트에 대하여 건축가가 어떤 책임을 부담하기도 하고, 그렇지 않을 수도 있다. 건축가가 계약에 의거하여 책임을 부담한다면, 건축가는 그 책임을 검토하고 구체적인 부분을 협의해야 한다.

다음과 같은 여러 이유에서 건축주가 건축가 이외의 다른 컨설턴트와 주계약을 체결하기로 결정할 수도 있다.

- 용역이 실질적으로 다르며 중복되지 않는 경우가 있다. 예를 들어 설계 작업의 준비에 필요한 정보 확보를 위해 측량 기술자를 고용할 수 있다.
- 건축주가 컨설턴트와 장기적인 비즈니스 관계를 유지하고 있을 수 있다.
- 건축주가 직접적이고 독립적인 용역을 구할 수 있다.
- 건축주가 프로젝트팀을 구성하여 자체 인력이나 프로그램 매니저에게 프로젝트 관리 업무를 맡기고자 할 수 있다.

프로젝트를 다른 방식으로 접근하는 건축주도 있다. 예를 들어 설계 또는 건설 단계에서 조정 용역 자체를 없애 비용을 절감하고자 할 수 있다. 또는 전반적인 업무 조정 책임을 유지함으로써 프로젝트 진행 상황을 완벽하게 통제하기를 원하는 건축주도 있다.

상황에 따라서는 건축주와 컨설턴트가 직접 계약을 맺는 방법이 건축가에게도 도움이 된다. 컨설턴트의 작업 결과를 바탕으로 건축가가 일을 해야 하지만 컨설턴트의 작업 결과를 별도로 검토할 위치에 있지 않으면서도 그에 대해 책임져야 하는 경우에는 특히 그렇다. 이런 이유로 AIA 문서 B141은 필수적인 측량 자료와 지질학적 데이터를 건축가에게 제공할 책임이 건축주에게 있음을 분명히 하고 있다. 이런 컨설턴트는 건축주가 고용하며, 건축가는 건축주가 제공한 측량 및 지질 정보를 근거로 작업한다.

어떤 이유에서 건축주가 컨설턴트와 직접 접촉하여 계약을 맺건 맺지 않건 간에 누군가는 여러 참여업체의 업무를 조정해야 한다. 건축주가 이와 관련된 책임과 리스크를 부담하거나, 프로그램 매니저 또는 주요 계약업체 가운데 한 곳에 그 책임과 리스크를 부담시킨다.

건축가의 입장에서는 업무 조정이 특히 중요한 의미가 있다. 건축가는 건설 프로젝트에서 일반적인 수준의 설계 전문가이므로, 다른 프로젝트 참여업체는 건축가가 프로젝트 업무 조정을 맡아야 한다고 기대하고 있을 수 있다. 그런 권한이나 책임이 계약서에 명시되어 있지 않는 경우에도 그런 생각을 갖는다. 그런 기대에 부응하여 다른 컨설턴트의 활동도 조정한다면, 조정의 결과에 대해서도 책임지게 된다. 건축주가 프로젝트 컨설턴트를 개입시켰고 건축가에게 책임을 지도록 하지 않았다고 해도 그런 상황에 처하지 않을 수 없다.

건축가로서 딜레마에 빠질 수밖에 없는 것이다. 일반적으로 건축가는 "제너럴리스트(generalist)"이므로 프로젝트 참여업체의 활동을 조정하기에 가장 적당하다. 건축가에게 이런 책임을 부여하지 않고 건축주 역시 그런 능력이 없다면, 건축가는 협상 단계에서 조정 책임 부분을 논의하고 그에 대한 보수도 거론할 필요가 있다. 건축가에게 조정 책임을 부여한다면, 건축주가 고용한 컨설턴트는 건축가와 업무를 협의하고 건축가의 권한을 인정하며 건축주의 대리인으로서 건축가의 활동에 문제가 있는 경우에만 건축주에게 의견을 제공하도록 하며, 이런 내용을 계약서에 명시해야 한다.

합작 사업

합작 사업(joint venture)은 하나의 프로젝트를 둘 이상의 회사가 함께 추진하는 것이다. 합작 사업 방식은 여러 회사가 핵심 자원과 전문성, 경험을 결합시켜 전문 용역을 제공하는 데 도움이 된다. 또한 참여업체 각각은 합작 사업 대상 프로젝트 이외의 일도 동시에 진행할 수 있다.

합작 사업은 기본적으로 파트너십과 유사하다. 누가 무엇을 제공하고, 누가 무엇을 하며, 보수 또는 이익을 어떻게 공유할지 상세하게 기술한 계약서를 체결한다. 또한 책임과 리스크의 내부 분담 방식도 규정한다. 일반적으로 합작 사업 주체는 이익을 전혀 확보하지 않으며 소득세도 부담하지 않는다. 이익(또는 손실)과 세금 부담을 합작 사업 참여업체에 넘긴다. 참여업체는 개별적으로나 공동으로 건축주와 기타 용역 제공 대상 업체에게 책임을 진다.

일반적으로 합작 사업체는 특정 프로젝트 수주와 추진을 목적으로 구성된다. 프로젝트를 성공적으로 완료한 다음에 일부 업체는 협력 관계를 계속 유지하는 것이 좋다고 생각할 수 있다. 합작 사업을 통해 확인된 각자의 독특한 가치를 유지하며 다른 프로젝트를 수주하려는 목적에서 그렇게 할 수 있다. 합작 사업이 성공적으로 진행되다가 결국에 참여업체의 영구적인 합병으로 이어지는 사례도 있다.

합작 사업에도 리스크가 있다. 설계 및 건설 프로젝트를 진행하다 보면 일시적으로 "멀티조직(multiorganization)"이 필요하게 된다. 이 조직은 독특한 문제를 발생시키며 건설 사업 자체에 내재된 리스크를 증폭시킨다. 설계 주체가 합작 사업체라면(또 다른 멀티 조직), 리스크가 더욱 증가될 가능성이 매우 높다. 물론 합작 사업은 예상되는 보상이 리스크 수준보다 더 크다는 점을 기본 전제로 추진된다.

합작 사업 참여업체들은 서로를 믿고 신뢰해야 한다. 합작 사업 참여자와의 파트너십 관계와 합작 사업 진행 과정에서 흔히 발생하는 다양하고 복잡한 수많은 문제를 공동으로 해결할 필요성이 있기 때문에, 다른 어떤 방식보다도 참여업체 사이에 매우 높은 수준의 신뢰와 정직이 요구된다.

또한 프로젝트 진행에 앞서 합작 사업 참여업체들은 건축주에게 제공할 전문 용역과 합작 사업 자체의 관리 책임(예, 자금 및 금융 거래 담당, 핵심 의사 결정 방식과 결정자, 이익과 손실의 분담 방법 등) 모두에 대해 서로의 역할과 책임 부분을 분명히 합의해 두어야 한다. 중요한 사항을 "실시간"으로 빨리 결정하지 않고 그냥 내버려 두면, 서로 감정이 상하고 파급 효과가 심각해지면서 엄청난 사태로 이어질 수 있다. 또한 합의된 사항이 지켜지지 않으면 프로젝트를 효율적으로 추진할 수도 없다.

"둘이 거래를 한다면, 둘로 나누어야 한다."

Josh Billings

합작 사업 추진의 이유

합작 사업을 성공적으로 추진하려면 합작 사업을 하는 이유가 처음부터 분명하게 이해되어야 한다. 합작 사업 추진 주체는 일반적으로 건축가이다. 물론 건축주가 발주한 프로젝트 때문에 합작 사업 추진이 시작되기는 한다. 합작 사업을 하는 이유는 기술적 요인이나 정치적 요인 때문이다. 예를 들어 외국에서 프로젝트를 진행하려면 해당 국가의 업체와 손을 잡아야 하는 수가 있다.

성공적인 합작 사업도 있고, 그렇지 못한 경우도 있다. 합작 사업 참여업체 각각은 합작 사업을 목적으로 독립적인 결정도 내리되, 참여업체가 함께 결정을 내려 사업을 진행해야 한다. 예상치 못한 바람직하지 않은 방식으로 사업이 진행된다면, 참여업체 사이에 불만이 누적되고 각 업체가 최선을 다해 프로젝트를 진행하는 데 문제가 발생한다. 합작 사업 자체를 회의적으로 생각하는 건축주도 있다는 사실을 잊지 말아야 한다. 참여업체에게는 좋은 기회가 될지 모르지만, 소중한 프로젝트가 합작 사업의 실험 대상이 되기를 바라는 건축주는 없기 때문이다.

프로세스

합작 사업 추진 프로세스는 다음 질문과 함께 시작된다. 프로젝트 진행에 무엇이 필요한가? 이와 관련하여 우리의 장점과 약점은 무엇인가? 달리 말하면 프로젝트를 어떻게 진행할 생각이며, 합작 사업을 통해 무엇을 얻을 수 있는가?

합작 사업 추진을 위해서는 다음 핵심 사안을 하나씩 신중하게 검토할 필요가 있다.

- **필요 기술(required skills).** 프로젝트 수행에 어떤 기술이 필요하며, 그런 기술을 자체적으로 보유하고 있는가(아니면 관련 분야의 컨설턴트가 필요한가)? 다른 분야의 전문가가 필요한가? 건축주가 건설 사업 관리, 회계 관리, 기타 특정 용역을 기대하고 있는가?
- **배경 정보 및 지식(background and knowledge).** 어떤 특별한 기준이 있는가? 검토 대상 프로젝트와 유사한 프로젝트를 수행한 경험과 전문 기술을 어느 정도 갖추고 있는가?
- **인력(staffing).** 프로젝트 수행에 필요한 전문 기술과 경험을 구비한 사람이 있는가? 이들을 프로젝트에 참여시키면 목표를 달성할 수 있는가?
- **지역(geography).** 합작 사업 참여업체의 소재지가 프로젝트 수행에 도움이 되는가?
- **자금(financing).** 현재 보유하고 있지 않은 자원이 필요하다면(예, CAD 기술), 그 자원의 확보를 위해 투자할 여력이 있는가?
- **보험(insurance).** 각 업체의 전문 책임 보험 대상 범위는 건축주와 다른 참여업체가 수용할 수 있는 것인가?
- **관리(management).** 프로젝트 수행, 용역 제공, 관련 인력과 프로세스, 리스크의 관리를 위한 리더십과 관리 능력을 갖추고 있는가?
- **연락 창구(contacts).** 프로젝트 수행에 필요한 연락 창구가 있는가?

프로젝트를 어떤 식으로 진행할지 신중하고 솔직하게 평가하면, 합작 사업을 추진할지 결정하고 합작 사업의 특성을 파악하는 데 도움이 된다.

합작 사업 계약서

프로젝트 관련 문제와 둘 이상의 회사가 함께 일하는 방식과 관련된 문제를 고려해야 한다. 합작 사업을 추진할 때는 이런 부분을 분명히 해두어야 한다. 합작 사업 방식으

책임 분담 양식

합작 사업을 추진할 때는 누가 무엇을 하고 수익을 어떻게 나눌지 분명하게 정하여 계약서에 명기한다. 이를 위한 책임 분담 양식은 다음과 같다.

기호 설명: X – 주요 책임　O – 일반 책임　공란 – 책임 없음

건축 및 엔지니어링 용역

계획 설계 단계(SD Phase)

항목	책임 A사	책임 B사	보수 분배 A사	보수 분배 B사
1. 건축주와의 회의	X	O		
2. 프로젝트 기준 분석: 프로그램 분석 및 개념 현장 분석, 공간 및 비용 분석, 기후 조사	X	O		
3. 건축 법규 정보	O	X		
4. 공간 기준 도면 조사	X	O		
5. 유틸리티 및 측량 데이터 취합	X	O		
6. 개념 설계 조사 및 해결책 도출	X	O		
7. 개념 설계도	X	O		
8. 스케치 및 모델	X	O		
9. 프로젝트 전체 기술	X	O		
10. 엔지니어링 시스템 개념	X	O		
11. 예비 비용 산출	X	O		
12. 개념 설계 문서 프레젠테이션(건축주 대상)	X	O	10%	5%

중간 설계 단계(DD Phase)

항목	책임 A사	책임 B사	보수 분배 A사	보수 분배 B사
1. 건축주와의 회의	X	O		
2. 프로젝트 기준 구체화	X	O		
3. 토목 공사 시스템 개발	X	O		
4. 구조 시스템 개발	X	O		
5. 기계 시스템 및 전기 시스템 개발	X	O		
6. 주요 건축 자재 선정	X	O		
7. 설계 문서 작성: 평면도, 입면도, 부분상세도, 개략 시방서, 전기/기계/토목/구조 시스템 문서	X	O		
8. 투시도, 스케치, 또는 모델	X	O		
9. 예비 비용 산출	X	O		
10. 장비 계획	X	O		
11. 관련 기관과 계획 검토	O	X		
12. 설계 문서 프레젠테이션(건축주 대상)	X	O	15%	5%

실시 설계 단계(CD Phase)

항목	책임 A사	책임 B사	보수 분배 A사	보수 분배 B사
1. 건축주와의 회의	O	X		
2. 주요 세부 조건 작성	O	X		
3. 주요 기계/전기 시스템 개략도 조사	O	X		
4. 주요 토목/구조 시스템 개략도 조사	O	X		
5. 건축 공사 도면, 시방서	O	X		
6. 토목 공사 도면, 시방서	O	X		
7. 구조 공사 도면, 시방서	O	X		
8. 기계 공사 도면, 시방서	O	X		
9. 전기 공사 도면, 시방서	O	X		
10. 내장 설비 공사 도면, 시방서	O	X		
11. 특별 컨설턴트 비용	O	X		
12. 건설 비용 산출 내역 갱신	O	X		
13. 관계 기관에 건설 공사 문서 제출	O	X		
14. 건설 공사 문서 프레젠테이션(건축주 대상)	O	X	5%	35%

입찰/협상 단계(Bidding/Negotiation Phase)

항목	책임 A사	책임 B사	보수 분배 A사	보수 분배 B사
1. 건축주와의 회의	O	X		
2. 입찰 공고	O	X		
3. 입찰 제안서 작성	O	X		
4. 평면도 및 시방서 복사/배포	O	X		
5. 부록 작성	O	X		
6. 입찰 참여 시공자의 질의/응답	O	X		
7. 입찰 절차 및 서식	O	X		
8. 공사계약서 작성	O	X	1%	4%

건설 공사 계약 관리(Construction Contract Administration)

항목	책임 A사	책임 B사	보수 분배 A사	보수 분배 B사
1. 사전 준비 회의	O	X		
2. 건축 건설 공사 관리	O	X		
3. 토목 공사 관리	O	X		
4. 구조 공사 관리	O	X		
5. 기계/전기 공사 관리	O	X		
6. 설비 공사 관리	O	X		
7. 시공 상세도 점검/승인	O	X		
8. 건축 자재 대체	X	O		
9. 엔지니어링 시스템 자재 대체	O	X		
10. 자재 색상 선정	X	O		
11. 변경 관리 절차	O	X		
12. 주기적인 비용 확인과 승인	O	X		
13. 진행 보고서(건축주)	O	X		
14. 준공 검사	O	X		
15. 최종 인수 절차 및 보고	O	X		
16. 최종 검사	O	X		
17. 사후 관리(보증 기간)	O	X	4%	16%

로 전문 용역을 제공하기에 앞서, 다양한 문제를 파악하고 협의해야 한다.

제휴

두 회사가 서로 "제휴(associated)" 방식으로 한 프로젝트를 맡아 추진하는 방법도 있다. 이때 법적 관점에서는 두 회사가 합작 사업체를 만들거나 한 회사를 주계약자로 하여 서로 계약서를 체결하는 방법이 있다.

어떤 방식을 선택하건 위에서 언급한 문제를 먼저 해결해야 한다. 당사자 사이의 역할과 책임, 리스크, 보상의 분담 방식을 명확히 규정하고 계약서로 작성한다. 일단 계약서가 체결되면, 전문 제휴 업체는 계약서에 따라 업무를 추진한다. 예를 들어 두 건축업체가 주계약자-하도급 계약자 방식으로 프로젝트를 진행하더라도, 다른 사람에게는 합작 사업체의 참여업체로 보여야 하며 결과에 대해서도 공동으로 책임을 져야 한다.

설계팀을 구성할 때는 최대한 신중하게 접근해야 하며, 건축주와의 계약에 기울이는 노력만큼이나 다른 건축가와의 관계 설정에도 많은 관심을 쏟아야 한다. 목적은 동일하다. 건축주와 프로젝트를 위해 최고의 설계팀과 업무 추진 시스템을 만드는 것이다.

추가적인 정보

건축 관련 일반 법률 서적에는 설계팀 계약서에 관한 법규와 판례가 나와 있다. AIA C-시리즈 문서는 건축가와 전문 용역 제공 컨설턴트 간의 계약에 관한 것이다. 건축가와 엔지니어 또는 다른 컨설턴트 사이의 표준 계약서와 설계 전문가 사이의 합작 사업 구성을 통한 전문 용역 제공에 활용할 수 있는 표준 계약서도 있다.

합작 사업 계약서(Joint Venture Agreement)

Timothy R. Twomey, Esq., AIA

합작 사업이 성공하려면 합작 사업 파트너 사이의 비즈니스 관계가 굳건해야 한다. 여러 업체가 하나의 합작 사업을 추진하기로 하고 구체적인 부분에 합의하면, 그 내용을 문서로 작성해야 한다. 먼저 원칙적인 부분을 결정한 다음에 합작 사업 계약서를 만든다. 이 과정에서 신뢰 관계를 쌓고 서로에게 기대하는 부분을 명확히 하고 합의를 이룬다. 이렇게 되면 합작 사업 계약서를 만들기가 훨씬 수월해진다.

여기에 설명된 단계에 따라 합의를 이루고 예상되는 문제점을 충분히 논의한다. 합작 사업 참여업체는 리스크와 보상 부분을 진지하게 협의하고 공유해야 한다. 합의에 이르기 쉬운 부분도 있다. 합의된 사항은 모두 기록한다. 건축주에게 합작 사업 형식으로 제안서를 제출하기에 앞서, 합작 사업의 성공 가능성을 치밀하게 검토한다.

필수 요소

AIA의 합작 사업 표준 계약서(AIA 문서 C801)를 토대로, 공식 계약 협상에서 검토해야 할 사항을 다음과 같이 정리할 수 있다.

- 계약 당사자에 관한 정보
- 합작 사업체의 명칭
- 프로젝트 정보
- 참여업체의 역할과 책임
- 합작 사업의 운영
- 자본 및 기타 합작 사업 자금 출자
- 합작 사업체의 자산
- 회계 원칙 및 책임
- 예비 경비
- 합작 사업 참여업체의 보수
- 문서 소유권 및 활용
- 보험
- 시작 및 종료
- 분쟁 해결
- 합작 사업체의 법률 자문
- 통지
- 계약의 범위
- 이익 배분
- 양도/양수

전반적인 관리. 합작 사업 운영 및 관리 메커니즘을 구축하고 예산을 확보해야 한다. AIA 문서 C801에 따르면, 참여업체의 대표자와 대리인으로 구성된 정책 위원회를 구성하는 것이 바람직하다. 위원회는 다음 사항을 책임진다.

- 합작 사업의 운영
- 프로젝트 관리(건축주 접촉 포함)
- 회계 및 회계 기록을 책임질 경리 담당자 선임
- 합작 사업 운영에 필요한 자산의 취득과 처분

합작 사업 계약서가 전반적인 방향을 제시한다면, 정책 위원회는 다음과 같이 다소 구체적인 정책을 만든다.

- 정책 위원회 구성원의 자격 조건
- 위원회 구성원의 선임 및 교체
- 위원회 회의 주기 및 회의록 배포
- 합작 사업과 관련된 위원회 구성원의 보수
- 종업원의 보수 및 기타 급여
- 간접비율
- 은행 계좌
- 보험
- 재정 관리 및 회계
- 운영 정책(예, 출장 및 접대비 처리 절차)

프로젝트 수주 및 관리. 프로젝트 수주 작업이 진행 중이라면, 합작 사업 참여업체들은 먼저 마케팅 절차를 만들어야 한다. 누가 어떤 일을 하며, 마케팅 활동을 누가 관리하고, 고객과의 연락은 누가 책임지며, 마케팅 경비는 누가 처리할지 정한다. 마케팅 활동에 필요한 자금을 별도로 확보한다.

또한 프로젝트 기획, 조직, 인력 관리, 주관, 전반적인 관리 등 프로젝트 관리 절차를 확립할 필요가 있다. 마찬가지로 인적자원 관리, 자금 관리, 리스크 관리/품질 관리 시스템도 구축한다. 참여업체별로 인식과 관행의 차이를 보이기 때문에, 합작 사업 운영 방식을 정할 때는 상당한 주의가 필요하다. 참여업체 모두 각자의 정책과 절차, 인식을 솔직하게 털어놓고 협의하여, 합작 사업의 성공을 위해 가장 적절한 시스템을 구축해야 한다.

전문 용역 책임. 모든 참여업체가 합작 사업 결과의 품질에 대해 공동으로 책임진다는 점을 이해할 필요가 있다. 하지만 내부적으로는 참여업체별로 역할과 책임을 나눌 수 있다. 합작 사업을 위한 역할 분담 방법으로 세 종류가 있다.

- 일정 부분의 업무를 각 참여업체가 전적으로 책임지는 방법이 있다. 정책 위원회가 참여업체별로 용역 영역을 할당한다. 예를 들어 A 회사는 건물 외관을 설계하고, B 회사는 인테리어 디자인을 담당하는 방식이다.
- 모든 책임을 합작 사업 참여업체가 공유하는 방식도 있다. (1) 기술 및 경험과 (2) 비용 및 가용 자원을 토대로 참여업체별

업무를 할당한다. 예를 들어 A 회사는 설계 용역을 제공하고, B 회사는 건설 문서를 작성하며, C 회사는 건설 계약 관리를 맡는다.

- 한 업체가 용역 제공에 있어서 주도적인 역할을 하고, 다른 업체는 필요에 따라 지원하는 방식도 있다.

둘 이상의 회사가 함께 전문 용역을 제공할 때는 서로의 역할과 책임을 명확히 해두어야 한다. 그래야 중복이나 누락을 방지할 수 있고 참여자와의 분쟁을 최소화할 수 있다. 역할과 책임을 명확히 하기 위해 노력한 만큼, 업무 중복과 누락을 없애고 분쟁을 피할 가능성이 커진다.

한 가지 간단한 방법은 "주요 책임"과 "일반 책임"으로 나누고 전체 과업을 구체적인 세부 과제로 구분하여 참여업체별로 할당하는 것이다. 예를 들어 A 회사는 "다른 업체에게 구체적으로 할당된 세부 과제를 제외하고" 전체 개념 설계를 책임지고, 세부 과제 가운데 일부는 B, C, D 회사에 할당하는 방식이 있다. AIA 문서 B163 "지정 용역 관련 건축주와 건축가 사이의 표준 계약서"를 활용하면 역할을 나누는 데 도움이 된다.

회계 관리. 합작 사업 운영에 있어서 중요한 부분이 회계 관리이다. 참여업체별 리스크와 보상의 분담은 특히 중요하다. AIA 문서 C801 "전문 용역을 위한 합작 사업 계약서"는 보상을 나누는 두 가지 방법을 제시하고 있다. "보수 분배 방법"과 "이익/손실 분배 방법"이 바로 그것이다.

보수 분배 방법은 프로젝트 시작에 앞서 참여업체 사이에 제공 용역과 용역별 보수 분배를 결정해 놓는 것이다. 구체적인 분배 방법은 (1) 참여업체별 합작 사업 투자 부분과 (2) 참여업체별 역할을 근거로 협의하여 정한다(또는 합작 사업 전체 보수의 일정 비율로). 참여업체별 보수 수준은 프로젝트 초기에 결정한다. 업체별 이익 또는 손실은 책임 영역의 업무를 얼마나 효율적으로 달성하느냐에 달려있다.

이익/손실 분배 방법은 참여업체 각각이 정해진 업무를 수행한 다음에 비용과 일정 간접비를 감안해 합작 사업체에 보수를 청구하는 것이다. 그리고 프로젝트 완료와 함께 나머지 이익/손실을 분배한다. 이 방법은 합작 사업의 성과 또는 손실을 참여업체가 모두 공유한다는 특징이 있는데, 성공적으로 이 방법을 운영하려면 프로젝트 진행 과정에서 단계별로 각 참여업체가 수용 가능한 비용과 시간을 할당해야 한다.

어떤 방식을 채택하건, 합작 사업 운영에 필요한 예산을 확보하는 것이 중요하다. 합작 사업체의 관리와 운영에 필요한 추가 경비와 시간을 간과하는 경우가 많다.

보험. 참여업체별 보험 가입 문제도 계약서에서 다루어야 한다. 특히 전문 책임 보험에 가입해야 한다. 보험 적용 대상, 한도, 공제 금액, 기타 중요 사항을 협의하여 합작 사업 계약서에 포함시킨다. 합작 사업 참여를 보상 범위로 하는 전문 책임 보험에 가입할 필요가 있다. 합작 사업 참여를 보상 범위로 하지 않는 보험도 있다. 합작 사업 참여업체 모두를 대상으로 하는 프로젝트 보험에 가입하는 방법도 있다.

계약서

핵심 사안을 협의하여 합의를 이루고 나면, 이제 합작 사업 계약서를 마무리하는 단계에 접어든다. 이때는 참여업체별로 변호사를 개입시킬 수도 있다.

계약서를 새로 작성할 수도 있지만, AIA 문서 C801 "전문 용역을 위한 합작 사업 계약서"를 활용하는 것이 바람직하다. 이 문서는 합작 사업체를 구성하여 건축주와 프로젝트 계약을 체결해 전문 용역을 제공하고자 하는 경우, 계약 당사자의 권리와 의무를 규정한다. 건축가, 엔지니어, 기타 전문가가 함께 합작 사업을 추진할 수 있다. AIA 문서 C801을 활용하면 다음 사항을 명확히 규정하기가 용이하다.

- 보수 분배 또는 이익/손실 분배 방식 가운데 하나를 선정한다.
- 참여자와의 역할 분담을 규정한다(보수 분배 방식을 선택한 경우에는 역할 분담이 특히 중요하다).
- 합작 사업에 필요한 자금과 자산 등을 파악한다.
- 보험 가입 부분을 명확히 규정한다.
- 합작 사업 운영 및 관리를 위한 정책 위원회를 구성한다.
- 합작 사업체가 만든 문서의 소유권과 활용 조건을 규정한다.
- 참여업체별로 프로젝트와의 관계를 명확히 한다.
- 프로젝트 계약이 종료되거나 합작 사업을 종료하기로 당사자 사이에 합의가 이루어질 때까지는 계속 유효한 상태를 유지한다.

Timothy R. Twomey는 Shepley Bulfinch Richardson & Abbott Incorporated의 사장이자 최고운영책임자(CAO)이다. 보스턴 소재 건축 회사를 상대로 법률, 경영, 운영 지원을 맡고 있다.

출처: "Architect's Handbook of Professional Practice"(12판)의 "배경설명: 합작 사업 계약서(John N. Cryer III, AIA)"

10.3 공사계약서

Dale R. Ellickson, Esq., FAIA

계약서 없이 건설 공사를 추진해서는 안 된다. 계약서의 목적과 구성, 계약서 작성과 관련된 각 당사자의 역할을 이해해야 한다.

건축가가 건설 공사를 관리하더라도 일반적으로 건축주와 하나 이상의 시공자 사이에 계약서가 체결된다. 공사계약서는 일반 조건, 보충 조건, 특별 조건을 포함해 당사자 사이의 권리와 책임을 명시한 여러 계약서로 구성된다. 또한 건축가와 기타 전문 컨설턴트가 작성하는 도면 및 시방서와 이를 바탕으로 작성되는 건설 공사 부분별 각종 문서도 계약서에서 다룬다. 건축가가 건설 공사 계약의 당사자는 아니지만, 건축가는 계약서 작성 및 건설 공사 관리에 있어서 중요한 역할을 담당한다.

프로젝트팀 계약(10.2)에서 모든 프로젝트 계약서의 공통 특징을 설명한다.

건축주는 공사계약서 및 일반 조건 작성에서 건축가의 지원을 기대하며, 대부분의 건축가는 AIA 표준 계약서를 토대로 권고 의견을 제시한다. 건축가는 건설 공사 프로젝트에 필요한 기술, 실무, 관리 경험을 갖추고 있어야 한다. 건축주-시공사 계약서를 편파적으로 작성해서는 안 되며 프로젝트가 어느 한쪽에 유리하게 진행되도록 해서는 안 된다. 모든 계약 문서는 건축주와 건축주가 선임한 변호사의 검토를 거쳐야 한다.

공사계약서의 구성

건축주와 시공자와의 간의 계약서는 여러 문서로 구성된다. 계약서의 구성은 건축주가 건축가 및 건설업체와 별도로 계약서를 체결하는 기존의 프로젝트 수행 방식과 기본적으로 동일하다. 시공자 선정 방식, 보수 지급 방법 등 여러 요인에 따라 계약서가 달라진다. 현재 사용되고 있는 계약서는 AIA 문서 A511과 AIA 문서 A521의 발행과 함께 1960년대 중반에 업계 전체에 걸쳐 합의된 것이다. 공사계약서는 다음과 같이 구성된다.

AIA 문서 A201 "건설 공사 계약 일반조건"은 입찰 조항을 포함하지 않고 있다. 그러므로 입찰 조항을 계약 문서에 포함시키고자 한다면, 별도 조항을 만들어 계약서에 추가해야 한다.

- **건축주-시공사 계약서(owner-contractor agreement)**는 계약 당사자가 실제로 서명하는 것이며 다른 많은 문서를 인용하는 경우 이들 문서도 계약서의 일부로 포함시킨다. 또한 계약 당사자의 법적 지위, 계약금액 및 산정 근거, 업무 내용, 시작 및 종료 일자, 지불 방법 등을 규정한다.
- **일반 조건 문서(general conditions)**는 계약 당사자의 법적 권리와 책임을 규정

데일 에릭슨(Dale R. Ellickson, FAIA)은 특수 건설 공사 계약 전문 컨설턴트이다. AIA 계약 문서 프로그램 자문 역할을 맡기도 했다. 건축가이자 변호사로서 건설업계의 다양한 법적 문제에 대하여 글을 쓰고 강연도 하고 있다. 12판에 게재된 Charles R. Heuer(FAIA)의 글을 토대로 한 것이다.

한다. 이 문서는 법규에 근거하여 기본 계약 규칙을 제시한다. 프로젝트에 상관없이 대개 비슷하다. 국가별로 표준 형식이 지정되어 있기도 하다.

- **보충 조건 문서(supplementary conditions)**는 프로젝트 및 현장의 특별한 상황과 기준에 맞추어 일반 조건을 변형 또는 확장시킨 것이다. 지불, 보증, 보험, 기타 계약 사안의 독특한 기준을 규정한 조항이 포함되기도 한다.
- **특수 조건 또는 기타 조건 문서(special or other conditions)**는 기업 또는 기관 고객이 개발해 표준 계약서의 일부로 채택한 보충 조건을 변형 또는 확장시킨 것이다.
- **도면(drawings)**은 측정, 구성, 재질, 구조, 시스템, 설비, 현장 등 공사 업무를 도식적으로 나타낸 것이다.
- **시방서(specifications)**는 도면에 표시된 물품의 품질에 관한 기술 정보와 도식적으로는 쉽게 전달할 수 없는 기타 정보를 제공한다.
- **부록(addenda)**은 계약 문서를 해석하거나 도식적으로 변형하여 보여 준다. 계약 체결 이전에 작성된다.
- **수정 문서(modifications)**는 부록과 비슷하지만 계약 체결 이후에 발생한다. 예를 들어 설계변경도 수정 문서에 해당된다.

공사 조달(17.7)에서 입찰 과정과 부록의 역할을 살펴본다.

고정 보수 방식을 채택하면 계약서는 단순하겠지만, 건설 공사에서는 일반적으로 변경이 발생한다. 계약서에 지정된 금액이 변동될 수 있음을 건축주 역시 인정해야 한다.

건축주-시공자 계약서

프로젝트 수행 방법에 따라 건축주-시공자 계약서의 형식이 달라진다. AIA는 다양한 종류의 건축주-시공자 계약서를 발행했다.

- 일반적인 설계-입찰-시공방식(design-bid-build)(A201 문서) 문서
- CM-조언자 및 CM-시공자 문서
- 설계-시공방식(design-build) 문서
- 소규모 프로젝트 문서
- 인테리어 문서
- 국제 프로젝트 문서

AIA 문서(10.4)는 AIA 전자 문서의 활용을 포함하여 문서 프로그램을 살펴본다.

각종 문서에서 다루고 있는 주제는 대개 비슷하지만, 프로젝트 수행 방법에 따라 구체적인 부분에서 차이가 있다. 일반적인 설계-입찰-시공분리방식 프로젝트를 중심으로 설명한다.

시공자 보수

프로젝트 수행 방식에 따라 조금씩 차이를 보이기는 하지만, 시공자 보수 지급 방식은 다음과 같이 몇 가지로 정리할 수 있다.

합의된 공사금액 계약(stipulated-sum contract). 많은 공사계약서는 고정 비용, 일정 계약 금액 방식으로 체결된다. 시공자는 계약 문서에 규정된 공사를 수행하고, 건축주는 만족스럽게 완료된 공사 결과에 대한 대가로 일정 금액을 지불하기로 하는 것이다.

경쟁 입찰 방식으로 업체를 선정하는 경우에는 계약 총액을 먼저 정해야 한다. 이 방식은 두 가지 장점이 있다. 무엇보다도 보수 지급 방식이 간단하다. 건축주는 계약 체결 시점에 얼마의 비용이 필요한지 알 수 있다.

시공자는 계약 금액 범위 안에서 공사를 추진하며, 절감 금액(또는 초과 금액)은 시공자의 이익(또는 손실)이 된다.

실비정산 보수가산식 계약(cost-plus-fee contracts). 시공자의 직접 경비와 하도급 계약 비용, 인건비, 자재비를 정산해 주는 방식이다. 또한 일정 비율의 간접비와 이익을 보장한다.

일정액의 보수를 포함하는 실비정산방식 계약은 시공자가 자신의 이익을 손해 보지 않고도 건축주의 비용을 절감할 수 있기 때문에, 시공자의 효율성을 유도할 수 있다. 건축주는 다음과 같은 다양한 상황에서 이 방식을 선택할 수 있다.

- 시간이 얼마 없으며 설계 기준이나 건설비용보다는 완공 기간 준수가 더 중요한 경우가 있다. 예를 들어 제품 또는 용역 수요가 높은 시기에 맞추어 신축 또는 리모델링 작업이 완료되는 것이 더 중요하다고 생각하는 건축주가 있다.
- 프로젝트 시작 단계에서는 정확한 업무 범위나 일정을 모르는 경우가 있다. 예를 들어 새로운 리조트 시설 공사에서는 분양 상황에 따라 공사 속도를 조절한다.
- 품질이 가장 중요한 공사도 있다. 군사 시설 프로젝트, 기념비적인 건물 신축 프로젝트, 하이테크 연구 시설 공사가 대표적인 예이다.
- 신속한 프로젝트 진행이나 독특한 자재, 새로운 시스템 등 다양한 요인에 의한 우발 사태를 예방하기 위해 프로젝트 개념 확립 단계에서 시공 전문가와 설계 전문가 사이의 긴밀한 협조가 필요할 수 있다.

실비정산방식의 계약에는 단점도 있다. 계약 체결에 앞서 프로젝트 비용을 정확히 모른다는 점이다. 하지만 어느 정도는 파악하고 있으며, 다음과 같은 제한 조건을 두고 있다.

- **목표치 설정(인센티브 조항이 있을 수도 있고 없을 수도 있음).** 예비 건설 공사 문서, 시방서, 단위 면적당 평균 비용, 기타 요소를 근거로 관리 개산 금액(control estimate)이라는 목표치(target price)를 설정한다. 실제 비용이 목표치 이하일 경우에 절감액을 시공자와 분배하거나 목표치를 초과하는 비용 부분에 대해 일정 부분 보상을 해주는 계산 공식을 정할 수도 있다.
- **부분 비용 보증.** 공사 관련 문서가 아직 완성된 상태가 아니어도 시공자는 일부 하도급업체 및 설비와 자재 공급업체로부터 고정 비용 견적을 받기도 한다. 시

공자는 여기에 일반관리비와 간접비, 이익을 추가하여 부분 고정 비용을 산출한다. 이와 같은 부분 보증 방식은 건축주와 시공자 모두의 리스크를 감소시킬 수 있는 방법이다.

- **최대공사비(GMP)를 설정한 비용정산 보수가산방식.** 미국의 경우에 일반적으로 대부분의 비용정산 보수가산 방식 계약서는 일정 상한선을 두어 그 이상을 넘는 모든 비용은 시공자가 부담하도록 하고 있다(프로젝트 범위의 변경이 없다고 가정). "절감 부분 공유" 조항을 두어 GMP 이하에서 공사를 완료하면, 절감되는 부분에 대해 시공자가 인센티브로 일부를 가져갈 수 있게 하기도 한다.

이와 같은 제한 조건을 둠으로써 비용과 관련된 불확실성과 그에 따른 리스크를 관리한다. 하지만 여기에도 문제는 있다. 목표치 또는 GMP를 설정하면, 시공자는 우발요소를 감안하여 가능하면 목표치나 GMP의 수준을 최대한 높이려 한다. 그래야 리스크에 따른 손실을 감소시킬 수 있기 때문이다. 이외에도 공사 관련 문서가 확정되기 전에 상한선을 설정하면, 업무 범위나 세부 공사 내용을 놓고 마찰이 발생할 수 있다.

연방정부와 주정부 부처는 자체 계약서 및 일반 조건 문서를 사용한다. 각종 공사 경험이 많은 일반 기업과 단체도 마찬가지다. 이때 정부 부처나 기업을 대신한 법률 전문가가 계약 문서를 작성하는데, AIA 문서를 토대로 하는 경우도 있다.

단가 계약(unit-price contracts). 건설 계약 입찰 또는 협상 당시에 자재 또는 설비가 정확히 얼마나 필요한지 알기 어렵거나 알 수 없을 때 단가 방식의 계약을 활용한다. 이 경우에 시공자는 단위 가격(예, 단위 면적당 바닥 자재 금액, 단위 체적 채굴 금액)을 제시한다. 정확한 수량이 결정되면 단가를 적용하여 계약 금액을 결정한다. 단가 계약을 할 때 건축주는 다음 사항을 명확히 해야 한다.

- 입찰 경쟁업체를 정확히 비교하려면 단위의 개념을 분명하게 규정해야 한다.
- 입찰 업체가 가격을 객관적으로 정하고 입찰 절차에 맞추어 정해진 시간 안에 산정하여 제출할 수 있도록, 요청 단가의 종류와 수를 적절하게 제시해야 한다.
- 최종 확정될 단위의 규모를 가능하면 최대한 정확하게 산출해야 한다. 공사 진행 중에 처음 생각했던 수량이 크게 바뀌어 건축주나 시공자가 최초의 단가를 적용했을 때 곤란한 상황이 발생한다면, 상황 변화에 맞추어 단가를 적절하게 조정해야 한다.

  주의: 규모에 따라 단가도 달라질 수 있다. 일부 시공자는 소량을 기준으로 단가를 제시한다. 그 단가를 대규모 프로젝트에 적용한다면 건축주가 손해를 볼 수도 있다.

특정 조항 및 조건

계약서는 대부분 구성이 비슷하며 건축주-시공자 관계를 유사하게 다루고 있다. AIA 표준 계약서의 패턴을 따르고 있기 때문이다.

계약 당사자 정보. AIA 문서는 시공자의 고객을 지칭하는 표현으로 건축주(owner)라는 용어를 사용한다. 하지만 개인 또는 단체인 건축주는 해당 부동산의 실제 소유주

가 아닌 사용자인 경우도 있다. 공사 대금을 지불하며 계약 문서에 규정된 건축주의 의무를 다할 책임이 있는 계약 당사자의 법적 명칭을 정확히 사용해야 한다. 마찬가지로 시공자로서의 의무를 다할 책임이 있는 자의 법적 명칭도 정확히 표기한다.

프로젝트 및 공사에 대한 설명. 프로젝트에 대한 설명은 이후 프로젝트 범위의 변경을 평가하는 기준이 되므로 가능하면 구체적으로 기술한다. 계약서에 의거한 공사 업무는 대부분 프로젝트와 관련된 모든 공사를 포함한다. 하지만 건축주의 자체 인력이나 다른 주계약 업체가 일정 부분을 수행하는 경우에는 전체 프로젝트의 일부만이 계약에 의거한 공사 범위에 해당된다.

대부분의 계약서에는 "총합을 표시하는 조항(integration clause)"이 포함되어 있다. 이 조항은 협상 과정에서 언급되었지만 실제로 계약서에 포함되지 않은 모든 부분은 계약서의 일부가 아니라는 의미를 지닌다. 법원은 계약서가 모든 협의의 최종 결과를 대표한다는 입장을 취하고 있다.

시작일. 절차상의 이유(예, 이사회의 승인 확보)나 실질적인 문제(예, 현장 접근 불가) 등 다양한 이유로 계약서가 체결된 다음에도 일정 시기까지 공사 시작을 연기하고자 하는 건축주도 있다. 계약 체결 당시에 공사가 구체적으로 언제 시작될지 알 수 있다면, 공사 시작일을 계약서에 명기한다. 그렇지 못하면 착공지시서(notice to proceed, NTP)를 활용할 수 있다. 30일(또는 입찰 서류에 명기된 기간) 이상 지체되면 시공자가 제시한 견적 금액이 달라질 수도 있으므로 건축주와 건축가 모두 주의해야 한다.

▶ 건축주-시공자 계약서에서 공사 내용을 기술하는 한 가지 방법은, 관련 건설 공사 문서를 명기하고 계약서에 포함시키는 것이다. 계약서 체결 당시에 그런 문서가 작성되어 있다면, 관련 문서를 구체적으로 기술한다. 도면과 시방서는 목록을 정확히 만들어 계약서의 첨부 문서에 포함시킨다.

건축주는 현장에서 실제로 공사를 시작하는 데 어느 정도의 시간이 소요될지 파악해야 한다. 착공지시서를 발행한다면, 공사 기간을 감안해 적정 일자를 지정한다.

준공. 공사계약서에서 가장 중요한 부분이 기간이다. 즉 정해진 기간 안에 작업을 완료하는 것이 계약서에서 가장 중요한 조건이다. 건축주나 시공자가 정해진 기간 안에 자신의 의무를 다하지 못한다면, 이를 이유로 다른 당사자도 의무 이행을 하지 않을 수 있다. 이 조건을 준수하지 못하면 계약의 중대한 위반에 해당되기도 한다. 시공자가 자신의 의무를 완료해도 건축주가 기간 미준수를 이유로 지불 의무를 다하지 않을 수도 있으므로, 법원은 그 시점까지 완료된 부분에 대해 시공자가 대금을 받을 수 있도록 하는 예외를 인정하고 있다. 다만 시공자가 자신의 의무를 실질적으로 이행했어야 한다. 하지만 실제로는 시공자나 건축주의 의무 이행이 적시에 이루어졌는지 여부에 따라 법원의 판단이 엇갈리기도 한다. 법원까지 가지 않고 계약서에 따라 원만하게 분쟁을 해결하도록 하기 위해, AIA는 "준공(substantial completion)"이라는 용어를 채택했다. 이에 대한 자세한 설명이 AIA 문서 A201 "건설 공사 계약 일반 조건"에 기술되어 있다. 준공 여부의 판단은 건축가가 증명함으로써 내려지기도 하고, 아니면 당사자 사이의 상호 합의에 의해 결정되기도 한다. 그러므로 준공 시기의 결정은 계약 당사자 모두에게 매우 중요한 의미가 있다.

▶ 준공 시기를 시작일부터 일수를 계산하여 정한다면, 건축주와 건축가는 AIA 문서 A201에서 "일(day)"을 "역일(calendar day)"로 규정하고 있음을 인식해야 한다.

손해배상 예정액. 공사가 지체되면 건축주가 손해를 입는다. 하지만 그 손해를 어떻

법원은 벌과금(penalty) 조항과 손해배상의 예정액(liquidated-damages) 조항을 구분하고 있다. 손해배상의 예정액은 다른 계약 당사자의 계약 위반(의무 이행 지체)으로 인해 입은 손해를 배상하는 데 목적이 있다. 벌과금 조항은 손해에 대한 배상과는 상관없이 의무 이행 지체에 대한 처벌의 의미가 있다. 계약 의무의 조기 이행에 대한 보상을 목적으로 하는 "보너스" 조항과 연계되어 있더라도 벌과금 조항은 거의 실효성이 없다.

게 계량화하여 법원이나 중재재판소에서 손해를 입증할지 알 수 없다. 그런 경우에 손해배상 예정액 조항을 계약서에 포함시켜 예상 손해액을 고정시키기도 한다. 이와 같이 계약서에 명기된 손해액을 실제 손해액 대신 적용한다.

손해배상 예정액 조항을 계약서에 포함시키기에 앞서, 건축주와 그의 법률 대리인은 이 조항의 장점과 단점을 먼저 검토해야 한다. 장점은 분명하지만, 단점을 놓칠 수도 있다. 이런 조항이 있으면 시공자는 이 조항에 신경 쓰게 되고, 그런 사태가 발생하는 경우를 대비한 안전장치를 마련하려고 할 수 있다. 또한 공사 지체의 사유를 문서로 남기는 데 집중하기도 한다. 그 때문에 상당한 시간과 노력이 소요될 수 있다. 손해배상 예정액 조항을 피하기 위해 시공자가 투자하는 부분도 상당하며, 그 때문에 주요 프로젝트 참여자와의 관계가 악화되기도 한다.

손해배상 예정액 조항을 주계약서와 기타 보충 조건 문서에 적절하게 포함시켜 하도급업체와 기타 업체들도 그런 조항의 존재 사실을 알고 프로젝트에서 적극성을 발휘하게 하기도 한다.

계약 총액. 계약 총액은 발주자가 시공자에게 지불하기로 합의한 금액이다. 계약 총액을 다음 방식 가운데 하나로 계약서에 명기할 수 있다.

- 낙찰 총액 또는 협상을 거쳐 결정한 금액
- 입찰 과정에서 조정을 거쳐 결정한 일정액
- 입찰 이후 협상을 통한 변경과 조정을 거쳐 결정한 일정액

AIA 문서는 계약 총액을 "유동 자금", 즉 용이하게 현금으로 전환할 수 있는 것으로 지불해야 한다고 규정하고 있다. 예를 들어 양도 불가 어음으로 지불해서는 안 된다.

계약서에 명기된 계약 총액은 고정된 것이 아니며, 합의된 공사금액 계약이라도 마찬가지다. AIA 문서 A201에 의거하여 건축주는 추가 작업, 변경, 또는 일정 부분의 삭제를 지시할 권리를 갖는다. 그렇다고 해서 계약 자체가 무효화되는 것은 아니다. 그런 변경에 따라 계약 총액도 조정되어야 한다. 마찬가지로 시공자 역시 작업 변경과 기타 이유로 인한 계약 총액의 조정 필요성을 주장할 권리를 갖는다.

지불 대상 기간을 1달 이내로 정하는 것은 실질적으로 문제가 있다. 시공자의 지불 청구를 검토하고 승인하려면 시간이 걸리기 때문이다.

지불 조항. 보통법 원칙에 따라 시공자는 많은 시간이 걸리는 작업을 일차로 적절하게 수행함으로써 거래 관계의 불확실성을 제거할 때까지는 건축주에게 지불을 요구할 수 없다. 하지만 오늘날 대부분의 다른 상거래와 비교했을 때 공사에 투입되는 막대한 비용을 고려하면 현실적이지 못하다. 일반적으로 공사계약서에는 중도금 지불 조항이 있으며, 지불 시기와 기타 조건이 명시되어 있다. 지불 청구는 흔히 1개월(매 달의 1일부터 마지막 날까지)을 대상으로 한다. 건축주 또는 시공자가 특별한 이유로 이 조항을 조정하여 지불 청구 대상 기간을 바꾸려 한다면(예, 2개월 단위, 또는 매월 15일부터 다음달 14일까지), 그 내용을 계약서에 포함시킬 수 있다.

시공자의 지불 청구서 서식과 청구의 근거로 제시할 자료의 유형 및 수준을 명시한다. 실비정산 보수가산 방식 계약에서는 근거 자료가 많이 요구된다. 시공자가 지출

경비와 관련된 문서를 모두 제출해야 하기 때문이다. AIA 문서에 따르면 건축주는 시공자가 제출한 문서를 확인 또는 점검하는 데 필요한 회계 용역을 제공해야 한다. 이러한 회계 용역은 일반적으로 건축가의 업무가 아니다.

계약 합의된 공사금액인 경우에는 작업 항목별 금액을 정리한 비용지출계획서를 제출한다. 이런 방식은 시공자가 건설 공사 초반에 완료한 부분에 대하여 과도하게 많은 금액을 산정해 청구하는 "초기 과다 청구(front-loading)"를 확인하는 데 용이하다. 초기 과다 청구는 시공자로의 현금 흐름을 촉발시켜 어느 시점에서든 시공자가 성과에 대비하여 더 많은 금액을 지불받는 사태를 발생시킨다. 시공자가 의무를 다하지 않는 사태가 발생하면 특히 심각한 문제가 되기도 한다.

하도급업체 등이 실시한 작업 부분에 대하여 시공자가 지불한 실제 비용이 비용지출계획서와 반드시 일치할 필요는 없다. 건축주가 아닌 시공자가 그에 대한 이익 또는 손실을 모두 부담하기 때문이다. 건축주는 적정 작업 결과에 대해 지불하며, 시공자의 지출 비용에 맞추어 지불하지 않는다. 하지만 비용지출계획서와 이를 근거로 한 예상 비용은 책임 시공자의 실제 비용 지출과 어느 정도의 합리적인 연관성이 있어야 한다. 그러므로 비용지출계획서를 토대로 한 공사 진행율은 기성금 지불의 척도가 된다.

이율. 지정 기한 안에 지불이 되지 않으면, 시공자에게 지불하기로 한 금액에 대해 일정 이율을 부과할 수 있다. 이때 적용되는 이자율은 프로젝트 초기에 계약 당사자가 협의하여 정하며 계약서에도 명기한다. 하지만 계약서에 규정된 이율은 관련 법규에 따라야 한다.

유보금. 계약금액 지급을 검토할 때마다 유보금 문제가 제기된다. 유보금의 목적은 건축주를 보호하기 위한 것이며, 유보금의 처리 방법이 많이 있다. 일반적으로는 계약의 성실한 이행을 담보하기 위해 기성금의 일정 비율을 지급하지 않는다. 이 비율은 상황과 관행에 따라 다양하다. 다른 방법은 시공자에게 지불할 자금의 일정 비율을 "에스크로 계좌(escrow account)"에 신탁하는 것이다. 시공자가 계약에 의거한 의무를 이행하지 못하면, 에스크로 계좌의 자금을 건축주가 인출할 수 있다. 이때 에스크로 계좌에 신탁되어 있는 기간에 발생한 이자는 시공자와 하도급업체의 몫이다. 건축주와 그의 법률 대리인이 가장 적합한 유보금 처리 방법을 결정해야 한다.

건설 프로젝트 마지막에 남는 유보금은 프로젝트 수행으로 발생하는 이익금에 상당하며, 시공자는 유보금을 제때에 받을 수 있을지 특히 우려한다.

납품 또는 보관 물품이나 설비에 적용되는 유보금 비율은 건설 공사에 적용되는 비율과 같을 필요는 없다. 물품이나 설비는 실질적으로 공사에 투입되지 않은 상태이므로, 도둑이나 파괴 행위, 운송 중의 손실 등 다양한 리스크가 잠재되어 있다. 그렇기 때문에 건설 공사에 적용되는 비율보다 더 큰 유보금 비율을 적용한다.

공사 조달(17.7)에서 지급 및 이행 보증 보험을 설명한다.

건설 프로젝트 도중의 어느 시점에 유보금 비율을 감축하기로 건축주가 동의한다면, 그 내용도 계약서에 반영시킨다. 예를 들어 이행 보증 보험만으로도 필요 수준의 계약 이행이 보장된다고 건축주가 확신을 갖는다면 그렇게 할 수도 있다. 일반적으로는 건설 공사가 50퍼센트 완료될 때까지는 계약 금액의 일정 비율을 유보금으로 공제하고, 그 다음에는 추가 유보금 공제를 중단한다.

보증 보험 회사가 프로젝트에 관여한다면, 유보금 의무를 전부 또는 부분적으로 면제하기에 앞서 보험사의 동의를 확보해야 한다. 그렇지 않으면 보험사가 건축주와 건축가를 상대를 청구 소송을 제기하여 해당 보험 증권에 의한 보험금 지불을 하지 않으려 할 수도 있다. 건축주의 법률 대리인은 유보금 조항 완화와 관련하여 법적인 문제가 없는지 확인해야 한다.

잔금 지불. 잔금 지불은 매우 중요하다. AIA 문서 A201은 잔금 지불을 통해 건축주는 시공자에 대한 모든 요구(구체적으로 지정된 부분은 제외)를 포기한다고 규정하고 있다. 마찬가지로 시공자 역시 잔금 수령을 통해 건축주에 대한 모든 요구를 포기한다. 여기서도 프로젝트 진행을 위해 이행 또는 지급 보증 보험에 가입했다면, 잔금 지불에 대해 보험사의 동의가 필요하다. 그래야 해당 보험 증권에 의거한 보험사의 의무를 보험사가 거부할 수 없다.

계약서의 일반 조건

AIA 문서 A201 "건설 공사 계약의 일반 조건"은 1세기 이상의 사용과 검토, 검증을 거친 결과이다. 건설 현장은 물론이고 법원에서도 수많은 검증을 거쳤다. 사실 미국 건설 업계에서 현재 사용되고 있는 대부분의 일반 조건 문서는 AIA 문서 A201에서 유래한 것이다.

일반적인 관행과 AIA 문서에 규정된 바에 따라, 건축주-시공사 계약서와 함께 일반 조건을 규정한 부속 문서가 작성된다. 건축주와 시공자의 권리 및 책임, 그리고 건축가, 하도급업체, 기타 업체의 권리와 책임이 일반 조건 문서에 규정된다.

건축주-시공사 계약서에는 프로젝트 특이적인 조항이 포함되지만, 일반 조건 문서는 주로 프로젝트 특성과 관계없이 적용할 수 있는 일반적인 성격의 계약 조항으로 구성된다. 계약 당사자는 서로의 계약 관계에 대한 각종 가이드라인을 참고할 필요가 있으며, AIA 일반 조건 문서가 많은 도움이 될 것이다.

건축주와 시공자가 건설 공사 계약의 당사자이지만, 일반 조건 문서는 건축주와 시공자 사이에 체결되는 계약서의 일부이면서도 프로젝트와 관련된 많은 부수 계약서, 예를 들어 건축주와 건축가 간의 계약서, 시공자와 각종 하도급업체와의 계약서와 같은 계약서에서 일반 조건 문서를 언급함으로써 이들 계약서의 일부로 통합되기도 한다. 건설 단계에서 건축가는 건축주와 체결한 계약서에 의거하여 특정 의무와 책임을 이행해야 한다. 건축가의 의무와 책임을 공사계약의 일반 조건 문서에 다시 규정함으로써, 시공자 역시 건축가의 역할과 의무를 충분히 이해할 수 있다.

AIA 문서 B141은 A201을 공사 계약의 일반 조건 문서로 활용하고 있다고 가정한다. A201을 사용하지 않는다면, 비용을 산출하고 보수 제안을 하기에 앞서 어떤 건축주-시공사 계약서와 일반 조건 문서를 사용하며 건설 사업 관리자로서 건축가의 역할을 어떻게 규정하고 있는지 먼저 확인해야 한다.

일반 조건 문서는 AIA의 건축주-건축가 계약서 조항과 조화를 이루고 있다. 그러므로 AIA 문서를 적절하게 선택하여 활용하면, 전체적으로 용어가 일관성을 보이며 계약 당사자의 권한과 책임도 조화를 이룬다. 이런 일관성의 유지는 AIA 문서를 선택하는 중요한 이유 가운데 하나이다.

일반 조건 문서는 일반적인 특성이 강하기 때문에, 건축주와 프로젝트, 관련 법률에 따른 구체적인 상황과 기준을 반영하여 조정할 필요가 있다. 이때 일반 조건을 변형 또는 확장하는 보충 조건, 특별 조건, 기타 조건 문서를 활용할 수 있다. 다음 상황에서 기본 규칙과 관계를 변형하는 데 이들 문서를 활용하고는 한다.

- 주계약업체가 여럿인 경우
- 프로젝트가 신속하게 추진되는 경우
- 시공자가 실비정산 방식으로 보수를 받는 경우

보충 조건 문서에는 지불, 유보금, 보험, 기타 프로젝트 특이적인 사안과 관련된 조항이 포함될 수 있다. AIA 문서 511 "추가 조건을 위한 지침"은 보충 조건 문서 작성 시에 도움이 되는 다양한 정보를 제시한다.

AIA 문서 목록을 통해 현행 문서, 최신판, 가격 정보를 알 수 있다. 전화(800-242-3837)로 문의하면 공식 문서 판매처 정보를 제공한다.

또한 AIA는 연방 프로젝트에 활용할 수 있는 보충 조건 문서(A201/SC)도 발행했다. 연방 계약 절차를 반영한 조항이 포함되어 있으며, 연방, 주, 지역 차원의 각종 정부 공사에 활용할 수 있다.

보충 조건 문서는 일반적으로 일반 조건 문서의 형식과 번호 부여 방식을 따른다. 일반 조건 문서에서 다루지 않은 사안은 일반적으로 "기타 조건"에서 취급한다. "기타 조건"은 건축주가 지정한 연방, 주, 지역, 또는 민간 기준을 의미한다.

하도급계약

"하도급업체(subcontractor)"라는 표현은 특정 업무 또는 제공 용역 때문이 아니라 어떤 관계가 존재할 때 사용된다.

하도급업체는 건설 공사를 수행하는 종합건설업체 또는 주계약업체와 계약 관계를 형성하는 사람 또는 단체를 의미한다. 주계약업체는 건축주와 계약서를 체결하지만, 하도급업체는 건축주와 계약 관계에 있지 않다.

일부 하도급업체는 공정별 전문업체(trade contractor)이다. 이들은 특정 유형의 건설 공사를 전문으로 한다. 예를 들어 배관 공사나 목공 등 특정 분야만 담당한다. 반면 공급업체(supplier)는 설비 또는 물품을 공급하며 현장의 건설 공사에는 관여하지 않는다. 공정별 전문업체와 공급업체는 주계약업체가 아닌 하도급업체와 계약을 체결하기 때문에 재하도급업체(sub-subcontractor)라고 부르기도 한다.

하도급은 건설업계에서 흔히 볼 수 있는 것이다. 건설 공사 가운데 80퍼센트 이상이 하도급계약을 통해 진행된다고 추산될 정도이다. 건축주의 관점에서 보면, 실제 건설 공사를 관련 분야의 전문 기술과 장비를 갖춘 전문가가 맡아 한다는 장점이 있다. 자신의 전문 분야에서 뛰어난 능력을 발휘하며 고품질의 공사를 보장한다. 반면 여러 하도급업체를 주계약업체가 적절하게 조정 또는 관리하지 못하거나, 특정 공사를 담당한 하도급업체와 법적 분쟁이 발생하기도 하며, 하도급업체가 주계약업체로부터 보수를 지급받지 못하면(건축주가 주계약업체에게 모든 대금을 지불했더라도) 건축주의 재산에 대해 하도급업체가 법적 조치를 취할 수도 있다는 단점이 있다.

AIA는 기타 AIA 문서와 함께 활용할 수 있는 다양한 하도급계약서(AIA 문서 A401)를 발행한다.

하도급업체도 어려운 점이 많다. 주계약업체로부터 돈을 받기 전에도 설비와 인력을 투자하고 인건비와 물품 대금을 지불해야 한다. 그렇기 때문에 주계약업체는 이 모든 부분에 자금을 지출하지 않고도 공사를 진행할 수 있다는 이점이 있다. 반면 하도급업체는 대금 지불 지연이나 미지불 사태에 직면할 리스크가 커진다. 일반적으로 하

AIA 건축주-시공사 계약서 및 일반 조건 문서

AIA는 다양한 건축주-시공사 계약서를 발행한다. 건축주와 건축가는 프로젝트 수행 방법과 기타 조건, 특히 프로젝트의 규모와 복잡성, 그리고 시공자 보수 지급 방법을 감안해 가장 적합한 것을 선택한다. 프로젝트 규모가 작거나 복잡하지 않을 때는 약식 계약서를 사용해도 좋다. 공사계약의 일반 조건 문서는 흔히 별도로 작성된다. 건축주-시공사 계약서에 포함시키기도 한다.

건축주-시공사 계약서	일반 조건 문서
설계-입찰-시공방식(Design-Bid-Build)	
• 총액 계약서(A101)	• A201
• 약식 총액 계약서(A107)	• 계약서에 통합
• 실비 정산 보수 가산 계약서(A111)	• A201
건설관리(CM)-조언자	
• 총액 계약서/CM(CM은 건축주의 조언자) (A101/CMa)	• A101/CMa
건설관리(CM)-시공자	
• 총액 계약서/CM(CM은 시공자)(A101/CMc)	• A101/CMc
설계-시공방식(Design-Build)	
• 설계 · 시공 일괄 계약서(A491)	• 계약서에 통합
소규모 프로젝트	
• 소규모 프로젝트 계약서(A105/A205)	• 계약서에 통합
인테리어 디자인	
• 가구, 장치물, 설비 계약서(A171)	• A271
• 약식 가구, 장치물, 설비 계약서(A177)	• 계약서에 통합

도급업체는 건축주-시공사 계약서에 아무런 개입을 할 수 없으면서도, 이 계약서에 명시된 많은 조항의 구속을 받는다. 그리고 한 하도급업체가 재정적인 문제나 기타 문제에 직면하면, 모든 하도급업체가 줄줄이 영향을 받는 경우도 있다.

하도급업체 평가. 건설 프로젝트에서 하도급업체가 차지하는 역할이 매우 중요하므로, 믿을 수 있는 하도급업체를 선정해야 한다. AIA 문서 A201은 주계약업체가 프로젝트 수행에 필요한 주요 하도급업체 및 공급업체 목록을 제출하도록 규정하고 있다. 또한 건축주와 건축가는 특정 하도급업체에 이의를 제기할 기회를 갖도록 하고 있다. 주계약업체의 견적 금액은 특정 하도급업체의 하도급 견적 금액을 토대로 하고 있음을 인식할 필요가 있다. 그 하도급업체가 빠지고 다른 하도급업체로 바뀌며 새로운 하도급업체가 더 높은 가격을 요구한다면, 주계약업체의 공사 금액도 증가될 수 있다.

계약 조건. 하도급업체의 공사도 주계약업체에 적용되는 것과 같은 규칙으로 관리해야 한다. 건축주는 하도급업체와 직접 계약을 맺지 않기 때문에, 공사계약의 일반 조건에서 시공자가 건축주에 대해 갖는 것과 동일한 모든 권리를 하도급업체도 시공

자를 상대로 보유한다는 점을 규정한다. 마찬가지로 시공자가 주계약서(건축주-시공사)에 의거해 건축주를 위해 수행해야 할 의무와 동일한 모든 의무(계약 업무 영역 안에서)를 하도급업체 역시 시공자를 위해 이행해야 한다. 이런 계약 조항을 "자동 이전 조항(pass-through clause)"이라 부른다. 일반적으로 본문 중의 참조 표기를 통해 주계약서가 하도급계약서에 통합되도록 한다. 그래야 하도급업체도 자신에게 구속력을 발휘하는 조항이 무엇인지 알 수 있다.

AIA 문서 A401을 활용하면 용어의 일관성이 확보되고 "자동 이전" 부분도 적절하게 규정할 수 있다. 하지만 AIA 일반 조건 문서나 기타 AIA 문서 가운데 어느 것도 A401의 활용을 강제하고 있지 않다. 사실 시공자와 하도급업체는 이에 대해 다른 견해를 보이는 경향이 있다. 시공자가 건축주로부터 기성 부분에 대해 지불을 받았는지 여부와 상관없이, 하도급업체가 하도급 공사를 적절히 수행하면 일정 시점에 시공자에게 지불을 요청할 수 있는 조항이 A401에 포함되어 있다. 하도급업체는 이런 식의 지불 조건을 선호한다. 하지만 주계약업체는 건축주로부터 지불을 받고 나서 하도급업체에게 기성 부분에 대한 대금을 지불하고자 한다. 일반적으로 이 부분은 시공자와 개별 하도급업체 사이에 해결해야 할 사안이다.

모든 하도급업체가 기술자 유치권(mechanics' lien) 포기 증서를 제출하도록 시공자에 요청하는 건축주가 많다. 이렇게 함으로써 시공자는 건축주가 지불한 돈으로 하도급업체에게 대금을 지불하고 하도급업체는 건축주의 재산에 대한 기술자 유치권을 포기하도록 한다. 하도급업체에게 대금을 직접 지불하는 건축주도 있다. 이런 경우에는 하도급업체가 실제로 공사 대금을 받았는지 건축주가 알 수 있다. AIA 문서는 그런 조항을 포함하고 있지는 않지만, 필요한 경우에는 포함시킬 수 있도록 되어 있다. 건축주와 건축주의 법률 대리인이 건축주-시공사 계약서에 그런 조항을 포함시키고자 한다면, 보충 조건에 포함시켜야 할 것이다. 이 부분은 기본적으로 법적 사안이며, 일반적으로 건축가는 이런 부분의 관리와 운영에 간접적으로만 관여한다.

마지막으로 건축주는 주계약업체의 부도 사태 또는 기타 프로젝트를 완수할 수 없는 상황이 발생했을 때, 하도급업체와의 관계에 대해 우려를 보인다(보다 정확히 표현하면 하도급업체와의 관계에 얽매이고 싶지 않음). 건축주는 대부분 하도급업체가 애초 계획한 대로 맡은 공사를 계속 진행하여 준공하기를 원한다. 하지만 건축주와 하도급업체 사이에는 계약서가 체결되어 있지 않으므로 하도급업체가 공사를 거부하고 재협상을 원할 수도 있다. 이런 사태가 발생하지 않도록 하기 위해 AIA 일반 조건 문서는 (1) 시공자의 계약 불이행 및 (2) 건축주의 양도 동의가 있으면 주계약업체가 하도급 계약을 건축주에게 양도(즉, 건축주가 시공자를 대신하여 하도급업체와 관계를 형성함)하도록 요구하고 있다. 이 조항은 주계약업체의 계약 불이행이 야기할 수 있는 손실과 분쟁 사태를 실질적으로 최소화시킬 수 있다.

하도급업체는 "건설 먹이 사슬"의 가장 밑에 있다고 생각한다. 어쨌든 하도급업체는 모든 프로젝트에서 건설 공사의 실질적인 부분을 수행하므로, 건축주는 하도급업체의 이해에도 관심을 기울여야 한다.

《《《《《 **추가적인 정보** 》》》》》

대부분의 건축 관련 법률 서적에는 건설 공사 계약 관련 논문과 참고 사례가 포함되어 있다. 공사계약서를 전반적으로 잘 설명한 책도 있다(예, The Building Professional's Guide to Contract Documents (1990), Waller S. Poage).

10.4 AIA 문서

Dale R. Ellickson, Esq., FAIA

AIA 문서는 설계 및 건설 공사 당사자의 복잡한 기대 사항, 관계, 책임, 규칙을 파악하고 정리하여 전달하는 강력한 도구이다.

건설 공사는 매우 복잡한 사업이다. 자동차나 사무기기를 사는 다른 상거래와 달리, 건설 프로젝트를 추진하는 건축주는 전문 용역을 구매하여 독특한 결과물인 건물을 만들어낸다. 아무리 규모가 작은 건설 프로젝트라도 건축주와 건축가, 엔지니어, 일반 및 특수 시공자, 공급업체, 기타 수많은 사람들이 참여한다. 그리고 참여업체마다 이해와 목적이 다르다.

건설 공사가 더욱 복잡해지면서 표준 계약서에 대한 의존도가 커지고 있다. 표준 계약서는 누가 무엇을 언제, 어떻게 하며 얼마의 대가를 받는지 명확히 규정하는 데 도움이 된다. 또한 책임과 리스크를 명확히 규명하고 가장 적합한 곳에 할당한다.

문서 프로그램

AIA는 100년이 넘는 기간 동안 설계 및 건설 공사 관련 당사자를 위해 다양한 표준 계약서를 발행해 왔다.

건축주, 건축가, 시공자, 변호사, 보험 전문가, 기타 수많은 사람들의 경험과 노력을 바탕으로 AIA 문서가 개발되고 개정되었다. 상황이 바뀌면 새로운 문서가 개발되었다. 다른 업종의 관계자와 공동으로 개발된 문서도 일부 있다. AIA 문서는 어느 누구의 입장에 서지 않는 공평성을 유지하고 있으며, 건설업계에서 프로젝트 계약서 작성 및 운영의 기준으로 널리 사용되고 있다.

경쟁 입찰 방식은 미국 건설업계에 큰 영향을 주고 있다. 이런 공개 시장 방식은 시공자, 하도급업체, 재하도급업체, 전문업체 등등 프로젝트 참여자와의 관계에도 영향을 준다. 이제는 한 사람이 모든 참여업체를 알 수 없다. 예를 들어 설비 제작업체는 중간 설치업체를 통해 설비를 납품하기 때문에 프로젝트 현장을 한번도 방문하지 않기도 한다. 이런 상황으로 말미암아 가뜩이나 복잡한 프로세스가 더욱 복잡해졌다. 또한 구두 합의나 기타 부적절한 계약 때문에 혼란과 분쟁이 빈번하게 발생한다. 프로세스를 단순화시킬 방법이 있어야 한다. 일부 국가는 시장 제한 및 규제를 통해 그런 방안을 마련하기도 했다. 하지만 그런 규제 중심의 접근 방법은 개인의 자유를 중시하는

"예전에는 한 사람이 다른 사람보다 더 많은 것을 가지면 좋은 거래라고 생각했다. 이제는 당사자 모두에게 좋은 거래여야 좋은 계약이라는 새로운 개념이 자리잡고 있다."

Louis Brandeis

AIA는 AIA 문서 A201과 B141의 부록을 만들었으며, 이 책에 동봉된 CD-ROM에 포함되어 있다. 자세한 설명과 가이드라인이 필요할 때 참고하면 도움이 될 것이다.

데일 에릭슨(Dale R. Ellickson)은 특수 건설 공사 계약 전문 컨설턴트이다. AIA 계약 문서 프로그램 자문 역할을 맡기도 했다. 건축가이자 변호사로서 건설업계의 다양한 법적 문제에 대하여 글을 쓰고 강연도 하고 있다.

AIA 문서의 특징

AIA 문서는 많은 사람들의 경험과 지혜를 모아 만들어진다. 그래서 뛰어난 한 사람이 생각하여 만드는 것보다 더 우수하고 건설업계의 다른 어떤 문서보다 더 많이 사용되고 있다. AIA가 건설업계에 가장 오랫동안 기여한 업적 가운데 하나라고 할 수도 있다. AIA 문서는 건설업계 전반에 걸쳐 일관성과 예측 가능성을 실현시켰다. 프로젝트 특성에 맞추어 용이하게 변형해 사용할 수 있으며 표준 문서의 변형 부분은 쉽게 구분된다. 그렇기 때문에 거래 시간과 비용이 크게 절감된다.

AIA 문서는 최대한 공정성을 유지하려 한다. AIA는 건축가, 시공자, 엔지니어, 건축주, 보증 보험사, 보험사, 변호사 등 많은 전문가의 조언을 반영하여 합의를 기반으로 만들어진다. 모든 이해관계자의 이해가 균형을 이루며 어느 한 당사자의 이해가 과도하게 강조되지 않도록 한다는 구체적인 방침을 갖고 AIA 문서를 만든다.

AIA 문서는 건설업계의 현재 상황과 여건을 반영해 만들어진다. 프로젝트의 효율적인 추진을 위해 이해당사자 사이의 균형 잡힌 관계를 증진하는 데 강조점을 둔다. AIA 문서는 프로젝트 계약 관계 구축에 활용할 수 있는 계약 문서 "소속"를 제공한다.

AIA 문서는 건설업계와 기술의 변화를 반영한다. 건설업계, 보험, 기술의 변화를 반영해 주기적으로 개정된다.

AIA 문서는 또한 법규를 반영해 만든다. 법원의 결정과 판례를 반영하여 문서를 개정한다.

AIA 문서는 해석하기 쉽다. 통일된 용어를 사용하고 가능하면 업계의 전문 용어와 법률 용어는 피한다.

미국건축가협회(The American Institute of Architects)

미국의 기본 원칙과는 맞지 않는다.

AIA는 모든 부분과 참여자를 하나로 묶고 조정할 수 있는 체계적인 해결 방안을 마련했다. 1800년대에 처음으로 "통일 계약서(Uniform Contract)"를 개발했으며, 1906년 컨벤션에서는 하나의 일반 조건 문서에 의해 연계된 표준 문서 작성 방식을 채택했다.

AIA 표준 문서를 사용했을 때 실현할 수 있는 혜택이 강조되면서 AIA 문서 개발이 힘을 받기 시작했다.

첫 번째로, 무엇보다도 표준 AIA 문서는 건설업계 전반에 걸쳐 일관성과 예측 가능성을 실현시켰다. 표준 AIA 문서를 토대로 계약서를 작성할 때 변경 또는 수정 사항이 명확히 표시되도록 함으로써 표준 계약서에 대비하여 어떤 점이 바뀌었는지 쉽게 구분되도록 했다. 현재는 (1) 표준 계약서의 빈 칸에 필요한 정보를 채우거나 부록 문서를 만들고 (2) AIA 전자 문서에 밑줄과 이중선으로 표시되도록 한다.

> AIA 문서 프로그램에 따라 새로운 문서가 계속 생산된다. C계열의 전문 분야간 계약서(건축가-컨설턴트, 합작 사업)는 1963년에 처음 개발되었다. 건설 사업 관리 및 설계-시공 계약 문서는 각기 1974년과 1985년에 만들어졌다. 소규모 프로젝트 문서가 1993년에 추가되었고, 또한 1993년에는 AIA 문서를 전자 문서 형식으로 발행했다.

이렇게 만든 계약서 초안을 받아본 계약 당사자는 AIA 표준 계약서에 대비하여 어떤 점이 바뀌었는지 쉽게 이해할 수 있다. 상거래 행위가 단순화되고 촉진되며, 신뢰를 바탕으로 한 거래가 가능하다. 초안 작성자가 어떤 의도로 어떤 조항을 추가했는지 용이하게 파악할 수 있다. 건설업계 전반의 계약 관계에서 신뢰 관계가 형성된다. 특히 건설 시공자는 입찰 서류 제출과 계약 협상 단계에서 시간이 부족하기 때문에 이런 표준 계약서를 기반으로 한 계약 방식은 큰 도움이 된다.

두 번째로, AIA 표준 문서를 활용하면 여러 종류의 계약서를 연계시켜 프로젝트 특성에 맞는 일련의 계약 문서를 만들 수 있다는 장점이 있다. 또한 문서 전반에 걸쳐 일관성이 유지된다. 프로젝트 참여업체의 다양한 관계를 규정하는 여러 계약서 전체에 걸쳐 일관성이 확보되는 것이다. 각 참여업체의 역할과 책임이 명확하게 규정되고 모든 참여업체의 관계가 적절하게 설정된다. 여러 참여자와의 업무 조정과 커뮤니케이션이 증진되어 프로젝트 수행 과정에서 발생할 수 있는 혼란과 마찰을 예방할 수 있다.

세 번째로, 시간과 돈을 절약할 수 있다. 오랫동안 여러 프로젝트를 거치며 AIA 문서를 사용하면서 AIA 문서에 대한 이해가 높아진다. 건설업계의 많은 사람이 AIA 문서를 잘 알고 있으므로, 프로젝트를 새로 시작할 때는 그저 표준 문서에 대비하여 어떤 점이 변경되었는지 파악하기만 하면 된다. 금융업체, 보험회사, 보증 보험 회사 등 프로젝트와 간접적으로 연계되어 있지만 프로젝트 수행에 경제적으로 큰 영향력을 지닌 회사들도 마찬가지이다. AIA 문서를 토대로 프로젝트에 관여하며, 자신들의 요구사항을 계약서에 반영시킨다. 오랜 세월을 거치며 검증된 AIA 문서를 활용함으로써 믿을 수 있는 거래 관계가 형성되고 신속한 업무 처리가 가능해진다.

건축주, 시공자, 금융업체, 변호사, 보험사, 보증 보험사 등 많은 단체와 협회가 문서 프로그램에 참여하고 있다. 문서 작성에 관여한 관련 단체가 각 AIA 문서에 표시되어 있다.

네 번째로, AIA 문서를 활용하면 거래 비용 감축을 통해 경비를 절감할 수 있다. 계약 문서를 새로 만들고 협상할 때의 비용과 비교하면 비용 절감 규모는 엄청나다. 또한 표준 AIA 문서는 용역 제공 금액이나 건설 공사 금액을 보다 합리적으로 결정할 수 있으므로 추가적인 비용 절감 효과도 기대된다. AIA 표준 계약서를 활용하지 않고 새로 만든 계약서를 건축주로부터 받는다면, 그리고 그 계약서에 많은 의무 조항이 이곳저곳에 숨겨져 있다면, 예상치 못한 사태에 대비하기 위해 안전장치를 만드느라 계약 금액 자체가 크게 늘어날 수도 있다. 반면 오랜 세월을 거쳐 사용되며 검증된 AIA 계약서를 받으면, 그런 우발 사태를 걱정할 필요가 없다. 모든 계약 당사자를 위한 안전장치가 계약서에 이미 반영되어 있기 때문이다. 결국 체계적이고 효율적인 AIA 표준 문서는 건설업계 전체에 많은 도움이 될 것이다.

문서 작성 기본 규칙

AIA 및 AIA 문서위원회(Documents Committee)는 설계 및 건설 시공 프로젝트 표준 계약서를 작성할 때 지켜야 할 몇 가지 기본 규칙을 다음과 같이 정해 놓고 있다.

- AIA 문서는 설계 및 건설 계약 당사자의 정상적이고 합리적인 기대와 행위를 반영하여 만든다. 이러한 기대와 행위를 결정하기 위해 AIA는 건설업계의 관행과 업무 절차를 고려한다.
- 리스크는 관련 공정 부분을 직접적으로 관리하는 당사자에게 할당한다. 직접적인 관리 책임이 있는 당사자가 없다면, 예상치 못한 손실에 대처하는 데 가장 적합한 당사자에게 리스크를 할당한다. 어느 누구에게도 해당되지 않는다면 리스크는 프로젝트를 시작하고 궁극적으로 프로젝트 결과의 수혜자가 되는 건축주의 몫으로 한다.

- 리스크는 판례법에 따라 할당한다. 법적으로 분명하지 않을 때는 AIA 나름대로 표준 계약서와 모델 계약서에서 해결 방안을 제시한다.
- 대부분의 AIA 문서는 표준 형식으로 되어 있다. 이 표준 문서에 변형을 가하면 모든 당사자가 추가 또는 삭제 부분을 쉽게 파악할 수 있는 방식으로 변형 부분이 표시된다. 그렇기 때문에 계약 의무, 책임, 리스크의 분배 방식에 변경이 있더라도 모든 당사자가 쉽게 파악할 수 있다.

AIA 문서의 개정 내역을 검토해보면, 설계 및 건설 분야에서 어떤 변화가 있었는지 알 수 있다. 가장 대표적인 변화는 법적 책임과 관련된 것인데, 건설 단계에서 건축가의 역할을 기술하는 데 사용되는 용어를 재규정하게 만든 몇 가지 상황 변화가 다음 페이지의 글상자에 설명되어 있다. 용어 재규정은 지금도 계속되고 있다.

문서 작성 및 개정은 AIA 문서위원회, AIA 관련자, 외부 법률 자문, 건축주, 기타 건설업계 단체 대표자, 보험사 대리인, 설계 및 건설 분야 관련 기타 특수 분야 전문가와 함께 진행된다.

법적 책임 및 기타 외적 요인 이외에 현장에서 문서를 매일 사용하는 사람들도 문서 개정에 큰 영향을 주고 있다. 지역, 주, 전국 차원의 AIA 회의와 AIA 및 각종 법률 단체, 보험협회, 건설업계 단체가 주최하는 계약 및 책임 관련 워크숍에서 현장의 목소리를 취합한다.

프로젝트를 추진하려면 많은 핵심 참여업체가 필요하다. 그러므로 다음과 같은 많은 업계 전문 단체와 협조 체제를 구축하여 AIA 문서를 새로 개발하거나 개정한다.

미국중재협회(American Arbitration Association)
미국컨설팅엔지니어협회(American Consulting Engineers Council)
미국인테리어디자이너협회(American Society of Interior Designers)
미국전문건설협회(American Specialty Contractors)
미국하도급협회(American Subcontractors Association)
미국건설협회(Associated General Contractors of America)
시공사양협회(Construction Specifications Institute)
전미전문엔지니어협회(National Society of Professional Engineers)
전미보증보험업협회(National Association of Surety Bond Producers)
미국보증보험협회(Surety Association of America)

AIA 문서, 특히 표준 계약서 기능을 하는 문서는 법적 측면을 고려하여 신중하게 활용해야 한다. 변호사와 협의해 활용할 필요가 있다. 또한 변호사만이 계약 당사자가 아닌 상태에서 계약서를 작성할 수 있다. 예를 들어 건축주와 건축주의 변호사는 건축주-시공사 계약서, 건설 공사 계약 일반조건, 기타 보충 조건 문서를 작성한다. 프로젝트 리스크의 실질적인 변경 또는 재분배에 관한 계약서는 건축가의 보험사가 검토해야 한다.

문서의 병렬적 구조

AIA 문서는 "계열(series)"과 "소속(families)"으로 분류할 수 있다. 문서를 유형별로 나눈 것이 계열이다(건축주-건축가, 건축주-시공사, 건축가-컨설턴트 등). 반면 계열 가운데 프로젝트 특성에 따라 문서를 선별한 것이 소속이다.

AIA 문서 변경 사례

1945년까지만 해도 건축가의 책임 문제와 관련하여 큰 변화가 없었다. 보통법의 "계약당사자관계(privity of contract)" 규칙에 따라 건축주만이 건축가를 상대로 소송을 제기할 수 있는 유일한 당사자였다. 건축주만이 건축가와 충분한 계약 관계에 있기 때문이었다.

19세기 법률 개념인 "계약당사자관계"는 먼 미래의 예기치 못한 책임으로부터 계약 당사자를 보호하기 위해 도입된 것이다. 제3자에 의한 소송(계약 당사자가 아닌 다른 사람에 의해 제기되는 소송)은 상거래 행위에 과도한 부담을 줄 수 있다는 우려에서 나온 것이다. 이 규칙에 따라 건축가는 일반적으로 제3자 소송에서 면제되었다. 제3자는 건축가와 계약당사자관계를 결여하고 있기 때문이다.

하지만 산업사회가 발전하면서 법원은 계약당사자관계 규칙을 유지할 필요가 없다고 보았다. 특히 대량 생산 제품, 보다 구체적으로 자동차 분야를 중심으로 계약당사자관계 규칙이 사라졌다.

그리고 이런 경향은 건축 분야에도 등장하기 시작했다. 1950년대에 몇 차례의 재판을 거치며 건축가를 상대로 한 제3자 소송의 길이 열렸다. 계약당사자관계 규칙이 완전히 사라진 것은 아니지만, 제3자(특히 신체 상해를 입은 제3자)는 이 규칙의 장벽을 뛰어넘을 수 있게 된 것이다.

건축가를 상대로 제3자의 신체 상해에 대한 소송 제기 가능성이 높아지면서, AIA는 표준 계약 문서를 전반적으로 재검토하기 시작했다. 보일러 폭발로 근로자 한 명이 사망한 1958년의 루이지애나 사건으로 이 문제의 심각성이 강력하게 인식되었다. 이 재판에서(Day v. National U.S. Radiator, 241 La. 288, 128 So.2d 660(1961)) 사망한 근로자의 미망인은 건축가가 책임을 져야 한다고 주장했다. 건축주-건축가 계약서와 건설 공사 계약 일반조건에는 건축가가 시공자의 "공사를 감독(supervision of the work)"한다고 되어 있었기 때문이다.

계약 문서에는 건설 방법과 수단의 관리 감독 의무가 건설 시공자에게 있는 것으로 명시되어 있다고 해도, "감독(supervision)"이란 단어는 건설 공사의 관리, 지시, 통제 의무가 건축가에게 있다는 의미라고 원고측이 주장했다. 그러므로 건축가가 계약 문서에 의거하여 안전한 방식으로 건설 공사를 지휘/통제하지 못했기 때문에 근로자의 신체 손상과 사망이 발생했다고 주장했다. 법원은 이 주장을 받아들여 건축가에게 감독 소홀 책임이 있다고 결정했다. 하지만 루이지애나주 대법원은 이 판결을 뒤집고 건축가에게 책임이 없다고 결정했다.

이 사건은 중대한 책임 문제의 가능성을 보여 주는 대표적인 사례였다. 1961년에 건축주-건축가 계약서와 일반 조건 문서를 개정하면서 건축가의 건설 단계 용역 부분에 사용되었던 "감독(supervision)"이란 표현을 "감시(observation)"로 바꾸었다.

하지만 이 사건은 시작에 불과했다. 1967년에 일리노이주 대법원은 공사 현장의 비계가 무너지면서 많은 작업자가 다친 이유가 건축가의 "감독" 소홀 때문이라고 판결했다(Miller v. DeWitt, 37 Ill. 2d 272, 226 N.E.2d 630(1967)).

"감독"을 "감시"로 바꿈으로써 건축가의 역할이 축소되었다고 보는 견해도 있었다. 중요한 프로젝트 단계에서 건축가의 역할이 약화되었다는 것이다. 하지만 "감독"이란 표현에 대한 법원의 해석은 계약 당사자가 의도했던 범위를 넘어 건축가의 "감독" 역할을 확대시킨 계기가 되었다. 이런 사태를 피하기 위해 AIA는 건설 단계에서 건축가와 시공자가 일반적으로 이해하는 수준으로 건축가의 역할을 되돌린 것이다.

이 두 재판이 전부는 아니었다. "감시"라는 용어로 대체했음에도 오해는 계속되었고 큰 사회적 문제가 되기도 했다. "감시" 수준의 역할은 너무 약하다고 생각하는 건축주가 많았으며, 이런 오해를 불식시키기 위해 AIA는 가장 널리 사용되고 있던 문서인 A201과 B141에서 이 표현을 완전히 삭제했다. 결국 어떤 하나의 단어로는 건설 공사 단계에서 건축가가 제공하는 용역을 정확히 표현할 수 없다는 결론을 내린 것이다.

건축가의 용역 범위도 계속 다각화되고 있다. 오늘날의 건축가는 각각의 프로젝트 특성에 맞추어 공사 단계에서 다양한 종류의 용역을 제공하고 있다.

문서 계열

우선 AIA 문서는 다음과 같이 여러 계열로 구분할 수 있다.

A **계열** 문서는 건축주와 종합건설자와의 계약서에 관한 것이다.
B **계열** 문서는 건축주와 건축가 사이의 전문 용역 계약서에 관한 것이다.
C **계열** 문서는 건축가와 컨설턴트 사이의 전문 용역 계약서에 관한 것이다.

문서 파인더(부록 C)에 소속별 문서가 정리되어 있어, 해당 프로젝트에 가장 적당한 AIA 문서 소속을 찾는 데 도움이 된다.

D 계열 문서는 건축 업계 관련 문서이다.

G 계열 문서는 계약 및 운영 관련 문서이다.

문서 소속

AIA 문서를 활용할 때는 문서 소속에 맞추어 선정하는 것이 바람직하다. 프로젝트 수행 방법(역할, 책임, 리스크, 보상의 구체적인 분배 방식)에 따라 프로젝트 수행에 필요한 계약서 소속이 달라진다—건축 용역을 어떤 식으로 규정할 것인가? 건설관리자가 있는가? 건설 시공자에게 보수를 어떤 식으로 지급할 것인가? 연방정부 프로젝트인가?

AIA 문서는 공통의 용어정의, 일반 조건, 유사한 문구를 사용한 일관된 구조를 갖추고 일련의 계약 문서 작성에 활용됨으로써 건설 프로젝트에 필요한 모든 주요 계약에 적용할 수 있다는 특징을 갖고 있다. 예를 들어 AIA 문서 A201 및 B141의 다음 조항을 생각해 보자.

AIA 문서 A201-1997 "건설 공사 계약 일반조건" 의 4.2.2는 다음과 같다.

> 건축주의 대표자로서 건축가는 시공자의 작업 단계별로 적절한 주기에 따라 현장을 방문하여 (1) 공사 진행 상황과 기성 작업 부분의 품질을 전반적으로 파악하고 건축주에게 통보하며 (2) 공사의 결함이나 문제 부분이 발생하지 않도록 함으로써 건축주를 보호하기 위해 최선을 다하고 (3) 공사가 계약 문서에 따라 완료될 수 있는 방식으로 공사가 진행되고 있는지 전반적으로 파악한다.

한편 문서 B141-1997 "건축주와 건축가 사이의 표준 계약서" 의 2.6.2.1은 다음과 같다.

> 건축주의 대표자로서 건축가는 시공자의 작업 단계별로 적절한 주기에 따라 또는 2.8조에서 건축주와 건축가 사이에 별도로 정한 주기에 따라 현장을 방문하여 (1) 공사 진행 상황과 기성 작업 부분의 품질을 전반적으로 파악하고 건축주에게 통보하며 (2) 공사의 결함이나 문제 부분이 발생하지 않도록 함으로써 건축주를 보호하기 위해 최선을 다하고 (3) 공사가 계약 문서에 따라 완료될 수 있는 방식으로 공사가 진행되고 있는지 전반적으로 파악한다.

두 조항이 동일하지는 않지만 유사성을 유지하고 있다. 또한 두 문서에서 사용되는 기본 용어는 동일한 의미를 지닌다. 유사한 구절과 동일한 의미의 용어를 사용함으로써 건설 프로젝트 참여업체 사이에 체결되는 각종 계약서가 일관성과 연계성을 유지하도록 한다. 또한 주요 계약서(예, 건축주-시공사, 시공자-하도급업체, 건축주-건축가, 건축가-컨설턴트 계약서) 각각에 참조 표기를 함으로써 동일한 일반 조건이 채택되도록 한다.

AIA 문서 계열

A 계열

건축주와 종합건설자와의 계약 관련 문서

- 건축주-시공사 계약서
- 이들 계약서의 일반 조건 및 보충 조건
- 건축주-설계업체-건설업체 계약서
- 시공자-하도급업체 계약서
- 입찰 절차 가이드라인
- 시공자 자격 조건, 입찰 절차 설명서, 입찰 서식, 실적 보고 서식, 작업 결과 보고 서식, 기타 보증 보험 관련 문서 등 입찰과 협상 과정에 사용될 문서

B 계열

건축주와 건축가 사이의 전문 용역 계약 관련 문서

- 건축주-건축가 계약서
- 건축주-건설관리자(CM) 계약서
- 설계업체-건설업체-건축가 계약서
- "건축가 자격 조건 지정서 및 건축가 소속 프로젝트 대표자의 의무, 책임, 권한 제한"(건설 현장에서 건축가 소속 프로젝트 대표자의 역할을 규정한 문서) 등 특수 목적 문서

C 계열

건축가와 컨설턴트 사이의 전문 용역 계약 관련 문서. 건축가 및 엔지니어, 기타 컨설턴트 사이의 표준 계약서와 전문 용역 제공을 위한 설계 전문가 사이의 합작 사업에 사용할 수 있는 표준 계약서 포함.

D 계열

건축업계 문서. 건물의 건축 면적 및 용적 계산을 위한 기준(AIA 문서 D101)(단위 면적을 기반으로 한 예산 편성 또는 비용 산출) 및 프로젝트 기획과 관리를 위한 세부 프로젝트 체크리스트(AIA 문서 D200).

G 계열

계약 및 운영 관련 문서.

- 물품 및 용역 확보와 프로젝트 계약의 관리 및 종결(예, 측량 및 지질 조사 요청, 설계 및 건설 계약 변경, 시공자 지불 청구 및 승인, 보증 보험 및 보험 처리, 준공 인증, 각종 증명, 동의, 승인)에 사용할 표준 서식.
- 프로젝트 관련 서신, 각종 프로젝트 파일 관리, 인사 관리 기록 등 사무 관리 서식.

이렇게 함으로써 AIA 문서는 다른 어떤 방식으로 작성된 계약서보다 전체적인 일관성과 통일성을 유지한다. 예를 들어 A201 문서 소속에는 현재 최소 13종의 문서가 있는데, 이 모든 문서가 거의 동시에 개정되므로 전체적인 일관성을 유지하고 있다.

A201 소속 이외에도 다양한 문서 소속이 있다.

- 인테리어 소속
- 건설관리-조언자 소속
- 건설관리-시공자 소속
- 설계-시공 소속
- 소규모 프로젝트 소속
- 국제 프로젝트 소속

문서의 혼합

AIA 문서의 설명 부분에서 AIA 문서를 다른 문서와 혼용하여 사용하지 말 것을 경고하고 있다. AIA 문서를 AIA에서 발행하지 않은 다른 문서와 혼용할 경우에는 AIA 문서 사이의 일관성과 통일성이 훼손될 수 있기 때문이다.

또한 AIA 문서 유형별로도 혼용해서는 안 된다. 예를 들어 AIA CM-조언자 소속 문

서를 CM-시공자 소속 문서와 혼용해서는 안 된다. 모든 AIA 문서가 유사한 면을 갖고 있기는 하지만, 소속별로 기본 전제가 미묘하게 차이나기 때문이다.

병렬식 문서 작성은 AIA 문서 사용자에게는 큰 도움이 되겠지만, 그 자체가 문제를 안고 있다. AIA 문서를 변경할 때는 매우 조심해야 한다. 순수한 개인적 선호도에 따라 변경해서는 안 된다. 변경을 위한 변경은 위험하며, AIA 문서에 내포된 다양한 법적 장치가 사라질 위험도 있다. AIA 문서에 문제가 있다고 생각하면, 아래에 기술한 방식으로 변형하여 사용하는 것이 바람직하다.

문서의 활용

AIA 문서는 프로젝트 계약 및 프로젝트 관리와 일반 운영의 기준을 제시하는 데 목적이 있다.

문서의 유형

대부분의 AIA 문서는 표준 형식이지만(즉 당사자 간의 계약서로 바로 사용할 수 있도록 되어 있음), 일부는 사용자가 편집하여 사용할 수 있는 모델 형식이다. 모든 AIA 문서는 지속적으로 검토를 거쳐 개정되고 있다. 그러므로 가장 최근에 발행된 AIA 문서를 활용하는 것이 중요하다. AIA의 각종 계약서와 서식은 공인업체를 통해 구입할 수 있다.

현재 AIA는 75종 이상의 표준 문서와 모델 문서를 발행했다. A, B, C, D, G 시리즈 문서 견본이 이 책과 함께 제공되는 CD-ROM에 포함되어 있다.

표준 계약 문서. 업종별로 표준 계약서가 널리 사용되고 있다. 거래에 필요한 계약서를 새로 만들 필요가 없어 시간과 돈을 절약하는 데 도움이 된다. 표준 계약서를 그대로 사용할 수도 있고, 프로젝트 특성과 각종 요소를 고려하여 변형해 사용할 수도 있다.

AIA 표준 문서를 변형할 때는 신중해야 한다. 한 계약서가 다른 프로젝트 계약서와도 연계되어 있다면 특별한 주의가 요구된다. 여러 문서를 종합적으로 고려하여 변형해야 한다. 표준 문서를 변형할 때는 다음과 같이 한다.

- 보충 조건, 특별 조건, 수정 문서를 첨부한다. 예를 들어 AIA 문서 A201 "건설 공사 계약 일반조건" 에 AIA 문서 A511 "추가 조건을 위한 지침" 의 조항을 첨부할 수 있다.
- 원래의 표준 문서에 직접 기재한다. 이런 식의 변경을 가할 때는 주의가 필요하다. 수기로 변경할 때는 계약 당사자 모두 서명한다. 어떤 경우에도 최초의 기재사항은 반드시 읽을 수 있어야 한다. 그렇지 않으면 부정행위로 의심받거나, 계약 체결 이후에 계약 문서를 임의로 훼손했다는 오해를 받을 수 있다.
- 표준 문서를 다시 입력하여 사용하지 않는다. 그런 행위는 저작권 위반에 해당

될 뿐만 아니라, 입력 과정에서 오류가 발생하여 법적 문제로 이어질 수 있다. 또한 다시 입력하여 사용하면 표준 문서가 갖고 있는 주요 이점 가운데 하나가 사라질 수도 있다. 표준 문서를 그대로 사용해야 변형을 가하더라도 어떤 부분이 변형되었는지 쉽게 파악할 수 있다. 계약 당사자는 변형에 따른 리스크를 보다 확실하게 파악하여 대처하게 된다.

AIA 문서 A511 "추가 조건을 위한 지침"은 모델 문서이다. AIA 문서 A201 "건설 공사 계약 일반조건"의 변형에 적용할 수 있는 방법을 제시하고 있다.

모델 문서. 일부 AIA 문서는 모델 문서이다. 달리 말하면 계약서를 작성할 때 포함시킬 수도 있고 포함시키지 않을 수도 있는 각종 조항을 제시한다. 표준 계약 문서(사용자가 빈칸에 필요한 사항을 기재하고 변형을 가하더라도 분명히 파악할 수 있는)와 달리 모델 문서는 사용자가 직접 원하는 부분을 선택하여 계약서 초안에 포함시킨다.

AIA의 전자 계약 문서에 관한 사항은 전화 (800) 242-3837로 문의한다.

AIA 문서의 복사

대부분의 AIA 문서는 AIA에게 저작권이 있으며 저작권 보호 대상이다. 저작권 보유자로서 AIA는 저작권법에 따라 복사, 타인의 복사 허용, 파생 저작물의 제작, 복사물의

AIA 문서 복사 허가

AIA 문서는 대부분 "소모품"으로 사용하도록 되어 있다. 달리 말하면 사용자가 구매한 원본 문서를 한번만 사용하는 것이다. 많은 AIA 문서에 공란이 포함되어 있어 필요한 정보를 입력하게 되어 있지만, 그렇다고 문서 복제를 암시적으로 허용하지는 않으며 AIA 회원으로 가입한다고 해서 문서 복제 권리가 발생하지도 않는다. 저작권 보호를 받는 문서의 복제와 관련하여 네 종류의 라이선스를 개인과 단체에 부여하고 있다.

구매자 라이선스: 문서 전체(license-to-purchaser: entire document). 사용자가 직접 채워 넣는 공란이 있는 대부분의 AIA 문서가 이 라이선스에 해당된다. 문서 설명서 또는 표지 안쪽에 구매자 라이선스 통지서가 있다. 문서를 구매하면 이 라이선스가 자동으로 부여되지만, 특정 프로젝트를 위해 필요한 모든 정보를 문서에 기재할 때까지는(서명 제외) 라이선스가 발효되지 않는다. 사용자는 작성 완료한 문서를 최대 10부까지 복사하여 그 프로젝트에 사용할 수 있다.

이 라이선스는 구매자가 계약 체결을 위해 복사본이 필요할 것이라는 인식에 따라 부여된다. 즉 관리 목적이나 다른 계약 당사자에게 배포할 목적에서 복사본이 필요하리라고 가정한 것이다. 이 라이선스는 사용자가 공란에 정보를 기입하지 않고 AIA 문서를 복제하거나 전문을 입력하여 복제본을 만들 수 있도록 허용하지 않는다.

구매자 라이선스: 문서 발췌(license-to-purchase: excerpted document). 이 라이선스는 모델 형식 문서(예, AIA 문서 A511 "추가 조건을 위한 지침")에 적용된다. 모델 형식 문서에서 사용자가 필요한 부분을 발췌하여 프로젝트 매뉴얼에 사용하는 방식이다. 모델 문서에 포함된 권고 사항에만 적용되며, 설명 부분은 라이선스 대상이 아니다. 프로젝트에 필요한 프로젝트 매뉴얼의 수를 알 수 없으므로, 복사 횟수는 제한이 없다. 하지만 특정 프로젝트에 대해서만 복제할 수 있으며, 일반 업무용이나 참고용으로 사용할 수 없다.

일반 조건 문서 또는 입찰 설명 문서에는 위의 두 라이선스가 적용되지 않는다. AIA 문서 A201/SC "공사 계약의 일반 조건들과 연방정부 공사 계약의 추가 조건(저작권 보호 대상 아님)"을 예외로 하고, AIA가 구체적으로 문서를 통해 허용하지 않는 한, 이들 문서는 원본만 사용한다.

가입자 라이선스: 전자 문서(license-to-subscriber: electronic documents). 이 라이선스는 "AIA 계약 문서: 전자 형식 소프트웨어 프로그램" 가입자에게만 부여된다. 고정 연회비를 내는 소프트웨어 사용자는 AIA 문서를 복사하여 사용할 수 있지만 상업적 목적의 재판매에는 사용할 수 없다.

라이선스 인증서(written license): 상황에 따라서는 AIA 문서 복사 허가 인증서를 발행하기도 한다. 방침이 수시로 바뀌므로 AIA의 가이드라인을 참고한다.

미국건축가협회(The American Institute of Architects)

유포에 대해 배타적 권리를 보유한다. AIA는 지정 조건에 따른 문서의 복제 권리(라이선스)를 제공한다.

AIA 문서의 저작권 보호 목적은 다음과 같다. 우선 문서 사용자가 표준화된 내용을 유지하고 활용하도록 하며, 허가받지 않은 복제의 결과로부터 사용자를 보호하고, AIA의 명칭과 명성(또한 AIA의 저작물에 대한 권리)을 보호하는 데 있다.

무허가 복제에 따른 파급 효과는 심각할 수도 있고 가벼울 수도 있다. 예를 들어 복제 과정에서 사소한 오류가 발생하지만 큰 영향을 주지 않을 수 있다. 반면 고의로 원래의 취지를 훼손하면 심각한 문제를 유발하기도 한다. 어쨌든 계약서의 근거로 복제 문서를 제공하는 당사자와 그 문서가 AIA 표준 계약서를 토대로 했다고 생각하는 당사자 모두의 이해가 걸린 사안이기 때문에 결국 당사자 모두 계약서의 조항이 정확하고 공평한지 확인해야 하며, 문서 검토를 위해 많은 시간과 돈이 소요될 것이다.

전자 문서

1993년에 AIA는 전자 문서 용역을 시작했다. 설계 및 건설 분야의 표준 사무기기에 맞추어 개발되었으며, 이제 사용자는 원하는 AIA 전자 계약 문서를 열어 프로젝트별 데이터를 입력하고 필요에 따라 표준 조항을 변형할 수 있다. 삽입 문구는 밑줄 표시가 되거나 특수 글꼴로 인쇄된다. 삭제 문구 역시 쉽게 알아볼 수 있도록 표시된다. 그러므로 표준 계약 문서를 어떻게 변형시켰는지 쉽게 파악할 수 있다.

참•고•자•료 *Backgrounder*

지적재산권과 건축가

Dale R. Ellickson, Esq., FAIA

건축가의 핵심 자산은 "아이디어"이다. 일반적으로 아이디어는 도면과 기타 문서를 통해 표현된다. AIA 표준 계약 문서에 따르면 도면, 시방서, 기타 문서는 "건축 용역의 증거물"이며 건축가의 지적 자산에 속한다. 또한 저작권법 역시 보고서와 시방서, 모델, 예술적 표현물, 컴퓨터 프로그램, 전자 기록 문서 또는 전자적으로 생산된 문서 등 건축가가 용역을 제공하며 만든 지적 저작물을 보호하고 있다.

물리적 도면이나 기타 지적 저작물의 소유권 이외에도, 건축가는 그에 대한 저작권을 보유한다. 저작권에 의해 건축가는 저작권 보호 대상 저작물의 복제, 2차 저작물의 제작, 저작권 보호 대상 저작물의 공적 게시를 승인할 배타적 권리를 갖는다. 정식 계약서에 의해 다른 당사자에게 양도되지 않는 한, 저작권은 건축가(즉 저작자)에게 있다. 하지만 저작물이 "고용의 범위 안에서"(즉 고용인-피고용인 관계) 만들어진 것이거나, 계약서에 구체적으로 "고용저작물(work made for hire)"로 명시되어 있다면, 저작권은 고용인 또는 계약 당사자에게 있다.

1990년에 의회는 건축저작권법(Architectural Works Copyright Protection Act)을 통과시켰다. 저작권법을 보완한 이 법은 1990년 12월 1일자로 시행되었다. 이 법에 의거하여 건축가의 저작권은 건물 자체로 표현되는 건축 설계의 보호까지 포괄하게 되었다. 건축가는 이제 저작권법에 따른 다양한 지적 저작물 카테고리를 근거로 저작권을 주장할 수 있다. 저작권 보호 대상이 되는 저작물은 다음과 같다.

- 도면(그래픽 저작물 및 건축 저작물 카테고리)
- 시방서 및 보고서(어문 카테고리)
- 모델(조각물 카테고리)

• 제한적 배포를 목적으로 한 프레젠테이션 자료(예술적 저작물 카테고리)
• 전자 소프트웨어(컴퓨터 소프트웨어 카테고리)
• 건물 디자인(건축 저작물 카테고리)

저작권과 관련하여 AIA에 많은 질문이 오고 있다. 이 가운데 대표적인 질문과 답변을 정리하면 다음과 같다.

Q. 도면과 기타 문서의 소유권 또는 저작권을 보장하도록 계약서를 작성해야 하는가?

A. 계약서에 건축가의 소유권을 명시하는 것이 가장 좋다. 문서 소유권과 저작권은 미국 저작권법에 의거하여 별개임이 명확히 법제화되었지만, 이 두 권리를 혼동하는 법원도 있다. 또한 건축가가 서비스 제공보다는 제품(도면)을 판매한다는 잘못된 판단을 내린 사례도 일부 있다. 건축가의 소유권을 용역 계약서에 명기하면 명쾌하게 해결될 것이다.

Q. 저작권은 언제 효력을 발휘하는가?

A. 저작권은 지적 저작물이 창작된 순간부터 발효된다. 도면은 작성 일자에 창작된다. 건물은 아마 준공일자에 창작된다고 볼 수 있다. 이에 대한 정확한 개념은 1990년 법률에 포함되어 있지 않다.

Q. 저작권 표시를 어떻게 해야 하는가?

A. 외부로 반출되는 모든 설계 및 건설 문서에 적절한 저작권 표시를 하는 것이 좋다. 올바른 저작권 표시 방법이 세 가지 있다.

© 1994 John Doe
Copyright 1994, JD, Inc.
Copyr. 1994 JDI

회사 약칭을 사용한다면 일반 대중이 분명하게 인식할 수 있어야 한다. 문서 본문에 저작권에 대해 명시하는 방법도 좋다. 표지 부분은 쉽게 떨어질 수 있기 때문이다.

Q. 저작권 등록을 해야 하는가?

A. 저작권법의 보호를 완벽하게 확보하려면 상대방에게 저작권 통지를 하고 미국저작권위원회(US Copyright Office)에 등록한다. 저작권을 등록하지 않았다고 해서 저작권이 상실되지는 않지만, 불이익을 당할 수도 있다. 저작권법은 구제 방안도 마련해 두고 있는데, 통상적인 저작권 침해에 대하여 변호사 비용과 최대 2만 달러의 손해 배상을 받을 수 있다. 하지만 침해 사실을 증명할 수 있어야 한다.

Q. 저작권을 어떻게 등록하는가?

A. 신청서를 작성하고 저작권 보호 대상 저작물 사본과 함께 제출한다. 신청 비용이 있다. (완성 건축물에 대해 저작권을 신청할 때는 건물 사진이 필요하다.) 저작권 카테고리별로 별도의 신청이 필요하다. 미국저작권위원회(Library of Congress, Washington, DC 20559-6000, 전화 (202) 479-0700, http://lcweb.loc.gov/copyright/)에 요청하면 관련 서식과 자료(Circular 41, Information Packet 115)를 구할 수 있다.

Q. 저작권 등록을 언제까지 해야 하는가?

A. 저작권법에 따르면 저작물의 공표 이후 5년 이내에 등록해야 한다. (건축 분야에서 "공표(publication)"라 함은 저작물의 공개를 의미한다.) 변호사 비용과 법적 손해 배상을 포함해 저작권법에 의거해 보호를 받으려면 공표 이후 3개월 이내에 신청한다.

Q. 저작권을 등록하면 어떤 권리를 갖게 되는가?

A. 저작권 등록을 마치면 저작물의 복제 또는 그의 2차 저작물에 대해 배타적인 권리를 갖는다. 저작권이 최초 저작자에게 계속 있다면, 저작권은 저작자의 사망 이후 50년간 보호된다. "고용저작물(work made for hire)"인 경우에는 최초 공표일로부터 75년간 유지된다.

Q. 1990년 건축저작권법(Architectural Works Copyright Act)은 건물 디자인을 어떻게 보호하는가?

A. 건축저작권법은 "공간과 요소의 배치 및 구성, 그리고 전체적인 형태"를 보호한다. 이 법의 입법 과정을 살펴보면, 건축의 "시적 언어"에 의회가 중점을 두었다는 점을 알 수 있다. 이 법의 취지를 확대시키면 독창적인 방식으로 선택, 조정, 배치된 부분, 표준 건물 디자인에 통합된 새로운 디자인 요소, 건축의 인테리어 요소 등 법의 보호를 받지 못했던 부분까지 보호 대상이 될 수 있다. 반면 의회는 "실용적 기준, 건설 기준, 기술 기준에 의해 결정된 기초적인 형태의 건물에 내재된" 요소는 보호 대상으로 보지 않는다. 그러므로 문이나 창문 같은 "표준"적인 건물 구성 요소는 보호 대상이 아니다. 또한 "실용적 관점에서 당연히 배치되어야 할 일반적인 기능적 요소도 포함되지 않으며, 교량, 인터체인지, 댐, 인도도 대상이 아니다."

또한 건축저작권법은 배타적인 건축저작권에 또 다른 두 가지 제한을 두고 있다. 첫째, 건축 저작물이 일반 대중이 볼 수 있는 장소에 있는 경우(일반 도로에 위치)에는 건축가(저작자)의 사전 허락이 없어도 사진과 기타 표시물을 제작할 수 있다. 둘째, 건물 소유주는 건축가의 허락이 없어도 건물을 변형 또는 파괴할 권리를 갖는다.

Q. 누군가가 저작권 보호 대상 도면 일부를 갖고 가서 일부를 변경한다면 어떻게 되는가?

A. 최초의 저작권 대상 저작물을 변형한 것임이 합리적인 사고를 하는 사람이 보았을 때 명백하며 그와 같은 침해 행위가 저작권 보호 대상 저작물임을 사전에 인지하고도 그렇게 한 것이라면, 저작권을 보호받을 수 있다. 저작권 침해를 당한

건축가는 침해한 자를 상대로 법적 소송을 취할 수 있다.

Q. 내가 도면을 판매한다면 저작권도 파는 것인가?

A. 저작권 보호를 위해 적절한 조치를 취했다면, 저작물을 판매했다고 해서 저작권도 함께 양도한 것으로 볼 수 없다. 1976년 저작권법에 따르면 소유권과 저작권은 별개이다. 저작권을 보유하고 있으면 저작물의 복사본 또는 파생물에 대한 권리를 보유하고 있는 것이다. 라이선스 계약을 통해 일정 개수의 복제 또는 복제의 목적과 관련한 권리를 제한적으로 양도할 수는 있다. 예를 들어 AIA 문서 B141-1997 "건축주와 건축가 사이의 표준 계약서"에는 건축주가 계약을 위반하지 않는 범위에서 프로젝트 수행에 따라 건축물의 건설 공사와 유지 관리를 위해 만든 도면과 시방서를 사용할 수 있는 제한적 라이선스 권리를 건축가가 건축주에게 허용한다고 규정하고 있다. 또한 건축가는 건축가가 별도로 계약을 맺는 컨설턴트의 지적 저작물에 대하여 유사한 종류의 제한적 라이선스를 확보해야 한다.

Q. 저작권을 판매 또는 양도할 수 있는가?

A. 물론 그렇게 할 수 있다. 사업상의 결정에 따라 그렇게 할 수 있다. 하지만 저작권 양도에 앞서 건축주-건축가 계약서를 잘 검토해야 한다. 건축주가 문서와 디자인에 대한 소유권과 저작권의 양도를 요청한다면, 다른 건축주를 위한 다른 프로젝트에서 그 저작물의 파생물을 활용하는 데 장애가 생기기 때문이다.

건축가의 저작 스타일이 도면과 건물 디자인에 반영되어 있다. 저작물 자체가 그런 스타일을 구현하고 있으므로, 저작권의 일괄 양도로 인해 건축가 자신이 특정 스타일을 계속 사용하지 못하게 되는 수도 있다. 또한 건축가-컨설턴트 계약서에 명시되어 있지 않는 한, 건축가와 계약을 맺은 컨설턴트의 저작권을 양도하는 데 동의해서는 안 된다.

Q. 다른 건축가의 저작물을 인계받으면 어떻게 되는가?

A. 건축주와 일차 건축가가 AIA 표준 계약서(건축주-건축가 계약서)를 사용해 계약했다면, 그 건축가는 저작권 등록을 하지 않았다고 해도 도면에 대한 권리를 보유한다. 그러므로 일차 건축가로부터 도면 사용에 대해 허락을 받는 것이 중요하다.

Q. 내가 일차 건축가이고 다른 건축가에게 내가 만든 도면을 팔거나 그 도면의 이용권을 부여한다면, 그 건축가가 프로젝트를 완료했을 때 내가 어떤 법적 책임에 노출되는 것은 아닌가?

A. 그럴 수도 있다. 첫 저작물을 만든 사람으로서 저작물의 오류에 대해 책임을 질 수도 있다. 프로젝트를 계속 진행했다면, 그런 오류를 직접 발견했을 수도 있을 것이다. 건축주로부터 책임의 제한을 보장받는 방법이 있지만, 도면 사용권을 양도하기 전에 그런 보장을 받아내야 한다.

Q. 내가 이차 건축가라면, 어떤 법적 책임에 노출될 수도 있는가?

A. 그렇다. 이차 건축가는 일차 건축가의 저작물을 인수하여 자신의 저작물에 통합시키므로, 두 저작물을 명확히 구분(예, 일차 건축가의 저작물은 건물 외관에만 해당되고, 이차 건축가의 저작물은 인테리어만 해당되는 경우)할 수 없다면 이차 건축가가 모두 만든 것과 동일하게 결과에 대해 책임을 진다. 두 저작물이 명확하게 분리된다면, 작성자, 직책, 날인 등 다양한 방식으로 그러한 분리가 저작물에 반영되어 있어야 한다.

Q. 회사에서 저작권을 관리하는 가장 좋은 방법은 무엇인가?

A. 저작권 관련 사안을 전담하는 한 사람을 두는 것이 좋다. 저작권 등록일자와 공표 저작물 또는 미공표 저작물의 유포 등에 관한 사항을 기록한다.

Dale R. Ellickson은 특수 건설 공사 계약 전문 컨설턴트이다. AIA 계약 문서 프로그램 자문 역할을 맡기도 했다. 건축가이자 변호사로서 건설업계의 다양한 법적 문제에 대하여 글을 쓰고 강연도 하고 있다.

제11장 위기 관리

11.1 위기 관리 전략

Richard B. Garber, ASLA, and Charles R. Heuer, Esq., FAIA

프로젝트 참여자 간에 위험의 빠른 인식과 적합한 배정은 프로젝트의 성공에 기여한다.

위험은 바람직하지 못한 결과의 가능성으로서 모든 사업상에서 나타나게 된다. 그러나 건축을 선도하는 설계 프로젝트에서의 위기 관리는 중요하다. 어떤 위험들은 보험으로 넘길 수 있음에도 불구하고, 건축가 자신은 분쟁과 클레임, 결손처분(write-off)에 의해 재정상의 중대한 위협에 직면하기도 한다. 그러므로 각각의 프로젝트를 위해 건축가는 가장 적은 장기 비용으로 바람직하지 못한 결과의 가능성과 심각성을 최소화할 전략적 도구를 준비할 필요가 있다.

초기 위험 평가

비용에 영향을 미치는 위기 관리는 건축가가 개별 프로젝트를 시작하기 전에 시작된다. 건축가가 잠재적인 프로젝트와 고객에 타당한 평가를 하고 나서 조심스럽게 주도면밀히 준비된 제안서는 거의 문제를 일으키지 않는다. 또한 위험을 피할 수 없을 때조차도, 제시간에 적합한 방법으로 처리됨으로써 대개 성공적으로 관리되고 완화될 수 있다. 모든 프로젝트는 프로젝트가 회사의 근본적인 실행 목표에 맞는지, 이익이 되는 일인지, 위험부담은 얼마나 되는지에 대해 선별과정을 거쳐야만 한다. 이러한 초기 작

리차드 가버(Richard V. Garber)는 AEC 위기 관리 센터의 부사장이며 AIA 운영 책임보험 프로그램의 매니저이다. **찰스 호이어**(Charles R. Heuer)는 호이어 법률자문의 사장이며 설계와 공사관리 자문회사를 운영하고 있다.

업은 때때로 건축가의 불합리하거나 비현실적인 요구에 대한 도전의식 때문에 또는 현실적 감각이 결여되어 있기 때문에 간과되기도 한다.

위험은 수행될 서비스의 환경뿐만 아니라, 고객과 회사, 프로젝트 특성에 따른 다양성의 상호작용으로 발생하거나 영향을 받는다. 최소한의 범위 내에서 회사가 고려해야 할 사항은 다음과 같다.

- **프로젝트의 성격:** 영역과 대지, 예산, 스케줄; 지역적 특성; 유별난 규정의 요구; 반복되는 소송 경력을 파악한다.
- **회사의 역량과 경험:** 회사가 프로젝트를 가능하게 할 설계 전문성과 시간을 보유하고 있는지 검토한다.
- **특정한 고객의 특성:** 고객의 특성과 재력, 전문적인 서비스의 특성에 대해 이해한다.
- **건설업 요인:** 도급자 선정과정과 성과, 시공 과정에서 관계 맺는 다른 부분들, 지역 건설경기의 상태와 같은 프로젝트 인도에 영향을 끼치는 요인을 살핀다.
- **시간과 비용의 구속:** 설계 서비스의 보수, 프로젝트 예산, 공사기간(scheduling constraints)을 포함한다.
- **설계와 시공에 대한 외부 압력:** 경제전반의 분위기와 프로젝트에 대한 사회와 정부의 시선, 사회전반의 분위기와 법, 관습, 그리고 곧 생길 수 있는 법안 등을 포함한다.

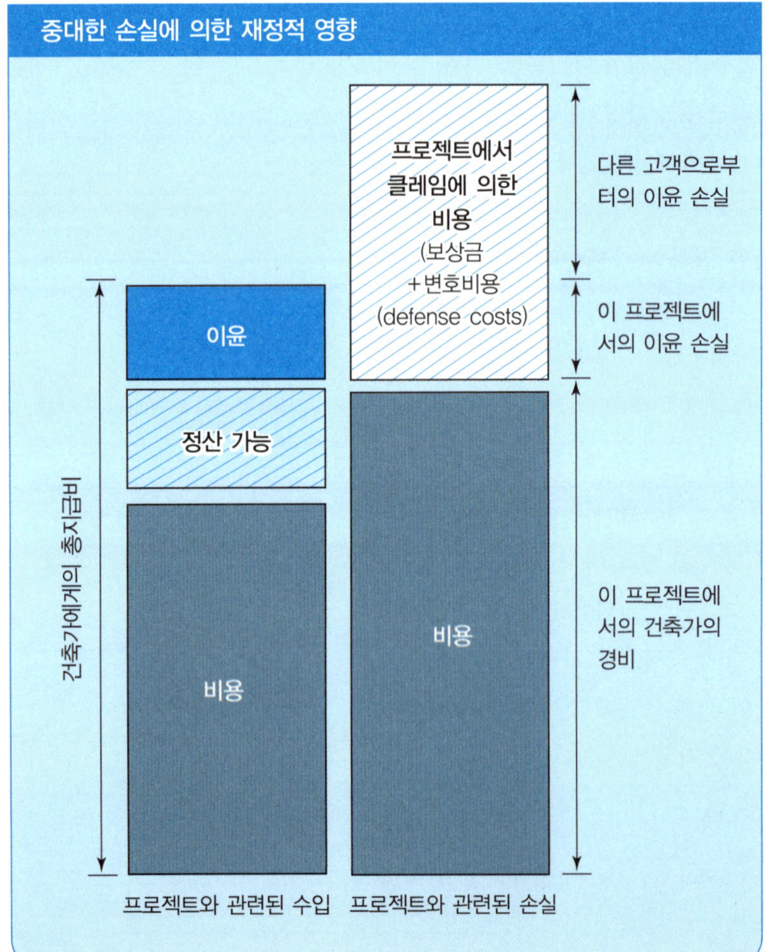

건축가가 초기 위험을 완벽하게 알아채고 판단한다면, 프로젝트를 수행하는 팀원 그리고 정확한 판단과 위험반응(risk-reponse) 전략에 도움을 줄 수 있는 다른 프로젝트의 수행자(stakeholders)들의 이익배분을 정하기에 좀 더 좋은 위치에 있을 것이다. 이런 보다 정확한 판단은 사전제안된 평가(pre-proposal evaluation)를 통해서 이루어진다.

프로젝트의 사전제안 평가

사전제안 평가는 건축주와 컨설턴트, 도급자 간의 상호작용을 하게 할 스탭과 같은, 프로젝트에 영향을 끼치는 사람들의 연합된 노력에 의해 이루어진다. 그들의 연합된 노력은 새로운 문제가 생길 수 있는 위험과 상황 모두의 원인에 대한 정보를 제공한다. 일반적으로, 다음의 것들은 사전제안 평가되어야 한다.

프로젝트의 유형. 역사적으로 어떤 건축 프로젝트 유형은 잦은 요구를 하게 된다. 콘도미니엄은 전형적인 예이다. 콘도미니엄 프로젝트에서 건축가의 고객과 최종적인 사용자는 같은 사람이 아니다. 사용자는 때때로 건축주와는 명백하게 다른 목표와 요구를 갖는다. 건축가는 건축주를 만족시키고 나서 사용자에게 고소당할 수도 있다. 어떤 건축가들은 아예 이러한 프로젝트를 거부하기로 결정했을지도 모른다. 또 다른 사람들은 부분적으로 그것을 어떻게 관리해야 하는지 배웠기 때문에, 부분적으로는 완화를 위한 비용까지 포함하여, 보다 큰 위험에 수반되는 보수 때문에 위험부담을 받아들일 것이다.

핵심은 위험의 근원을 인식하고 그것에 대하여 확실한 위기 관리 전략으로 반응하는 것이다. 콘도미니엄 건축주들을 위해 일해 본 건축가들이 사용하는 일반적인 전략은 건축주가 요구한 사항들에 대하여 주어진 장점을 체계적으로 증명하는 것이다. 건축주의 요구사항들을 받아들이거나 혹은 거부하는 것에 대한 지시와 결정은 기록되어야 한다.

건설계약의 유형. 클레임 통계는 완전한 경쟁 입찰 건설계약에 의한 프로젝트가 절충된 혹은 실비정산 보수가산(cost-plus-fee)방식보다 훨씬 더 큰 위험부담을 가지고 있다고 한다. 경쟁 입찰에 기초하여 비용이 고정된 일(fixed-price)을 따낸 도급자는 건축주와 건축가의 요구가 일치하는 데에서 최소한의 작업량으로 일을 수행하는 데 관심을 갖는다. 반면에 건축주와 건축가는 설계된 작업이 양과 질의 감소 없이 그리고 추가 작업 없이 완성되는 데 관심을 갖는다.

관심사의 차이는 관계에서 종종 분쟁을 일으키고 고유의 긴장을 조성한다. 이러한 분쟁은 때때로 건설계약서의 내용이나 건축가의 건설계약 관리업무의 질을 포함한다. 그러므로 이러한 건축주-도급자(owner-contractor) 사이의 분쟁은 건축가를 혼란스럽게 하는 경향이 있다. 이러한 상황은 때때로 적절한 자격을 가진 도급자에게 입찰가를 결정짓는 것을 어렵게 할 수 있기 때문에 더 악화된다. 따라서 도급자의 능력과 경험을 예견하는 것은 어렵다. 그렇더라도 건축가는 경쟁 입찰로 이루어지는 모든 프로젝트를 피하지는 않을 것이다.

행로 기록. 잠재적인 새로운 고객의 행로 기록을 조사하는 것은 때때로 현명한 일이다. 이것은 아마도 건축 프로그램을 지속하는 개발자 혹은 공동 고객에게 더욱 필요한 사항이며 공공단체의 고객에게도 또한 그렇다.

건축가는 "순진한" 고객을 또한 경계해야 한다. 건설 프로젝트를 경험한 적이 전혀 없는 고객은 경험이 있는 고객에 비해 곤경에 빠지기 쉽다. 그들은 건축가와 설계, 시공 과정에 대해 비현실적인 기대를 가지고 있을 것이다. 뿐만 아니라 그들의 꿈을 실현시킬 재정적인 여유를 가지고 있지 못할 것이다. 이러한 유형의 고객들은 쉽게 분쟁으로 이어질 수 있는 실망을 하는 경향이 있다. 건축가들은 때때로 전반적으로 동의할 수 없는 사항일지라도 설계와 시공 과정 중에 꼭 해야 할 다양한 결정과 제안에 대하여 고객이 이해하였는지 확인해야 한다.

일반 고객의 정반대는 "전문적인(sharp)" 고객이다. 이러한 고객은 실질적으로 그리고 이유 없이 그들의 호의에 비중을 둔 계약 형태를 우길 수도 있다. 그러한 계약은 배상조항과 마찬가지로 종종 개괄적 형식에 대한 보증의 다양성을 포함하고 전문기술의 표준과 평가될 건축가의 주의를 요하게 된다.

재정적인 능력과 성실성. 상업적인 거래 중, 거래와 관련된 신용 검사와 재정 조사는 항상 해야 한다. 결국, 거의 모든 경우에 건축가들은 그들이 일을 시작할 때 효과적으로 고객의 신용을 조사해야 한다. 공공 기금으로 투자된 (정부) 프로젝트의 고객은 별도의 신용조사가 필요하다. 일반적으로 비용이 기대한 설계 업무에 지불됨을 증명하고 관련된 제반 문제를 수중에 있는 돈으로 해결하는 것은 건축가의 책임이다.

클레임 이력. 프로젝트의 똑같은 유형은 그들 사이에 연상되는 클레임의 이력이 존재하고 그것은 특정한 고객들에게도 적용된다. 어떤 고객들은 유달리 소송 걸기를 좋아한다. 잠재 고객들의 소송 발생률을 결정하기 위해서 법정 기록을 조사해 볼 수 있다. 비록 중재 사례는 공공기록에 남지 않더라도, 건축가의 변호사는 이러한 관계에서 고객의 평판을 결정짓는 정보를 취합하고 있을 것이다. 동업자들 사이의 소문 또한 가치 있다.

보수 금액 조정. 설계업무를 청구 계약(solicit bids)하는 고객이 있는 반면 어떤 고객은 전문적인 조건과 프로젝트의 성질, 한계, 필요한 업무의 유형, 비용에 기본을 두고 건축가와 보수를 협상한다. 사실, 건축가들이 물자들(단지 가격에 기반한 선택으로, 한 회사에서 구입한 것 혹은 또 다른 회사의 동일한 물건과 업무)을 대체하는 것은 불가능하다. 각각은 독특한 경험과 능력을 갖고 있다. 건축주는 전문적인 서비스를 받기 위하여 고심하며 건축가의 기술과 능력을 평가하고 조직관리 능력을 갖춘 팀워크를 건축가에게 요구하게 된다. 건축가의 업무 비용이 프로젝트의 수명주기비용(life cycle cost)에서 작은 비중을 갖는 것처럼, 업무의 비용에만 초점을 맞추는 것은 경제적인 관점에서 일반적으로 적합하지 않다.

업무를 위한 요구조건이 많은 계약을 맺은 고객은 건축가에게 위험한 경우가 될 수 있다. 예를 들어, 고객이 재정 부족과 "싼 값에" 프로젝트를 완수하기 위한 시도로서 청구 계약을 맺는다면, 그것은 또한 잠재적인 고객이 전문 업무의 본질적인 특성을 이해하지 못함을 표시한다. 만약 잠재적인 고객이 업무를 대체 가능한 물건으로 인식한다면, 관계는 긴장될 것이다. 때때로 이러한 염려는 솔직히 털어놓고 상의함으로써 업무 계약기간 동안 배제되거나 감소될 수 있다. 그러나, 건축가는 영역이나 질, 시간과 같은 것들 대신에 비용에 대해 고객이 염려한다면 신중해야만 한다.

프로젝트의 위험을 파악, 평가, 관리하는 일

프로젝트 위기 관리는 네 부분의 과정이다. 프로젝트가 성공적이고 이롭도록 보증하기 위해 사태 파악, 평가, 대응 그리고 관리하는 것이다. 이 질문 목록은 개업자들의 설문과 클레임 자료의 분석을 통해 발전된 CNA/Schinnerer Guidelines for Improving Practice 위기 관리 표에 기반하고 있다. 이 질문 목록은 당신이 위험을 인식, 정량(quantify)하고 그것을 관리할 기술을 찾는 데 도움을 줄 수 있다. 체계적인 가이드라인이 설립되면 회사의 구성원은 일반적인 위기 관리 능력을 배양할 수 있으며, 위험한 상황에 대처할 수 있게 된다.

건축주

- 건축주가 당신 회사의 업무를 제공받을 여유가 있는가? 프로젝트는? 당신은 그것의 재정적인 부담을 당신이 사정하도록 도와줄 건축주의 재정 기록을 얻을 수 있다.
- 프로젝트에 대한 건축주의 목표는 명확한가? 후에 변화된 목표에 따라 건축주를 설득하고 도움을 줄 때에는 신중해야 한다.
- 건축주가 일반적인 건설 과정에 익숙한가? 특별히 이런 유형의 프로젝트에는? 당신은 아마도 이미 어떤 건축주에게 다른 사람들에 비해 더 신경을 써야 하는지 알고 있을 것이다.
- 관계를 확립할 기회나 중시되는 건설과정에서 친분을 나눈 적이 있는 건축주인가?
- 이 건축주가 일을 함께 하기 어렵다는 평판을 듣거나 혹은 설계 전문가에게 클레임을 건 적이 있는가? 건축주가 다른 프로젝트를 어떻게 관리했는지 혹은 사업 논의에서 어떻게 건축주와 협력해야 하는지 느낄 수 있는지에 대해 조사하라.
- 이 건축주가 지정된 결정적인 결정권자를 제외하고 골치 아플 수 있는 위원회(학교 위원회, 주택소유연합, 공공 혹은 종교 단체 혹은 커플까지)를 포함하고 있는가?
- 건축주의 기대가 현실적인가? 당신은 건축주에게 좋은 감을 느끼는가? 당신과의 의사소통에 열려 있는가?

프로젝트

- 이 프로젝트 유형은 다른 것보다 더 위험한가? 주거(부분적으로 콘도미니엄) 프로젝트와 커다란 공공시설, 지역 개발 프로젝트는 가장 많은 수의 클레임을 갖는다.
- 프로젝트의 크기 혹은 지속기간이 부가적인 클레임요소를 가지고 있지는 않은가? 일반적으로는, 더 큰 (혹은 더 긴) 프로젝트가 더 큰 위험을 갖게 된다.
- 건축주는 적당한 혹은 그것을 달성할 수 있는 자금을 갖고 있는가? 건축주가 자금 흐름 관리를 어떻게 예상하는가? 만일 건축주가 정부라면, 자금 조달 권한이 주어지고 충당되었는가?
- 보수가 적당한가? 그것이 비용과 이윤까지 책임질 것인가? 변화된 상황과 부가업무에 대한 보수 대비는 되어 있는가?
- 제안된 전문업무 계약에서 업무의 범위가 명확하고 충분히 상세한가?
- 회사는 요구되는 설계의 복잡성을 관리할 능력이 있는가?
- 프로젝트 팀은 요구되는 설계의 복잡성을 관리할 능력이 있는가?
- 특수 프로젝트 요구들은 더 많은 위험을 갖고 있는가? 예를 들면, 새롭거나 최신 기술(state-of-the-art) 유형의 프로젝트는 아닌가?
- 당신은 프로젝트를 위해 당신이 필요하다고 생각하는 준비된 모든 범위에 고용되었는가? 당신은 적어도 어떤 건설 과정 업무에서 현장에서 잠재적인 문제 혹은 손실을 완화하는 것을 도울 수 있는 위치에 있는가?
- 개별적인 스케줄링 논점들(재산 매각을 위한 개발자의 프로젝션을 위한 회의와 같은)은 위험을 증가시키는가? 모든 프로젝트 시간표는 적당한가?
- 프로젝트의 설계와 시공에서 신재료 혹은 신기술이 필요하거나 기대되는가? 이러한 재료 혹은 기술은 적절하게 연구되고 실험되었는가?
- 프로젝트 인도 방식은 당신에게 편한가?(설계-입찰-시공(design-bid-build), 설계-시공(design-build) 등) 각 부분의 임무와 책임은 적절하게 규정되어 있는가?
- 지리적인 고려는(예를 들면, 지진, 태풍, 진흙사태, 한파) 위험을 증가시킬 가능성이 있는가?
- 당신이 알고 있는 혹은 프로젝트의 진행 과정에서 발생할 수도 있는 환경 문제는 있는가? 프로젝트 팀은 그것들에 대한 준비를 하고 있는가?
- 어떤 지역사회에서 반대나 민감한 문제는 없는가?

회사

- 회사는 프로젝트를 책임질 능력이 있는가? 만약 적합한 고용인의 충분한 수를 가지고 있는지, 추가 고용 혹은 자문에 의해 현재의 직원을 보충할 수 있는가?
- 회사(그리고 프로젝트 팀 구성원)는 이런 프로젝트 유형의 충분한 긍정적 경험을 가지고 있는가? 비슷한 조건에서?

컨설턴트

- 자격이 있는 뛰어난, 긍정적인 평가를 듣는 자문이 있는가?
- 회사는 이러한 컨설턴트와의 경험이 있는가? 만약 그렇지 않다면, 당신은 양립하는 직업적인 관계를 발전시킬 수 있다고 생각하는가?
- 컨설턴트들은 적당하게 보증되어 있는가? 일부 보증되거나 보증되지 않은 사항을 자문하는 데에 있어서 야기되는 돌발

(계속)

적인 상황들은 본인의 책임이 될 수 있다.

- 컨설턴트들은 지금 이 프로젝트를 대비할 능력이 있는가?
- 회사의 시스템은 컨설턴트의 그것과 양립하는가?
- 컨설턴트는 회사와 같은 값을 부담하는가? 팀 형성에 쏟을 시간은 얼마나 있는가?

특별한/고위험(high-risk) 컨설턴트가 필요하진 않는가? 이 컨설턴트의 능력이 당신 지식의 최선인가? 이 컨설턴트 대신에 책임을 감당할 수 있는가, 그렇다면 적절하게 배상하고 지켜낼 수 있는가?

도급자

- 시공 관리자가 있는가? 시공 관리자의 임무는 적당하게 규정되었는가? 시공 기술자는 이 임무를 책임질 수 있도록 충분히 심사됐는가?
- 어떤 도급자가 사전 심사(prequalified)되었는가? 그렇다면, 당신의 전문적인 식견은 사전 심사된 회사의 목록의 공식화를 받아들일 수 있는가?
- 입찰 과정은 보증되어 있고, 어떻게 입찰 심사될 것인가?
- 당신은 건축주가 입찰을 심사하고 도급자를 선정하는 데 당신이 도움을 줄 수 있는 충분한 투입량을 가졌다고 믿는가?
- 도급자의 입찰은 믿을 수 있는가?
- 도급자는 계약을 맺을 수 있고 프로젝트를 완수할 적합한 재정 능력을 증명하였는가?
- 도급자는 이러한 프로젝트 유형과 예상되는 대지 조건에 대해 충분한 경험이 있는가?

계약

- 모든 제안된 계약양식(예를 들면, 건축주-건축가 간, 건축가-컨설턴트 간, 건축주-도급자 간)은 그들에게 책임을 지워줄 전문가에 의해 확립되고 명백한 책임 분배를 했는가?
- 지급관련 서류는 부가업무와 보상 가능 비용까지를 포함하여 명확하게 묘사되었는가?
- 계약을 종결시키기 위한 공정한 조건이 필요하게 되었을 때의 대비는 있는가?
- 도급자는 분쟁 해결을 위해 공정하고 균형감 있는 대비책(예를 들면, 성실한 교섭, 조정, 혹은 중재를 갖고 있는가?
- 전체적인 계약은 공정하게 위험을 배분하고 보상하는가? 어떤 경우에, 불균형은 잘 선택된(well-drafted) 배상 혹은 책임액의 규제 조항에 의해 제출될 것이다.
- 보험에 의해 보장된 의문사항들과 보장받지 못한 사항들이 노출되어 상충될 때 해결하기 위한 대응책은 있는가? 당신은 당신의 보험 회사 대리인이 어떤 질문 가능한 대응책들을 살펴보기를 원할 수도 있다.

Katherine Davitt Enos, Assoc. AIA, Esq.,
Victor O. Schinnerer & Company, Inc.

위기 관리 계획

프로젝트 위기 관리 계획 과정의 발전은 회사의 사전 제안 프로젝트 평가와 밀접한 관련이 있다. 본질적으로 위기 관리 계획은 위험으로 판명된 근원으로부터 반드시 효과적인 책임을 다한다는 회사의 신용과 긍정적인 행동, 평가, 사전제안 과정의 성과를 통해 만들어진 짧은 목록과 연관이 있다. 회사는 위험 요소와 그것들의 영향 평가 과정 동안, 반드시 위험을 경영하기 위해 사용 가능한 선택요소를 조사해야 한다. 기본 선택권은 반드시 회사의 경영진 내에서 이해되어야 하며, 많은 경우에 있어 반드시 사건의 토의와 의뢰인과의 협상이 이루어져야 할 것이다.

위기 관리는 고용자가 예전에 표면상으로 가지고 있던 문제처럼 민감한 과정은 아니다. 그것은 전문적인 설계 과정에서 위험환경을 조절하기 위한 최적의 방법을 인식하기 위한 직업적인 노력이다. 프로젝트의 특유한 위기 관리 계획에서, 위험의 신중한 관리는 그것의 실시 목적을 수행하기 위한 회사가 전문성을 발휘하여 해결하는 것이다. 위험 감수를 위한 열쇠는 위험을 이해하고, 위험을 처리하기 위한 권한을 확고히 하고, 확실한 사업 결정의 위험을 받아들임으로써 만들어지는 대가를 얻는 것이다.

제안 단계에서의 확인

프로젝트의 유형과 잠재적인 고객을 평가하고 그것들을 수행하기로 결정하는 것이 우선이다. 제안의 단계는 계약 협상의 비공식적인 시작이다. 때때로, 전문업무 계약의 필수적인 요소들은 이때 확립되고, 충분한 고려 없이 계약해서는 안 된다. 아래의 고려대상은 필수적인 것이다.

직원 규모와 경험의 적합성. 새로운 프로젝트를 위한 제안을 고려하고 준비할 때, 현재 직원들이 추가되는 책임을 처리할 수 있을 정도로 충분한지 객관적으로 평가해야 한다. 직원 관리의 급속한 확충과 성장은 질적 서비스의 확보에 문제가 된다. 이것은 느리고 점진적인 성장이 유일한 대안이라는 말은 아니다. 객관적인 분석은 새로운 직원을 받아들이는 데 그리고 이 회사의 관리 시스템에 증가하는 부담에 더 많은 시간과 돈이 할당되어야 한다는 것을 지적할 것이다. 이에 대해서는 문제 있는 컨설턴트들이 프로젝트 전체 설계팀의 성공을 위협하기 때문에 일류 전문가의 조언을 의뢰해야 한다.

업무의 범위와 환경. 요구되거나 제안된 업무의 범위와 환경은 어떤 제안에서도 아주 중요한 부분이다. 위기 관리를 전망하고, 제안하여 준비하기 위한 가장 쉬운 부분은 업무의 기술이다. 관리자는 회사가 해야 할 일과 그들이 편하게 할 수 있는 일을 안다. 그러나 그들은 신중해야 한다. 대부분의 상태에서 전문적으로 실행하기 위하여 전문가에게 위임한다. 그러나 그 영역은 컨설턴트의 이용을 통해 적지 않게 확대될 수 있다.

프로젝트 정보의 타당성. 거의 모든 프로젝트에서 건축주가 프로젝트와 제안된 대지에 관한 정보의 확실한 유형을 제공해야 함은 알려져 있다. 그런 정보는 대개 건축주의 목적과 스케줄, 구속, 설계 기준에 대해 공표된 프로그램을 포함한다. AIA 계약 합의하에서, 지질 공학 업무가 그러하듯이, 건축주는 물리적인 특성과 법률적 한계, 대지에서 유용한 위치를 설명하는 조사들을 제공할 것이 기대된다. 프로젝트 정보가 포괄적이고, 잘 조직화되고, 초기에 사용 가능할 때, 건축주와 건축가는 수반하는 위험까지도 포함한 그들의 목표와 기대에 대한 더 나은 쌍방의 이해를 획득할 수 있다. 조직화된 제안은 상호간에 성공적인 프로젝트로 가는 데 더 가깝다는 것을 반영한다. 많은 면에서 체계적인 제안들은 위기 관리의 본질이다. 프로젝트의 범위와 스케줄, 예산이 적합하게 관계되고 프로젝트 초기에 확정될 때, 클레임과 분쟁은 최소화된다.

전문적인 보수의 타당성. 건축가는 수반되는 보수에 관계없이 모든 임무에서 적당한 전문 작업을 하기 위해 노력한다. 그러나 회사가 적절한 보수 없이 적당한 업무를 제공할 것이라는 기대는 비현실적이다. 너무 적은 보수 혹은 컨설턴트와 건축주, 도급자 간의 조정과 의사소통 부족은 실수를 만들어낼 수 있다. 제안된 보수를 받아들이기 전

에, 건축가는 그것이 제공된 업무에 적당한 것인지 그리고 필요한 추가업무가 제공될 경우 추가적인 보수를 받을 수 있는지 확인해야만 한다.

건설 예산과 프로젝트 예산의 타당성. 프로젝트 설계와 시공에 대한 많은 건축주의 기대는 프로젝트를 위한 예산에서 드러난다. 건축주의 예산 기대가 맞지 않는다면, 프로젝트의 포기, 건축가에게 불완전한 보수, 소송을 포함한 몇몇의 바람직하지 않은 결과를 낳게 된다. 건축가는 제안의 장에서 (1) 제안된 공사 예산을 이해하고, (2) 프로젝트 예산과 공사 예산을 혼동하지 않아야 하고, (3) 예산은 프로젝트의 범위와 특성에 대한 고려를 통해 타당한지에 대하여 그들 자신을 만족시키기 위해 노력해야 한다. 만일 예산이 적당하지 않다면, 결정적인 논쟁과 건축주가 제공한 업무에 대한 보상을 받지 못할 가능성이 있다.

설계와 시공에 허락된 시간의 타당성. 비상식적으로 짧은 설계 마감일에 따라 성급히 진행하는 것은 시공에서 결함(defect)과 결여(deficiencies)로 이끌어 갈 수 있는 설계 실수와 누락의 가능성을 증가시킬 것이다. 더욱이, 최소화된 시간 스케줄은 어떤 작업이 늦어지면 실제 복잡한 영역이 겹쳐지고 효율을 떨어뜨리는 결과를 낳을 수 있다.

시공단계 업무의 확장. 어떤 건축가들은 시공단계에서의 계약을 파기하는 것은 그들의 전문적인 책임소지가 감소한다고 느낀다. 오늘날 그런 생각은 널리 지지받지 못한다. 오히려, 건축가가 자신의 업무에 대해서는 실행을 보증하면서 시공단계 업무의 실행을 보증하지 못하거나 혹은 건설단계 업무의 실행을 완전히 분리하여 보증한다면, 전문적인 책임 클레임과 분쟁으로 빠질 더 많은 위험이 존재한다.

만일 건축가가 시공 관리 업무를 본질적으로 AIA 계약 양식에 설명된 것과 유사하게 이행하지 못한다면, 다음과 같은 여러 가지 가능성이 있다.

- 첫째로, 건축가에 의한 도면과 시방서는 의도된 것처럼 혹은 도급자에게 본질적으로 고수된 것처럼 쓰여지지 못할 것이다. 만약 시공 중에 문제가 계속해서 생기면, 건축가는 부주의하게 작성된 도서 때문이라는 주장에 휩쓸릴 것이고 건축가는 시공을 감리하는 이점 없이 방어 조치를 취해야 할 것이다. 만약 도서가 올바르게 수행되지 않았다면, 건축가는 일반적으로 아무런 책임이 없지만 여전히 소송에 대항하여 자신을 지키기 위한 법적 비용과 시간과 노력의 소비에 부딪힐 것이다.
- 둘째로, 실시설계도서에서 실수와 누락을 가능한한 시공 전에는 발견하고 수정할 기회를 가질 수 없을 것이다. 명백히, 지우개로 수정된 문제는 현장에서 잭해머로 그것을 수정하는 것에 비하면 아주 싸고 빠르고 쉽다. 만약 건축가가 공사계약 행정에 참여하지 않는다면, 건설 서류의 어떤 문제에 대한 노력도 방지하거나 완화시킬 기회를 잃는다.
- 셋째로, 만약 건축가가 너무 자신의 일로서 도급자의 작업을 다루지 않는다면, 늦기 전에 결함과 결여를 바로잡을 기회를 잃게 된다. 이러한 기회 없이, 건축가

건축주가 선택한 컨설턴트

건축가가 건축주를 위한 서비스를 제공하는 데 동의했을 때, 건축가는 서비스가 바로 건축가에 의해서 실행되든, 부컨설턴트(sub consultant)에 의해 실행되든 같은 정도의 책임을 갖는다. 대리 책임의 법률적 개념은 한 부분에, 이런 경우 오로지 두 부분간의 관계에만 기반을 둔 부컨설턴트라는 또 다른 부분의 지휘를 하는 건축가에게 책임을 부과한다.

법적인 시스템은 능률을 위해 노력하고 있다; 또 다른 행위의 대리 책임을 지는 한 부분은 과실의 배분에 대한 필요를 제거한다. 가장 보편적인 대리 책임 상황은 고용의 범위 안에서 헌신적인 고용인의 행위를 위한 고용주의 책임이다.

여러 가지 이유로, 고객들은 전문적인 서비스 팀의 한 부분으로서 개별적인 컨설턴트를 원하기도 한다. 신중한 건축가들은 컨설턴트의 행위로 인한 대리 책임을 건축가가 지지 않도록 컨설턴트와 직접적으로 계약하거나, 의뢰인과 직접적으로 계약하도록 그것들을 조정한다.

이후의 계약은 건축주에게 선택된 컨설턴트의 독립적인 서비스의 더 큰 조정을 수반한다. 건축가의 문서 조정은 조심스러운 배려를 필요로 하고, 이 서비스는 적합하게 보상되어야 한다. 건축가들이 확실치 않은 사항에 대하여 독립적인 컨설턴트의 서비스를 넘어서는 권위를 가지지 않기 때문에, 건축가는 그것들의 정확성에 대한 책임을 지지 않아야 한다. 건축주가 개별 컨설턴트와 직접적으로 맺는 계약에 있어서, 그들 각각은 기술적인 능력과 다른 사람들에 의해 작성된 문서와 서비스의 시기적절한 전달에 의존됨을 인지해야만 한다.

고객이 개별적으로 컨설턴트의 서비스를 계약하고자 한다면 개별적인 컨설턴트를 선택할 수 있다. 디자인과 기술 훈련을 위해 다른 계약을 가지는 경우에, 의뢰인은 반드시 신중하게 발전된 복합적인 상위의 계약을 가져야 한다. 이런 경우, 독립적인 건축가들이나 다른 서비스 공급자들이 수정을 요구할 것이다. 디자인된 주요한 컨설턴트를 통해 조정된 개체에 의해 재검토되는 관점에서 조심스럽게 묘사되어야 한다.

게다가, 의뢰인을 위한 독립적인 컨설턴트의 태만으로부터 발생된 어떤 비용을 위해 건축가가 보상하는 것을 동의하여 충당하여야 한다. 게다가 그것은 의뢰인이 보상하기 위해 수정하는 것에 신중하여야 한다. 더구나, 그들은 그런 서비스를 위해 결과의 정확도를, 책임 평가하는 독립적인 능력이 있지 않기 때문에, 클라이언트를 요구하기 위하여, 그것은 건축주의 개인 컨설턴트의 태만에서 유래된 비용 또는 손실이 늘어날 수도 있다.

Frnk Musica, Asso. AIA, Esq.,
Victor O. Schnnerer & Company, Inc.

는 설계가 아닌 시공상의 결여로 생긴 문제라는 것을 증명하라는 압력을 받을 것이다. 그것은 가능하겠지만, 노력과 비용은 건축가가 일반적인 건설 도급관리 업무를 실행한다고 하더라도 가장 큰 부분을 차지한다고 해도 무리는 아닐 것이다.

계약 기간과 조건의 기록

계약 기간과 조건에서 건축가로 하여금 예외조항을 추가할 수 있도록 하고 있다. 예외조항에서는 건축 서비스의 품질을 저하시키는 선택사항도 있어서 건축가들은 곤경에 빠지기도 한다. 계약 기간과 조건이 항상 우선되어야 하기 때문에 예외조항은 필요에 따라 변경되어야 하며 거래계약서에서 상황에 따른 상세변경사항은 차선책이 되어야 한다.

상황변화에 대한 기간과 조건의 변경은 개인적인 협의에 따라 실행되어야 하고 주된 계약 기간과 조건은 건축주와 충분히 합의한 후 결정되어서 건축주와 건축가의 관심을 집중시키면서 다음과 같은 대응책을 마련해야 한다.

보증 혹은 면책 조항. 통상적인 원칙은 건축가가 자신의 부주의으로 인한 피해를 방지할 만큼 필요로 한다. 그러한 피해는 통상의 전문가 책임보험에 의해 보상된다. 만약 건축가가 그것보다 더 많은 보상을 요구받는다면, 보상책임은 관습법상의 필요보다 광범위하고 계약상의 보상범위는 전문가 책임보험에 의해 제공된다.

명시된 개런티 혹은 보증. 이러한 종류의 조항은 비록 업무가 통상적인 전문 기술과 보살핌에 의해 일치함으로서 실행되고 부주의하게 혹은 다른 잘못에 의해 마무리되지 않았더라도 건축가에게 책임을 지운다. 일반적으로, 관습법에서는, 전문적인 업무에 관련되어 부주의로 인해 수행된 것에 대해 수반된 보증은 없다. 이것은 판단, 전문적 지식, 기술, 특정한 프로젝트에 수반된 추론에 기반을 둔 그러한 업무로 취급된다. 따라서 보증이나 개런티는 실재적이지도 효과적이지도 않다.

시간 기한. 많은 건축주들은 건축가에게 정확한 시간 기한을 강제하거나 지연에 대한 책임을 지우려는 시도를 한다. 물론, 시간문제는 건축주에게 아주 중요하지만, 스케줄은 반드시 건축가의 관리하에 책임을 다할 수 있도록 온당하고 조정 가능해야한다. 잠정적인 기한에 대한 임의 수정은 더 후에 조정으로 다시 나타날 수밖에 없을 것이다. "시간이 가장 중요하다"는 조건은 어떤 지연도 건축주에 의한 프로젝트의 취소를 정당화할 수 있는 계약의 파기를 의미한다. 건축주는 기간 엄수와 전문적인 판단에 의한 실행 사이의 필요한 균형을 이해해야만 한다.

보호 표준. 일반적으로, 법적으로 위임된 보호의 표준은 보조 건축가가 부주의하지 않는 것을 필요로 한다. 건축주는 가능성이 있는 건축가를 고취시킬 수 있는, "최고의 전문적인 표준" 혹은 "완전한" 업무를 기대하지만, 그것은 대개 이룰 수 없는 것이다. 객관적(objective)이고 적당한 표준은 개별 프로젝트의 상황의 특이성에 대한 판단이 필요한, 대개의 전문적인 업무에 적합하지 않다.

건축주에 의해 제공되는 정보의 입증. 때때로 건축주들은 정보를 제공하지만 건축가가 그것의 정확성 혹은 완벽성에 의지하는 것은 허락되지 않는다. 만약 정보가 시대에 뒤지거나 달리 의심스럽다면, 정보를 갱신하거나 입증하기 위한 노력을 하는 것은 건축주에게 조심스러운 문제일 수 있다. 건축주가 그렇게 하는 것을 택하든지 그렇지 않든지, 건축가는 만들지 않거나 입증되지 않은 정보의 정확성 혹은 완벽성의 신뢰도를 받아들여야 할 필요는 없다. 건축주는 정보에서의 차이점과 관련된 위험을 책임져야만 한다.

계약 협상

건축가는 협상회의가 계약 협상의 시작이라는 것을 기억해야 한다. 제안된 기간과 조건은 적합하고 상세한 사항들을 고려하고 장래에 다가올 더욱 상세한 계약 협상을 위해서 필요하다. 그러므로 협상회의는 어떤 알려진 반대할 만한 건축주의 기간이나 조건도 정할 수 있는 기회이다. 만약 건축주에 의해 받아들여진다면, 제안은 당사자들

간의 계약에 기반을 두어 생각될 수 있다. 그러한 경우든지 아니든지, 건축주는 때때로 그 후 준비된 전문적인 업무 계약으로 짜인 건축가의 제안을 필요로 한다. 계약 협상회의에 도달했을 때, 위기 관리는 새로운 단계에 접어든다.

각 부분들의 동의를 기술한 계약을 위해, 각 조항들은 이해되어야만 한다. 그러므로 계약 협상은 건축주와의 의사소통을 위한 가장 중요한 기회이다. 그 의사소통은 고유하게 할당된 위험라는 계약 용어를 확립하는 데 필요한 원칙은 논의되어야 한다. 예를 들면, 계약상의 필요한 위치에 있지 않은 제반 부분에 책임을 할당하거나 행위의 근거에 책임이 부수된다는 것을 무시하는 것은 도리에 맞지 않다.

표준 계약 양식(AIA에 의해 작성된 합의문서와 같은)은 전문적인 보살핌과 기술, 관습법 표준으로부터 계약된 책임을 확립하려 한다. 특수한 혹은 맞춤 선택된 협약은 표준적인 의무와 책임을 초과하는, 기대 이상의 사항들을 포함시킨다면 전문 설계 사업상의 위험을 극도로 증가시킬 수 있다. 확실히 위기 관리 방법의 기초적인 요소는 합의 협약서 양식에 가깝고 확실하고 긍정적인 태도를 가진 건축주에게 기간과 조건을 설명할 수 있다. 비록 특별한 프로젝트 인도 방법을 기록한 AIA 문서가 양적으로 증가하여 왔을지라도 모든 문서는 최소한의 필요조건을 규정한 것이다. 다른 표준 양식서와 같은 AIA 문서는 각각의 프로젝트의 필요에 맞춰질 필요가 있다.

작성된 계약서 없이 실행되는 업무

재정 관리와 위기 관리에 대한 고려사항들은 전문 업무 계약서에서 중요하다. 그러나 하나 혹은 또 다른 이유로, 건축 사무소들은 때때로 형식적인 계약서에 따라 우선적인 실행을 제공하기도 한다. 그러한 경우, 사무소들은 그들이 고객과 맺은 계약서에 따른 집행결과를 간직하고 있어야만 한다. 이것은 때때로 의향서와 같은, 약속 서한이라 불리는 형식을 취할 수 있다. 그 내용은 얼마간 건축주와의 사전 교섭의 단계와 내용에 좌우되어 다양할 수도 있다. 만약 건축주가 업무의 제안된 범위 또는 제안된 보수 둘 다에 관한 중대한 단서를 갖고 있다면, 이러한 단서들이 기록되고 결정될 수 있을 때까지 업무 실행을 기다리는 것은 슬기로운 방법이다.

반면, 만약 업무의 범위와 보상의 기준이 제안되고 합의된다면, 건축가에게 제한된 기간에 기초한 업무를 시작할 권한을 주는 협상 문서는 실행될 수도 있다. 만약 단지 기록된 기간과 조건이 논쟁거리라면, 그것들은 다른 모든 것들이 계약서하에 실행된 업무로 적용되기 위하여 심도 있게 토론되어야 한다.

만약 단지 업무의 범위만을 포함하고 보수에 대해 포괄적으로 기록되지 않은 제안서라면, 회사의 표준 청구율(normal billing rates) 혹은 급료의 복합(multiple of salary), 어떤 다른 기준에서든 시간 소비에 기초한 보수를 진행하도록 권한을 획득하는 것은 가능할 것이다. 어떤 사건에서, 위임장에 실려 있는 권한 부여를 위한 시간제한을 포함하는 것은 현명하다. 그것은 협상에 인센티브를 제공하고 공식적인 계약을 신속하게 실행한다. 만약 제안된 업무의 특별한 범위가 없다면, 시간과 가격에 기초한 보수로 시작하는 것이 가능할 것이다.

설계 전문가들은 때때로 전문 책임 문제와 같은 위험을 생각하고, 위험을 다루는 해결책은 전문책임보험(professional liability insurance)이라고 믿는다. 그러나 이미 언급한 것처럼, 위기 관리는 반동적인 과정이 아니다. 그것은 회사가 성공 여부를 떠나 중요한 부분을 실행하는 사전 행동의 과정이다. 위기 관리는 회사의 이익을 얻는 방법이다. 무시되고 잘못 관리된 위험은 분쟁과 클레임을 야기한다. 모든 분쟁은 설계 회사에 부정적인 영향을 준다; 교정을 위한 업무 혹은 비용의 청구 결과는 회사의 수익성을 파괴할 수 있다.

전문적인 회사는 자신의 미래를 결정하고 위기 관리 이론을 이해하고 날마다 직면하는 새로운 조건에 대응하는 그 구성원의 능력에 의해 지대한 영향을 받는다.

책임 제한을 위한 선택사항

위험은 업무의 재수행, 상세한 재정상태, 전문적인 보수, 보증과정, 직접적이고 우발적인 부주의로부터의 결과적인 비용 등을 제한할 수 있다. AIA B141은 거의 40년간 책임의 한계를 규정한 이러한 양식들 중에서 최우선순위를 갖는다. 1997년 판은 간접 손해로 인한 한계까지 꾀하고 있다. AIA B511은 다른 선택사항들을 기록하고 있다.

책임 제한 조건의 유형은 건축가의 책임을 제한하는 위험 할당 규정이 항상 재정상의 양과 같지는 않아도 될 때까지 대안을 조사해야만 한다. 손해 유형의 한계를 사용함으로써, 건축가는 프로젝트 혹은 특정한 상황의 조건에 대한 그의 이해에 바탕하여 개별 상황에 대한 한계를 협상할 수 있다.

부주의로 인한 건축가의 책임은 스스로 책임질 상황에 처할 수도 있는 사법권이 속한 지역의 문제이다.

변경요청(change order)에 대한 제한적 책임. 청구와 청구 비용을 최소화하는 데 효과적일 수 있는 부가적인 위험 할당 대응책은 확실한 오더 변경의 비용에 대해 클레임을 걸지 않을 것이라는 건축주에 의한 계약이다. 이것은 때때로 "안전 지대(safe harbor)"라고 불린다. 건축주가 인정하거나 기대하는 확실한 오더 변경은, 전체 혹은 부분적으로, 도면, 시방서, 그리고 다른 설계 서류상의 차이들, 혹은 건축가에 의해 실행되는 다른 서비스의 결과로서 필요할 수도 있다. 이러한 오더 변경은 건축주가 정해진 임시비용을 총액 비용이 초과하지 않는 한 클레임을 걸지 않겠다는 동의가 있어야 하며, 전문적인 표준조항들을 부주의하게 살펴보든지 혹은 불완전하게 이해하는 데에서 생겨난다. 적절한 계약상의 의무와 전문 책임 표준에 기초해서 결정되어야 할 임시비에 대한 어떤 책임도 중요하다.

보험 한도에서의 제한적 책임. 보험 회사는 때때로 책임한계 내에서 가능한 것을 구두로 제안한다. 전문적인 책임보험에 대해 AIA가 권하는 프로그램은 Victor O.

Schinnerer & Company, Inc.,에 의해 제공된 CNA 프로그램으로 다음과 같다.

> 보험의 양에 대한 부주의한 실수에서 그들의 책임을 한정하기 위하여 다음과 같은 말을 보장받는 회사에게 제안한다.
>
> 건축가의 혹은 그의 컨설턴트의 부주의한 행위, 실수 혹은 결손의 결과로 생기는 어떤 행위, 손해, 클레임, 요구, 판결, 손실, 비용 그리고 경비에 대한 건축가의 고객에 대한 책임은, 건축가에 의해 유지되는 전문 책임보험의 양에 의해 한정되고 책임에 대한 판결이 났을 때 인정된다.

아래의 더 긴 조항은 건축주가 취할 수 있는 행위에 대하여 건축가가 짊어지게 될 위험부담을 제한토록 해주는 시도이다.

> 건축가는 계약서에 그 시간에 건축가가 적절하다고 생각한 것만큼, 법에 의해 요구되는 것만큼, 혹은 이 계약서에 기록된 양만큼의 보험금액을 조달하고 유지해야 한다. 건축주는 법에 의해 허락된 최고비용 건축가의 전체 책임 건축가의 고용인 혹은 컨설턴트가 건축주 혹은 건축가를 통해 클레임을 일으킬 수 있는 누군가에게 발생할 수 있는 모든 클레임, 비용, 손실 혹은 손해를 계약에 어떤 방식으로든 부주의, 실수, 결손, 계약 파기, 보증 파기, 혹은 엄격한 책임을 초과해서는 안 될 총액을 포함한 관련된 행위의 원인이 될 수 있는 어떤 이유로부터 혹은 건축가의 보험 회사가 건축가를 대신하여 건축가의 보험 수단이 어떤 수수료, 방어비용, 혹은 합의 비용도 제외한 기간과 조건하에 건축주 클레임의 합의 혹은 만족을 줄 때 동의한다. 만약, 건축주에 의한 클레임이 발생했을 때 효과적이고 가능한 보험한도가 없다면 건축가의 고용인 혹은 컨설턴트의 건축주 혹은 건축가를 통해 클레임을 제기할 누군가의 어떤 책임져지지 않는 클레임에 대한 전체적인 책임은 이번 계약에서 건축가에게 건축주가 지불해야 할 실제 보수 총액을 초과할 수 없다.

일반적으로, 효과적이고 시행할 수 있는 책임제한을 위한 조건들은 아래의 기준을 충족해야 한다.

- 위험을 할당하는 계약 언어는 명확해야만 한다.
- 할당되는 부주의, 계약파기, 혹은 보증파기와 관련된 위험의 유형은 확실히 밝혀져야 한다. 행위의 어떤 원인에 대한 위험 제한은 행위의 분할된 원인 아래 놓일 수 있다.
- 각 부분들은 자유롭게 관계된 위험의 분배가 계약되어야 하고 계약 강도가 비교적 동일해야만 한다.
- 한계는 직접적인 클레임과 제3자의 청원에 의한 위험의 수락으로부터 모두 자유롭기 위해서는 명확하게 지정되어야만 한다.
- 보류된 위험은 실행되는 서비스와 지불된 보수의 범위 간에 어떤 논리적인 관계

위기의 분산: 책임보험의 제한

건축가들에게 책임이 부과되는 법적 범위는 비전문가 집단에 의한 그것보다 훨씬 광범위하며 책임한계 조항은 계약문서에 상호 이해를 바탕으로 명확히 규정되어 있다.

건축주의 이익과 건축가의 책임배상금 한도와 건축서비스의 한계 등에서 서로 동의하도록 규정되고, 잘못된 건축 서비스로 인한 건축주와 건축가의 이익부분과 손해부분에 대하여 보험규정에 따른 한계와 보험보상 등을 명시하도록 한다.

프로젝트를 통한 건축주의 이익과 완성된 프로젝트를 운영하면서 생겨난 위험 부담책임은 전체적으로 분산시켜서 위험부담에 대한 비용을 최소화하고 있다.

건축가는 한편으로 부가적인 위험을 감수하게 되고 서비스 범위는 비용에 대하여 제한적으로 제공된다.

위험부담이 서비스 범위를 넘어서게 되면 건축가의 책임소재는 역시 제한적으로 설정된다.

그러나 건축가 역시 모든 조항에 대하여 책임보험의 제한적 범위를 어디에서나 적용시킬 수 없으며 합리적이고 논리적인 기반 위에 프로젝트를 재평가하여 책임보험의 범위를 설정하고 있다.

를 지녀야 한다.

- 건축주는 반드시 서비스의 범위 증가, 건축가가 가질 수 있는 중대한 위험을 인정한 보수의 협상, 혹은 그것의 위험의 몫을 보장할 기회(예를 들면, 프로젝트 보험에 동의하기)를 제공하고 조언받아야 한다.

우리가 살펴본 것처럼, 위기 관리 과정의 발전과 이행은 모든 상황에 적용될 수 있는 무엇보다 중요한 수단을 만들기보다는 당신의 당신 고객의 힘에 대한 분석과 이해를 필요로 한다. 전술한 전략과 개념을 사용하라. 기본에 충실함으로써, 자신과 회사, 일의 완전함, 최종적으로 고객을 지킬 수 있을 것이고, 당신이 착수한 프로젝트의 성공적이고 유익한 완성을 보장받을 것이다.

추가적인 정보

어떤 전문 책임보험사는 보험 계약자가 전문적인 작업에서 고유의 위험 요소를 관리할 수 있는 도구와 자원을 제공한다. AIA의 추천 프로그램인 전문 책임보험의 CNA/Schinnerer 프로그램은 일반적으로 보험 계약자와 설계 전문가에게 위기 관리 정보를 제공한다. 위기 관리 전략의 정보를 위해서는 Victor O. Schnnerer & Company Inc.의 웹사이트 www.schnnerer.com을 방문해라. 더하여 Schinnerer의 A/E 법률 리포터(A/E Legal Reporter)와 개선된 실행 지침(Guidelines for Improving Practice)은 웹사이트에 Shnnerer의 변호사와 관리 컨설턴트 연회(Annual Meeting of Attorneys and Magement Advisories)에서 발간한 위기 관리에 대한 다양한 주제를 다룬 신문을 포함하고 있다. Schinnerer의 출판물의 구독에 대한 정보는 보험 계약자가 아닌 건축가도 제공받을 수 있다.

AIA 웹페이지 www.aia.org는 CNA/Schinnerer 프로그램과 협회의 건축가 위기 관리 위원회(Architects Risk Management Committee)를 포함한 다른 출처로부터의 위기 관리 정보를 포함하고 있다.

11.2 보험 보상

Lorna Parsons, and Ann Marie Boyden, Hon, AIA

건축 회사는 사업 고유의 위험 프로젝트와 관련된 특정한 위험을 관리하는 것을 돕기 위한 도구로서 보험을 사용한다.

매우 복잡한 설계와 건설 과정의 참가자로서, 건축가는 수많은 사람들의 재정상의 손실을 낳을 수 있는 다양한 위험에 부딪친다. 허가된 전문 직업으로서 개인 사업을 경영하는 데 있어서, 건축가는 전문적인 책임 부담, 자산 상실 그리고 개인적인 손실을 포함하는 어떠한 위험을 막기 위해 보험을 든다. 회사가 커지고 직원에게 이익 제공을 고려하여 건강보험, 생명보험과 연금 계획에 참여할 수도 있다. 단독의 경영자는 그들 자신과 가족을 보호하기 위해 보험에 들 수도 있다.

전문적인 책임

건축가들에게, 전문 업무와 사업 위험은 전문 서비스를 수행하는 데 있어서 업무상의 태만으로 해를 끼칠 수 있는 가능성으로부터 일어난다. 이러한 과실, 실수 혹은 소홀함은 소유주, 계약인 혹은 다른 제3자들에게 피해를 입할 수도 있고, 회사는 이러한 피해에 대한 책임을 찾을 수도 있다. 전문적인 책임보험 증권(때때로 적절하게 E&O 보험의 실수와 태만으로 불리어지는)을 사는 것에 있어서, 회사는 그 보험 회사에 지불된 보험료 대신 배상비용의 일부를 부담하기를 요구한다.

모든 회사가 전문 책임보험을 구매하는 것은 아니다. 이 사업 결정은 회사의 업무와 위험을 관리하기 위한 종합적 접근의 일부분이다. 심지어, 전문 책임보험에 가입한 회사는 그들 보험 책임의 한계를 넘거나 혹은 보상범위를 넘어서는 공제액을 부담하는 지출에 대한 위험을 안고 있다.

▶ 건축가는 표준기준에 미달하는 디자인상의 과오에 대한 책임을 지게 된다.

전문 책임보험의 기초자료

독자적인 중개인을 통해서 대부분의 건축가는 전문 책임보험 보상에 가입 한다. 이 중개인은 보험업자의 관심사가 아닌 그들 고객의 관심사에 대해 말을 한다. 건축의 전문 책임보험에 경험이 있는 중개인을 만남으로써 회사는 적절한 보험을 찾을 수 있고, 전문적인 조언을 하는 많은 보험 중개인의 접촉을 통하여 필요한 최적의 중개인을 결정한다.

▶ 위기 관리 전략은 전문 책임보험에 대한 실행여부를 검토한다.

로나 파슨(Lorna Parsons)은 건축, 공학 그리고 공사 관리의 보험에 관여하고 있으며 CNA/Schinnerer의 전문 책임보험과 운영 프로그램을 담당하고 있다. **앤 마리 보이든(Ann Marie Boyden)**은 AIA Trust의 집행 위원장이다.

몇몇의 보험 회사는 어떤 분야에서 그 회사를 대신하여 보험을 내놓을 수 있는 권한이 있는 대행사의 모습을 갖추기도 한다. 이 대행사는 특정 보험 회사의 관심을 나타내고 그 전체의 보험 시장에 접근하지 않을 수도 있다.

보험 중개인 및 회사의 선택과 업무

독립적인 중개인의 가치

보험 체결은 중요한 사업 결정이다. 그러므로, 건축 회사는 변호사와 회계사를 선택하는 것과 같은 방법으로 중개인의 자격, 독립된 판단, 사용 가능한 서비스와 비용, 전문적 이해, 그리고 그 회사와 일하는 능력을 고려하여 보험 중개인을 선택하기를 원할 것이다.

독립 중개인은–특정한 보험업자를 위한 에이전트보다–적용범위와 서비스와 비용을 평가하고 특정 수준에 대한 프리미엄의 다양한 제시를 얻기 위해 검사하고, 회사의 요구에 맞는 정책에 대해 건축가에게 전문적 의견을 제공할 것이다. 건축가는 이 전문가에게 서비스의 대가를 지불한다; 몇몇의 중개인은 기본요금으로 일을 하지만, 대부분은 프리미엄 외에 커미션–본질적으로 건축가의 재산–이 보험 전문가에게 지불된다. 몇몇의 경우에는, 실제로 중개인이 특정한 회사의 에이전트이다. 그리고 에이전트가 다른 보험 전문가로부터 적용범위를 제공할 수도 있고, 그 건축가를 지시할 수 있는 재정상의 자극을 가지고 있을 수도 있다. 그리고, 건축가는 중개인이 특정한 회사와 대행자 관계를 가지고 있는지를 알 권리를 가진다.

중개인은 보험 전문가와 보험 증권의 선택에 대해 상담하는 것 이상의 것을 할 수 있다. 또한 회사는 다음 사항에 대하여 중개인에게 도움을 받을 수 있다.

- 회사의 책임의 노출 범위의 평가와 재정상의 손해를 막기 위한 보험의 다양한 양식의 인식
- 회사의 보험 요구들에 대한 모든 관점들에서의 보험 시장과의 커뮤니케이션
- 회사의 안정과 탄탄한 재정, 프리미엄 비용, 한계, 공제 프로그램; 적용기한; 요구관리; 그리고 위험 및 업무 관리 기술 등과 같은 특정한 보험 프로그램의 평가나 추천에 사용되는 규칙의 적용
- 업무상 본질적인 조직 구조의 변화에 따른 보험 내용의 이해
- 직업적인 서비스 계약이 설계되고 있는 동안 보험 내용에 영향을 미치는 계약상의 제공 제안 검토
- 소송 관리에 대한 관찰

보험 회사와 증권 회사의 특성

프리미엄 가격 결정 시, 적용될 보험 증권에 관한 결정은 가격만으로 되는 것이 아니다. 어떤 보험 회사가 회사의 요구를 가장 잘 충족시키는지를 고려함에 있어서, 몇몇의 요소는 정밀하게 조사해야 한다.

- 제공되는 보상의 범위는 어디까지이며, 보상의 확대된 범위의 예외조항은 무엇인지, 보상에서 제외된 것은 무엇인가?
- 기본적인 보험 증권의 비용과 예외 조항은 무엇인가?
- 재정 관리 프로그램의 중요한 구성요소로서, 또는 보상 요구를 충족시키기 위한 보험을 갖고 있는가?
- 건축가에 대한 직업적 책임의 승인하에 보험 회사의 경험은 얼마나 되는가? 특히, 보험 회사들이 보험을 제공하지 않을 어려운 시장상황에서의 실적으로 어떤 것이 있는가?
- 회사의 요구를 충족시키는 데 있어서 얼마나 융통성이 있는 회사인가? 디자인, 선행법, 퇴직 등을 위한 계획 보험과 보상을 제공하는가?
- 얼마나 튼튼한 회사인가? A.M best company에서, 회사의 이득, 현금 유동성, 재보험의 질, 예비준비금의 타당성, 관리의 견실함에 기반하여, 계약 의무의 충족 능력 등에서 보험 회사의 순위. Standard&Poor's에서 청구에 대한 지불능력의 순위. Moody's and Duff and Phelps에서 보험 회사의 재정상의 견실함에 대한 순위
- 인가된 보험 회사인가? 인가된 보험업자는 주정부의 보험 규칙과 규정에 종속되며, 주위원회에서 회사 순위, 보험증권, 절차 등을 공인하는가? 모든 주정부에서 공인된 보험업자란, 회사가 처리하지 못하는 보상을 보증재산에 의해서 보험 계약자가 보호를 받는 것을 의미한다. 공인된 보험 업자는 그와 같은 규정과 감시에 종속되지 않으며, 주정부는 비공인된 보험업자의 보상을 보증하지 않으며, 보험료를 평가하지도 않는다.
- 건축가에 대한 전문 책임소송의 관리 경험이 얼마나 있는 회사인가? 소송의 처리가 회사의 이익에 무엇을 제공하는가?
- 소송에 대한 법적 방어가 어떻게 다루어지는가? 어떤 기준으로 회사를 변호하는 변호사를 평가하며 지명하는가? 건축가가 상담의 선택 안에서 그리고 정당방위, 조정, 중재, 거주 결정 안에서 또는 행위 안에서 얼마나 많이 정보를 제공하는가?
- 보험 회사는 어떤 전문 책임 위험 처리를 제공하는가? 보험 회사가 관련 출판물, 계약 검토 서비스, 교육 프로그램을 제공하는지, 그리고 위기 관리를 갱신해주는가?

회사가 전문적 대행사의 독자적 중개인을 선택했음에도 불구하고, 그 회사는 자격, 이용 가능한 서비스, 비용, 헌신도 등의 면밀한 조사와 함께 법률가, 회계사를 선택하는 것과 같은 방법으로 대행사의 중개인을 고르길 원한다.

보험 선택을 평가함에 있어서, 건축가는 각각의 전문 책임보험이 어떤 점에서 다른 회사들과 차이가 있음을 발견할 것이다. 건축가는 보상범위와 비용을 일치시켜야 하지만, 다양한 배서, 배제, 그리고 핵심 보험을 통한 이용 가능한 다양한 보상범위가 있어서 단순한 비용 비교를 매우 어렵게 한다. 배서 선택권, 보상범위 한계와 공제액을 주의 깊게 평가하는 것이 중요하다. 증가된 한계를 포함하여 더해진 부분의 추가 비용들은 최소화될 수 있다.

다음으로 보험 중개인의 서비스와 안정성이 고려되어야 한다. 전문 책임보험에 의해 공급된 서비스는 정보, 조언 혹은 지침에 대한 AIA의 추천 프로그램과 같은 다방면에 걸친 교육적인 관리 도움 프로그램을 포함한다. 전문 책임보험의 진정한 가치는 과정을 다루는데 요구에의 의해 최적으로 정의되는 것이다. 건축적 경험, 지식, 흥미 그리고 방어 상담의 감각을 잘 아는 관리자로서 특수화된 전문가는 보험을 선택하는 데 가장 핵심적인 사항일지도 모른다.

보상범위의 비용 내에서 능력과 서비스를 비교하는 것은 어렵지만, 보다 싼 보험료의 매력은 잠재적인 미래의 보험비 증가의 가능성과 그 중개인이 전문 책임보험을 계속해서 제공하지 않을 수도 있는 위험에 있다. 사업 조건이 변화함에 따라 보험 중개인은 자신의 전문 책임 분야에 따라 관여하게 된다.

공인 보험 회사. 주정부에서는 보험 회사가 그들의 상품을 허용되거나 허용되지 않은(적자와 흑자) 기준 조건에서 파는 것을 허락한다. 허가된 조건에서 보험을 파는 회사들은 그들 스스로 완전히 주정부의 관리를 받고 주정부에 의해 재검토된(그리고 많은 주에서 입증된) 비율, 보상범위, 방침을 가져야 한다. 또한, 각각의 허가된 회사는 보상 요구 사항에 따라 지급되기 위해 쓰이는 주정부 보증 기금에 기부해야 하고 회사는 그 자신의 요구에 지불하기 위한 재정적 자금의 부족에 대하여 파산을 선고해야 한다. 이 과정은 소비자를 보호한다.

허가받지 않은 중개인은 그러한 세밀한 검사에는 종속되지 않는다. 그들은 주정부 보증 기금에도 속하지 않는다. 따라서, 그들은 보험 목표를 향해 안팎으로 움직이는 데 손쉽다. 이런 이유로, 대부분의 주정부는 중개인이 허가된 보상범위가 특정 회사에 유효하지 않을 때 오직 E&S 시장의 보상범위를 재시하면서 먼저 허락된 수단으로부터 보상범위를 요구한다. 몇몇의 주는 심지어 중개인이 그 결과에 대해 보험을 어기는 허락되지는 수단으로 보상범위를 두고 있다고 보험 가입자에게 경고할 것을 요구한다.

기본 청구. "기본 청구"는 그 보험이 사실상 그 요구가 건축가에게 불리하게 작용되는 것에 틀림없다—심지어 건설의 완성 후에도 수년이 될 수 있다. 청원요구 보험은 전문가 책임보험에 일반적이어서 보편적인 책임보험에 대한 그 공통의 보험으로 혼란

AIA에 의해 지정된 전문가 책임보험 프로그램

1957년 이래로, AIA는 CNA 보험 회사의 하나인, Continental Casualty Company로부터 유용한 책임보험 프로그램을 추천해 왔다. CNA 프로그램은 Victor O. Schinnerer & Company의 승인된 관리 회사에 의해서 운영된다. CNA/Schinnerer 프로그램은 AIA의 요청에 의해서 개발되었고, AIA의 감독 위원회에 의해서 지속적으로 시찰되었다. A는 범위가 국제적이고, AIA Board of Directors에서 설정한 6개의 추천 기준을 충족시키기 때문에, CNA/Schinnerer 프로그램을 추천한다.

- 국내의 어떤 지역에서도, 보상과 지역 소송 서비스를 제공할 수 있는 보험 회사
- 보험 회사의 재보험 가입자가 재정상 건전함에 만족할 것.
- A. M. Best 재정 등급에서 최고 평가를 소유한 보험 회사
- AIA와 사전 상의 없이 수수료나 보험료율을 바꾸지 않는 보험 회사
- 이 프로그램이 규정과 관계있기 때문에, 보험 회사와 관리자에 대한 규정에 대해서 AIA가 검토할 수 있는 권리를 갖고 있을 것.
- 만족스러운 경력과 실적으로 모든 AIA회원에게 사용가능한 보험 회사

이는 AIA가 건축가에게 좋은 보험 프로그램이 어떤 것인지에 대한 척도를 설정하는 것이다. 더 나아가, 회원들의 요구가 생김에 따라 새롭고 확장된 보상과 서비스에 대한 지지 기반을 AIA가 제공한다. 예를 들면, 계획 보험, 디자인 빌딩 보상, 그리고 석면과 오염의 보상 등의 모든 것은 AIA 위기 관리 위원회의 원조로 개발되었다.

또한 CNA/Schinnerer의 일반적 이익 분배 프로그램 적용범위인 추가 위임은 보험 비용을 안정시키기 위한 방법으로, AIA의 도움으로 CNA/Schinnerer에 의해서 설계되었다. 이 프로그램에서, 임금 인상 요구와 요구 비용에 필요로 되어지는 프리미엄이 CNA/Schinnerer가 보증하는 회사에게 이익으로 돌아가게 하기 위해 CNA의 승인된 이익은 3%로 제한된다. 1980년에 처음으로 적용된 이 프로그램은 1989년과 1999년 사이에 CNA/Schinnerer의 보험 가입 회사에 대략 3억 달러를 돌려주었다.

AIA의 권력과 효력으로 추천된 이 프로그램은 세계에서 전문 책임보험으로 유일한 것이다. 그리고 AIA의 권장 프로그램은 그 산업계에서 표준이기 때문에, 그 영향은 전체 보험시장으로 확장된다.

스러워 해서는 안된다.

청원요구 보험하에서, 서비스가 만들어졌을 때 건축가는 보험에 들었을지라도 그 보험이 취소되었거나 개정되었을 때(어느 보험 회사에 의해서든지 간에) 모든 보상범위가 중지된다. 발생 보험하에서, 요구사항이 생겼을 때 피보험자가 여전히 보험에 들었는지 간에 관계없이 항의를 유발한 사고가 발생했을 때 보험이 효력이 있었다면 보험 취소나 개정 후에 나온 요구는 받아들여질 것이다. 청원요구의 원리는 그것이 보험업자에 대한 비용을 예측하는 것을 더 쉽게 만들기 때문에 전문 책임보험 보상범위에 사용된다.

회사에서 실행하는 개인들은 그들이 회사를 떠난 후에 청원요구 보상범위의 이 속성에 의해 영향을 받을 수도 그렇지 않을 수도 있다. 그 회사가 보상범위를 유지한다면 "고유명의 보험 계약자"로서 올라와 있는 이전의 동료와 고용인들은 그들이 영업이나 고용의 과정 동안 만든 서비스에 대한 보상범위를 즐길 것이다. 그 회사가 보상범위를 낮추거나 유지하는 것을 그만둔다면, 그들은 보상범위를 잃을 것이다.

청원 요구의 특징은 퇴직이나 철수뿐 아니라 실행으로부터 보호의 문제를 불러일으킨다. 약간의 프로그램은 활동적인 경험에서 물러나는 건축가가 필요로 하는 보호

를 지속하기 위해 전문 책임보험 보상범위를 제공한다. 보통 "보상한정"의 보호 범위는 그 기본적인 보험을 승인하는 것에 의해 조정된다. 몇몇의 주정부는 피보험자의 초과 비용에서 보상한정 범위의 어떤 수준을 제공하는 데 있어서 중개인을 요구한다.

한 예로서, CNA/Schinnerer 프로그램은 퇴직 이전에 3년 동안 보험에 들어 있는 건축가들에게 이용 가능한 보상범위를 가지고 있다. 그 보험은 은퇴한 건축가에게 적용된다. 보상범위는 마찬가지로 이것이 정당하다면 고인이 된 건축가의 재산을 보호하는 데에도 사용가능하다.

사전 행위. 회사는 그들이 처음으로 보험에 들기 전에 발생했던 전문가의 행동과 서비스를 위한 보상범위를 살 수 있거나 혹은 다른 중개인에 의해 보험에 들었을 때 그 범위와 이용도의 보상범위는 보험업자마다 다양하다. 종종 사전 행위의 적용범위는 지정된 시간 동안 중개인에 의해서 보호를 받은 후에, 적격한 회사들에 이용할 수 있다.

보상범위

일반적으로 전문 책임보험은 보험에서 정의된 영역 안에서 수행된 건축가로서의 전문적 업무수행에서 발생한 과실, 오류, 착오 등에 대한 회사의 책임에 대하여 보호한다. 모든 보험은 미국 전역에서 보호되며, 다수는 그 기본적인 보험에서 또는 특정한 이면 서약에 의해서 세계적인 적용범위를 제공한다.

기본적인 보험은 그 보험에 의해서 보호된 소송에 대한 법적 변호를 제공하고, 보험의 한도와 공제액에 대한 변호 비용까지 제공한다. 대부분의 보험 회사는 직업적 책임 소송의 변호에 경험이 많은 변호사를 보유하고 있다. 변호사가 보험 계약자를 변호하기 위해 선택, 지명되면, 보험 회사가 아닌 보험 계약자가 그 변호사의 클라이언트가 된다. 그러나 몇몇의 회사는 자신의 변호 상담을 선택할 수 있는 것을 허락하기도 한다.

폭넓은 보험은 개인이 직업적 의무 내의 행동을 할 때, 회사뿐만이 아니라 다른 파트너나 중역의 공무원, 이사, 주주, 보험 회사에 고용된 고용인도 보험에 가입된다. 몇몇의 저비용의 보험들은 그런 넓은 적용범위를 자동적으로 제공하지 않을 수도 있다.

> 때때로, 특별위기 관리 기술에 대한 내용이 있다. 환경오염 등이 그것이다. AIA 위기 관리 위원회에서는 새롭게 작성된 프로그램에 따라 보상범위를 조절한다.

배서와 배제. 보험 계약자와 보험 회사는 배서와 배제를 통해 적용범위를 수정할 수 있다. 때때로, 배제는 확연한 리스크를 위해 명시적으로 적용범위를 제외하기 위해 추가된다. 그리고 이것은 보험의 비용을 감소시키거나 위험이 결정될 수 없는 상태에서 적용범위를 추가할 수도 있다.

때때로, 적용범위가 확장된 배서는 추가적인 프리미엄이 붙는다; 때로는 자동적으로 추가되는 여분의 비용을 포함하지 않을 수도 있다.

회사는 그들의 중개인이나 그 보험 회사의 에이전트에 대해 호전적이어야 하고, 업무상에 필요하거나 업무 경영 목표에 맞춰 보상범위의 확장을 확인해야 한다. 배서는 선 변호 비용, 특별한 프로젝트의 부가적인 한계, 확장된 지분에 대한 이익 그리고 디자인 보상범위 수립을 포함할 수 있다. 바꾸어 말하면, 회사는 업무 요구에 기반한

알맞은 프로젝트 보험의 필요

Victor O. Schinnerer&Company, Inc., Chevy Chase, Maryland

의뢰인들은 회사의 실무 보험증권이 보험 서비스를 제공하는 동안 회사의 과실을 보호할 수 있다고 생각한다. 또한, 그들은 모든 프로젝트에서 전문 책임 보험에 대한 소송이 하나의 보험 증권이나, 배상을 위한 회사 자산에서 나올 수 있다고 생각한다. 다른 프로젝트의 소송에 의해서 침식되지 않을 부가적인 보험을 찾을 것을 회사에는 원한다. CNA/Schinnerer 프로그램은 회사에 3가지 선택을 제공한다. 프로젝트 보험, 부가적인 책임 한도, 그리고 한도의 분할.

프로젝트 보험. 분리된 보험 증권은 특정 프로젝트를 위해 전체 디자인 팀의 과실을 막기 위해서 구매할 수 있다. 소송과 계획 보험 증권의 청구액은 회사의 실무 보증 보험에 어떠한 영향도 미치지 않는다. 보증 보험은 10년까지 지속될 수 있다.

부가적인 책임 한도. 이 계약은 실무 보증 보험 한도를 합동으로 특정한 계획에 대해 보상범위의 5백만 달러까지만 제공할 수 있도록 하는 보증 보험이다.

한도의 분할. 이 계약은 회사가 매소송시 책임 한도와 소송비의 책임 한도를 보증하는 것을 가능하게 한다. 보상범위가 어떤 단순 계획에도 전용되지 않더라도, 1백만 달러 한도를 원하는 소유주는 그 회사가 소송건당 1백만 달러의 한계와 총 2백만 달러의 한도를 갖는 실무 보증 보험을 갖출 수 있도록 해준다.

아래의 차트는 보험의 다양한 형태를 보여준다.

프로젝트 보험	부가적인 책임 한도	분할 한도
• 보증된 기간	• 매년 기한연장옵션	• 일년 또는 다년의 기간 옵션
• 보증된 보험료	• 연간보험료	• 기간 보험료
• 한정되는 보험의 수	• 보험 증권당 단 두번의 승인	• 소송건당 모든 프로젝트의 유효 한도
• 소유주에게 쉽게 식별되는 비용	• 소유주에게 쉽게 식별되는 비용	• 프로젝트의 소유주마다 비용을 산정한다.
• 3천만 달러까지의 유효 한계	• 5천만 달러까지의 유효 한계	• 소송이 실무 보험증권에 영향을 미칠 수도 있다.
• 소송은 실무 보험증권에 영향을 주지 않는다.	• 소송은 실무 보험증권에 영향을 미친다.	• 프로젝트의 매출액은 실무 보험증권에 영향을 준다.
• 프로젝트의 매출액은 실무 보험증권에 영향을 주지 않는다.	• 프로젝트의 매출액은 실무 보험증권에 영향을 준다.	• 보험에 가입된 회사의 과실만을 보호한다.
• 전체 디자인팀의 과실을 보호한다.	• 보험에 가입된 회사의 과실만 보호한다.	• 보험 기간 동안 분할된 총 한도를 제공한다.
• 한정된 한계	• 한도를 공유할 수 있다.	

보험의 적용범위를 협상할 수 있다. 건축 회사는 연 단위로 이 부분을 재검토해야 한다; 업무는 회사의 클라이언트의 요구에 따라서 여러 차례 변화된다.

책임의 한도. 회사는 재정상의 필요나 리스크에 대한 한계, 리스크 관리 능력에 대한 기능으로서 그리고 클라이언트의 요구에 따라서 얼마나 많은 보험을 사는가. 오류나 착오에 대한 보험의 연간 책임 총한도는 최소 10만 달러에서 최대 15만 달러(특별한 상황에 놓여졌을 때는 더 높은 한계가 설정될 수도 있지만)로 설정된다.

책임보험에 대한 연간 총 한도는 소송, 보험에 관련된 법적 비용에 대한 지불로 사용가능하다. 회사는 한도를 초과하는 소송비용이나 법적 비용을 부담해야 한다. 보험에 가입된 대부분의 회사는 보험에서 보장된 연마다 새로운 한도를 받는다. 몇몇의 보험 프로그램은 그들의 보험 계약자가 특정한 프로젝트를 위한 초과 한도를 구입하는 것과 "한도배분(split limits)"을 구입하는 것을 매 소송의 한계나 다른 연간 한도에 관련하여 허용한다. 보험 회사는 특정 보험의 변화에 관련한 비용을 결정할 수 있다.

공제 조항. 리스크 관리를 원조하기 위해, 보험 회사는 회사가 부주의한 결정이나 소송에 의한 변호에 대하여 지불해야 하는 공제 금액을 요구한다. 1000달러 이하의 공

제는 가능하나, 많은 회사들은 그들의 할증 비용을 낮추기 위해 공제액을 증가시킨다. 대부분의 보험과 마찬가지로, 더 높은 수준의 리스크는 더 낮은 프리미엄 비용의 보험으로 유지된다.

공제액과 프리비엄 비용 사이의 균형의 결정과 적용 범위는 확률과 재정을 저울질하는 것을 요구하고, 중개인의 충고에 의한 회사의 최선의 실행이다. 이 결정을 하기 위해, 회사는 각 소송에 대하여 새로운 공제 의무가 있는지를 상기해야 한다.

보험 비용. 각 회사의 프리미엄은 주요 업무, 프로젝트 조정, 소송 경험, 적용 범위의 요구, 보험 회사에 대한 결과적 리스크 등의 요소에 기반하여 개별적으로 산출된다.

이것은 다른 회사의 프리미엄을 비교하는 것을 어렵게 만든다. 그러나 회사는 그 출처에 주의를 기울여야 한다. 리스크가 명확하게 그려지지 않는다면, 조심성 있는 보험업자는 보험의 비용을 증가시켜야 한다. 좀 더 명확한 정보가 있는 회사는 더 낮은 프리미엄을 준비할 수 있다. 장래성 있는 보험 계약자는 (중개인을 통해서) 회사를 부르거나, 프리미엄을 얼마로 결정할 것인지에 대한 요구를 자유롭게 할 수 있다.

계약 책무. 직업 책임보험 회사는 단지 보험에 계획된 회사의 업무수행 중의 과실이나, 직업적인 서비스의 수행에 대하여 적용범위를 제공한다. 대부분의 보험은 명시된 보증과 분리된 계약 개런티에 대한 적용범위를 제외한다. 보증의 효력을 가지고 있는 증명서(예를 들어, 널리 알려진 사실을 진술하거나, 적당한 전문 의견 등을 표현하는 것 등) 또한 제외된다. 이러한 계약은 보증의 효력을 가지고 있기 때문에, 실수나 시행착오, 과실 등에 대한 비용을 부담하는 계약 또한 제외된다. 또한, 보험 문제는 소유주가 건축가에게 손해를 보지 않고, 다른 방법으로 자신들을 보호하는 계약을 요청할 때 발생된다. 보험 적용 범위의 확장은 건축가가 구두나 서문으로 계약에 동의했을 때, 계약자나, 소유주와 같은 다른 사람들에게 손해를 입히지 않고, 보호하기 위해서 필요하다. 계약상의 책임이 높은 상황에서는 이런 식의 적용범위가 불가능할지도 모른다.

무해한 상태에서 보호(또는 보상) 조항은 본질적으로, 다른 사람들의 법률적인 책임에 대한 계약상의 인수를 말한다. 많은 상황하에서, 무해한 상태로 보호한다는 조항은 장기간의 계약상의 책임 전가에 의한 업무수행이 가능하고, 공공 보험에 부담하지 않고, 보험에 의해서 보호받을 수 있는 것이다. 예를 든다면, AIA A201 문서인 공사계약의 일반 조건에서 그 조항은 업무수행 중에 계약자의 과실에 의해서 발생한 신체상의 해나 물적 피해 소송에 대하여 건축가와 소유주를 보호하기 위해서 계약자들에게 요구하는 것을 포함하고 있다. 대부분의 주정부는 건설 계약에서 보증 조항의 사용을 규제하기 위해 "anti-indemnity" 법령을 가지고 있다. 몇몇의 주정부는 이 조항을 완전하게 금지하고 있다.

건축가는 직업적인 서비스에 대한 어떤 계약에 서명하기 전에, 피해가 없는 상태를 위한 보호 조건을 찾아야 한다. 만약 그렇지 않으면 피해가 없음을 뜻하는 조항은 그러한 조항을 포함하고 있어야 한다. 그런 조항으로 의심이 되거나 그것을 발견한 건축가는 변호사와 보험 상담자에게 그 조항을 제출하도록 해야 한다. 보장 계약은 전문

전문 책임보험 프리미엄의 설정

보험은 간단한 사업과도 같다. 회사는 지출 비용을 커버하기 위해 충분한 프리미엄을 모아야 하고, 사업을 안정시키기 위해 많은 돈을 벌어야 하며, 투자자들을 기쁘게 만들어야 한다. 보험 회사 비용은 많고, 대부분은 구매자에게 불명확하게 여겨진다. 그들은 관리상의 비용, 보험 구매 비용, 중개인 대리 수수료 비용, 주정부와 연방 정부 세금, 보험 위임 자금과 관련된 비용, 주주 배당금, 그리고 소송과 관련한 조사, 변호, 소송에 대한 비용을 커버하기 위한 자금을 포함한다. 보험 회사는 "다수 법칙(Law of large numbers)"에 의거, 공동 출자되었던 프리미엄으로 개개의 손실들을 상쇄할 수 있다. 대략 10년 이상 모은 프리미엄은 이 합쳐진 비용과 맞먹는다. 그러나 기정된 연도에는 보험 회사나 보험에 가입된 개인이나 회사는 다른 것들에 비해서 더 많은 이익창출이 되어야 한다.

그러나, 보험의 단순함은 그 재정 시장의 복잡함에 의해 종종 영향을 받는다. 이자율이 높을 때, 보험 회사는 가능한 한 많은 프리미엄을 모으려고 노력한다. 프리미엄 지불과 소송 비용 사이에 지연 시간이 있기 때문에, 몇몇의 보험업자는 시간에 투입되어 프리미엄을 모으고, 소송이 발생하기 전에 시장을 떠난다. 주식 가격이 오를 때, 몇몇 보험 회사는 현금의 흐름 때문에, 주식 보유자들에게 그들의 가치의 증가를 나타내기 위해 낮은 프리미엄을 제공하고 있는 시장에 투입된다. 그들의 주식 가격이 상승하고 다른 주식들에서 그들의 투자가 증가한 후라면 그들은 소송이 보험 계약자에게 발생하기 전에 투자시장을 단념할 수 있고, 단기간 방식으로 다른 모험을 할 수 있다.

보험 회사는 회사가 지불할 정확한 프리미엄을 어떻게 계산하는가? 관리 측의 소리는 보험업자가 실전에 의해서 생기는 위험을 실질적으로 측정할 것을 제안한다. 예로, 회사는 이 요소들을 고려해야 한다.

- *매출액의 크기.* 근본적으로, 회사에 더 많은 서비스가 제공될수록 소송에 대한 노출은 더 커진다. 이 노출은 연 매출액을 구성하는 프로젝트의 수에 영향을 받는다. 예를 들면, equal-dollar 방식으로 1999년도에 작은 회사가 보험업자에 의해서 지불된 소송이 매우 큰 회사보다 많은 14번이었다. 이 부분에서 클라이언트의 수와 각각의 프로젝트의 크기는 단순하다. 그러나 작은 회사에 대한 심각성(지불된 각 소송비)은 큰 회사에 의해 지불된 소송비의 1/6밖에 되지 않는다.
- *서비스의 형태.* 적절하게 승인된 위험에서 프리미엄 수준은 소송 자료를 반영한다. 회사는 서비스의 형태에 대한 지출액을 가능한 한 조심스럽게 분리해야 한다. 보험업자가 정보를 거의 가지고 있지 않다면, 프리미엄은 미지의 위험들의 잠재적인 효과를 막기 위해 모호한 비용을 포함할 것이다.
- *프로젝트 형태.* 위험성이 낮은 프로젝트를 수행하는 회사는 더 낮은 프리미엄을 지불할 것이다. 프로젝트의 몇몇 형태는 복잡함이나 클라이언트 때문에 다른 몇몇보다 더 많은 소송을 야기한다.
- *회사 실적.* 프리미엄 수준은 또한 그 회사의 소송 내역을 반영한다. 소송 내역이 없는 회사는 비슷한 회사에 대해 부담된 표준이 되는 비율보다 25%만큼을 적게 낼 수 있다. 소송이 많았던 회사는 100퍼센트의 평균 소송 내역을 가진 유사한 회사보다 더 높은 100% 높은 비율을 지불한다. 매우 소송이 많았던 회사는 보험을 들 수 없을 수도 있다. 각각의 보험 회사는 "bad"와 "very bad"에 대한 그들만의 정의를 가지고 있다. 경기가 좋은 시장에서, 보험업자가 현금을 가져오는 사업을 원할 때, 그 정의가 약간 느슨해지지만 경기가 나쁠 때는 그 정의가 타이트해진다.
- *지리적 위치.* 낮은 위험의 주에 있는 회사는 높은 위험성이 있는 주에 있는 회사보다 낮은 프리미엄을 지불한다. 그리고 소송 자료는 높은 위험의 주를 정의한다. 예를 들면, 캘리포니아나 플로리다에서 사업을 하는 회사는 버몬트나 캔사스에서 사업하는 회사보다 보험에 대해 더 높은 보험료를 지불한다.
- *연속성.* 오랫동안 전문 책임보험을 갖고 있는 회사는 회사의 위험성에 있어서 편안하게 느낄 것이다. 클라이언트는 위축된 경기 동안에 더 좋은 고려사항뿐만 아니라, 그들이 겪을 수 있는 소송에 대한 의구심의 이익까지 고려한다. 이 '장수 신용'의 가치는 상당할 수 있다.
- *경쟁.* 전문 책임보험 시장은 매우 경쟁적이다. 회사는 그 시장을 언제나 떠나거나 들어올 수 있다. 전반적으로, 회사 프리미엄 거래가는 가격에 민감하다. 그러나 건축가는 너무나 좋아 보이는 거래가를 주의해야 한다. 몇몇의 회사가 그들의 보험증권보다 싸게 팔고 소송이 생기기 전에 어떤 보상도 가지지 않은 건축가만 남겨두고 사라져 버리는 것이 이 사업계의 역사이다. 사라지거나, 낮은 자산의 보험 회사는 보험 증권에 의해서 만들어진 소송이 가장 큰 부담이다.
- *보상범위.* 회사의 리스크에 기반하여 보험업자는 다양한 보상 공제금액-승인-배제의 조합과 그들의 프리미엄 비용을 계산한다. 더 높게 공제할 수 있고 그 보험업자의 노출을 감소시키는 그 까닭에 그 보험 프리미엄의 비용을 동의하면서, 회사는 그들의 중개인을 통해 이 네 요소를 협상함으로써 그들의 프리미엄 위의 몇몇을 제어할 수 있다.

낮은 공제 금액과 많은 작은 프로젝트를 가지고 있는 소규모 회사는 더 높은 공제금액을 가진 회사보다 지불된 소송의 더 높은 위험을 새로 만든다. 더 높은 공제금액은 소송 지불에 대한 회사의 노출을 증가시키지만 주의 깊은 클라이언트에게 더 큰 자극의 선택과 실행을 제공한다.

(계속)

당신이 당신의 관을 나타내기 위해 지불되고 있는 독립의 중개인과 함께 일하고 있다면, 그 중개인에게 가능한 한 많은 정보를 전해야 한다. 당신의 이론은 정확하게 당신의 사업을 반영해야 한다. 만일 당신이 설명을 필요로 하는 소송에 처했다면, 당신의 중개인이 당신의 이론 설명에 접근시킬 것을 주장해야 한다. 만일 당신이 새로운 양질의 관리 프로그램을 제정한다면, 그들에 대해 회사에 말하라. 당신이 지속적인 클라이언트를 가지고 있다면, 사실이 인식될 수 있도록 확신을 주어야 한다. 당신이 당신의 프리미엄을 이해하지 못한다면, 당신의 중개인이 설명을 위해 보험 회사를 부르게 하라.

적인 책임보험 범위 내에 포함되나, 넓은 의미로는 그 계약은 보험에 의해서 보호받을 수 없는 계약상의 책임으로 남게 된다.

상호 전문 관계. 건축가는 관례적으로 컨설턴트를 고용한다. 이 관계는 그 건축가가 자문의 과실에 의해서 발생된 어떤 손해에 관해서도 대리책임이 있음을 의미한다. 보험에 가입된 건축가는 모든 의사와 목적을 위해 컨설턴트의 보험 상태를 재검토하기를 원할 것이고, 상태가 불충분하다면 컨설턴트의 보험업자로서 일할 것이다. 마찬가지로, 건축가가 컨설턴트의 책임을 한정하기 위한 계약에 동의한다면, 건축가는 컨설턴트의 과실에 의한 리스크가 건축가와 건축가의 보험 회사에 전가되었다는 것을 발견할 것이고, 그러면 건축가는 다른 전문가로서의 보조 컨설턴트나, 건설 계약인에 대한 보조 컨설턴트가 된다. 수석 디자인 전문가의 계약범위를 검토하는 것은 소송을 목표로 하는 보조 컨설턴트의 결과를 가져오는 보험 적용범위에서 보조 컨설턴트 전문가에게 공백을 경고할 수 있을 것이다.

합작투자. 법률적인 관점에서, 합작투자는 공동 협력과 매우 흡사하다; 그 주된 차이는 합작투자가 보통 더욱 제한된 범위나 목적을 가지고 있다는 것이다. 전문 책임 소송이 합작투자 회사에 제출된다면, 회원의 한 명 또는 전부가 소송에 대항한 재판 청구에 대해 책임져야 하는 것을 주시할 수 있다. AIA가 추천하는 프로그램과 같은 광범위한 보험은 자동으로 합작투자의 보상범위를 제공할 것이다. 몇몇의 보험 회사는 기본 보험 증권에서 합작투자를 배제한다; 합작투자를 위한 보상은 특별한 상황을 위한 특별 보증에 의해서 사용가능할지도 모른다. 보증은 지명된 합작투자를 대표하여 직업상의 서비스 수행 중에 발생한 법적인 책임한도를 제공하기 위한 기본적인 보험 증권하에서 보상을 확장시킨다. 그러나 그 보증은 합작투자에 참여한 회사를 보호하지는 않는다. 회사가 합작투자를 정식으로 만들지 않고, 팀이나 합동으로만 클라이언트에게 존재한다면, 각별한 주의를 기울여야 한다. 그런 동맹은 합작투자로서 보이지만, 각각의 회사는 다른 사람들의 과실에 대한 책임을 져야 한다.

필요하다면, 합작투자의 각각의 회원은 그들의 보험증권이 확실히 보장된 다른 합작투자 파트너로부터 증거를 얻어야 한다—합작투자에 참여한 것을 보호받기 위해서. 이것은 보험의 증명서와 합작투자 보증문서의 복사본을 얻는 것에 의해서 이루어진다.

프로젝트 전문 책임보험. 프로젝트 책임보험은 디자인팀 구성원을 보호한다—보험

어떤 정책들은 사소한 요구사항들에 대한 보고를 선별적으로 하도록 인정하며, 사고 보고를 의무적으로 하도록 규정하기도 한다.

에 가입되어 있지 않은 사람들도 포함된다. 이 보험은 건축가와 관련된 전문 자문을 시공 후 하자기간 동안 보호한다. 프로젝트 보험에 가입된 보험 계약자의 보험 약관에 따라, 보험의 적용 범위는 각 회사의 전문 책임보험으로 적용된다.

프로젝트 보험은 하나의 프로젝트에만 효력을 발휘하고, 회사에 의해서 책정된 보상은 소유주에 의해서 지불된다. 이런 보험은 프로젝트가 기본 보험 비용에 지대한 영향을 미칠 정도로 거대하거나, 컨설턴트가 보험 가입에 상관없이 보험의 적용범위를 확보하기 위한 수단으로서 유용하다. 건축가의 입장에서, 프로젝트 보호에 관련된 보험료 지출이 그 회사의 프로젝트 보험의 프리미엄에 영향을 미치지 않는다. 중개인은 보험의 계약 범위를 비교할 필요가 있다.

확장된 프로젝트의 인도 교섭. 보험 회사들은 설계, 건설 관리, 토지 개발자 등의 역할을 수행할 수 있도록 건축가들을 위한 보험을 제공하기 시작했다. 몇몇 회사들은 기본적인 보험에 대한 이서를 제공하는 반면에, 잠재적인 차이는 보험에 미가입된 것을 막기 위해 조사되었다. 예를 들어 건설 관리자(소유주에게 조언가로서)가 대부분의 전문 책임보험하에 보호받는다.

클레임

전문 책임보험의 세계에서 클레임을 정의하는 두가지 방법이 있다. 첫 번째는 객관적인 것이다—나쁜 행위의 진술에 의한 돈이나, 서비스에 대한 요구. 보험 가입자나, 보험 회사가 중재해야 할 때 명백한 증거를 제시해야 한다. 이는 법적인 클레임뿐만 아니라, 건축주로부터의 건축가에게 '수정하라'는 성난 전화까지 받게 된다. 두 번째 정의는 주관적인 것이다. 보험 회사에 잠재적인 문제에 대한 경고까지 요구한다. 이런 문제들은 반드시 공식적인 소송이 안 될 수도 있지만, 아주 위협적인 상황이 될 수도 있다. 이러한 소송에 적절하게 대응하지 못하면 위태로운 상황에 빠질 수 있기 때문에, 보험 약정에 대한 주의 깊은 검토가 매우 중요하다. 대부분의 보험 증권은 소송을 안정시키기 전에 보험 회사가 보험 가입자의 동의를 얻기를 원한다.

클레임의 해결과정에서 보험 가입자와 보험 회사 사이에 이견이 생긴 경우, 보험 가입자는 보험 회사가 소송을 해결하는 비용보다 많은 재판비용을 책임져야 할지 모른다. 마찬가지로, 보험 회사는 보험 가입자가 보험 회사에 청구한 소송처리비용보다 많은 재판 비용을 책임져야 할지 모른다. 이 억제와 균형 방법은 보험 가입자와 보험 회사 사이에 소송을 함께 관리할 것을 권한다.

일반 의무

책임 소재 범위는 건축가 사무실에서의 운영과 비전문적 활동에서 발생할 수 있다. 이러한 노출을 막기 위해서, 건축가들은 일반적인 책임보험에 가입한다. 다음 내용은 일반 책임보험에 의한 보호 요소들이다.

적용범위. 일반 책임보험은 제3자와의 법적 책임에 연관된 소송에 대한 적용범위를 가지나 전문적인 업무나, 자동차, 노동자 재해에 관련된 일은 보호하지 않는다. 기본 일반 책임보험은 보험에 가입된 자만을 보호하는 것이 아니다; 적용범위의 확대를 명시적으로 하지 않으면 고용인을 보호하지 않는다.

책임 한도. 일반적으로 일반 책임보험은 보험 회사의 지불 의무가 있는 금액을 금전적 한도로 설정한다. 이 한도는 소송의 종류(다시 말해, 신체 상해, 물적 재해, 인적 상해)와 모든 소송의 총합계 금액에 따라 다르다. 인적 상해나 물적 재해에는 두 가지 한도가 있다. 각 사고나 재해에 대한 소송의 금전 합계와 모든 소송의 총합계 금액에 대한 한도이다. 인적 상해(비방, 중상, 명예훼손, 불법 체포와 이와 유사한 일에 관련된 소송)의 책임 한도는 모든 소송의 총 합계 금액으로 한다.

계약상 책임. 건축가는 직업적 서비스의 계약 이외에 사무실 임대, 구입 주문서, 서비스 계약 등과 유사한 다양한 사무 계약을 접할 수 있다. 건축가는 모든 계약, 동의, 임대, 주문서 등에서 피해보호에 대한 조항을 체크해야 한다. 그런 조항이 있을시, 일반 책임보험을 가지고 있지 않다면, 보험 적용범위의 확대를 얻어야 한다.

일반 책임보험의 확장은 회사의 개인적 요구가 반영되어야 한다. 요구되는 적용범위를 제공받을 수 있도록 보험 상담자와 상담하는 주의 깊은 검토가 필요하다.

자동차(항공, 선박) 책임. 포괄적인 자동차 책임 보호는 건축가의 필수적인 보험 프로그램의 일부분이다. 이 보험은 보험 계약자, 고용인 등의 자동차 사용을 보호하기 위한 적당한 책임 한도로 계약해야 한다. 그리고 보험 계약자로서, 개인 건축가, 공동협력 관계의 모든 파트너와 사무자, 법인의 책임자의 모든 이름이 지명되어 있어야 한다.

적용범위는 소유, 임대, 새로 얻은 모든 자동차를 포함한다. 건축가의 개인 소유 자동차도 업무 목적으로 사용되었을 때는 보호를 받을 수 있는 적정한 책임한도가 보증된다. 항공과 선박도 건축가의 업무 수행에 사용된다면, 이와 유사한 책임보험이 필요하다.

고용주의 책임. 고용주로서 건축가는 상해와 관련된 고용인의 소송에 관련될 수 있다. 대부분의 경우, 이러한 소송은 일반 법적인 것보다 노동자 재해 보상에 의해서 보호받는다. 고용인의 재해가 노동자 재해로 보상받지 못하는 경우에, 고용인은 고용주를 고소할 수도 있다. 고용인의 소송은 일반 책임보험이나, 노동자 재해 보상보험 어느 곳에도 속해있지 않아서, 잠재적 보상범위의 공백이 존재한다. 이 공백을 위해서, 노동자 재해 보상 보험을 고용주의 책임을 보호하기 위해 확대시킨다.

책임보험의 조정. 전문 책임보험, 일반 책임보험, 자동차 책임보험과 기타 다른 보험들은 서로 연관되어 있다. 건축가는 보험적용이 중복되거나, 공백이 생기지 않도록 보험 상담을 해야 한다. 때로는 포괄적인 여분의 책임보험이 기본 책임보험이 제공해주는 것보다 높은 한도를 제공하기 때문에 필요할지도 모른다.

적자 책임 규약. 높은 책임 한도가 필요할 때, 여분 책임보험이나, 종합 책임보험과

같은 추가적인 보험을 구입을 함으로써, 보험 책임 한도를 늘릴 수 있다. 이 보험은 일반 책임보험, 자동차 책임보험, 고용주 책임보험 등에 기초하여 더 높은 한도를 제공할 수 있다. 추가적인 한도로 1백만 달러가 증가한다. 일반적으로, 전문 책임보험은 포함되지 않는다. 적용 범위는 일반적으로 적용범위가 넓은 보험을 기초로 한다.

고용 실행 의무 보험

어느 누구도 자신이 고용한 고용인이 자신을 대상으로 고소할 거라고 생각하지는 않지만, 불행히도 고용 실무 소송이 증가되고 있다. 고용과 관련된 최근의 법조계의 변화는 회사의 인사관리 업무에서 잠재적인 법률적 위험요소가 증가되고, 복잡화되어가고 있으며, 그에 따라 고용인의 고충, 차별, 불법적 계약 만료 등의 수가 증가하고 있다. 건전한 관리 실무는 법적인 소송을 방지해 줄 것이고, 회사에 소송이 제기됐을 때, 대단한 도움이 될 것이다.

그러나 관리 실무는 고용인의 소송에 대응하는 하나의 수단일 뿐이다. 고용 실무 책임보험은 이와 다른 것이다. 대부분의 디자인 사무소가 차별과 고충으로부터 자유로운 직장을 제공하기 위해 노력하지만, 실수가 있을 수도 있다. 몇몇의 상업적인 일반 책임보험은 고용 실무 책임보험을 제외할 수도 있지만, 대부분의 회사는 독립적용보험을 통해 좀더 포괄적인 적용 보험에 가입한다.

기타 사업 보험

책임보험 외에, 건축 사무소는 다른 사업 리스크를 위해서 보험 가입을 선택할 수 있다.

건축가 자산 보험. 건축가가 임대한 건축 사무소 건물이나, 건축물은 일반적인 보험이나, 포괄적인 물적 피해 보상에 의해서 보호되어야 한다. 빌딩이나, 건축물에 대하여 정확한 보험 대상의 가치 판단을 받는 것에 주의해야 한다. 보험 총액은 공동보험조항의 요구에 대처하기에 충분해야 한다.(손해에 대하여 보험에 의한 일시적 지불)

그렇지 않으면 손해에 대한 상당부분의 대가를 치루게 될 수밖에 없다. 모든 임대계약과 저당은 보험 적용범위의 요구에 따라서 약정될 때마다 재검토해야 한다.

패키지 보험은 일반적으로 유용하다. 이런 보험은 건물에 관련된 보험이나, 사무에 관련된 보험, 공공책임에 대한 사항과 같은 몇 가지 형태의 보험이 결합되어 있다. 이런 패키지 보험이 건축가의 필요사항에 맞는지를 주의 깊게 조사해야 한다.

사무실 기기. 건축 사무소는 화재나, 폭풍, 그 밖의 위험의 범위까지 확장된 표준 보험에 의해서 보호될 수 있다. 그러나 사무소 관련 사항의 확장된 보험적용범위는 일반적으로 보험에서 배제된 직접적인 물적 손해에 대한 모든 위험부담에 대한 보증에 사용된다. 이러한 보험은 손상된 도면을 보상하고, 도면을 생산하기 위한 노동력과 재료의 비용까지도 보상한다. 주요문서에 관련된 보험에 가입하더라도, 사전에 조사했던

연구의 비용은 포함되지 않는다. 사무실 밖에서 사용되는 휴대용 장비도 포괄 예정 보험 계약에 의해서 보호받을 수 있다. 금전, 유가증권, 수표, 여행 티켓, 그 밖의 유통 증권도 총괄 범죄 보험 증권에 의해서 보호받을 수 있다.

사업 중단. 비즈니스 중단 대비보험은 계속되는 하자보수 비용이나, 화재사건에 의한 손실, 그 외에 정상적인 업무를 수행할 수 없는 상황에 대하여 배상한다. 이 보험은 화재, 폭풍, 컴퓨터 고장, 그 밖의 다른 위험 등을 보호하도록 약정할 수 있다. 적용범위는 이미 정해진 한도금액이나 회사의 실수입 금액까지 유용하다. 손상된 건물이 수리되는 기간 동안 다른 장소에서 사업을 계속하기 위한 지출까지 배상하는 것을 옵션으로 할 수 있다.

중요 문서. 이 보험은 건축가의 재산에서 가장 중요한 것 중의 하나이다. 이는 보험에 명시된 사항에 의해서 분실하거나 손실된 모든 중요 문서를 포함한다. 진행 중인 창고의 문서까지도 보험 계약을 할 수 있다. 건축가에게 보관된 클라이언트의 문서까지도 보증될 수 있다.

신용 계약보험과 형사상 손실 보험. 모든 사람들의 자금의 보관이나 지출, 회사자금 관리, 계약자에 대한 지불 권한, 구입 등의 자금 사용에 관련된 행동에 연관되어 있고, 자금의 오용에 관한 책임을 갖고 있다. 모든 고용주를 보호할 수 있는 포괄적인 형태의 계약을 일반적으로 추천한다.

강도행위, 주거침입, 절도에 의한 손실이나 화재, 그 밖의 다른 이유에 의한 분실과 파손 등을 포함한 포괄적인 형태의 금전 및 채권 보험에 의해서 금전, 유가증권, 수표, 양도증서 등을 보증받을 수 있다.

포괄적인 보증이나 총괄 범죄 보험도 유용하다. 이는 금전이나, 채권 그 밖의 재산에 대한 손실 보상을 겸한다. 건축가의 전문 책임보험은 협회나 고용주의 부정직한 행위에 의한 소송이나 손실은 보호하지 않는다.

고용주 관련 보험

고용인을 고용한 건축가는 고용인을 위해 추가적인 보험에 대하여 고려해야 한다. 이 보험에 대한 몇 가지는 법으로 정해져 있고, 몇 가지는 회사의 선택에 의해서 정해진다.

노동자 재해 보상

법령에 의해, 고용주는 노동자 재해 보상 보험에 가입해야 한

AIA 신탁

AIA 신탁은 생활, 건강 관리, 무능, 그리고 기타 다른 보험에 관련된 프로그램을 AIA의 모든 회원에게 사용가능하도록 1952년에 설립되었다. 오늘 이 신탁은 포괄적인 수익, 생존 확률 등을 AIA 회원에게 제공한다. 다음의 내용은 AIA 회원과 그들의 고용인에게 유효하다.

- 주요 의료 보험
- 외국에 사는 회원을 위한 주요 의료 보험
- 출장 동안의 사고사와 손발의 절단 보험
- 생명 보험
- 사업 경비 보험
- 협회 회원 은퇴 프로그램
- 소규모 회사의 전문 책임보험 프로그램

다음의 내용은 AIA 회원과 가족들에게 사용 가능하다.

- 주요 의료 보험
- 외국에 사는 회원을 위한 주요 의료 보험
- 사고사와 손발의 절단 보험
- 생명 보험
- 무능 보험
- 의료 지원 제도

AIA 신탁이 AIA 회원을 제공하는 서비스는 과거 40년 이상 동안 발전했고 그 미래 필요를 충족시키고 회원의 요구를 실행하기 위해 계속해서 발전할 것이다.

다. 상업적인 보험 회사(또는 일부 주정부에서는 국영으로 운영되는 시설)에서 공급하는 노동자 재해 보상 보험은 노동자들의 재해를 보호한다. 보상은 법으로 규정되어 있으며, 치료비, 임금, 사망 보상금 등이 포함되어 있다. 이러한 보상은 고용인이나 고용주의 과실에 상관없이 제공된다. 고용인은 노동자 재해 보상에 의해서 처리된 재해에 관하여 고용주를 고소할 수 없다.

노동자 재해 보상은 고용인의 보상 등급을 평가하기 위해, 회사의 임금 대장을 토대로 하여 산출된다.

건설 계약 관리 업무를 수행하는 상근 야외 건축가는 이런 업무를 수행하는 다른 사람보다 더 높은 등급을 받을 것이다. 부적당한 등급은 더 높은 프리미엄의 결과를 초래할 수 있다.

신체장애 보상

주정부의 신체장애 보상 법령은 병이나 장애 상해로 인하여 업무를 수행할 수 없는 고용인에게 보상을 제공한다. 모든 주정부가 이 보험을 요구하는 것은 아니지만, 이를 요구하는 주정부에서는 최소한의 보상이 법령에 명시되어 있다. 신체장애 보상에 대해서 법령으로 정해서 있지 않은 주나, 이에 관련된 보험 가입을 원하는 건축가는 AIA 신탁뿐만 아니라 많은 상업적인 보험 회사를 통하여 자발적으로 신체장애 보상 보험을 이용할 수 있다.

건강 보험

건강 관리는 매우 중요하지만, 고용인이나 고용주 모두에게 금전적으로 부담이 되는 고려 사항이다. 건강 관리 보험비용은 지난 40년간의 임금과 물가 상승률보다 더 빠르게 증가했다. New England Journal of Medicine의 1999년 보고에 의하면, 1997년도에 미국에서 건강 관리에 사용되는 비용으로 개인당 대략 $4,000가 들었다. 이러한 악순환의 건강 관리 비용에 대한 결과로, 건강 보험 제도와 건강 관리 기관은 최근 들어 중대한 변화가 일어났고, 고용인들은 보상범위 내에서 비용 증가를 관리하는 계획을 만들어야 한다.

의료 보험. 고용인에게 건강 관리에 대한 두 가지 형태가 있다. 제공되는 서비스에 대해 기본적인 수준을 지불하는, 구 의료보험제도는 환자로부터 필수 보조금과 공제금액과 같은 것을 관리하고, 건강유지협회(Heath Maintenance Organization, HMO)는 전통적인 건강 보험 제도보다 더 광범위한 범위의 보상을 위한 것이다. 두 제도 모두 다양한 종류의 서비스를 제공하고 있다.

예를 들어서, AIA 신탁 제도는 참여자가 병원과 의사를 선택하기를 원한다면, 더 유리한 이익을 제공하기 위해 각지에서 PPO(Preferred Provider Organization) 제도를 사용하는 구의료보험 제도의 하나이다.

AIA 신탁은 지리학의 영역에서 HMO 프로그램을 제공한다.

소규모 고용주에게 가장 중요한 고려사항은 시장에서 보험기관의 지속적인 효력이다. 일반적으로, 작은 지부는 보험의 적용범위와 가격의 효용성에서 위험할 수 있다. 실적이 좋은 안정된 기관을 선택하는 것이 이런 위험을 개선하는 효과적인 방법이다.

치과 보험. 병이나 상해로 인해 요구되는 치아 관리를 위한 의료보험 해택을 받을 수 있다. 정기적인 치아 관리를 위한 보험도 보장 제도나 HMO, PPO를 통해서 가능하다. 일반적인 치아 보험 제도는 요금 명세서에 기초하여 보상된다.

시력 보호 보험. 시력 관리 제도는 정기적인 시력 조사나, 12개월에서 24개월마다 렌즈, 안경을 맞추는 데 필요한 비용을 명세서를 기준으로 제공한다.

큰 사고에 대한 의료 책임보험. 만성적인 의료 문제가 없고 재정 수입원을 갖고 있는 고용인을 위해서, 치명적인 의료에 대한 지출을 보호하기 위한 의료제도는 상당히 부담이 될지도 모른다. 이 제도는 중대한 의료 문제에 대해서 유연한 지출을 가능하게 해줄 것이다.

융통성 있는 건강 관리 지출. 연방 세법 129항에 있는 이 제도는 가입자가 특별 고용주가 관리하는 계좌에 분담금을 내고, 건강 관리 비용으로 지출된 금액에서 변상을 받도록 해준다. 이 분담금은 FICA(사회보장제도), 주정부 수입세에서 제외된다.

일반적으로 이 제도는 부양가족의 건강 관리 비용과 결부되며, 이 분담금을 고용인의 자녀에게 의료비로 쓰는 것이 가능하다. 의료비의 규정은 특히 유동적이어서 회사의 회계 관리자의 충고에 충실해야 한다.

소득 보호와 복직 수당

건강 이익 이외에, 회사는 생명 보험과 장기적인 무능 보호를 제공한다.

생명 보험. 보험 가입자의 사망에 대한 보상을 제공해주는 이 제도는 배우자나 다른 수혜자에게 고정된 수입으로 간주되어야 하고, 소유주나 사장의 사망으로 인한 회사의 잠재적인 보호 방법으로 생각할 수 있다. 단체 생명 보험(AIA 신탁에서 제공하는)은 일반적으로 모든 고용인에게 고정된 금액을 제공한다.

생명보험에 대한 실질적 범위는 수요/공급에 의한 배분과 중요인물에 따른 개인적 중요도에 따라 결정된다. AIA 신탁은 AIA 회원들에게 이와 같은 보험제도를 제공하고 있다.

장애 보상. 몇 가지 형태로 제공이 되는데, 단기간 무능 보상은 단기간 동안(일반적으로 3-6개월)의 결근에 대해서 보호를 받을 수 있다.

고용주는 병가 프로그램으로 인한 단기간의 무능에 대한 보험을 든다. 장기간의 무능 보상은 불구나, 고용인이 회복되거나, 65세가 되기 전까지의 무능에 대해 보호해준다. 이 보험의 비용은 저렴한 편이고, 장기간의 무능 보험은 언제라도 유용한 확실한 보상을 제공한다.

제3자에 의해서 무능의 존속이 결정된다. 건축가에게, 무능에 대한 테스트를 하는 것은 특정한 직업을 수행할 수 있는지 판단하는 것이어서 대단히 중요하다. 이것은

AIA 신탁 보험에서 사용하는 테스트이다.

회사간 간접비용. BOE(Busmess Overhead Expense) 무능 보상은 BOE가 사업 소유주의 전체 무능에 대한 사업관련 지출을 보호하는 것을 제외하면 장기간 무능 보상과 유사하다. 보상기간은 12~24개월이며, 이 저렴한 보험은 건축주가 사업 지출비(예를 들어, 임대료, 대부이자, 복지시설, 고용인의 임금)를 보장하는 것을 돕는다. 이 중요한 보험은 무능력해진 건축주가 사업 생존능력을 유지하거나, 사업의 강제 매각을 피할 수 있게 해준다.

퇴직 수당. 수명이 연장된 현대에는 은퇴 계획이 상당한 의미가 있다. 은퇴 계획은 다양한 형태와 제안들로 계획될 수 있다. 규정된 분담금 제도는 수입에 기초한 연간 분담금을 내야한다. 은퇴 시 받는 금액은 납부된 분담금의 총액과 고용 투자 계획에 기반을 두어 산출된다. 회사는 다음과 같이 규정된 분담금 제도의 몇 가지 유형을 선택할 수 있다.

AIA는 회원정년 프로그램을 시행하고 있다. 보험혜택과 IRA, SEP와 같은 안정된 사회보험제도에 건축가와 사무소들이 가입하도록 한다.

- **연금 계획(Pension Plans)**은 고정된 연간 분담금을 내야 한다. 일반적으로 수입의 일정 %를 내야 한다. 국세청(The Internal Revenue Service, IRS)은 보수의 25퍼센트나, $30,000 중 적은 금액으로 분담금의 한계를 설정한다. 연금계획은 분담금이 매년 강제적으로 추징되기 때문에 고정된 수입이 있는 기초가 튼튼한 회사에 알맞다.
- **이윤 분배 제도(Profit-sharing Plans)**는 매년 명시된 금액의 가변적인 분담금을 허락한다. 법적인 변화는 최대 금액과 분담금의 퍼센트에 영향을 미칠 것이다. 예를 들어 1999년에 개인수입이 $160,000라면 최대 $24,000의 한도 내에서 0-15%로 분담금을 정할 수 있다. 매년 분담금은 유동적이며, 제로가 될 수도 있다.
- **복합 제도(Paired Plans)**는 고정된 기본 분담금을 내야 하고, 추가적인 분담금을 내는 것이 가능하다. 이것은 상대적으로 낮은 고정된 연별 분담금과 추가적이고, 융통성 있는 이익 분배 제도에 의한 연금 제도이다.
- **전형적인 401(k) 제도(Traditional 401(k) Plans)**는 개인이 자신의 봉급에서 분담금을 내는 것을 연기할 수 있도록 한다. 이 제도는 퇴직 후를 위한 저축비용을 고용인이 분배하는 좋은 방법이다. 물론, IRS는 얼마나 많은 고용인이 401(k) 제도에 참여할 수 있는지에 대한 한도를 정한다. 회사가 제도 내에서 급료를 연기시키기 위해서는 IRS 401(k) 의 테스트를 거쳐야 하고, 까다로운 규정을 지켜야 한다.
- **간소 401(k) 제도(Simple 401(k) Plans)**는 급료의 3%까지 고용인에게 주는 것을 연기할 수 있도록 해준다. 회사는 테스트나 까다로운 규정에 얽매이지 않고 간소한 401(k) 제도를 적용할 수 있다. 간소 401k는 봉급 연기 한도가 낮기는 하지만, 추가적인 융통성 때문에 많은 회사에서 적용되고 있다.
- **안전 보호 401(k) 제도(Safe Harbor 401(k) Plans)**는 고용인이 봉급의 일부분을 연기할 수 있도록 해준다. 회사는 두 가지 분담금 조건 중에서 하나를 선택해야

한다. (정해진 분담금, 적정 기준 분담금)

지정된 보상 제도는 각 참여자에게 퇴직 후의 매년 보상이 명시되어 있다. 보험 회계사는 목적을 달성하기 위한 연간 필요 보상금을 산출한다. 이 제도는 유지하는 데 상당한 비용이 들 수 있지만, 나이가 든 고용인에게 많은 양의 급부금을 받을 수 있게 해준다. 젊은 고용인을 고용한 소유주에게 이 제도는 적합하지 않을 수 있지만, 퇴직이 가까워진 파트너나 고용인들이 은퇴 자금을 빨리 모을 수 있게 해준다.

단순화시킨 사원 연금 계획(Simplified Employee Pension Plan, SEP)은 개인 은퇴 예금(Individual Retirement Accounts, IRAs)과 같이 회사가 고용인을 위한 은퇴제도의 하나이다. SEP의 급부금은 이윤 분배 제도(profit-sharing plan)와 비슷한 한도를 가지고 있다. 회사는 고정 급부 제도(defined contribution plan)나 고정 공정 계획(defined honest plan)에 더 많은 고용인을 커버해야 하고, 더 많은 비용이 들 수도 있다.

그러나 SEP 관리가 고정 급부 제도나 고정 보상제도(Defined Benefit plan)보다 더 간단할 수도 있다.

IRAs는 그들 자신의 이익을 위해서 개인이 준비를 하는 것이다. 개인은 IRA에 상대적으로 낮은 연간 급부금($2,000)을 낼 수 있다. 이 급부금은 세금이 면제되지 않는다. IRA에 59.5세나 그 이후까지 세금 거치를 기준으로 축적한다. 더 이른 나이에 이 예금을 찾는 것은 불리한 조건의 부과료를 받는다.

제도 세부사항. 은퇴 제도를 갖추고 있는 회사는, 일반적으로적격성 표준, 연금 수령 명세서, 분담금 수준, 사회보장 제도의 통화 등을 제정한다. 그러나 이 프로그램은 개인이나 회사를 위해서 조기에 시작할 수 있도록 설계되었다. 인구통계(은퇴 연령의 증가)와 행정 필요(늘어난 사람들을 위한 세금 이익)가 사회보장 제도에서 중요한 감소의 결과를 가져왔다. 다른 사업과 마찬가지로 건축 실무는 리스크를 관리할 수 있는 리더를 요구한다. 보험은 위험을 관리하는 적당한 부분이자 재정적인 손실의 리스크를 양도할 수 있는 중요한 수단이다.

《《《 추가적인 정보 》》》

AIA 신탁은 AIA 회원이나 고용인들에게 보험 프로그램의 여러 종류를 추천한다. (전화번호 (800) 343-2972)

AIA 신탁은 Victor O. Schinnerer & Company가 운영하는 스몰 펌 프로그램(Small Firm Program)에 대한 전문 책임보험에 대한 정보를 제공한다. (301) 961-9800에 직접 전화해서 AIA에서 추천하는 프로그램에 대해서 Victor O. Schinnerer & Company와 접촉할 수 있다. AIA의 리스크 관리 프로그램은 전문 책임보험의 선택과 관리에 관한 정보를 출간한다. 출간물은 (800) 365-2724에 전화로 주문할 수 있다. AIA가 추천하는 프로그램의 중요함 때문에, The Schinnerer/CNA Operation은 AIA 리스크 관리 프로그램에 관련한 업무를 지원하고, 온라인과 세미나를 통해서 건축가에게 정보를 제공한다. Schinnerer는 AIA가 추천하는 프로그램에 가입한 보험 계약자들에게 자발적인 교육 프로그램을 제공한다.

보험에 관련된 정보와 리스크 관리는 AIA 신탁 웹사이트(www.teleport.com/~aiatrust)와 CNA/Schinnerer 웹사이트(www.schinnerer.com)에서 얻을 수 있다.

11.3 분쟁 관리

Frank Musica, Esq., Assoc. AIA

프로젝트의 효과적인 관리와 프로젝트의 성공의 열쇠는 관리하는 방법에 있다. 분쟁이 일어나기 전에 해결되고, 보상이 되기 전에 분쟁을 해결하는 방법들이 관리되고, 그리고 어떤 보상들은 프로젝트의 실행자들에게 이익을 보장하는 방향으로 해결된다. 분쟁 발생 시 분쟁을 막는 데 있어서의 성공여부는 분쟁 상황들에 관한 지식과 적절한 행동을 취하는 능력을 필요로 한다.

최근에 프로젝트의 참여자들이 가장 저렴한 비용으로 장기적인 분쟁의 위험과 결과들을 관리하는 3개의 본질적인 전략을 소개한다.

- 처음으로 발생할 분쟁을 막는 것
- 프로젝트 조직 안에서 가능한 한 가장 낮은 수준에서 신속히 대처할 수 없는 분쟁을 해결하는 것
- 자발적이거나 판결없이 해결할 수 없을때만 판결에 의지

많은 위기 관리 기술들은 분쟁이 일어나는 것을 막는 전략에 집중한다. 그러나 그럼에도 불구하고 분쟁은 일어나기 마련이므로 예상되어야 하고, 프로젝트 완성 과정의 일부로서 합리적으로 언급하게 된다는 것을 인정한다. AIA에서 제시한 표준계약양식이 그것이다. 계약 양식은 디자인 과정에서 분쟁을 막고, 분쟁이 생기면 그것을 해소하는 장치들이다. 프로젝트에서 생기는 충격을 최소로 하는 것이 우선이다. 잠재적인 두 번째 전략은 가능한 한 가장 낮은 수준에서, 그리고 빨리 분쟁을 해결하는 방법일 수도 있다. 양자택일의 조정과 같은 ADR(Alternative Dispute Resolution; 1970년대에 인기가 있었다)은 소송을 대신하는 것들에 대해 언급한다.

건축주와의 합의사항은 일의 범위 내에서 합리적으로 조정하도록 하며 상호 이익과 일의 목적을 해치지 않도록 한다.

교섭 그리고 다양한 분쟁을 해결하는 요소와 조정을 포함하는 다른 ADR 기술들은 자발적으로 유도되어야 한다. 분쟁 해결은 강요되지 않고 자발적이며 각 당사자들이 동의할 수 있게 한다.

변경은 디자인 과정에서 사무소가 보증하는 사항에 준한다. 건축주에 의한 예상치 못했던 변경사항은 장래 변경 사항에 대한 가능성 여부를 건축가와 충분히 하여 판단하도록 한다.

분쟁 예상과 예방

분쟁을 예상하고, 막는 과정은 건축주와 건축가의 관계에서 시작된다. 그러나 분쟁이 일어났을 때 불가피한 분쟁을 누그러뜨리는 것에 있어서의 성공은 분쟁을 가져온 상황들에 관한 지식과 적절한 행동을 취하는 능력을 필요로 한다.

일반적인 위험신호. 건축주 분쟁은 건축가들을 반대하는 전문 책임 보상에 대한 사

프랭크 무시카(Frank Musica)는 CNA/Schinnerer 가이드라인의 편집자이며 AIA 문서협회의 보험관리를 담당하고 있다.

항들이다. 분쟁의 조짐은 항상 사전에 보이게 된다. 이에 대한 사전파악 관리는 조짐 신호들의 신속한 원인 규명과 효과적인 대응책에 의존한다. 분쟁을 일으키는 요인은 일반적으로 다음과 같은 것들이다.

- 건축주가 건축가에게 완전한 실행의 수준을 지킬 것을 주장한다.
  (예를 들면 최상급들을 사용한다 "가장 좋은, 가장 높은, 가장 경제적" 등이 그 예이다)
- 건축주는 비록 건축주 또는 제3자가 손실 또는 손해를 일으키거나 야기한다고 하여도 건축가가 모든 손실 또는 손해를 위해 건축주를 보호할 의무가 있다고 생각한다.
- 건축주는 건축가의 능력 밖의 일에 대하여 서비스를 실행하여야 한다고 생각한다.
- 건축주는 건축에 관련된 일에 대한 시공자의 충고를 고려하지 않는다.
- 건축주는 서비스가 완전할 때까지 건축가에게 대금을 지불하지 않는다.

위기 관리 전략(11.1)은 건축주와 충분한 협의를 통하여 제시된다.

그들은 건축주 교육을 통하여 위와 같은 문제를 해결할 수 있다. 건축주와 대담하면서 프로젝트를 용이하게 하기 위해, 건축가는 초기에 건축주와의 의사전달의 효과적인 방법을 확립해야 한다. 건축가와 건축주 사이의 의사소통 실패로 인해 많은 전문적인 책임이 나타난다. 효과적인 의사전달이 없는 동안에 건축주는 비현실적인 일들을 일으킬지 모른다.

건축주 기대 관리. 위기 관리와 분쟁 방지를 위한 인원 교육과 내부 관리는 건축주와 계약하고 있는 입장에서 중요한 역할을 한다. 그 역할의 효과적인 성능은 시간과 노력을 필요로 한다. 수준별 관리는 문제의 난이도와 관심 대상자에 따라 조절되어야 한다. 관리는 표준의 계약 조건들을 확립해야 하고, 계약 교섭과 실행을 위해 핵심인원들을 최소한으로 배분한다. 서비스의 실제의 실행에 관계하고 있는 사원들은 건설 일반의 조건들의 준비에서 건축주와 계약자의 사이에서 건축가의 실행의 현실적인 예상들과 위험의 공정한 배당에 관해 건축주를 교육한다는 것의 중요성에서 훈련되어야 한다.

사원들은 매우 급하게 건설하는 동안 또는 다른 건축주 접촉들의 결과, 그곳에서 일어나는 문제들을 확인하고, 응답하기 위해 훈련되어야 한다.

성공적인 프로젝트 수행을 위하여 건축가는 건축주에게 모든 정보를 제공하며 건축주의 입장에서 경험하도록 권유한다. 건축주의 요구사항을 확실히 인지하고 합리적으로 해결한다면 장래의 건축 마케팅에도 도움이 될 수 있다.

이 분야의 인원이 첫 번째로 그런 문제들에 대해 알기 때문에 그들이 최고의 위치에 있다. 실제이거나 잠재적인 문제를 알고 있어, 관리는 발전을 모니터해야 하고, 문제를 누그러뜨릴 때에 장래를 예상한 배역을 잡아야 한다. 관리는 효과적인 방어에 대한 근거가 있어야 한다. 결정 또는 상태의 가능한 길들을 조사할 수 있다는 보상은 결국 실현된다. 선배의 관리 위치들의 대부분의 건축가들은 건축주의 문제들과 보상 상황들을 다룬다는 것을 약간 경험을 했다. 그들이 기초 위에 문제들을 취급하고 있는 더 적은 경험이, 풍부한 계획 직원에게 가치 있는 충고를 주기 위해 위치에 있다. 그러나 그것에서 적당할지도 모른다고 주장하는 것은 건축주의 문제를 피하거나 무시하기 위해서는 타당하지 않다. 건축주의 문제에 직접 관계하고 있는 관리와 전문직의 직원 사이의 상호 작용은 약간의 객관성의 평가와 분쟁의 잠재적인 해답을 도입하는 데에 도움이 된다.

사전 숙지. 계획들에 관해 잠재적인 문제들의 빠른 지시들이 있는 프로젝트, 승리를 얻은 계약자가 평판을 가지고 공개적으로 매겨졌던 계획들과 같은 입찰의 보상들에 덤핑 견적을 넣어라. 그러한 상황에서, 건축가가 숙명적인 태도를 가지지 않는 것은 중요하다.

분쟁들의 개선되었던 잠재성을 인정하고, 건축가는 경험 풍부한, 숙련된 계획 관리자의 계약자 보상들의 가능성을 교육하고, 건축주에게 준비를 시키도록 명령해야 한다. 건축가는 또한 건설 회의에 분명히 계획 필요조건들을 명료하게 표현해야 한다. 그것에 선행하여 매겨졌던 회의처럼, 건설 회의는 소유자와 계약자 예상들에 영향을 주고, 중요한 기회를 표현한다. 계획이 실행되는 동안, 건축가가 계약자의 승낙을 모든 일반의 필요조건들과 조합할 때에 미래를 예상해야 하는 것, 그리고 모든 타당한 발전과 계약자와의 의사소통은 적시의 방법에 완전하게 실증해야 한다. 계약자의 질문들 또는 다른 의사소통의 적시의 반응들은 자주 분쟁의 잠재성을 피하거나, 줄인다. 결국, 예방적인 충고를 얻기 위해 필요한 것처럼 건축가는 경험 풍부한 법적인 상담을 해야 한다. 그 핵심은 잠재적이거나 실제의 문제들이고, 언급할 때에 미래를 예상한 것이다.

클레임에 대한 대응 절차는 다양하게 전개된다. 공사 도급자와 계약 당사자 제3의 그룹, 건축주에 의한 클레임 등이 복합적으로 연결된다.

협력. 근래 "협력"의 아이디어는 디자인과 건설 계획들을 위해 분쟁 예방의 새로운 방법으로서 촉진시키게 되었다. 모든 것의 이익에 의사소통, 신뢰와 공동작업을 개량하는 환경을 만들기 위해 일들과 협력하는 것은 참가자들을 계획한다. 그것은 처리(건설회의 같은 한 개의 행사가 아니라)이다. 보통 처리와 협력은 여러 가지 계획 참가자들을 진전되게 하고, 의사소통과 일하는 관계들을 유지한다. 일반적으로 프로그램을 실현하는 것은 상호 관계가 있는 목표들과 요소들을 개설하는 최초의 워크숍 또는 과정들을 포함한다. 일반적으로 계획의 특별한 목표는 소유자, 건축가, 계약자와 자주 여러 가지 하도급들을 포함하는 계획 참가자들에 의해 준비되고 실행된다. 그리고 최초의 워크숍의 뒤에 진보를 모니터하기 위해 규칙적으로 예정되었던 팀이나 건물 활동은 계속된다. 그리고 잠재적인 분쟁을 해결한다. 파트너들의 활동들을 조화시키는 처리와 협력은 보통 관리자에 의한 관리된다. 관리자는 처리와 협력하는 동안 중요한 몇 개의 문제들을 평가한다.

- 충분한 수행이 일어나고 있는지
- 공동작업모임(team-building sessions)들의 개수는 예정되고 있는지
- 관리의 적당한 혼합과, 계획직원은 실제로 공동작업모임에 참가하고 있는지
- 협력업체는 적절하게 잠재적인 분쟁들에 관해 언급하고, 상호간에 만족스러운 결정을 초래하는 적당한 기량을 가졌는지

결정을 필요로 하고 있는 분쟁의 수가 감소할 때, 협력을 통한 건설 산업의 경험은 매우 유리했다. 그러나, 형식적인 계약의 정돈들의 위험과 보수를 계획 참가자들에게 할당하지 않는 것은 협력의 노트에 있어서 중요하다.

판결이 없는 분쟁의 해결

분쟁의 가능성을 줄이는 여러 가지 길이 있는데 결정이 강요되는 판결의 처리에 있어서 분쟁들을 해결해 보도록 권하는 여러 가지 방법은 제3의 요인에 따라 이루어질 수 있다. 예를 들면, 만일 분쟁 당사자들 사이의 직접적 교섭이 실패하면, 다음 과정은 계획-사이트의 몇 개의 분쟁 결정 기술들 중의 하나에 의한 것일지도 모른다. 그것 이외에, 조정은 해당하는 옵션일지도 모르거나, 심지어 조정 또는 소송에 전제 조건으로서 필요할지도 모른다. 연속된 단계는 일반적으로 분쟁의 단계적 확대가 아니라 시간의 단계적 확대에 의한 소요비용을 유발하게 된다.

협상. 대부분의 건설 산업 분쟁들은 협상을 통하여 해결된다. 하지만 건설 산업의 분쟁은 종종 동적이고 많은 분야의 이해관계와 결부되어 있고 협상은 완전히 표준화된 과정이 아니기 때문에 분쟁은 언제 어떻게 시작되는지 알기 어렵다.

우선, 협상은 합의상의 처리이다. 두 번째로, 화해는 효과적으로 분쟁 중의 문제들에 관해 언급하는 분야들의 관계에서 약간의 조정이 있어야 한다. 결국, 새로운 관계는 그들의 각각의 교섭을 쥐지는 각 분야의 위치 안에서 개량된다; 개량하는 것은 바른 위치에 두는 전부를 표현해야 한다. 다시 말해서, 각 분야는 정착하지 않는 것보다 정착으로부터 떨어져 있는 것이 더 낫다.

적절한 준비와 신뢰는 준비로 지지되는 객관성으로, 교섭은 성공할 충분한 기회를 가질 것이다. 그러나 성공은 최종적으로 서로간의 믿음과 분쟁의 분야들에 의한 좋은 신념의 노력을 장려하는 협상의 과정에 의존한다.

현장 분쟁 해결 방법. 현장 분쟁 결정의 세 개의 보편적인 방법은 최초의 의사 결정자로서의 건축가, 중립에 있는 고용, 분쟁 비평의 제정이 있다. 이 방법들은 일반적으로 현장에서 추가되고, 현장에 관련된 실제의 활동들로 동시대의 방법에 분쟁 결정을 용이하게 하기 위해 고안된다. 직접적 교섭의 최초의 시도들이 분쟁을 해결하는 데 실패할 때 현장조정 기술들은 자주 사용된다. 그들의 사용은 몇 주 또는 몇 달의 결정을 초래할지 모르는 더 형식적인 방법의 필요성을 없앤다.

최초의 의사 결정자로서의 건축가. AIA 기본 문서들에서, 건축가는 건설기간 동안 건축주의 대표자 역할을 한다. 그러나, 건축가도 소유자와 계약자의 사이에서 계약 문서들의 필요조건들과 분쟁들에 대하여 최우선의 조정자로서 공명정대한 통역의 역할을 다한다. 그런 분쟁이 일어날 때, 어느 면에서는 재판의 최초 결정의 건축가의 조정은 다른 권리들에서도 소유자나 계약자에 의지하는 것 또는 조정, 조정 또는 소송 같은, 계약 문서들의 아래에서 제공되는 치료들에의 필요조건의 선례이다. 건축가가 정말

로, 일반적으로 건설동안 소유자의 대표자로서 건축가의 모순되는 역할들이 아니라 분쟁들의 최초의 조정인이고, 중립이 아닌, 디자이너 브랜드가 아니기 때문에 약간들은 이 현장 기술들을 비판했다. 기록에 있는 중립과 분쟁들 비평 같은, 이 대립들은 다른 현장 기술들의 대변자들에 의해 자주 지적된다. 이 관심들에도 불구하고, AIA 문서들은 아래의 건축가의 결정들은 그들의 분쟁들에 최종적인 결정들로서 계약자들과 소유자들에 의해 일반적으로 받게 된다.

중립적 위치. 중립에 있는 것은 짧은 인지에 관한 분쟁들을 해결할 준비가 되어 있는 특별한 계약의 분야들에 의해 정해지는 세 번째 분야다. 이 중립의 위치는 디자인과 건설 문제들에 꽤 숙달되고, 건설의 출발으로부터 계획에 관계하고 있어야 하다. 중립의 가장 중요한 태도는, 분쟁조정위원회와 같은 중재자의 능력이다. 능력, 경험, 광대함과 윤리적인 성실을 증명하는 것은 중요한 점들이다. 게다가, 이 개인은 바로 가까이에 있은 문제들의 현재의 이해를 유지하기 위해 계획 회의에 참가할지도 모른다. 중립의 위치에 의해 거론되는 견해는 의견들은 묶고 있을지도 모르고, 분야들의 소망들에 따라 묶여 있을지도 모르지만, 가장 구속력이 있을지도 모른다. 보통 중립적 조언의 의견을 낼 때 그것은 특별한 문제에 관한 어떤 소송이라도 조정에서 허락된다. 중립적 위치의 확장은 전형적으로 소유자와 계약자에 의해 똑같이 공유된다.

분쟁조정위원회. 1970년대에 계약들에 터널공사에 그 적용이 시작되고, 분쟁조정위원회, 특히 더 큰 계획들에 관해, 판결할 수 없는 분쟁 결정의 가장 성공하는 적용들 중의 한 개인 것을 알았다. 중립적 위치처럼, 분쟁 리뷰보드는 공사가 시작되기 전에 설립되고 프로젝트 도중에 개최된다. 일반적으로 맡겨진 후의 분쟁과 보상이 일어나는 사건들은 처음이고 동시대적인 지식을 가지고, 공사의 특별한 형식의 경험을 가진다. 이 요인들은 이 방법의 성공에 공헌했다. 중립적 위치를 가진 경우인 것처럼, 분쟁 비평 판의 비용들은 소유자와 계약자의 사이에서 똑같이 통상 공유된다.

조정. 조정은 공명정대한 조정자가 활발히 분야들의 중요성을 확인하고, 논점을 분명히 할 때에, 그리고 그 문제들의 해답들을 디자인하고, 동의할 때에 돕는 구속력이 있는, 용이한 처리이다. 효과적으로 일을 하기 위해 조정을 위해, 조정자는 자격, 평판과 디자인과 건설 처리에 관한 지식을 기초로 하여 신중하게 선택되는 것은 중요하다. 한층 더, 참가하는 분야의 대표자들은 직접 분쟁을 해결하고, 개인적으로 처리에 참가하는 권위를 가져야 하고, 문제들에 관해서 열린 마음을 유지해야 한다.

미국중재위원회(American Arbitration Association(AAA)의 공사중재법칙(Construction Mediation Rules) 또는 분쟁 중재를 위한 CPR Institute의 표준중재절차 같은, 조정은 특별한 조직의 규칙들 또는 가이드라인들 아래에서 나아갈 수 있다. 그리고 조정자들은 조직의 위원회에서 고르게 될 수 있다. 양자택일로, 각 분야들은 단지 어떤 필요한 그라운드 룰이라도 확립할지도 모르는 특별한 조정자를 고용하는 것에 동의할지도 모른다. 그러나 각 분야들은 진행하기 위해 선택을 하고, 조정은 상대적으로 비공식적 과정이다. 일반적으로 조정자는 각 분야들과 같은 공동 회의들을 실

보험 청구 경력 in the AIA-Commended Professional Liability Insurance Program

1957년 이후 AIA는 Continental Casualty 사로부터 이용할 수 있는 Professional Liability Insurance Program(CNA Insurance Companies 중의 1개)를 위탁했다. CNA 프로그램은 Victor O.Schinnerer&Company 사의 보험업을 영위하고 있는 관리 회사에 의해 집행된다. AIA Board of Directors에 의한 위탁표준이기 때문에 AIA는 CNA/Schinnerer Program을 위탁한다. 약 20,000의 건축학, 공학, 조경, 측량회사들은 1999년에 CNA/Schinnerer프로그램에 의해 문을 닫았다. 이것들의 거의 50 퍼센트는 건축 회사들이었다.

집합적으로, 거의 2,000의 보상들은 1998년에 CNA/Schinnerer-insured에 대해 완료되었다. 약간의 비용, 손실 또는 손해를 경험하거나, 단지 불만스럽고 화났던 계획 소유자들에 의해 이 보상들의 약 60 퍼센트는 받아들여졌다. 건축가들에 불리한 모든 보상들의 70 퍼센트 이상는 디자인과 건설 계약들에의 당사자들에 의해 생겼다. 건축가에대한 보상의 3/40이상은 재산손해 또는 경제적 손실을 포함하고 있었다.; 나머지는 빌딩사용자나 건설 노동자의 신체적 상처를 포함하고 있었다. 손해에 대한 보상이 빈번한동안 건축가의 이익에 관한 보험 회사나 피보험 건축가에 의한 손해된 분야에 대한 적은 보상이 이루어졌다. 프로그램에 모든 보상 들를 모든 회사들에 펴고, 합계 22.4의 보상들은 1998년에 각 100개의 회사대해 보고되었다. 큰 회사들이 100개의 회사당 약 180의 평균치를 가지는 동안 작은 회사는 적은 평균치(100개 회사당 약 10정도의)의 보상을 가지고 있었다. 대부분의 보상들은 지불없이 해결되었다. 실제,5개의 보상들의 약 1개는 이제까지 CNA/Schinnerer 프로그램에게 보험 계약자의 이익 지불을 하는 것을 보상한다. 여전히, 그들에게 서비스를 제공하는 건축가에 대한 비용에 대한 분쟁은 증가한다. 더 큰 회사들이 더 많이 공제할 수 있는 의무들을 가지기 때문에, 그들은 보험 배상 지불들을 필요로 하는 더 조금의 보상들을 가지지 않는 경향이 있다. 만일 비교가 같은 광고들을 기초로 하여 만들어지면 더 큰 회사들보다 작은, 실제, 회사들은 약 12번 더 배상 지불을 필요로 하는 보상을 가질 것 같다. 하지만 지불 보상(방어의 비용과 공제할 수 있는 의무보다 위의 배상)들의 엄격함은 보상들의 다른 면을 보여준다. 큰 회사들은 대신하고 CNA/Schinnerer 프로그램에 의한 지불들은, 평균으로, 작은 회사들을 대신하는 지불들의 약 6 배 높다.

30년 동안의 보상들을 살펴보면 건축가들과 공학 기술자들에 불리한 보상들이 1972년 이후 실질적으로 성장했던 것을 나타내는 것을 나타낸다,1983년에 100의 회사들에 대하여 약 44의 보상의 높이에 달한다. 그 후 회사들은 그들의 업무들과 의뢰인을 선택하는데 있어 더 많은 주의를 다해왔다. 보상의 빈도는 1983레벨의 반 정도에서 안정되었다. 그리고 주요한 상승은 예기되지 않았다.

재산 손해와 경제의 손실 상황으로 기대될 수 있었던 것처럼, 보상들은 안정되는 경향을 보인다. 몇몇의 Schinnerer 연구는 모든 보상들의 약 3분의2가 10년 이내에서 3년의 상당한 완성,6년 이내에 85 퍼센트와 95 퍼센트 내에서 제출된다. 라고 제안한다. AIA 형식의 사용과 같은 적당한 접촉 언어, 제어를 통한 프로젝트의 조심스런 관리, 의사소통, 그리고 문서들은 전문적 책임보상의 손실 감소에 대한 큰 충격으로 보인다.

10년의 연구기간에 걸쳐서, 건축과 의논하고 있는 공학 회사들에 반대하여 가지고 오게 되는 모든 보상들의 4분의3들은 재산 손해 또는 경제의 손실에 의거했다. 1/4 미만은 신체상의 상처의 진술을 포함했다. 보상들의 성질을 조사해보면, 신체상의 보상이 시간과 방어 비용들의 지출보다 매우 적다는 것을 알 수 있다. 법안으로서 배상 지불들(지불들은 치료에 보증하는 것 을 대신하고 보험 회사에 의해 피해를 봤다.)을 사용하고,11.8 퍼센트의 피해 보상들만은 피해 보수에서 지불들을 가져온다. 건축학과 의논하고 있는 공학 회사들에 반대하여 가지고 오게 되는 모든 보상들의 안에서, 개인의 상처가 배상 지불을 가져오는 보상들은 2.9 퍼센트의 보상들에만 상응한다. 건축학과 의논하고 있는 공학 회사들의 건축주들은 디자인 전문가들에 반대하여 대부분의 보상들을 가지고 온다. 연구 기간 동안의 보상들의 근원들은 이하의 범주들에서 있다.

프로젝트 소유자/의뢰인 57.3%
건설자/하도급업자 10.8%
다른 재산 피해 7.4%
비근로자 피해 16.8%
근로자 피해 7.7%

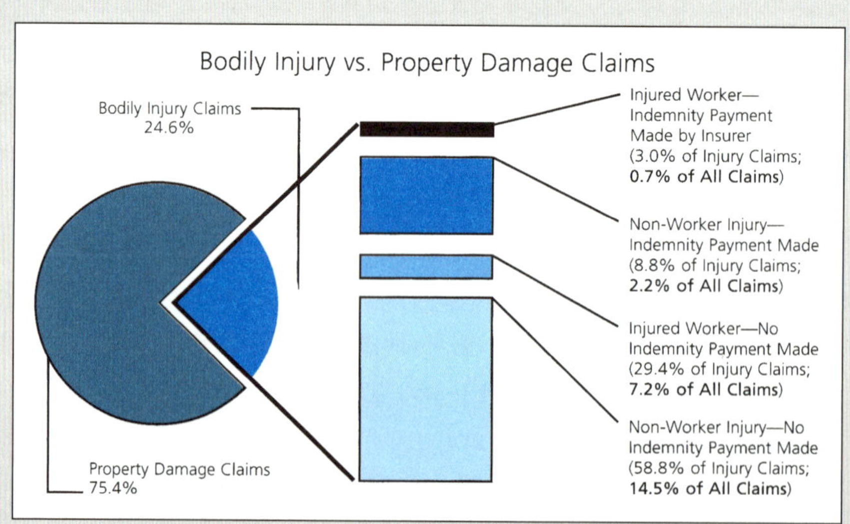

시할 것이고, 사실들의 이해와 분쟁과 근본적인 관심들에 관계하고 있는 문제들을 얻는 각 분야와 분야의 각각의 우선도 들로 회의들, 또는 간부 회의들을 분리할 것이다. 이 세션들의 과정동안, 조정자의 목적은 각 부분들이 상호간에 만족스러운 화해에 확인하고, 분명하게 하고, 좁히고, 최종적이게 장벽들을 옮기는 것을 도울 것이다.

화해 조항은 (11.3)에서 상세히 다룬다.

조정의 사용은 파티들에게 조정 또는 소송에 가기 전에 분쟁 조정에 제출하는 것을 보상하고 있는 계약 준비를 포함하는 것에 의해 진행될 수 있다. AIA Document A201과 AIA Document B141의 1997권의 판들은 조정 또는 소송에 필요조건 선례로서 조정을 필요로 한다. 그들이 동의하지 않는 한 AIA 문서들은 조정이 AAA의 Construction Industry Mediation Rules과, 계약된 각 부분들 사이에 동등히 분리된 요금과 일치되게 수행되는 것을 제공한다.

실제적인 문제로서, 조정을 의무적이게 한다는 생각이 다소 그 목적들과는 반대로 있다. 그러나, 그것은 비교적 긴장을 풀게 되었던, 소극적인 환경에서 분쟁을 해결하는 가치 있는 기회를 제공한다. 각 부분들이 분쟁의 완전한 해답을 얻는데 실패하는 때에도, 그것이 이후에 판결한 진행이라도 더 민첩하게 다뤄질 수 있게, 그들은 충분하게 좁히는 것에 성공한다.

"화를 내게 되면, 셋을 세고... 매우 화가 나면, 욕을 내뱉어라."

마크 트웨인

판결 과정

두 분야의 최고의 노력들에도 불구하고 — 상황을 예기하고, 분쟁들을 풀기 위해, 약간의 분쟁들은 단지 판결할 수 없는 과정들을 통하여 해결되지 않을 것이다. 이 불행한 상황에서는, 분쟁은 일반적으로 2개의 주요한 형태 중의 1개로 들어갈 것이다.—소송 또는 구속력이 있는 중재.

이하의 개요는 소송 또는 중재에 관해서 건축가로부터 모든 우려를 덜어주지 않을 것이고, 덜어줘서는 안된다. 그러나, 판결의 방법과 의사록들에 더 자신이 있고 지식이 있는 참가를 선택할 때에 소식통의 의사 결정을 고려해야 한다.

중재

중재는 분쟁들의 해답을 위한 소송에 대안. 이 방법으로는 각 분야들은 중재인들 또는 활동에 정통하고 있은 중재인들 위원회를 가지는 것에 동의한다. 표준화되었던 규칙들을 제공하고 자격이 있는 건설 산업 중재인들 위원회와 중재 처리의 관리를 제공하기 위해 AAA같은 조직들은 만들어졌다. 양자택일로, 각 부분들은 그들 자신의 중재인들을 선택하고, 그들 자신의 중재 과정들을 궁리한다. 많은 국가들에서는 —합의가 규칙들과 중재의 수속들을 정의하는 데 실패할 때—분쟁들의 중재를 하기 위해 사용된다. 표준 중재 행위(그것은 1950연대의 단일화된 주법에 관한 연방회의에 의해 채용되었다)는 중재인들과 과정들의 선택을 결정할 것이다.

중재 조항은 (11.3)에서 상세히 다룬다.

원고들이 소송에서 접점을 배우는 까닭에 제3자의 피고들로서 각 부분들에 가담한다. 중재는 엄격한 계약의 산물이다. 동의가 없는 사이에, 제3자는 강요할 수 없다. 또한, 많은 계약들안의 중재 조항들은 개개의 중재 경우들을(예를 들어 소유자-계약자와 소유자-건축가) 제3자들과 joinder를 금지한다. 결과로서, 병렬 또는 연속적으로 몇 개의 부분들을 복잡하게 하고 있는 분쟁들을 속행하는 것은 하나 이상의 중재 경우들을 위해 또는 중재와 소송을 위해서는 일반적이다. 경제의 이해속에서,몇몇의 상태들은 강화 법규들을 적응시켰다. 다른 어떤 국가들의 법정들은 고유의 권위를 주장했다. 같은 사실로부터 기인하고 있는 개개의 중재 경우들 또는 법률의 질문들을 합병하기 위해 ; 그러나, 그들은 일반적으로 강화의 계약의 금지들을 관심한다.

처리에 관한 중재청문회는 더 형식적이지 않지만 재판과 아주 흡사하다. 비록 중재에 협의에 의한 대표되는 상대방들을 위한 요구는 없지만, 대부분의 상대방들은 대표되기로 결정한다. 각 부분은 그 위치를 설명하고, 처음의 성명에서 증거를 의미했다. 첫번째로 보상자의 것과 그 때 회답자의 목격자들은 증명하고, 반대 심문받는다. 문서와 증거물의 다른 형식은 발표된다. 상대방은 어떤 증거에 반대할지도 모른다. 그러나 증거의 법정 규칙들은 중재에서 풀게 된다. 청문회는 몇 시간에서 몇 달까지 계속될 수 있다. 분쟁에서 복잡하게 하는 문제들은 복합적이고, 돈의 총계에게 의존한다. 청문회의 결말에서, 중재자 혹은 중재 구획은 종종 구두나 서식의 폐쇄 성명에 대한 각각의 부분을 요청한다. 이것은 각 부분에게 그 위치를 다시 한 번 말하고, 증거가 어떻게 제 위치를 지탱하느냐에 관해 설명하는 기회를 준다. 청문회는 그때 끝난다.

중재의 본질은 종결이다. 소송과 달라 중재판정이 일반적으로 없을지도 모른다. 중재가 정의와 공정의 폭넓은 개념들에 의거하기 때문에, 판정은 통상 비게 할 것이다. 판정이 타락 또는 사기에 의해 획득되는 경우에만 명백한 중재인 성향, 타락 또는 비행이 있었다. 또는 중재인 들은 그들의 권위를 능가했다. 그것에 포함되고, 실질적이게 모든 상태들은 법률들을 채용했다. 그리고 중재가 있는, 중재에서 생기고 있는 판정은 계약에 의해 보상된다. 마침내, 연방중재조항은 1925년에 시작되고, 몇 번 업데이트 되고(가장 최근 1990년에) 중재의 본질을 강화하였다. 왜냐하면, 중재의 의무적이고 구속력이 있는 자연행위가 일반적으로 주법들을 선매권에 의해 획득하기 때문이다. 법정들은 시설의 디자인과 건설은 상품과 인원들의 움직임을 필요로 한다고 한 결같게 생각했다.

중재가 소송에 의해 여유가 있는 법절차이고 법적인 보호들을 제공하지 않는 것은 빈번한 비평이다. 비록 중재인 들이 좋은 신념에서, 그리고 국부성없이 행동해야 하지만, 그들은 의무가 없다. 증거 또는 법적인 선례의 규칙들에 따르를, 그리고 그들의 결정들은 매우 제한된 사법 심사에 종속된다.

동일권리에 대한 당사자 관계는 건축가와 협정된 문서를 갖는 경우에 적용된다.

소송

더 중요한 계약의 문제들 중의 2개는 재판지(즉 재판의 장소)이다 —소송을 판결의 방법과 같은 것으로서 고르는 것과 관하여서, 그리고 배심원단의 재판 또는 재판관의 재판이 바람직할지 어떨지 관계없이, 다음의 절들 후에는 간단히 이 문제들에 관해 언급한다.

재판지(venue). 계약의 당사자들은 지리적인 지역을 나타낼 수 있다. 많은 예들 안에서 계획이 있는 상태를 위한 법정은 선택될지도 모른다. 이것은 그런"법률의 선택" 조항으로 제공할 수 있어서 동의는 선택된 주의 법에 의해 적용된다. 예를 들면,이전의 판들처럼,AIA B141-1997은 법이 적용된 계약과 서비스가 건축사업의 중요 부분의 법이라는 것을 규정하고 있다. 법적인 상담의 충고로, 건축가들은 제한과 휴식의 법규들 같은 문제들에 관해 주법들의 차이들에 민감해야 한다. ; 관습법의, 그리고 걱정과 인과관계의 인정된 수준을 포함하는 해석들 ; 관습법과 법령의 면책의 해석들 ; ,그리고 불법행위 또는 계약 책무에 대한 어떤 제한들이라도 재판의 정사.

배심원 혹은 법정 재판(jury or bench trial). 건축가의 건축주(특히 큰 회사의 건축주)가 계약 언어를 제안하는 것은 드물지 않다. 이것이 계약 교섭들에 관한 중대한 질문이 아닌한,건축가들은 문제들의 상대방을 알 고 있어야 하다. 또한 만일 계약이 이 문제에 대해 말해지지 않으면, 결정이 보상의 경우가 되어야 할지도 모른다.

배심원 재판이 반드시 건축가에 유리하지 않을지도 모른다. 예를 들면,법정 재판이 일반적으로 배심원 재판보다 더 짧고 덜 비싸다. 또한, 시험적인 일부의 법률가들은 재판관들이 교육하기 더 쉽고 더 참을성이 강하다고 생각한다. 특히 참고인 증언을 받을 때. 다른 한편, 일부의 법률가들은 배심원단의 힘이 재판관에게 강요한다고 생각한다. 그리고 재판보다 더 일찍 법적인과 증거를 만들 것이라 생각한다. 또한, 일부의 법률가들은 배심원들이 증거를 파악하고 재판관과 같은 실제적인 결정을 내릴 수 있다고 생각한다.

건축가의 불리가 거기에도 있을지도 모른다. 예를 들면,재판관의 개개의 성향 또는 편견은 건축가에 나쁘게 작용할지도 모른다.

중재 또는 소송 선택에 대한 계약상의 논점들

판결의 어느 방법이 선택되느냐는 다음의 계약상의 논점들은 고려되어야 한다.

법률수임과 비용들. 이른바 미국의 규칙의 아래에서, 상대가 나쁜 신념에서 행동했지 않는 한 변호사의 요금들은 소송에서 행해지고 있은 부분에서는 일반적으로 판정되지 않는다. 또한, 변호사 요금들의 재정 액은 계약상 인가된다. 그러나, 규칙들이 중재인 을 허락하는 AAA규칙은 "공정한, 그리고 각 부분들의 합의의 조건들 내에서 경감은 인정한다." 단일 표준 중재 조항에 따라 만들어져 중재 변호사 재정 액의 미국의

규칙들의 금지가 명백한 계약의 공인이 없는 경우, 요금을 지불하게 되는 상태이다. AIA 문서들은 문제에 대해 말해지지 않는다. 각 상대방이 자신의 변호사의 요금들을 부담해야 하는 것을 의미한다. 그러므로, 만일 변호사 재정 액이 바람직하면, 명백한 준비는 계약으로 삽입하게 되어야 한다. 많은 건축가들은 상대방 변호사 요금과 관련된 비용을 지불할 설득하는 것은 정당하다고 느낀다.

요구들의 주장을 위한 제한 기간들. 대부분의 주에서는 상대방이 특히 어느 쪽이라도 다른 상대들과 출발에 불리한 보상을 주장할지도 모르거나, 저 계약의 제한 기간을 달리게 한다. 것에 관한 날짜를 유발할지도 모르는 시간을 정의하는 준비를 포함하는 것을 허락한다.

더 분명히, 원고가 건축가에 반대하여 실제로 보상의 근거를 발견했던 날짜같은, 증명할 수 있는 행사의 안에서 식별할 수 없는 시작되는 날짜가, 계획의 상당한 완성의 날짜같은, 주관보다 오히려 객관적으로 확인하는 날짜 또는 사건의 참조를 정의되면서 있어야 한다. 그 제한 기간의 길이에 관해서, 어떤 국가들의 법들이 저 것을 필요로 하는 기간은 합리적으로 짧지 않다. AIA 문서들은 제한 기간으로서 한계들의 적용할 수 있는 법규에 참조사항을 붙인다. 그러나, 모든 주들이 하지 않기 때문에 제한의 법규들 또는 건축가에 적용할 수 있는 휴식은 서비스한다, 그리고 상대방이 적용할 수 있는 법규들에 의해 데우는 기간을 단축시키는 것에 동의할지도 모르기 때문에, 건축가는 사법권에서 지식이 있는 법적인 상담을 해야 한다.

보상과 사건을 다루는 것

시기적절한 의사소통은 보상을 다루는데 있어서 중대하다. 당신이 보험을 파기하거나 바꾸면 보험업자는 당신이 만족스러울 때 까지 당신의 요구를 더 많이 받아 줄 것이다. 다른 전문 책임보험은 그들만의 절차를 가지고 있다. 다음은 AIA-commended에서 사용되는 것들이다. CNA/Schinnerer 프로그램. 만약 당신이 보험이 없다면, 혹은 보험업자가 당신이 필요한 보조를 제공하지 않는다면, 당신의 변호사와 접촉해서 좋은 조언을 구할 수 있다. 당신은 여기에 있는 체크리스트의 과정을 원할 것이다.

무엇을 하기 원합니까

CNA/Schinnerer 정책 아래, 당신은 사고를 보고할 선택권을 가지고 있다. 사고 보고서에 따라, 당신은 전적인 보상을 종종 피할 수 있다. 다음의 절차를 따라 당신의 사건, 혹은 보상의 요구를 가능한 빨리 해야 한다.

1. 당신이 배상이나 사고에 대해 판정을 받거나 즉각적 인 충고나 도움이 필요할 때, 당신지역의 CNA에 전화해라.
2. 사고나 배상에 대해 CNA Insurance Companies에 가 능한 빨리 보고해라.
3. 배상에 대해 관심을 가지고, 배상에 대해 속해있는 장 과 스텝 진은 진술의 상황에 대해 문서화 해야 한다. CNA 보고서에 적혀있는 서문에는 다음의 정보가 들어있다.

- 당신 회사명과 주소
- 당신 보험증권 번호
- 날짜, 시간 그리고 장소
- 당신에 대한 진술의 요약본

Andrew Shapiro, Esq., vice president for AEC claims, CNA Insurance Companies

중재 혹은 소송 중의 해결

원칙으로서, 가치가 없는 보상은 활발하게 겨루게 되어야 한다. 원고들 또는 보상자에 유익한 복귀를 가져오는 어리석은 보상들은 더 생기는 주장들을 위해 유인을 제공한다. 경우가 생기는 것처럼, 그러나, 적합하지 않은 결과의 많은 위험이 있게 될지도 모른다. 그 경우, 화해 대안을 평가할 때에 사업 구성 요소를 인정하는 것은 중요하다. 최종적인, 판결을 내리게 되었던 결과를 통한 보상의 변호는 투자이다. 투자에 관한 있음직한 복귀는 다른 어느 사업 투자도 같을 정도로 공정히 평가되어야 한다.

보험업자 또는 상담이 화해를 추천(recommend

settlement)하는 많은 이유가 있다. 화해가 추천될 때, 건축가가 소식통의 결정을 할 수 있고, 방어 팀은 화해와 대안들을 위해 분명히 정당성을 명료하게 표현해야 한다. AIA의 CNA/Schinnerer 프로그램을 포함하고, 많은 보험업자들은 보증하게 되었던 상대방의 고지에 의한 동의 없이 보상을 해결하지 않을 것이다.

화해는 유죄 또는 책임의 승인은 아니다. 따라서, 그들의 각각의 권리들과 의무들 위에 그들 자신 중에 동의하는 그것에 따르고 분쟁사이의 타협이다. 화해가 될 때, 화해의 조건들이 바르게 문서화되는 것은 중요하다.

추가적인 정보

전문직의 책임보험 원근법으로부터 분쟁들을 관리한다는 것에 관한 정보를 위해,Victor O. Schinnerer와 회사 사(www.schinnerer.com)의 웹사이트를 방문해라. 건설 산업 분쟁 결정 과정들에 관한 정보를 위해,AAA는 AAA 서비스의 회피와 결정 서비스와 가득한 범위에 관하여 논의하거나, 가장 가까운 AAA 사무실에 연락하거나,www.adr.org를 방문한다.

참•고•자•료 *Backgrounder*

화해 조항

Mark Appel

공사품질관리, 건축주와의 상담, 건축실행의 우수성 등이 건축주와 분쟁을 줄일 수 있다면 다음 단계는 상호 계약비용을 절감하는 방법을 찾는 것이다.

상호 계약에 관한 다양한 비용은 법률 소송비용, 법적절차에 의한 자문비용 등이다. 화해 협약은 최소한의 비용으로 법정소송까지 가지 않고 상호 분쟁을 해결하는 데 그 목적이 있으며 시간과 돈을 절약하는 것이다.

화해해야 하는 이유?

왜 화해를 하여야 하는가하는 이유는 다양하다. 법적 소송은 재정적인 소모가 많고, 심신이 지치기 마련이다. 중재에 의한 화해는 저렴한 비용으로 빠르게 사건이 해결될 수 있다.

화해는 까다로운 형식과 규칙이 없이도 상대방에 대한 상호 이해를 바탕으로 진행된다. 승패를 떠나서 서로에게 최선의 해결책을 단시간 내에 제공할 수 있다.

화해는 자발적으로 생겨나게 된다. 소송으로 가기 전에 서로에게 이득이 되도록 하기 위함이다. 한쪽 편이 모든 이익을 가질 수 없으며 상대방에게 희생을 강요해서도 안된다. 증인 출석이 필요 없으며, 개인적 협의에 기초를 둔다. 상호 이해와 존중을 바탕으로 분쟁사항을 조절한다.

자발적으로 화해할 경우 다음과 같은 이득이 있다.

린다 싱어(Linda R. Singer)(그녀는 워싱턴 화해조정사무소 ADR회사의 사장으로)에 의하면 화해가 일찍 이루어질수록 불필요한 법적 소모 절차비용과 감정상의 피해를 줄일 수 있다고 한다.

또한 화해를 위한 자리에 자진해서 출석하면 법정에서 기다리는 수고를 덜고 자신이 정한 화해조정자로 하여금 화해절차를 적절히 조절하여 시간과 비용을 절감할 수도 있다고 한다.

화해할 수 없는 이유?

개인적 대화와 협의가 불가능하여 법적 분쟁으로 확대될 경우 화해는 불가능하게 된다. 상대방에 대한 법적 공방은 재판으로 이어지지만 화해 조정자의 능력에 따라 효과적인 해결책을 찾을 수도 있다.

그렇지만, 법적 소송 당사자들은 소송에 승리하기 위하여 화해자들이 알고 있는 사항보다 더욱 세밀한 조사를 요구하면서 화해의 가능성을 포기하면서 힘든 법적 투쟁을 지속하게 된다. 이 시점에서는 중재자는 효율적으로 소송건을 처리할 수 없으며 더욱 소모적인 힘겨루기로 치닫게 된다. 소송 당사자 간에는 마지못해 소송을 하게 되고 사건은 미정의 판결로 시간적 소모전으로 나아갈 수도 있다.

어떻게 결정하는가?

화해를 할 것인지에 대한 여부는 규정된 절차와 법칙이 없고 당사자들의 설득과 권유에 따라 이루어진다.

- *자신의 상황을 검토한다.* 법적 투쟁에서 승산이 있는지? 혹시 사무소가 법적 소송에 휘말리어서 불리한 상황으로 갈 수도 있다. 그렇지 않다면 화해가 최선책이 될 것이다.
- *화해 조정자를 평가한다.* 화해 조정자에 대한 공식적, 법적 기준과 자격조건이 있는 것은 아니다. 초보자도 가능하다. 화해에 들어가기 전에 화해 조정자의 자질을 평가하여야 한다. 그들의 역할과 훈련정도, 경험 등이 중요하다.
- *화해 시작 전에 자신의 입장을 결정한다.* 비공식적인 화해조정이 시작되면 사무소 측은 화해 범위와 절차를 숙지하여야 한다. 최선책과 최악의 경우를 미리 상상해보고 가장 이득이 되는 방향으로 화해할 수 있도록 마음의 결정을 내려야 한다.
- *화해 당사자들이 결정권을 가지게 된다.* 모든 관련자들은 조정을 하기 위해 한자리에 모이게 된다. 능숙한 화해 조정자는 화해 조항과 정보들을 신뢰가 갈 수 있도록 이끈다. 화해 과정이 진행되면 조정을 위하여 제3의 선택사항들을 제시하기도 하며 신속한 타협을 유도하기도 한다.

참 • 고 • 자 • 료 *Backgrounder*

중재

Howard G. Goldberg. Esq.

왜 중재인가? 그 이유는 소송보다 중재는 보다 빠르고 저렴하기 때문이다. 만일 당사자와 그들의 변호사들이 적절한 태도를 가지고 일을 진행하고 중재가 고소가 아닌 것을 인식한다면, 중재가 고소보다 더 빠르고 비용이 적게 들도록 계획되기 때문에, 그것은 보통 목표를 이룰 것이다.

소송 외에 분쟁을 해결하는 가장 평범한 방법들 중의 하나는 중재이다. 실제 상용의 중재는 한 세기 동안, 수송 산업들 같은 산업들에서 분쟁 해결의 주요한 방법이었다. 그것은 20세기의 초기에 산업을 건설에서 사용되었다.

중재는 적어도 두 사람의 관계자들 사이에서 모든 것을 해결하기 위해 당사자들에 의해 권한을 부여받은 중립적이고 공정한 사람 또는 배심원들에게서 중재를 위한 일과 질문들을 포함하는 논쟁의 제안서를 필요로 한다. 해결책은 한 당사자로부터 다른 당사자로 또는 직접적으로 한쪽 당사자로 금융상의 형태로 이거나 특별한 움직임을 삼가도록 지시하고 있는 명령이 있을지도 모른다. 매우 제한된 예외들로, 중재인 또는 중재 당사자는 복종의 범위 내에서 모든 문제들에 관해서 당사자들을 구속하고 있다.

중재는 정부의 사법부로부터 떨어져서 전적으로 분쟁 해결 시스템이다. 일반적으로 법정은 중재 처리를 방해할 수 없다. 그러나 이전에 계약했던 집단 당사자들은 분쟁의 해결책을 법적차원의 절차보다는 중재에 의해 해결되기를 요구한다. 그것은 그들에게 법정에 들어서는 판사와 같은 효과를 주는 것에 의해 중재 효과를 발휘할 수 있다. 중재인의 일부 또는 중재인이 중재를 하는 합의에 의해 관여하지 않는 문제에 정식으로 결론을 내렸던 때에 관한 사기 또는 국부성 같은, 그것은 칠 수 있거나, 매우 제한된 지면들에만 상을 수정할 수 있다.

이러한 너무 제한된 상황들 이외의 안에서, 어느 쪽 당사자도 법정에 반대의 중재 상을 상소하는 권리를 가지지 않는다. 이와 같이 중재는 일반적으로 묶여 있고, 최종적이다. 만일 재판의 처리에의 호소들이 허락되면, 중재는 고소에 준비 이외의 아무것도 아니게 될 것이다.

중재가 재판의 처리의 밖에서 일어나는 대신, 조직들은 그것을 관리하기 위해 만들어졌다. 그러한 조직은 미국중재협회(AAA)이다. 개인의, 비영리의 조직이 미국 건축가 협회를 포함하는 여러 가지 건설 산업 모임들에 의해 양도하게 된다. 만일 그들이 상호간에 선택을 하면, 당사자들은 AAA와 선택되는 그들 자신의 중재인들 같은 조직 또는 중재인들 위원회의 수속을 무시할 수 있고, 그들 자신의 소송절차를 배열할 수 있다. 사실, 법령이 적용되는 많은 상태들에서 중재에서 사용되는 절차와 중재자의 선택을 운영하는 중재운동정부기구가 중재 시 사용되고 있다.

많은 경우, 계약에의 당사자들은 계약에 관해서 중재 가능한 장래의 논쟁들을 받는 것에 동의했다. 중재를 사용하기 위해 계약에 동의했고, 한쪽의 당사자는 고소가 바람직할 것이라고 나중에 일방적으로 정할 수는 없다. 한편, 당사자들은 계약적 의무감으로 해야 할 일이 없을지라도 중재에 의해 그들의 논쟁을 해결하기 위해 선출할지도 모른다. 중재를 관리하기 위해 AAA 같은 조직을 사용한다는 것의 이점은 특정의 규칙들이 처리를 결정하는 것이다. 단점은 배당을 위해 자주 제출하는 중재인에 의해 당사자들에 의해 생겨나는 파일에 넣고 있고 업무적인 느낌이 든다는 것이다.

중재가 논쟁 결정의 방법으로 선택되었을 때 당사자들은 중재를 위해 공동으로 또는 개별적으로 의뢰를 준비할 수 있다. 의뢰는 논쟁의 특성과 범위를 개설한다. 당사자들이 이전의 논쟁들에 중재를 하는 것에 동의했을 때 AAA에 적합하다면 당사자들은 다른 당사자들과 요구안을 보내는 것에 의해 중재를 요구할지도 모른다. 어떤 특정의 형식 또는 형식적인 언어도 의뢰 또는 중재의 수요를 위해 필요하지 않다.

AAA 형식. AAA는 중재의 관리를 위해 논쟁에서의 비용 총계에 의거한 3개의 다른 형식을 채용했다.

- *조기 착공(fast track).* 50,000달러 이내의 요청은 별도로 관리된다. 일반적으로 그들은 AAA에 의해 지명하게 되는 한 중재인에 의해 60일 내에서 충분히 해결된다. 일일공판은(서류정리의 30일 이내) 대개 허락된다. 당사자들이 쓰인 재료들만의 의뢰에 동의하지 않는다면 말이다.
- *규칙적인 착공(regular track).* 50,000달러 이상 $1,00,000 이내의 의뢰들은 아래로 개설되는 것처럼 취급된다.
- *크고 복잡한 경우의 착공(large, complex case track).* 드문 방식으로 복잡하거나 1,000,000달러 이상의 의뢰를 하는 당사자들에 의해 분류된 요구들은 Complex Case Procedures에서 취급한다. 그들은 규칙적인 착공에서와 같이 매우 비슷하게 취급된다. 항상 훈련이 잘 되어 있는 중립자의 개개의 리스트로부터의 3명의 중재인이 선택된다는 것을 제외하고는 말이다. 증언의 획득을 포함하는 중재인의 사리 분별, 발표가 허락된다. 그리고 다소 더 많은 격식은 전형적이다.

중재인들의 선택(selection of arbitrators). 두 가지 방법들은 일반적으로 중재인들을 선택하기 위해 사용된다. AAA가 규칙적이거나 복잡한 경우의 규칙들로 중재를 관리한다면 복종 또는 요구와 응답을 받는 것으로 건설 산업의 경험이 있는 중재인들의 이름과 짧은 일대기적 스케치들의 리스트를 당사자들에게 지급할 것이다. 그러면 당사자들은 남아있는 사람들의 우선권에 관해서 항의하고 번호를 매기는 그 사람들에게 맞선다. AAA는 중재인들로서 셋 또는 한 사람(요구되는 문제들이나 그 양의 복잡성에 의존하는)의 남겨진 이름들로부터 결정된 자와 선택된 자들의 리스트를 비교한다. 서로 마음에 드는 이름들이 없으면,AAA는 중재인 또는 위원회를 지정할 것이다. 당사자는 소송(즉 그 사람을 믿기 위한 몇 가지 이유는 공정하지 않을 수도 있다.)만을 위해 AAA에 의해 선택된 중재인을 해임할 수 있다. 또 다른 방식에서, Uniform Arbitration 법의 아래, 당사자들은 각각 독립적으로 한 사람의 중재인들을 선택한다. 그러고나서 두 사람의 중재인들 중에서 공동으로 제3자를 선택한다. 어떤 과정에서도, 중재인 중 그 어느 누구도 변호사이거나 법적인 학습 또는 재판의 경험이 필요하지 않다.

공판의 일정(schedule of hearings). 잠재적인 중재인들의 이름들과 함께 AAA는 일정표를 배포한다. 일반적으로 요청된 날로부터 2개월에서 5개월까지로 결정된다. 그러고 나서 당사자들은 그들, 그들의 상담자 또는 중요한 목격자들이 이용할 수 없는 날짜들을 결정한다. 중재인은 첫 번째 공판의 일정을 잡는다.

선 공판 활동(prehearing activity). 소송과 달라서 공판전 기간은 질문서(적힌 질문들에 대한 대답)의 교환과 목격자 그리고 잠재적 목격자들의 증언 획득(선서된 증언)으로 가득 메워진다. 중재에 형식적인 발표 과정이 없다. 종종 요구에 의해 중재인들은 당사자들이 공판에서 증거물이나 목격자라 부르는 사람들을 소개하는 문서들의 발표를 요구하거나 문서를 교환하도록 한다.

발표의 부족은 과정의 비용과 기간을 줄이려는 것이지만 때때로 공판에서 놀라움을 야기한다. 불시의 증언이 일어날 때 중재인들은 빈번히 다른 당사자에게 응답할 시간을 준다. 여러 가지 경우에서 허가된 발표보다 더 큰 범위는 일반적으로 용납된다.

공판(hearing). 중재 과정은 중재인에 의해 완전하게 제어되고 지휘된다. 공판은 정식 절차가 없지만 재판과 같이 진행된다. 분위험은 조용하고 위엄 있지만 편하다. 일반적으로 각 측은 공판 시작 시 주장과 증거를 설명하는 공술을 한다. 첫 번째로 원고의 목격자를 두 번째로 피고의 목격자를 부른다. 목격자들은 증명하고, 반대 심문을 받는다. 각 목격자가 증명할 때 문서들과 그림들, 규정들, 모델들과 메모 같은 다른 종류들의 증거물들이 소개된다. 당사자가 어떤 증거에 반대할지도 모르지만 법정에 의해 적용된 증거의 규칙들은 적용하지 않는다. 공판은 몇 시간에서 몇 달까지 계속될 수 있다. 수반된 논쟁의 복잡성과 자금의 양에 의존한다.

당사자는 상담에 의해 표현되었고 되고 있다. 그러나 표현은 필요하지 않다. 통상 논쟁에서 결정이 당사자에게 중요하다면 그것은 법정 공판의 수많은 특성들(증거, 반대 신문, 계약 또는 법적인 문서, 그 외의 해석에 대한 의논의 프레젠테이션)이 적용된 이래로 상담에 의해 표현되기로 결정할 것이다.

종종 증언은 구두나 쓰인 폐쇄 성명으로 끝난다. 이 최종적인 의논들에서 각 당사자는 입장을 다시 한번 말할 수 있고 증거가 입장을 지지하는 이유나 방법을 설명할 수 있다. 그러고나서 공판은 끝이 난다.

배상(award). 중재인 또는 중재 배심원은 증언을 재조사 하고 분석하고 저울질한후 배상을 언급한다. 만일 AAA가 사용되면, 배상은 공판의 완료 후 30일 이내에 처리되어야 한다. 배상은 일반적으로 당사자가 당면한 문제들 각각에 상응하는 것으로 보상하는 것으로 간단하다. 그들의 계약 또는 의뢰에서, 당사자들은 중재인이 결정에 대한 설명이 요구되는 배상에 대해 언급하지 않는다면 일반적으로 어떠한 설명도 주어지지 않는다. 중재인들은 어떤 의미에서는 당사자들의 사이에서 똑같이 중재 비용을 과세하는 권리를 가진다. 그들은 또한 법적인 비용을 줄지도 모른다.

결정은 문서로 제출되고 최종적으로 체결된다. 만일 당사자가 중재인의 배상에 따르지 않는다면 다른 당사자는 배상을 실시하고 있는 법원 명령을 신청할지도 모른다.

Howard G.Goldberg는 Goldberg, Pike&Besche, P.C. 법률 회사의 사장이다. 그는 American Institute of Architects의 명예 회원이고, AIA Contract Documents Committee에의 법적인 상담인이다.

참•고•자•료 *Backgrounder*

소송

현재 AIA 계약 문서들 아래에서 계약에의 당사자들은 중재와 중재의 양자택일의 논쟁 결정 과정들을 사용하는 것에 동의한다. 이러한 준비들은 시간을 줄이기 위해 소비적이고 복잡하고 주로 값비싼 소송을 포함하는 기회를 제공한다. 처리를 방해하는 AIA 계약 문서들의 수정이 없다면 대부분의 건설 논쟁들의 실제 고소를 피하는 동안 당사자들은 그들의 계획들을 완료할 수 있어야 한다.

그러나 소송의 위협은 전문가 생명의 주요한 요인이다. 고소되는 건축가는 전문직의 기술들과 개인의 성실성을 향한 공격으로 인식되는 것에 의해 충격을 받는다. 민사 소송의 비용과 악화를 최소로 하기 위해 건축가들은 미국의 시민의 정의 시스템과 그들의 권리들을 이해할 필요가 있다.

시스템을 이해하는 것

상대방에 대해 민사 소송을 받는 대부분의 건축가들은 만일 그들이 고소 처리동안 무엇을 기대해야 하느냐에 관해 알았더라면 그들이 더 걱정스럽다고 느끼지 않고 있었을 텐데라고 말한다. 전형적인 민사 소송에서 문제들의 연속으로 퍼뜨림으로써 당신은 활동의 혼란을 야기하는 소용돌이에 휘말리고 있다는 감각을 줄일 수 있다. 제어의 더 커다란 당신의 감각 더 적은 소송의 압박은 전문적인 그리고 사적인 생활에서 당신의 능력에 영향을 끼칠 것이다. 게다가 법적인 처리의 논리를 이해하는 것은 당신을 더 훌륭한 증인이 되게 할 것이다. 시민의 소송 과정들은 사법권이나 당신의 변호사와 같은 개인 계약의 대리인으로 인해 다양해진다. 시민의 소송 과정들은 사법권이나 당신의 변호사와 같은 개인 계약의 대리인으로 인해 다양해진다.

공식적인 과정

비록 이것이 특별히 전문적인 부주의에 의해 나타날 수 있는 클레임의 첫 번째 지시일지라도, 공식적인 소환과 고소장의 도착은 소송에서 건축가의 형식적인 관여의 시작을 나타낸다. 고소장이 보내어지기 전에 고소를 할지도 모른다는 경고 표시들이 자주 있다. AIA의 위탁된 프로그램과 같은 어떤 전문책임보험 프로그램들은 초기 조사와 논쟁들의 빠른 해답을 통해 소송에서 벗어나려는 공판을 한다. 확실히 당신은 논쟁이 예상될 때, 당신의 전문책임보험의 통지 필요조건들과 클레임 보조 프로그램에 대한 보험 정책을 체크해야 한다.

소환과 고소장을 받았을 때, 대개 20일에서 30일 사이에 응답을 해야 한다. 고소장이 단순히 증명되지 않은 진술들까지 무엇을 얘기하는지 잊지 말아야 한다. 그것이 공식적인 것이라고 해서, 법적 문서가 그것의 진술을 사실로 만들지는 않는다. 다음의 것들을 새겨두어라.

- 그것은 악행의 증거가 아니라 단지 고소장일 뿐이다.
- 그것은 오해 또는 무분별한 예상들의 결과일지도 모른다.
- 고소장의 단어는 법적인 용어와 선례에 기반을 두고 있다.
- 요소들을 반영하는 호되고 비난어린 어조는 태만 또는 계약의 위반을 증명하기 위해 쓰여져야만 한다.
- 변호사는 후에 새로운 증거로 뒷받침될 변호의 근간을 준비할 기회를 마련하기 위해서 근거 없는 클레임에 대해 진술할 것이다.
- 억양, 단어 선택과 진술들의 수가 원고 측 변호인의 빠른 해결을 위한 시도를 반영할 것이다.
- 그것은 난처한 것일 수도 있다–가치 없는 클레임은 원고 혹은 원고 측 변호인이 돈을 얻어내기 위한 시도보다 더 시시한 것이다.

분쟁의 해결을 위한 행동

당신이 정식으로 고소를 당하게 되면, 당신이 처음 할 일은 당신의 법률가 또는 당신의 전문직의 책임보험업자에 연락하는 것이다. 만일 아직 당신의 보험업자에 공식적인 클레임을 일으킬 수 있는 상황을 알리지 않고 있었다면, 지금이 그것을 할 시간이다. 전문책임보험 회사의 진짜 가치는 당신의 편에 설수 있는 지식과 경험 풍부한 클레임 전문가들과 변호사들이다. 당신의 보험업자 또는 법률가는 당신에게 다음을 하도록 부탁할지도 모른다.

- 모든 오피스노트를 비롯한 고객기록들, 프로젝트에 관한 서신, 다른 프로젝트기록들, 서비스 제공에 대한 영수증과 같은 재정 기록을 모아줄 것
- 기록들이 바뀌거나, 파괴되지 않게 보존할 것
- 소송에 관련된 개개의 파일을 수립할 것
- 가능한 한 빨리 당신의 법적인 상담을 할 것. 대부분의 보험 증권들은 보험업자들에게 할당될 수 있는 경험 있는 변호사와의 상담을 선택하는 권리를 준다. 그러나 기억할 것은, 변호사는 보험 회사가 아닌 당신의 이익을 지킬 수 있는 도덕적, 법적인 경계라는 것이다.
- 변호사에게 그 정보가 당신의 경우에 도움이 될지 피해가 될지에 관계없이 클레임으로 이끌고 간 사건이나 상황에 대하여 당신이 알고, 느끼고, 믿고 있는 모든 것을 제공할 것. 이 정보로 당신의 변호사는 적당한 조언과 방어를 제공할 수 있다.
- 당신의 가족, 보험 대표자와 변호사 이외의 누군가와 논의하는 것을 삼갈 것

과정의 요소들을 인정하기

어떤 클레임은 건축가들에 대한 공판으로 그치고 만다. AIA의 추천 프로그램인 CNA/Schinnerer 프로그램에 의하면 모든 클레임의 3퍼센트 미만만이 실제로 소송에 이른다. 미국 법체계는 요구된 서류처리비용을 지불하는 한 누군가가 민사 소송을 일으키는 것을 허락한다. 그러나 아주 적은 소송만이 소송을 위한 비용과 복잡함을 참아낼 만한 명문화된 사실의 논쟁과 반대자의 집중을 가지고 있다. 그러나 당신이 그 공판으로 향하듯이, 아래의 요소들을 이해해야 한다.

발견(discovery). 이것은 민사 소송의 각 관계자가 그들의 케이스를 보조하거나, 방어하기 위한 정보를 모으는 기간이다. 그것은 소환장과 고소장의 영수 후 바로 시작되고, 공판까지 이어진다. 발견은 양측의 변호사들에게 사실, 각 부분의 의견, 전문가들의 의견과 존재와 관계가 있는 문서들의 내용에 대한 조사를 허가한다.

발견은 종종 의문들(작성된 것과 선서에 의해 답해야 하는 정반대의 부분에게 제출된 질문들의 세트를 작성한다)과 생산 요청(케이스와 관계가 있는 문서 혹은 다른 실체적 증거에 대한 요구)을 포함한다.

증언(deposition). 이것은, 스스로 그리고 선서하에, 요구된 증인이 민사 소송에 관계가 있는 질문들에 답하는 공식적인 진행이다. 증언은 2개의 목적을 갖는다. 그것은 소송의 부분들이 공판 준비의 도움이 될 정보를 얻기 위해서이고, 공판에서 그들의 진술서의 내용과 다른 증언을 할 것으로 의심되는, 얼어버린 증인('freeze' deponent)의 증언을 돕는다.

증언은 또한 발견의 과정에서 얻지 못한 유효한 증거를 모으는 다른 방법으로도 유용하다. 그것은 파티들에게 증거와 진술서들의 정확성을 검사할 기회를 준다. 신빙성, 지식, 목격자의 태도, 그리고 추가의 목격자들, 피고들 또는 전문가들의 신원을 확인할 기회를 준다. 선서하에 주어지는 구두 진술의 기록처럼, 증언은 자주 배심원단에 읽게 될 수 있고, 살아 있는 증거와 같은 무게를 가질 수 있다.

피고로서, 당신은 모든 증언들에 출석할 권리를 가진다. 비록 증언들이 감정적, 물리적인 요구일 수도 있지만(그리고 시간 소모적인).

그들이 당신이 유리한 결론 쪽으로 고소를 움직이기 위해. 당신의 증언은 준비와 실행을 필요로 한다. 더욱이, 또 다른 부분의 증언에 당신이 단지 출석함으로써 조장된 진실한 반응을 얻고 전문적인 증인에 의한 어떤 치명적인 의견이 부드러워질 수도 있다.

참고인의 선택은 발견 과정의 매우 중요한 방향이다. 전문적인 증인은 전문적인 디자인의 요구사항에 대한 표준에 근거한 정보화된 의견을 제시한다. 전문 증언은 배심원단이 건축가가 실행해야 했던 방법에 관해 주관적인 결정을 하는 것보다는 이유 있는 객관적인 결정과 같은 신뢰할 수 있는 것을 제공한다.

전문적인 증언은 배심원단이 건축가가 실행해야 했던 방법에 관해 주관적인 결정을 하는 것을 허락하기보다는 오히려 논리적으로 신뢰할 수 있는, 객관적인 결심을 제공한다.

게다가, 디자인 전문가들은 법률의 장점의 증명서로부터 이익을 얻을지도 모른다.

이것은 전문가의 의견 안에서, 가능성이 존재한다고 진술하고 있는 진술서를 위해 법령의 필요한 조건이고 요구되는 상대는 논리상으로 해로움에 대해 책임이 있을 수 있었다. 어떤 국가들은 그런 증명서가 어리석은 민사 소송들을 피하기 위해 불평을 수반하는 것을 필요로 한다. 요컨대, 장점의 증명서는 참고인 증언의 빠른 형태이다. 몇몇의 계약들은 심지어, 법령의 필요조건들에 관계없이, 파티들의 사이에서 요구를 일으키는 것에 이것에게 조건절을 만들어 준다.

판결 이전의 행동에 의한 해결

판결 이전의 어떤 시간이라도, 시도들은 원고, 피고 또는 법정의 운동에 의해 민사 소송을 해결하게 될 수 있다. 만일 경우를 지탱하는 전문 증언이 불충분하면 이 운동들은 원고에 의해 자발적인 해산의 형태가 될지도 모른다.

원칙으로서, 정당화되지 않은 요구가 전부 겨루게 되어야 하는 동안, 많은 위험이 배심원단 또는 판사의 판결을 찾는다. 것에 있는 것은 명백하게 될지도 모른다. 화해는 예측할 수 없는 손실의 분량을 정할지도 모르고, 더 많은 시간의 지출을 피할지도 모르고, 요구의 감정적인 소동을 줄일지도 모른다. 만일 당신의 변호사가 화해를 추천하면, 해치게 되지 마라. 그리고 철저하게 생각을 해고해라. 그런 추천의 이유들은 다음을 포함할지도 모른다.

- 당신의 변호사는 부족한 문서 조사 또는 당신의 호의의 증거 또는 목격자들의 부족 때문에 방어할 수 없다고 느낄지 모른다.
- 당신의 변호사는 당신이 강한 목격자가 아닐 것이라고 느낄지도 모른다.
- 당신의 변호사는 당신의 태만 또는 결점의 약간의 정도가 증명할 수 있다고 생각할지도 모른다.

재판(the trial)

만일 재판까지 가면, 배심원단이 경우를 듣기 위해 명부에 기록하게 될 것이다.

재판의 과정들은 공정히 표준이고, 다음을 포함한다.

- *배심원단 선택.* 공정한 배심원들을 선택은 다양하다. 그러나 보통 두 상대방들은 도전들에 관해 잠재적인 배심원들을 거절하는 권리를 가진다.

- *의장의 원고의 경우의 프레젠테이션.* 원고는 피고에 반대하여 요구하기 위해 증거를 제출한다. 구두의 항의, 기록한 것과 원고를 지탱하고 있는 증거의 이 프레젠테이션은 변호에 의해 목격자들의 반대 신문의 권리를 포함한다.
- *지도되었던 판결에 대한 동요.* 피고는 재판관에게 법적인 표준들을 만나도록 지시하는 것에 의한 처리를 단축시키려고 한다.
- *의장에 있어서 피고의 경우의 프레젠테이션.* 피고는 원고의 진술들을 논박하는 기회가 주어진다. 원고의 변호사는 방어에 유리하다. 증인들에게 반대 심문할지도 모른다.
- *의논들을 끝내는 것.* 두 상대방들은 그들의 경우를 요약한다. 피고에 대한 의논을 끝낸 후에, 원고의 변호사는 변호가 그때 반증을 할 수 있는 반박 증거를 제출하는 것이 허락될지도 모른다.
- *배심원단 숙고.* 배심원단은 사실의 기초를 논의하고, 재판관의 것과 일치해 그 결정을 하기 위해 퇴장한다.
- *평결로 돌아오다.* 배심원단 평결이 내려질 때, 재판관은 배심원단의 조사 결과와 함께 판단을 서명한다. 만일 평결이 상소되면, 법정은 법적인 문제들과 당신의 어쩔 수 없는 관계가 최소라고 결정할 뿐일 수 있다.

준비하라

전문직의 책임 민사소송 또는 다른 어떤 고소도 좌절될 수 있다. 과정을 예측할 수 있을 수 있다고 인정해라. 이것을 받아들이면 예측할 수 없는 감소의 긍정적 활동을 잡을 수 있을 것이다. 다음을 기억하라.

- 그 과정에 익숙해 져라. 당신의 변호사와의 논의를 통해 배울 수 있다.
- 당신의 노력에 관해 증명할 수 있는 참고인들과 당신의 변호사 포함하는 당신의 전문가들을 선택하는 것에 참가해라.
- 당신 자신이 법체계에 압도되지 마라. 당신은 활발히 방어에 관계하고 있어야 하다.

고소의 처리가 비쌀 수 있는 걸 깨달아라. 전문직의 책임보험의 이익은 관리자들이 당신의 재정적인 영향들을 관리하고, 최소로 하는 것을 돕기 위해 제공할 것이다. 당신이 고소에 관한 소식통의 결정들을 할 각오가 되어 있을 수 있게, 그들은 또한 비용을 얘기하는 것을 도울 수 있다.

Katherine Enos는 빅터 O.Schinnerer & Company, Inc.를 위해 위기 관리 상담자로서 법률에서의 건축상의 실행 경험과 훈련을 결합한다. 또한 Schinnerer의 AE Legal Reporter의 편집을 주간한다.

기술과 정보시스템

12.1 건축 실무에서의 컴퓨터 기술

Michael Tardif, Assoc. AIA

컴퓨터는 컴퓨터를 다루는 건축가들에게 더 큰 효과와 효율로 일상적인 작업을 수행할 수 있도록 하는 강력한 도구이다. 새로운 디지털 기술도 건축가들의 실행의 영역을 확장할 수 있게 한다.

건축에서 컴퓨터 기술의 미래

건설 산업 분야에서 컴퓨터 기술은 끊임없이 발전하고 있다. 정상에 머물러 있고자 하는 건축가들은 수직적 통합, 상호호환기능, aecXML 그리고 CAD 표준의 발전을 포함하여 더욱 적합해진 개선사항과 일반적으로 통용되는 표준에 관심이 있을 것이다.

수직적 통합(vertical Integration). 이전의 수동 작업의 자동화를 위해 구상된 컴퓨터 기반의 도구들은 심지어 계획, 프로젝트 관리, 커뮤니케이션, 재정 관리, 계약 문서 준비, 시방서 작성, 입찰, 건설 계약 관리, 그래픽 디자인, 출판과 마케팅을 위해 작은 건축 회사들에서 보편적으로 사용된다. 이런 종류의 컴퓨터 소프트웨어는 별개의 작업으로 실행된다. 그러나 그런 기술의 급증은 수직적 통합이라는 흥미로운 생각을 가져왔다.

수직적으로 통합된 응용기술들은 자료의 반복적인 재진입을 제거하고, 자료가 다른 것을 위해 사용되는 하나의 목적을 위해 진입하게 함으로써 연속적으로 자료를 공유한다.

수직적 통합은 건축가들에게 그들의 사업과 디자인 처리들을 재고하고, 재설계하도록 한다. 예를 들면, 계획 관리 적용(그것은 계획을 완료하는 데 필요한 시간을 예측

미셸 타디프(Michael Tardif)는 AIA 기술 실무 조정센터의 위원장이다.

하기 위해 구상된다)은 재정적인 관리 적용으로 직접 자료들을 공급할 수 있다. 그것은 계획 예산을 생산하는 것이다. 정확히 연결된다면, 계획 시간 라인에서의 변화는 자동적으로 계획 예산과 그 역할을 최신의 것으로 바꿀 것이다.

호환성 기능(interoperability). 수직적 통합의 이익은 심지어 컴퓨터 초보자들에게서 잘 나타난다. 초보자들은 상식적으로 컴퓨터 시스템에 기대하고 있다. 수직적 통합이 실현되기 위해, 새로운 기술적인 돌파구가 필요하다. 1개의 소프트웨어 응용으로부터 또 다른 것으로 끊임없이 그리고 예상할 수 있는 전자 정보를 교환하는 능력인 상호교환기능은 이러한 돌파구이다. 건축학적 응용들에서 상호교환기능을 이루기 위해 산업 전반에 걸쳐 몇 개의 노력들이 진행 중이다. 제3의 사용자들을 위한 명명법 기준들의 발전에 관해 언급하는 동안 전자 자료 형식들의 표준 문제에 관해 언급한다. 첫 번째 포괄적인 빌딩 정보 모델의 발전과 www를 넘어선 빌딩디자인의 변화를 지지하는 조직과 분류 시스템 발전의 2가지의 노력들은 컴퓨터 정보기술 호환을 위한 국제 협력 기구(The International Alliance for Interoperability(IAI))의 원조들 아래에서 진행되고 있다. 미국 국립 CAD 기준(National CAD Standard)에서 발표한 3번째 노력은 국립건설과학회(the National Institute of Building Sciences(NIBS))에 의해 주도된 공동의 노력이다.

IAI는 Industry Foundation Classes(IFCs)로 알려진 집합적으로 포괄적인 빌딩 정보 모델의 열린 전자 자료 형식을 개발했다. IFCs는 건물 기능의 모든 생각할 수 있는 속성들을 정의할 작정이다. IFC에 적합한 한 소프트웨어 응용프로그램은 신뢰할 수 있도록 다른 것과 마찬가지로 IFC-상호 교환성으로 빌딩 정보 모델의 모든 또는 부분을 옮길 수 있다. 건축가들은 일반적으로 자료들을 하나의 CAD 응용으로부터 다른 것으로 옮길 수 있다는 관점에서 생각한다. 반면에 IFC 적합성은 모든 건물-디자인 관련되는 적용들—CAD, 규정, 견적서를 만들고 있는 건설비용, 에너지 분석, 실행, 계획관리, 재정적인 관리와 재능 관리 적용들을 달성하기 위해 디자인되고 의도된다. IAI의 임무와 IFCs의 목적은 건물 기능의 수명주기 동안 전자 빌딩 디자인 자료들의 자유로운 교환과 보존을 지지하는 것이다.

aecXML. IAI는 또한 eXtensible Markup Language의 약어인 XML의 AEC 산업 부분 집합인 aecXML의 발전의 선두에 서 있다. XML는 웹 위에 전자 상거래를 위해 자료들의 교환을 지원하는 the World Wide Web Consortium(W3C)에 의해 발표된 표준이다. 웹에 관한 정보는 일반적으로 HyperText Markup Language(HTML)로 제출받는다. 예를 들면, HTML는 단순히 Times New Roman 폰트, 빨강, 14포인트, 굵은 글씨로 웹 브라우저에 웹 페이지의 본문을 표시하는 방법을 명령하는 형식의 표준이다. HTML는 제출받는 자료들을 분류하거나, 조직하는 것이 가능하지 않다. 이와 같이 웹을 위해 디자인된 검색 도구들은 문자열이 주어진 검색 표준에 맞는지 그렇지 않은지를 결정하기 위해 HTML 문서의 모든 단어(문자열)를 조사해야 한다. 이것은 심지어 가장 단순한 검색들을 위해 부족한 결과들을 낳는 계산적인 집약적 처리방식이다.

XML 안에서 자료들은 태그를 붙이거나, 분류된다. 많은 길라잡이 책들이 도서목록에 분류되어 있다. 이것은 XML 검색 엔진들이 빠르고 정확하게 큰 데이터 세트들의 매우 정확한 검색을 실행케 한다. 실제로, XML는 월드 와이드 웹에서 듀이의 수학적 분류이다. 그러므로 aecXML는 건축학, 공학과 건설 산업을 위해 자료들을 정의하는 분류 시스템의 부분 집합이다.

XML과 aecXML가 웹상의 자료를 조직하고 분류하는 동안, 탁상용 컴퓨터 응용에 의해 만들어진 자료들에 비슷하게 태그를 붙이는 것이 가능하다. 그런 응용들에 의해 만들어지는 자료들은 "aecXML-enabled"이 된다는 말이 들린다. 이것은 적용들이 또한 aecXML-enabled 되는 다른 응용들에 의해 받아들여지기 위해 aecXML 형태의 자료들을 내보내도록 한다. 이것이 허용된 웹에 기반을 둔 기술의 부분 집합으로서 존재하는 세계적인, 열린 자료 분류와 조직 시스템이기 때문에 aecXML가 자료 교환을 위한 산업계 표준이 될 것이라는 가능성은 매우 높다.

aecXML는 1개의 중요한 관점에 있어서 IFCs와 다르다: IFCs가 완벽한 전자 빌딩 정보 모델을 옮기기 위해 디자인될 때, aecXML는 좁게 정의되었던 질문들에 응하는 자료들의 개별적인 부분 집합들을 옮기는 것이 가능하다. 예를 들면, 계획 에 관한 하도급 명령은 입찰을 준비할 필요가 있는 정보의 부분 집합을 위해 aecXML을 사용하고 있는 전자 빌딩 파일을 규명할 뿐이어야 한다. 반면, 성공적인 입찰자는 건설이 완공될 때 건물 주인을 위해 건설 목적을 위한 그리고 완벽한 자료 세트를 만들기 위한 전 데이터 세트나 IFC 모델이 필요할지도 모른다. 2개의 기술들은 상호 교환성을 가지고, 공존할 수 있다. 정말로, 건축가들과 관련 디자인 전문가들은 IFC-compatible 그리고 aecXML-enabled을 손에 넣을 수 있는 모든 미래 소프트웨어 응용프로그램(또는 업그레이드)들을 강조함으로써 그들 자신의 최고의 관심에서 행동할 것이다.

CAD 표준(CAD standards). 빌딩 디자인 자료의 표준적인 조직과 분류의 필요성은 여러 가지로 사용자 레벨에까지 영향을 미친다. 전자 자료 분류의 많은 관점들은 사용자 정의가 가능하다. 그리고 자료 교환을 지지하는 공통된 언어는 필수이다.

NIBS는 미국 NCS의 발전에서 산업 조직들의 연합을 이끈다. NCS는 파일명들, 레이어 이름들, 조건들과 생략형들 심벌들 그리고 일관된 형식을 이루기 위한 표기법들 같은 것들을 위한 기준들을 정의한다. 또한 NCS는 인쇄된 출력, 드로잉세트, 드로잉시트 그리고 계획들을 조직하는 방법들을 포함하는 형식을 위한 기준들을 포함한다. AIA CAD Layer Guidelines은 미국 CAD 기준(National CAD Standard)의 중요한 구성요소이다 그것은 CSI의 단일표준도면체계(Uniforms Drawing System)이다.

일괄적으로, Industry Foundation Classes, aecXML와 미국 National CAD Standard는 그들을 만들었던 응용들로부터 전자 빌딩 디자인 자료들을 자유롭게 도울 것이다.

역자주) 본문에 나오는 약어들은 원어 그대로 사용하였다.

이것은 새로운 기술적 환경으로의 문을 열 것이다. 소프트웨어 개발자들은 총 시장 점유율의 퍼센트보다는 자료들을 다루기 위해 만든 도구들의 기초에 경쟁한다. 건축가들과 빌딩 디자인 기술의 소비자들은 IFC-compatible, aecXML-enabled 그리고 Ncs-compliant을 손에 넣는 소프트웨어 또는 업그레이드를 요구함으로써 그 과정에서의 속도를 도와줄 수 있다.

《《《《 추가적인 정보 》》》》

비록 5년간(컴퓨터 기술 세계의 한 시대)이었지만 Ken Sanders의 **The Digital Architect: A Common-Sense Guide to Using Computer Technology in Design Practice**(1995)는 여전히 건축상의 실행에서 기술을 선택하는 것과 그것을 통합하는 데 있어서 많은 가치 있는 정보를 제공한다. 특히, 저자는 윈도우즈, 오토캐드와 같은 일반적으로 사용되는 도구들의 강점과 약점을 논의하고, 디지털 사무실을 관리하는 것에 관한 정보를 제공한다. 온라인, 멀티미디어와 가상현실 자원들 또한 언급된다.

Practice Professional Interest Area(PPIA)의 AIA 테크놀로지는 건축의 실행에서 컴퓨터 기술에 관한 회의, 워크숍과 출판물 등을 제공한다. 다가오는 행사들과 지난 행사들의 보고에 관한 정보를 위해 미국건축가협회 웹사이트 www.aia.org를 확인해보면 도움이 된다.

건축상의 전문직종을 위해 만든 기준들과 최신의 발전에 대한 정보를 얻는 것에 흥미가 있다면 이 최첨단의 모임들의 웹사이트들에 접근할 수 있다 : the International Alliance for Interoperability(www.iai-na.org)와 미국 National CAD Standard(www.nationalcadstandard.org)

12.2 건축 실무에 사용되는 인터넷 서비스

Paul Doherty, AIA, with Michael Tardif, Assoc. AIA

인터넷에 집중시키는 매우 많은 미디어 과대광고로 인하여 몇몇 건축가들은 이 강력한 정보와 커뮤니케이션 도구가 그들의 일을 더 쉽게 할 수다는 것에 대해 당황해 한다. 분명한 것은 인터넷이 정보로의 빠르고 쉬운 접근과 신뢰할 수 있는 커뮤니케이션 네트워크 둘 다 제공한다는 것이다.

현재의 경제 환경에서 살아남기 위해 건축가들은 일정의 변화에 준비되어 있어야 하고 그것에 응답할 준비가 되어 있어야 한다. 건축회사들이 변화에 뒤처지지 않도록 도와줄 수 있는 하나의 강력한 도구는 인터넷이다. 끊임없이 발전하는 가운데, 당신의 요구에 맞추기 위해 여전히 쉽게 구성되고 형성되는 인터넷은 정보 시대의 완전한 전달 수단이다. 그것은 모든 사업들에 도움이 될 수 있는 정보 혁명의 일부이다.

인터넷을 위한 최초의 계획은 건축적 청각 악기들에서 전문적으로 작은 부분에 의해 개발되었다. '*Where Wizard Stay Up Late: The Origins of the Internet*' [저자: Katie Hanford와 Matthew Lyon, 매사추세츠 캠브리지 대학의 공학 기술자 Bolt Baranek와 Newman(BBN)]이라는 책에 의하면, 그 계획을 위해 1960대에 가장 큰 집단 중 몇몇을 능가하였다. 연구원들은 군사의 인원, 연방의 직원들과 계약자들과 그들의 장소 또는 시간대에 관계없이 빨리 정보를 전할 수 있을 수 있게 정부 컴퓨터에 접속하는 수단을 개념적으로 설명하도록 부탁받았다. 냉전의 산물인 인터넷은 핵공격에 견딜 수 있게 고안되었다. 만일 인터넷의 한 지역이 파괴되면, 아직도 일을 하고 있는 다른 지역의 시스템은 정보의 코스를 변경한다.

그들 자신들을 1960연대의 컴퓨터 과학의 전문가들이라고 부르지 않았다. 그러나 광범위하게 유용한 조사 활동들에 관계하고 있는 그것들은 컴퓨터를 접속하고, 그들이 서로 의사소통할 수 있도록 하는 수단을 개발하는 데 몰두해왔다. 이 과학자들의 일부는 음향학 조사에 관계하고 있었다. BBN은 진보된 Research Project Agency (ARPA)에 알려졌던 국민의 제일류의 음향학 과학자들을 고용했다. BBN은 ARPANET를 디자인하고, 건설하기 위해 계약을 하게 된다. 그것은 인터넷으로 나중에 전개되고 BBN는 결국 계획한 것을 끝낸다. 몇 년 동안 ARPANET를 유지했다.

오늘날 인터넷에는 독자적인 생명이 있다. 전 세계 사람들은 온라인의 사용자들과 새로운 수백만회로의 접속을 시도하고 그것은 더 이상 기술적인 엘리트의 영토가 아니다. 정보 자원들과 증가하고 있는 사용상의 편리함으로 정보수집 능력은 빠르게 퍼지고 있다. 인터넷은 일상생활의 중심의 일부가 되었다. 사람들은 관계를 만들어 내

▶ 혼자 건축 실무를 익힐 경우, 인터넷이나 월별 뉴스레터를 이용하여 문제점들을 상호 교류하여 해결책을 찾아낸다.

폴 도허티(Paul Doherty)는 디지트 그룹의 파트너이며 그린웨이 그룹(Greenway Group)의 회사를 운영하고 있으며 건축 실무에서 디지털 기술 응용에 관한 저술활동과 강의를 하고 있다. **미셸 타디프(Michael Tardif)**는 AIA 기술 실무 조정센터의 위원장이다.

고, 사업을 실시하고, 커뮤니케이션의 전통적인 경계들과 개념들을 넘어선 새로운 커뮤니케이션 매체를 실행하고 있다.

많은 회사들은 마케팅 "포트폴리오" 웹사이트를 만들고, 커뮤니케이션을 위해 전자우편을 사용한다. 그리고 회사는 인트라넷을 통하여 내부의 커뮤니케이션을 관리한다. 당신은 심지어 계획 관리를 용이하게 하기 위해 엑스트라넷의 협력적인 환경을 사용하고 있을지도 모른다. 사업 필요성들과 기능들은 기술 결정들을 움직여야 한다. 회사는 3개의 폭넓은 범주에서 인터넷 테크놀로지 전략을 조직할 수 있다: 정보전달, 정보공유와 검색, 그리고 협력이다.

전자우편을 통한 인터넷 커뮤니케이션

20년 전 전자우편을 보내는 설비가 오늘 사업 커뮤니케이션에 있어 불가결한 것으로 간주되고 있다. 전자우편은 인터넷에의 개인적, 직접적 접속이다. 당신은 마우스를 클릭하는 것으로 메시지를 보낼 수 있고, 그림들 또는 다른 문서를 첨부할 수 있고, 지구를 가로질러 또는 도시를 가로질러 즉시로 의사소통할 수 있다.

인터넷은 프로젝트의 소요시간과 여행경비를 최소화시켜 준다. 프로젝트의 정보내용을 건축주에게 손쉽게 전달할 수 있으며 시각적 내용들을 현장에 유용하게 전달한다.

전자우편은 규칙적이다. 전자우편을 통하여 당신은 심지어 잡지와 신문들의 전자우편물을 보낼 수 있다. 전자우편은 규칙적인 메일로서 두 가지 특징이 있다. 우선은 속도이다. 메시지는 짧은 시간 내에 세계 다른 쪽에 도착할 수 있다. 다른 이점은 기초를 숙달하면, 전자우편으로 그래픽, CAD 디자인과 다른 전자 자료의 송수신을 가능하게 한다는 것이다.

전자우편은 전화 통신을 개량하는 이점을 가진다. 사용자의 편의에 따라 메시지를 보고 수취인들은 그들의 편의에 응답한다.

전자우편 통신속도는 순간적인 응답으로 말미암아 무분별한 많은 통신을 하게 만들었다. 즉각적인 정보전달이 가능해지면서 메시지의 분량과 함께 시간을 절약하는 경영전략이 필요하게 되었다.

서두르는 것은 또한 낭비를 초래한다: 너무나 많은 전자우편 메시지가 조급하게 사용된다. 철자가 잘못된 단어를 전자우편으로 보낸다면 그것은 직접적으로 당신의 전문능력에 마이너스가 된다. 철자 수정기능은 대부분의 전자우편에서 이용할 수 있다: 전자우편을 타이핑할 때 모두 대문자로 써서는 안 된다. 인터넷에 적합한 전자우편은 제목과 간단한 메시지를 포함한다. 단어들의 사이에서 서브젝트 행을 유지해라. 50KB 미만으로 첨부 파일의 크기를 제한하는 것은 현명하다. 너무나 긴 메시지로 900KB의 CAD 첨부 파일을 보내는 것은 전자우편의 비능률적인 사용이다.

전자우편을 사용하는 것은 단순하지만, 회사가 전자우편 시스템을 생산하기 전에 과정들과 가이드라인을 결정해야 한다. 인원 가이드라인들은 전화 사용에 관한 회사의 정책과 유사할 수 있다. 개인의 사용, 제한되는 정보 커뮤니케이션들과 다른 윤리적인 문제들에 대한 제한에 대하여 모든 직원들에게 분명히 설명되어야 한다. 직원들은 전자우편 커뮤니케이션의 법적 측면을 이해하기 위해 훈련되어야 한다.

정보 공유화

단순한 인터넷은 전통적인 커뮤니케이션 방식들을 자동화하면서 정보를 공유하는 것이다. 합리적인 비용, 전자 마케팅 안내서 또는 웹사이트로서의 포트폴리오와 같은 것을 만드는 것이 가능하다. 이것은 접촉 리스트에 관한 미래의 의뢰인들의 제한된 수보다 오히려 세계적인 이용자들에 대해서 마케팅과 선전 활동 정보를 만든다. 웹사이트를 클릭하며 제품 제조업자들로부터 최신의 정보를 즉시 찾을 수 있다. 회사를 운영하는 방법을 변화시키기 위하여 기존의 업무처리를 자동화하고 있다.

월드 와이드 웹(the world wide web). 월드 와이드 웹의 개념은 상호 참조 표시를 기재하게 되었던 정보의 투명한 접근이다. 투명도는 사용자들이 비록 그들이 선택을 하는지 알 수 있지만 정보가 어디서, 그들에 어떻게 필요가 있는 것을 의미한다. 웹사이트들을 허락하는 것은 hotlink를 사용하거나, 정보를 되찾는다는 것을 위한 참조 시스템을 하이퍼링크라고 한다. 1개의 정보 자원에서 다른 것까지 옮기기 위해 사용자는 그림(단어)이라도 클릭한다. 이와 같이 '웹'을 만들고, 이 파일이 어느 곳에서도 접근가능한 인터넷으로 연결될 수 있다. 상호 참조 표시를 기재하게 되었던 정보는 유용한 그래픽의 정보에의 웹 브라우저(웹의 언어를 번역하는 인터페이스)로 보일 수 있다. 가장 인기가 있는 2개의 웹브라우저는 AOL/넷스케이프의 Navigator(wwwnetscape.com)와 마이크로소프트의 인터넷 익스플로러(www.microsof-t.com)이다. 웹은 더욱 정교학 빠른 정보로 구성되고, 이 브라우저들을 통하여 처리되는 것이 가능하다. 그것은 사업 정보를 위한 표준이 된다.

브라우저에 접속하고 있을 때, 사용자들은 웹 페이지라고 불리는 것을 본다. 복수의 페이지들은 웹사이트를 이루고, 웹사이트의 첫 번째 페이지는 홈페이지이다. 사용자들에게 정보를 소개하기 때문에 홈페이지는 사이트의 가장 중요한 요소이다. 6개의 측면들이 웹사이트를 개발하고 유지한다: 계획, 내용, 그래픽 디자인, 프로그래밍, 기술 지원(마케팅과 승진), 그리고 지속이다.

인터넷에 관한 제품 제조업체 정보. 건축가는 제품 제조업체의 정보의 위치 결정을 하기 위해 인터넷을 사용할 수 있다. 웹이 복제하는 것은 전자 회로에 제품제조 웹사이트들이다. 제조업체들도 제품들을 지정하고, 구입하는 사람들과 상호 작용한다. 효율적인 수단으로서 그것을 사용한다. 다운로드 제품의 규정과 CAD 상세내용을 게시함으로써 제조업체는 수백만 달러의 인쇄비용을 절약할 수 있고 정보 자원들을 만든다. 비록 제조업체의 웹사이트가 구태의연한 안내서들과 서류뭉치들을 바꾸지 않을 것이지만, 그들은 디자이너들이 가장 정확하고 최신의 정보를 얻는 것을 가능하게 한다.

웹 내용이 포함하는 가장 유용한 제품 제조업체의 실례들은 다음과 같다.

- 복사되고, (형식상 모든 정보를 포함하는) CAD와 이미지 세부들(.dwg, .dxf, .gif)
- 선택된 특정의 제품을 위한 CSI 16-분할 규정들
- 사용자에게 친근한 키워드 검색 인터페이스
- 의뢰인의 프레젠테이션 내에 다운로드하거나 단편 용지들의 위에 복사하고 붙이기 위한 사진들
- 코드와 표준 승낙을 위한 규정 데이터시트들
- 전화번호들과 우편과 전자우편 주소들을 포함하는 연락처
- 지역 대표자들의 빠른 접속

디자인 전문가들과 지시자들이 계획 초기에 제품 정보를 만든다.

인터넷에서 일정한 장소의 많은 제조업체들로부터 정보를 편집하고 합병하기 위한 시도는 제품공급자 웹사이트에서 볼 수 있다. 빌딩 디자인과 건설의 범주에 속하는 주요한 사이트들은 다음과 같다.

- Architects' First Source(www.afsonl.com)
- Sweet's(www.sweets.com)
- Bricsnet.com(www.bricsnet.com)
- ARCAT.com(www.arcat.com)
- Pierpoint(www.pierpoint.com)

각 사이트에는 고유의 장단점이 있다. 그러므로 어느 사이트가 사용자의 필요성과 예상들에 대하여 가장 적합한 것인가를 보기 위해 직접 사이트에 방문하는 것이 좋다.

1996년부터 웹사이트를 운영하는 사무소가 4배로 확대되었다.

기술 집합점(technology convergence). 웹은 형식화되었던 제품 정보를 디자인 문서에 링크하는 것을 쉽게 이해할 수 있도록 한다. 그것은 디지털 밑그림 또는 CAD 디자인이다. 정보 수집은 새로운 합성 문서와 디자인 정보를 만든다. 자료들에 링크하는 능력은 디자인 서비스에 추가될 것이고, 시장에서 경쟁적인 이점을 가져올 것이다.

자료들을 연결할 수 있는 기술과 디자인에서 정보모형 제작의 기술능력이 현재 개발 중이다. 정보는 디자인과 건설 규정 자료들, 건설비용 자료들, 생산을 위한 자료들을 포함하고 있다.

정보의 상호연결은 AEC 산업 소프트웨어 개발자들, 건물 제품 제조업자들, 제품 정보 출판사들, 건물 디자인 전문가들, 계약자들에 의해서 일어나고 있다. 표준화를 위한 노력들은 상호교환성을 위한 국제협력 빌딩 사이언스(National Institute of Building Sciences, NIBS)의 단체에 의하여 이루어지고 있다. AIA와 그 회원들은 활발히 이 노력들에 관계하고 있다. 산업계 표준들을 개발하는 노력들은 상호간에 상호 교환성을 가진다. 그리고 협력과 동등의 높은 수준이 상호교환협약(Alliance for Interoperability, IAI)에 의하여 진행되고 있다. 그것은 AEC 산업에 건물 디자인, 건설과 가동 방법들을 합리화하는 것을 가능하게 할 것이다.

인터넷 검색

인터넷을 조사하는 것은 키워드들을 타이프하고 마우스의 버튼을 두 번 누르는 것처럼 쉽다. 원하는 정보의 유형은 컴퓨터에 전화 회선의 아래에서 흐르게 된다. 인터넷을 검색한다는 것은 어느 도구들을 사용하느냐에 관해 알고 있고 필요로 하는 정보에 대하여 검색 도구들은 인기가 있는 월드 와이드 웹을 포함하는 인터넷의 수천의 정보 지역들과의 즉각의 링크들을 제공한다. 대부분의 검색 기능들은 당신이 단어(단어를 포함하는 가지각색의 웹사이트들과의 공급 링크들)를 입력하는 것이다.

어떤 검색 도구들(색인들 또는 주소 성명록들)은 당신의 주제를 검색할 수 있다. 검색 기능들 같은 다른 도구들은 문서(사이트의 이름이 아니라)의 모든 내용들을 조사할 수 있다. 원하는 것의 위치 결정을 하는 훨씬 명확한 방법은 사용자의 검색 과정에서 드러난다. 일반적으로 검색도구들은 2개의 범주로 분류된다.

- Yahoo!(www.yahoo.com)와 마젤란(www.magellan.com) 같은 색인/주소 성명록들은 특별한 색인들이 등록되어 있는 웹사이트들의 타이틀에 색인을 넣어서 검색한다. 검색은 일반적으로 사용자가 지정했던 주제를 포함하는 사이트들을 나타낼 것이다.
- altavista(www.altavista.com) Excite(www.excite.com), 라이코스(www.lycos.com)와 Infoseek(www. infoseek.com) 같은 검색 엔진들은 비록 그 사이트가 특히 관계가 없다고 해도 당신의 검색 요청에 필적하는 웹사이트의 개개의 페이지들에 문서들을 발견할 것이다. 이것은 인터넷을 조사하는 매우 포괄적인 방법이다. 그러나 만일 어떤 검색 기술들을 배우지 않고 있다면 많은 잡다한 정보 사이트를 거쳐야 한다.

검색하는 가장 쉬운 방법은 검색 엔진 웹사이트와 그 때 긴급의 엔터 위에 형태로 단어 또는 구를 타이프 하는 것이 있다. 질문에 대응하여 검색 결과들은 의미 평가로 조직된다. 질문에 필적하는 사이트들은 리스트의 최상위에서 나타난다. 결과들은 하이퍼링크되었던 형식에서 색인을 붙이게 된다. 정보를 재조사할 수 있고 그 유용성을 점검할 수 있는 곳에 클릭은 당신을 사이트로 이동시킨다. 사용자의 요청은 너무 많은 정보를 가지고 온다. 핵심은 사용자가 필요로 하지 않는 것을 여과하고 빠르게 그리고 정확히 원하는 것을 발견하는 것이다.

"불린(Boolean)"은 검색 형태로 한 단어나 연속적인 단어를 타이핑하는 방법을 말한다. 그래서 검색 결과들이 핵심적으로 모아지게 된다. 실질적으로 이용할 수 있는 모든 웹 검색엔진들에서 발견되는 불린 검색도구들은 더 정밀하게 검색 표준들을 정의하기 위해 구문, 어떤 문자(콤마와 인용부호)와 어떤 단어들(AND, OR 또는 NOT)에 의지한다. 결과로서 생기는 단어들 또는 구문들은 검색어라고 불린다. 전형적인 검색 엔진의 구문을 습득하는 데는 30분도 걸리지 않는다. 이것에 시간을 투자하는 것은 매우 가치 있는 일이다.

인트라넷을 통한 조정

대부분의 컴퓨터가 웹 브라우저 소프트웨어로 발송되기 때문에 당신은 브라우저의 그래픽의 전시와 하이퍼링크(hyperlinking)되어 있는 능력들을 이용하기 위해 적절한 형식으로 정보를 조직하게 된다.

여러 장소에 사무실들을 가진 회사들을 위해 인트라넷들이 쉽게 유지될 하나의 소식통으로부터 정보를 모든 직원들에 배포하는 쉬운 길이 있다. 모든 직원의 컴퓨터가 기업 내 정보 커뮤니케이션망에 접속하고 있다면 1개의 장소와 인터넷 사용뿐만 아니라 심지어 회사들은 인트라넷을 전개할 수 있다. 이 형상 안에서 웹브라우저는 타당한 정보를 위한 네트워크 사용자(리모트한 웹서버들보다)를 조사한다. 이 종류의 인터넷을 실현하기 위해 필요한 모든 것은 단지 사무실에 컴퓨터들이 설치되어야 한다는 것이다.

건축주와 협의하는 방식도 변화될 것이다. 건축가는 전세계 어디에서 건축주에게 건축디자인과 정보물들을 인터넷을 이용하여 전달할 수 있다.

인터넷은 배포와 처리가 수동적으로 정보를 자동화한다. 예를 들면, 온라인 형태는 전형적인 커뮤니케이션을 위해 만들어질 수 있다. 그리고 자료들은 직접 그것을 사용하는 데이터베이스들 또는 활용상태들로 옮겨졌다. 관리될 수 있는 정보의 유형은 인적 자원들, 계획 관리, 시간 관리, 자원 관리, 지식 관리와 직원 훈련 자료들을 포함한다.

인터넷은 정보를 공유하기 위해 직원들에게 제공된다. 인터넷은 경직된 디자인에 더 생산적인 환경을 제공하는 것을 가능하게 할 수 있다. 인터넷은 뉴스, 인적 자원 정책들, 직원 정보, 내부의 작업명들, 게시판들, 직원 주소 명부들, 보도 자료들, 사무실 표준 그리고 계산된 정책들 같은 폭넓은 정보를 배포하기 위해 사용될 수 있다. 디자인 회사들은 제품 견본을 만들고 확장하며 도서관들의 카탈로그를 만들기 위해 중심의 정보 저장고로서 인터넷을 사용한다.

인터넷은 사람들이 그들 자신의 정보 페이지들을 만들 수 있는 친한 환경을 제공한다. 만일 어떤 작업들을 실행하는 양자택일의 길들이 있다면 직원들은 다른 직원들을 위해 시간을 절약하기 위해 해당하는 자원들과의 인터넷 링크들을 제공할 수 있다. 유용한 정보 자원이라면 사업은 웹 내에서 찾아볼 수 있다. 다른 것들이 빨리 그것에 접근할 수 있도록 그것을 발견했던 사람에게 사무실 인터넷 위에 링크를 만들도록 부탁할 수 있다.

모든 인터넷들은 다음과 같은 중요한 구성 요소들을 가진다.

- **컴퓨터 네트워크(a computer network).** 회사에서 모든 사용자들과의 인터넷 접속을 제공하는 사무실의 기업 내 정보 커뮤니케이션망(Local Area Network, LAN)을 사용한다.
- **웹 서버 소프트웨어(web server software).** 마이크로소프트의 Internet Information Server(IIS) 같은 무료 소프트웨어는 회사에서 인터넷 필요성들을 만족시킬 수 있다.
- **출판 소프트웨어(publishing software).** 인터넷에 관한 정보를 출판하기 위해 사람들에게 소프트웨어를 제공하기도 한다.
- **웹 브라우저들(web browsers).** 이 소프트웨어는 인터넷 정보를 위해 표준형식을 만든다. 당신의 탁상용 컴퓨터들과 휴대용 개인용 컴퓨터 위에 프론트 엔드로서 사용되는 웹 브라우저로서 직원들은 모든 하드웨어들과 전체 사무실의 회사 지식에 포인트와 클릭으로 접근을 한다. 넷스케이프의 네비게이터 또는 마이크로소프트의 인터넷 익스플로러의 최신판을 위해 표준화되어야 한다.
- **웹 관리자 소프트웨어(web manager software).** 웹 관리자 소프트웨어는 어떤 인터넷에서도 기본적 요소가 된다. 비록 인터넷이 오늘 작다고 해도 용량에 있어서 확대 가능성이 있다. 이용할 수 있는 웹 관리자 소프트웨어는 오늘 인터넷의 웹 페이지들을 그래픽 포맷에 있어서 대표적 예가 된다. 다시 마이크로소프트의 IIS는 이 목적을 위한 좋은 시작 프로그램이다.

그들이 전례가 없는 강력한 조합을 위하여 정보 접근 가능성을 선도하는 디자인 회사들은 인터넷 기술들을 채용하고 있다. 인터넷은 커뮤니케이션의 주된 수단으로서 웹 브라우저를 사용함으로써 그래픽의 정보는 쉽게 접근하고 직접적으로 사용하기 쉽게 된다.

프로젝트 엑스트라넷을 통한 인터넷 협력 체제

정보를 전하고 조화시키는 능력은 인터넷 테크놀로지와 사용의 성장에 있어서 주요한 요인이었다. 그러나 협력을 통하여 정보를 공유하는 방법을 바꾸는 잠재성은 인터넷의 가장 큰 생산성의 이득이 된다. 인터넷 협력은 당신이 정보의 생산에 관하여 능력을 집중하는 것을 가능하게 한다. 인터넷 협력은 외부의 정보전달들, 하이퍼링크되었던 작업 기록들, 협력적인 작업공간, 공유되는 디자인 팀 지식 기초와 온라인 회의 개최를 가능하게 한다.

엑스트라넷은 개인정보 사이트를 통하여 프로젝트와 관련된 모든 분야의 사람들과 내용을 협의할 수 있다.

계획에 필요한 웹사이트들(때때로 엑스트라넷들이라고 하는)은 건축상의 실행의 인터넷에 관련된다. 디자인과 건설 처리 발전의 디지털 정보는 정보 관리와 계획 제어의 필요성을 불러일으킨다. 엑스트라넷들은 권위를 부여하는 사람들이 안전한 웹사이트에 관한 특정의 계획 정보에 접근하도록 한다. 이것은 기술적으로 들릴지도 모른다. 그러나 엑스트라넷들은 공정이 쓰기 쉽고, 만드는 과정에서 타당성을 조절할 수 있다.

- 계획 팀 구성원들 간에 커뮤니케이션의 잘못들을 줄인다.
- 계획 결정들과 정보의 집약적 지식을 획득한다.
- 급사들, 메신저들, 복사와 청사진들을 위해 비용들을 낮춘다.
- 각 계획과 팀 구성원을 위해 형식을 사용자에 맞춘다.
- 필요로 하는 모든 사람과의 접속을 제공한다.
- 안전을 늘린다.

과반수의 건축사무소들이 웹에 근거한 소프트웨어를 사용하여 정보를 공유하고 전달하며 컨설턴트와 설계 도면을 주고받는다.

엑스트라넷들을 조절하는 건축가들의 대부분은 계획 웹사이트를 관리하는 실재가 계획 정보를 제어하고 그러므로 계획을 제어하는 것이다. 건축가들은 그들 자신의 컴퓨터 시스템들 위에 내부적으로 엑스트라넷 시스템들의 주인 노릇을 하거나, 의뢰인의 엑스트라넷으로 계획 정보를 업로딩하기로 한다.

비록 대형 디자인에 있어서 부가 가치 커뮤니케이션망으로서 움직이는 그들 자신의 엑스트라넷시스템을 구축하지만 대부분의 디자이너들은 내부적으로 그것을 조작하기 위해 이용할 수 있는 기술적이거나, 재정적이거나 인적 자원들을 가지고 있지 않기 때문에 다음과 같은 두 가지 경향들이 나오고 있다. 우선은 엑스트라넷 제품계획과 엑스트라넷 서비스계획의 사용이다. 비용처리 가능한 대부분의 건축주 들은 그들의 계획들을 위해 엑스트라넷들의 주인 노릇을 하고 있다. 항상 구입 가능한 계획들 엑스트라넷들 제품들을 이용할 수 있다. 회사는 설치할 수 있고, 자신의 설비 에 관한 이 소프트웨어를 관리할 수 있고, 그것을 구입할 수 있고, 그것을 인터넷 서비스 제공자(ISP)의 설비 위에 설치해서 받을 수 있다. 후자의 경우, 회사는 ISP에게 회사의 엑스트라넷을 주인 노릇을 하고 관리한다는 것에 대하여 요금을 지불할 것이다.

계획된 엑스트라넷은 어떤 보편적인 구성 요소들을 가진다. 온라인의 문서들(CAD, 규정들, 기타)의 전자"파일 캐비닛"이 만들어 내는 로그들(정보, 개정들, 기타의 요청), 회의 주제를 위한 모의 제목들, 계획 정보(사진들, 보고서들, 기타)와 쓰기 쉬운 주소 성명록들이 있다.

대부분의 계획 엑스트라넷 서비스는 비슷하게 움직인다. 계획에 이름을 짓고 각 계획 팀 구성원의 연락처를 입력하고 정보를 계획의 웹사이트에 업로딩하는 것이 가능한 제한된 주문 제작 대안들이 주어진다. 모든 서비스는 계획 정보의 백업들을 유지한다.

예기되었던 사용자들의 수에 의해 보통 결정되는 비용으로 계획 엑스트라넷 제품들은 허가 기초 위에 구입된다. 계획 엑스트라넷 서비스는 일반적으로 제한된 내부의 IT 직원과 더 작은 회사들을 위해 비용 효과가 좋다. 그들이 다량의 계획들을 위하여 비용을 상환할 수 있고 상당한 내부의 IT 직원과 같은 더 큰 회사들은 프로젝트 비용 효과가 좋은 엑스트라넷 생산물로서 이해한다. 사이트는 계획 엑스트라넷 해결을 선택하기 위해 사용되는 유일의 표준들이 아닐 수 있다.

디자이너가 엑스트라넷을 실현하는 일은 자신의 회사들안에 신속하고 정확한 기술들을 채용하고 있다. 건설 계획들에 관해 사용될 것을 기대한다.

가상 개인 네트워크

VPN는 안전하고 고정된 환경에서 정보를 배포하기 위해 월드 와이드 웹 기술과 소프트웨어를 사용한다. 정보를 보내기 위해 인터넷을 사용한다. VPN는 파트너들, 공급원들, 노동자들, 고객들, 의뢰인들을 포함할 수 있는 당신의 개인의 네트워크에의 유연한 확장이다. VPN는 임무-비판적인 정보의 안전하고 효율적인 전달을 위한 양자택일의 환경을 제공한다. 비용과 시간에 관계하여 그들의 효율 때문에 VPN는 건설 환경에 성공할 것이다. 사용 편리성, 자료 창조, 배포와 관리를 위한 보편적인 공개 표준들, 창조를 위한 도구들, 그리고 자료들의 처리들과 기억을 안전하게 할 필요가 있다.

인터넷을 안전하게 사이트에 연결하는 것에 의해 VPN는 공공의 인터넷을 통하여 안전한 개인의 보호 터널을 만들어 낼 수 있다. 안전 필요성과 예산 제약들을 가진 회사들은 인터넷 터널을 구축하여 안전하게 한다. 터널은 1대의 컴퓨터에서 다른 것까지 또는 1개의 인트라넷에서 다른 것까지 캡슐에 넣어졌던 안전한 길을 만드는 작업이다. Windows NT와 Windows2000 같은 도구들을 통하여 그들 자신의 서비스를 구축하여 왔다. 그들의 VPN 서비스를 하도급하는 것에 의해 회사들은 VPN 기술로서 이 비용들을 줄이고 있다. 계속 늘고 있는 원거리 커뮤니케이션 운반인들과 ISP는 VPN

서비스를 제공하고 있다. PSInet(wwwpsi.net)와 UUnet(wwwuu.net)는 인기가 있는 VPN 서비스 프로바이더들이다.

VPN 기술들은 제로부터 발달했기 보다는 오히려 선택되고 통합하게 되고 넓게 이용할 수 있다. 연결되었던 인트라넷들은 전용 서버를 가진다. 인터넷을 통하여 정보를 송·수신하기 위해 방화벽과 터널링 시스템으로 불린다. VPN는 커뮤니케이션들이 인터넷에 나가는 것을 허락한다. 그러나 VPN의 외측의 누군가 전자우편 같은, 실제로 인터넷에 가까이 갈 필요가 있는 특정의 접속만이 그곳에 갈 수 있다.

새로운 직원들을 위해 정보 보호를 위하여 오리엔테이션과 훈련 계획이 필요하다. 즉시 네트워크 침입들에 관해 언급할 수 있는 비상사태 응답 팀을 만들어야 한다. 직원들에게 위험인물들을 자각시키고 그들에게 침입을 막을 예방 조치를 잡아내며 안전 인식 캠페인을 만들어야 한다.

차세대 유형

정보 시대에서 사용되는 IT 도구들이 건축가들에 의하여 재 정의되고 있다. 건설 관리자들은 정보를 계획한다. 만일 건축가들이 IT를 이해하고 마스터하는 데 실패한다면 디지털 정보의 제어는 다른 것들에 의하여 바뀔 것이다. 그리고 건축가들은 디자인 서비스의 하도급 업무를 담당하는 위치로 전락할 것이다. 인터넷 테크놀로지를 개척하는 것에 의해 건축가는 계획 정보를 접근하기 쉽고 많은 팀 회원들에 이해할 수 있게 할 수 있어야 하고 디자인과 건설 처리의 효율을 개선할 수 있고, 정보 관리자의 전통적인 배역을 유지할 수 있다. 인터넷 테크놀로지는 모든 회사의 전략적 사업 계획의 완전한 일부라고 간주되어야 한다.

건축주들을 대신하고 디지털 건물 정보를 관리하는 능력을 가진 건축가들은 계획과 건축주들에게 가치 있는 서비스를 제공할 수 있을 것이다.

▶ 인터넷은 다윈 이론과 같아서 사용하는 여부에 따라 발전하거나 퇴보하게 된다.

《《《《《 추가적인 정보 》》》》》

Technology in Architectural Practice(TAP)를 위한 인터넷의 사용을 포함하는 기술 문제들의 범위에 관해 언급한다. TAP는 www.aia.erg에 웹페이지의 AIA 웹사이트로 유지된다.

다른 인터넷 테크놀로지들을 적용할 수 있고 사용할 수 있는 방법을 기술하는 Architects(Engineers와 Contractors.(1997))를 위한 안내를 하는 인터넷이 있다. 그 출판물은 다음과 같다: 책, CD-ROM과 www.cyberplaces.com에서의 출판사의 홈페이지를 통한 온라인의 이용이다.

12.3 실시설계도서 작성

Susan Greenwald, FAIA, CSI; Kenneth C. Crocco, FAIA; and Kristine K. Fallon, FAIA

실시설계도서는 무엇이 지어질지, 어떻게 도급업자(contractor)를 선택할 것인지, 그리고 어떻게 계약서가 쓰여지고 관리될 것인지를 설명한다. 실시설계도서의 작성 시 효율적이고, 이해되기 쉽고, 질이 좋도록 노력해야 한다.

설계는 건축가가 건설에 필요한 것들을 보여주는 드로잉(drawings)과 시방서(specifications)를 작성하는 것으로 발전되고 입증된다. 실시설계도서의 발전은 설계 과정의 확장이다. 설계 개념을 보강하는 데에 기여하고 개념을 실제로 번안하는 과정의 시작으로서의 상세, 재료, 마감을 결정한다. 모든 프로젝트 과정에서 실시설계도서의 준비는 전형적으로 가장 많은 시간과 자원이 필요하다.

구성과 내용

프로젝트의 디자인과 관리에서 실시설계도서는 다음과 같은 것을 포함한다.

- 입찰 요건(입찰권유 혹은 광고; 입찰자에게 설명, 지시할 것; 입찰 양식; 입찰보완을 위한 필요사항)
- 계약 양식(건축주와 시공자 간의 협약 양식; 계약서와 증명서 양식들)
- 계약 조건(건설과정에서 건축가까지 포함하여 건축주와 시공자가 관련되어 지켜야할 권리와, 책임, 의무들의 개괄적 범위로서의 건설 계약의 일반 조건들; 프로젝트에 따른 특별한 추가 조건)
- 드로잉(건축, 구조, 기계, 전기, 토목, 조경, 인테리어, 그리고 다른 특수한 도면들)
- 시방서(프로젝트의 건설이 이루어지기 위한 표준과 품질 수준의 개괄적 범위)
- 부록(계약이나 협상과정 중 건축가에 의해 제시된 이런 서류들의 추가사항)
- 계약 변경(작업 중의 간단한 변경에 대한 규칙, 건설 변경 명령과 설계 변경)

모든 건축가들의 목표는 프로젝트가 완성되고, 건축주에게 전달되어 건축주들에게 만족과 기쁨을 주는 것이다. 이 과정에서 건축가는 기술과 디테일 해결, 정열을 갖고 일함으로써 회사에 이익이 돌아오게 된다.

실시설계도서는 다음과 같은 여러 가지 목적을 갖는다.

- 프로젝트에 수반되는 상세사항들을 건축주에게 전달한다.
- 건축주와 시공자가 가지고 있는 프로젝트 동안 서로 다른 계약상의 책임을 확립하고, 건축가 혹은 건축주로부터 도급을 받아 건설을 경영, 관리하는 부서의 책임을 기술한다.

수잔 그린왈드(Susan Greenwald)와 케네스 크로코(Kenneth C. Crocco)는 시카고 소재의 아키텍스트 컨설트(ArchiText Consulting)화사의 사장이다. **크리스틴 파론(Kristine K. Fallon)**은 컴퓨터를 응용한 설계 작업을 자문하고 있다.

- 프로젝트를 건설하기 위해 필요한 요소들의 양, 질과 구성을 시공자에게 제공한다. 시공자는 시공자와 자재공급자로부터 확실한 입찰 혹은 견적을 받기 위해 서류를 사용한다.
- 건설에 착수하기 위한 규정과 재정적인 승인들을 얻음에 기반을 두고 있을 것이다.

공사계약서(10.3)는 공사계약 조건에 명시된다.

위와 같은 목적을 수행하기 위해, 실시설계도서는 기본적인 세 가지 유형의 정보를 포함한다.

계약 관리(17.8)는 계약서 변경에서 논의된다.

- 법률적, 계약적 정보(일반적으로 시방서의 앞부분, 프로젝트 매뉴얼에 속해있다)
- 절차적, 관리상의 정보(일반적으로 시방서의 1장과 각 시방서 절마다의 첫 부분의 한 조각이다)
- 건축적, 건설적 정보(일반적으로 시방서의 2장에서 16장까지 그리고 도면)

실시설계도서가 어떻게 건물이 건설되는지에 대한 설명의 완성된 세트라는 것이 아니다. 건설 방법, 체계, 기술, 순서, 절차와 대지 안전예방책은 관례상 입찰을 준비하고 건설과정을 실행하면서 시공자에게 완전히 맡겨지는 책임처럼 주어진다. 도급자는 상세한 거래처와 하도급자(subcontractor)에게 일의 할당을 결정한다. 또한 시공자는 시공 순서와 일정, 가설물과 편의시설의 디자인, 적합한 장비의 선택과 프로젝트의 안전성에 대한 상세한 계획 문제도 관리한다.

공사 조달(17.7)은 도급조건 등을 검토한다.

법적 계약상의 정보

계약서식과 조건은 건축주와 시공자의 권리와 의무, 책임을 정해나감으로써 프로젝트의 법률적인 뼈대를 확립한다.

대형 프로젝트에서 계약 조건에 따라 계약서식이 달라진다는 것은 관습적인 것이 되었다. 계약서류와 작업의 구체적 시간, 시공자의 보수에 대한 결정 등에 대한 건축주와 시공자 사이의 협약이다. 조건들은 건축주와 시공자, 건축과정에 관여하는 다른 모든 부분들(건축가, 하도급자, 건설관리자, 건축주의 대리인 등)의 권리와 의무, 책임을 설명한다. 조건에 따른 양식의 분리는 시공자에게 하도급자와 자재공급자에게 계약 금액이나 건축주와 건축가, 시공자 간에 개별적으로 동의를 받아야 하는 사항을 제외한 계약조건을 밝히는 것을 허락한다.

건축가의 책임. AIA 표준 건축주와 건축가 간 계약 양식에서 건축가는 "(1) 입찰의 시기와 장소, 조건; 입찰이나 제안서 양식; 건축주와 시공자 간의 계약양식이 설명된 조건입찰과 조달 정보와 (2) 건설도급의 조건(일반사항과 보충사항 그리고 다른 조건들)의 준비와 발전을 통해 건축주를 도와야" 한다. 건축가는 법적이고 계약적인 정보를 준비할 필요는 없고 단지 그것의 준비를 돕기만 한다. 건축가는 법에 숙련되지 않았고, 건축주에게 법적이고 보험에 관한 조언을 하기에는 적임이 아니다. 그렇지만,

건축가들이 건축주의 리뷰와 승인을 얻기 위한 입찰서와 계약서를 작성하는 데 AIA 표준양식이 일반적이다.

건축주의 책임. 건축주는 프로젝트의 완성을 위해 필요한 법적, 재정적, 보험 서비스를 제공할 책임이 있다. 그러므로 건축주는 건축주의 법률 조언가의 조언에 의해 입찰요구사항과 조건, 계약서 양식을 승인한다.

만약 건축주가 건축 프로젝트와 계약의 경험이 거의 없다면 다음의 정보가 건축주를 도와줄 수 있을 것이다.

- AIA 문서 A501에는 경쟁 입찰 절차와 건축물 건설을 위한 계약 심사에 대한 지침이 담겨있다. 사용을 위해 디자인에 의한 건축물의 인도가 가까워질 때 그리고 건설계약이 경쟁 입찰에 의해 심사될 때 이 문서가 가장 가치 있다고 미국 도급자 연합(Associated General Contractors of America)에 의해 공동으로 출판되었다.
- AIA 문서 G612는 건설 계약과 보험과 보증, 그리고 입찰 순서에 관계된 건축주의 설명이 담겨있다.
- "당신과 당신의 건축가(You and Your Architect)." 이것은 설계와 건설 과정을 통틀어서 어떻게 건축주와 건축가가 함께 프로젝트를 이끌어갈 수 있는가에 대해 고객들에게 조언을 제언한다.

디자인과 시공 과정에서는 합의사항에 대한 특별형식이 있으며, 건축주 계약서의 회신(10.1)에 대한 가이드라인이 명시되어 있다.

상식적으로 문서들은 건설 계약의 중재에 대한 기본적인 결정은 프로젝트의 모든 과정에 영향을 끼치므로 실시설계도서 발전의 시작 전에 건축주에게 제출되어야 한다.

어떤 건축주들은 그 스스로의 입찰조건과 계약서 양식과 조건을 제안하거나 지령한다. 건설을 위한 계약 합의까지는 건축주와 건축가 간의 계약(그리고 건축주가 건설관리자 혹은 다른 컨설턴트들과 맺은 어떤 다른 계약)에 깊은 관계를 맺고, 이러한 협약들이 대개 제자리에 놓일 때까지 모든 협약들은 조심스럽게 중재되는 것이 필수이다. 건축가의 보상을 포함한 조항들과 건설과정 동안의 건축가의 역할, 서류의 소유권, 해결책의 논의, 비슷한 조항들을 재검토하는 것과 마찬가지로 건축가의 권리와 의무, 책임에 관계된 명세에 관련되어 건축주가 준비한 서류를 재검토하는 것으로 건축가의 법적인 조언은 보람이 있는 것이다.

진행 관리상의 정보

이 정보는 전형적으로 실시설계도서의 3군데에서 찾을 수 있다: 계약서의 조건들과 시방서의 1장, 시방서의 2장에서 16장까지에서 각 개설(1절).

건설 계약상 일반적인 조건은 프로젝트들의 일반적인 예비사항들을 담고 있다. 법률상, 계약상 정보에 더하여, 일반적인 조건들은 계약 경영 활동들의 다양성을 위한 요구사항들과, 도급액 지불 요구들, 작업의 변경, 건축가에 의한 검사를 위한 건축물

실사조사 혹은 작업 중지를 권고하기 위한 절차, 대지안전을 위한 시공자의 책임, 그리고 계약종료를 위한 요구사항들을 담고 있다. AIA 문서 A201에는 건설계약의 널리 퍼져있는 일반조건들을 실행하기 위해 일반적인 조건들이 들어있다.

대부분의 계약은 부가조항이 프로젝트의 성격에 따라 첨부된다.

시방서의 1장은 일반적인 조건에서의 정보가 광범위하게 실려 있고 다음 사항을 실고 있다.

- 샵 드로잉(shop drawing) 제출을 위해 필요한 포맷, 다수의 필요한 제출서류, 실제적인 완공의 증명서 교부를 위한 절차와 같은 표준 업무 실행 순서
- 지불 의뢰와 유치권 포기를 위한 양식들과 같은 건축주에 의해 필요한 절차
- 적용 가능한 규약과 기록서류의 요구사항, 가설 설비, 검사실험 방법과 같은 특정 프로젝트를 제어하기 위한 절차

1장 제목은 아래를 포함한다.

01035	수정 절차	01500	가설물과 관리실
01100	요약	01600	프로젝트 요구사항
01200	견적과 지불 절차	01700	시공 요구사항
01300	행정상 요구사항	01800	시설 운용
01400	성능 요구사항	01900	시설 이용 중지

2장에서 16장까지의 각 1절은 그 절에 담겨져 있는 요소와 관련된 행정절차에 관한 정보를 진술한다. 예를 들면 다음과 같다.

- 정의
- 운송과 보관, 취급
- 급여와 품목 단가
- 대체재료
- 대지 조건 요구사항
- 제출 요구사항
- 보증 요구사항
- 품질보증 요구사항
- 유지관리 요구사항

시종일관 서류에서 절차상, 관리상의 요구사항들을 합리적으로 접근하여 발전하게 된다.

건축 시공상의 정보

이것은 프로젝트를 위해 필요한 요소들의 양과 질, 배치를 포함한다. 양에 대한 관계

는 도면에 가장 잘 나타난다. 질과 기술 표준은 시방서에 가장 잘 나타난다.

도면과 시방서에 나타나는 상세의 수준은 프로젝트 성격과 누가 소유하고, 조절하고, 그리고 지을 것인가에 따라 다르게 나타나게 된다.

도면 작성

건축 도면은 일이 완성되기 위한 범위, 배치, 위치, 관계, 치수를 시각적, 양적인 양식으로 보여준다. 배치도와 평면도, 입면도, 단면도, 상세도, 개념도, 스케줄을 담고 있다. 도면 자료와 더불어 사진과 다른 시각자료들과 인쇄한 스케줄이 포함된다.

순서와 도면 형식

도면 세트(set)는 프로젝트의 조직화된 표현이다. 확대해서 본다면, 도면은 건설 순서

실시설계도서로서 CSI 포맷

건설 시방 협회, 실행 매뉴얼(1992)

- 건축가와 기술자, 시방서 작성자, 제조업자의 대표자들의 모임인 건설 시방 협회(Construction Specifications Institute, CSI)는 실시설계도서의 표준화와 조직화를 가져왔다. CSI는 전체적으로 문서를 조직화하고, 문서의 다양한 세트에 그 이름을 부여하고, 보여줬다.
- 실시설계도서는 프로젝트의 설계와 관리 사이의 소통을 위해 건축가나 공학자들에 의해 준비되거나 정리되어 쓰인 서류와 도면을 말한다.
- 입찰 서류는 건설계약의 협상이나 입찰을 위해 필요한 서류들을 말한다. 실시설계도서에는 두 가지 예외가 있다: 입찰과 계약 양식에는 아직 실행되지 않은 것이 포함되어 있고, 당연히 계약 수정들은 들어있지 않다.
- 계약 서류는 건축주와 시공자 간의 법적 협약을 형식을 갖게 한다. 입찰 요구사항들을 제외한 실시설계도서들을 모두 포함한다.
- 프로젝트 매뉴얼은 서류의 포맷에 입찰 필요사항과 계약서양식과 조건, 시방서를 포함하고 있는 문서들을 포함한다.

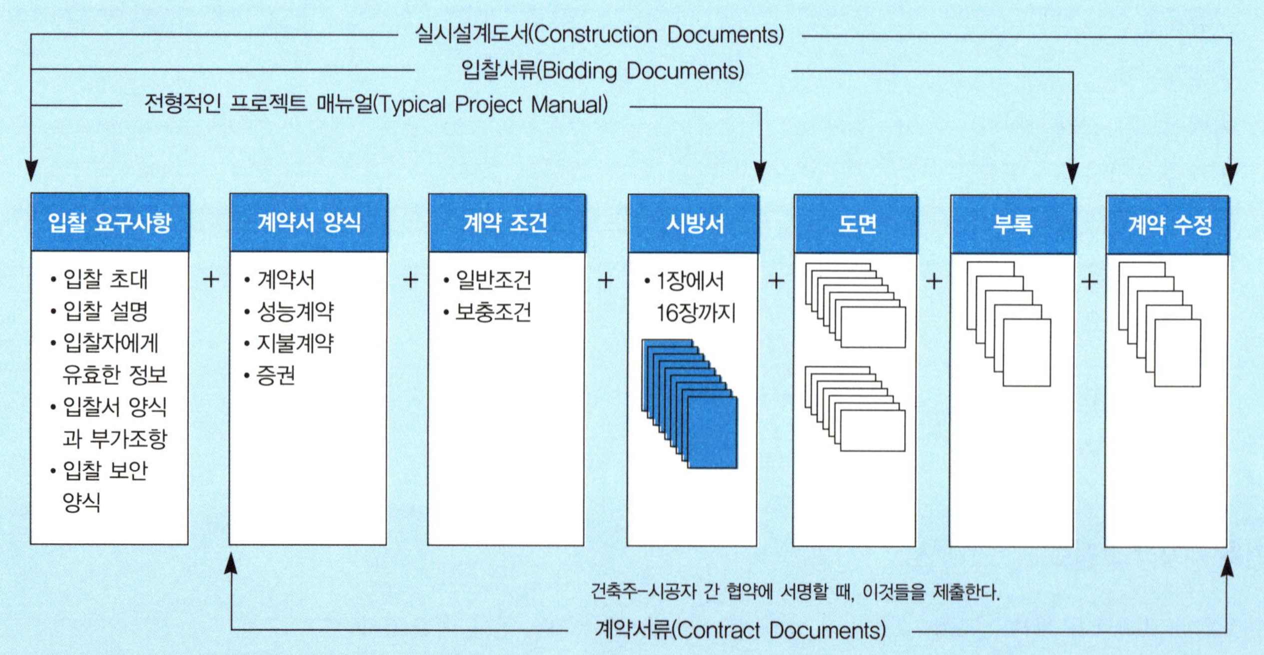

시공도면의 예

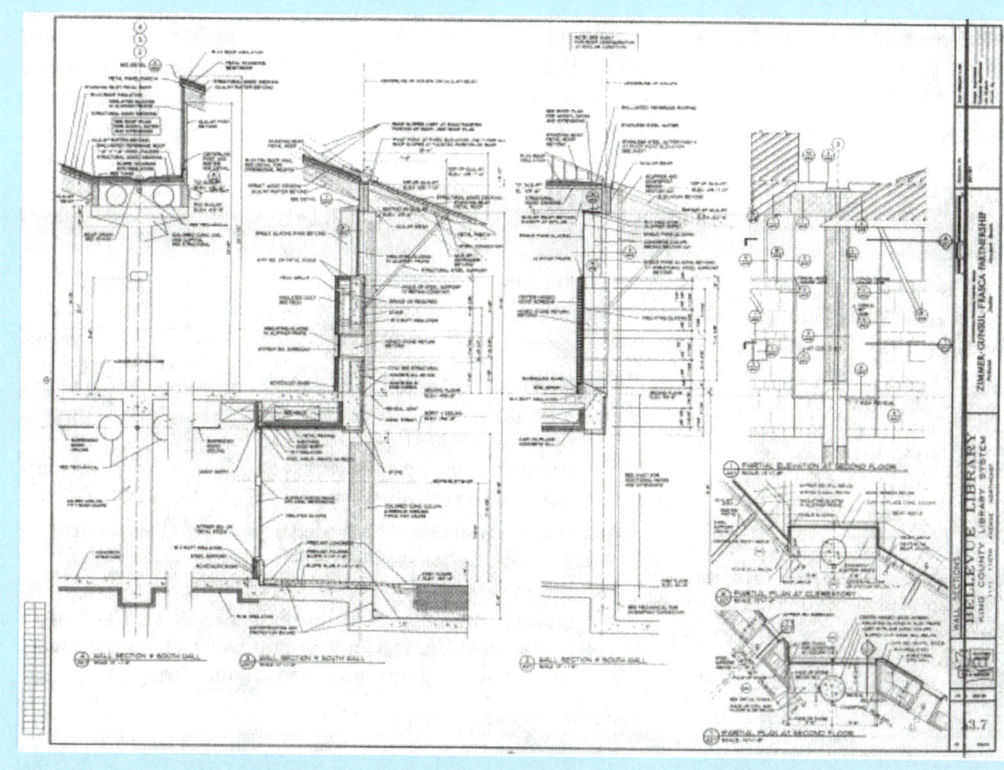

시공도면들은 건축 프로젝트의 입찰과 건설에 사용될 많은 종류의 정보를 포함하고 있다. 이 상세도는 선택된 건축요소의 시방요소를 포함하고 있다.

Zimme Groanful Frasca Partnership, Portland, Oregon

마스터스펙 1장의 개요

마스터스펙 통합된 목차, AIA Master Systems(1992)

이 개요는 CSI에 의해 발전된 마스터 포맷에 기초하고 있다.

1장 – 일반적인 필요사항

01010 작업개요
01020 허용치
01026 단가
01027 지불 신청
01030 대체재료
01035 수정 절차
01040 프로젝트 중재
01045 절단과 수선
01050 토목 공사
01095 참고표준과 설명
01200 프로젝트 회의
01300 제출
01310 스케줄과 보고
01340 샵드로잉, 제품정보와 샘플
01380 건설 사진
01400 품질 관리 서비스
01500 가설설비
01600 재료와 장비
01631 제품 대체
01700 프로젝트 완공
01710 최종정리
01720 프로젝트 기록 서류
01730 운용과 유지 자료
01740 보증과 증권

프로젝트 인도 옵션과 실시설계도서

프로젝트 인도 옵션은 내용과 발전정도, 실시설계도서의 짜임에 영향을 받을 것이다.

협상 계약. 건설 계약이 협의된다면, 시공자가 견적을 발전시킬 필요가 있는 항목들을 포함하는 초기 견적서에 바탕을 두고 시공자는 선택된다.

복수의 주요 계약. 건설계약이 다중 수위계약으로 분할될 경우, 개별 수위계약마다 하나씩의 다중 계약문서들이나 책들이 있을 수 있다. 양자택일로, 조심스럽게 분류된 작업의 계약서들은 서류의 단일 셀과 함께 만들어질 수 있다. 개별 수위계약들은 다른 프로젝트의 수위계약들과의 관계를 포함한, 작업의 한 몫을 위한 요구를 분명히 해석한다. 작업의 개요(시방서 각 절의 첫 부분)와 작업과 관련된 조항은 수위계약 간의 관계를 분명하게 하기 위한 중요 수단이다. 동류의 수위계약은 모든 시공자들에게 참조될 수 있다.

패스트 트랙 프로젝트. 패스트 트랙 프로젝트는 모든 단계에서 준비된 입찰서류 세트들을 분업하는 단계에 초점이 맞춰져 있다. 패스트 트랙 공사는 입찰 혹은 합의된 계약서들과 단일 혹은 다중의 수위계약들로 이뤄질 수 있다. 초기 공정은 이후의 단계가 설계상에서 진행되는 동안 완성되고 입찰(혹은 협의)된다. 설계와 함께 입찰과정이 겹쳐지기 때문에, 과정 간의 조심스러운 중재가 특별히 중요하다.

건설 관리(CM). CM 프로젝트를 위한 도면이 기존에 작성된 계약을 위한 도면들과 맞추어 검토되는 동안, 다른 실시설계도서들은 관리상, 계약상의 차이들을 반영해야만 한다. 입찰 요구사항, 계약조건, 시방서의 1장은 사용되어 온 것과 다른 방식으로 적용되어 변경될 수 있다.

CM이 포함된 프로젝트는 종종 fast-track으로 실시된다. 그것들은 건축주가 준비한 건설의 보증된 최고가(GMP)로서 모든 건설 문서가 완전히 발전되기 이전에 준비된 작업범위 문서 또한 포함한다. 그것들이 불완전할 때조차, 작업범위 문서는 GMP에 의하여 보장된 작업의 정의에 바탕을 두고 형성되기 때문에 실시설계도서이다. 그러므로 그것들은 재료의 질을 지시하고 CM의 평가에 의해 정확할 수 있는 이유 있는 보증과 함께 건축주와 CM 모두에게 제공되기 위해 충분히 발전되어야 한다. 해석을 위해 방을 떠난 미완성의 서류에 기본을 두고 평가될 때까지, 건축주와 CM, 건축가 사이의 강한 업무적 유대는 이 인도 시스템에의 성공적인 작동을 위해 필요하다.

설계-시공. 건축주가 단일 설계시공 주체와 계약을 할 경우, 개략적인 설계에 바탕을 둔 프로젝트 혹은 설계 없이 성능 시방서에 기본을 두고 프로젝트 건설을 위임할 수 있다. 건축주는 프로젝트의 설명과 보증된 이니셜 코드 인가, 설계-시공 서비스 조달을 위한 문서를 준비한다. 설계-시공 협약의 준비에 의존한 설계-시공 주체의 실시설계도서는 건축주의 건물을 법적으로 완성된 건축물로 정의내릴 수도 있고 그렇지 않을 수도 있다.

를 조직화하는 작업의 결과이다.

대부분의 회사는 종이크기와 레이아웃, 제목 박스에 대한 사무표준을 사용한다. 그러나 어떤 고객들은 그들만의 형식을 사용하도록 지시할 수도 있다. 제목 박스는 건축회사의 이름과 주소, 전화번호 뿐만 아니라 다음을 포함할 수 있다.

- 프로젝트 제목과 주소, 때때로 건축주의 이름과 주소
- 도면 제목과 번호
- 컨설턴트의 이름과 주소
- 대조까지 포함해서 도면을 그린 사람의 주석
- 수정 날짜
- 건축가의 날인과 서명
- 시공자의 날인과 서명
- 저작권 정보

CSI 표준도면 시스템은 아래의 범주에 따른 내용을 체계화한다.

- 디자이너 증명 부분(designer identification block)
- 프로젝트 증명 부분(project identification block)
- 이슈 부분(issue block)
- 관리 부분(management block)
- 도면 제목 부분(sheet title block)
- 도면 증명 부분(sheet identification block)

각 도면은 부분적인 평면의 방향을 보여주는 약식도면(key plann)과 방위표, 도면의 축척과 같이 사용자를 이해시키기 위해 필요한 기초정보들을 포함해야만 한다. 도면이 축소될 경우 시각적인 축척이 포함된다. 대부분의 회사는 프로젝트의 시작을 도면에 투자한다. 스케치와 스토리보드 작업은 대개 얼마나 많이 그리고 어떤 종류의 평면, 단면, 입면, 상세, 스케줄, 다른 시각재료들이 준비되어야 하는지; 그것들의 스케일(그리고 시트의 사이즈); 전후관계; 상호관계들을 결정하는 과정일 것이다. 이것은 건축가가 프로젝트를 개념화하고 건축주와 중재자, 시공자에게 그것을 발전시키고 이해시키는데 무엇이 필요할 것인지를 이해하는 데 도움을 준다.

도면 축척, 치수, 지정 대상

적합한 축척과 치수 그리고 목표(혹은 "열쇠")는 도면의 순수한 의사소통 요소다. 회사에서 글자의 크기와 글자체뿐 아니라, 표준절차와 치수와 목표를 위한 심벌을 확립하는 것은 흔한 일이다. 프로젝트 관리자는 대개 작업표준의 변화내용뿐만 아니라 도면 축척이 사용되도록 결정한다.

축척(scale). 필요한 정보를 명확하게 표현하는 가장 작은 축척은 도면을 위해 선택된다. 축척과 글자 크기의 선택은 도면이 배포를 위해 축소될 것까지도 고려하여 결정되어야 한다.

치수(dimensions). 필요한 치수는 도면상에 숫자로 표현되어야 한다. 시공자는 치수를 재기 위해 도면을 축척으로 그리는 것이 허용되지 않기 때문에, 도면은 건축요소의 시공을 위해 충분한 숫자로 된 치수를 담아야만 한다. 치수 시스템은 프로젝트의 기초가 되는 중요 요소처럼 확실한 하나 혹은 더 많은 기준점으로 이어진 수평과 수직적인 참조 평면(구조격자와 같은)과 관련된 도면에서 사용된다. 후에 지어질 요소를 위한 치수적인 기준점으로서 신속히 진행되어질 건축 요소를 사용함으로써 건설 순서에서 치수의 위계를 확립하는 것은 논리적이어야 한다. 예를 들자면, 기둥 격자와 같은 구조요소의 치수를 처음으로 표시하고, 기둥과 내부 파티션과 같은 비구조요소 간의 거리를 표시하게 된다.

▶ 대부분의 건축가는 프로젝트 비용결과와 제안을 위하여 도면들을 발췌하기도 한다.

치수는 보조선(strings)이라고 불리는 선에 놓인다. 몇몇의 보조선들을 발전시켜 관련된 건축요소의 순서를 적당히 위치하도록 하는 것은 필요한 일이다. 가장 먼 보조선에서 보이는 전체적인 치수들과 가장 가까운 보조선에서 보이는 상세한 치수로서 이러한 보조선의 세트들은 상세의 위계에 따라 그려진다. 보조선에 표시된 숫자가 실제 건축과 대응하는 것을 보장하려면, 시공자와 도면을 사용하는 다른 사람들은 보조선에 수치를 기입하고 그것들을 크로스체크해야 한다. 어떤 경우에 도면의 상세 혹은 사용되는 건설 도구의 수준은 바람직하지 않은 모든 치수가 확정된 포괄적인 보조선들을 만든다. 그러한 경우에 치명적인 치수들은 기록되고 치명적이지 않은 치수들은 오차 값과 함께 기록된다. 이것은 시공자에게 바라는 치수에 대한 아이디어를 제공하고, 시공과정에 치수를 조절함으로써 불일치를 지적한다.

CAD 시스템에서의 자동 치수 매김은 정확한 치수를 만들어낸다. 이것은 치수의 수동적인 크로스체킹에 대한 필요성을 감소시키고 도면이 완성됨에 따라 치수를 정교히 일치시킨다. CAD 표준과 치수 매김을 위한 절차가 확립될 때, 그들의 치수 매김의 표시 정밀도－1/32", 1/16", 혹은 1/8"－를 신중하게 선택하는 것과 그들의 CAD 템플릿 혹은 기초파일에 요소를 포함시키는 것은 중요하다. 정밀도와 위계의 중요성에서 CAD 사용자들은 CAD 시스템이 그것을 허용한다고 하더라도 자동적으로 얻어진 수치를 무시해서는 안 된다.

도면은 표준 시공 허용도를 충족시키지 못하거나, 치수가 디테일이 조합된 구체적인 치수와 같다는 것만으로 위험 범위로 주지되어야 한다. 동시에 숙련된 건축가는 현장 제조에서 재료와 시공 허용도가 도면치수 가까이 성취되는 것은 거의 힘들다는 것을 인식한다. 예를 들면, 어떤 건축가들은 1/8"(1:100 SI 단위에서) 혹은 1/4"(1:50)보다 작은 허용오차도 현장생산에서는 비현실적이라는 것이라고 판단한다.

지정대상(targets). 때때로 범례로 인용되는, 목표는 도면들 사이 관계의 확립의 제

도면 순서: The ConDoc System

거의 모든 건축가들은 그들 자체의 도면 순서와 번호 매김 순서를 가지고 있다. The ConDoc 시스템은 아래의 포맷을 권한다. 각 규율은 그룹들로 세분된다.(단지 건축물을 도해함으로써)

G 일반 프로젝트 요구(General project requirements)

대지작업

TS 측량 조사(Topographic survey)
SB 토질 굴토 정보(Soil borings data)
SD 대지 폭파(Site demolition)
C 토목(Civil)
L 조경(Landscaping)

주요 분야

A Architecture A000, A001, 등. 스케줄, 주요 요지 설명, 일반 기록들

A100, A101, 등.	평면
A200, A201, 등.	외장입면, 건축물 단면
A300, A301, 등.	수직동선, 코어 평면과 상세
A400, A401, 등.	지붕층 평면, 상세
A500, A501, 등.	외피, 상세
A600, A601, 등.	건축 내장

S 구조(Structural)
M 기계(Mechanical)
P 배관(Plumbing)
FP 소방(Fire protection)
E 전기(Electrical)

특수한 요소

ID 인테리어 디자인(Interior design)
FS 음식물 서비스(Food service)
SG 도로 표지/ 도해(Signage/graphics)
FF 가구/ 비품(Furniture/furnishings)
AA 방화(Asbestos abatement)

등.

치수 매김 지침 예

Booth/Hansen & Associates, Chicago

어떤 사무실들은 도면에 치수 매김을 위한 표준을 가진다. 다음은 한 회사의 사례이다:

치수 매김은 새로운 집합이 이미 자리에 놓인 집합과 관계를 맺으며 위치할 수 있도록 건설 순서의 이해를 필요로 한다. 치수는 단지 고정된 관계 점으로부터 유래한다.

작업의 시작시점에, 대개 기초의 한 모퉁이를 표시한다. 이 점에서 모든 기초와, 지정, 기둥 중심선이 위치한다. 기초평면에서 치수를 표시한다.

기초 벽의 바깥 면, 윗면과 기둥 중심선은 차후의 건설을 위한 고정 참조 점을 규정한다. 벽체의 바깥은 대개 뒤따르는 기계와 전기 설비 공간과 내장벽, 마감의 시작이다.

아래의 법칙은 이 사무실에서의 모든 치수 매김을 주관한다.

1. 치수 매김은 실질적 상황에 적용된다.
2. 하나 혹은 그 이상의 도면에서 치수를 반복하지 말라.
3. 일반적으로 치수 보조선을 닫지 말라. 치수 보조선에서 치수를 생략할 경우에는 중요하지 않은 부분 혹은 공정에 한한다. 치수를 빼먹었을 때, 치수선을 지워라. 치수 매김의 방법에 대한 마지막 결정은 프로젝트 건축가에게 있다.
4. 타일의 두께, 나무 기초, 징두리 벽판, 내장, 그리고 비슷한 마감들은 내부 방의 치수에 포함하지 않는다.
5. 수직 치수 매김은 입면도와 벽체단면에 나타낸다. 치수는 중요한 구조 요소의 위와 창문과 문의 머리(문지방보다는)에 써져야 하고, 기초의 꼭대기, 바닥마감 레벨, 혹은 비슷한 고정된 참조 점에 써져야 한다. 석조건축은 맞닿은 중심선이 아니라 석물의 꼭대기에 치수 매김 해야 한다.
6. 치수의 끝은 짧고, 굵고, 비스듬한 획으로 지시된다－점이나 화살표, 십자가 아니다.
7. 상세 치수가 언제나 가장 좋은 선택은 아니다. 간단한 기술 “정렬된” 그리고 “4개의 동등한 공간들”이 종종 더욱 적합하고, 이미 표시된 정보들과 명확한 관계를 맺어야 한다.
8. 치수 매김과 그것의 검사는 업무 책임자만의 책임이다. 작업은 위임되어서는 안 된다. 모든 치수는 두 번씩 검사되어야 한다.

일 요소 중의 하나이다. 평면들은 단면도와 기둥 격자, 문의 지정, 벽 형태와 단면, 상세, 내장입면, 확대 평면, 그리고 비슷한 정보를 지적(혹은 목표)하기 위해 표준 표식을 사용한다. 입면은 단면과 창문, 상세를 목표로 한다. 그것은 또한 벽체단면과 건물단면에서 상세디테일을 포함하게 된다.

다른 도면의 구성 요소

도면들은 다음과 같은 것들을 포함한다.

기호와 약어(symlols and abbrevations). 한정된 공간에 많은 양의 정보를 전달하기 위하여 일반적으로 기호와 약어를 이용한다. 우수한 작업들은 지속적이고 미리 규정된 내용들을 적극적으로 사용한다.

도면/시방서 조정(drawing/specification coordination). 도면에서의 지정은 시방서에서 사용된 것들로 조정되어야 한다. 예를 들어, 프로젝트에서 단 한 종류의 가소성 봉합제가 사용된다면, “가소성 봉합제” 항은 도면상에서 충분할 것이다. 만약 하나 이상의 봉합제 타입이 들어간다면, 발전되고 다양한 봉합제 간의 명확한 차이점에 대한 전문용어를 사용할 필요가 있다.

주(notes) 도면과 시방서가 분리되어 있을 때 품질과 작업숙련도에 대한 기술은 시

방서에 포함된다. 도면 위의 주는 설계의도를 명확히 전달할 최소한의 필요사항에 한정되어야 한다.

스케줄(schedules). 표로 된 형식으로 일반적으로 일정을 보여주는 것이다. 문, 창문, 철물, 방 마감, 페인트 선택, 정착물, 설비를 위한 스케줄과 되풀이되는 구조요소(기둥의 지정 혹은 상인방과 같은)와 비슷한 요소들을 위한 스케줄이 있을 수 있다. 스케줄 형식은 사무실 혹은 프로젝트 요구사항에 따라 다양하다. 많은 스케줄이 스프레드시트 혹은 워드 프로그램의 사용으로 발전되고 개선될 수 있다. 표준도면시스템(Uniform Drawing System, UDS)과 미국 CAD 표준은 스케줄 모듈을 포함한다. UDS는 스케줄 생성을 위한 가이드라인을 확정하고 일반적으로 사용되는 스케줄 도식을 완성한다. UDS 협회의 CD-ROM은 이러한 스케줄을 워드 포맷으로 싣고 있다.

도면 작성 수단

건축도면(architectural drawing)이 수동으로 작성되어온 수백 년 동안, 그것은 전문적인 서비스의 가장 노동집약적이고 시간을 소비하는 작업 중의 하나였다. 기술발전은—특별히 CAD에서—저급의 제도와 기록 시간을 대체하여 고급의 전문적인 시간으로 만들었다. 또한 이러한 변화는 설계발전과 실시설계도서작성 단계 간의 구별을 불분명하게 하였다.

매뉴얼 양식(manual drafting). 많은 회사들은 매뉴얼 양식을 작성 방법으로 선택하고 있다. 다양한 접근들과 특별한 기술은 시간을 절약하고 매뉴얼 양식의 유용성과 정확도를 높일 수 있다.

- 종이 테두리와 제목 박스, 기호들, 일반적인 상세와 같은 표준 항목들은 필요에 따라 의외로 빨리 작성되어 도면에 들어갈 수 있다. 어떤 회사들은 프로젝트 매뉴얼에 참조 정보와 표준 상세를 묶어 놓는다.
- 스케줄과 다른 고도로 조직화된 정보 세트들은 컴퓨터를 사용한 스프레드시트 혹은 데이터베이스 프로그램으로 작성할 수 있고 도면에 싣거나 프로젝트 매뉴얼에 묶을 수 있다.
- 현재 조건의 사진들은 직접적으로 도면요소로 재생산될 수 있다. 계획된 리노베이션은 사진 위에 직접 그려질 수 있다.
- 개별 도면들은 덮어씌워지거나 포맷의 유연성에 따라 개별 도면과, 상세 스케줄, 메모의 사진적인 합성이 될 수도 있다.

CAD(computer-aided drafting). CAD 시스템은 요소의 쉬운 표현(특별히 반복적인 요소), 빠른 수정, 정확한 치수 기입, 도면과 시방서처럼 도면 사이의 개선된 조정이라는 명확한 장점이 있다. CAD에 의한 도면은 문자에서 치수에까지 일관되게 읽기 쉽다. CAD 소프트웨어는 자동 면적 계산, 물량 산출과 같은 유용한 부수기능과 문,

창문 그리고 다른 스케줄의 통합을 증가시킨다.

CAD 환경에서 도면 수정 관리는 완전히 다르다. 자동적인 지우기와 문자의 변경, 신호의 변경과 수정이라는 다른 표식은 매뉴얼 양식 도면에는 없는 것이다. 인터넷을 통한 협력하는 설계 전문가 간의 컴퓨터 데이터파일 교환은 전자 변환된 도면의 보전 관리와 검증의 필요성을 강조한다. 전자적 자료 관리(Electronic Data Managenent, EDM) 시스템은 다중이 같은 도면에 접근하는 것을 예방하는 동시에, 도면 수정 경로와 도면의 기록 복사, 통합되지 않은 변화에 대한 책임을 진다. 그러나 EDM 기술은 오랫동안 지속되는 대형 프로젝트를 제외한 다중 회사환경의 도구로는 너무 비싸고 시간 소비를 가져올 수 있다.

또 다른 CAD 접근은 프로젝트 팀의 각 회사가 그 자체의 도면을 내부적으로 관리하고 새롭고 개정된 서류들은 보안 컴퓨터의 게시판 혹은 프로젝트 익스트라넷이라고 불리는 프로젝트 웹사이트에 게시하는 것이다.

도면 표준

참고문헌은 확립된 표준값 혹은 실시설계도서의 표준 작성을 통한 관례에 의해 미리

서류 작성에서 컴퓨터 기술의 영향

오늘날 컴퓨터에 숙련되거나 익숙한 건축가는 자동화된 도구를 사용하여 하나 혹은 둘의 도면작성자가 수동제도를 통해 할 수 있는 일을 할 수 있다. 컴퓨터 기술에 의해 야기된 생산성 향상은 그 기술의 요구에 의해 부분적으로 파생되었다. 컴퓨터 하드웨어와 소프트웨어, 네트워크의 유지는 회사 안에 새로운 타입의 기술 인력을 필요로 한다. 중간규모의 회사는 모든 50명의 컴퓨터 사용자를 위한 전일제 기술지원직을 찾고 있다.

표준화와 함께, 대규모 회사는 규모면에서 이익을 얻을 수 있고 100명의 컴퓨터 사용자마다 지원 인력이 필요하다. 컴퓨터 기술의 급속한 발달은 지속적인 기술교육을 창출한다. 최종적으로, 하드웨어와 소프트웨어, 네트워크, 인터넷 연결 준비비용 이상이 들어간다. 건축 실무에서 컴퓨터 기술의 퍼져나가는 실체는 회사가 유용도와 간접비의 정도라는 지불 근거에 대한 재고려의 필요를 통해 실무의 경제적 기술을 바꿔놓았다.

최근의 컴퓨터 하드웨어와 소프트웨어에서의 발전은 그것의 가능성의 범위를 인텔리전트 빌딩의 개념으로 이어진다. 이 기술은 때때로 "파라메트릭 모델링"(CAD가 건축 요소들의 단순한 시각적 표현이라기보다는 건축 요소의 상세한 변수를 담을 능력이 있다는 의미) 혹은 "object-oriented modeling"(건축물 정보가 선과 면의 집합체인 건물 그 자체와는 다른, 오브제의 모임으로서 창조되고 규정된다는 의미)로 불린다.

이 기술은 애니메이션과 렌더링에 사용되는 차세대의 3D 컴퓨터모델링과 구분되어야만 한다. 모델링의 이 타입에서 정보는 오브제의 표현에 대한 지식 외의, 선과 평면과 면으로서 창조되고 저장된다. 인텔리전트 빌딩 모델은 기초적인 3D기하학을 넘어서 재료 지정과 결과 상세 건축 시스템, 성능 자료까지도 포함한다. 그것들은 방해물을 체크하고 재료의 견적 혹은 조달목적을 도출하는 데에 쓰일 수 있다. 건물은 필요에 의한 모델에서 추출되고 있는 필요한 2방향의 도면-평면, 단면, 입면, 상세도-으로 만들어진 인텔리전트 3D모델로부터 직접적으로 건설될 수 있다. 만약 as-built 컨디션은 건설 과정동안 모델에서 재현된다면, 모델은 활용과 유지 활동에 사용될 수 있다.

이 기술은 작업과정과 순서의 암시와 팀 구성, 계약적 유대관계, 전문적인 책임까지 넓게 퍼져있다. 건물 설계와 건설 산업이 이러한 접근을 빠르게 채용하는 것은 가망이 없어 보인다. 그럼에도 불구하고, 기술적인 도구는 지금 전체적인 건물 설계와 인도 과정을 조합하는 데 있다. 과정 중에 사용되는 정보의 고유 창조자인, 건축가들은 개념으로부터, 설계, 시공, 시설 관리와 해체 혹은 재사용까지의 건물의 전 수명주기를 포함한 과정에서 리더십을 발휘할 유일한 위치를 갖는다.

만들어진다.

포괄적인 제작도 표준이 없다면 거의 모든 회사들은 프로젝트를 건설할 사람에게 건축가의 설계 의향을 전달하는 중요한 단계에서 품질과 일관성, 완전함의 보장이라는 방법을 통해 그들의 자체 표준을 개발해야 한다.

CAD 기술의 도래는 건설 도면 표준의 복잡성의 새로운 레벨을 도입했다. 정보가 생성되고 저장되는 방법은 정보파일이 상세히 설명되지 않으면 관찰자에게 읽혀지기 쉽지는 않다.

과거 프로젝트로부터 설계요소를 재사용하는 능력은 CAD의 주요한 이점 중 하나이다. 그러나 프로젝트가 서로 다른 레이어 명으로 작업된다면, 선의 굵기와 색, 문자 폰트와 치수스타일, 설계요소의 재사용은 광대한 수정을 필요로 할 것이다. 이것은 CAD 작업에서 예상한 생산성에 저해된다. CAD 환경에서 도면작업을 위한 시각 표준은 자료 처리의 CAD 표준에 의하여 보충되어야 한다. 적어도 이러한 표준들은 다음과 같은 주제들을 담고 있다.

- 도면종이의 크기, 배치, 축척, 순서, 번호 매김
- 목표와 서류에서의 상호 참조
- 메모, 생략, 시각적 관례
- 치수 기입
- CAD 시스템의 사용을 통한 조직화, 정보화, 절차표준화

시방서

AIA 마스터스펙(12.3)은 마스터 시방서를 개괄하여 관련 제품들을 총괄한다.

제품, 세공, 공사 서비스의 표준뿐만 아니라 재료, 장비, 공사 시스템의 필요에 의해 쓰인 현재의 시방서는 작업의 생산을 위해 요구된다. 시방서들은 입찰 양식에서 계약 형태, 계약 조건과 함께 프로젝트 매뉴얼에서 자주 표현된다.

구성

상세 시방서에서 CSI는 단체, 형식, 개발 등의 상세서들을 위한 널리 사용되는 규약들의 총서를 출판하였다. 이렇게 널리 사용되는 형식은 AIA 표준시방서를 포함하는 많은 공업표준을 삽입하는데 그 내용은 다음과 같다.

division 1: 일반적 요구사항(general requirements)
division 2: 건설부지(site construction)
division 3: 콘크리트(concrete)
division 4: 벽돌(masonry)
division 5: 금속류(metals)

건설표준 도서의 연표

사무실 표준을 개발하는 것은 시간을 필요로 하는 일이다. 그리고 표준을 이끌어낼 만한 사무소의 품질은 각 사무소마다 상당한 차이가 난다. 결국, 클라이언트와 컨설턴트가 동일한 표준을 공유하지 않고 사용하지 않는다면 최선의 노력도 헛수고가 될 수 있다. 이러한 상황은 산업전반의 주문을 획득하기 위한 목적으로 수많은 개별적인 노력을 촉구하였다. 다음은 이런 노력들에 관한 것이다.

실시설계도서(ConDoc)

AIA의 Onkal "Duke" Guzey와 James Freehof에 의해 개발된 실시설계도서(condoc)는 실시설계도서 작성을 위한 첫 번째 시스템이었다. 드로잉의 단순한 유니폼 배열, 표준 서류양식, 서류 동일 확인에 바탕을 둔 실시설계도서는 품질조정, 정보관리, 생산성 그리고 입찰 결과에 향상을 가져왔다.

도면조직. 단순 표준 배열은 동일한 개별 서류와 도면 세트의 데이터를 보호하기 위해 위치한다. 도면 세트는 분야와 그룹번호로 할당된 각 영역과 함께 나누어진다, 마지막으로, 각 그룹에 속한 각 서류들은 연속된 번호로 할당된다. 예를 들어, A101은 건축분야, 그룹계획, 그리고 서류번호를 나타낸다.

표준서류양식(Standard sheet format). 서류들은 표준 사용으로 구성되어 있고. 모듈러 양식은 모듈 블록으로 나누어질 수 있다. 표준양식은 세 가지 영역을 가진다. 첫 번째 영역인, 서류의 오른편은 구체적인 사항과 드로잉의 제목이 들어간다. 두 번째 영역은 그래픽영역이고 출력되지 않는 모듈러 눈금을 포함한다. 세 번째 영역은 알파벳배열 눈금 치수와 둘레와 경계선이다.

기본방침체계(Keynote system). 이 과정은 드로잉에서 보이는 그래픽정보와 세부사항 속에서 관련된 텍스트를 연결하는 링크를 만들어낸다. 기본방침은 기호의 제한 없이 그려진 드로잉에 필요로 하는 텍스트의 양을 최소화한다. 단지 keynote symbol이 드로잉에 존재하는 반면에, 드로잉기호는 keynote legend에 keynote symbol들이 각각의 서류에 위치하는 것으로 확인된다. 각각의 정보는 필요할 때마다 반복되는 간단한 기호들로 도면 속에서 되풀이되어 나타난다.

드로잉 체계의 형식(The Uniform System)

실시설계도서에 의해 창안된 도면체계의 형식은 전문가회의와 또 다른 일들에 의해 널리 공유하게 되었고, 그것에 의해 세부적인 작업 안내서를 출판하였다. 보다 자세히 독립적으로 기술된 출판물이 필요하다는 것을 깨닫게 된 1994년에, 건설 상세 협회는 도면체계형식(Uniform Drawing System, UDS)을 만들기 위한 프로젝트에 착수하였다.

1997년에 발행된 첫 번째 UDS 모듈체계는, 실시설계도서의 조직개념을 토대로 하였다. 모듈(module 1)체계에 정해진 도면은 지정된 표준 질서를 사용한 질서들과 파일 이름들 간의 일관성을 제정하였다. 체계화된 모듈(module 2) 시트는 시트상에서 정보와 관계되고 도면을 구성하는 격자체계의 블록이나 모듈뿐만 아니라, 표준설계도면 영역의 그래픽 레이아웃, 타이틀 블록의 영역, 제작된 데이터의 영역까지도 제정한다. 모듈표(module 3)는 건설문서들에서 사용되는 수많은 계획들을 위해 표준형식을 정의한다. 1999년에는 UDS는 기초적인 규약들(module 4)을 포함하여 용어와 약어(module 5), 기호들(module 6)까지 확장하였다. 2000년에 UDS는 기호들(module 7)과 암호화된 규칙들(module 8)을 출판함으로써 완결되었다.

CAD 레이어 지침(CAD Layer Guidelines)

1990년 AIA에 의해 처음으로 발행되고 진보된 CAD 레이어 지침서의 목록은 CAD 데이터 파일 레이어의 표준명칭을 위한 유일한 포괄적인 체계이다. 1997년 발행한 두 번째 개정판에서는 원판의 질을 높이고 개량한 것들을 담고 있다. CAD 레이어 지침서는 이제 융통성 있는 레이어 명칭체계에 포괄적이며 일관성을 제공하며, 이것은 시스템의 보전이 특별히 필요함에 따라 적합해질 수 있다. 2001년 발행 본은 완전히 개정되고 새로이 하여 AIA CAD layer guidelines: U.S national CAD standard version 2라는 명칭이 주어졌다. 레이어 목록은 또한 토목, 구조, 기계, 배관, 전자커뮤니케이션, 토지측량, 지질공학적인 분야까지 전개되어 범위를 넓혔다.

U.S CAD 표준(The U.S national CAD standard)

The national institute of building science(NIBS)는 포괄적이고 획일적인 국가표준의 전자상의 건설문서의 필요를 인식하였다. 하나의 표준은 건축가, 공사자, 엔지니어, 건축자재 생산자, 건축주, 시설 관리자들을 포함하여 건물의 수명주기 속에서 빌딩 디자인과 시공에 대한 정보의 체계를 뒷받침한다. NIBS 시설정보회의(이전에는 CAD 회의라 불렸던)는 computer-aided design and drafting(CAD)의 규격화를 위한 공업적으로 광범위한 회의를 개최한다. 이 시설의 회원자격은 이러한 주제의 문제에 관심을 가지고 있는 모든 개인과 조직들에게 개방되어 있다. 표준의 CAD 구성요소들은 다음 내용을 포함한다.

- CAD layering(CAD layering)
- 체계화된 도면(drawing set organization)
- sheet 조직(sheet organization)
- 일람표(schedules)
- 제도 규약(drafting conventions)
- 조건과 생략(terms and abbreviations)
- 상징(symbols)
- 기호(notations)
- 코드 규약(code conventions)

(계속)

• 플로팅 지침들(plotting guidelines)

2001년 발간된, 미국 CAD 표준버전2는 AIA에 의해 발행된 AIA CAD 레이어 설명서(AIA CAD layer guidelines)와 CSI에 의해 출판된 모듈 1부터 8까지의 유니폼 드로잉 시스템, U.S. Department of defense tri-service CAD/GIS Technology center에 의해 공표된 미국 연안 경비대의 출력 가이드라인(ploting guidelines), national institute of building sciences에 의해 출판된 national CAD standard project 레포트 등 총 4개의 구성요소로 된 문서들로 이루어진다. 그 후의 문서는 그 문서간의 작은 모순들을 해결하기 위해 문서들의 구성을 고친다.

division 6: 나무, 플라스틱(wood and plastics)
division 7: 열, 습기 방지(thermal and moisture protection)
division 8: 문, 창문들(doors and windows)
division 9: 마감재(finishes)
division 10: 특장재(specialties)
division 11: 장비(equipment)
division 12: 가구들(furnishings)
division 13: 특수시공(special construction)
division 14: 컨베이시스템(conveying system)
division 15: 기계(mechanical)
division 16: 전기(electrical)

표준 시방서의 1부는 일반적인 절차와 모든 작업량에 적용 가능한 행정요구사항들의 시리즈를 표현한다. 각각 연관되면서도 엄격하게 분할되어 있는 남아 있는 부분들은 다섯 자리 숫자들에 의해 디자인된 것들을 포함한다. 나머지 각 부에서는 작업의 명확한 분량과 관련된 5자리 숫자로 지정된 분야를 포함한다. 이런 각 섹션(section)들은 일반사항, 재료부분, 시공부분의 세 가지 부분으로 계획된다.

시방서 작성방법

건축가는 각각의 상세서를 위해 시방서 작성방법을 선택한다. 이 방법들은 서술 시방서, 성능 시방서(제품의 품질과 집회자들의 수행의 소리를 듣는 것이 요구되는), 참조 표준 시방서(하나 또는 그 이상의 생산자와 수급자들에 의한 제품들)들을 포함한다. 게다가 건축가들은 정확히 분량을 정할 수 없거나 자격을 얻을 수 없는 일의 부품을 위해서 수당과 작업의 분량에 따른 단위별 가격을 사용할지도 모른다.

서술 시방서(descriptive specifying). 많은 건축가들은 기술적인 규정을 사용하고 소유자의 이름을 리스트 하는 일 없이 제품들의 정확한 특징들을 기술한다.

마스터스펙 절과 항목

마스터 개괄 시방서 내용, AIA 마스터 시스템

위의 개괄 내용은 마스터포맷에 근거하며 마스터 개괄 시방서를 위한 AIA 마스터 시스템에 의해 사용되고 있으며 공사시방협회에 의하여 개발된 양식이다.

Division 1—GENERAL REQUIREMENTS
01000 General requirements
01013 Summary of work (FF&E)

Division 2—SITE CONSTRUCTION
02060 Building demolition
02230 Site clearing
02240 Dewatering
02260 Excavation support and protection
02300 Earthwork
02361 Termite control
02455 Driven piles
02511 Hot-mix asphalt paving
02630 Storm drainage
02751 Cement concrete pavement
02780 Unit pavers
02900 Landscaping
02930 Lawns and grasses

Division 3—CONCRETE
03300 Cast-in-place concrete
03331 Cast-in-place architectural concrete
03410 Plant-precast structural concrete
03450 Plant-precast architectural concrete
03511 Cementitious wood-fiber deck
03532 Concrete floor topping
03542 Cement-based underlayment

Division 4—MASONRY
04410 Stone masonry veneer
04720 Cast stone
04810 Unit masonry assemblies
04851 Dimension stone cladding

Division 5—METALS
05120 Structural steel
05210 Steel joists
05310 Steel deck
05400 Cold-formed metal framing
05500 Metal fabrications
05511 Metal stairs
05521 Pipe and tube railings
05700 Ornamental metal
05720 Ornamental handrails and railings
05811 Architectural joint systems

Division 6—WOOD AND PLASTICS
06100 Rough carpentry
06130 Heavy timber construction
06130 Wood decking
06185 Structural glued-laminated timber
06192 Metal-plate-connected wood trusses
06200 Finish carpentry
06401 Exterior architectural woodwork
06402 Interior architectural woodwork
06420 Paneling

Division 7—THERMAL AND MOISTURE PROTECTION
07131 Self-adhering sheet waterproofing
07132 Elastomeric sheet waterproofing
07190 Water repellents
07210 Building insulation
07241 Exterior insulation and finish systems—class PB
07242 Exterior insulation and finish systems—class PM
07311 Asphalt shingles
07313 Metal shingles
07315 Slate shingles
07317 Wood shingles and shakes
07460 Siding
07511 Built-up asphalt roofing
07512 Built-up coal-tar roofing
07531 EPDM single-ply membrane roofing
07532 CSPE single-ply membrane roofing
07610 Sheet metal roofing
07620 Sheet metal flashing and trim
07720 Roof accessories
07810 Plastic unit skylights
07920 Joint sealants

Division 8—DOORS AND WINDOWS
08110 Steel doors and frames
08114 Custom steel doors and frames
08163 Sliding aluminum-framed glass doors
08211 Flush wood doors
08212 Stile and rail wood doors
08263 Sliding wood-frame glass doors
08305 Access doors
08314 Sliding metal fire doors
08331 Overhead coiling doors
08410 Aluminum entrances and storefronts
08460 Automatic entrance doors
08510 Steel windows
08520 Aluminum windows
08550 Wood windows
08610 Roof windows
08710 Door hardware
08800 Glazing
08840 Plastic glazing

Division 9—FINISHES
09210 Gypsum plaster
09251 Factory-finished gypsum board
09253 Gypsum sheathing
09260 Gypsum board assemblies
09310 Ceramic tile
09385 Dimension stone tile
09400 Terrazzo
09511 Acoustical panel ceilings
09513 Acoustical snap-in metal pan ceilings
09600 Stone paving and flooring
09640 Wood flooring
09651 Resilient tile flooring
09652 Sheet vinyl floor coverings
09653 Resilient wall base and accessories
09654 Linoleum floor coverings
09680 Carpet
09681 Carpet tile
09900 Painting
09920 Interior painting
09931 Exterior wood stains
09950 Wall coverings
09967 Intumescent paints
09981 Cementitious coatings

Division 10—SPECIALTIES
10100 Visual display boards
10155 Toilet compartments
10200 Louvers and vents
10270 Access flooring
10350 Flagpoles
10416 Directories and bulletin boards
10425 Signs
10505 Metal lockers
10520 Fire-protection specialties
10550 Postal specialties
10605 Wire mesh partitions
10615 Demountable partitions
10655 Accordion folding partitions
10671 Metal storage shelving
10750 Telephone specialties
10801 Toilet and bath accessories

Division 11—EQUIPMENT
11054 Library stack systems
11062 Folding and portable stages
11063 Stage curtains
11132 Projection screens
11150 Parking control equipment
11160 Loading dock equipment
11170 Waste compactors
11307 Packaged sewage pump stations
11400 Food service equipment
11451 Residential appliances
11460 Unit kitchens
11610 Laboratory fume hoods
11695 Mailroom equipment

Division 12—FURNISHINGS
12311 Metal file cabinets
12320 Restaurant and cafeteria casework
12347 Metal laboratory casework
12348 Wood laboratory casework
12353 Display casework
12356 Kitchen casework
12510 Office furniture
12567 Library furniture

Division 13—SPECIAL CONSTRUCTION
13052 Saunas
13090 Radiation protection
13100 Lightning protection
13110 Cathodic protection
13125 Metal building systems
13720 Intrusion detection

Division 14—CONVEYING SYSTEMS
14100 Dumbwaiters
14210 Electric traction elevators
14240 Hydraulic elevators
14310 Escalators
14320 Moving walks
14420 Wheelchair lifts
14560 Chutes

Division 15—MECHANICAL

Division 16—ELECTRICAL
Not included in Master Outline Specifications

마스터포맷 항목에 대한 개괄적 내용

공사시방협회, 실무 지침서(1996)

시방서의 각 항목들은 세 부분으로 표시된다.

Part 1—General

SUMMARY
- *Section includes:*
- Products supplied but not installed under this section
- Products installed but not supplied under this section
- Related sections
- Allowances
- Unit prices
- Measurement procedures
- Payment procedures
- Alternates

REFERENCES

DEFINITIONS

SYSTEM DESCRIPTION
- Design requirements
- Performance requirements

SUBMITTALS
- Product data
- Shop drawings
- Samples
- Quality assurance/control submittals
  - Design data
  - Test reports
  - Certificates
  - Manufacturer's instructions
  - Manufacturer's field reports
  - Qualification statements
- Closeout submittals

QUALITY ASSURANCE
- Qualifications
- Regulatory requirements
- Certifications
- Field samples
- Mockups
- Preinstallation meetings

DELIVERY, STORAGE, AND HANDLING
- Packing, shipping, handling, and unloading
- Acceptance at site
- Storage and protection
- Waste management and disposal

PROJECT/ SITE CONDITIONS
- Environmental requirements
- Existing conditions

SEQUENCING

SCHEDULING

WARRANTY
- Special warranty

SYSTEM STARTUP

OWNER'S INSTRUCTIONS

COMMISSIONING

MAINTENANCE
- Extra materials
- Maintenance service

Part 2—Products

MANUFACTURERS

EXISTING PRODUCTS

MATERIALS

MANUFACTURED UNITS

EQUIPMENT

COMPONENTS

ACCESSORIES

MIXES

FABRICATION
- Shop assembly
- Fabrication tolerances

FINISHES
- Shop priming
- Shop finishing

SOURCE QUALITY CONTROL
- Fabrication tolerances
- Tests
- Inspection
- Verification of performance

Part 3—Execution

EXAMINATION
- Site verification of conditions

PREPARATION
- Protection
- Surface preparation

ERECTION

INSTALLATION

APPLICATION

CONSTRUCTION
- Special techniques
- Interface with other work
- Sequences of operation
- Site tolerances

REPAIR/RESTORATION

REINSTALLATION

FIELD QUALITY CONTROL
- Site tests
- Inspection
- Manufacturer's field services

ADJUSTING

CLEANING

DEMONSTRATION

PROTECTION

SCHEDULES

성능 시방서(performance specifying). 건축가들에게 성능 시방서는 최선의 원칙이 된다. 왜냐하면 필요한 품질에 대한 결과를 지정하고, 필요조건들에 대처할 때에 가장 많은 유연성과 독창성을 계약자, 제조업자에게 주기 때문이다. 그러나 실제로 시방서는 결과에 영향을 미치는 수량에 의하여 복잡하게 된다.

참조표준 시방서(specifying with reference standards). 시방사항들은 산업생산 제품에 대한 참조표준을 제시한다. 이것은 디자이너, 계약자, 공급자들이 산업규정에 따라 제작된 표준 실행과 행위를 할 수 있게 한다. 가장 넓게 잘 알려진 표준들은 미국 국가표준기구(ANSI), 미국재료시험기구(ASTM)와 사회 보험업자(UL)이다. 이 모임들은 개발하거나, 실행 표준들을 조직하거나 출판되었던 표준들이며, 재료와 제품들에 대한 승낙을 발견하기 위해 검사한다.

제품 시방서(proprietary specifying). 많은 건축가들은 그들의 간결성을 위해 제품 시방서를 사용하고 있는데 그 이유는 특정 제품의 품질들에 익숙하기 때문이다. 이러한 시방서는 재료의 품질들, 요구되는 실행요소들의 서술로서 참조표준이 종종 사용된다. 미국 공기조화기구(ASHRAE), 조명학회(IES)에서 발간된 기준들은 미국건축생산협회(AAMA)의 회원들이 정해놓은 생산과 체계를 위한 기준의 특정한 부분에만 초점이 맞춰져 있다. 예를 들면, AAMA는 스토어 프론트, 커튼 벽들과 창문 같은 알루미늄 제작을 위한 시험 방법, 표준, 가이드 규정들을 작성한다.

제한 시방서(restrictive specifying). 또한 건축가들은 어떻게 시방서를 제한할지 결정한다. 오로지 하나의 생산품만 허가할지, 여러 가지의 생산품을 허가할지, 또는 특정한 방식의 생산물만 허가할지를 정한다. 공개적으로 비용과 관련된 계획들은 완전히 개방된 설계경기를 필요로 한다. 그러므로 여러 종류의 생산품들은 제조업자들이 정당하게 경쟁할 수 있는 원칙 아래 제한되어야 한다. 개인 프로젝트의 경우 건축가는 엄격하게 명세 사항을 기입한다. 그렇지 않으면 건축주는 설계경기를 선호하게 될 것이다. 선택을 할 때, 건축가는 의뢰인들에게 어떠한 길이 가장 큰 이익을 줄 수 있는지 결정해야 한다.

범용 시방서 (Master Specifications)

대부분의 회사들은 각 프로젝트에 맞게 수정된 범용 시방서의 일부 형식을 따른다. 범용 시방서는 옵션들의 범위를 포함하는 모든 주제를 포함한다. 그때 시방 작성자는 승낙되지 않는 조건들은 지우고 표준에 포함되어 있지 않은 특별한 필요조건들을 집어넣는다. 컴퓨터는 스크린 위에 직접 본문을 편집하고 규정들을 만들기 위해 폭넓게 사용되고 있다.

일반적으로 사용되는 대부분의 시판되고 있는 마스터 규정은 AIA에 의해 개발되고, ARCOM 표준체계를 통해 입수하는 범용 시방서이다. 그것은 다양한 컴퓨터를 위해 전자 미디어상에서 이용할 수 있고, 전문가에 의해 정기적으로 최신의 것으로 바뀌진다. 범용 시방서는 여러 건축 사무소에서 꽤 적절히 사용되고 있다. 그것은 대부분의 종류들의 계획들을 포함하고, AIA 기본 문서들과 과정들로 밀접하게 조화시키게 된다. 범용 시방서는 개요와 참조 재료들, 의견서와 도면들을 포함하는 지도적인 규정 집필, 그리고 규정의 주요내용들로서 작용한다. 다른 시판의 범용 시방서들은 SpecsIntact를 포함한다. NASA와 SpecText에 의해 개발되는 자동화되었던 규정들 시스템이 건설과학연구협회에 의해 유지된다. 범용 시방서들은 또한 해군시설엔지니어 사령부나 군시설기관과 같은 정부 기관에서 이용될 수 있다.

시방서 작성방법

대부분의 세부사항들은 워드프로세서를 사용하게 된다. 많은 정보는 프로젝트에서 프로젝트로 반복된다. 규정들은 대다수의 초안들을 통하여 일반적으로 전개된다. 그리고 CAD 도면에서 개정들을 추적하는 것은 더욱 더 중요하다.

1997년 AIA 조사에 응답한 66퍼센트는 다음 사항들을 알려준다. 시방서와 같은 체계는 여러 분야를 포함하고 개별 사항의 범위를 주는 범용 시방서를 따른다. 범용시방서는 문서나 전자상으로 작성된다.

잘 정렬된 도면과 규정들은 모든 건설문서상에서 필수적이다. 특히, 건축가는 사용되는 일관되고 명확한 언어의 사용이 요구된다. 작은 규모의 프로젝트에서 건축가는 종종 도면에 간접적으로 규정들을 개발하거나 직접적으로 도면에 그려 넣는다.(어떤 경우에는 사진 복사를 사용하여 CAD로 워드프로세싱 파일을 불러들이거나 도면을 갖다 붙인다.) 그러나 더 큰 계획을 위해서 개개의 계획들 매뉴얼에서 시방서들을 참고하는 것이 보통이다. CAD와 다른 자동화 도구들은 건축가들의 협력을 도울 수 있고, 어떤 경우에 그것들은 더욱 엄격한 도면과 규정을 만들기 위한 새로운 기술을 제공하기도 한다.

중요한 목적은 도면에서 사용되는 기호들과 시방서에서 사용되는 언어들이 일관성을 유지하는 것이다. 일관성이 없다면 건설기간 중에 자기 해석적이며 설계 변경의 주된 원인이 된다.

도면들과 시방서의 신중한 재검토를 통하여, 여러 생산 기술들은 건축가들이 일관성을 유지하게 해준다. 서술적인 묘사 대신에 "침실단열"과 같은 도면, 디테일들을 기조번호로 붙인다.

이 번호는 표준화되었던 기조 리스트에 상호 참조 표시를 기재하게 되는데 그것은 각각의 도면에 포함된다. 범례 목차와 규정들을 조화시키는 것은 건축가의 책임으로 남아있다. 그러나 이 기술은 일반적으로 도면표기들을 수정하기 쉽게 만드는 것이고 더 조화롭게 한다. 예를 들어, 만약 표준의 재료 표기법이 바뀌면 재료에서 나타나는 모든 평면, 단면, 입면, 부분상세가 아닌 범례 리스트만이 업데이트가 필요하게 될 것이다.

범례에 토대를 둔 도면들은 자동적으로 조정할 수 있다. CAD 시스템은 같은 정보가 참조 파일들을 사용하고 있는 여러 장의 도면들의 사이에서 공유되는 것을 허락한다. 많은 도면들에 참조 파일이 붙여질 때 범례 리스트는 단지 마스터 리스트를 바꾸는 것에 의해 모든 도면들을 위해 최신의 것으로 바뀌질 수 있다.

실시설계도서는 약속된 번호를 사용하고 16부의 표준형식을 채택하는 개념이다. 도면에 관한 각 재료 또는 제품 표기법은 해당되는 규정 부분에 직접적으로 참조된다. 도면작성과정에서 어떤 경우 프로그램은 도면들을 조사할 수 있고, 도면상의 재료들의 모든 keynote 기호들을 인쇄할 수 있다. 도면들과 시방서들을 연결하는 데 사용될 수 있는 keynote 리스트는 각 건물 구성 요소가 시방서들에서 기술하는 것을 확실하게 돕는다. CAD는 통합된 도면이 건축가들이 데이터베이스 속성들의 형태로 직접 규정 자료들을 도면에 추가하게 함으로써 시방서에 제공하는 또 하나의 체계이다. 도면들에서 미리 그려졌던(금속 각재들, 절연, 배관 공사 정착물들, 기타에 금속을 씌우는 것 외에 기타 등등) 표준의 구성 요소들은 상세적인 속성까지 포함된다. 어떤 CAD 시스템들은 이 정보에 의하여 보고서를 작성할 수 있고, 건축가는 역으로 도면에서 시방서에 의해 그려진 각각의 요소들을 재확인할 수 있다.

CAD에 있어서의 다음 단계는 기술에 따른 3D 모델링 시스템과 CAD 시스템의 사용이다. 이 체계는 보다 더 엄격한 시방체계를 적용받는다. 예를 들어 벽의 구성요소뿐만 아니라 단열정도까지 관여한다. 이것은 재료표들에서 완전하고 매우 정확하게 추출될 수 있다. 선진의 CAD 시스템은 디자인 규칙에 따라 운영된다. 바꾸어 말하면, 어떻게 건물들이 설계되고 시공되는지에 대한 지식은 소프트웨어로 프로그램된다.

다른 실시설계도서

도면에 상세서들을 추가하여, 문서들은 다음 사항을 포함한다.

- 입찰요구사항, 입찰 요청을 포함, 입찰자들을 위한 정보와 지침, 입찰 형식과 입찰채권
- 제안되었던 건축주-계약자 합의, 증명서들과 실행과 지불 채권들을 포함하는 계약 형태
- 일반적이고 보충적인 건설계약의 규약사항들
- 입찰 동안 발행된 제안서
- 건설 조항에 체결 후 수정사항들

계약문서들은 법규 강화 내용, 프로젝트의 검토와 건축허가발행을 위한 법규 준수 내용을 포함한다.

다른 건설문서들은 대개 AIA, 건축주 또는 다른 데에서 제공된 건축 사무소와 표준회사들에서 생산된 문서의 조합이 된다. 수정되거나 되지 않은 AIA 문서들은 원래 양식대로 프로젝트 매뉴얼에 포함된다. 다른 것들은 사용할 수 있는 양식, 적절한 수

정들이 포함된 향후 프로젝트로 워드프로세서의 형식이 된다.

생산 관리

생산계획은 요구되는 문서를 통해 생각하는 것을 포함하는 것인데 일반적으로 프로젝트의 초기에서, 빈번히 일어나는 적절한 생산방법을 선택하는 것, 생산 처리를 계획하는 것, 그리고 바라는 결과를 성취하기 위한 과정을 다루는 것 등 초기 상황에서 생산방법을 정하기 위한 제안의 일부이다. 건설문서의 효과적인 작성 관리는 회사의 프로젝트 목표와 그것의 실용성의 목표 두 개를 만족시켜야 한다. 좋은 생산 관리는 다음과 같은 주요특징을 포함한다.

- 신중한 생산 계획(예정하는 것)과 통찰력
- 표준문서들
- 건설 정보와 기술적 정보
- 상담자들과 같은 계획 팀에 관한 것들
- 완전한 재검토와 조사하고 있는 과정들
- 고품질의 실시설계도서들을 생산하고 싶은 욕구
- 소유자에 의한 실시설계도서들의 승인

계속적인 품질 개량을 추구하는 회사들은 시공 문서들을 각별히 검토한다. 새로 만들어진 문서들은 계약 요구사항과 건설에 필요한 정보에 의해 수정된다. 실시설계도서의 제목은 결정사항이 디자인 발전단계에 정해지는 단계에 따라 정해진다. 그것은 건축주들에게 대부분의 결정들이 상호 연관되어 있는지 인식하기 위해 필요할지 모른다. 새로운 문을 추가하는 것은—예를 들면—몇 개의 도면(계획들, 내부의 높이들, 섹션들, 세부들와 문에 마루를 놓고, 금속 각재 계획들)의 변경을 필요로 한다. 디자인상의 변화들은 컴퓨터에 의해 쉽게 변경될 수 있다. 그러나 전문가적인 판단은 작은 디자인상의 결정에까지 관여하고 있다.

생산계획

실시설계도서들 중에 다양한 상호 관계들을 고려하고, 대부분의 사무실들은 단일의 생산 협업방식을 확인한다. 많은 계획들을 위해 사람들은 프로젝트 건축가 또는 계획 관리자가 된다. 더 큰 계획들을 위해 기술적인 건축가, 책임자 또는 특별히 지정되는 다른 한 사람의 개인에게 위임받을지도 모른다. 설계자료 문서들이 진행됨에 따라 프로젝트 관리자는 상세도, 공정관리, 다른 자원들의 부분에서 생산된 문서들이 더욱 필요하게 된다. 이러한 결정사항들은 실시설계도서를 위해 계획되었던 형식 안에서 디자인을 발전시키기 이전부터 이루어져야 한다.

프로젝트 수행 방법(9.1)은 실행 서비스의 가능한 방법들을 개괄한다.

생산 관리와 예산 책정. 많은 건축가들은 요구되는 상세도의 수준과 프로젝트의 복잡성은 도면 제작이 매우 다양하게 변화함에 따라 많은 시간이 소요된다는 것을 알고 있다. 각각의 도면들에 시간을 배분하는 것은 좋은 경험이고 사람들은 예상되는 도면이 무엇인지 알고 작업을 한다. 과거의 자료들은 평가를 상세하게 하는 데 도움이 된다. 많은 요인들 때문에 다음과 같은 생산관리를 위한 시간이 요구된다.

▶ 자료수집철은 AIA 서류에 속하며 실행 옵션에 적합하게 만들어진다.

▶ 책임소재, 위험부담, 보상에 대한 다양한 체계가 있으며 계약서와 조건 등에서 일괄적으로 다른 프로젝트 합의 사항 등과 체계적으로 연결된다.

- 계획 전달 방법
- 계획의 크기와 복잡성
- 경쟁 입찰 필요조건들
- 규정 범위
- 지정 제품에 대한 품질평가
- 디자인과 관련된 세부의 수준

만일 의사결정 과정이 순조롭게 이루어지면 실시설계도서들은 가장 효율적으로 준비된 것이다. 대형 생산기술로 인하여 설계 자료를 만드는 과정보다 조사단계, 의사합일단계가 시간이 더 걸리게 된다. 예상하고 있는 것처럼, 만일 익숙하지 않은 건설시스템들이 사용되면 필요한 시간은 실질적으로 증가한다.

생산방법의 선택. 위에서 제안된 것처럼 생산과정에서 각각의 접근방법은 규율로 작용한다. 회사의 CAD 표준은 이런 주제에 지침을 제공해주지만, 거의 모든 프로젝트는 외부에서 CAD 데이터를 외부 컨설턴트나 건축주와 함께 공유하는 단일 요구사항을 제공할 것이다. 위에서 논의되고 있는 국가표준 CAD 같은 표준들은 산업 전반에 걸치는 표준들로서 유용하다. 만일 CAD 자료들이 다른 조직들 사이에서 교환된다면, 그 조직은 다음과 같은 문제점들을 고려해야 한다.

- 자료가 어떻게 활용되는지?
- 다른 한편으로 각 조직들이 필요로 하는 정보는 무엇인가?
- 어떤 형식의 자료가 필요한가?
- 자료 교환이 빈번히 일어나는 것은 무엇인가?
- 어떻게 자료들을 교환할 것인지(웹사이트, 게시판, 전자우편, CD 등의 제작)?
- 자료 준비가 각 교환을 위해 필요한가? 그리고 전달하는 데 얼마나 오래 걸리는지?
- 자료들을 송수신할 책임이 있는 각 조직의 사람은 누구인가?
- 전자 자료들을 요청하고, 공표할 권한이 부여되는 사람은 누구인가?
- 어떻게 데이터 전송들이 기록될 것인가?
- 자료 보관자는 누구인지?

생산 제품들의 계획

성공적인 제품 계획은 다음과 같다.

- *경험:* 대부분의 사무실들은 자체적인 정보수집 시스템이 있어서 재료선택과 제품을 체계적으로 관리하고 있다.
- *제품 예산 책정:* 건축가의 대부분 설계비용은 실시설계도서이다. 일의 범위, 서비스, 보상 등은 서비스 기간 동안 균등하게 배분되는 것이 중요하다.
- *프로젝트 컨설턴트:* 프로젝트 규모에 상관없이 컨설턴트는 작업 일정과 표준 자료에 의거하여 일을 진행시킨다.
- *프로젝트 기술력:* CAD 시스템은 계획과 프로젝트 관리에서 중요한 역할을 한다.

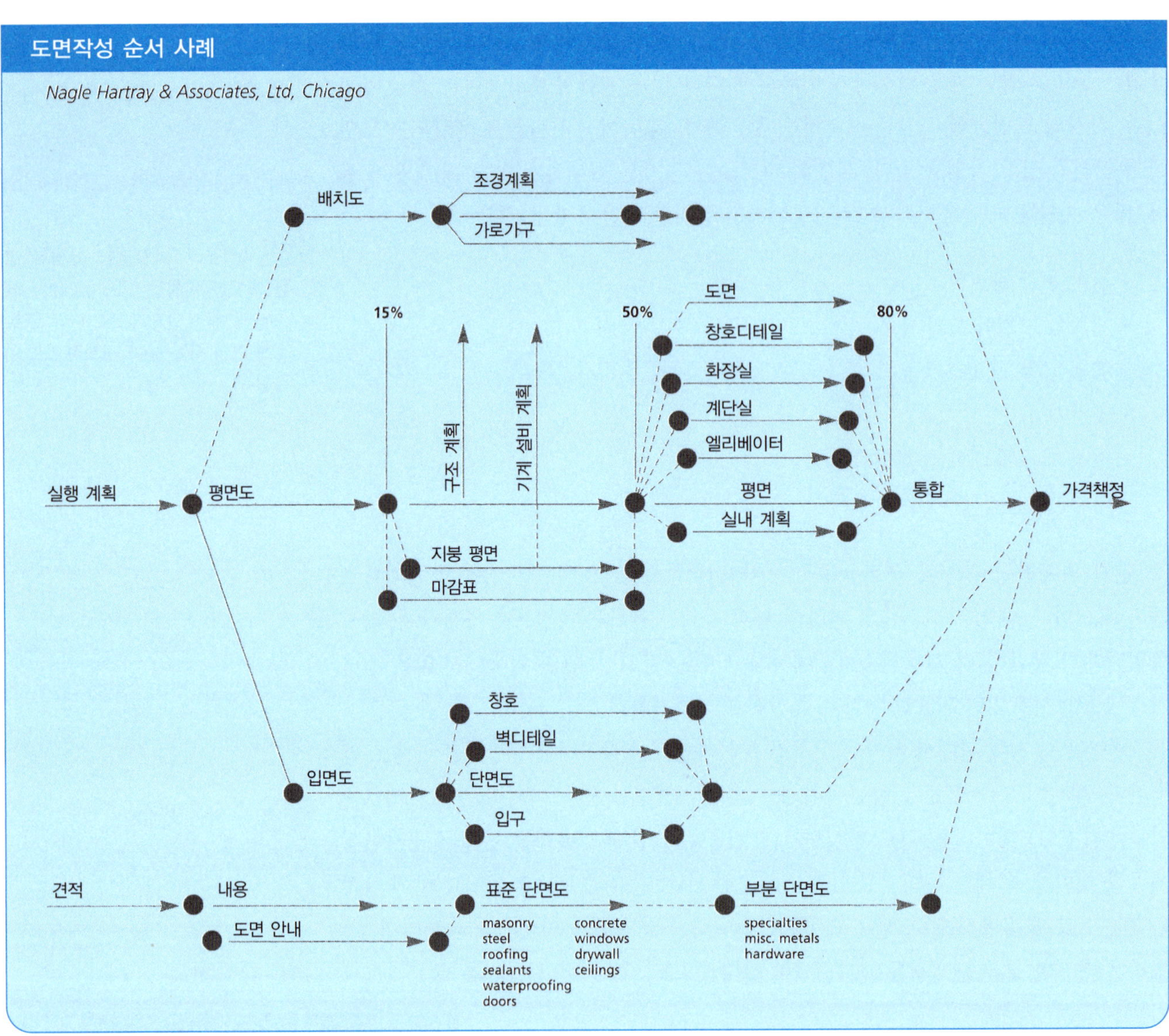

생산 계획에서 중요한 점은 계획을 지연시키고, 그 계획을 위험에 노출시킬지도 모르는 요인들의 검색이다.

기술상의 참고자료. 건축가는 새로운 상세도와 건축 기술을 디자인 프로세스에서 가정으로 이해해야 한다. 이 조사를 용이하게 하기 위해 중요한 다음과 같은 참조사항들을 이용할 수 있다.

- 건축 규칙들과 계획에 적용될 수 있는 규칙들
- 기술적인 참조들, ASTM, ANSI, 산업생산 표준들
- 그래픽의 표준들
- 산업 관련 잡지들과 다른 출판물들
- 제조업의 카탈로그

이 재료는 책 또는 팜플렛들에서, 또는 증가하는 디스켓, 온라인 또는 CD-ROM으로 일반적으로 이용할 수 있다. 전산화된 제품 선택, 분석과 세부적인 과정들도 통합하게 된다. 출력된 참고자료로 작업함으로써 많은 기구들은 건축과 관계있는 사람들에게 기술적 참고자료가 되고 가치 있는 자료로서 영향을 미친다.

설계 자료의 조정

설계 자료들의 목표는 일관되고 조합된 문서들의 세트이다. 계획들, 섹션들, 높이들, 세부 계획들은 서로 일치해야 한다. 이것들은 모든 원칙 안에서 상호 연관된다. CAD 모델을 세팅하는 데 다음과 같은 유의사항이 있다.

- 어떤 것이든 반복되게 그리지 않는다.
- 주요한 CAD 모델을 만들고, 가능한 한 많은 도면들이 그 모델에 참조사항을 붙일 것을 확인한다.
- 얇은 판의 파일/전형적인 파일과 구별되고 모순이 없는 것은 AIA CAD Layer Guidelines에서 만든다.
- CAD 표준들을 설정할 때 동일한 규율을 적용한다.
- 자료들이 외부 컨설턴트들에게 전달되고 사용되는지를 고려한다.
- 건축가는 모든 컨설턴트들에게 최근에 완성된 자료들을 제공할 수 있어야 한다.

▶ 건축 실무에서의 컴퓨터 기술은 (12.1)에서 작업방식을 자동화시킨다.

CAD 작업 모델을 올바르게 세팅하는 것은 기술적인 도전이고 시간이 걸리는 작업이다. 그것은 건설 문서 처리로 CAD 시스템 능력들과 한계들에 관한 지식뿐만 아니라 경험을 필요로 한다.

평가와 검토(review and checking). 평가와 검토는 아무리 강조해도 지나치지 않고, 설계자료 생산 중 많은 시간이 요구된다. 상세도에 맞는 더 큰 부분을 충분히 이해한 뒤 각각의 세부문서들이 작성된다. 그러므로, 도면 검토는 협력을 하여 진행되고, 전문 사무실의 특성을 발휘하기 위해 교육이 필요하다. 리스트들은 건축가들이 문서들을 점검하는 데 출처들을 이용할 수 있게 도와준다. 도면을 검토하는 데에도 설계사무소의 신뢰를 높이는 노력이 필요하다. 대부분의 사무소들은 도면 검토를 위해 다음과 같은 규약을 세워놓고 있다.

▶ 건축주의 법적 · 계약적 인가를 확인하여야 하며 그것에 대한 책임 여부가 그때부터 시작된다.

- 문서들은 완성되기 전에 총괄적으로 점검되어야 한다.
- 도면의 중요한 치수는 점검되어야 한다.
- 시방서들은 재검토되고 도면들은 재조사되어야 한다.
- 문서는 최종 제출되기 전에 재검토되고 책임자에 의하여 승인되어야 한다.

Redi-Check List

1. 예비 검토

a. 한 페이지당 1분 이내에 모든 페이지의 개요를 검토하고 프로젝트를 신속히 파악한다.

2. 시방서 검토

a. 입찰 항목에 대한 시방서를 점검한다. 시방서 항목은 도면과 일치하는가?
b. 공사 단계별 시방을 점검한다. 단계는 명확한가?
c. 건축 마감표와 시방서 색인 목록을 대조한다. 모든 마감 자재의 시방이 있는지 확인한다.
d. 장비의 주요 항목을 점검하고 시공도서와 일치하는지 검토한다. 정격 마력 및 정격 전압 요건을 특히 주의하여 검토한다.
e. "표시된 대로" 혹은 "표시된 부분"과 같이 표현된 항목들이 실제로 시공도서에 명시되었는지 검토한다.
f. 상호 참조된 시방서 섹션이 있는지 검토한다.
g. 시방서에 사용된 각 자재의 두께나 수량을 표시하지 않도록 주의한다.

3. 토목도면 검토

a. 새로운 지하 유틸리티(전력, 전화, 수도, 하수도, 가스, 우수관로, 연료라인, 그리스 트랩, 연료탱크 등)가 표현된 배치도의 상호 간섭 여부를 검토하였는지 확인한다.
b. 기존 전화용 전봇대, 지주 버팀줄, 도로표지판, 배수구, 밸브박스, 맨홀뚜껑 등이 새로운 차도, 보도, 혹은 기타 부지 개발 사항과 간섭은 없는지 확인한다.
c. 정리하기, 경사 고르기, 잔디 입히기, 초지 혹은 뿌리 보호재의 경계가 건축 혹은 조경 평면과 일치하는지 확인한다.
d. 소화전과 가로등의 위치가 전기 혹은 건축도면과 상충되는지 여부를 확인한다.
e. 다른 지하 유틸리티를 보여 주는 도표를 확인하여 상충되는 곳이 없도록 한다.
f. 배수 구조물과 각 맨홀 간 수평거리의 측정 치수와 도면상 치수가 일치하는지 확인한다.
g. 밸브박스와 맨홀뚜껑(하수도, 전력, 전화, 배수)을 도로포장, 배수용 골짜기, 또는 보도의 마감레벨과 맞추기 위해 조정하는 항목도 포함되어 있는지 확인한다.
h. 기존 지형과 신규 지형이 모두 표현되어 있는지 확인한다.

4. 구조도면 검토

a. 구조도면과 건축도면의 기둥 위치를 확인한다.
b. 구조도면과 건축도면의 기둥 위치가 일치하는지 확인한다
c. 구조도면의 외주부 스래브가 건축도면과 일치하는지 확인한다.
d. 낮춘 혹은 높인 스래브가 모두 표시되어 있는지 확인한다.
e. 스래브 높이와 건축도면의 높이를 확인한다.
f. 기초 기둥이 있는지 확인한다.
g. 기초 보가 있는지 확인한다.
h. 지붕 골조 도면의 기둥 위치와 기초 도면 기둥 위치를 대조 확인한다.
i. 지붕 외곽선과 건축 지붕 도면을 대조 확인한다.
j. 모든 기둥과 보가 일람표에 포함되어 있는지 확인한다.
k. 모든 기둥의 높이가 기둥 일람표에 표시되었는지 확인한다.
l. 모든 단면도가 제대로 명명되었는지 확인한다.
m. 모든 신축이음 위치가 건축도면과 일치하는지 확인한다.
n. 모든 치수를 확인한다.
o. 도면과 시방서가 상충되는 않은지 확인한다.

5. 건축도면 검토

a. 부지 현황도의 부지 경계선 치수가 건축도면과 맞는지 확인한다.
b. 건물 위치가 건물후퇴선 뒤에 있는지 확인한다.
c. 모든 콘크리트 기둥과 벽이 구조도면과 일치하는지 확인한다.
d. 배치도에 기존 구조물과 신축 구조물이 분명하게 표시되었는지 확인한다.
e. 건물의 입면도와 평면도가 일치하는지 확인한다. 특히 지붕선, 창문 및 출입문, 신축이음의 위치를 점검한다.
f. 건물 단면도와 입면도, 평면도를 대조하여 확인한다. 지붕선, 창문 및 출입문의 위치를 점검한다.
g. 벽 단면도와 건물 단면도 및 구조도면을 대조 확인한다.
h. 창문 및 출입문의 조적부위 개구부를 확인한다.
i. 건물의 모든 신축 이음을 확인한다.
j. 부분 평면도와 작은 축척의 평면도를 대조 확인한다.
k. 천정평면도과 건축 평면도를 대조하여 각 방마다 차이는 없는지 확인한다. 천장재와 마감공사 일정을 점검하고, 조명 고정설비 배치도와 전기도면, 천장 디퓨저환기조정장치와 기계도면, 모든 처마면과 환기구 위치를 점검한다.
l. 방 번호, 방 이름, 마감 및 천장고를 포함한 모든 방의 마감 목록을 확인한다. 누락, 중복 및 불일치는 없는지 조사한다.
m. 크기, 유형, 명칭 등 모든 문의 일람표를 확인한다. 누락, 중복 및 불일치는 없는지 찾는다.
n. 모든 내화벽체를 확인한다.
o. 모든 수납장이 제대로 들어 맞는지 확인한다.
p. 모든 치수를 확인한다.

6. 기계도면 검토

a. 신규 전기, 가스, 상수도, 하수도 등의 모든 라인이 기존 라인과 연결되는지 확인한다.
b. 모든 화장실 기구의 위치를 건축도면과 대조 확인한다. 모든 화장실 기구를 기구 일람표 및/혹은 시방서와 대조 확인한다.
c. 우수 배출 시스템을 건축의 지붕도면과 대조 확인한다. 모든 우수/배수관의 크기가 정해지고 연결이 이루어졌는지 그리고 각 기초와 간섭은 없는지 확인한다. 건축도면에 수직 배관을 감추기 위한 샤프트 등이 모두 고려되어 있는지 확인한다.
d. 오수 배관의 크기가 정해졌는지, 또 모든 기구가 연결되어 있는지 확인한다.
e. 건축도면과 설비 평면도를 대조 확인한다.
f. 각 방의 스프링클러 헤드를 확인한다.
g. 건축단면 및 구조도면의 단면이 일치하는지 확인한다.
h. 덕트가 교차하는 최악의 경우에도 적절한 천장 높이가 확보되는지 확인한다.
i. 구조도면상에 기계설비를 지탱하기 위한 지지대가 표시되어 있는지 확인한다.

j. 방연 및 방화벽에 댐퍼가 모두 표시되어 있는지 확인한다.
k. 각 디퓨저를 건축 천정평면도와 대조 확인한다.
l. 지붕을 관통하는 모든 덕트, 팬이 지붕도면에 나와있는지 확인한다.
m. 모든 덕트의 크기가 정해졌는지 확인한다.
n. 도면에 적힌 모든 특기사항 혹은 주석 내용을 확인한다.
o. 모든 냉방장치, 히터 및 배기 팬을 건축 지붕도면 및 기계 일람표와 대조하여 확인한다.
p. 모든 기계장비가 주어진 공간에 설치될 수 있는지 확인한다.

7. 전기 도면 점검

a. 모든 전기도면이 건축도면과 동일한지 확인한다.
b. 모든 조명기구와 천정평면도를 대조 확인한다.
c. 모든 주요 장비에 전원이 연결되는지 확인한다.
d. 모든 분전반의 위치가 전기 수직계통도에 나타나 있는지 확인한다.
e. 도면에 적힌 모든 특기사항 혹은 주석 내용을 확인한다.
f. 배전반이 들어갈 모든 공간의 여유가 충분한지 확인한다.
g. 방화벽 안으로 들어간 배전반은 없는지 확인한다.
h. 전기기구 위치는 부지 내 포장 및 경사면이 고려되었는지 확인한다.

8. 주방/식재료 시설 도면 검토

a. 모든 장비 배치도와 건축도면을 대조 확인한다.

건축주는 실시설계도서를 입찰이나 계약을 위하여 검토하고 그 후에 계약자와 시공 관리자와 계약한 뒤 완전한 성립이 이루어진다. 디자인과 설계 자료는 성공적으로 건설을 수행하기 위하여 확실히 검토되어야 한다.

추가적인 정보

프래드 내쉬(Fred Nashed)에 의한 **건축공사도면을 위한 시간 절약 기술**(1997)은 실시설계도서의 계획단계와 도면 기준 양식을 소개하고 있다.

리차드(Richard M. Linde)와 오사무(Osamu A. Wakita)는 **실시설계도서의 전문적 실기 작업**에서 실시설계도면의 기술, 개념, 그리고 기초작업에 대한 내용을 담고 있다. 프레드(Fred Stitt)는 안내지침서와 체크리스트를 제시하는 데 **건축가와 디자이너를 위하 생산조직(1997)**에서 그림과 함께 소개하고 있다. 그 밖의 저술들은 공사도면기준을 소개한다. **단일 체계의 도면시스템(1998)**은 도면형식, 구성, 스케줄에 대한 기준을 세우고 있다.

AIA 캐드 레이어 지침서(2001)에서는 정보 파일 레이어의 표준명들을 제시하고 있다. **단일체계의 도면 시스템**과 **AIA 캐드 레이어 지침서**는 제작 기준에 따라 미국 국립 캐드 기준서로 통합된다. 국립 캐드 기준서는 AIA의 (202)626-7541로 연락하면 된다. 공사시방협회는 www.natinalstandard.org이다.

좀 더 상세한 시방서 작성은 해롤드 로센(Horold J. Rosen)이 쓴 **공사 시방서 작성 : 원칙과 절차(1998)**를 참조하면 된다.

시방 소프트웨어는 ARCOM에서 얻을 수 있으며 그 속에는 마스터스 펙(MASTERSPEC)과 시방요지(SPECWARE) 등이 있다. 실습을 위한 시방자료는 AIA 마스터스 펙을 참조하고 ARCOM과 연락하면 된다. (www.masterspec.com)

Redicheck Associates는 좀 더 정확하고 철저한 실시설계도서 작성을 위한 상호체크가 가능한 매뉴얼을 출간하였다. (877)733-4243으로 연락하면 정보를 얻을 수 있다.

참•고•자•료 Backgrounder

미국 CAD 기준

Michael Tardif, Assoc. AIA

CAD가 포함된 업무용 소프트웨어 적용은, 출력물의 그래픽 구성과 데이터의 조직과 분류에 대한 고도의 통제를 가능하게 한다. 이러한 사용자 주도의 변수들은 개인들이 CAD 데이터를 각자 필요와 논리에 따라 구성하고 분류할 수 있게 하며, 그들 자신의 출력물의 그래픽 표준을 구축할 수 있게 해준다. 컴퓨터 기술을 통해 이렇게 자유롭게 고객맞춤을 할 수 있는 혜택도 있지만, CAD 문서 제작에 있어서 개별화된 사용자 주도 설정의 확산으로 인해 수백 년 동안 수작업 제도를 통해 진화가 이루어졌던 데이터 조직화, 분류 및 소통을 위한 공통 언어가 잠식되었다. 심지어 가장 간단한 CAD 소프트웨어 애플리케이션조차 수백 가지의 사용자 주도 설정을 가질 수 있다. 이렇게 이 부문에서의 표준이 마련되지 않았기 때문에 소규모 설계 팀 간에도 데이터 공유가 쉽지 않다. 각 회사 조직 간 설정의 변환 혹은 표준의 개발 및 적용에 들어가는 비용은 CAD가 가져다 주는 생산성 혜택을 깊게 잠식한다.

지난 수년간 수많은 업계들이 이 문제를 다양하게 다루어왔다. AIA는 CAD 데이터 파일과 레이어 명칭의 공통 명명체제를 구축하기 위해 1992년 CAD 레이어 지침서(CAD Layer Guidelines) 초판을 출판하였다. 수정 및 갱신된 이 지침서의 제2판은 1997년에 출판되었다. 같은 해 CSI (Construction Specifications Institute; 건설시방서협회)는 표준제도시스템(Uniform Drawing System)의 첫 세 가지 모듈을 출판하였다. 이 문서는 수작업으로 혹은 컴퓨터 작업으로 만들어진 시공도서의 조직화를 위한 업계 표준으로서의 역할을 하려는 것이었다.

이렇게 출간물에 의한 합의된 산업 표준 정립의 가능성을 인식한 NBIS(National Institute of Building Sciences; 국립건설과학협회)는 1997년 미국국가CAD표준(NCS)을 탐색하기 위해 건축설계 및 건설업체 연합회를 소집하였다. NIBS 시설정보협의회의 후원으로 AIA도 건설시방서협회, 미국해안경비대, 미국방성 3군 CAD/GIS 기술센터, 판금 및 냉난방설비업체 전국연합(SIVIACNA), 그리고 기타 건설 및 소프트웨어 회사와 함께 이 표준의 공동출판을 준비하였다. 이 그룹들은 기술의 발전과 보조를 맞추기 위해 미국국립CAD표준(NCS)의 개발과 발전을 지원하기로 하였다. 미국국가CAD표준(NCS)을 직접 CAD 및 관련 소프트웨어와 통합시키기 위한 노력도 진행 중이다.

이 역사적이고 전례 없던 협력으로 얻어진 산출물인 미국국가CAD표준(NCS)은 당초 개념 설계로부터 궁극적으로 폐기 및 재사용에 이르는 건물 생애 주기 동안의 건설과 설계 데이터의 자유로운 흐름을 합리화하는 데 중요한 일보를 내딛게 되었다. 이것은 다음과 같은 항목으로 이루어져 있다:

1. CSI가 출판한 "표준제도시스템"(건설 도면 구성용 시스템)
2. AIA가 출판한 "AIA CAD 레이어 지침서"(CAD 도면 파일 명칭과 CAD 레이어 명칭의 명명법 체계). 개정판에는 통신과 전자 건물 시스템 및 개조 등과 같은 분야의 새로운 레이어 정의가 포함되어 있으며 ISO 레이어 표준과 호환성을 개선하기 위한 수정이 이루어졌다)
3. 미해안경비대가 개발하고 미국방성의 3군 CADD/GIS 기술센터에 의해 보급된 3군 "플로팅 지침서"(이것은 CAD 도면의 색상과 선 두께 설정을 정의한다)
4. NIBS가 출판한 "국가 CAD 표준위원회 보고서"(구성 문서들 간의 사소한 불일치 문제를 해결)

국가 CAD 표준의 혜택

균일한 전자 데이터 분류 포맷은 건축설계 및 설계도서를 만들어내기 위한 공통 언어를 구축하게 된다. 사무소별 표준을 유지하거나 개발할 필요성도 없어진다. 새로 입사한 직원도 파일과 레이어 명칭 부여 규약이나, 펜 설정, 선 두께, 도면 세트 조직화 혹은 도면 레이아웃 규약 등을 익히기 위한 훈련 또는 재교육을 받지 않아도 된다. 프로젝트 디자이너나 프로젝트 매니저도 다양한 회사별 시스템 비밀을 배울 필요 없이 보다 쉽게 설계 데이터에 접근할 수 있게 된다. 보다 나은 프로젝트 관리, 고품질의 설계도서, 실수와 누락의 감소 및 궁극적으로 보다 나은 건축 프로젝트의 혜택을 얻게 된다. 가장 중요한 점은 설계회사들이 업계 표준 포맷으로 데이터를 제공하게 되어 고객들에게 고품질의 서비스를 제공할 수 있다는 것이다. 발 빠른 설계회사들은 자신들이 국가 CAD 표준을 사용하고 있음을 고객들로 하여금 알게 할 것이다.

참여기회

NIBS/FIC 국가 CAD 표준 프로젝트 위원회는 매년 봄 NCS 신규 버전의 출판을 목표로 회의를 소집한다. 회원 자격도 개방적으로 주어지고 매년 여름에 공개 등록 기간이 있다. 위원회 작업에 관심이 있는 누구나 참여할 수 있다. 위원회의 작업은 인터넷을 통해 이루어진다. 위원회의 회원자격은 두 가지 범주로 얻을 수 있다: 서류 검토자(출장 여행 불필요) 및 적극활동 회원(출장 여행이 필요할 수도 있음). 위원회의 모든 구성원은 등록 분야에 관계 없이 동등한 발언권과 투표권을 가진다. 국가 CAD 표준 웹사이트인 www.nationalcadstandard.org를 방문하면 보다 상세한 사항을 볼 수 있다.

국가 CAD 표준은 AIA 서점을 통해 구입할 수 있으며 전화 (202) 626-7541 또는 (800) 242-3837 (4번)으로 주문할 수 있다. 또는 NIBS(www.nationalcadstandard.org)나 건설시방서협회 (wwv.csinet.org)에서 구입할 수도 있다. AIA, CSI 및 NIBS 회원에게는 할인 혜택이 있다.

마이클 타디프(Michael Tardif)는 AIA 센터 기술 및 실무 관리 부문의 책임자이다.

AIA 마스터스펙

마스터스펙(MASTERSPEC)은 건축설계 및 건설 업계에서 많이 쓰이는 시방서 개발 도구이다. 최신 버전을 통해 건축가는 프로젝트 시방서를 만들어내기 위한 강력한 도구를 얻을 수 있다. 마스터스펙은 AIA에서 제작한 것으로 아르콤(ARCOM)에서 출판 및 지원을 하고 있다. 라이브러리라 불리는 10가지 버전이 있으며 다음과 같은 설계 분야로 구성되었다:

라이브러리	약어
건축/구조/토목	A/S/C
구조/토목)	SIC
기계/전기)	M/E
전기	E
인테리어 공사	IC
A/S/C/ 부속 인테리어 공사	ICS
조경	LA
지붕재	RF
보안 및 구류	SD

마스터스펙 라이브러리는 전체판, 축소판 및 개략판의 세 가지 포맷으로 구할 수 있다. 이 포맷들은 기본 및 부록의 두 가지 버전으로 얻을 수 있다.

- 전체 시방서는 포괄적인 마스터 시방서로 광범위한 자재, 제품 및 적용이 포함되어 있다. 시방을 정하는 여러 가지 방법도 들어 있다.
- 축소판 시방서는 전체 시방서가 요약된 것으로 전체 섹션과 호환할 수 있다. 한정된 범위의 제품과 자재 및 품질관리의 간결한 요건 및 간결한 시방 요령이 들어 있다.
- 개략 시방서는 도서작성 초기에 제품 및 자재 결정 방법을 제공한다. 프로젝트 팀으로 하여금 프로젝트 매뉴얼 작성 동안 제반 제품과 공법 선택에 도움을 주는 체크리스트도 제공한다.
- 기본 버전 섹션은 가장 흔히 사용되는 시방서 섹션인데 프로젝트 규모와 형태에 관계없이 가장 공통적으로 볼 수 있는 공사 조건들을 포함하기 때문이다.
- 부록 버전 섹션은 기본 버전 시방서가 포함하는 것보다 더욱 특화된 혹은 맞춤형 작업으로 한정되어 있다.

섹션 명명 규약

마스터스펙의 각 섹션은 CSI/CSC의 마스터포맷(MasterFormat) 1995년 판에 따라 번호와 제목이 주어져 있다. 각 섹션 번호는 다섯 자리 숫자이며, 16가지 CSI/CSC장(Division)이 하나로 구성된다. 예를 들어 섹션 06402인 실내건축 목공사는 6장(Division 6)의 목재 및 플라스틱(Wood and Plastics) 아래에 나열되어 있다. 마스터스펙 목차에 모든 섹션 번호가 각 장 및 섹션별로 나와 있으며 섹션 내용에 대한 설명과 발행일자가 포함되어 있다. 마스터스펙 CDROM에는 참조용으로 출력 가능한 목차가 들어 있다.

보조 문서

각 원본 및 부록 마스터스펙 섹션에는 다음 문서들이 들어 있다:

- 표지. 이것은 섹션 본문, 필요 시 섹션에 삽입될 수 있는 제품을 포함한 관련 제품과 작업, 기타 일반적으로 정해지는 비슷한 작업, 또는 다른 섹션에서 지정된 밀접한 관련 작업들의 내용을 설명한다. 또 최종 갱신이 이루어졌을 때의 변경사항에 대한 간략한 내용도 들어 있다.
- 평가. 이것은 해당 섹션의 자재와 제품을 지정하는 기준과 특성을 설명한다. 섹션 본문의 편집자 주석에 언급된 편집 지침, 섹션의 범위, 제품 특성에 대한 설명, 적용가능 특수 설계 및 상세 고려사항, 환경적 고려사항, 제반 참조 기준, 제안 참고 자재, 그리고 제조업체 목록도 들어 있다. 제조업체 목록 속에는 주소, 전화번호, 웹사이트 주소가 들어 있다. 제품과 제조업체별 정보 비교표도 몇몇 섹션에 들어 있다.
- 섹션 본문. 섹션 본문은 편집자 주석, 대체 구절, 선택 본문 및 삽입 주석 등 세 부분의 포맷으로 이루어진다.
- 도면 협의 체크리스트. 이 체크리스트는 섹션 내용과 연관되어 구성된 도면 조건으로 이루어진다. 이것은 도면에 보여주어야 할 항목을 나타내는데 이것들이 섹션 본문에는 나와있지 않기 때문이다.
- 시방 협의 체크리스트. 이 체크리스트에는 섹션 내용과 관련된 시방 섹션 및 요구조건이 들어 있다. 또한 건축주가 제공할 항목들을 나타내는 곳, 여유치 및 단가와 적용 가능한 대체품 적용 방법, 그리고 해당 섹션에 적용 가능한 다른 시방 섹션을 제공한다.

기타 마스터스펙 시방서

마스터스펙은 매 2년마다 갱신이 이루어지는 세 가지 축약 버전으로 구입할 수 있다. 인테리어 설계 및 가구 버전에는 표지, 평가, 섹션 본문 및 도면 협의 체크리스트가 들어 있다. 소규모 프로젝트용 버전에는 섹션 본문만 들어있다.

- 가구용 마스터스펙은 가구 조달용 축소판 시방서이다.
- 인테리어 설계용 마스터스펙은 상용 및 주택 인테리어 실무용 축소판 시방서이다.
- 소규모 프로젝트용 마스터스펙은 보다 간단한 프로젝트용의 개략시방서로 이루어진다.

편집 작업 지원

마스터스펙은 현재 구할 수 있는 유일하고 완전한 마스터 시방서이다. 평가 항목들은 각 시방 섹션의 편집 지침은 물론 제품 비교 사항, 전국 제조업체 목록, 제반 참조 표준, 참고문헌 및 섹션 주제에 관한 논의 사항과 경우에 따라 적절한 그래픽도 제공한다. 각 섹션 본문에는 대체재 기록, 편집자 주석, 즉각 선택 문구 및 삽입 주석의 편집과 선택 지침이 있는 편집자 주석이 들어 있다. 편집자 주석과 측정단위는 유색으로 스크린 위에 나타난다. 편집자 주석은 숨겨진 원문으로 정의되며 문서 처리 프로그램에서 보이게 혹은 안보이게 할 수 있다.

사용자의 문서 처리 프로그램을 사용하여 마스터스펙을 편집할 수도 있다. 사용자의 소프트웨어가 가진 역량을 마스터스펙 혹은 링스(LINX) 자동 시방서 편집기와 함께 향상시킬 수 있다. 아르콤(ARCOM)의 마스터워크(MASTERWORKS) 소프트웨어를 사용하는 편집 작업 지침은 마스터워크의 사용자 지침서에 들어 있으며, 링스(LINX) 소프트웨어를 이용할 경우의 편집 작업 지침은 온라인 교본에 들어 있다. 링스(LINX)는 기본 및 보조 버전만을 가지고 작업할 수 있다.

스펙웨어

스펙웨어(SPECWARE)는 마스터스펙 라이센스 보유 사용자에게 제공되는 확장사양 소프트웨어로 다음과 같은 내용이 들어 있다:

- 마스터워크(MASTERWORKS). 이 소프트웨어는 사용자의 문서처리 프로그램을 이용한 대체재 문구 편집, 유지 혹은 삭제할 각 옵션의 선택, 필요 문장의 삽입 및 프로젝트 주석의 추가 작업을 간단하게 만들어준다. 복수 파일 작업 옵션은 자동 철자 체크, 검색 및 교체, 표제와 미문 및 목차 생성, 포맷하기, 그리고 기타 텍스트 표시 기능을 자동화한다. 시방서 출력 포맷에는 프로젝트 매뉴얼, 시방서, 도면 주석 및 개요가 들어 있다.
- 링스(LINX). 이 마스터스펙용 단독 자동 편집기는 아르콤(ARCOM)의 구조화 문장 데이터베이스 포맷에 있는 표준 원본 마스터스펙 섹션상에서 작동한다. 각 섹션의 문장 요소는 구조적으로 그리고 의미론적으로 함께 연계되어 있다. 연계된 모든 문장 요소는 상위 문구 요소에 삭제 표현이 되어있을 때 삭제가 이루어진다. 예를 들어 만일 프로젝트에 목재 데크가 전혀 사용되지 않을 경우, 섹션 06150 내의 목재 데크를 삭제하면 위치에 상관 없이 이 섹션에 나타나 있을 수 있는 목재 데크와 관련된 모든 문장을 자동적으로 삭제시킨다. 이로 인해 방대한 양의 문장을 쉽게 삭제할 수 있다. 링스(LINX)에는 또한 대화형 질의-응답 편집과 (매뉴얼 편집, 시스템 편집 무효화, 자동 편집, 선택된 문서처리 프로그램으로의 변환 기능도 포함된) 화상 편집 기능이 들어있다.

마스터스펙과 아르콤스펙웨어(ARCOM SPECWARE) 소프트웨어 관련 정보는 아르콤(ARCOM)사의 전화 (800) 424-5080, 웹사이트 www.arcomnet.com 방문 혹은 이메일 주소 arcorri@arcomnet.com 로 문의하여 얻을 수 있다.

제13장 프로젝트 관리

13.1 프로젝트 팀

Frank A. Stasiowski, FAIA

프로젝트 팀은 건축주의 목표를 위하여 팀원이 단결되어 업무를 수행할 때 가장 효과적으로 가동된다.

가장 작은 프로젝트일지라도 팀은 최소 두 명으로 구성되어야 한다. 건축가와 클라이언트, 팀의 관계는 더욱 확대되어 사무실 동료, 외부 전문가, 공사관계자 그리고 다른 조직체들까지 포함하게 된다. 어떤 종류의 계획은 프로젝트가 문서상에서 조직되도록 하는데, 이 경우 계획과 계약의 중심은 프로젝트 팀이 된다. 이러한 팀의 조직적 업무 능력은 프로젝트의 성공에 매우 중요하다.

프로젝트 매니저

프로젝트 팀의 중심 인물은 프로젝트 매니저(이하 PM)이다. 그는 건축 사무소에서 다양한 조직원들로 구성된 팀 관리와 이익 그리고 설계, 스케줄, 예산 등등에 책임을 지는 사람으로서 건축주의 기대를 성취하는 데 모든 관심을 갖는다.

프로젝트 매니저는 프로젝트 계획을 준비하고 프로젝트 계약을 협의하면서 프로젝트 시장성조사에 참여할 수도 있다.

프로젝트 관리 책임지는 프로젝트 매니저, 프로젝트 건축가 혹은 프로젝트 임원 등으로 불리는데 어떤 경우에는 특별히 업무에 따른 추가 직책이 없이 그 사무소의 소장 혹은 이사가 프로젝트 매니저가 된다. 직책이 무엇이든 간에 효율적인 PM은 프로젝트 리더십과 책임 등을 지게 되고 그에 따른 역할을 수행하며 팀 작업에 확실한 특

프랭크 스테셔브스키(Frank Stasiowski)는 PSMJ 자원회사의 창업자이고 대표이다. 그는 관리 업무에 대한 다수의 책과 출판물을 저술하였으며 건설과 설계산업의 컨설턴트로 활동하고 있다.

성과 능력을 고취시킨다.

관례적인 책임

특별한 사안에 대한 책임은 달라지겠지만 PM은 일반적으로 프로젝트의 시간, 예산과 직접적인 목적을 향한 프로젝트 진행에 대한 관리적 책임을 지게 된다.

프로젝트 관리자는 다음과 같은 핵심적 역할을 갖게 된다.

- **클라이언트 기대요소.** 첫 번째 PM의 책임은 건축주의 기대요소(성공적인 프로젝트가 되도록 건축주가 고려하는 사항)를 정확히 파악하는 것이다. 여기에는 의사소통 능력 특히 청취 능력이 필수적이다.
- **업무 완수.** 다음으로 가장 중요한 PM의 책임은 일을 완수해내는 것이다. 프로젝트는 복잡한 계획이며 항시 어려움을 드러낸다. 성공적인 PM은 어려움을 오히려 도전으로 받아들이며 프로젝트가 많은 문제점이 발생할지라도 목표를 완수해냄으로써 건축주, 책임자 및 동료들로부터 존경을 받게된다.
- **임무 부여.** 임무를 부여하는 것은 PM의 책임이다. 프로젝트 팀은 세심한 지도와 방향을 요구한다. 효율적인 관리자는 팀원들이 프로젝트의 주어진 범위 내에서 판단력과 창의성을 발휘하게끔 한다.
- **서비스.** 클라이언트와의 관계를 성공적으로 관리하는 능력은 PM이 발휘할 수 있는 가장 중요한 전문성이다. 이 때 주의해야 할 점은 맹종하는 봉사가 되지 않도록 하는 것이다. PM은 가끔 클라이언트가 믿기를 원치 않는 부분(예를 들면 공사예산이나 건축주의 프로젝트 목표범위가 균형적이지 않다는 등의 사항)에 대해서도 정확히 알려주어야 한다.
- **계약에 따른 책무.** 핵심이 되는 책임은 전문용역을 통해 클라이언트와 맺은 계약에 명시된 회사의 책무이다. 즉 회사는 계약서에 명시된 범위, 용역, 스케줄 및 공사예산에 따른 프로젝트를 수행하는데 있어서 그에 타당한 모든 업무를 수행해야 한다.

프로젝트 팀 계약(10.2)은 건축주와 건축가, 설계 팀 그리고 공사계약을 주시한다.

혁신적인 역할

건축가가 생각하는 일반적인 역할뿐만 아니라, 이제 대부분의 사무소는 PM이 사업 부분과 재정 부분을 추가적으로 맡아줄 것을 기대하고 있다.

마케팅. 흔히 추가적인 일을 확보하는 가장 좋은 방법은 그 일을 훌륭하게 수행해내는 것이라고 한다. 훌륭한 업무수행의 결과, 반복 사업이 생기고, 그것은 그 회사의 생명줄과도 같은 것이다. 건축 사무소에서는 전형적으로 75%가 반복 사업의 결과로 이루어진다.

성공적인 회사일수록 더 새로운 사업을 확보하는 데에 PM이 적극적인 역할을 해줄 것을 기대한다.

비록 현재 진행되는 프로젝트가 없더라도 과거 클라이언트와의 관계를 계속 유지하고 구축하는 것도 반복 사업의 범주에 포함된다. 과거 건축주에게 적극적인 자문을 하는 것은 이러한 관계를 유지하는 데 도움을 준다. 새로운 사업을 확보하기 위하여는 PM이 그 사업 거래관계에 더욱 밀접하게 관련되어야 한다.

이것은 프로젝트를 성사시키기 위하여 PM이 제안서를 내고 프로젝트 전략을 발전시키고 건축주의 요구를 만족 혹은 그 이상으로 충족시키기 위하여 회사의 전문적 경험을 직접적으로 연결시켜야 한다는 의미이다.

재정부분. 현대의 사업 경향을 볼 때에, PM은 클라이언트로부터 용역비를 확보하는 데 최선을 기울일 필요가 있다.

모든 프로젝트는 한정된 예산과 최소 예상 금액으로 시작한다. 프로젝트를 시작하기 전에 클라이언트의 예산을 명확히 하고 분명한 재정적 기준선을 세워야 하는 것은 전적으로 PM에게 달려있다.

그리고 회사의 이윤은 반드시 예산에 포함되어야 한다. 많은 전문 직업종사자들이 이윤이란 개념에 혼란스러워 한다. 20,000달러를 용역비로 책정한 경우를 예로 보자. PM과 회사 사장은 용역비의 10% 혹은 2,000달러를 이윤으로 남기는 것에 동의했다. 그런데 만약 PM이 업무를 수행하는 데 프로젝트 예산에서 500달러를 초과하였다면, 즉 다시 말해서 총계 20,500$로 업무를 수행하였다면, 혹자는 PM이 1,500달러밖에 이윤을 남기지 못하였다고 주장할 수도 있다. 그러나 프로젝트 기준선이 이윤 2,000달러로 설정되었으므로, 사실은 PM이 회사 이윤에 500달러의 손실을 가져온 것이다.

> 팀 리더에게:
> - 무시당하는 것을 겁내지 마라
> - 언제 개입해야 하는지를 알라
> - 권한을 진실되게 나누는 것을 배워라
> - 당신이 포기하는 것에 대해서가 아니라 당신이 착수하는 것에 대하여 염려를 하라.
> - 일에서 배우는 데 익숙해져라.
>
> *Fortune, February 20, 1995*

클라이언트로부터 용역비를 확보하는 것은 전통적으로 회계부서의 책임이라고 인식하고 있다. 그러나 성공적인 회사의 경우, PM들이 이것을 주도하는 경향이 있다. 아무도 PM이 용역비 수금원이라고 생각하지 않으며, 단지 그 혹은 그녀가 주도적으로 클라이언트가 제시간에 용역비를 확보하고 신속하게 지불할 수 있도록 도와주는 역할을 하는 것이다.

PM은 청구서를 회계부서에게 분명히 이해시키고 명확히 의사소통할 수 있다. 또한 클라이언트에게 지급의 중요성을 재촉하도록 회계부서에서 마련한 영수증을 신속하게 검토할 수가 있다. 용역비 지급 확보를 위하여, PM은 클라이언트에게 영수증을 보냈음을 통보하고 클라이언트가 가질지 모르는 의문사항에 대하여 성심성의껏 답변할 것이라는 것을 알릴 수가 있다. 비록 다른 프로젝트에 착수 중일지라도 클라이언트의 정기적인 후속 교류는 반드시 필요하다. 만약에 용역비 지급이 늦어지면, PM은 지급을 상기시키기 위하여 클라이언트에게 회계부서와의 접촉을 요구할 수도 있다.

사무소에서의 위치

작은 사무소에서는 사장이 곧 PM이다. 이런 경우 사장은 회사를 관리하는 방식으로 프로젝트를 관리한다.

비록 큰 사무소일지라도 사장은 일반적으로 프로젝트를 관리한다. 사장이 너무 바빠서 필요한 모든 프로젝트 관리용역을 제공할 수 없을 때 혹은 회사가 사장이 아닌 다른 사람에게 매일의 프로젝트 관리 책임을 위임하는 경우에도 사장이 모든 책임을 지는 것이 일반적이다. 프로젝트 관리책임을 위임하는 것은 몇 가지 이점이 있다. 직원들로 하여금 관리능력을 발휘하도록 하며 또한 다음 세대가 회사를 관리할 수 있도록 훈련시킨다.

사장이 책임지는 형태와 PM이 있는 경우에는 두 사람 간에 밀접한 관계를 형성할 필요가 있다. 관리책임이 위임되는 어떠한 경우라도 분명하고 일관적이어야 하며 추측 혹은 의문 등은 없어야 한다. 사장이 책임지는 업무형태에서 PM이 일을 배우며 실수를 할 때에 사장은 중간에 끼어들어 업무를 가로채고 싶은 유혹을 어렵지만 거절해야 한다. 그리고 PM의 입장에서는 사장이 회사의 실질적인 소유주이고 아마도 프로젝트를 수주하고 그것이 수행되도록 용역에 대한 책임과 의무를 다한다는 사실을 상기하는 것이 중요하다. 그러므로 PM은 사장의 수행 스타일을 기꺼이 배우고 그에 따라 업무를 진행하여야 한다.

이러한 관계는 프로젝트 목표를 위하여 헌신적인 파트너십으로 구체화되어야 한다. PM에게 권위와 책임이 부여되어야 하지만 사장은 이러한 기능성을 완전히 져버릴 수는 없는 것이다. 다시 말해서 두 전문가는 회사의 재정적 목표를 위하여 성공적인 용역비를 제안하는 데 협력할 수가 있는 것이다. 프로젝트가 진행되어감에 따라 클라이언트의 만족도와 프로젝트의 경제성을 정기적으로 평가하는 것은 좋은 관리 실무이다.

때로는 PM이 프로젝트의 중요한 기술적인 측면에서 경험이 없을지도 모른다. 이러한 경우 팀장이나 기술이사 혹은 보조 PM에게 프로젝트 관리책임을 위임하는 것이 적절할 수도 있다.

특성과 능력

효율적인 PM의 특성은 설계 프로젝트를 조직하고 제시간에 높은 수준의 성과품을 전달하며 예산 범위 안에서 업무를 수행하는 능력으로 이루어져 있다. 이러한 목표를 완수하는 데에는 기술적 능력과 끈기있는 지도력이 필요하다. 이처럼 효율적인 PM은 다음과 같은 특성과 능력이 겸비되어야 할 것이다.

- 프로젝트의 모든 핵심 부분에 대한 지도관리에 대한 조직력
- 높은 기준을 성취하는 열정
- 팀 내부뿐만 아니라 외부와의 원활한 의사소통
- 프로젝트 팀이 프로젝트 목적을 완수하도록 고양시키는 능력

- 필요시에는 업무를 위임하는 능력
- 팀원들의 관심사와 의견을 잘 듣고 분명히 이해하는 능력
- 프로젝트의 성공을 위해서 주요한 모든 문제를 도전적으로 풀어내는 것
- 투쟁적이지 않은 호감가는 태도로 설득하는 능력
- 정확한 시간 관념과 업무 완수를 위한 노하우 그리고 그것을 위해 남겨진 시간에 대한 인식
- 기술적이고 관리적인 문제점에 대한 해결책의 노하우
- 뛰어난 결과물 완수를 위한 팀 관리 및 그에 대한 신뢰감 부여 노하우
- 항상 프로젝트의 마지막 성과품을 생각하는 결과물에 맞추어진 마음가짐

직원과 컨설턴트 관리

대부분의 건축 프로젝트는 프로젝트 건축가 외에 적어도 한 명 이상의 사람을 수반하게 된다. 작은 프로젝트 팀은 아마 파트타임 제도사, 컨설턴트, 시공자 그리고 물론 클라이언트를 포함하게 될 것이다. 큰 프로젝트에서는 팀이 더 커지게 되는데 이 경우에는 사무소 내에서 추가적인 인원이 공급되거나 여러 전문가들과 사무소 간의 연계 혹은 다른 구성원들과의 제휴를 모색하게 된다.

사무소 내의 인력 선발

건축 사무소의 인력은 프로젝트 팀의 핵심을 이룬다. 사무소가 직원 한 사람 이상 혹은 프로젝트 하나 이상을 가지고 있는 한 사무소 내의 인력 선발은 용역 수행에 필요한 수준의 노력(보통 업무시간으로 측정됨)과 특정한 기술력을 구성하거나 프로젝트를 수행할 사람들의 개성 파악 그리고 다른 프로젝트와 수행할 프로젝트에 대한 요구조건 간의 조화 등을 포함한다.

프로젝트 수행(13.2)은 출발, 의사소통, 의사결정, 문서화 그리고 마무리를 포함하면서 프로젝트와 팀 작업에 더 밀접한 시각을 제공한다.

선택할 수 있다면, 각 프로젝트는 사무소 내의 직원이 수행하는 것이 당연하다. 이러한 위치에서 PM은 회사의 리더가 하나의 프로젝트 자체를 위한 것이 아니라 전 사무소를 위하여 최고가 될 수 있도록 개인적인 업무부여를 해야 한다는 것을 인식할 필요가 있다. 그러나 PM은 구성원들이 작업 조건을 보완해주어 긍정적으로 그들의 프로젝트를 수행할 수 있도록 북돋아줄 수가 있다—바쁜 직원들일지라도 자신들이 하고자 하는 일에는 시간을 낼 수 있는 것처럼. 핵심직원이 제안서 단계동안 제안서 준비에 참여하도록—시간과 유용성에 대한 평가를 포함하여—잠정적인 책무를 갖게 하는 것은 현명한 일이다. 드물게 몇몇 사무소는 주어진 시간에 한 프로젝트만 수행한다. 이 사무소의 모든 프로젝트에 있어서 노동력 요구에 대한 조정은 일반적인 사무소의 관리 업무로 지정된다. 핵심요소는 사장과 PM 간의 규칙적인 대화이다. 대부분의 사무소는 필요한 노동력을 주 단위의 업무로 세밀하게 정하기 위하여 정기적인 주 회의

직원과 작업 팀의 권한부여는 사무소가 사무소 전체의 관리 능력을 부여하고자 할 때 중심되는 현안이다.

프로젝트 감독(13.3)은 진행 과정 감독과 과정 수정에 대한 접근을 주시한다.

를 개최한다(주로 월요일 아침). 각 PM은 계획에 맞추어 완수해야 할 주 업무를 준비하고 그것을 회의 시에 발제한다. 그리고 사장과 PM이 있는 자리에서 프로젝트에 따른 개별적 요구가 논의되고 결정된다.

어떻게 위임하는가

이 체크리스트는 모든 PM 업무 중에서 가장 어려운 부분을 수행하는데 도움을 줄것이다.

1. 오직 자신만이 할 수 있는 것을 파악
2. 다음의 조건에서 나머지 업무를 파악
   - *무엇:* 임무 즉 성공하기 위해 행해야 하는 무엇, 상위 목표와 하위 한계-그리고 왜 중요한가?
   - *누구:* 누가 책임지는가, 누가 신뢰할 만한가, 누가 점검되어야 하는가, 누가 알아야 하는가, 그리고 누가 지원하는가.
   - *언제:* 시작, 끝, 얼마나 많은 시간이 소요되는가, 무엇이 먼저 일어나고 무엇이 제외될 수 있는가.
   - *의도한 결과물:* 성취한 일에 대하여 어떻게 알 것인가.
3. 초기의 피드백을 장려. 먼저 스케줄을 설정
4. 자원과 권위 모두에 대한 수준과 한계를 설정
5. 정보 자원과 요구사항을 설정. 무엇이 기록되고 보관될 필요가 있는가?
6. 이해력 체크
7. 책임감 부여

과다업무로 인력이 부족할 때

추가적인 직원을 고용하기 전에, 다음과 같은 전략을 생각해볼 수도 있다.

시간외 근무. 이것은 비록 단기간 필요시 분명한 해결책이 될 수 있지만, 장기적으로는 부작용이 생길 수도 있다. 연구에 따르면 지속가능한 기간(한달 혹은 이상)동안 20% 혹은 그 이상의 시간외 근무를 했을 때 생산성에 상당한 저하가 일어난다고 한다.

자유로운 시간조정. 규칙적인 근무 계획진행은 휴가와 대기, 수술 등과 같은 임의적인 시간조정을 적절히 할 수 있게 일량의 과다와 과소기간을 미리 예견할 수 있다.

단기직원 채용. 많은 회사들이 특별한 프로젝트를 위해서 단기간으로 직원을 채용한다. 이러한 접근은 즉각적인 필요를 충족시키고, 장기 임무부여 없이 회사에 전문가를 영입할 수 있게 하며 또한 단기 채용 직원은 미리 계획을 세울 수 있게 한다.

다른 회사에 하도급. 아주 바쁠 때는 비슷한 전문가와 수준을 가진 다른 회사에 일을 주는 것도 가능하다. 이것은 특히 실시설계도서 준비기간에는 유리한 점이 있다.

다른 사람에게 위임하기

PM의 가장 어려운 일 중의 하나는 적절하게 임무를 위임하는 일이다. 대부분의 PM은 설계와 기술 용역을 완수하기 위하여 그들의 경력을 게시판에서(혹은 컴퓨터 화면에서) 시작한다. 최고의 전문가에게는 프로젝트 관리 책임이라는 것이 종종 주어진다. PM은 다른 사람들이 잘 해내지 못하거나 혹시 일이 잘 진행되지 않을 것이라는 걱정에 다른 사람에게 임무를 위임하는 것을 꺼리는 경향이 있다. 이것을 극복하는 열쇠는 업무수행의 적절한 기준을 세우고 이러한 기준이 성취되도록 문제를 해결하는 것이다.

위임한다는 것은 업무량을 여러 곳으로 분산시키고 솔선수범토록 하며 추가로 들어온 직원들의 교육을 도와주는 것이다. 할당된 업무가 위임되었을 때 첫 번째 단계는 그 업무를 정확히 파악하는 것이다. 업무 위임시 다음의 사항이 필요하다.

- 그 일을 행할 능력이 가장 많이 있는 팀원 파악
- 그 혹은 그녀에게 그 일을 완수하는 데 필요한 책임과 권위 부여
- 요구되는 이행수준 설정
- 완전한 행위과 결과 설정
- 필요한 노력과 시간에 대한 동의
- 적합한 업무완수 날짜 설정
- 진행 점검을 위한 중간이정표와 다른 접근법 설정

위임에 있어서 또 다른 중요한 사항은 점검단계이다. 선정된 PM은 프로젝트 팀이 높은 수준으로 자유롭게 일할 수 있도록 격려하면서 한편으

론 업무 수행을 효과적으로 감독한다.

이것은 규모가 큰 프로젝트에 있어서 PM이 다른 사람에게 위임된 일을 감독하고 그들의 업무를 지원하고 성공할 수 있도록 도와주는 데 거의 모든 시간을 보내는 것을 의미한다.

점검은 업무의 주요한 기능이며 PM이 직원으로서 일을 하고 있다는 자부심이다. 통제 메커니즘에는 정기적인 관찰뿐만 아니라 전체적인 계획표를 추적하고 파악하는 것도 포함된다. 그러한 메커니즘 가운데 하나는 프로젝트 팀원의 누가 무엇을 하고 있는지를 살피면서 하루에 한두 번 사무실을 쭉 둘러보는 것, 소위 말해서 "둘러보기에 의한 관리업무"이다.

업무 부여. PM은 사무실 내의 동료에게 업무를 할당함으로써 더 세밀하게 계획을 세울 수 있는 기회를 제공한다. 일을 수행하는 데 필요한 시간과 자원에 대한 팀원의 견해와 할당된 업무에 대한 토의는 적극적인 분위기를 고취시킨다. PM은 할당된 것을 직접 기록하길 원하거나 혹은 근무자와 외부 자문가에게 기록하도록 하거나 복사본을 남겨두라고 요청할지도 모른다. 이러한 것은 PM이 타인에게 위임된 업무를 적절히 따라잡을 수 있도록 문서화시키는 데 도움이 된다.

R-Charting을 사용하는 위임

R-charting(책임도표)에는 그룹 내에서 공개적으로 협의된 구두계약이 포함된다. 계약은 그룹에서 협의되고 증빙을 위하여 큰 도판이나 혹은 모두에게 우편이라는 형식으로 기록되었을때 특별히 구속력이 있게 된다.

단계 1. 팀은 현안이 되고 있는 진행사항이나 시스템을 논의하고 의도된 결과물, 즉 목표에 동의한다– 목표

단계 2. 팀원은 프로세스를 성공적으로 수행하는 데 필요한 행위와 의사결정에 동의함으로써 R-chart를 발전시킨다.

단계 3. 각 팀원의 이름이 윗부분에 명시된다. 각 업무에 따라 기획된 역할과 책임은 다음과 같은 형식으로 동의된다.

- 주어진 업무에는 오직 한 사람만이 책임을 진다. 이에 동의하지 않으면 다음의 두 가지 선택이 가능하다.
  - –각기 다른 사람에게 각각의 책임이 주어질 수 있도록 업무를 더 작은 단위로 나눈다.
  - –합의가 되지 않을 때는 상사에게 보고하여 원점으로 돌아간다.
- 승인과 거부에 대한 역할을 최소화한다–보고라인에 다수의 상사가 포함되어 있을 때 한 명 이상의 팀원이 책임을 진다.

	Name	Name	Name	Name	Name	Name	Name	Name	Name	Name	Name
Task	R	S	S				I				S
Task	A/V	I	S	R		S	I		S		
Task	I	A/V	R		S	S	I		S		
Task	I	A/V		S	S	S	S	R		S	S
Task	I	A/V	S	S	R	I	S		S		I
Task	R						I				S
Task	A/V	A/V	S				I		S	R	
Task	I			A/V		R	S				S
Task	A/V	A/V		R			I		S		S

R—Is responsible
A/V—Must approve or veto
I—Must be informed
S—To furnish support

컨설턴트와 그 외 설계 팀원. PM은 프로젝트 컨설턴트의 업무 수행에 대하여 책임을 지며 프로젝트의 목표 달성을 위하여 회사의 책무를 나눠 갖기를 원할 것이다. 납품조건과 회사의 프로젝트 수주 전략에 의존하면서 프로젝트 팀은 협력업체, 제휴설계회사, 공사관리자, PM, 혹은 그 외 특별한 전문가들을 포함시킬 수도 있다.

책무라는 것은 프로젝트 계획 중인 컨설턴트와 다른 설계 팀원을 포함함으로써, 그리고 사무실 내 직원에 의하여 활용된 동기와 인지 등에 관한 많은 동일한 아이디어를 적용함으로써 강화될 수 있다. 대부분의 사무소에서 가장 중요한 인지 형태는 프로

▶ 프로젝트 팀 계약(10.2)은 컨설턴트, 협력업체 그리고 제휴계약에 대하여 세부사항을 제공한다.

젝트에 대한 팀원들의 능력과 헌신에 대한 전문가적인 존경심을 보내는 것이다.

클라이언트 관리

클라이언트와 함께 작업하는 PM의 능력은 크게는 프로젝트 목표 달성에 대한 회사의 능력을 결정지을 것이다.

용인될 수 있는 행동은 언제나 상대적이다. 한 클라이언트에게 예의바른 태도로 보이는 것은 다른 사람에겐 딱딱한 통제로 해석될 수도 있다. 프로젝트 관리자는 그들의 클라이언트의 스타일과 기대에 관련하여 그들의 관리 스타일을 조정할 필요도 있다.

클라이언트와 함께하는 성공적인 업무의 첫걸음은 클라이언트와 그들의 조직체에 대하여 가능한 한 많이 배우는 것이다. 시작할 때 다음과 같은 질문을 하라.

- 누가 그 프로젝트에 대한 결정을 하는가 – 영향을 끼치는가?
- 누가 범위, 질, 스케줄과 예산을 책임지는가?
- 누가 계약을 수정할 권한을 가지고 있는가?
- 누가 사무소의 용역내용을 승인하고 사무소의 업무 수행을 평가하는가?

소규모 프로젝트인 경우, 단 한 사람이 프로젝트에 참여할 수도 있다. 그리고 대규모의 공공회사인 경우에는 서로 다른 프로젝트에 다양한 수준의 권위와 경험을 가진 많은 기술인력, 다수의 부서장 그리고 선출된 이사들이 참여할 수 있다.

클라이언트의 비망록 파악하기

덴버시장은 ASCE 회의에서 새로운 덴버공항에 대하여 연설하였다. 그는 회의석상에서 클라이언트가 필요로 하는 것은 진실된 비망록이라고 분명히 지적하였다. 그리고 이 프로젝트에는 고려되어야 할 만족도에 관한 많은 기준이 있었다. 품질, 예산, 그리고 스케줄의 일반적인 현안에 덧붙여, 그는 그 해의 시장 선거를 고려하여 프로젝트가 제시간에 마무리되어야 하는 것에 더 많은 개인적 관심을 두었다. 그는 프로젝트를 연기시킬지도 모르는 어떤 새로운 뉴스와 함께 프로젝트가 시의 건축위원회로 되돌려질까봐 많은 스트레스를 받고 있었다. 시장으로서 그는 이 프로젝트를 그의 행정업무에서 최우선으로 두었다. 이 프로젝트에 대한 건축가와 기술자들의 실질적인 일은 이 목표-선거기간 전, 제시간에 믿을 수 없을 정도의 황금같은 공항을 창조하는 것-를 실현시키는 것이었다.

당신은 클라이언트의 진실된 비망록을 어떻게 결론지을 것인가? 경청의 기술을 열심히 터득하라.

당신이 만약에 경청하는 방법을 모른다면 클라이언트의 요구와 필요로 하는 것에 대한 핵심을 파악하기 힘들 것이다. 만약에 클라이언트가 가진 주요문제의 핵심에 다다르지 못하면 당신은 클라이언트가 프로젝트 성공여부를 어떻게 판단하는가를 이해하지 못할 것이다. 이러한 정보 없이 당신이 다음 일을 수주하거나 다른 가능한 클라이언트에게 추천되기를 기대하기는 거의 불가능할 것이다.

우리가 전통적으로 믿어온 것이 설계 실무를 진행하는 방법이라고 당연시하지 말아라.

클라이언트는 자신이 그회사의 유일한 고객인 것처럼 대우받는다고 느낄 수 있어야 한다. 클라이언트가 얼마나 멋있는가를 이야기 하는 대신에, 당신이 그들을 얼마나 멋있게 여기는지 보여주어라. 이러한 태도는 진실을 말해준다.

클라이언트 성향. 다른 사람과 마찬가지로, 클라이언트는 개인별 성향, 업무스타일 그리고 행태적 특성을 가지고 있다. 클라이언트의 필요조건, 우선사항 그리고 수행 스

좋은 클라이언트 만들기: 프로젝트 계속 추진하기

흔히 좋은 건축가는 좋은 클라이언트를 요구한다고 한다. 당신의 클라이언트가 더 좋은 클라이언트가 되도록 돕기 위하여, 당신은 프로젝트를 계속 관리하는 방법에 있어서 어떤 충고와 안내를 제공하기를 원해도 좋다. 여기 당신이 클라이언트와 나누기를 원할지도 모르는 몇몇 단어가 있다.

프로젝트 범위, 품질 그리고 경비라는 변수들은 서로 빠져나갈 수 없는 관계이다. 이러한 변수들 중 두 가지는 설계에 있어서 고정될 수 있고 통제될 수 있다: 그 경우 시장에서는 나머지 세 번째에 관심을 가지게 된다. 당신은 그 변수들 중의 우선순위를 정할 필요가 있으며 각각의 변수에 대해 허용 범위를 마련할 필요가 있다. 좋은 건축가는 프로그램, 스케줄 그리고 예산에 대하여 능동적으로 대처한다. 이러한 것들이 아주 어려운 대가를 치르면서 발전될 때조차도 이러한 도전을 격려하는 것은 클라이언트에게는 최선의 이익이 된다. 이와 같은 방법으로 건축가는 프로젝트 요구사항을 이해하게 된다. 그에 따르는 분석은 기존의 혹은 잠재된 문제점을 드러낼지도 모른다.

설계가 진행됨에 따라 중요한 문제가 표출될 것이다. 건축가의 서비스는 많은 클라이언트가 그 프로젝트를 이해하도록 한다. 그리하여 결과적으로 프로젝트는 수정된다. 각 이정표는 즉 보통 클라이언트와 건축가 사이의 계약에 명시된 단계별 최종 납품, 프로젝트 범위, 질적인 수준, 공사금액 및 예산에 대한 계속적인 교감을 확인시키는 데 활용되어야 한다. 이러한 단계별 위치에서 건축가에게 요구되는 용역 범위를 조정하는 것 또한 필요할 수 있다.

성공적인 프로젝트의 비결은 클라이언트와 건축가 간의 효율적인 프로젝트 관리이다. 설계와 공사 중 프로젝트가 순탄하게 진행될 수 있도록 클라이언트가 할 수 있는 것을 요약하면 다음과 같다.

프로젝트 계획. 오히려 프로젝트 계약 협의 진행의 한 부분으로서 프로젝트 계획에 대한 필요성을 강조하라. 정기적으로 범위, 용역 그리고 스케줄에 어떠한 큰 변화가 생긴 후 그 계획이 계속 갱신되도록 요구하라.

프로젝트 팀. 프로젝트를 계획하는 과정과 모든 프로젝트 회의에 참여시켜라. 자신의 결정진행과정뿐만 아니라 마감시간이 프로젝트 계획에 반영된다는 것을 명심하라.

클라이언트 대리인. 당신을 대변하고 계획단계와 프로젝트 회의시에 당신을 대신하여 이야기할 한 사람을 파악해 놓을 것. 클라이언트 대리인의 권위에 대한 범위는 참여되는 모두에게 이해되어야 한다.

내부 협의조정. 만약에 당신의 회사가 그 프로젝트 업무에 여러 명 혹은 여러 부서가 참여하여야 하는 조직체라면, 클라이언트 대리인은 사장처럼 이야기 할 수 있게 분명히 해두어야 한다. 조언이나 요구조건에 대한 대립은 나중에 피할 수 없는 문제를 야기한다.

회의. 프로젝트 팀의 규칙적인 회의 계획을 세우고 회의에 참여하라. 회의에는 명확한 토의 주제가 있어야 한다. 업무가 할당된 사람은 회의를 위하여 적절한 시간에 그 업무를 완수하여야 한다. 건축가는 무엇이 결정되었고 현재 무슨 내용이 결정되어야 하며 다음 단계의 책임자는 누구인지를 분명히 파악하여 그 세부사항을 회의 시에 준비하는 것을 명심하라. 세부사항은 팀원들에게 다 전달되어야 한다.

문서화. 건축가와 클라이언트 사이의 계약(예를 들어, 전화통화, 정보수집 회의)은 문서화되어야 하며 그 결과는 프로젝트 팀원들에게 적절히 분배되어야 한다. 이러한 시스템은 모든 사람들이 정기적인 프로젝트 회의와 프레젠테이션 이외에 무엇이 논의되고 결정되고 있는가에 대해 알게 해준다.

이정표. 클라이언트와 건축가의 계약은 하나 혹은 그 이상의 설계 단계와 제출물들을 명시한다. 다음 단계로 나가기 위해 완성된 일을 심사하고 그것을 승인받기 위하여 이정표를 활용하라.

결정 과정. 당신과 당신의 건축가 모두 당신의 결정과정을 이해하도록 하라-누구에게 무슨 정보가 필요하고, 결정 전에 누가 누구의 승인을 받아야 하며 제출물에 대한 심사에는 얼마나 많이 할당해야 하는가에 대한 사항

결정. 요구될 때 결정하라. 만약에 당신이 결정을 내리기 곤란한 경우라면, 그것을 다시 살펴서 그 이유를 찾아라. 당신이 결정을 하기 위하여 그 프로젝트를 잠정 중단시키면 시간, 경비 및 품질 사이의 절묘한 조화를 깰 수 있는 변수들이 조건부로 증대된다. 길게 혹은 기약 없는 연기로 인해 건축가가 핵심 팀원들을 다른 프로젝트로 옮길 수도 있다.

계약 수정. 클라이언트와 건축가의 계약이 갱신되도록 하라. 프로젝트 범위와 용역이 변경될 때 계약을 수정하라.

질의. 의문이 생기면 물어보라. 각 단계별 업무가 다음 단계로 잘 발전되도록 하기 위하여 제출물을 설계하는 것에 대해 특별한 관심을 가져라. 이러한 제출물을 주의하여 살펴보고 분명치 않거나 틀린 것이 있으면 무엇이든 질문하라. 의문사항은 실시설계도서가 준비되기 전에 명확히 처리되어야 한다. 이 단계 이후의 변경은 당신에게 시간과 금전적인 부담을 상당히 끼칠 수도 있다.

문제. 발생하는 문제는 불거지기 전에 처리하라. 규칙적인 프로젝트 회의는 문제가 자연스럽게 처리되도록 해준다.

타일은 건축가의 그것과는 꽤 많이 다를지도 모른다.

성공적인 PM은 클라이언트의 필요조건에 대처하기 위하여 각각의 클라이언트를 대하는 방법을 발전시킨다. 예를 들면, 잘 알려진 관리 전문가 피터 드러커는 감독자를 읽는 사람과 듣는 사람 두 부류로 나누어 왔다. 드러커는 만약 클라이언트가 아이젠하워나 케네디처럼 읽는 사람이라면, 문제점이나 제안사항을 논의하기 위해 전화를 걸거나 방문을 하지 말고 클라이언트가 무엇인가를 읽을 수 있도록 편지를 보내라고 조언한다. 그리고 클라이언트가 루즈벨트나 트루먼처럼 듣는 사람이라면, 메모를 보내지 말고 먼저 대화하고 다음에 요약 정리하거나 혹은 편지를 보내라고 조언한다.

클라이언트와의 관계. 건축가와 클라이언트의 관계는 여러 형태로 나타날 수 있다. 어떤 극단의 경우에 있어서는 건축가가 상당한 자율권을 행사하며 영향력 있는 조언자가 된다. 많은 결정은 건축가와 클라이언트에 의하여 함께 만들어지고 건축가는 클라이언트의 내부 팀원의 하나로 간주된다. 또 다른 극단의 경우는 사무소가 특정한 업무를 위하여 구속력 있게 정해진 틀에 의하여 고용된 관계이다. 여기서 건축가는 업무의 극히 일부에 대해서만 어떠한 결정을 할 수 있고 그 외의 일은 정해진 방향을 따르도록 요구된다.

클라이언트는 프로젝트에서 지향하는 업무 참여의 수준이 각기 다르다. 예를 들면, 작은 회사의 새로운 사옥건물 설계를 하는 데에 있어서 건축 사무소는 그 회사의 회장과 같이 일을 할지도 모른다. 이러한 경우 클라이언트는 아마도 매일 이루어지는 프로젝트 결정사항에 참여하기를 원할 것이다. 반면에 작은 지역 박물관을 위한 위원회의 회장이 클라이언트인 경우, 그는 프로젝트 진행에 있어서 어떤 위원도 개인적으로 책임을 질 수 없으며 건축가가 최종결과물이 지역을 만족시킬 수 있는 설계 결정을 내려야 한다고 생각할 수 있다.

클라이언트가 어떤 사람인지 정의하라. 최고의 PM은 다음과 같이 자문한다.

"클라이언트가 그 혹은 그녀의 상관이나 고객에게 좋은 인상을 주기 위하여 나는 무엇을 할 수 있는가?"

클라이언트의 결정. 능률적인 PM은 클라이언트가 건축가의 전문적인 기술과 판단력을 고용하기 위하여 건축 사무소와 계약을 한다는 것을 안다. PM은 클라이언트가 말하는 대로 결과에 상관없이 그냥 예라고 대답하는 예스맨이 아니다. 클라이언트와 전문용역계약서를 쓸 때 건축가는 많은 제약을 갖게 된다. 그리고 이러한 의무들을 수행하는 데는 보다 고집스러워지는 것이 현명하다. 현명한 PM은 여러 가능성들을 제안하고 논의한다. 여러 선택사항을 발전시키고 분석할 때에 당신은 클라이언트에게 당신의 전문적 판단을 어떻게 실행하는지를 보여주게 된다. 최종선택을 문서화해 두는 것은 장래 발생할 의문과 문제점들을 경감시켜 준다.

PM이 야기할 수 있는 가장 해로운 것 중의 하나는 클라이언트로 하여금 프로젝트가 실제보다 더 좋은 것처럼 믿게 만드는 것이다. 만약 스케줄이나 예산에 문제가 있는 것이 분명하다면 효율적인 관리자는 가능한 한 빨리 클라이언트에게 알려준다. 게

클라이언트를 위하여 선택사항 늘리기: 3가지 대안 규칙

불필요한 대립을 피하는 한 방법은 세 가지 대안을 활용하는 것이다. 당신의 조언과 같이하는 어떠한 결정에도 3개의 대안을 준비하라. 당신이 만약에 하나의 조언만 가지고 건축주에게 다가간다면 그는 양쪽 편이 서로의 입장을 고수하는 대립적 관계가 되도록 이끌면서 아마도 그 조언에 동의하지 않을지도 모른다. 두 개의 대안을 보여주면 조금 더 나을지는 모르지만 당신이 관심 없는 대안에 클라이언트로 하여금 초점을 갖게 하는 위험이 존재한다. 3개의 대안을 보여주는 것은 많은 다양한 선택사항이 가능하며 그리고 가장 좋은 것은 3개의 적절한 조화로부터 나올 수도 있음을 확인시켜 준다. 이러한 방법은 이전에 설정된 사항을 고수할 필요도 없이 객관적인 분석이 더욱 가능하도록 한다. 이러한 것은 당신이 타당하며 그것이 굳건한 위험관리 전략이라는 것을 스스로 확인하게 될 것이다. 예를 들면 세 가지 대안은 프로젝트 스케줄이 여러 번의 지연으로 인하여 제대로 이루어지지 않을 때 활용할 수 있다. 단지 스케줄 연기를 요구하는 것보다는, 타당하다면 다음과 같은 대안을 제공하는 것이 더 나을 것이다.

- 놓쳐버린 시간을 메우기 위하여 몇몇 사항을 제거함으로써 프로젝트를 제 스케줄에 맞게 완수할 수 있도록 용역범위 수정
- 경비의 증가를 야기할 부가적인 금액과 효율성의 손실을 감수하면서 일시적인 프로젝트 인원 충족하기
- 2주 정도의 스케줄 연장

이런 상황에서 당신은 전체적인 프로젝트에 최소의 영향을 끼친다면 세 번째 대안을 권고할지도 모른다.

다가 이러한 정보 공유는 PM으로 하여금 문제해결에 있어서 종종 클라이언트의 지원을 받을 수 있게 해준다. 협동문제해결은 건축가와 클라이언트의 관계를 더 향상시켜 준다. 한편 그렇다고 클라이언트를 모든 문제와 결정에 참여시키는 것도 그다지 바람직한 것은 아니다.

에이전트(대리인) 업무. 클라이언트와 프로젝트에 대한 의무의 일부로서 PM은 행정관서, 법적기관과 협의하면서 클라이언트를 도울 것이다. 건축부, 환경부, 그 밖의 여러 부서가 심사와 승인을 잘 준비하고 모니터링을 하더라도 스케줄이 지연되거나 예산이 초과되는 문제를 일으킬 수도 있다. 몇몇 프로젝트는 PM이 좋은 관계를 유지하고 규칙과 진행이 병행하기 위하여 외부 대리인과 정기적으로 만날 필요가 있을 것이다. 극단의 경우에는 핵심적인 재정 혹은 법률 대리인의 대변자가 프로젝트 팀원이 되기도 한다.

클라이언트의 관점에서 본 유능한 프로젝트 관리자

유능한 PM은 자신의 실체뿐만 아니라 스타일을 통해 자신을 어필한다.

- 클라이언트의 요구에 즉각적으로 응답하라: 편리한 시간까지 기다리지 말고, 비록 사소한 요구라도 응답할 것.
- 언제라도 프로젝트 상황(기술, 예산 혹은 스케줄)에 대하여 논의할 수 있도록 준비되어 있을 것.
- 클라이언트가 요구할 때 항상 이용 가능하도록 정보를 파일 처리해 놓을 것
- 회의시간을 엄수하고 사전 준비되어 있을 것
- 응답 문건, 전화기록 그리고 그 밖의 중요한 프로젝트 문서를 일상적으로 보냄으로써 건축주가 항상 알고 있도록 할 것
- 발송되기 전에 모든 청구서는 확인하고 클라이언트가 그것에 대해 질문할 때에는 항상 답변할 수 있도록 준비할 것

효율적인 팀

자기 동기부여는 건축 사무소나 다른 전문가 조직에서 일하는 사람들에게 있는 특성인 경향이 있다. PM의 임무는 프로젝트를 수행하는 개인 혹은 집단이 자

기 동기부여에 의하여 목표를 성취할 수 있도록 환경을 조성해 주는 것이다.

개인과 성격. 운이 좋게도 우리는 개인적인 효율성에 대하여 알고 있으며 상당히 많은 것을 배우고 있다. 이러한 배움은 주로 프로젝트에 참여한 개인들—프로젝트 매니저, 책임자(사장이 될 수도 있음), 핵심 팀원, 클라이언트의 대변인—과 그들의 정보 수집 방법, 결정 과정 그리고 다른 사람들과의 관계들을 이해함으로써 시작된다. 성격 유형과 관리스타일에 대한 연구 단체가 계속 성장하고 있다. PM 그리고 그 외 모든 사람—은 그들의 효율성을 개선시키기 위하여 이러한 정보를 활용할 수가 있다.

팀 구성. 효율적인 팀은 그것을 구성하는 개인들의 집합보다 더 가치가 있다. PM의 도전과제 중 하나는 팀을 구성하는 것—실제적으로 팀이 스스로 구성되는 것을 돕는 것—즉 효율적인 업무 그룹을 구성하는 것이다. 효율적인 팀은 다음의 특성을 갖는다.

- 자주 쉽게 모여 의사소통할 수 있을 만큼 작은 규모이다.
- 모든 팀원들과 상호교류를 하며 개방적인 대화를 한다.
- 팀원들은 서로의 역할과 능력을 잘 이해하고 있다.
- 팀원은 기능/기술, 문제해결 그리고 대인관계 기술을 적절히 조화시킨다.
- 팀은 진실로 의미있는—모든 팀원들이 이해하고 지원하는 분명한—목표를 가지고 있다.
- 팀의 특별한 목표는 개인과 조직의 목표에 부가적으로 존재한다.
- 팀은 모든 팀원들에게 분명하고 중요하며 실질적이고 야심찬 목표를 부여한다.
- 팀의 특별한 그룹계획은 결과물을 생산한다.
- 팀원들은 팀의 의도, 목적, 접근방식 그리고 결과물 생산 등을 위하여 개인적으로나 상호적으로 책임감을 갖고 있는 구성원들로서 상호 신뢰를 바탕으로 한다.
- 팀은 특별한 목표에 대한 진행과정을 측정할 수 있다.
- 모든 팀원들은 팀이 유일하게 실패할 수 있는 어떠한 것을 인식하고 있다.

게다가 효율적인 팀은 다음과 같은 업무 접근 방식을 가지고 있다.

- 모두를 이해시키고 동의를 얻기
- 팀원의 기술을 활용하고 향상시키기
- 개방된 상호작용, 사실에 근거한 문제해결 그리고 결과에 의거한 평가를 준비하기
- 시간에 구애받지 않고 수정하고 개선하기

설계 팀에 있어서

AIA 금메달 수상자이며 CRS 건축 사무소의 창업자 코딜은 팀의 중요성을 믿었으며 그것을 적극 장려하였다. 라이프 잡지사가 그의 프로젝트 하나를 소개하고자 했을 때 그는 그의 팀과 같이 소개되기를 부탁했다. 그러나 그 편집인은 "빌, MGM 사자를 모두가 알지만 아무도 혼자서 그 영화를 만들었다고는 생각지 않아"라며 그의 청을 거절했다.

물론 영화에 대한 대중적 견해에 있어서 그 편집인의 말은 맞다고 생각한다. 그러나 건축에서는 아니다. 영화산업은 훌륭한 영화를 하나 만들기 위하여 복잡한 업무를 수행하는 서로 다른 많은 재능들을 파악하고, 널리 알리는 데 더 세심하게 주의를 기울인다. 그러나 건물 설계라는 더 복잡한 예술에서는 각자 역할을 하는 많은 참여자들을 효과적으로 인지하고 다루는 것이 중요하다. 건축연맹의 창시자 그로피우스(Walter Gropius)는 조화된 팀워크의 중요성을 이렇게 묘사했다. "본질적인 것은 윗사람에 의하여 권위적으로 지시되는 것이 아니라 개개인의 자유로운 독창력을 강조하는 것이다". 팀원간의 계속적인 상호작용을 통해 개개인의 노력을 동시에 발휘시키면서, 팀은 그냥 많은 사람이 모여 행하는 것이 아니라 통합된 업무를 더 높은 잠재력으로 승화시킬 수가 있다.

최종분석에서, 팀에 의하여 프로젝트는 진전되고 건축은 설계된다. 팀 관리는 프로젝트 성공을 위한, 아마도 바로 그 열쇠이다.

《《《《 추가적인 정보 》》》》

미국건축가협회 회원인 데이비드 해빌랜드에 의해 쓰여진 미국건축가협회의 건축프로젝트 관리 시리즈에 관한 출판물들은 건축 사무소에 있어서의 프로젝트 계획, 조직, 인원구성, 지도, 감독 그리고 평가들의 많은 부분들을 설명하고 있다. 이러한 시리즈는 건축프로젝트 관리사항을 포함한다: 프로세스(1981), 건축프로젝트 관리: 효과적인 프로젝트 관리자(1981), 건축프로젝트 관리: 프로젝트 관리 매뉴얼(1984), 그리고 건축프로젝트 관리: 3가지 캐이스에 관한 연구(1981).

궁극적인 프로젝트 관리 매뉴얼(1999)에서 미국 건축가협회 명예회원인 데이비드 번스타인과 프랭크스와브스키는 프로젝트 관리 개선을 위한 아주 많은 실무적인 요건들을 제공하고 있다. 이들(1994)에 의한 프로젝트 통합관리와 케네스 앨리슨(1993)에 의한 디자인의 만능카드: 프로젝트 관리 환경에서의 건축적 전망은 프로젝트 관리에 있어서 추가적인 시각을 제공해주고 있다.

제임스 프랭클린, FAIA(1990)에 의한 소규모 사무소 관리에서의 현재업무: 건축가의 노트북과 하워드 번버그(1992)에 의한 소규모 설계 사무소를 위한 프로젝트 관리는 소규모 프로젝트와 업무를 중점적으로 다루고 있다.

러스 사이즈모 하우스의 프로젝트 관리의 인적부분은 팀 구성과 프로젝트 수행에 있어서 수반되는 인적 문제에 대하여 집중적으로 다루고 있다. 또한 저자는 행태이론의 광의적인 범위를 프로젝트 관리를 위한 실질적인 조언으로 통합하고 있다.

당신은 프로젝트 관리에 있어서 성공적이고 실무적인 접근에 관한 당신의 지식을 평가하는 자가 평가 청강을 수행할 수도 있다. 그 청강은 자가평가 질문, 결과보고서 그리고 맞춤형 자원항목을 포함한다. AIA 자가평가 청강프로그램에 참여하고 싶으면 (800)365-2724로 연락 바란다.

13.2 프로젝트 수행

Frank A. Stasiowski, FAIA

각 책임자들은 회의, 의사소통 그리고 결정과 같은 매일매일의 프로젝트 일과를 세심하게 관리하여야 한다.

프로젝트 계획과 팀 구성은 프로젝트를 수행하는 데 필요한 자원을 제 위치에 정리시킨다. 다음 단계는 소위 어렵다고 회자되는 부분으로서 모든 것이 잘 돌아가도록 하는 것, 즉 프로젝트르 성공시키기 위하여 이러한 계획과 자원들을 편성하고 통합하는 것이다.

건축 사무소에서 인력이란 핵심 자원이다. 이처럼 프로젝트 팀은 매일 많은 프로젝트를 직접 관리해야 한다. 즉 업무 수행을 도와주고 순차적으로 따라잡기가 진행되도록 말이다.

또한 프로젝트 관리는 정보 수집, 정보 처리 그리고 정보 교류를 수반한다. 결정을 내릴 때, 프로젝트 변화에 대응할 때, 그리고 최종적으로는 프로젝트를 마감할 때 그것들이 필요하다.

프로젝트 팀과 그것을 구성하는 개인을 다루는 프로젝트 팀(13.1)은 보완적인 논제로 읽어야 한다.

시작

만약 평범한 프로젝트라면, 프로젝트에 대한 정의, 수주, 계획 그리고 계약협의 등의 과정을 통하여 어느 때든 시작할 준비는 되어 있다. 이러한 점에서 모든 것은 나아갈 준비가 되어 있으며 계약된 전문용역을 수행하는 첫 시작점이다.

팀 요약보고와 시작. 첫걸음 중 하나는 팀원이 모두 준비되어 있는지 또한 협의과정에서 변할지도 모르는 현재의 프로젝트 요구사항과 계획을 최근 상황까지 알고 있는지를 확인하는 것이다. 이것을 완수하는 한 가지 방법은 다음과 같은 요소를 포함하는 공식적인 팀 요약보고와 시작 회의를 개최하는 것이다.

- 클라이언트와 사무소에 의하여 발전된 프로젝트 요구조건을 재고하기. 이것은 프로젝트의 목적, 범위, 질적 수준, 스케줄, 예산, 법규 그리고 규정, 주요 설계와 공사기준 그리고 다른 프로젝트 정보 등을 포괄할 것이다.
- 프로젝트 업무계획 재고하기. 결정적인 업무, 책임, 불확실성 그리고 잠재된 문제 분야 등이 논의된다.
- 스케줄과 이정표 날짜 재고하기
- 프로젝트 방침들을 재고하기. 이것들은(서로 관련된 것처럼) 프로젝트 책임과

프랭크 스테셔브스키(Frank Stasiowski)는 PSMJ 자원회사의 창업자이고 대표이다. 그는 관리 업무에 대한 다수의 책과 출판물을 저술하였으며 건설과 설계산업의 컨설턴트로 활동하고 있다.

권한, 클라이언트 조직과의 관계, 문제파악과 해결에 대한 접근, 팀 회의와 의사 교류, 프로젝트 의무와 보고 그리고 그 밖의 핵심적 관리현안 등을 포괄한다.

어떤 사무소는 모든 책임을 조건이 이해할 수 있도록 계약 사항을 그룹이 숙지하도록 한다. 모든 회의와 마찬가지로, 적극적인 자세로 경청하고 자유로운 질문과 (참석자들을 격려하며) 그룹 공감대가 형성되도록 충분한 시간을 갖게 하는 것은 좋은 생각이다.

프로젝트 승인. 위치에 따른 내부적 메커니즘을 만드는 것은 중요한 일이다. 제안서 한번 낸 것이 예를 들어 프로젝트가 된다면, 시간소요는 더 이상 간접비로 고려되지 않고 프로젝트에 부과된다. 어떤 사무소는 다음과 같은 기능성을 위하여 공식적인 프로젝트 승인형식을 이용한다.

▶ 프로젝트 감독(13.3)은 프로젝트 승인 양식이 프로젝트에 업무 부과하기, 감독하기 그리고 순환 보고하기를 시작하는데 종종 쓰이는 것을 명시한다.

- 필요한 프로젝트 계정 만들기
- 무엇이 프로젝트에 부과되는 경비이고 무엇이 변제되는 경비인지(변제되지 않는 경비) 등등에 대한 정보를 마련하기
- 준비되어 배포될 내부 프로젝트 보고서를 파악하기
- 프로젝트 이정표, 성과품 그리고 세부 청구내역에 관한 정보를 다루는 회계부—혹은 경리 혹은 소규모 사무실에서는 사장—를 마련하기

프로젝트 파일. 각 프로젝트별로 각각의 분리된 파일(혹은 파일 한 묶음)을 만드는 것이 일반적이다. 가장 효과적인 프로젝트 파일 시스템은 사무소에서 모두가 쉽게 이해하고 사용할 수 있는 시스템이다. 각 프로젝트에 있어서 새롭고 획기적인 파일 시스템을 고안하려는 유혹을 뿌리쳐라. PM이 없거나 사무소를 떠나야 한다면, 모두가 프로젝트 파일을 사용하고 원위치시킬 수 있어야 할 것이다.

핵심 프로젝트 정보. 대부분의 사무소는 프로젝트 초기에 프로젝트 결정에 필요한 핵심 정보를 모은다. 이러한 핵심 정보의 어떤 것들은 프로젝트 파일에 보관되어 있을 것이다. 어떤 것은 모든 구성원이 쉽게 접근할 수 있는 프로젝트 선반에 놓여 있을 수도 있다. 이러한 정보 수집은 다음 사항을 포함한다.

- 프로젝트 주소록(핵심 참여자의 이름, 주소, 전화 그리고 팩스 번호에 대한 목록)
- 프로젝트 프로그램과 공사예산 요구사항
- 기후, 환경, 측량 그리고 지리적 정보를 포함하는 대지 정보
- 적용할 법규와 규정
- 프로젝트 스케줄, 이정표 그리고 납품 명세서
- 프로젝트 파일 목록, 위치 및 접근 안내

어떤 사무소는 프로젝트 계약 사본과 내무 프로젝트 예산까지도 프로젝트 선반에 놓아두고 있다. 그리고 프로젝트가 진행됨에 따라 건축가는 공사 시스템, 재료 그리고

자재 선정을 지원하는 기술적 정보를 그곳에 추가할 수도 있다.

커뮤니케이션

전문적인 용역은 데이터, 조언과 의견, 제안과 결정 등등을 포함하는 정보의 계속적인 교류를 수반한다.

대화하기와 듣기. 프로젝트 요구사항, 제안과 가능성 그리고 최후의 결정 등등에 영향를 끼치는 방대한 대부분의 정보는 개인의 직접적인 대화, 즉 말하기와 듣기를 통하여 전달된다. 점점 더 우리는 대화의 핵심은 듣기라는 것을 깨닫는다. 더구나 우리는 적극적으로 듣는 사람이 되도록 자신을 훈련시킬 수가 있다.

사무실 내에서 일어나는 매일매일의 많은 결정들은 게시판이나 컴퓨터 책상 앞에서 이루어진다—PM과 프로젝트의 다른 작업자들 사이에 공식적으로 또는 비공식적으로 이루어지는 셀 수 없는 교류 속에서, 건축가는 상호 교류되는 양측으로부터 그러한 데스크 평가를 준비하는 데 더 좋게 자기 자신을 훈련시킬 수 있다.

회의는 그룹으로 하여금 정보를 교환하고 만들고 수정하고 혹은 프로젝트 결정을 단정짓는 기회를 제공한다. 관리에 대한 연구를 보면, 회의는 대부분 PM의 일과동안 가장 시간 낭비적 단순 행위라고 지적한다. 따라서 효율적인 PM은 프로젝트 회의를 주의 깊게 설계되고 관리되어야 할 기회의 수단으로 간주한다.

바쁜 회의 스케줄을 관리하는 첫걸음은 회의, 특히 PM이 주도적이지 않아도 되는 회의 수를 최소화하는 것이다. 다음과 같은 제안을 고려하라.

- 회의 소집 전에, 같은 목표를 이룰 수 있는 다른 방법을 강구하라. 예를 들면 메모, 전화, 팩스, 이메일 혹은 편지 등.
- 회의 목록을 준비하라. 만약에 실질적인 토의 안건이 없다면, 회의는 필요없을 것이다.
- 일어서서 회의를 해보라. 이러한 회의는 한 가지 주제나 혹은 검토해야 할 결정사항에 직접적으로 영향을 끼치는 짧은 시간만 소요한다. 때로는 전화회의도 효과가 있다.

회의가 필요할 때에 다음을 고려하라.

- 회의 참석 전에 다음의 과제를 끝낼 것. 첫 번째 질문은 회의의 목적은 무엇인가이다. 두 번째 질문은 정보를 준비하면서, 조언를 구하면서 혹은 절박한 문제에 대해 클라이언트를 대비시키면서 우리는 어떠한 결정을 찾고 있는가이다. 가능하다면 사전에 건축주에게 이러한 목적을 전달하라.
- 목표를 완수할 협의사항을 공식화하라. 그 협의사항은 회의 전에 완료되어야 할 작업을 파악하는 개요로서 도움이 될 수가 있다: 이것은 피상적인 현안에 많은

프로젝트 승인 양식 견본

Askew, Nixon, Ferguson Architects, Inc., Memphis, Tennessee

경비와 시간당 인건비 예산

Askew, Nixon, Ferguson Architects, Inc.

Date: 04/20/92 Revised: 04/27/92 Prepared by: Joe Wieronski

프로젝트 정보

		Consultants:		
Project name:	MLGW ANNEX	Structural:	Burr & Cole	B. Burr
Project No:	92004.10	Civil:	Burr & Cole	B. Burr
Location:	Memphis	Mechanical:	OGCB	J. Pilgrim
Client Contact:	Frank Gheri	Electrical:	OGCB	J. Pilgrim
A/E Proj. Mgr.	Joe Wieronski	Landscape:	Jackson Pers	J. Jackson
A/E PIC:	Lee Askew	Other:	Cabling, Inc.	W. Richard
Start Design:	4.6.92	Other:	Kitchen, Inc.	M. Fisher
Start Constr.:				

시간당 인건비 예산

Total base A/E fee: (w/o Additional Services)		$580,200	
Minus indirect reimbursables:	–	5,665	
Minus consultants fee if included:	–	233,690	
	=	$350,845	**Subtotal**
Profit: 20% of total	–	70,169	
Subtotal minus profit:	=	$280,676	**Net Fee**

Net Fee:	$280,676	=	5,847	Avail hours w/o add. services
Average rate/hour	$48.00 /hour			

PHASE	%	Fee	C.O.'s	Total hours
1: Measuring/CAFM	0	0		0
2: Predesign/program	5	14,034	2,466	344
3: Schematic design	14	39,295	6,908	963
4: Design development	18	50,522	8,882	1,238
5: Construction docs	37	103,850	18,257	2,544
6: Bidding/negotiation	3	8,420	1,480	206
7: Construction admin.	23	64,555	11,349	1,580
				0
				0
TOTALS	**100**	**$280,676**	**$49,342**	**6,875**

변제 경비

	indirect–ANFA–direct		consultants
Airfares, mileage, travel		$1,500	$1,500
Lodging, subsistence, meals		2,000	2,000
Printing, copies, reprographics	$4,000	8,000	2,000
Federal Express, courier services	500	1,000	200
Fax, long distance telephone	150	200	100
Testing		40,000	
Boundary and topo survey		5,400	
Geotechnical services		7,000	
Other misc.	500	1,000	500
Additional reimbursables:			
Total NTE reimbursables = $85,305			
Multiplier: 1.10 Totals:	$5,665	$72,710	$6,930

계약 조건

	Fee Amount
Hourly	
Hourly NTE	
Lump Sum	$580,200
Cost + Fee	
% of Constr	

건축/구조, 기계, 전기 경비 내역

Structural	$63,000	11.0%
Civil	6,000	1.0
MPE	140,000	24.4
Landscape	2,690	0.5
Kitchen	3,500	0.6
Cabling	8,500	1.5
Subtotal	$223,690	39.0%
Architectural	$350,845	61.0%
TOTAL	**$574,535**	**100.0%**

추가 용역

		A/E
C.O. #1	$6,000	B&C
C.O. #2	3,998	B&C
C.O. #3	29,000	B&C
Subtotal	$38,998	B&C
C.O. #1	$1,850	OGCB
C.O. #1	$15,000	ANFA
C.O. #2	6,600	ANFA
C.O. #3	27,742	ANFA
Subtotal	$49,342	ANFA
TOTAL	**$90,190**	**A/E**

공사 금액(예상치)

Initial bid	$8,683,219
Seismic cost	716,781
C.O. #1	458,000
C.O. #2	0
C.O. #3	56,400
C.O. #4	101,500
C.O. #5	33,069
C.O. #6	64,500
TOTAL	**$10,113,469**

시간을 빼앗기지 않고 참여자 자신의 목표를 성취하는 데 도움을 준다.

- 회의 전에 미리 확인하고 일찍 도착하라.
- 회의 후에 내용을 검토하라. 잠깐의 시간을 들여 결정된 사항, 미결정된 행위 그리고 진행되어야 할 다음 단계 등을 파악하라. 어떤 PM은 위에 언급된 것과 같은 사항을 정리하여 여전히 미결된 사항에 대하여 계속하여 기록해둔다-어떠한 결정이 이루어져야 하는가? 누구에 의하여? 언제? 누구의 정보와 함께 승인하고 그리고 통지하는가?

일상적인 커뮤니케이션. 정보는 종종 개인과 그룹 간의 일정 형식, 즉 전화 대화, 팩스와 이메일 메시지, 응답, 문서, 보고서 그리고 메모 등을 거쳐서 전달된다. 이러한 처리는 일거양득으로, 중요한 정보를 전달하고 프로젝트 기록이 된다. 노력에 고려해야 할 의사전달 요소는 다음과 같다.

- 따뜻하고 화답하는 태도로 일하라-날인하거나 이야기할 때. 응답전화에 초대하면서 당신의 직원과 동료가 즐겁도록 일을 하라. 비록 당신이 많은 클라이언트를 상대하고 있어도 각 클라이언트는 자신을 으뜸가는 고객이라고 느끼도록 하라.
- 정보와 제출물의 전달서류에 날짜, 발송인의 이름과 주소, 정보 발송과 프로젝트 참조사항 등이 기록된 겉표지를 만들어라.
- 연락과 질의회신 등을 돕기 위하여 회신이 필요한 모든 서류에 전화번호와 팩스번호를 기재하라.
- 만약에 중요한 것이라면 모든 처리업무에 대한 기록을 확실히 보관할 수 있도록 책상으로 넘나드는 모든 서류를 날짜별로 분류해 놓아라.
- 실행해야 할 사항에 초점을 맞추면서 대화에서 얻은 정보를 메모하라- 무엇이 결정되었고 무엇이 다음 단계인가를.
- 사실에 입각한 것만 기록하도록 자신을 훈련하라- 그리고 기록되지 않은 사실에 대하여는 자신의 의견을 남겨놓도록 훈련하라.
- 항상 외부에 나가 있는 직원은 휴대폰, 비퍼 그리고 노트북을 지참하도록 하라. 이러한 장비는 여행중에도 직원이 접근 가능하고 생산적이 되도록 한다.
- 편지와 그 밖의 매체에도 빨리 응답하라. 만약에 응답을 위임한다면, 특정한 시간대를 약속하라- 어떤 사람의 즉시처리라는 말이 다른 사람에겐 일주일 내에 처리하겠다는 의미가 될 수도 있다.

과학기술 관리

음성메일, 팩스 그리고 인터넷과 같은 과학기술의 사용은 현실적인 업무를 뛰어넘을 수가 있다. 우리는 이러한 도구가 효율성과 생산성을 증대시키는 데 어떻게 이바지하

"개별" 비평을 통한 프로젝트 리더십

전통적인 "개별" 비평-혹은 전문가적인 은어로 비평-은 오랫동안 건축을 가르치는 주요한 방법이 되어왔다. 그러나 그것은 건축을 창조한다는 의미에서는 상당히 효과적이다. 디자이너, 전문가 그리고 실시설계도서 생산자가 아닌 프로젝트 리더는 핵심적인 프로젝트 업무를 수행하는 사람들을 관리하는 데 "개별" 비평이 효과적인 접근법이라는 것을 파악할 수가 있다.

전제. 우리는 이러한 명제와 함께 시작한다. 프로젝트 리더-비평하는 역할로서-는 회사 구성원 혹은 디자이너가 성공하기를 원한다. 그러므로 비평가는 회사 구성원 혹은 디자이너가 더 나은 업무수행을 하도록 도와주는 대화를 하길 원한다. 비평가로서의 당신은 다음을 뜻한다.

- 디자이너로서 그 혹은 그녀가 최선을 다하고 그리고 결정하는 이유가 타당하다고 예상하기. 당신은 공개된 토의를 통하여 이러한 이유를 가장 잘 배울 것이다.
- 배우는 기회로 비평을 다루기. 당신은 자신에게 "최선의 해결책이라는 디자이너의 견해를 통하여 이러한 다자인적 문제에 있어서 나는 무엇을 배울 수 있는가?" 그리고 "어떤 질문을 할 수 있는가?"와 "나는 어떤 전진을 제안할 수가 있는가?" 라고 질문하라.
- 마지막으로 그것은 당신의 프로젝트이며 그리고 당신의 결정이라는 것을 명심하기. 당신이 만약 결정을 간단하게 내린다면, 그 비평은 끝이 나며 디자이너는 당신의 결정에 따르게 된다.

비평은 제도판 혹은 컴퓨터 스크린에서 어깨 너머로 간략하고, 빈번하게 축적되면서 이루어질 수가 있다. 다른 한편으로는 비평은 덜 빈번하게 더 심도 있게 될 수도 있다-소위 말하는 금요일 오후의 핀업 시간. 그러나 당신이 비평하는 사람과 업무 진행정도에 따라서 이러한 방법들은 효과적일 수도 있고 그렇지 않을수도 있다. 비평은 능동적인 듣기와 함께 시작된다.

- *격려하기.* "한번 다 쏟아봐요" "알다시피 나는 이런 것에 늘 힘들었는데......" "그것은 리차드슨 스타일, 재미있는 혹은 굉장한 것처럼 보입니다 등등" "그것에 대해 말해 보세요"
- *인정하기.* 때로는 이러한 문장으로 표현되는 것이 가장 좋은 방법이다. "내가 당신의 초안을 읽어보니, 당신은 이 건물을 이렇게 보고 있군요" "내가 이해하는 한, 당신은 사용자들이 이렇게 하길 원하는군요"
- *검토.* 예 혹은 아니오라고 대답될 수 없는 끝이 없는 질문을 이용하라. "이게 어떻게 프로그램 요구조건에 부합되는지 더 이야기해 보시오[건축주의 관심사, 프로젝트 목표를 만족시키거나 변화시키는 것, 특별한 개념에 대한 기억, 맥락에 관계되는 것 등등을 이야기하며]" "이러한 것을 어떻게 생각하나요?"
- *설명.* 디자이너가 그 혹은 그녀가 생각하고 느끼고 의도하고 혹은 실행하는 것에 관하여 남겨놓은 것을 당신 자신에게 물어보라. 그리곤 그것들을 위하여 공란을 채워보라. 증명을 위하여 주의를 기울이고 듣고 물어보라.

실제적인 비평에 접근하기 위하여 고려해야 할 몇 가지 단계는 다음과 같다.

1. 프로젝트의 대여섯 개 정도의 핵심적인 목적을 요약하라.
2. 해결에 관하여 좋은 점과 그 이유를 말하라. 구체적이 되어라. 당신 자신의 경험과 역사적인 맥락에서 그것이 무엇을 상기시키는가? 이러한 참조사항이 설계를 강화시킬 수 있도록 무엇을 제안하는가? 그것은 어디로 나아가는가? 좋은 부분에 편승하라.
3. 은유적인 요소들을 겹쳐보고, 스케치하고 개념화시키고 활용하고, 분명하게 생각하라.
4. 그러면 무엇이 변화되어야 하고, 개선되어야 하며 혹은 제거되어야 하는지 결정하라-그리고 그 이유와 함께. 도움이 될지 모르는 대안을-각 부분에 접근하는 더 좋은 방법들-자료로서 제시하라.
5. 산뜻한 출발이 필요하다면, 다음 진행을 위하여 디자이너에게 세심한 안내를 마련하라.
6. 이 단계의 마지막에는 요약하고, 이해되는 것들을 승인하고 다음 단계를 동의하라.

다음 단계는 디자이너의 수행능력과 그 혹은 그녀의 노력에 당신이 어떻게 대응하는가에 달려 있다. 당신은 가르쳐주거나 격려하거나 위임하거다 혹은 직접 지도하기를 원해도 좋다.

는지를 간과하는 경향이 있다. 단지 음성메일, 팩스 혹은 이메일을 통하여 정보를 얻기 때문에 그러한 것이 중요하다는 것이 아니다. hard hat 뉴스의 바바라 가로로(Barbara Garro)는 과학기술 도구를 고도로 유용하는 다음과 같은 방법을 제안하였다.

- 계약을 신속히 완료하기 위해 과학기술을 이용하라. 전자매체 등을 통하여 상대

로부터 계약 초안을 접수하고 수정된 것을 제출하고 조건을 결말지어라－이 모든 것이 같은 날 처리된다.

- 보고서나 제안서를 논의하길 원하는데 상대가 그 복사본을갖고 있지 않다면, 팩스 혹은 이메일을 통하여 그것들을 전송하라. 논의를 더 신속하게 진행할 수 있다. 많은 워드프로세스 소프트웨어에서 활용되는 수정도구를 이용하여 각 부분에서 변경된 것을 추적하라.
- 누군가가 자신의 제안서가 메일계정에 있다고 하면, 그 사본을 팩스 혹은 이메일로 보내달라고 요청하라.
- 구매 청구서와 송장은 팩스 혹은 이메일을 이용하라.
- 프로젝트에 필요한 정보 수집을 위하여 인터넷을 활용하라. 대부분의 자재 공급회사는 당신이 구하려고 하는 최신의 기술자료를 구매할 수 있는 웹사이트를 확보하고 있다.

또한 인터넷은 웹을 토대로 한 프로젝트 관리도구의 형태로 우리에게 최신기술을 제공하고 있다. 요즘 각광받는 웹기반의 관리도구의 두 가지 범주가 있다. 이것의 더 세련된 재품은 시공도서 관리와 의사소통의 과정을 지원하기 위해 개발된 웹 베이스 도구를 포함한다. 이러한 제품들은 일반적으로 시공자의 입찰지원에 대한 필요, 프로젝트 구매, 하도급업자의 행정 그리고 관리 등에 활용된다. 또한 이러한 도구는 정보요구(RFLs)와 같은 것을 위하여 클라이언트와 건축가를 포함하는 프로젝트 참여자들이 함께하는 의사전달에 따른 지원을 제공한다.

최신 웹 도구의 두 번째 범주는 설계와 계약 준비 단계 동안 프로젝트 관리를 위하여 더 활용되는 것이다. 이러한 도구는 PM이 프로젝트 팀, 클라이언트, 외부 자문가 그리고 시공자 등을 위하여 프로젝트 웹사이트를 구성하는 것을 도와준다. 일반적으로 웹사이트는 접근하려면 암호가 필요한 형태로 구성되어 있다. PM과 지원하는 직원은 승인된 사용자만이 접근할 수 있는 보안된 사이트에 회신과 프로젝트 문서를 위치시킬 수가 있다. 도면과 시방서를 포함하는 시공도서의 중간 결과물은 읽기 전용의 문서형태로 저장할 수가 있다. 웹사이트에 문서를 보관하는 한 방법으로서 PM은 문서가 활용되는 한 그 정보들을 제공하면서 승인된 사용자에게 통지 이메일을 초기에 전달할 수 있다. 또한 통지 이메일은 문서가 웹사이트에 연결되어 단순한 마우스 클릭으로 사용자가 그것에 접근할 수 있도록 한다. 또한 웹사이트는 초기 문서를 보존하는 어려움 없이 방문자들이 문장이나 그림에 표시를 할 수 있도록 허락하는 붉은색의 수정 도구 방식도 있다.

결정

이 모든 상호교류의 궁극적 목적은 의사결정이다. 아주 사소한 프로젝트라도 건축가와 프로젝트 팀은 셀 수 없이 많은 결정을 내려야 한다. 각 결정이 성공적인 결과물을 생산해 낸다면, 이러한 결정들이 모여 결과적으로 그 프로젝트는 성공할 수밖에 없다는 것으로 귀결이 된다. 결정과정에 대한 관리는 프로젝트의 핵심적인 관리업무이다.

결정사항을 이해하라.

- 프로젝트 결정에 가장 중요한 것은 무엇인가?
- 그것들은 언제 실현되어야 하는가?
- 누가 그것들을 실현시킬 것인가?
- 누가 데이터와 의견을 배분하고 혹은 조언을 해야 하는가?
- 누가 결정을 승인해야 하는가?
- 누가 알아야 하는가?

질문은 쉽지만 대답은 어렵다. 예를 들어 첫 번째를 살펴보자. 그 해답은 프로젝트 계획과 문제를 충분히 이해하고자 하는 설계 전 단계에서의 노력과 그 해결에 대한 열쇠 속에 있다. 많은 프로젝트에서 대부분의 중요한 결정은 그룹회의에서 내려지거나 확인된다. 종종 이것은 클라이언트를 참여하게 하며 핵심 프로젝트 이정표에 밀접하게 연결되어 있다. 관리기술의 하나는 이러한 각각의 회의에서 개괄적인 의제를 발전시키고 그것들을 진전시키고 일정을 잡는 것이다.

제출과 승인. 대부분의 프로젝트에는, 즉 프로젝트 결정이 종합되고 나타나고 논의되고 확인되는 시점으로서 이정표가 붙는다. 프로젝트 계약은 이정표에 따른 날짜와 납품 내역의 첫 목록을 제공해 준다. 행해져야 할 방향과 실현될 결과와 이러한 것에 대한 클라이언트의 동의 등에 대하여 프로젝트 팀의 이해를 확인시켜 주기 위하여 중간 시점들을 설정하는 것이 현명하다. 어떤 사람들은 모든 프로젝트에 대해 이러한 "진실의 순간"으로 접근할 것을 제안한다.

- 클라이언트를 포함하여 프로젝트의 모든 팀원은 앞으로 무엇이 있어야 하고 어떠한 결정이 내려져야 하는지에 대해 충분히 숙지하고 있어야 한다.
- 프레젠테이션 계획을 세우고 가능한 실제 날짜 전에 그것을 연습해 보라.
- 제출물이 서면화되어야 한다면, 밑그림 정도로 그리거나 그렇지 않으면 보고서를 실제처럼 만드는 것은 좋은 보고가 된다. 만약에 회의가 진행되어야 한다면, 의제를 내라. 이러한 접근방식은 무엇이 행해져야 하는지를 모두가 이해하는 데 도움을 준다. 때로는 그러한 노력으로 빈틈을 파악하게 된다.
- 연습. 어떤 사무소들은 프로젝트에 무관한 사내의 다른 사람을 대상으로 제출 전 프레젠테이션을 계획한다. 어떤 사람들은 프로젝트 요구조건이 명료해지도록 반대의 입장, 즉 클라이언트의 역할을 해보기도 한다.
- 제출물이 수용된 다음 건축주의 결정과정과 시간표를 반드시 알아두라.(이것은 프로젝트 계획과 가격결정 단계에서 먼저 고려되었어야 한다.)

방해요소 관리하기

시간을 성공적으로 관리하기 위하여, 자신의 시간을 위해 요구되는 모든 것은 자신이 가지고 있는 가장 가치 있는 것들을 포기하게끔 한다는 사실을 굳게 믿어야 한다. 예측불허의 방해요소는 좌절과 시간 손실의 주된 요인일 수 있다. 그러한 방해요소를 피하는 열쇠는 접촉을 통제하는 것이다. 클라이언트가 자주 전화를 걸어온다면, 당신이 그들에게 전화를 할 수 있는 일정한 시간대를 설정해 놓는 것을 제안하라. 전화벨이 울릴 때 당신의 전화인 것을 예상한 클라이언트는 아마 위급한 것이 아니면 통화하기를 꺼려할지도 모른다. (이와 같은 접근방식은 사무실 내에서 PM에게 일상적인 논의를 위해 끊임없이 전화하는 감독자나 혹은 사소한 모든 것에 당신의 승인를 받고자 하는 새로운 직원들에게 유용할 수도 있다.)

또 다른 일상적인 문제는 사람들이 그냥 지나치다 사무실에 잠시 들르는 것으로부터 야기된다. 이것을 피하는 가장 단순한 방법은 물론 문을 닫아 버리는 것이다(만약에 문이 있다면). 그러나 이것은 사무소와 단절되는 결과로 나타난다. 더 세심한 접근은 당신이 문을 마주하거나 혹은 멀리 떨어져서 일할 수 있도록 사무실 내의 가구를 배치하는 것이다. 많은 사람들에게 있어서 많은 시간을 소비하게 하는 것은 전화이다. 게다가 대부분의 건축 사무소에 부과되는 장거리 전화요금은 더할나위 없다. 여기 전화를 관리하는 몇 가지 방법이 있다.

당신이 전화를 걸어라. 누군가에게 전화를 하도록 하는 것보다 직접 전화를 하는 것이 더 시간을 절약한다. 비록 상대방이 없더라도 응답기능이나 음성메일을 이용하여 때로는 당신의 의사를 표현할 수 있으며 혹은 질문을 남겨둘 수도 있다.

모아서 회신하기. 당신은 하루에 한두 번 정도는 메시지를 체크하거나 중요사항을 기록하거나 전화를 걸지도 모른다. 회신전화는 늦은 아침이나 늦은 오후시간이 적절하다. 그때는 보통 사람들이 사무실에 있을 가능성이 높은데 점심때쯤이나 퇴근 무렵은 긴 대화를 하기엔 적절하지 않다.

음성 톤을 이용하라. 당신이 정감어린 긴 대화를 원한다면, "요새 어떻게 지내세요?"라고 인사를 하면서 시작하는 것이 좋을 것이다. 한편은 "나는 엘리자베스입니다, 무엇을 도와드릴까요?"라고 말하며 시간을 많이 보내고 싶지 않은 잡상인에게 응답할 수도 있다. 이러한 것은 짧은 대화를 피하게 하는 점잖고 간결한 톤을 만든다.

대화를 끝내는 방법을 알라. 장시간의 대화에 지친다면, "그래요, 이게 다입니다, 더 할 말씀이 있으세요?"라고 말하여 대화를 환기시킬 수가 있다.

- 가능하다면 용역을 진행시키기 위하여 클라이언트의 승인을 가능한 한 빨리 얻어라. 시간이 지체되는 것은 프로젝트나 회사의 이익에도 전혀 도움이 되지 않는다. 그러나 때로는 이러한 승인시점이 프로젝트 범위, 스케줄 혹은 예산에 변화를 가져오기도 한다.

문서화

비록 아주 작은 프로젝트일지라도 기록, 회의, 의제 그리고 메모, 기술관련 재료 그리고 그 밖의 서류들 같은 상당량의 문서를 양산해 낸다. 이러한 서류의 효율적인 관리를 위하여 다음 사항을 고려한다.

많은 사무소가 프로젝트 결정에 참고하도록 다양한 체크리스트를 개발하고 있다. AIA 문서 200의 프로젝트 체크리스트는 출발점이 된다.

- 결정하는 데 활용될 정보를 모으고 분석하고 기록하라.
- 프로젝트 팀, 클라이언트 그리고 일의 진행 상황에 관심이 있는 사람들에게 알려주어라.
- 핵심 결정사항과 근본적 이유 등을 나중에라도 문서화하라. 이러한 결정사항은

회의 계획

때로는 프로젝트가 아주 빠른 속도로 진행된다. 핵심적인 결정을 많은 사람들이 소집된 회의에서 내려야 한다면, 초기에 이러한 회의를 미리 설정하고 프로젝트 스케줄에 그것을 고려해 넣는 것이 좋다. 시간, 참석자, 의제 그리고 내려져야 할 핵심 결정사항 등을 기록하기 위해 고안된 어떤 회사의 양식은 다음과 같다.

프로젝트: Spectra Physics

주제: C-7
날짜: Week #19
유형: Review Meeting

참석자: Owner project representative
Contractor representative
Jim Lewis, project manager
Interior architect
Program consultant

필요한 정보 및 결과물:
1. Design development elevation studies
2. Schematic interior layout studies

의제: Review elevation studies and interior layout

핵심 결정사항:
1. Fix exterior opening locations
2. Approve interiors schematic–authorize design development
3. Approve beginning of construction documents for Bid Package B.

다수의견에 의한 아이디어 창조

브레인스토밍은 어떠한 소그룹에서든지 간에 아주 효과적이고 빠른 구체화된 문제해결 과정이다. 많은 연구와 셀 수 없는 워크숍에서 밝혀졌듯이 개인보다는 그룹이 더 좋은 결정을 내린다–만약에 그룹이 교감을 기반으로 하여 결정을 내린다면.

주: 교감은 모두가 동의하는 것을 의미하는 것이 아니다. 그것은 (1) 각자가 듣고 충분히 이해되어 만족스럽고 (2) 모두가 그 결정에 기꺼이 따를 마음이 있다는 것이다. 그러기 위해선 당신이 듣는 것을 다시 반복하여 들으면서, 그들의 뜻을 당신이 충분히 이해하였다는 것을 그들이 동의할 때까지 찬성하지 않는 사람들도 얘기하도록 노력하라. 좋은 지름길은 플립차트에 모든 임무를 다 써내려 가는 것이다. 어찌되었든 업무를 진행하는 데 가장 좋은 방법은 브레인스톰이다.

1. 규칙을 설명한다

리더 혹은 중간 관리자로서, 당신의 업무는

- 문제를 노출시켜야 한다.
- 규칙을 설명하여야 한다.
- 기록을 하여야 한다(플립차트 이용).
- 시간을 엄수하여야 한다.
- 에너지가 넘치도록 해야 한다.
- 그룹이 집중하도록 해야 한다.
- 참여자가 서로서로 안전하도록 해야 한다. 위험에 노출되거나 그런 가능성이 있는 사람들을 도와주라.

이것은 당신이 참여자가 될 수 없음을 의미한다. 그들에게 이것을 이야기하라. 얼마나 많은 시간을 써야 하는지에 대하여 동의하라.

2. 문제를 설명한다

현안이나 문제를 설명하면서 그들에게 배경설명을 해주어라. 어떠한 즉각적인 답변이나 조언이라도 기록하라. 다음 사항을 위하여 그렇게 하라.

- 참여자가 잘 알아 듣고 신중하게 받아들였는가를 확인하기 위하여
- 창의적인 과정 방법에서 나오는 가장 적절한 대답을 듣기 위하여

3. 문제를 언급한다

문제에 동의하라. "우리가 어떻게 할 수...."라고 운을 떼면서 문제를 단순한 한마디로 만들어라.

그들이 그 업무를 하도록 하라–당신은 기록하고.

4. 브레인스톰

그룹에게 1분 30초 정도만 제공하고 가능한 한 많은 답을 작성하도록 하라(당신은 시간을 체크한다). 그들에게 양과 속도를 염두에 두고 작성하도록 이야기하라. 즉, 질적인 부분과 좋은 감정을 만드는 것은 잊어버리도록 하라.

첫 번째 일분이 지났을 때, 그들에게 "미쳐봐"라고 이야기하라–자신이 할수 있는 가장 재미있고 아주 거칠고 기발한 것을 작성하기 위하여 돈과 규모, 시간을 잊어버리고 아무런 제약 없이.

5. 결과를 기록한다

각 참여자가 플립차트에서 아직 언급되지 않은 아이디어를 외치게 하라. 플립차트가 아니고 다시 속도를 내어 하게 하라. 규칙은 다음과 같다.

- 대화 금지
- 판단 금지
- 농담 금지
- 질문 금지
- 비평 금지

팁: 그룹의 두 사람 정도가 서로 돌아가며 "포스트잇" 메모장에 스스럼없이 각자의 아이디어를 기록하도록 도움을 받으라. 당신은 그것들을 플립차트에 기록해야 한다. 그 다음에 서로서로의 이야기를 듣다가 참여자에게 생겨난 또 다른 아이디어들이 있는지 물어본다. 기록한다.

6. 군집도(표)를 만든다

종합하고 질문을 통하여 밝히고, 범위를 설정한다. 만약에 분명해 보인다면 이러한 것을 진행한다. 너무 많은 시간을 쓰지 말고 너무 정확하게 하려고 애쓰지 않는다.

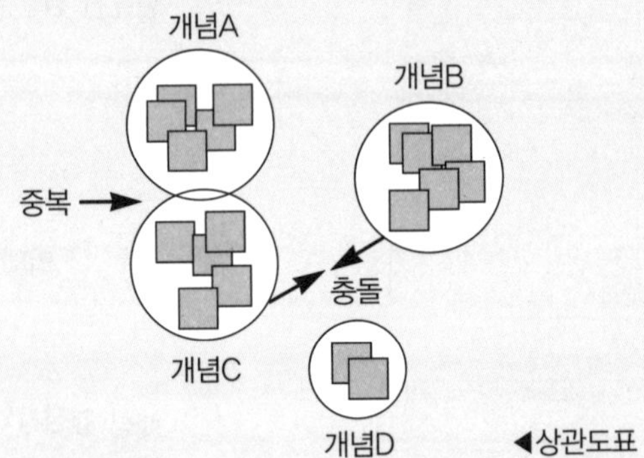

◀상관도표

7. 우선사항을 정한다

결과를 왜곡시키는 동료나 정치적인 압박을 피하면서 각자에게 3번의 투표기회를 주고 각 항목에 대하여 투표하도록 한다–엄지 손가락을 올리거나 내리는 방법으로. 그다음엔 선호하는 것에 대하여 의논하고 교감을 갖게 한다.

만약에 결정 사항이 사장으로서 당신이 혼자서 내려야 하는 것이라면, 이러한 과정을 통하여 당신은 여전히 좋은 정보를 획득할 수 있다. 그룹의 우선사항(그룹 결정사항이 아닌)에 대한 생각은 멈춘다. 당신이 결정할 시기가 되었을 때 그들에게 감사하다고 말하라.

재검토할 필요가 있거나 후에 의문이 생길 경우가 있기 때문이다.

PM은 모든 프로젝트에서 프로젝트 응답에 대한 기록과 중대한 진전사항을 문서화할 책임이 있다. 성공한 사업에 대한 설계 팀과 클라이언트 사이에 있는 각 부서간의 업무처리를 문서화하는 것이 현명하다는 것을 보여준다. 프로젝트를 계속 추적하면

프로젝트 관리 평가

많은 회사들이 프로젝트 마지막 단계에서 구체적인 프로젝트 관리 평가를 시도하는 것은 가치 있는 학습의 기회라는 것을 인식하고 있다–만약에 건축주가 적절한 방식으로 참여하고 있다면, 뿐만 아니라 마케팅 도구로서 더욱 그렇다. 다음은 당신이 탐색해 봐야 할 몇 가지 질문들이다.

범위와 용역

- 프로젝트는 건축주의 요구조건을 충족시켰는가? 그 회사의 기준은?
- 질적 수준이 범위, 직원, 스케줄 혹은 예산상의 제약으로 좋지 않은 영향을 받았는가? 이러한 것을 피할 수 있었는가? 사무소가 이러한 제약에 더 대응할 수 있었는가?
- 범위와 용역은 프로젝트 전반을 통하여 관리되었는가?
- 미래의 프로젝트에 대한 관리에 있어서 개선할 점은 무엇인가?

스케줄

- 스케줄은 지켜졌는가?
- 본래의 스케줄은 적절하였는가? 그것이 어떻게 바뀌었는가?
- 프로젝트 진행동안 그 스케줄은 잘 통제되었는가?
- 미래의 프로젝트에 대한 스케줄에 있어서 개선할 점은 무엇인가?

예산

- 본래의 프로젝트는 이윤을 포함하여 목표가 잘 지켜졌는가?
- 본래의 계획에 비하여 마지막 재정적 수행정도는 어떠한가?
- 미래의 프로젝트에 대한 예산편성에서 개선할 점은 무엇인가?

정산

- 건축주에게 발송한 송장은 잘 설명되었고 지급은 제 시간에 되었는가?
- 건축주의 지급방식은 회사에 적절한 자금흐름을 제공하였는가?
- 미래의 프로젝트에 대한 정산계획, 청구 그리고 수금 등에서 개선할 점은 무엇인가?

프로젝트 팀

- 제대로 된 근무자, 외부 자문가 그리고 협동 구성원들이 선정되었는가?
- 프로젝트를 통하여 프로젝트 팀은 계속적으로 관리되었는가?
- 건축주, 시공자 혹은 다른 업체들을 관리하는 데 어떠한 어려움이 있었는가?
- 팀워크와 팀 관리를 개선할 점은 무엇인가?

일반 관리

- 마케팅, 프로젝트 계획 혹은 협상에서 어떠한 어려움이 있었는가?
- 정보 흐름과 의사소통은 효과적이었는가?
- 의사소통하고 혹은 결정에 대한 승인을 확보하는 데 어떠한 어려움이 있었는가?
- 통제와 과정의 수정에 대한 진행은 예상한 대로 이행되었는가?
- 미래의 프로젝트의 관리에서 개선할 점은 무엇인가?

서, 몇몇 앞의 예에서처럼 클레임이 발생할 때 당신이 대항할 기록을 갖게 된다.

프로젝트 마무리

프로젝트 마무리는 중요하지만 때로는 프로젝트 관리에서 성공하기 위한 핵심요 소로서 간과되는 경우가 있다. 프로젝트가 마무리될 때 그리고 다른 프로젝트가 대기 하고 있을 때 프로젝트 팀을 해산하고 PM을 복귀시키는 것이 보통이다. 마무리짓는 동안 프로젝트에 대한 필요한 주의를 분산시키지 말아야 한다.

마지막에 큰 실수를 범하지 않기 위하여 회사는 공사계약행정 마무리와 공사 후 어떤 용역에 대하여도 충분한 예산을 지원해주길 원할 것이다. 마지막에 건축주를 실망시키는 것은 좋은 관계를 갉아먹고 결국엔 파괴시켜 버린다. 아무도 클라이언트의 마지막 기억 속에 일이 제대로 종결되지 못했다거나 완전하지 못했다고 남겨지길 원치 않는다. 프로젝트 정보를 모으거나 필요한 문서를 준비하거나 금전적인 지불관계를 정리하고 프로젝트 파일접근을 폐쇄하는 등의 내부적으로 프로젝트를 종결하는 것도 필요할 것이다. 이러한 것을 수행하는 데 있어서 프로젝트 기록보관함을 만드는 것에 특별한 주의를 기울여야 한다.

반복 작업, 평판 그리고 조회는 대부분 사무소의 새로운 프로젝트에 대하여 약 90% 정도 책임진다.

마지막으로 어떤 회사는 프로젝트가 완결됨에 따라 프로젝트 관리에 대한 평가를 실시한다. 이것는 회사의 전반적인 노력에 대한 가치 있는 정보의 축적방법이고 부분적으로는 지속적인 개선과정의 하나이며 클라이언트와의 관계를 지속적으로 형성해 나가는 한 방법이다. 프로젝트 사후검토는-프로젝트의 실제금액의 예상기준에 대한 비교검토로 사용된-연이어 진행될 프로젝트 제안노력을 위하여 그리고 개선될 필요가 있는 설계 제작과정의 분야를 파악하는 데 강력한 도구가 될 수 있다.

추가적인 정보

대부분의 책과 자료에서 프로젝트 관리-프로젝트 계획, 팀 구성, 업무 수행 그리고 조정-에 대한 많은 정보를 얻을 수 있다.

가이드라인 업체는 프로젝트와 실무를 위해서 다수의 체크리스트, 양식 그리고 업무수행 매뉴얼을 출판하고 있다.

13.3 프로젝트 감독

Lowell Getz, CPA, and Frank A. Stasiowski, FAIA

프로젝트가 가시화됨에 따라, 회사의 용역과 용역비 사항뿐만 아니라 프로젝트 목적, 범위, 질적 수준, 스케줄 그리고 예산 등에 대한 진행이 평가된다.

프로젝트 감독 — 진행사항을 추적하고 그것을 계획과 목적에 비교해 보는 — 은 효율적인 프로젝트 관리이다. 감독 없이, 프로젝트가 건축주와 건축가에 의하여 설정된 기대 — 요구사항 — 에 부응하면서 잘 진행되고 있는지 아닌지는 때론 분명하지 않다.

프로젝트 감독은 정교할 필요가 없으며 몇 개의 핵심사항이 있으면 된다.

- **판단척도.** 기준 척도가 필요하다. 이러한 프로젝트 목표(용역, 범위, 스케줄, 예산 그리고 보수)는 프로젝트 계약서와 업무계획에 나타나 있다.
- **측정.** 사무소는 생명력 있는 신호 — 시간 소요, 발생된 경비 그리고 계속된 진행 — 를 모으면서 프로젝트의 맥박을 정기적으로 체크한다.
- **비교.** 다양한 잣대로 측정된 과정을 비교해보는 것은 기대치가 달성되었는가를 드러내어 보여 준다.
- **통합 행위.** 계획에 비교하여 진행과정에서의 변수들을 제기해보고자 하는 의지는 프로젝트를 계속 궤도에 올려놓는 데에 필수적이다.

범위와 용역 통제

PM은 프로젝트 범위 — 클라이언트 요구에 의한 변경과 설계 과정에서 나타나는 변경 모두 — 와 그리고 건축주와 건축가의 계약에 명시된 요구사항에 대하여 건축가가 행하는 것을 평가하기 위하여 완수되는 서비스를 모두 추적하고자 할 것이다. 종종 스케줄, 예산 그리고 보상 문제는 계획에 없었던 변화와 범위나 용역이 확장될 때 연속적으로 일어난다.

프로젝트 범위. 프로젝트 범위는 건축주의 설계 요구사항의 모두를 망라한다. 프로그램, 대지, 면적, 규모 그리고 질적인 수준, 설계 과정동안의 범위는 프로젝트가 진전됨에 따라 변경 — 종종 커지지만 — 될 수가 있다. 때로는 건축주와 건축가가 이러한 변경을 주도한다. 게다가 프로젝트의 범위는 설계를 발전시키려는 건축가의 열정과 건축주의 관심 혹은 요구에 따른 압박에 더 자주 놓이게 된다.

로웰 겟츠(Lowell Getz)는 건축, 엔지니어링, 계획 그리고 관경 용역회사에 대한 재정 컨설턴트이다. 그는 재정관리에 대하여 폭넓게 저술하고 가르치고 강연하여 왔다. **프랭크 스테셔브스키(Frank A. Stasiowski)**는 PSMJ 자원회사의 창업자이자 대표이다. 그는 관리 업무에 대한 다수의 책과 출판물을 저술하였으며 건설과 설계산업의 컨설턴트로 활동하고 있다.

건설비용 관리(13.4)는 공사예산이 고정될 때 주요 문제가 될 수 있는 "예산초과"를 다룬다.

범위에 대한 통제 시 다음과 같은 질문을 하고 그것에 답해보기 바란다.

- 현재 당신과 팀은 프로젝트의 범위를 분명히 이해하고 있는가?
- 프로젝트에 대하여 당신과 건축주는 같은 견해를 가지고 있는가?
- 범위가 변경된다면, 당신과 건축주는 이러한 변경–계약서에 영향을 끼치는 어떤 것도 포함한–을 공식화할 것인가?
- 범위가 변경된다면 예산과 스케줄도 변경이 필요한가? 만약에 스케줄과 특히 예산이 변경되지 않는다면, 프로젝트가 제 궤도에 있을 수 있도록 어떠한 진행이 이루어져야 하는가?

프로젝트 용역. 같은 맥락에서 건축주와 건축가의 계약에 명시된 사항에 대하여 프로젝트 팀이 준비하는 용역을 비교해 보는 것은 중요한 일이다. 최선을 다하기 위하여 추가되는 용역도 그냥 예라고 대답하는 것이 자연스러운 경향이다. 또한 팀은 확장된 범위와 늘어난 스케줄로 인해 계약서에 명시된 것보다 더 많은 용역을 수행하게 될 수도 있다. 가장 좋은 방법은 추가적인 용역에 대한 건축주의 승인을 발의하고 얻기 위하여 계약서를 검토하고 그 요구사항을 따르는 것이다. 이것은 사실 확인이 된 후에까지 남겨져야 될 어떠한 것이 아니다.

일정표 검토. 범위와 용역 검토는 계속 진행되어야 하는 반면에 프로젝트 제출품에 있어서는 주의 깊게 충분히 살펴볼 수 있는 적절한 시점이 있다. 종종 건축주와 건축가의 계약은 설계 단계나 이정표를 설정한다. 만약에 그러한 경우가 아니라면 건축가는 아마 범위와 용역을 체크할 중간 시점을 설정하여 프로젝트 팀에 소속되지 않은 사람들의 검토와 비평을 받아볼 수 있다.

스케줄과 예산 통제

프로젝트 스케줄은 목표달성 날짜와 주요 시점을 정하기 위해 작성된다. 스케줄은 모든 행동과 업무가 목표날짜를 지킬 수 있게 적절한 방식으로 진행되는가를 확인하기 위하여 추적되고 감독되어야 한다. 다양한 스케줄 기법이 업무의 성격과 복잡성에 따라 활용된다. 예산 감독은 주로 검토된 프로젝트에 대하여 소요된 시간과 경비에 따라 정기적으로 이루어지며, 규칙적으로 목적에 대한 비교를 통하여 이루어진다. 어떤 사무소는 모든 프로젝트에 규칙적인 사이클을 설정한다–말하자면 매주 월요일. 또한 이러한 관리회의를 설계 검토 회의–금요일에 주로 예정되어 있는–와 분리한다고 이야기 한다.

체계적인 시스템에서는 스케줄과 예산을 효율적으로 감독할 필요가 없다. 중요한 것은 PM이 프로젝트가 예상대로 어떻게 진행되는지를 알고 이에 따라 예견된 상태에서 일이 완수되는 것이다.

회계코드. 코드 시스템은 적당한 계좌에 다양한 입력을 기록하기 위하여 사용되는

간단한 모니터링 기법

하나의 단순한 프로젝트 모니터링 기법은 FAIA 프랭크와 PE 데이빗 버스테인에 의해 개발된 통합 예산과 일정관리 방법론(IBSM)이다. PM은 실제적으로 그리고 효율적으로 독점적인 IBSM 시스템을 사용하여 그 혹은 그녀의 스케줄과 예산 상태를 감독할 수가 있다. 이것은 아주 적은 시간을 소요하는 데 여전히 처리할 시간이 있는 한 스케줄과 예산 문제를 파악하여 PM에게 미리 경고를 줄 수가 있다. IBSM의 핵심 포인트는 다음과 같다.

- 이러한 시스템이 작동되도록, 범위, 스케줄 그리고 예산을 설명하는 간단한 업무개요가 있어야 한다.
- IBSM 진행에서의 첫걸음은-예상지출을 준비하면서-실행되는 과정의 비율을 예측하고 그 다음엔 지출되는 조건에서 그것을 나타내는 것을 염두에 두어야 한다. 업무의 진행은 벌어들인 가치로서 보고될 수가 있다: 그것은 실제적인 업무의 백분율에 의하여 곱해진 업무예산이다.
- 이러한 실질 백분율에 따른 완성도를 결정한다는 것은 IBSM 시스템에 있어서 가장 어렵고 중요한 부분이다.
- 전반전인 프로젝트 진행은 다양한 업무동안 획득된 모든 가치를 더하고 그런 다음에 이러한 합계가 프로젝트 예산으로 나누어지면서 계산된다.
- 늘어난 실질 금액을 확인하기 위하여 회계부에서 준비된 정보에만 오로지 의존하지 마라. 실행되었지만 아직 처리 안된 금액(하도급자 송장, 여행경비 등)을 더한다는 것을 명심하라.
- 예산과 스케줄 상태를 감독하기 위하여 계획된 소비에 대하여 실질 소비를 대비하여 추적하지마라. 실제 진행은 반드시 추적되어야 한다.
- 스케줄 상태는 실제적인 진행(혹은 획득 가치)에 대한 예상 진행(혹은 소비)를 비교함으로써 결정될 수가 있다. 실제적인 진행이 예측보다 낮다면 스케줄에 뭔가 문제가 생긴 것이다.
- 예산 상태는 획득 가치에 대한 실제 지출 경비를 비교함으로써 결정될 수가 있다. 획득 가치가 실제 지출 경비보다 낮다면 예산에 문제가 있는 것이다.
- IBSM 시스템은 정해진 범위의 어느 프로젝트에도 활용될 수가 있다. 큰 규모의 프로젝트에서는 각 업무가 감독되어야 하고 결과는 도표화되어야 하고 그리고 동향이 따라야 한다. 소규모 프로젝트에서는 간단한 매트릭스 방식이면 충분하다.
- IBSM 방법을 이용하면 비록 큰 규모의 프로젝트일지라도 각 업무의 스케줄 상태를 추적하는 것은 쉬운 일이다.

IBSM에 대한 추가 상세정보는 UPMM에 나와 있다.

약기법이다. 프로젝트는 번호를 부여받게 된다. 더 복잡한 시스템에서는 다양한 부속코드들이 부서, 전문분야, 단계, 업무 그리고 근무자 직위에 따라 사용된다. 더불어 회계코드(회계도표의)는 특별경비를 유형별로 분류하여 파악되도록 한다. 또한 코드는 사무소 예산에서 다양한 간접경비(오버헤드) 분류에 따라 할당된다.

회계코드는 프로젝트 통제를 세부 조정한다. 그것들은 사무소가 프로젝트의 단계별, 업무별 경비를 추적하게 하고, 혹은 경비를 더 통제하기 위해 지출되는 것은 지양하고 미래의 프로젝트를 위해 예산을 개선시키도록 해준다. 많은 관리 기술과 마찬가지로 거기에는 홍정이 있다. 세밀함은 명확성을 발전시키지만 방해가 되거나 비효율적일 수도 있다. 다수의 회계코드를 위해 마련된 정보는 타임시트와 경비 보고서에 명확하게 반영될 때만이 성공적일 것이다.

프로젝트에 부과. 프로젝트 관리는 사무소 내에서 다양한 프로젝트와 다른 회계코드에 대하여 시간을 기록하고 경비를 부과할 때 시작된다. 시간 회계는 좋은 보고 시스템의 기본이다. 대부분의 사무소는 주 단위의 타임시트를 요구하며, 어떤 사무서는 보다 더 정확하고 상세한 정보를 위하여 매일 그것들을 요구한다. 시간이 컴퓨터 네트워크에 기반한 사무소의 회계관리 소프트웨어로 직접 입력되는 것이 요즘 추세이다.

▶ 재무시스템(7.1)은 프로젝트 지출비용을 주시한다.

타임시트에 대한 상세수준은 프로젝트 계획 수준의 어느 정도까지는 상응하여야 한다. 시간만이 오직 프로젝트에 집중된다면 프로젝트 업무에 의하여 계획을 세우는 것은 그다지 현명하지 못하다. 또한 당신의 시간과 경비에 대한 기록은 다가오는 프로젝트에 대한 청구금액을 산정할 수 있는 정보라는 것을 기억하라.

고용자는 어떻게 타임시트가 활용되고 왜 정확성이 중요한지에 대하여 분명한 설명을 들을 필요가 있다. 만약에 직원이 사무소의 관리적 가치가 많은 시간외 근무에 의한 것이라고 믿는다면 그들의 시간을 수용가능하게 늘릴 수도 있다. 또 다른 직원은 예산 내에서 일하는 것이 가장 중요하다고 믿으며 근무한 시간보다 적게 보고할지도 모른다—본래는 예비시간을 자유롭게 사용하면서.

비록 좋은 의도에서 그러한 행동을 하더라도 앞의 두 가지 예는 프로젝트 통계치를 왜곡시키고 미래의 프로젝트를 계획하는 데 유용하지 못하게 만든다.

사무소의 정책에 따라 PM은 타임시트가 제출되기 전이나 혹은 그것들이 기록된 후라도 프로젝트에 대한 시간 부과를 체크할 수도 있다. 이것은 PM에게 적절한 회계코드가 부과되는지와 결과물이 노력한 만큼 나타나는지를 확인하는 기회를 제공한다. 부과되지 않거나 혹은 간접적인 시간은 주의깊게 감독되어야 한다. 간접시간은 예를 들면 마케팅, 행정, 신입사원 오리엔테이션, 전문성 개발 그리고 공공적이고 전문적인 활동으로 부과될 수가 있다. 추가로 휴가, 휴일 그리고 병가에 대한 시간 부과는 일반적으로 기록되고 감독된다. 큰 규모의 사무소에서는 간접시간에 대한 감독 책임은 일반적으로 스튜디오 팀장이나 관리 대표에게 부여한다. 클라이언트와 건축가의 계약 내에서 클라이언트가 변제하는 직접경비가 프로젝트에 부과되는 것이 특별히 중요하다. 이러한 경비는 사무소의 예산은 아니다: 그것들을 프로젝트에 부과하거나 건축주에게 청구하는데 실패한다는 것은 사무소의 예산과 이익목표에 직접적인 공격이 된다.

프로젝트 보고. 프로젝트 회계시스템은 PM이 프로젝트를 적절히 관리하고 불필요한 경비초과를 억제할 수 있도록 고안된 것이다. 프로젝트 예산에는 노동, 자문가, 그 외 프로젝트 경비 그리고 이익 등과 같은 다양한 요소들에 대한 시간과 돈이 포함된다. 회계시스템은 어떠한 변수라도 결정할 수 있는 예산에 대하여 프로젝트에 부과되는 실질적인 시간과 경비를 PM이 비교할 수 있도록 해야 한다. 조직체 내에서 다양한 수준의 관리자는 다른 종류의 보고들을 필요로 한다. PM은 프로젝트에서 개개인의 근무시간 양을 보고받고 싶어하는 경향이 있다. 그러나 사무소의 관리자는 프로젝트와 프로젝트에 관계없는 활동 그리고 변경사항을 요약하는 보고에 더 많은 관심을 보이는 경향이 있다. 이러한 보고의 목적은 빈번하게 쉽게 획득되는 정보 외에는 모든 것을 간단명료하게 함으로써 경비를 확실히 통제하도록 해준다. 점점 더 많이 사무소들은 수금과 결과 보고를 제시간에 처리할 수 있도록 회계관리 소프트웨어를 사용하고 있다. 때로는 수금과 보고 사이클을 통해 관리자가 진행과정과 잠재적인 문제를 즉시 봄으로써 시간을 크게 단축시킨다.

진행 보고서

모든 사무소는 일정 양식의 프로젝트 진행 보고서를 사용하고 발전시킨다. 컴퓨터를 기초로 한 회계관리 시스템은 보통 고려할 만한 일련의 가능성을 제공한다. 다음 도표는 여러 다른 접근을 구체화시키는 견본이고 상업용 소프트웨어 패키지와 사내용 매트릭스 정산표 모두를 사용하게끔 준비되어 있다.

프로젝트 진행 보고서 견본

MICRO/CFMS, *Harper and Shuman, Inc., Cambridge, Massachusetts*

APPLE AND BARTLETT — Project Progress Report — For the period 5/1/90 – 5/31/90

Project: 09010.00
Name: Dance Center

Principal: Bartlett
Proj. Mgr: Stone
Fee: 55,000

Client: SCDG
Type of Work: Educ
Office: Dtwn

Description	*Current*		*Project-to-date*		*Budget*		*%*	*%*	*Balance*	
	Hrs	*Cost*	*Hrs*	*Cost*	*Hrs*	*Cost*	*Exp*	*Rpt*	*Hrs*	*Cost*
Architectural										
01 Predesign			21	569	25	455	125	100	4	114–
02 Site analysis			23	348	20	350	99	100	3–	2
03 Schematic			85	1961	80	1000	196	100	5–	961–
04 Design development			47	1080	70	800	135	100	23	280–
05 Construction docs	56	1028	56	1028	205	3600	29		149	2573
14 Design/plan	37	615	8	731	80	1500	49	10	35	770
15 Bid/negotiation					8	160			8	160
16 Construction					15	350			15	350
Total	37	615	80	1313	138	2785	47	28	58	1473
Total labor	101	1763	368	7338	963	16605	44	26	595	9267
Overhead allocation		2344		9760		26568	37	26		16808
Direct Expenses										
611.00 Structural const.				150						
612.00 Mechanical const.				585		1350	43	45		765
613.00 Electrical const.				1100		1100	100	100		0
615.00 Other consultants		350		350		750	47			400
621.00 Travel and lodging				160		500	32	32		340
621.01 Meals				27		200	14	30		173
622.00 Reproductions				122		100	122	90		22–
623.00 Models/renderings				19		100	19	25		81
624.00 Long distance				175		100	175	100		75–
625.00 Fax expense				33		50	66	75		17
629.00 Misc. direct expenses				68						
Total direct expenses		350		2789		4250	66	51		1461
Total labor-overhead-direct expenses		**4457**	**368**	**19887**	**963**	**47423**	**42**	**29**	**595**	**27536**
Reimbursable Expenses										
512.00 Mechanical const.		190		1340		1350	99	85		10
521.00 Travel and lodging				156						
521.01 Meals				29						
529.00 Misc. reimbursables				14						
Total reimbursement		190		1538		1350	114	85		188–
Project totals	**101**	**4647**	**363**	**21425**	**963**	**48773**	**44**	**30**	**595**	**27348**

진행 보고서(계속)

프로젝트 진행 보고서 견본

MacArchitect, Inc., Arne Bystrom, FAIA, Seattle, Washington

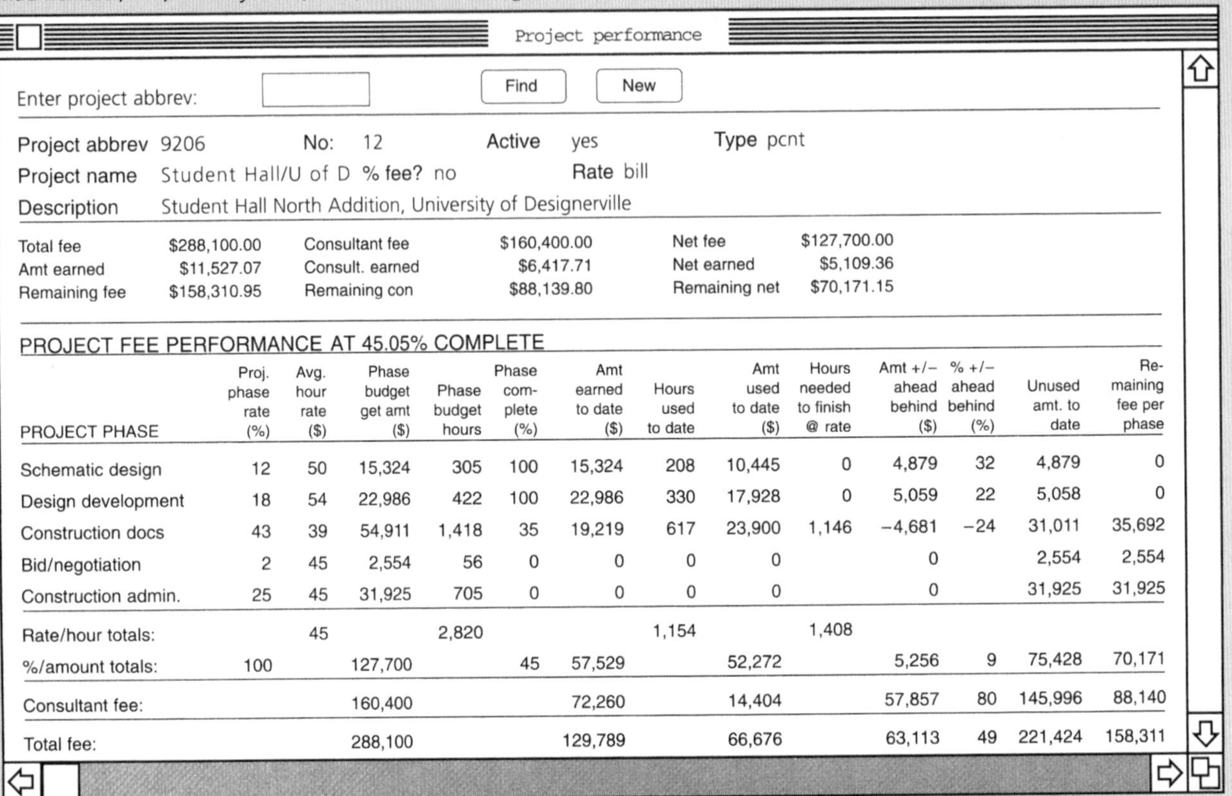

Project performance

Enter project abbrev: Find New

Project abbrev 9206 No: 12 Active yes Type pcnt
Project name Student Hall/U of D % fee? no Rate bill
Description Student Hall North Addition, University of Designerville

Total fee	$288,100.00	Consultant fee	$160,400.00	Net fee	$127,700.00
Amt earned	$11,527.07	Consult. earned	$6,417.71	Net earned	$5,109.36
Remaining fee	$158,310.95	Remaining con	$88,139.80	Remaining net	$70,171.15

PROJECT FEE PERFORMANCE AT 45.05% COMPLETE

PROJECT PHASE	Proj. phase rate (%)	Avg. hour rate ($)	Phase budget get amt ($)	Phase budget hours	Phase complete (%)	Amt earned to date ($)	Hours used to date	Amt used to date ($)	Hours needed to finish @ rate	Amt +/− ahead behind ($)	% +/− ahead behind (%)	Unused amt. to date	Remaining fee per phase
Schematic design	12	50	15,324	305	100	15,324	208	10,445	0	4,879	32	4,879	0
Design development	18	54	22,986	422	100	22,986	330	17,928	0	5,059	22	5,058	0
Construction docs	43	39	54,911	1,418	35	19,219	617	23,900	1,146	−4,681	−24	31,011	35,692
Bid/negotiation	2	45	2,554	56	0	0	0	0		0		2,554	2,554
Construction admin.	25	45	31,925	705	0	0	0	0		0		31,925	31,925
Rate/hour totals:		45		2,820			1,154		1,408				
%/amount totals:	100		127,700		45	57,529		52,272		5,256	9	75,428	70,171
Consultant fee:			160,400			72,260		14,404		57,857	80	145,996	88,140
Total fee:			288,100			129,789		66,676		63,113	49	221,424	158,311

프로젝트 예산 요약 보고서 견본

Askew, Nixon, Ferguson Architects, Inc., Memphis, Tennessee

Project number	Project name	Current phase					Total phase				Project profit			
Number	*Name*	*Phase*	*% Done*	*Phase budget*	*Budget to date*	*Actual to date*	*% Done*	*Total budget*	*Budget to date*	*Actual to date*	*Budget (%)*	*Proj'ed (%)*	*Last week(%)*	*Index*
90114	IRS Comp. Change	5	84	4,873	4,093	2,890	84	4,873	4,093	2,890	10	**32.2**	26.5	1,083
93057	Sam's Town	4	75	4,632	3,474	1,337	26	13,235	3,441	1,337	20	**32.7**	27.3	967
91064	SE Elem. School	7	70	1,302	911	826	90	4,481	4,033	3,226	15	30.3	31.4	686
92009	TVA Allen Siding	7	80	44	35	162	92	1,411	1,298	889	20	43.2	43.6	327
92011	TVA Turbine	7	10	176	18	7	90	912	821	681	25	36.5	45.2	105
93066	AT&T Atlanta	6	90	18	16	25	86	356	306	246	20	33.5	33.5	48
93035	TVA Allen Portal	3	30	46	14	12	20	293	59	60	20	**19.6**	16.1	−1
92033	Dobbs SF	7	60	47	28	109	85	827	703	781	15	7.0	7.0	−66
93051	Boatmen's	5	95	259	246	493	95	472	448	738	10	−45.2	−74.6	−261
92062	Sharp Toner	7	85	291	247	265	96	1,164	1,117	1,479	20	−4.8	−4.2	−289

프로젝트의 매 시간당 진척 사항은 표시되지 않음(초과하지 않은 것은 제외)
표시된 시간은 수익을 포함하지 않음

굵은 숫자는 1% 혹은 그 이상의 수익 증가를 나타냄
**표시 = 예상 수익 – 예산 집행 수익 X 총 예산 시간*

2 기획설계/프로그래밍
3 계획설계
4 중간설계
5 실시설계
6 입찰/협상
7 건설 행정

금주 총 재작업 시간	14
금년 금일까지 누적 총 재작업 시간	567
지난 주 총 재작업 시간	3

비용 초과. 프로젝트 경비 초과는 프로젝트 지출이 그들의 예산 그리고 극단적으로는 클라이언트가 계약한 금액을 초과할 때 일어난다. 이 경우 프로젝트는 다른 프로젝트에서 이익분을 채워야 하는 손실을 일으키게 된다. 프로젝트 경비 초과는 부실한 평가, 비현실적인 금액, 용역범위의 부정확성 그리고 부적당한 프로젝트 관리를 포함하는 여러 가지 이유로 일어난다. 때로는 클라이언트가 추가 경비를 요구함에 따라 계약서에 명시되지 않는 변경을 요구하거나 승인을 하는 것을 미루곤 한다. 경비 초과가 발생할 때에는 선택사항을 신중히 검토하는 것이 현명하다.

초과분을 줄이기 위한 결정은 건축주와 건축가의 계약의 조건과 상황에 비추어 검토되어야 한다.

- **추가적인 수입.** 추가된 용역이나 범위의 변경을 기초로 추가재원을 요구하는 것이 정당한지를 결정하기 위해서 프로젝트를 검토하라. 만약에 정당하다면 변경사항은 문서화되어야 하고 그러한 경우에 추가 비용이 요구되어야 한다. 추가 비용 요구를 정당화하는 것은 요구사항이 미리 준비되고(변경이 완결되기전에) 건축주가 얼마나 경비가 드는지를 알 수가 있다면 더욱 쉬워질 것이다.
- **시간외 근무.** 직원은 프로젝트를 완수하기 위해 시간외 근무도 할 것이다. 사무소 입장에서는 그와 비슷한 새로운 프로젝트에 대한 가격 산정을 올바르게 하기 위해서라도 모든 프로젝트의 실제 비용(시간과 돈 둘다)을 알 필요가 있기 때문에 시간외 근무 시간를 계산하는 것은 중요한 일이다.
- **완성을 위한 대안 검토.** 프로젝트 예산 문제를 극복하는 또 다른 방법은 남아있는 나머지 업무를 다시 스케줄하고 재할당하는 것이다. 업무의 속도를 낼 수 있는 사람들이 그 프로젝트에 임명될 수도 있다. 파트타임 근무자들이 도움이 될 수도 있다. 때로는 건축주나 외부 자문가와 계약을 재협상하는 것이 필요하다.
- **손실 감수.** 경우에 따라서는 손실을 감수하고 다음으로 나아가는 것이 필요하다.

고용주로서 건축가: 법적 요구사항(8.1)은 사무소는 법에 의하여 시간외 근무수당을 지급해야 할 수도 있다는 것을 상기시킨다.

청구와 보수 조정

프로젝트 조절의 마지막 단계는 건축주에게 경비를 청구하고 계정을 모으는 것이다.

비용 청구. 경비 청구를 위한 요구사항—얼마나 자주 송장들이 준비되었는가? 그것들은 무엇을 포함하는가? 클라이언트가 그것들을 지불하기 위한 시간량, 기한이 넘은 청구에 대한 이자율, 그리고 기타사항들—은 클라이언트와 건축가의 계약서에 포함된다. 앞서 지적한 것처럼, 이러한 것들은 PM(혹은 청구서를 준비하는 누구이든지)이 청구 사이클, 양식, 승인경비와 다른 청구요구조건들에 대한 필요 정보를 가지도록 프로젝트 승인의 어떤 형태로든 보통 기록된다.

청구서. 클라이언트가 청구서를 전달받기까지는 사무소에는 비용이 지급되지 않을 것이다. 그러므로 회계기간이 마감된 후에는 가능한 한 빨리 청구서를 준비하고 보내는 데에 전력을 기울여야 한다. 클라이언트에게 청구서를 보내기 전에 혹은 실패하거나 PM이 출타중일 때 청구 승인을 위한 시스템을 설정하기 위하여 PM이 청구서

용역비 청구와 수금: 경험자들의 몇 가지 조언

실무자에게 나누고자 하는 몇 가지 조언이 있다. 다음은 워크숍과 세미나를 통하여 취합된 아이디어들이다.

- 가능하다면 당신이 받게 될 마지막 지급액을 보장해 주는 보유물을 가져라. 만약에 당신이 그것을 요구하지 않는다면 당신을 그것을 가질 수가 없다. 건축가는 많은 재능을 가지고 있지만 그러한 재능을 다 발휘한다는 보장도 역시 없다.
- 첫번째 청구서를 보내기 전에 건축주와 청구와 지급과정에 대하여 의논하라. "어떤 월, 일에 청구할까요?" "우리 회사의 청구서 양식이 이해되는지요 그리고 문제는 없는지요?" "혹시 당신에게 더 편리한 양식이 있는지요?" "당신의 지급액에 대한 검토와 승인과정은 무엇이며 보통 얼마나 걸리는지요?"
- 계획된 청구스케줄을 제출하고 그것을 건축주와 검토하라. 요점은 건축주가 청구서를 보고 놀라지 않게 하는 것이다. 뿐만 아니라 건축주에게 당신이, 무엇을, 언제 지불받기를 예상한다는 것을 이해시키는 것이다. 또한 당신은 이것을 그 프로젝트를 위한 자금흐름 계획으로 이용할 수 있다.
- 한달에 한번보다는 더 자주 청구하는 것을 고려하라. 당신은 외부 자문가와 거래인뿐만 아니라 직원(주단위, 격주단위 혹은 월단위로 보통 보수를 받는 사람)들에게 지불하기 위해서라도 이러한 자금흐름에 의지하게 된다.
- 청구는 신속하고 완벽하게 하라. 합의서 양식을 사용하고 실수(오자)가 없는지 전체적으로 검토하라. 먼저 팩스로 보내고 곧이어 우편으로 보내라. 만약에 당신이 돈을 청구하지 않는다면, 돈을 받을 수 없을 것이다.
- 느리게 수금되는 것은 종종 위험경고 신호이다. 그럴 땐 즉시 건축주를 만나 당신의 서비스에 문제가 있는지를 파악하라. 만약에 건축주가 서비스에 만족하지만 자금흐름에 문제가 있다면 지불 기한이 넘은 부분에 대한 약속보증 노트를 받는 것도 고려하라. 어떤 회사는 건축주와 건축가의 계약서에 지불 기한을 넘는 부분에 대하여 허용되는 가장 높은 이자율을 특별히 정하고 있으며 필요시 약속노트에 신용카드 이율에 가까운 이자율을 제안한다. 이러한 것은 건축주가 노트에 서명할 수 있도륵 자극한다. 법적인 행위가 발생하면, 그 노트는 건축주가 서비스에 만족했으며 당신에게 지불하겠다는 의도를 보여주는 증거로서 채택될 수가 있다.
- 당신의 계약 조건이 항상 유효하게 하고 그러한 상태를 유지해라.
- 범위 혹은 용역기간에 대한 프로젝트 조건의 변경을 요구한다면 신속하게 수정하라. 건축주에게 연기하거나 피할 명분을 주지말고 또한 지불에 대하여 논쟁하지 마라.
- 때로 얼마동안 빚이 되어 있는 악성 채무는 탕감해줄 필요도 있다. 이것을 행하기 전에 당신이 건축주의 채무를 탕감해 주고 그것을 국세청에 보고할 계획이라는 것을 건축주에게 이야기해도 될 것이다.

를 검토하고 승인하는 것은 긍정적인 행위이다. 청구서에 대해 설명이 필요하다면, 그것을 보내기 전에 클라이언트에게 전화를 하는 것도 현명한 방법이다. 어떤 사무소는 건축주의 필요에 부합하도록 그들의 청구서를 작성하곤 한다. 어떤 사무소는 3가지 청구서를 보낸다: 하나는 정기적인 용역에 대하여, 다른 하나는 어떠한 추가적인 용역에 대하여, 마지막 하나는 변제경비에 대하여. 어떤 클라이언트는 시간 기록과 경비 보고서 사본 같은 것을 문서화하는 데 지원하는 업무도 모든 청구서에 포함되도록 요구한다.

프로젝트 수행(13.2)은 대부분의 사무소는 필요계좌와 비용 지급 절차를 설정하기 위하여 일정한 양식의 프로젝트 승인서를 사용한다는 것을 언급한다.

수금하기. 청구서가 보내진 후에, 다음 단계는 시간에 맞추어 지불되기를 촉구하는 것이다. 많은 클라이언트는 청구서에 맞추어 지불 사이클을 설정한다. 예를 들면 매월 10일에 받는 청구서는 그 달에 지급된다. 그렇지 않으면 청구서는 30일 정도 보류된다. 당신의 사무소가 클라이언트의 지불 사이클을 알고 있다면, 수금하는 데 또 다른 한 달을 기다리는 것을 피하기 위해 설정된 날짜를 따르는 것은 중요하다.

지불받을 수 있는 계정에 대한 지난 스케줄은 이러한 계정이 얼마나 오랫동안 미

송장 양식

청구서는 클라이언트의 필요와 계약에 맞추어 작성한다. 상업용으로 유용한 회계 관리 시스템은 많은 선택사양을 제공한다. 단순한 소프트웨어 업체로부터 몇 가지 예를 들면 다음과 같다.

SAMPLE PRE-BILLING WORKSHEET

Pre-Billing Worksheet — Baxtor, Ryder & Associates, Inc.

Gruber Advertising, Inc.	Invoice number	: 44
304 West End Avenue	Project number	: 9206
17th Floor	Period	: 3.1.92 – 3.31.92
New York, NY 10085	Project type	: 3
Attn: Mr. Chuck Gruber	Invoice type	: 101
Project: GAI Lobby Renovation	Principal	: TKB Theodore K. Baxton
	Project manager	: ACC Alexander C. Chang
	Bill schedule	:

A/E SERVICES

Description	*Title*	*Date*	*Rate*	*Hold hours*	*Actual hours*	*Bill hours*	*Write up write down*	*Billable amount*	*Adjustment*
Alex Chang	architect	2.15.92	70.00		16.00	16.00		$1,120.00	
Carla Rhodes	draftsperson	2.15.92	52.00		8.50	8.50		442.00	
Carla Rhodes	draftsperson	2.13.92	52.00		7.00	7.00		364.00	
Floyd Grant	draftsperson	2.14.92	43.00		6.00	6.00		258.00	
Floyd Grant	draftsperson	2.15.92	43.00		5.00	3.50	S-64.50	150.00	
					42.50	**41.00**	**S-64.50**	**$2,334.50**	

CONSULTANT EXPENSES

REIMBURSABLE EXPENSES

	Date	*Hold quantity*	*Hold cost*	*Bill quantity*	*(Billable) cost*	*Write up write down*	*Billable amount*	*Adjustment*
Bobbie L. Miller	3.14.92	50.00	67.36					
			67.36					

Total A/E services	$2,334.50
Total consultant costs	0.00
Total reimbursables	0.00
Invoice total	**$2,334.50**

PROJECT SUMMARY

	Budget	*Previous billed*	*Current period*	*Budget left*
A/E services	150,000.00	21,435.00	2,334.50	126,230.50
Consultants	0.00	500.00	0.00	–500.00
Reimbursables	0.00	1,432.96	0.00	–1,432.96
	150,000.00	**23,367.96**	**2,334.50**	**124,297.54**

송장 양식(계속)

March 31, 1992

Share Associates, Inc.
1000 W. Foster Avenue
Chicago, Illinois 60640

Invoice number: 46
Project number: 9207

Attn: Sheri Morgenstern

For professional services rendered for the period March 1, 1992, through March 31, 1992 for the referenced project.

The New Uptown Center Mixed Use Development

Description	*Contract amount*	*% work to date*	*Amount billed*	*Previous billed*	*This invoice billed*
Concept study	12,800	100	12,800	6,000	6,799
Schematic design	22,400	15	3,360	799	2,560
Total	35,200		16,160	6,800	9,359
Total fixed fee					9,359.68
HTR reprographics				35.59	
In house copies				2.20	
Mercury Messenger Service, Inc.				17.83	
				55.62	
					55.62
Invoice total					**9,415.30**

SAMPLE STIPULATED SUM—
PERCENTAGE OF COMPLETION INVOICE

SAMPLE HOURLY BILLING INVOICE
(at the task level)

March 31, 1992

Gruber Advertising, Inc.
304 West End Avenue
17th Floor
New York, NY 10085

Invoice Number: 44
Project number: 9206

Attn: Mr. Chuck Gruber

For professional A/E services rendered, for the design and renovation of the lobby at the Gruber Advertising Building, 304 West End Avenue, New York, NY, for the period March 1, 1992, through March 31, 1992.

Description	*Hours*	*Rate*	*Cost*
Schematic design			
Meeting			
Floyd B. Grant	3.50	43.00	$150.00
Design development			
Concept evaluation			
Carla A. Rhodes	6.50	52.00	$338.00
Drafting			
Alexander C. Chang	16.00	70.00	1,120.00
Carla A. Rhodes	9.00	52.00	468.00
Floyd B. Grant	6.00	43.00	258.00
Total labor			$2,334.50
Reimbursables			
3.12.92 In-house photocopy	10 @	.15	1.50
3.18.92 Mileage	142 @	.42	59.64
Total reimbursables			61.41
Invoice total			**$2,395.64**

미수금 누적 현황표 견본

USA Consultants, Inc.
P.O. Box 2010
412 East Parkway Drive
Denver, CO 80202-0000

A/R Aging Report—Full detail
Report date: 2.29.92

Client/project	invoice#	billed	current	31–60	61–90	91–120	over 120	Total A/R
ABC: ABC Corporation 303/489-6156 James T. Grant								
8850	10000	1.31.92	19.53	0.00	0.00	0.00	0.00	
City Park development	10005	2.5.92	5176.93	0.00	0.00	0.00	0.00	
Phase II – children's playgrnd.	10011	2.29.92	3353.44	0.00	0.00	0.00	0.00	
			8549.90	0.00	0.00	0.00	0.00	8549.90
8901	9989	12.15.92	0.00	0.00	509.87	0.00	0.00	
City Park development	9997	1.1.92	0.00	670.00	0.00	0.00	0.00	
Phase III – Exercise course	retain.		484.84	0.00	0.00	0.00	0.00	
			484.84	670.00	509.87	0.00	0.00	1664.71
8903	10009	2.29.92	16900.69	0.00	0.00	0.00	0.00	
City Park development								
Phase IV – pool/ice rink compl.			16900.69	0.00	0.00	0.00	0.00	16900.69
Client total			25935.43	670.00	509.87	0.00	0.00	27115.30
Case: Casebolt Corporation 303/332-6879 Henry Jones								
8902	10003	1.31.92	3600.00	0.00	0.00	0.00	0.00	
TAV warehouse design	10010	2.29.92	4728.56	0.00	0.00	0.00	0.00	
			8328.56	0.00	0.00	0.00	0.00	8328.56
Grand totals			**34263.99**	**670.00**	**509.87**	**0.00**	**0.00**	**35443.86**

수금을 위한 파상공세 방식

다음은 AIA 프랭크가 제안하는 접근 방법이다. 먼저 솔직히 결심하라-주어진 프로젝트이든 혹은 모든 프로젝트에 대한 정책적 문제이든 간에. 당신이 프로젝트에 대한 서비스를 중단하기 전에 당신이 얼마나 오랫동안 수금을 기꺼이 기다려 왔는가를.

실례로 당신은 두 달이라는 기간 동안에 결정할 수도 있다 . 왜냐하면 당신의 보증금은 그 기간 동안 당신의 경비를 실제적으로 지불하기 때문이다.

그리고 두달에 매 2주일 간격으로 추적 전략을 개선시키고 그것을 필기하라. 그것을 다음과 같은 체크리스트 양식에 기입하라.

WHEN	MESSAGE	TONE	INITIATOR
Before it's sent	"I'm placing this month's invoice in the mail and want to explain why we had to place so many out-of-town phone calls (to the code variance bureau in the state capitol...)."	Informative	Project manager—normal client contact
Week 1 after it's due	"Did you get the invoice?" (This can be in the course of other discussion.)	Friendly, but don't use humor in any of this	PM
Week 2	"About our invoice: Did you look it over? Is it OK?"	Solicitous, but this is a special call	PM
Week 3	"Do you need additional information or clarification"?	(the same)	PM
Week 4	"Can I come over and walk the invoice through?"	Concerned but still pleasant	PM
Week 5	"When can we expect payment?"	Brisk and businesslike	Principal in charge (if not also the PM)
Week 6	"Can I meet with you to collect payment?"	All business	Principal in charge (if not also the PM)
Week 7	"Payment is overdue. Should we stop work?"	Deadpan	Preferably someone the client doesn't know
Week 8	"We have stopped work. Should we notify our attorney?"	(the same)	Preferably someone the client doesn't know

만약에 클라이언트가 이 시점에서 지불하지 않았다면, 당신은 변호사에게 편지 혹은 당신의 머리말이 인쇄된 편지에 당신의 서명이 있는 초안을 보낼 수도 있다. 그러나 가장 효과적인 수금방법은 사람을 직접 만나서 해결하는 것이다. 클라이언트를 만나라. 지불되지 않는 것은 보통 또 다른 상황이다. 기꺼이 듣고 협상할 준비를 하라. 만약에 지불 약속을 받는다면 약속노트를 요구하라. 만약에 당신이 후에 고소를 한다면, 그 노트가 근거가 될 것이다.(그것은 안면몰수한 상호 고소 가능성을 면하게 해준다.)

용역 비용 분쟁을 방지하기

용역 비용 분쟁을 피하기 위해서는 전문용역 보수가 늘 높은 이익을 제공하지 않으며 그리고 회사는 종종 업무 자산에 대하여 긴장하게 된다는 사실을 이야기 하는 것이 중요하다. 게다가, 건축가에 의한 경비 지급 요청은 클라이언트에게 승인되지 않은 용역이거나 혹은 무관심하게 업무가 완수되었기 때문에 돈이 지불되지 않는다는 말을 종종 듣게 된다. 이러한 용역 비용 분쟁에 대한 가능성을 당신은 어떻게 최소화시킬 수 있는가? 다음과 같은 건실한 사업 기본을 참조하라:

클라이언트 평가 체크리스트를 이용하라. 계약서에 서명하기 전에 클라이언트와 부지런히 프로젝트를 평가하라. 사업이라는 것은 사업 파트너의 재정력과 지급 기록을 일상적으로 체크하는 것이다. 건축가는 다음과 같은 질문을 하여야 한다. 누가 그 프로젝트에 참여한 대표자인가? 그들의 사업평판은 어떠한가? 그들은 재정적으로 안전한가? 다른 프로젝트에 대한 다른 전문가들과의 사업기록은 어떠한가? 그 프로젝트는 재정적으로 가능하고 범위, 품질, 스케줄 그리고 예산은 건전한가?

이 질문들에 대한 대답은 그 프로젝트에 대하여 건축주와 같이 일을 할 것인가를 결정할 수 있는 정보를 제공할 것이다. 또한 그에 대한 응답은 당신의 보수를 보호할 계약에 당신이 반드시 세워야 할 특별준비에 대한 식견을 제공할 것이다.

당신의 계약은 범위에 대하여 명확해야 하고 보수에 대하여 하자가 없어야 한다. AIA 기준 문서는 바로 그러한 것을 해준다. 만약에 산업 컨센서스 문서를 활용하지 않는다면 당신이 협의하는 계약에서 다음과 같은 문제를 반드시 언급하라.

- 지급날짜 스케줄과 적절하다면 용역 착수금을 포함하여 경비가 지급될 방식, 방법 그리고 형태. 예를 들면 AIA B141-1997에는 최종지급에 있어서 건축주 계정에 환불될 초기 지급에 대한 조항이 있다.
- 연기된 돈을 받을 때까지 용역을 정지할 권리 그리고 정지해도 효력이 없을 경우 계약을 중단하고 법적인 조치를 취할 권리. B141-1997은 클라이언트에 의한 계약에 따른 지급실패를 "실질적인 불이행"으로 간주하고 업무 중단 혹은 클라이언트의 선택으로 용역정지를 요구한다.
- 그렇게 하는데 초과 시간이나 돈을 소비하지 않고 계약을 강행하는 당사자들의 능력. 어떤 건축가는 잘못으로 판명된 편이 이긴 편의 법적 경비를 지급토록 요구하는 우세편 조항을 사용하도록 권고받아 왔다. 이것은 경비지급을 추구할 때 아주 좋을 수도 있지만 경제적으로 강한 쪽(클라이언트)이 경제적으로 약한 쪽(건축가)을 혹시 불공정할지도 모르는 형세로 몰아세우는 데 이용될 수도 있다.
- 서비스가 준비된다면, 제공하게 될 방식과 방법 그리고 그것을 실행하기 위한 시간 제한.
- 설계와 공사기간 동안 발생할지 모르는 어떤 질문 혹은 문제를 양쪽이 어떻게 다룰 것인가를 포함하는 건축가와 클라이언트의 명확한 책임

의사소통과 문서화의 규칙을 상기하라. 클라이언트는 어떠한 프로젝트에도 대부분의 위험을 감수한다. 그들은 당신이 쏟아 붓는 노력의 가치와 그들의 프로젝트에 어떠한 일이 일어나는지를 이해할 필요가 있다. 제안된 서비스(적절한 계약서상의 문구 참조와 함께)를 자세하게 하는 규칙적이고 신속한 의사표명에 있어서는 마지막 청구 이후 행해진 진행과정이 요약되어야 한다. 설계 과정에 당신의 클라이언트를 참여시킴으로써 문제를 더 쉽게 해결하고 보수 관련 논쟁을 막게 된다. 대부분의 논쟁은 부분적으로는 좋은 의사교류를 통하여 피할 수 있는 오해 때문에 클라이언트가 화를 냄으로써 야기된다. 비용에 대한 논쟁은 종종 만족스럽지 못한 클라이언트의 불만스런 표현이 되곤 한다. 그러나 비용 지급 거절-특히 최종 지급-은 비용 지급을 회피하기 위한 의도적인 전략이거나 혹은 경비를 회복하고자 하는 계획의 산물일 수도 있다. 또한 계속 진행되는 의사교류는 당신의 클라이언트 상황을 항상 주의 깊게 살펴보도록 한다. 그들은 여전히 그 프로젝트에 열의가 있는가 혹은 당신을 다르게 대하여 오지는 않았는가? 당신의 서비스의 어떤 부분이 그들을 불쾌하게 하지는 않았는가? 클라이언트의 경제사정이 변하지는 않았는가? 또한 비용 지급에서의 연기는 클라이언트의 내부적 문제로부터 야기될 수 있다.

만약에 당신의 클라이언트가 재정적인 어려움에 처한다면, 건축가와 클라이언트 사이의 원활한 의사소통이 이러한 문제를 미리 발견하는 데 도움을 줄 것이다.

용역 비용 분쟁을 법정까지 끌고 가기 전에 심사숙고하라. 어떤 형태이든간에 법정시비는 건축주와의 협동작업관계를 끝내는 신호이다. 또한 이것은 건축주에 대한 미래의 서비스를 제공할 기회도 없어진다는 신호이다. 언제나 화해 조정을 고려하라. 용역 비용 분쟁은 종종 중재를 통하여 쉽게 해결되는 반면에 구속력이 없는 화해는 당신과 당신의 클라이언트에게 양쪽이 문제해결을 원하자마자 그 분쟁을 해결해 줄 제삼자를 쉽게 찾는 기회를 제공한다.

비용 지급을 추구하기 원하는 그 이유를 항상 생각하라. 당신은 클라이언트와 더 이상 좋지가 않은가? 당신에게 채무된 금액이 실질적인 것인가? 당신 쪽에는 더 이상 잠재적인 책임은 없다고 자신하는가? 당신이 얻는 어떠한 판단도 모여질 수 있는가? 기억하라. 비용 지급은 건축가와 클라이언트와의 관계, 초기 계약서의 견실함, 그리고 제공되는 서비스의 가치를 클라이언트가 인식하게 하는 건축가의 능력에 달려있다.

결이 되어왔는가를 사무소가 추적할 수 있게 도와준다. 사무소가 완수된 일에 대한 월말 청구서를 규칙적으로 보내지 않는다면 스케줄은 진행 중인 업무에 대한 항목도 포함하여야 한다. 사무소의 대표가 정기적으로 보고서를 검토하고 만기일이 지난 계정에 대하여 행동을 취하는 것은 의례적인 일이다.

늦은 비용 지급에 대한 이자 부담이 계약에 협의되었다면, 그것들은 언제나 적절한 시기에 청구되어야 한다.

만약에 청구서 발송후 30일 내에 지불이 되지 않으면 PM은 늦어지는 이유를 알기 위하여 클라이언트에게 전화를 걸려고 할지도 모른다. 때로 지불연기는 건축가의 서비스에 만족스럽지 않았다거나 혹은 프로젝트의 견실성에 영향을 미칠지도 모르는 클라이언트의 어려움이 커지고 있다는 표시일 수도 있는데, 이러한 것은 언급될 필요가 있다. 이러한 전화를 할 때 미리 편지로 클라이언트를 상기시킬 수도 있다. PM이 그 사무소의 대표가 아니라면 추가적인 진행은 그 회사의 대표에 의하여 다루어지는 것이 최선일 수도 있다.

비망록은 이러한 진행에 대한 훈련시키는 것을 도와줄 것이다.

법적 수단. 때로는 클라이언트가 지불을 하지 않을 때 변호사 혹은 징수 대리인의 도움을 받을 필요가 있다. 사무소가 클라이언트와의 관계를 더 이상 유지하고 싶지 않으며 회사의 유일한 관심은 실행된 용역에 대한 용역비를 받는 것일 때 보통 이러한 결정이 내려진다. 이러한 결정이 더 빨리 내려질수록 만기일이 지난 용역비가 더 많이 회수될 것이다.

클라이언트와의 계약(10.1)은 계약 방법과 논쟁을 예상하고 처리하는 방법에 대한 식견을 제공한다.

경고: 통계는 건축가에 대한 배상요구가 종종 전문용역에 대한 용역비 상환을 요구하는 것에 뒤따르고 있음을 보여준다.

변경과 진행 수정

정기적인 감독과 진행 보고는 프로젝트 계획에서 생겨나는 변경사항을 드러내는 것을 뜻한다. 범위과 서비스는 변경되거나 확장될 수가 있다. 업무가 너무 많이 늘어나거나 비용이 너무 많이 발생할 수도 있다. 클라이언트는 시간에 맞추어 승인하거나 비용을 지급하지 않을지도 모른다. 외부 자문가 혹은 시공자는 그들의 책무를 다하지 않을지도 모른다. 설계와 시공 그리고 프로젝트를 진행시키기 위해 구성된 일시적인 제휴는 주어진 특성상, 여러 방식으로 변경될 수 있다.

각 변경사항은 회사와 때로는 클라이언트에 대한 결정사항을 나타낸다. 결정은 아무런 영향도 미치지 않을 수도 있다. 이미 일어난 행동이나 상황은 변경사항이 정정되도록 기대되지만, 그러나 사무소는 프로젝트 이익을 감소시키더라도 그 변경사항을 받아들일 수도 있다. 예를 들면 설계 예산이 초과 지출되었기 때문에 도서품질을 희생시키고자 하는 결정은 쉽게 받아들여지지 않지만, 사무소는 어려움을 감수하더라도 계속적인 작업을 진행할 수도 있다. 다른 예로는 PM은 프로젝트 실행에서의 변경들을 지도하면서 혹은 어떤 경우는 프로젝트 계획의 수정사항을 조정하면서 잘못된 것을 바로잡도록 하는 행동을 취할 필요가 있다. 건축가, 자문가 혹은 클라이언트 책임

TPQM과 프로젝트 노트북

종합적인 프로젝트 질 관리(Total quality project management, TPQM)는 건축, 기술 그리고 다른 기술용역회가 품질을 보는 데 있어서 전적으로 새로운 방법을 제시한다. 품질이란 단어는 설계가 어떻게 쉽게 건물이 되고, 만들어진 시설들이 얼마나 기능적이고 혹은 얼마나 매력적으로 보이는가 하는 것만 뜻하는 것이 아니다. 품질에 대한 논의는 또한 프로젝트가 얼마나 의도된 스케줄과 예산에 가까워졌고 클라이언트와 사무소 그리고 고용자들이 얼마나 만족스러워 하는가와 같은 사항을 포함한다. 간단히 말해서 품질은 전문 용역회사가 어떻게 사업을 지휘했는가에 대한 모든 측면을 아우른다.

TPQM-혹은 더 일반적으로 종합 질적관리-은 새로운 것이 아니다. 평가기술을 사용하는 통제관리의 개념은 무결점을 목표로 계속적인 개선을 추구하면서 2차 세계대전 이후 발전되었다. 대전 후 맥아더(Dougla, MacArthur) 장군은 데밍(W. Edwards Deming)을 일본에 보내 국가 경제발전을 돕도록 하였다. 데밍의 접근은 단순했다: 낭비를 주의하고, 그것의 비용을 측정하고 그것을 야기한 것을 파악하고, 모든 사람이 그러한 일이 다시 일어나지 않도록 고치는 데 참여하였다. 일본의 산업지도자들은 데밍의 조언을 유념하였다. 그 나머지는 역사이다.

당신이 만약에 대부분의 설계 전문가와 같다면 TPQM 프로그램을 설치하는 당신의 첫 번째 생각은 사업성이고 더 나아가 클라이언트의 만족이다. 마케팅이란 어휘는 내부 프로세스와 행위를 암시하기 때문에 진행과정을 고려하는 더 나는 방법은 클라이언트에 초점을 맞춘 서비스가 된다. 그러면 TPQM은 당신 회사의 통합적인 한 부분이 된다. 당신이 목표로 하는 일과 클라이언트에게 서비스를 제공하는 것이 더 나아질수록 회사는 현재의 클라이언트를 위해 그리고 추가적인 프로젝트와 클라이언트를 끌어들이는 데 더 좋은 업무를 하게 된다.

품질 관리 프로그램은 사무소 업무의 여러 부분에 대하여 조직적인 대응을 요구한다. 무엇보다도 TPQM은 평균보다 더 나은 프로젝트 계획과 감독에 의존한다. 여기 그 양쪽을 도와주는 간단한 도구가 있다; 클라이언트 노트북. 각 프로젝트를 위하여 다음과 같이 탭이 적힌 링 바인더를 준비하고 간직하라.

- *탭 1:* 클라이언트 기대. 이것은 클라이언트에 의하여 검토되고 동의된 클라이언트 기대의 기록된 목록이다. 클라이언트들은 거의 질문을 받지 않기 때문에 클라이언트는 좀처럼 이러한 것들을 동의하지 않는다. 그들이 집중하고 그들의 방어자세를 내리게 격려하고 그들이 정말 무엇을 원하는지 당신에게 이야기하게 하라. 그래야만이 당신이 납품할 준비가 되어 있을 것이다.
- *팁 2:* 스케줄. 이 항목에서 스케줄-그리고 아무 업데이트들-을 준비하라.
- *팁 3:* 예산. 이 항목을 세 가지 부분으로 나누어라: 맨 처음 계획, 진행되는 프로젝트 관리, 그리고 프로젝트 사후 행위.
- *팁 4:* 계약. 서비스 범위와 다른 계약 요구사항을 기술하라.
- *팁 5:* 팀. 프로젝트에 참여하는 사람들의 완벽한 리스트를 준비하라. 각 근무 직원, 자문가, 시공관계자, 혹은 다른 팀원들에 대한 이름, 주소, 전화번호, 집 전화번호, 팩스번호, 휴대폰 그리고 다른 어떠한 접근 번호 등을 포함한다. 목적은 하루의 어느 때든지 모두에게 연락 가능해야 한다. 재난은 토요일 오전 8시나 밤 9시에 피할 수 없게 일어난다.
- *팁 6:* 변경. 이 항목에서 프로젝트를 통하여 설계와 공사 변경을 어떻게 다룰 것인지를 정확하게 기술하라. 건축주는 이 항목에 검토하고 서명해야 한다.
- *팁 7:* 의사소통. 이 마지막 항목은 당신이 클라이언트와 어떻게 그리고 언제 의사전달할 것인지를 이야기 한다. 전화 그리고 회의, 당신의 메일 시스템, 청구 시스템 그리고 다른 전달체계의 목적과 빈번함을 명확하게 하라. 클라이언트로 하여금 이 항목에도 서명하게 하라.

이러한 간단한 바인더는 프로젝트 팀의 모두에게 프로젝트 진행을 한눈에 볼 수 있게 해준다.

에 있어서의 변경을 포함하는 행위는 이러한 당사자들 간에 프로젝트 계약을 수정하는 결과로 이어질 수가 있다.

계약 변경. 모든 프로젝트는 변경을 수반한다. 범위, 서비스, 스케줄 그리고 비용 지급에 있어서 변경을 제안하고 승인하는 방식은 초기에 설정되어야 한다(그리고 프로젝트 계약에 포함시킴). 보통 클라이언트의 특별 승인이 요구된다. 구두 승인은 건축가에 의한 기록으로 확인되는 것이 최상이다.

어떤 사무소는 처음에 발생한 한두 개의 작은 변경에 대하여 "변경사항 없음"이라고 기록한다—그것은 건축가에 대한 추가비용 부담 없이 행하는 업무범위 변경을 위한 제안이다. 이러한 사무소는 이러한 진행이 질서를 유지하고 비용 수정을 요구하는 변경을 클라이언트가 승인할 때 놀라움을 감소시킨다고 보고한다.

문서화. 회계부서—혹은 회사에 따라 경리 혹은 자금 집행을 하는 대표자—는 프로젝트 승인, 서명된 계약, 청구서 그리고 프로젝트의 재정에 관련된 그 밖의 서류들의 사본을 저장하는 프로젝트 파일을 보유한다. 이러한 파일은 PM이 가지고 있는 기술관련 파일과는 구분된다. 프로젝트 범위의 확대 혹은 추가 용역에 대한 승인과 같은 어떠한 변경이라도 계약에 반영될 때는 회계부서가 계약 수정사항의 사본을 받는 것이 중요하다. 이것이 회계와 비용 청구에 대한 실수를 막아준다.

용역 정지. 만약에 클라이언트가 비용을 지급하지 않거나 다른 계약 요구사항(요구되는 정보 공급 혹은 건축가에 대한 승인)을 이행하지 않는다면 용역을 정지하는 것이 적절할 수도 있다. 이러한 행동은 건축가에게 좋은 방법을 줄 수도 있고 동시에 클라이언트와 건축가 사이에 추가 서비스(그리고 비용)가 축적되기 전에 문제를 해결하는 기회를 제공할 수도 있다.

서비스 정지의 가능성은 클라이언트와 건축가의 계약협의 동안 클라이언트와 부분적으로 논의되어야 한다. 서비스가 중단될 수 있다는 상황은 계약 협의시에 설명되어야 하고 진행과정은 클라이언트와 건축가의 계약에 포함되어야 한다. 어느 누구도 계약을 협의할 때 그것이 어떻게 중단되어야 할지를 고려하려고 하지 않는다. 그러나 어떤 선을 넘어 프로젝트가 계속되도록 허용하는 것은 클라이언트와 건축가가 양쪽에 손실이 될 수도 있다.

질적인 부분에 대한 감시. 프로젝트 감독의 우선되는 목적은 프로젝트를 계속 추적하는 것을 도와주는 데 있다. 그래서 클라이언트의 기대와 사무소의 목적이 일치할 수가 있는 것이다. 자세의 관점에서 건축가는 물컵이 반쯤 비었거나(프로젝트는 가끔 통제 때문에 방향을 벗어나고 통제는 그 가능성을 낮추는 데 도움이 된다) 혹은 반이 찬 것으로 볼 수가 있다.(모든 사람은 성공적인 프로젝트를 원한다 그리고 통제는 그것을 실현하는 또 다른 일련의 메커니즘을 제공한다.)

《《《《《 추가적인 정보 》》》》》

프로젝트 관리에 있어서의 대부분의 책은 계획, 팀 구성 그리고 수행과 같은 다른 관리측면과 병행하여 프로젝트 통제를 설명하고 있다. 프로젝트 수행(13.2절), "추가적인 정보" 에 실린 책들을 참고하라.

프로젝트 스케줄 관리

Frank A. Stasiowski, FAIA

수년동안 수많은 시스템이 프로젝트 스케줄 관리를 위하여 고안되었다. 각 시스템은 유리한 부분과 불리한 부분을 가지고 있으며 각 프로젝트는 그것의 범위와 복잡성에 가장 잘 맞는 방법을 활용하면서 스케줄링되어야 한다. 또한 시스템은 프로젝트에 필요한 스케줄 조절 수준과 연계되어야 한다. 지나치게 복잡한 스케줄 관리 시스템을 사용하면, 불필요한 노력을 해야 하고 계획 업무와 프로젝트가 시작되면 진행과정을 따라잡기 위하여 오히려 PM의 주의를 산만하게 만들 수도 있다.

스케줄링 방법을 선택하기

Evaluation Criteria	Milestone Chart	Bar Chart	Interactive Bar Chart	CPM Schedule
Ease of communication	Good	Good	Excellent	Poor
Cost to prepare	Minimal	Minimal	Moderate	High
Cost to update	Minimal	Minimal	Moderate	High
Degree of control	Fair	Good	Good	Excellent
Applicability to small projects	Excellent	Good	Good	Poor
Applicability to large projects	Poor	Fair	Good	Excellent
Commitment from project team	Fair	Fair	Excellent	Fair
Client appeal	Fair	Good	Excellent	Excellent

주요 목표 공정표

가장 간단한 스케줄 관리 방법은 주요 목표 공정표이다. 이 방법은 가장 기본적인 양식으로서 개략적인 작업개요에 있어서 각 업무활동에 대한 완료 목표날짜를 파악하는 것으로 구성되어 있다. 또한 그 차트에 각 업무를 수행하는 책임자의 이름과 각 업무의 실제 완료날짜 등을 기재할 수도 있다. 주요 목표 공정표의 두 가지 주요 이점은 목표 완료날짜에 대비하고 강조하기가 쉽다는 것이다.

다음은 주요 목표 공정표를 적용하면 효과적인 것들이다.

- 소수의 참여자와 각 활동 간에 거의 내부적 관계가 없는 단기 설계 프로젝트
- 프레젠테이션과 제안의 준비
- 많은 업무를 포괄하는 복잡한 스케줄 요약하기

주요 목표 공정표

No.	Task	Responsibility	Target	Completed
1	Proposal cover	DB	1/15/99	x
2	Letter of transmittal	AWL	1/22/99	x
3	Introduction	AWL	1/22/99	x
4	Scope of services	MRH	2/19/99	x
5	Project schedule	MRH	2/24/99	
6	Project budget	MRH	2/24/99	x
7	Project organization	DB	2/24/99	
8	Appendix A: qualifications	DB	2/25/99	
9	Appendix B: biographical data	DB	3/1/99	
10	Typing and graphics	DB	3/4/99	
11	Final editing	AWL	3/8/99	
12	Printing, binding, mailing	DB	3/10/99	

주요 목표 공정표를 작성할 때, 차트의 목적을 파기시킬 수 있는 초과적인 세부항목을 피하고 핵심 행위만 목록에 기재하라. 주요 목표 공정표의 약점은 오직 완료날짜만 보여준다는 것이다. 복잡한 프로젝트에 있어서 이것은 각 업무가 시작되어야 하는 때를 불확실하게 할 수도 있다. 비록 업무가 착수된 순서대로 기록되어 있어도 완료날짜는 겹칠 수도 있다. 게다가 목표날짜와 실제 완료날짜를 비교하는 것은 전반적인 스케줄의 일반적인 상태만 보여준다. 많은 프로젝트는 단지 이정표 차트만을 사용하여 적절하게 통제하기에는 너무 복잡하다.

막대 그래프(도표)

주요 목표 공정표의 약점을 보완하기 위하여 약간 더 복잡한 방법으로서 갠트 차트로 알려진 바 차트를 이용할 수 있다. 아마 건축가들 사이에서 가장 널리 사용되는 계획 도구인 막대 그래프(도표)에서 왼편은 업무 목록을, 오른편의 수평 바는 각 업무의 시작과 최종 날짜를 가리키고 있다. 오늘날에는 이러한 스케줄링의 접근과 사용을 손쉽게 해주는 수많은 컴퓨터 프로그램들이 있다. 어떤 회사는 쌍방향의 방식으로 막대 그래프(도표)를 만들고 있다. 그들은 다른 팀원의 비평을 받기 위해 벽에 그것을 붙이기 전에 메트릭스 표나 프로젝트 관리 소프트웨어로 막대 그래프(도표)를 개략적으로 준비할 것이다. 스케줄링 회의동안 PM은 그룹에 의하여 설정된 스케줄에 맞추어 자신들의 업무를 완수하기 위하여 여

러 업체들로부터 위임을 받을 수도 있다. 모든 사람들이 회의실에 있는 동안 상충되는 의견들도 논의되고 상황도 나아지게 된다.

막대 그래프(도표)의 주요한 약점은 여러 가지 다양한 업무의 상호관계를 보여주지 못한다는 것이고 또한 스케줄에 맞추어 전 프로젝트를 완수하는 데 어떠한 행위가 가장 중요한가를 알려 주지 못하는 것이다. 각 행위(막대 그래프에 암시된)에 동등한 중요성을 부여하는 것은 노동력이 부족하여 어떤 작업을 지연시켜야 하는 결정을 내려야 할 때 PM을 곤란하게 만들 수도 있다.

이러한 딜레마는 잘못된 작업에 우선권을 주게 될 수도 있다. 이러한 약점에도 불구하고 막대 그래프(도표)는 프로젝트를 제대로 통제하는 효과적인 방법으로 남아 있다.

CPM 공정표

작업 상호관계에서 파악되고 작업 스케줄이 분석되는 고도의 수학적 시스템, CPM 스케줄링은 많은 업무와 복잡한 논리를 가진 아주 복합적인 프로젝트에 사용되도록 고안되었다. CPM은 설계 프로젝트를 스케줄링하기 위해 자주 사용되는 것이 아니고 공사 진행과 프로젝트를 스케줄링하기 위해 시공사에 의하여 자주 사용된다.

CPM 개념도는 프로젝트 업무 간의 상호관계를 그림으로 보여준다. 한 작업은 먼저 출발하여야 하며 다른 작업이 완료되기 전에는 다음 작업이 출발할 수가 없으나 같이 평행하게 완료될 수는 있다. 계산을 통하여 각 작업의 이르고 늦은 출발날짜(그리고 최종날짜)를 개선시키는 것이 가능하다. 또한 이것은 한 프로젝트-만약에 연기된다면 프로젝트 최종 완수를 늦추게 되는 연속적인 작업들-에서 하나 혹은 그 이상의 CPM을 구성하는 것이 가능하다.

다수의 CPM 변수들이 개발되어 왔다. 그것들은 프로젝트 평가를 포함하고 기술(PERT)과 선행 개념도를 검토한다. 물리적인 표현과 몇몇 세부사항이 변하는 반면에 이러한 시스템의 개념은 CPM과 유사하다. CPM 스케줄은 다음의 단계들을 거친다.

단계 1: 업무와의 관계를 파악하라. 첫 번째 단계는 그것들 사이의 모든 작업과 관계를 조직적으로 파악하는 것이다. 두 작업 사이에 3개의 가능한 관계가 있다.- 작업 1은 작업 2가 시작하기 전에 반드시 완료되어야 한다. 작업 1은 작업 2가 시작하기 전에 반드시 부분적으로 완료되어야 한다. 혹은 작업 1은 작업 2가 완료되기 전에 반드시 완료되어야 한다.

막대 그래프

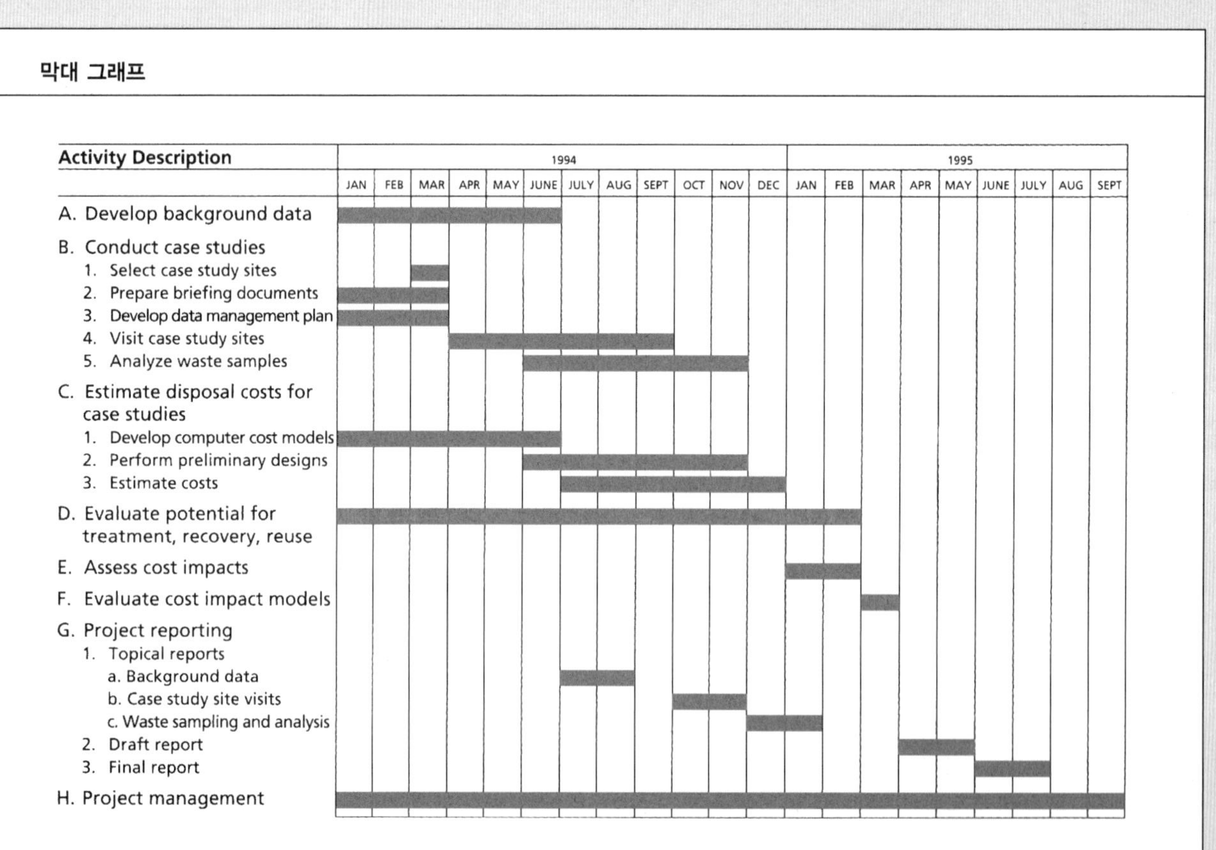

CPM 업무기간 목록

	Activity description	Calendar days
A	Develop background data	180
B1	Select case study sites	30
B2	Prepare briefing documents	30
B3	Develop data management plan	90
B4	Visit case study sites	180
B5	Analyze waste samples	105
C1	Develop computer cost models	90
C2	Perform preliminary case study site designs	135
D	Evaluate treatment, recovery, reuse	90
E	Assess cost impacts	60
F	Evaluate cost impact models	30
G1a	Prepare background data report	60
G1b	Prepare site data report	60
G2	Prepare draft report	60
G3	Prepare final report	60
H	Project management	(completed 60 days after the completion of all other tasks)

단계 2: 선행 개념도(작업 교류관계)를 구체화시켜라. 그림으로 나타난 선행 개념도는 첫 단계에서 설명된 관계를 보여준다. 각 업무의 짝들 사이에서 상호관계의 3가지 타입의 어느 것이 존재하는지를 알기 위하여 이 개념도를 연구하라. 업무 사이엔 한 가지 이상의 관계가 있다는 것을 이 예를 통하여 유념하라.

작업 C2와 C3를 주목하라: 작업 C3(비용 산정)는 작업 C2(예비 설계)가 부분적으로 완료되기 전까지 시작할 수가 없다. 그리고 작업 C3는 작업 C2가 완료되기 전까지 완료될 수가 없다. 이러한 이중 관계는 아주 일반적이다.

단계 3: 적절한 작업기간을 설정하라. 다음 단계는 가능한 한 가장 효율적인 방식으로 이러한 행위를 완결짓도록 요구하는 기간을 설정하는 것이다–모든 선행필수 작업은 완료되었다고 가정하고. 견본 프로젝트의 작업를 위한 도표는 작업기간 목표를 함께 보여 준다.

단계 4: 프로젝트 스케줄을 준비하라. 선행 개념도와 기간 목록표를 사용하여 프로젝트 스케줄을 준비하라. 이것은 각 작업이 시

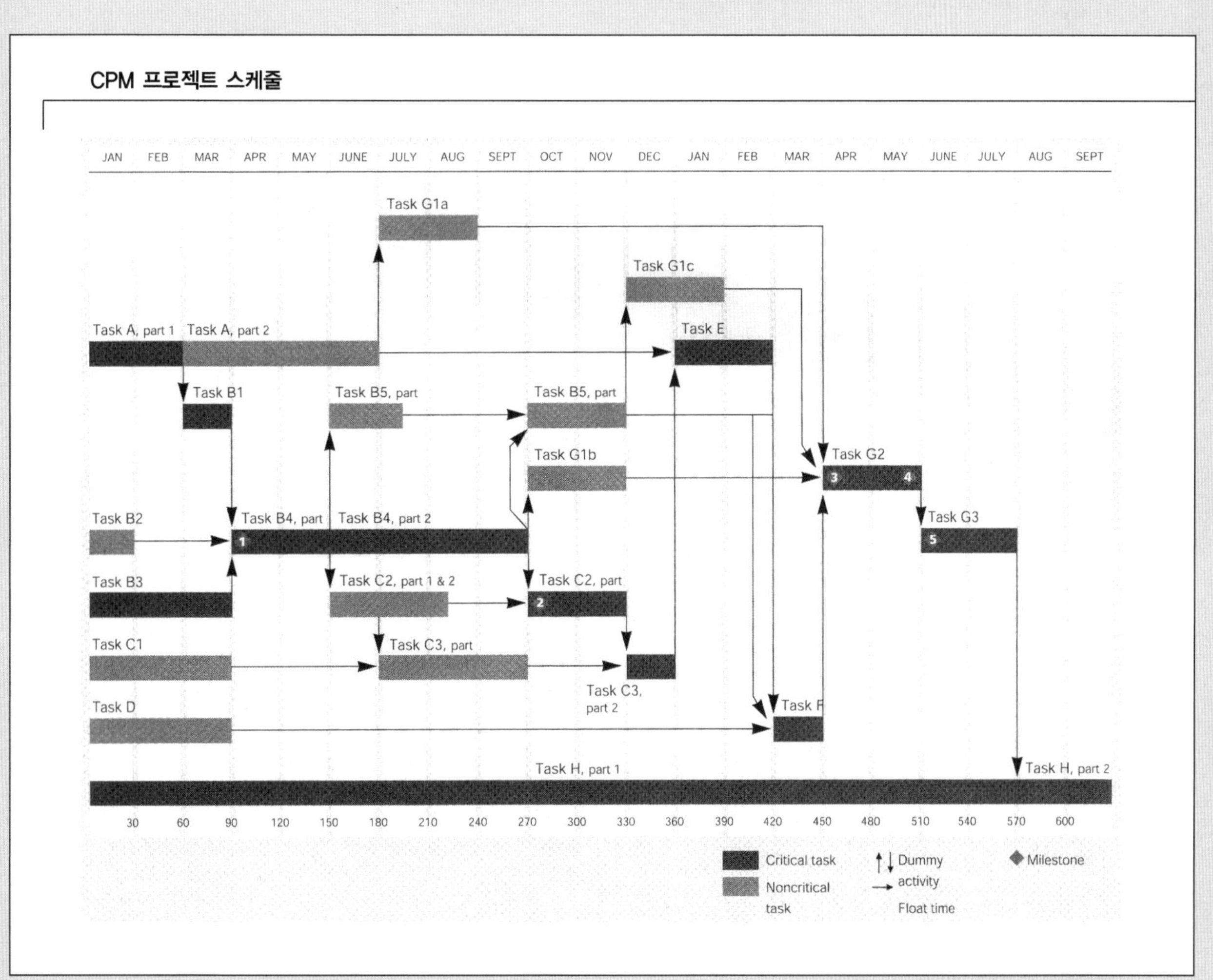

선행 개념도

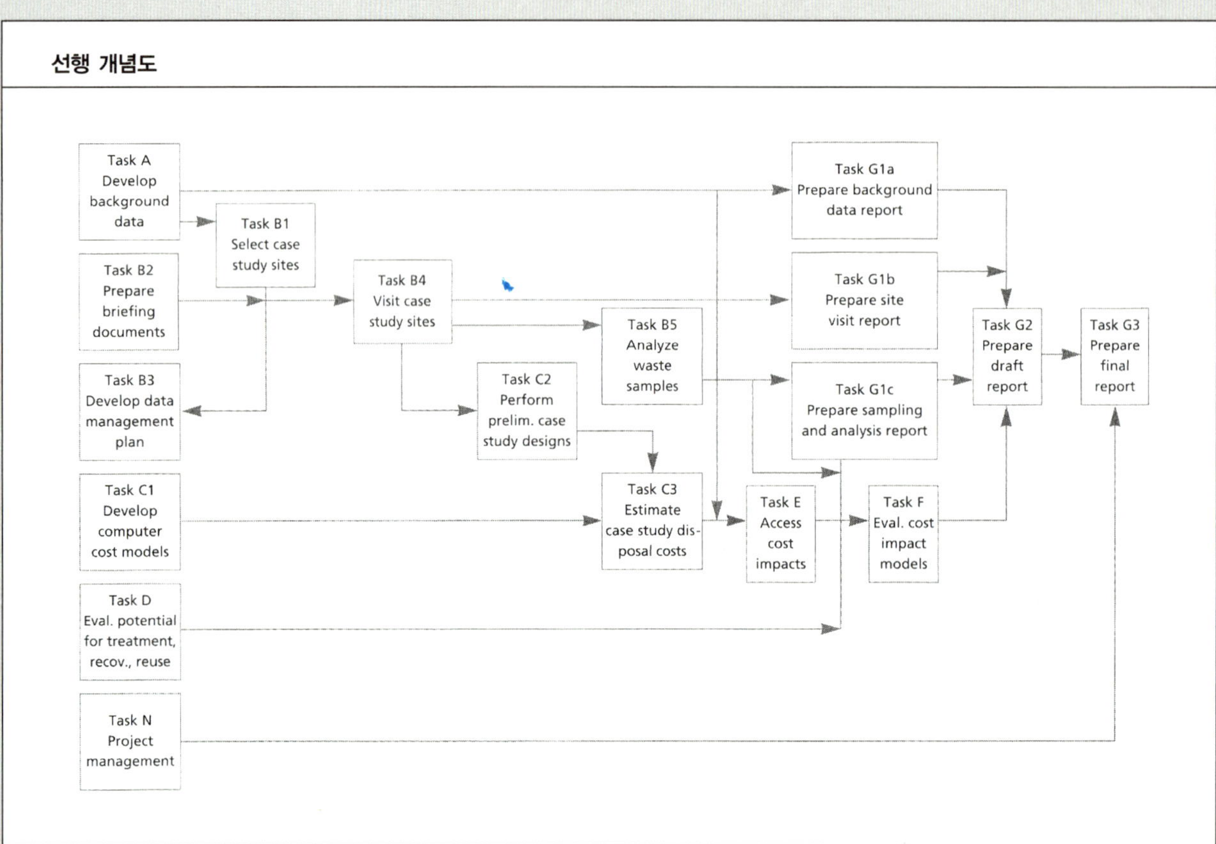

작(그리고 끝나는)할 수 있는 가장 빠른 시기를 계산하도록 한다. 개념도에서 묘사된 것처럼 프로젝트의 총 기간이 알려지면 작업은 각 업무에 대한 가능한 최근의 완료(그리고 시작)시기를 설정하기 위해 되돌아간다.

단계 5: 크리티컬 패스를 결정하라. 마지막 단계는 어떤 작업이 결정적인지를 결정하는 것이다–그것은 만약에 어느 것이라도 연기되면 어떤 작업이 프로젝트 완료날짜에 영향을 끼칠 것인가하는 것이다. 이러한 업무에서 이른 시작과 늦은 시작 날짜는 동일하다(이른 완료와 늦은 완료날짜가 동일한 것처럼). 거기에는 허비되는 시간이 없다. 이 작업은 CPM 스케줄에서 볼 수 있는 것처럼 진한 음영으로 표시되어 있다.

컴퓨터를 이용한 프로젝트 관리 시스템은 이러한 계산을 빠르게 수행한다. 그것들은 스케줄러를 쉽게 구성하고 시험하고 다양한 네트워트 스케줄을 수정하도록 한다. 그리고 그 프로젝트에 대한 일련의 분석과 보고를 제공해 줄 수 있다. 또한 어떤 소프트웨어는 스케줄러로 하여금 각 작업(예산 구성을 도와줌) 혹은 다수의 프로젝트 사이에서 동시에 자료를 할당하게끔 한다. 그러나 사용시 주의하라.

어떤 소프트웨어 프로그램은 다른 것보다 사용하기 용이하고 어떤 것은 특별한 규모의 프로젝트에 적합하도록 고안되어 있다. 이러한 프로그램들은 계속적으로 개선되면서 새로운 것으로 발전된다. 현재 이용 가능한 것을 조심스럽게 검토하고 선택하기 전에, 당신의 회사에 필요한 프로그램을 고려하는 것이 현명한 일일 것이다.

CPM의 주요한 이점은 업무관계를 분명하게 보여주고 마감날짜를 맞추는 데 문제를 야기할 수 있는 행위들을 확실히 드러내는 것이다. 그것은 PM에게 복합적인 프로젝트를 가장 세심하게 통제하도록 해준다. 주된 단점은 CPM 개념도를 준비하는 데 시간이 많이 걸리고, 읽기가 어렵고 업데이트하기가 쉽지 않다는 것이다. 비록 컴퓨터를 사용하더라도, CPM 차트를 유지하는 데 필요한 시간과 노력은 수많은 프로젝트에 대한 책임을 갖는 PM을 쩔쩔매게 할 수도 있다. 게다가 대부분의 설계 작업은 그러한 정밀한 통제의 수준을 요구하지 않는다.

프로젝트 스케줄링 소프트웨어

Microsoft Corporation
One Microsoft Way
Redmond, WA 98052
Tel: (425) 882-8080
www.microsoft.com

Microsoft Project is a high-end planning, scheduling, and tracking program for medium and large projects. Project 98 is compatible with Microsoft Office desktop applications and with ODBC-compliant databases. Output in PERT or Gantt formats. (Available for Windows; Project 4.0 available for Macintosh.)

Primavera Systems, Inc.
3 Bala Plaza West, Suite 700
Bala Cynwyd, PA 19004
Tel: (610) 667-8600
www.primavera.com

Primavera SureTrak Project Manager is intended for use for planning and controlling small to medium-size projects. Streamlined analysis, reporting, and graphics. (Available for Windows 3.1, 95, NT, or OS/2.)

Primavera Project Planner 3.0 is an industrial-strength program that provides planning, scheduling, and tracking capabilities for sophisticated and multifaceted projects. Allows access by multiple users. Output in PERT or Gantt formats. (Available for Windows 3.1, Windows 95 or Windows NT).

Primavera TeamPlay is intended for planning, controlling, and communicating on an enterprise-wide basis with multiuser, multi-project capabilities providing IT project portfolio management. Output in PERT or Gantt format. (Available for Windows 95, Windows 98, or Windows NT with a Windows NT or UNIX server.)

AEC Software
22611-113 Markey Court
Sterling, VA 20166
Tel: (800) 346-9413
www.aecsoft.com

FastTrack 6.0 is a scheduling and tracking program for projects requiring a low to moderate degree of control. Offers a rich array of graphical features with Gantt bar output. (Available for Windows 95, Windows 98, Windows NT, and Macintosh.)

13.4 건설비용 관리

Brian Bowen, FRICS

건설비용 관리는 무심히 지나치기에는 너무 중요하다. 금액 관리는 숙달, 노력 그리고 설계와 공사를 통해 계속적으로 훈련되어야 한다.

건축은 질서, 정리, 율동, 대칭, 타당 그리고 경제성에 의존한다...... 경제성은 공사작업에 있어서 비용의 알뜰한 균형과 상식뿐만 아니라 재료와 대지의 적절한 관리를 나타낸다.

공사에 참여한다는 것은 건축주로부터의 실질적인 위임을 나타낸다. 재정을 얻기 위한 노력과 결부되는 프로젝트 비용은 부담스러운 것이 될 수가 있다. 차용하거나 모은 돈보다 비용이 더 많이 초과된다고 평가되는 프로젝트는 재검토되거나 혹은 폐기될 수도 있다. 결과적으로 클라이언트의 최대의 관심사는 그들의 프로젝트가 예산범위 안에 있도록 하는 것이다. 대다수 프로젝트가 공사금액에 초점을 맞추는데, 이로 인해 건축가는 신용을 얻거나 혹은 잃을 수 있다.

건축가의 책무

공사비용을 평가하거나 맞추기 위한 건축가의 책무는 건축주와 건축가의 계약에 상세하게 나와있다.

전문 용역. AIA 계약 기준양식이 사용된다면 건축가의 전문 용역은 다음 사항을 이행한다.

- 예산 평가. 프로젝트 범위, 질적 수준, 스케줄 그리고 공사예산은 상호 연관되어 있으며 설계는 일반적으로 각각의 조건에 따른 평가로 시작된다(AIA 문서 B141, 건축주와 건축가의 계약 기준양식을 인용).
- 비용 평가. AIA 문서 B141은 프로젝트 요구사항이 충분히 파악되었을 때 건축가가 작업비용에 대하여 초기평가를 제공하는 사항을 밝히고 있다. 건축주는 초기 설계의 업데이트와 정제로부터 나오는 이전 평가에 대한 모든 수정사항을 알아야 한다.
- 공사계약 행정. 공사계약 행정의 한 부분으로서 건축가는 시공자가 지급을 요청할 때 공사 시공자에게 약정된 비용을 검토하고 확인하게 된다. 설계 변경 또한 검토되고 승인된다.

건축주의 필요와 건축가의 능력에 따라서 건축주와 건축가의 계약은 공사비용에 관련된 다른 전문 용역을 포함할 수도 있다. 건축가는 다음과 같은 사항을 제공하는데 동의할 수도 있다.

브라이언 보웬(Brian Bowem)은 한스콤브 회사의 대표인 은 많은 전문적인 사회와 기술 조직기구에 관한 주제로 저술하고 세계적으로 강연해온 비용관리의 알려진 전문가이다. 그는 영국왕립 헌장 감독자 협회의 회원이며 공인된 비용견적 기술가이자 공인된 가치 평가 전문가이다.

- 시장성 조사연구
- 재정 가능성 연구
- 프로젝트 재정 연구
- 공법 변경 혹은 대안 분석
- 공사 계약금액 회계
- 유지관리 금액 분석
- 가치 분석, 기술 혹은 관리 가치 분석
- 자재 대금 청구
- 품질 관리
- 상세 비용 평가

상세 공사비용 견적은 견적에 대하여 특별히 능력이 개발되지 않는 한 대부분의 건축가가 수행할 수 없는 별도의 서비스이다.

이러한 서비스의 어떤 것도 AIA 문서 B141의 기본 서비스 항목에 포함되어 있지 않으나 AIA 문서 B163에는 가능한 서비스 항목으로 기술되어 있다. 또한 건축주와 건축가는 예산, 예산 평가, 설계 분석 혹은 대지 선정과 개발, 계획 그리고 프로그램 대안, 에너지 혹은 다른 특별 연구, 임대 그리고 계속되는 시설관리 용역과 연관된 용역 평가를 협의할 수도 있다.

모든 건축가가 이러한 추가 용역에 관심이 있는 것이 아니며 그것을 제공할 수 있지도 않다. 시장성 조사, 재정 그리고 경제성 연구는 특별한 세일즈와 임대 시장에서의 숙련된 전문성을 요구한다. 상세한 공사금액을 평가하려면 프로젝트가 실현될 공사 시장과 접촉이 있는 사무소가 필요하다. 어떤 건축회사는 이러한 능력을 발전시키는 반면 어떤 사무소는 다른 설계 팀에 공사금액 자문가, 시공자 혹은 공사 관리자를 포함시킨다.

AIA 문서 B141에 따른 설계비용 견적에 대한 요구사항

계획설계 단계

2.2.2 건축가는 부속절 5.2.1.에 명시된 서로의 각 조건에 따라 제한 범위를 요하는 건축가의 프로그램, 스케줄 그리고 공사예산 요구사항에 대한 초기평가를 제공하여야 한다.

2.2.5 건축가는 현재 면적, 규모 혹은 다른 단위 금액에 기초한 공사 초기예산을 건축주에게 제출하여야 한다.

중간설계 단계

2.3.2 건축가는 공사금액의 초기평가에서 일어나는 어떠한 수정도 건축주에게 이야기해야 한다.

실시설계 단계

2.4.3 건축가는 요구조건과 일반적인 시장 조건에서의 변화에 의하여 나타난 공사금액의 이전 초기평가에 대한 어떠한 수정도 건축주에게 이야기해야 한다.

작업비용에 대한 예산. 용역관련 비용에 관해 추가적으로 설명하자면, 건축주와 건축가의 계약은 건축가의 작업수행 조건처럼 작업비용의 예산을 설정한다. 그것은 다음처럼 계약이 어떠한 항목을 포함할 수도 있다(보통 표지부분에 있는 프로젝트 설명처럼): "공사금액 900,000달러를 초과하지 않는 바닥면적 10,000GSF의 새로운 시청."

건축주와 건축가의 계약에서 그러한 예산을 포함하는 것은 건축가의 수행목표로서 비용액수를 맞추는 것을 명문화하는 것이다. 이것을 위해 건축주와 건축가는 이익

공사금액에 관하여 완벽한 것은 없다—주어진 프로젝트에 참여된 많은 입찰에서도 가끔 증명된 것처럼. 그러므로 계약 이전의 견적은 위험한 사업이다. 견적된 프로젝트의 60%를 낮은 입찰가의 5% 안에 들게 할 수 있는 견적 전문가는 아마도 기대치보다 더 나은 일을 하고 있는 것이다. 그리고 5개 중의 한 프로젝트가 10% 범위 밖에 있다는 것은 통계적으로 평균이다. 건축가는 적절한 우연성을 포함함으로써 그리고 입찰결과에 따라 추가 혹은 삭제를 용인하기 위한 계획들에 있어서 우연적 특성을 설계하는 데에 건축주와 협동함으로써 이러한 위험을 피할 수 있다.

건축가 혹은 건축주 어느 누구도 노동력, 재료 그리고 장비 비용, 입찰가를 정하는 시공자의 방법, 혹은 경쟁적 입찰, 시장성 혹은 조건 협의에 대하여 통제력을 가지고 있지 않다. 따라서 건축가는 건축가에 의하여 준비 혹은 계약된 공사금액의 어떠한 견적으로부터도 입찰 혹은 협의 금액이 변하지 않을 것이라는 보증 혹은 대변을 할 수도 없으며 하지 못한다.

AIA 문서 B141

의 측면에서 다음의 질문들에 대해 계약에 반드시 명시해야 한다.

- 작업비용이 어떻게 정의되는가? 무엇이 포함되고 무엇이 제외되는가? 설계와 시장의 불확실성은 어떻게 명시될 것인가?
- 건축가는 예산안에서 설계를 발전시키는 데 필요한 유연성을 어떻게 획득할 수가 있는가?
- 만약에 입찰이 정해진 금액을 초과하면 건축주와 건축가는 어떠한 선택을 할 수 있는가?
- 공사계약을 인정하는 데 차질이 생긴다면 무슨 일이 발생하는가?

이러한 질문은 AIA 문서 141에 다음과 같이 나타나 있다.

- 작업비용은 건축가와 건축가 자문에 의하여 설계되고 상세된 사항들을 포함한다—그들의 보수는 제외하고 .
- 건축가는 설계, 입찰 그리고 공사금액에서의 가격 상승의 우연한 사고를 포함시키도록 허용된다.
- 건축가는 프로젝트에 포함되는 자재, 장비, 구성물 그리고 공사 방식들을 결정할 수가 있으며 범위에 있어서 타당성 있는 수정을 하도록 허용된다.
- 건축가는 필요하다면 계약이 성사되는 시기에 공사금액을 수정하는 데 사용될 수 있는 대안을 포함시킬 수가 있다.
- 건축주에게 추가비용은 없이 건축주와 협동으로 범위와 품질을 수정하는 것을 포함하면서 가장 낮은 입찰 혹은 제안이 예산을 초과하는 경우에 여러 조치 방법들이 목록화된다.
- 건축가가 실시도면을 납품한 후 90일 이내에 입찰과 협상이 시작되지 않았다면 예산은 수정되어야 한다.

건축가의 업무 수행기준. 계약에 의한 높은 기준으로 동의하지 않는 한 건축가는 건축주의 공사예산 목표를 충족시키는 것을 포함하여 그들의 모든 전문 서비스를 수행하는 데 타당성 있는 관심과 함께 최선을 다할 것이다.

타당성 있는 관심은 논의할 가치가 있다. 왜냐하면 건축주와 건축가 어느 누구도 실제 공사금액—프로젝트를 실현하는 데 하나 혹은 그 이상의 시공자가 궁극적으로 부과할 가격—을 통제할 수 없기 때문이다.

그 가격은 입찰 시공자뿐만 아니라 자재, 제품, 노동력 그리고 공사장비 제공자와 연관된 경쟁적인 시장이 미치는 영향의 산물이다. 타당성 있는 관심의 기준 아래서 전문가는 결과를 보장하지 않아야 한다. 오히려 그들은 서비스를 수행하는데 타당성 있는 관심을 활용하도록 의무화되어 있다.

많은 건축주들은 물론 보장을 요구한다. 자금의 실제적인 지출과 계획되지 않은 비용이 상승하는 공사는 건축주에게 아주 심각한 문제를 일으킬 수도 있다. 건축주들은 시공사를 통제할 수 없기 때문에, 공사비용을 보장하는 건축가는 타당한 기준을 뛰어넘는 수준으로 업무 수행을 제공하는 것이 그들의 선택이라는 것을 이해하여야 한다.

비용 서비스와 다른 책무. 어떤 자문가와 시공 조직은 비용 평가와 관리에 전문화되어 있다. 그리고 이러한 특별 전문가는 건축주와 건축가에 의하여 프로젝트 팀에 합류할 수도 있다. 특별 전문가란 다음과 같다.

- 공사비용 평가를 제공하고 시공성과 스케줄링 그리고 기능적이고 디자인적인 대안에 대한 공사비용에 관련하여 조언하는 비용 자문가
- 설계 동안 비용과 시공 숙련도를 제공하는 시공자와 공사 관리자. 이러한 회사는 실제적인 공사업무에 대항하거나 혹은 미리 정한 시간에 공사비용을 포함하는 공사에 대한 책임을 지는 일 없이 건축주 혹은 건축가에게 조언자로서 남게 될 수도 있다. 또한 어떤 건축가는 공사 관리 서비스도 제공한다.
- 공사비용 책임을 지는 설계 업체

공사비용이 결정적일 때 건축주와 건축가는 추가 예상능력과 문제 해결 능력을 구축하면서 비용 자문가를 고용할 수도 있다. 소규모 프로젝트에서 후보로 지명된 시공자(혹은 시간당 고용된 시공자)는 비용, 시공성과 관련된 현안에 대하여 조언을 제공할 수도 있다. 공사비용 서비스를 제공하는 책임이 나누어질 때 책임과 위험성이 조심스럽게 파악되어 각 당사자 사이에서 분배되고 그리고 일련의 조정된 프로젝트 계약으로 정리되어야 하는 것이 매우 중요하다.

어떤 시공자는 정보, 치환 그리고 제안된 설계 변경에 대한 요구로 건축가를 몰아붙이며 더 높은 공사비를 강제할 수도 있다. 실시설계도서를 뛰어넘는 범위에 대한 건축가의 대응은 새로운 요구로서, 그리고 공사비 재협의를 위한 지원으로서 다루어질 수가 있다.

비용 관리 원칙

성공적인 공사금액 관리는 일련의 기본 비용 관리 원칙을 따른다.

비용 목적. 분명한 의도와 목적 없이 잘 관리한다는 것은 어려운 일이다. 상황, 비용 목적에 의지하는 것은 다음과 같은 사항의 부분 혹은 모두를 포함한다.

- 건축주에 의하여 설정된 자금 지출 상한선 내에서 프로젝트를 완수하기. 이러한 상한선은 건축주와 건축가의 계약서에 포함되거나 혹은 건축가와 건축주 공동으로 개발될 수도 있다.
- 예산 상한선 내에서 자원을 적절히 활용하고 예산비용에 대한 가치를 제공하기
- 초기 자본 지출과 계속되는 유지관리비 사이의 균형을 제공하는 대안들을 검토함으로써 장기적인 유지관리비를 최적화하기
- 프로젝트의 과정동안 주요한 건축주 결정과 공사예산의 상황에 관련된 적절한 비용 정보를 건축주에게 제공하기

공사시 일반적인 비용 목적을 설정하는 데 너무 많은 변수가 뒤따른다. 이것은 각 프로젝트에 따라 결정되어야 한다.

초기의 관심. 비용 관리의 가장 효과적인 이익은 범위과 질적 수준을 설정하고, 스

초기 비용 통제에 따른 이익

이 곡선은 건물비용을 관리하기 위하여 초기 노력을 제공하는 위치점, 즉 개념적으로 프로젝트에서 건축주의 투자를 최적화시키는 가장 좋은 기회를 만든다. 프로젝트의 사용, 범위, 품질, 대지 그리고 스케줄링을 설정하는 "프로그램" 결정은 설계과정 동안 완료될 수 있는 것에 많은 영향을 주며 그 단계를 배치한다. 실시설계도서는 개선할 수 있는 기회를 제공하지만 대부분의 중요한 결정은 이 시기에 만들어져 왔다. 표시된 백분율은 개념이다.

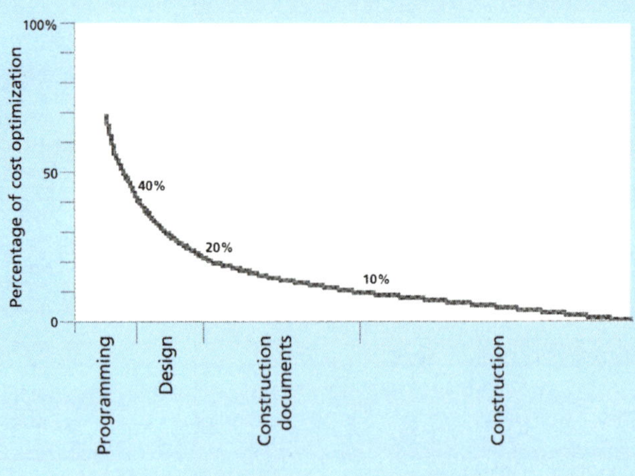

케줄을 결정하고, 납품 대안을 선택하고 요구사항을 설계 개념으로 변환시키는 프로젝트의 초기 단계에 얻어진다. 프로젝트의 큰 결정은 먼저 정해지며 그것은 다음에 따르는 모든 결정들의 기초가 된다.

실질적인 예산. 프로젝트의 전 과정 동안 하게 될 평가 중에서 가장 중요한 평가는 첫 번째 것인데, 이 첫 번째는 모두가 기억하는 수치이기 때문이다. 예산은 건축주에 의하여 준비될 수도 있고 건축가에 의하여 평가될 수도 있고 혹은 건축주의 요구사항 분석에 따라 공동으로 발전될 수도 있다.

공사예산은 근본적으로 다른 두 가지의 방법으로 짤 수 있다. 프로젝트 프로그램과 스케줄 요구사항을 견적함으로써 만들어지는 수치가 될 수도 있고 혹은 재정적 견적이나 어떤 다른 출처(예를 들면 대중적 자료)로부터 나오는 수치일 수도 있다. 그러나 설계가 보통 존재하지 않는 가운데 수치가 설정되고 그 예산은 전형적으로 계획된 기능, 면적 혹은 프로젝트의 어떤 다른 일반적인 특성에 근거한다. 대안으로서 그와 비슷한 프로젝트의 실질적인 금액에 기초할 수도 있다.

비용 계획. 실질적이고 달성 가능한 예산이 대략 나오게 되면 건축가는 비용 체계 내에서 주된 부분에 대한 비용 목표를 부여하는 위치에 있게 된다. 비용 계획서는 설계가 시작됨에 따라 프로젝트의 각 부분을 위하여 활용 가능한 자금에 대한 안내를 맡게 된다. 그것에는 건축주가 재정 스케줄을 세울 수 있도록 돕는 자금흐름 계획이 포함될 수도 있다. 비용 계획은 프로젝트를 심각하게 하는 부실한 설계와 비용, 재설계를 모면하도록 도울 수 있다.

비용 자료를 조직화하는 일관적인 체계는 비용 계획의 주요한 부분이다. 이러한 체계는 건축가로 하여금 프로젝트의 다른 단계에서 획득된 자료(초기 예산에 따른 조정과 평가는 늘 요구된다)를 서로 연관시킬 수 있게 하고 다른 프로젝트로부터의 자료를 비교할 수 있도록 한다.

실무현장에서 활용 가능한 가장 일반적인 분류는 시방서와 실시도면에 가장 많이 사용되는, 16개 단락으로 나누어진 포맷형식이다. 이러한 형식의 넓은 통용은 그것이 비용 통제에 유용하도록 만든다. 그러나 그것은 공사 자재와 거래 분류에 주로 맞추어져 있기 때문에 개념과 초기 설계 단계의 비용 관리에는 덜 적합하다.

AIA는 이러한 결점을 알고 일반적인 용역행정과 병행하여 설계비용 관리를 위한 유니포맷을 개발하였다. 이 형식은 디자이너가 생각하는 방법과 평행하고 궁극적으로는 건물 구성품과 부품을 선정하는 기능적인 보조체계－예를 들면 초대형 구조, 외피, 내장 공사－를 사용한다. 설계비용 자료는 유니포맷 범주에서 증가추세로 공표되고 있다. 1990년대 동안 ASTM 부속 위원회는 초기 안을 여러 부분으로 변경시키게 되는 유니포맷의 대규모적인 시장 검토에 착수하였다. 이것은 유니포맷 II로 공표되었으며 지금은 ASTM 기준 E-1557이 되었다.

실시설계도서 작성(12.3)는 마스터 포맷 분류 시스템을 나타낸다.

설계 목표에 따른 비용. 설계 목표에 따른 비용 통제는 건물비용에 영향을 끼치는 요소들에 대한 이해를 바탕으로 한다. 지리적, 설계 그리고 시장 요소에 대한 목록은 FABC에 주석으로 포함되어 있다.

일단 프로젝트의 위치, 규모, 건물용도 그리고 사용자 규모가 설정되면 대부분의 프로젝트 비용은 이미 프로젝트 안에 포함되어 있다는 것을 인지하는 것이 중요하다. 지리적인 위치와 대지는 공사비용에 대한 추가적인 변수이다. 시공이라는 시장에서 수요와 공급의 법칙은 큰 영향을 발휘할 수가 있다. 이러한 범위 안에서 설계 팀은 형태, 배치, 시스템, 재료 그리고 마감을 통하여 시공에 영향을 끼친다.

범위 통제. 분명히 주된 비용 조정자는 프로젝트 범위이다－얼마나 많이 공사하는지, 그리고 프로젝트에서 요구되는 질적 수준과 같은 범위. 범위를 증가시키는 것은 공사비용을 증가시키며 뿐만 아니라 설계, 재정, 그리고 운용 비용을 추기시킬지도 모른다. 이처럼 범위 통제는 필수적인 비용 관리 규율이다.

프로젝트 감독(13.3)은 프로젝트 범위를 관리하는 접근방식을 시험한다.

많은 프로젝트는 "범위 퍼짐" 즉 다수의 좋은 아이디어와 설계 동안 떠오르는 해결책에 근거한 범위 확대에 종속되어 있다. 프로젝트가 "실체"로 나타남에 따라 건축주는 프로그램 요구조건 혹은 질적 수준에서의 변경을 요구할 수도 있다. 종종 이러한 요구는 규모는 작지만 횟수는 빈번하다.

대부분의 건축주는 그들이 설정해 놓은 예산 내에서 변경을 요구하는 것을 변경이라고 간주하지 않는다. 예산이 고정되어 있는 경우, 범위 확대는 다른 부분의 감소를 동반한다. 냉각기는 여러 개의 옥상 유닛이 된다. 화강석 마감은 벽돌이 되고 다시 쪼개진 블록이 된다. 아트리움은 천창이 있는 복도가 된다(그것은 추가적인 수정으로 끝난다).

사업 예산

명확한 프로젝트 설계가 되기 전에 그리고 공사 금액에 관한 정확한 정보가 입수되기 전에 예산이 준비되기 때문에 실제적이고 성취 가능한 예산을 설정하는 쉬운 방법은 없다. 실제적인 예산은 다음을 반영한다.

프로젝트 범위. 건물에 있어서 사용자 유형과 수 그리고 총체적인 면적과 규모는 공사비용에 대한 발판을 설정한다.

범위를 설정하는 것은 허용 동선, 기계와 전기 장비, 관리 공간 그리고 사용하지 않는 그 밖의 면적을 포함하여 건축주의 기능 공간 요구조건에 대한 정확한 파악과 이러한 것을 연면적으로 타당성 있게 변환하는 것을 요구한다. 또한 프로젝트 범위에 대한 성명은 장비, 가구 및 대지작업처럼 예산에 포함되는 것을 알려주어야 한다.

질적 수준과 이행수준. 이것은 아마 주어진 예산 범위 내에서 유효하거나 혹은 건축주에 의해 기대되는 질적 수준과 이행수준을 적절하게 정의하고 묘사하는 어려움 때문에 가장 도전적인 일련의 요소이다. 개념도, 비교되는 프로젝트 그리고 공표된 비용 모델이 아마 도움이 될 수도 있다.

대지. 대지를 개발하고 그 곳에 건물을 세우는 비용은 간단하면서도 매우 복잡할지 모른다.

스케줄. 시간에 프로젝트를 맞추기 위하여 공사 입찰과 공사 완료시기를 설정하거나 예측하는 것이 필요하다.

포괄적인 개념 설명. 핵심 설계와 예산 가정에 대한 설명-예를 들면, 층수, 단순하고 명료한 건물형태, 단일 혹은 복수의 건물, 지상과 지하의 공사 규모, 기존 건물에 대해 예상되는 재건축 수준-은 보통 도움이 된다.

우발성 문제. 이것은 다양한 예산 항목으로 잡혀지거나 혹은 개별적으로 확인될 수도 있다. 설계에서 프로젝트가 진행되어감에 따라 우발성 문제가 감소되는 것이 일반적이다.

실제적인 수치. 예산 수치를 올리거나 당신을 보호하지만 프로젝트 자체를 위험하게 한다. 혹은 수치를 내려잡는-타당하지 못한 기대를 불러일으킬 수도 있다-유혹을 피하라.

핵심적인 예측. 예산이 상호 논의되고 사용되고 수정됨에 따라 분실되지 않도록 예산 설명에 이러한 것들을 기록하라.

공사비용은 프로젝트의 초기 설계 단계를 세우게 된다는 것을 기억하라. 그것은 모든 설계 결정이 만들어지는 구조 틀을 제공한다. 예산을 짜는 것은 우연히 건축주에게 범위, 질적 수준, 시간 그리고 비용 균형에 관한 교육을 시키는 좋은 기회를 제공한다.

예산은 평가라는 것을 상기하라. 수치를 장담하거나 보증하는 표현의 말을 피하라. 만약에 건축주가 첫 번째 수치를 제공한다면, 그대로 수용하지 말고 그것을 프로그램, 대지, 스케줄 그리고 시장 조건에 대하여 평가해보라.

건축가에게 놓여있는 중요한 도전은 비록(특별히) 사소한 것이라도 건축주와 마주앉아서 변경사항에 대하여 이야기하는 것이다. 접촉의 목표는 변경과 그에 따른 비용 암시에 있어서 건축주의 책임을 확보하거나 혹은 프로젝트를 예산 안에서 지켜나가기 위하여 건축주의 다른 어떤 요구사항이 변경될 수 있는지를 결정하는 것이다.

비용의 감찰과 보고. 공사비용은 조심스럽게 검토되어야 하고 건축주의 계약 요구에 따라 각 설계 납품시 혹은 합의된 시간 간격으로 건축주에게 보고되어야 한다. 비용 보고는 비용계획과 일치되어야 하고 다른 점은 설명되어야 한다. 이것은 건축주와 프로젝트 비용의 상태를 검토하고 상호간에 합의될 수도 있는 어떠한 예산 업데이트에 대한 약속도 획득하기 좋은 시기이다.

설계 비용 평가

AIA 문서 141은 건축가로 하여금 "현재 면적, 부피 그리고 비슷한 개념적 견적 기술에 근거하여" 초기 공사비 견적을 준비하도록 요구한다.

성공적인 비용 관리는 건실한 평가 기술에 달려있다. 평가하기는 두 개의 기본 단계를 거치는데, 즉 평가되는 작업량을 정하기와 이러한 작업량에 대한 타당한 단위 가격 적용이다.

측정이 더 쉬워지면 가격 책정은 더 어려워지고 또한 그 역으로도 일어난다는 말이 평가 전문가들 사이에서 회자된다. 이처럼 초기 프로젝트 단계에서 정확한 가격 평가를 하는 것이 나중에, 완전한 실시설계도서가 준비되었을 때 하는 것보다 더 어렵다. 많은 평가 접근법과 시스템이 있는 반면에 그것들은 다음과 같은 기본적인 범주들의 하나에 귀속된다.

- 면적, 규모 그리고 다른 단일 단위율 방법
- 근본적인(집합과 부속시스템) 방법
- 수량 측량방법

면적, 규모 그리고 다른 단일 단위비율 방법

초기 설계 동안과 예비 설계 단계에서 하나 혹은 더 많은 단일 단위에 기초하여 공사비용 평가를 발전시키는 것이 보통 필요하다. 그것들이 수용 단위에 기초하거나 혹은 건물 면적 혹은 규모에 기초하든 간에 이러한 평가방법은 지나친 간소화로 생략될 가능성이 있으며 비슷한 특징, 기능 그리고 위치에 있는 건물들이 고려되지 않으면 광범위하고 다양한 평가를 제공할 수도 있다.

수용 단위. 이러한 접근은 제안된 건물에 마련되는 수용 단위−아파트 혹은 기숙사 방의 개수, 병원 혹은 요양원의 침대 수, 주차장의 주차 공간−를 계산하는 것과 이러한 단위에 전반적으로 포괄적인 비율로 가격을 정하는 것을 포함한다. 비록 이전의 타당성 있는 명확한 근거가 있을지라도 적절한 단가를 선정하는 것은 보통 어렵다. 이것은 같은 수용 단위를 수용하는 건물형태와 설계에도 변화의 폭이 크기 때문이다.

면적과 용적 방법. 예비 평가에서 건축가는 바닥 면적(sf으로) 혹은 자주는 아니지만 공사 규모(cf로)를 기초로 하는 계산법을 종종 사용한다. 이러한 방

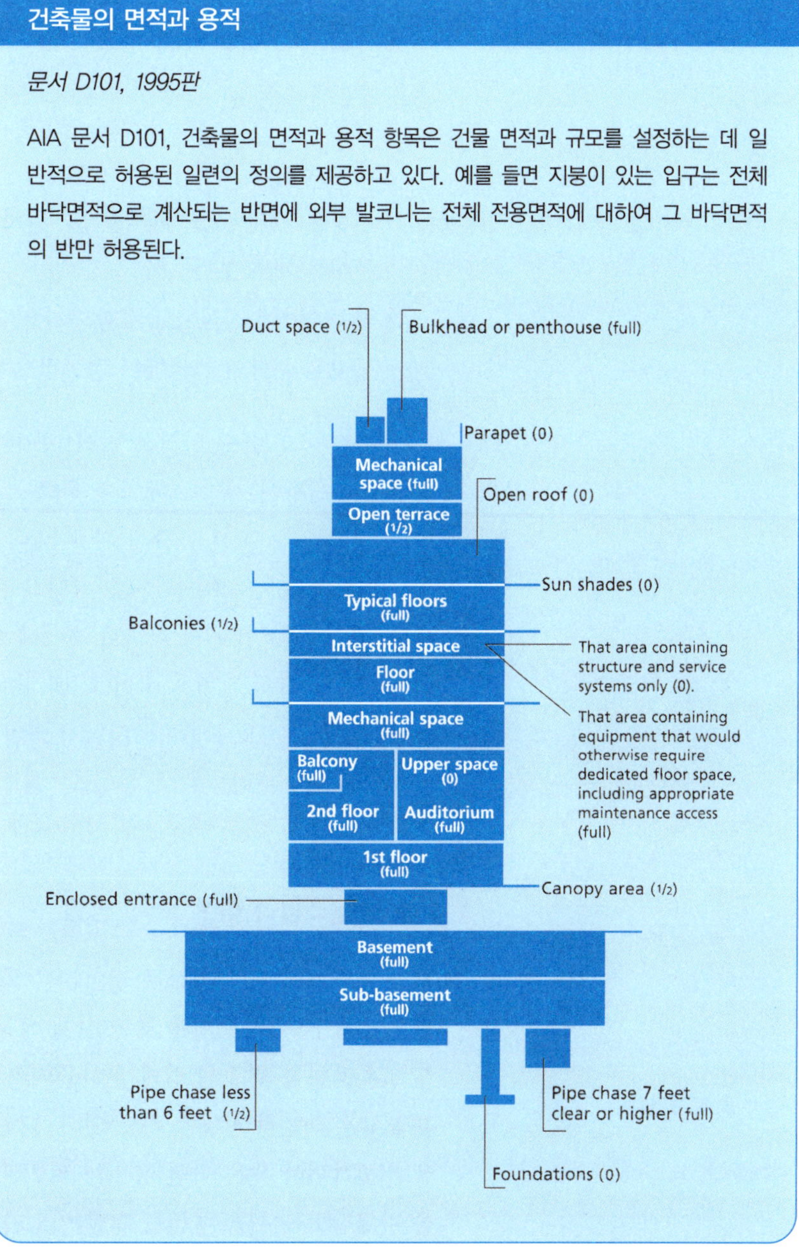
건축물의 면적과 용적

문서 D101, 1995판

AIA 문서 D101, 건축물의 면적과 용적 항목은 건물 면적과 규모를 설정하는 데 일반적으로 허용된 일련의 정의를 제공하고 있다. 예를 들면 지붕이 있는 입구는 전체 바닥면적으로 계산되는 반면에 외부 발코니는 전체 전용면적에 대하여 그 바닥면적의 반만 허용된다.

법은 면적과 규모를 한정하며 계산하는 데 주의를 요한다. 지하실, 발코니, 지붕 있는 보행자 도로와 입구, 사이공간과 기계실 공간 등은 전통적인 거주공간처럼 단위 면적 혹은 체적에 따른 공사 금액의 수준을 같도록 혹은 그렇지 않게 요구할 수도 있다. 또한 적용될 면적 혹은 체적 단위 비용 요소를 선택하는 데 반드시 주의를 기울여야 한다. 마침내 이러한 방법은 프로젝트의 특별 조건에 따른 단위 비용을 조정하는 데에 숙련과 경험을 요한다.

공사에 있어서 면적과 체적 금액에 대한 전통적인 비용 자료를 이용할 때 건축가는 비교를 위하여 선정된 프로젝트나 프로젝트 그룹이 향후 평가될 프로젝트와 유사한지 확인하여야 한다. 그 프로젝트는 공사기간 동안 사용, 규모, 대지, 공사방식, 마감, 기계장비 그리고 경제적 상황의 유사함 측면에서 비교되어야 한다. 그러면 평가자는 특성을 비교할 수가 있고 단위 비용을 조정하는 데 필요한 수정을 결정할 수가 있다.

공표된 단일 비율 단위 비용 수치는 관례적으로 다음과 같은 사항을 포함하지 않음을 명심해야 한다.

- 대지 조성과 조경
- 건물로부터 1.5m 이상 떨어진 설비시설
- 특이한 기초 조건
- 공사계약에 정식으로 포함되지 않은 가구와 이동가능한 장비
- 보고된 유형의 건물에서 정상적으로 포함되지 않은 그 밖의 항목

기능별 면적. 단순 면적 방법의 이러한 정리로 프로젝트에 포함된 각 기능 공간의 유형을 분리하여 가격을 매기게 된다. 이처럼 소규모 학교에 대한 평가는 교실, 집회실, 주방 그리고 동선 공간에 대한 다른 Square Foot면적에 따른 가격 요인을 포함할 수도 있다. 이러한 방법은 건물 기능이 상당한 비용을 수반할 것이라고 가정한다—내부공사는 기본적인 건물 외피의 금액에 영향을 적게 미친다는 사실을 갖게 되는 개념. 이 방법을 이용하는 것은 어렵다. 왜냐하면 복잡한 프로젝트는 기본적인 평가로 적당한 비용 정보를 찾는 것이 어려워서 개별적인 면적에 따른 비용에 의하여 분석되는 것이 드물기 때문이다.

기본적인(조합과 하부 조직) 방법

단일 단위 비율 방법과 아주 정밀한 수량 측정방법 간의 접근은 기본적인 건물 시스템과 요소를 측정하는 것을 포함한다. 이 접근 방법은 건물을 아마도 유니포맷 구조 틀을 사용하면서 여러 개의 기능적인 부속 시스템으로 나누고 각 부속 시스템에 대한 비용 목표를 설정한다.

설계 단계는 상세 정도를 결정한다. 초기 단계에서 아무런 개념도가 고안되지 않았을 때 내부 칸막이는 마감된 면적의 허용 단위 Square Foot을 기초로 가격이 정해질

수가 있다. 설계가 완성되면 이러한 조합은 칸막이의 단위 길이에 따라 가격이 정해질 수가 있으며 이에 더하여 개별적으로 가격이 매겨진 칸막이, 문, 틀, 그리고 마감부분의 SF 측정된 면적을 기초로 가격이 정해질 수가 있다.

요소 방법을 사용하는 목적은 건물의 시스템과 내용물의 합계로서 건물을 접근함으로써 평가를 내리는 것이다. 공사금액은 건물의 면적, 부피 혹은 양적인 기능보다는 오히려 건물의 구성과 시공에 관계된다. 이러한 방법은 정보의 세련된 기초자료를 요구한다.

수량 산출방법

이 방법은 건물을 공사하는 데 필요한 각 구성품의 가격이 정해지는 전체 구성품의 자세한 계산을 수반한다. 예를 들면 기본적인 방법은 물과 배수 연결 등을 포함하는 설비장치에 따라 배관 비용을 정할 수도 있다. 수량 산출방법은 각 파이프의 길이와 접합부 및 절단 수량뿐만 아니라 각 설비 장치를 분리시켜 측정한다. 그것은 배수, 노동력(인원 규모와 조직), 설치시간, 사용 장비에 대한 허용 그리고 사업마다 시공자의 간접비와 이익에 대한 적절한 허용을 포함하여 각 공사 수행 중에 포함된 자재에 대한 가격을 정하는 데 적용된다.

평가하는 데 있어서 그러한 접근은 시공자에게 필요하지만 건축가에겐 유용성을 제한하는 것이다. 설계자가 주어진 설계 결정 혹은 세부사항에 대한 대안적 접근으로 조심스런 수량 산출을 할지도 모르지만 그러나 전반적인 프로젝트에 대하여 수량 산출을 착수할 가능성은 없다.

불확실성 및 예비

모든 비용 산출은 다음을 대비하여 타당성 있는 준비를 해야 한다.

- **가격 인상.** 이것은 일반적으로 평가일로부터 스케줄링된 입찰과 협의 날짜(만약에 기초평가에서 공사기간 동안이 상승이 고려되었다면) 까지 혹은 공사 중간시점(만약에 기초평가가 어떠한 공사기간 중의 상승이 고려되지 않았다면)까지 고려된다.
- **설계에서의 불확실성.** 이러한 우발적인 문제는 면적 혹은 규모에 기초한 평가들에 있어서는 20%까지 높게 나타날지도 모른다. 평가에 근거한 문서들의 완성도, 프로젝트의 복합성 그리고 건축주에 의하여 마련된 정보의 정확성 모두가 고려되어야 한다. 설계의 진행과 평가가 더 세밀해짐에 따라 이러한 우발적 문제도 감소될 것이다.
- **공사에서의 불확실성.** 이것은 일반적으로 공사기간 동안 예측치 못한 변경에 있어서 5% 정도까지 허용된다. 이 수치는 재건축 프로젝트에서 더 높을 수 있다.

건물 비용에 영향을 끼치는 요소들

설계에서 건실한 비용 관리를 개선하기 위해서는 건물 비용에 영향을 미치는 기초 인자들을 이해해야 한다. 이러한 몇 몇 인자들은 설계에서 통제될 수 있으나 다른 것은 그럴 수가 없다.

지리적 인자들

지리적 위치. 비용은 기후 그리고 쾌적 요구사항, 건축 법규 그리고 규정, 노동조합 영향의 정도 그리고 그 지역의 노동력 등과 같은 요인들에 의하여 영향받을 것이다.

대지 조건. 토질의 지내력, 암반 존재, 지하수 위치, 경사 그리고 기존 조건(오래된 기초 혹은 묻혀진 위험물쓰레기와 같은)들은 하부 구조 비용과 기초적인 건물 설계에 영향을 미친다. 도시지역 대지는 지지물, 특별한 안전과 접근에 대한 제한 그리고 기동성을 요구할 수도 있다.

규정. 건물설계와 시공은 계획, 지구계획, 환경보호, 시공 노동력 그리고 대지 안전 법규와 규정들뿐만 아니라 건축 법규와 기준의 폭넓은 영향을 받는다. 이러한 요구사항과 건축주가 반드시 지불해야할 규정에 따른 행정비는 지역에 따라 매우 다를 수 있다.

시장성. 공사비는 공급과 수요의 법칙에 따라 변화하기가 쉽다. 압박감이 지나치거나 그렇지 않은 경우 양쪽 모두의 공사시장은 부과되는 가격뿐만 아니라 경쟁 수준과 질적 수준에 영향을 끼칠 것이다.

설계 요인들

계획 형태. 계획은 주어진 공간에 요구되는 범위의 양과 복합성을 지배한다. 일반적으로 바닥면적 비율에 대한 한계가 높을수록 단위 가격은 더 크게 된다. 외피는 고가의 항목이고(종종 전체금액의 10~20%) 조명과 난방, 환기 그리고 냉방(HVAC)시스템 능력과 운전비용에 부차적으로 영향을 미친다.

규모. 건물 규모가 커질수록 단위 비용은 낮아지는 경향이 있다. 이것은 훨씬 효과적인 한계비율, 고가의 서비스 요소(예를 들면 승강기, 화장실 그리고 HVAC 기계실)의 더 나은 활용 그리고 시공자의 구매력에 있어서 더 많은 물량수급의 효과에 기인한다. 개략적으로 (그리고 극한의 경우는 적용될 수 없는 모든 경험상의 법칙처럼), 주어진 백분율에 의하여 증가 혹은 감소는 그 백분율의 개략 반정도의 비용으로 증가 혹은 감소되기 쉽다.

건물 높이. 6~8층 이상의 건물에서는 증가되는 층별 하중, 횡력가새, 엘리베이터, 그리고 소방 관련법 때문에 SF 면적당 단위금액이 커지는 경향이 있다. 또한 더 높은 빌딩은 같은 기능이라도 더 많은 면적을 요구하는 공간 사용 측면에서 덜 효율적이다.

층 높이. 층고가 높아질수록, 금액은 올라간다. 건물에서 수직요소는 전체금액의 25~35% 정도 더 든다. 이처럼 층고에서 10% 감소는 전체에서 2.5~3.5% 절약할 수가 있다.

공간 활용과 효율성. 전체 건물 면적에 도달하는 것은 동선, 화장실, 기계 및 전기 공간 보관 및 다른 비사용 공간들이 반드시 건축주의 전용사용면적(SF)요구에 합계되어야 한다. 대지 혹은 프로그램 인접요구사항에 의하여 더 복잡해질지도 모르는 설계 업무는 이러한 비사용 면적을 최소화시키고 가능한 한 전체면적에 대한 전용면적 비율을 높게 유지하여야 한다.

수량 요인

수행 조건과 가격에서 언급하였던 것처럼, 수량 요인 사이에는 직접적인 상관관계가 있다. 더 많은 수행요구조건을 요구할수록 가격은 높아진다. 어떤 건축주는 특별한 수행에 대한 관심 혹은 미적인 선호도를 가지고 있을 수도 있다. 더 좋은 품질과 수행은 장기적인 관점에서의 높은 비용을 긍정적으로 만들기 위하여 수명주기 기초에 의하여 정당화될 필요가 있을 수도 있다.

시공 요인

자격을 갖춘 시공자들이 많이 있는 시장에서는 경쟁적으로 개략 시공업체는 일반적으로 가장 좋은 가격을 내도록 기대되고 있다. 모든 게 고려된 협상된 개략 총계는 더 작은 프로젝트에서는 종종 가장 적절하다. 그리고 비용을 더한 계약은 공사 기간 혹은 복합성이 요인일 때 유용할 수도 있다. 분명하고 완결한 문서는 경쟁적인 입찰에서는 불확실성(가능한 우발성)을 감소시킨다.

시간 요인

가속화된 스케줄은 시간외 근무, 임시 교대, 혹은 기타 사항들을 요구하기 때문에 종종 공사 금액을 증가시킨다. 여분의 난방과 보호 요구사항 그리고 나쁜 날씨의 영향 때문에 겨울의 공사에는 더 많은 공사비가 든다. 시간은 상황에 따라서 고려해야 한다. 예를 들어 중요한 휴일 쇼핑 철이 되기 전에 프로젝트가 완성된다면 겨울철 공사개시는 상가 건축주에게는 상당한 이익을 가져다 줄 수도 있다.

정보의 출처

공사 평가를 제공하는 건축가는 일반적으로 공표된 비용 정보와 그들 자신의 경험에 의한 정보에 의지한다.

다수의 상업적인 공급원은 3가지 수준으로 비용 정보를 공표한다—수용시설의 면적과 단위, 종속시스템과 부속품, 그리고 개별적인 내용물, 결과물과 공사자재. 이러한 안내에서 가격 수준은 일반적인 시장을 대변한다. 지리적이고 오랜 경험적인 가격 목록은 정보를 시간과 위치적으로 특별하게 만드는 데 도움을 줄 수도 있다. 어떤 것은 건축가가 직면하는 상황을 반영하면서 변할 수 있는—한계 내에서—변수를 가진 모델을 제공한다. 예를 들면 조적조 입면을 프리캐스트 콘크리트로 바꾸고 결과로서 나타나는 상이점을 계산할 가능성이 있을 수 있다.

공사 금액 안내는 건축가가 평가의 가정 분석과 준비를 위하여 비용 정보(그리고 적절한 수정)를 그들의 매트릭스 표로 정리해주는 전자형태로 점점 더 많이 활용되고 있다.

물론 비용 안내는 설계 혹은 시장에서의 모든 변화를 반영할 수는 없다. 아주 현명하게 활용된다면, 그것들은 개략 평가를 설정하고 설계 특징과 건물 요소들을 선택하는 데 도움을 줄 수 있다.

공표된 비용 정보를 보충하기 위하여, 많은 건축가는 완성된 프로젝트에서 축적된 그들의 경험을 미래의 프로젝트에 재활용할 수 있는 서식으로 정리해 놓는 비용 데이터 파일을 보유하고 있다. 프로젝트 비용 파일에는 일반적으로 다음이 포함되어 있다.

- 기본 정보(예를 들면, 위치, 건축주, 자문가와 시공자 이름)
- 프로젝트 개요서
- 프로젝트 통계(예를 들면, 전용 및 전체 바닥 면적, 지상 및 지하 층수, 층고, 각 층 외주부 길이, 외벽 면적, 기초 및 지붕층 바닥 면적)
- 개략 시방서와 수행 기준
- 가격 분석(유닛포맷 범주)
- 변경 명령서의 형식과 개수

비용 인덱스

공사비용 인덱스는 시간 기간과 장소에 따라 가격에서의 변화를 측정하고자 한다. 다우존스 혹은 S&P 주가 지수처럼, 각 비용 인덱스는 특별한 어떤 것의 가격을 측정한다. 예를 들면 ENRB 비용 인덱스는 1088개의 판자, 2500파운드의 구조 철골, 1128톤의 포틀랜트 시멘트, 그리고 68.38시간의 숙련된 노동력 등을 요하는 공사의 가설적 단위에 기초한다. 각 지수는 보통 100으로 표현되는 기초를 가지고 있다. 이것은 주어진 그 해(예를 들면 1990=100) 혹은 주어진 장소(예를 들면 30-시티 지수는 100)의 지수 가치일 수도 있다.

어떤 지수는 부가적인 정보를 제공하도록 나뉘어져 있다. 예를 들어 시티 비용 인덱스를 뜻하는 R.S.는 말하자면 알바니, 뉴욕의 전반적인 시티 공사가격 지수거래는 한해 98.5였으며 기계시스템 지수는 969.9 그리고 대지작업은 105.2였다고 나타내면서 사장 거래에 의하여 분류되고 있다.

지수는 비교하기 쉽기 때문에 가치가 있다. 알바니의 지수가 98.5였는 그 해에 뉴욕(150마일 떨어진)의 지수는 126.6였으며 사우스 캐롤라이나주의 찰스톤 지수는 79.80이였다.

해마다 달라지는 지수의 변화를 보는 것은 인플레이션과 공사 시장에서의 다른 변화에 대한 정보를 제공해 준다.

대부분의 공표된 공사 지수는 공사에 포함된 가격 변화를 측정한다-노동력, 자재, 장비 그리고 유사한 것들. 아주 소수만이 생산성, 기술력, 설계 혹은 시장조건 내에서의 변화에 대한 지수를 수정하려고 시도한다. 그러므로 지수를 이용하려고 할 때는 조심하라.

컴퓨터 프로그램

다수의 컴퓨터화된 평가 프로그램들은 유용하다. 그것들은 단순한 매트릭스 표로부터 융통성이 많은 데이터베이스에 연결된 강력한 프로그램까지 범위가 다양하다. 또한 스케줄링, CAD 프로그램과 접속되는 기능을 가지고 있을 수도 있다. 이 글에서 아주 소수의 프로그램은 건축시장에 맞도록 구성되어 있다. 그래서 주의 깊게 업체들의 요구 사항을 처리하는 것도 현명한 일이다.

평가 발표

평가 준비에서 사용된 방법과 정보는 분명하고 세심한 태도로 건축주에게 발표되어야 한다. 상황과 건축가의 계약 요구조건에 따라서 다음의 정보는 적절할 수 있다.

- 프로젝트 타이틀과 평가 날짜
- 현재 프로젝트 상태(예를 들면 기본계획, 50% 실시설계)
- 적절한 백업과 함께 개요 평가
- 예산, 이전 평가 혹은 두 가지와 함께 평가 조정
- 어떠한 변경에 대한 설명과 행위에 대한 권고
- 사용된 평가 방법
- 예상 입찰과 공사 스케줄
- 예상 납품 마감과 처리 방법
- 평가에서 포함되거나 제외된 항목 개요
- 비용 상승과 어떠한 우발적 상승에 대한 예측
- 포함된 설계와 공사 우발성
- 시방서 개요와 예상 수행도 그리고 질적 수준
- 가능한 대안과 다른 고려사항의 목록
- 평가의 정확성에 영향을 끼칠 수 있는 특별 조건에 대한 의견

건설공사 동안의 비용 관리

시공사 선정기간 동안의 비용 문제

가장 주도 면밀한 설계비용 관리조차도 시장이 공사 예산에 정확하게 맞는 견적서 혹은 입찰에 응답할 것이라는 확신을 할 수가 없다. 이처럼 효과적인 비용 관리는 입찰 혹은 협상 과정에서 허용, 교체 그리고 단위가격의 적절한 조합을 이루면서 공사계약에서 어느 정도 융통성 있게 판단시간을 가지게 된다.

(허용)한도. (허용)한도는 입찰이 시작되기 전 건축주와 건축가에 의하여 결정되는 고정된 금액의 합계이다. 그리고 입찰자는 그들의 입찰에 이러한 합계를 포함하도록 지시받는다. (허용)한도는 여러 항목의 정확한 특성 혹은 질적 수준이 입찰시기에 구체적일 수 없어서 정확한 입찰이 될 수 없을 때 항목들에 대한 비용을 보완하는 것이 목적이다. 특별 금속제품, 장식, 부엌 찬장, 주문 카펫 그리고 이와 유사한 항목들같이 나중에 선정되는 수공품들은 만약에 건축주 혹은 입찰 승인업체가 허락만 한다면 (허용)한도로서 진행될 수도 있다. 만약에 실질 비용이 (허용)한도를 초과한다면 시공자는 추가 지급을 받을 자격이 있다. 만약에 비용이 (허용)한도보다 더 적다면, 건축주는 크레딧을 받게 된다.

(허용)한도는 실시설계도서에서 가격이 책정되어야 하고, 파악되어야 하고 범위가 한정되어야 한다. 또한 그것은 그 수치가 간접비, 이익, 납품 그리고 판매세금을 포함하든 않든 간에 명확해야 한다.

대안. 실시설계도서는 시공자로 하여금 변경 입찰을 준비하도록 요구할지도 모른다. 대안은 현재의 작업을 없애 버리거나, 추가작업을 요구하거나 혹은 자세히 언급된 질적 수준을 변경시킬지도 모른다. 대안은 건축주에게 공사 금액이 고정된 예산 내에서 이루어질 수 있도록 프로젝트를 수정하는 기회를 제공한다. 어떤 경우에 대안은 건축주에게 실제 금액이 알려진 후 특별 자재 혹은 설계 특징을 선택하는 기회를 제공하기 위해 의도되기도 한다. 공사 금액의 변경처럼, 대안은 공사에 소요되는 시간을 감소시키거나 증가시킬 수도 있다.

추론적인 대안은 때로는 적절한 반면에 더 좋은 가격은 일반적으로 부가적인 대안으로서 얻어지게 된다. 입찰 형식에 두 가지의 대안을 섞지 않는 것이 좋다. 대안은 건축가 그리고 특히 입찰자의 추가 작업을 요한다. 그리고 사려 깊게 사용되어야 한다.

승인되는 대안에 대한 결정은 보통 건축가의 권고에 따른 건축주에 의하여 이루어진다. 기본 입찰에 부가하여 선택된 대안은 낮은 입찰을 결정하기 위하여 사용된다. 그러나 다른 입찰자에 대한 특성 입찰자를 옹호하는 형식으로 조작되지 않아야 한다.

단가. 단가는 입찰 시기에 정확히 계량화될 수 없는 미파악 조건과 변화를 보통 보호하는데, 시공자에 있어서는 변경사항에 대한 비용 토대를 제공하기 위하여 사용된다. 암석 제거, 추가 굴착공사, 기초 혹은 포장을 위한 추가 콘크리트 그리고 추가 배관과 전선은 입찰자에 의하여 가격이 정해진 단위로 파악될 수 있다. 단위 가격은 타당성 있게 필요하거나 그것들이 정확하게 설명되고 평가될 수 있을 때 자세히 구체화되어야 한다. 추가 수량에 대한 가격은 감소된 수량에 대한 크레딧을 보통 초과한다. 그리고 입찰양식에 있어서 이러한 사실에 대한 준비가 반드시 있어야 한다. 낙찰을 권고하기 전에 단가를 조심스럽게 검토하는 것은 좋은 진단이다.

건설기간 동안의 비용 관리

프로젝트가 일단 진행되면 공사 금액에 대한 통제를 잃어버릴 때가 상당히 많다. 건축가가 AIA 문서 A201의 조항에 따른 공사계약 행정 서비스를 제공하도록 고용되었다면, 다음과 같이 주의해야 할 몇 가지 핵심 분야가 있다.

- **가치표.** 공사시작 시기에, 시공자는 공사에 포함된 다양한 부분의 작업과 수량이 나열된 가치표를 제출하게 된다. 이러한 정보는 건축가가 시공자의 지급 요청을 평가하는 데 도움을 주고 비용 데이터 파일에 대한 재평가를 제공한다. 표준 가치는 마스터포맷과 유닛포맷 사이에서 해석 가능한 입찰 서류에 대하여 명확해지는 것이 낫다. 비용 분류 체계에서의 도표는 출발 자료로서 좋을 것이다.

계약 행정관리(17.8)는 작업, 시공자 지급 신청 그리고 프로젝트 종결 현안에 있어서 변경부분을 논의한다.

세부 내역 형식

다음 체계는 스케줄 밸류에 있는 것처럼 공사비용 정보를 파악하고 비용 데이터 파일을 설정하는 데 유용할 수도 있다. 이것은 16분류 마스터포맷에 기초하고 있다. 괄호 안의 번호는 유니포맷II를 참조한다.

1	GENERAL REQUIREMENTS	
a.	Mobilization & initial expenses	(Total)
b.	Site overhead & fee	(Total)
2	SITEWORK	
a.	Building elements demolition	(G10)
b.	Site & building demolition	(G10)
c.	Building elements demolition	(F20)
d.	Grading & earthwork (site)	(G10)
e.	Excavation & backfill (foundations)	(A1010)
f.	Excavation & backfill (basement)	(A2010)
g.	Fill below grad slab	(A1030)
h.	Rock excavation	(A1020)
I.	Pile foundations & caissons	(A1020)
j.	Shoring	(A2010)
k.	Underpinning	(A1020)
l.	Site drainage & utilities	(G30)
m.	Foundation & underslab drainage	(A1030)
n.	Dewatering	(A1020)
o.	Paving, landscaping & site improvements	(G20)
p.	Off-site work	(G50)
q.	Railroad, marine work & tunnels	(G50)
3	CONCRETE	
a.	Conc. forms & reinf. (foundations)	(A1010)
b.	Conc. forms & reinf. (slab on grade)	(A1030)
c.	Conc. forms & reinf. (basement walls)	(A2020)
d.	Conc. forms & reinf. (superstructure)	(B10)
e.	Conc. forms & reinf. (exterior wall)	(B2010)
f.	Conc. forms & reinf. (site work)	(G20)
g.	Concrete finishes (exterior walls)	(B2010)
h.	Concrete finishes (interiors)	(C30)
I.	Concrete stairs	(C20)
j.	Concrete finishes (site work)	(G20)
k.	Precast concrete (exterior wall panels)	(B2010)
l.	Precast concrete (structural components)	(B10)
m.	Precast co crete (site work components)	(G20)
n.	Cementitious decks	(B10)
4	MASONRY	
a.	Masonry foundations	(A1010)
b.	Masonry basement walls	(A2020)
c.	Masonry exterior walls	(B2010)
d.	Masonry interior partitions	(C1010)
e.	Interior paving & finish	(C30)
f.	Exterior paving & masonry (site work)	(G20)
5	METALS	
a.	Structural steel in foundations	(A1020)
b.	Structural steel framing	(B10)
c.	Metal joists & decking	(B10)
d.	Metal stairs	(C20)
e.	Misc. & omamental metal (building)	(C1030)
f.	Misc. & omamental metal (site work)	(G20)
6	WOOD & PLASTICS	
a.	Rough carpentry (framing & decking)	(B10)
b.	Rough carpentry (interior wall)	(B2010)
c.	Rough carpentry (partitions)	(C1010
d.	Rough carpentry (roof, other than framing & deciding)	(B30)
e.	Heavy timber & prefab. Structural wood	(B10)
f.	Exterior wood siding & trim	(B2010)
g.	Fin. carpentry, milwork & cabinet work	(C1030)
h.	Wood paneling	(C30)
I.	Wood stairs	(C20)
j.	Plastic fabrications	(C1030)
7	THERMAL & MOISTURE PROTECTION	
a.	Water & dampproofing (slab on grade)	(A1030)
b.	Water & dampproofing (basement walls)	(A2020)
c.	Water & dampproofing (exterior walls)	(B2010)
d.	Thermal insulation (foundation & slab)	(A1030)
e.	Thermal insulation (exterior walls)	(B2010)
f.	Thermal insulation (roof)	(B30)
g.	Roofing shingles & tiles	(B30)
h.	Shingles on exterior walls	(B2010)
I.	Preformed siding & panels	(B2010)
j.	Preformed roofing	(B30)
k.	Membrane roofing traffic topping	(B30)
l.	Sheet metal and roof accessories	(B30)
m.	Sealants & caulking	(B2010)
8	DOORS & WINDOWS	
a.	Exterior doors & frames	(B2030)
b.	Exterior window & curtain walls	(B2020)
c.	Interior doors & frames	(C1020)
d.	Exterior glass & glazing	(B2020)
e.	Interior glass & glazing	(C1010)
f.	Hardware & specialties (exterior)	(B2030)
g.	Hardware & specialties (interior)	(C1030)
9	FINISHES	
a.	Lath & plaster (exterior)	(B2010)
b.	Lath & plaster (interior)	(C30)
c.	Gypsum wallboard partitions	(C1010)
d.	Gypsum wallboard finishes	(C3010)
e.	Tile & terrazzo	(C30)
f.	Acoustical ceilings & treatment	(C3030)
g.	Wood flooring	(C3020)
h.	Resilient flooring	(C3020)
I.	Carpeting	(C3020)
j.	Exterior coatings	(B2010)
k.	Interior special flooring & coatings	(C3020)
l.	Interior painting & wall covering	(C3010)
10	SPECIALTIES	
a.	Chalkboards & tackboards	(C1030)
b	Compartments & Cubicles	(C1010)
c.	Signs & supergraphics	(C1030)
d.	Partitions	(C1010)
e.	Lockers	(E20)
f.	Toilet, bath, wardrobe accessories	(C1030)
g.	Sun control devices	(B2010)
h.	Access flooring	(C3020)
I.	Miscellaneous specialties	(C1030)
j.	Flagpoles	(G20)
11	EQUIPMENT (specify)	(E10)
12	FURNISHINGS (specify)	(E20)
13	SPECIAL CONSTRUCTION (specify)	(F10)
14	CONVEYING SYSTEMS	
a.	Elevators, dumbwaiters & lifts	(D10)
b.	Moving stairs & walks	(D10)
c.	Conveyors, hoists, etc.	(D10)
d.	Pneumatic tube systems	(D10)
15	MECHANICAL	
a.	Exterior mechanical (to 5ft. Of bldg.)	(G30)
b.	Water supply & treatment	(D20)
c.	Waste water disposal & treatment	(D20)
d.	Plumbing fixtures	(D20)
e.	Fire protection systems & equipment	(D40)
f.	Heat generation equipment	(D30)
g.	Refrigeration	(D30)
h.	HVAC piping, ductwork & terminal units	(D30)
I.	Controls & instrumentation	(D30)
j.	Insulation (plumbing)	(D20)
k.	Insulation (HVAC)	(D30)
l.	Special mechanical systems	(D2050)
16	ELECTRICAL	
a.	Utilities & serv. ent. To 5 ft. of bldg	(G40)
b.	Substations & transformers	(D5010)
c.	Distribution & panel boards	(D5010)
d.	Lighting fixtures	(D5020)
e.	Branch wiring & devices	(D5020)
f.	Special electrical systems	(D5040)
g.	Communications	(D5030)
h.	Electric heating	(D5040)
	TOTAL	$

- **건설 기성 지불.** 일반 조건의 AIA 표준 양식에 따르면, 건축가는 시공자의 지급 요청을 검토하고 건축주에게 그것을 증명해 준다. 건축주에게 정당한 가치와 시공자에게 정당한 지급을 확신시키기 위해서, 요구되는 합계금액은 가치표와 현장의 실질적 진행 과정에 대하여 검토된다.
- **설계 변경.** 변경 사항이 나타남에 따라 계약 금액은 증가(혹은 드물게 감소)될 수도 있다. 각 설계 변경은 효과적으로 계약 금액을 재협상할 기회이다. 이처럼 변경에 대한 비용 통제는 효과적인 비용 관리에 있어서는 필수적이다.

단위가격(상기에서 명시된)의 사용은 정당한 비용 조정의 협상에 도움을 줄 수 있다. 그러나 그렇지 않은 것보다 더 많이 기본적 계약은 평가 비용 혹은 소비된 실질 시간과 자재에 기초하여 협상이 이루어진다.

변경 명령 협상에서 하나의 이론이 있는 항목은 시공자의 간접비와 이윤에 대하여 가격인상 요인이다. 입찰 시공업자에게 입찰 양식에 적용할 백분율을 언급하거나 혹은 그 외 시방서에서 허용되는 가격상승분을 짜 넣도록 요구하는 것도 조언할 만하다.

- **권리 청구와 논쟁.** 권리 청구 역시 더 높은 공사비용을 초래할 수가 있다. 논쟁으로 이끌지 모르는 상황 관리를 포함하여 공사계약에 대한 세심한 행정은 건축가–건축가의 실무로서뿐만 아니라 프로젝트 행위에서–에게는 핵심적인 위험 관리 전략이다.
- **공사 마무리.** 마무리 과정은 신속한 방법으로 프로젝트를 마무리하는 기회를 제공한다. 여기 비용 조절은 검사와 펀치리스트를 만들고, 담보 해제를 다루고 그리고 참석자 승인과 담보권 해제에 따른 최종 지급을 수행하는 것을 다룬다.

프로젝트 사후 검토

끝이 될 때까지는 끝난 게 아니다.

Yogi Berra

기민한 설계 전문가는 그들의 프로젝트에서 다음 프로젝트를 더 잘 계획하고 관리하도록 도우는 정보와 식견을 얻는다. 프로젝트 사후 검토는 건축가가 프로젝트를 공사하는 데 드는 가격이 얼마이고 그 돈이 어디로 가며 그리고 건축가의 설계와 프로젝트 관리 결정이 이러한 지출에 얼마나 영향을 끼쳐 왔는지를 이해하도록 도와 줄 수가 있다.

특별 견적

보수 및 개축에 대한 평가. 이것은 특별히 프로젝트 정의가 이제 시작될 때 평가의 특별한 한 모습이다. 보수는 새로운 공사보다 더 불확실한 사항들을 수반한다. 특별 현안은 보수 동안 발생하고 평가와 함께 설명될 필요가 있다. 이러한 현안에 해당하는 것들은 다음과 같다.

- 준공도면의 유무
- 평가 조건
- 건축법규와 규정(종종 프로그램에 포함되지 않은 개선사항은 구 건물에 있어서 법규적인 요구사항을 따라야 할 필요가 있다)의 영향
- 개축동안 계속된 건물 사용(스케줄링과 단계를 복잡하게 한다)
- 예기치 않은 구조변화 필요
- 외벽 보수와 개축의 범위
- 공간과 단계적 면적에 대한 시공자 접근

국제적인 프로젝트 견적. 건축실무는 더욱더 세계적이 되어 왔다. 그리고 건축가는 종종 해외 공사비용을 평가할 필요가 있게 되었다. 이것은 정확한 평가 도전에 대한 첨가사항이다.

바로 미국에서처럼, 경쟁적이고 경제적인 요인에 따라 국가별로 공사 가격은 변한다. 때로는 환율이 왜곡되고 세금과 인플레이션이 미국에서 주로 진행되는 것보다는 뚜렷히 다르게 변할 수도 있다.

공사 관련 제품과 시스템의 유용성도 다르다—에어 컨디셔닝은 유럽의 많은 지역에서는 흔하지 않고 비쌀 수가 있다. 브라질에는 최근까지 드라이월이 이용되지 않았다. 그리고 대부분의 지역에서 이용가능한 선택은 극히 제한적이다. 드물게 수입자재에 돈을 쓰게 된다. 설계 양식과 선호도 일정하지 않다. 유럽공장 관리자들은 개방된 지역을 선호하며 내부 기둥은 좋아하지 않는다. 건축법규와 규정은 찾아 보기에도 당황스럽다. 독일에서는 사무소가 창으로부터 6.5m 이상 떨어지면 안되며 창문은 냉방이 되더라도 작동될 수 있어야 한다. 극단적으로는 공사 자원과 진행 절차가 다를 것이다.

초기 견적의 일반적인 방법은 미국에서 가능한 금액을 계산하고 그것을 인자로써 해외지역에 적용하는 것이다. 그러나 이것은 좋은 방법이 아니다. 건축주는 비용과 가격 수준을 확인하고 작업비용에 영향을 미칠 가능성이 있는 다른 요인들을 결정하기 위하여 해외지역에서 적절한 시장조사를 하도록 요구되어야 한다. 지역 비용 자문가와 시공자의 보유가 필요하다.

비용 관리를 위한 조직

소규모의 업무에서 비용 평가와 관리는 전형적으로 대표자와 상급 간부에게 주어진다. 경험이 적은 직원은 종종 공사 가격 혹은 현재와 예상되는 시장조건의 평가에 영향을 미치는 요인들에 대한 경험과 느낌을 가지지 못한다.

어떤 회사는 직원들이 비용 평가자로 실력을 발휘할 수 있도록 충분한 규모(혹은 전문적으로 충분한 깊이)로 발전시킨다. 이러한 역할자를 뽑을 때, 단지 몇몇 거래에

서 평가 실적 가능성이 있는 시공업체로부터의 평가자보다는 오히려 개념적인 평가 능력과 전반적인 공사 가격 경험이 있는 후보자가 일반적으로 더 선호된다. 비용 관리자는 설계 팀에 완전히 합류할 때 가장 효율적이다.

내부 비용 평가자에 대한 대안은 독립된 비용 자문가이다. 보통 초기단계에 비용 자문가를 참여시키는 것이 가장 좋다. 왜냐하면 그들의 서비스는 초기에 설정될 수가 있으며 건축가의 용역비에 포함될 수 있기 때문이다. 비용 자문가는 모든 단계에서 유용하며 단순하게 단일한 평가만을 하도록 내버려 둘 필요는 없다. 모든 전문업체와 같이 여러 해 동안 업무 관계를 발전시키는 것이 가장 좋다.

비록 건축가가 이러한 업무에서 완전히 벗어날 순 없지만, CM이 평가와 통제에 대한 책임을 가지도록 하는 것이 공사 관리 프로젝트에서는 일반적이다. 건축가는 CM의 평가에 대한 타당성과 기대했던 비용조언에 대하여 반드시 만족되어야 한다.

그러나 건축가는 공사 금액을 관리하도록 정해져 있다. 도전은 설계 질서로서 비용을 설정하고 프로젝트 초기부터 끝까지 그 질서를 유지하는 것이다.

참 • 고 • 자 • 료 *Backgrounder*

생애주기 비용(LCC) 분석

Brian Bowen, FRICS

LCC 분석은 대안적인 설계 해결에 있어서 장기적인 면에서 경제적 가치를 평가하는 데 사용할 수 있는 도구이다. 때로는 각각의 설계 대안이 매일 운용 비용, 유지보수, 에너지 소비 그리고 부속품의 대체 사이클 등에 대해 다른 영향을 끼친다. 간단히 이러한 비용–초기 비용과 장기적 비용–을 모두 합계함으로써 이런 대안들을 비교하는 것은 그것이 장래의 인플레이션 영향과 돈의 가치를 무시하거나 또한 왜곡된 결과를 나타낼 수도 있기 때문에 충분한 방법이 못 된다.

LCC 분석은 순수한 현재 가치, 회수 기간, 혹은 투자에 대한 보상과 같은 비교 기술을 사용하면서 건축가와 건축주가 하나하나씩 설계 대안의 경제적 가치를 평가하도록 그들의 현재 가치에 대하여 고려되는 모든 비용을 나타내 준다.

연구를 위한 설계 대안 정의

다음과 같을 때 경험 있는 건축가는 설계 대안에 초점을 둔다.

- 상당한 초기 공사자금이 쓰여질 예정일 때. 프로젝트에 하나 혹은 두 개의 작은 채광창이 있다면 채광창 분석을 할 이유가 없다.
- 결정되어야 할 설계 선택사항이 있을 때. 하나의 실제적인 선택사항이 있다면 분석을 할 이유가 없다.
- 선택사항이 사용 비용에서 심각하게 차이점이 있을 때, 두 개의 선택사항은 사용 비용에서 동일하지만 하나가 다른 하나보다도 초기비용에서 더 저렴하다면 분석을 할 이유가 없다.

아마도 건물을 짓는다는 바로 그 결정처럼 대부분의 큰 결정은 설계 초기에 직면하게 되는 데에 놀라지 말아야 한다. (개선하거나 혹은 비효율적인 기존 시설로 거주하는 것에 대하여) 프로젝트 범위(지금 짓거나 혹은 나중에)에 대한 연구, 융통성(분리시킬 수 있는 시스템을 사용하거나 혹은 나중에 영구적인 공사를 단순히 해체시키기), 그리고 규모 잡기(길게 그리고 낮게 혹은 높게 그리고 얇게)는 초기의 혹은 계속되는 비용을 상당히 상쇄시킨다. 프로젝트가 설계됨에 따라, LCCA는 보통 에너지 비용, 장비 교체, 혹은 계속되는 노동력(청소, 건물 유지관리, 안전 및 다른 관련인원)의 변화를 요구하는 시스템과 요소들에 초점을 맞춘다.

이러한 연구의 근본적인 혜택자는 건축주이고 LCCA의 초기의 공사예산에 영향을 끼칠 수도 있기 때문에 때로는 지금 더 많이 쓰고 나중에 더 많이 절약하는 것이 현명하다. 건축주는 분석을 위한 대안을 설정하는 것과 이러한 분석으로부터 나오는 결정(혹은 재가)을 내리는 데 중요한 역할을 한다.

건축주의 투자 기준

근본적인 질문은 이것이다-어느 설계 대안이 건축주를 위해서 가장 좋은 투자를 대변하는가? 이러한 질문을 다루기 위하여 건축주가 어떤 결정적인 수치를 마련하는 것이 필수적이다.

- 초기에 쓰여지는 달러에 대해 장래에 쓰여질 달러 가치를 설정하는 차감비율. 차감비율은 투자자의 시간의 금전가치를 반영하는 이자비율이다. 그것은 보통 건축주의 금전적 비용인데, 최소한 요구되는 보상비율 혹은 이러한 목적을 위해 쓰는 돈과 연관된 기회 비용이다. 분석에서 이 차감비율은 이익과 다른 시간대에 일어나는 비용을 일반적인 기준(보통 현재 시점)으로 전환하기 위하여 사용된다.
- 분석에 있어서 전환되는 시간적인 기간. 이것은 건축주의 직업, 재정 그리고 환수목표에 결합되어 있다. 그것은 짧게는 5년, 길게는 20~25년이 될 수도 있다.
- 설계 결정을 하는 데에 있어서 고려되어야 할 소득세금에 대한 어떠한 정보나 그 밖의 경제적인 결과.

포함되어야 할 비용

건축가는 분석을 위한 검사를 하여 설계 대안에 대한 초기 비용과 계속적인 비용을 반드시 이해하여야 한다. 전형적인 비용 범주는 다음과 같다.

- 초기 자본 비용
- 제정관련 비용
- 운전과 유지 비용
- 보수과 교체 비용
- 수선과 개선 비용
- 기능적인 사용 비용(직원과 다른 프로그램 가동 비용)
- 폐품 이용 혹은 중고가치의 향상

분석

한차례 분석된 설계 결정이 파악되었고 건축주의 투자 목표와 시간계획이 설정되었으며 적절한 비용이 추정된 후, 분석의 실제적인 작업은 연구중인 다양한 대안들에 대하여 조심스럽고 사려깊게 일련의 재정적 수치를 적용하는 일이다. LCCA은 일반적인 측정-보통 그것들의 현재 가치와 현재 진가-에 대한 모든 적절한 비용을 설정해주고 하나하나씩 그것들을 비교해 준다. 컴퓨터 프로그램과 공포된 재정 일람표는 건축가가 계산을 할 수 있도록 도와준다.

결과 제시

각 설계 대안에 대한 순수한 현재 가치비용의 총계를 계산하는 것은 가장 낮은 LCC로 파악된다는 것이다. 연관된 기술은 건축가가 회수기간(투자비용과 다른 발생된 비용을 만회하기 위하여 투자로부터 이익이 축적되는 데 필요한 시간) 혹은 투자에 대한 회수 비율(주어진 설계 대안에 투자한 추가 자금에 대한 건축주의 회수)을 계산하도록 허용한다.

결과 해석

분석에 포함된 대부분의 비용은 개략적 비용이라는 것을 상기하는 것이 중요하다. 게다가 분석에서 많은 핵심 매개변수(차감비율, 시간프레임, 세금비율 등등)는 가정이다. 세심한 분석은 매개변수들의 초기 가정가치로 부터 하나 혹은 더 많은 매개변수들에 의하여 LCCA의 결과를 시험하는 데 사용될 수가 있다.

분석 기술은 단지 달러로 측정될 수 있는 그것들의 비용과 이익만을 고려하기 때문에 업무 착수를 위하여 결과를 분석하고 장점을 공식화할 때 잠재적인 충격과 경제성과 관련없는 문제들을 간과하지 않는 것이 특히 중요하다.

LCCA 견본

사무소 건물의 내부 칸막이 벽에 페인트칠을 하느냐 혹은 비닐 커버를 하느냐에 대한 결정을 도와주기 위하여 LCCA를 이용하는 하나의 예를 살펴보자. 사무실은 20년 임대로 되어 있으며 칸막이 전체 벽면적은 20,000sf이다. 분석은 초기 설치 비용, 연간 유지관리 비용 그리고 두 대안에 대한 순환 재생 비용을 고려하는 것으로 설정된다. 건축주는 분석을 위하여 8% 차감비율(아마 프로젝트를 위해 빌린 돈에 대한 비용을 기초로)과 20년 시간 프레임을 명기하였다. 비용은 매년 4% 비율로 증가되리라고 예상된다. 분석에 있어서 장래에 일어나는 모든 비용은 현재 가치 요인(4년에 재페인트 하는 것과 같은 단일 미래비용에 대한 SPF 그리고 매년 일어나며 4%의 비율로 상승하는 미래비용에 대한 CSPF)에 의하여 그들의 현재 가치로 전환한다. 이러한 요인은 LCCA에 대한 책에서뿐만 아니라 표준 투자표에서 파악할 수 있다. 추가적으로 여러 컴퓨터 프로그램과 간편 계산기는 이러한 계산을 할 수 있다.

페인트 선택사항은 가장 낮은 LCC이다. 물론 마지막 결정은 다른 요인을 포함할 것이다.

Design alternatives:	A decision is required on whether to use paint or vinyl wall covering on partitions. A total of 20,000 square feet of partition surfaces is involved.		
Costs to be considered:	**Paint**		**Vinyl Wall Covering**
Installation costs	$0.50/square foot		$1.40/square foot installed
Maintenance costs: cleaning, touch-up, and maintenance	$1,000/year		$500/year
Cyclical renewal costs:	$0.55/square foot every four years		$1.54/square foot every ten years
Parameters:	Discount rate:		8%
	Escalation rate:		4%/year for maintenance and renewal costs
	Study period: 20 years		
	Salvage value: nil		
Analysis: Paint option			**Present value**
Installation cost	Base year	20,000 sq ft x $0.50/sq ft	$ 10,000
Maintenance cost	Every year	$1,000 x 13.778 (CSPF)	13,778
Cyclical renewals	Year 4	$11,000 x .860 (SPF)	9,460
	Year 8	$11,000 x .739 (SPF)	8,129
	Year 12	$11,000 x .636 (SPF)	6,996
	Year 16	$11,000 x .547 (SPF)	6,017
		Total present value	$ 54,380
Analysis: Vinyl wall covering			**Present value**
Installation cost	Base year	20,000 sq ft x $1.40/sq ft	$ 28,000
Maintenance cost	Every year	$500 x 13.778 (CSPF)	6,889
Cyclical renewals	Year 10	$30,800 x .686 (SPF)	21,129
		Total present value	$ 56,018

참 • 고 • 자 • 료 *Backgrounder*

가치 향상 설계

Brian Bowen, FRICS

가치 관리는 대안을 고려하면서 그것들을 분석하고 더 나은 추가 사양을 선택하면서 잠재적인 비용 최적화를 위한 분야를 파악하는 훈련된 방법이다. "가치 분석"과 "밸류 엔지니어링"과 같은 말은 의미를 잘 나타내지 못할 수도 있지만 그것들은 이러한 대화 목적에 있어서는 "가치 관리"와 같은 의미이다.

물론 가치에는 많은 강조 사항이 있다. 그리고 밸류 엔지니어링 과정은 고려하고 있는 프로젝트에 대하여 이러한 조건이 뜻하는 것을 정의하는 데 도움이 된다. 이것은 최소 비용에 있어서 불일치가 되는 기준, 최대의 품질과 이행, 가장 큰 가능 범위 그리고 납품을 위한 최소 시간이 어디서 언급될 수가 있고 균형이 잡히는지를 파악하는 데 도움을 준다.

그러나 모두 역시 종종, 가치 관리는 어설픈 비용에 대한 정리 도구로 사용된다. 그리고 이것이 건축가로 하여금 그것을 냉대하게 하는 이유가 된다. 그러나 세심하게 사용되면, 그 접근은 프로젝트에 상당한 이익을 가져다 준다–특히 초기 설계 단계에서 사용될 때.

- 모든 타당한 선택사양과 대안은 건축주의 가치 목표에 대하여 공정하게 평가되고 균형이 잡히게 된다.
- 긴급한 결정은 앞에서 언급된다.
- 예산과 비용 견적은 조심스럽게 검토되고 확정된다.
- 장기 LCC가 현안이 되고 다른 운전에 따른 고려사항이 언급된다.

초기 설계 단계에서 가치 관리는 종종 가치 분석가 그리고 건축주 측의 직원, 건축가, 기술자 그리고 비용 견적가(때로는 독립된 동등 그룹이 가치 관리를 한다)에 의하여 조정된 워크숍이란 매개체를 통하여 전달된다. 워트샵은 짧으면 하루, 길면 일주일 정도 될 수 있다.

공식화된 가치관리 계획은 다음과 같다.

- *정보 단계.* 프로젝트에서 가능한 모든 정보는 설계, 비용 견적, 운전, 유지관리, 그리고 에너지 비용 예상, 건물 프로그램, 스케줄, 그리고 제안된 납품 전략을 포함하여 조합되고 검토된다.
- *기능 분석 단계.* 제안된 시설의 의도된 기능은 조심스럽게 분석되며 각 기능의 비용은 할당되고 검토된다. 가치 기준이 정의된다.
- *창조 단계.* 가치 혹은 비용 절감을 향상시킬 수 있는 대안에 대한 아이디어는 브레인스톰 혹은 비슷한 기술을 통하여 파악된다. 이 단계에서는 비평이 없으며 단지 아이디어만 있을 뿐이다.
- *평가 단계.* 아이디어는 가치기준에 따라 평가되고 밸류 엔지니어링 장점을 가지고 있는 아이디어들은 다음으로 계속 전달된다.
- *발전 단계.* 살아남은 아이디어들은 가능성 검토를 위해 더 발전된다. 몇몇 초기의 설계 분석이 행해지고 초기 자본 비용과 장기 LCC 양쪽에 대한 평가가 준비된다.
- 발표 단계. 워크숍의 결과는 요약되고 발표된다.

워크숍의 마지막에 가치관리 보고서가 제출되고 성취에 관한 결정이 만들어진다.

이러한 방법으로 접근하면 밸류 엔지니어링은 건축가가 가치를 생산하고 건축주의 조건과 참여로서 정의된 가장 높은 가치가 건축주에게 전달된다는 것을 나타내는 기회를 건축가에게 제공할 수가 있다.

가치 관리는 때때로 프로젝트 후반기 특히 시공자 혹은 공사관리자가 위원회에 나가있는 시기에 나타난다. 어떤 건축주는 시공자들이 특별한 수행을 성취하는데 대한 더 경제적인 접근을 제안하고 결과로서 나타나는 절약 부분을 나누도록 격려하는 가치 관리 프로그램을 가지고 있다. 혹은 공사조직은 공사가 진척됨에 따라 이미 설계된 프로젝트로부터 비용을 짜내기 위해 그 능력을 팔려고 할지도 모른다.

이러한 단계에서 가치 관리는 보통 건축주를 위해 제한된 이익만 제공한다. 밸류 엔지니어링 제안서는 설계에 대하여 부가적인 충격을 줄 수도 있으며 건물 실행의 다른 부분에 의도하지 않은 영향을 줄 수도 있다. 한 부분에서의 절약은 다른 부분에서의 비용 증가를 가져올 수도 있기 때문에 건축가가 세심하게 이러한 제안서를 평가하는 데 종사하는 것도 중요한 일이다.

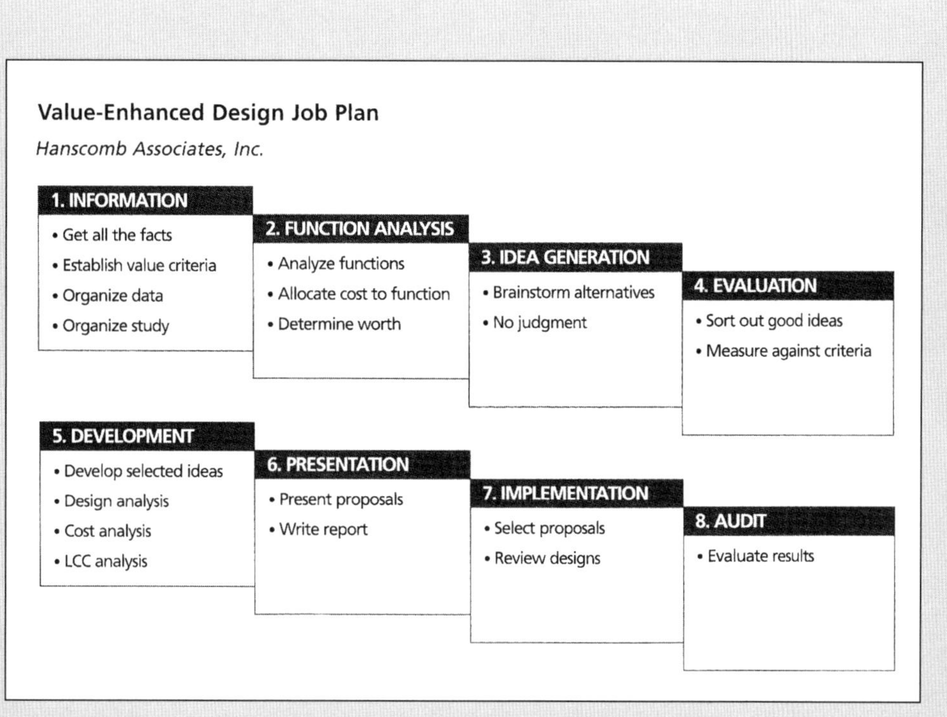
Value-Enhanced Design Job Plan
Hanscomb Associates, Inc.
1. INFORMATION
• Get all the facts
• Establish value criteria
• Organize data
• Organize study
2. FUNCTION ANALYSIS
• Analyze functions
• Allocate cost to function
• Determine worth
3. IDEA GENERATION
• Brainstorm alternatives
• No judgment
4. EVALUATION
• Sort out good ideas
• Measure against criteria
5. DEVELOPMENT
• Develop selected ideas
• Design analysis
• Cost analysis
• LCC analysis
6. PRESENTATION
• Present proposals
• Write report
7. IMPLEMENTATION
• Select proposals
• Review designs
8. AUDIT
• Evaluate results

제14장 법규

14.1 실무에 있어서의 법적 차원

Joseph H. Jones, Esq., AIA

건축의 전문성은 디자인과 공사에 속하는 모든 것에 대해 일관성 있고 예측 가능한 수준을 제공하도록 의도된 법의 매트릭스 내에서 기능하다.

건축가는 건축 실무의 모든 면에서 접하고 있는 법적인 현안들을 기본적으로 매일 직면하고 있다. 이러한 현안들은 법 체제, 법규 그리고 전문직 종사, 회사설립, 전문용역 제공 그리고 사업세계에서의 이행 등에 대한 요구조건을 설정하는 사법적 해석에 의하여 정의되고 지배된다.

건축가는 법을 전공하고 법정에 서지 않는 한 변호사가 아니며 법을 업무로 할 수가 없다. 그럼에도 불구하고 약간의 기초적인 법 개념에 대한 초보적 이해는 성공적인 건축 실무에 필수적이다.

법적인 개념

> "헌법에 의하여 미국에 위임되지 않거나 헌법에 의하여 주에 금지되지 않는 힘은 각각 주와 혹은 사람들에게 보유된다."
>
> 미국 헌법 10번째 수정안

법률체계 시스템에서 법은 몇몇의 상보적인 그러나 명확한 출처로부터 나온다.

- 미국의 헌법과 각 주의 헌법
- 법적 공공기관으로서 주 혹은 지역 입법기관에 의하여 통과된 법령

조셉 존스(Joseph H. Jones)는 메릴랜드 체비체이스에 있는 빅터 쉬너러 회사의 중견 위험관리 컨설턴트이다. 그는 AIA 계약 프로그램에 대한 보조 컨설턴트였으며 실무건축가로서 10년 넘게 활동하여 왔다. 이번 주제는 컨설턴트적 실무를 위한 건축가 핸드북의 12번째 판에 수록된 아바 아브라모비츠에 의한 건축가와 법률로부터 인용되었다.

- 법령에 효력을 주기 위하여 발전된 행정 규칙과 법규
- 계약에 기초한 사적인 합법적 협정
- 법령, 법규 그리고 법원과 행정 대리인에 의하여 때에 따라 설정된 계약의 해석

건축 실무를 포함하는 대부분의 법적인 현안은 범죄적인 사건보다는 민법 사항이다. 시민법은 주와 연방정부에 의하여 시행되지만 대부분의 시민법은 수세기 동안 개정, 발전되었다. 이러한 법은 개인적 권리, 의무 그리고 책임을 판결하도록 하고 있다. 고소는 그 고소를 당하는 편의 권리가 위배라는 것을 주장하면서 다른 개인에 대하여 한 개인이 행하는 시민의 합법적 행위이다. (법에서 개인이란 넓게 건축 사무소뿐만 아니라 기업 그리고 주와 같은 대상을 포함하는 것으로 정의되고 있다.) 공정 혹은 포함된 모두에 대한 공평 그리고 상해에 대한 보상(보통 금전적)을 포함하는 손실은 중요한 시민법의 개념이다.

대부분의 건축가가 매일 관계하게 되는 법은 행정법－시민 법령을 이행하도록 발전된 법규－이다. 이러한 법령은 종종 공공 정책의 넓은 윤곽만을 설정한다. 그러한 후에 공무원들에게 기술적인 세부사항을 다루는 법규를 채택하여 이러한 법을 실행하는 책임이 주어진다. 그들의 법적 기관 아래서, 주 입법의회, 사법 공무원, 그리고 다른 행정 대리기관은 그들의 업무를 행사하는 데 필요한 법규들을 발전시키고 효력을 주고 집행할 권위가 주어진다. 일반적으로 법규에 종속된 개인과 단체는 행정적인 절차를 통하여 법적인 변경을 추구하고 법적 결정에 대해 탄원할 기회를 가진다(예를 들면 도시계획위원회에 탄원). 행정적인 방법이 더 이상 없을 때, 법정에서 행정적인 결정에 대한 검토를 추구하는 것이 가능하다.

건축가의 법적 책임

법은 건축가에게 완전함을 요구하지 않는다. 성공의 여부가 타당성 있는 판단과 숙련도에 달려있는 복잡한 인간의 노력에서와 같이, 건축에 있어서 완벽하고자 하지만 그러한 경우는 거의 드물다는 것을 법은 알고 있다. 따라서 법은 건축가가 행위 혹은 계약에 동의하지 않으면 그들의 노력에 따른 결과에 대하여 건축가가 보증하거나 보장하거나 혹은 그렇지 않으면 확신하도록 하지는 않는다. 오히려 법은 건축가에게 변호사, 의사, 그 외 다른 전문직에 제공하는 것과 같은 위상을 부여한다. 그들의 판단과 숙련도를 타당하게 그리고 신중하게, 편안한 자유를 그들이 신중하고 타당하게 행사해야 한다는 것을 인지하고 있는 한, 법은 그들의 노력을 지지할 것이다.

정당한 보호 기준. 특별히 법은 건축가와 실제로 모든 전문분야의 업무 수행에 대해 타당성 있는 보호 기준을 마련하고 있다. 건축가는 같거나 혹은 비슷한 사실과 환경이 주어진 가운데 같은 지역사회와 동일한 시간 틀 내에서 정상적이고 분별 있는 건축가가 할 수 있는 무엇인가를 하도록 요구되고 있다.

이 기준은 계약 혹은 행위에 의하여 특별히 수정될 수 있지안 그것은 컨설턴트의 업무 수행에 있어서 법이 기초하는 최소 기대치를 설정한다. 건축가의 법적인 책임은 정상적이고 분별 있는 건축가가 서비스 수행 기간 동안 무엇을 알고 있으며 무엇을 행하였는지를 반추하며 검토된다.

정당한 보호 기준은 전문분야가 지고 있는 책임의 초석이 된다. 예를 들면 의사는 건강을 회복시켜 주어야 할 의무가 없고 변호사는 무죄 방면시켜 주어야 할 의무가 없다. 이와 유사하게 건축가는 계약에서 동의하지 않은 한 건물이 기능적으로 완벽해야 한다거나 지붕의 물이 새지 않아야 한다는 것을 보증해야 할 법적인 의무가 없다.

컨설턴트의 보호 기준은 자연적으로 전개된다. 예를 들면 어떤 관할구는 '같은 지역사회 안에서' 를 전 미국을 뜻하는 것으로 해석한다. 이 관할구는 미국사회에서 의사소통 기술과 고도의 이동 수단은 지역적 차이를 축소시킨다. 달리 말하자면, 건축가는 지역적으로뿐만 아니라 국가적으로도 업무의 정상적인 기준을 인식하고 있어야 한다는 것이다. 국가적인 기준을 거부하는 다른 관할구는 지역 서비스는 지역적 필요를 반영해야 하고 지역적 보호 기준을 적용함으로써 그 지역민의 요구가 이루어지는 것을 관할구가 확신할 수 있음을 이유로 설명하고 있다.

이러한 기준을 만족하는 것이 건축가를 소송으로부터 보호하는 것은 아니다. 소송은 건축가가 계약관계에 있지 않는 상대로부터 당할 수도 있다. 그러나 정상적인 요구사항은 건축에 있어서 매일 일어나는 실무에 대한 지침이다.

프로젝트 참여자의 기대. 법이 컨설턴트에 대해 정당한 보호 기준을 마련해 놓더라도 프로젝트 참여자는 종종 다른 기대로 합류하게 된다. 많은 건축가가 완벽하게 업무를 수행할 수 없고 그렇게 요구되지도 않는다는 것을 이해하지 못한다. 그러한 고객은 그들의 프로젝트에 높은 기대치를 가지고 있으며 그들의 디자인 컨설턴트가 그에 대해 보증을 해주기를 원한다.

건축 관련 기업이건 아니건 다른 사람들은 다른 보호 기준을 요구할지도 모른다. 그들은 건축가가 변호사와 의사처럼 고객에게 생산품이 아니라 서비스를 제공한다는 것을 이해하지 못하고 그렇게 요구할지도 모른다. 그들은 컨설턴트의 판단이 단계마다 요구된다는 것을 깨닫지 못할지도 모른다.

건축가는 그들에게 건물은 자동차와 달리 사전 시험할 수 없으며, 건축가 쪽에서 아무리 노력, 염려 그리고 성실을 다해도 디자인을 가상에서 실제로 변환시키는 모든 부분을 예견할 수 없음을 상기시켜야 한다.

건축가의 품행. 법이 단지 정당하고 신중한 행동을 요구할지라도 건축가는 보호 기준을 넓히고 상향시킬 수 있다. 이것은 의식적으로 혹은 무심코 행해질 수도 있다. 예를 들면 보호 기준은 건축가의 행동에 의하여 다음과 같이 변경된다.

- 건축가가 건물이 디자인에 따라 지어질 것이라든가 혹은 건축가의 디자인에 따라 수행될 것이다라는 계약적인 어휘 "보증" 에 동의한다.

프로젝트 수행 Part 3

- 건축가가 프로젝트가 "모든 적용 가능한 법규와 기준"을 만족하였다는 재정 부서의 문서 "확인서"에 서명을 한다.
- 건축가가 습기찬 지하실을 걱정하는 고객에게 "나의 지하실은 습기차지 않고 물이 새지 않을 것이다"라고 흥분하며 편지를 쓴다.
- 건축가가 공사 현장에 가서 복잡한 콘크리트 옹벽을 위하여 거푸집 대는 의미와 방법을 시공자에게 가르켜 준다.
- 건축가가 시공자가 정해진 날짜까지 작업을 완수할 것이라는 것을 건축주에게 확인시킨다.

보호 기준의 상향은 요구되는 컨설턴트 기준보다 건축가에게 더 많은 책임을 부과하는 것으로써 건축가의 책임 노출을 더 증가시키는 것임을 깨닫는 것이 중요하다. 때로는 디자인 컨설턴트-고객 혹은 시공자로부터의 압력 혹은 완벽하고자 하는 자신의 욕심에 의하여-는 그것을 의도하지 않으면서도 그들의 서비스에 적용될 보호 기준을 증가시킨다.

이 책에서 건축가의 합법적 충고과 보험 조언자로서뿐만 아니라 전문가로서 다음에 일어날 일을 먼저 고려하지 않고 당신의 서비스에 적용될 보호 기준을 상향시키는 것이 적절하지 않다는 것을 전제로 하고 있다.

보호 기준의 측정. 건축가가 컨설턴트 보호 기준 내에서 업무를 수행한다고 가정하면, 문제는 보호 기준 자체가 아니라 주어진 상황에서 건축가가 직면하고 있는 사실과 상황이 신중하고 타당하게 주어진 것인가하는 것이다.

궁극적으로 정당한 것은 상황에 따라 결정된다는 것이다. 전문가적인 책임을 수반하는 법적 행위에서, 양측은 이성적이고 신중한 건축가로서 행동한 전문가가 같은 커뮤니티와 같은 시간대 내에서, 같은 혹은 비슷한 사실과 상황을 주어왔는지 아닌지에 대하여 시험하는 숙달된 목격자를 출석시키게 된다.

대부분의 건축가는 고소당하지 않는다. 그들은 행동하기 전에 그들이 직면한 상황이 정당하고 신중하게 주어진 것인지를 스스로 결정하여야 한다. 컨설턴트로서 그들은 이러한 결정에 있어서 디자인과 실무를 통제하는 규칙과 법규에서뿐만 아니라 그들 스스로와 동료들의 경험에서 통찰력을 기대한다. 그러한 정보를 찾는 곳으로는 다른 건축가나 주 면허법, 판례법, 법규 그리고 기준, 프로젝트를 통제하는 건축주와 건축가 계약서, 미국건축사협회와 기타 다른 사회단체로부터의 문헌, 보험회사 출판물 그리고 그 밖의 유사한 것들이 포함된다.

전문가의 책임

정당한 보호 기준을 이행하는 데 실패한 전문가는 그 실패로 인하여 손상이나 손실이 발생할 경우 전문가 책무 이행에 태만한 것으로 간주될 수가 있다.

업무 태만. 건축가의 태만 행위를 잘 파악하기 위하여 법은 다음 4가지 요소의 증거를 요구한다.

- 의무. 건축가는 클레임을 하는 사람에게 법적인 의무를 져야 한다. 어떠한 일을 행하기 위한 그리고 어떠한 일을 행하는 데 삼가야 하는 법적인 의무가 있다.
- 위반. 건축가가 의무를 수행하는 데 실패하거나 혹은 행해지지 않아야 할 어떠한 일을 하는 경우
- 원인. 의무에 대한 건축가의 위반은 클레임을 만드는 사람에게 해를 끼치는 가장 중요한 이유가 된다.
- 손실. 위반의 결과로서 실제적인 해와 손실이 있어야 한다.

이러한 요소가 존재하는 것으로 증명될 때, 건축가는 책임을 지게 되고 금전적 손실 부분을 배상해야 할 수도 있다—혹은 행해진 서비스에 대해 보상을 받지 못할 수도 있다. 과실 클레임이 성공적으로 이루어지기 위해서는 위의 4가지 요소가 반드시 있어야 한다는 것을 주의하는 것이 중요하다. 때로는 추정된 디자인 실수보다는 오히려 방해하는 경우와 같은 것이 실제적인 손실이다.

태만 행위는 건축가의 실수(임무 행위) 혹은 빠뜨림(행해져야 하는 것과 아닌 것)으로 발생할 수 있다. 손상이나 손실로 결과되어 태만행위로 간주될 수 있는 정황적인 예는 다음과 같다.

- 건물 구조가 대지에서 발생하는 풍력에 부적절한 경우
- 건축가가 정상적으로 적용 가능한 볍령, 도시계획법, 조닝 법규 혹은 건축 법규를 따르면서 디자인하는 데 실패하는 경우
- 건축가가 건축주의 승인 없이 시공자의 설계변경과 공사비 지급 신청에 대해 미리 식별할 수 있는 오류를 간파하는 데 실패하는 경우
- 건축가가 법규 위반이 될 것이라는 것을 건축주가 알고 있는데도(혹은 믿는 이유를 가지고 있는데도) 그의 지침을 따른 경우

이처럼 건축가는 계약 임무를 충족하고 태만 없이 전문 서비스를 수행하는 두 가지 모두에 책임이 있다.

제3자의 조약. 건축가의 직접적인 책임뿐만 아니라 태만 행위, 오류 혹은 계약관계에 있지 않은 제3자에게 물리적 손상 혹은 손실을 입히게 되는 부주의에 대하여 책임을 부과받을 수가 있다.

이러한 제3자에는 공사 작업자, 행인 그리고 프로젝트의 사용자 혹은 거주자들이 포함된다.

1956년 이전 개인에 대한 법 개념은 제3자의 조약을 금지하였다. 당사자 관계는 그들이 서로서로 계약 관계에 있거나 그러한 계약 과정에서 손상를 입었다는 것을 증명

하는 소송 당사자들을 요구하였다.

그 당시의 법원은—물리적 손상과 어떤 경우는 재산상 손실에 관하여—개인의 그룹을 건축가가 그들에게 의지함으로써 태만 없이 서비스를 정상적으로 제공한다는 것을 예견할 수 있는 제3자들을 포함할 임무를 지는 사람들까지로 확대하였다.

법적 책임 기간 한도. 컨설턴트 책임 행위에 대한 법적 책임 기간 한도는 늘 명확하지는 않다. 게다가 계약의 불이행과 태만에 관계되는 법은 관할구에 따라 다르다. 계약 불이행 행위가 가져올 수 있는 기간은 1년으로 짧을 수도 있다. 그리고 태만 행위가 가져올 수 있는 기간은 4년으로만큼 짧을 수도 있다. 그러나 어떤 관할구는 정의된 기간 한계가 없다.

한계 기간은 다른 시간대에 시작될 수도 있다. 어떤 관할구에선 시작 시기를 공사 완료 혹은 프로젝트에 거주가 완료되었을 때로 정하고 있다(이러한 법령을 휴면법령이라고 한다). 어떤 관할구에선 실제상의 공사완료 후 몇 년이 될지도 모르지만 손상이 발생하거나 하자가 발견되었을 때만 한계 시계가 돌아간다(이러한 법령을 법적 책임기간 한도라고 한다).

책임부담으로부터 보호. 건축가는 법적인 측면에서 태만이 아니라고 간주되는 오류와 소홀에 기인한 손실에 대하여 정상적으로 책임이 없다. 예를 들면 다음과 같다.

- 건축가는 실시설계도서에서 결함을 바로잡아야 할 책임을 느낄 수 있지만 첫 번째로 정당한 보호 기준을 충족하는 한 공사 작업 그 자체를 정정하는 데 필요한 경비에 대하여 책임은 없다.
- AIA 문서 A-201, 공사에 관한 계약의 일반조건에 따르면, 공사계약을 행정 관리하는 건축가는 계약 요구사항에 대해 중립적 해석자로서 그리고 건축주와 시공자에 의한 수행의 판단가로서의 역할을 한다. 법원은 건축가에게 이러한 역할을 수행하는 반면에 좋은 의도로 행해진 결정에 대한 컨설턴트적 책임으로부터 건축가를 보호하는, 준사법적인 면제를 제공한다.

급속변화 분야. 전문가적 책임은 법에 있어서 가장 활성화되는 분야이다. 그러므로 건축가와 그 외 전문가는 그들의 전문적 업무를 관리하는 데 필요한 조언을 위하여 변호사와 보험 상담가를 고용한다. 건축가는 이러한 조언과 좋은 훈련, 경험과 함께 최근 경향과 발전 방향 그리고 일반 상식에 대하여 앎으로써, 그들의 업무와 프로젝트에서 피할 수 없는 위험을 관리할 수 있으며 좋지 못한 법적 분쟁에 휘말리는 것을 방지할 수 있다.

대리인 관계

전문적 업무에 필요한 계약관계에 임할 때 건축가는 그들의 법적인 책임을 정의해 주는 여러 대리인과 관계를 형성한다. 법적인 개념으로서, 대리는 주고객이라고 불리는 어떤 단체가 소위 대리인이라고 불리는 사람이나 업체가 그들을 대신하여 행동해도 좋다고 승인해 주는 개념이다. 그 개념은 주고객으로 하여금 그들 대신에 대리인이 수행함으로써 그들의 행동(그리고 가능한 보상)을 확대시켜주는 것이다. (대리인들이 대리인으로서 주인들의 권한 영역 내에서 일을 하는 한 그러도록 믿게 되는), 특별히 주고객은 그들의 대리인의 행위 내에 의해 구속되어 있는 것처럼, 대리는 어떠한 위험을 드러낸다.

대리인 관계는 일상 업무에서 일반적이다. 건축가의 고용인이 건축가의 대리인처럼 행동할 수도 있다.

기업의 관리자는 건축가와 함께 전문 서비스에 대한 계약 서명을 할 때 기업의 대리인처럼 행동할 수도 있다. 파트너는 대리인이다. 그리고 법 안에서 주고객들도 서로서로 마찬가지이다. 그것은 파트너가 다른 파트너(주고객)를 위하여 행동할 때 대리인이 되고 주고객은 그들의 다른 파트너(대리인으로서)가 그들을 위해 행동할 때 대리인이 된다. 건축주와 건축가의 계약에서 건축가는 어떤 디자인 행위를 위하여 보통 건축주와 대리인 관계를 가지게 된다.

대리인 관계에서 핵심은 주고객을 대신하여 행동할 수 있는 권한을 대리인이 어느 정도 받았느냐이다. 이것이 바로 건축주의 대리인으로서 행동할 때 건축가가 시공자 그리고 다른 제3자와 거래 업무를 하는 데 있어서 어느 정도 권한을 위임받았는지 알아야 하는 이유이다. 또한 사무소가 직원들이 대리 권위의 한계에 대하여 이해하는 회사의 대리인으로서 행동해주기를 원하는 이유이다. 그들의 권한 내에서 활동하는 것은 대리인이 그들 자신에게나 그들이 서비스하는 주고객들에게 줄 수 있는 최고의 보호책이다.

건축주와 건축가 관계. 건축가는 종종 전문 서비스 업무를 부여하는 건축주를 대신하여 행동한다. 모든 컨설턴트 행위에서처럼 건축가는 이러한 능력 내에서 행동할 때 정당한 보호를 받을 수 있도록 법을 요구하고 있다.

AIA 문서가 활용된다면, 건축가는 공사기간 동안 시공자를 다루는 데 있어서 건축주의 이익을 대변하도록 하는 범주에서 건축주와 정해진 대리인 관계를 가지고 있다. 이러한 문서조건 아래서 건축가는 어느 편도 들지 않고 건축주와 시공자 양쪽에 영향을 주는 공평한 결정을 내려야 한다. 이것을 손쉽게 하기 위하여 AIA 문서는 건축가가 시공도면 혹은 다른 좋은 뜻에서 내려진 결정—비록 그러한 해석이 건축주에게 반할지라도—에 대한 해석의 결과에 대하여 책임을 지지 않는다는 것을 명시한다.

또한 건축가가 건축주와 대리인 관계에 있지 않는 계약을 맺는 것도 가능하다. 디자인과 공사관리 서비스를 제공하고 공사 동안 계약 책임이 있을 수 있는 건축가와 공사 관리자 그리고 디자이너와 시공자는 공사 단계 동안 건축주의 대리인으로서 행하는 위치로부터 동떨어져 왔다. 그러한 역할에서 건축가는 정당한 보호를 갖는 전문가라기보다는 오히려 더 장사꾼같이 되었고 상업적으로 종속될 수도 있다.

건축가와 고용자 관계. 대리 개념에서 건축가는 그들의 파트너와 행위를 하거나 혹

시공자의 관리표준

만약에 건축가의 보호 기준이 또 다른 타당성 있게 신중한 건축가가 같거나 비슷한 사실과 환경을 직면하여 실행하는 것과 같은 타당한 판결과 숙련을 실행한다면 시공자의 보호 기준은 무엇인가?

시공자는 일반적으로 계약 문서에 일치하는 대로 엄밀히 업무를 수행할 것임을 보증한다-그러한 문서가 타당성 있고 유능한 시공자에 의하여 지어지는 것보다 더 복잡한 건물을 요구할지라도.

또한 시공자는 계약 결과를 완수하는 데 있어서 산업 실무에 따라 업무를 완수해야 한다. 그러나 시공자가 산업 실무에 따라 작업을 한다는 사실은 계약 문서에 의하여 요구되고 건축주와의 계약에서 시공자에 의해 약속된 것을 제공하는 데 실패할 경우를 방어하는 것은 아니다. 그것을 따른다는 것은 시공자의 업무 완수에 대한 요구사항이다. 그리고 그렇게 하는 데 실패하는 것은 손실을 가져올 수도 있다.

시공자의 책임을 컨설턴트의 보호 기준과 대조하여 보라. 건축가와 기술자는 업무 과정에서 정당한 판단과 그들의 전문 관례적인 기술을 사용할 것을 약속하면서 특별한 결과를 성취하기 위해서 노력하고 그들의 서비스에 대하여 책임을 진다. 그러나 법은 디자인에 내재하는 한계성을 인식한다. 그리고 컨설턴트의 보호 기준을 따르는 것은 요구된 결과를 성취하는 데 건축가의 실패에 대한 구실이 된다.

이 표는 이러한 논리로부터 나오면서 건축가와 시공자에게 영향을 주는 핵심적인 법 그리고 계약상의 상이점-본질적이고 의미론적인-을 요약하고 있다.

은 행위한다고 정당하게 믿는 협력업체들뿐만 아니라 그들의 고용자들의 행위에 대하여도 책임이 있다—회사와 그들과의 관계 범위에 따라서.

건축가와 컨설턴트 관계. 건축가와 컨설턴트의 계약 조건에 따라 건축가를 대신하여 전문 용역을 수행하는 컨설턴트는 독립 계약자이지 건축가의 대리인은 아니다.

법은 컨설턴트로서 이러한 컨설턴트들에게 그들의 능력에 적용될 정당한 보호 기준을 두고 있지만, 이것은 건축가가 뭔가 잘못되었을 때 책임을 면제받을 수 있다는 것을 의미하지는 않는다. 법이 컨설턴트의 행위에 대한 대리 책임을 건축가에게 지도록 할 수도 있다. 건축가는 건축주에게 해야 할 의무를 컨설턴트에게 대리하기 때문에 건축가는 여전히 그러한 의무를 이행하는 데 책임이 있는 것이다.

건축주가 컨설턴트를 고용할 때 고용조건은 문서로 명확하게 언급되어야 한다. 건축가는 보통 건축주가 직접 고용한 프로젝트 컨설턴트에 대해 책임을 지지 않는다.—물론 건축가가 건축주에게 있어서 이러한 책임에 동의하지 않는다면—즉 건축가가 책임을 져야할 그러한 계약 혹은 행위. 건축가가 성공적인 프로젝트를 위하여 컨설턴트 서비스를 조정하거나 감독해야 할 때 건축가는 종종 이러한 컨설턴트를 동반한다.

협력업체. 법원은 각 당사자들을 그들의 행위에 공동으로나 단독으로나 책임이 있는 협력업체로 간주하는 것이 보통이다. 그것은 만약에 협력업체로서 양 당사자의 태만 때문에 손상이 일어난다면, 협력업체는 단체로 고소당할 수 있거나 협력업체로서 당사자는 개인적으로 고소당할 수가 있다는 것이다. 그러므로 컨설턴트적인 의무와 책임은 협력업체로서 당사자간의 계약서에 조심스럽게 정리되어야 한다. 많은 주는 컨설턴트적인 책임이 서로 다른 당사자에게 이동될지도 모르는 상황이 어떤가와 무엇인가에 따라 자격을 부여하기 때문에 그러한 계약을 준비할 때 법적인 조언을 반드시 구해야 한다.

실무에서의 법

건축가는 일상적인 업무의 여러 측면에서 법을 접하게 된다—전문가로서 활동하고, 회사를 운영하며, 그리고 특히 프로젝트 계약을 개발하고 수행하며 관리하면서.

조언하기. 디자인 컨설턴트는 고객, 컨설턴트 그리고 시공자에게 프로젝트 계약을 제안하고 설명하도록 끊임없이 요구받게 된다. 그렇다고 질문이 있을 때마다 변호사에게 의뢰하는 것은 실용적이거나 적당하지 않다. 왜냐하면 많은 질문과 해석은 법적인 문제보다도 오히려 기술적인 부분에 속하기 때문이다.

건축가는 건축 법규, 도시계획법 그리고 숙련된 법적 판단을 요하지 않는 비슷한 사항들에 관하여 기술적인 정보를 적절하게 제공해 줄 수도 있다. 다른 한편으로는 모든 문제를 다 기술적으로 해결할 수 있는 것도 아니다. 법적인 문제가 일어났을 때, 중단 혹은 예외사항이 추구될 필요가 있을 때 건축주는 그들 소유의 법률 전문가의 자문을 받으려고 할 수도 있다.

공사계약은 이러한 점에서 특별히 복합적이다. 건축적 그리고 법적인 전문성이 건축주와 시공자 간의 계약 준비에 포함되는 것이 일반적이다. 건축가는 전형적으로 건축주에게 건축주와 시공자의 계약 그리고 일반 조건에 관한 형식과 내용을 제안한다. 이러한 충고 역할에서 건축가는 건축주에게 계약서와 그 외 문서들의 견본을 제공할 수도 있다. 그러나 건축가는 단지 정보만 제공하고 결정은 건축주의 몫이며 이러한 결정이 건축주의 법적 컨설턴트의 조언에서 이루어져야 한다는 것을 관계된 모두에게 명확하게 전달해야 한다.

법적 자문이 계약 혹은 다른 프로젝트 일에 필요할 때 프로젝트에 관계된 당사자 중 하나가 다른 편의 변호사로부터 법적인 조언을 구하고자 하는 유혹을 받을 수도 있다. 그러나 변호사가 논쟁이 있는 상태에서 당사자보다 더 많이 관계하거나 혹은 잠재적으로 이익이 상반될 때 당사자보다 더 많은 편을 대변하는 것은 비도덕적이다—모든 관계자들이 인지하고 동의를 한 경우가 아니라면, 만약에 변호사들이 같이 관계된다면, 모든 당사자들의 이익이 초기 단계 같이 발생하지 않는다는 것을 분명히 해야 한다.

자문받기. 건축가는 법률 자문을 언제 그리고 얼마나 자주 받아야 하는지 스스로 결정해야 한다. 건축가를 정기적으로 대변하는 변호사는 그들의 업무에 변호사가 계속 필요한 건축가가 심각한 문제에 봉착하거나 법률 자문을 피할 수 없을 때 단기적으로 변호사를 고용하는 것보다 장기적인 관점에서는 법적 비용에 대한 시간과 자원을 덜 쓰게 된다고 이야기 한다. 물론 법률 자문이 필수적인 경우가 있다. 법원에 가는 것은 미국법에서는 하나의 권리이다—그리고 그것은 오늘날 자주 사용된다. 건축가를 포함하여 누구든지 어디에서 어떤 이유로든 고소를 할 수가 있다. 이것은 단지 현대의 삶과 사업 활동의 현실일 뿐이다.

맺는말: 법적 조언을 받을 때, 조언받는 내용과 그러한 접근에 대한 이유를 이해할

변호사 선택하기

당신이 법률 자문을 유지하고자 할 때 계속적이고 건강한 컨설턴트적 관계를 구축시켜 주는 시간과 교육에 투자하는 것이 중요하다.

건축가처럼 변호사는 그들의 업무를 확립할 때 여러 가지의 선택을 한다. 많은 변호사가 넓은 범위의 법적인 서비스를 제공하는 일반적인 업무를 선택하는 반면 어떤 변호사들은 범죄, 태만, 이민, 세금, 지적재산권, 독점금지법과 같은 특별한 부분에 전문화되고자 한다.

대부분의 건축가는 포괄적이며 일반적인 문제를 다룰 수 있고 필요하다면 자문할 수 있는 일반적인 업무를 다루는 변호사와 사업적 관계를 형성한다. 일반 변호사가 건축 실무의 기술적인 부분을 완전히 이해하는 데는 시간이 걸릴지도 모르기 때문에 더욱 많은 변호사들이 현재는 대지 사용, 디자인 그리고 시공관련 법에 전문화되어가고 있다. 몇몇 큰 건축 사무소는 그들과 관계되는 클레임과 법적인 경비를 감소시키는 데 도움이 되기 때문에 자체적으로 변호사를 고용하고 있다.

변호사를 선택할 때 다음 사항을 고려한다.

- 자신의 필요 사항과 변호사의 전문분야를 연결시켜라. 만약에 변호사가 계약서를 검토한다면, 그가 산업에 대한 지식이 있는지와 주의 공사법에 대해 잘 알고 있는지 확인하라.
- 무엇이 건축가로 하여금 고소할 수 있게 하는지 변호사에게 질문하라. 당신이 그 답변을 이해하지 못한다면(혹은 이해하더라도 그가 건축가를 이해 못한다면), 계속 찾아보라.
- 법적인 질문을 하라-예를 들어 "태만이 무엇인가? 그것이 계약 파기와 무엇이 다른가?" 만약에 그가 질문에 간단히 영어로 답변하지 못한다면, 할 수 있는 다른 사람을 찾아보라.
- 그가 조언하는 건축가와 기술자가 얼마나 되는지 물어보라. 참조인을 물어보고 그들에게 검토받아 보라.
- 그의 업무 한계를 물어보라. 만약에 그가 자신은 모든 것을 다 안다고 하면 다른 변호사를 찾아보라.
- 그가 잘 모르는 분야에서 발생하는 문제를 어떻게 다룰 것인지 물어보라. 좋은 변호사는 그 분야의 법을 잘 아는 변호사에게 자문받을 것이라고 말할 것이다-또한 그는 당신이 그것에 대하여 비용을 지불해야 한다고 이야기를 해주어야 한다.
- 변호사에게 당신에게 기대하는 것이 무엇인지 물어보라. 그리고 건축에 대한 그의 기대와 이해 그리고 어떻게 당신을 도울 수 있는지 들어보라.
- 비용에 대하여 이야기 하라. 그의 비용과 비용의 조절 그리고 그의 비용을 당신이 얼마나 통제할 수 있는지 물어보라. 이러한 대화 동안 당신이 불편하다면, 그를 고용하는데 두 번은 생각해 보라. 만약에 그가 불편해한다면 당장 나가버려라. 솔직한 대화는 시간과 돈을 절약한다.
- 당신의 직감을 믿어라. 비록 많은 사람들이 당신에게 그 변호사가 최고라고 하더라도, 당신이 편하지 않다면 그는 당신에겐 최고가 아니다.
- 기억하라. 당신처럼 변호사도 존경받을 만한 전문적 지식을 가지고 있음을. 변호사와 건축가의 관계가 성공적이기 위해서는 상호 존경과 신뢰가 필요하다.

때까지 변호사에게 질문하라. 이것은 당신이 실무에서 상황과 영향에 포함된 법적 개념을 이해하는 데 도움을 줄 것이다.

추가적인 정보

다수의 판례집은 법적인 원리를 개괄하고 미국의 항소심에서 나온 중요하거나 해설적인 의견으로부터의 발췌물을 제공한다. 가장 잘 알려진 것은 저스틴 스위트의 건축, 기술 그리고 공사진행의 법적인 측면의 6번째 판이다. 다른 책들은 여전히 AIA 계약 기준양식과 관련된 설명과 판례에 집중하고 있다. 예로는 워너 사보, AIA의 AIA 문서에 대한 법적가이드 4번째 판(1998)그리고 저스틴 스위트의 건설산업계약에 대한 스위트: 주요한 AIA 문서 2권, 4번째 판(1999)이 있다. 이러한 판례집은 건축가가 실무적인 전략을 짜기에는 도움이 되지 않지만 건축가의 변호인을 위한 지침서는 될 수가 있다.

스티븐 스테인이 저술한 시공법(1986, 3년간의 수정과 보완이 이루어짐)은 미국에서 출판된 것으로는 최고의 학술보고서이다. 이 책은 설계와 공사 진행에 관한 법적인 현안들을 다루는 6권으로 구성되어 있다. 이것은 전 미국 사법관할구역으로부터의 판례를 보여주며 전제로서 해석하거나 혹은 AIA 계약 기준양식 준비에 대한 해석을 도와 줄 수 있는 AIA 법적인용서를 포함한다. 비록 변호사를 위하여 쓰여졌지만 이러한 보고서와 인용서에 있어서의 많은 정보는 설계전문가들의 접근이 가능하다. 전문가 책임보험 산업은 위험과 법적 책임을 이해하고 관리하는 데 대한 현재 진행되는 실질적인 안내를 제공한다. 예로서 빅터 쉬너러 회사는 건축가와 기술사들을 서비스하는 변호사를 위한 건축기술 법적 보고서를 출판하고 있다. (301)961-9800으로 연락하거나 쉬너러 웹사이트 www.schinerer.com을 방문해보기 바란다.

14.2 전문가적 업무에 대한 법규

Joseph Jones, Esq., AIA

전문가는 사회에서 어느 정도의 권리를 부여받았다. 그리고 그 대가로 전문가 행위의 용인된 기준을 충족할 의무가 있다.

법, 법령 그리고 법규의 조합은 실무를 하는 건축가의 행위를 규정하고 영향을 준다. 이러한 통제의 몇몇은 공적으로 의무화되어 있는 반면에 어떤 것들은 자발적으로 지키도록 되어 있다. 모든 법은 중요하며 그것들은 종종 동시에 함께 실행되기도 한다.

명령되는 통제는 사업이 서로서로 어떻게 경쟁하느냐에 대한 규칙을 설정하는 연방 독점금지 법령뿐만 아니라 건축 업무에 대한 주 면허 법령에도 포함되어 있다. 자발적인 측면에서 전문가 단체에 참여하도록 선택된 건축가는 그러한 단체에 의하여 설정되고 행정 관리되는 행위와 윤리 규칙을 반드시 따라야 한다.

건축가는 어떠한 법적인, 전문가적인 그리고 윤리적인 법규를 설정하고 관리하는 데 중요한 역할을 할 수가 있다. 예를 들면 건축가는 종종 전문가 학위 승인 프로그램에 참여하고, 등록 위원회에 봉사하며 등록 후보자를 검토하고 윤리 규범을 만들고 전문가의 잘못된 행위에 대한 사안을 판단한다. 전문직업이 보다 큰 단체와의 거래서 충돌하는 의무 중 하나는 전문가 행위에 대한 기준을 설정하고 관리하는 것이다.

등록 법령과 법규

미국 정부 시스템에서 공공 건강, 안전 그리고 복지를 보호하는 법안을 발효시키는 권위는 (전문직업을 규정하는 기관을 포함하여) 기본적으로 주와 다른 사법 관할 기관–특별히 콜럼비아 구역과 미국령–에 의하여 행사된다. 연방시스템에서 권리 장전은 연방 정부에 대한 헌법에 의하여 특별히 수여받은 것을 제외한 모든 권력을 주에 확보해 준다. 공공 건강, 안전 그리고 복지를 보호하는 것은 이와 같이 확보된 권력의 하나이다. 이와 같이 디자인과 공사에 대한 모든 부분의 규정은 권리장전하에 주로 귀속된다.

각 사법 관할구는 건축가의 규정을 관장하는 입법, 일련의 행정 규칙과 규정으로 더 세분화되어 효력화를 발생하는 입법을 법제화해 왔다. 건축가의 등록을 관장하는 법령은 보통 형식과 적용에서 광범위하다. 전형적으로 이러한 법은 다음과 같다.

▶ 실무에 있어서의 법적 차원(14.1)에서는 기본 법적 개념과 건축 업무를 지배하는 법의 일반적 요구 조건을 논의한다.

▶ 등록과 행위 법과 규정은 사법 관할구에 따라 다르다. 건축가는 업무를 하고자 하는 각 관할구의 요구 조건에 필히 익숙해져야 한다.

조셉 존스(Joseph H. Jones)는 메릴랜드 체비체이스에 있는 빅터 쉬너러 회사의 중견 위험관리 컨설턴트이다. 그는 AIA 계약 프로그램에 대한 보조 컨설턴트였으며 실무건축가로서 10년 넘게 활동하여 왔다. 이번 주제는 컨설턴트적 실무를 위한 건축가 핸드북의 12번째 판에 수록된 아바 아브라모비츠에 의한 건축가와 법률로부터 인용되었다.

- 건축가 업무를 정의하고 사법 관할구 내에서 건축가로 등록된 사람들에 국한된다.
- 건축가로서 면허가 주어진 사람들만 건축가 명칭을 사용하도록 제한한다.
- 넓은 의미로 전문직업에 입문하는 요구조건을 설정한다.
- 규칙과 규정을 설정하도록 등록 위원회에 권한을 부여한다.
- 다른 사법 관할구에서 등록된 건축가가 본 관할구에서 업무를 하기 위하여 등록하는 방법을 가르쳐 준다.
- 전문가적 행위와 부정행위를 정의한다.
- 사법 관할구에서 건축을 불법적으로 수행하는 자들에 대한 처벌조항을 개괄적으로 명시한다.

등록 법안들은 그것들의 요구조건에서 어떤 구조물, 말하자면 농장 건물 혹은 작은 주거 구조는 예외로 할 수도 있다. 그것들은 또 다른 전문가 그룹(예를 들어, 전문 엔지니어)에게 건물을 디자인하는 권리를 줄 수도 있다. 그것들은 건축 업무의 협동 형태를 규정화할 수도 있다.

관할구의 등록법을 이행하는 행정규정은 용인될 수 있는 인턴십 활동과 같은 현안들을 일반적으로 내보낸다: 등록 시험을 보기 위해 신청하는 상세사항; 디자인, 정보 내용, 도면 배치, 그리고 그 밖의

등록과 품행 규칙: 몇 가지 일반적인 질문

다음은 일반적으로 던져지는 질문과 대답이다. 그러나 매 사법 관할구에서는 컨설턴트 등록, 품행 그리고 훈련에 대한 그 자체의 규칙을 공표하고 실행한다. 그러므로 당신은 업무를 수행하고자 하는 각 관할구로부터 특별한 대답을 확보하여야 한다.

질: *등록 건축가와 면허 건축가 사이의 차이점은 무엇인가?*

답: 등록은 건축가가 업무를 하도록 하거나 혹은 그 특권을 부여하는 행위이다. 면허는 등록을 가리키는 증명서 혹은 다른 공식적 문서이다.

질: 언제 나는 건축가 타이틀을 사용할 수 있는가?

답: 이러한 타이틀은 개개 관할구의 등록법에 의하여 통제된다. 일반적으로 "건축가" 타이틀 혹은 어떠한 형식이든 특정 관할구에서 등록 없이는 사용될 수 없다.

질: 건축가 인감으로 도면과 시방서에 도장을 찍는 것은 무엇을 뜻하는가?

답: 그 의미는 관할구에 따라 다르다 그러나 정상적으론 인감의 사용은 기술도면 내용에 대한 건축가의 책임이며 그것들이 건축가의 직접적인 감독하에 준비되었음을 나타낸다.

질: 다른 사람에게서 준비된 도면에 어떤 조건하에서 도장을 찍어 줄 수가 있는가?

답: 건축가는 관할구 법과 행위 규칙의 위반인 "플랜 스탬프"(다른 사람의 기술도면에 도장을 찍어주는 것)의 행위를 피하기 위하여 기술도면을 직접 감독하고 준비하는데 대한 책임을 반드시 져야 한다.

질: 합동 인감은 무엇이고 언제 그것이 사용되는가?

답: 합동 인감은 건축가의 사무소가 어떻게 조직되어 있는가를 반영해 주는 도구이다–그것은 법인의 형태이다. 대부분 등록법에서 요구하는 것처럼 건축가의 인감은 대용이 되지 않는다. 건축가는 개인, 합동 그리고 일반적 혹은 전문적인 법인을 포함하여 다양한 조직 형태로 업무를 할 수가 있지만 각 개인 건축가(그리고 조직이 아닌)는 기술도면의 동의에 책임이 있다.

질: 일을 요청하는 것이 건축가의 업무를 구성하는가?

답: 대부분의 주에서 등록되어 있지 않은 개인이 건축 실무를 규정하는 법에 정의된 서비스를 제공할 경우 법 위반이 된다.

질: 그 주에서 면허가 없는데 간단한 프로젝트를 할 수 있는가?

답: 일반적으로 아니다. 그러나 어떤 관할구는 단순 프로젝트 혹은 일시적인 등록–종종 "면허 낚시"로 간주되는–을 해주기도 한다.

질: 면허가 없는데도 등록과 행위 규칙이 적용되는가?

답: 등록법은 행위 특권이 있고 위반에 대하여 처벌을 받는 사람에게 부여된 건축 업무를 정의하기 위해 기록되어 있다. 대부분의 사법 관할구에서 등록되지 않은 개인에 의한 규정위반은 일반 검사 혹은 다른 법적 기관에 의하여 소추될 수가 있다. 비등록자에 의한 업무와 그로 기인하는 행위에 대하여 민사와 형사 처벌이 이루어질 수 있다.

질: 컨설턴트로서의 부당행위에 대한 책임이 지워진다면 어떻게 해야 하는가?

답: 처리과정의 법적인 보호는 부당행위에 대한 책임이 관할구의 등록 위원회에 의하여 판결되는 환경을 수립한다. 그리고 이에 대한 완전한 응답 준비가 요구된다. 응답 준비와 모든 진행 동안 법적인 자문은 도움이 된다. 처벌은 건축가 등록의 중지 혹은 취소, 벌금, 견책 혹은 경고를 포함할 수가 있기 때문에 이러한 일은 심각하게 받아들여져야 한다.

다른 기술 문서가 포함된, 건축가 승인을 위한 특별한 요구사항. 예를 들면 행정 규정은 각 도면에 위치한 도장뿐만 아니라 건축가의 서명을 요구할 수도 있다. 이러한 규정은 보통 주 등록 위원회에 의하여 발전되도록 관리된다.

컨설턴트의 품행 규칙

건축업무를 관장하는 규정의 한 부분으로서 사법 관할 구 역시 전문가 품행 규칙을 공표한다. 이러한 규칙은 건축가 인감의 사용, 이익 분쟁, 프로젝트에 있어서 재정적 이익의 노출 그리고 전문가 행위의 다른 측면과 같은 현안들을 다룬다.

각 사법 관할구의 규정은 불평 접수하기, 그러한 불평에서 나오는 근거 없는 주장들을 조사하기, 문제의 양측을 다 듣기 그리고 규정위반에 대한 처벌을 행정 관리하기에 대한 준비들을 포함한다. 보통 누구든지－시민, 건축가, 주 자체－불평을 접수할 수 있다. 이러한 규정위반의 대부분은 행정적인 위반으로 다루어진다. 그것들은 사법 관할구에서 업무를 수행하는 건축가의 등록을 경고하고, 견책거나 중지 혹은 무효로 할 힘을 일반적으로 가지고 있는 행정 대리자에 의하여 조사되고 판결된다.

뿐만 아니라 사법 관할구에서 전문가 행위규칙을 위반한 건축가는 두 가지의 다른 측면에서도 위험할 수 있다. 그들은 시민 소송을 당할지도 모른다. 예를 들어 프로젝트가 건축 법규를 잘 이행하고 있다고 거짓되게 이야기하는 건축가는 계약 위반, 보증 불이행 혹은 태만으로 법적 소송에 처해질 수도 있다. 만약에 그들이 AIA 회원이라면 건축가는 협회의 윤리 규약도 위반할 수가 있다. 적절한 법규와 기준에 대한 위반은 예를 들면 AIA의 윤리 규칙과 컨설턴트 행위에 대한 위반이다.

AIA 윤리 코드

> 개인이든 국가이든 사업적 성공에는 높은 행위의 기준, 즉 영예, 완벽 그리고 시민적 용기가 수반되며 이러한 것들을 발전시키는 한 정말 좋은 일이다.
>
> 1905, 루스벨트 5번째 정기 국회 연설

AIA는 세계에서 제일 큰 전문 건축가 회원 단체이다. 협회와 모든 회원들은 가장 높은 전문가적 기준, 완전성 그리고 능력에 헌신되어 있다. 이러한 목적을 성취하는 데 그들을 보조하기 위해서 AIA는 윤리 코드와 전문가 행위를 제정하였다. 이러한 윤리 코드는 공공, 고객 그리고 건물 사용자, 전문직업, 그들의 전문가 동료, 건축 산업에 대한 그들의 책임을 이행하는 안내와 규칙 그리고 건축 업무가 의지하는 기초지식을 회원들에게 제공한다.

AIA 윤리 코드에 대한 의무는 건축 실무를 규정하는 주와 다른 사법 관할구에 의하여 공표되는 컨설턴트 행위 규칙이 요구하는 사람들에게 추가적으로 존재한다. 컨설턴트 행위에 따른 각 관할구 코드는 서로 다양하며 AIA 윤리 코드와 컨설턴트 행위로부터도 다양할 수 있다. 건축가는 두 가지 타입의 코드에서 요구하는 사항에 익숙해지기를 원할 것이다.

AIA 윤리 코드와 전문가 행위는 AIA 회원의 모든 전문가 활동에 적용된다. 그 코드는 3개의 단으로 정리된다.

- 규범은 행위의 넓은 원리이다. 코드의 5가지 규범은 건축분야, 대중, 건축주, 전문직업, 그리고 컨설턴트 동료에 대한 전문가적 책임을 나타내는 일반적인 성명서이다.
- 윤리 기준은 회원이 컨설턴트 업무와 행위에서 추구하여야 하는 특별한 목적이다. 예를 들면 규범 III 아래의 첫 번째 윤리 기준(E.S. 3.1)은, 즉 "회원은 그들의 건축주에게 시간을 지키며 유능한 자세로 봉사해야 한다"라는 건축주에 대한 의무이다.
- 행위 규칙은 규범과 윤리 기준에 효력을 준다. 규범과 윤리 기준은 광의적으로 언급되어 있다. 규칙은 당위이고 회원의 활동이 잘못되지 않아야 하는 바닥기준을 설명하고 있다. 행위의 특별한 규칙에 대한 위반은 AIA에 의한 징계 판단에 대한 기초가 될 수 있다. 계속해서 마지막 절에서 예를 들면, 윤리 기준 3.1 아래 4가지 규칙이 있다. 그 중 하나(R. 3.103)는 "회원은 건축주의 동의 없이 프로젝트의 범위 혹은 목표를 현저하게 수정하지 말아야 한다"라고 언급하고 있다.

AIA 웹사이트(www.aia.org)는 윤리와 컨설턴트 행위에 대한 현재 AIA 규칙을 담고 있다. 활용 가능한 결정과 조언적인 견해를 포함하여 규칙에 관한 질문이 있는 회원과 그 외 사람들은 국가 AIA 본부의 일반 상담 사무국에 연락해도 좋다. 1-800-242-3837

AIA 전문 직업인 윤리 강령은 넓은 범위의 현안들을 다루고 있다. 코드를 대충 읽어도 행위 규칙조차 특별한 실무 현안에 적용할 때 "이 행동은 윤리적인가"라는 질문에 예 혹은 아니오라는 결과가 늘 같지 않다는 것을 명백하게 하고 있음을 알 수 있다. 규범, 윤리 기준 그리고 행위 규칙은 각 건축가가 사려깊은 행위를 따라서 판단해야 하는 연속적인 것임을 묘사하고 있다. AIA 윤리 코드는 결정 과정에서 건축가를 도와주는 구조 틀을 제공한다.

독점 금지 사안

모든 사업체와 마찬가지로 건축가는 연방법으로 다른 사람과 함께 거래를 위축시키는 활동에 종사하거나 그렇지 않으면 자유경쟁이 아닌 행위에 가담하는 것이 금지되고 있다. 독점 금지법의 기본 원리를 이해하는 것은 이러한 법에서 정하는 불법적인 행위에 말려들지 않는 중요한 사항이다.

기본 원리. 건축가에게 영향을 끼치는 독점 금지법의 가장 기본적인 원리는 부당하게 거래를 위축시키는 두 개 혹은 그 이상의 경쟁업체 사이에서 담합 혹은 기타 협동 행위는 위법이라는 것이다. 일반적으로 경쟁자 사이의 담합은 다른 사람들 사이에서 그들의 목적 혹은 영향이 다음과 같은 경우 불법일 위험성이 있다.

- **가격을 고정하거나 유지할 경우.** 가격 고정은 넓게는 높이거나, 낮추거나 혹은 경쟁자가 성과품 혹은 용역에 부과하는 최고 및 최소가격을 견고하게 하고 가격관련 조건과 가격 인하, 허용 그리고 신용도와 같은 상행위 조건을 고정시키는 데 대

프로젝트 수행 Part 3

한 단합을 포함한다. 가격 설정이 타당하거나 특정한 가격 혹은 조건이 정해져야 하는 사회적 타당성이 있다는 것은 변명이 되지 않는다. 법원은 명백한 단합에 이르지 않더라도 행위로부터 가격을 고정시키는 단합을 추론할 수 있다. 건축가와 사무소는 그들의 성과품과 용역에 대한 금액에 독자적인 결정을 하여야 한다.

- **경쟁자 혹은 의뢰인을 배척하는 경우.** 그들이 다른 건축가나 특정한 건축주 혹은 건축주의 범위 내에서 거래를 하지 않는다고 경쟁적인 건축가들 사이에서의 단합과 이해는 그러한 행위의 목적 혹은 영향이 더 좋은 경쟁을 유발시키지 않고 의뢰인으로 하여금 선택권을 제한하게 할 경우 불법이다.
- **사업 혹은 고객을 할당하는 경우.** 혼자 활동하는 건축가나 사무소는 그들의 업무를 특성화시키거나 그들이 선택하는 일만 추구하고자 하는 결정을 내릴 수도 있다. 그러나 건축가들 사이에서 의뢰인 혹은 시장을 서로 나누거나 할당하는 데 대한 단합은 불법이다. 비록 비공식적이지만, 건축가가 또 다른 건축주와 거래를 하는 것을 삼간다는 구두적 이해는 법을 위반하는 것이다.

검토를 요구하는 공통적 행위. 건축가에게 되풀이되는 관심의 명백한 주제－비용, 경쟁 입찰, 설계 경기 그리고 정보 탐색－는 거의 늘 잠재적인 독점 금지를 암시하고 있다. 그러므로 건축가는 그러한 분야에서 그들의 행위가 독점 금지일 것이라는 생각을 함께 하는 것이 중요하다.

- **비용.** 컨설턴트 조직 혹은 경쟁적인 건축가 그룹이 강제적인 비용계획을 가지고 있거나 혹은 권고하는 비용 가이드라인을 제시하는 것은 허용되지 않는다. 경쟁적인 전문가에 대한 비용계획 설정은 가격 고정이다. 어떠한 조건에 따라서는, 건축가가 비용 책정에 관한 정보를 공동으로 제공할 수도 있다(예를 들면 약정된 합계, 시간당 비율 등). 그러나 실제적인 비용은 건축주와 건축가 사이의 협상에 관한 일이다.
- **경쟁 입찰.** 전문가와 고객이 비용에 대하여 동의하는 과정은 독점 금지법에 저촉될 수도 있다. 건축가가 건축 서비스에 대한 가격 시세를 제출하지 않겠다고 집단으로 결정하는 것은 불법이다. 그들은 또한 입찰이 비전문적이라고 집단적으로 결정하지는 않는다. 개인 건축가와 사무소는 입찰에 대한 그들의 정책을 스스로 결정할 수도 있다.
- **설계 경기.** 여러 해 동안, AIA는 설계 경기를 행하는 방법에 대하여 권고를 해 왔다. 이 전문 집단은 설계 경기를 주체하는 편에 이익이 될 수 있는 주제에 관하여 많은 공동적인 인식과 경험을 가지고 있다. 또한 건축가는 설계 경기에 참여하느냐 않느냐를 스스로 더 잘 결정할 수 있는 방법을 배우는 것이 적절하다. 그러나 건축가 그룹이 격려하거나 혹은 회원을 조직하여 특별한 경기나 경기 형태에 참여하는 것을 거절하게 한다면, 그 그룹은 불법적인 배척을 조장했다는 위험에

처하게 된다.

- **정보 탐색.** 전문가 집단은 종종 그들의 업무에 관하여 회원들로부터 정보를 모은다. 이러한 정보 수집은 거래를 위축시키는 데 사용되지 않는 한 적법하다. 일반적으로 금액 혹은 비용과 같이 민감한 부분에 대한 경쟁적인 탐색은 옛날 정보－현재 혹은 미래가 아닌－에 국한되어야 하며 개인적 제공자의 신원을 밝히지 않거나 허락하지 하는 집합적 형태로 보고되어야 한다.

⟪⟪⟪ 추가적인 정보 ⟫⟫⟫

각 사법관할구역의 등록법과 규정에 대한 정확한 자료는 그 구역의 등록위원회이다. 미국과 미국령에 있는 등록위원회의 이름과 주소를 알려면 자료(부록 A)를 보라. 이러한 등록법의 요약을 위하여 AIA의 정부관련 그룹은 건축면허법: 준비을 위한 요약(1996)을 출판하였다.

이 출판물은 초기의 그리고 상호간의 면허 요구사항, 실무 범위, 면제자 그리고 프로젝트 및 집행 등을 망라하는 일관적인 양식에 있어서 주 면허법과 관련규정의 주요한 부분을 요약하고 있다. 이 출판물은 AIA 서점(전화: 800-365-ARCH)으로부터 구입 가능하다.

연방건축등록위원회(NCARB)는 인턴개발프로그램(IDP), 건축가 등록시험(ARE), 상화간의 현안, NCARB 인증 그리고 계속적인 교육훈련을 포함하면서 인턴과 건축가들을 위한 서비스를 관리하고 있다.

NCARB(1801 K Street, N.W., Suite 1100, Washington DC 20006)으로 편지를 보내거나 (202)783-6500으로 연락하면 이러한 서비스에 관한 정보를 받을 수가 있다. 또한 이러한 서비스에 관한 사항은 NCARB의 웹사이트 www.ncarb.org에 나와있다.

14.3 커뮤니티 계획 조정

Howard G. Goldberg, Esq.

건축은 공공복리를 보호하고 천연 자원을 보존하기 위하여 대지 사용개발을 안내하는 지역적 요소들에 대응한다–그리고 형태를 준다.

지역은 일반적으로 그 경계 내의 대지 사용, 개발 그리고 디자인에 매우 관심이 높다. 그들은 두 가지 측면에서 계획, 디자인 그리고 공사를 규정한다.

- 개발을 촉진하고, 직접적이거나 혹은 제한하는 요인과 통제
- 특정 대지와 프로젝트에 대한 사용, 레이아웃 그리고 디자인을 안내하는 일련의 규정

이 주제는 법규정 권위의 사용과 집행에 대한 일반적인 정보를 제공한다. 규정의 다양성과 해석의 차이가 있기 때문에 당신은 당신의 주와 지역 관할구에서 상세한 정보를 얻어야 한다.

성장을 관리하는 면에서, 지역은 이러한 처리에 폭넓은 접근 방법을 가지고 있다. 포괄적인 마스터 플랜은 대지 사용을 할당하고 그러한 사용을 지원하기 위한 하부구조를 위치시키는 개발 안내를 종종 마련하고 있다–도로, 수자원 그리고 오수시스템, 학교 그리고 여가 시설. 개인 프로젝트를 위한 세금 감면과 연결된 하부구조와 공공 프로젝트를 위한 주요한 지출은 성장과 개발을 제안하고 있다. 지역은 성장을 제한하거나(아마 건물 수와 오수 허가를 제한하면서) 혹은 활동을 유예시킬 수도 있다(성장 문제의 해결은 연구와 개발을 허락하는 데 보통 일년에서 삼년 걸린다).

미국에서 대지사용법의 역사는 공중의 건강, 안전 그리고 일반적인 복지를 보호하는 지역 정부의 권리와 사유재산을 즐기는 개인의 권리 사이에서의 불평등을 해소하고 계속적으로 균형을 발전시키는 것에 대하여 서술한다.

공공 건강, 안전 그리고 복지를 보호하는 그들의 합법적인 능력의 한 부분으로서 주와 지역들은 다음과 연계하여 개인 프로젝트의 개발, 사용 그리고 디자인을 규정한다.

- 지구와 지역 마스터 플랜
- 도시계획 관련 규정
- 계획과 상세 요구조건
- 물, 오수 그리고 쓰레기 처리 요구조건
- 지역 방재 요구 조건
- 역사보존 구역과 랜드 마크 법제화
- 환경보존과 관리 규정
- 건축 그리고 도시 디자인 검토 요구조건
- 특별한 환경 조례(예를 들면, 공기 오염도, 소음 혹은 광고 게시판 관계 규정)

규정적인 수단은 주에 따라 다르며 때로는 지역에 따라 다르다–규정에 대한 접근(높은 규정적인 요구에서부터 디자인에서 허용하는 수행기준에 이르는)과 사용되는

하워드 골드버그(Haward G. Goldberg)는 GP & B 법률회사의 대표이다. 그는 미국 건축가협회의 명예회원이며 미국건축협회 계약 도서위원회의 법률 컨설턴트이다.

메커니즘(어떤 지역의 도시계획 법규는 건물 표지판의 규모를 규정할 수도 있다. 그러나 또 다른 지역은 별도의 표지판 법을 가질 수 있고, 어떤 지역은 표지판에 대하여 전혀 아무 규정이 없을 수도 있다).

조닝

조닝은 지정된 구역 내에서 대지와 건물의 사용과 개발을 규정하기 위하여 정부에 의하여 실행되는 대지 사용 통제의 수단이다. 그것의 주된 목적은 지리적 성장과 개발 혹은 조직화된 방법으로 정책적 택지분할을 통제하고 불합리한 대지 사용을 완화시키기는 것이다.

건축법과 규정(14.4)은 건물, 배관, 전기, 생명안전 그리고 건물의 디자인과 공사에 직접 영향을 끼치는 다른 법규를 포함하면서 이 주제를 넓혀 나간다.

사적 통제. 공공 규정이 대지 사용을 통제하기 전에 사적인 대지 소유주는 그 대지에 대하여 사용을 불가능하게 하고 높이, 규모, 후퇴 그리고 대지에 대한 건물 디자인을 지정하는 제한적 규약을 사용하곤 하였다.

제한적 규약은 여전히 사용되고 있으며 어떠한 대지 소유주도 규약을 설정할 수가 있는데, 이것은 개인 소유주가 매입하거나 일정지역을 임대하여 그곳에 건물을 짓고자 하는 대규모 프로젝트-주택택지 개발과 산업연구 단지와 같은-를 행하는 건축주와 개발자에게는 일상적인 일이다. 이러한 경우 제한적 규약은 다음과 같은 디자인 특성을 규정할 수도 있다.

금지 규약은 시행될 대지의 사용을 제한하고 특정한 사용을 금지하는 법적 제약이다.

- 개인 건물에 대한 재료, 색깔 그리고 디자인 특성의 팔레트 혹은 "어휘"
- 건물의 지붕선과 기타 규모적 특징
- 이웃 대지와 도로로부터의 구조물과 주차장의 가시성
- 조경, 조명 그리고 표지판

어떤 대규모 개발은 이러한 제약을 건축 혹은 환경적 가이드라인으로 분류한다. 그러나 그렇게 하더라도, 재산 증서 혹은 임대 계약에 포함된 제한적 규약은 법적인 효력을 가진다. 그것들을 깨뜨릴 시 법적인 소송을 요구한다.

조닝의 역사. 식민통치 기간 동안, 동부 13개 주는 도살장, 증류제조소 그리고 화약제조공장의 위치를 규정하는 법령을 통과시켰다. 규정은 필라델피아와 워싱턴 D.C.에서처럼 건물 높이를 제한하였으며 화재를 방지하기 위하여 건물에 사용될 수 있는 자재를 제한하였다. 성장을 통제하기 위하여 조닝을 사용한 것은 20세기에 시작되었다. 오늘날 아주 소수의 지자체만이 개발 통제 수단으로서의 조닝을 무시하고 있다.

목적. 조닝은 지자체와 그 시민의 건강, 안전, 그리고 일반적인 복지를 촉진하기 위하여 활용된다. 특별한 목적은 종종 공업, 상업 그리고 주거 사용으로 분리하는 것이다. 안전하고 효율적인 교통수단을 제공하고, 여가생활 요구를 만족시키고, 미적인 가치를 촉진시키고, 안전과 복지를 위한 밀도 조정을 하면서 시간이 흐름에 따라 조닝은 기준 이하의 주거, 도시적 쇠퇴, 늘어나는 인구로부터의 요구, 환경적인 문제, 자원의

보존 그리고 대지, 습지 그리고 해안 지역의 보존과 관련된 염려를 지적하는 데 점점 더 많이 활용되어 왔다.

법 제정. 조닝은 주정부가 지자체에게 조닝 규정을 발휘할 힘을 부여하는 합법적인 법안을 통과시킴으로써 시작된다. 지역 사무관은 보통 그 지자체를 일련의 구역 혹은 단지로 나누는 조닝 지도를 채택한다. 일반적으로 조닝 혹은 계획 임무는 지도를 제안하고 변화 혹은 재조닝을 권고한다. 탄원 위원회는 변경에 대한 요구와 특별 예외 조항뿐만 아니라 조닝 사무관에 의한 규정의 집행결정과 해석으로부터의 간청을 듣는다.

▶ 대부분의 규정처럼, 조닝은 연방정부가 아니라 주에 보유된 권한이다. 전부는 아니지만 대부분의 주는 조닝을 발전시키고 집행하도록 하기 위하여 권한을 지역 자치관청(주에 의해 제정된 규칙 내에서)에 권한을 옮겨주는 법령을 통과시켰다.

요구사항. 조닝 법령은 각 구역 혹은 단지를 위해서 전형적으로 아래와 같은 요구조건을 설정한다.

- 허용가능한 용도(상업지역에 주거를 건축할 수도 있다. 그러나 그 반대는 아닐 수도 있다.)
- 특별한 허가에 따라 허용되는 용도(예를 들면 상업지역 내에 가솔린 펌프 설치 등)
- 주거단지 내에 전문적인 사무소와 같은 허용가능한 부속 용도
- 차고와 대지에 허용된 다른 구조물과 같은 허용가능한 별도 건물
- 최소 전면도로 폭 유지와 같은 최소 대지규모와 치수
- 종종 건폐율로 표현되는 대지의 최대 건축면적
- 종종 용적률로 표현되는 대지의 최대 연면적
- 최고 건물 높이
- 가끔 "마당" 요구로 묘사되는 전면, 후면 그리고 측면 대지경계선으로부터의 최소 이격거리
- 최소 공개공지 요구 조건
- 대지내 주차장(혹은 노상 주차장)과 화물적재 시설

이러한 요구조건은 대지와 그곳에 위치하게 되는 건물의 특별한 외형에 대하여 일련의 가능한 용도를 만들어 준다. 또한 조닝 법령은 타입, 규모 그리고 표지판의 위치를 규정할 수도 있다. 그것들은 다른 대지의 사용과 디자인 통제(랜드마크 보호와 건축적 검토 요구사항 같은 것)를 포함하거나 혹은 이러한 것들이 다른 규정으로 편입될 수도 있다.

조닝 요구사항에 대한 변경. 조닝 요구조건이 일단 실행되면 다음 3가지 수단으로 변경할 수 있다.

- 변경은 만약에 면제가 공익에 반하지 않고 조닝 법령을 따르는 것이 "불필요한 어려움"으로 나타난다면 대지 소유주에게 조닝 법령의 특별한 조건으로부터 벗어나는 것을 허락해 주는 것이다. 변경의 목적은 특별한 대지소유주에게 부당한 어려움을 부과할지도 모르는 조닝 법령의 적용을 수정할 수 있는 진행절차를 제공하는 것이다. 변경을 획득하기 위하여 대지소유주는 특별한 요구조건의 존재

▶ 조닝 변경을 부여하는 데 있어서 "불필요한 어려움" 기준은 넓게 적용되고 있지만 예상처럼 서로 다르게 해석된다.

때문에 법적으로 어려움이 있다는 것을 보여주어야 한다.

- 특별 예외(때로는 특별 허가, 특별 사용 혹은 조건부 사용으로 불린다)는 대지 소유주가 특별 예외를 적용하기 위하여 조닝 위원회로부터 특별 승인을 획득하는 한 주어진 단지 혹은 구역에서 특별한 사용을 허락하는 것이다. 특별 예외는 법령이 구역 내에서 다른 용도와 호환성이 있다고 생각할 수도 있는 용도이다. 이러한 예외는 소음, 교통 그리고 안전과 같은 조닝 고려사항 때문에 조심스럽게 위치되어야 한다. 예를 들면 상업지역에서 가스 펌프와 탱크를 위치시키는 특별 허가를 획득할 필요가 있을 수도 있다. 특별 예외는 조닝 기관이 그들에게 특별한 조건을 부과하도록 하는 것이 아니라 특별한 용도를 허락해 주도록 하는 수단을 제공한다. 변경과는 대조적으로, 대지 소유주는 승인을 받기 위하여 부당한 어려움을 보여줄 필요는 없다.
- 조닝 법령에 대한 수정은 지역사회의 건강, 안전 그리고 일반적인 복지를 장려하기 위하여 첫번째로 법령을 통과시킨 기관에 의하여 같은 이유로 수정될 수가 있다.

탄원과 특별 예외는 보통 임명되거나 선출된 시민 위원회에 적용된다. 조닝 탄원 위원회 이전에 공청회는 공개적으로 광고된다. 법은 종종 인접대지 소유주가 공청회의 시간과 장소를 특별히 통보받도록 요구한다. 변경과 특별 사용 허가에 대한 논의는 중요한 디자인과 기술적인 내용을 포함할 수도 있기 때문에 건축가는 조닝 위원회 이전에 프레젠테이션을 준비하고 소유주의 경우를 논의하는 데 종종 참여된다.

> 건축주와 시행사가 공공 승인 과정을 다룸에 따라 그들은 프로그램과 범위, 재정(아마 재정적 가능성) 그리고 스케줄 요구사항을 유지하려고 한다는 것을 명심하라.

조닝은 그 속성상 개인의 권리(각 사람의 가정은 그의 성이다)와 지역사회의 권리—그들의 권리를 침해하는 이웃의 부당한 대지 사용과 개발에서 고통받지 않아야 한다고 느끼는 사람들—사이에서 근본적인 충돌을 구체화시킨다. 조닝 논쟁은 감정적이고 질질 끌릴 수가 있다.

> 허가과정은 사실상 협의로 이루어진다—그것은 아마 시간을 끌게 될 수도 있다.

조닝 법규가 시와 마을에 주요한 영향을 끼쳐왔다는 것에는 의심할 나위가 없다. 법규에 있어서의 변경(예를 들면 더 큰 대지 규모를 요구하거나 혹은 밀집된 도시지역에 있어서 공개 공지와 같은 보행자 레벨에서 편의 공간을 제공하면서, 높은 용적률을 적용하는 것과 같은 보상을 제공하는 것)은 사회 구조, 경제 그리고 우리 지역사회의 형태에 지대한 영향을 끼칠 수 있다.

계획 조례

조닝이 대지 사용을 통제하는 반면에 지역사회는 공공 안전, 건강 그리고 복지에 영향을 끼칠 수도 있는 대지 계획과 디자인 요소의 많은 다양성을 조정하는 계획 조례의 다른 형태에 의존해 왔다.

필지분할 조례. 대지의 한 구획이 여러 부분으로 나누어질 때 이러한 조례가 적용된

새로운 조닝

지난 30년 동안 개화된 지역은 조닝에서 다수의 혁신적인 제도를 도입하였다. 그것들의 대부분은 건축주와 크게는 지역사회에게 이익이 되는 행동을 하는 건축주에게 보상을 해주는 것으로 디자인되었다. 도시 지역 토지 학회 책자인 「부동산 개발에서 원리와 과정(Real Estate Development: Principle and Process)(2000년)」에서는 저자 마이크(Mike E. Miles 외 4명)는 선정된 혁신적인 조닝에 대한 개요를 제공한다.

계획 단위 개발(PUD): 프로젝트 디자인을 위한 선택적 과정으로서 보통 꽤 큰 대지에 적용된다. 그것은 어떤 요구사항을 완화 혹은 철회시키거나 개별적인 계획 검토를 대체함으로써 허용되는 보통의 조닝보다 더 융통성 있는 대지 디자인을 허용한다. 자주 PUD는 주거 유형의 다양성과 때론 다른 용도를 허락한다: 그들은 보통 특별 필지분할 계획을 통하여 충족되는 전반적이고 일반적인 계획을 포함한다.

클러스터 조닝: 이것은 공공용지와 대지의 나머지에 자연적 특성을 보존하기 위하여 대지 한 부분의 작은 공지에 주거 단지를 허용한다. 최소 공지와 마당 규모는 감소된다. PUD처럼 대지 디자인은 더 상세한 검토에 달려있다.

겹 조닝: 하나 혹은 더 많은 구역에 적용된 조닝 구역-이것은 역사적 건물, 습지, 가파른 경사 그리고 도심지 주거 용도와 같은 특별한 특징 혹은 조건에 대한 조항을 포함할 수도 있다.

플로팅 조닝: 특별 프로젝트에 대한 설정까지 위치 파악이 안되는 것에 대한 조닝 구역과 조항. 개발업자가 조닝 신청을 하기까지 조닝 지도에 위치가 지정되지 않는 지역 쇼핑센터 같은 어떠한 용도를 예측하는 데 사용되곤 한다. 보통 특별 검토 과정을 요구한다.

보상 조닝: 개발업자에게 밀도 증가 혹은 적용시 빠른 처리와 같이 파악되는 이익을 보상함으로써 그들의 프로젝트에 어떠한 쾌적함과 질을 제공하도록(강제가 아닌) 장려하는 조닝 조항이다. 이것은 종종 도심지역에서 공개공지, 특별 건물 특성 혹은 공공 예술을 확보하기 위하여 사용된다.

탄력적인 조닝: 특별한 용도와 건물 기준을 규정하기보다는 대지 디자인에 적절한 용도와 요구조건을 결정하는 수행 기준과 다른 척도를 설정하는 조닝규정이다. 이것은 드물게 모든 조닝 구역에 적용되지만 종종 선택적인 위치 혹은 용도 타입을 위하여 사용된다(예를 들면 PUD).

포괄적인 조닝: 프로젝트 승인의 조건에 따라 저소득 주거 공사를 요구하거나 장려하는 조닝 규정이다. 이것은 그러한 주거 시행에 대한 보상으로 밀도 혹은 다른 보너스를 제공할 수도 있다. 그리고 이것은 대지에 주거를 요구하거나 혹은 다른 대지에 위치를 허용할 수도 있다.

이동가능(혹은 이동)한 개발권리(TDRS): 개발이 제한된 대지의 소유주가 밀도 증가가 허용되는 다른 위치로 이동하기 위하여 개발 권리를 다른 개발업자에게 매매함으로써 잃어버린 어떠 가치를 보상받도록 허가하는 과정이다. 이것은 종종 역사적인 건물이나 건축적 중요성을 보존하기 위하여 사용되며 때로는 공개공지나 농지를 보존하기 위하여 사용된다.

다. 그것들은 적절한 하부구조와 공공 서비스가 초기부터 디자인되고 분할 대지에 지어지는 것을 확인함으로써 공익을 보호하는 것으로 의도되어 있다. 결과적으로 필지분할 조례는 종종 아래와 같은 특성을 조정한다.

- 위치, 구획 규모, 배치, 교차로, 막다른 골목 그리고 컬데 삭을 포함하는 도로 계획
- 너비, 경사, 커브 반경, 공사, 연석, 보행자 도로, 조명 그리고 배수를 포함하는 도로 디자인
- 도로 이름과 건물 번호 매기기
- 규모, 치수, 형상 그리고 도로로부터의 진입에 대한 요구사항을 포함하는 필지
- 학교, 공원, 공개 공지 그리고 자연 특성의 보존에 대한 요구사항

필지분할 조례는 일반적으로 지역 계획 혹은 건축 공무원에 의하여 관리된다. 조닝 위원회와 연계될 수도 있는(혹은 분리된) 계획 위원회는 공공 회의에서 필지분할 요구를 검토한다.

단지 계획 검토. 필지분할 조례에 추가하여 많은 지역사회는 단지 계획 검토 법령을 실행하여 왔다. 이러한 것들은 계획 위원회가 모든 상세한 단지 계획(혹은 아마 개인 주택을 제외한)을 검토하고 대지 계획, 지형, 배수, 연석, 고속도로 접근, 공개공지, 도장, 표지판의 위치, 그 외 외부 구조물, 시각 통로 그리고 이와 유사한 디자인 특성들을 승인하는 권한을 부여한다.

계획 위원회가 검토, 협의 그리고 승인에 대하여 광범위한 권한을 갖는 것은 일반적이다. 조닝 위원회처럼, 그들은 이웃과 관심 있는 시민들에게 정보 제공 기회와 질문과 반대를 할 기회를 제공하면서 그들 앞에 놓인 프로젝트에 대한 공청회를 실시한다. 건축가는 이러한 회의에서 프로젝트의 디자인 의도와 그것이 주변에 미치는 영향을 모두에게 이해시키는 데 탁월한 도움을 줄 수 있다.

건축 디자인 조례. 2차 세계대전 이래로 광범위

하게 활용된 건축 디자인 조례는 따로 혹은 지역 조닝의 일부로서 혹은 계획 법령으로서 실행될 수도 있다. 디자인 검토 위원회는 새로운 구조물의 디자인 특히 외관을 승인하기 위해 구성될 수도 있다.

역사적 보존 조례. 이러한 규정은 역사 지구 내의 혹은 사적 문화재로 지정된 기존 구조물의 외관을 보호한다. 그것의 목적은 종종 미적인 부분에 관계되어 있다 그러나 또한 그것들은 지역 정체성과 역사 문화를 보존하는 것으로 의도되어 있다.

일반적으로, 지역 자치구는 역사적 가치가 있는 지역에 역사적 보존 계획을 적용한다. 역사 지구 내에서 구조물의 철거, 외관 수정 혹은 광범위한 수선은 사전 인가 없이는 정상적으로 허용되지 않는다. 오직 지어지는 건물이 역사 지구의 기존 특성에 부합한다면 주 변경이나 혹은 새로운 공사는 허용된다.

다른 지역적 통제. 이웃과 지역사회는 생활의 질-그리고 그러한 질을 유지하거나 감소시키는 성장과 개발의 역할-에 관하여 더욱더 관심을 가지게 됨에 따라, 그들은 추가적인 토지 이용과 개발 통제를 법제화하였다. 이것은 다음에 영향을 미치는 규정을 포함할 수도 있다.

- 특별 구역, 예를 들면 비행장, 자연 미관 지역 혹은 환경적인 취약 지역, 홍수지역 그리고 그와 유사한 것
- 특히 교육시설, 주간 보호시설, 건강관련시설, 제조시설 그리고 공공 집회 장소 등을 포함하는 특별 거주(때로 이러한 요구조건은 면허 혹은 세금에 관한 규정으로 편입된다)
- 보도, 장애물, 캐노피, 표지판, 광고게시판, 트레일러 주차장, 입구 차양, 수영장 그리고 넓고 다양한 물리적 지형 지세에 대한 특별 법령

건축가는 프로젝트에 이러한 규정이 모두 관계된다는 것을 이해하는 것이 중요하다. 그러한 것들을 단순 적용, 검토, 승인과 함께 단순 법령으로 규정해왔고, 구조에 대한 탄원을 하는 지역사회는 드물다 .

환경 법규

환경법은 오늘날 가장 빠르게 확장되고 있는 법의 하나이다. 그리고 그것은 현대인의 일과 사생활의 모든 면에 영향을 준다. 환경 법규의 가장 명백한 목적은 토지, 물, 공기 그리고 생활를 보호하는 것이다. 부가적인 목표는 효율성의 달성, 국가적 안전, 미관과 휴양 보존, 지역적 안정, 지속가능성(미래에 대한 환경 보존) 그리고 세대간의 형평성(미래 세대를 위한 환경 보존)이다.

연방 정부는 청정 공기 시행령을 포함하는 광범위한 법안을 창안하여 환경적인 목표를 추구해 왔다. 소음 통제 시행령: 고체 쓰레기 처리 시행령: 국가 환경 정책 시행령: 포괄적인 환경 대응, 보상 그리고 책임 시행령(CERCLA 혹은 수퍼펀드): 자원보존

과 회복 시행령: 그리고 유해물질 통제시행령. 또한 많은 주와 지역은 이러한 분야에서 법안을 통과시켰다.

규정의 목록은 끝이 없다. 결과적으로 환경 법규는 이제 시공 산업에서 생명과 같은 요소가 되었으며 디자인을 포함한 공사과정 전반을 통하여 광범위한 역할을 한다. 환경 규정은 그 주제를 깊이있게 분석하기가 불가능할 정도로 빠르게 변화하고 있으나 거기에는 건축가가 중점적으로 살펴보아야 할 광범위한 현안들이 포함되어 있다.

단지 분석(16.2)은 "서비스"의 개념이 대지 선정, 프로그램 그리고 디자인의 맥락에 있어서 규정 통제를 다루는 행위들을 어떻게 포괄하는가를 논의한다.

대지. 대지 선택, 리모델링과 새 건물에 대한 디자인은 조닝과 환경 법규를 따라야 한다. 많은 조닝 법령은 환경을 보호하기 위한 것이다. 예를 들면 공개공지 조닝은 개발 통제뿐만 아니라 환경을 보호하도록 되어 있다. 미관 형태와 역사적인 대지에 관한 법령 또한 환경을 보호할 수도 있다. 끝으로 건축공사라는 것은 습지, 해안 지역, 특히 보호 지역 그리고 그 외 자연 주거지를 보호하는 조닝과 다른 규정에 강하게 연결되어 있다.

대지에 있는 환경 문제를 인식하는 것과 공사기간 동안 환경을 보호하는 것은 중요하다. 건축주와 건축가는 그 지역—특히 그 대지가 상업 혹은 공업적인 목적으로 사용된다면—의 어떤 환경적 감사 혹은 조사를 검토하는 것을 고려해야 할지도 모른다. 그리고 그 대지가 오염되었거나 오염된 대지로부터 일마일 이내에 있는지를 알기 위하여 CERCLA 목록을 검토하는 것을 고려해야 할지도 모른다. 공사 전에 지하 보관 탱크, 석유의 유출 혹은 위험 물질 그리고 라돈을 체크해 보는 것이 신중한 일이다. 공사 전반을 통하여 대지로부터 쓰레기를 제거하는 데도 주의를 기울여야 한다.

건축가는 때때로 대지가 결점이 없다는 것을 건축주에에 증명하도록 요구받는다. 그러한 증명은 건축가의 능력 범위를 넘는 것일 수도 있다.

물. 청정수 규정은 마지막 구조물의 사용뿐만 아니라 공사 방법에도 영향을 끼친다. 청정수 시행령은 공사에 특별히 적용해야 하는 오수 관리요구사항을 포함한다. 침전물 통제와 물 그리고 오수 요구사항에 관한 규정도 있다. 새로운 구조물이 대지 내에 물과 오수 시스템을 갖추어야 한다면 배수 요구조건에 따라야 한다. 예를 들면 구조물이 세탁소 같은 산업시설이라면, 지하수에 휘발성의 유기물질이 유입되는 것을 방지하도록 사전처리 시스템이 설계되어야 한다.

공기. 청정공기 규정은 건물의 내외부에 적용된다. 규정은 에너지 효율적이고 환경적으로 좋고 건물의 모든 부분에 충분한 산소를 공급하는 난방, 공조 그리고 냉방 시스템에 관심을 점점 더 기울인다. 법안은 냉방 시스템에서 공기로 방출되는 오존 층을 파괴하는 냉매제(CFCS) 사용을 금지한다. 마침내 배기 시스템과 굴뚝의 방출은 공기 규정을 반드시 따라야 한다.

AIA 문서(예를 들면 B141 9.8절과 A201 10.1.4절)은 석면과 PCB, 납 페인트에 연관된, 언급되지 않은 손실에 대하여 건축가의 어떠한 책임도 없애 주고 있다.

재료. 다양한 재료는 환경 규정의 대상이고 신축과 개축 건물의 디자인에서 이 부분을 고려해야 한다. 우레탄폼과 같은 유형의 유해한 건물 재료는 사용되지 못할지도 모른다. 개축 프로젝트에 있어서 디자이너는 석면과 염화폴리 비페닐과 같은 산업 화학물질에 대하여 의식하고 있어야 한다. 광범위한 규정 또 다른 재료는 납페인트이다.

환경적으로 건전하다고 생각되는 재생 재료뿐만 아니라 새로운 재료는 공사 프로

환경 규제의 중요성

현재 미국의 법제도는 건축가가 살고 일하는 기본적인 구조 틀을 설정하지만 사실은 일상 행위의 많은 부분이 환경 규제에 의하여 지배되고 있다.

규제는 행정적인 법으로 불리는 한 부분으로서 발전되고 공표된다. 그 아이디어는 개개 법령이 법안들을 통과시키는 입법부에 의하여 잘 고려되지만, 그것들에 효력을 주고 집행하는 데 필요한 모든 기술적이고 절차상의 조항를 다 포함할 수는 없다는 것이다. 이처럼 행정 법안을 개념에서, 연방, 주 그리고 지역 정부의 집행기관에서 법안을 일상에 적용하는 규정을 초안하고 공표하는 것이다.

예를 들어 건축 법규를 생각해 보라. 주 입법부는 주 전체에 균일한 건축 법규를 적용할 시기라고 결정할 수도 있다. 주는 그러한 규칙을 명령하는 법안을 통과시키고 집행기관이 그것을 작성하도록 요구한다. 규칙을 초안하면서 집행기관의 부서(이 경우 주 건축 법규 위원회)는 법안에서 표현된 법 취지 혹은 그것을 이끄는 공청회와 의사록뿐만 아니라 법안에 표현된 특별한 지시들을 따르게 된다. 그 결과로 건축 법규는 기술적인 조항에서 매우 특별하고 상세하다. 그것은 역시 그것을 집행하는 데 필요한 모든 세부사항을 포함하게 된다. 한번 규정으로 공표되면 그것은 법으로서의 영향력을 갖는다.

대부분의 규정은 복잡한 주제들을 나타내기 때문에 그것들은 사용자들이 변경, 예외 혹은 그것들의 조항으로부터 다른 형태의 완화 등을 추구할 수 있는 방법을 갖고 있다. 예로 다시 건축 법규를 보면, 건축가는 이 규칙이 그들의 특별한 상황에는 맞지 않고 그 규칙의 의도를 수행할 더 좋은 방법이 있다는 것을 찾을 수도 있다. 대부분의 규칙은 이러한 것을 예견하여, 개인 혹은 지역사회를 대변하고 종종 디자인과 건설에서 어떤 기술적인 전문성을 가지고 있는 사람들로 이루어진 위원회에 의하여 만들어진 변경에 대한 결정과 함께 변경 절차를 만들어 놓는다. 이러한 규정 조항으로부터의 행정적 지원은 일반적으로 접근하기 쉽다. 사안에 따른 결정은 몇 달 혹은 몇 년이라기보다 몇 일 혹은 몇 주 안에 이루어져야 한다. 법원이 규정이라는 그들의 영역 내에서 중요한 전문성을 발전시킨 행정 대리기관에 대해 상당한 방어를 해 주기 때문에, 사용자가 모든 행정 수단에 지쳐버린다면, 일반적으로 사법상의 지원(법원에 가는 것)은 여전히 가능하지만 성공적이기는 드물다.

젝트에 사용되고 있다. 집섭 보드는 바탕재료가 될 수 있으며 단열재가 뿌려짐으로써 사용된다. 그리고 어떤 유리는 재생될 수 있고 창문에 사용된다. 어떤 조적, 금속 그리고 알루미늄은 재사용될 수 있다. 그러한 재사용은 환경적으로 좋을 뿐만 아니라 경제적으로도 이익이 된다.

친환경 의식. 고객은 더욱 친환경적이 되어 왔고, 건물이 환경에 해로운 영향을 끼치지 않도록 요구하고 있다. 건축가는 이러한 인식을 수용하기 위하여–때로는 그것을 최우선하여–환경에 친숙하고 그것을 보존하는 데 초점을 맞추는 지속 가능한 혹은 친환경 건축을 발전시키고 있다.

새로운 많은 건물의 디자인은 에너지 효율에 초점을 맞춘다. 디자인은 자연광의 사용에 투자하고 있다. 실내에서 사람이 방을 떠나면 자동으로 조명이 꺼지는 센서가 설치될 수도 있다. 욕실의 수도꼭지는 물을 절약하기 위하여 자동으로 꺼질 수도 있다. 더 효율적인 냉방 시스템이 디자인되고 있다.

환경적으로 건강한 방식의 사업을 고려하지 않는 시공업체는 사업을 실패할 위험뿐만 아니라 환경 규정의 위배로 실질적인 벌금형에 처해진다. 환경적인 법령은 실질적으로 시민에 의한 처벌이다. 몇몇 예로 벌금은 업체가 책임이 있느냐 없느냐와는 관계없이 규정이 위반된 프로젝트에 관련된 여러 업체에 부과된다. 결과적으로 디자인과 시공회사는 변화하고 진화되는 환경 법안과 끊임없이 병행해 가야 한다.

지속성 있는 건물 설계(17.11) 서비스는 건물디자인에 있어서 환경적인 면과 진행과정적 요소를 서술하고 있다.

업무와의 연관성

커뮤니티 계획과 환경 규정의 커지는 중요성은 건축가에게 두 가지의 실무 기회를 제공한다—이웃과 커뮤니티 디자인 규정을 창조하는 과정을 허가받기위하여 지원하는 전문 용역을 제공하기와 그 과정에 참여하기.

허가 과정동안의 서비스. 커뮤니티가 계획과 개발 그리고 디자인을 통제하는 데 더 확고해짐에 따라, 건물을 짓는 데 필요한 승인을 얻는 과정—종종 지자체 허가를 포함하기 때문에 허가라고 한다—은 더욱 더 복잡해졌다.

건축주와 개발업자는 지자체 공공 대리인과 파트너십으로 그들의 프로젝트를 발의하고 규정지어야 한다는 사실을 찾는다. 증가 추세에 있는 이러한 파트너십은 이웃 주민 협의회, 지지그룹, 그리고 다른 일반적이고 특별한 사안(아마 환경이나 학교 혹은 좋은 관공서)의 개발에 관심있는 조직체에 의하여 대변되는 공공을 포함한다. 만약에 프로젝트가 크거나 혹은 다른 방법으로 주의를 끈다면, 이것에 대한 특별한 그룹은 그것을 중지시키거나 혹은 적어도 새로 디자인하게 하도록 조직을 구성할지도 모른다. 언론 매체 역시 그러한 소동에 기꺼이 끼어들고 싶어한다.

건축가는 프로젝트 정의과정에 참여할 기회가 있다.

- 건축가는 허가과정을 통하여 고객이 가장 적절한 길로 디자인하도록 도와줄 수도 있다. 이러한 길은 프로젝트를 진행시키고 규정적인 막다른 골목(위원회 A가 위원회 B의 승인을 얻을 때까지 그 프로젝트의 검토를 거절하는 것)을 피해야 한다.
- 건축가는 대지 선정과 분석, 환경 연구 그리고 보고, 대지 개발 연구, 대지 내외의 유틸리티 연구 그리고 조닝과 계획과정의 도움을 포함하는 허가 과정에 대한 지원 서비스를 제공할 수도 있다.
- 건축가는 대지계획과 기본 구상 단계의 서비스를 제공할 수도 있다. 디자인은 종종 커뮤니티, 그의 규정 위원회와 위임자에 의하여 제기된 질문과 고려사항을 다룰 필요가 있다. 몇몇 경우의 (예를 들면 랜드마크 보존) 디자인은 승인이 다가오기 전에 앞서 잘 진행되어야 할 필요가 있다.
- 건축가는 여론 해결에 있어서 관계된 모두를 때로는 잘 안내하면서, 커뮤니티가 제안한 프로젝트의 내포한 의미를 분석하고 이해하도록 도와줄 수도 있다.

프로젝트 정의과정에 참여한다는 것은 많은 왜곡과 반려 그리고 반복되는 제출과 함께 많은 시간을 요하며 고통스러울 수도 있다. 일련의 승인은 프로젝트가 계속적인 일련의 승인을 충족시키기 위하여 재디자인되어야 한다는 것으로 나타날 수도 있다. 어떤 프로젝트는 허가 과정을 통하여 특별한 관심사만이 중점적으로 다루어지는 것과 같은 미식축구가 된다.

이러한 참여를 선택한 건축가는 지역 규정과 과정을 현 상태로 남겨 두고 대리 공무원, 직원들과 함께 업무관계를 가까이 유지하는 것이 최선책이라는 것을 알게 된다. 또한 이러한 건축가는 공공에 있어서 디자인 현안과 변수—특히 공청회와 회의라는 가혹한 시련에서 특히—를 협의하는 데 능숙해진다는 것을 알게 된다. 공청회는 공공기관이 프로젝트 소유주와 크게는 커뮤니티의 사람들 간에 필요와 권리를 융화시키려고 시도함에 따라 제안과 반대 제안—그리고 약간 오래된 약속조차—으로 연설이 종종 중단되는 역동적인 환경이다. 공청회가 개념과 디자인에서 가능한 변경을 제안함에 따라 프로젝트를 사무실로 가져가서 연구하는 드문 일도 있다. 이러한 환경에서 건축가는 제안된 수정을 평가할 수 있고 이러한 평가를 재빨리 건축주에게 제공할 수 있도록 프로젝트를 잘 알 필요가 있다.

건축주 혹은 건축가 어느 누구도 허가과정과 그것의 결과를 조종할 수 없기 때문에 대부분의 건축가는 이 기간동안 시간당 서비스를 제공한다.

디자인 통제를 디자인하기. 디자인 통제들이 퍼져감에 따라 조닝, 계획 그리고 그 밖의 커뮤니티 디자인 통제는 일반적인 목적을 수행한다고 서술한 것을 상기하라. 이러한 디자인 통제는 빛과 공기에 대한 접근 같은 공익을 대중들에게 마련해주는(조닝에 대한 전통적인 법적 기초) 것을 확인시키면서 모두의 복지를 보호한다는 의미이다—냄새, 소리 그리고 부적절한 디자인에 의하여 야기되는 폐해로부터의 보호 그리고 환경보호 혹

커뮤니티 위원회 접근

아마도 가장 좋은 충고는 이것이다: 당신의 숙제를 하라. 이러한 단순한 격언에 살을 붙이는 몇몇 가이드라인이 여기 있다.

- 조닝 공청회, 도시계획 위원회 회의 혹은 다른 공청회의 협의사항에 무엇이 포함되는지 이해하라. 어떠한 적용이 만들어질 필요가 있는가? 어떠한 정보가 요구되는가? 건축주와 건축주 대리인이 개인적으로 나타나기 전에 건축주의 요구가 거부될 필요가 있는가? 부정적인 결정에 대한 탄원을 접수하는 데 얼마나 많은 시간이 걸리는가? 그 협의사항에 포함되는 데 얼마나 걸리는가?
- 규정을 집행하는 공무원 혹은 위원회의 총무와 같이 앉아 그 과정을 배워라. 그 위원회에 어떻게 다가가는가에 대한 방법뿐만 아니라 기술적인 대답(위의 질문과 같은)을 구하라.
- 누가 위원회에 있으며 무엇을 하고 언제 그들이 이러한 공공 서비스를 제공하지 않으며 그리고 그 책상머리에 특별한 개인적인 협의사항이 있는지 없는지를 찾아내라. 대부분의 규정위원회는 시민위원회로 위촉되어 있으며 법뿐만 아니라 지역사회의 이익을 대변하도록 의도되어 있다. 그러한 이익들이 무엇인지 찾아내라.
- 당신이 참석하기로 계획된 회의 전에 다른 회의에 참석해 보라. 위원회가 어떻게 진행하고, 그 진행방식이 형식적인지 아닌지, 그리고 대부분이 관심을 갖는 듯한 현안과 질문의 유형 등을 관찰하라. 위원회는 조심스럽게 정의된 규정의 틀 속에서 수행되지만, 그들은 그들의 책임에 관련된 부분에 있어서는 상당한 폭을 가지고 있다.
- 결정된 사례를 공사하면서 건축주와 적용가능한 법을 검토하라(예를 들면 조닝위원회가 특별 사용 승인을 투표로서 가결할 수 있는 조건들). 이러한 요점들을 검토하라.
- 위원회 이외에 누가 그 방에 있을 것인지 고려하라. 법에 의하여 공청회와 위원 회의는 늘 열린다. 이것은 지역 신문을 통하여 일반에게 알려진다. 그리고 종종 법으로, 이웃 대지 소유자도 공지되도록 한다. 누가 오고 그들의 마음속에 무엇이 있는가? 언론 매체가 관심을 가질 것인가? 5명 구성의 조닝 위원회에 나타나는 게 하나이고 다른 하나는 가득 화난 이웃 주민들에게 설명하는 것이다.
- 논란이 있는 프로젝트에 있어서, 건축주에게 공청회가 열리기 전에 커뮤니티 정보회의를 고려하도록 제안하라. 정보와 설명를 제공하는 것에 부가하여, 이러한 회의는 관심사를 겉으로 드러낸다—결정이 내려지는 공청회에 프로젝트를 상정하기 전에 건축주가 언급하고 싶을 수 있는 관심사.
- 제시간에 공청회에 도착하라(예, 그들은 종종 늦게 시작한다). 필요한 물품들을 가져오라. 그리고 당신과 건축주 그리고 그 프레젠테이션에 포함된 그 외 누구든지(아마 건축주의 변호사) 각자 자기가 할 역할을 반드시 이해하라.
- 프레젠테이션은 짧고 전문성 있게 하라. 시각적 표현이 이해하기 쉽다는 것을 명심하라. 논의가 시작되면, 무슨 이야기가 나오는지 자세히 듣고 가능한 한 직접적으로 관심사를 언급하라.
- 건축주가 협상에서 무엇을 위해 싸우고 무엇을 포기해야 하는지를 진행되는 동안에 알게 된다는 것을 명심하라. 먼저 주눅들지 말고 건축주와 논의하는 동안 반대되는 입장을 시도하지 마라. 이것은 건축주의 프로젝트이지 당신의 것이 아니라는 것을 기억하라.

은 건축 유산의 보호와 같은 목적을 성취하기 위한 기회. 이러한 목적이 수립되어 왔으며 법원 사례와 사법적 결정의 오랜 기간을 통하여 계속 진화되어 왔다.

물론 이러한 목적을 성취하기 위한 많은 방법이 있다. 지난 30년간 어떤 건축가는 자치구의 도시디자인 사무소에서 일하거나 혹은 대규모 프로젝트와 지역사회의 계획과 디자인의 일부로서 적절한 커뮤니티 디자인 통제를 발전시키는 데 참여해 왔다. 예를 들면 뉴욕 시는 건축가와 도시계획가에 의하여 발전된 혁신적인 조닝의 역사를 가지고 있다. 최근에는 플로리다의 해안가 같은 계획된 커뮤니티는 섬세한 건축 디자인과 개인 건축주가 그들 자신의 대지를 개발하도록 유도하면서 커뮤니티 목적을 성취하도록 의도된 마스터 플랜과 디자인 통제를 디자인에서 양쪽 모두를 다 시행하고 있다.

추가적인 정보

부동산과 토지 개발에 관한 많은 저술은 커뮤니티가 적극적으로 토지 이용을 규정하고 개발하는 접근방식에 대한 좋고 일반적인 해설 자료를 제공하고 있다. 미국계획협회는 조닝 토지 이용법 그리고 성장관리 현안에 관한 다양한 출판물과 연구보고서의 자료 제공처이다. (312)431-9100 혹은 (202)872-0611로 연락하거나 www.panning.org를 방문하기 바란다.

커뮤니티 계획에 있어서 생태적 요소와 환경적 고려사항을 통합하는 것은 오늘날 주된 현안이다. 부동산개발 과정에 대한 주제는 알렌스 윌슨이 쓴 **녹색 개발: 생태학과 부동산을 통합하기(1998)**에 나와있다. 이 책은 7장은 녹색 개발 해결책에 대한 집행 전망으로부터 도전, 전략 그리고 승인과정을 다루고 있다.

14.4 건축법과 규정

Marvin J. Cantor, FAIA

정부는 공공의 안녕을 보호하기 위하여 건축법과 규정을 수립하고 집행한다.

건축법과 규정은 디자인에서 중요한 질서를 창조한다. 건축가가 해결대안을 허용하는 변경 혹은 특별 판정을 얻지 않는 한 건축법과 규정에 따라서 설계하는 것은 필수적이다. 건축법과 규정 위반은 건물 사용자에게 상해를 야기할 수 있으며 건축가로 하여금 법적인 책임을 지게 하며 면허까지 최소될 수 있다.

건축법

건물과 구조물 디자인에 대한 첫번째 규정 도구는 건축법이다. 역사적으로 지역 사회는 특별한 필요를 충족하기 위하여 건축규정을 발전시켰다. 기원전 1700년경, 함무라비 법전은 사람의 생명을 앗아가는 구조물 붕괴에 책임이 있는 건축업자는 그들 자신의 생명을 잃을 것이라고 명하고 있다. 도시가 성장하고 더욱 더 밀집됨에 따라 화재를 염려한 시민들은 모여서 지붕재료로 밀짚을 쓰는 것을 금지시키거나 혹은 건물 사이의 간격을 띄우도록 요구하였다.

세기가 바뀌는 시점에, 그리고 미국에서 주요도시의 화재(가장 극적인 1871년 시카고 화재)에 대응하여 보험산업은 현대 건축법에 고려되어야 할 많은 것들을 발전시켰다. 국가 화재 보증위원회는 1905년에 법규 모델로서 국가 건축법을 공포하였다. 그것은 지역에 의하여 적용될 수(수정, 혹은 비수정과 함께)있는 것이었다.

계획과 조닝 통제처럼, 건축법과 규정은 소위 행정법의 한 부분으로서 정부에 의하여 발전되고 공표된다.

현대건축법은 건물 거주자, 소방관, 그 외 비상요원, 건물 자체 그리고 화재로부터의 지역사회, 건물 붕괴 그리고 넓은 범위의 건강과 위험으로부터의 안전을 보호하는 복잡한 문서이다.

법규 모델. 수천 개의 미국 지자체에 주어진, 법규 공무원 및 디자인과 공사 전문가에 의하여 발전되고 공포된 법규 모델의 아이디어는 미국에서 건축 규정의 초석이 되어왔다. 20세기의 전반부 동안, 3개의 주된 지역적인 법규 모델 기구가 생겨나게 되었다.

- BOCA 인터내쇼날, BOCA 국가 건축 법규 출판
- 국제법규 담당관 협의 ICBO, UBC 출판
- SBCCI, SBC 출판

마빈 캔터(Marvin J. Cantor)는 워싱턴 D.C. 지역에서 40년 넘게 건축 실무를 해왔다. 그는 15년 넘게 건축 법규와 PIA 기준에 관하여 일해왔으며, 1991년 미국건축가협회 건물수행과 규정 조정위원회의 회장을 역임하였다. 또한 현재 버지니아 건축 법규 탄원위원회의 위원이다. 위 주제는 건축가 전문 실무도서의 12번째 판에 나타나있으며, 헨리 로렌스 2세에 의해 저술된 "건축 법규와 규정"으로 부터 발췌되었다.

기준 법규 조직

목적. 기준 법규 조직의 목적은 공공의 건강, 안전 그리고 복지를 보호하는 데 필요한 요구조건을 포함하는 건축 기준 법규를 만들어내는 것이다. 법규는 커뮤니티를 구성하는 사람들을 포함하면서 여론 과정을 통하여 계속적으로 발전된다. 기준 법규는 주 혹은 지역 정부에 의하여 채택된 후에 법이 된다.

회원. 기준 법규 조직은 기본적으로 건축 공무원과 지역 건축부로부터 나온 조사관으로 구성되어 있다. 전통적으로 법규 변경 제출에 대한 투표권은 그 관할구 인구에 기초하여 법규 행정 공무원에게 부여되어 있다.

법규 수정. 법규 기구는 매년 일련의 공청회를 통하여 법규를 수정한다. 새로운 법규 개정판은 매년 보완하여 3년 단위로 출판된다. 모든 회원과 공중은 제안된 법규 사항을 제출하고 법규 변경이 고려될 때 공청회를 통하여 검토되도록 격려된다. 어떤 건축가는 건축 공무원처럼 정부에 의하여 고용된다. 다른 건축가는 법규변경 제안을 제출하고 기준 법규 조직에서 위원회 봉사를 한다.

통합된 노력. 20세기의 대부분 동안 공포된 모든 법규를 가지고 있는 기준 법규 조직은 IBC를 배포함으로써 법적인 활동을 통합하는 과정에 있다. 그들이 1999년에 국제 법규를 승인한 이래로 법규 모델 기구는 그들 각자의 지리적 장소에서 여전히 활동적으로 남아있다. 그들은 새로운 단순한 기준 법규를 배포하고, 법규 행정과 집행에 관계되는 훈련과 교육 세미나를 행하고, IBC 사용에 있어서 보완하고 도와주는 출판물을 발행하고 그 회원을 대상으로 컨벤션을 연다.

미국의 단일 기준 법규의 발의는 뉴올리언즈에서 미국 건축가(건축사)협회 건물 성능과 평가 위원회에 의하여 지원된 1990년 심포지엄으로 거슬러 올라간다. 거기서, 단일 건축 법규가 나올 때가 되었는지 그렇지 않은지에 대한 질문이 쏟아졌다. 미국 건축가(건축사)협회 회원은 때가 되었음을 느꼈다. 법규 행정관, 건축가, 기술자, 공무원 그리고 관심 있는 시민들은 부분적인 회합을 가졌다. 이러한 현안을 불러일으키는 데 대한 과거의 노력으로 그들의 적절한 시기에 대해 다시 검토되고 분석되고 재조사되었다.

이러한 출발 회합을 따르면서 기존 법규 그룹은 단일 법규에 대한 논쟁을 검토하였다.

반면에 "공통 법규 양식"이라 불리는 개념을 외교적으로 승인한 미국 건축가(건축사)협회는 자치 관할구에서 일을 하는 디자이너가 더 쉽게 이용하도록 의도하였다. 법규 그룹은 나타난 법규 모델의 다음 현안들에 있어서 그들 사이에 통합된 어떠한 수준에 동의하였다.

이러한 점에서 각 기준 법규는 같은 수의 장을 가지고 있으며 각 장마다 같은 현안(대피, 화재 방어등과 같은)을 다루고 그리고 모든 법규는 전형적인 디자이너의 사무소를 통하여 그것의 움직임에 따라, 디자인 프로젝트의 정상 코스를 따르도록 디자인된 순서에 목록된 장을 가지고 있다.

분과위원회가 각 장을 연구하고 이러한 장의 3개 법규처리를 주제의 단일한 묘사로 조화시키도록 형성되어 있는 것처럼 다음 단계는 빠르고 논리적 양식으로 따랐다. 그 복잡성에 기인하여, 건축 법규는 가장 많은 연구를 요구하였다. 덜 복잡한 기계와 배관 법규는 검토되고 더 빨리 IMC와 IPC로 포맷되었다. 3개의 법규 모델 그룹은 빠르게 이러한 문서를 승인하고 미래에 법규 모델 기계 혹은 배관 요구사항의 활동적인 개정판에 필적할 만한 새로운 IC를 허용할 것을 고취시키고 있다.

법규 그룹은 그때에 그들의 기계와 배관 법규를 출판하는 것을 중단하였다.

사적인 소유의 법규 그룹이 소송을 제기하였으나 IC 사용을 기정 사실화하면서 그것은 법원에 의하여 기각되었다. 건축 법규 분과위원회는 1997년에 제안된 ICB의 첫 번째 실행 초안을 발행하였다.

필수적인 공청회, 법규 제안, 수정 그리고 의견들을 따라서 초판 그리고 마지막 판이 출판되었다. 마지막 형식에서 제안된 법규는 검토를 위하여 일찍이 1999년에 출판되었으며 같은 해 3개의 법규 그룹에 의하여 마지막으로 승인되었다.

국제법규 단체의 발전동안, 단독 그리고 두 세대 주거 법규를 출판하기 위하여 이전에 3개의 법규 그룹과 가까이서 일을 한 CABO는 공식적으로 해체되었다. 단독 그리고 두 세대 주거를 위한 국제 주거 법규를 만들기 위해 3개의 법규 모델 그룹과 일을 하도록 새로운 국제 건축법 평의회 ICC가 형성되었다. ICC는 그의 어떤 업무는 이전에 CABO에서 다루었던 것처럼 법규 과정에 대한 변경을 행정 관리할 것이다.

위에서 언급한 건물, 배관 그리고 기계 법규에 추가하여 국제 법규 단체는 IPSDC, IFC 그리고 IPMC를 포함한다. 이 모든 것을 보완하는 것은 새롭고 혁신적인 재료를 검토하고 진행하고 새로운 국제 법규와 일치하는지를 증명할 새로운 기구인 NES의 임무가 될 것이다.

이러한 서비스는 법규 모델 기구에 의하여 현재 준비된 감시를 제공할 것이다. 그들의 활동을 한 기구로 합치는 것은 시공에 있어서 새로운 재료와 방법을 공급자에 의하여 시장에 내보내는 과정을 단순하게 하고 관계되는 모두를 위하여 더 빠르게 만들 것이다.

ICBO는 서부지역에, BOCA는 많은 북중 · 북동부 지역에 그리고 SCBBI는 남부지역에 사용되는 것처럼 각 법규 모델 그룹은 지역적인 성향을 가지고 있다.

미국 건축법 발전에서 가장 최근의 활동은 3개의 주된 법규모델이 하나의 법규, 국제건축법 IBC로 통합된 것이다. 이 새로운 단일 법규는 미국에 있어서 최우선의 건축법 규정이 되면서 3개의 법규 모델을 대신한다.

채택. 대부분의 건축법은 지역 차원에서 채택되고 집행된다. 지역 사법관할구는 건물 규정을 적용하고 집행할 권한이 있기 때문에 건축법은 주에 따라서 그리고 같은 주라도 시에 따라서 다르다. 미국에는 약 13,000개의 건축법이 있다.

보유한 그 힘들 중에서 하나를 가정하면, 주는 일반적으로 건축법에 있어서 다음과 같은 3가지 중에서 하나의 접근을 취해왔다.

- 법제화하고 일정한 주 전체 법규를 요구한다.
- 지자체가 그것을 적용하도록 주 법규 모델을 법제화한다.
- 지자체가 건축법을 법제화할 권위를 위임한다.

35개 주는 현재 주 전체 법규를 사용하도록 명령하고 있다. 그리고 대부분 주는 3가지 법규 모델 중에서 하나 혹은 그 이상을 사용하고 있다. 이러한 3가지 법규는 IBC에 의하여 지원되고 있다.

주가 법규 모델을 제공하고 지자체가 적용하도록 하는 곳에서는 주 법규가 최소 혹은 최대 법규일 수도 있다. 주가 최소 볍규를 명령한다면 그땐 지역 관할구는 최소 요구로서 법규를 받아들여야 하고 그들의 판단에 따라 더 설득력 있고 부가적인 조항을 적용할 수도 있다.

건축 법규를 적용하는 권위를 가진 지역은 주 법령 요구조건에 따라 여러 가지의 선택권을 갖는다.

▶ 건물규정은 미국헌법에 의하여 연방정부가 아니라 주에 보유된 권한이라는 것을 상기하라. 어떤 주는 주 전체의 건축 법규를 사용하는 반면, 어떤 주는 건축법을 발전시키고 집행하기 위하여 지역 자치관청(주에 의하여 제정된 규칙 내에서)에 권한을 위임하는 법령을 통과시켰다.

- **법규모델을 적용한다.** 대부분의 관할구는 그것을 적용하기 전에 법규를 수정한다. 때로는 오직 수정이 적용 법령에 있을 수 있다—법규 그 자체로서가 아니라. 지역은 최근의 개정판을 적용하거나(그것은 법규 모델이 매년 수정되는 것처럼 지역 요구조건이 바뀌는 것을 의미한다) 혹은 특별한 개정판을 적용할 수도 있다(때로는 지자체가 법규모델의 현재 개정판보다 몇 년 정도 늦는다).
- **그들 자신의 법규를 개발한다.** 지역 조건이 지역에서 발전된 사항들을 요구한다는 근거와 강한 믿음을 가지고 있는 관할구는 이러한 길을 택할 수도 있다. 뉴욕 시는 뉴욕 주(1984년까지 의무적인 주 전체 건축 법규를 적용하지 않았다)처럼 그들 자신의 건축 법규(미국에서 최고 오래된 것 중의 하나)를 가지고 있다.
- **법규를 전혀 적용하지 않는다.** 건축 법규가 없는 관할구가 있다. 이런 곳은 눈에 띄게 고립된 작은 지자체들이다.

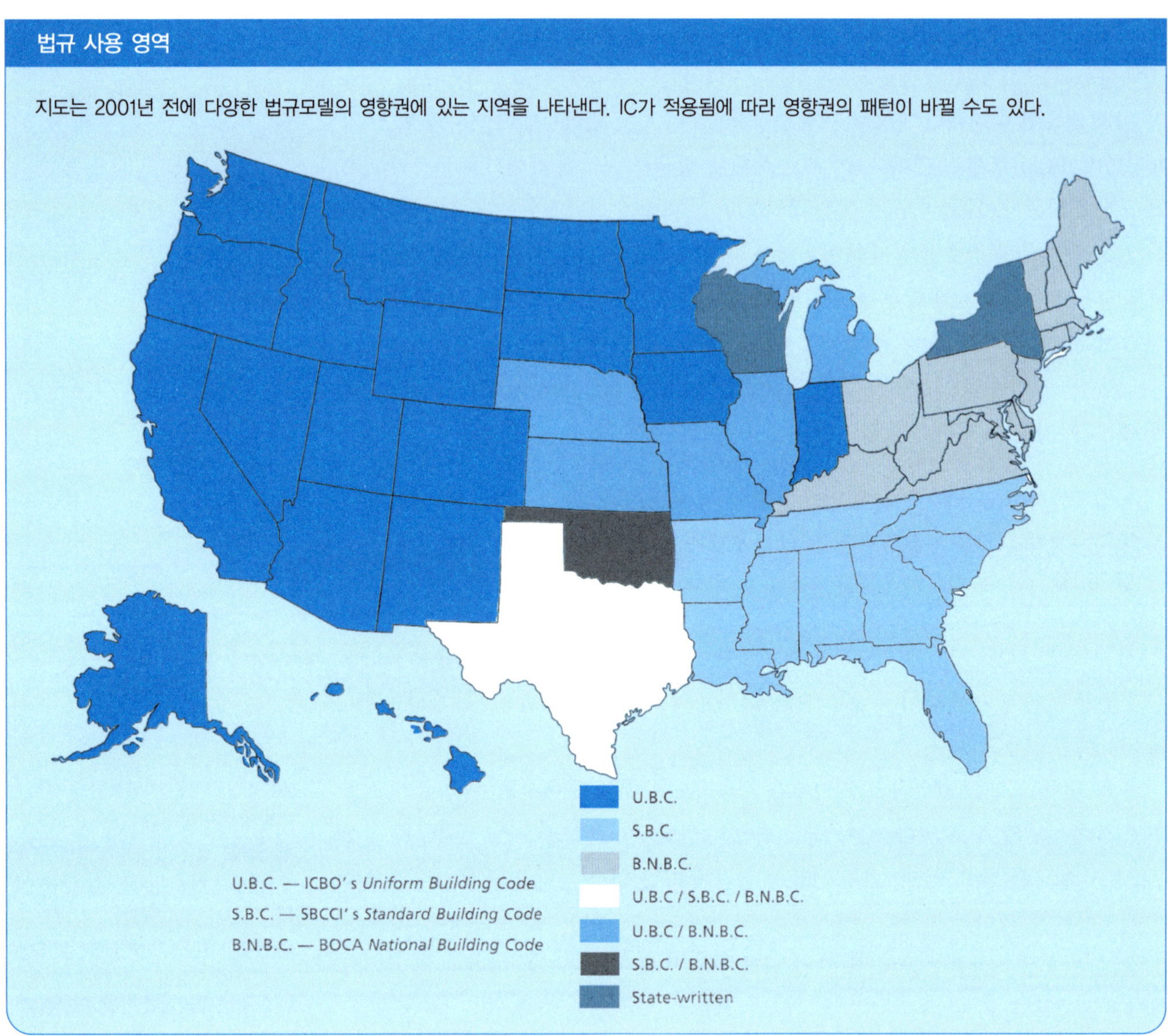

법규 사용 영역

지도는 2001년 전에 다양한 법규모델의 영향권에 있는 지역을 나타낸다. IC가 적용됨에 따라 영향권의 패턴이 바뀔 수도 있다.

법규모델에 부가하여 다른 여러 법규모델은 지역적 적용에 사용가능하다. 이러한 것들의 대부분은 3개의 주요 법규 모델 기구에 의하여 공표되지만 그러나 다른 것들은 NFPA와 건축설비 담당관 국제연맹(IAPMO)와 같은 그룹에 의하여 발전되어 왔다. 집행 관할구에 의하여 한번 채택이 되면, 건축법은 법의 위력을 갖는 문서가 된다.

> 적용방식의 차이 때문에 건축가는 법규모델의 몇년도 판이 사용되고 거기에 나타나 있지 않은 다른 추가적인 건물 요구조건이 있는지를 결정하여야 한다.

적용 범위. 건축법은 다음과 같은 개념을 통하여 건설 공사를 규정화한다.

- 거주, 건물 높이, 바닥 면적, 방화 능력의 유효성, 그리고 다른 요소들에 근거한 특별한 디자인과 공사 요구사항
- 구조 요소 즉 바닥, 천장 그리고 방화벽과 칸막이 벽의 방화 요구 조건
- 건물 높이 제한
- 공간 구획(방화 구역) 요구사항
- 방화 시스템

- 마감재 내연율
- 계단, 복도 그리고 문과 같은 시설에 피난 요구사항
- 조명, 공조 그리고 그 밖의 내부 환경 요구사항
- 건물 각부에 대한 구조적 요구 조건
- 재료적 성능과 시방서
- 건물 서비스 시스템에 대한 요구 조건

대부분의 지역 건축법은 기준 법규에 적어도 부분적으로는 기초하고 있기 때문에 전반적인 적용범위는 많이 비슷하다. 그러나 종종 지역은 지역 건물에 유일하다고 고려되는 조항을 추가한다. 게다가 다른 더 특별화된 법규가 특정한 시설 유형(예를 들면 식당과 건강관련 시설) 혹은 건물의 부속시설(보일러와 엘리베이터 같은)을 지배하기도 한다. 장애자 접근에 대한 조항은 건축법에 합병되어 있다. 그리고 분리된 연방규정이 1990년의 ADA에 대응하여 존재한다.

건축법과 규정(14.4절)은 건물 디자인에서 건축법을 사용하는 단계별 예를 제공하는 것이다.

접근. 법규 조항은 한두 가지 방법으로 명문화될 수도 있다—칸막이 혹은 벽 속에 최소 16인치 중심간격으로 2×4 나무기둥이 위치해야 한다는 요구사항처럼, 규정하는 요구조건이 특별한 방법과 재료를 지시함에 따라 혹은 수행 요구조건이 벽은 특정한 풍력에 견뎌야 한다고 요구하는 것처럼 요구되는 결과를 언급하는 데 따라.

성능적 요구조건은 프로젝트의 전반적인 요구사항을 따르는 데 어느 정도 융통성이 있기 때문에 대부분의 건축가들에게 선호되고 있다. 예를 들면 조적 혹은 콘트리트는 벽이 특정한 하중 요구조건을 충족하도록 설계되어 있는 한 벽체에 사용될 수도 있다.

건축법과 규정: 어떤 교훈

건축가가 마음속에 넣어두길 원하는 건축법과 규정에 관한 몇 가지 중요점이 여기 있다.

- 건축법은 건축공사의 모든 면에 관계하는 법 체계의 조직화되고 제도화된 표현이다. 건축법은 합법적 문서이다. 건설 공무원은 그것을 집행하도록 요구된다. 법규와 규정 과정에 있어서의 참여는 공사 프로젝트에 대한 어느 당사자의 부분적인 선택이 아니다.
- 공공이든 사적이든, 모든 프로젝트는 공공에게 영향을 끼치고 그러므로서 건설 공무원에게 관심사가 된다.
- 법규 요구사항은 전국적으로 승인된 안전, 재료 그리고 시험 기준에 기초한다. 필요한 건축기준은 첫 번째로 건물 입주자를 보호하도록 설계되어 있다.
- 전문가 등록법은 디자인 컨설턴트의 실무가 완전히 법적인 자세에서 모든 사려 깊은 법을 따르면서—건축 법규와 규정을 포함하여—그들의 프로젝트와 업무에 포함되도록 요구한다. 디자인 전문가는 법규를 알아야 하고 그것들을 적절히 적용하여야 한다.
- 프로젝트의 가장 큰 관심, 건축주 그리고 디자인 전문가는 다양한 프로젝트 과정에서 법규와 법규 행정의 적절하고 초기적인 협동에 의하여 서비스되어야 한다.
- 법규 행정은 공사 프로젝트에 관한 서비스를 위하여 행하는 모든 건축주와 건축가 계약의 본질적인 부분이다. 이러한 계약 조건을 충족하기 위하여, 법규행정은 건축주와 건축가 계약의 시작으로부터 프로젝트의 마지막 완수까지 이루어지는 계속적인 과정이다.
- 법규와 그것들의 행정은 건설 공무원과 디자인 전문가의 협동 행위이다. 건설 공무원은 다만 건축 법규를 집행하고 건물의 디자인에는 책임을 지지 않는다.

건설 공무원은 종종 그들이 관리하고 집행하기에 더 쉽기 때문에 규정적 법규를 더 선호한다. 벽 재료를 평가하는 규정적 법규를 집행하는 것은 벽의 하중 능력을 평가하는 성능적 법규를 집행하는것보다 더 쉽다.

기준. 보통 건축법은 참조에 있어서 산업에서 발전된 넓은 범위의 기준을 포함한다. 기준은 법규제정 과정에 사적인 참여를 허락해 주고 결과와 과정에 계속적인 접근을 제공한다. 하나의 기준(ASTM E 119)은 산업에 참여하는 모두가 2시간 내화율이라는 것이 무엇인지 이해하도록 보증한다. 다른 것(ANSI A 117.1)은 장애자 접근을 위한 합의적 기준을 제공한다. 세 번째(ASTM C 94)는 레디믹스트 콘크리트에 대한 기준을 설정한다.

집행. 건축법은 가장 평범하게 지역 수준에서 집행된다. 중앙의 대리기관은 보통 도면을 검토하고 건축허가를 내주고 정기적으로 프로젝트 수행여부를 조사하고 그리고 공적 기록을 보관하는 건설부이다.

관할구. 단일 프로젝트가 여러 대리기관의 관할에 있을 수도 있다. 지역 보건부는 자체의 위생규정을 집행할 수도 있다. 상하수도국은 종종 타입, 규모 그리고 급배수관과 계기의 위치를 규정한다. 교통국은 차량 진입, 적재장소 그리고 도로 회전에 영향을 주는 규정을 가질 수도 있다. 임산국은 나무 제거 혹은 도로와 보행로에 대한 식재 사용을 규정할 수도 있다.

건축과 소방법규의 동시적이고 독립적인 집행으로 인하여 문제들이 수도 없이 발생되고 있다. 건설 공무원은 보통 새로운 건물의 공사가 완성될 때까지 허가 집행에 대한 책임이 있다. 건물이 한번 입주되면 소방 관리자가 계속적으로 안전에 대한 임무를 맡게 된다. 때로는 공무원이 집행하는 데 있어서 두 가지 법규가 요구 조건과 절차에 있어서 일치되지 않는다. 소방 공무원은 작업에 있어서 변경을 요구하는 소방 법규를 해석하면서 공사 기간내내 참여할 수도 있다.

관할권의 중첩으로 야기된 혼란을 없애기 위한 가장 보수적인 조언은 가장 제한적인 요구조건에 따라 디자인하거나 혹은 허가조항에서 벗어난 사항을 문서화하는 것이다. 상황에 적절히 대처하면서, 소방과 건축공무원으로 하여금 그들의 관심과 역할에 대한 이해가 분명하도록 프로젝트 진행 과정을 항상 알려주는 것이 현명하다. 때로는 적용가능한 모든 법규관련 공무원과 함께 단일 검토회합을 하는 것이 관계된 모든 당사자들이 더욱 완벽하게 의사소통하고 디자인 과정에서 잠재된 문제를 가능한 한 빨리 해결하도록 해준다.

복수 허가. 프로젝트는 그것이 진행됨에 따라 여러 허가를 요구할 수도 있다. 건설국은 건축허가(공사 시작을 위하여), 다른 다양한 허가(구조물을 끝내고 배관, 전기 공사를 시작하기 위하여) 그리고 마지막으로 준공허가(건물이 입주되기 전에)를 내어줄 수도 있다.

변경과 탄원. 그들이 모든 가능성을 예견할 수 없는 것을 인식하면서, 대부분의 건축 규정은 변경, 예외, 그리고 다른 메커니즘을 통하여 요구조건을 완화시킬 수 있는

두 개의 다른 예를 제공하자면, 만약에 건축주와 건축가가 법규 변경과정을 통하여 이 프로젝트들이 전통적인 법규정적 건물만큼 안전하다는 논쟁의 기회를 갖지 못하였다면, 쇼핑몰과 아트리움은 아마 시작되지도 않았을 것이었다.

기회를 제공한다.

이러한 탄원은 일반적으로 법적인 것이 아니라 행정적인 과정으로 다루어진다. 변경을 바라는 건축주는 그 위원들 사이에서 시공에 관한 컨설턴트를 포함할 수도 있는 지역 탄원위원회에 예외 경우를 제출하게 된다.

상소인은 예외를 증명하거나 제출된 대안적 해결이 기존 법규의 요구 조건에 적어도 부합한다는 것을 문서화할 책임이 있다. 건축주는 탄원을 하기 전에 그 탄원과정이 프로젝트 스케줄에 어떠한 영향을 끼치게 될지를 고려해야 한다.

일단 예외되거나 변경되면, 그것은 바로 그 상황에만 적용된다는 것을 이해하는 것이 중요하다. 그것은 다음에 오는 프로젝트의 전례가 되지 못한다. 경험 있는 건축가는 프로젝트 동안 얻은 어떠한 예외, 대체 혹은 변경도 주의하여 문서화한다(결국 다 지어 놓고 보니, 프로젝트는 건축 법규와 규정을 위반한 것으로 나타난다).

사법적 처리. 지역, 주 혹은 연방 규정을 다루든지 간에, 행정법은 고소인으로 하여금 법원에 가기 전에 가능한 한 행정 절차 내에서 교정이 추구되도록 요구하고 있다.

행정적 탄원이 다 소진되고 나면, 비로소 법적소송을 추구할 수 있다. 그러나 일반적으로 어떠한 의구심에도 주 혹은 지자체에 유리하게 판단하는 법원은 공공 건강, 안전 그리고 복지를 보호하기 위한 이성적 목적을 가지고 있는 규정과 그 규정을 발전시키는 주나 지자체에 의하여 사용되는 공평하

법규 모델 기준 견본

Building codes	International Building Code (IBC)	ICC
	BOCA National Building Code	BOCA
	Standard Building Code	SBCCI
	Uniform Building Code	ICBO
Fire codes	International Fire Code (IFC)	ICC
	National Fire Prevention Code	BOCA
	Standard Fire Prevention Code	SBCCI
	Uniform Fire Code	ICBO
	Fire Prevention Code	NFPA
Mechanical codes	International Mechanical Code (IMC)	ICC
	National Mechanical Code	BOCA
	Standard Mechanical Code	SBCCI
	Uniform Mechanical Code	ICBO
Plumbing codes	International Plumbing Code (IPC)	ICC
	National Plumbing Code	BOCA
	Standard Plumbing Code	SBCCI
	ICBO Plumbing Code	ICBO
	Uniform Plumbing Code	IAMPO
Energy conservation codes	International Energy Conservation Code (IECC)	ICC
	Model Energy Code	CABO (ICC)
Electrical codes	ICC Electrical Code (ICCEC)	ICC
	National Electrical Code	NFPA
Gas codes	International Fuel Gas Code (IFGC)	ICC
	National Fuel Gas Codes	NFPA
	Standard Gas Code	SBCCI
Performance codes	International Performance Code (ICCPC)	ICC
Existing buildings codes	International Existing Buildings Code (IEBC)	ICC
	Standard Existing Building Code	SBCCI
Security codes	Uniform Building Security Code	ICBO
Property maintenance codes	International Property Maintenance Code (IPMC)	ICC
	National Property Maintenance Code	BOCA
	Standard Housing Code	SBCCI
	Uniform Housing Code	ICBO
Zoning codes	International Zoning Code (IZC)	ICC
	Uniform Zoning Code	ICBO
One- and two-family dwelling codes	International Residential Code (IRC)	ICC
	One- and Two-Family Dwelling Code	ICC

BOCA Building Officials and Code Administrators, Inc.
CABO Council of American Building Officials
ICBO International Conference of Building Officials
ICC International Code Council
IAMPO International Association of Plumbing and Mechanical Officials
NFPA National Fire Protection Association
SBCCI Southern Building Code Congress International

고 타당한 절차를 마련해 놓았다.

과태료. 다양한 결과들이 건축 법규와 규정을 따르지 않은 것으로 나타날 수도 있다. 어떤 관할구는 건설 공무원이 건축주에게는 상당한 비용부담을 안길 수 있는 행동, 즉 불복종에 대해 공사 중지를 내리도록 허용하고 있다. 규정을 따르지 않는 것은 시민에 대한 건축가의 무책임한 행동이 될 수 있으며 그것은 건축 면허를 취소하는 것으로 귀결될 수도 있다. 그러나 계속된 불복종은 벌금과 감옥형으로 귀결될 수도 있다.

그 외 건축 규정. 건축 법규는 직접적으로 디자인과 공사에서 다루어지는 반면에 다음의 규정은 디자인 결정에도 영향을 미친다.

- 방화 규칙과 법령

커뮤니티 계획 통제(14.3절)는 지역사회 개발 규정에 적용되는 행정적인 법을 포괄한다.

일반 법규 형식

건축 법규의 범위를 빠르게 이해하는 한 방법은 목차를 검토하는 것이다. 1993년에 시작된 법규 모델은 IBC에서도 계속될 "유니폼 일반법규 형식"을 채택하고 있다.

행정과 조건
1. 행정
2. 정의

건물 계획
3. 용도 혹은 거주자
4. 특별 용도와 거주자
5. 일반 건물 제한
6. 공사 타입

방화
7. 방화재료와 공사
8. 실내 마감
9. 방화시스템

거주자 요구조건
10. 대피의 용도
11. 접근성
12. 실내 환경

건물 외벽
13. 에너지 보존
14. 외벽 재료
15. 지붕과 지붕구조

구조 시스템
16. 구조 하중
17. 구조 시험과 검사
18. 기초와 옹벽

구조 재료
19. 콘크리트
20. 경량 재료
21. 조적
22. 철골
23. 목재

비구조 재료
24. 유리와 유리공사
25. 집섬보드와 플래스터
26. 플라스틱

건물 서비스
27. 전기배선, 장비 그리고 시스템
28. 기계 시스템
29. 배관 시스템
30. 승강기와 운송 시스템

특별 서비스와 조건
31. 특별 공사
32. 공공 통행권에 대한 공사
33. 대지 공사, 철거 그리고 공사
34. 기존 구조물

기준
35. 참조 기준

연방면허, 보조금, 보험 혹은 다른 지원 프로그램은 건물 사용, 디자인, 공사 혹은 운전가동에 대한 어떤 요구조건을 거의 항상 수반한다.

- 주택 법규와 법령
- 건강 법규와 법령(예를 들면, 음식점과 사교 클럽들)
- 면허 요구 조건(예를 들면, 병원, 간호소, 세탁소, 유아보호소)

비록 이러한 많은 규정이 디자인과 공사에 직접 다루어지지는 않지만, 그것들은 건물이 사용되고 수행되는 것에 영향을 끼친다.

OSHA는 공사 현장의 건강과 안전에 영향을 끼치는 많은 규정을 공표하였다. AIA 문서 A201은 시공자에게 공사현장 안전에 대한 책임을 부과하고 있다. 그러나 이것은 건축가에게는 공사계약 행정 현안이 될 수 있다.

연방 건축 규례

연방 건축 법규는 없다. 그러나 지난 수십년간의 경향은 디자인과 건물에 대한 연방 규정이 늘어나는 추세로 지속되었다.

- 연방 정부는 연방 자체의 시설로서의 건물-연방 건물, 군사시설, 재향 군인병원, 그 외 유사한 건물-을 규정하여 왔다.
- 각 주 연합의 교역을 규제하는 연방 정부의 힘은 다른 주의 시민들 사이에 이루어지는 상업적 거래를 규제할 수가 있다. 이러한 힘은 예를 들면 모빌 홈 공사를 규제하는 데 사용되어 왔다.
- 연방 정부는 만약에 그의 헌법상 책임이 행위의 분야에 있어서 주 권리로 하여금 규제하도록 결정한다면 주의 권리를 선점할 수가 있다. 예를 들면 환경 보호 대리기관(EPA) 그리고 거주자 안전과 건강 시행령 기준(OSHA)을 포함한다.
- 연방 정부는 주에 원조를 하면서 규제에 대한 요구도 할 수 있다. 예를 들면, 주는 1970년대에 연방의 에너지 보조 기금을 받기 위하여 에너지 보존 기준을 제정하도록 요구되었다.
- 연방 보조와 보험 프로그램은 개인적인 영역에서뿐만 아니라 주와 지역에서 행해진 많은 고속도로, 주거, 도시 개발, 농업, 항공, 수로, 그리고 다른 프로젝트에 대한 연방 규제를 가져온다.

정부 대리기관과 부서는 모든 수준에서 참여할 수 있다. 예를 들면 환경보호 대리기관은 연방 환경보호 규정을 집행하려고 노력할 수 있으며 주 건강부는 병원 공사를 규제하려고 할 수도 있다. 지역 관할 관청은 상급 기관으로부터 지시되지 않으면 주와 연방 규정을 집행하지 못한다. 그러므로 지역에서의 허가가 주와 연방 관할 아래에 있는 문제들을 처리할 것이라고 기대하지 말아야 한다.

거주자 안전과 건강 시행령(OSHA). 주는 일반적으로 공공건강, 안전 그리고 복지를 위하여 규제하는 힘을 가지고 있지만, 연방 정부는 다른 헌법상의 조항에 근거하여 지역적 행위를 규제할 수도 있다. 예를 들면 OSHA(Occupational Safety and Health; 1970~)는 사람이 고용된 건물과 프로젝트의 디자인에 대한 규제를 한다. OSHA 규정은 공사 현장의 많은 다양한 상황뿐만 아니라 직원들을 위한 화장실의 위치, 디자인과 같은 사항에 대하여 구체적이다.

- 바닥과 벽의 개구부에 대한 보호
- 방출
- 계단과 사다리 디자인
- 위생

기준과 인증

규제하는 과정에서 또한 기준이 사용된다–그 분야의 컨설턴트에 의하여 인지된 승인할 만한 관례, 넓고 다양한 건물 기준은 주거 레이아웃, 배관, 접근성, 놀이기구 그리고 콘크리트 배합에 대한 디자인과 같은 다양한 주제들을 다룬다.

기준은 단독으로 법적 효력은 갖지 못하지만, 종종 다양한 법규와 규정의 참고사항으로 다루어진다. 많은 기구–사적 그리고 공적 기구, 무역그룹, 전문가 단체, 그리고 정부 부서 그리고 대리기관–는 발전된 기준을 가지고 있다.

기준을 기록하는 것은 일반적으로 가까운 주제에 대하여 자발적 전문가 위원회를 구성하는 합의 과정을 포함한다. 기준 개발에 참여하는 비영리 단체에는 ANSI, 그리고 NFPA가 있다. 이러한 기준의 몇몇은 넓게 사용되고 있다. 예로서, NFPA의 생명 안전 법규는 많은 주와 지역 건축 법규에 전적으로 편입되어 왔다. AISI, ACI, ASME 그리고 ASCE와 같은 무역과 전문가그룹은 연방 대리기관이 그들의 관할구에서 프로젝트에 대하여 하는 것처럼 기준을 기록한다.

생산기준이 일단 기록되면, 제조업체와 공급자는 그들의 생산품이 기준을 충족한다는 승인을 받기를 원한다. 생산품은 몇 가지 방법으로 승인할 수 있다. 비용을 위해서, CABO는 생산품이 법규 모델의 하나를 따르는지 아닌지를 증명할 것이다. 또 다른 통상적인 예는 UL의 시험과정을 거친 상품을 의미하는 연구소 보증(UL) 라벨과 같은 봉인을 사용한다. 이러한 수단을 통하여 시험 기관은 특정한 재료와 생산품은 기준을 충족한다는 인증을 해준다.

그러나 건물은 요소, 구성, 그리고 부속시스템의 집합체라는 것을 모두가 이해하는 것이 중요하다. 즉 건물 조립에 각 재료와 생산품이 특정한 기준을 충족할지라도 조립 그 자체는 건축 법규와 일치하지 않을 수도 있다.

- 피난 수단
- 방화
- 승강기
- 폭발성 물질
- 공기 오염
- 가스와 인화성액체 관리와 저장
- 공기조화
- 거주자 소음 노출

OSHA는 미국 노동부에 의하여 집행되고 있다. OSHA 조사자는 법 규정의 매우 넓은 범위에서 종종 위반이 상해를 입히지 않는 한 특정 프로젝트와 건물에 관여하지 않는다. 그 점에서 포괄적인 조사는 위반을 명백히 밝혀낼 수도 있고 벌금이 엄격하게 부과될 수도 있다.

장애자 보호 시행령(ADA). 1990년에 의회는 상업시설과 "공공수용시설"을 운영하는 사람들에게 장애인들이 고용, 시설, 그리고 주와 지역 정부 서비스에 쉽게 접근할 수 있도록 타당성 있는 노력을 기울일 것을 요구하면서 ADA(Americans with Disabilities)를 통과시켰다. ADA는 건축주가 접근성을 제공하는 미리 성취가능한 타당성 있는 노력을 기울이도록 요구하면서 새로운 시공 그리고 기존 상업시설 그리고 공공 수용시설 모두에 적용된다.

ADA를 위한 헌법적 기초는 차별에 대한 14번째 수정안의 보호법에 근거한다. 이처럼 ADA는 장애로 인하여 차별당했다고 생각하는 사람들에게 개인적 취득이 아니라 불법을 시정할 기회를 제공하는 시민 권리 법안의 한 부분이다. 사적 단체는 소송을 하거나 미국 변호사 협회(소송을 할 수도 있는)와 함께 민원을 제기할 수도 있다. 시설을 디자인—그리고 기존 것을 개장—하는 데 대한 길잡이를 제공하기 위하여 법무부는 ADAAG(ADA Accessibility Guidelines)를 발전시켰다.

그 지침서는 건물과 대지 특성의 폭넓은 다양성에 대한 디자인 요구조건을 수립하고 있다. 그것들은 건물특성에 대하여 모두가 아닌 부분을 통한 접근성을 제공하도록 하는 다음과 같은 요구조건의 범위를 포함하고 있다.

- 공공 출입구의 50%는 장애인용으로 지정되어야 한다.
- 300좌석이 넘는 극장에서는 휠체어 좌석을 마련해야 한다.
- 고정된 의자가 있는 식당에서는 적어도 5%(최소 하나)는 접근 가능해야 한다.
- 의료시설에서는 환자 침대와 화장실의 10%는 접근 가능해야 한다.
- 도서관에서는 서고, 도서 목록대 그리고 체크아웃의 최소 1개 통로는 접근 가능해야 한다.

법규 모델과 많은 주 그리고 지역 법규의 장애자에 대한 접근과 사용성을 제공하는 조항은 ANSI 기준 A117.1에 편성되어 있다. 그들의 요구조건은 ADA 접근 지침에 있는 것과는 약간 다르다.

건축가의 입장에서 주와 연방 규정에 대한 어려움은 그것들이 중첩되어 시행된다는 것이다. 그리고 그러한 규정들이 지역 법규와 규정의 부분(혹은 참조)이 될 가능성이 없다는 것이다. OSHA 기준과 ADA 요구조건과 같은 어떤 것들은 프로젝트의 넓은 층에 적용된다: 그러나 많은 경우 특별 상황에서만 호소된다.

설계 업무에서의 법규

건축가는 두 가지 기능적인 측면에서 규정적인 환경과 관계되어 있다. 설계자로서의 그들은 그 규칙에 지배되고 그 규칙을 변경할 기회를 가지고 있다.

건축가의 업무. 지역 관할청에 의하여 채택된 건축 법규나 주 혹은 연방 정부에 의하여 발의된 규정이 프로젝트에 적용될 때 건축가에게는 법적인 의무가 주어진다. 디자인하는 데 있어서 변경 없이 법규나 규정을 따르지 않는 건축가는 태만하다고 판단될 수도 있다. 법규를 지키지 않는 고객의 요구 조건 혹은 건축 공무원의 순조롭지 못한 프로젝트에 대하여 잘 알지 못하거나 타당하지 않은 승인 모두가 건축가의 이러한 의무를 면제해 주는 것은 아니다.

법규와 규정은 단지 공공 건강, 안전과 복지를 보호하는 필요 요구 조건만을 명시하고 있다. 건축가는 서비스를 제공하는 데 타당성 있는 보호를 사용하도록 요구된다. 그리고 이러한 요구사항은 법규에 의하여 명령된 것 이상의 디자인적인 해결을 요구

비록 법규가 없다 하더라도, 건축가는 건강과 복지를 보호하는 데 타당성 있는 보호를 활용하도록 기대되고 있다. 어떠한 경우라도 법규를 충족시킨다는 것이 건축가를 프로젝트가 보증하는 법규 이상의 기준으로 디자인하는 것을 금지하지 못한다.

할 때도 있다.

업무에서의 건축 법규 활용. 건축가가 규제의 과정을 잘 이해하고 그것을 디자인과 공사과정 본질의 한 부분으로 만들 때 가장 좋은 결과가 나온다. 이러한 것을 하는데 있어서 건축가는 고객의 경제적, 기능적 필요를 어떻게 최상으로 충족시키느냐를 고려하는 반면에, 법규적 요구사항을 완수하는 데 도전을 받게 된다.

건축 사무소는 여러 가지 방법으로 이러한 도전에 대응할 수 있다.

- 모든 프로젝트에 있어서 법규가 주요 요소이고 변수라는 것을 알려주고 설득하기
- 각 프로젝트에 법규 조사과정(보통 체크리스트)을 마련하기. 어떤 지역 관할청은 디자인 정보가 곧 핵심 법규일 수 있으며 건축 공무원에게 디자인 제출의 한 부분으로서 제시하는 그들만의 체크리스트를 가지고 있다.
- 직원에게 법규의 의도, 접근 그리고 과정을 교육하기
- 직원들이 법규적 현안을 밝혀내고 명백하게 하도록 지역 건축공무원의 자문을 통하여 격려하기
- 시공자에게 적용가능한 법규를 따르도록 요구하면서 시방서에 지시설명 포함하기
- 법규 관련 진행과정을 개발하기—예를 들면, 재료 승인, 시방서 내용 그리고 내용과 진행과정의 변화에 대한 충고
- 문서의 일부로서 법규 데이터 문서를 포함하기(어떤 관할청은 이것을 요구한다.)

건축 법규는—종종 보이지 않게—많은 페이지를 양지로 함께 묶는 논리에서 구축된다. 여기 포함된 법규 요구조건 검토에 대한 접근은 이러한 논리가 디자이너에게 더욱 분명하도록 하는 하나의 노력이다.

법규 검색. 프로젝트에 대한 적용가능한 법규, 규정 그리고 기준들을 파악하기 위해서는 일반적으로 법규를 깊이 있게 검색해 보아야 한다. 프로젝트 정의 및 프로그래밍 과정의 일부로서 법규 조항은 디자인에 대한 선택 정보로서가 아니라 구성요소로서 인식되어야 한다. 법규 조항은 프로젝트가 명령에 잘 따르도록 하는 매개 변수이다. 그러나 보통 그것들은 다수의 해결책을 허용한다.

계획설계. 건축 법규는 엄청나게 많은 디자인과 공사에 관한 세부사항뿐만 아니라 기본적인 디자인 변수, 즉 대지 배치, 건물 규모, 높이 그리고 내부 레이아웃을 제공한다. 법규는 일반적인 요구—예를 들어, 건물에는 출구가 3개 있어야 한다—부터 더 상세한 요구 조건—이러한 출구들의 위치, 규모, 외관 그리고 공사—까지의 모든 공정에서 준수되어야 한다.

실시도면. 프로젝트가 기본설계를 거쳐 실시설계로 진행됨에 따라 모든 법규 요구사항이 체크되고 프로젝트로 통합되어야 하는 것은 필수적이다. 기본설계에서 사용되고 통합되는 법규 특성은 법규에 의하여 요구된 것과 건축가가 그 요구에 대응함에 따라 선택한 것이 무엇인지를 정확하게 반영하도록 적절하게 정제되고 세분화되어야 한다: 예를 들면 내화 조립제는 그 내화를 위해 사용된 특정한 부품을 반영하여야 한다. 어떠한 변경도 내화를 무효로 할 수도 있다.

법규는 실시도면에서 반드시 포함되어야 하고 요구되어야 하는 정보를 가리키는

건축가, 건축 법규 그리고 법

건축 법규를 준수하는 것은 일반적으로 위임될 수 없는 의무이다. 그리고 도면과 시방서에서의 법규 위반은 건축가 측의 태만으로 간주될 수 있다. 종종, 건축가가 적용되어야 하는 건축 법규와 일치하지 않는 지역의 관습 혹은 업무를 따랐다는 설명은 충분하지 않다.

디자인 전문가는 빠르게 변하는 요구조건에 비추어 어렵고 때로는 불가능게 생각될지라도 적용가능한 법규 요구사항을 잘 알고 있어야 한다. 새로운 규정이 수시로 나타나고 수정안은 규칙적으로 통과된다. 디자인은 법규 공무원 혹은 법원에 의하여 제기된 해석 혹은 새로운 요구사항의 영향을 받을 수도 있다.

추가적인 요구사항은 건축주의 어떤 조치에 근거하여 프로젝트 과정동안 적용될 수 있다. 만약에 다수의 다른 규정이 같은 프로젝트에 적용된다면, 건축가는 상충하는 요구사항에 직면할 수도 있다.

건축가가 직면하는 또 다른 도전은 법규를 새롭거나 혁신적인 디자인에 적용하는 것이다. 그러한 디자인의 어떤 면은 건축 법규로 명확히 해결되지 않을 수도 있다. 그럴 때 건축가는 법규 공무원으로부터 지침을 끌어낼 수 있을지는 모르지만, 특별한 디자인 혹은 디자인 측면이 법규 조항에서 강조하는 정책을 따르는지 아닌지에 대한 판단을 요구해야 할 수도 있다.

어떤 고객은 고객과 건축가의 계약서에 건축가가 적용가능한 법을 만족시키도록 요구하는 특별한 조항을 포함시키길 원할 것이다. 그러나 디자인이 완료된 후 법규는 변할지도 모르고 많은 법 조항이 지역 건축 공무원에 의하여 주관적으로 해석될 수도 있기 때문에 그러한 요구는 비현실적이다. 이러한 이유로, AIA 문서 B141은 비록 그것이 건축가가 그렇게 할려고 노력하는 타당성 있는 보호로 업무를 수행할 것임을 기대하지만 건축가가 반드시 건축법규 요구조건을 따라야 한다고 명시적으로 언급하지는 않는다.

AIA 문서 B141의 부 조항 3.3.1.2에 준하여, 건축가는 원래 준비된 도면에 뒤이어 통과된 법규, 규정 그리고 법안 때문에 수정이 필요할 때 도면, 시방서, 그리고 그 외 문서를 수정하는 것에 대하여 추가적인 보상을 받을 수도 있다.

특정한 요구사항을 포함할 가능성이 있다. 예를 들면 BOCA(1999판)는 대부분의 거주성을 위해서 실시도면에 법규 공무원이 요구함에 따라 매 층 그리고 모든 방 그리고 공간에 수용되는 거주자 숫자(법규에 구체화된 과정을 사용함에 따라)를 표시하도록 요구한다. 지역 법규 공무원은 건축허가를 위한 제출서의 첫 장처럼 법규 관련된 요약 디자인 정보를 요구할 수도 있다.

기준. 법규는 전형적으로 프로젝트에 영향을 끼칠지도 모르는 수백 페이지의 자료를 소개하는 기준을 참조한다(그리고 통합된다). 완전한 정보가 건축 법규로 직접 기록되지 않는 반면에 그 요구사항은 진실한 법규 조항이고 반드시 준수되어야 한다.

시방서. 시방서는 책임을 분명히 하고 디자인과 예상된 공사에 대한 근거로서 어떠한 법규와 기준이 사용되었는지를 엄밀히 입증하도록 법규 상황이 명확하게 기록되어야 한다.

대체. 법규 공무원이 공사도면을 일단 승인한 후에는 새롭거나 대체된 재료가 현장에 직접 투입되지 말아야 한다. 감독관은 그것을 허락하지 않고 적절한 정보와 시험 자료가 제출되고 승인될 때까지 작업을 중지할지도 모른다. 현장 감독관은 승인된 도면에 대해 실제적인 공사를 점검해야 한다. 그러므로 해결 혹은 선택은 프로젝트 승인과 허가가 나기 전에 평면상에서 조사관, 건축 공무원과 함께 이루어져야 한다.

법규 수정. 법규는 정기적으로 수정된다. 넓게 사용되는 법규 모델은 계속적인 주기로 변경된다. 설계 전문가는 건축허가가 제출된 그 날부터 적용되는 법규 조항을 따를 책임

규제적인 요구사항 결정하기

건축 법규를 읽고 이해하는 것은 건축가의 책임이다. 법규를 따르는 가장 효과적인 방법은 어떤 법규와 기준이 건물에 적용되는 지를 결정하기 위하여 기본계획 단계 전에 지역 공무원을 만나는 것이다. 지역 공무원은 종종 책임 있는 건축 공무원과 소방관을 포함한다. 작은 지역사회에서는 이러한 두 공무원의 임무가 같은 사람에 의하여 행해질 것이다.

건축가는 초기 회의에서 일반적인 법규 현안에 대한 논의보다 더 완전한 법규 검토가 이루어지리라고 기대해선 안된다. 이러한 회의에서 논의되지 않은 항목은 아마도 법규를 따르지 않아도 될 것이다. 그러므로 건축가는 무엇이 정확히 다루어지는가를 노트하는 것이 도움이 된다.

규제 공무원에 의한 초기의 정보는 고객에게 더 좋은 서비스를 제공하면서 프로젝트에서 후에 발생할지도 모르는 설계 변경에 대한 비용을 제거해줄 수도 있다. 많은 공무원은 전문적으로 숙련되어 있다. 그리고 그러한 그들과의 열린 의사소통은 건축가의 업무를 더 쉽게 만들어 준다.

복잡하거나 혹은 특별 목적의 프로젝트에서, 적용 가능한 법규 요구사항을 파악하고 그리고 요구사항을 건물 설계로 완전하게 만드는 전략을 발전시키는 데 도움이 되는 법규 컨설턴트를 참여시키는 것도 좋은 생각일 수도 있다.

구제적인 요구사항이 한번 파악이 되면, 건축가는 설계를 진행할 수 있으며 건축부가 계획들을 검토하는 데 필요한 도면을 발전시킬 수 있다. 완전한 한 부의 실시도면은 보통 건축 허가를 획득하는 데 필수적이다.

이 있다. 그러므로 건축가는 최근의 법규 변경사항에 대해서 잘 알고 있어야 한다.

법규 공무원과 일하기. 법규와 규정은 정확한 용어로 기록되어 있지만, 달리 해석될 수 있다. 건축 법규를 해설하는 권한은 종종 지역 건축 공무원에게 부여된다. 그들이 집행하는 법규와 규정에 의하여 주어진 법규 공무원의 폭은 논의와 협의를 할 기회를 준다. 때로 이러한 기회는 고려될 만하다. 이처럼 이러한 공무원들과 열린 대화 및 좋은 업무 관계를 유지하는 것은 가치가 있다.

건설업체의 사람들과 마찬가지로 법규 공무원들도 경험과 능력이 다양하다. 건축가가 참여하게 될 법규 공무원을 알게 되고, 해석과 협의에 임하는 그들의 접근방식을 평가하고 공식적인 의견 불일치도 필요하다는 것을 깨닫는 것이 프로젝트에 최대한의 이익이 된다. 핵심사안을 논의하고 스케줄과 요구사항을 명백히 하기 위하여 진행과정 초기에 법규 공무원을 만나는 것은 도움이 된다.

법규 공무원은 "공공 건축주"가 아닌 반면에, 그들은 건축가의 건축주처럼 행동하는 공공 대리기관으로서 책임에 대하여 동일한 기대치의 많은 부분에 영향받기 쉽다.

변경과 예외사항 찾기. 프로젝트 요구사항과 해결이 규칙에 딱 맞을 때—혹은 해석하는 법규 공무원의 범위 내에 있을 때—건축가의 의무를 수행하는 데는 거의 어려움이 없다. 그러나 법규와 규정이 기술과 실무의 변화 혹은 건축주 요구사항의 범위 그리고 이러한 요구에 대응하는 건축가의 예상 등은 보조를 잘 맞출 수가 없다. 왜냐하면 이러한 요소는 역동적이고 법규는 덜 그러하기 때문에 건축가가 변경 혹은 예외 사항을 찾거나 대안을 제안하는 것이 타당하다. 건축 공무원은 문서로 해석을 남기지 않을 수도 있다: 건축가가 회의내용을 기록하여 공무원에게 사본을 보내는 것이 좋은 아이디어이다.

법규 모델의 하나를 채택한 주 혹은 지역에서, 법규 모델 기구로부터 문서상으로 해석을 구하는 것은 가능하다. 그러한 해석은 법을 집행하는 건축 공무원에게 조언이 된다. 그러나 그들은 그 변경 요구에 신뢰성을 부가한다. 당신이 해석을 찾으려고 할 때 지역 공무원과 같이 일을 하는 것은 좋은 방법이다:

법규 집행과 개발에 참여하기. 어떤 건축가는 계획, 조닝, 그리고 법규 변경 위원회에 임명되기를 추구한다. 공공에 대한 서비스로서 건축가는 계획을 검토하는 과정, 탄원에 대한 경청, 그리고 예외사항을 부여하는 것 등에 참여한다. 그들의 참여는 계획, 디자인 그리고 공사의 규정에 있어서 컨설턴트적인 수준을 더해 준다.

소수의 건축가는 법규 그리고 규정을 기록하거나 그것들에 통합된 기준을 발전시키는 과정의 일부에 참여한다. 이것은 지역 건축 법규 위원회에 참여 혹은 법규 모델 조직에서 활동을 하거나 합의를 이끄는 과정의 하나로서 기술 위원회에 참석하는 장기간의 위촉을 요구한다. 그러나 그 속성상 법규와 규정은 높은 기술적 현안을 제기한다; 법규 입안에 있어서 디자인 컨설턴트의 참여는 입안된 법규가 착수해야 하는 것을 성취할 수 있는 가능성을 단지 향상시켜 줄 수 있을 뿐이다.

추가적인 정보

AIA 건축법규와 PIA 기준은 주요 법규 조직기구의 리스트를 보유하고 있으며 수행, 기술적이고 규정적인 현안을 보고한다. AIA 웹사이트(www.aia.org)에 있는 전문가의 관심 분야를 보라.

참•고•자•료 Backgrounder

건축 법규와 일하기

건물 디자인 과정에서 법규 요구조건을 적용하는 진행과정은 사무소마다 다르다. 다음의 도해는 건물을 설계할 때 건축 법규와 작업하는 하나의 접근방식을 보여준다. 좌측 열은 특별한 법규 고려사항에 의하여 영향받는 건물 디자인에 있어서 일련의 단계를 포함한다. 우측 열은 IBC, 2000판을 사용하는 분리된 도해를 보여준다.

이러한 예를 활용할 때 다음의 것들을 염두에 두기 바란다.

- IBC는 법규 모델이고 특정 지역 사용시 수정되어 적용될 수 있다.
- 모든 법규는 많은 특별 요구조건과 예외를 가지고 있다: 그러므로 특별 법규 항에 참조가 이루어져야 한다.
- 도해는 실무에서 단일 법규조항을 분리시킨다. 다른 환경 혹은 디자인 결정은 여기 나열된 요구 조건을 수정할지도 모른다.
- 주어진 프로젝트의 작업에 있어서 다른 법규, 규정, 면허 문제 그리고 주 혹은 연방 정부의 기준이 있을 수도 있다. 이러한 것들은 다르면서 더 규제 가능성이 있는 디자인 업무를 요구할 수도 있다.

단계 1

건물 거주자 혹은 용도를 설정한다.

법규는 거주자 등급을 수립한다. 당신이 디자인하는 건물의 용도에 가장 정확하게 맞는 선택을 하라.

법규는 특별한 내화의 방화벽으로 용도를 구분하거나 혹은 전체 건물을 가장 제한적인 용도로 사용될 수 있도록 디자인하는 것과 같이 복합용도에 대한 전략을 보여준다.

일반적으로 높은 위험성의 용도는 특별한 요구 조건을 가지고 있다.

개념은 용도가 건물에 포함되는 위험 타입과 수준을 설정하고 또한 거주자의 속성과 특성에 대한 어떤 표시를 마련하는 것이다.

IBC(3장)는 다음과 같은 사용자 그룹을 포함한다.

A. 집회
B. 업무
E. 교육
F. 공장
H. 고도의 위험물
I. 산업
M. 상업
R. 주거
S. 창고
U. 유틸리티와 그 외 나머지

이것들은 세부적으로 나누어진다. 예를 들면,

A-1 예술 공연 혹은 영화 생산과 관람을 위한 집회 용도
A-2 음식과 음료소비를 위한 집회 용도
A-3 예배, 여가 혹은 오락을 위한 집회 용도 그리고 그룹 A의 어디에도 분류되지 않은 기타 집회 용도
A-4 실내 스포츠 행사 관람과 관람석이 있는 활동공간을 위한 집회 용도
A-5 실외 활동에 대한 참가 혹은 관람을 위한 집회 용도

단계 2

구조 유형과 건물 높이 그리고 면적을 설정한다.

이러한 3개의 주된 디자인 변수는 서로 연관되고 법규는 일반적으로 디자이너에게 일련의 선택을 제공한다.

건물 타입

법규는 다수의 건물 타입을 설정하고 각각은 건물 각 부의 내화를 낮춤으로써 특성화된다.

건물 높이와 화재구역

각 거주자 혹은 사용자 그룹 그리고 각 건물 유형에 있어서 법규는 최고 건물 높이와 최고 건물 면적을 규정한다. 높이는 초과될 수 없다: 면적 증가를 위하여 건물 유형에 지정된 내화율을 가지는 건물 요소로 만들어진 완전한 내화 구역을 만들 필요가 있다.

이러한 접근은 디자이너가 건물 높이와 면적을 위하여 건물 요소에

서 내화를 사용하도록 허용한다. 내화에 초과로 투자하는 것은–더 제한된 (비싼) 건물유형–높이와 면적을 증가시키도록 허용한다.

일반적으로 스프링클러 시스템을 사용하면 추가적인 높이와 면적을 허용받는다.

화재 구역 조항

어떤 법규는 구조가 명시된 "화재 한계"에 있으면 이러한 요구를 감소시켜 준다. 화재에 대한 빠른 대응 능력은 건물 거주자에 의한 피난뿐만 아니라 진화 속도를 높일 수가 있다.

IBC(6장)는 다섯 개의 주요 건물 분류를 개략적으로 서술한다.

타입 1과 2의 벽, 칸막이, 구조 요소, 바닥, 천장 지붕 그리고 출구는 불연재료로 시공한다.

타입 3 건물은 불연 외벽요소로 시공한다. 그러나 실내 구조, 벽, 바닥, 천장 그리고 지붕은 어떤 승인된 재료로 시공할 수도 있다. 타입 4 건물은 강한 목재 그리고 타입 5 건물은 가연재료로 시공한다. 어떤 타입은 더 나누어진다.

내화에 있어서의 다양한 차이는 외부 하중벽에 요구되는 내화율을 보면 알 수가 있다: 3시간, 2시간, 1시간, 0시간

IBC(5장)는 건물한계를 개략적으로 서술한다. 2000년 판은 초등학교 디자이너에게 이러한 선택을 제공한다(사용자 그룹 E).

Construction Type	Maximum height (stories)	Maximum height (feet)	Maximum are (sq. ft.)
Type 1A	Unlimited height andd area		
Type 1B	5	160	Unlimited
Type 2A	3	65	26,500
Type 2B	2	55	14,500
Type 3A	3	65	23,500
Type 3B	2	55	14,500
Type 4	3	65	25,500
Type 5A	1	50	18,500
Type 5B	1	40	9,500

단계 3

대지의 위치를 결정한다.

건축 법규는 구조물이 대지 경계선으로부터 분리되도록 요구한다–혹은 대지경계선에 밀접한 외벽에 있는 개구부에 대한 추가적인 내화와 방화를 요구한다.

건축 법규의 경험적인 목적 중의 하나는 대화재–이웃의 대지로 번지는 불–를 막는 것을 도와주는 데 있다는 사실을 명심하라.

IBC(6장)은 이러한 관계를 개괄적으로 서술한다. 예로서 고도의 위험물 입주 건물(사용자 그룹 H)은 만약에 화재 이격거리가 5피트 이하이면 모든 건물타입에서 3시간의 FRR(내화율)인 외벽으로 시공되어야 한다. 5피트에서 10피트 이내 거리는 여전히 3시간을 요구하는 타입 1A 건물을 제외하곤 2시간으로 낮아진 내화율을 요구한다. 10피트에서 30피트보다 적으면 내화율은 건물타입에 따라 2시간 혹은 1시간이다. 30피트 이상의 이격에서는 내화율이 0이다.

단계 4

소화시스템이 요구되는지 결정한다.

법규는 종종 어떤 거주 그룹에서는 스프링클러 등의 소화시스템을 요구한다.

그런 것이 요구되는지를 초기에 결정하는 것은–혹은 결국 설치될 것이지만–자동소화 설비가 설치된다면 많은 결정사항들이 수정될 수도 있기 때문에 가치가 있다.

IBC(9장)에 따르면 자동소화시스템은 단계 2(20,000sf보다 작은 화재면적 제외)에 묘사된 초등학교에서 요구된다. 스프링클러가 전 학교 건물에 설치된다면, IBC(5장)는 최고높이가 20피트는 더 증가되도록 허용하고 추가적인 층수를 허가한다. 또한 건물 면적도 다층일 경우 200% 그리고 단층일 경우 300%까지의 증가를 허가한다.

단계 5

(건물에서의) 피난책을 위한 변수를 설정한다.

건물 피난시스템은 건물의 어느 위치에서든지 공용 도로로 연결되는 피난 통로를 포함한다. 그것은 실내 출구 문, 복도, 홀, 계단, 통로, 그리고 건물 내의 수평 출구를 포함한다.

a. 거주 하중 계산

법규는 디자이너가 실과 층을 위한 거주 하중(바닥면적의 총 sf를 기준으로)을 계산할 수 있는 표를 제공한다.

b. 요구된 출구 용량 계산

법규는 각 거주자에 대해 출구폭을 인치로 기준을 정하고 있다. 층으로부터 총 출구폭은 층으로부터의 출구 개수에 수용되어야 한다.

c. 출구 개수와 위치를 결정

대부분 건물의 대부분 층은 법규의 "먼 거리 평가"를 충족하기 위하여 적어도 두 개의 출구가 있어야 한다. 높은 거주하중을 가지는 층은 3개 혹은 4개의 출구를 요구할지도 모른다.

d. 출구로의 접근 디자인

법규는 복도로의 접근(문 치수, 내화율 그리고 열리는 방향), 피난 통로 길이, 막다른 복도 그리고 복도폭과 마감을 규정한다.

e. 출구 디자인

법규는 계단 벽, 문 그리고 피난계단으로의 다른 개구부, 머리위 공간, 수직통로, 지붕 문 그리고 계단 자체의 폭, 단높이, 단너비, 계단참을 포함하는 승인된 출구를 요구할 수도 있다. 법규는 일반적으로 휜계단, 나선계단 그리고 돌음 계단의 사용을 제한한다. 고층건물에서는 배연실이 요구될 수도 있다. 인접하는 화재지역으로 피난실을 허용하는 "수평 출구"는 서술된 환경 내에서 허가된다.

f. 외부로의 대피 디자인

피난계단에서부터 외부로의 피난 통로는 연속되어야 한다. 회전문의 사용과 전실과 로비를 통과하는 것 등 피난 통로에 제한이 있다.

g. 장애인에게 접근성 제공하기

디자인되는 대부분의 피난 시스템은 건물로의 진입을 또한 제공해줄 것이다. 진입로, 너비, 돌출물, 램프, 승강기 그리고 다른 특징에 대한 검토는 이 시점에서 적절하다.

특별한 경우를 제외하곤 두 개의 연속적인 장애물이 없으며 보호가 된 통로를 만드는 것은 도전적인 일이다. 출구에 대한 디자인은 여러 단계의 과정이다.

IBC(10장)은 예를 들면 교실에서 한 사람당 각 20sf를 설정하고 있다면, 층별 교실 면적이 10,000sf인 학교는 각 층당 500명의 거주하중을 가지고 있다.

예를 들어 그 학교에 스프링 클러가 설치되어 있다면, IBC는 계단에서는 각 학생당 0.2인치 그리고 문, 경사로 그리고 복도에서는 0.15인치의 폭을 요구한다. 그러므로 10,000sf 바닥면적으로 디자인된 계단은 폭에 있어서 합계 100인치(8피트 4인치)는 되어야 한다.

층은 두 개의 출구를 요구한다. 그 층이 평면 치수에서 200피트×50피트라면 IBC는 두 출구가 적어도 69피트는 이격되도록(대각선 길이의 삼분의 일) 요구한다. 스프링클러가 없는 건물에서 이격거리는 대각선 길이의 1/2의 일이다.

사용자 그룹 E에 있어서 그리고 거주하중이 100명을 넘을 때 IBC(10장)는 복도가 72인치 폭이 되도록 요구한다. 그리고 승인된 출구로의 가장 긴 통로거리가 250피트(스프링클러가 없다면 200피트)를 초과할 수가 없다.

이 예에서, 초등학교의 2층으로부터 두 개의 출구가 요구된다. 각 출구는 최소 44인치 폭은 되어야 한다-그러나 단계 5b에서 두 개의 출구 합계 폭은 100인치는 반드시 되어야 한다. 참과 플랫폼 사이에는 12피트를 넘는 수직 계단은 있을 수 없다. 난간은 계단의 양쪽에 있어야 한다. 4층이 없는 건물의 수직 통로 벽은 2시간의 FFR을 가져야 한다. 4층보다 적은 건물의 수직 통로 벽은 1시간 내화율을 가진다.

2층으로부터의 피난계단의 하나는 피난 층으로나 건물 유형과 피난 거리 등의 특별 디자인 기준을 만족하는 전실을 통과하는 출구가 되어야 한다.

IBC(11장)는 건물이 ICC/ANSI 117.1(1998)에서 설정된 기준을 만족하도록 요구한다. 그것은 또한 접근 가능한 주차장, 대지 내 통로 그리고 입구를 요구한다. 마지막으로 IBC는 장애자 접근 가이드라인과 함께 법무부의 그것들과 비슷한 범위를 요구한다.

단계 6

특정한 거주성과 건물 유형에 적용되는 상세 방화관련 수행 요구사항을 체크한다.

지금까지 진행된 단계는 주 건물 디자인 변수를 설정한다. 법규는 또한 다양하고 폭넓은 상세 설계 요구사항을 제공한다. 거주성 관련 요구사항은 다음과 같다.

- 지붕이 있는 보행자 전용 상가건물
- 고층 건물
- 중층과 아트리움
- 주차장 구조와 차고
- 수영장
- 영사실, 무대, 위험물 지역과 같은 특별 구역

시공성 관련 요구사항은 다음과 같다.

- 방화벽, 칸막이 그리고 구획
- 방화문, 유리, 창 그리고 셔터
- 인슐레이션과 소화
- 수직 샤프트
- 내부 마감

방화 시스템 요구사항은 다음을 필요로 한다.

- 열과 연기 감지기
- 경보 시스템
- 특별 소방 시스템

IBC는 특별 용도와 거주성(4장), 일반 건물 제한(5장), 건물 유형(6장), 내화 재료와 시공(7장), 내부 마감(8장) 그리고 방화시스템(9장) 등의 여러 장에 이러한 상세사항이 있다.

상세 사항의 뒷면에 법규의 이러한 단락에서 업무에 대한 전략이 있다.: 법규는 화재가 났을 때 건물의 거주자(그리고 소방관)에 대한 여유 안전을 마련하기 위하여 시도하고 있다.

여유 안전은 이러한 두 목적이 결합된 어떤 것에 의하여 마련된다.

1. 시간을 짧게 하는 것은 거주자가 화재의 사실에 대처하고 안전을 확보하게 한다. 핵심 법규전략은 다음과 같다.
   - 화재의 이른 감지
   - 거주자(소방관)에 대한 신속한 통지
   - 안전한 장소로의 대피 혹은 피난
2. 시간을 늘리는 것은 불이 연소될 조건을 만든다. 핵심 법규전략은 다음과 같다.
   - 불과 연기의 감금
   - 불의 연소

단계 7

내부 환경 조건에 부합하는지 결정한다.

법규는 공중 건강과 복지를 제공하는 데 있어서 소방관련 사항 이상의 것에 주의를 기울인다. 그것은 방 크기, 채광, 공조, 소음 조절 그리고 애완동물로부터의 구조적 안전 등에 대한 요구 조건을 포함한다.

IBC(12장)는 학교 건물에 있어서 출구로의 접근과 거주 공간에 있어서 7피트 6인치의 최소 천장높이를 요구한다. 그리고 자연광 혹은 인공조명은 실내에서 바닥으로부터 30인치(72mm)의 높이의 위치에서 100럭스의 조도를 제공할 수 있어야 한다.

단계 8

에너지 효율 관련 요구사항에 부합하는지 결정한다.

법규는 외벽과 온수, 난방, 냉방 그리고 전기시스템을 포함하는 건물 지원 서비스에 대한 요구 조건을 설정한다.

IBC(13장)는 국제 에너지 보존 법규에 따라 건물이 설계되도록 요구하고 있다. 외벽 판넬과 베니어(14장) 그리고 지붕 구조(15장)에 대한 요구조건이 있다.

단계 9

구조와 재료에 대한 요구사항에 부합하는지 결정한다.

법규는 지붕, 눈, 바람, 지진 그리고 충격력뿐만 아니라 설계하중에 대한 요구조건도 설정한다. 기초, 옹벽 그리고 구조 시험과 검사에 대한 요구사항이 있다. 다음과 같은 공사 재료에 대한 특별 요구조건이 제공된다.

- 콘크리트
- 경량 금속
- 조적
- 철
- 목재
- 유리와 유리공사
- 집섬보드와 플라스터
- 플라스틱

예:

IBC(16장)는 학교건물의 최소 등분포 하중이 교실에서 각 sf당 40파운드, 2층 이상의 복도에서 80파운드 그리고 1층 복도에서 100파운드로 설계되도록 요구하고 있다.

법규(19장)는 지상층 바닥 콘크리트 슬라브가 두께 3인치 이하가 되지 않도록 요구한다. 대부분 조건에서 방습 비닐이 요구된다.

법규(24장)는 스카이라이트로서 수직에서 15도 경사보다 더 기울어진 유리, 선 스페이스, 경사지붕, 그리고 그 외 외부 장치는 유리의 자중뿐만 아니라 바람과 적설하중 같은 법규에서 명시한 것을 저항할 수 있도록 설계되기를 요구한다. 최대 허용 크기는 명시된다.

단계 10

건물 설비 시스템의 요구사항에 부합하는지 결정한다.

법규는 배관, 기계, 전기 그리고 운송 시스템에 대한 설계 기준과 상세 요구조건을 설정하고 있다. 뿐만 아니라 조명 기준까지 포함할 수도 있다.

IBC(29장)는 배관 시스템은 IBC 국제 배관 법규를 따르도록 요구하고 있다. 예를 들면 후자는 교육시설에서 화장실은 50명당 1개의 변기와 1개의 세면기 그리고 100명당 1개의 음료대를 요구한다. 모든 경우에서처럼 더 규제적인 주 혹은 지역의 학교건물 법규가 있을 수도 있다는 것을 명심하라.

part 4

서비스

시설에 관련된 클라이언트의 관여 및 요구는 건물 수명주기 단계의 계획, 디자인 및 시공, 그리고 보수의 과정에서 발생한다. 건축가들은 핵심지식과 전문성에서 비롯된 특성에 의해 물리적인 공간의 창조를 넘어서 클라이언트의 요구에 대응하여야 하는 특수한 상황에 놓여 있다.

건축가는 선택적으로 기초지식과 기술을 확장시킴으로써 그들이 일괄적으로 행하고자 하는 전략적 목표와 클라이언트의 시설에 관련된 요구사항에 대하여 책임감 있고 더욱 다양한 서비스를 제공할 수 있다는 자세로 회사를 운영할 수 있다.

제15장 서비스의 정의

Robin Ellerthorpe, FAIA

클라이언트에 초점을 두고 있는 이 책의 제1부는 누구를 위해 일하는지 잘 이해할 수 있도록 도와주며 제2부와 제3부는 회사 전반에 걸친 프로젝트 단계에 관한 업무와 전달, 진행 이슈에 대한 설명을 다루고 있다. 본문에서는 클라이언트에게 "무엇을" 그리고 "어떻게" 서비스를 제공하는지를 설명한다.

13번째로 출간된 AIA 건축 전문 실무 안내서는 기본적으로 시설 수명주기의 개념 및 클라이언트 관계의 장기적 가능성을 인식하는 데에 관련된 건축 서비스의 확장을 설명한다. 이를 성취하기 위하여, 건축가들은 반드시 전통적인 디자인 방식과 시공 과정이라는 틀에서 벗어나 생각하여야 한다. 이 책은 건축가가 설계와 시공의 능력에 관하여 관습적으로 강한 전통성을 추가하는 것과 이에 상대적으로 제거하는 자세에 입각하여 이와 같은 서비스를 제안한다. 건축가들은 새로운 기술을 추가함으로써 핵심적인 능력을 조율할 수 있으며 클라이언트에게 설계와 시공 이상의 가능성에 관심을 가진 전문가라는 것을 인식시킬 수 있다.

제4장에서 제공하는 정보로서, 사무소가 제공하고자 하는 서비스의 질적 능률을 증대할 수 있고 새로운 능력을 창조할 수 있으며 혹은 둘 다 이룰 수 있다. 비록 제공된 서비스들은 본질적으로 다양하지만 각각은 특정한 능력 또는 그 외의 여러 능력에 대한 편견 없이 동등한 기초로 소개된 것이다.

> "건축 서비스의 개념은 현재 클라이언트의 생산성과 보다 나은 삶을 위하여 개념설정, 자금조달, 설계, 시공, 그리고 운영 시설의 수명주기와 모든 관련 시설을 포함하여 확장되었다"
>
> AIA 프로젝트/서비스 제공 Think Thank, 1999년 7월

로빈 엘러돌프(Robin Ellerthorpe)는 시카고에 거점을 두고 있는 OWP&P 건축사 사무소에 근무하며, 회사의 시설 컨설팅 그룹을 지휘하고 있다. 1997년부터 전략 계획, 개조 관리, 시설 오너의 운영과 관리 도구 개발 서비스를 제공하고 있다.

서비스 확장에 대한 의견

제4부를 효과적으로 활용하여, 회사가 의존하는 시장과 잠재 클라이언트에 대해 확실히 파악해야 한다. 회사의 전체, 그리고 개별적인 시장과 특정한 클라이언트에 의존하는 사람들이 새로운 서비스로 인하여 갖게 될 영향에 대해 대처하라. 예를 들어, 건축물 관리 서비스가 인테리어전문 사무소에 맡겨졌을 때 어떤 일이 발생하겠는가? 이사 관리 서비스의 일부인 이사계획이 본 공간계획 자체와는 별도로 특정한 공간계획을 요구할 때에는 어떻게 이뤄지는가? 누가 무엇을 하는가? 겉보기에 문제가 없는 능률의 추가는 마케팅에서부터 클라이언트 유치까지 회사 전체에 중요한 영향을 미칠 수 있다.

회사가 수행해야 할 새로운 서비스 또는 서비스의 방향을 정하기 이전에 회사의 현재 능력 및 수용성이 어떤 상태인지 파악할 것을 조언한다. 그래야 수행비용 및 시간 계획을 전개하여 투자를 하기 전에 가능한 지출 및 혜택에 대한 초기계획을 구분하는 데에 도움을 받을 수 있다. 내부 직원에게 새로운 기술을 익히도록 관심을 갖게 할 수 있고, 과학기술이 새로운 요구를 구분하는 데에 평가방법이 될 수 있으며, 사무실 조직체계가 새로운 서비스가 적합한 곳을 구분하는 데에 평가기준이 될 수 있다. 이러한 이슈들이 언급된 이상, SWOT(강점, 약점, 기회, 및 위협) 분석을 포함하여 전략적 사고과정의 수립으로 어느 시장지역 어느 곳에 당신이 위치해야 할지를 결정할 수 있다. 이 연구는 시장가치와 투자회수에 대한 공평한 결정을 내리는 데 있어 유용하다.

자신에게 솔직해져 무지한 부분에 대해서 인정하라. 이 안내서는 결국 건축행위의 수행에 관한 것이며 건축가들은 특성상 무엇이든지 가능하다고 믿는 경향이 있다. 이제는 일반적인 건축과정 및 과학기술이 분야별로 전문화되어 있음을 인식하라. 건축 산업을 이끄는 부류의 사고자들 및 수행자들은 여기서 거론하는 다양한 새로운 서비스를 몇 년에 걸쳐 수행하였고 또한 사업의 초기에는 맨발로 뛰어다니면서 얻은 정신자세와 승패의 경험이 있다. 새로운 서비스를 수행하기 위한 사업계획을 전개해 나갈 때, 경쟁자보다 앞서나갈 수 있도록 이러한 전문가로부터 배우거나 이들을 고용해 보아라. 회사 내에서 새로운 기술을 정립하는 데에 대한 한 가지 경고(여러 가지 중에서)는 조직 내에서 성장하고 융성하도록 허락하라는 것이다. 이것은 언급하기는 쉽지만 실천에 옮기기 힘든 것이다.

프로젝트: 폭넓은 맥락

건축가는 프로젝트를 시공의 원리적 관점에서 생각하려는 경향이 있다. 그러나 현재의 프로젝트들은 사업과 정부활동의 일반적인 주안점으로 다가오면서 현재 가지각색의 사업 변화 또한 프로젝트로 간주한다. 예를 들어, 생화학과 약학적 혁신의 연구는 소프트웨어 개발이나, 이동 오피스, 또는 새로운 장비시스템의 도구화같이 많은 경우 프로젝트 베이스로 착수하게 된다.

프로젝트는 뚜렷한 목표를 경향하고, 클라이언트가 A에서 B로, 적게 바라는 것에서 더 많이 바라는 것을 수학할 수 있도록 조정한다. 그들은 변화 실현은 중립적이며 야망 실현은 수단이 된다.

프로젝트는 특정한 목표가 있고 성공을 위한 척도가 있다.

프로젝트는 현실에서 일어나는 예행 없는 이벤트이다. 그것은 시작과 끝 지점이 있으며, 명확성을 잊지 않으면서 다른 무엇보다도 진행되는 프로그램만큼은 다를 수 있어야 한다.

프로젝트는 구체적인 예산 편성이 있다. 다시 말하지만 대단위 프로그램의 구성 요소에 관하여 의미심장하게 경제적으로 감당할 수 있어야 하는 특징이 있다.

케네스 알린슨(Kenneth Allinson), 설계를 통하여 도달한다: 설계와 프로젝트 관리의 건축사 가이드(1997) 중에서

진행 중인 작업. 이 서비스에 관한 섹션은 진행 중인 작업을 의미한다. 건축 교육을 받은 개개인이 연출할 수 있는 600가지 이상의 가능한 서비스에 대한 결과를 낸 이 연구는 수년 전에 American Institute of Architecture Students에 의해 연출되었다. 여기서는 일반적으로 적용되어 온 몇 가지의 서비스 과정만을 제시한다. 건축의 재해석에 대한 디자인 개념들의 이해가 발전할수록 건축 서비스의 확장으로 진화되면서 추가된 많은 서비스가 후에 출판될 안내서들을 통하여 거론이 될 것이다. 이러한 서비스의 근원들은 건축 수행자, 관계 전문가들(PIAs) 및 최근 안내서 저자들을 포함한다. 각 서비스는 기초 건축의 재해석을 지향하며 회사 규모에 상관없이 클라이언트와의 관계, 가능성, 시장성 및 수익성을 확장할 수 있도록 유도하는 것을 목표로 한다.

B141 문서. 건축가가 제공하는 서비스의 설계 용역 표준 양식에 따른 건축주와 건축가 간의 표준 계약서인 최근의 B141 문서는 건축가가 각종 계약문서 없이도 클라이언트의 요구에 대응할 수 있도록 창안되었다. 따라서 개별적인 서비스 해석의 구성은 건축가가 B141 문서의 기본단위 삽입을 전개할 수 있도록 도와주기 위하여 계획되었다. 이 문서는 가치를 증대하고 비용에 관한 논의를 하는 상황에서의 분리된 서비스로서의 인식을 가능케 한다. 한 예로서 전통적으로 설계 서비스에 대한 기회를 획득하기 위해 프로그래밍 단계를 낮은 마진 또는 무료 서비스로 간주하는 경향이 잦다. 이러한 자세는 건전한 업무 수행으로부터 상반된 것이다. 이러한 B141의 새로운 모듈 형식을 사용함으로써 건축가들은 비용처리가 되지 않은 모든 서비스를 확인하고 제한하며 동시에 이러한 서비스를 클라이언트가 선택했을 시 업무의 총체적인 영역에서 벗어나 있다는 것을 명확하게 인식한다.

서비스 항목

건축가들은 훈련과 경험을 통해 공간, 형태 및 재료의 물성에 대한 근본적인 이해를 가지고 있다. 이러한 이해를 바탕으로 건축물의 필요성에 대한 인식을 시작으로 계획, 디자인 및 시공, 입주, 리노베이션 및 마지막 철거 단계를 거치는 폭넓은 연속체제 속에서 건축가들은 클라이언트를 대신해 선택을 할 수 있다. 여기서는 이러한 연속체제에 대응하여 아래 항목과 같은 서비스를 제안한다.

- 계획
- 디자인 및 시공
- 운영 및 유지관리

계획 서비스. 계획 항목에 관한 서비스에 있어서 가장 중요한 목표는 건축주에게 문제점을 인식하도록 돕는 것이고 건축물에 관련된 제한 사항들로 기능, 형태, 경제 및 시간에 관한 진술을 도출하는 것이다. 일반적으로 디자인 과정에 도입되는 이러한 주제의 형성은 건축가의 견해로 계획된 것이다. 반면에 클라이언트의 관점에서 주요 요

소들은 전략적인 계획, 투시력, 시나리오 계획, 마스터 플래닝, 프로젝트 인식, 프로그램 관리 및 디자인의 전 단계에서 일어나는 무수한 행위 등의 과정에서 발견된다.

추가적인 기술은 건축가를 도와 경제적인 고려 사항들을 포함한 프로젝트의 타당성 분석의 노력을 지휘할 수 있으며, 투자계획 회수의 전개, 임대 및 매매의 결정, 또는 이슈를 일원화하는 것으로 클라이언트를 도울 수 있다. 조직적인 개발기술은 건축물 관리 및 프로그래밍 기술에 더해짐으로써 건축물 관리 조직의 정의, 외부 용역, 연출 또는 평가 서비스를 창출해 낼 수 있다.

창의적으로 건축주의 조건을 평가하고 건축가가 이끈 과정에 대한 추가적인 기술을 제공함으로써 신뢰받는 조언자가 된다. 전문가는 합리적인 이유로 존재하며 포괄적인 건축물의 요구에 적합한 복합적인 전문 서비스를 활용하고 촉진하며 근본적인 의지와 능력을 통하여 가치를 추구한다.

디자인 및 시공 서비스. 오늘날 디자인 및 시공 서비스에 관해서는 많은 회사들이 30년 전의 방식 그대로 추진한다(보다 더 효율적인 연필을 사용함에도 불구하고). 오늘날 산업시장의 기술적 변화로 건축가들은 작업에 사용하는 통합적인 도구들을 유리하게 활용할 수 있게 되었다. 정보를 구체화시키고 물질적인 목록을 완성시키는 컴퓨터의 도움에 의한 디자인 드로잉에서부터 특정한 정보체계를 견주하기 위한 노력이 많은 상황 속에서 전문가들은 프로그래밍, 팀간의 의사소통, 정보의 요구 또는 이와 같이 전체 팀이 공유할 수 있는 프로젝트의 정보를 찾아내고 유지함에 대한 가치를 인식하기 시작하였다. 여기에서 제시된 서비스는 프로세스로 이끌 수 있는 능력을 향상시킬(아니면 최소한 첫 시도로서) 통합의 길과 대응성에 대하여 진보적인 방향을 보여준다.

오늘날의 프로젝트 수행의 변화는 모든 건물 영역, 주거에서 종교건축까지, 교육시설에서 기업, 서비스 영역에서 산업분야까지 해당된다. 이러한 모든 행위와 산업체는 클라이언트가 건축가를 어떠한 형식으로 고용하느냐에 따라 변화를 가져온다. 개개의 서비스와 가능한 일반화된 수행방법의 개발에 노력하였으며, 나아가서 건축가들이 이러한 방법을 실행함으로써 시장에서는 경쟁력이 향상되고 회사전체 내에서의 차별화를 위한 평가가 이루어질 수 있게 된다

여기에 소개된 프로젝트 수행 방법과 서비스 도입은 최종 단계 실행 이전을 위한 계획과 당신 회사의 운영방식에 조심스럽고 신중하게 접근하는 방식에 대하여 상당한 영향을 줄 수 있다. 예를 들어, 시공 도면상에 제시된 세부사항 수준은 전통적 설계 입찰 시공과 설계-시공 접근법 사이에 큰 차이가 있다. 이와 같은 운영상의 변경은 사소한 것이 아니며 예비 프로젝트에서 분석을 하고, 기대 효과를 바탕으로 평가하며, 요구 조건에 맞게 수정하여야 한다.

운영 및 유지관리 서비스. 이와 동시에 운영 및 유지관리 서비스는 아마도 건축가들이 가장 적게 인식하고 있는 서비스에 해당될 것이다. 반면에 무관심으로 인해 이 분야에 영입되고 있는 새로운 도전자들에 대하여서도 너무나 잘 알고 있다. 운영 관련

서비스에 대해서 물었을 때, 대부분의 건축가들은 거주후의 평가 정도를 언급할 뿐 별다른 말이 없다.

보수 서비스 분야의 경쟁자는 건물의 제어 장비 제조업자들, 회계 및 컨설팅 회사들, 식품 서비스 회사들 및 외부 용역 서비스의 행상인들이다. 건축가들이 제공하지 않거나 말아야 할 서비스를 그들이 제공함으로써 그들은 클라이언트와 거의 매일 만남으로써 시설물 관련 결정을 하는 데에 있어 책임감 있는 위치를 차지하게 된다.

건축가들이 왜 운영 관련 서비스에 관심을 가져야 하는가? 나날이 설비 및 유지운용비용이 늘어남에 따라 건축주들은 50년 되는 건물의 생애주기를 위해 원래 비용의 3배를 지출할 수도 있다. 기술적으로 운영에 기초한 서비스는 우리의 핵심 권한 안에 포함되어 있다.

시장의 관점으로 보면, 건물주들과 운영자들은 입주 후에 가능한 한 신속하게 건물 운영 환경의 기준치를 추구한다. 잘못된 점이 적을수록 운영비용이 적게 들어가기 때문이다. 건물주가 새로운 건축물을 인수하고 나서 보증에 대한 불안한 느낌이 생긴다. 일정기간 동안은 건물 인증서의 효력이 있으나 일반적으로 시공자들은 시공 후에 주어진 시간에 구성요소와 내외장 마감 미완성에 대하여 해결한다. 일반적으로 새 장비의 교체, 재해 계획, 건축물 시설 불안전 이슈가 충분히 고려되지 않을 시 예산 주기 사이에 속하는 이 기간은 신속히 끝난다.

건축가들이 참여하여 이러한 일을 계획하는 데에 도움이 될 수 있다면 이에 따라 요구되는 지식의 수행능력과 관리에 지휘를 맡을 수 있는 기회는 항상 존재한다. 운영에 대한 섹션에서는 건축주가 건물의 수명주기를 파악할 수 있도록 돕는 데에 사용되는 서비스를 제공한다. 어떤 서비스는 하위급 레벨로서 장인 건축가들이 연출하기를 요구하지 않는다.

많은 시설물에 대해 적합한 자원을 관리함으로써 사무소들은 특정한 시장을 잘 알게 되어 경쟁사보다 더 우위를 차지할 수 있다. 그러한 지식을 적용하는 것이, 통계분석자료 내지는 소유주의 건물 보수 안내서를 출판하든지 간에, 건축가들이 클라이언트의 건물 운영 문제에 대하여 올바른 인도자가 되어야 한다. 더욱 신뢰할 수 있은 조언가로서의 역할은 클라이언트와의 오랜 동안 지속되는 관계를 성립하는 결과를 형성한다.

> "건축주들은.....운영과 시설정보를 링크하기 위하여 설계와 시공정보를 인터넷으로 전달받기를 원한다. 오너들은 이것을 운영비용 절감을 위한 비용 효과 방법으로 인식하고 있다. 이것은 우리 산업이 도입해야 할 프로젝트 정보의 수명주기 접근과 배경의 본질적인 것이다.
>
> AIA 프로젝트/서비스 제공 연구소 (think tank), 1999년 7월

서비스 종류의 내용

이 섹션에서 각 서비스에 대한 설명은 서비스를 정의하고 기술하는 서두의 주장을 시작으로 양립된 입장에서의 토론을 체계화하고, 과거에 대한 중요한 관점들을 열거하며, 서비스에 대한 시장경제의 경향을 정의한다. 다음의 세 부분－클라이언트의 필요사항, 기술, 과정－으로 나누어 본다.

클라이언트의 필요사항. 이 부분은 클라이언트에게 왜 서비스가 필요한지에 대하여

서비스

Part 4

그리고 잠재 되어 있은 혜택과 위험요소들에 대하여 설명하고 있다. 또한 어떠한 유형의 클라이언트가 특별히 필요로 하는지를 분류하고 혹은 서비스의 시장 가치를 설명한다. 설명된 서비스 및 그 외 관계된 서비스에 대한 주요 공급자들이 기록되어 있다.

기술. 저자는 이 부분의 서비스 개요에 관하여, 서비스를 제공하는 데 있어서 필요한 지식, 기술 및 자원에 대해서 언급한다. 연계되어 있을 수 있는 관련 학식들과 식별이 필요한 특정 전문가, 그리고 특수한 장비 및 도구와 함께 설명하고 있다.

프로세스. 이 부분은 서비스의 범위를 정의하는 결정적 요소, 서비스의 실행을 위한 일반적인 단계들(때론 견본 작업 계획), 전형적인 과정이나 단계, 그리고 일반적으로 수행 가능성을 포함해서 영향을 미치는 요인들에 대하여 설명한다. 활용 인력의 종류 및 수준 요건들을 설명하고, 필요한 상황에 따라 정기적인 검토와 확인이 가능하다.

제16장 계획-기초설계 서비스

16.1 프로그래밍

Robert G. Hershberger, Ph.D., FAIA

건축 프로그래밍은 주변 공동체의 가치, 건축물 이용자, 클라이언트 조직의 요구조건, 목적, 현실 등의 상호 밀접한 관계의 완전하고 조직적인 평가이다. 올바르게 계획된 프로그램은 높은 가치를 지닌 설계로 나타난다.

건축 프로그래밍은 건축 설계와 별개의 행위로 발전되었다. 건축주와 건축사 간의 표준 계약서 양식(Standard Form of Agreement between Owner and Architect) AIA 문서 B141에 따르면 임의의 기초설계 과정으로 분류된다. B141 서류의 건축주와 건축가 간의 표준 계약서 양식에 건축가는 대지 "기초 서비스: 건축주 프로그램의 예비적인 평가를 제공하는 것"이라고 정의되어 있다. 대체로 사전 평가 이후 건축가는 일반적인 디자인 서비스를 수행하는 것으로 예상된다.

건축가들은 위의 접근법에 대해 불만족스럽게 생각하고 있으며, 건축 프로그래밍을 자신들이 제공하는 서비스의 일부로 규정하는 건축가들의 수가 늘

요약

프로그래밍 서비스

왜 클라이언트는 이런 서비스를 필요로 하는가
- 프로젝트 목표와 설계 주제들을 명백히 하기 위하여
- 설계에 관한 의사결정을 위한 지역적인 기초를 제공하기 위하여
- 프로젝트가 클라이언트의 가치를 반영할 것을 보증하기 위하여

요구되는 지식과 기술
- 건축 설계에 관한 지식
- 시공방법 및 시간적 제약에 관한 지식
- 취조 및 정보 수집 기술
- 공간 기준에 관한 지식
- 분석적인 기술
- 강한 언어 구사력, 집필 및 관리 기술

대표적인 진행 업무
- 프로그래밍 팀의 소집
- 클라이언트 및 이용자의 가치를 파악하고 우선순위를 둔다
- 프로젝트의 목표 결정
- 프로젝트 규제 및 기회요소들을 파악
- 데이터를 수집하고 분석
- 프로젝트 요구사항을 기록/문서화

로버트 허쉬버저(Robert Hershberger)는 미국 아리조나 대학 건축대학의 학장이자 교수이며 미국 아리조나주 Tucson과 Tempe에 위치한 Hershberger and Nickels Architects/Planners 회사의 파트너 대표로서 Architectural Programing and Predesign Manager의 저자이다.

어나고 있다. 이러한 맥락에서 프로그래밍은 건축 디자인 과정의 부차적인 부분으로 제공되었을 때나 클라이언트에 의해 처리되었을 때보다 훨씬 더 면밀하고 체계적인 노력으로 발전되었다.

건물 및 건물시스템이 더욱 복잡해져 감으로 인하여 프로그래밍 서비스의 필요성은 더욱 확장되어갈 것으로 보인다. 더욱이, 보다 많은 클라이언트들은 정교함과 생각의 수준이 점점 높아짐에 따라 물적 자산에 대한 이해와 경영에 대한 관심이 커지고 있다.

건축가가 주도하는 프로그래밍은 클라이언트에게 프로젝트의 가치, 목표 및 요구사항과 조직화 등의 결정을 하는 데 있어서 체계화된 프로세스로 제공될 수 있다. 많은 클라이언트들은 그들의 시행 운영을 위한 물질적 가능성에 대해 제한적인 견해를 가지고 있는 반면 건축가들은 프로그래밍하는 과정에서의 선택을 시각화하며 도울 수 있는 이상적이고 전문적인 배경과 정보를 가지고 있다. 건축 회사가 수행하는 프로그래밍 과정은 클라이언트에게 더 넓은 범위의 다양한 대안과 접근방법을 소개하면서 적절한 방향을 선택할 수 있도록 도움을 준다.

클라이언트의 요구사항

클라이언트들은 프로그래밍 서비스를 필요로 한다. 공공기관, 정부 또는 법인의 클라이언트들은 대부분 프로그래밍 서비스의 필요성에 대해 인식하게 되며 그에 대한 대가를 기꺼이 지불하겠지만, 가끔은 조직 내에서 프로그램을 제작하는 경우나 건축가에게 서비스를 의뢰하기 전에 다른 프로그램 컨설턴트를 고용하는 경우도 있다.

정부기관은 많은 경우 정부에서 제공된, 완전히 개발된 프로그램 디자인 서비스를 기초로 하기 때문에 프로그래밍 서비스를 광범위하게 사용한다. 병원 및 호텔과 같은 복잡한 공공시설의 건축주들은 디자인 논점에 관한 신중한 전면 분석의 필요성을 쉽게 인지하고 있으며 프로그램을 개발하는 데에 있어서 건축 회사를 자주 고용할 것이다. 본인이 사용하는 오피스 시설의 건축주들은 시설 관리 목적을 달성하기 위하여 일반적으로 높은 수준의 프로그래밍을 원한다. 빌딩 경영에 관한 경험이 적은 클라이언트들은 프로그래밍 과정에서 건축가가 제공하는 방식에 대해 일반적으로 호의적이다. 개발자들이 건축 프로그래밍 서비스의 필요성을 가장 적게 인식하며, 그들 대부분이 시장에서 무엇을 필요로 하는지 알고 있다고 믿는 경향이 있어 또 다른 대안을 찾아보거나 가능성에 대한 홍정에 심사숙고할 이유가 없다고 본다. 반면에 고작 몇 개의 방을 리모델링하는 등의 일조차도 서비스를 필요로 하지만 일부 주택 클라이언트들은 프로그래밍을 위한 추가 지출을 원하지 않는다.

커뮤니티 계획 조정(14.3)은 토지 이용, 건물 개발 및 환경적 품질의 조절이 건물을 위한 프로그래밍 서비스의 요소가 되는 방법에 대하여 고찰한다.

초기 인터뷰를 하면서 프로그래밍의 혜택에 대해 논의하는 것은 저항하는 클라이언트의 시각을 넓히고 이러한 서비스에 계약을 왜 해야 하는지에 대한 이해를 돕는다.

기초적인 연구. 일부의 클라이언트는 건축 프로그래밍에 앞서 경제적 가능성, 대상

지의 적절성 또는 마스터 플래닝 서비스를 필요로 할 것이다. 특정한 프로젝트가 실행 가능한지를 증명하기 위해 경제적 가능성 연구는 구체적인 대상지 및 개발계획과 관련된 시장 조건들을 조사한다. 이 조사는 건축가에 의해 수행될 수도 있지만 종종 다른 전문가들의 능력이 필요하다. 또한 대상지의 적절성에 관한 조사는 개인 소유지의 매입 이전에 부지가 적합하게 구획되었는지, 서비스가 필요한지 그리고 프로젝트의 목적을 달성하기 위한 적정한 크기로 되어 있는지의 여부를 확실히 하는 데 필요한 필수 조건들이다.

건축가들은 대상지의 적절성 조사를 수행하도록 적합한 토지의 사용과 건축기준 및 법규에 대한 디자인 기술과 지식으로 완벽하게 훈련되어 있다. 지질공학의 문제점들이 개입되는 곳에는 토목공학 컨설턴트들이 참여하여야 할 것이다. 방대한 대지 계획이 존재하는 프로젝트에는 조경 건축가들의 자문이 필요하다.

법규 준수(17.3)는 프로그래밍 서비스의 실행 고려사항들을 언급한다.

대단위 대지와 시간에 따라 단계별로 발전하는 대규모 프로그램의 클라이언트는 특정한 건물 내지는 시설을 프로그래밍하기 이전에 마스터플랜을 설정해야 한다. 완전한 건축 프로그래밍 서비스가 있는 마스터플랜 서비스를 제공하는 건축가들은 자신의 가치를 클라이언트에게 증명하는 데에 있어서 우위에 있으며, 이에 따라 마스터 플래닝 실행의 각 단계에서 디자인 서비스 수수료를 획득할 수 있음을 보장받는다.

건축 프로그래밍. 건축 프로그래밍은 위의 모든 조사를 포함할 수 있지만 일반적으로 기초조사 이행 후 시작된다. 이것은 마스터플랜과 이전의 섹션에서 다룬 여러 부분의 구체적인 시설 확인, 즉 가치 인식, 목표 설정, 관계된 사실의 발견 그리고 특정한 프로젝트 요구사항에 초점을 맞추는 경향이 있다. 이 모든 것들은 클라이언트, 사용자 및 사회 공동체와의 협동 과정에서 발전하나 전문가들은 프로젝트의 속성에 따라 일부 정보에 대한 개발을 필요로 한다. 전문가들 중에는 주방시설 컨설턴트, 실험실 컨설턴트, 보안 컨설턴트, 정보 및 의사소통 전문가, 그리고 교통 및 주차 전문가 등이 포함된다.

어떤 건축가들은 프로그래밍 서비스에 전문적이며, 또 어떤 전문가들은 사회 및 행태 과학자(behavioral scientist), 시스템 분석가, 인테리어 디자이너, 그리고 건물 관리 및 운영 전문가 등을 포함하여 이 분야에 영입되었다. 건축가를 포함한 일부 프로그래밍 컨설턴트들은 병원, 스포츠 경기장, 호텔, 법무 시설, 실험실, 보안 시스템, 무균실, 주방 등과 같은 특수한 건물 유형 및 기능에 전문적이다.

서비스의 비용. 프로그래밍 서비스를 제공하는 건축가들은 서비스에 대한 비용 협상에 점점 성공을 거두고 있는데, 그것은 건축주들이 프로그래밍 결과로 얻어지는 건물들이 자신의 요구에 충족된다는 것을 인식하고 있기 때문이다. 실제로 전문가들 사이에서는 주로 프로그래밍을 기초적인 서비스로 제공하는 건축회사들이 높은 품질의 건축물을 생산한다고 대부분 인정되고 있다. 프로그래밍을

건축 프로그래밍에 있어서의 가치

인간적: 기능적, 사회적, 물리적, 생리적, 심리적
환경적: 대지, 기후, 정황, 정치적, 법적
기술적: 재료, 시스템, 과정
일시적: 성장, 변화, 영구
경제적: 재정, 시공, 운영, 유지, 에너지
미적: 형태, 공간, 색채, 개념적
안전: 구조, 화재, 화학, 개인적, 범죄적

Robert Hershberger, Architectural Programming and Predesign Manager(1999)

가치를 기초로 둔 프로그래밍 매트릭스				
가치	**목표**	**사실**	**필요**	**아이디어**
인간				
환경적				
문화적				
기술적				
일시적				
경제적				
미학적				
안전성				
기타				

크기와 시설을 갖춘 건물보다 높은 비용이 들 수 있다. 마스터 플래닝을 위한 비용 역시 제공되는 기대치와 프로젝트 유형에 따라 여러 가지가 있다.

기술(Skill)

작은 프로젝트에서는 프로그래밍 회사의 한 사람이 모든 프로그래밍 업무를 도맡을 수 있다. 일반적으로 큰 프로젝트에서는 섬세한 클라이언트 인터뷰와 일의 회의에 대한 발표(내지는 최소한 소개)를 맡을 선임 건축가, 핵심 인물간의 인터뷰 운영, 질문사항의 개발(필요시에), 데이터의 분석, 프로그래밍 양식의 개발을 감독하는 프로젝트 프로그래머, 문헌조사와 사용자의 인터뷰를 운영하며 대상지 분석을 포함한 관찰 작업, 프로그래밍 문서를 개발하는 프로젝트 프로그래머를 보조할 수 있는 보조 프로그래머를 포함하여 프로그래밍 팀이 이루어질 수 있다.

전문화된 컨설턴트들은 실험실, 공항, 감옥, 주방 그리고 호텔/엔터테인먼트 복합시설의 특정한 공간 및 건물 유형을 위해 기준 및 지침을 개발한다. 특수한 구성원의 개입은 프로그래밍 작업 계획에 있어서 주의 깊게 전개되어야 한다.

프로그래머는 건축 설계 및 건물 프로세스의 기본에 대해 익숙해 있어야 하고, 디자인과 시공 관련사항에 관한 프로그램 표현에 대하여 주의를 해야 한다. 그러나 프로그래밍의 효과를 위해 구체적인 지식과 기술 또한 있어야 한다.

정보 수집에 의한 전문적 지식이 프로그래머 분야의 핵심이며 아래와 같은 능력을 요구한다.

- 효과적 문헌 조사 수행

- 진단적 면담을 위한 적극적인 경청의 활용
- 현장답사 조사의 의미 있는 정보 기록
- 포괄적인 공간 목록의 개발
- 기록에 필요한 증거물의 도형
- 체계적 관찰 수행
- 질문서 개발 및 관리의 시기와 방법 이해

유창한 언변 및 경영 기술은 그룹 면담과 작업 회의의 통솔을 위하여 필요하다. 다시 말하면, 경청 기술은 불가결한 요소이지만, 회의의 방향을 선도하는 능력과 다양한 의견들을 합의로 이끄는 것은 더욱 중요하다.

자료 분석 기술 또한 동등하게 중요하다. 무엇을 수집해야 하는지를 알고 데이터를 유용한 정보로 어떻게 전환하는가 하는 것은 효과적인 프로그래밍의 본질적 요소이다. 기술력을 갖춘 프로그래머들은 프로그래밍의 선구자인 윌리 페나(Willie Pena)가 말한 "Data Clog"(자료 방해물)를 방지하는 법을 배운다. 프로그래머는 필요한 데이터만을 수집하도록 배워야 하고 프로젝트의 디자인에 영향을 미칠 수 있는 의미 있는(신뢰성이 높고 정확한) 정보로 능숙히 변환할 수 있어야 한다.

다양한 건물 유형에서의 공간 크기 기준에 대한 지식은 프로그래머에게 있어서 기초적 요구사항이다. 작업에 착수하기 이전에, 건물 유형의 기준이 무엇인가를 알아야 함은 물론이고 클라이언트가 실제로 어떠한 공간을 소유하고 있는가를 알고, 이로 하여금 특정한 시설의 적절한 활용면적에 동의할 수 있도록 클라이언트를 설득할 수 있다. 그들은 또한 다양한 건물 유형 및 질적 수준에서의 적합한 효율성을 주시하여야 하며, 이를 총면적의 필수사항을 만들기 위한 실제 활용 면적에 적용할줄 알아야 한다. 많은 건물 유형에서 능률적인 요소는 주로 70퍼센트 미만이다. 그러나 클라이언트들은 복도, 벽, 설비통로, 벽장 등과 같은 공간이 건물에서 차지하는 면적에 대해서 잘 모른다. 프로그래머는 이러한 프로그램을 전개하는 과정에서 클라이언트를 순조롭게 안내할 수 있도록 지식과 기술을 갖춰야 한다.

프로그래머는 최근의 시공 비용 정보와 일반적인 프로젝트 납품 시기와 스케줄에 대해 숙지하여야 한다. 경우에 따라 일반적인 기초 실비용 산정 및 프로젝트 스케줄 진행을 위한 시공 도급자나 비용 견적 전문가와의 상담이 필요하다. 클라이언트들이 전체적인 재정적 타당성 검토를 필요로 하는 경우에 실제 부동산 개발 및 은행업에 배경을 두고 있는 컨설턴트들이 자주 이용된다. 이러한 초기 단계에서는 많은 요인(토지 비용, 토양, 지역권에 의한 변동 등)이 불분명하기 때문에 예상 건축비용의 20퍼센트에서 30퍼센트를 예산상 예비비로 하는 것이 일반적이다. 이 비율은 프로젝트 진행에 따라 그리고 더 많은 것이 확인될수록 줄어들 것이며, 실제적으로 마스터 플래닝 과정에서는 일반적으로 예비비가 15퍼센트가 될 것이며, 프로그래밍에서는 10~20퍼센트, 시공 과정에서는 5~7퍼센트로 떨어질 것이다.

마지막으로 쓰기 실력은 클라이언트의 요구를 포착하고 질적이며 양적인 관점에서 묘사할 수 있도록 하는 것이 필요하다. 건축 프로그래머는 클라이언트, 사용자, 사회, 그리고 프로젝트의 설계를 하게 될 건축가에게 언어로, 시각적으로 프로그래밍 정보를 전달하여야 한다.

장비. 거의 모든 건축가들이 최종 도면과 워드프로세서로 보고서를 제작하는 컴퓨터가 있다는 전제 하에 건축 프로그래밍에 필요한 유일한 특수한 장비는 디지털 카메라나 폴라로이드 카메라이다. 그 밖에 다른 특수 장비는 필요하지 않다.

프로세스

건축 프로그래밍은 본래부터 팀 프로세스이다. 최소한 프로그래머 및 클라이언트가 프로그램을 정하지만 대체적으로는 프로그래밍 회사의 몇몇 사람과 다수의 사용자 집단, 그리고 가끔은 지역사회 참여자들이 개입된다. 프로젝트의 스케일(예를 들어 건물 인테리어, 하나의 건물, 복합 건물)이 팀의 규모와 구성에 크게 영향을 믿친다. 또 다른 요소를 포함한다면 시설의 유형과 특수한 기능의 수준이고, 이것은 특히 클라이언트와 시설 이용자 간의 상호작용이 필수적이며 어쩌면 강압적일수도 있다.

클라이언트 및 사용자 유용성

프로그래밍은 제도적 목표, 기능적 능률, 사용자의 편리성, 건물 경제성, 안전, 환경 유지 및 시각적 질 등 가치에 대해 우선순위를 매기고, 그것들을 확인하고, 고려하고, 토론하고, 거부하고, 수락하는 시점이다. 이러한 증명된 가치와 고려사항의 관계는 최상의 건축물 결과에 중요한 영향력이 있을 것이다. 많은 건축주가 프로그램에 참여하는 경우처럼 프로그램이 오로지 기능적 효율성에 의해 진행된다면 프로그래밍 중에 만들어진 조직적 결정들은 건축물 형태에 상당한 영향을 줄 것이다.

만약 프로그램이 사용자의 사회적이고 심리적인 요구조건으로 더 많이 전개된다면, 형태에 대한 처방 역시 확인된 공간과 그 규모, 특징 및 관계로부터 나타나는 것이다. 경제적인 관계에 프로그램이 우선적으로 반응한다면, 가능성이 있는 특수한 공간 및 장소 그리고 다양한 재료와 시스템의 기회들은 프로그래밍 과정의 설계 고려사항에서 제거될 가능성이 있다. 신중하게 생각해서 접근한 포괄적인 건축 프로그래밍 프로세스에서는 적합한 가치가 인정되며 우선적으로 선택된다.

건축 프로그래밍에서의 가치를 확인하는 부분은 클라이언트에게 중요한 의문과 해답의 기회를, 또는 클라이언트의 조직이 건조 환경에 어떻게 관계하는가에 대한 중대한 결정을 이끌어 낸다. 마찬가지로 클라이언트가 추구하는 가치와 사회가 추구하는 가치의 관계, 시설의 이용자가 추구하는 가치, 클라이언트와 함께 일하는 설계 전문가들이 추구하는 가치에 대한 고려가 있어야 한다. 이러한 관계들을 고려함으로써 프로그래머의 운영에 있어서 가치로 인한 대립을 처리하고 공동의 가치에 대한 보다 더 알찬 표현의 기회를 확인할 수 있다.

프로젝트 목표

기초적인 가치가 파악되고 또한 우선적으로 선택된 이상, 구체적인 프로젝트 목표를 개발하는 것이 가능하다. 새롭게 확장되거나 개조된 건물이 제공될 때, 어떠한 조직상의 목적이 성취되어야 하는가? 결과적인 건물은 조직이 요구하는 이미지에 대한 주장을 제시해야 하는가? 효과적인 모델이어야 하는가? 아니면 덜 조직화시키고 우연한 이벤트가 가능하거나 아니면 운영 방식을 바꿔야 하는가? 생태 건축의 전시물처럼 환경에 예민해야 하는가? 프로젝트 총비용의 목적이 무엇인가? 건물의 운영을 위한 준비가 되는 시점이 언제인가? 이와 같이 많은 여러 분야에 관한 목표가 프로그래밍 단계에서 설정되어야 한다.

대지 분석(16.2)은 제안되거나 현존하는 대지를 위한 프로그래밍 과정에서의 고려사항들에 대하여 언급한다.

규제와 기회

목표의 달성은 대지의 특성과 마찬가지로 조직운영의 특성에 따라 순조롭게 또는 어렵게 이루어진다. 규제와 기회의 구체적인 성향을 파악하는 정보를 수집해야 한다. 제시된 시설물을 위치시키기에 충분한 토지가 있는가? 시야, 접근, 서비스, 그리고 비슷한 조건에 대한 정확한 위치인가? 기존의 건물들은 새로운 용도로 쉽게 전환될 수 있겠는가? 시공 및 초기 비용을 처리하는 데 안전하고 그리고/또는 조직의 자금 흐름이 충분한가? 새롭게 그리고 개조된 공간이 만들어지고 현실적으로 나타나기 전에 사실에 근거한 이러한 질문들을 항상 물어봐야 한다.

시설 요구사항

중요한 가치와 클라이언트의 목표, 이용자 그룹, 커뮤니티의 모든 관계요소가 확인되었을 시에만 구체적인 공간소요 확인작업을 시작한다. 불행히도 대부분 클라이언트들이 제공하는 프로그램은 중요한 시설-관련 가치와 목표에 대한 충분한 고려 없이 전개된 것들이 많다. 프로그램을 준비하도록 선임된 직원은 직설적으로 사용자 필요사항 및 공간 요구사항의 확인에 착수하는 경향이 있다. 프로그램을 준비하는 이들은 개인적인 가치체계가 의사결정을 하는 데에 영향을 미친다는 것, 그리고 시설-관련 가치와 구체적인 프로젝트 목표 설정에 관하여 더욱 의식적인 확인작업이 프로젝트의 구체적인 필요사항을 개발하는 방법에 깊은 영향력이 있다는 것을 이해하지 못할 수도 있다. 조직의 임무에 더 중요한 상관성을 가졌음에도 불구하고 베일에 가려진 채 알고 있는 약간의 사실들과 긴급한 요소들이 의사결정 과정을 지배하는 경향이 자주 나타난다.

특수한 시설의 공간 필요사항을 확인하는 단계는 다음과 같다.

- 요구되는 공간의 파악
- 이러한 공간의 크기와 상관성의 정립
- 효과를 측정하는 데에 적합한 요소의 개발
- 프로젝트 예산 및 계획 요구조건

효과를 평가하기 위한 요소를 설정하는 데 있어서 복도, 벽, 화장실, 서비스 공간, 및 복-층 공간 등과 같은 프로그램화되지 않은 장소를 고려하라. 제안된 새로운 시설 설계의 가장 정확한 안내를 받기 위하여 예산 및 계획 요구조건들은 이전에 확인된 가치, 목표 및 사실요소들에 근거를 두어라.

정보 수집

건축 프로그램에는 5가지 유형의 정보가 수집된다—문헌조사/검토, 인터뷰, 관찰, 질의/설문조사, 그룹 회의.

문헌 조사/검토. 이 작업은 프로그래밍 과정에 있어서의 첫 단계로서 임무를 수여받기 전에 시작되며, 이것의 목표는 프로그래머에게 유사한 시설과 클라이언트의 목적 및 생각에 대한 전반적인 배경지식을 제공하는 것이다. 문헌 조사는 토지 조사, 시공 문서, 그리고 그 외 관련된 문서와 함께 기존 시설에 관한 보고서의 수집을 포함한다. 또한 관련 있는 정부 문서의 수집과 적용하는 규범을 포함하여, 법령, 건축 및 계획기준, 역사적 문서 및 보존 자료, 상업 간행물, 연구 문헌, 전문 간행물, 제조업자 간행물, 인터넷상 및 인기 있는 문헌에서의 자원 출처를 포함한다.

인터뷰. 대부분의 경우, 이 부분이 프로그래밍의 핵심 행위이다. 이것은 클라이언트와의 인터뷰부터 시작한다: 이 인터뷰를 통해 프로그래머가 클라이언트가 요구하는 가치 및 목표에 관해서 더 배울 수가 있고, 작업 계획 및 스케줄을 구체화할 수 있으며, 클라이언트 조직 내의 접촉 대상자를 분명하게 할 수 있다. 이어서 핵심 직원 관계자, 그 외의 이용자(클라이언트, 거래처, 고객 등), 그리고 관심이 있는 공동체의 구성원들과의 인터뷰를 한다. 성공적인 인터뷰는 신중하게 계획된 것이다. 프로그래머는 처음에 시설물의 설계에 영향을 줄 수 있는 기본적인 가치—인간, 문화, 환경, 기술, 시간, 경제, 미학, 그리고 안전에 관련된 것—들을 파악한다. 계획 단계의 인터뷰에서 프로그래머는 어떠한 자료가 설계의 차이를 가져오는지, 누가 가장 유용한 자료를 제공할 수 있는지, 누가 의사결정 및 일의 중요도를 정하는 권한을 가졌는지, 가능한 기간 및 예산규모, 그리고 사용하게 될 다른 정보 수집 방법이 관찰과 조사 등의 인터뷰에 어떠한 관계를 갖게 될지에 대하여 고려해야 한다.

규모가 큰 조직의 프로그래머는 대체적으로 클라이언트와 함께 조직 표를 검토하면서 핵심 임원, 부서장, 그리고 시설물의 요구조건에 관하여 지식이 있거나 의사결정이 가능한 입장에 있는 그 외의 사람들을 파악한다. 조직 내에서 인터뷰를 해야 할 그 외의 대상자들은 각 부서 관리자, 특별한 위원회의 위원들, 보수 관리자, 전형적이고 대표적인 일반 직원, 그리고 특수한 필요사항이 있는 직원들이다. 공급자, 서비스업자, 소방관리자 또는 클라이언트 등 시설물을 이용하거나 방문하지만 클라이언트 조직의 일과는 무관한 자들도 역시 중요한 정보가 된다. 인터뷰는 개별적이거나 단체적인 조성을 통하여 이루어져야 한다.

누구를 인터뷰하였고 어디서 인터뷰가 이루어졌는지에 상관없이 완전하고 신뢰할 수 있는 정보를 획득하는 데에 목적이 있다. 클라이언트 또는 사용자의 기존 환경 안에서 내지는 주변에서 인터뷰를 수행하는 것이 좋다. 이러한 설정이 인터뷰 대상자들이 답변하는 데 편안함을 주고 그들의 건축 환경에 쉽게 집중하도록 도움을 준다. 인터뷰 기술은 포괄적으로 다양하며 따라서 정보 수집의 목적에 부합되도록 하여야 한다.

관찰. 이 작업은 프로그래머가 사용해야 할 또 다른 정보 수집 기술이다. 기존 시설물의 소재지 그리고 건물 관리자와 더불어 답사하는 관찰 작업은 명확한 프로그래밍 요구사항의 방향을 설정하기 위한 훌륭한 방법이다. 공간 목록, 기존 공간의 평면과 사진 설명을 포함해서 장비와 가구들은 중요한 기준의 정보를 제시해줄 수 있다. 공간의 요구사항을 더 잘 이해하기 위해 프로그래머는 기존 공간을 촬영하고 측량하며 기존 가구와 장비들을 문서화한다. 기존의 시설물들(표면들, 가구들, 설치물들, 그리고 장비)의 헤지고 낡은 흔적들의 관찰 기록은 교통 및 동선 패턴, 사용 빈도의 수준, 그리고 그 외의 요소들에 대하여 프로그램에 포함되어야 할 중요한 줄거리가 될 수도 있다. 행위의 관찰(시간에 따른 동작 연구)은 건물 거주자들의 활용을 위한 적절한 공간 수용의 기능들을 문서화할 수 있다. 예를 들어, 프로그래머는 병원의 병실 안에 방문자용 의자들을 배치할 때 휠체어를 사용하기에 부적합한 회전 반경을 갖고 있지는 않은지를 관찰하여야 한다. 프로그래머는 클라이언트 또는 이용자와의 인터뷰에서 특정한 공간의 문제점들을 자주 듣게 되며, 문제의 원인을 결정하기 위하여 수반되는 공간 관찰연구를 촉구하게 된다.

질의와 조사. 이것은 프로그래밍의 또 다른 하나의 정보 수집 도구이다. 설문 조사는 커다란 조직에서의 사실과 양적인 세부사항을 수집하는 데 효과적인 방법이다. 예를 들어 개인 사용자의 가구 및 설비에 대한 필요성은 작성된 설문지를 통하여 확인할 수 있다. 질문들은 예비검토를 포함한 체계적인 과정을 거쳐서 신중히 개발되어야 하며, 이를 지키지 않으면 결과적으로 자료가 무의미한 것이 되거나 내지는 적어도 분석하기 어려운 결과가 된다.

그룹 회의. 이는 건축 프로그래밍에 필요한 정보를 획득할 수 있는 마지막 방법이다. 최소한 한(대개는 여러) 단체 작업 회의라도 클라이언트 및 이용자들이 고찰, 토론, 점차적으로는 건축 문제의 본질 안에서 해결하고 동의할 수 있도록 피드백의 방법으로 인도하는 것이 중요하다—이것은 시설물 설계에 영향이 있는 가치, 목표, 사실, 필요 및 아이디어에 대한 합의에 이르기 위함이다. 이것은 그룹을 인터뷰하는 과정으

로 여러 정보 수집 방법으로부터 획득한 정보의 피드백을 전형적으로 포함하는 유형이다. 기술은 새로운 아이디어의 브레인스토밍 및 초기에 수집된 부적합한 정보의 색출을 포함하여 프로젝트의 목표 및 필요성에 있어서 우선순위를 만드는 것으로 귀결된다. 이것은 정보를 수집하는 방법일 뿐만 아니라 동의를 체결하는 방법이기도 하다.

데이터 분석

데이터 수집 과정에서는 자료를 구성하여서 신속하고 손쉽게 분석되고 재발견될 수 있게 하는 것이 중요하다. 기술의 핵심은 설계 의사결정에 절대적으로 필요한 정보만을 추구하고 기록하는 데 있다. 수집된 모든 정보의 분석을 토대로 프로그래머는 시설물을 위한 성능 및 설계에 관한 표준을 개발한다. 공간 요구조건, 공간 관계, 수환동선, 주변의 환경, 안전 및 보안, 필요 면적, 내부시설, 융통성, 그리고 사이트 정보 등이 일반적으로 요청되는 논점들이다. 공간 배치 및 관계성을 보여주는 매트릭스와 같은 그래픽 작업과 인접 관계성을 보여주는 버블 다이어그램 또한 개발된다.

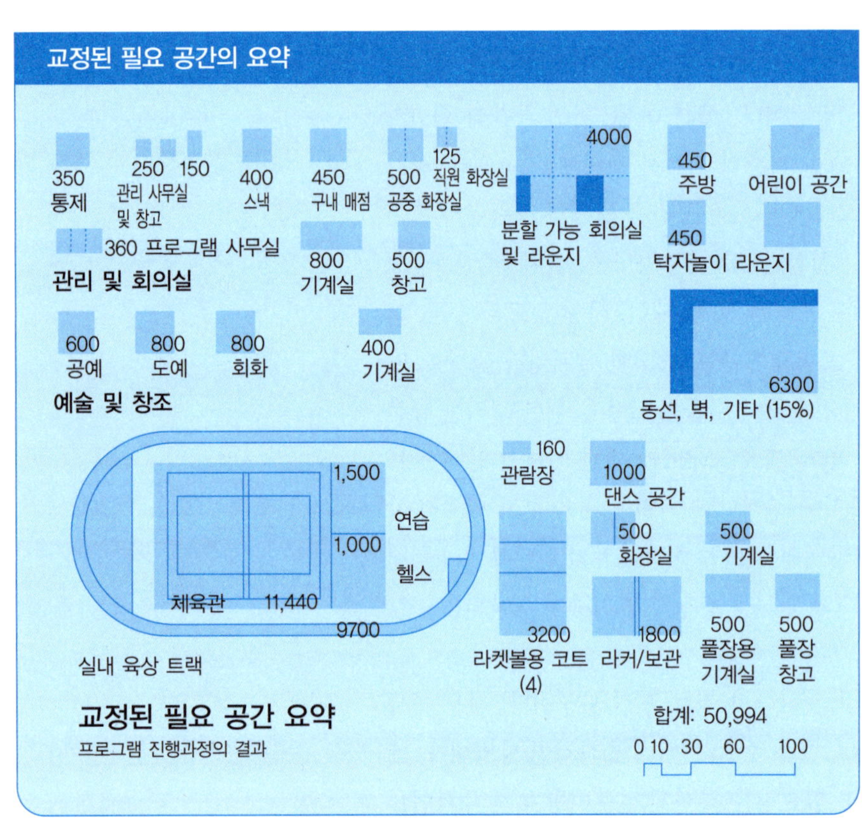

분석 과정에서 프로그래머는 중요한 미해결 프로그램 문제를 확인하고 최종 건물 프로그램의 해결안에 관한 옵션의 기초적인 아이디어를 개발한다. 몇몇 저자들은 이러한 아이디어를 "지각의 대상"(여전히 개념적인 설계에 대하여 기초적이지만, 기초 및 개념의 결합을 포함하는 어휘)으로 여긴다. 여기서 프로그래머의 임무는 해결을 위한 선택(지각의 대상)을 개발하고 평가를 도와주며 가장 효과적인 대안을 추천하는 것이다. 예를 들어, 양로원 또는 소년원 시설과 같은 주거 시설에는 거주자의 침실에 프라이버시와 격리의 균형을 위한 타협이 존재할 수 있다. 거주자 또는 직원의 선택이 가능하도록 혼합된 실들을 갖추는 것을 추천한다 . 프로그램 팀은 클라이언트에게 다양한 옵션 또는 지각의 대상을 제안하고 클라이언트를 대안들의 평가를 통하여 인도하여야 한다. 인터뷰함에 있어서, 연출은 다양한 방법으로 가능하며 클라이언트의 조직과 특정 프로젝트의 필요성에 따라서 접근방식이 제작되어야 한다.

성과물의 전달

일반적으로 제공 가능한 것은 문자로 쓰인 건축 프로그램으로서 방법론의 사용에 관하여 문서화를 포함한 포괄적인 보고서이고, 기능 및 규모별 공간 목록, 관계 다이어그램, 공간계획 도안, 평면 모음집, 지각을 위한 드로잉 및 순환 다이어그램, 실행의 요약, 가치 및 목표 진술, 관련된 실상들, 자료 분석에 관한 결론, 그리고 프로그램 요구조건이다. 또한 사진 또는 비디오 촬영이 공간 계획 요구조건을 설명하는 데 사용된다. 포괄적인 프로그램은 프로젝트 비용 견적 및 프로젝트 예정표를 포함한다.

추가적인 정보

다음은 건축가들이 유용하게 사용하는 건축 프로그램에 관한 문서들을 소개한 것이다. 에디스 체리, **디자인에 관한 프로그램**(programming for Design, 1998), 도나 P. 듀크, **건축 프로그래밍: 디자인 관리법**(Architectural Programming: Information Managenert for Design, 1993), 로버트 R. 허쉬버거, **건축 프로그래밍 및 디자인 전 단계 관리법**(Architectural Programming and Predesign Manager, 1999), 로버트 R. 컴린, **건축 프로그래밍: 디자인 전문가를 위한 창의적 기술**(The Architect' s Guide to Facbility Programming, 1981), 윌리엄 페너, 스티븐 파샬, 케빈 켈리, **프로그램 시킹: 건축 프로그래밍 기초**, 4번째 판(Problem Seeking: An Architectural Programming Primer, 4th de., 1987), 프리저 출판사, **조성된 환경을 프로그래밍하다**(Programming the Built Environment, 1985), 프리저 출판사, **시설 프로그래밍에 대한 전문적 실행**(Professional Practice in Facility Programmin, 1993).

16.2 대지 분석

Floyd Zimmerman, FASLA

예리한 건축주나 설계자는 대지와 그 위에 건설되는 건물은 하나라는 것을 시설 이용자의 관점에서 이해한다. 우수한 건축 설계는 대지가 가지고 있는 고유의 특성은 물론 인간의 활동을 수용할 수 있는 장소로 변형 가능하도록 대응하는 것이다.

요약

대지 분석 서비스

왜 클라이언트는 이런 서비스를 필요로 하는가

- 대지의 가능성과 개발제한평가를 위하여
- 구입 근거를 위한 대지가격평가를 위하여
- 대지 기반시설 특성의 가격평가를 위하여
- 도시계획 변경안 근거와 정보 수집을 위하여

요구되는 지식과 기술

- 기후, 지형, 토질, 그리고 자연적 특징의 지식
- 대지 유틸리티 분포 시스템의 지식
- 동선요소와 대지 접근성 평가능력
- 건물 배치의 고려 사항 이해
- 도시계획 관련규정과 계획의 친밀함
- 복합적 요소들의 객관적 분석 능력
- 특수하고 관계있는 전문가와 작업할 수 있는 능력

대표적인 진행업무

- 프로그램 검토
- 대지의 목록과 분석
- 대지 평가
- 개발 보고서

대지 분석은 설계과정에서의 불가결한 단계이다. 이 과정은 개발 프로그램을 위한 현황들의 평가와 토지의 잠재력, 환경 영향, 인접토지와 커뮤니티의 영향력, 프로젝트의 예산, 그리고 스케줄을 포함하고 있다. 대지 분석은 환경적, 프로그램, 그리고 개발의 제약과 또한 가능성을 확인시켜 준다. 우수하게 집행된 대지 분석은 비용 절감의 본질적인 바탕이며, 환경적으로 신중하게, 그리고 프로젝트의 개발을 합리적으로 해결해 나갈 수 있도록 만들어준다.

최근 몇 년 사이 주차장 요구조건은 세계 곳곳의 도시와 도시근교의 여러 프로젝트에서 대지의 시설 분석과 대지계획과정의 핵심논점으로 나타나고 있다. 대부분 관할 지역에서는 대지의 밀도와 관계하여 주차대수를 요구하고 있다. 많은 지역주민들은 주차 수 용량의 문제를 경험한 바 있으며 새로운 개발의 조닝 조건에 주차 수요 조건을 늘리고 있는 실정이다. 어떤 지역에서는 법규보다도 시장이 주차장 확장의 원동력이 되고 있으며 몇몇의 도시만이 상반된 방법으로 계속해서 도심의 주차를 차단하고 대중교통을 유도하고 있다. 이러한 경우는 자치도시 코드가 대지 내 주차수요와 이용자의 요구조건에 대응하는 것을 허락하지 않을 수도 있는 것이다. 혼잡하고 정체가 심한 도시에 대단위 시설을 계획한다면, 주차장 문제보다도 교통 문제가 더욱더 큰 걸림돌이 된다. 새로운 시설에 의한 교통 증가의 한계는 주차장 요구조건보다 규모의 설정에 있어서 더욱 엄격한 규정으로 작용할 수 있는 것이다.

대지의 포괄적 환경 평가는 건축주의 환경적 인식이 더해가고 감독의 조건들을 확대해 나감으로써 더욱더 중요한 부분으로 자리잡게 되었다. 클라이언트는 대지 내의

플로이드 지머맨(Floyd Zimmerman)은 뉴타운 및 대규모 대지계획 전문의 국제적인 계획 및 디자인 컨설턴트이다. HOK의 국제계획 부서 전 수석 부사장 겸 디렉터였던 그는, 최근 테겔러 연합 및 포터필드 그룹 등 사무실에서 전체적으로 주역을 맡고 있다.

여러 가지 환경오염으로 인한 위생상의 위험성과 비용 지출을 피해 가는 것을 원하며, 더 나아가서 그들의 활동으로 인하여 지역사회의 환경에 관한 반감의 영향력을 예방하는 데 드는 비용도 마찬가지이다. 주 정부와 지방 자치 단체는, 서로가 개발의 환경적 감독을 강화하는 것에 대하여 효과적이라는 것을 더욱더 동감하고 있다.

건물 프로그램이 분석과 대지의 잠재력과 수용, 규제의 문제들, 환경과 정치적 판단 등의 결합된 과정으로 한 필지 땅에 관한 개발의 가치가 나타나게 되는 것이다.

클라이언트의 요구사항

대지 분석은 건축주의 상황, 프로젝트 규모, 프로그램 복잡성 그리고 대지에 따라 크게 변한다. 어떤 클라이언트는 건물 프로그램을 규정짓고 대지를 찾는 중일 수도 있다. 또 다른 클라이언트는 대지 선정 후 개발된 프로그램을 적용시키는 데 관심을 기울이는 중일 수도 있다. 그러나 어떤 클라이언트는 대지 및 프로그램 모두를 확보한 채, 대지를 개발하는 데 가장 효과적이고 경제적인, 그리고 환경적으로 예리한 접근을 추구하고 있을 수도 있다.

대지 선정. 클라이언트는 대체적으로 고려하고 있는 개발 프로그램이 있으며, 그것을 위한 최적의 부지를 찾곤 한다. 가용한 부지를 찾고, 그 후 개발 프로그램의 요구조건이 가능한가를 평가하기 위하여 지방, 도시, 지역 단위로 조사할 필요가 있다. 대지 선정 과정에서 대지 분석의 목적은 제안된 프로그램에 대한 대지의 적용가능성 및 호환성은 물론 대지 및 그 주변의 물리적, 문화적, 그리고 규제하는 특성들을 토대로한 최적의 대지를 파악하기 위함이다.

프로그램 정의. 여기서 클라이언트는 대지에 대한 통제권을 가질 수 있으며 또한 개발 방법에 대한 전반적인 아이디어—경험, 직관, 전 시장 조사를 통한—를 가지고 있을 가능성도 있다. 대지 분석의 초점은 대지의 개발 능력에 따라 결정되며 밀도, 개방공간, 그리고 환경적 질 등에 관한 프로그램의 해석을 향상시키는 것이다. 결과적인 대지 프로그램은 대지 설계 단계의 준비가 된다.

대지 적응. 클라이언트가 프로그램 해석과 대지 선정을 모두 마쳤을 때, 대지 분석의 목적은 제공된 기회와 규제에 관한 완전한 이해를 도모함으로써 이용 의도에 맞는 대지 분석의 가능성을 최대화하는 데 있다.

가능한 평가의 개발. 어떤 경우에는 클라이언트가 미개발 및 저개발 토지를 소유하거나 매입을 고려할 수가 있으며, 전반적인 개발 가능성 및 소유지에 대한 시장 가치를 정확히 해석하기 위하여 대지 분석을 추구한다.

특수 대지 연구. 각 대지에는 독특한 몇 가지의 문제점과 고려사항이 존재한다. 대지 분석의 일부로서 특수한 연구가 요구된다. 예로 유틸리티 연구, 환경적인 영향 연구, 역사적 자산 연구, 그리고 폐열 발전소 또는 폐기물 처리 시스템과 같은 특수한 연구 등을 들 수 있다.

많은 클라이언트들은 대지 분석 서비스를 계획 및 조닝의 허가와 결합에 건축가가 보조할 것을 요구한다. 자치 단체 프로젝트 제안을 재확인하도록 자체(때로는 건축주가 부담하는) 내의 디자인 컨설턴트를 고용하려는 일이 점점 늘고 있다(조닝 과정의 보조 참고, 17.5절 주제).

건축가는 클라이언트에게 보충 제안을 할 때, 질적인 대지 분석 서비스를 얻을 수 있다는 유용성에 대하여 강조해야 한다. 어떤 클라이언트는 건축가가 최초의 대지 분석 작업에서 보조를 제공해주길 원하고, 또 아니면 이론적인 기초에 대한 계획 및 조닝 보조를 원한다. 그들은 차후에 프로젝트가 진행되었을 때 그 외의 서비스 보충과정에서 건축가에 대한 비용 처리를 약속한다. 건축가는 효과적인 대지 분석 서비스가 건축주를 위하여 프로젝트의 경제적인 가치를 상당히 보존하거나 추가할 수 있다고 강조해야 하며 명확히 보수를 받을 가치가 있다. 위에서 언급했듯이, 올바른 대지 분석은 클라이언트에게 대지의 완전한 개발 가능성을 개척할 수 있도록 한다. 효과적인 계획 및 조닝의 보조는 정상적인 제안의 가능성을 극대화할 수 있고 경제적 손실에 대한 건축주의 부담을 상당히 줄일 수 있다.

관련 서비스에는 대지 디자인, 지질학적 서비스, 부동산 평가, 프로그래밍, 대지 조사, 시장 분석, 경제적 평가 및 토지의 이용 연구 등이 포함된다.

기술

대지 분석 서비스는 여러 분야를 주관하는 팀 또는 다른 사람의 작업을 지휘할 능력이 있는 개인에 의해 수행될 수 있다. 디자이너에게 있어서 대지의 물리적인 형상과 질에 관한 최초의 평가에서의 기술은 중요하다. 대지 분석을 이끄는 디자이너는 대지의 기후, 지형, 지질학적 및 토양의 성질, 효용성, 자연 형상과 환경, 교통 및 접근, 역사적 보존성, 랜드마크 등을 평가할 수 있어야 한다. 주차, 건물 밀도, 이용, 열린 공간 및 설계 관리와 같은 계획 및 조닝 요구조건의 친밀성 또한 필수적이다.

특정한 대지 또는 공동체의 정치적 분위기에 대한 정확한 평가는 점차적으로 중요하다. 우수한 시장 분석 컨설턴트는 부동산 가치 평가의 보조와 더불어 이러한 평가를 제공할 수 있다. 계획 또는 부동산에 관한 배경을 가진 컨설턴트는 대지 분석 팀의 일원으로 자주 참여한다. 그 외의 관련된 학문 분야는 일반적으로 조경 건축가 및 토목, 역학, 지질학 기술자들을 포함한다.

프로젝트에 따라 또 다른 전문가가 요구될 수 있다. 이는 교통 기술자 또는 교통 계획자, 수문학자(hydrologist), 경제 분석가, 환경 또는 야생 과학자, 고고학자, 역사가, 부동산 변호사, 또는 프로그램 전문가 등을 포함할 수도 있다.

프로그램 요소 및 프로그램 평가 연구

대지 총 면적: 10.70 Acres

프로그램 요소	면적	%
건물 접지면	2.40	22.4
주차	4.00	37.4
개방 공간 및 순환	3.30	30.8
유용한 편의시설을 위한 특수 요구사항	1.00	9.4
합계	**10.70**	**100.0**

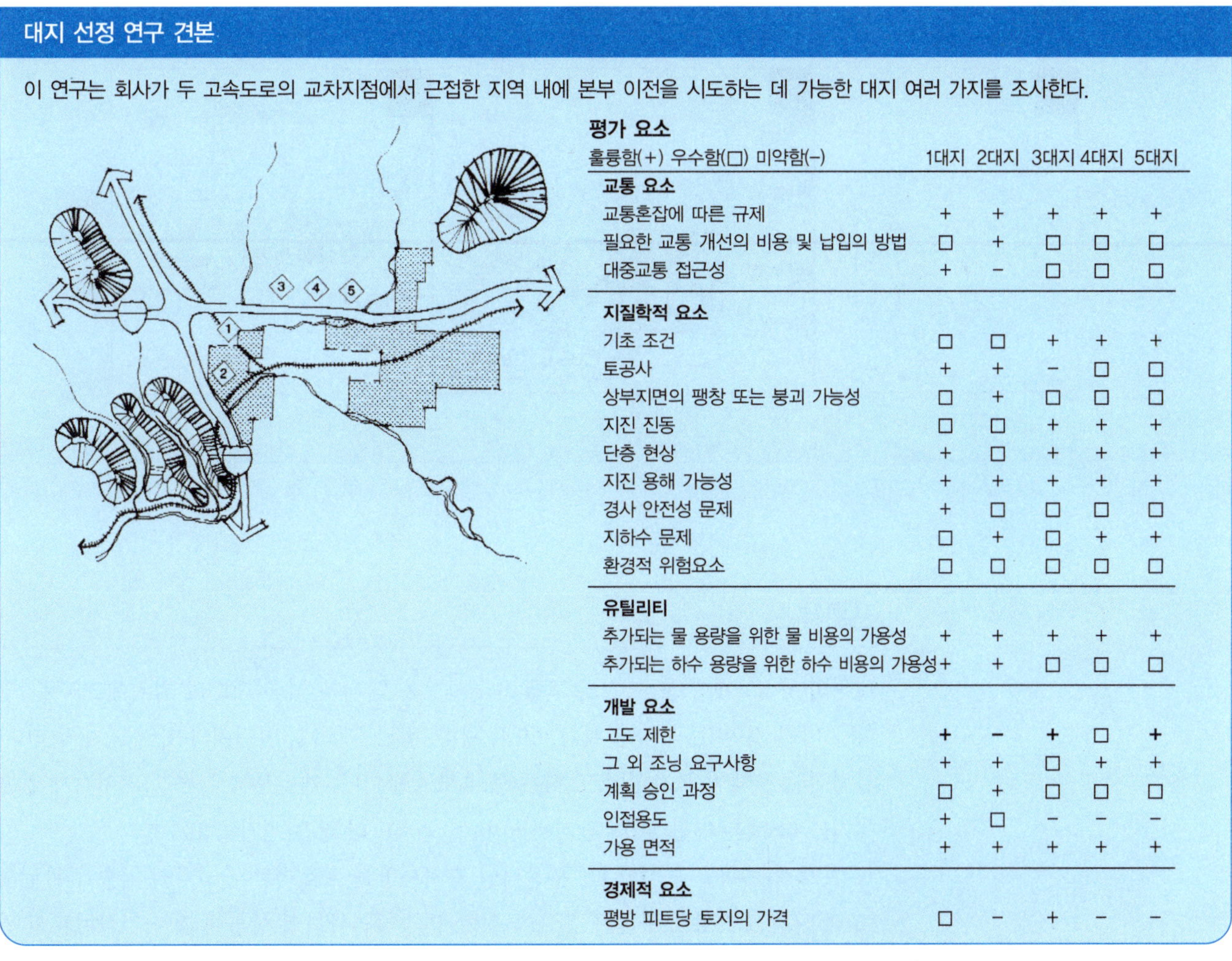

대지 선정 연구 견본

이 연구는 회사가 두 고속도로의 교차지점에서 근접한 지역 내에 본부 이전을 시도하는 데 가능한 대지 여러 가지를 조사한다.

평가 요소

훌륭함(+) 우수함(□) 미약함(−)

평가 요소	1대지	2대지	3대지	4대지	5대지
교통 요소					
교통혼잡에 따른 규제	+	+	+	+	+
필요한 교통 개선의 비용 및 납입의 방법	□	+	□	□	□
대중교통 접근성	+	−	□	□	□
지질학적 요소					
기초 조건	□	□	+	+	+
토공사	+	+	−	□	□
상부지면의 팽창 또는 붕괴 가능성	□	+	□	□	□
지진 진동	□	□	+	+	+
단층 현상	+	□	+	+	+
지진 용해 가능성	+	+	+	+	+
경사 안전성 문제	+	□	□	□	□
지하수 문제	□	+	□	+	+
환경적 위험요소	□	□	□	□	□
유틸리티					
추가되는 물 용량을 위한 물 비용의 가용성	+	+	+	+	+
추가되는 하수 용량을 위한 하수 비용의 가용성	+	+	□	□	□
개발 요소					
고도 제한	+	−	+	□	+
그 외 조닝 요구사항	+	+	□	+	+
계획 승인 과정	□	+	□	□	□
인접용도	+	□	−	−	−
가용 면적	+	+	+	+	+
경제적 요소					
평방 피트당 토지의 가격	□	−	+	−	−

배경 분석 견본

Michael D. Knisely, AIA WBDC Group, Grand Rapids, Michigan
IDP에서 reprinted

다음은 워싱턴 내 작은 도시의 메인 도로 분석 결과의 일부를 보인 것이다. 스케치 및 드로잉은 도로를 따라(1), 맥락 연계성(2, 3, 4), 그리고 주요 동네의 상징물 및 이벤트(5)의 공간적 연속성을 분석한다.

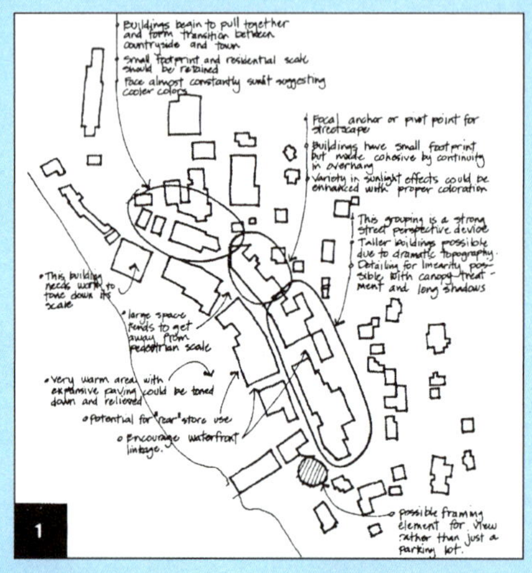

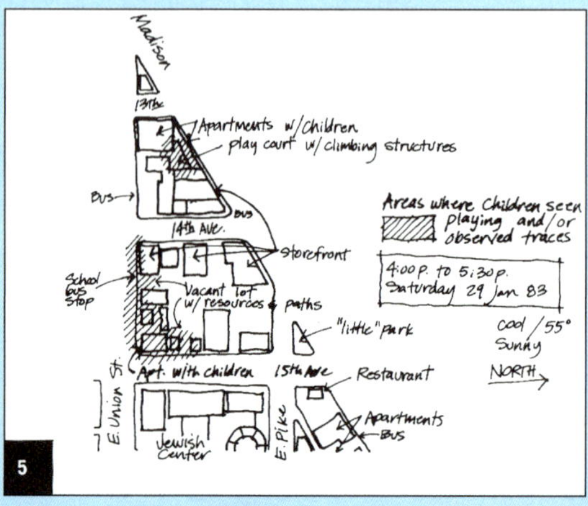

프로세스

대지의 규모, 예상 용도, 프로그램 요구사항은 대지 분석 서비스의 범위에 커다란 영향을 미칠 것이다. 대지의 위치, 형상, 지형, 접근, 그리고 인접지의 복잡성, 유틸리티, 환경적인 문제의 복잡성이 또 다른 핵심 요소들이다. 개발문제로 논쟁의 여지가 있는 부지는 더 많은 연관성, 더 관계된 서비스 그리고 더 많은 시간을 요구한다.

프로젝트 팀을 구성할 때, 우선적인 고려사항은 프로젝트 관리자의 기술과 관련되어 각 대지 요소가 요구하는 조사의 수준이다. 지역사회의 상황에 대한 컨설턴트의 친

대지 활용 연구 견본

이것은 대규모 수림의 수많은 분석 드로잉 중 2가지로, 대도시 단지에 근접해 위치하며 새로운 주거 단지의 대지이다.

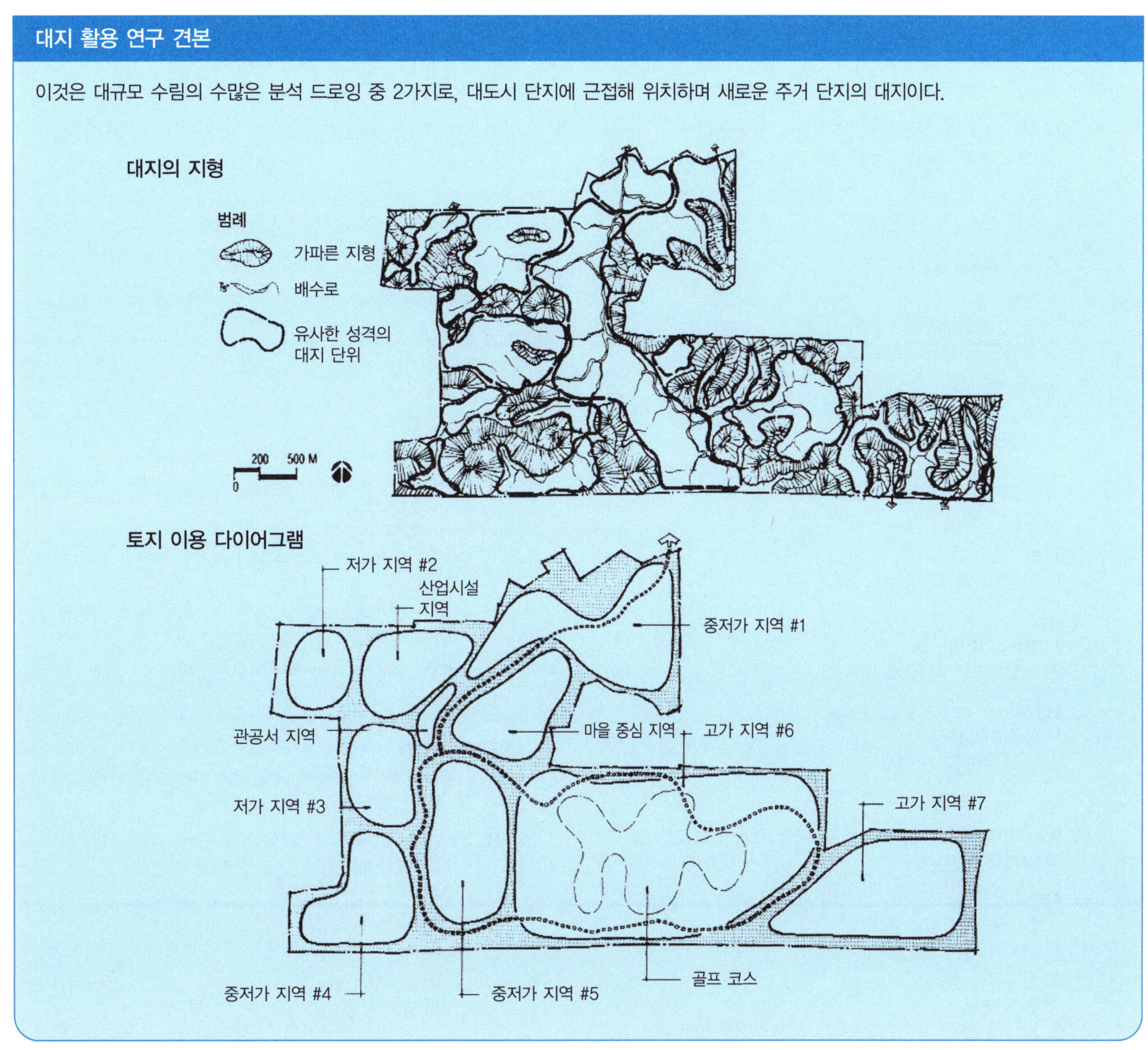

밀도는 고려되어야 하며, 특히 외국이나 미국 내에서 독특한 지방 문화를 갖는 지역에서 작업할 때 더욱 그렇다. 대지 분석 과정에서 건축가는 대체적으로 클라이언트가 지역사회의 일원이 될 가능성에 대하여 조사하게 된다. 대지 분석 팀은 지역사회에 긍정적인 영향을 만드는 데 충분한 자질이 있어야 하며 그 대표들을 효율적으로 상대할 수 있어야 한다.

커뮤니티 계획 조정(14.3)은 지역사회 접근 및 계획, 디자인 그리고 시공에 관한 규정을 언급한다.

서비스 수행을 위한 일반적인 단계

대지 분석에 있어서 전형적인 단계는 프로그램 조사, 대지 조사와 분석, 대지 평가 그리고 보고서 개발이다.

대지 평가 체크리스트

Floyd Zimmernan, FASLA, et al.

대지 평가에 관련된 요소들의 체크리스트이다. 리스트가 긴 관계로 모든 것을 옮기지 못했다; 새로운 요소들은 시간에 따라 추가 될 것이다. 일반적으로 프로젝트와 관련된 항목만을 위한 정보가 수집된다.

물리적 요소

기후

A. 우세한 바람의 세기
  1. 풍향
  2. 최대, 최소, 및 평균 속도
  3. 특별한 힘 (예로 토네이도, 허리케인)

B. 태양 방위
  1. 태양 각도
  2. 일조의 일수
  3. 구름 가림
  4. 근접건물, 자연지세, 식물의 음영

C. 기온
  1. 변화의 범위
  2. 최고기온과 최저기온

D. 습도
  1. 변화의 범위
  2. 최고습도와 최저습도

E. 강수량
  1. 피크기간 합계
  2. 연간 및 계절별 합계

지형

A. 토지 한계선, 지역권, 도로용지, 북향 표시를 포함한 법적 부지에 대한 기재

B. 지형도 및 항공사진
  1. 등고선 및 지점의 높이
  2. 경사: 비율, 각도, 방향
  3. 급경사지
  4. 침식 수로
  5. 암석의 범위, 위치, 일반적인 형상, 암붕, 광맥의 노출, 봉우리, 배수라인, 그 외의 독특한 특성들
  6. 시각적 특성
  7. 시공과정의 문제 가능 지역: 매몰, 침식작용 등

C. 주요점과 유리한 위치, 대지 내의, 내부로의, 밖으로의 관계를 포함한 자연지형에 관한 분석

D. 현행의 접근과 동선
  1. 차량
  2. 보행

E. 식재

F. 현존하는 수역
  1. 흐름의 위치, 규모, 깊이, 방향
  2. 물의 질: 청결, 오염, 혐기성 등
  3. 이용: 계절별, 연중
  4. 습지대: 생태학적 특성
  5. 변화: 예측 수위, 조류, 파동
  6. 연안 특성

G. 배수로: 강, 천, 습지, 호수, 연못 등
  1. 자연적, 인공적
  2. 수평 및 기울기
  3. 형태 및 방향

H. 현존 수로 지역권
  1. 지상
  2. 지하

I. 표면 배수
  1. 대지의 불규칙한 형태(하천 및 늪의 위치)
  2. 범람원에의 근접성
    a. 최고 범람 수위
    b. 주기적인 범람 지역
  3. 인근 하천유역 지역, 수집된 유거수의 총량, 하수구의 위치
  4. 합리적인 배수시설 및 자연 표면배수 방해 장애물이 없는 육지의 늪지대 및 오목한 지역
  5. 저수 가능 지역, 구류/보류 연못

J. 독특한 대지 특성

지질공학적/토양

A, 기본 표면의 토질종류; 모래, 점토, 미사, 암벽, 혈암, 자갈, 진흙, 석회암 등

B. 암벽 및 토질 종류: 특성/형성 및 근원
  1. 지질학적 형성 과정 및 근원 재질
  2. 기울기
  3. 지지력

C. 기반암
  1, 기반암까지의 깊이
  2. 기반암의 분류

D. 지진 조건

E. 환경적인 위험

유틸리티

A. 식수공급
B. 전기
C. 가스
D. 전화
E. 케이블 텔레비전
F. 위생 하수 설비
G. 우수 배수(지상, 지하)
H. 방재

인접한 환경

A. 인근 구조물: 건물, 위성 안테나 등
B. 차광 및 일조의 접근성
C. 도로, 긴급 서비스, 항공소음 등
D. 악취
E. 조망 및 원경

대지 평가 체크리스트

일반 서비스
- A. 소방 및 치안 보호
- B. 쓰레기/폐기물 철거 서비스
- C. 현장 저장소를 포함한 제설

문화적 요소

사이트 역사
- A. 이전의 대지 용도
  1. 위험물 투기
  2. 매립
  3. 노화된 기초
  4. 고고학적 토지
- B. 현존 건물의 역사
  1. 역사적 가치
  2. 문화재 등록
  3. 윤곽
  4. 위치
  5. 바닥 높이
  6. 유형
  7. 상태
  8. 용도나 서비스

토지 이용, 소유권 및 통제
- A. 현재 대지 및 인접 토지의 조닝
- B. 인접(주변의) 토지 사용
  1. 현재
  2. 계획된 사업
  3. 이 대지의 개발에 예상되는 영향
- C. 토지 소유권의 유형
- D. 토지 이용의 기능과 패턴: 정부 소유지, 농지 유형, 방목, 도시화
  1. 현재
  2. 이전
- E. 관련된 지역사회 서비스의 위치, 유형 및 규모
  1. 학교와 교회
  2. 쇼핑센터
  3. 공원
  4. 공공 시설
  5. 여가 시설
  6. 은행
  7. 급식 시설
  8. 건강 시설
  9. 고속도로, 대중교통의 접근

경제적 가치
- A. 정치적 권한과 토지 비용
- B. 인정된 "영토"
- C. 향후 잠재력
- D. 주변 부지의 규모와 대략적인 가격대의 범위

규제적 요소

조닝법
- A. 허가된 용도
  1. 예외조항에 따른
  2. 특수한 이용 허가에 따른
  3. 부속 구조물
- B. 최소한의 대지 면적
- C. 건물 높이 제한
- D. 마당(건축선 후퇴) 요구사항
- E. 부지의 적용범위
  1. 용적률
  2. 건폐율
  3. 오픈 스페이스 요구사항
- F. 부지내 주차 요구사항
- G. 조경 요구사항
- H. 사인 요구사항

필지 분할, 대지 계획 검토, 그 외의 지역 요구사항
- A. 부지 요구사항
  1. 규모
  2. 형상
  3. 건축 후퇴선 및 범위
- B. 도로 요구사항
  1. 폭
  2. 기하학: 경사, 커브
  3. 보행로의 턱 및 턱의 각
  4. 도로 공사 기준
  5. 공공설비 배치
  6. 막다른 도로
  7. 교차로의 배치
  8. 보도
  9. 명칭
- C. 배수 요구사항
  1. 수원 및 지표수의 제거
  2. 하천 수로
  3. 범람에 대한 토지문제
  4. 연못의 구류/보유
- D. 공원
  1. 개방 공간 요구사항
  2. 공원 및 놀이터 요구사항
  3. 인접 용도의 검증

환경적 규제
- A. 물, 하수구, 재활용, 폐기물 처리
- B. 청결한 공기 요구사항
- C. 토양 보존
- D. 보호 지역, 습지대, 범람원, 연안 지역, 야생 및 경치가 수려한 지역
- E. 어류 및 야생 생물의 보호
- F. 고고학적 요소의 보호

그 외의 법규 및 요구사항
- A. 역사적 보존 및 랜드마크
- B. 건축적 (설계) 통제
- C. 특수 구역
- D. 다방면의 사항, 예로 이동 주택, 광고 게시판, 소음
- E. 건축법의 대지 관련 항목
  1. 건물 분리
  2. 장애인을 위한 주차 및 접근
  3. 서비스 및 긴급 차량의 접근 및 주차

프로그램 조사. 선택된 또는 선택적인 건물 접지면(주차를 위한 공간, 동선, 오픈 스페이스, 그리고 그 외의 프로그램 요소) 및 보안, 의무확보 공간, 자연 환경의 보존, 습지대 등 모든 특수한 규제사항에 대한 관점에서 건물 프로그램이 조사된다.

대지 목록 및 분석. 대지의 물리적, 문화적 및 규정적인 특성은 초기에 조사된다. 대지평가 체크리스트는 고려해야 할 사항을 확인시킨다. 이 중 몇 가지 요소는 수집하고 분석된 정보를 통하여 평가할 수 있고 그 외는 대지를 걷고 주변을 살핌으로써 설명할 수 있다. 기초적인 평가는 어떠한 지역 및 대지가 건물 프로그램을 수용하기 위한 가능성을 갖는지 살피기 위하여 구성된다. 우선적인 문제점–한층 더 깊은 조사를 선취하는 문제점(환경적인 오염과 같은)–이 파악되고, 대지 분석안은 발전된다. 이는 클라이언트에 의해 승인되었을 때, 핵심 프로젝트 팀의 능력을 초월하는 분석을 요구하는 문제점에 대하여 더 깊게 조사하기 위해 컨설턴트가 고용될 수도 있다.

대지 평가. 이 시점에서는 대지 분석 계획의 개발 필요에 따라 완전한 평가가 이루어진다. 이는 대지, 개선점 그리고 인접한 소유지의 양상에 대한 물리적인 실험을 포함한다.

개발 보고서. 대지 분석 보고서에는 일반적으로 소유지에 관한 지도, 지적도, 조사결과, 대지 분석 권장사항, 제안된 건물 프로그램에서의 발견 및 권장사항의 영향력에 대한 명백한 설명이 주어져야 한다.

등록인가는 일반적으로 대지 분석 단계를 포함해서 조닝, 환경 영향, 고속도로/교통수단에 관한 과정에서 또는 이후 즉시에 요구된다.

추가적인 정보

케빈 린치(Kevin Lynch)가 저술한 Site Planning(1984)은, 대지 계획 및 설계에 관한 포괄적인 대응법을 제공한다. 그 외의 작업 내용은 설득력 있는 생태학적 관점에서 본 대지 분석 및 설계에 관하여 설명한다. 이안 맥하그(Ian Maharg)의 Design with Nature(1995)는 명저이다. 빅터 올그예이(Victor Olgyay)가 저술한 Design with Climate: A Bioclimate Approach to Architectural Regionalism(1992)은 또 다른 표준서로서, 사이트와 건물 모두를 위한 기후에 민감한 설계 기초를 확증한다.

다른 생태학에 기초한 저서로는 존 틸맨 라일(John Tillman Lyle)이 저술한 Regenarative Design for Sustainable Development(1994); 로버트 L. 테이어 쥬니어(Robert L. Thayer Jr.)가 저술한 Gray World, Green Heart: Technology, Nature, and Sustainability in the Landscape(1994); 그리고 심 반 데 린(Sym Van Der Ryn)이 저술한 Ecological Design(1997) 등이 있다.

B.C. 콜리(B.C Colley)가 저술한 Practial Manual of Land Development, 3rd ed.(1998)는 매핑, 공학 분석, 토목공사, 도로, 폭풍 배수, 물 공급, 및 하수시설 등과 같은 대지 공학 주제들을 다룬다.

Architectural Graphic Standards, 10th ed.(2000), 및 Time-Saver

Standards for Landscape Architecture: Design and Construction Data, 2nd ed.(1998)은 정보를 내포하고 있고 대지 요소의 드로잉, 세부작업, 그리고 문서화하는 기술적 안내와 표준을 제공한다.

계획 및 사이트 디자인에 관련된 웹사이트를 운영하는 협회로는 www.asla.org의 the American Society of Landscape Architects와 www.asce.org의 the American Society of Civil Engineers가 있다.

16.3 전략적인 시설 계획

Thomas O. McCune, AIA

전략적인 시설 계획은 조직의 전략적 업무계획을 보통 또는 원대한 시설 계획 및 그 대안으로 변형하는 과정이다. 전통적인 건축 공간 계획 기술은 한 부분을 도맡지만 예측, 재정적 분석, 스케줄 작업, 부동산 업무 처리, 연계 매매 및 대지 선정에 관한 기술을 보유하고 있어야 한다.

요약

전략적인 시설 계획 서비스

왜 클라이언트는 이런 서비스를 필요로 하는가

- 업무의 목적에 대한 시설의 기여도를 최대화하기 위하여
- 미래에 필요한 공간을 예측하기 위하여(유형, 양, 위치)
- 프로젝트 납품을 위한 충분한 소요시간
- 연간 주요사항 및 운영예산의 기반을 제공하기 위하여
- 최고 경영 관리 조직으로부터 주식을 매입하기 위하여
- 필요한 공간 내에 예기치 않은 변화에 대해 가능한 반응을 파악하기 위하여

요구되는 지식과 기술

- 계획되는 건축 프로그래밍 및 공간에 관한 지식
- 전략적인 업무 계획을 분석하는 능력
- 재정적인 분석, 예측 및 예산편성에 관한 기술
- 허가 및 다른 합법적인 문제점에 대한 친밀도
- 대지 분석, 선정 및 계획상의 문제점에 관한 이해력
- 부동산 거래 및 장애물에 대한 친밀도

대표적인 진행 업무

- 업무 계획 분석
- 기준 및 경향 개발을 위한 경쟁 기업의 분석
- 직원 편성 및 생산 계획을 위한 조사 또는 준비
- 공간상의 요구를 위한 대안 시나리오 개발
- 필요 공간의 공급을 위한 옵션 개발
- 실행을 위한 옵션 선택과 계획 창안

건축 설계는 전통적으로 한 가지 또는 그 이상의 기능 성취를 위하여 물리적인 형태를 조정하는 과정으로서 접근되었다. 이후 건축 프로그래밍은 건축주의 요구사항, 개념 및 목표를 분석하고 설계를 위한 합리적인 바탕을 형성하기 위하여 알려진 사실 및 규제 요소를 병합하는 형식적인 과정으로서 나타났다. 건축가들도 그들의 기본적인 전문성의 일부로서 예상 비용 산출 서비스를 제공하였다. 이러한 전통적인 과정의 양상은 예컨대 건물 규모의 결정, 예상 비용, 여러 관련 기능들의 접근성, 전략적 계획안의 역할 이행이다. 반면에 전략적 업무 계획을 시설 계획으로 전환하는 과정은 보다 많은 것을 포함한다.

전략적인 시설은 예측 가능한 미래 기업의 부동산 포트폴리오에 관한 아래 질문들에 대한 응답으로 계획한다.

- 기업이 필요로 하는 공간은 얼마인가? (양)
- 어떠한 공간을 기업이 필요로 하는가? (유형)
- 기업이 필요로 하는 시기가 언제인가? (시간)
- 기업이 어떻게 조달할 것인가? (포트폴리오 혼합 및 지속-구매, 건설, 또는 임대)
- 비용이 얼마인가? (예산)
- 입주 순서의 "청사진"은 무엇인가? (이주)
- 공간이 위치하게 될 장소는 어디인가? (위치)
- 어떠한 그룹이 다른 그룹 근처에 위치해야 하는가? (유사성 및 배치)
- 요구되는 비계획적 변화에 기업이 어떻게 행동할 것인가? (방지책 및 출구 전략)

토마스 맥퀸(Tomas O. McCune)은 다분야 컨설팅 및 실리콘 밸리 기술자를 공급하는 아웃소싱 합자회사인 AE Pragmatics, Inc.의 CEO이자 수석 컨설턴트이다. 그는 AIA 협동 건축사 PIA 조정 위원회의 위원장으로 있다.

또한 다음 문제점의 일부 또는 전부를 다룰 수 있다.

- 이용자들의 입주기간 실비용 확인과 미래의 필요사항에 대한 정확한 예측, 그리고 공간의 효율적인 이용과 입주기간에 관한 계약의 수행을 위하여 기업이 사용할 절차들이 무엇인가? (내부적인 계약 및 전임비용 등의 항목을 포함한 내부적인 업무모델)
- 마케팅, 사원 모집, 사원 보유의 영향력들에 의한 기업의 핵심경영에 있어서 시설은 어떻게 기여할 것인가? (기업의 주체성, 위치, 쾌적성)
- 기업은 개인당 전체의 부동산 비용을 줄일 수 있는가? (밀도, 설계기준, 대안적 사무실)
- 기업이 시설 설계에 의한 근로자 생산력과 생산 처리 속도에 영향을 미칠 수 있는가? (유효성과 생산성)

클라이언트의 필요사항

대부분의 기업들은 건물, 소유, 건물들의 운영을 기초적인 목적으로 존재하지 않는다. 다만 호텔체인들이나 부동산 개발업같이 실제 부동산이 자산 수익을 발생시키는 조직들은 예외이다. 많은 기업들은 핵심 업무 수행 지원에 건물을 활용한다.

기업들은 자체적으로 미래를 묘사하는 전략적 경영 계획을 개발한다. 많은 전략적 계획 모형들이 개발되었지만, 가장 폭넓게 받아들여지는 것은 엘리어트 포터(Eliot Porter)에 의해 발표되었다. 포터의 방법론은 회사의 능력, 약점, 기회, 그리고 위기를 4가지 외부적인 시장 요소－경쟁사, 공급자, 클라이언트 및 대용 제품－에 비교하여 분석한다. 미래의 전략적 계획은 전략적 추진력을 미래 업무 기회에 투자하기 위하여 회사의 현재 자원에 초점을 맞춘다.

전략적 업무 계획은 판매 예측, 생산 계획, 우수인력의 고용, 지형적인 위치 및 예산을 묘사하는 전술적 업무 계획을 진행시킨다. 시설 계획에 직접적으로 영향을 미치는 것은 이러한 전술적 업무계획들이다. 시설 계획자들이 전략적인 업무 계획과정에 직접적으로 참여하는 것은 흔치 않은 일이므로, 그들은 주기적으로 경영 계획과정의 전술적인 부분에 참여한다. 시설 계획자들은 전술적인 경영 계획 정보를 전략적 시설 계획의 입력정보로서 이용하고, 미래 전술적이며 전략적인 업무 계획에 기여할 수 있게 하는 피드백으로 제공한다.

최근 유행하고 있는 것처럼 거의 모든 업무역할 관리자들은 기업의 전략적 업무 계획에 대하여 각각의 그룹이 생사에 관계된 중요성을 가지고 있음을 주장한다. 시설 계획은 예외가 될 수 없다. 반면에 실질적인 문제는, 대기업들이 다른 시설들과 다른 회사들을 학습하는 데, 글로벌 시장으로 다양화하는 데, 또는 중요한 새로운 제품라인을 개발하는 데 기초적인 전략의 기반으로서 아주 적게 활용되고 있다는 것이다. 그러

"전략은 지적으로는 간단하나 실행은 그렇지 않다"

Lawrence A. Bossidy, 주요 산업 사회 Allied-Signal의 CEO로 Harvard Business Review에서 인터뷰, 1995년 3월-4월 중

Arthur Andersen, Trammel Crow, 그리고 KPMG와 같은 대규모 관리 및 회계 회사들은 중 · 대규모 클라이언트에게 부동산 계획 및 관리 컨설턴트 서비스를 제공하면서 건축의 활동 무대에 침투하고 있다. 이러한 서비스는 거의 항상 건물 시설의 고려사항들 및 평가를 포함하며 이는 엄격하고 독립적인 수준에서 건축가가 수행할 수 있는 것이다. 이러한 의뢰를 Anderson 및 그 외 회사들이 어떤 방법으로 취득하는가? 그것은 "클라이언트처럼 사고"하는 것이다. 전략적 시설 관리 및 계획은 제공자가 임원단과 집행위원단인 클라이언트 집단의 구성원처럼 생각하도록 요구되는 서비스이다.

비영리 단체와 정부 영역의 전략적 시설 계획

이 주제 역시 기업을 위한 계획에 초점을 맞추며, 비영리 단체와 정부 단체들은 많은 유사한 요구에 직면해 있고 때로는 건축가와 계약하여 전략적 시설 계획 서비스를 제공받는다. 모든 단체들의 많은 기초 계획 기술은 유사하나 기초사업 운영자들은 다르다. 기업들이 수익주도형일 때, 비영리 단체와 정부 단체는 소요경비 위주이다. 이 단체들의 계획에서 다른 차이점들은 아래의 표에 요약되었다.

서로 다른 단체 유형의 시설 계획상 이슈의 비교

계획적 이슈	기업	비영리	정부
재정 운영	수익	소요 경비	연간 예산
변동성	높은 가능성	중간 혹은 낮음	대개 낮음
해결 전략(방법)	중요함	대개 중요하지 않음	대개 중요하지 않음
세금의 중요도	매우 중요함	중요하지 않음	중요하지 않음
경영	중요함	매우 중요함	극히 중요함

나 전략적 시설 계획의 일반적인 역할은 이러한 전략적인 경영 결정들을 지원하는데 있다.

부동산 및 건물시설을 획득하는 일은 장기적인 진행과정이다. 대규모의 새로운 시설의 경우, 전통적으로 대지 설정에서부터 입주까지의 진행과정은 3년에서 4년까지 또는 그 이상이 소요되었다. 급속한 허가 및 조기 착공이 이루어졌음에도 불구하고 현재의 진행과정 또한 공통적으로 2년 이상 걸린다. 기업들은 실질적인 필요사항들을 올바르게 진척시킨 전략적 시설 계획을 개발할 필요성이 있으며, 이는 회사의 직원 및 장비들을 적합한 시간과 장소에 입주하는 데 토지, 건물 및 서비스의 적절한 유형과 규모가 존재한다는 것을 보장하기 위함이다.

만약 기업이 적절한 시간과 최적 위치에 충분한 공간을 확보하지 못한다면, 이는 새로운 제품의 개발과 현존속의 시장 진출에 필요한 회사 직원 수와 질의 고용 능력을 감소시킨다. 가장 기초적인 수준에서, 시장 요구에 부합하는 충분한 제품을 생산하는 기업의 능력을 제한할 수 있다. 장기적인 관점에서, 이는 기업의 시장 점유율 하락과 경쟁력 감소로 이어질 수 있다. 축소되는 회사의 경우에는 제 기능을 못하는 부동산을 신속히 매각할 수 없는 점 역시 회사의 경쟁력을 감소시킬 수 있다.

많은 회사들은 자사 직원들에 의한 장기간 시설 계획을 개발한다. 반면에 일부는 프로젝트 기초나 진행 중의 협력관계 기반의 설계 또는 컨설팅 회사와 계약한다. 필요한 진행과정을 개발하고 올바른 계획 서비스 능력을 갖춘 직원을 고용하는 건축가들은 클라이언트의 필요사항을 제공하는 데 유리한 위치에 설 수 있다. 일단 회사가 전략적 계획 서비스를 제공하기 시작한 이상, 설계 표준 프로그램, 작업 공간 효율성 연구, 컴퓨터 드로잉(CAD), 컴퓨터지원 시설 관리(CAFM), 그리고 이주기획과 같은 서비스 또한 제공할 수 있다.

기술

많은 전통적인 프로그램 및 설계 기술이 전략적 시설 계획에 적용된다. 이러한 능력 중 가장 적절한 것은 클라이언트의 목표와 필요사항을 분석하여 사실요소와 규제요소들을 파악하고 개념을 형성하며 공간 계획을 개발하는 것이다. 전략적인 시설 계획 서비스를 제공하는 건축 회사들은 다른 분야에서의 기술과 훈련으로 이러한 전통적인 건축 기술을 추가하며 다음 내용을 포함한다.

시설 관리 서비스의 제공에 관한 정보는 시설 관리(18.1)에서 발견할 수 있다.

- 재정: 재정의 분석, 예측, 경쟁사 벤치마킹, 인구 통계
- 법: 허가, 권한부여, 제한
- 산업 기술력: 재료 취급, 설비 기획, 재료 처리량 분석, 용적 계획
- 시민 기술력: 운송 계획, 대지 분석, 배수, 공공설비
- 조경 건축: 대지 계획, 대지 설정
- 부동산: 대지 설정, 비용, 인구통계
- MEP(Manufacturing Extension Partnership) 공학: 공공설비, 네트워크 전자 통신

예측 작업. 이것은 역사적 상관성, 산업경향, 생태 지표 및 회사 목표들의 업무 진행 및 공간적 필요성에 대한 미래지향적 평가로의 과정이다. 예측 작업의 가장 단순한 형태는 외삽법(extrapolation)으로서, 원시적으로 과거의 경향을 미래에 확장시키는 것으로 구성되어 있다. 간단한 경향의 경우, 선형회기(linear regression)가 현존 데이터 점의 연결선에 가장 적합한 수학적 방정식을 정할 수 있다. 이러한 미래로의 선형 방정식의 확장이 완벽한 수학적인 외삽법을 제공한다. 회기분석(regression analysis) 또한 기하급수적 및 고차적 수학 경향을 현존 데이터에 적응할 수 있으며, 이러한 경향을 미래로 확장할 수 있다. 기하급수적인 경향은 고도성장 산업을 예측하는 데 사용된다. 예측 구간(prediction intervals)은 회기분석에 의한 미래 예측을 중심으로 수학적인 "확률 있는 괄호들"을 제공한다. 이러한 기본적 예측 기술은 모든 유수 대학의 통계학 과정에서도 교육되며, 또한 현대의 컴퓨터 표계산 프로그램들을 통하여 모든 기초적인 연산수행을 쉽게 할 수 있다.

재정적 분석. 복잡한 업무 상황에서는, 수학적인 경향의 간단한 외삽법은 일반적으로 중요한 계획에 부적절하다. 회사의 계획 및 산업전망 예측 분석은 재정적 분석의 기술을 요구한다. 유사한 조직 구조 및 생산라인을 가진 경쟁사에 대한 분석은 의문이 있는 회사의 실적을 예측하는 데 유용한 비율 산출과 벤치마킹으로 활용된다.

공간 계획. 미시적 차원의 공간 계획 기술은 전략적인 계획과정에 가장 관련성이 많다. 이러한 기술은 다음 사항을 포함한다.

- 전형적 시설 또는 이론적인 실험에 적합한 연구를 토대로 한 총 계획에 비중한 개발
- 이용자 집단과 대규모 블록들의 공간간의 유사성 분석과 이러한 유사성들의 조절
- 적합성을 위한 (기존 건물이든 제안된 설계이든) 건물 외피 설계 분석

대지 선정. 대지 선정은 상업적인 부동산 중개인들 및 그들의 컨설턴트 보조들이 광범위하게 제공하는 서비스로서, 건축가들 또한 제공할 수 있다. 어떠한 경우라도 대지 선정은 전략적인 시설 계획과정의 전체적인 진행과정의 일부로서 구축될 필요가 있다. 경험 있는 건축가들의 대부분은 최소한 "큰 그림"에 입각하여 대지의 물리적인 관점들을 평가하는 데 충분한 훈련과 배경지식을 가지고 있다. 그러하더라도 주요 대지 선정은 다음 사항을 포함한다.

- 경제적 기술: 노동력의 근접과 같은 인구 통계학적 요소의 분석을 위함
- 재정적 기술: 비용 분석을 위함
- 협상의 기술: 경쟁 지역사회가 제공하는 세금 장려 패키지를 협상하기 위함
- 정치적 기술: 최소한의 비용으로 최소한의 규제조건과 최대한의 서비스를 위한 경쟁 판매자 및 지역사회와 협상하기 위함
- 공학적 기술: 대지 접근, 이동수단, 공공설비 및 배수를 분석하기 위함
- 대지 계획 기술: 이용 가능한 특정 대지의 효율성을 분석하기 위함

일정 및 단계적 이주 계획. 비록 적은 수의 건축학교에서 교육하는 것이지만, 이 기술은 불필요한 이동, 과다한 이동, 또는 과다한 자유 활동 공간 없이 이용자 집단을 적당한 시간에, 희망하는 장소에 입주시키는 데 효과적이다. CPM(결정적 경로 방법론)의 일람표는 시공 관리자가 사용하는 강력한 수단으로서 이동의 복잡한 단계들을 계획하는 데 적용할 수 있다.

예산. 일부 건축가들은 시공 비용을 예측하도록 훈련되어 있다. 전통적으로 이는 상세한 수량계산을 포함하는 상세한 양적 분리, 재료비용 및 근로 비용을 포함한 단위 가격 예측이었다. 전략적인 시설 계획에 관한 예산에는 보다 폭넓은 항목에 대한 고차원의 산출 작업이 포함된다. 이에는 시공 비용에 시공 대출 융자, 순수 토지 비용, A/E 보수, FF&E 비용, 부동산 수수료, 설비 연결, 이주 비용, 수수료, 임시 시설, 그리고 네트워크 전자통신이 추가적으로 포함된다. 건축주의 내적인 프로젝트 관리 노동 비용 또한 총 프로젝트 비용에 포함된다. 전략적인 시설 계획은 중요한 투자들을 운영 지출로부터 분리해야 한다. 예를 들어, 많은 건축주들이 건축 보수를 중요한 시공 프로젝트 자본의 본질적인 구성 요소로서 중요한 자본 투자로 인식한다는 것을 대부분의 건축가들은 의식하지 못하고 있다.

전략적인 시설 계획자들은 우선적으로 비교 가능한 시설의 총 비용에 대한 정보를 수집해야 한다. 이러한 비용은 장소, 시장조건 및 시간적인 확장에 있어 조절 가능해

야 한다. 계획자는 선형적 상환의 분석을 이용하여 동향과 신뢰할 수 있는 틈새를 수립 하는 것이 좋다. 계획자들은 현금흐름의 전망 예측을 이용하여 수년에 걸친 재정상의 예산을 확산시킬 수 있어야 한다. 마지막으로, 계획자들은 통합적 리스 및 미상환 청구 재정과 같은 다양한 재무 분석의 관계된 이점들을 분석할 수 있어야 한다. 이러한 분석을 위한 특수한 기술에는 순현재가치, 수입의 내부적 시세, 그리고 동등한 연간 비용이 포함된다. 대부분의 MBA 프로그램에서 가르치는 것과 같은 재정에 관하여 어떠한 기초적인 코스든지 이러한 기초적인 기술을 가르친다.

경제에 관한 연구. 클라이언트와 경쟁관계인 회사를 연구하는 능력이 필요하며 이는 전략적인 시설 계획에 관한 기초적인 경영 감독을 개발 또는 확인하게 하기 위함이다. (여기서 기초적인 업무통계-세입, 인구 조사, 그리고 단위 판매-를 더 나은 명칭의 부재로 "감독" 또는 "경영 감독"이라고 칭한다.) 대중 회사의 경우, 과거 통계에 관한 정보, 인원 조사, 그리고 부동산 포트폴리오가 그들의 연간 보고서 및 10-K 보고서와 같은, 관계된 문서에서 발견된다. 이러한 정보는 보안 및 양도 위원회에서 유지하는, 또는 회사 고유의 웹사이트에서 전송받을 수 있다. 산업경기 분석가는 정보의 또 다른 출처이다. 이러한 인정 가능한 넓은 범주에는 다양한 재정기관에서 고용하는 저널리스트, 동업 조합원, 학원 전문가, 공무원, 그리고 재정 분석가 등이 포함된다.

CPM의 설명 및 다른 일정계획 방법론에 대해서는 배경 해설 기사 프로젝트 일정계획을 참고한다 (13.3).

시설 계획의 목적으로는, 경쟁사의 역사적 분석이 동향과 변수 사이의 상호관계를 창립하는 데 가치가 있다. 융통성은 다른 변수에 관하여 한 가지 변수의 변화를 측정한다. 예를 들어, 만약 직원 인원수의 9퍼센트 변화가 세입에서 10퍼센트 변화에 상호관계된다면 인원수에서 세입으로의 융통성은 0.9(90퍼센트)이다.

저술 의사소통. 건축가는 항상 그리도록 훈련되어 있다. 우리의 인식과 관계없이 설계 스튜디오의 시스템 또한 설계에 대하여 설득력 있게 주장하도록 훈련되어 있다. 반면에, 건축가들은 전형적으로 전문적인 저술에 관한 훈련을 적게 받는다.

전략적인 시설 계획은 도표, 그래프 및 다이어그램을 동반한 저술된 문서들이다. 저술된 진술은 계획자들이 성취하고 행정적 관리를 설득하려는 부분을 묘사하며, 이는 계획을 수행해 나가는 데 있어서 하나의 자원으로 제공하기 위함이다. 저술 의사소통은 아주 정교할 필요는 없으나 명백하고 단순하고 문법적으로 정확해야 하며 납득되어야 할 필요가 있다.

프로세스

전략적인 시설 계획은 정기적인 상황에서 동시에 나타나는 2개의 주기적인 진행과정으로 종종 이루어져 있다. 수요 주기는 공간에 대한 요구를 형성하는 힘을 내포한다. 공급 주기는 공간의 공급에 영향을 미치는 힘을 내포한다. 두 개의 주기는 규모가 작고 느리게 성장하는 회사에서 연간 동시적으로 나타나지만, 규모가 크고 급성장하는 회사에서는 연간 4분기의 형태로 나타난다. 수요 및 공급 주기가 병합된 후에는 8-11

과 같은 아래의 단계가 적용된다.

수요 주기	공급 주기
1. 세입, 제품 혼합, 지형학적 시장, 합병 및 취득에 관한 전략적 예측 작업	1. 포트폴리오 추가 및 삭제 사항(시공, 리스, 매각 등)
2. 인원수, 단위 판매, R&D 프로젝트의 전술적인 예측작업	2. 점유율/공실 재고 목록
3. 지형학적 위치 감독	3. 미래 증축 및 삭제 사항(예측)
4. 작업장 조사, 표준점	4. 예산, 재정적 규제
5. 평방 피트 및 특정물의 전환	5. 공급 및 수요에 과거 예측 작업을 비교
6. 유사적 관계	6. 가능성의 새로운 대지의 파악
7. 수요 시나리오	7. 공급 시나리오

8. 공급 및 수요 시나리오의 일치
9. 단계적인 이주의 대안들을 결정
10. 실현 가능성이 가장 높은 시나리오의 선정
11. 선정된 시나리오를 위한 도구 및 매매 연계 기술의 개발

수요 주기

수요 주기는 이용자 관점에서의 포트폴리오를 대표한다. 전략적이고 전술적인 업무 계획의 예측작업은 시간에 따라서 공간의 수요에 관한 예측작업으로 전환된다. 이를 성취하기 위한 완벽한 방법이 없을 시, 때로는 다양하게 측정된 탄력성에 대한 기준들을 제시하는 것이 최선이다. 인원수에서 총 수입이 대상 회사 및 경쟁사 양쪽 모두에게 높게 나타날 때는, 총 수입이 상대적으로 인원수의 보다 나은 예언이 될 수 있다. (예를 들어, 만약에 기준제시 연구 작업에서 인원수에서 총 수입이 0.9 탄력을 보인다면, 세입의 100퍼센트 인상은 인원수의 90퍼센트 증가로서 대응한다는 것을 기대할 수 있다.)

극단적인 경우에는 회사가 일부 또는 전체의 기초 경영 조정에 대하여 확실한 고안이 부족할 수 있다. 이러한 경우 계획자는 전략적인 시설 계획을 개발하기 전에 회사의 기초적인 경영 성과에 관한 독자적인 예측을 해야 한다. 어떠한 상황에서 계획자는 행정 관리에게 가서, "일의 진전을 위하여 당신이 우리에게 더 이상 필요한 것을 제공하지 않는다면, 우리는 이렇게 할 것이오"라고 말할 수 있어야 한다.

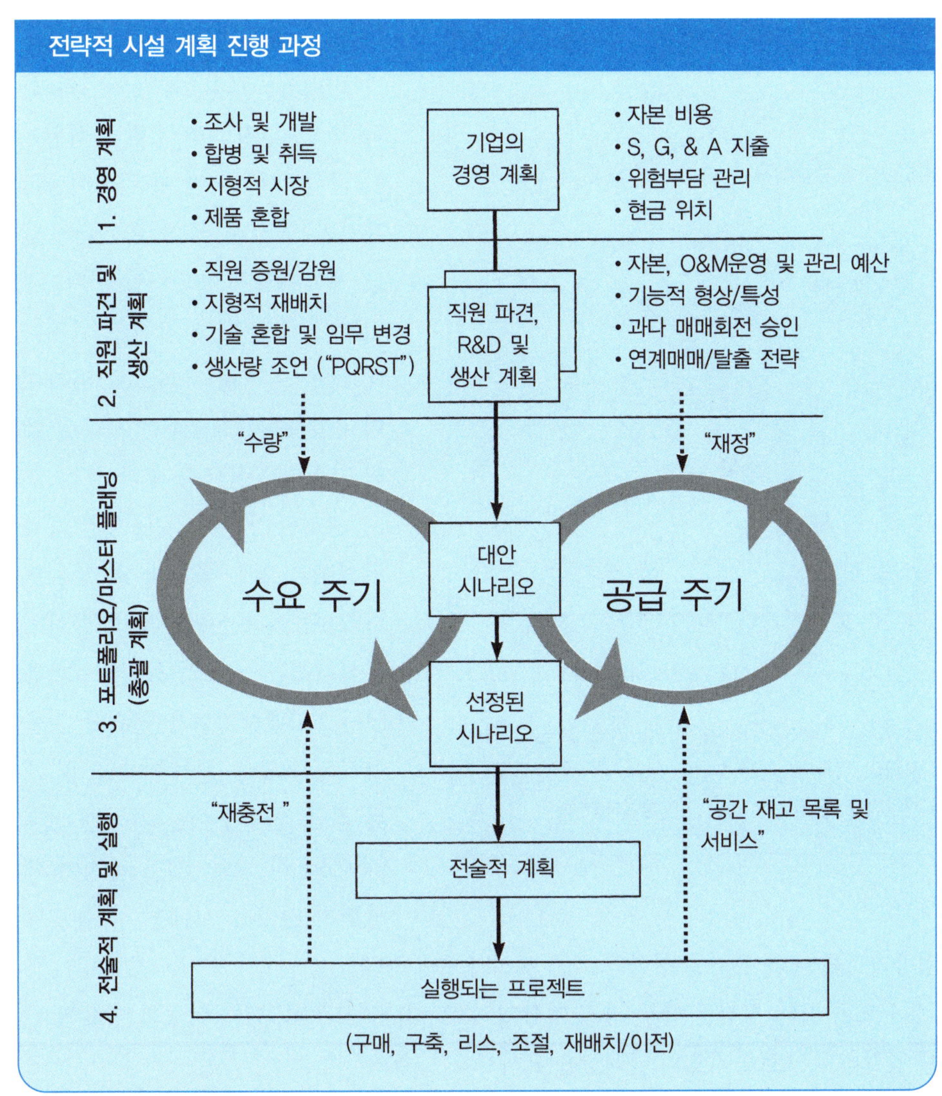

지리학적인 부분의 위치 결정은 다양한 요소들에 의해 결정된다. 소매 및 특정한 유형의 산업 업무는 클라이언트의 접근성에 의해 좌우될 수 있다. 적하 상품 경영의 대부분이 접근성에 따라 공급자 또는 가공되지 않은 재료에 의해 좌우될 수 있다. 첨단 기술 경영은 고학력 직원이 포진된 인구 집중지역에 위치하고자 할 것이다. 저개발 기술이지만 집약적 근로 경영은 저임금 근로자가 포진된 인구 집중지역에 위치하고자 할 것이다. 계획자의 임무는 어느 요소가 관심 대상 회사에 가장 중요한 것인지를 결정하는 것이고 그러한 요소에 가장 일치하는 지역사회를 파악하는 것이다.

수요 측 계획의 가장 선명한 관점 중 하나는 앞서는 요소들을 바닥 면적 그리고 요구되는 주안점들로 전환하는 것이다. 최근 경향에 따르면, 보다 큰 비중으로 향하고 있음에도 불구하고 인원수 조사는 합리적으로 오피스 공간의 우수한 예언자 역할을 한다. 유사한 오피스 시설의 기준 제시는 각 좌석당 전체 계획 비중을 산출할 수 있으나 두 가지 항목을 잊어서는 안 된다: 지정 좌석 없는 교회 좌석과 직원들. 어떠한 주어진

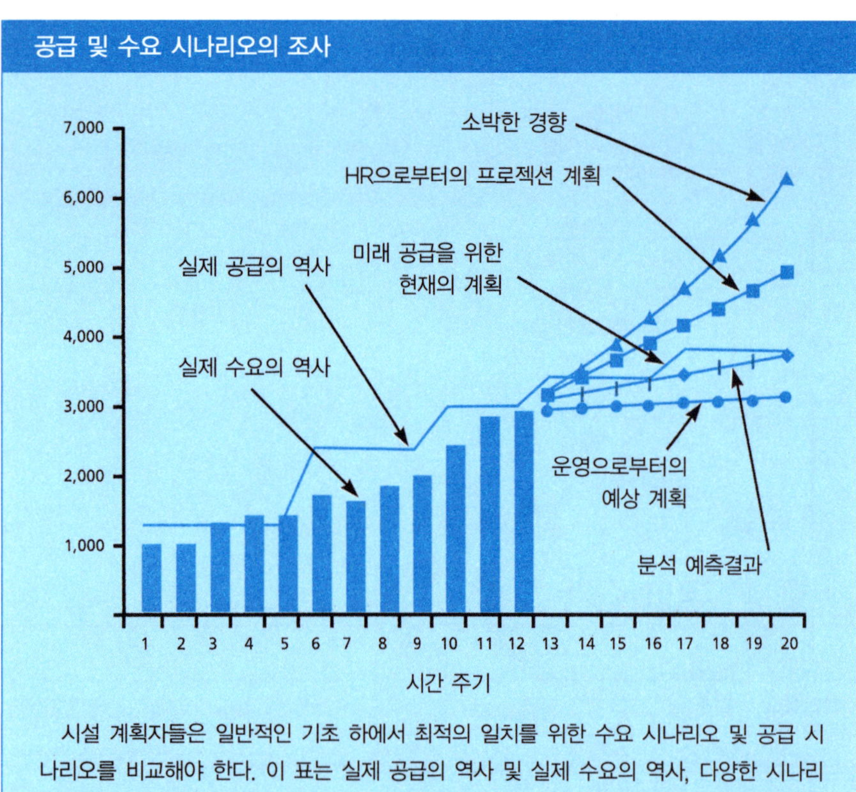

공급 및 수요 시나리오의 조사

시설 계획자들은 일반적인 기초 하에서 최적의 일치를 위한 수요 시나리오 및 공급 시나리오를 비교해야 한다. 이 표는 실제 공급의 역사 및 실제 수요의 역사, 다양한 시나리오 하에 미래 수요 예측과 최소 하나의 시나리오 하에 미래 공급 예측들을 통합한다.

시간이라도 대략 좌석의 10퍼센트가 비어진 "교회" 좌석이어야 한다. 반면에, 지정 좌석 없는 직원은 한 좌석당 한 직원 이상의 비율로 계산할 수 있다. 양쪽 요소들은 밀도 계획에서 수용되어야 한다. 작업장 조사는 더욱 간결한 설계와 더 많은 미지정 좌석으로 인하여 더 큰 비중을 제공하는 사무실 계획 기준으로 이끌 수 있다.

제조업 공간인 경우, 연간 재료 처리량은 필수 공간의 최고 예언자일 수 있다. 예를 들어, 공학적 분석에서는 제조업 공간의 각 유닛당 110평방피트가 필요할 것을 암시하고 있다. 상세한 제조 및 재료 취급 분석이 이용 가능한 상태가 아닐 시, 또는 제조 과정이 개발되지 않았을 시에는 각 유닛당 평방피트를 위한 유사한 시설의 기준 제시가 유용하다.

수요 주기의 정점은 한두 가지 이상의 수요 시나리오로서, 이는 균등한 수요 방면에 입각하여 포트폴리오의 미래상을 묘사한다.

다음 항목은 수요 주기 과정에서 필요한 핵심 정보에 대한 개요이며, 정보를 어디서 찾을 수 있는지에 대한 조언을 제공한다.

세입, 지형학적 위치 및 시장에 대한 기업의 전략적인 업무 계획. 이 정보의 가능한 출처는 기업의 계획 또는 재정 직원 구성원 또는 기업 대표를 포함한다. 이상적으로, 제안된 합병, 이득 및 매각에 관한 정보 또한 원할 수 있다. 그러나 CEO가 이러한 정보를 당신에게 준다는 것은 극히 드문 일이다.

분할과 직원 유형에 따른 인원수의 예측작업. 이를 위한 가능한 출처는 인간 자원 부문, 재정 부문, 또는 운영 단위이다. 반면에, 차별적인 출처는 차별적인 예측을 보이는 경향이 있고 어느 무엇도 3년 후를 확실히 예측한다는 것은 드문 일이며, 이는 전략적인 시설 계획에 있어서 필요한 최소한의 시간 구조이다.

제품 유형에 따른 판매와 생산의 단위. 이를 위한 가능한 출처는 분할 마케팅 또는 제조이다. 사무 공간에서 최선의 예언자 중 하나가 인원수의 조사 작업일 때, 제조 공간에서의 최선의 예언자는 재료의 처리량이다.

대안적 사무화 전략. 이러한 전략은 일반적으로 부동산, 인적 자원, 또는 운영 단체에 의해 제안된다. 그들은 전통적인 계획에서 사용되는 전통적인 "개인사무실의 1 대 1" 비율을 향상시킬 수 있다.

산업성장, 유닛 판매 및 경향의 전망 예측. 가능한 출처는 산업 분석가, 무역 집단, 그리고 정부 대리업자들이다.

공급 주기

수요 주기가 포트폴리오에 대한 이용자의 관점을 효과적으로 대표하는 동안, 공급 주기는 지주의 관점을 대표한다.

공급 주기의 첫 단계는 보고하는 기간 동안 포트폴리오의 변화를 문서화하는 것이다. 포트폴리오에 유입되는 새로운 소유지들은 가용한 공간의 공급을 증대시키며 매각하는 소유지들은 공급을 감소시킨다. 계획자들은 실제적으로 얼마나 수용하고 있는지를 결정하기 위하여 공간의 재고를 조사한다.(예를 들어 추가 또는 제거가 전혀 이루어지지 않았음에도 상세한 재고 조사는 가용한 좌석의 35%로 나타날 수 있다. 미래의 계획된 포트폴리오 추가 작업 및 제거 작업이 언급될 때, 시간에 따른 가용한 공간의 설명이 완벽해진다.)

재정적인 규제와 같은 예산은 크게 균형적 공급 측면의 기능이며, 이는 소유지를 건설하거나 획득하기 위해 자원을 제공하는 것은 대규모 법인 부동산 조직의 지주로서 가능할 수 있다.

최종적으로 균형의 수요 측면 이용자들이 공간에 관한 요구사항을 주장할 때, 새로운 소유지를 실질적으로 위치하고 조달하는 것은 전반적으로 공급 측면 지주의 기능이다. 대지 선정과정의 일부에 해당되는 단계는 다음을 포함한다.

- 정부 규제조건 및 우수한 실무에 의거하여 가능한 대지 비중을 결정하라.
- 총 노동 인구 집중 장소(인구 통계학)의 접근성을 평가하라.
- 교통수단, 유틸리티 및 그 외의 하부 조직의 접근성을 분석하라.
- 지형학, 지질학, 그리고 기하학을 포함한 대안적인 대지의 물리적 관점을 평가하라.
- 최초의 비용, 세금 인센티브, 그리고 전매 가치를 포함한 다양한 대지의 재정적 특성을 이해하라.
- 환경적인 문제, 좋지 못한 이웃 소유지, 계약, 지역권, 실행 규제사항, 고고학적 장애물, 그리고 그 외의 권리 규제사항을 포함한 다양한 대지의 채무를 평가하라.
- 충분한 대지 내의 순환성 및 주차를 확립하라.
- 주변의 유사한 업무가 있는지를 결정하라.

전술한 정보가 집결되었을 때, 균형의 수요 측 관점에서 본 포트폴리오의 미래를 설명함으로써 공급 시나리오는 완성되고 수요 및 공급 시나리오로 선정된 포트폴리오는 하나의 시나리오로 혼합시킬 시점이 된다.

다음의 항목은 공급 주기 과정에서 요구되는 핵심 정보를 시사하며 정보를 어디에서 찾을 수 있는지에 관한 아이디어를 제공한다.

현존하는 건물의 입주. 가능한 출처는 인적 자원 보고서, 과거의 이주 포장, 네트워크 주소, 계획 직원이 작성한 현존하는 건물에 관한 물리적인 재고 목록, 또는 정확하게 유지되었을 경우의 CAFM 시스템 등이다.

부동산 시장 상황. 이는 공실률의 비중, 임대 계획, 입수 가능한 면적, 그리고 근접 건물의 규모를 포함한다.

운영 단체에 의해 제안된 대안적인 사무화 전략, 인적 자원과 또는 운영단체. 이러한 전략은 대부분의 전통적 계획에 활용되어온 1인, 1사무실 비율을 개선할 수 있다.

선정된 시나리오

우리는 이제 한 가지 또는 그 이상의 수요 시나리오와 한 가지 또는 그 이상의 공급 시나리오를 확보하고 있다. 이제부터의 도전은 어느 공급 시나리오를 하나의 도구로 선정할 것인가에 있다. 선정에 관한 전략은 다음과 같다.

- **손실차단 전략.** 손실의 하강위험에 대한 부담을 최소화하며 또한 이득의 상승적 가능성을 제한한다. 수요가 하강할 경우, 단기간 임대와 작은 규모의 임대 공간은 공간의 신속한 매각이 가능하다는 것을 한 예로 들 수 있다. 불행히도, 만약 회사가 성장하고 더 많은 추가적인 공간이 필요하게 되었을 시, 이는 값비싼 전략이 되는 것이다.
- **홈런치기 전략.** 상승적인 이득을 최대화시키지만 하강하는 위험부담은 최소화시키지 못한다. 한 예로는 시간적으로 급성장에 대한 예측으로 필요하게 될 공간을 앞서 건설하는 것이다. 이는 성장이 계획대로 발생했을 시에는 제대로 작용할 것이며 만약 그렇지 않다면 이는 값비싼 전략이 되는 것이다.
- **가망성 있는 전략.** 이는 미래의 다양한 수요 시나리오의 발생 가능성에 대하여 평가하고 가장 발생 가능한 시나리오와 더불어 최선으로 작용하는 공급 시나리오를 선정하도록 유도한다.
- **우량맞춤 전략.** 이는 미래 수요 시나리오의 가장 넓은 범주 안에서 만족스럽게 작동하는 공급 시나리오를 선정하도록 유도한다. 최종적으로 선정되는 시나리오는 특정한 수요 시나리오와는 완벽하게 돌아가지 않을 수 있으나 상당수와는 다소 충분하게 돌아간다.

사용된 기술과는 상관없이, 선정된 시나리오는 사회 일반의 문제 및 논점들을 수용해야 된다. 이는 확실한 업무 계획 및 예측의 부족, 업무 주기의 상승과 하강선, 그

전략적인 시설 계획 용어

유사성: 둘 또는 그 이상의 작업 단체 사이에 물리적인 근접성을 형성하는 작업 관계의 모든 형태.

선택적인 사무화: "개인사무실의 1 대 1" 전통적인 배치로부터 달라진 모든 전자 통신 행위, 숙박 시설에 묵는 행위, 미지정 좌석을 배치하는 행위, 또는 그 외의 전략.

지속성: 포트폴리오 내에서 존속하는 리스의 가중된 평균 기간.

방지책: 미래에 중요하게 작용될 수 있는 불리한 상황들을 줄이는 전략으로서 추가된 다른 대안과 연계시킨다

이주: 복합적 이용자 단체를 현 위치에서 희망 미래의 여러 장소 및 그 근접으로 이주시키는 여러 단계의 연속적인 과정

주주의 기초 원칙: 회사의 기초적인 의무가 주주의 가치 및 부를 최대화하는 것임을 명시하는 합법적인 원리의 명칭

규제된 공급: 클라이언트가 요구하는 제품의 용량을 제공하지 못하는 상태

종합적 리스: 중요한 리스 대신 세금에 관한 목적을 위한 운영 리스처럼 다루어진, 구매의 선택이 있는 리스의 특수한 유형

재료 처리량: 주어진 시간 유닛/단위 동안 제조 공장에 의해 생산되는 유닛/단위의 수

요금 청구의 변환: 회사 내의 한 내부 단체에서 다른 것으로의 모든 재정적인 요금 청구

융통성 있는 노동력: 일에 대한 보수가 지급된 임시직원 또는 직원

작업장 효율성: 회사의 업무상 필요조건들에 부합하도록 작업장의 생산성에 관한 모든 연구, 직원 만족 또는 유지, 또는 그 외 작업장의 개선 또는 수정을 궁극적으로 정당화하는 모든 요소

리고 실패에 대한 연계 매매를 포함한다.

신뢰 가능한 업무 계획과 기반화할 전략적 시설 계획의 대상에 대한 예측. 전략적 시설 계획자들은 최근 전략과 전술적인 계획 정보에 관한 접근 권한을 보장받기 위해 회사의 최고위급 직원과 상호 교류해야 한다. 그러한 상호 작용은 시설 계획의 투시성 및 가치에 대한 강화의 기회를 창출한다.

장기간 업무의 순환적인 자연 특성을 수용할 필요성. 장기간의 업무가 낳는 교훈은 언젠가는 모든 회사들이 침체기를 경험하게 된다는 것이다. 영원히 지속되는 경향은 없다.

입증되지 않은 제품에 대한 큰 모험의 위험부담은 실패할 것이다. 급한 제품 주기를 가진 산업의 기업들은 제품의 새로운 세대를 항상 개발해야 한다. 어떠한 경우에는 최근 시장보다 여러 차례 앞선 제품의 주기를 생각해야 한다. 일반적으로 성공에 배팅을 하는 것이 핵심 업무를 지원하는 데 있어 적합한 시설의 확보에 실패한 것을 촉진시키는 것보다 더 낫다.

추가적인 정보

Mahlon Apgar IV의 "The Alternative Workplace: Changing Where and How People Work," Harvard Business Review(May-June 1998)는 선택적인 사무화 전략의 재확인 작업이다. 현명하게 사용함으로써, 이러한 전략은 비중을 증대시키고 비용을 감소시키고 직원을 충원하고 유지하며 생산성을 강화하는 가능성을 갖추고 있다.

대지 선정 과정의 개요는 Zvi Drezner, ed.의 Facility Location: A Survey of Applications and Methods(1996)에서 발견된다. Peter F. Drucker의 Innovation and Entrepreneurship: Practice and Principles(1993)는 모던 고전 경제 전략 서적이다. 이는 대표이사처럼 생각하는 것을 배우도록 돕는다. 표준 컴퓨터의 스프레드시트를 사용하면서 간단한 재정 분석 기술들의 우수한 개요는 Micheal Hoots의 "Dr Spreadsheet or How I Learned to Stop Worrying and Love Financial Analysis" Facility Management Journal (January-February 1998)에서 찾을 수 있다. Richard Muther와 J.D. Wheeler의 Simplified Systematic Layout Planning, 3rd ed.(1994)에서는 고전적인 공간 계획 방법들이 소개된다. Richard Muther의 Systematic Planning of Industrial Facilities(2000)에서는 시설 제조 계획을 위한 포괄적인 방법이 소개된다. Micheal E. Porter의 Competitive Stratagy: Techniques for Analyzing Industries and Competitors(1998)는 전략적인 업무 계획의 표준 원본이다.

International Development Research Council(국제개발연구협회)은 집합적인 부동산 시장에 대한 서적 및 연구 자료를 출판한다. IDRC Foundation은 연구 게시물, 논문 및 조사를 출판한다. Infrastructure Delivery for Fast-Growth Companies(급성장 기업을 위한 기본적 시설의 전달)은 IDRC의 Bulletin 21/21번째 게시물로서 최근에 생겨난 회사들을 위하여 프로젝트 전달 방법들을 비교한다. 이는 McGraw-Hill Companies사의 부서인 ENR의 협조하에 출간된 것이다. Scenario Planning for Corporate Real Estate Managers: Strategic Implications for a Changing Business Environment은 IDRC의 Bulletin 15/15번째 게시물로서 시나리오 계획 방법에 대한 훌륭한 재확인 작업을 제공하나, 속행해야 할 시나리오(들)의 선정에 대한 정보를 제공하지는 않는다.

제17장 설계-공사 관련서비스

17.1 접근성 조항

John P. S. Salmen, AIA

미국 장애인 보호법(ADA 기준)에 따르지 않은 데 대한 기소로 인한 법적 소송이 증가되고 있다. 건물주나 건축가는 미장애인법을 따르려 하고 있지만 그 법이 모호하고 일관성이 없음을 발견하게 된다. 해석도 주마다 아니면 경우마다 다르다. 이런 당황스런 경우에서 헤어나올 수 있도록 건축주를 돕는 일이 이런 사례에 익숙한 건축가들에게 증가되는 서비스이다.

미국 통계청에 따르면, 5천4백만 명 이상의 장애자들이 미국에 있고, 그들 중 절반 이상이 청각 장애를 겪고 있다고 한다. 다시 말해서, 열 명 중 두 명의 미국인이 정신적, 육체적 장애를 겪고 있다는 것이다. 그러한 수요에 부응하기 위해, 미 의회는 1990년 미국 장애인 보호법(the Americans with Disabilities Acts, ADA)과 부가적으로 관련된 미국 장애인 보호법의 접근성 기준(Americans with Disabilities Act Accessibility Guidelines, ADAAG)을 통과시켰다.

건축가들은 ADA 입안의 최초의 제안자에 포함되어 있었다. 왜냐하면 국가적으로 체계적인 건축법이

요약

접근성 조항에 관한 서비스

왜 건축주는 이런 서비스를 필요로 하는가?

- 설계가 ADA의 요구사항을 충족시키는지를 결정하기 위해서
- 기존의 시설이 ADA의 요구조건에 얼마나 부합하고 있는지를 조사하기 위해서
- 입주후 ADA의 적합성을 점검하기 위해서
- 숙련된 목격자증언을 제공하기 위해서
- ADA의 요구조건을 만족시키는 공간을 계획하기 위해서

요구되는 지식과 기술

- 장애인들이 필요로 하는 사항과의 친숙성
- ADA와 다른 접근성 관련 법에 대한 지식
- 장애물 없애는 기술에 대한 지식

대표적인 진행 업무

- 건축주의 일반적인 ADA상의 요구사항을 결정
- 건축주의 잠재적인 접근성 문제지역과 요구되는 결과물을 찾음
- 재점검하기 위한 시스템 설정
- 문제되는 지역을 수정하기 위한 전략 구축
- 비용 분석과 실행계획을 준비
- 실행을 위한 세부적인 표준설계들을 개발

존 살멘(John P. S. Salmen)은 접근성 조항에 전문화된 메릴랜드주의 타코마공원에 위치한 Universal Designers & Consultants의 대표이다.

장애인들의 요구에 부응하는 것이 중요하다는 것을 인식하고 있었기 때문이다. 게다가 장애인 집단은 건축법보다 더 넓은 범위에 적용될 수 있는 민권법을 제정하기 위해 압력을 행사하고 있었다. 민권법의 단점은 법의 적용을 보장하기 위한 아무런 명확한 절차를 제시하지 않고 있다는 데 있었고, 나아가서 장애인법이 규정하고 있는 조건을 충족시키기에는 난점이 있었다. 미건축가 협회(AIA)는 장애인법을 위한 더 명백한 가이드라인과 국가적으로 통일된 집행을 지속적으로 옹호해왔다.

장애인법을 서비스로서 제공하는 전문가나 회사는 시설의 접근성과 관련된 일에서, 그리고 다양한 계층이 사용할 수 있는 용이성에 관련하여 설계자나 건물주 그리고 건물 운영자들을 돕는다. 보편적으로 이러한 사항은 ADA(미국 장애인 보호법)와 ADAAG(미국 장애인 보호법 접근성 기준)의 복잡한 요구사항들을 실제 계획상에 어떻게 적용해야 하는지를 결정하고 있다.

소송은 ADA가 공포되었을 때부터 증가되어 왔다. 시설에 관련된 의사결정 과정에 관여되어 있는 사람, 즉 건물 소유자, 설계자, 공사자, 또는 운영자는 누구나 신축 건물이나 기존의 건물에서 ADA의 위반사항이 발견되었을 때 개인에게 기소를 당할 수 있고, 실무형태가 ADA를 위반했을 때는 법무부에 의해 고발당할 수도 있다. 본래 소송은 쉽게 달성할 수 있는 사항들을 제대로 실행하지 못한 경우에 주로 연관되어 있었지만 , 변경과 신축에 관련된 보다 복잡한 경우들이 더욱 많다. 복잡한 법과 그 적용에 익숙한 건축 사무소들이 그들의 건축주들이 그러한 복잡한 사항들을 이해하는데 도움을 줄 수 있다.

건축주의 요구사항

접근성의 서비스를 찾고 있는 대부분의 건축주들은 소송의 두려움에서 벗어나길 원한다. 접근성의 분석은 건축주에게 법적 요구조건을 만족시키고 있고, 법적 소송에 대상이 되지 않고 있다는 것을 확신시켜 줄 수 있는 ADA 요구조건의 해석을 이해하도록 도와줄 것이다. 특정한 접근성에 대한 서비스는 설계와 운영에 있어서의, 기존 시설물 조사, 입주후 평가조사, 숙련된 목격자증언, 공간계획, 그리고 실내설계에 있어서의 ADA 조항에 관한 프로젝트 특정의 정보를 포함한다.

설계에서의 ADA 조항. ADA는 공공시설의 접근에 관련하여 건물주에게 기존 시설물에 쉽게 달성할 수 있는 변경을 만들도록 요구함으로써 장애자들의 시민권을 보호한다. 그러한 목표를 달성하기 위해서는 복합 시설, 재력을 가진 단체들이 소유하고 있는 시설에서의 기존 해석의 변경을 반드시 필요로 한다.(후자는 시설의 접근성을 높이기 위해 더 큰 비용을 지불하도록 기대된다.)

법무부는 법 조항으로 구성될 수 있는 쉽게 적용할 만한 변경 요소의 목록을 출판했다. 이러한 지침은 문 손잡이를 레버로 바꾸고, 장애인을 위한 주차구역을 따로 설정하고, 화장실에 장애인을 위한 보다 넓은 칸막이와 손잡이를 설치하는 것과 같은 친

ADA-미국 장애인들을 위한 보호

ADA는 정신적, 육체적 장애를 겪고 있는 개인을 위해 공공 장소에 접근로를 요구하고 있다. 이는 연방정부와 주정부, 통신, 고용, 교통, 공공 숙박시설, 사적인 상업 시설에서 발생하는 모든 차별에 대하여 장애인을 보호한다. ADA는 5개의 부분으로 구성되어 있다. 건축가들은 주로 연방, 주, 개인 소유의 상업시설이 신축, 변경, 재건축될 때, 장애인들의 접근 용이성이 계획과정에 포함되어야 한다는 내용을 담고 있는 제2항과 3항을 다루게 된다.

미국 법무부는 ADA의 조항에 의해서 ADA와 그 기준을 집행하도록 위임되어 있다. 건축과 교통 장애물 조항 위원회(The Architectural & Transportation Barriers Compliance Board; 보통 the Access Board라고 알려져 있다)는 미국 장애인 보호법의 접근성 기준(ADAAG)을 발전시킨다. 접근성 위원회(the Access Board)는 미국 법무부에 조언자적 역할을 수행하며 ADAAG는 법무부의 규정으로 적용되는 것을 목적으로 한다. 불행하게도 ADAAG는 종종 불명료하고 그 해석이 변화하기도 하여 건물주와 건축가는 조항 기준의 불명료함 때문에 곤란을 겪기도 한다.

법무부는 주정부와 지방정부의 건축법에서 나타나는 접근성 조항이 미국 장애인 보호 조항과 동일하다고 보장할 수도 있다. 워싱턴과 플로리다, 메인, 그리고 텍사스의 건축법은 그러한 인증을 받았다. 하지만 인증받은 건축법에 부합하는 디자인이라 하더라도 ADA의 소송으로부터 보호받을 수는 없다. 그리고 건축가를 상대로 한 그러한 소송의 수는 갈수록 늘어나고 있다.

숙한 항목을 포함하고 있다. 이러한 지침을 이행하지 못한 데 대한 관련된 소송은 건물 소유자가 그러한 간단한 요구조건을 지키고 있는 것으로 일반화되었다. 더 작고 덜 복잡한 시설에 관한 쉽게 적용될 만한 요건들이 어떻게 실행될 수 있는 가에 대한 더 많은 정보는 미 법무부와 화해와 동의를 위한 성장하는 조직의 최신정보에 서술되어 왔다.

더 최근에는 피소송자가 불명료하게 표시되어 있는 ADA 조항의 내용을 부적절하게 인용한 것에 대한 소송이 많이 나타나고 있다. 또한, 건물 소유주나 설계자는 이전에는 적절하다고 여겨졌던 ADA의 규정의 내용도 오늘날엔 부적절하다는 평가를 받고 있는 많은 경우를 발견해왔다. 소송자는 종종 어떤 건물이 ADA 조항의 문서상이나 이념상의 기본적 요건을 충족시키지 못하고 있다고 주장하기도 한다. 예를 들어, 어떤 체육관의 설계에 관한 소송에서는 휠체어를 탄 사람에게 동등한 시각을 지닐 수 있는 배치를 제공해야 할 필요성이 제기되었다. 과거에는 단순히 체육관의 모든 부분에(가장 비싼 좌석에서부터 가장 싼 좌석까지) 휠체어가 들어갈 수 있는 좌석을 배치해야 한다는 식으로만 이해되어 왔던 조항이었다. 하지만 이번 소송에서 원고는 경기 관람 중 서 있는 사람의 몸짓에 시각을 방해받지 않도록 자리를 높이 배치한다거나 그밖에 다른 방식의 설계로써 휠체어에 앉은 사람의 시각권을 보호해야 한다는 주장을 펼쳤고 두 번의 재판에서 패했지만, 한 곳에서는 승소하였다. 건축가들은 법 조항을 어긴 것은 아니었지만 결국 미래에는 그런 설계가 요구될 것이란 사실은 공감하고 있었다.

법 조례가 계속 변화하면서, ADA의 요구사항을 재해석해야 할 필요성은 더 많이 제기되고 있다. 건축가와 장애인 접근성에 대한 전문가들은 ADA 조항의 성향에 관한 안목 있는 의견과 법률이 제시하는 폭넓은 범위의 시각을 제시할 수 있어야 한다. 그리고 어떤 건물의 설계가 ADA 조항을 만족시키는지 또는 현재 전반적으로 주와 지방정부의 건축법이 요구하고 있는 조건을 상회하고 있는지를 확인할 수 있어야 한다.

건물의 운용에 있어서 ADA 요구조건. 명심해야 할 것은 ADA가 요구하고 있는 사항들이 완공되고 실제로 사람들이 이용하고 있는 건물에 대해서도 유효하게 적용된다는 사실이다. 그러나 상당히 많은 건축주들은 건물 운영에 있어서 ADA 조항의 요구 사항들을 인식하지 못하고 있다. (예를 들어, 관리인이 화장실의 쓰레기통을 옮겨놓아서 변기가 막혀버리면 건축주는 법을 위반한 것이 되고, 건축가는 쓰레기통을 놓을 충분한 공간을 확보하지 못한 책임을 져야 하는 것인가?) 또한 접근성에 관한 서비스는 건

프로젝트에 대한 적용 가능한 접근성 기준 사례

프로젝트 구분	연방법	건축법
국가 소유의 프로젝트	1968 건축장애물조항(Architectural Barriers Act) 1973 재활관련 조항(Rehabilitation Act) 기관에 의해 기술된 다른 기준	건축법이 적용될 수도 있고 그렇지 않을 수도 있다.
연방기금을 이용한 프로젝트 또는 연방기금 수여자에 의한 프로젝트 (개인 또는 국가)	1968 건축적 장애물법(Architectural Barriers Act) 1973 재활관련 조항, UFAS(Rehabilitation Act, UFAS) 소유권 사용과 종류에 대한 적절한 다른 기준	주 그리고/또는 지방 건축법이 적용될 수 있다.
지방정부에 귀속된 상업, 공공 시설	미국 장애인을 위한 조항 제2장, ADA Title II 1973 재활관련 조항	주 그리고/또는 지방 건축법이 적용될 수 있다.
지방정부에 귀속된 다세대 주택	미국 장애인을 위한 조항 제2장, ADA Title II 1973 재활관련 조항 1988 대형 건물 개정조항(Fair Housing Amendments Act)	주 그리고/또는 지방 건축법이 적용될 수 있다.
사적 소유의 공공 주거 또는 상업 시설	미국 장애인을 위한 조항 제3장 ADA Title III	주 그리고/또는 지방 건축법이 적용될 수 있다.
사적 소유의 다세대 주택	1988 대형 건물 개정조항 (공공 주거 공간은 ADA 조항을 지켜야 한다.)	주 그리고/또는 지방 건축법이 적용될 수 있다.
사적으로 임대 되었지만 정부 소유인 주거	미국 장애인을 위한 조항 제3장 ADA Title III(임대인) 미국 장애인을 위한 조항 제2장 ADA Title II(소유자)	주 그리고/또는 지방 건축법이 적용될 수 있다.
정부가 임대했지만 사적 소유인 공공 주거	1973 재활관련 조항(임대인) 미국 장애인을 위한 조항 제2장 ADA Title II(임대인) 미국 장애인을 위한 조항 제3장 ADA Title III(소유자)	주 그리고/또는 지방 건축법이 적용될 수 있다.
교회가 소유하고 운영하는 시설	없음	주 그리고/또는 지방 건축법이 적용될 수 있다.
교회 소유지만 사적으로 운영되는 시설	미국 장애인을 위한 조항 제3장 ADA Title III(임대인)	주 그리고/또는 지방 건축법이 적용될 수 있다.
사적으로 소유되었지만 교회에서 운영하는 시설	미국 장애인을 위한 조항 제2장 ADA Title III(소유자)	주 그리고/또는 지방 건축법이 적용될 수 있다.

임시시설물도 유사한 영구시설물로서 동일한 연방법을 지켜야 한다.
자료: AIA, Architectural Graphic Standards, 10th ed.(2000)

축주와 건물 관리인이 적절한 관리 방침을 세우고 사람들을 그에 맞추어 훈련시킴으로써 ADA의 요구사항이 건물의 이용 과정을 통해서 유지되도록 한다. 운동장, 극장과 공연장에서 표의 판매는 적절한 방법에 따라 이루어져야 한다. 숙박 시설의 예약 절차에 관한 내용도 ADA에서 제시하고 있다. 접근성에 관한 서비스는 ADA 운영 매뉴얼의 준비를 포함한다.

접근성과 고려해야 할 내용들에 관련된 서비스에 대해서는 프로그래밍(16.1), 대지 분석(16.2)과 법규 조항(17.3)을 포함한다.

시설과 입주 후 조사. 시설과 입주 상태에 대한 조사는, 기존 건축물에 있어서 ADA 조항의 달성과 유지를 위해 지켜야 할 물리적이고 운영에 필요한 항목들을 건물주에게 인식시키기 위하여 이루어진다. 따라서, 건물 유지와 운영절차가 ADA 조항에 맞는가의 여부를 지속적으로 확인할 수 있도록 정기적인 시설물 조사의 서비스가 제안되어야 하며, 정기시설물 조사서비스의 시장은 계속 성장하고 있다.

그 밖의 서비스. 접근성에 대한 서비스는 ADA 조항에 관련된 분쟁이 있을 때, 소송자와 피소송자 모두에게 전문가의 의견을 제공하는 서비스를 포함할 수 있다.

증가하고 있지만 여전히 적은 수의 건축주는 더 큰 시장을 점유할 수 있는 보편적인 설계 서비스를 요구하기도 한다. 특히 노년층의 인구가 증가하고 있는 지역의 주택 시장의 기존 건물주들은 장애를 가진 소비자들의 시장이 증가하고 있다는 것을 인식하고 있다.

접근성에 대한 연구와 밀접하게 연관되어 있는 서비스는 대지 분석, 공간 계획, 실내 디자인, 법률 조항, 그리고 환경그래픽설계 등이다. 일부 회사들은 정부기관들이 항상은 아니지만 자주 건물의 접근성을 포함하는 "계획과 서비스, 그리고 행위"들을 제공하도록 요구하는 지침들에 적합하도록 도와준다.

기술

ADA에 관련된 컨설팅을 서비스로 제공하기를 원하는 건축 사무소는 접근성 관련 내용에 해박한 직원이 필요하거나 ADA 전문가가 있는 사무소와의 연계가 필요하다. 독립된 ADA 전문가는 혼자서 또는 소수의 직원으로 회사를 운영할 수 있다.

접근성에 관련된 많은 법률 서비스는 건축가의 재능에 특히 맞는다. 예를 들어, 그러한 서비스는 ADA의 요구에 대한 부합도 평가를 위한 건물계획의 검토를 요한다. 건축주들도 ADA 소송으로부터 스스로를 지키기 위해 이러한 계획의 전반적인 검토에 대한 필요성을 점차 인식하고 있다. 몇몇 접근성 전문가들은 기본적인 ADA 규정의 준수를 필요로 하는 공간들(예, 화장실, 교실, 호텔 객실)을 위한 전형적인 설계안을 제공하기도 한다. 제품을 선택하고 무장애 기술(barrier-free technology)에 대한 정보를 제공하는 일은 또 다른 종류의 서비스이다. 많은 종류의 장비들은 장애인들이 시설들을 이용하는 데 도움을 준다.

장애인과 접근성에 관한 법에 대한 친숙도. 접근성 서비스를 제공하는 사무실이나 전문가가 가장 필요로 하는 것은 장애인과 장애인 집단에 대한 친숙도이다. 친숙도를 얻

보편적인 설계

모든 사람을 위한 설계, 소위 보편적 설계는 미국에서 증가하고 있는 움직임이다. 그러한 설계는 모든 사람이 그 시설을 사용하고 즐길 수 있게 하기 위해서 ADA의 요구사항 이상의 조건을 추구하고 있다. 주택, 오락, 상업 시설의 개발자들은 보편적 설계가 사업적 의미를 지니고 있다는 것을 발견하고 있다. 미국의 인구가 고령화되면서, 미래의 시장은 높지 않은 지적 능력과 시각과 청력이 감퇴된 사람들도 쉽게 이용할 수 있는 시설과 관련된 사업으로 확장될 것이다. 그 밖의 인구 구성상의 변화는 많은 공공 건물이 영어에 익숙하지 않은 사람들을 수용할 수 있어야 한다는 사실로 연결된다. 건축주와 건축가들 또한 극단적인 상태의 사람들을 배려한 시설의 설계가 보다 환영받고, 모든 사람들에게 쉽게 이용될 것이라는 사실을 인식하고 있다.

기 위한 가장 좋은 방법은 장애인 접근을 위한 지역 청문 위원회에 자원하는 방법으로 장애인 옹호 단체에 참여하는 것이다.

접근성 조항에 관련된 서비스를 제공하기 위한 두 번째 주요 사항은 연방, 주, 지방정부의 법과 규칙 그리고 판례법에 대한 완벽하고 최신의 정보를 제공하는 것이다. 연방법 내의 시민권의 본질과 그 적용에 관한 올바른 이해 역시 중요하다. 몇몇 ADA 전문가는 ADA의 사안에 활동적인 시민권 전문 변호사와 공동으로 일하기도 한다.

기술적으로는 장애를 가진 사람들이 그들의 공간적인 환경 속에서 어떻게 활동하는지에 대한 이해 또한 필수적이다. 인간 환경공학 설계원칙들, 공간 계획 기초에 관한 지식, 그리고 제품과 장비에 관한 지식에 대한 친숙도는 전반적인 이해에 도움을 준다.

전문가와 그 밖의 직원의 필요성. 접근성 서비스를 수행할 때 회사 또는 회사의 컨설턴트들은 건축 설계자, 조경 계획가, 환경 그래픽 디자이너와 같이 일할 수도 있다. 유능한 사무직원 또한 요구되며 어떤 회사는 출판과 보고를 지원하는 정보 전달을 위한 직원 또한 필요하다.

의료 전문가, 즉 특정한 질병 또는 전문적이고 물리적인 치료에 전문화된 의사들은 특정한 장애인을 위한 시설 계획의 상담을 위해 필요할 때가 있기도 하다. 장애인을 자문가로 고용하면 그들의 시각으로 발견할 수 있는 항목들을 찾아낼 수 있다. 인간적 요소의 연구자들(human factor researchers), 훈련사들, 소프트웨어 개발자들은 ADA 프로젝트에 종종 참여하게 되는 또 다른 전문가들이다.

접근성 관련 전문가들이 사용하는 특별한 장비로는 디지털 경사계, 영향력 측정기, 소음 측정기, 조도기, 조사서류 , 그리고 디지털 카메라가 있다.

프로세스

접근성 서비스의 영역에 영향을 끼칠 수 있는 요소들은 건축주 단체의 크기와 가시성, 그들 시설의 크기와 복잡성과 그 용도 등이다. 이미 언급했듯이, 더 많은 자원를 가진 단체는 ADA의 적용에 있어서 적은 자원을 가진 단체보다 더 많은 요구조건을 충족시킬 수 있는 것으로 예견된다. 단체이름의 인지도도 문제가 된다–크고 대중에게 널리 알려진 단체는 소송을 당할 위험이 크다. 높은 수준의 건축주에게는 집단적인 ADA 프로그램이 요구되기도 하는 반면 작은 시설물의 건축주는 모든 조건이 지켜지고 있다는 것을 증명하는 하나의 장치만으로도 충분할 수 있다.

서비스를 제공하기 위한 일반적인 단계. 초기의 회의에서 건축주가 이해한 ADA에 대한 필요사항들이 결정된다. 그리고 바로 그때에 건축주들은 그들의 단체와 관련된

ADA 조항들에 대한 기본적인 정보를 얻는다.

ADA 프로그램을 설계하기 위해서 건축주의 접근성에 문제가 발생할 수 있는 잠재적 영역들과 요구되는 결과들이 확인되어야 한다. 그러한 과정은 계획 검토 모형으로 나타나고, 모형에 따라서 문제 영역을 수정하기 위한 전략이 제안된 실행계획을 포함하여 구체화된다. 조항의 실현계획을 위한 단계실행을 위한 비용분석이 준비될 것이다.

그 다음 과정은 프로젝트를 실행하기 위한 모범설계 상세를 발전시키는 것이다. 혹 건물 사용 인구를 산정할 필요가 있다면, 조사방법이 준비되고 관리되어야 한다.

몇몇 경우에서는 건축주 교육 프로그램과 사용되고 있는 시설에 대한 모니터링이 ADA 계획의 일부로서 요구될 수도 있다. 이것들은 건축주 교육을 위한 프레젠테이션과 실행 안내서를 위한 준비 작업을 포함하게 될 것이다.

추가적인 정보

미국 장애인 보호법 ADA와 ADA 접근성 기준 ADAAG에 관련된 정보는 책자와 웹사이트를 포함한 다양한 경로를 통해 얻을 수 있다. ADA 규정을 준수하기 위한 노력들을 돕기 위한 소프트웨어들도 개발되었다.

건축, 교통 장애물관련 조항 위원회(The Architectural and Transportation Barriers Compliance Board; Access Board라 불림), ADAAG 지침서, 건물과 시설을 위한 ADA 접근성 지침(accessibility Guidelines for Building and Facility)은 건축가에게 접근성을 고려한 설계를 위한 실제적인 ADA 기준으로써 최상의 길잡이가 될 것이다. Access Board의 웹사이트 주소는 www.access-board.gov이고 이 사이트에서는 모든 출판물이 제공된다.

미국 법무부는 www.usdoj.gov/art/ada/adahom1.htm에 ADA 홈페이지를 게시하고 있다. 여기엔 기술적 지원의 내용, ADA 정보라인, 새로 공표되었거나 제안된 규정들 그리고 ADA 중재를 위한 공간이 연결되어 있다. 그 밖에 법무부는 일반적, 기술적인 ADA에 대한 문의 사항을 해결하기 위한 전화상담 서비스를 제공하고 있다: (800) 514-0301.

출판사 Icon Publishing은 ADA와 FMLA 자료도서관 CD-ROM을 제공한다. 더 많은 정보는 웹사이트 www.iconpublishing.com 또는 전화 (360) 757-1770를 통해 얻을 수 있다.

보편적 설계소식지 The Universal Design Newsletter는 최신 ADA규정에 관련된 내용을 전달하고 있는데 Universal Designers & Consultants, Inc(6 Grant Avenue, Takoma Park, MD 20912,(301) 270-2470,(www.universaldesign.com/newsletter.html)에서 발행하고 있다.

보편적 설계센터(The Center for Universal Design; 과거 The Center For Accessible Housing)은 접근이 용이한 주택과 건축의 보편적 설계 그리고 관련된 프로젝트를 평가하고 발전시키고 장려하고 있다. 이 기구는 the North Carolina State University School of Design(Box 8613, Raleigh, NC 27695-8613, (919) 515-3082)에 있으며, 센터는 정보라인을 갖고 있으며, 전화 (800) 647-6777과 웹사이트 www.ncsu.edu/ncsu/design/cud를 통해 정보를 구할 수 있다.

Autobook:USADA 소프트웨어는 설계자가 ADAAG를 통해 적용할 수 있도록 도와주고 있는데 Intermedia Design System, Inc..(950 new Loudon Road. Latham, NY 12110, (800) 320-4043 또는 (518) 783-1661, 웹사이트: www.autobook-ids.com/disability.html) 에서 발행되고 있다.

17.2 건물 설계

Richard McElhiney, AIA, And Joseph A. Demkin, AIA

건축 설계에서 건축가는 건축주의 가치와 사용자의 필요, 공익성을 만족시키는 건물을 창조하기 위하여 다양한 분야의 지식을 조합한다.

건축가라고 건물을 공장에서처럼 찍어내는 것은 아니다. 건축가는 전문 지식과 기술을 사용하여 추상적인 생각을 스케치, 도면, 모형, 시방서 등의 건축적 형태로 표현한다. 이러한 서비스 방식들이 모여서 벽돌과 몰탈의 현실로 설계 아이디어를 전환시키는 방식을 제공한다.

설계 과정을 하나의 정형화된 틀로 표현하긴 힘들다. 그것은 직선적이지 않고 고도로 상호간에 영향력을 미치고 있으며, 합리적 요소와 직관적 의사결정 과정들이 공존하고 있다. 요리책과 같은 지침서나 과정 과정에 대한 체계적 설명은 존재하지 않지만 건축가들은 매일 매일 그들의 건축주를 위해 설계적 사고의 결과물들을 제공하고 있다.

건축가와 건축주 사이의 계약은 건물 설계 서비스의 종류(예를 들어, 계획설계도서, 중간설계도서, 실시설계도서 등)와 각각의 서비스에 포함된 작업을 결정한다. 이 주제는 일반적으로 계획설계와 중간설계도서에 관련된 내용들에서 초점을 두고 있다. 실시설계도서에 관련된 내용은 별도로 실시설계도서－도면(18.5)과 실시설계도서－시방서(18.6)에서 다뤄질 것이다.

요약

건물 설계 서비스

왜 건축주는 이러한 서비스를 필요로 하는가

- 빠르고 급작스러운 성장에 대응하기 위해
- 새로운 위치로 이동하기 위하여
- 오래된 시설을 개선하거나 바꾸기 위해
- 운용의 생산성을 개선하기 위해
- 주요 조직의 구조조정을 실행하기 위하여
- 기존 시설을 현재의 규정 기준에 맞추기 위해
- 상품이미지(BI)나 인지도, 새로운 이미지를 변화시키거나 창조하기 위해

요구되는 지식과 기술

- 프로그램의 요구조건을 비판적으로 평가할 수 있는 능력
- 프로그램의 요구조건에 부합하는 개념을 창조할 수 있는 능력
- 설계적 해결 방안과 기본 개념을 묘사할 수 있는 능력
- 건축 재료와 구성요소, 구조에 대한 이해
- 건축법과 기준, 규칙에 대한 이해
- 계약과 공사서류들에 대한 친숙도
- 건축주와 상담자들에게 개념을 전달할 수 있는 능력
- 공사비에 대한 지식

대표적인 진행 업무

- 프로젝트의 이해를 높인다.
- 계획설계도서를 발전시킨다.
- 기본설계도서를 발전시킨다.

몇몇 경향들은 건축가가 설계에 프로젝트를 접근하고 수행하는 방식에 영향을 미치고 있다. 첫째로 건축주가 설계 서비스에서 더 높은 질을 원하고 있다는 것이다. 더 섬세하고 더 교육받은 건축주일수록 자신들의 시설에 대해 건강과 안전을 위한 기본 규정 이상의 서비스를 기대하게 된다. 그러한 기대는 건축가로 하여금 건축주의 원하는 바를 인식하고 그것에 창의적으로 부응하게 한다.

리차드 맥엘리니(Richard McElhiney)는 뉴욕에 기반을 둔 R.M. Kliment & Frances Halsband Architects의 파트너이다. 콜럼비아 대학교와 렌셀러 폴리테크닉 대학(Rensselaer Polytechnic Institute)에서 강의를 하고 평론가로 활동했다. **조셉 뎀킨(Joseph A. Demkin)**은 전문가의 실무를 위한 건축가의 핸드북 13판(13th edition of the Architect' s handbook of Professional Practice)의 주 편집자다.

그 밖의 흐름은 건축가가 자신의 설계능력과 창의성을 발휘할 수 있는 폭을 넓힐 수 있는 기회가 많아지고 있다는 것이다. 기술이 극도로 발전하고 있는 시대에 소프트웨어의 발달은 건축가에게 설계 결과를 형성하고 평가할 수 있는 강력한 도구를 제공하고 있다. 법규적으로는 성능 중심의 건축법규의 증가된 용도는 건축가가 건축법적 요구조건을 준수함에 있어서 더 많은 자유를 보장한다.

건축주의 요구 사항

건축 설계 서비스의 필요성은 건축주들의 세계에 지속적으로 영향을 끼친 변화의 영향에 기인한다. 이러한 영향은 기술력의 향상, 대중의 가치관과 기호의 변화, 중대한 인구의 변화, 경제적 상황의 급변, 그리고 다른 수준과 크기의 사회적 변화를 반영한다. 이에 대응하여, 건축주들은 조직구조, 생산품과 서비스, 과정과 기술, 물리적 · 인적 자원, 그리고 시설들을 포함하여 그들이 조정할 수 있는 이해의 범위 내에서 변화를 실행한다.

이러한 흐름 속에서 건물 설계 서비스는 건축주의 목적과 이념, 사업과 마케팅상의 목표들, 생산의 필요성, 직원들의 필요성과 관련된 더 넓은 의사결정 과정의 일부가 되었다. 공간의 수요와 공급, 고려되어야 할 생산 과정, 언제 그리고 얼마나 오랫동안 독창력이 발생할 것인가, 그리고 시설의 설계와 운용을 위한 비용 세분화는 시설설계의 요구사항을 결정하는 요소에 포함된다.

건물설계 서비스는 1999년 미국건축가협회(AIA) 회원 사무소의 수입 중 60퍼센트를 차지하고, 이는 대부분의 사무소 수익의 가장 큰 부분을 차지한다.

미국건축가협회 사무소 조사 2000

어떤 하나의 요소 또는 결정이 설계 서비스의 필요조건을 좌우할 수는 없겠지만, 더 중요한 것들 중 일부는 건축주, 또는 잠재적인 건축주가 아래의 상황 중 하나를 시행할 때 발생한다.

- 새로운 사업 영역을 개척하기로 결정했을 때
- 기존 건물의 시설이 실제의 또는 예상되는 수요의 증가를 감당하지 못할 때
- 시설이 운영하는 데 너무 많은 비용이 소요된다고 판단되었을 때
- 지리학적으로 다른 곳으로 이동하기로 결정했을 때
- 대중에게 다른 이미지를 창출해 내거나 기존 이미지를 개선하고 싶을 때
- 건물에 대한 투자 가치를 높이고 조세 감면을 추구하기 위해
- 기존 건물이 새롭거나 개선된 건축법에 부합할 수 있도록 강요당할 때

변화는 물리적인 시설을 건축주들이 보는 시각과 같이 보도록 전문가에게 요구하고 있다. 즉, 목적을 얻기 위한 수단으로 그 자체가 목적이 될 수는 없다.

전문가보고서에 대한 미국건축가협회의 재정의(AIA Redefinition of the Profession Report), 1996

설계 용역의 범위. 건축 설계 용역의 폭과 깊이는 프로젝트에 따라 다양하다. 요구되는 서비스를 수행하기 위하여 건축가는 건축주와 함께 필요한 지식과 기술을 인식하고 프로젝트에서 사용 가능한 자원들과 균형을 맞춘다. 건축가가 제공할 수 있는 서비스유형의 예는 다음과 같다.

- AIA B141의 설명부분, 건축가의 서비스의 표준 양식과 건축주와 건축가 간의 계

약에 대한 표준 양식

- AIA B163, 지정된 서비스를 위한 건축주와 건축가 간의 계약에 대한 표준 양식
- 이 책의 4부 서비스

건물의 기본적인 설계를 제공하는 몇몇 사전 설계 서비스는 계획설계의 시작 전 시작되거나 완성될 수 있다. 예로 전략적 시설계획, 사업성 조사, 대지 선택 분석, 프로그램 작성, 그리고 프로젝트의 비용 규모를 산출하는 과정 등을 들 수 있다. 프로젝트 수행 방법에 따라 달라지겠지만, 가끔 이러한 서비스는 건물설계의 발전과정과 겹치기도 한다. 하지만 의미 있고 효과적인 결과가 얻어지기 위해서 다른 서비스들은 건물 설계 과정에 통합되어야 하고, 이러한 설계에 연관된 서비스의 예로는 지속 가능한 설계, 에너지 분석과 설계, 조명 설계, 건축음향, 지진 분석과 설계 등을 들 수 있다.

설계 용역을 위한 시장. 건축 전문가들은 다양한 시장 구조 속에서 다양한 건축주 집단을 상대하게 된다. 그럼에도 불구하고, 미국건축가협회의 2000 사무실 실태 조사 결과는 대부분의 건축 사무소가 대부분 개인 사업과 주나 지방 정부 같은 단편적인 건축주 유형에 집중하고 있음을 보여주고 있다. 두 종류의 건축주 층은 전체 미국 건축 사무소의 매출 중 절반에 해당하는 규모를 이루고 있다. 다른 종류의 건축주들은 매출이 큰 순서로–개발업자와 건설회사, 비영리재단, 개인, 그리고 마지막으로 다른 건축가, 기술자와 설계 전문가들을 포함하고 있다. 개인 건축주는 소규모 사무실에서는 가장 큰 건축주 집단으로, 대형 사무소에서는 가장 미미한 건축주 집단으로 인식되고 있는 것으로 예상된다.

대부분의 건축주들은 모든 요구되는 건물의 설계 용역을 제공해줄 건축가를 갖고 있다. 하지만 일부 건축주들은 건축가를 지정된 설계영역만을 위해 고용하고 별도의 계약으로 필요한 전문가와 상담자를 고용한다. 내적으로 설계할 능력을 갖춘 건축주들은 그들 자신이 선택된 과업만 할 수 있도록 선택할 수 있다. 건축주의 조직구조와 승인부서는 건축주가 얼마만큼 설계과정에 참여할지를 결정한다. 건축주의 승인에의 참여와 접근의 정도는 건축가가 설계과정을 구성하고 수행해나가는 방법에 영향을 준다.

기술

「어떻게 설계자가 생각할까?」(1990)에서 건축가이자 저자인 브라이언 라우슨(Bryan Lawson)은 "일반적 의미에서 설계는 다양한 종류의 정보를 조작하고 그것을 일관된 하나의 개념으로 응축시킬 수 있고, 최종적으로 그 아이디어들을 실현할 수 있도록 하는 고도로 조직화된 정신적 과정을 포함한다"고 서술했다. 라우슨은 대개 현실화는 종종 도면의 형태를 지니기도 하지만 공정표, 도표, 또는 다른 종류로 표현될 수도 있다고 했다.

건물설계에서 건축가들은 과학적, 예술적, 기술적 정보의 영역들을 조정한다. 설계자는 이런 정보를 통합하기 위해서 균형이 있어야 하고 창의적이어야 한다. 몇몇 사람들은 보다 자연스럽고 천부적인 설계 감각을 지니고 있다. 하지만 설계 기술은 습득될 수 있고, 엄격하고 체계적인 교육, 지도, 직장 생활과 계속적인 교육을 통해 발전될 수 있다는 것이 일반적인 생각이다. 건축 설계에 요구되는 지식과 기술의 가장 중요하고 기본적인 영역은 다음을 포함하고 있다.

- 의사결정 과정을 뒷받침해줄 수 있는 데이터를 수집하는 연구기술
- 프로그램의 요구사항을 분석하고 설계대안을 평가할 수 있는 비평적 사고
- 건축주가 어떻게 생각하는가와 이용자들의 성격에 대한 이해
- 넓은 범위의 지식을 통합할 수 있는 능력
- 건축 자재와 부품, 체계, 그리고 그것들이 어떻게 함께 작용하는지에 대한 지식
- 2차원과 3차원 속에서 공간적 사고의 능숙도
- 설계 개념과 해석을 그래픽 형태로 묘사할 수 있는 능력
- 단체 생활에서 협조하며 작업할 수 있는 능력
- 가능한 설계 도구와 기술을 위한 지식과 재주
- 건축법, 기준, 규칙에 대한 이해
- 건물의 경제성과 비용 조절의 지식
- 대화와 문서로 상호 소통할 수 있는 능력

▶ 건축실무에서의 컴퓨터 기술(12.1)은 현재의 그리고 떠오르고 있는 자동화된 적용에 대해 다루고 있다.

작은 규모의 사무소에서는 설계의 능력은 사업성과 사무실 운영 모두에 책임이 있는 사람들에게 존재하기도 한다. 하지만 큰 규모의 사무소에서는 행정상, 사업상, 운영상의 업무를 담당하는 사람이 따로 존재하며 설계 수완과 그 책임은 한 명 또는 그 이상의 사람들에게 독립적으로 주어진다.

여러 분야에 걸친 지식. 최소한 모든 건축 설계는 건축 지식이 구조적, 기계적, 전기공학적 지식과 통합된 형태로 나타난다. 하지만 프로젝트의 성격에 따라, 더 깊은 지식이 연계된 분야들 또는 병원, 연구소, 법원시설, 극장과 같은 특정 종류의 건물 전문가로부터 요구될 수도 있다.

특정 프로젝트는 전기통신공학, 위험 물질 제거, 지질학적 조사, 보안, 수직 운반 시설, 커튼 월 시스템 등의 전문가들의 협조를 요구하기도 한다. 또 다른 분야로 도시공학, 조경, 음향 설비, 조명 디자인, 에너지 조사, 환경 그래픽 디자인, 역사 보존, 실내 공기 청정도 조사, 법규조항, 접근성 조항, 비용 산출, 재료 조사, 인류학과 산업 위생에 관한 내용을 포함할 수도 있다.

광범위한 지식들을 통합하는 능력을 넘어 건축 설계 전문가들은 다음 세 가지 사항을 수행하여야 한다.

• 주어진 독창력에 필요한 지식의 영역을 결정한다.
• 요구된 지식의 제공자를 모으고 조직화한다.
• 많은 영역의 전문가들과 교류한다.

설계 도구와 기술. 빠르게 발전하고 있는 디지털 기술은 건축가와 다른 설계자에게 설계 업무를 수행하는 데 있어서 보다 큰 가능성과 힘을 제공하고 있다. 매스 스터디를 위한 3차원 모델링, 인접성을 위한 다이어그래밍과 공간 계획의 개발을 위한 프로그램, 태양과 그림자(일조권)의 분석 또는 초기 에너지 연구, 구조, 조명, 음향 시스템을 설계하기 위한 프로그램, 그리고 실내 환경의 질에 영향을 끼치는 자재들의 영향을 결정하기 위한 소프트웨어 등을 그 예라고 할 수 있다. 설계 표현과 프레젠테이션을 위해서 CAD는 아직도 가장 넓게 이용되고 있는 그래픽 도구이다. 연계된 묘사 소프트웨어로는 특성화된 렌더링 프로그램들과, 애니메이션 프로그램, 3차원 관찰과 보행 이동관찰을 가능하게 하는 프로그램 등이 있다.

건축 정보가 선과 타원의 집합이 아닌 개체로 저장되는 지능형 파라매트릭 건축설계 컴퓨터 프로그램의 출현은 더 넓은 범위의 설계와 분석 기능을 통합할 수 있다. 파라매트릭 프로그램들에서는 건축 개체 또는 구성 요소가 변수로 정의되고, 이는 건축 개체 또는 구성 요소들이 그들의 성능특징과 마찬가지로 타 건물의 구성요소와 상호작용하는 방식이 포함될 수 있다.

인터넷은 프로젝트 내부의 팀원 간의 협력 도구로서 그 이용도가 증가하고 있다. 인터넷의 사용은 프로젝트 정보의 이메일을 통한 전달, 화상회의, 그리고 도면 파일의 전자 전송을 아우르고 있다.

실무에서의 인터넷 이용(12.2)은 건축 실무를 위한 웹 적용을 논하고 있다.

모델과 mock-up(실제 스케일의 모형), 그리고 특정한 장비들은 종종 건물 설계의 과정에 사용되기도 한다. 3차원 모델은 제안된 건축의 형태를 다양한 축척으로 묘사할 수 있다. mock-up은 선정된 건물의 공간과 가구배치, 즉 일련의 가구군을 재현할 수 있다. 모델과 mock-up을 이용함으로써, 설계 팀은 공간의 질, 인체공학적인 이슈들, 조도와 그 밖의 다른 특성들을 분석하고 평가할 수 있게 된다. 의료 시설 또는 연구 시설에서 그러한 연구가 필수적이라면 모델과 mock-up은 제어된 연구실 분위기에서 설계대안의 성능에 대해 더 잘 조작하고 평가할 수 있게 사용될 수 있다.

덜 알려지고 덜 사용되고 있는 설계도구의 하나로 헬리오돈(Heliodon)이 있다. 헬리오돈은 다양한 태양 고도와 방위각에 따른, 건물에 비친 태양광의 상태를 모의 실험하기 위해 사용되는 도구로서 지구상의 어떤 지역, 어떤 시간의 상태도 측정할 수 있다. 종종 시간 경과에 따른 태양광 효과의 변화를 측정하여 기록한 비디오가 헬리오돈과 병행하여 사용되기도 한다.

프로세스

건축가 프란시스 듀피(Francis Duffy)는 건축 설계를 "부족한 자원의 영리한 배분 – 인기 있고 적절한 공간표현에 의해 주어질 수 있도록 이용자의 요구들에 대한 기발한 이해를 포함하는 고도의 실질적인" '상상의' 과정으로 설명한다(건축적 지식(Architectural Knowledge), 1998).

설계 과정을 더 깊이 살펴보기 위한 개념적 모델은 설계의 본질적 구성요소와 그들 사이의 관계를 인식하고 묘사하려는 시도를 한다.

폭넓게 인용되고 있는 설계 모델 하나는 분석과 조합 과정 사이의 지속적인 교정으로 설계 과정을 묘사한다. 분석의 과정에서는 사실은 모아지고 목표들이 정의되고 관계가 탐구되고 설계의 영향들이 인지되고 조합되고 서열화된다. 조합의 과정에서는, 분석의 과정에서 정리된 목표에 대해 개념이 발전되고 평가된다. 그러한 과정들이 반복되면서 설계안은 최종안이 결정될 때까지 보다 깊고 보다 세밀한 계획으로 발전되어 나간다.

다른 모델은 설계 과정을 동화작용, 일반 연구, 발전, 소통의 주요 과정으로 구축한다. 동화 과정에서는 문제에 대해 일반적인 정보와 특정한 정보가 모아지고 조직화된다. 일반 연구 중대 과정에서는 가능한 대안 또는 의미 있는 해결책을 통해 문제의 본질이 조사된다. 발전 과정에서는 하나 이상의 임시적인 계획안이 발전되고 재정의된다. 소통의 과정에서는 하나 이상의 계획안이 설계 집단의 내부와 외부의 사람들에게 전달된다. 대부분의 설계 과정에서와 마찬가지로 이러한 과정이 순차적일 필요는 없다.

위에 언급된 두 가지 모델의 통합형은 평가와 결정 과정을 포함하도록 분석-종합 단계를 확장한다. 결과적으로 나타나는 분석/조합/평가/결정의 과정은 개략의 제안, 계획설계, 세부화된 설계의 발전으로 달성된다.

설계 영향. 건물설계에 차용된 개념적 접근이나 사용된 방법에 관계없이, 각각의 프로젝트는 기회와 제한을 다른 방식으로 조합하여 보여주고 문화, 환경, 기술 그리고 미적 고려의 독특한 세트를 포함하고 있다. 문제를 이해하고 대안을 마련하는 과정 속에서, 그러한 고려들 중 상당 부분은 각 프로젝트의 독특한 설계에 영향을 줌으로써 상황에 맞게 나타날 것이다.

계약 상의 골격(Contractual Framework). 건축가와 건축주 사이의 계약은 건축가의 판단에 맡겨질 방법이나 수단 외에 무엇이 행해질 것인가 하는 계약상의 골격을 제

설계의 본질

아래의 목록은 문제, 해결, 그리고 과정의 관점에서 설계를 보고 있다. 분리된 설계특성의 포괄적인 목록은 의미하지는 못하더라도, 이 설명의 목적은 설계의 본질에 대한 전체적인 그림을 제공하는 데 있다.

설계문제

- 설계문제는 이해하기 쉽게 기술될 수 없다.
- 설계문제는 주관적인 해석을 요구한다.
- 설계과제는 우선순위로 조직되는 경향이 있다.

설계해결

- 헤아릴 수 없이 많고 다른 답이 있다.
- 똑같이 유익한 결과를 갖고 오는 최적의 답은 없다.

설계과정

- 과정은 끝이 없다.
- 절대적으로 옳은 과정은 없다.
- 과정에는 문제를 해결하는 것과 마찬가지로 구체화하는 것도 포함된다.
- 설계는 필수적으로 주관적인 가치판단을 포함한다.
- 설계는 규범적인 행위이다.
- 설계자는 행동이 필요하다는 전제 내에서 일한다.

브라이언 로우손(Bryan Lawson)의 설계자가 생각하는 방법: 계몽된 설계과정(How Designers Think: The Design Process Demystified, 2nd Ed. (1990))에서 인용

설계 영향 요소

각각의 프로젝트가 처해 있는 상황은 제각각이다. 개개의 프로젝트는 다른 조합의 요구 사항들과 제한 요소들로 이루어져 있다. 각각은 고려되어야 할 문화, 환경, 기술, 그리고 미적 컨텍스트들의 독특한 조합으로 이루어져 있다. 각각은 고유의 도전과 기회를 나타낸다. 설계는 어떤 상황이 담고 있는 본질적이며 주된 사고를 표면으로 보여준다. 그것은 문제를 찾는 동시에 풀어가는 과정이다. 모든 프로젝트가 설계 영향 요소들의 독특한 조합으로 이루어지지만 여기서는 그 중 더 중요한 것들을 논의한다.

건축주. 어떤 건축주들은 프로그램, 예산, 그리고 건물의 완공 후의 모습과 같은 그 외의 프로젝트의 목적들에 대한 확실한 개념을 갖고 있다. 다른 건축주들은 건축가가 프로젝트의 목적을 정의하고 그 목적을 위한 건축설계를 제공해주기를 바란다. 두 가지 경우 모두에서 건축가와 건축주와의 관계의 효율성은 프로젝트의 전반적인 설계결정에서 주 요소이다.

프로그램. 모든 건축주들은 설계에 반영되어야 할 일련의 영감과 요구사항, 제한 요소를 가지고 있다. 프로그램은 그러한 요소들을 인식하고 묘사하고 어느 정도의 관련된 사색을 위한 장소를 제공한다. 프로그램은 길 수도 있고 짧을 수도 있고, 일반적일 수도 있고 특징적일 수도 있고, 서술적일 수도 있고 암시적일 수도 있다.

커뮤니티의 관심. 건축주들과 그들의 건축가들은 사회 집단, 이웃, 그리고 공무원들을 만족시킬 수 있도록 설계를 조정해야 한다. 그러한 설계의 조정은 종종 반대파를 만족시키거나 체계화된 직접적 대응이 아닌 지지를 얻는 등의 특별한 효과를 유발하기도 한다.

법과 규정. 설계상의 법적 제약은 꾸준히 증가해왔다. 간단한 안전요건에서부터 최소한의 대지 사용과 빛과 공기의 계획, 건축법과 규칙은 설계와 시공의 모든 부분을 아우르는 설계의 주된 영향력으로 증대되었다.

컨텍스트와 기후. 컨텍스트적 요소들은 자연을 둘러싸고 있는 자연, 인공적 요소들의 조직의 성질들을 포함한다. 기존의 패턴과 조직 체계의 특성은 건축 설계, 재료의 선택, 색깔, 재질뿐만 아니라 계획 대지를 개선하기 위한 출발점 또는 힌트를 제공할 수 있다. 기후 요소들은 태양의 복사에 의한 지역적인 미세기후 자연, 기온, 습도, 바람, 강수 등을 포함한다.

대지. 이 요소는 대지의 크기, 형태, 지형, 지질학적 특성, 식물을 포함한 생태학적 모습, 야생동물의 서식지, 수자원과 배수로, 자산으로의 접근성을 포함하고 있다.

건물기술. 건축 형태, 재질, 그리고 구조는 가끔 독단적으로 선택되기도 하며 부분적으로만 미적 기준에 따라 정해진다. 예를 들어, 층간높이는 구조, 기계, 조명, 그리고 효율적인 비용의 천정 시스템이 아파트에서부터 사무용 건물, 연구 시설 등에 따라 다양하게 적용되어야 한다. 마찬가지로, 사무실의 창 또한 주거와 다른 모듈에 기초를 두게 될 것이다. 다른 경우로, 이러한 치수가 대부분 기계시스템을 따르거나 지역공사산업의 지침이나 지식을 따를 수도 있다.

지속성. 넓은 관점에서, 지속성은 사회, 생태계, 또는 현재 존재하는 시스템이 주요 자원의 고갈 또는 과부하에 의한 쇠퇴 없이 무한한 미래까지 그 기능을 지속하는 것을 뜻한다. 건축에서 지속성은 건물들과 커뮤니티가 건강, 생산성, 사회성, 그리고 삶의 질은 높이면서 환경에 큰 영향을 끼치지 않는 설계를 뜻한다.

비용. 대부분의 경우 건설을 위해 사용할 수 있는 자금에는 제한이 있다. 한번 정해지면 그 제한은 건물의 크기와 형태, 자재의 선택과 세부 설계를 포함한 건물의 전반적 설계 결정 과정에 주된 영향을 끼친다. 대부분의 예산은 고정되어 있지만, 유동적인 경우도 있다. 예를 들어, 어떤 소유주는 전체적인 수명주기에 있어서의 비용 절감을 위해 기꺼이 초기 예산을 증액할 수도 있다.

일정. 프로젝트 일정에 따라 정해진 수요와 제한요소들은 특정한 결과가 어떻게 수행되었고 생각되었는지에 영향을 끼칠 수 있다. 예를 들어, 대체적으로 시간소비적인 조닝변화를 요구하는 대안은 프로젝트의 일정을 지키는 사람을 위해서는 생략될 수 있다. 다른 사례로는 설계과정에서 건물의 위치가 대지 계획에 완전히 설계되기 전, 최종 대지 계획을 초기에 수행하는 방법이 있다.

FAIA, AICP, 브래드포드 퍼킨스(Bradford Perkins)의, 실무를 위한 건축사 핸드북 12판 "설계 단계"(Architect's Handbook of Professional Practice "Design Phases") 에서 인용

공한다. 이러한 골격 속에서 계약은 건축가와 건축주, 그리고 가능한 제3자의 특정한 책임을 규정하고, 시작과 완공을 포함한 일정을 수립하고, 납품과 승인을 위한 특정 시점을 지정한다.

계약은 설계행위를 상세하게 또는 작고 제한적인 범위의 프로젝트의 경우에는 몇

줄의 문장으로도 묘사될 수 있다. 미국에서 가장 보편적으로 사용되는 건축가와 건축주 사이의 계약서 양식인 미국건축가협회 문서 B141은 계획설계도서, 중간설계도서, 실시설계도서 등으로 구분하여 설계 용역의 범위와 유형을 규정한다. 각 부분의 간략한 요약은 다음과 같다.

고객과의 계약(10.1)은 건축주와의 계약을 발전시키는 지침을 제공한다.

계획설계를 발전시키는 서비스는 프로젝트의 일반적 영역과 개념설계, 그리고, 제안된 건축 구성요소들 사이의 크기와 관계를 구성한다. 프로젝트의 주 목적은 명확하게 규정된 실현 가능한 개념을 통해서 실현되어야 하고 형태로써 건축주의 이해와 수용을 끌어낼 수 있도록 표현되어야 한다. 이 목적을 달성하기 위해 건축가는 프로젝트의 프로그램을 이해하고 증명해야 한다. 대안을 모색하고 프로젝트의 비용을 산출하기 위한 합리적인 기준을 제공해야 한다. 계획설계에서의 최종적인 결과물들은 개념적인 대지 계획, 입면과 단면 계획을 포함한 초기 건축 계획, 조감도 스케치, 스터디 모형들, 컴퓨터를 이용한 시각화 작업, 그리고 프로그램의 요구조건에 관련된 설계범위와 그 밖의 특성에 대한 수치적 요약을 포함한다. 계획설계의 최종 단계는 건축주의 승인을 얻는 것이다. 그리고 그 승인은 서면으로 되는 것이 바람직하다.

중간설계 서비스는 보다 세련된 건축 작품을 위해 필요한 정제와 협력을 달성하기 위해 노력하는 것이다. 여기서 계획설계과정에서 이루어진 결정들은 공사 계약도서를 발전시키는 동안에 주요한 변경가능성을 최소화하기 위해 더욱 상세한 정도에서 발전되어야 한다. 기본설계에서의 설계 팀은 건축, 기계, 전기, 배관, 방화 시스템을 포함한 모든 설계적 측면에서 명확한 상호 협동 과정을 통해 일하게 된다. 결과물들은 계획설계와 유사하지만 보다 구체적이다. 그것들은 도면과 시방서, 최근의 공사비, 그리고 필요하다면 공사예상일정 등을 포함한다. 역시 서면의 건축주 승인은 수반되는 일의 기초가 된다.

승인된 기본설계도서는 공사를 위한 요구들을 상세화하는 실시설계도서를 위한 기초를 제공한다. 프로젝트 수행 방식에 따라 기본설계과정은 상당히 축소될 수도 있고 아예 생략될 수도 있다.

진행 과정으로서의 설계. 건축가에 의한 일상적인 설계 사고(思考)는 시설의 수명주기 내의 많은 부분에서 적용될 수 있다. 설계는 꼭 계획설계로 시작해서 중간설계로 끝나야 하는 것은 아니다. 초기 설계 시작시에 설계의 생각들은 전략적인 결정들의 물리적 함축들을 개념화하고 예상할 수 있도록 도와줄 수 있고, 이는 역시 계획과 설계의 과정을 연결할 수 있도록 도와줄 것이다. 실시설계도서에서 설계의 생각들은 도면상에 그려지고, 적힌 것들이 설계의 의도와 그 밖의 프로젝트의 목적에 부합하고 있다는 것을 확신시켜 줄 수 있다. 공사하는 동안에 설계에 대한 판단은 의사결정 과정에서 아주 중요하다. 예를 들어 예상되지 않는 상황이 실시설계도서와 다른 판단을 요구할 때가 그러하다.

설계 잠재성. 건축설계에 기인한 건축가의 핵심 능력과 가능성은 건설 산업과 대중에게 건축 전문가가 독특한 기여를 하게 한다. 세계 경제 시대에 건축가의 통합적이고

탐색과 이해

계획설계를 시작하기에 앞서, 건축가는 프로그램 요구사항, 프로그램 일정, 프로그램 예산을 포함하는 건축주에게 받은 자료들을 검토한다. 건축가는 또한 건축주에게 받은 자료를 바탕으로 대지를 분석하고 그 자료가 업무범위와 일정, 예산에 영향을 끼칠 수 있는지를 확인하기 위해 건축주가 제안한 공사 서비스 방식을 검토한다.(이러한 업무는 AIA B141 문건에 포함된 2.1, 2.2, 2.3에 자세히 서술되어 있는 프로젝트 관리 서비스, 보조 서비스, 그리고 평가와 계획 서비스의 일부분이다.)

설계 준비단계에서의 관점은 특히나 프로젝트의 성공 여부를 가늠하는 데 있어서 매우 중요하다. 이 시점에서 다음과 같은 사항을 확인할 수 있다.

- 더 필요한 정보가 있는가
- 그 프로젝트 종류에 적절한 전문가가 있는가
- 불완전하고 부적절한 정보에서 기인 할 수 있는 제한요소가 있는가

설계 과정이 진행됨에 따라 건축가는 새로운 정보를 이끌어내거나 기존의 정보가 완전하지 않거나 더 이상 적절하지 않다는 사실을 발견할 수 있다. 그래서 설계 자체처럼 프로젝트를 이해하는 것은 설계자에 의한 충분한 정도의 경계와 검토를 요구하는 지속적인 과정이다.

기능적인 기술과 함께 현재의 지식과 설계적 사고는 날이 갈수록 건축주의 필요를 충족시키는, 확장되고 가치 있는 역할을 수행할 수 있다.

추가적인 정보

미국건축가협회의 설계 분과위원회는 AIA 웹사이트 www.aia.org에 관련된 사이트를 운영하고 있다. 그 사이트는 임무, 정책, 시작 그리고 AIA 설계 분과위원회의 특별한 보고에 관련된 정보를 포함하고 있다.

실시설계도서와 관련된 서비스는 실시설계도서-도면(17.4)과 실시설계도서-시방서(17.5)에 기술되어 있다.

다수의 책자가 이론, 철학, 역사와 스타일에 관련된 건축설계의 다양한 측면을 다루고 있다. 다음에 소개하는 책들은 특히 설계과정의 본질과 건축설계에 사용되는 묘사 방식과 기술에 초점을 맞추고 있다.

설계자가 어떻게 생각하는가?; 계몽된 설계과정 제3판(1999)(How Designers Think; The design Process Demystified, 3rd Ed.(1999)), 건축가이자 심리학자인 브라이언 로우손(Bryan Lawson)은 설계적 생각들이 수반하고 있는 것들과 그것을 어떻게 이해하고 적용할 것인지에 대해 기술하고 있다. 많은 건축적 예시가 사용되고 있다. 하지만 책의 요점은 오늘날의 건축설계에 관한 것이 아니라 포괄적인 영역의 설계에 관련된 것이다. 저자도 언급했듯이, 이 책은 설계자의 사고 방식에 대한 권위 있는 서술이 아닌 설계에 대한 이해를 어떻게 발전시킬 수 있을지에 도움이 될 수 있는 조언을 목적으로 하고 있다.

계획설계도서-평면

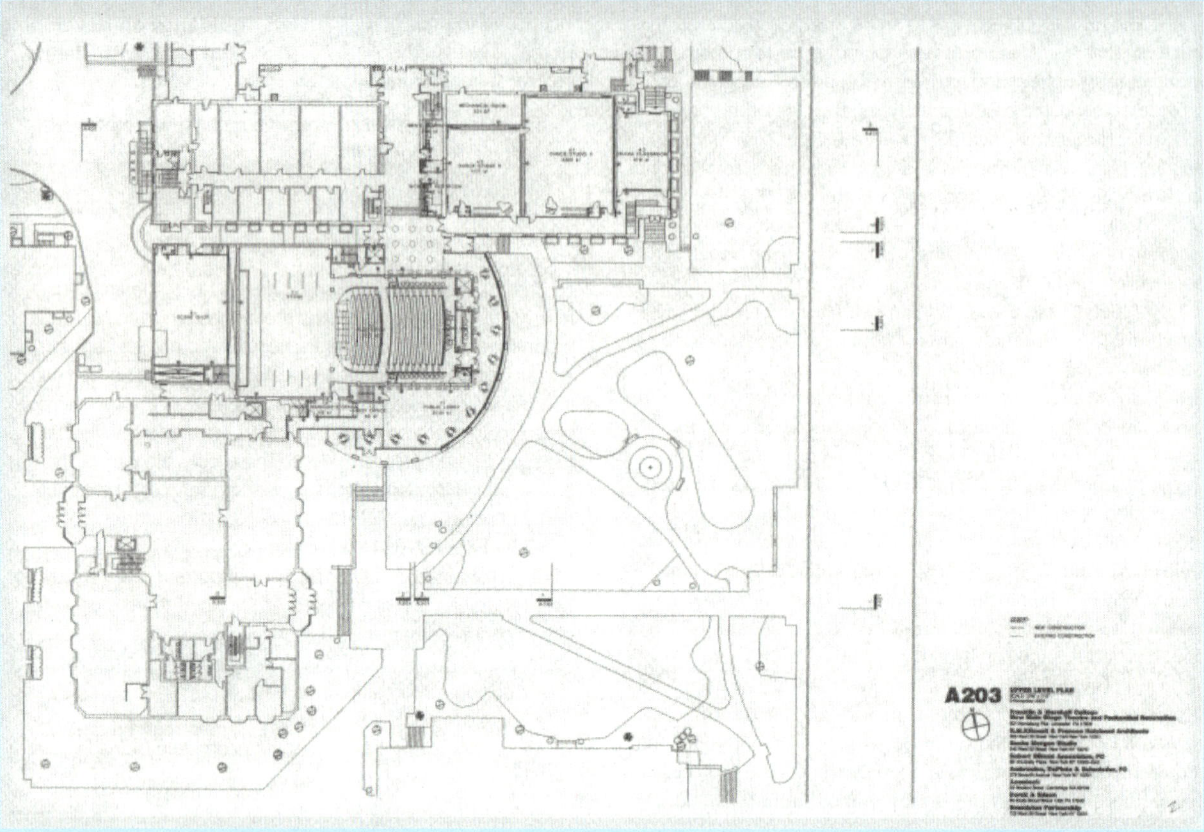

A203

계획설계는 건축 설계 개념을 확립하고 묘사할 수 있는 수준의 정보를 제공한다.

계획설계도서-입면과 단면

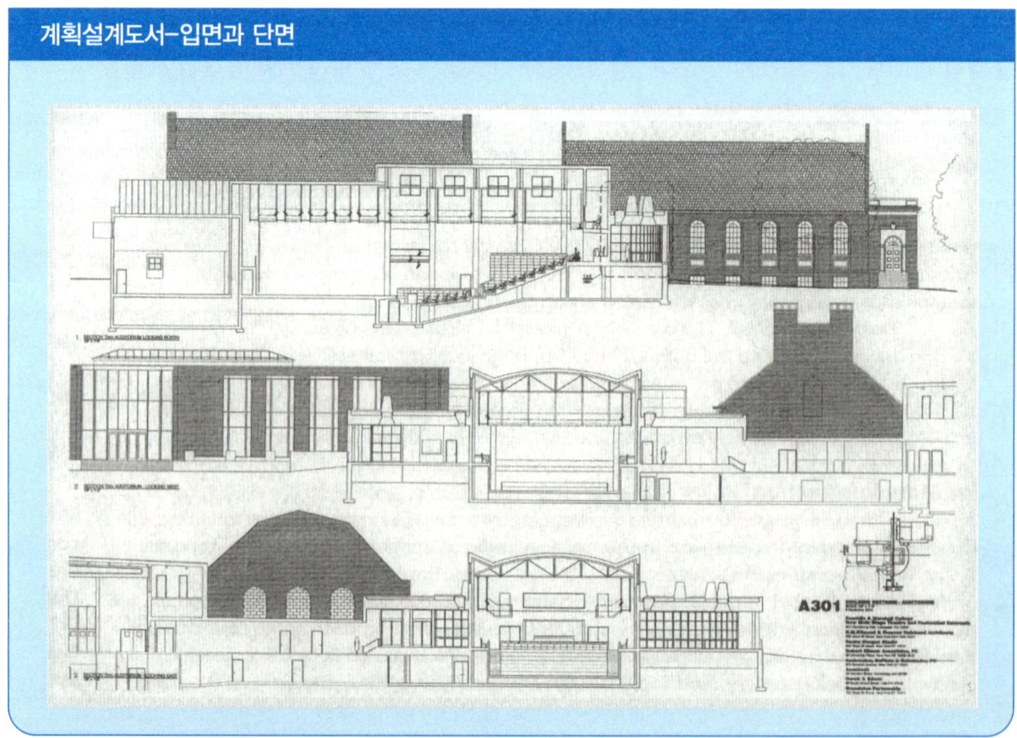

F.M. Kliment & Frances Halsband Architects, New York, New York

중간설계도서–평면

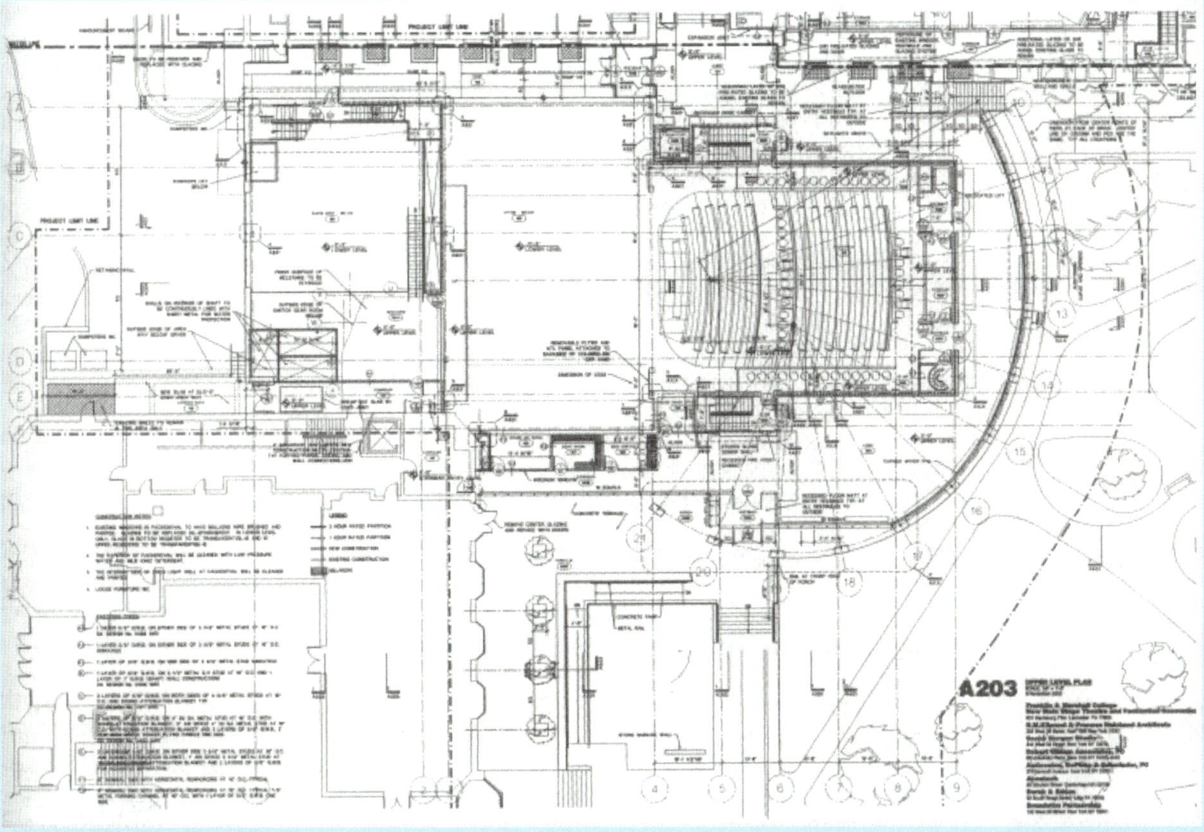

중간설계도서–입면과 단면

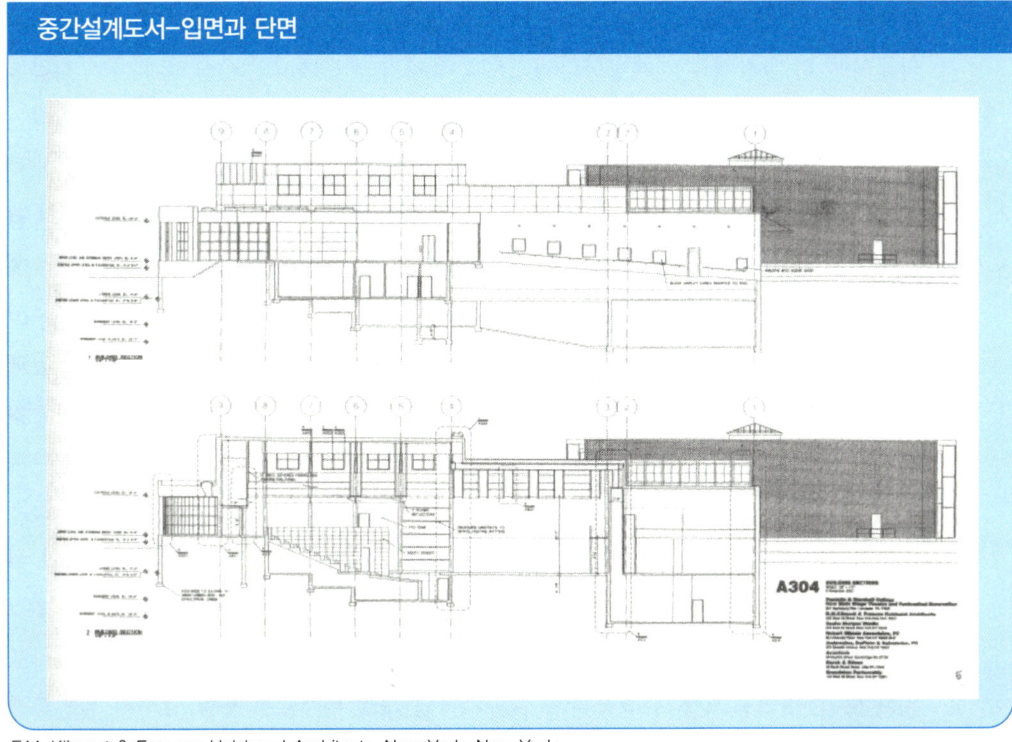

기본설계도서는 건물설계를 더 정제하고, 잘 묘사하고, 설명할 수 있도록 계획설계도서에서 얻어진 자료들을 추가한다.

F.M. Kliment & Frances Halsband Architects, New York, New York

건축가 케네스 앨리슨(Kenneth Allison)은 **설계에 의해 성취하기; 설계와 프로젝트 경영을 위한 건축가의 지침서(Getting There by Design; An architect's Guide to Design and Project Management(1997))**에서 실무에 있어서의 이 두 가지 다른 면을 위한 근본적인 원칙을 프로젝트의 컨텍스트, 결정과 기술들, 공사비와 용역비의 관리, 그리고 대응체계로서의 문화 이 네 개의 주요 부분으로 설명한다.

토마스 미첼(C. Thomas Mitchell)의 **설계의 재정의; 형태에서 경험까지(Redefining Designing; From Form to Experience(1993))**는 왜 건축가들과 설계자들이 건축 설계에서 건축주와 사용자의 필요조건을 발전시켜야 하는지에 대한 자극적인 논의를 하고 있다. 최근의 저서인, **설계에서의 새로운 생각(New Thinking in Design(1996))**에서 미첼(Mitchell)은 건축주와 사용자에게 중심을 둔 설계를 하는 13명의 유명한 국제적인 설계자들의 인터뷰를 실고 있다.

제임스 마스톤 피치(James Marston Fitch)의 고전 **미국 건물; 건물을 형태화하는 환경적 요소들(American Building; The Environmental Forces That Shape It;** (본래 1947년에 출간되었지만 지금은 개정되고 확장된 1999년 판을 구할 수 있다)은 건물이 어떻게 환경적 영향들에 반응하고 그러한 영향들을 조절하는지에 대해 건축설계와 시스템을 통해 논하고 있다. 윌리엄 보벤하우젠(William Bobenhausen)은 1999년 판에서 녹색건축(Green Architecture)과 그에 관련된 의미 있는 설계 방안에 대한 새로운 논의를 제시하고 있다.

스튜어트 브랜드(Stewart Brand)의 **건물이 어떻게 배우는가; 건물이 지어진 후 무슨 일이 발생하는가?(How Building Learn; What Happens After They're Built(1994))**는 건물이 설계되는 방식에 대해 다시 한번 생각해 보면서 변화하는 사용자의 필요에 보다 잘 적응할 수 있는 설계 방안을 요구하고 있다. 브랜드의 논제는 건축이 사용자에 의해 꾸준히 재정립되고 재형상화되면서 건축가가 공간에서의 예술가가 아닌 시간에서의 예술가로서 성장해 나갈 때 비로소 건축이 가장 높은 적응력을 지닐 수 있다는 것이다.

크리스토퍼 알렉산더(Christopher Alexander)의 수학에 기초한 **형태통합에 관한 글들(Notes on the Synthesis of Form)**은 1960년에 출간되어 질적으로 우수한 두 개의 연장선상의 작업에 기초가 되었다. **건물의 무한한 길(A Timeless Way of Building(1977))**과 **패턴 언어(A Pattern Language(1977))**는 아직도 출간되고 있는데 둘 다 사용자가 설계 과정에 참여하는 것을 목적으로 한 설계 접근 과정을 다루고 있다. 253가지 각각의 패턴을 구분하면서 알렉산더는 다양한 종류의 공간 속에서 존재하는 패턴들을 공간 자체의 물리적 레이아웃과 명쾌하게 연결하고 있다. 집합적으로, 그러한 패턴들은 새롭고 독특한 건물의 무한한 다양성을 창조하기 위해 설계자와 설계자가 아닌 사람들의 참여를 위한 의사소통을 가능하게 할 '패턴 언어' 로 나타난다.

설계도면(Design Drawing(1997))에서 푸랭크 칭(Frank Ching)과 동료들은 관찰을 통한 도면, 도면시스템, 상상을 통한 도면 등 몇 개의 투시도를 통한 묘사를 설명하고 있다. 첨부된 시디롬은 애니메이션, 비디오, 3차원 모델을 통해 넓은 범위의 설계도면 개념에 대해 설명하고 있다.

폴 라소(Paul Laseau)의 **건축표현 핸드북; 그래픽 의사소통의 전통적인 기법과 디지털 기법(Architectural Representation Handbook; Traditional and Digital Technique for Graphic Communication(2000))**은 설계과정에서의 각 역할과 함께 과거, 새로운 것, 그리고 절충되었거나 새로 나타난 기법 등에 대한 안내를 하고 있다. 도판은 보고 생각하고 대화하는 설계행위를 포함하는 건축제도 "어휘"에 관련되어 짜여져 있다.

마이클 돌(Michael E. Dole)의 **색체제도; 건축가, 조경건축가와 실내설계자를 위한 설계제도 기술과 기법 제2집(Color Drawing; Design Drawing Skills and Techniques for Architects, Landscape Architects, and Interior Designers, 2nd ed.(1999))**은 광범위한 최근 자료를 재편하고 있다. 책은 드로잉 테크닉, 색체 이론, 전시, 발표를 위한 드로잉의 순차적인 교육과 면밀한 안내를 다루고 있다. 그리고 칼라 복사기를 이용한 디자인 드로잉을 만들어내는 혁신적인 방법과 최신의 컴퓨터 기술을 포함하고 있기도 하다.

건축가이자 일러스트레이터인 고든 그라이스(Gordon Grice)가 저술한 **건축도해의 예술(The Art of Architectural illustration 3(1999))**은 43명의 국제적인 일러스트레이터의 작품을 보여주고 있다. 현재 사용되고 있는 대부분의 렌더링 테크닉이 실려 있고 디지털 방식으로 만들어진 드로잉에 대한 정보도 실고 있다.

17.3 법의 적용

Ralph Gerdes, AIA

건축법이 더 복잡해질수록, 법 적용에서 전문가들에 대한 수요는 커진다. 필요로 하는 의사소통에 관련된 기술적 지식과 리더십을 가진 건축가들은 이러한 서비스를 제공할 수 있는 넘쳐나는 기회를 가질 수 있을 것이다.

요약

법 적용 서비스

왜 건축주는 이러한 서비스를 필요로 하는가?

- 복잡한 성격을 가진 시설에 관련된 법적 조항을 분석하기 위해
- 대안 또는 재료가 법적 요구 사항에 부합하는지를 확인하기 위해
- 논란이 있는 법 조항에 대한 해석을 돕기 위해
- 건축법에 해당하지 않는 법 관련 서비스를 위해

요구되는 지식과 기술

- 건축법에 관한 깊은 지식
- 건축 용역 체계에 관한 지식
- 방화에 관한 개념과 기술에 관한 지식
- 법률 검토와 승인 과정에 관한 경험

대표적인 진행 업무

- 초기 설계 과정을 분석한다.
- 관련 법규와 잠재적으로 법규에 관련된 설계 문제를 포함한 초기 보고를 준비한다.
- 기본 설계에 관한 검토를 법규 공무원에게 받는다.
- (필요하면) 지역법규 공무원에게 자유재량권을 위한 요청을 한다.
- 실시설계도서를 검토한다.
- 최종보고서를 준비한다.

가장 기본적인 법 적용 관련 서비스는 계획설계에서부터 기본설계까지 법적 관련 사항에 대한 조언을 하기 위해 프로젝트 설계를 검토하는 것이다. 대안 또는 재료가 소개되고 성능기준에 의해 판단될 때, 법 적용 관련 서비스는 법의 해석에 관련된 도움을 포함할 수 있다. 날이 갈수록 이러한 서비스의 영역은 법적 조항과 관련된 실시설계도서의 검토와 공사 과정에서의 현장점검, 현장시험들을 포함하도록 확장되고 있다.

법 적용 관련 상담 서비스는 특이한 설계, 아트리움과 같은 전형적이지 않은 구조의 추구와 함께 1970년대에 처음 나타났다. 왜냐하면 그러한 종류의 구조 형식은 당시의 건축법상에서 다뤄지지 않았기 때문이다. 이 영역은 건축법이 더욱 복잡해짐에 따라 발생한 법 적용 관련 서비스에 대한 수요의 증가로 꾸준하고 진보적인 성장을 계속했다. 최근 들어 나타나고 있는 실무에 기초한 건축법은 이러한 서비스를 위해 더 많은 노력을 요구하고 있다.

건축주의 요구 사항

관습적이지 않은 건축적 요소 또는 건축 재료로 이루어진 혁신적인 프로젝트에 관련된 건축주 또는 건축가는 종종 자신들의 설계가 건축법에 명확히 나타나지 않은 주제에 연관되었다는 것을 발견할 때가 있다. 고도로 복잡한 시설들(예를 들어 의료 시설, 연구 시설, 운동장, 경기장, 회의장, 그리고 다른 대형 복합 분야, 공항, 대형 학교, 도

랄프 저드(Ralph Gerdes)는 Ralph Gerdes Consultants LLC.의 건축법과 소방 안전 전문가이다. 그는 국제법협회(the international code council)와 전국소방협회(the national fire protection association)의 미국건축가협회의 대변인으로 일하고 있다. 또한 미국 국내외의 프로젝트에 대한 상담을 하고 있으며 대학에서 화재 안전에 대한 강의를 하고 있고 법을 제정하는 모임인 법규작성 그룹(code-writing group)에 참여하고 있다.

움을 필요로 하는 복합 시설, 창고시설물)은 종종 복잡한 법적 문제를 야기한다. 또한 그러한 종류의 건물은 적절한 통풍과 위험 물질의 저장 또는 장애인들의 접근과 같은 특별한 관련사항 규정의 통합 문제를 야기하기도 한다.

많은 고객들이 대체 방안 또는 재료가 법적 요구 사항에 부합한다는 것을 증명하기 위해 법적 조항에 대한 확신을 필요로 할 것이다. 그러한 확신은 다양한 설계대안의 성능을 서류화하는 설계 분석 서비스에 의해 보완될 수 있다. 다른 건축주들은 논쟁이 있는 법적 이슈에 대해서만 법규 전문가를 이용한다.

건축법이 없는 지역에서 설계된 건물을 필요로 하는 건축주는 자주 설계의 생명안전과 방화 측면을 다룰 수 있는 법규 전문가의 서비스를 찾는다. 그러한 경우에는 국가적으로 채택하고 있는 건축법의 기준이 적용될 수 있다. 이는 필요한 경우 경험에 바탕을 둔 판단에 의해 보완될 수 있다. 최근 인디애나주와 같이 통일된 주 건축법을 적용하고 있는 주들은 주 법규 검토관들에 의한 건물계획의 법규 검토를 중단하였고, 이는 법규 검토 서비스의 새로운 시장을 제공하고 있다.

정부 기관 건축주는 총괄적인 설계와 시공 과정, 시공 도면, 시공 과정 중의 현장 점검, 공사관련 시험 등에 걸친 전 영역에 관련된 법 조항 서비스를 필요로 하는 경우가 많다. 이러한 경우에 있어서 법규 검토 서비스는 시공 도서와 공사 관리 서비스와 중복되기도 한다. 관련된 서비스는 접근성 조항, 실내 공기의 질적 용역, 공사하자 분석, 비상 탈출 연구, 에너지 분석, 재료 조사 또는 시방서, 법 조항을 위한 초기 프로젝트 프로그래밍, 지진 분석과 설계, 생산자, 산업 조직, 전문가 조직을 위한 법 개정의 제의자로서의 서비스, 그리고 조닝 과정의 보조들을 포함한다.

건축법과 규정(14.4)에서는 어떻게 건축법이 제정되었고 강화되어 왔는지에 대한 개관을 제공한다.

법 적용 서비스의 영역은 전통적으로 소방 기술자들에게 지배당하고 있었다. 화재법의 상담 서비스를 제공하기 시작한 많은 회사들은 건축법과 ADA에 대한 상담을 포함하여 자신들의 영역을 확장시켜 왔다. 예를 들어, 시카고의 소방 기술 전문 회사인 Rolf Jensen & Associates는 처음엔 1960년대 말에 법 관련 상담 서비스를 시작으로 4~5개의 아주 큰 법률 상담 서비스 회사(50에서 200명의 임직원을 보유한)중 하나로 성장하였다. 이러한 거대 회사들은 국내외 지점을 갖고 있으며 대형 프로젝트의 건축주를 상대하게 된다.

상당히 많은 수의 작은 상담 회사들 또한 법 적용 서비스를 제공한다. 그러한 회사들은 보통 한 명에서 다섯 명 사이의 전문가들을 보유하고 있으며, 일리노이 공과 대학(Illinois Institute of Technology), 메릴랜드 대학(University of Maryland), 매사추세츠 주의 워채스터 공과대학(Worcester Polytechnic Institute), 그리고 오클라호마 주립대학(Oklahoma State University)과 같이 강력한 소방 기술 프로그램을 제공하는 공학대학의 주변에 밀집되어 있다.

지금은 소수의 건축가만 법 관련 상담 서비스에 전문 영역을 구축하고 있지만 늘어가고 있는 수요는 건축가에게 풍부한 기회를 제공할 것이다.

중요한 법 적용 분야인 접근성법을 적용하는 과정에 연관되어 있는 건축주의 요구, 필요로 하는 기술, 그리고 과정들은 접근성 조항(17.1)에 설명되어 있다.

기술

도면을 읽고 건축적 의도를 이해하는 건축가의 능력은 법 상담 서비스에 있어서 측정할 수 없는 가치를 제공한다. 건축가의 소통 기술과 설계 측면을 통합하여 이해하는 능력은 대부분의 기술자들이 지니지 못한 하나의 차원을 제공한다.

어떤 사람이 법 적용 서비스를 제공하기 위해 필요로 하는 많은 양의 핵심 지식은 모범 법규에 대한 세심한 연구를 통해 얻을 수 있다. 법을 개선하는 과정은 공식적이고 합의에 기초하고 있다. 이해관계에 있는 누구든지 현재의 법 조항을 따를 수 있고 변화의 흐름을 따를 수도 있으며, 법의 영역에서 분쟁을 겪을 수도 있다. 법의 개정을 제안하는 책임을 지닌 회의의 위원을 보좌하면서 법규 개선 과정에 참여하는 것은 법률 사회의 지도자와의 연결 고리를 형성하는 가장 훌륭한 방법 중 하나이다. (뒷부분에 있는 추가적인 정보 참고)

사람을 대하는 기술은, 특히 그러한 법 적용 서비스를 제공하는 데 있어서 중요하다. 결국 상담가들은 기술적 문제에 대해 조언을 제공하기 위해서뿐만 아니라 그들의 건축주가 곤경에 빠지지 않도록 잠재적인 갈등을 해결하기 위한 목적으로 고용된다. 주와 지방 법 공무원과 좋은 업무 관계를 형성할 수 있는 능력은 성공을 위해 필수적이다. 실무 지역에 따라 한 가지의 법 조항을 위해 반복된 타협의 과정을 필요로 할 수 있다. 그러한 경우에는 법 공무원으로부터 존경과 신용을 얻어낼 수 있는 능력이 두 배로 중요하다.

프로세스

법규 검토는 프로젝트의 초기에 시작되어 법 조항에 관련된 어떤 분쟁의 가능성도 해결하기 어렵거나 많은 비용을 필요로 하기 전에 자제되어야 한다. 마찬가지로 프로젝트가 요구하고 있는 전문화된 전문가를 구해서 건축설계 및 공사 과정의 뒷부분에 발생할 수 있는 예상외의 사태에 대비하는 것이 최선이다.

팀 단위의 접근. 프로젝트의 성격에 따라, 구조, 전기, 난방, 공기조절, 화재, 지진, 그리고 ADA의 전문가들이 법 조항 검토에 적절할 것이다. 다양한 설계 방안에 따른 예상된 기능을 보고하기 위해서 컴퓨터 분석이 요구될 때, 적절한 모델링 프로그램의 정복이 당연히 필요하게 될 것이다. 법 적용 서비스를 제공하는 건축 회사는 그러한 기능 중 일부를 회사 내부적으로 보유할 수도 있지만 외부 인재를 고용하게 될 수도 있다. 모범 법률 커뮤니티(The model Codes Community)는 다양한 전문 영역의 전문가들을 배치시킬 수 있는 전국적인 네트워크를 제공한다.

작업 증대. 법 적용의 검토는 일반적으로 계획설계 또는 계획설계단계의 뒷부분에서 시작된다. 계획설계가 분석되고, 법규 요약과 잠재적으로 법규와 관련된 이슈들이 확인된 초기 보고서가 준비된다. 법규 요약은 입주자 분류, 최소 공사요구조건들, 출

건축가들은 미건축법의 통합으로 혜택을 볼 것이다.

20세기 초 미국의 첫 번째 건축법이 제정된 이후로 건축법은 지역에 따라 상당히 다양해졌다. 국제 건축법 초판(first editions of the International Building Code, IBC)과 국제 주거법(the International Residential Code, IRC)의 출간과 함께 미국 건축법들의 분열은 효과적으로 멈추게 되었다. 미국의 세 개의 기본법 집단인 BOCA(Building Officials and Code Administrators), ICBO(International Conference of Building Officials), 그리고 SBCCI(Southern Building Code Congress International)가 국제법 기구를 통해 법의 개선과 공포를 위해 함께 운용되고 있었기 때문에 그러한 국제법들은 실제로 채택이 가능했다. 동시에 세 개 집단들은 건축법 협회를 서비스하기 위해 각각의 독립된, 지역 기반의 조직을 유지하고 있었다.

국제 건축법(IBC)이 얼마나 국제적으로 이용될 수 있을 것인가? 법은 전혀 국제적이지 않다. 하지만 더 넓게 사용될 것이라는 희망은 있다. SBCCI의 회장인 Bill Tangye가 이야기했듯이 "그것을 '국제법'이라고 지칭하는 것이 그것을 '미국 건축법'이라고 지칭되는 것을 막고 있다." "미국의 어떤 대표적인 법규는 이미 국외에서도 이용되고 있다. 버뮤다는 BOCA, 서사모아 제도에서는 ICBO를 이용하고 있다. 세 개의 미국법들의 통합이 개발국들이 법을 차용할 수 있는 기회를 증대시킬 것이라는 희망을 가지고 있다.

얼마나 많은 종류의 국제법이 존재하는가? ICC는 아래와 같은 법들을 출판하였다.

- 국제 건축법(International Building Code; 비주거 건축용)
- ICC 전기법(Electrical Code)
- 국제 에너지 보존법(International Conservation Code)
- 국제 기존 건물법(International Existing Building Code)
- 국제 소방법(International Fire Code)
- 국제 석유가스법(International Fuel Gas Code)
- 국제 기계법(International Mechanical Code)
- 국제 성능법(International Performance Code)
- 국제 배관법(International Plumbing Code)
- 국제 사유 하수 처리법(International Private Sewage Disposal Code)
- 국제 자산 관리법(International Property Maintenance Code)
- 국제 주거법(International Residential Code; 호텔, 모텔, 아파트, 타운하우스, 단독주택 포함)
- 국제 조닝법(International Zoning Code)

미국건축가협회는 1970년대부터 하나의 건축법을 장려해왔다. 설계 전문가들이 받는 혜택은 엄청나다. 설계과정이 단순해지고 설계와 시공도면을 위한 비용은 종종 줄어들게 되었다. 국내, 또는 국외의 하나 이상의 지역에 건물을 짓는 회사는 통합된 건축법을 사용하는 혜택을 얻을 수도 있다.

표준 건축법 집단은 마침내 1990년대 초반 연방정부의 행동에 대한 두려움에 자극을 받아 통합 건축법의 개념을 채택했다. 미국 장애인 보호법(The Americans with Disabilities Act, ADA)과 북미 자유무역 협정(the North American Free Trade Agreement)의 출현 속에서 연방정부가 증가하는 국제 건축 시장에서 경쟁력을 확보하기 위해 통합된 법 제정을 위한 압력을 행사할 것이라는 것이 설득력을 가지고 있었다. 자발적인 법 개정 과정에 대항하여 법 관련 조직들은 하나의 법 개념을 채택하였다.

국제 건축법의 혜택은 무엇인가?

건축가들에게 일련의 국제 건축법들은 수많은 혜택과 기회를 제공한다.

미국 장애인 보호법의 간결한 실행. ADA의 난점 중 하나는 미국 법무부가 지방법을 인정하지 않고 있다는 사실이다. 국제 건축법을 채택함에 있어서 법무부는 하나의 표준법을 승인할 수 있고, 효과적으로 무엇이 ADA의 조항으로 요구될 수 있는가하는 갈등을 종식시킬 수 있었다.

최신의 위험요소 경감. 가장 최근의 바람, 지진 그리고 홍수에 대한 기준은 IBC와 IRC에 적용되었다. 가장 큰 변화 중 하나는 더 엄격한 남부의 건축법의 저층 건물(4층 이하)을 위한 바람 관련사항의 채택이다. 이전에는 하나에서 두 가족을 위한 주택법은 그 지역에서 방진이나 방풍 요구사항을 가지고 있지 않았다. 전국 공통의 법을 만들기 위한 노력은 바람과 지진의 상황에 대한 대비가 있고 국가 홍수 보험 프로그램을 만족하는 새로운 주거법을 제정하기에 이르렀다.

성능법(Performance Code). 국제성능법(International Performance Code)은 건물과 소방법의 "대체 재료와 방안" 부분의 부가적인 지침을 제공하고 있고 궁극적으로 국제 건축법 패키지에서 가장 중요한 부분이 될 것이다.

구와 건축 자재 요구 사항과 같은 기본적인 정보를 포함하고 있다. 법규와 관련된 설계 문제에 대한 토론은 의례적으로 설계를 변경하거나 법규의 변수를 찾는 등 각각의 문제에 대한 해결 방안을 포함하고 있다.

기본 설계의 과정에서는 어떤 잠재적 법 적용에 대한 관련 사항이라도 설계 과정의 초기에 해결될 수 있도록 소방법, 건축법 등등의 지역 허가권자와의 사전 검토가 바람직하다. 관할지역과 공사들은 그러한 접근 방식에 따라 다양하다. 몇몇은 그러한 검토 서비스를 제공하지 않는 반면 나머지는 서비스를 장려하기도 한다: 서비스에 요금을 부과하는 곳도 있고 그렇지 않은 곳도 있다.

회사의 직원 또는 전문가가 지방 공무원과 좋은 업무 관계를 유지하고 있을 때, 그들은 가치 있는 초기 의사소통을 쉽게 해낼 수 있을 것이다. 기본 설계의 과정 중 공무원을 만나는 일이 쉽지 않다면 직원 또는 전문가의 발생하는 문제에 대한 판단은 더욱 중요하다.

법적 조항에 관련된 문제가 발생했을 때, 관련 공무원에게 서류를 제출할 수 있고 분별 있는 행동을 위한 경우가 논의될 수 있다.

직원 또는 전문가의 공무원과의 협의와 법의 요구사항에 대한 깊은 지식은 종종 프로젝트의 성공에 도움이 되는 결정을 내리기 위해 필수적이다.

어떤 경우에는 법규 검토 서비스의 범위는 실시설계도서의 검토를 포함한다. 이는 종종 실시설계의 75에서 80퍼센트, 또 90퍼센트의 완성시점에서 이루어진다. 납품은 도면 검토, 적절한 전화 통화들의 서면화된 기록, 적절한 대답들의 사본을 통해 발견된 것들을 상세화한 서신이 될 수 있다.

추가적인 정보

BOCA International, Inc.(건축 공무원과 법 행정관들)은 미국의 동부와 중서부의 법 기관이다. 4051 W. Flossmoor Road, Country Club Hills, IL 60478, (708)799-2300, www.bocai.org 로 연락할 수 있다.

ICBO(International Conference of Building Officials)은 미국 서부 지역의 법 기관이다. 주소는 5360 Workman Mill Road, Whittier, CA 90601-2298이고 전화 (800) 423-6587 또는 웹사이트 www.icbo.org를 통해 연락 가능하다.

SBCCI(Southern Building Code Congress International) 은 미국 남부 지방의 법 기관이다. 주소는 900 Montclair Road, Birmingham, AL 35213-1206이고 전화 (205) 591-1853이며 웹사이트는 www.sbcci.org이다.

국제 법 연맹(The International Code Council, ICC)은 국제 건축법을 발전시키고 공포하는 일을 하는 BOCA, ICBO, 그리고 SBCCI 세 개의 연합체이다. 이 단체들은 더 나은 건축 법규를 제공하기 위해 지역적으로 나뉘어진 각각의 조직을 유지하고 있다. ICC에 관련된 정보는 www.intlcode.org 또는 http://codes.icbo.org에서 찾을 수 있다.

국가 소방 협회(The National Fire Protection Association, NFPA)는 표준 소방법을 출판한다. 주소는 1 Batterymarch Park, P.O. Box 9101, Quincy, MA 02269-9101, (617) 770-3000이다. (800)344-3555를 통해 신청할 수 있고 웹사이트는 www.nfpa.org이다.

The Standards Division of Factory Mutual Research는 재산 손실에 대한 지침을 발

전시킨다. 그들의 FM Global 데이터 출력물 data sheets은 화재, 지진, 그리고 다른 재해로 인해 발생할 수 있는 손실을 막기 위한 설계에 도움이 될 수 있는 최근의 기술적 자료들을 제공한다. 웹사이트 www.fmglobal.com 또는 본부 1301 Atwood Avenue, Johnston, RI 02919, (401) 275-3000으로 연락할 수 있다.

메릴랜드 대학의 소방공학과(The University of Maryland Department of Fire Protection Engineering)의 교수진과 직원들은 복합 물질의 불에 대한 구조적 반응과 실무에 기초한 법과 기준의 법적 적용과 같은 다양한 연구 주제에 활발하게 관여하고 있다. 웹사이트 www.enfp.umd.edu에서 더 많은 정보를 얻을 수 있다.

화재안전연구를 위한 워체스터 공과대학 센터(Worcester Polytechnic Institute Center for Firesafety Studies)에서 실시하는 연구는 건축을 위한 화재 안전 평가와 건축 구조의 화재 성능을 모델링하기 위한 장치들과 같은 주제를 포함하고 있다. 더 많은 정보는 www.wpi.edu/academics/depts/fire/에서 찾을 수 있다.

17.4 실시설계도서-도면

Ernest L. Grigsby, AIA

실시설계도서는 건축 설계와 물리적인 건물 형태를 연결하는 다리이다. 설계 서비스의 가장 중요한 사항인 설계도면들은 설계안을 벽돌과 몰탈로 전환하는 방법을 제공한다.

요약

실시설계 서비스-도면

왜 건축주는 이러한 서비스를 필요로 하는가?

- 공사용역을 입찰하고 실시하기 위한 이미지화된 문서를 제공하기 위해

요구되는 지식과 기술

- 건축 재료, 구성요소, 그 조합에 대한 지식
- 디자인, 시공, 비용으로 구성된 건축 세부 사항을 발전시킬 수 있는 능력
- 요구되는 세부사항까지 시방서를 발전시킬 수 있는 능력
- 법규 검토의 과정과 절차에 대한 지식
- 시공 서비스의 구매 과정에 대한 친숙도
- 손으로 또는 컴퓨터로 그린 도면의 기준과 체계에 대한 지식
- CAD 프로그램에 대한 기술

대표적인 진행 업무

- 도면과 시방서 작성, 비용 산출을 위한 팀을 구성한다.
- 내용과 세부 사항, 실시 설계의 구성 요소에 대한 고객의 요구 사항을 확인한다.
- 시방과 도면들을 모든 분야에서 조정한다.
- 기본 설계를 바탕으로 실시설계도면을 준비한다.
- 도면에 첨부할 시방서를 준비한다.
- 건축법 공무원에게 서류를 제출한다.
- 입찰 서류를 준비한다.
- 시공 중 발생하는 변경 사항에는 스케치 또는 시방서를 준비한다.

정의에 의하면 실시설계도서(construction documentation)는 건물 프로젝트의 공사를 위한 세세한 요구사항들을 발전시키기 위한 도면과 시방서의 준비를 포함한다. 그래서 도면은 실시설계도서의 도해적인 차원으로 제공하고 시방서는 문서의 차원으로 제공한다. 두 가지는 상호 보완적이며 어느 하나도 나머지에 대해 우선시되지 않는다.

도면의 제작과 시방서의 발전이 다른 종류의 지식과 기술을 이용하기 때문에 이 책에서는 다른 장에 구분되어 기술되어 있다. 게다가 실시설계도서 작성(13.4절)의 주제는 도면과 시방서를 준비하기 위해 사용되는 장치와 과정들에 대한 자세한 토론을 포함하고 있다.

설계도면과 실시설계도서의 문맥에서 본다면 설계도면은 설계방안의 표현을 의미하는 반면 실시설계도면은 설계안의 가능한 범위에서 최종적인 물리적 결과를 나타낸다. 이것을 달성하기 위해서 실시설계도면은 시공자가 어떤 결과를 얻고자 하는가를 명확히 이해할 수 있는 방법으로 기대되는 건축설계의 구성요소들을 묘사한다.

주어진 건축 프로젝트에 대한 실시설계는 보통 중간설계를 제공한 회사에서 수행하게 되지만 예외도 있다. 예를 들어 두 개의 회사가 자신들이 기대할 수 있는 가능성을 통해 더 큰 이점을 얻기 위해 팀을 구성할 수 있다. 한 회사가 중간설계 단계까지의 설계를 책임지고, 다른 한 회사가 공사 조달과 공사 관리 계약을 위한 서비스와 함께 실시설계도서에 대한 책임을 맡을 수 있다. 어떤 경우에는 상업적 기업이 어떤 특정한 대지에 맞는 전형적인 시설을 필요로 할 때 도서 용역을 찾기도 한다.

어니스트 그릭스비(Ernest L. Grigsby)는 the Zimmer Gunsul Frasca Partnership의 회장이다. 그는 포틀랜드를 기반으로 한 건축 회사에서 프로젝트 관리와 품질 보장에 책임을 맡고 있다.

위의 시나리오에서 도서 용역은 프로젝트의 계약내용에 따라 분리된 건축주와 건축가의 계약에서 수행될 수도 있다. 모든 경우에 있어서 기본설계와 실시설계 서비스가 각각 다른 회사에 의해 수행되고 있을 때는 중간설계의 의도가 실시설계에 적절하게 반영되고 있는지를 보장하는 것이 더 큰 도전요소가 되고 있다.

몇몇 현존하는, 그리고 나타나고 있는 요소들이 실시설계 도면(construction drawings)에 영향을 끼치고 있다. 복잡한 도면을 빠르게 작성하고 반복된 요소를 더 쉽게 배치하고 변화를 위해 데이터와 정보들을 더 편하게 조작하게 하는 최신의 컴퓨터 보조 설계와 제도 프로그램들(computer-assisted design and drafting, CADD)에 의한 혜택이 그 중 가장 크다고 할 수 있다. 또한 새로 출현하고 있는 소프트웨어들은 분리되어 있던 각각의 소프트웨어들을 통합시켜 주기도 한다.

건물 수행은 특히 품질의 관점에서 바라볼 때 실시설계에 영향을 끼칠 수 있는 또 다른 요소이다. 예를 들어, 협의된 건설 계약과 설계-시공방식(design-build) 접근은 공사 도급자를 도면과 시방서를 발전시키는 동안 더 참여하도록 한다. 그러한 참여는 건물의 교역 중 갈등과 오해를 최소화하는 데 이바지할 수 있는 더 명확하고 보다 통합적인 설계를 도와준다.

건축주의 요구 사항

새로운 건물을 짓거나 기존 건물을 리노베이트하려는 건축주들은 건축 허가를 얻기 위해 실시설계도서가 필요하다. 법에서 요구되듯이 실시설계도서는 대부분의 건물유형에 면허를 가진 건축가에 의해 준비되어야 한다.(단독 주거와 다른 지정된 구조물과 같이 일부 건축물은 건축가에 의한 도면을 필요로 하지 않을 수 있다. 특별한 요구 사항은 건축 프로젝트가 위치하고 있는 지역의 법에 따라 달라진다.)

건물 설계(17.2)에서는 일반적으로 계획설계와 기본설계에 포함되는 서비스를 다루고 있다.

실시설계도면(construction drawing)에 대한 건축주의 필요. 대부분의 건축주는 실시설계도면을 단일 건물 프로젝트를 위한 일회성의 기준으로 사용한다. 하지만 일부 시장 구조에서 어떤 건축주는 실시설계를 반복적인 기준으로 사용하고자 할 수도 있다. 예를 들어, 전국적인 또는 지역 기반의 사업을 하는 건축주는 기본설계안을 다수의 지역에 건설하고자 할 수도 있다(예를 들어, 상점, 식당, 세차장 또는 다른 판매 시설 등). 학교 관계자는 하나의 학교 설계를 몇몇 지역에 적용하고자 할 수도 있고 개발업자 또는 건설업자는 복합된 단독 주택을 주어진 도면으로부터 건설하고자 할 수 있다. 이런 경우나 유사한 모든 경우에 있어서 실시설계도면은 대지의 상태, 방향의 문제, 법적 요구 사항, 다른 연관된 설계 고려사항들에 따라 다양하게 변경될 수 있어야 한다.

건축주의 실시설계도면의 이용. 어디에 존재하는가하는 매체와는 상관없이 실시설계도서는 건축가의 재산이다. 계약서상, 서비스를 위한 도구로 인정된다. 이는 주어진 건축 프로젝트를 위해 건축가가 제공할 수 있는 여러 제품들 중 하나라는 것을 의미한

다. 하지만 미국건축가협회 AIA 문서 B141은 서비스의 도구를 "프로젝트를 사용하고 유지하기 위한" 목적으로 사용될 수 있도록 한다. 이것은 미래의 설계 변경과 시설의 확장, 시설의 유지와 이용 또는 시설 관리시작의 연결을 위한 기초로 실시설계도면을 사용함을 포함한다.

건축주의 기대. 건축주들은 실시설계도서가 가능하면 명확하게 구조의 구성 요소들과 의사소통하고 그러한 구성 요소가 건축의 계획된 이용을 만족시킬 수 있을 정도의 품질을 유지하기를 바란다. 그러기 위해서 실시설계도면은 도급자 또는 시공자가 공사에 대한 적절하고 확실한 가격을 산출할 수 있을 정도의 세밀한 내용을 담고 있어야 한다. 물론 건축주는 공사의 과정을 통해 변경을 최소화하고 싶겠지만 현실과 예측할 수 없는 가능성, 또는 사건들은 설계 변경의 필요를 만들어낼 수도 있고 그에 따른 부가적인 도면이 요구될 수도 있다.

공사 조달(17.7)에서는 건물 시공을 위한 참고 사항을 얻기 위해 사용되는 서비스를 다루고 있다.

관련된 요구와 서비스. 건축설계와 인테리어 디자인에 덧붙여, 설계도서기술은 기존의 상황을 묘사하는 건축 도면을 그리기 위한 시설 조사에 적용될 수 있다. 공사 조달과 공사 계약 관리는 건축주에게 실시설계도서를 제공한 건축가가 맡아야만 하는 자연스럽게 따라오는 서비스이다. 누가 실시설계도서를 그것을 만든 건축가보다 잘 해석할 수 있겠는가?

또한, 실시설계도서 기술은 보관 도면의 준비와 같은 완공 이후의 서비스를 위해 제공될 수 있다. 임대를 위한 공간을 포함하고 있는 건축에서 공간 계획 또는 인테리어 디자인 서비스를 필요로 하는 건축주 또는 개인 임차인은 건물의 외피와 코어를 위한 실시설계도서를 제작한 건축 사무소와 일할 때 얻을 수 있는 이점을 잘 이해하고 있을 것이다. 마찬가지로 실시설계도서를 준비한 건축가들은 시설에 대한 그들의 경험과 지식을 통해 입주 지원 및 이사관리 서비스를 제공할 수 있다.

실시설계도서 작성(12.3)은 실시설계도면과 시방서를 작성하기 위한 도구와 과정에 대한 깊은 시각을 제공한다.

기술

건축 공사 도면의 준비는 건축가의 핵심 경쟁력 중 하나를 보여준다. 그러한 작업은 공사자재, 요소와 조립의 제작과 용도에 관련된 원칙, 관례, 표준, 응용, 그리고 제약들에 대한 지식을 요구한다.

설계 과정에서 건축가는 반드시 기술적으로 축약된 설명과 실시설계도면 그리고 제안된 설계를 위한 그 밖의 문서들을 제작할 수 있어야 한다. 그러한 지식과 기술은 다음을 포함하고 있다.

시방서의 준비는 실시설계도면의 준비와 밀접하게 연관되어 있다. 실시설계도서-시방서(17.5)에서는 그러한 서비스에서 사용되는 기술과 지식을 적고 있다.

- **디테일작업.** 이것은 아마 실시설계에서 이용되고 있는 가장 중요한 기술 중 하나일 것이다. 왜냐하면 건축적 디테일의 본질이 건물을 어떻게 짓는가, 건물은 어떤 모양이 될 것인가, 비용이 얼마나 소요될 것인가, 그리고 얼마나 오랜 시간이 걸릴 것인가의 문제를 포함하고 있기 때문이다. 이러한 이유로 설계 과정에 관

계된 직원들은 건축 시공에 사용된 방법과 기술에 대해 완전히 이해하고 있어야 한다. 여기에는 다양한 자재가 연결되거나 합쳐질 때 서로 어떤 영향을 미치는지의 지식이 포함된다. 공기와 물, 그리고 그 밖의 물질이 건축과 어떻게 반응하는가에 관한 이해 또한 효과적인 디테일을 위해 필수적이다.

- **묘사.** 실시설계도면의 생산은 연필, 펜과 같은 도구를 요하는 수공의 방식에 그 뿌리를 두고 있다. CAD 시스템이 수공 방식을 대체하였지만 효과적인 설계를 위한 대부분의 개념과 정의는 아직도 자동화된 제도 방식에 응용 가능하다. 설계 직원들이 선의 두께, 레터링, 그려진 물체의 비례감, 그리고 개인적으로 또는 조합적으로 전반적인 도면의 명확성에 영향을 끼치는 물체들 간의 관계와 같은 사항들이 도면의 전체적인 명료성에 영향을 준다는 것을 이해해야 한다.
- **제도 시스템 및 표준.** 도해 정보의 제도 관습과 도면 시스템에 관한 이해는 중요하다. 이것은 도면 명, 도면 순서, 크기 그리고 배치와 같은 문제를 포함한다. 컴퓨터에 의해 작성된 설계를 위해 CAD의 지침과 표준에 대한 지식은 설계를 생산하고 프로젝트 팀원들끼리 설계 내용을 공유하기 위해 중요하다.
- **의사소통과 조정.** 도면작성 직원들은 도면작성에 관한 문제를 상의하고 결정을 내리기 위해 프로젝트 설계자, 프로젝트 관리자, 시방서 전문 직원들과 함께 일하게 된다. 그러한 과정 속에서 문서뿐만 아니라 대화로 의사소통할 수 있는 능력은 중요하다.
- **건축 지식.** 제도사, CAD 기사, 그리고 그 외 설계 직원들은 그들이 기본설계에 기초한 세밀한 도면 작업을 발전시키면서 설계 내용을 해석하고 설계 결정을 내려야 한다. 그러한 과정에서 설계원칙과 개념에 관한 지식은 중요하다. 기능의 조화, 법적 요구 사항, 미적 요소에 대한 결정들은 벽 위에 시계나 온도계를 설치할 장소의 결정이나 붙박이장의 배치와 상세의 결정 등에 있어서도 꾸준히 효력을 발휘한다.

건축 실무에 있어서의 컴퓨터 기술(12.1)에서는 컴퓨터를 사용한 도면작성에 관한 주제를 다룬다.

건축 회사 직원이 실시설계에 사용하는 기기에는 컴퓨터 워크스테이션, 스캐너, 플로터, 카메라(디지털이 인기 있다), 조도계, 소음계 등이 있다. 실시설계 팀이 정보를 이메일과 인터넷 같은 전자 전송 도구를 이용하는 경우는 계속 증가하고 있다. 또한 많은 팀들이 FTP(File Transfer Protocol) 사이트를 이용하여 도면과 같은 정보를 주고받고 있다.

프로세스

실시설계도서의 업무범위는 프로젝트의 크기와 복잡한 정도, 포함된 분야의 수에 의존한다. 하지만 크기 자체가 언제나 모든 것을 결정할 수는 없다. 고도로 전문화된 공간들과 세세하게 주문된 설계를 포함하고 있는 몇몇 작은 프로젝트들은 반복적인 요소를 많이 포함한 대형 프로젝트(예, 고층건물이나, 복합건물 유닛(mulitiple building units)에 비해 단위면적당 더 높은 비율의 도면을 요구하게 될 수도 있다.

업무범위는 건축주의 요구 조건과 사용된 프로젝트의 수행을 위한 접근 방식에 의해서 영향을 받을 수 있다. 몇몇 건축주들은 실시설계도면 상세의 표현 또는 순서에 대한 자신들의 요구사항을 가지고 있을 수 있다. 몇몇은 주문된 상세를 요구할 수 있는 반면 또 다른 몇몇은 표준상세를 요구할 수도 있다. 단계별 수행과 다중입찰도서의 준비에 포함된 패스트 트랙킹과 수행기술 역시 실시설계도서의 업무범위에 영향을 줄 수 있다.

팀의 고려 사항

실시설계 팀을 조직할 때 다양한 회사에서 시행하고 있는 작업 방식을 고려해 보는 것이 좋다. 작업이 검토되고 개선되는 과정에 모든 사람이 동의하여야 한다. 모든 팀 구성원은 리더 회사의 관리방법에 대해 이해하고 인정해야 한다. 그리고 팀 구성원이 정보의 상호 이용과 좋은 의사소통을 가능하게 할 수 있는 경쟁력 있는 장치와 소프트웨어를 갖고 있는지도 고려해야 한다.

계약 관리(17.8)에서는 건축주와 공사 도급자 사이의 계약을 체결하는 데 필요한 서비스를 설명하고 있다.

시방서 작성자와 비용 산출자는 절대적으로 필요한 실시설계 팀 구성원이다. 시방서 작성자는 유효한 건설 생산품과 그것들이 적절하게 사용될 수 있는 방법에 대한 세밀한 기술적 지식을 갖고 있다. 시방서 작성자는 시방서의 작성에 전문성을 갖고 있어서 생산품의 정보를 계약자에게 명확히 전달할 수 있어야 한다.

프로젝트 비용 산출자는 프로젝트의 비용을 추적하고 팀이 예산을 조정하는 데 도움을 준다. 산출자는 프로젝트의 위치와 도면을 비용 측면에서 분석할 수 있는 능력으로 유효한 계약 비용에 대한 지식을 제공한다. 몇몇 회사들은 시방서 작성과 입찰 비용 산출 서비스를 구분해서 하도급을 맡기기도 한다. 공사 도급자가 초기부터 과정에 참여하는 패스트 트랙 또는 디자인-빌드 프로젝트에서는 도급자가 입찰하기 전에 실시설계를 바탕으로 자신들의 비용 산출을 하게 하는 것이 더 생산적일 수 있다. 전술된 바와 같이 생산 과정에 도급자들이 참여될 때, 도급자들은 그 팀이 보다 완성되고 효과적인 도서를 만들도록 도와줄 수 있다 .

일반적으로 설계자나 프로젝트 건축가가 건축 설계도서의 작성에 리더로서 책임을 맡는다. 작은 회사에서는 설계자가 실시설계도 맡을 수 있다. 대형 회사에서, 그리고 대형 프로젝트에서는 보통 하나의 팀이 도면의 작성에 관한 책임을 맡는다. 그러한 대형 프로젝트에서는 프로젝트 건축가가 회계에 관련된 지원뿐만 아니라 한 명 이상의 관리 보조 직원을 두기도 한다.

도서 팀은 모든 관련된 전문가들과 같이 일을 한다. 그래서 팀은 조사자, 지질과 토목, 조경 건축가, 구조, 기계 그리고 전기 기술자, 건축가, 인테리어 설계자, 통신기술자들을 포함한다. 프로젝트에 따라 음향전문가, 풍동테스트 엔지니어, 환경 전문가,

시청각 전문가, 조명 디자이너, 컴퓨터 전문가 또는 특정한 종류의 건물 또는 공간의 전문가가 포함되기도 한다(예, 연구실, 구류 시설, 극장 또는 스포츠 경기장 등).

도면의 작성

실시설계도면은 보통 중간설계를 바탕으로 준비된다. 관련된 각각의 분야는 실시도면의 분야별 패키지를 구성하게 될 것이다.

작성 준비 단계. 작성 과정을 시작하기 전에 짚고 넘어가야 할 몇 가지 중요한 사항이 있는데 다음과 같다.

- 건축주가 기본도면과 초기 예산을 승인했는지에 대한 확인
- 프로젝트의 납품 방법과 일정의 확인
- 내용, 도면의 상세 정도, 실시도면의 구성에 대한 건축주의 요구 조건을 논의
- 건축주가 요구하는 형식과 표준에 대한 인식과 확인(예, 종이 크기, 배치, 절차, 번호 달기, 표식, 그리고 약어)
- 제안된 CADD 소프트웨어가 건축주에게 수용될 수 있는지에 대한 확인

도면의 발전. 실시설계도서의 준비는 모든 분야별 패키지(예, 구조, 기계, 전기, 조명, 시청각, 실내 설계 등)가 상호 보완적이고 적절하게 통합되었는지를 확인하기 위한 체계적인 검토 과정을 요구한다. 도면과 시방서를 포함한 설계가 완성되고 승인받으면 시공을 위한 비용 산출의 기초로서 제공된다. 이러한 내역에 기초하여 입찰이 준비된다.

도면을 발전시키는 과정 중 도면 패키지에 대한 조정과 검토는 확인과 재확인의 지속적인 과정을 요구한다. 각각의 분야는 일반적으로 도서기준에 적합한가를 검토하고, 다른 분야의 작업들과 함께 조정하게 될 것이다.

프로젝트 참여자들은 서로 만나거나 독립적인 동료 전문가와 만나서 작업을 검토하고 조정한다. 부가적으로, 모든 프로젝트 팀 구성원이 같은 목적을 위해 과정의 중요한 시점에 만나게 될 수도 있다. 이러한 검토와 조정과정은 발전을 위한 각각의 단계를 통해 반복되고 최종 설계 결과가 취합되었을 때 다시 한번 반복하게 된다.

독립적인 사람들이 도서가 입찰을 위해 공개되기 전에 설계를 검토하고 확인하여야 한다. 프로젝트에 관여하지 않은 상급 직원이 이러한 직무를 맡을 수 있고 건축주가 별도의 전문가를 이러한 목적으로 고용할 수도 있다. 실시설계도서는 조닝과 계획요구 사항에 부합하는지를 확인하고 건물의 허가를 받기 위해 건축법 공무원에 의해 검토되고 승인을 받아야 한다. 일부 관할에서는 설계 검토를 요구하기도 한다.

입찰과 협상의 과정 중, 실시설계도면과 시방서를 준비한 팀은 비용 계산을 검토하고 도면 자체의 변경을 야기할 수 있는 설계 변경을 준비하기 위해 건축주에 대한 지원 서비스를 제공할 수 있다. 또한 공사 관리 과정 중에도 추가되거나 변경된 사항

▶ 실시설계도서의 작성과정 중 비용 조정은 중요한 사항 중 하나이다. 비용 조정에 대한 더 자세한 설명은 건설비용 관리(13.4)를 참고한다.

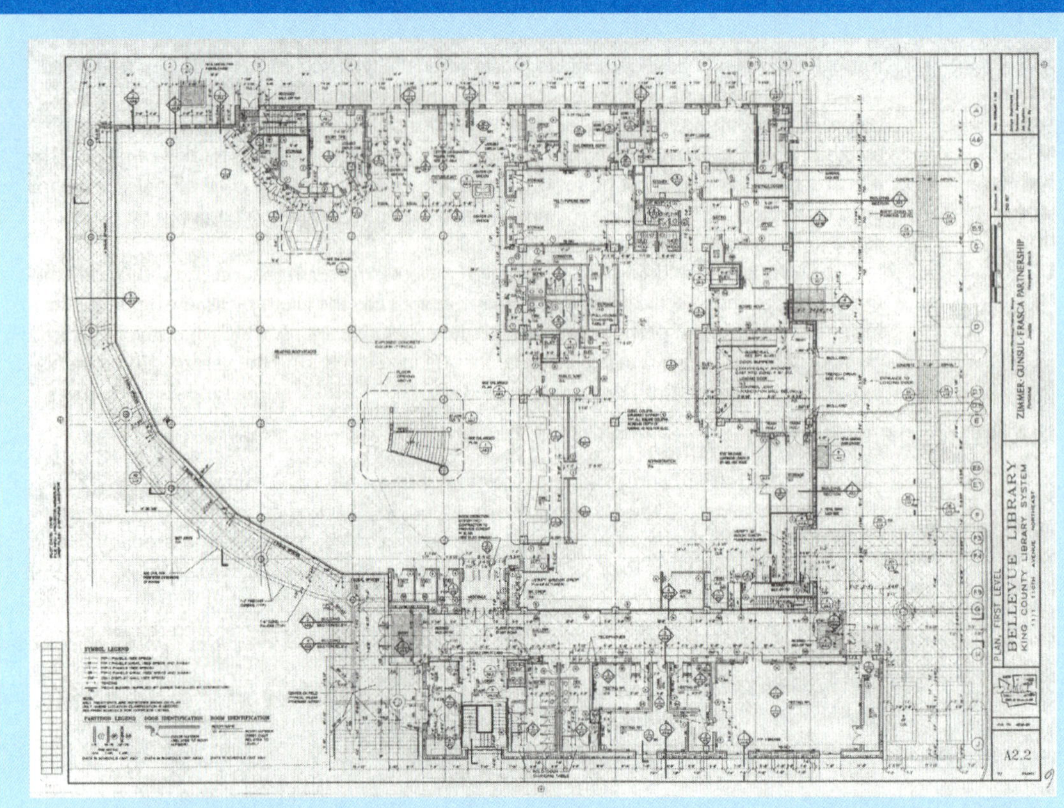

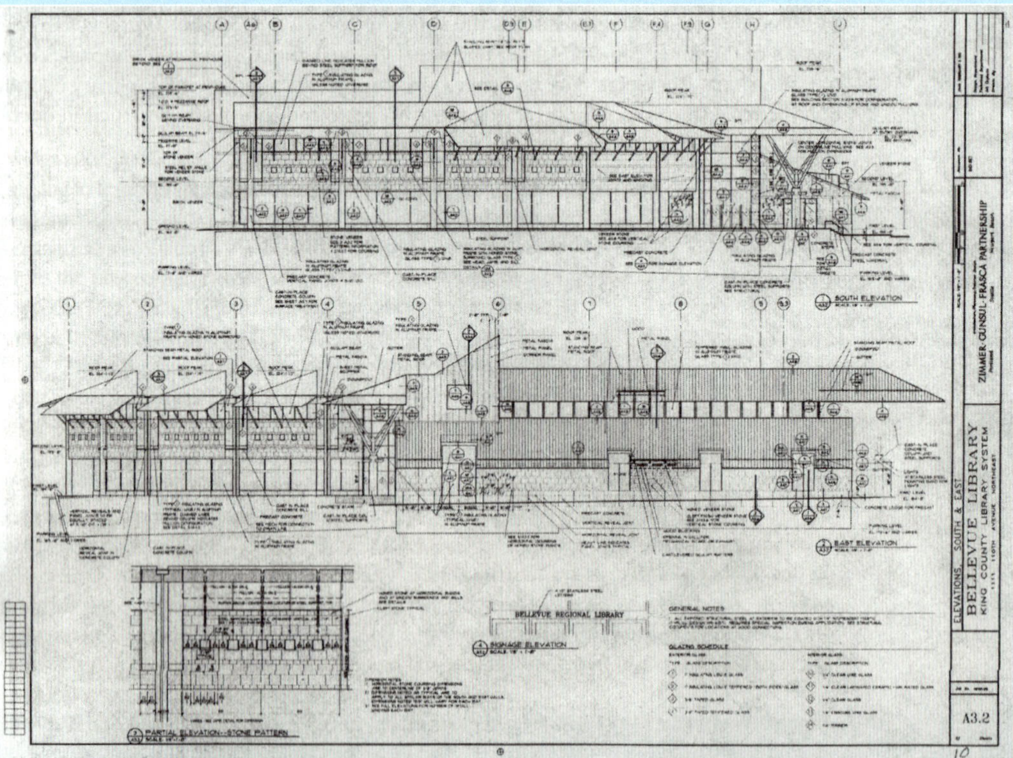

시방서와 함께 실시설계도면 은 프로젝트의 통제와 재정적 승인을 얻기 위해, 입찰과 협의 과정에서 시공 비용을 확인하기 위해, 그리고, 최종적으로 시공 과정을 진행하기 위해 사용된다.

Zimmer Grunsul Frasca Partnership, Portland, Oregon

을 위한 변경된 스케치등을 협조할 수 있는 자문 등이 가능하여야 한다.

추가적인 정보

Fred Nashed는 **건축공사를 위한 시간절약을 위한 기술들(Time-saving Techniques for Architectural Construction(1997))**에서 실시설계도서의 계획과 도면기준에 대해 다뤘다. Richard M. Linde와 Osamu A. Wakita는 기술과 개념, 도면 작업의 기본에 대해 **건축상세도면의 전문가 실무(The Professional Practice of Architectural Working Drawings(1994))**에서 다루고 있다. Ralph W. Liebing은 **건축상세도면(Architectural Working Drawings(1999))**의 네 번째 개정판에서 과거의 내용을 새로운 내용으로 바꾸었는데 CAD로 만들어진 도면들에 대한 정보가 수록되어 있다.

몇몇 서적들은 실시설계도면의 기준에 집중하고 있다. 그 중 **표준도서체계(Uniform Drawing System(1998))**은 용지의 종류, 내용의 조직, 그리고 일정에 대한 기준을 이야기하고 있다. 또, **미국건축가협회 캐드 레이어 지침서(AIA CAD Layer Guide-line(2001))**는 데이터 파일의 배치를 위한 기준 작명법을 만들고 설명하고 있다. 위의 두 서적은 모두 U.S.Coast Guard에 의해 발전된 출력 기준을 담고 있는데 미국 캐드표준(U.S. National CAD Standard)에 통합되었다.

유용한 관련 자료로는 미협력기술사회(the American Consulting Engineers Council)와 미국건축가협회(the AIA), 그리고 미기술사회(the National Society of Professional Engineers)의 공동 출간인 **주제별 표준위치(the Uniform Location of Subject Matter)**가 있다. **레디첵의 오버레이체크법과 분야간 조정 매뉴얼(The Redicheck overlay checking and interdisciplinary coordination manual)**은 실시 설계를 위한 보다 정확하고 총괄적인 결과를 얻기 위한 도구를 제공한다. 더 많은 정보를 위해서 Redicheck Associates (877)733-4243에 전화로 연락 가능하다.

17.5 실시설계도서-시방서

Gary Betts, FCSI, CCS, AIA

시방서 서비스는 건축 자재, 장비, 그리고 공사 시스템을 위한 문서의 준비로 요구되는 조사, 분석, 그리고 평가의 과정을 포함한다. 이 과정에서 연구의 영역은 특정한 프로젝트의 필요와 요구사항에 따라 변할 수 있다.

요약

실시설계도서 서비스-시방서

왜 건축주는 이러한 서비스를 필요로 하는가?

- 새로운 시공을 위한 도서를 준비하는 건축 용역에 연관되어 있을 때

요구되는 지식과 기술

- 건축 자재와 생산품들에 대한 깊은 지식
- 재료의 기준과 시험방법에 관한 지식
- 시공방법과 기술에 대한 지식
- 상세화할 수 있는 창의적인 문제해결 능력
- 의욕적인 연구 기술
- 서면으로 복잡한 주제를 전달할 수 있는 능력

대표적인 진행 업무

- 요구되거나 필요한 수준의 성능을 만든다.*
- 평가 기준을 정한다.*
- 우선 순위 기준을 정한다.*
- 대안을 조사한다.*
- 만들어진 기준에 상반되는 대안을 평가한다.*
- 연구 결과 발견 사항과 제안 사항을 문서화한다.*
- 시방서를 작성한다.

*이한 활동과 업무는 건축주가 다양한 재료 선택 사항들을 원하거나 새롭거나 아직 시험되지 않은 재료를 검증하고 싶어할 때, 재료의 성능이 매우 치명적이거나 아직 특별한 필요 사항을 만족시키는 자재가 없는 프로젝트에서 더 확장될 수 있다.

실시설계도서의 목적은 공사에 책임을 지닌 사람이 설계로 표현된 건축주의 필요를 쉽게 이해할 수 있도록 소통하게 하는 데에 있다. 실시설계의 통합적 구성 요소인 시방서는 프로젝트의 시공에서 품질과 기준정도의 윤곽을 보여 준다. 문서화된 시방서는 초기에는 긴 설명으로 잡다해질 수 있는 것을 줄이기 위해서 도면과 구분되어 작성되기 시작했다. 부가적으로 설명들을 한 곳에 모아서 위치시키는 것은 시방서의 내용이 많은 부분에 반복될 때 종종 발생하는 모순과 오류들을 피할 수 있게 하였다.

시방서는 모든 사람으로 하여금 프로젝트의 요구사항을 이해할 수 있게 재료와 생산품의 질적인 요구사항을 결정한다. 공사 관련 정보를 시방서에 체계화하기 위해 사용되어온 숫자 체계와 제목 체계로서 공사시방서협회(the Construction Specifications Institute, CSI)의 기본 양식은 공사 도급자의 제출서류들, 비용 계산 시스템, 자재 분류, 해석의 요청과 같은 정보의 상호협력을 위한 방법을 제공한다.

미국건축가협회의 계약에 있어서의 일반지침들에 명시된 것처럼, 도면과 시방서는 한 쪽이 다른 쪽에 우선시된다기보다는 서로 보완해준다. 도면과 시방서의 작성시 중요한 사항은 프로젝트가 기본설계와 계약을 위한 설계의 단계를 거치면서 변화함에 따라 세부사항의 수준이 높아져 양자가 동시에 발전되어야 한다는 사실이다. 시방서 부문은 16개 분야로 조직되어 있다. 제1장, 일반적인 요구 사항은 프로젝트를 위한 절차와 관리상의 요구사항을 개괄하고 있다. 재료와 자재, 그리고 체계에 대한 시방서 내용은 제2장부터 제16장까지 기술되

게리 베츠(Gary Betts)는 시카고에 위치한 Loebl Schlossman & Hackl의 사장이자 시방서 감독이다. 그는 전국적으로 알려진 시방서 영역의 전문가이며 미국건축가협회의 회원이자 공사시방서협회Construction Specification Institute의 일원이다.

고 있다.

회사는 다양한 방식으로 시방서를 준비한다. 일부는 회사 내에서 시방서 전문가를 고용하거나 프로젝트 팀원에게 맡기는 방식으로 준비하는 반면, 독립된 시방서 상담인의 서비스를 이용하는 경우도 있다. 몇몇 회사의 경우에는 복합적인 접근을 시도한다. 예를 들어 전문화되거나 복잡한 생산품과 시스템을 위해서는 시방서 전문가의 서비스를 이용하고 일반적인 자재에 대해서는 내부 직원을 이용하는 경우가 있다. 하드웨어에 관련된 시방서를 작성하기 위해 하드웨어 전문가를 고용하거나 외벽 시스템의 시방서를 생산하기 위해 커튼 월 전문가를 고용하는 일은 전혀 생소한 일이 아니다. 시방서가 내부 직원에 의해 작성되었거나 외부 전문가를 이용했는지에 상관없이, 시방서는 사무실의 독특한 기본 시방서 시스템 또는 미국건축가협회에서 작성된 마스터 스펙과 같은 기본 시방서 지침에 기초하게 된다.

10년에서 15년 전, 전국적인 많은 대형 사무소의 시방서 작성자들이 비공식적으로 만나기 시작했다. 그들이 수행한 비공식적인 조사에 의하면, 대형 사무소에서는 20에서 25명의 설계 전문가당 보통 한 명의 시방서 작성인 또는 시방서 전문가를 고용하는 것으로 나타났다. 최근의 조사에서는 100명의 설계 전문가당 한명의 시방서 작성자가 배치되어 있다는 결과를 보여주고 있다. 결과적으로 시방서 작성자가 매 프로젝트를 위해 프로젝트 매뉴얼을 개발하는 대신에 시방서의 마스터 세트를 관리하고 프로젝트 팀에 의한 프로젝트 시방서의 개발을 지원하는 데 주력한다.

과정의 자동화는 시방서의 작성을 보다 효율적으로 변화시켰다. CADD 프로그램들과 개체 중심 도서의 발전은 도면의 개체들을 지정하여 도면과 시방서의 연결을 지원할 수 있는 기회를 제공한다. 이러한 연결은 더 잘 협조된 도서를 가능하게 했고, 도면과 시방서의 동시 개발을 지원한다. 공사 정보가 하나의 데이터베이스 또는 일련의 연결된 데이터베이스에 포함되거나 지금은 우리가 따로 작성해야 하는, 종이에 그려진 도면들과 시방서들이 마찬가지의 방법으로 정보의 전달을 위해 구성될 미래를 상상해 보는 일은 그리 어렵지 않다.

공사 시방서는 일반적으로 실시설계도면 서비스와 결합되어 있다. 관련된 내용은 실시설계도서-도면(17.4)에 수록되어 있다.

건축주의 요구 사항

자재의 평가와 시방서의 발전으로 설계 과정에서 만들어진 결정들을 기록하고 전달하기 위한 합의된 양식이 등장하였다. 그 목적은 프로젝트의 필요사항들과 선택된 생산물들의 정확한 연결을 이끌어내는 것이다.

시작 단계에서 건축가와 건축주는 프로젝트의 목적과 요구 사항들에 대한 합의를 이끌어내야 한다. 그들의 이해는 프로젝트의 용도를 위해 정해진 생산물들의 성능특성에 주된 영향을 끼칠 수 있다. 프로젝트 요구사항의 명확한 이해에 도달하는 것은 자재들을 과하게 특성화하거나 기술된 프로젝트의 요구사항을 넘어서는 기능적 성격을 추구하는 경향—양자가 모두 프로젝트의 불필요한 비용을 추가시킨다—을 막아준다.

정해진 재료와 자재들의 정확한 도서는 건축주가 지불하기로 동의한 것을 얻고, 기대되는 품질의 질을 만나게 해줄 것이다. 시방서 과정은 건축주가 특별한 성능 요구 사항을 인식하고 있을 때 특히 중요하다.

기술

자재의 선택은 연구를 위한 자세와 세세한 면을 바라볼 수 있는 안목을 요구하는 분석적 과정이다. 또한 수년간의 실무 경험으로 얻을 수 있는, 건축이 어떻게 만들어지는지에 대한 이해를 필요로 한다. 문제 해결을 위한 창의적인 접근과 시험 절차의 응용에 대한 이해도 물론 중요한 사항이다. 평가되는 자재들은 프로젝트상에서 홀로 존재하는 것이 아니라 인접한 재료들과 결부될 수밖에 없다. 그러므로 시공 절차와 재료의 친화성에 관한 지식은 평가 과정을 개선시킬 수 있다. 복합적인 정보원과 다양한 경험을 가진 폭넓은 인맥은 시방서의 작성자에게 필요한 도움을 제공한다.

재료의 선택과 설치가 복잡한 주제와 개념을 포함하고 있기 때문에 시방서의 작성자는 원활한 의사소통을 할 수 있어야 한다. 시방서는 간략하고 이해 가능한 방법으로 구성되어서 건설 산업에서 다양한 정도의 경험을 지닌 사람들에게 이해될 수 있어야 한다.

공사 시방서를 준비하기 위해 사용되는 컴퓨터 기술에 대한 더 많은 정보를 위해서 건축 실무에서의 컴퓨터 기술(12.1)과 건축 실무에 사용되는 인터넷 서비스(12.2)를 참조하라.

시방서의 원칙에 대한 지식은 시방서의 작성을 위한 기초이고, 가장 중요한 자원은 시방서 협회(CSI)의 실무매뉴얼이다. 물론 MasterFormat이나 SectionFormat과 같이 시방서의 정보를 조직화하기 위해서 사용되는 양식에 대한 이해 또한 중요하다. 워드 프로세싱, 데이터베이스, 스프레드시트 응용 프로그램의 활용과 같은 기본적인 컴퓨터 기술은 필수적이다. 그리고 CADD의 사용 능력은 큰 이점으로 작용할 수 있다.

제작자와 자재 공급자는 재료의 조사와 자재 평가의 과정에서 중요한 역할을 수행한다. 많은 재료들이 그들을 위하거나 또는 그들이 만든 자재의 기준을 개발하는 무역협회에 의해 대변될 수 있음에도 불구하고, 그들은 주요한 정보원을 대표한다. 생산자에 의해 제공된 정보를 확인하기 위해서 시방서 작성자는 많은 재료와 자재의 기능을 평가하는 시험 기관, 보험인, 그리고 제품 인증 기관의 작업을 참조한다.

프로세스

시방서의 개발은 기능 또는 특정한 자재, 요구되는 제품을 만들어 내는 설계 과정과 함께 꾸준히 이루어진다. 시방서 작성자는 반드시 설계자의 요구조건에 부합하는 제품과 자재를 조사해야 한다. 최종 시방서는 건축주와 설계자에 의해 합의된 결정 사항을 반영하고, 결정들의 기록으로 지원한다. 시공 도면들과 연결되어 프로젝트 매뉴얼로 작성된 시방서들은 시공자가 입찰을 하고 건물을 시공하기 위해 이용된다.

재료와 자재의 연구

재료 조사는 기본적인 문제해결 방안으로, 문제 또는 필요 사항이 구체화된다; 평가 기준이 만들어진다; 가능한 해결방안이 찾아진다; 잠재의 해결방안이 설립된 기준에 의해 평가된다; 그리고 최종 선택된다.

필요한 것을 찾음. 첫 단계는 재료와 자재의 필요한 것이나 그들에 필요한 품질의 수준을 찾는 것이다. 이 재료와 자재는 무엇을 하도록 되어 있는가? 설계에서 어떤 본질적인 역할을 할 것인가?

평가 기준 규정. 다양한 대안의 성능을 효과적으로 평가하기 위해서는 프로젝트에 맞는 기준이 마련되어야 한다. 각 재료는 특정한 프로젝트에 대한 전반적인 기능과 적합성에 영향을 끼치는 많은 특성과 속성들을 지니고 있다. 그러한 특징들은 체계적으로 분류될 수 있다. 아래의 체계는 Harold J. Rosen, PE, FCSI와 Philip M. Bennett, RA가 저술한 '공사재료의 평가와 선택: 체계적인 접근(Construction Materials Evaluation and Selection: A Systematic Approach)' 과 CSI의 실무 매뉴얼의 속성목록(attribute list)에서 인용한 것이다. 속성의 예는 각 부류를 위해 체계화될 수 있다.

- 구조적 내구성: 자연적 영향, 강도 성능
- 화재 안전: 내화성, 화재의 확산, 연기의 발생, 독성, 연료 충전, 가연성
- 주거성: 열 성능, 음향 성능, 침수성, 시각적 성능, 위생, 편안함, 안전
- 내구성: 마모성, 날씨에 대한 저항성, 외피의 접착성, 치수의 안정성, 기계적 성능, 유동적인 성능
- 실용성: 교통, 부지에서의 저장, 설치시 조작, 시공오차, 연결성
- 적합성: 자재의 접합, 코팅, 전기작용 또는 침식 저항성
- 관리성: 코팅, 인덴션과 타공(또는 땜질), 화학 또는 낙서에 대한 적합성
- 환경적 영향: 생산 과정의 자원 소비, 수명주기의 영향
- 비용: 설치 비용, 유지 비용
- 미학적 요소: 시각적 영향, 주문선택사항, 색상 선택

위의 목록에 포함된 자재속성에 대한 자세한 논의는 CSI의 실무 매뉴얼를 참고한다.

프로젝트의 목적과 설계 개념에 따라서 속성분야는 평가될 재료의 요구사항을 목록화해 왔다. 각 재료의 어떤 속성들은 재료의 성능에 치명적인 반면에 일부는 전혀 아닌 것처럼 응용 가능한 종류들의 고유의 특성을 지니고 있다. 그 목적은 특정한 프로젝트를 위한 재료의 요구되는 성능레벨을 규정하기 위한 것이다. 요구되는 속성과 성능 기준의 항목들은 각각의 자재에 대한 평가 기준이 된다.

평가 기준을 발전시키는 과정은 건축주를 프로젝트에 참여시킬 수 있는 좋은 기회가 된다. 건축주는 기준의 우선순위를 정하고 확립하는 데 도움을 줄 수 있다. 과정에 포함된 모든 사람들은 어떤 기준이 가장 중요한지에 관해 서로 다른 관점을 가지고 있

다. 시방서 작성자의 기술적 관점에서는 자재의 내구성이 가장 중요할 수 있고 설계자에게는 아름다움이 가장 중요할 수 있고 건축주에게는 비용이 자재 선택을 위한 가장 영향력이 큰 사항일 수 있다. 각각의 구성원들이 공통된 이해에 다다르고 우선순위의 확립과 문서화가 이루어지는 것이 중요하다.

대안을 구체화. 기준이 발전되고 우선순위가 정해지면 가능한 재료 또는 자재의 대안들이 구체화된다. 재료 또는 자재에 대한 정보가 모아지고 조직화된다. 일부 경우에

자재 평가요약표(Product Evaluation Summary Sheet)

선택 번호: 07550 보호된 멤브레인 지붕 　　프로젝트: 66504 　　날짜: 97/12/6

기준	시험 결과	주관적 평가	비고
구조적 내구성			
화재 안전	등급 A		
주거성	방수성 변경도(Perm rate); <0.027; 늘어남 1000%>	단열속성이 물에 영향 받지 않았음.	
내구성	침투 77°F에서 110 유출 120°F에서 없음	열에 의한 변형은 관찰되지 않았고, 보행 소통에 대해 보호되어 있음.	건물 단열재의 내부에서 요소들과 남용으로부터 보호됨
시공성		액체상태로 적용되며, 주전자가 필요하다.	경사없이 설치될 수 있다.
적합성		네오프렌으로 연결 가능	
관리성		지붕 멤브레인은 보이지 않음, 누수 를 찾기위해 포장과 단열재 제거 요.	데크에 붙임, 누수가 발생하면 물의 이동은 없음.
환경영향	단열재가 CFC를 배출하는 약품을 포함하지 않고 있다.		
비용			
미적 조건		포장재료 또는 그 밖의 누름재가 좋은 마감면을 제공할 것이다.	

정의

구조적 내구성: 자연적 영향, 강도 성능
화재 안전: 내화성, 화재의 확산, 연기의 발생, 독성 물질, 연료 충전, 가연성
주거성: 열 성능, 음향 성능, 방수성, 시각적 성능, 위생, 편안함, 안전
내구성: 장기간의 사용, 날씨에 대한 저항성, 외피의 접착성, 치수의 안정성, 기계적 성능, 유동적 성능
실용성: 교통, 부지에서의 저장, 설치시 조작, 시공오차, 연결성
적합성: 자재의 접합, 코팅, 전기 작용 또는 침식 저항성
관리성: 코팅, 인덴션과 타공(또는 땜질), 화학 또는 낙서 등에 대한 적합성
환경적 효과: 생산 과정의 자원 소비, 수명주기의 영향
비용: 설치 비용, 유지 비용
미학적 요소: 시각적 효과, 주문생산의 선택, 색상 선택

Harold Rosen과 Philip Bennet의 '공사재료의 평가와 선택; 체계적인 접근, Construction Materials Evaluation and Selection: A Systematic Approach(1979)' 의 정의

는 생산자의 자재 보고서, 자재 표본, 또는 다른 정보들이 자재나 재료의 특별한 성능 특성에 대한 정보를 제공하지 못할 수 있다. 그러한 자재 또는 재료는 자재의 생산자 또는 시험 기관이 요구되는 시험을 하거나 충분한 정보를 제공하지 않는 한 고려되어서는 안된다.

자재와 재료에 대한 평가. 자재와 재료의 정보가 모아진 이후엔 프로젝트를 위한 평가 기준과 비교해보게 된다. 프로젝트의 기준에 만족하는 부분에는 점수를 더 주고 그렇지 않은 경우엔 점수를 차감하는 방법이 자재가 적합한지를 결정하는 방식으로 사용될 수 있다. 또 다른 방안은 프로젝트의 기준에 부합하는 정도에 따라 1부터 10까지의 점수를 부여하는 등급 체계가 있다. 각각의 자재는 각각의 기준에 따라 평가된다, 점수가 합산되고, 자재들이 비교된다. 더 높은 점수의 더 나은 자재가 평가 기준을 만족한다. 그러한 과정을 더 진행하기 위해 평가 기준이 지정된 우선순위에 따라 가산점을 줄 수도 있다. 더 중요한 요건의 점수는 그만큼 커지고 결국 총 합계 점수로 더해진다. 다음은 Expert Choice, Inc.에서 개발한 소프트웨어에서 사용된 과정에 대한 간단한 설명이다.

그 소프트웨어는 ASTM E1765, "분석적 순위과정(Analytical Hierarchy Process): 건물과 건물시스템의 평가 중 복합된 속성을 결정하는 분석의 표준 실무(Standard Practice for Performing Multi-attribute Decision Analysis in the Evaluation of Building and Building Systems)"를 지원한다.

평가와 등급을 정하는 과정을 기록하기 위해서 표를 만드는 것이 도움이 된다. 그러한 과정은 입찰과 공사의 과정에서 자재 변경의 요청이 수락되었을 때 참고될 수 있는 유용한 서류로 제공된다. 결정을 내리기 위해 사용된 기준 기록은 생산자가 자재의 성능에 관계된 설명과 특성을 변경했을 때 승인을 위한 검토의 과정에서 도움이 될 수 있다.

시방서의 준비

시방서의 작성은 지속적인 과정이다. 프로젝트의 초기 시방서 시안은 자재와 재료, 시공도의 질적 요구사항을 정의한다. 일단 자재가 결정되면 각각의 자재가 프로젝트의 요구조건을 만족시키는 두드러진 품질에 대한 부가 설명이 시방서에 첨가되어야 한다.

시방서에는 네 가지 기본 종류가 있다−서술(descriptive), 제품(proprietary), 성능(performance)과 자료기준(referance standard) 시방서이다. 앞의 세 개의 시방서는 프로젝트를 위한 재료의 본질적인 질을 시방하는 데 사용된다. 자료기준 시방서는 표준협회(standard organization) 또는 특정한 건설 자재의 생산자를 대표하는 조직에 의해 만들어지고 보통 변경 없이 형식적인 참고로 사용된다.

서술 시방서는 프로젝트에서 사용된 각각의 재료와 자재에 대한 문서화된 설명을

▶ 실시설계도서 작성(12.3)에서 참고자료로 인용된 미국건축가협회의 마스터스펙은 ARCOM에 의해 출간되고 지원받은 미국건축가협회가 개발한 시방서의 정보를 제공한다.

요구한다. 그러한 설명들은 자재 또는 재료가 프로젝트의 요구조건을 만족시키기 위해서 필요한 필수적인 속성들을 반드시 포함하고 있어야 한다.

설명을 시방서에 포함시킬 때는 상당한 주의를 요한다. 시방서가 생산자로부터 제공받은 정보에 의지하고 있다면 프로젝트에서 필요로 하는 속성만 포함시킨다. 예를 들어, 피복된 창문의 생산자가 제공한 설명은 타사의 제품과 차별화하기 위한 방법으로 피복한 부분의 두께에 관한 정보를 포함하고 있을 수 있다. 만약 프로젝트를 위해 요구되는 성능의 정도가 그 두께와 상관이 없다면 두께에 관한 내용은 시방서에 포함되지 않아야 한다. 시방서에 두께에 관한 내용이 포함되고 게다가 그 부분이 시방서 내에서 강조되면, 시방된 두께를 가진 생산품만으로 제한을 받거나 다른 생산자들로 하여금 그들의 성능을 시방된 요구를 만족하기 위해 변경하여야만 승인받을 수 있게 하는 것이 된다.

제품 시방서는 프로젝트에 사용이 승인된 생산품과 생산자만을 열거한다. 가장 간략한 시방서이다.

제품 모델의 번호와 제품에 반영될 수 있는 어떤 변경 사항을 포함할 수 있다면 제품을 위한 긴 설명은 필요하지 않다. 하지만 현저하게 불분명한 선택사항을 남겨두지 않는 것이 중요하다. 시방서가 승인된 제품의 필수적인 선택사항을 언급하지 않는다면, 요구된 조건이 표준이 아닐 때 추가적인 비용에 관한 요구가 발생하거나 건축주가 건축가와 상의 없이 대체 제품을 선택할 수 있다. 제품 시방서는 한 명의 생산자만 포함할 수도 있고 프로젝트가 필요로 하는 만큼의 생산자를 포함할 수도 있다.

선택된 모든 생산자의 모델 번호를 포함하는 것이 계약자가 적절한 제품을 선택하는 것을 보장할 수 있는 가장 좋은 방법이다. 설계에 기초해서 다른 인기 있는 방법은 바람직한 제품과 생산자를 표시하고, 다른 시방과 승인된 생산자의 비교되는 제품을 허용하는 것이다. 하지만 이 관용의 정도는 제안된 제품이 요구조건을 만족시키고 있고 결정된 제품과 정말 비교할 만한지를 확인하기 위한 추가적인 검토의 시간을 필요로 할 수 있다는 것을 알아두어야 한다.

제품 시방서와 서술 시방서를 합치고 싶은 유혹이 종종 발생하기도 한다. 공사 관리자들은 정해진 제품이 정말 시방서의 요구조건에 부합하는지를 확인하기 위해 설명이 필요하다는 불평을 한다. 하지만 만약 원제품의 설명과 모델번호에 의해 확인된 실제 제품이 차이를 갖고 있다면, 문제를 야기할 수 있다. 마찬가지로 더 많은 수의 생산자와 그들의 제품이 인식될수록 더 많은 모순 발생의 위험이 생길 수밖에 없다. 제품 시방서와 서술 시방서를 통합할 때는 신중한 상호 비교가 요구된다.

성능 시방서는 어떤 제품, 조합, 또는 시스템이 만족해야 하는 성능 특성을 구체화한다. 진정한 성능 시방서를 만들어내는 일은 매우 어렵다.

성능 시방서는 두 개의 중요한 요소를 갖고 있는데, 이는 의도된 성능 특성과 성능을 증명할 수 있는 수단이다. 성능 시방서는 필요로 하는 성능의 모든 측면을 포함하고 있어야 한다. 빠뜨린 성능 기준이나 그러한 기준이 이해될 것이라는 가정은, 도급자가 정해진 모든 조건을 만족시키는 방안을 선택했다고 하더라도 본래의 의도를 제대로 만족시키지 못하는 결과를 야기할 수 있다.

성능기준이 현실적이고 실현 가능해야 하는 것 또한 중요하다. 어떤 상황에서는 요구된 성능을 충족시키는 제품이 존재하지 않을 수 있다. 특정한 성능에 대해 규정하는 성능 시방서를 작성한다고 해서 그러한 성능을 만족하는 제품을 생산할 수 있는 것은 아니다. 하지만 회사가 요구 사항이 정해진 직후 유사한 제품의 생산자와 같이 일하게 되면 생산자가 연구, 개발, 시험 과정을 거쳐 요구되는 정도의 성능을 지닌 제품을 시장에 출시하도록 유도할 수 있다. 그러나 새로운 제품의 개발비용을 감당할 수 있는 프로젝트는 극소수에 지나지 않으며, 초기에 제작자와 같이 일하게 되면 성능에 만족한 기존의 제품을 위해 설계의 대안을 끌어낼 수도 있다.

자료기준 시방서는 자료에 의한 프로젝트 시방서로 편입되어 만들어진 기준 시방서이다. CSI의 실무 매뉴얼에 따르면 자료기준들은 정부기관, 관습, 또는 보편적인 여론에 의한 요구들이며 승인된 기준으로 만들어졌다.

자료기준 시방서를 이용하여 시방서를 작성하는 일은 자료기준 번호가 제품에 대한 긴 설명을 대체할 수 있기 때문에 매우 간략하다. 예를 들어 포틀랜드 시멘트는 물리적인 구성, 화학적 조성, 작업 과정들에 대한 설명을 포함하는 대신 ASTM C150을 참조하라는 내용의 시방서를 작성하면 된다. 자료기준을 사용할 때는 표준의 사본을 가지고 있으면서 그 내용을 이해는 것이 중요하다. 표준은 한 프로젝트에 포함되어 있지 않거나 포함되어 있다고 하더라도 시방서의 다른 부분에 포함되어 있는 사항과 상반되거나 중복되어서 종종 설계 전문가들에게 선택 사항이나 추가적인 책임을 부여하게 될 수 있다. 자료기준을 사용할 때는 모든 선택 사항이 확인되었는지를 확인해야 한다. 예를 들어, 유리의 기준은 종류, 등급, 품질, 마감, 그리고 패턴의 선택들을 포함하고 있다. 투명한 평면 유리의 참고 기준은 ASTM C1036, Type I, Class 1, q3이고, 와이어 유리의 경우는 Type II, Class 1, Form 1, q8, m1이다.

미래 자료를 위한 파일 연구정보

설계과정을 통해 모아진 공사 정보와 데이터의 연속적으로 확장되는 장서들은 다른 방법과 다른 목적을 위해 사용될 수 있다. 한 프로젝트를 위한 시방서를 작성하면서 수집된 자재와 재료의 데이터는 다른 프로젝트를 위해 사용될 수도 있고 차후 초기 프로젝트의 수명주기 내에서 연구되는 때에 다시 사용될 수 있다.

건축 회사는 시방서의 작성 과정 중 이루어진 모든 조사결과를 이용하기 위해 그러한 정보를 또 다시 일반 정보와 프로젝트의 특성화된 정보로 이용하기 위해 저장할 수 있는 매체를 원하게 될 것이다. 예를 들어, 한 건축가가 초기설계 방안을 평가 하기 위한 조건과 규칙을 정하기 위해서 프로그래밍된 정보를 이용할 수 있다. 한 프로젝트가 종료되고 입주가 끝난 후 시설 관리자는 종종 설계와 입주 후 파기되기도 하는 계획 정보의 가치를 찾을 수 있다. 시설 관리자는 기록된 문서와 함께 차후에 계획된 변경이 기존의 기준을 해하는지를 보기 위해 문서화된 성능기준을 사용할 수 있다.

이러한 종류의 정보에 접근하고자 하는 요구가 늘어나면서 자재와 재료의 최종 선택과 평가와 선정 과정을 설명하는 과정을 문서화하는 일이 중요해지고 있다. 특히 시스템들이 프로젝트의 기능에 중대한 영향을 끼치거나 프로젝트가 새로운 자재를 도입하거나 새롭고 시험되지 않은 방식으로 자재를 사용할 때는 더욱 중요하다. 하지만 프로젝트에 공급된 모든 자재 또는 재료들이 그러한 방법으로 문서화될 필요는 없다. 몇몇 자재는 필수품이 되어왔고 그것들의 이용과 성능은 보편적으로 이해되고 있다 (예, 포틀랜드 시멘트, 스틸 도어 프레임 등). 그러므로 그러한 제품은 광범위한 자재나 재료 조사가 필요하지 않다고 할 수 있다.

대부분의 경우에서 프로젝트와 관련된 문서를 보관하는 것은 중요하다. 전자 정보의 혁명이 있기 전에는 주요 프로젝트 파일을 위한 폴더가 존재했고 자재 선택에 관련된 문서가 MasterFormat의 16개 분야의 시방서 번호로 보관되었다. 오늘날에는 그러한 정보들이 전자적으로 시방서 파일에 덧붙여지거나 정보용의 독립된 폴더에 저장될 수 있다. 어떤 정리 보관 체계가 사용되든지간에 프로젝트가 완료되었을 때 얻어진 정보들을 프로젝트와 함께 보관하는 것은 중요하다.

시방서 작성자에 의해 미래의 프로젝트를 위해 가치가 있다고 판단된 정보는 회사의 시방서의 주요지침 체계에 포함될 수 있다. 그 정보는 항목의 뒷부분에 주석으로 덧붙여지거나 같은 이름으로 된 시방서 항목에 연결된 평가 폴더에 따로 포함될 수도 있다. 대부분의 워드 프로세스 프로그램들은 데이터간 연결기능을 제공한다. 그 기능은 시방서 항목에 접근한 사람이 텍스트로 연결을 하고 바로 평가시트로 건너뛸 수 있게 해준다. 그러한 과정은 마스터스펙에서 자동화되었다.

추가적인 정보

Architectural Computer Services, Inc. (ARCOM)은 마스터스펙(Master Specification System; 미국건축가협회의 제품임)을 제작하고 면허를 내주고 있다. 마스터스펙의 항목들은 제품을 선택하고 프로젝트 시방서를 작성하기 위해 공사 시방서 작성자들에 의해 편집되었다. 마스터스펙은 AIA, ACEC, ASID, ASLA, CASE, IIDA, NLA, NSPE와 같은 주요 설계협회의 승인 또는 권장을 받고 있다. ARCOM은 솔트레이크 시티와 유타주, 알렉산드리아와 버지니아에 위치하고 있다. 그 밖의 정보는 전화 (800) 424-5080와 웹사이트 www.arcomnet.com에서 얻을 수 있다.

공사 시방서 협회(The Construction Specifications Institute, CSI)는 비주거용 건물 설계와 건설 산업에 관련된 주체들간의 교류를 증진시키고 실시설계를 구성하고 발표하는 공통의 체계를 위한 산업계의 요구를 만족시키기 위한 국가적인 전문 단체이다. CSI는 건축가, 기술자, 건설업자, 건축주, 시설 관리자, 제품 생산자, 그리고 공사시방서 작성자들과 같은 회원들에게 다양한 자원을 공급한다. CSI는 99 Canal Center

Plaza, Suite 300, Alexandria, VA 22314에 위치하고 있고 전화 (800)689-2900 또는 (703) 684-0300, 웹사이트 www.csinet.org를 운영하고 있다.

CSI는 실시 설계 시방서 작성자의 바이블이라고 할 수 있는 CSI 실무 매뉴얼을 출간하고 있을 뿐만 아니라 잡지 Construction Specifier를 매달 출판하고 있다. 또한 시험을 통과한 사람들의 시방서와 계약서의 작성 능력을 보증하는 면허 프로그램을 운영하고 있다 시험을 통과한 사람은 자신의 이름 뒤에 CCS "Certified Construction Specifier"의 명칭을 붙일 수 있다.

The American Society for Testing and Materials(ASTM)은 회원들이 자재, 제품, 시스템, 서비스의 자발적인 공통 기준을 만들고 공포하기 위한 비영리 단체이다. ASTM은 금속, 페인트, 시공, 에너지, 환경과 같은 주제에 따른 표준시험방법, 시방서, 실무, 지침, 분류, 용어법들을 개발한다. 100 Barr Harbor Drive. West Conshokocken, PA 19428-2959, (610) 832-9585에 위치하고 있으며 인터넷을 통해 www.astm.org로 접속할 수 있다.

ASTM의 문서 **분석적 순위과정, 건물이나 건물시스템을 평가하는 데 있어서 복합속성 결정분석을 수행하기 위한 표준실무(Analytical Hierarchy Process, Standard Practice for Performing Multi-Attribute Decision Analysis in the Evaluation of Buildings and Building Systems)(ASTM E1765)**은 설명된 평가기준에 따른 건축자재와 시스템에 대한 객관적 분석을 위한 틀을 제공한다.

두 가지 부가적인 ASTM 기준들이 수행되고 있는 제품 평가의 종류에 따라 도움이 될 수도 있다: 이는 ASTM E1991, **건물재료와 제품의 환경수명주기산정을 위한 표준지침(Standard Guide for Environmental Life-Cycle Assessment of Building Materials/Products)**와 ASTM E1699, **건물과 건물시스템의 가치분석을 수행하기 위한 표준실무(Standard Practice for Performing Value Analysis of Building and Building Systems)**이다.

미국 국가 표준 협회(the American National Standards Institute, ANSI)는 자발적인 사설 분야를 미국의 표준 시스템에 포함시키고 통합하기 위한 사립 비영리 회원 조직이다. ANSI는 인정된 조직에 의해 자발적으로 합의된 표준들과 적합성 평가 시스템을 장려하고 촉진시킨다. ANSI는 1819 L Street, NW, 6th floor, Washington, DC, 20036, (202) 293-8020, http://web.ansi.org로 연락할 수 있다.

이 주제에서 언급되었듯이, 공사에 사용되는 많은 자재들이 생산자들을 지원하는 교역 협회에 의해 설명되고 있다. 예를 들어, 수많은 조직들 중 미국콘크리트협회(American Concrete Institute, ACI)와 건축목재협회(Architectural Woodwork Institute, AWI) 는 그들이 대표하는 제품 또는 교역품의 사용과 설치와 관련된 기준을 제공한다. Sweet' s Catalog File의 섹션 01317은 이러한 정보들의 이해하기 쉬운 목록을 제공한다.

부가적인 제품 정보는 보험회사연구소(Underwriters Laboratories, UL)와 Intertec

Testing Services(ITS)와 같은 시험 기관에서 얻을 수도 있다. 공장상호승인지침(Factory Mutual' s Approval Guide)은 FM이 보장한 특성의 사용을 위해 승인된 생산품들과 조립품들의 인증서를 포함하고 있다. 마스터스펙 평가 또한 가치 있는 제품 정보를 제공한다.

공사 시방서 쓰기, 원칙과 절차들(Construction Specification Writing: Principles and Procedures, 4th ed.(1998))에서 Harold J. Rosen은 도면과 시방서, 다른 종류의 시방서들, 입찰 절차, 계약항목의 관계에 대해 설명하고 있다. 또한 이 책은 법적 요구 사항, 계약서 양식, 보증 부문과 같은 세부 내용뿐만 아니라 시스템 건물, 성능 시방서, 컴퓨터로 제작한 시방서의 내용을 다루고 있다. 자료출처 목록과 표본시방서 양식이 제공되고 있다.

17.6 건설 관리

Robert C. Mutchler, FAIA, and Christopher R. Widener, AIA

건설 경영자는 복합적인 주요 건축 계약자들의 작업을 조정하고 품질 관리를 감독해야 할 책임이 있다. 건설 경영 서비스는 설계에 관련된 건축가 또는 다른 건축가의 전문 서비스로 운영될 수 있다.

고객과 자신의 직업적인 관계를 지속시키기 위해서 공사 과정을 조정하는 방법을 찾는 건축가들에게는, 건축 용역의 일환으로 건설 경영(CM)을 제공하는 것은 실행 가능한 프로젝트 수행 방법이다. 1997년 미국건축가협회의 사무소 조사에 따르면, 1990년과 1996년 사이에 CM 서비스를 제공한 회사들이 5에서 17퍼센트까지 증가했다. 그 조사의 2000년 판에 따르면, 보고된 회사들의 36퍼센트가 CM 서비스를 제공하고 있는 것으로 나타났다.

건축가가 CM 서비스를 제공할 때는 건축주와 건축가 모두에게 상당한 잠재적 혜택이 있다. 그 혜택은 프로젝트 시공 일정의 보다 나은 조절, 설계와 시공의 개선된 통합, 건축가에 의해 매일 시행되는 현장 보고 등으로, 모든 것들이 건축주를 위해서는 프로젝트 비용을 줄이고 건축가를 위해서는 이윤을 높여준다. CM 서비스는 프로젝트의 설계와 시공 단계 모두에서 통합될 수도 있고 시공단계에서만 제공될 수도 있다. 건설 경영자는 시간과 비용의 영향을 받는 설계와 공사의 결정, 일정 관리, 비용 조정 계약 협의와 보상에 대한 협의, 중요한 자재와 오랜 시간을 필요로 하는 자재의 구매 시기 결정, 공사 행위 등의 협의 등을 조언할 수 있다.

> **요약**
>
> **건설 경영 서비스**
>
> **왜 건축주는 이러한 서비스를 필요로 하는가?**
> - 집중된 책임을 갖기 위해
> - 자본 투자 회수의 최대화를 위해
> - 시간과 돈을 절약하기 위해
> - 프로젝트의 품질을 증진시키기 위해
>
> **요구되는 지식과 기술**
> - 강한 행정과 관리 기술
> - 사업과 계약에 관한 지식
> - 공사 자재와 방법에 대한 지식
> - 현장 감독 경험
> - 훌륭한 대화와 타협의 기술
> - 상세한 비용 계산을 할 수 있는 능력
> - 상세한 일정을 조정할 수 있는 능력
>
> **대표적인 진행 업무**
> - 프로젝트 프로그램의 검토
> - 프로젝트 건축가에게 적절한 프로젝트 주제에 관련된 조언 제공
> - 공정의 준비
> - 예산과 비용 계산의 준비
> - 입찰을 감독하고 시공 계약의 준비
> - 공사단계의 감독
> - 프로젝트 마무리 감독
> - 프로젝트 참여자들의 작업 조율

건설 경영의 시작은 1950년대의 PERT(Project Evaluation Review Technique)와 CPM(Critical Path Method)과 같은 복잡한 프로젝트를 관리하기 위한 컴퓨터화된 일정 관리 도구의 출현에 뿌리를 두고 있다. 60년대와 70년대를 거치면서 CM 서비스는

로버트 머췰러(Robert Mutchler)는 1980년 건설 경영 서비스를 포함하기 위해서 그의 실무 영역을 확장하였으며 건축 용역으로서의 건설 경영에 대한 광범위한 강연과 저술활동을 해왔다. 그는 미국건축가협회의 전 이사이다. **크리스토퍼 위드너(Christopher R. Widener)**는 Widener Posey Group의 관리 파트너이자 미국건축가협회 공사 관리(PIA)의 전 회장이다.

공공 부문의 건축주들이 일반 계약들을 보다 많은 협력이 필요한 복합 패키지로 분화시킴에 따라 제도화되었다. 오늘날 건설 경영은 광범위하게 적용되고 있는 납품기술이다. CM 서비스는 다른 정도의 위험과 보상을 유발하는 다른 계약상의 합의로써 제공될 수 있다. 건축가, 디자이너, 건물 시공자와 그 밖의 제3자가 건축주에게 CM 서비스를 제공한다.

건축주의 요구 사항

CM 서비스에 대한 건축주들의 관심은 커지고 있다. 왜냐하면 이러한 수행방법이 시간과 돈을 절약해 주고 프로젝트의 품질을 높여주며 가장 중요한 것은 집중된 책임감을 제공하기 때문이다. 건축주들을 위해서, 설계자가 이끄는 건설 경영의 주 목적은 건축주의 자본금 투자 회수의 최대화이다.

1970년대 후반, 건설 경영자들의 증가는 건축가들이 공사의 책임을 떠안지 않으려고 했던 사실과 일맥상통하는 측면이 있다. 이러한 현상은 결국 인식된 가치와 잠재적인 보상의 손실로 연결되었다. 건축주는 아직도 자신의 건물이 제대로 지어지고 있다는 것을 보장하기 위해 돈을 지불해야 하지만, 건축가가 그 비용이 지불하는 경우는 날이 갈 수록 줄어들고 있다. 최근에 이르러서야 건축가들은 위험으로부터 도망치기보다는 위험 요소로부터 이윤을 창출하는 일을 배우기 시작했다.

시공자 주도의 CM 서비스에서 가능한 분규들. 건축주가 제3의 건설 경영자 또는 다른 공사자 주도의 CM 서비스에 연관되었을 때는, 수반된 요금이 프로젝트의 비용을 상승시키지만 건설 경영자가 건축주의 최우선 관심사를 시공에 반영할 것이라는 것을 보장하지 않는다. 마찬가지로 건축가 또한 그 프로젝트 수행 과정에서 어려움을 겪을 수 있다.

제3의 건설 경영자는 일을 위한 최선의 입찰을 얻으려고 시도하지 않으며, 건축주보다는 공사 하도급자에게 더 깊은 연관을 가질 수도 있다. 가치 공학의 이름으로 건설 경영자는 프로젝트의 영역을 줄이고 건축가에 의해 제안된 특정한 자재를 줄임으로써 어려움을 초래할 수 있다. 이는 건축주의 목표의 달성을 방해할 수 있다. 건축가들은 건설 경영자가 제때 업무를 수행하지 못할 때 계약에 의해 건설 경영자에게 배당된 일—예를 들면, 자재, 방식, 조달의 연구 등을 해야 할 수 있다. CM 회사가 일정 관리, 예산 관리에 대한 적절한 교육을 받지 못했거나 건축주 또는 프로젝트의 최선의 의도에 부합하는 서비스를 제공하는 데 필요한 소통의 기술을 가지고 있지 못한 직원을 고용하고 있을 때 다른 문제들이 발생할 수 있다.

과도한 디자인 규제와 시간 소모적인 디자인 검토과정에 쫓기면서 그러한 문제들이 제3의 건설 경영자와 건축가 간의 적대적 관계를 유발할 수 있다. 비교적 건설 경영이 설계를 담당한 건축가의 부가적인 서비스로 진행되었을 때 갈등관계(그리고 부수적인 변경 요청, 비용의 상승, 일정 지연, 저급의 설계 실행 등)와 같은 결과는 상당히 줄어들 수 있다.

전통적인 설계-입찰-시공의 프로젝트에서는, 건축 회사가 설계를 수행하고 공사 도급자(general contractor, GC)로부터나 선택된 전문 건설업체로부터 입찰을 얻기 위한 실시설계도서를 준비한다. 건축주가 다수의 주 계약을 쥐고 있다면 건축가는 종종 계약상의 의무나 재정적 보상 없이도 주 계약자들의 협의를 담당할 수 있다.

공사 중 미국건축가협회 계약문서 B141, 건축가의 서비스의 표준양식을 위한 건축주와 건축가 간의 계약표준양식(AIA Contract Document B141, Standard Form of

Agreement Between Owner and Architect with Standard Form of Architect' s Service)는 건축가가 공사기간 동안 시공자가 최소한의 기준을 지키고 동의된 범위와 직무를 완료하는가를 보장할 수 있도록 시공자의 활동을 관찰(observe)[1]할 것을 요구하고 있다. 그 일환으로 건축가는 현장에서 제한된 권한을 가지고 있지만 부족한 사항은 직접 건축주에게 보고한다. 종종 건축주는 공사와 관련된 문제가 발생했을 때 건축가와 시공자가 상대방의 탓을 할 때에 둘 사이에 처하기도 한다. 그러한 상황에서 건축가는 시공 일정에 아무런 지배력을 갖지 못하며, 이윤은 정해진 설계비 내에서 공사기간 동안 발생하는 어려움과 지체로 감소하게 된다.

설계자 주도의 건설 경영의 이점. 건설 경영이 건축 회사에 의해 서비스되고 있을 때, 건축주는 전체적인 설계와 시공 과정의 품질을 보장하는 데 초점을 맞추고 있는 프로젝트 리더십을 통해 이윤을 얻는다. 설계자 주도의 건설 경영의 목표는 프로젝트를 제시간에 정해진 예산으로 수행하기 위해 반드시 필요한 단계들과 과정들 간의 한결같은 통합에 있다.

설계자 주도의 CM 실무에서는, 건축회사가 프로젝트를 설계하고 실시설계도서를 준비하고, 건축주의 조언자 역할을 수행하고, 정해진 도급자들을 대상으로 입찰을 권유한다. 도급자들은 과거의 실적과 프로젝트의 영역을 토대로, 그리고 추가정보의 요구나 증가된 보상을 최소화할 수 있음을 보여주는 능력에 의해 선출된다.

CM 프로젝트는 하나 또는 소수의 주 계약자보다 일반적으로 하도급자로 일컫어지는 10명에서 15명의 주 계약자를 고용하게 된다(예, 콘크리트, 구조강, 조적, 건식 벽체, 페인팅 등). 건축회사는 프로젝트 건축가가 공사단계관찰을 포함한 건축 서비스를 계속 제공하는 동안, 주 계약자들의 작업을 조정하기 위해 건설 경영자를 제공한다. 공사 계약자는 건축주와의 계약에 남아있고, 건축가-건설 경영자는 건축주의 조언자로 그리고 계약관리자로 일하게 된다. 건축주는 매일 현장대표와 집중된 책임감을 통해 이익을 얻고, 건축가는 제때, 정해진 예산으로 높은 품질의 프로젝트 결과를 얻기 위한 과정에서 늘어난 보상금과 책임을 통해 이윤을 얻는다.

설계자 주도의 CM 서비스의 가장 큰 장점은 건축주의 돈을 절약할 수 있다는 것이다. 많은 회사들이 건축주가 도급업체의 간접비와 이윤, 고용된 프로젝트 관리자를 위한 비용의 제거로 7~15퍼센트의 프로젝트 공사비용의 절약이 가능했다는 보고를 하고 있다. 도급업체의 간접비와 이윤이 차지하는 부분은 프로젝트 관리 비용으로 대체된다. 건축가가 CM 서비스를 제공할 때 프로젝트 관리 비용으로 지불되어야 할 상당히 많은 돈이 CM 서비스에 대한 대가로 건축가에게 지불될 수 있다.

건축가의 CM 서비스에 관계된 건축주의 염려. 건축주는 건축가가 제공하는 CM 서비스에 대해 몇가지 염려를 가질 수 있다.

---

1) 역주: 국내의 감리업무는 감독이라는 용어가 일반적이나 AIA는 관찰(observation)과 감독(supervision)을 구분하고 있다.

위험 vs. 보상: 프로젝트 수행 대안

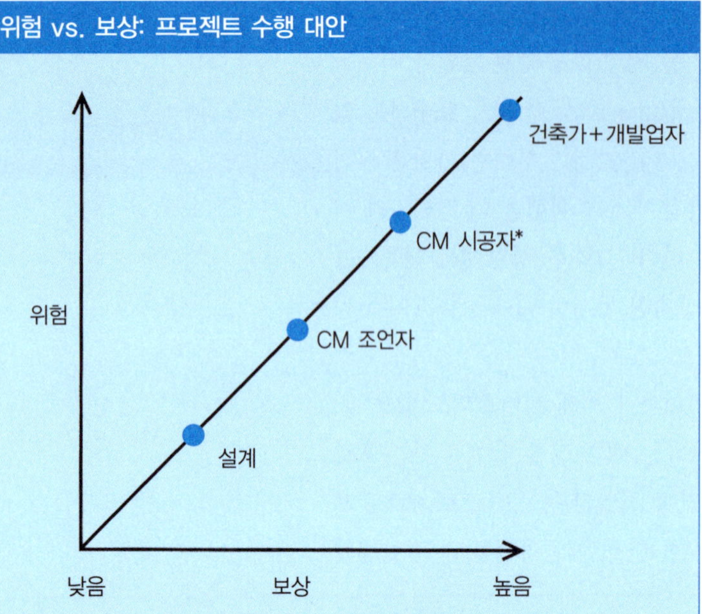

위험과 보상은 다양한 프로젝트 수행 선택에 따라 다르다. 건축가가 설계에만 관여한 서비스는 위험과 보상 모두 낮은 수준에 머무를 수밖에 없다. 반면 건축가가 개발업자로서 프로젝트에 참여할 때는 가장 높은 위험과 보상이 따른다. 그 중간이 조언자로서 CM에 참여하거나 도급자로서 CM에 참여하는 경우이다. 전자에서는 건축가가 CM 서비스를 단독으로 또는 설계 서비스와 조합된 형태로 제공할 수 있다. 도급자로서 제공하는 CM 서비스는 실무적으로는 설계-시공 서비스와 같은데 표준 건축서비스에서는 벗어난다. 이러한 접근에서 건축가는 높은 위험을 감당해야 하지만 더 많은 이윤을 창출할 기회를 얻을 수 있다. 도급자로서의 CM의 대안은 개발업자가 되려는 건축가로부터는 벗어나 있다.

행정상 건축주의 조언자로서 CM 서비스를 제공하는 일은 기본설계 서비스를 제공하는 일과 본질적으로 같다. 건설 경영자가 설계에 책임을 가진 건축가를 보호하려고 할지도 모르는 이해의 대립은 건축주의 대리자로 회의와 시공 결정에 참여함으로서 경감될 수 있는지에 관심이 있다. 경험은 조언자로서의 건축가인 건설 경영자가 건축주의 최선의 지향하는 바를 위해 작업할 의무를 가지고 있는 고객의 대리자로서 전문 서비스를 제공한다는 사실을 고객이 빠르게 인정하게 한다.

공사를 관리 경영하는 데 많은 전문성을 지니고 있는 건축주는 프로젝트를 수행하기 위해 시공자인 건설 경영자를 선호할 수 있다. 그러한 계약 관계에서 도급자 건설 경영자로서 봉사하는 개인은 하도급업체와 계약을 맺는다. 이 개인이 건축가라면, 이런 방법은 설계와 공사에서 하나의 계약을 갖고 있는 디자인-빌드 수행 방식과 위험과 보상 면에서 유사하다. 도급자 건설 경영자 방식을 자주 사용하는 회사는 그 방식이 설계와 시공을 전문 서비스를 강조하기 때문에 선호한다.

기술

처음으로 CM 서비스를 제공하는 회사는 문화적 변화를 겪어야만 한다. 이러한 변화를 위한 기초 작업으로서 회사가 CM 서비스를 제안함으로써 발생할 수 있는 위험, 보상, 자금 관리 등에 관련된 사업계획전략을 준비하는 것은 권장할 만하다. 이를 위해 회사는 다음을 따라야 한다.

- 경쟁력 있는 CM 서비스를 제공하기 위해 필요한 기술을 산정한다.
- 위험 관리 계획에서 무엇이 필요할지 결정한다.
- 회사가 실무를 진행하는 지역의 건설 경영을 위한 법적 요구사항을 조사한다.
- 회사가 사용할 계약과 약정의 형식을 결정한다.
- 보험 요구 사항을 검토한다.
- 회사 조직의 가능한 변화를 고려한다.

회사들은 건축주와의 관계를 유지하기 위해 의무나 보상에 상관없이 수행한 CM 서비스를 시험해 보아야 한다.

• 고객에게 서비스를 제공하는 가치를 광고하기 위한 전략을 구체화한다.

종래의 건축 실무는 세 가지 중 하나인 조언자로서의 CM 서비스를 제공하는 방식으로 시작되었을 것이다. 회사는 미국건축가협회 문서 B801/CMa, 건축주와 조언자로서의 CM－건설 경영자가 도급자가 아닌 경우－간의계약을 위한 표준양식(AIA Document B801/Cma, Standard Form of Agreement Between Owner and Construction Manager-Adviser Where the Construction Manager Is not a Constructor)에 기술되어 있는, 서비스를 수행하는 계약을 체결할 수 있고, 용역을 위해 회사 내부의 전문가를 사용할 수 있다.

대안으로 회사가 B801/CMa에 포함되어 있는 서비스를 수행하기 위해 전문가를 고용할 수 있다. 이 경우에는 전문가가 CM 서비스에 능력이 있는 다른 건축가이거나 또는 건축 회사가 행정상의 업무를 계속 처리하는 동안 현장의 실무를 담당하도록 하도급을 할 수 있는 신뢰할 수 있는 계약자가 될 수 있다(이는 전체적인 건축 기술 서비스가 계약되었으나 사무실내 기술자가 없을 경우 기술 전문가를 고용하는 것과 유사하다).

제3의 선택은 회사가 서비스를 수행할 능력이 있는 새로운 직원을 고용하는 것이다. 이 대안이 선택된다면, 건축가는 새로운 직원을 선발하는 데에 모든 잠재된 긍정적 요소를 무시할 수 있는 문화적 태도의 차이를 야기하지 않을 수 있도록 조심해야한다.

건설 경영을 위해 요구되는 기술들. 행정적인 측면에서의 통찰력은 건설 경영자가 가져야 하는 가장 중요한 기술이다. 서로 분리된 수많은 계약을 관리하는 일은 좋은 사업 수완, 인사 능력, 조직적 재능을 필요로 한다. 프로젝트 업무를 제때에 정해진 예산 내에서 수행하기 위해서 계약자들의 업무를 조율하는 일은 건설 경영자의 가장 중요한 업무이다.

내역, 시방서 작성, 공정, 관찰, 그리고 문서 작성은 역시 중요한 CM 활동이다. 이러한 전문 기술이 매우 중요하기 때문에 CM 서비스를 제공하기 원하는 회사는 건축, 기술, 또는 건설 경영에 전문학위가 있는 건설 경영자를 고용하는 것이 바람직하다. 직업의 전문성을 갖는 데 더해서, 건설 경영자는 듣는 데 자연스러워야 하고, 타고난 시장 관리자이며, 예리한 타협 기술의 소유자, 분쟁 관리자로서 업무를 편안하게 진행할 수 있는 사람이어야 한다. 이러한 능력의 조화는 평정심을 가진 특별한 성격을 요구하기도 한다.

건설 경영자는 업무를 조정하기 위해서 설계와 시공 과정에 충분히 친숙해야만 한다. 현장 경험이 있는 사람들은 업무의 조정을 이해할 수 있어야 하고 주저 없이 계약자의 질의에 답할 수 있어야 한다. 주도급 회사에서 훈련받은 사람은 건축주와 전문서비스 관계를 관리하는 데 필요한 기술을 갖지 못했을 수 있고 오히려 계약자의 의견에 관심을 기울일 수 있다.

설계자 주도의 CM 서비스에 성공적인 회사들은 설계와 CM 관계자들의 협동을 추구하여 업무를 통합할 수 있다. 프로젝트 건축가와 건설 경영자를 물리적으로 가까운

▶ CM 서비스를 제공하는 건축 회사에서는 설계 건축가가 프로젝트의 모든 단계에 책임을 갖고 있다는 것을 직원들에게 주입시키는 것이 중요하다. 많은 시공상의 결정들이 건설 경영자에게 맡겨질 수 있고 건설 경영자는 계획과 시방서를 준비하는 작업에 능동적으로 참여해야 한다. 그럼에도 불구하고 최상의 결과는 설계 건축가가 프로젝트의 영역과 품질을 조정하는 위치에 남아 있을 때 얻어질 수 있다.

곳에 배치하는 것은 협업 정신을 발전시키는 데 도움이 된다.

CM 서비스를 제공하는 회사는 유능하고 적절한 행정 지원을 갖고 있어야 한다. 건설 경영의 주요 도전은 제시간에 업무의 진척과 계약을 관리하는 데 관련된 많은 양의 문서작업이다. 건설 경영의 일반 업무는 시공 계약서를 작성하고, 계약자의 월 공사 기성의 요청을 검토하고, 정확한 문서를 유지하며 그리고 공사진척 보고서를 준비하는 것이다. 훌륭한 행정 보조자 또는 인턴 건축가, 교육 중인 건설 경영자가 경험 있는 건설 경영자를 도와서 더 많은 일을 수행할 수 있게 할 수 있다.

실무에서의 인터넷 사용(12.2)은 시공 중 프로젝트의 웹사이트의 사용에 대해 논하고 있다.

도구와 자원. 건축 사무소가 표준 워드프로세서와 스프레드시트 컴퓨터 프로그램을 보유하고 있다고 가정했을 때, 건설 경영의 기본 서비스를 위해서 더 필요한 것은 거의 없다. 하지만 인터넷과 정보 기술 하드웨어와 소프트웨어가 복합적인 CM 서비스를 필요로 하는 건축주를 위해서 나타나고 있다. 세심한 건축주들은 자신들의 건설 경영자에게 고객과 건축가, 상담인, 계약자들 사이의 빠른 디지털 정보의 교환을 위하여 프로젝트 웹사이트를 사용하도록 요구할 수 있다. 사이트는 하루하루의 업무 진행과 즉각적인 주의를 필요로 하는 공사관련 이슈들을 추적하는 데 사용할 수 있다.

프로세스

건설 경영 서비스는 건물 설계, 실시설계도서 작성, 공사 조달, 그리고 시공과 연관된 업무와 행위들과 연계되어 있다. 건설 경영의 범위와 접근은 대체로 건설 경영 서비스를 제공하는 회사와 건축주 간에 고려된 계약 관계에 의해서 결정된다. 이러한 관계들은 미국건축가협회의 건설 경영 문서의 세 가지 종류의 형식으로 묘사되고 표현된다.

미국건축가협회의 문서

미국건축가협회 계약 문건들은 건축가의 고객이 CM 서비스를 위해 계약할 때 사용하는 세 가지 방법을 기술하고 있다: 조언자로서의 건설 경영자, 도급자로서의 건설 경영자, 설계서비스와 함께 CM 서비스를 제공하는 건축가.

조언자로서 건설 경영자. 이 프로젝트 수행 방식은 건축가의 의무가 건축주의 조언자 역할을 하는 것이고, 어떤 경우에서도 건축주를 대신하여 건축주의 최선의 이해관계를 고려해야 하는 건축주와 건축가의 종래적인 관계와 유사하다. 건축가는 B141, A101, A201의 미국건축가협회의 문서와 친숙하다. 이들 문건에 덧붙여있는 CMa 지정은 조언자로서의 건설 경영자의 책임과 의무를 인지하기 위해 더해진 규정들을 반영하고 있다.

조언자로서의 건설 경영자는 건축가가 될 수도 있고 도급자와 같은 건축가가 아닌 개인이 될 수도 있다. 따라서 건축가가 아닌 건설 경영자 또한 이 일련의 문서를 사용할 수 있다. B801/CMA는 조언자로서 건설 경영자의 의무와 책임을 조심스럽게 규정

왜 CM 서비스를 제공하는가?

건축 회사가 건설 경영을 회사의 서비스로서 제공해야 하느냐의 결정을 할 때에 고려해야 할 찬성과 반대의 의견이 있다. 일반적으로 긍정적인 측면이 많고 걱정하는 쪽이 소수이다.

CM 서비스를 제공하는 데서 오는 이점

건축 회사는 건축주에게 CM 서비스를 제공하면서 많은 혜택을 얻을 수 있다. 가장 분명한 것은 수익성의 증진 회사가 이미 제공하고 있는 서비스와의 적합성, 개선된 문서화, 내역, 공정기술, 시장성 있는 서비스의 확장, 위기관리항목에 대한 보다 깊은 관심이다.

수익성의 증가. 건축서비스로서 건설 경영(CM)을 제공함으로써 얻는 주 혜택은 이윤의 증가 가능성이다. CM 서비스는 많은 이유에서 잠재적인 많은 이익을 제공한다. 기존 건축주를 위한 서비스의 영역을 넓히는 것은 최소한의 마케팅 노력으로 회사의 수익을 증가시킨다. 작업중인 프로젝트의 수를 늘리지 않은 채 폭넓은 서비스를 제공하는 일은 회사가 보다 효율적이고 생산적일 수 있게 한다. 건축가가 공정을 관리할 때 CM 프로젝트는 일반 프로젝트보다 훨씬 빠르게 완성될 수 있다-대부분의 경우 최소 25퍼센트 정도 빠르다. 건설 경영자가 매일 프로젝트와 함께 하기 때문에 프로젝트는 빨리 끝날 수 있고 프로젝트 건축가는 시간 소모적인 많은 시공 관련 문제에서 벗어나 보다 빠르게 다음 프로젝트에 착수할 수 있다. 설계 서비스의 효율성과 수익성이 증가되는 것이다. 마지막으로, CM 서비스는 본래 수익성이 있다. 한 명의 건설 경영자는 행정보조자들의 약 1/3의 시간 동안 공사의 4 내지 6백만 달러를 관리할 수 있다. CM 서비스의 요금은 지역마다 다르고 수익성은 프로젝트의 크기나 복잡성에 다르지만, 전체수입의 50퍼센트에 다다를 수도 있다.

고객과 직원을 위한 자연스러운 변화. CM 서비스를 고려해야 하는 다른 이유는 종래의 실무와의 결합의 용이성이다. 종래의 서비스로부터의 주된 변화는 공사가 하나의 주계약자보다는 다중 입찰계약으로 구분되고 건축가가 도급회사의 주 현장감독관을 다수의 계약자의 노력을 조율하기 위한 건설 경영자로 대체하는 것이다. 이런 변화는 만들기 어려운 것은 아니다. 어느 정도 건축가는 이미 부가적인 보상 없이 CM과 관련 서비스를 제공하고 있다.

회사의 문서, 내역, 공정관리기술의 고도화. CM 서비스를 제공하는 것은 회사의 기술을 고도화하게 할 수 있다. CM 경험은 입찰조건, 현장문제들, 그리고 공사수단과 방법에 대한 설계직원의 지식을 증가시킨다.

또한 프로젝트 도면과 시방서의 품질을 높이고 내역산출의 정확성을 높일 수 있다.

마스터빌더로의 귀환. CM은 전통적으로 마스터빌더로서 제공된 서비스의 넓은 영역을 재건할 수 있는 기회를 제공한다. 계획가, 기술가, 실내 디자인, 개발업자, 주방과 욕실 전문가, 시방서 작성가, 프로젝트 관리자, 건설 경영자가 건축주에게 과거 건축가가 담당했던 서비스의 영역을 모두 제공한다. CM 서비스의 제공은 포괄적인 서비스를 제공할 수 있는 건축가의 능력에 대한 건축주의 신뢰를 새롭게 할 수 있고, 최근에 다른 사람들에 의해 수행된 전문 서비스의 조항을 열 수 있게 한다. 회사는 직원에게 공사에 관련된 기회를 제공하는 것이 회사에게 좁은 인력 시장에서 새로운 직원을 찾는 데 도움이 되고 있다고 보고하고 있다.

건축 용역의 향상된 마케팅. 마케팅은 CM을 서비스로 추가하는 이유이자 고려해야 할 점으로 고려되어야 한다. 우선 집중된 책임감, 낮은 공사금액, 그리고 빠른 프로젝트의 수행을 찾는 건축주에게 CM 서비스를 판매하는 것은 분명히 쉽다. 건축주가 CM 서비스에 관심이 없다고 하더라도 건축가의 CM 경험은 설계 서비스를 제공할 때의 강점이 될 수 있다.

CM 서비스의 마케팅에 있어서의 한 가지 우려는 고객일 수도 있는 개발업자와 대형 도급회사들에 대한 일부 건축가들의 두려움이다. 본래 이러한 '오래된 친구'들과는 낮은 자세를 유지하는 것이 좋은 생각일 수 있지만, 일단 CM 서비스가 성립된 후에는 건축가의 수익성과 증가된 수익은 개발업자 또는 시공자 주도의 프로젝트에서 실현된 어느 수익보다 높아질 것이다.

향상된 위기 관리. 회사는 CM 서비스를 제공함으로써 전문가 책임위기를 관리하는 능력을 개선할 수 있다. 전문가 책임을 관리하기 위해서는 회사의 대리인이 현장에서 매일 일보를 작성하고, 공정을 조율하고, 그리고 더 중요한 것으로 분쟁이 일어나기 전에 해결하는 것보다 더 좋은 방법은 없다. 이러한 기술은 생각보다 전문가 책임을 더 감소시킨다. 많은 회사들이 CM 서비스를 제공하면서 보수가 두 배 또는 세 배로 늘어났다고 보고하고 있다. 전문가 책임 정책은 주로 보수에 대해 계약이 되는 반면, 그러한 회사들은 이익은 마찬가지라고 보고하고 있다.

이러한 사실은 전문가 책임보험 회사들이 CM 서비스를 제공하는 설계회사들의 긍정적인 효과를 인식하고 있다는 것을 의미한다. 그들의 문서는 향상되고, 소송이 일어나거나 종전의 분쟁해결 방법이 적용되기 전에 분쟁을 초기에 해결하는 데 더 훌륭하다.

공통 고려사항

건설 경영을 서비스로 제공해야 하느냐를 결정할 때 회사가 공통적으로 언급하는 관심사 중 가장 큰 것은 관련된 위험요소이다. 가장 고려되는 세 가지 영역은 전문가 책임과 일반책임(또는 보험될 수 있는 위험) 그리고 현장 안전, 도급자로 활동할 때 고정비용 계약 또는 법과 규정의 위반에 따른 단속 기관의 벌금을 포함한 보험이 안되는 위험들이다.

전문가책임과 일반책임 모두 적절한 보험으로 보장받을 수 있다. 전문적으로 CM은 설계와 같은 건축서비스이고 표준전문가 실무책임보험정책으로 보장받을 수 있다. 일반책임은 도급회사들을 위한 표준일반책임보험정책으로 보장받을 수 있다(회사는 자신들

(계속)

의 활동이 적절하게 계약되었다는 사실을 보증하기 위해 보험전문가에게 문의해야 한다. 대부분의 보험회사가 상당한 보험료를 절약할 수 있지만 비슷한 정도의 보상을 제공하는 관리 도급자 범주(a supervisory constructor category)의 서비스를 제공하고 있다).

계약에 의해서 현장의 안전에 관한 책임은 공사 계약자에게 있다고 하더라도, 건축회사가 대리인의 책임을 갖고 CM을 계약했다면 현장의 안전은 상당히 추가된 위험을 야기할 수 있다(최근의 OSHA 체제는 그러한 생각에 반대하고 있지만, 설계자는 대리인으로서 일할 때 자기자신이 계약적으로 현장의 안전에서 벗어나기 위해 노력해야 한다). 회사가 시공에 책임을 가진 CM 관리자로서 계약을 했다면 현장 안전은 주요한 고려사항이고, 회사의 사업 계획은 그러한 새로운 위험에 대해 고려해야 한다. 모든 경우에서 빈틈 없는 회사들은 CM 서비스를 제공하는 것과 연관된 위험들의 관리를 위해 법과 보험에 관계된 상담을 받을 것이다. 왜냐하면 보상이 위험을 초과할 수 있기 때문이다. CM 서비스를 제공하려는 회사는 건물 환경의 혁신적인 촉진자가 될 것이고 전문적, 재정적인 보상이 뒤따를 것이다.

하고 있다. 서비스를 위한 두 개의 계약서—건축 서비스를 위한 계약서와 공사 관리를 위한 계약서—는 건축가로 하여금 건축주에게 명백하게 두 가지 종류의 서비스를 분명하게 예시하고 각 서비스를 위해 적절하고 충분하게 설명할 수 있게 해준다. 마찬가지로 CM 서비스를 위한 두 번째 계약의 사용은 건축 회사가 설계 서비스를 제공하지 않은 프로젝트에 대해서도 CM 서비스를 제공할 수 있게 한다.

도급자로서의 건설 경영. 이 부분의 주요 문서, A121/CMc, 건설 경영자가 역시 도급자일 경우의 건축주와 건설 경영자 사이의 계약을 위한 표준 양식(Standard Form of Agreement Between Owner and Construction Manager Where the Construction Manager Is Also the Constructor)은 미국건축가협회(AIA)와 미국건설연합회(Associated General Contractors of America, AGC)에 의해 함께 작성되었다. 그리고 건설 경영자가 보장된 최고 금액(Guaranteed Maximum Price, GMP)을 제공할 때 사용될 목적으로 작성되었다. A131/CMc는 GMP가 없을 때 도급자로서의 건설 경영자를 위한 계약이다. 이 문서를 만든 미국건축가협회의 목표 중 하나는 계약자가 직접 건축주에게 CM 서비스를 제공할 때 건축주와 계약자의 관계에 영향을 미치기 위해서이다.

또한 건축가들도 자신이 설계한 프로젝트이든지 다른 건축가가 설계한 프로젝트이든지 간에 GMP를 포함한 CM 서비스를 제공하기를 희망할 수 있다. 하지만 건축가가 A121/CMc 문서를 이용할 때는 몇 가지 책임의 문제에 관한 매우 중요하고 심각한 변화가 건축가와 건축주의 관계에 적용될 수 있다. 건축가들은 반드시 이러한 차이점을 수용할 것인지를 심각하게 고려해야 한다. 우선, A101과 A201 문서에 설명되어 있는 건축주와 도급자의 계약의 표준에서 볼 수 있듯이 공사의 도구와 방식에 대한 동일한 책임을 표현한다. 건축 회사가 이러한 책임을 인정하게 되면 전문가 책임보험이 생략될 수 있다. 하지만 보험의 적용은 여전히 가능하고 도급회사를 위한 일반 책임보험과 같은 장치도 이용할 수 있다.

A121/CMc 문서를 이용하는 건축가에게 필요한 또 다른 책임은 현장 안전이다. 전문가적 책임보험은 이러한 위험에 대한 보장은 하지 않지만, 도급회사의 책임보험 정

건설 경영 서비스를 위한 미국건축가협회 문서			
문서명	**조언자 CM**	**도급자 CM**	**건축가CM**
건축주-공사 도급자 계약서	A101/CMa	건축주-건설 경영자 계약을 참고	A101
건축주-건축가 계약서	B141/CMa	변경된 B141	B141 amended by B144/ARCH-CM
건축주-건설 경영자 계약서	B801/CMa	A121/CMc 또는 A131/CMc	건축주-건축가 계약서 참조
일반 조건들	A201/CMa	A121/CMc 또는 A131/CMc에 의해 변경된 A201	A201
보완 조건들에 대한 가이드	A511	A511	A511
입찰자를 위한 안내	A701	A701	A701
설계변경	G701/CMa	A121/CMc 또는 A131/CMc를 참고	G701
비용청구	G702/CMa G703	A121/CMc 또는 A131/CMc를 참고	• G702 G703
실질적인 완공 증명	G704/CMa	A121/CMc 또는 A131/CMc를 참고	G704
공사 변경 지령	G714/CMa	A121/CMc 또는 A131/CMc를 참고	G714
프로젝트 비용 청구	G722/CMa G723/CMa	A121/CMc 또는 A131/CMc를 참고	None

주: 공사비 내역 서비스는 도급자로서의 건설 경영자에 의해 수행될 것이다. 일반적으로, 건축주는 도급자로서의 건설 경영자를 검토하기 위한 다른 의견을 원할 때의 경우가 있을지 모르지만 그러한 노력을 건축가가 반복하길 원하지 않을지도 모른다.

책은 보장을 제공할 수 있다. 도급자들에게 쉽게 일반적으로 수용될 수 있는 다른 계약양식의 의무와 책임은 A121/CMc에 포함되어 있으나 건축가에 의해서도 쉽게 제공될 수 있다. 따라서 건축가들은 건축회사가 도급자로서 건설 경영 서비스 제공을 가정할 때의 위험을 명확하게 이해시키기 위해서 A201과 함께 A121/CMc의 건설 경영자가 역시 도급자일 경우의 건축주-건설 경영자 간의 약정, A121/CMc의 공사를 위한 계약의 일반 조건들을 조심스럽게 연구해야 한다.

설계 서비스와 함께 CM 서비스를 제공하는 건축가. B144/ARCH-CM은 건축가가 일반 건축 용역의 일부로서 건축주와 공사 관리 계약을 맺는 것을 쉽게 하는 것을 목적으로 하고 있다. B144/ARCH-CM 문건은 B141, 건축주와 건축가 간의 표준 계약 양식의 수정조항으로 사용된다. B144/ARCH-CM에 포함된 내용은 B801/CMa, 조언자로서의 건설 경영자와 건축주 사이의 약정 내용과 매우 유사하지만 다소 생략된 양식이다. 이 수정조항은 기존 B141의 변경에 불구하기 때문에 설계-입찰-시공의 관습적인 작업에 사용되는 다른 공사행정 문건들이 사용될 수도 있다. 이 문건의 분명한 이점은 기존의 익숙한 문서의 변경이 CM 서비스를 제공하는 건축 회사에 요구되는 전부라는 것이다.

다른 한편으로는 이 B141의 개정안의 단순성은 건축주가 서비스의 가치에 대한 의문을 갖게 할 수 있다. 그에 대한 대답으로 건축가는 시장 가격 이하의 보상으로 타협하고 CM 조언자 서비스를 제공할 수도 있다. 몇몇 회사들은 앞서 설명된 두 가지 계약－건축 서비스를 위한 계약과 CM 서비스를 위한 계약－을 사용하기도 하는데, 이러한 방식은 건설 경영을 건축가의 기존 계약에 덧붙이는 방식보다 토탈 서비스가 각각의 분야에 제공되고 있음을 보다 명확히 보여준다. 이러한 구분은 각각의 서비스를 위해 정당한 보상을 협의하는 데 편의를 제공한다.

마지막으로 CM 서비스를 계약하는 방식이 정해졌으면 그 프로젝트를 위해서는 같은 종류의 문건만을 사용해야 하는 것이 중요하다. 서로 관련없는 유형의 다른 양식의 문서가 뒤섞여 사용되면 심각한 법적 문제가 발생할 수 있다.

과정활동과 단계

건축가가 서명해야 하는 건설 경영자는 건축가와 건축주는 계약의 특정한 양식의 요구를 신중하게 검토해야 한다.

덧붙여진 건설 경영 검토 목록은 적절한 CM 서비스를 수행하는 데 관련된 활동들과 단계들을 보여주고 있다. 검토 목록은 B801/CMc, 건축주-건설 경영자 계약서나 B114/ARCH-CM, B141의 개정 안에 기술된 의무와 요구조건을 바꾸는 것을 목적으로 하지 않는다. 오히려 검토 목록은 프로젝트 발전을 위한 활동과 과정을 보여준다. 활동은 주요 프로젝트의 두 가지 단계－착공 전과 후－내에서 체계화되었다. 착공 전 과정은 일반적으로 전체 CM 서비스의 20퍼센트 정도의 내용을 차지하고 착공 후 서비스는 나머지를 차지한다.

추가적인 정보

성공적인 설계자 주도의 CM 프로젝트의 사례연구는 미국건축가협회의 건설 경영과 디자인-빌드 PIAs에서 출판한 **프로젝트 수행보고(the Project Delivery Reports)**의 마지막 부분에서 찾을 수 있다. 그 내용은 또한 AIA 웹사이트 www.e-architect.com의 "Professional Interests" 부분의 PIA 지식센터목록(Knowledge Center Directory)을 통해 얻을 수 있다.

미국건축가협회의 오하이오지부는 **오하이오주 내에서의 공공 프로젝트 공사의 경영(Managing Public Construction Project in Ohio)**이라고 명명된 백서를 발간하고 있다. 내용은 웹사이트 www.aiaohio.org에서 열람이 가능하다. "처음부터 끝까지의 효과적인 경영을 위한 주요 방법들(A Primer on Methods for Effectively Managing the Process from Beginning to End)"이라는 부제가 붙은 백서는 어떤 종류의 프로젝트가 본래 설계 계약에 덧붙여서 건축가를 시공 관련 서비스에 고용하고 CM 관련된 책임을 규정하면 혜택을 얻을 수 있는지에 대한 논의를 하고 있다. 목표는 중복된 책임을 최소화하고 시간 지연을 줄이고 비용을 낮추는 것이다.

건설 관리 점검표

시공 전 단계

- [ ] 전반적인 CM 책임 사항들을 검토한다.
  - [ ] CM이 도급자가 아닌 경우의 건축주-조언자 로서의 건설 경영자의 계약을 위한 표준 양식 B801/CMa 를 읽는다.
  - [ ] 건축가가 건축주의 조언자로서 건설 경영 서비스를 제공할 경우의 건축주-건축가의 계약을 위한 수정된 표준 양식 B144/ARCH-CM을 읽는다.
  - [ ] 공사-조언자로서의 건설 경영자를 위한 계약을 위한 일반 조건들 A201/CMa AIA를 읽는다.
- [ ] 프로젝트 프로그램을 검토한다.
- [ ] (프로젝트 건축가와 건축주를 위해서) 초기평가를 제공한다.
  - [ ] 건축주의 프로그램
  - [ ] 프로그램 일정
  - [ ] 공사비 예산
- [ ] 초기내역을 준비하거나 도와준다.
- [ ] 대안재료나 시스템에 대해서 비용 평가를 제공한다.
- [ ] (요청에 의해) 프로젝트 건축가에게 다음의 조언을 한다.
  - [ ] 제안된 대지의 사용
  - [ ] 자재의 선택
  - [ ] 건물 시스템과 장비
  - [ ] 자재와 노동자들의 사용 가능성
  - [ ] 입찰, 설치, 시공을 위한 시간 요구 사항
  - [ ] 가능한 경제성
- [ ] 프로젝트 일정을 갱신한다.
- [ ] 비용 계산을 갱신한다.
  - [ ] 계획설계 단계
  - [ ] 기본설계 단계
  - [ ] 실시설계 단계
- [ ] 시공성, 비용, 공정에 영향을 끼칠 수 있는 설계상세에 관한 조언을 프로젝트 건축가에게 한다.
- [ ] 임시 프로젝트 시설 - 프로젝트 건축가에게 추천한다.
- [ ] 안전 프로그램 - 건축주에게 책임의 소재에 관한 정보를 제공한다. (예, 각 계약자들은 안전에 책임이 있다)
- [ ] 입찰 품목에 관한 준비
- [ ] 공정표를 준비한다. (시방서에 포함한다)
- [ ] 필요한 경우 전문가나 시험 연구소를 결정하는 데 건축주에게 보조한다.
- [ ] 노동력의 유용성을 분석하고 추천한다.
- [ ] 동등한 고용 기회의 요구 조건을 검토하고 시방서 작성자에게 조언을 한다.
- [ ] 시방서를 검토한다. (필요하다면 작성을 돕는다.)
- [ ] 프로젝트 건축가의 검토를 위해서 예상되는 입찰자 목록을 준비한다.
- [ ] 입찰자의 관심사를 개발한다.
- [ ] 필요하다면 입찰 전 회의를 한다.
- [ ] (프로젝트 건축가와 함께) 입찰을 받는다.
- [ ] 입찰 색인표를 준비한다.
- [ ] 프로젝트 건축가와 함께 입찰의 수용 또는 거부에 관련된 조언을 건축주에게 한다.
- [ ] 공사 계약을 준비하고 계약자와 건축주의 서명을 받는다.
- [ ] 건축 허가를 받는다.

시공 단계

- [ ] 프로젝트 진행의 공지와 함께 각 계약자의 공사 계약의 사본을 돌려준다. 계약자의 안전 책임에 대해 상기시킨다.
- [ ] 시공 전 회의를 개최한다.
- [ ] 건축주와 프로젝트 건축가, CM, 계약자들에게 프로젝트 요구사항을 소개한다.
  - [ ] 프로젝트 건축가에 의한 프로젝트 설명
  - [ ] 건축주에 의한 프로젝트 목표
  - [ ] 시공 일정의 중요성
  - [ ] 현장 상태 - 자재 보관 등등
  - [ ] 임시 시설 - 현장사무실, 전화, 전기, 물 등
  - [ ] 비용신청서
    - 복사물의 숫자:
    - 제출 날짜:
    - 예상 지불 일정:
    - 승인된 사본은 계약자에게 전달될 것이다.
  - [ ] 계약자 안전 프로그램
  - [ ] 주간진행 회의(시간과 날짜의 결정)
  - [ ] 그 밖의 사항
- [ ] 시공 전 회의록을 건축주와 프로젝트 건축가, 모든 계약자들에게 나눠준다.
- [ ] 자재와 장비의 운반
  - 4~8주 중으로 필요한 모든 아이템
  - 매주 월요일에 검토
- [ ] 주간 진행 회의를 실시한다.
  - [ ] 현재 현장에 있는 계약자들의 참여를 요구한다.
  - [ ] 2~4주 전 도급자들이 참석하도록 격려한다.
  - [ ] 프로젝트 건축가가 참여해야 한다.
  - [ ] 건축주의 대리인도 초대한다.
  - [ ] 안건
    - 날짜와 요일, 회의의 길이를 기록한다.
    - 참가자의 이름을 기록한다.
    - 진행 상황의 간략한 정보를 덧붙인다.
    - 다음주나 그 다음주의 작업 일정을 검토한다.
    - 협조상의 문제를 검토한다.
    - 시공상의 문제를 검토한다.

- 잠재적인 설계 변경을 확인한다.
- 다른 항목들
- 계약자의 안전 책임을 상기시킨다. (매달)

☐ 진행 회의록을 준비하고 사본을 건축주와 프로젝트 건축가, 각각의 계약자들에게 전달한다.
☐ 일지를 작성한다.
☐ 월별 비용 청구를 진행한다.
☐ 제작도를 검토하고 진행을 감시한다.
☐ 공정표에 실제 진행사항을 기록한다.
☐ 도급자가 현장을 깨끗하고 정리된 상태로 유지하는지를 확인한다.
☐ 현장에서 실시설계도서 세트를 보관한다.
☐ 준공도면을 위해 실시설계도서에 표시한다.
☐ 건축주가 구입한 장치와 가구의 반입, 보관, 설치를 위해 건축주를 돕는다.
☐ 현장 시험과 자재, 장비, 시스템 등의 시험을 관찰한다.
☐ 최종 전 검토 목록을 준비한다.
☐ 프로젝트 건축가와 함께 최종 검사를 한다.
☐ 건축주를 위해 각종 보증서의 사본을 보관한다.
☐ 기성의 최종 청구를 검토한다.
☐ 건축주에게 준공도서세트를 제출한다.

17.7 공사 조달

William C. Charvat, AIA, CSI

공사 조달 서비스는 건축의 계획을 물리적인 실제 모습으로 전환하기 위해 필요한 팀과 자원을 불러 모은다.

공사 조달 활동은 건축주가 적절한 공사 서비스를 얻을 수 있도록 돕는다. 건축가는 입찰 패키지를 준비하거나 제안서 또는 인증서를 요구하거나 선택, 협상과 계약체결을 돕는다.

대부분의 프로젝트에서 공사 조달 서비스는 설계, 실시설계도서 또는 공사 계약 관리와 같은 다른 건축 용역과 함께 패키지로 되어 있다. 하지만 고객들은 종종 공사 조달을 별도의 서비스로 선택하기도 한다. 전통적으로 그러한 선택은 프로젝트에 관련되어 있었으나 오늘날 증가하는 공사 조달 서비스에 대한 수요는 공사 관리와 디자인-빌드와 같은 대안적 수행 방식의 추세로 증가하고 있다.

공사 청구와 소송의 증가와 비용과 품질의 관리에 대해 늘어나는 관심의 경향은 공사 조달과정에 보다 큰 강조를 두게 되었다. 건축주는 공사 도급자가 실력이 있고, 서비스가 좋은 가격에 주어지고 그리고 비용이 드는 변경과 지체를 최소화할수 있도록 계약적으로 잘 조직화되어 있길 바란다.

> **요약**
>
> **공사 조달서비스**
>
> **왜 건축주는 이 서비스를 필요로 하는가?**
> - 내부 자원에 구속되지 않고 공사 조달을 조율하기 위해
> - 적절한 프로젝트 수행 방식을 선택하기 위한 전문가의 조언을 구하기 위해
> - 적격의 계약자를 선정하는 데 도움을 구하기 위해
> - 공사를 위한 적절한 가격을 확실히 하기 위해
> - 공사를 위한 보상과 계약의 체결을 돕기 위해
>
> **요구되는 지식과 기술**
> - 공사 조달 과정을 관리해본 경험
> - 공사 계약의 접근과 절차에 대한 지식
> - 프로젝트 설계 의도, 예산, 일정에 대한 이해
> - 공사 도면과 시방서의 지식
> - 대화와 타협의 유능한 기술
>
> **대표적인 진행 업무**
> - 프로젝트 수행 방식의 선정을 위해 건축주를 돕는다.
> - 공사 내역자와 변호사를 포함한 공사 조달팀을 구성한다.
> - 예상되는 입찰자를 확인한다.
> - 입찰 전 회의를 조직하거나 참여한다.
> - 입찰 서류의 준비를 돕는다.
> - 경쟁입찰을 검토하고 평가한다.
> - 협상된 제안을 얻기 위한 건축주의 도급자와의 면담을 돕는다.
> - 공사 계약을 체결한다.

건축주의 요구 사항

건축주들은 내부적으로 일을 할 수 있는 경험과 자원이 없을 때 또는 내부 자원을 업무에 투입시키지 않고자 할 때, 공사 조달 서비스를 찾는다. 복잡한 대형 프로젝트는 입찰 패키지의 많은 양의 조율 또는 제안서의 요청(RFPs), 그리고 견적의 요청(RFQs)과 같은 업무 사이의 높은 수준의 조정을 요구하는 많은 주 계약자와 계약을 필요로 할지 모른다. 종종 그러한 프로젝트는, 더더욱 조달

윌리엄 챠벳(William C. Charvat)는 Maitland, Florida의 국제 건축, 계획, 인테리어 디자인 회사인 Helman Hurley Charvat Peacock/Architects, Inc의 선임부 사장이다. 그의 업무는 복잡한 대형 프로젝트에 대한 프로젝트 관리, 시공, 그리고 문제해결에 집중되어 있다.

서비스

Part 4

과정의 더 큰 조율과 공사 조달팀의 더 높은 레벨의 노력이 필요한 단계와 패스트 트랙의 작업계획으로 시간이 촉박하다.

많은 건축주들이 프로젝트를 위한 최선의 수행 방식에 관하여, 수행 방식이 위험, 일정, 비용들에 영향을 준다는 것을 인식하며 건축가들에게 조언을 구한다. 또한 건축가는 입찰자 명단을 사전 선발하거나 타협된 조달을 위한 회사를 추천함으로써 자격 있는 계약자들을 선정하는 데 도움을 줄 수 있다.

건축주들은 종종 조달 과정을 최대한 조정하길 원하며, 입찰자 명단을 사전 승인하고 자격 있는 도급업체와 하도급업체의 선정을 확실히 하기 위해 계약자 선정 작업에 포함되고 싶어한다. 연구소와 같은 복잡한 시설을 건설하려는 건축주와 오랜 기간 건물을 소유하면서 그 건물을 점유할 건축주들은 보통 품질관리에 많은 관심을 보인다.

공사 조달과 밀접한 관계에 있는 두 가지 서비스에 대한 내용을 위해 실시설계도서-도면(17.4)과 실시설계도서-시방서(17.5)를 참고하라.

공적인 자금이 투입되거나 엄한 규정에 적용을 받는 프로젝트(예, 주의 검사를 받고 또는 소수민족이 소유하거나 여성이 소유한 사업참여요구가 있는 정부조달의 건강관리 시설들)에서는 규정을 지켜야 하는 필요사항들이 건축주들로 하여금 조달에 관한 외부의 도움을 찾게 하기도 한다. 이러한 건축주들은 시공의 품질을 유지하고 비용을 관리하면서 법적 요구 사항을 준수하는 데 신경을 쓴다.

건축주들은 명백한 입찰 또는 제안 요청 문서, 잘 성사된 공사 계약, 그리고 더 부드럽고 효과적인 공사 관리 과정 사이의 관계를 인식한다. 도면과 시방서는 두 유형의 문서의 필수적인 부분이기 때문에 건물을 설계하고 실시설계도서를 준비한 건축가는 특히 입찰, 제안 패키지와 법정 계약서를 준비할 충분한 자격이 있다.

다른 한편으로 공사 조달 서비스를 위한 시장의 경쟁자들은 건축가가 공사 조달 또는 공사 관리의 역할을 수행할 때 독립적으로 자신들의 일을 검토할 수 없다는 반론을 제기하기도 한다.

프로그램 관리에 전문화되거나 건축주의 프로젝트를 대행할 수 있는 회사들은 공사 조달 시장의 증가하는 영역을 차지하고 있다. 이러한 회사들은 자신들을 건축주를 대신하여 건축주가 유지하고 있는 계약을 통해 프로젝트를 관리하고 감시할 제3의 중립자로 지정한다. 프로그램 관리 회사의 서비스는 종종 공사 조달, 공사 행정, 시설 관리뿐만 아니라 프로젝트의 사업성 분석, 프로그래밍, 설계 관리, 프로젝트 실행 방식의 조언을 포함하기도 한다. 일반적으로 이러한 회사들은 설계와 시공 전문가들이 섞인 직원들을 보유하고 있다.

건축가-기술자와 기술자-건축회사들 외에 다른 공사 조달 서비스의 주 공급자는 공사 관리 또는 디자인-빌드에 전문화된 회사들을 포함한다. 공사 관리 회사는 건축주에 의해 이루어진 공사 계약을 관리한다. 디자인-빌드 회사들은 건축주와 설계와 공사 서비스를 제공하기 위한 계약을 직접적으로 체결한다.

공사 조달 서비스의 시장 가치는 제공된 패키지의 종류에 따라 다르다. 전통적인 설계 계약에 공사 조달 서비스를 덧붙이는 것은 보통 프로젝트에 대한 1~2퍼센트의 건축가 보수 인상을 가져온다.

입찰 가정

입찰을 준비하는 과정에서 몇 가지 가정들이 건설산업에서 만들어졌다.

- 건축주는 건축가가 계약 서류를 작성하는 과정에서 적절한 근면성, 기술, 판단력을 발휘하기를 기대할 수 있다–그래서 건축가에 따르는 도급자는 프로젝트의 의도된 목적에 따라 적절하게 프로젝트를 수행할 수 있다.
- 도급자는 실시설계도서에서 주어진 정보들이 포괄적이고 정확한 입찰을 위해 사용할 수 있을 정도로 믿을 만하고 적절하다는 사실을 기대할 수 있다.
- 도급자는 건축가가 프로젝트의 설계와 시공에 관련된 지방규정을 잘 알고 있고 계약 서류상 비용에 영향을 끼칠 수 있는 모든 알려진 특이 상황을 표시했다는 것을 기대할 수 있다.
- 건축가는 프로젝트의 입찰과 입찰자의 선정 과정 중 최선을 다함에 대한 건축주의 신뢰를 부여받는다 .
- 건축주는 입찰자가 정해진 시간과 장소에 입찰하지 못하여 필요한 경우에 입찰을 포기한다는 사실을 즉각 건축가에게 통보하기를 기대할 수 있다.
- 건축주는 모든 도급자가 신뢰 속에서 입찰에 참여하고 일을 진행하기 위한 검증된 감독자를 보유하고 있다는 사실을 기대할 수 있다.
- 도급자는 건축주가 신뢰 속에서 모든 입찰을 권유하고, 수령하고 평가할 것을 기대할 수 있다.

Walter Rosenfeld, AIA, CSI

기술

공사 조달 서비스는 넓은 범위의 지식과 기술을 필요로 하며 그 중 몇몇은 건축 설계와 시공을 통한 실무 경험과 조달 과정을 관리해 본 종전의 경험을 통해 발전된다. 프로젝트 관리 경험이 있는 선임 건축가는 조달을 협상하고 공사 계약을 작성하기 위해 필요한 공사과정의 발전된 협상의 기술과 지식을 개발하기 쉽다. 대부분의 건축가들은 실시설계도면과 시방서에 표현되어 있는 설계의도를 이해할 수 있는 능력 그리고 공급업체와 공사 도급자들과 대화할 수 있는 능력을 포함한 기본적인 기술을 갖추고 있다.

내역 산출가는 보통 예산 산정을 위해서 조달팀과 같이 일한다. 건설법에 정통한 훌륭한 변호사는 공사 조달팀에 없어서는 안될 존재이다.

공사 조달팀은 입찰 절차와 문서가 확실히 설계 의도를 반영하도록 하기 위해 대지 계획가, 조경 건축가, 건축가, 토목, 구조 전문가, 기계 전문가, 전기 기술자와 같은 다른 전문가들과 긴밀한 관계를 유지한다.

프로세스

공사 조달을 위한 업무의 영역에 영향을 끼칠 수 있는 요소는 계약 구조(즉, 설계-입찰-건설, 디자인-빌드 등), 시공 계약의 개수, 계약 체결의 시기, 패스트 트랙킹의 사용 프로젝트 수행 방법(9.1)은 어떤 건축 설계와 시공 서비스가 구성되고 제공되는가에 의한 몇 가지 대안에 대해 다루고 있다.

및 확장 등이다.

계약 조달에 포함되어 있는 기초단계는 준비 단계, 입찰자의 사전 승인, 입찰서류 준비, 입찰의 수령, 계약체결 등이다.

준비 단계

입찰과 협상을 위한 준비는 이상적으로 프로젝트 수행 방식을 선정하고 어떤 공사 계약이 구성되고 체결되고 지불될 것인지를 결정하는 프로젝트의 시작과 함께 시작된다.

계약 구조. 계약 구조의 사전 결정 요소는 다음을 포함한다.

- 공사가 분리되어 계약될 것인가 또는 설계 서비스와 함께 이루어질 것인가? 만약 후자(디자인-빌드)라면 공사 계약은 설계를 포함하고, 프로젝트 개발의 초기에 계약이 체결되게 된다.
- 얼마나 많은 공사 계약이 있을 것인가? 하나의 총도급 계약을 체결할 것인가 아니면 다수의 도급계약을 체결할 것인가? 다수의 주 계약들이 필요하다면 누가 그들을 조정하고 관리할 것인가—건축가, 건축주, 건설 경영자 또는 계약자들 중 한 명?
- 공사 계약은 언제 체결될 것인가—한 세트의 실시설계도서를 기초로 한번에, 아니면 소수나 몇몇 또는 다수의 입찰 패키지로 분리하여 몇 번에 걸친 계약을 할 것인가?
- 프로젝트가 입찰 패키지에 따라 분할된다면, 역시 패스트 트랙이 될 것인가? 즉, 후반 패키지의 설계 전 계약된 전반 패키지가 완성될 것인가?
- 공사를 위한 계약의 개요를 구성하기 위한 기초는 무엇이 될 것인가—실시설계도서의 전체, 또는 완성이 안 된 설계도서, 예를 들어 50%의 실시설계가 된 도서?
- 입찰, 협상, 공사과정에서 건축가의 역할은 무엇인가? 건축가가 건축주를 위해 공사 계약을 관리해야 하는가? 독립적인 건설 경영자나 프로그램 관리자가 존재하는가? 건축가가 건설 경영자로서 역할을 수행해야 하는가?

계약 체결 시스템. 계약 체결의 항목들은 수행접근의 결정에 관련되어 있다. 공사 계약이 협상에 의해 직접 체결될 것인가? 또는 경쟁입찰을 통해서 이루어질 것인가? 경쟁입찰이라면 공개로 할 것인가 아니면 초대받은 입찰자들로 제한할 것인가?

계약 보상. 보상은 정해진 금액인가, 요금에 비용을 추가할 것인가, 단위비용인가? 아니면 보장된 최고 가격의 형식 또는 인센티브 제인가?

시기. 계약이 협상될 것이고 만약 건축주가 시공자를 정할 준비가 되어 있다면, 시공자가 설계단계에 참여하는 것이 상식적이다. 입찰이 제한된 목록에 의해 선정된다면, 그 목록은 가능한 한 빨리 작성되어야 한다. 목록의 계약자들이 유효함과 건축주가 예상할 수 있는 경쟁의 정도를 산정하는 것은 민감하다. 프로젝트가 공개 입찰이라면, 가능한 시장 반응의 측정이 공고와 입찰을 위한 보다 적절한 시기를 정하는 데 도

움을 줄 수 있을 것이다.

입찰자의 사전 승인

일반적인 지명도, 재무능력, 검증된 능력, 작업의 품질, 그리고 이전 프로젝트 경험에 의한 입찰자의 사전 승인은 적절한 기준이 충족되었는지를 확인하는 데 도움을 줄 수 있다. 이 대안은 보통 제한된 입찰자 명단이 있거나 공공 자금을 사용하지 않는 프로젝트의 공개 입찰에 사용된다. 적용될 수 있는 법에 의존하면, 공공 프로젝트 또한 계약자의 사전 승인이 가능하다.

입찰 서류의 준비

건축가는 건축주에게 계약서의 종류와 예상되는 입찰자에 대한 조언을 제공하면서, 건축주를 위해 입찰 서류를 준비한다. 이 서류들은 자세하게 프로젝트를 설명하고 입찰과 시공이 이루어질 상태를 나타낸다. 입찰 서류는 일반적으로 다음을 포함한다.

사전 승인 검토 목록

미국건축가협회 문서 A305에 기초하여, 이 검토 목록은 도급자를 사전 승인하기 위해 필요가 되는 정보들을 수집하는 데 도움을 줄 수 있다. 질문을 신중하게 고려해야 한다–특히 답변으로 무엇을 하려 하는지를 고려해야 한다. 당신은 당신이 받은 것들을 평가하는 위치에 있는가? 당신은 정보를 증명하기 위해 전화나 회의 검토로 조회할 준비가 되어 있는가?

1. 기본 정보: 이름, 주소, 주 사무실, 사업의 종류(법인, 파트너십, 개인, 조인트 벤처 등). Dun & Bradstreet 보고서가 바람직하다.
2. 회사가 총도급회사로 사업에 임한 기간, 그리고 다른 이름으로 운영했는지 여부. 사업은 변화하고, 빈번한 사명의 변경은 불안정성을 의미한다.
3. 법을 위해서는 설립, 위치한 지역, 사무원의 이름. 그 법인은 프로젝트가 위치한 주에 등록되어 있는가?
4. 독립 소유자 또는 파트너십: 조직된 시기, 전체 또는 제한된 동업자들의 이름과 주소
5. 회사가 사업을 법적으로 승인받은 주와 사업 영역, 등록 또는 면허 번호, 가능하다면 파트너쉽 또는 상호 이름이 정리된 주.
6. 도급자 본인의 역량으로 수행된 일의 종류와 그 비율. 낮은 비율은 프로젝트에 대한 적은 투자를 의미한다.
7. 회사–또는 다른 회사의 파트너나 사무원으로서–가 계약된 어떤 업무에서 실패한 적이 있는가? 일반적으로 상세를 찾을 수 있고, 추적이 필요할 수도 있다.
8. 진행 중인 주요 프로젝트의 목록: 프로젝트의 이름, 건축주, 건축가, 계약 규모, 진행 상황, 완공 일정. 이러한 프로젝트의 건축가들에 대한 조사는 가치 있는 정보를 제공할 수 있다.
9. 최근 5년간 완공된 프로젝트들의 목록: 프로젝트의 이름, 건축주, 건축가, 초기와 최종 계약 금액, 완공 일자, 도급자에 의해 완성된 작업의 비용 비율, 그리고 정보 요청과 설계 변경의 요청횟수들. 몇몇 프로젝트를 찾아보는 것이 주문에 있을 수 있다.
10. 이 프로젝트를 관리하게 될 개인의 공사경력
11. 거래와 은행 기록. 조사가 필요하다.
12. 보증회사와 대리인의 주소와 이름. 회사의 보증능력이 얼마나 되는지? 현재 수행하고 있는 보증은 얼마나 큰가? 시험적으로 얼마나 뛰어난가? 회사의 현재 그리고 위임된 일들 중 얼마나 보증이 안되어 있는가?
13. 불평, 청구, 중재 요청, 그리고 최근 5년간 회사에 의해서(또는 회사에 대항하여) 발생한 법적 소송.
14. 최근 5년간 공동작업과 대체 분쟁해결 방식의 경험.
15. 담보들. 다른 사람들에 의해 도급자에 설정된 담보와 마찬가지로 프로젝트에 설정된 담보들을 포함한다.
16. 가능하다면 결산된 재무자료. 도급자의 최근 잔고와 수입상태를 포함한다.

- 입찰의 공고 또는 초대
- 입찰자를 위한 지침
- 입찰 양식
- 필요하다면 입찰 보안 또는 계약에 관한 정보
- 건축주-도급자의 약정 문서
- 필요하다면 계약이행 보증증서, 노임 및 자재 지불보증증서
- 계약의 일반적 또는 부가적 조건
- 도면과 시방서
- 입찰의 수취 이전에 정해진 안건들

입찰을 위한 공고. 공공 업무에 대해서는 보통 법적으로 한 개 이상의 신문에 입찰 공고를 게시해야 하는 것을 요구하고 있다. 건축주는 도급자들의 관련된 회보, 잡지 또는 다른 매체에 부가적으로 공고하는 것을 선택할 수 있다.

입찰자를 위한 지침. 미국건축가협회 문서 A701, 입찰자를 위한 지침은 정의에 관련된 조항, 입찰자의 대리인, 입찰 절차, 입찰 서류의 검토, 대리, 입찰자의 승인, 입찰의 거부, 그리고 품질보증서와 지불보증서를 포함한 입찰 후의 정보의 제출을 포함한다.

입찰 양식. 건축가는 건축주가 정해진 양식으로 모든 입찰을 준비하도록 조언하여야 한다. 일부 건축주는 자신의 양식을 요구한다.

입찰 서류. 작업에 부분적으로 입찰하는 입찰자를 포함하여 각 입찰자는 최소한 하나의 도면과 시방서를 지급받아야 한다. 전체 프로젝트의 입찰을 하는 총도급회사에게 공급되는 세트의 숫자는 일반적으로 프로젝트의 규모에 의존한다. 입찰에 떨어진 입찰자들의 입찰 서류의 반납을 확실히 하기 위해, 각 입찰자는 지정된 기일 내에 관련 문서를 깨끗하게 반납할 때에(전체 또는 부분으로) 돌려받을 수 있는 보증금을 요구할 수 있다.

입찰자의 등록. 건축가는 입찰 서류를 받은 도급자의 이름과 주소, 전화, 팩스 번호를 포함한 총괄목록을 보관해야 한다. 이 목록은 의제를 발송하고, 반납된 도서를 추적하고, 보증금의 반납을 위해 필요하다.

입찰 보안. 입찰 보안—보통 입찰의 1퍼센트—은 정해진 입찰자가 공사 계약을 체결하고 필요하다면 정해진 기간 동안 품질이행 보증을 제공하는 것을 보장한다.

건축주와 도급자 계약 양식. 건축주와 도급자의 계약

입찰 전 회의

입찰 예정일의 2주나 3주 전에 개최되는 입찰 전 회의는 몇 가지 이유에서 중요하다. 프로젝트의 잠재적인 입찰자에 초점을 두고, 건축가가 도서의 중요 사항을 다시 반복하게 하며(현장에서 회의가 이루어졌을 때는), 입찰자에게 현장을 방문할 수 있는 기회를 준다. 안건은 다음 항목을 포함할 수 있다.

- 프로젝트 배경
- 입찰 일자와 절차의 확인
- 대안에 대한 추가된 설명
- 특별한 문제 또는 작업조건에 대한 이해
- 입찰 후 일정에 대한 갱신
- 참석자에 의한 프로젝트에 대한 질문과 관찰

건축주와 건축가에게 있어서 이 회의는 계약자의 프로젝트에 대한 관심을 알아 볼 수 있는 기회가 된다. 명료화나 추가적인 자료가 요구되는 질문과 항목들을 발견할 수 있고, 이는 덧붙여질 부록에 포함된다. (많은 건축가들이 질문에 대한 충분한 답을 제공하기 위한 시간을 제공하고, 동시에 같은 답변을 모든 입찰자에게 받게 하기 위해서 입찰 전 회의에서는 그러한 질문에 대답하지 않는다고 보고한다.) 때로 입찰 전 회의는 입찰의 제안서를 수령한 이후보다는 입찰 과정 중 처리하기 더 쉬운 서류 또는 입찰절차에서의 심각한 차이를 밝혀낼 수 있다.

Walter Rosenfeld, AIA, CSI

은 계약의 대표들과 공사 계약을 관리하는 건축가(공사 관리자도 가능함)의 각각의 권리와 의무, 책임을 밝히고 있다. 입찰자들의 정보를 위해, 공사 계약의 일반 조건, 부가조건과 마찬가지로 계약 양식은 프로젝트 매뉴얼에 포함되어 있다. 이는 모든 계약 요구 사항들이 즉시 각각의 입찰자에게 유용하게 하는 것을 확실하게 해준다.

품질이행 보증. 이행 보증은 도급자가 의무를 이행하지 않을 때 공사 계약을 완료하기 위해 보증 회사와 연결되기도 한다. 이행 보증은 보통 모든 공공 공사와 가끔 소규모 프로젝트가 아닌 개인 공사에 요구된다.

인건비와 자재 지불보증. 이행 보증과 인건비와 자재 지불보증은 일반적으로 동시에 적혀진다.

추가사항. 입찰 기간 동안 주입찰자, 부입찰자와 자재 공급자들에 의한 도면과 시방서의 검토는 분명해야 하고 오류를 고치고, 설명되어야 하는 항목들을 불가피하게 드러낸다. 가끔 건축주 또는 건축가가 상황과 요구 조건의 변화에 대응하기 위해서 입찰 문서의 개정에 착수한다. 계약의 시행 이전에 발행된 도면 또는 다른 그래픽 정보를 포함한 추가 목록은 입찰 문서를 수정하거나 해석하게 된다. 추가 목록은 처음 발행되면서 계약 문서의 일부가 된다: 추가목록은 입찰 서류를 받은 모든 사람에게 보내진다. 입찰 이후에 발행된 추가 목록은 정해진 입찰자를 위해서만 준비되고 계약 가격의 변경을 초래할 수 있다.

입찰 서류 접수

공사 조달 전문가는 건축주가 선호하지 않는다면, 일반적으로 공공 입찰의 개장을 담당한다. 적절한 의례를 관찰하는 일은 입찰 항의를 막기 위해 중요하다.

입찰 결과. 도급자의 최종 선택은 건축가의 도움을 받은 건축주의 결정이다. 입찰자의 사전 승인과 자금 책임이 사전 승인 과정에서 결정되었을 때, 계약은 가장 낮은 가격을 제시한 입찰자와 체결하는 것으로 예상된다. 입찰자들이 사전 승인이 되지 않았을 때에도, 가장 낮은 가격을 제시한 입찰자에게 계약을 체결할 것으로 기대된다.

과실, 취소, 폐지들. 입찰 문서들은 보통 입찰자가 입찰을 취소하지 못하는 날을 정해놓는다. 이 날짜는 정확한 입찰 평가와 계약 체결의 위임을 위해서 입찰의 제출 후 충분한 시간 여유를 주어야 한다.

입찰 평가. 건축가는 건축주가 입찰 또는 제안을 평가하여 결정을 내리는 과정에서 가능한 모든 도움을 준다. 이러한 도움은 보통 건축주가 간청한 대안과 대용에 대한 검토와 추천을 포함하고 있다. 이러한 평가는 모든 입찰자가 건축주의 예산을 초과했을 때 특히 중요하다. 그 시점에서 건축주는 예산의 증가, 재입찰, 재협상, 영역의 변경, 프로젝트의 포기 등을 선택할 수 있다.

설계의 변화 없는 재입찰은 신중히 접근되어야 한다. 시장의 상황이 바뀌어서 두 번째 입찰에서 상당히 낮은 가격이 제시될 수 있을 때만 재입찰은 그 가치를 지닌다.

입찰 양식의 대리인들

입찰 서류에서 약술되는 도급자의 대리인의 중요성을 강조하기 위해서 어떤 건축가는 그러한 표현들을 입찰양식에 포함시키기도 한다. 다음은 미국건축가협회 문서 A701, 입찰자를 위한 지침(Instructions to Bidders)의 1987년 개정판에서 발췌한 내용이다.

입찰에 참여하는 입찰자는 다음 사항들이 표시된 것으로 표현한다.

- 입찰자는 입찰 서류를 읽고 이해했으며 입찰은 그 내용에 의해서 제출된다.
- 입찰자는 입찰과 계약 서류를 현재 입찰 중이거나 공사 중인 프로젝트의 다른 부분까지 관련된 정도까지 읽고 이해했다.
- 입찰자는 현장을 방문하여 작업이 진행될 지역 상황에 친숙해졌고, 그리고 입찰자의 개인적인 관찰이 제안된 계약 서류의 요구들과 상호 관련되어 있다.
- 입찰은 예외 없이 입찰 서류에서 요구하는 자재, 장비, 그리고 시스템을 기초하고 있다.
- 입찰자는 다른 입찰자들과 함께 입찰 서류를 연구하고 비교했으며 발견한 모든 오류와 모순 또는 모호한 표현을 건축가에게 보고하였다.

Walter Rosenfeld, AIA, CSI

재설계는 더더욱 신중하게 결정해야 한다. 설계의 결정들은 보통 복잡하게 결속되어 있기 때문에 '약간의 변경' 과 변경 후 프로젝트 설계의 종합성을 유지하는 것은 아주 어려울 수 있다.

입찰의 협상. 경쟁 입찰의 상황에서도 입찰이 끝난 이후 협상이 진행되는 것은 그다지 특이한 일이 아니다. 계약이 성사되기 전에 요구된 작은 변경은 선정된 입찰자와만 협상되어야 하며 건축주 또는 주어진 관계자의 규정에 의해 허락될 때만 협상될 수 있다.

주요한 변경이 필요하다면, 선발된 입찰자와 협상할 수 있거나 원입찰을 취소될 수 있고 새로운 입찰이 변경된 도면과 시방서에 의해 요구될 수 있다. 재입찰은 반드시 다른 대안이 현실적이지 않을 때만 이루어져야 한다.

입찰의 거부. 건축주는 입찰문서에 대해 전통적으로 일부 또는 모든 입찰을 거부할 수 있는 권리를 포함한다.

입찰자의 통지. 건축주가 도급자를 선정한 이후 모든 입찰자는 예의상 결과를 통보받아야 한다.

계약 체결

공사 조달 전문가는 협상과 변경으로부터 초래된 계약반영수정본을 준비한다. 건축주와 도급자는 동의안에 서명한다.

계약의향서. 건축주가 정식의 계약을 실행하기 전에 빠르게 진행하고자 할 때는 작성된 계약의향서가 성공적인 도급의 잠정승인을 주기 위해 이용될 수 있다. 그러한 진행을 위한 명령은 일반적이긴 하지만 법적인 효력을 가지고 있어야 하고, 건축주의 변호사에 의해 건축주의 서명을 포함한 형식으로 작성되어야 한다.

공사 조달 서비스를 위한 일반적인 문서와 납품서들은 입찰, 또는 제안 결과: 권장된 활동 그리고 공사 계약의 보고서들이다.

추가적인 정보

두 가지의 미국건축가협회의 계약문서는 공사 프로젝트를 진행하기 위한 경쟁 입찰의 일반과 특수화된 개관을 제공한다. 미국건축가협회 문서 A501, **경쟁입찰조달과 건물공사를 위한 계약체결을 위한 권장된 지침**(Recommended Guide for Competitive Bidding Procedures and Contract Awards for Building Construction)은 경쟁 총액 입찰이 고려될 때 적절한 절차를 약술하고 있다. A201와 연계된 미국건축가협회 문서 A701, **입찰자를 위한 지침**(Instructions to Bidders)은 입찰자가 자신들의 입찰을 준비하고 제출하기 위해 따라야 하는 지침과 절차를 포함하고 있다.

17.8 계약 관리

Patrick Mays, AIA

공사 관리자로서 건축가는 공사 계약문서를 이해하고 공사과정을 주시하며 건축주와 시공자 사이의 이해관계를 조율한다.

공사 관리자로서 건축가는 시공 과정에서 시공 도면과 시방서와의 일치 여부를 관찰한다. 이 내용은 건축주와 총 도급회사 사이의 법적 계약의 일부분이다. 이러한 법적 내용을 적용할 때는 건축가의 역할이 변하게 된다. 건축가는 건축주의 직접적인 대리인이 아닌 건축주와 도급자 누구에게도 편견을 갖지 않는 준 사법권을 행사하게 된다. 공사기간 동안 다른 어떤 경우에는 건축가가 건축주의 대리인이나 대행자로서 활동한다.

1970년대와 1980년대 초에는 돈을 절약하고 패스트 트랙 공사를 하기 위해서 많은 개발업자들이 공사 관리 서비스를 위해 건축가가 아닌 공사 관리자를 사용하기 시작했다. 그러한 경향은 건축가들의 현장 관찰이나 의무에 대해 보상을 받지 못하면서도 전체건물에 대해서 위험을 떠맡고 있는 우스꽝스러운 위치에 빠뜨렸다. 건축가들은 공사 관리자로 일하는 데 강한 이점을 갖고 있다. 건축가는 공사 관리를 통해 연속성, 품질과 설계의 의도를 유지할 수 있다. 공사 관리자로 일하고 있는 건축가는 프로젝트의 의사소통을 쉽게 하고 분명한 프로젝트 기록을 유지하면서 현장을 보다 잘 관리하고 프로젝트의 위험요소를 제한할 수 있다. 또한 공사 관리자로 일하는 것은 건축가가 공사비에 대한 부정적인 영향을 배제하거나 공사비를 최소화할 수 있도록 적절하게 문제를 찾고 해결할 수 있게 해준다.

요약

계약 관리 서비스

왜 건축주는 이 서비스를 필요로 하는가?

- 시공과 시공도서의 내용의 일치를 보장하기 위해
- 설계 의도를 지원하기 위해
- 프로젝트 위험을 줄이기 위해
- 초기에 공사문제를 찾아내고 해결하기 위해
- 건축주의 시공 관련 지식을 지원하기 위해

요구되는 지식과 기술

- 상당한 설계와 시공 경험
- 시공 기술과 방법에 대한 이해
- 설계 의도를 이해하고 적용할 수 있는 능력
- 분쟁을 푸는 대화, 협상, 그리고 해결할 수 있는 능력
- 날카로운 관찰 기술
- 도서 관찰과 의사결정의 능력
- 프로젝트 기록을 조직화하고 관리할 수 있는 능력

대표적인 진행 업무

- 대화의 통로를 구축한다.
- 기록 보관 시스템을 구축한다.
- 정보를 위한 시공자의 요청에 대응한다.
- 실시설계도서의 변경을 추적한다.
- 도급자의 기성 요청을 검토한다.
- 시공도(shop drawing)와 제품 정보를 검토한다.
- 현장 보고를 준비하고 기록한다.
- 완공과 재고 정리를 감독한다.

패트릭 메이즈(Patrick Mays)는 NBBJ Architecture & Planning의 사장이자 정보부장이다. 그는 공사 관리: 넘치는 자료와 생존하는 건축가의 지침(Construction Administration: An Architect' s Guide to Surviving Information Overload(1997))의 공동 저자이기도 하다.

건축주의 요구 사항

공사단계에서 지속적인 건축가의 참여는 완성된 건물이 설계의도를 반영할 수 있도록 건축주에게 보장하게 해주고 더 나아가서는 자재와 작업자들의 능력의 품질을 보장한다. 건축가가 건축주에 의해서 공사 계약의 관리자로 남아 있을 때 건축가는 도급자들을 상대하는 건축주의 대리인이 된다. 건축가는 건축주의 조언과 상담을 위해 유용하다. 시공을 감시하는 과정에서 건축가는 도급자가 설계 의도와 작업자의 능력과 자재의 품질에 관련된 계약 요구 조건을 제대로 이행하고 있는지를 보고받게 된다. 건축가는 공사의 결점이나 결함으로부터 건축주를 보호하기 위해 노력할 것이다.

작은 상업 건물 또는 단독주택을 새로 짓거나 개조하려는 건축주들은 대부분 공사 과정에 경험이 부족하고 공사를 감독할 수 있는 능력이 없기 때문에 건축가의 서비스에 좋은 시장이 된다. 이러한 건축주들은 건축가가 건물 도급자와 법규 검토자들을 상대하면서 얻을 수 있는 이점을 쉽게 인식해야 한다. 복합주거 또는 대형상업시설의 개발업자들은 일반적으로 회사의 직원을 사용하기를 선호하기 때문에 보통 이러한 서비스를 필요로 하지 않는다. 공사기간 중 용역을 위해 계약이 되지 않은 건축가들은 현장을 방문하거나 자발적으로 보상받지 못할 서비스를 제공하는 일에서 자유로워져야 한다. 봉사의 기준(the standard of care)은 설계 전문가가 적절한 보상을 받든 그렇지 못하든 동등한 품질의 서비스를 시행하는 것을 요구하고 있다. 이러한 경우 건축가는 건축주에 의해 요구된 참여의 부족에 대해 면책을 요구할 수 있다.

건물을 점유하고 있는 건축주들에게 품질에 대한 관심은 주요한 동기부여가 된다. 스포츠 경기장, 병원, 학교와 같은 복합시설의 기관 건축주와 공공 건축주들은 보통 건축가의 감독과 관리 서비스를 위해 많은 보상을 하려 한다. 대부분의 연방, 주, 지방 정부의 대리인들은 관련된 시설의 종류에 상관 없이 건축가가 제공한 공사 관리 서비스에 관심을 가지고 있다. 반면 건축 시장에 꾸준히 참여하고 있는 법인 건축주들은 공사를 관리할 수 있는 능력이 있는 사내 전문가를 보유하고 있을 가능성이 높기 때문에 자신들의 공사단계를 관리할 수 있는 능력이 있다고 확신할 수 있다.

경험적으로 건축가들의 전체 서비스 보수 중 약 25퍼센트는 공사 관리에 의지하고 있다. 그러한 비율의 보수는 시공 중 다음의 서비스를 건축가가 제공하기에 충분한 양이다.

- 일주일에 하루를 현장에서 보내면서 회의에 참여하고 공사 진행을 관찰한다.
- 도급자와 자재 공급자의 질문에 대답한다.
- 시공도(shop drawing)와 제출서류를 검토한다.
- 기성의 월별 신청을 검토하고 승인한다.
- 도서의 명료성과 작은 변경을 승인한다.
- 공사 관리의무와 함께 전문가들을 돕는다.
- 기록을 보관한다.

• 프로젝트의 재고 정리를 책임진다.

공사에 대한 적절한 보수를 협상하기 위한 성공적인 방법 중 하나는 일반 서비스를 위한 기본 보수를 정하고 건축주와 함께 공사 관리 검토 목록을 보면서 부가 서비스로 각각의 공사 관리 업무에 대한 보수를 추가하는 것이다. 이 방법은 건축주에게 각각의 업무의 중요성을 설명할 수 있는 기회를 제공한다.

지각 있는 건축주는 건축가가 가끔 적절한 공사 관리 실무를 통해 비용을 절감할 수 있다는 사실을 인식하고 있다－실제로 품질 높은 공사 관리 실무는 위험을 줄이고, 공사과정 중 시간과 자재의 절약, 설계의 변경을 최소화함으로써 비용만큼의 이득을 얻을 수 있다.

대부분의 경우 도면과 시방서를 작성한 건축가는 그들을 해석하기 위한 가장 좋은 위치에 있다. 일부 건축가들은 비유를 사용하기도 한다: 변호사가 계약서를 작성했다면 계약서를 적용해야 할 때가 되었을 때 당신은 그 변호사를 찾아가지 않겠는가? 건축가에 의해 작성된 도면과 시방서는 시공자와 건축주의 법적 계약의 일부분이 되고 그리고 그 계약의 부분은 그것을 작성한 전문가에 의해 가장 잘 해석될 수 있다.

어떠한 도면과 시방서도 모든 것이 설계된 대로 정확하게 작성될 수 없다. 설계 건축가가 계약 관리에 참여하고, 품질과 경제성, 설계 통합성을 유지할 필요가 있을 때 적절한 조정이 이루어질 수 있다. 하지만 이 점은 양날의 칼이다. 건축가가 미적 요소만 고려하고 있다고 인식하고 있는 건축주들은 적절한 균형에 맞는 조언을 할 수 있는 건축가의 능력을 확신하지 못한다. 건축가는 비용과 업무 수행과 관여하여 사려 깊은 전문가로서 건축주에게 믿음을 주어야 한다.

공사 관리는 많은 건축가들이 미국건축가협회 문서 B141-1997, 건축주와 건축가 간의 계약 표준 양식(Standard Form of Agreement Between Owner and Architect)과 미국건축가협회 문서 B163, 지정된 용역을 위한 건축주-건축가 계약(Owner-Architect Agreement for Designated Service)에 규정된 서비스의 영역에서 제공하는 전통적 서비스이다.

문서 B141의 계약 관리 서비스(Contract Administration Service)로 그룹지어진 서비스들은 여기서 논의되고 있는 공사행정업무(예를 들면, 일반 관리, 제출, 현장방문, 시험과 조사의 관리, 보완서류, 공사내 변경의 관리, 해석과 결정들)들과 공사 관리 영역의 더 많은 부분(즉, 현장 프로젝트 대리, 지불 보증, 프로제트 준공, 공사 관리) 등의 업무의 혼합물을 포함하고 있다.

디자인-빌드(17.9)에서는 동일한 존재에게 설계와 공사 서비스를 동시에 제공받는 경우의 활동과 업무를 다루고 있다.

프로젝트 수행에서 디자인-빌드방식의 경향은 공사 관리를 위한 수요에 큰 영향을 끼치고 있다. 이미 설명했듯이 패스트 트랙 공사의 초기도입은 공사 관리 서비스를 위한 건축가의 시장을 축소했다. 그러나 디자인-빌드에 대한 요구가 증가하는 요즘, 법인, 기관 또는 정부의 시장의 건축주들은 더 포괄적인 건설 경영 또는 디자인-빌드의 프로젝트 수행에 있어서, 공사 관리 서비스를 제공하도록 늘어나는 기회를 건축가에게

건설 경영(17.6)은 CM 활동과 업무를 자세히 설명하고 있다.

건축가는 세 가지 모자를 쓴다.

법적으로 건축가는 전문 서비스의 과정이 설계의 개시로부터 공사 계약 관리의 완료에 이르기까지 세 가지 다른 지위를 차지하게 된다.

1977년 캘리포니아의 상고 법원은 건축가의 세 가지로 나누어진 법적 지위를 분명히 했다. (Huber, Hunt & Nichols, Inc. v. Moore, 67 Cal App 3d 278, 136 Cal Reptr 603) 법적으로 인정된 분리되고 구분된 세 가지 역할은 다음과 같다.

- 독립적인 계약자
- 건축주의 대리인
- 준사법공무원

모든 표준 미국건축가협회 문서들은 위의 세가지 원칙에 기초를 두고 있다.

독립적인 계약자

독립적인 계약자는 다른 사람을 위해 고유의 방식과 방법에 따라 어떤 일을 하기 위해서 계약을 체결한 사람이다. 그리고 최종 결과물에 대한 내용을 제외하고는 고용인의 조정을 받지 않는다.

건축가가 건축주와 의견을 교환하면서 프로젝트를 디자인하고 계약 문서를 준비하며 계약을 관리하는 동안에는 건축가와 건축주의 관계는 독립적인 계약자이다. 건축가는 건축주와 합의된 보수를 받고 건축 용역을 제공하기 위해 계약을 체결한다. 건축가와 건축주의 임무는 건축주-건축가 계약서에 기술되어 있다.

건축주의 대리인

대리인은 당사자로 불리는 다른 사람을 위해 행동할 권한을 부여받은 사람이다.

건축주와 계약자들 사이의 계약이 효력을 발휘하기 시작하면 건축가의 지위는 변한다. 공사기간 동안 건축가가 계약자와 그 밖의 주체들을 건축주를 대신해서 다루게 될 때, 건축가가 건축주의 대리인으로 일하게 되는 것이다. 이 내용은 건축주-건축가 계약(B141-1997, 하위문장 2.6.1.3)과 일반 조건들(A201-1997, 하위문장 4.2.1)에 기술되어 있다. 하지만 건축주를 강요할 수 있는 건축가의 권한은 건축주-건축가의 계약서에서 제안된 정도로 제한되어 있다.

계약자를 다룰 때, 건축가는 건축주를 위해 수탁된 범위 안에서 활동하게 된다. 그리고 이러한 신용의 지위 내에서 고객의 최선의 이익을 대변해야 한다. 수탁자로서 건축가는 건축주의 이익에 맞는 모든 자료를 공개할 의무를 가진다.

일부 건축가들은 공사과정에 해가 되는 몇 가지 불쾌한 기술적 문제를 건축주에게 숨기는 경향이 있다. 이것은 일부 건축주 또는 그들의 법률 고문이 건축가의 대리인으로써 공개해야 할 의무를 어긴 경우로 해석할 수 있기때문에 매우 쉽게 실수가 될 수 있다. 건축주에게 적절한 정보를 숨기는 행위는 공개의 의무가 있을 때 사기 행위로 간주될 수 있다. 침묵은 종종 은폐로 해석된다. 건축주에게 보고를 유지하는 것은 또한 일반 조건(A201-1997, 하위문장 4.2.2)에서 요구되고 있다. 부분적으로 진술을 보면 다음과 같다. "건축가로서 현장관찰을 기초하여 건축가는 작업 진행에 관해서 건축주에게 보고하는 것을 유지할 것이다." 건축가는 계약자들을 조정하거나 계약자로 위임받지 않지만 실시설계도서와 일치하지 않는 작업은 거부할 수 있는 권한을 위임받은 것이다. 비록 건축주가 설계에 부합하지 않은 업무를 용인할 수 있더라도 건축가는 건축주의 대리인으로서도 그러한 힘이 없다. 만약 건축주가 그러한 힘을 건축가에게 부여하고자 한다면 그 내용은 기록되어야 한다.

계약자를 다루는 데 있어서 건축주를 대리하는 건축가의 의무는 일상적으로 변호사에 의해 실행되는 강력한 당파적 옹호와 혼동되지 말아야 한다, 왜냐하면 이는 건축가의 세 번째 지위와 모순되기 때문이다.

준사법공무원

건축가의 세 번째 지위는 계약에 따른 건축주와 도급자의 업무의 성능 판단 중 하나이다. 건축가의 이러한 지위에 대해서 '계약의 친구'라는 표현을 하기도 하였다.

건축주 또는 도급자의 상대방에 대한 모든 분쟁은 조정과 중재 같은 보다 형식적인 절차에 선행하는 조건으로서 최초의 결정을 위해서 건축가에게 위탁되어야 한다. 어떤 분쟁은 건축가의 행동이나 작업 결과에서 제기된 오류 또는 태만에 기인일 수도 있다.

건축가는 어느 한쪽에 치우치지 않고 계약에 근거한 공평하고 정당한 결정을 내려야 한다.

또한 건축가는 설계도서 내용의 공정한 해석자가 되어야 한다. 이것은 도서가 불완전하거나 건축가의 공정한 판단이 도서의 오류를 노출할 때 어려워질 수 있다. 도서의 의도에 관한 결정이 이루어졌을 때, 그러한 결정들은 단순히 건축가의 생각에서 나온 것이 아닌 도서의 범위에서 논리적으로 유추할 수 있는 명백한 증거에 기초하고 있어야 한다.

건축가의 결정은 과정에 기인한 절차에 따라 공식화되어야 한다. 이는 건축가가 각각에 건축가의 최종 선택이 이루어지기 전에 알고 있도록 적절한 통보를 해야 한다는 것을 의미한다.

각 파트들의 업무의 최종 결정이 파트들 중 조정을 받는 한 명의 개인에 의해 이루어진 계약들을 중재 법정과 재판장은 의심스럽게 바라보는 경향이 있다. 그래서 공정하지 않고, 공정해 보이지 않는 건축가의 결정은 중재자와 판사에 의해 쉽게 전복될 수 있다.

건축가의 의무

건축가는 독립적인 계약자로서 그리고 건축주의 대리인으로서 의무의 태만한 이행과 불이행으로 고소당할 수 있다. 이러한 소송

(계속)

은 건축가의 고객이나 도급자, 하도급업자, 이후 소유자, 임차인, 또는 행인들에 의해 제기될 수 있다. 제3자의 소송은 건축주가 전문 서비스에 만족하고 아무런 불만이 없더라도 발생할 수 있다.

하지만 건축가는 준사법공무원으로서 내린 결정에 대해서는 고발당하지 않는다. 건축가는 사기 행위를 저지르거나 고의적이고 악의적인 의도로 건축주나 계약자에게 해를 끼쳤을 때만 책임을 지게 된다.

F.O'Leary, FAIA의 성공적인 공사를 위한 안내: 효과적인 공사 관리(Guide to Successful Construction: Effective Contract Administration 3rd Ed)에서 참조하였음.

제공함으로써 건축가가 이끄는 디자인-빌드 팀의 이점을 쉽게 이용한다.

건설 경영과 공사 관리의 차이점을 명확히 하는 것이 도움이 될 것이다. 건설 경영자는 공사 계약을 관리하는 것, 자재 운송의 일정 잡기 그리고 공사과정을 조율하는 것 등 현장 운영을 관찰한다. 공사 관리자는 공사 계약을 감독하지 않으며, 공사 계약자와의 법적 관계나 권위를 갖지 않는다. 공사 관리자가 공사 규칙, 절차, 요구조건들을 조정할 수 있는 방법은 단 한 가지, 그러한 사항들을 시방서에 기입하는 것이다.

다른 연관된 서비스로는 실시설계도서, 위임, 시설 경영과 운영, 입주 후 검토 등이 있다.

기술

공사 관리자는 실질적인 설계와 공사경험, 시공 기술과 방식의 총체적인 이해, 실시설계도서의 의도를 해석하는 능력을 필요로 한다. 공사 관리자는 거래인과 소통, 협상, 분쟁을 해결할 수 있는 능력뿐만 아니라 건축법, 기준, 규칙에 대한 총괄적인 이해를 필요로 한다.

공사 관리자의 업무의 많은 부분은 만들어진 결정과 현장에서 발생한 사건들을 기록하는 것이다. 날카로운 관찰력이 요구되며, 무엇보다 가장 중요한 것은 관찰한 것과 결정들을 총괄적으로 문서화하고 프로젝트 기록의 흐름과 검색을 효과적으로 잘 관리하는 것이다.

전형적인 프로젝트를 위해 공사 관리팀은 다음을 포함해야 한다.

- 공사 관리자; 필요로 하는 관리와 전문기술을 소유하고 있는 선임자. 일반적으로 등록된 건축가임.
- 프로젝트 건축가; 프로젝트 도면에 대한 자세한 지식을 소유한 사람. 종종 작은 프로젝트에서는 공사 관리자와 동일인.
- 프로젝트 보조자; 대학졸업생이 될 수도 있지만 꼭 등록된 사람일 필요는 없다.
- 관리 보조자; 워드프로세서를 다룰 줄 알고 자료를 조직화하고 보관할 수 있는 사람.

늘 그렇듯이 항상 성공을 위한 가장 중요한 요소는 업무를 조직화하는 데 있어서 시간 소모적이고 기계적인 업무는 가장 적은 임금을 받는 팀원에게 돌리고 선임 전문가들은 그들의 전문성과 판단력을 요하는 업무에 집중할 수 있게 하는 것이다.

공사 계약을 관리하는 건축가는 건축주나 불만이 있는 계약자에 의해 분쟁이 제기되었을 때 해결을 요청받는 첫 번째 사람이 될 것이다. 건축가는 계약과 일치하여 이견이 제기되지 않았다면, 건축사의 결정은 최종의 것이 되기 때문에 모든 결정의 과정 속에서 외교적이고 공정하고 신중해야 한다.

비용 산출자와 시방서 작성자는 공사 관리팀의 매우 중요한 자원이다. 비용 산출자는 주어진 영역에서 다양한 서비스의 우세한 시장 가치를 결정할 수 있는 방법을 알고 있고, 시방서 작성자는 건물 자재의 특징과 성능에 대한 상세한 지식으로 도울 수 있다. 복잡한 프로젝트에서는 프로젝트 자원과 비용의 실시간 관리를 위한 기술과 컴퓨터 소프트웨어에 전문적인 프로젝트 관리 전문가가 팀에 큰 기여를 할 수 있다.

공사 관리팀은 구조, 기계, 전기 전문가와 토목 기사, 조경 건축가와 그 밖의 전문가들과 같은 프로젝트와 관련된 다른 분야들과 밀접하게 일을 한다.

공사 관리에 사용되는 특수 장비로는 안전모, 안전화, 줄자, 날짜 표시 기능이 있는 카메라, 목수의 수평계, 휴대용 테이프 녹음기, 쉽게 찢어지지 않는 자켓, 장갑(좋은 검사는 좁은 공간에서의 기는 것을 포함한다), 다용도 칼, 주머니 나침반, 보호 안경, 노트북, 휴대폰 등이 있다.

공사계약관리에 사용되는 미국건축가협회 표준양식

G701	설계 변경
G701/CMa	설계변경, 조언자로서의 건설 경영편
G702	비용(기성) 요청과 승인
G702/CMa	비용 요청과 승인, 조언자로서의 건설 경영자편
G703	G702의 연속된 서류
G704	실제 완공의 승인
G704/CMa	실제 완공의 승인, 조언자로서의 건설 경영편
G706	도급자의 채무와 분쟁의 지불 진술서
G706A	도급자의 담보권의 포기 진술서
G707	최종 지불의 담보 동의
G707A	보유물의 축소 또는 부분적 방출의 확인 동의
G709	제안 요청
G710	건축가의 추가 지침
G711	건축가의 현장 보고
G712	제작자 도면과 표본 기록
G714	시공 변경 지시
G714/CMa	시공 변경 지시, 조언자로서의 건설 경영자편
G722/CMa	프로젝트 적용과 프로젝트 승인, 조언자로서의 건설 경영자편
G723/Cma	프로젝트 적용 요약, 조언자로서의 건설 경영자편
G805	하도급자의 목록

프로세스

건축주-건축가 계약서에 서술되어 있는 서비스의 영역은 사용된 작업 진행 방식에 따라 다르다(예, 패스트 트랙킹, 디자인-빌드). 이는 역으로 시공도와 정보의 요청(RFIs)을 위한 예상된 반환시간에도 영향을 끼치게 된다. 프로젝트의 영역은 프로젝트 내의 건물의 크기와 수, 공사단계, 건축 회사의 위치와 공사현장의 거리에 따라 변화한다.

계약 관리 서비스는 건축주와 도급자의 법적 권리에 크게 기인한다. 그러므로 건축가는 모든 행동과 결정, 기록의 보관에 있어서 신중하고 섬세해야 한다.

의사소통. 계약 관리자는 두 가지 종류의 소통에 대해서 책임을 진다: 건축주에게 보고하는 것과 건축주와 공사자, 설계 전문가 사이의 소통을 원활히 한다.

공사 전 회의는 계약 관리 과정의 좋은 소통을 위한 첫

현장 관리의 시작

건축 사무소의 전문 업무는 자격 있는 건축가들의 직접적인 관리와 감독하에 수행되어야 한다. 모든 직원들은 이 기본원칙에 따라 조직된다. 건축주들은 건축가의 서비스가 전문 기술과 관리에 의해 수행되기를 기대할 수 있는 권리가 있다.

경험 있는 건축가는 경험이 적은 건축가의 작업을 밀접한 조정과 안내 없이 할 수 있을 때까지 직접 관리하고 검토해야 한다. 이러한 방식은 최근의 졸업생들이 실무경험단계를 거치는 학교의 과정으로부터 궁극적으로 전문적인 적임과 면허를 따기까지의 과정을 만들 수 있는 일반 방법이다.

건축주의 프로젝트에 관련된 업무는 건축 사무소에서의 모든 교육적 전문 능력상의 발전을 위한 매체가 된다. 우리는 건축주가 기준 이하의 설계, 불완전한 실시설계도서, 무능한 계약관리를 겪게 할 수 없다. 이러한 부정적인 결과는 건축주에게 손해를 끼칠 뿐만 아니라 건축가 본인의 전문적인 책임소송으로 연결될 수도 있다.

모든 사무실 업무는 실수나 생략된 오류를 찾아낼 수 있는 자격 있는 직원에 의해 프로젝트의 과정과 완료의 시점에서 검토되어야 한다. 선임자들은 전문가적인 판단을 요구하는 결정을 만들 수 있도록 항상 접근이 가능해야 한다.

현장 방문

모든 배우는 건축가들은 사무실의 작업이 현장에서 어떻게 진행되고 있는지를 보고 싶어한다. 사무실 활동의 현장업무로의 전환은 어떻게 견습생을 효과적으로 통제할 것인가라는 문제점을 야기한다. 건축주의 프로젝트는 최소한 공사 중에는 어떤 단계에서든 저하를 허용해서는 안 된다. 그리고 도급자는 공사 계약에서 약속된 능력 있는 건축가의 예상된 관리, 조언, 판단을 박탈해서는 안 된다.

공사기간 동안 건축가의 임무 중 일부는 충분한 통제가 일반적으로 가능한 사무실 내에서 수행될 수 있다. 반면 다른 일들은 현장에서 이루어져야 한다.

견습 건축가의 기간에 이루어진 최초 몇번의 현장 방문은 계약관리에 경험이 있는 충분한 자격이 있는 건축가와 동반하는 것이 상식이다. 자격 있는 건축가는 견습생들의 관찰, 보조, 학습에 관련된 중요한 책임을 수행하게 된다. 견습생들은 현장에서 노트를 하고 사무실에서 보고서를 써야 한다. 점차로 견습생이 현장에 익숙해지면, 선임자는 관찰과 조언의 위치로 물러나 있을 수 있다.

최초의 현장 방문을 위한 준비

현장의 어떤 임무든 맡기 전에 견습생들은 도서와 관리의 일반적인 영역에 대한 아이디어를 얻고 계약 관리의 용어와 절차를 배우기 위해 유사한 프로젝트의 기록을 검토해 보아야 한다.

견습생들은 최초 현장 관리 업무의 준비에서 빠른 시일 내에 계약의 요구조건에 완전히 익숙해져야 한다. 요구조건의 포괄적인 이해를 충분히 얻기 위해 프로젝트 계약서류를 철저히 검토해야 한다.

견습생은 건축가의 한계뿐만 아니라 임무와 권한에 대한 정확한 이해를 하고 있어야 한다. 그리고 견습생들은 설계의 목적에 익숙해지고 무엇이 중요한지를 찾아내기 위해 설계자료를 검토하고 설계자 면담을 할 수 있다.

건축가의 임무와 책임

건축가의 사무실과 현장에서의 계약관리 관련 임무에 대한 좋은 설명은 건축주-건축가 계약서에서 찾을 수 있다. 건축주에 의해 계약서에 반영된 건축가의 임무는 일반조건에 있다.

건축가의 현장 방문의 주 목적은 다음과 같다.

- 완료된 업무의 진척과 품질에 일반적으로 익숙해지기 위해
- 작업이 완료된 시점에 계약서에 부합하는 결과로 나타날 수 있는 방향으로 진행되고 있는지 결정하기 위해

건축가의 현장 관찰은 도급자와 하도급자에 의해 실행되는 작업자의 직접적이고 지속적인 감독과 혼동되어서는 안된다. 건축가는 작업이 어떻게 수행되느냐에 상세하게 관여해서는 안되고, 작업이 시방된 결과로 나올 것인가에 초점을 가져야 한다. 현장에서 건축가의 주 임무는 관찰, 평가, 보고이다: 반면 도급자는 작업을 조정하고 지시해야 하는 책임이 있다.

건축가의 현장 방문 빈번도

계약 또는 돌봄의 기준을 만족하기 위해 필요한 특정 현장 방문 횟수는 정해지지 않았다. 그러한 사항은 건축가의 전문적인 판단에 의해서 결정된다. B141과 A201 모두는 방문은 공사의 단계에 따라 적절하게 이루어져야 한다고 설명하고 있다. 이는 방문 횟수가 현장의 도급자의 업무의 특징에 따라 다양해진다는 것을 의미한다. 그러나 몇몇 건축 계약은 현장 방문의 횟수, 기간, 빈도를 정해놓기도 한다.

일부 건축가들은 매주, 격주 또는 월별로 같은 날, 같은 시간에 현장을 방문하여 도급자와 하도급자들이 특정한 질문에 바로 대답할 수 있기를 선호하고, 어떤 건축가들은 불시에 현장을 방문하기를 선호하기도 한다. 때에 따라서는 작업의 모든 부분에 쉽게 접근할 수 있고 도급자를 대신하여 지시를 받을 수 있는 도급자의 대리인(보통 감독자)과 함께 현장 방문을 실시해야 한다.

결함이 있는 작업

현장을 방문한 건축가는 결함이 있는 작업을 발견하기를 바란다. 결함이 있는 작업은 계약 문서, 건축법, 특정한 건물 기준과 같은 적용 가능한 조건을 만족시키지 못하는 작업이다. 건축가는 적절하지 않은 업무를 일방적으로 승인할 수 없다. 하지만 건축주

(계속)

는 적절하지 않은 작업이라도 계약 금액을 줄이는 방식으로 승인할 수 있다. 건축가는 그러한 승인이 이득이 될지, 권장하지 못할 만한 내용인지를 건축주에게 조언해야 한다.

도급자의 책임

현장에 있는 동안 건축가는 현장 안전과 그 밖의 안전 프로그램을 이유로 도급자의 책임에 어떠한 방법으로도 간섭해서는 안된다. 시공 수단, 방식, 기술, 순서, 절차를 정하고 조정하는 것은 도급자 고유의 권한이다. 도급자는 현장과 작업의 모든 부분의 조정에 책임이 있다. 건축가의 주 관심사는 작업이 종료되었을 때 계약 문서에 부합될 것인지를 결정하는 것이다.

F. O'Leary, FAIA의 성공적 공사를 위한 안내: 효과적인 공사관리(A Guide to Successful Construction: Effective Contract Administration, 3rd Ed.(1999))에서 참조하였음

번째 단계로서 가치가 있다. 이 시기에 프로젝트 작업 계획과 일정이 검토된다. 참가자들의 관계가 RFIs와 설계 변경을 제출하기 위한 과정들이 포함되어 명확해진다.

하도급회사는 보통 건축가와 직접 소통할 수 없지만 주도급자를 통해 의문 사항을 제출하여야 한다.

기록의 보관. 분명한 기록의 보관은 의사소통과 분쟁 회피에 있어서 중요한 역할을 한다. 모든 사건과 결정이 명확하게 기록되었다면 문제가 발생했을 때 더 쉽게 대응할 수 있다. 또한 훌륭한 기록 보관은 건축주 또는 도급자가 법적 분쟁을 일으켰을 때 상당한 가치를 발휘한다.

효과적인 파일링 시스템을 구축하는 것은 성공을 위한 또 다른 기반이다. 한 가지 조언은 공사 관리 파일들을 어떻게 찾을 것인가 예상되는 바에 따라 조직화하는 것이다. 예를 들어 몇몇 제목들은 소통들, 회의록, 설계 변경 명령과 지시, 보고/프로그램 데이터, 사진, 시방서와 부록, 도면, 재무기록 등을 포함한 공사를 위한 계약, 그리고, 공사 관리 양식이다. 상당히 많은 결정들이 전화를 통해 이루어지기 때문에 정확한 통화 기록은 완벽한 프로젝트 기록을 구성하기 위해 중요하다.

전화 기록과 모든 전화통화의 시간과 날짜, 결과의 기록은 권장된다. 덧붙여서 편지와 팩스, 이메일을 포함한 모든 서신 왕래는 반드시 기록되고 보관되어야 한다. 대화의 서면 기록은 보통 구두로 전해진 내용의 이해를 확실히 하기 위해서 배분되어야 한다.

정보의 요청. 도급자에 의한 정보의 요청(RFI)에 응하는 것은 공사 관리자의 중요한 임무이다. 그리고 정보의 요청과 제출서류를 유지하는 것은 도전적이다. 중요한 시점은 제출서류가 가장 많을 때인, 일반적으로 전체 공사일정의 1/3정도에 위치하는 때이다. 오해를 피하기 위해 계약 관리자가 현장에서 발생한 질문에 특정한 시간 계획을 갖고 적절한 의사소통 채널을 통하여 서면으로 답하는 것이 중요하다. 정보를 위한 요청은 일반적으로 총괄 도급자에 의해 제공되고 공사 관리자에게 제출되는 RFI 양식으로 운영된다. 전화와 서신왕래 기록과 마찬가지로 모든 정보 요청은 요약된 일지로 유지되는 것이 필요하다.

도서의 변경. 공사 관리자는 실시설계도서상의 모든 변화를 관찰하게 된다. 추가 목록은 실시설계도서가 입찰을 위해 배부되었지만 도급자와 건축주가 계약에 서명하기 전의 기간에 변경된 사항이다. 변경은 다음의 네 가지 중 하나의 형식을 따른다.

- 양 주체에 의해 서명된 계약에 덧붙여진 문서
- 설계 변경 명령
- 시공 변경 지시
- 건축가에 의해 이루어진 업무의 소규모 변경 명령의 기록

도면과 시방서상의 비용과 공기의 변경을 포함한 변경인 설계 변경 명령을 실행하는 일반적인 단계는 보통 도급자의 정보의 요청, 무엇이 왜 변경되는지를 설명하는 건축가의 제안 요청(PR), 공사 도급자의 비용 제안서, 건축가의 설계 변경 명령(CO)을 포함하고 있다. 중요한 부가적인 포함사항은 건축가에 의해 제작된 변경스케치 또는 개정된 시방서가 있다. 설계 변경 명령은 건축주-도급자에 의해 서명되었을 때, 건축주–도급자 계약서의 일부가 된다.

건축주–건축가의 계약서에 의해 요구되는 기록의 보관

B141–1997 건축주–건축가의 계약은 건축가가 입찰 또는 협상의 과정 중 다음을 이행할 것을 요구하고 있다.

- 입찰 서류의 배부와 회수, 예정입찰자로부터 보증금을 수취하고 환급하는 기록의 유지(2.5.4.3)
- 입찰 결과의 문서화와 통보(2.5.4.7)

건축가가 계약 관리 업무를 수행하는 일반과정에서 유지할 수 있는 어떤 기록에 부가적으로, 건축주–건축가의 계약서는 특별히 다음의 세 가지 기록을 보관하기를 요구하고 있다.

- 도급자의 기성 신청에 대한 기록(2.6.3.3)
- 도급자에 의해 제공된 제출 서류의 기록과 사본(2.6.4.2)
- 업무상의 변경과 관련된 기록(2.6.5.4)

계약서는 그러한 기록의 완전 처분에 대한 내용을 포함하지 않고 있지만, 건축주의 이익을 위해 보관되어야 한다. 그래서 건축주의 요청이 있을 때 그리고 공사의 완공 시 사본을 제공하는 것은 타당하다.

도급자의 기성. 건축주의 대리자로서 공사 관리자는 때때로 “청구(requisitions)” 또는 “기성신청(applications for payment)”이라고 알려져 있는 도급자의 기성 요청을 검토하게 된다. 도급자의 기성 신청을 접수하고 공사 관리자는 현장을 방문하고, 공사와 현장에 적절히 보관된 자재의 양과 품질을 관찰하고, 도급자의 요청에 따라 항목과 항목을 비교해야 한다. 가끔 도급자들은 기성이 지불될 시기에 완성될 공사의 가치를 포함한다. 건축가는 검사시기에 제대로 이루어지지 않은 공사를 승인할 수 없다. 기성 신청이 현장 밖에 저장되어 있거나 현장 밖의 제작소에서 제작 중인 자재의 가치를 포함하고 있다면 건축가는 건축주와 도급자의 서면 합의 없이는 기성의 지불을 승인할 수 없다.

요청서류 또는 기성을 위한 신청과 승인을 위해 서명할 때, 공사 관리자는 현장에서 공사를 검토했고 공사가 공정에 일치됨을 발견했고, 그리고 공사에 대한 기성의 지출을 승인한 것이 된다. 이는 가볍게 생각될 문제가 아니다. 건축가의 인증의 신뢰성에 의지하고 있는 건축주와 도급자, 하도급자, 공급자, 임대인과 같은 사람들은 건축가가 그러한 기능을 신중하고 정직하고 근면하게 수행할 것을 기대한다.

제출물 검토. 제출물들은 도급자들에 의해 준비되며 시공도, 자재문헌, 설치될 특정 제품의 실제 샘플: 독립 시험 기관의 보고, 설치된 장비의 운용지침과 유지보수지침, 제품 공급자와 장비 생산자의 보증서 등이다. 제출물들은 공사 관리자 또는 적절한 전

공사 전 회의의 안건들

물론 구체적인 안건은 프로젝트의 필요에 따라 결정된다. 몇 가지 논의의 주제는 다음과 같다.

- *착수 통지.* 건축주는 착수를 위한 서면 통지를 도급자에게 전달할 수 있다. 어떤 의문 사항이든 논의되어야 한다.
- *명령 체계에 대한 설명.* 시공도와 일람표, 표본, 프로젝트 보고서, 일정 보고, 시험 보고, 관리 지침 등이 포함된다.
- *의사소통 통로.* 참여자들 사이에 계약상 요구된 의사소통을 위한 통로
- *프로젝트 회의.* 프로젝트 회의의 일정, 협의 사항, 참여자가 논의된다.
- *건축주와 도급자의 임무.* 일반 사항과 계약이 어떻게 실행되도록 의도되었는지가 간단히 검토된다.
- *보험.* 보상의 금액과 종류와 보험 증서의 제출을 위한 요구가 검토된다.
- *재무.* 금전적 의무를 건축주가 감당할 수 있는 증거가 주어진다.
- *제출물들.* 기술적 데이터, 시공도, 운영과 관리지침, 시험과 검사, 그리고 요구되는 항목과 절차, 사본의 부수, 배부와 같은 그 밖의 제출물을 포함한 제출물의 윤곽이 만들어진다. 도급자는 프로젝트 대리인에게 비공식적인 임시 사본을 보내고 각각의 제출물과 관련된 시방서 부분을 확인하도록 요청받는다. 도급자들은 도급자의 승인 인장과 마찬가지로 시공도 검토와 제출물에 대하여 의무가 상기된다.
- *중간 기성.* 평가일정은 중간기성을 위한 절차와 마찬가지로 모든 공종 동안에 이루어진다. 그러한 절차는, 재고품과 부분적인 담보권 포기자들, 현장의 안팎에 있는 자재의 지불 검수, 보험, 보관된 자재의 소유권, 정부 기관, 즉 주거와 도시 개발부 (the Department of Housing and Urban Development) 또는 연방 주거 관리부(the Department of the Federal Housing Administration) 또는 공사임대인의 특정한 요구 조건, 도급자의 현장 방문 일정 그리고 기성을 위한 명령이 요구되었다면, 임금대장기록의 제출을 다루고 있다.
- *하도급자의 명단.* 계약이 체결된 이후 일반 조건들이 도급자가 건축가에게 서면으로 입찰요구에 지정된 부분 공사를 위해 제안된 하도급업자나 다른 사람들이나 조직의 이름을 제출하도록 요구될 수도 있음을 상기시킨다. 나아가서 도급자는 건축가나 건축주가 적절한 이유로 거부한 하도급자를 고용해서는 안된다는 요구이다.
- *고용 실무.* 임금 수준 또는 유사한 항목에 관련된 모든 요구들이 명료화된다.
- *공공 설비.* 지방 규정은 다양하다. 임시 또는 영구적인 전기, 가스, 수도, 전화 서비스를 위한 신청은 건축주에 의해 설비 공급 서비스업자에게 직접 이루어져야 한다: 건축주는 그러한 설비가 필요할 때 설비를 설치할 충분한 시간적 여유를 보장받아야 한다.
- *일정.* 공사 진행 일정의 요구는 갱신의 빈도, 제출과 승인의 시간, 건축주가 공급한 장비와 설치의 필요한 날짜를 포함하고 있다.
- *계약 변경과 설명.* 절차는 제안을 처리, 변경 제안을 위한 부가 정보를 요청, 설계 변경과 공사 변경을 지시하는 과정으로 구성된다. 부가적인 지침은 계약도서의 해석을 위한 절차와 같이 개발되었다(문서상 적절한 권한 없이 어떤 변경도 이루어질 수 없다).
- *보안.* 근무 시간 외의 현장 안전이 결정된다.
- *주차.* 주차 구역이 지정된다.
- *창고.* 장비와 자재를 위한 임시 창고의 영역이 지정된다: 보관된 자재와 장비를 위한 특별한 보안이 필요하다.
- *허가.* 지방 건물 관청에서 요구하는 면허, 허가 그리고 검수 사항이 검토된다.
- *통행권.* 특수한 요구 조건, 인접한 타인 소유의 재산을 감안한 주의, 나무의 보호와 같은 상황에서 현장의 이용, 접근, 또는 통행권의 이용가능성에 관한 제한이 검토된다.
- *시험.* 누가 서비스를 조정하고 일정을 잡는 책임을 갖게 될지의 문제뿐만 아니라 시험 연구소와 검수 서비스를 위한 범위가 결정된다. 보고서의 전달과정 또한 정해져야 한다.
- *초과근무.* 초과근무를 위한 통보와 일정 관리가 결정된다.
- *청소.* 청소와 폐기물 처리를 위한 책임이 정해진다.
- *건축주 제공 장비와 설치.* 반입, 하적, 운반, 보관, 그리고 전기적이고 기계적인 연결에 대한 보안정보에 관련된 책임이 부여된다.
- *종결.* 기록도면과 다른 요구되는 제출물을 포함하여 프로젝트를 마치기 위한 절차가 설명된다.
- *공공 관계.* 미디어에 대한 보고를 주시하는 정책들, 예상되는 대중의 프로젝트에 대한 관심, 공사운영에 있어서의 제한요소들, 그 밖의 공공 관계 활동들이 논의된다. 공사현장 표시의 요구조건이 결정된다.
- *분할된 계약.* 그들의 프로젝트의 공사에 대한 영향이 평가된다. 현장에서 다른 도급자와의 조정을 위한 요구조건들이 논의된다.

의사소통

공사 중 주체들 간의 의사소통 시스템이 미국건축가협회의 일반조건에 정의되어 있지만, 요구 조건들을 검토해 보고 모두가 이해하고 실무에 적용할 수 있도록 하는 것이 바람직하다.

- 건축주와 도급자 간의 모든 의사소통은 건축가를 통해 이루어져야 한다.
- 건축가의 전문가에 의한, 그리고 건축가의 전문가와의 모든 의사소통은 건축가를 통해 이루어져야 한다.
- 하도급자와 공급자로부터 시작되거나 향하는 모든 의사소통은 도급자를 통해 이루어져야 한다.
- 구분된 도급자와의 모든 의사소통은 건축주를 통해 이루어져야 한다. (A201, 4.2.4)
- 현장의 감독자는 도급자의 대리인이고 감독자에게 주어진 의사소통은 도급자에게 주어진 것과 같다.
- 모든 중요한 의사소통은 문서로 되거나 구두로 이루어진 의사소통이라도 문서로 확인되어야 한다.

문가에 의해 검토되고 프로젝트의 영구 기록의 일부가 된다. 일부 또는 모든 제출물들은 결국 운용을 목적으로 건축주에게 제공된다.

현장 보고와 기록. 현장 보고는 공사 관리자의 핵심 활동이다. 효과적인 전문가는 총괄적인 현장 관찰을 하는 방법과 적절한 정보를 건축주에게 제대로 전달할 수 있는 방법 모두를 알고 있다. 현장에서는 도급자와 의사소통을 원활히 하고 공사 관리자가 도급자의 직원에게 어떤 지시나 지침을 하달하는 경우를 피하기 위해 도급자의 대리인과 동행하는 것이 중요하다. 이상적으로 현장 보고는 날짜, 시간, 날씨, 기온, 특히 잠재적인 문제와 같은 상황에 대한 기록, 문서 보고에 덧붙여지고 중요시되는 현장 계획, 작업 진행 상황을 문서화하고 작업 진척도를 보여주기 위한 사진 등을 포함한다. 현장 보고에서 제기된 문제가 해결될 때까지의 상황을 추적하는 시스템을 마련하는 것이 유용하다.

완공과 종결. 공사 관리자의 역할은 공사의 종료기간에 특히 중요해진다. 프로젝트가 완공에 가까워지면서 보통 건축주는 입주하고 싶어하고 도급자는 계속 공사를 진행하고 싶어한다. 양쪽 다 나중에 기능상의 문제를 야기할 수 있는 세세한 부분은 무시하려는 경향이 있다. 공사 관리자는 건축가가 임대인에게 실질적인 완공의 증명서를 준비하도록 요구하는 계약의 요구사항을 통해 공사의 품질에 초점을 유지해야 하는 위치에 있다. 도급자가 작업이 실질적으로 끝났다고 생각했을 때, 계약관리자는 검수를 할 것을 요구받을 것이다. 임대인은 가끔 공사 관리자가 도급자가 프로젝트가 완료되기 전에 신경을 써야 하는 모든 작업을 포함하고 있는 펀치리스트(punch list)를 작성할 때까지 전체의 금액 10퍼센트를 보유금으로 보관한다. 완공되면 펀치리스트는 실질적인 완공증명서와 함께 도급자와 건축주에게 보내진다. 이는 작업이 완전히 끝났고 도급자는 공사비용 중 보관되어 온 돈의 지불 청구를 했다는 것을 인정하는 것

이다. 도급자는 증명서에 서명을 하면서 펀치 리스트에 포함된 모든 작업을 완성할 것이라는 것을 인정한다. 공사비의 일부분은 펀치 리스트의 항목이 완성될 때까지 보관될 것이다.

추가적인 정보

일반 참고 서적은 Fred A. Stitt의 **공사 관리와 검수체크리스트: 내외부 실무를 위한 완전한 안내(Construction Administration and Inspection Checklist: A Complete Guide for Exterior and Interior Practices(1992))**과 Arthur F. O'Leary의 **성공적인 공사-효과적인 계약관리(A Guide to Successful Construction-Effective Contract Administration(1999))**, Ralph W. Liebing의 **공사 계약관리(Construction Contract Administration(1997))**가 있다.

공사과정을 통해 얻어진 정보를 조정하고 관리하는 방법에 관한 보다 상세한 정보를 원하는 건축가는 **공사 관리: 넘치는 정보에서 생존하기 위한 모든 건축가를 위한 안내(Construction Administration: All Architect's Guide to Surviving Information Overload(1997))**를 참고해야 한다.

계약 체결 과정의 도급자들을 위한 조언을 제공하는 서적은 건축가들에게 매우 값진 정보원이 될 수 있다. 그 예로 Andrew M. Civitello의 **완전한 계약: 프로젝트를 컨트롤 하기 위한 모든 안내(Complete Contracting: A-Z Guide to Controlling Projects(1997))**이 있다.

17.9 디자인-빌드

Ron Gupta, AIA and Paul Doherty, AIA

디자인-빌드 접근은 미국 건축가들을 그들의 설계와 마찬가지로 공사까지 감독했던 제 2차 세계대전 이전의 역할로 돌려놓는다. 설계가 주가 되는 프로젝트 수행 방식에서 디자인-빌드 방식은 최대의 기회를 제공하지만 최대의 위험도 제공한다.

회사가 건설 경영의 경험이 있고 능력이 있다면 디자인-빌드 수행 방식을 채택하는 것을 원할 수 있다. 이러한 방식 선택의 잠재적인 보상은 더 나은 건축주 서비스를 제공할 수 있는 능력, 증가된 자금 흐름과 자산, 순자산, 그리고 회사의 독자적인 프로젝트의 개발을 이끌 수 있는 새로운 팀을 구성할 기회를 포함한다. 그 방식의 위험은 적절한 계약과 보험 준비를 통해 조정될 수 있다.

디자인-빌드에 적절한 프로젝트 수행 방식은 디자인-빌드에서 건축가가 보통 최대의 가격을 보장하기 위해 설계와 프로젝트 공사 서비스 모두에 대해 건축주와 서명하는 것을 제외하고, 공사 관리의 수행 방식과 동일하다. 디자인-빌드 방식에 관여하는 것은 현장 안전과 공사수단과 방법에 대한 책임과 같은 부가적인 위험 부담을 요구하지만, 적절한 보험과 보다 높은 금전상의 보상에 의해 보완될 수 있다.

디자인-빌드는 건축회사들에게는 빠르게 성장중인 시장이다. 1990년대 초 설계자와 도급자 사이의 소송들의 홍수는 책임보험료의 폭등을 초래했다. 그에 대응하여 건축주들은 분리된 설계와 공사 서비스보다는 통합된 형태의 서비스를 찾기 시작했다. 건축가를 위해 디자인-빌드 방식은 건축주에게 보다 낳은 생산물과 서비스를 제공할 수 있게 한다.

요약

디자인-빌드 서비스

왜 건축주는 이 서비스를 필요로 하는가?
- 설계와 공사를 위한 집중된 책임감을 가지기 위해
- 설계와 공사 사이의 보다 나은 통합을 위해
- 비용과 일정 조정을 조합하기 위해
- 건축가의 현장 방문 횟수를 늘리기 위해
- 프로젝트 일정표를 신속히 작성하기 위해

요구되는 지식과 기술
- 기업가적인 견해
- 뛰어난 협상 기술
- 사업과 관리, 시공 감독의 전문성
- 경쟁자들을 포함한 시장에 대한 지식

대표적인 진행 업무
- 프로젝트의 요구 사항, 범위, 목표를 설정한다.
- 디자인-빌드 팀을 만든다.
- 개념과 비용을 결정한다.
- 계약을 체결한다.
- 설계와 시공을 완료한다.

건축주의 요구 사항

건축주들은 집중된 책임을 제공하고 건축주가 도급자와 설계팀 간의 갈등을 조정해야

론 굽타(Ron Gupta)는 세계에서 가장 큰 시공사 중 하나인 Parsons의 건축가이자 프로그램 관리자이다. 그는 광범위한 디자인-빌드의 경험을 가지고 있고 1999 미국건축가협회 디자인-빌드 분과위원회의 의장을 지냈다. **폴 도허티(Paul Doherty)**는 국제경영자문과 정보기술서비스회사인 The Greenway Group의 그룹사인 The Digit Group의 대표파트너이다.

하는 상황을 미연에 방지할 수 있기 때문에 디자인-빌드를 선호한다. 역시 건축주에게 매력적인 것은 건축가에 의한 풀타임 현장 대리인과 설계와 공사, 공사비와 일정조정의 틈 없는 통합이다.

다시 말해서 디자인-빌드는 건축주의 위험을 줄여준다. 건축가는 설계와 공사부문 모두, 프로젝트의 전반적인 품질을 보장할 수 있고, 정해진 보수에 기초한 서비스는 감춰진 이익 보상을 제거한다. 유일한 목표는 건축주에게 최상의 품질의 설계와 공사 서비스를 제시간에 정해진 예산 안에 제공하는 것이다.

프로젝트 수행과정의 리더로서 리드 팀원으로의 건축가와 함께, 비용이 드는 설계 변경, 일정 지체 그리고 저급의 설계 실행으로 이끄는 잘못된 의사소통과 같은 논쟁적인 관계는 극적으로 줄어든다. 디자인-빌드 방식은 개념설계 과정부터 완공에 이르는 기간 중 설계자, 거래 계약자, 기능공들의 협동을 조성한다.

모든 설계 주도 프로젝트 수행 방식(디자인-빌드와 여러 종류의 CM 구성 형식)에 의한 다른 주요 이점은 패스트 트랙 과정이 사용되었을 때 프로젝트 일정이 단축될 수 있다는 것이다. 최대 비용과 일정은 보장될 수 있다.

기초와 지붕과 같은 프로젝트의 구성 요소들을 위한 설계는 완료될 수 있고 공사되는 순서대로 공개적으로 공고를 하고 입찰할 수 있다. 이러한 방식은 공사가 상당히 일찍 착공될 수 있게 하고 전체적인 프로젝트 일정을 줄이게 된다. 건축가들과 기술자들, 도급자들로 이루어진 총괄 프로젝트 팀이 실제로 하나의 계약에 포함된 하나의 팀으로 작업을 공동으로 진행할 수 있기 때문에 프로젝트가 나뉘어진 도급자들에 의해 진행될 때보다 저돌적으로 일정을 수행하는 것이 가능하다.

건축 회사의 서비스로서 건설 경영을 제공하기 위한 정보를 얻으려면 건설 경영(17.6)을 참고한다.

1987년에서 1998년 사이 디자인-빌드로 수행된 프로젝트의 가치가 미화 6조 달러에서 미화 56조 달러로 증가했다. 디자인-빌드의 시장이 계속 빠르게 성장할 것이라는 전망이다. 디자인-빌드의 채용은 연방, 주, 지방 정부의 공공 부문 프로젝트에서 보다 증가되고 있는데, 이는 고정비용으로 교역서비스의 최고 수준의 경쟁 입찰과 마찬가지로 CM과 설계 전문 서비스를 가능하게 하기 때문이다. 산업계의 건축주와 개인 개발업자들 또한 종종 이러한 프로젝트 수행 방식을 사용한다.

모든 건축주 또는 프로젝트가 디자인-빌드에 적합한 것은 아니다. 설계 전문가는 건축주의 요구와 프로젝트의 수행 방식을 조화시켜야 한다. 일반적으로 디자인-빌드는 설계와 공사과정에 높은 수준의 지식과 경험을 가진 건축주나 프로젝트 수행을 위해 빡빡한 일정에 쫓기고 있는 사람, 디자인-빌드 팀과 신용 관계를 맺고 싶어하는 건축주에게 가장 적합하다.

기술

디자인-빌드 서비스를 제공하기 위한 최초의 결정은 회사의 문화와 조직, 자원과 기술 모두를 포함한 회사의 전반적인 전략 계획의 내용에 따라 이루어져야 한다. 건설 경영에 관련된 강력한 수행능력과 경험을 지닌 회사는 디자인-빌드 방식으로의 이전을 보다 쉽게 고려할 수 있다.

회사의 문화. 디자인-빌드는 기업가적인 유형을 위한 것이다. 회사의 지도자가 시장의 위험이나 보상에 대한 도전에 대해 정력적으로 활동하는 사람이 아니라면 디자인-빌드는 맞지 않는다. 정치적인 통찰력, 사람 다루는 기술, 그리고 전략적인 동맹을 개발하는 능력은 디자인-빌드로 움직이려는 회사의 대표들의 중요한 특징이다.

직원들의 심리학적 구성 또한 중요하다. 디자인-빌드는 변화를 좋아하고 새로운 시스템과 과정을 세우는 것을 즐거워하는 사람을 요구한다. 직원들은 문제 해결을 즐겨야 하고 팀 플레이에 능해야 하며 새로운 것을 추구해야 한다.

직원 구성과 기술. 디자인-빌드를 위한 프로젝트 직원의 구성은 건설 경영자의 그것과 매우 유사하다. 디자인-빌드 프로젝트를 위한 전형적인 관리 직원은 프로젝트 관리자(가끔 프로젝트 건축가), 재무 담당자, 배송 담당자, 그리고 조달 담당자를 포함한다.

사업 기술은 디자인-빌드 프로젝트에서 보다 중대한 사항이다. 대표와 프로젝트 관리자는 건축주, 하도급자, 제품 공급자, 매각인과의 적절한 합의를 이끌어낼 수 있는 훌륭한 타협의 기술을 필요로 한다. 예산과 견적, 일정관리, 입찰, 협상, 설계, 도서, 그리고 공사감독에 전문성이 있는 전문가들, 전략적 동업자, 파트너 또는 회사 내부 직원들이 필요하다. 정보기술이 모든 디자인-빌드 프로젝트의 보다 나은 의사소통을 이루기 위한 핵심 요소로 부각되면서 좋은 정보 관리 시스템은 필수적이 되었다. 인터넷의 사용은 디자인-빌드 팀의 파트너들이 프로젝트 데이터를 보다 비용 대비 효과적이고 효율적인 방식으로 주고받을 수 있게 한다.

팀 구성. 직원의 재능과 다양성은 회사에 이득을 가져다 줄 수 있다. 몇몇 직원은 자연스럽게 설계자, 시공자, 일반 관리자 등의 역할을 하게 되고 그러한 재능은 팀이 구성되면서 고려되어야 한다. 설계 중심의, 공사 중심의, 또는 관리 중심의 직원을 가능하면 빨리 프로젝트에 포함시키는 것이 중요하다.

디자인-빌드 팀의 구성을 위한 문화적 가치 검토 목록

디자인-빌드 팀원들은 자기 회사의 문화적 가치와 단체의 철학이 양립될 수 있는지를 결정할 시간을 가져야 한다. 많은 경우, 이러한 질문의 대답은 회사의 대표들의 본능적이고 직관적인 느낌에 의존한다. 그러므로 회사의 파트너들은 이해관계의 갈등이 없도록 해야 하고, 분쟁 해결을 위한 명백하고 정리된 문제해결 기술 및 기준을 갖고 있도록 해야 한다. 마찬가지로, 그들은 필요하다면 친화력과 결속력을 확실히 하기 위해 형식적이거나 비형식적인 동료 모임으로 연계되어야 한다.

고려사항

- 올바른 팀인가?
- 팀 구성의 합의 사항이 준비되었는가?
- 누가 팀 구성의 합의 사항에 서명하는가?
- 모든 필요한 부서들이 팀 구성 회의에 포함되었는가?
- 누가 팀의 리더가 될 것인가?
- 부서들은 서로 서면 동의를 하기 전 어떠한 질문을 해야 하는가?
- 왜 디자인-빌드 팀의 각각의 팀원들은 다른 팀원을 필요로 하는가?
- 경험의 규모와 종류에 따라 상호간의 유익한 수준이 존재하는가?
- 팀원들은 기술적으로 적합한가?
- 모든 팀원들이 경쟁을 하기에 유능한가?
- 팀원들이 건축주 또는 다른 팀원과 일해 본 경험이 있는가?
- 개인적으로 팀원들이 협의해야 할 다른 사항이 있는가?

AIA/AGC 디자인-빌드 체크리스트(1999)에서 발췌

하도급자. 좋은 하도급자는 성공적인 디자인-빌드를 위한 분수령이다. 이 수행 방식을 성공시키기 위해서 회사는 검증되고 믿을 만한 하도급자의 목록을 만들어야 한다.

시장 지식. 디자인-빌드 도급자는 총괄 도급자이건 다른 설계 회사이건 누가 자신의 경쟁자인지를 파악해야 한다. 특히 잠재적인 팀 구성 동료의 강점과 약점을 알고 있는 것이 중요하다. 그 밖의 필요한 정보로는 시장에서의 유력한 하도급자의 가격, 총괄 도급자들이 간접비용과 이윤으로 부과하는 표준 요율 등이 있다.

보험. 전문보험중개인 또는 대리인과 공사 계약에 전문성이 있는 변호사의 지원은 필수적이다. 보험 전문가는 중복되는 영역과 보장이 요구되는 틈새를 파악할 것이다. 건축 회사가 일반적으로 사용하는 사업주 패키지 또는 정책(BOP)은 디자인-빌드 방식에서 부가적으로 발생하는 위험 요소를 보장하지 못할 수 있다. 공사가 전반적으로 하도급자로 진행된다고 하더라도, 일반 도급회사에서 전형적으로 사용하는 상업일반 책임보험이 요구된다. 이 보상 범위는 공사에 관련된 업무가 건축 회사에 의해 많이 진행되면 진행될수록 중요해진다.

새로운 직원들이 고용되었을 때, 회사는 총괄도급자의 모든 고용 문제를 갖는다. 회사는 작업자의 보수 요율에서 증가를 초래하는 공사내용을 위한 작업자 보상정책을 갖고 있는 보험회사가 필요할 것이다. 고용 정책 지침서의 개정이 필요할 수도 있다. 고려해야 할 다른 종류 보험의 보상 범위는 공사 중 프로젝트의 손상을 보상하는 공사자의 위험, 상업 차량, 그리고 자산으로 고정되지 않은 장비, 컴퓨터, 도구와 같은 유동자산이 있다.

보증. 디자인-빌드를 하고자 하는 회사는 보증될 것인가를 고려해야 한다. 보증은 건축주 또는 채권자에 대한 제3자의 보증이다. 보증의 일반적인 종류로는 프로젝트의 입찰자가 건축주와 계약에 들어갈 것을 보증하는 입찰 또는 지불보증 프로젝트의 완성을 보증하는 수행보증, 그리고 도급자의 태만을 대신하여 하도급자, 노무자 그리고 자재 공급자에게 지불하는 노임과 자재보증 등이 있다.

CM과 디자인-빌드 서비스를 제공하는 많은 회사들은 보증되어 있지 않다. 그들의 사적인 건축주들은 그것을 요구하지 않고 추가적인 보증을 위해 총 공사비의 1 내지 2.5퍼센트에 해당하는 추가비용을 지불하기를 원하지 않는다. 하지만 보증되지 않은 건축 회사는 아직도 그들이 고용한 도급자와 하도급자의 보증을 요구하고 있다. 건축주 또는 건축주의 재정 기관이 보증을 요구한다면 그것이 어떻게 제공될지에 관한 대안이 있을 수 있다. 건축 회사가 총괄 도급자와 합작회사의 일원으로 운영될 때는 도급자가 보증을 제공할 수 있다. 어떤 경우에는 건축 회사와 하도급 계약을 한 총괄 도급자가 충분한 보증을 제공할 수 있다. 또는 건축 회사가 중요 하도급자의 보증에 의지할 수 있다. 하도급자의 보증을 원한다면 직접 보증을 제공하는 것은 불필요하고 전혀 비용대비 효과적이지 않은 일이다.

프로세스

디자인-빌드 서비스는 한 회사에 의해 제공될 수 있고 연합된 회사들, 또는 합작회사에 의해 제공될 수 있다.

건축가는 종종 도급자 주도의 디자인-빌드 회사의 하도급자로 일하기도 한다. 하지만 건축가 또한 디자인-빌드 회사의 리더가 되거나 파트너로 일할 수 있고 몇몇 경우에는 건축주가 디자인-빌드 내에서 건축가가 보다 영향력 있는 역할을 맡기를 원할 때도 있다. 미국건축가협회 디자인-빌드 문서는 디자인-빌드에 관하여서는 중립적이다. 반면 AGC 문서는 디자인-빌드 내에서 도급자를 명백하게 동등하게 본다.

종종 건설 경영서비스는 디자인-빌드와 합쳐질 수 있다. 하지만 건설 경영 접근이 디자인-빌드 방식에 포함된 독특하고 통합된 설계와 공사의 결합을 포함하고 있지 않다는 것을 명심해야 한다.

디자인-빌드 과정은 건축주, 디자인-빌드 작업 일원, 설계자, 공사자를 포함한 몇몇 참여자의 상호작용을 수반하고 있다. 기본 활동은 세 가지로 나누어질 수 있는데 프로젝트 정의, 팀 선택, 설계-공사가 있다.

프로젝트 정의. 이 부분에서 건축주는 프로젝트의 요구조건과 영역을 결정하고 프로젝트의 목표를 지정한다. 또한 이 시기에 건축주는 대지를 구입하고 프로젝트를 위한 자금을 마련할 수 있다. 직원의 능력과 전문성에 따라 고객은 이러한 활동을 내부적으로 수행하거나 또는 사업성 검토, 대지 분석 및 선택, 마스터플래닝, 프로그래밍 등 보조를 해줄 수 있는 건축가를 고용해서 수행할 수 있다. 범위를 정하는 데 있어서 프로젝트는 보통 개념적이거나 계획적인 수준의 설계로 진행된다. 기획설계와 계획설

디자인-빌드와 다른 수행 방식에 대한 더 많은 정보를 위해서 프로젝트 수행 방법(9.1)을 참고한다.

디자인-빌드 팀의 역할을 규정하기 위한 검토 목록

설계와 공사과정의 통합은 더 큰 가치와 더 나은 해법을 위한 수많은 기회를 제공하지만 팀원들의 역할을 정의하는 데 혼란을 불러일으킬 수 있다. 잠재적인 개요의 포괄적인 논의는 전체 팀을 위해 유익할 것이다. 아래 나열된 사항들은 그러한 논의 중 중요하게 다루어져야 할 것들이다.

논의 사항들

- 마케팅
- 대지 분석
- 간접비(soft cost) 관리
- 계획설계
- 중간설계
- 실시설계
- 공사 관리
- 입찰과 협상
- 인테리어
- 비품, 가구, 특정한 장치
- 우발적 사고 관리
- 비용 계산 서류 정의(pricing package definition)
- 입찰 서류 정의(bid package definition)
- 설계단계에서의 비용 관리
- 허가 공사단계의 비용 관리
- 정보 관리
- 프로젝트 일정 관리
- 건축주와 소통
- 계획, 구역 설정, 법적대행과정
- 품질 보증과 품질 관리
- 설계와 공사 모두를 위한 업무 책임 선택
- 설계 서류와 시방서의 수준
- 설계 서류와 시방서의 유연성 수준
- 프로젝트 예산의 설명
- 변경 명령(누가 어떻게 제기했고, 누가 지불해야 하는가?)
- 건축적 부가 서비스의 설명
- 일정 설명
- 착공 명령
- 주요 일정 관리
- 지연 분쟁과 비용에 관한 불가항력 조항
- 지불 과정, 요청서를 냄, 연관된 일정
- 시험과 검사
- 설계의 지적 재산권 문제와 소유권 문제
- 언론 공개와 언론 소통
- 분쟁과 소송
- 안전

계 개념은 예산과 일정 조건과 연계되어 작업 지침과 프로젝트의 기대값을 구성하게 된다.

디자인-빌드 팀 선정. 건축주는 디자인-빌드 팀을 다양한 방법으로 선정할 수 있다. 면식이 있거나 인정받는 디자인-빌드 주체와 직접 협상을 벌이는 경우와 몇몇 팀으로부터 입찰을 받는 형식, 경쟁 과정을 거치는 방식, 위의 몇 가지를 결합하는 방식 등이 있다. 디자인-빌드 팀이 한번 정해지고 프로젝트를 위한 보수가 정해지면 계약이 체결된다.

설계-공사. 이 단계의 초기 과정에서 디자인-빌드 팀은 설계를 완성하고 실시설계도서를 준비하고 필요한 규정들의 허가를 얻고, 예상공사가격과 사전 일정을 결정하고 공사가격을 얻는다. 공사과정에서, 디자인-빌드 팀은 건축 허가를 얻고, 공사 일정을 관리하고 입찰을 조정하며 하도급자와 자재 조달업자를 감독한다. 공사과정 동안 이러한 참여는 공사 품질과 프로젝트의 실제 비용을 보장하는 실시설계도서의 요구사항들을 만족한다.

추가적인 정보

AIA/AGC **디자인-빌드 팀: 구성을 위한 체크리스트(Design-Build: Teaming Checklist (1999))**는 팀 선정, 법적 고려, 수주, 위험 관리, 재무 사항 고려, 그리고 디자인-빌드 방식과 관련된 다양한 측면들을 위한 복합적인 검토목록을 제공한다. 검토목록은 건설 경영, 조언자로서의 건설 경영자, 총괄 도급자로서의 건설 경영자를 포함한 다른 시행 방식에도 적용될 수 있다. 이 책은 미국건축가협회 또는 미 총괄도급회사연합회를 통해 구할 수 있다.

미국건축가협회와 DPIC 회사는 디자인-빌드 방식을 포함한 몇 가지 작업 수행 방식을 교육하고 있는 설계 주도 프로젝트 수행 워크숍을 지원하고 있다. 미국건축가협회 웹사이트(www.aia.org)의 디자인-빌드 분과위원회 페이지에서 현재 가능한 목록과 일정을 알아볼 수 있다.

17.10 역사 보존

Robert Burley, FAIA, and Dan L. Peterson, AIA

관광 산업과 경제 성장을 장려하기 위해 역사적 건물과 장소를 보존하고 강화하기를 원하는 집단이 늘어나면서 역사 보전 서비스의 수요가 늘어나고 있다.

역사 보전 서비스는 보존(preservation), 복구(rehabilitation), 복원(restoration), 그리고 재건축(reconstruction)을 포함하는 활동의 범위를 점유하고 있다. 각 서비스의 부분들은 서로 중복되기는 하지만 다음은 일반적으로 받아들여지고 있는 설명이다.

- 보존은 역사적 자산의 존재하는 형태, 통합성, 재료를 지속시키기 위해 필요한 도구를 제공한다. 보존 작업은 일반적으로 포괄적인 교체와 새로운 축조보다는 역사적 형태와 재료의 지속적인 관리와 보수에 초점을 맞추고 있다.
- 복구는 역사적, 문화적, 건축적 가치를 담고 있는 요소들 또는 형상들을 보존하는 과정에서 실제 사용을 위해 역사적 재산을 보수, 교체, 추가하는 과정을 채택하고 있다.
- 복원은 특정 시기의 건물의 모습이 가졌던 형태와 같은 재료, 형상, 특징을 정확히 묘사한다. 복구는 역사적 시기와 가능한 한 최대로 유사한 조직을 추구한다. 모순된 형상은 제거될 수 있고 사라진 형상은 정확하게 복구 시기와 일치하게 재구축한다.
- 재건축은 새로운 공사에 의해 더 이상 존재하지 않는 역사적 위치에 특정한 시기의 모습대로 보통 본래의 위치에 형태와 자재, 형상 특징을 재현한다.

요약

역사 보존 서비스

왜 건축주는 이 서비스를 필요로 하는가?

- 지역의 역사 보존 규정을 확인하기 위해
- 역사적 재산에 대한 세금 혜택 조건을 만족시키기 위해
- 지역 경제 활성화와 관광을 장려하기 위해
- 역사 보존의 관심을 위한 지원을 보여주기 위해

요구되는 지식과 기술

- 본질적인 건축 지식과 기술
- 역사적 건축 스타일과 실내 디자인, 조경의 지식
- 역사적 시공 방식과 자재에 대한 지식
- 보존 기술과 기법에 대한 친밀도
- 연구와 조사 기술*
- 정부의 역사 보존에 대한 세금과 보조금 프로그램에 대한 지식

대표적인 진행 업무

- 프로젝트의 목표를 결정한다.
- 프로젝트 팀을 조직한다.
- 자산의 중요도와 상태를 확인한다.
- 적용 가능한 규정들을 확인한다.
- 건물의 역사를 조사하고 현 상태를 문서화한다.
- 설계 개념과 내역을 발전시킨다.
- 최종 설계를 발전시킨다.
- 공사 입찰과 공사 과정에 참여한다.

* 특정한 대지를 위해 특별한 고고학적 전문가가 요구될 수 있다.

최근에는 역사 보존의 문화적, 경제적 가치에 대한 대중의 인식이 놀라울 정도로 늘고 있다. 결과적으로 보존 프로젝트에 연관된 건축가들의 수가 꾸준히 늘고 있다.

로버트 버얼리(Robert Burley)는 버몬트의 웨이츠필드에 위치한 the Burley Partnership의 사장이다. 그는 미국건축가협회의 the West Front of the U.S. Capitol을 위한 과업팀을 위해 일했고 그의 회사는 수많은 역사 보존과 복구 프로젝트들을 수행했다. **Dan Peterson**은 1975년부터 역사 건축가로서 실무를 해왔다. 그는 미국건축가협회 역사자원위원회와 미국건축가협회 역사적 미국건축물자문위원회의 회장으로 일하고 있다.

서비스

Part 4

건축주의 요구 사항

늘어나는 대중의 관심과 함께 보다 많은 지역이 역사 보존에 관련된 규정을 채택하고 있다. 그 규정들은 일반적으로 역사적 지역의 존재하는 건물 또는 개별적으로 지정된 역사적 건물의 모습을 보호한다. 그러한 규정의 목적은 종종 미적 측면에 집중하고 있지만 또한 커뮤니티의 주체성과 역사적 문화의 보전을 지향하기도 한다. 일부 지역에서, 자산소유주들이 보상되지 않는 "획득"으로 생각하여 재산권의 규정에 반발이 발전되고 있다.

연방과 주, 지방 정부 차원의 세금 혜택과 보조금 프로그램은 직접적으로 보존 서비스 시장을 자극한다. 역사적 건물을 소유한 건축주는 연방 재건 세금공제를 위해 이미 자격을 얻었고, 건물소유주를 위한 보다 강력한 연방 세금 혜택이 채택될 것으로 보인다. 사업체 소유주와 공동체 집단들을 위해 연방정부와 많은 주정부들은 몇 종류의 세금 혜택과 보조금 프로그램을 제공하고 있다. 그러한 프로그램 중 다수가 도시 부흥을 위한 역사 보존과 경제 발전 목표들을 연결하고 있다.

역사적 재산에 관련된 작업에 이용 가능한 자원들은 다양한 이유로 많은 다른 종류의 건축주들에게 매력적으로 다가가고 있다. 역사 보존 서비스를 제공하는 건축가들은 역사적 건축에 대한 지식뿐만 아니라 보존 활동을 지원하는 정부의 프로그램에도 익숙해야 한다.

보존 규정과의 부합. 기관과 법인 건축주뿐만 아니라 많은 건축주들은 자신들의 재산이 역사 보존 규정에 저촉되는 지역에 위치하고 있기 때문에 역사 보존 서비스를 찾는다. 역사 보존 건축가가 건축주에게 제공할 수 있는 중요한 서비스는 날이 갈수록 부담이 가중되고 있는 주와 지방 보존 관청들에 의해 관리되는 승인 과정을 통해 프로젝트를 안내하는 것이다.

기금과 세금 감면을 위한 자격. 역사 보존을 위한 세금 감면과 보조금 프로그램에 정통한 건축가는 자신의 자산이 역사적 중요성을 가지고 있다는 것조차 인식하지 못하고 있을 수 있는 건축주에게 아주 유용할 수 있다. 건물들은 많은 기금 혜택 프로그램에 전제 조건이 되는 국가등록 역사적 장소에 등재를 할 자격을 얻는 데 단 50년이 필요하다. 많은 현대 건물들이 이제 자격을 만족하는 연령에 다다르고 있다. 마찬가지로 랜드마크의 기준은 최근 건축적 가치보다는 문화적 역사라는 조건에 중요한 건물들을 포함하기 위해서 확대되고 있다. 한 예로 최초의 맥도날드 식당을 들 수 있다. 세금 감면 또는 보조금의 이용 가능성은 프로젝트의 재정적 성공 가능성에서 결정적인 차이를 이끌어낼 수 있기 때문에 세금 감면과 혜택의 이점을 얻기 위해 요구되는 과정과 자격에 친숙한 건축가들은 가치 있는 서비스를 제공할 수 있다.

건축적 중요성과 보존 계획 개발의 결정. 역사 보존 서비스를 제공하는 건축가들은 프로젝트를 위한 보존, 복구, 복원, 재건축의 적절한 방식을 건축주에게 조언한다. 건축가는 건물의 어떤 부분이 본래의 모습이고 어떤 부분이 나중에 덧붙여진 것인지를 결

정하고 건축주를 위해 발견한 사실들을 해석하고, 프로젝트를 위해 요구되는 다른 전문가들의 작업을 조정해야 한다. 프로젝트와 프로젝트에 관련된 사람과 사건들, 프로젝트의 미적 가치, 건축적 특징, 기존 상황, 그리고 미래의 기능 등의 역사적 중요성은 보존 작업의 진행을 통해 고려되어야 할 조건들이다.

몇몇 경우, 건축주가 대지 조사 중 건물이 역사적 중요성을 지니고 있다는 사실을 발견할 수 있다. 그때 건축가는 고고학적 활동들을 감독해야 하고 역사적 건물 또는 현장에서 발견된 자원들의 적절한 관리에 대한 조언을 제공해야 한다. 현장에 따라 그러한 활동들은 주 또는 지방의 역사 보존 규정에 의해 통제될 수 있다.

정부 건축주들은 도시 또는 지역 계획 프로젝트(역사 보존 요소를 포함하고 있는 다수), 관광과 경제 성장을 위한 커뮤니티 재건 프로젝트, 그리고 공공 공원과 역사적 유적의 작업을 위해 역사 보존 건축가를 고용한다. 지속적인 사용 또는 재사용을 위한 변경을 위해 역사적 건물을 개선하고자 하는 공공 기관은 역사 보존에 전문성이 있는 건축가를 포함한 설계 팀을 종종 필요로 한다.

정부 기관은 문화적, 자연적 자원들이 파괴되는 것을 염려하여 새로운 교통 시설의 건설에 반대하는 여론의 증가에 직면하고 있다. 그러한 프로젝트의 승인을 얻기 위해 기관들은 종종 토목공학 프로젝트와 함께 역사 보존 프로그램을 포함시킨다. 그러한 이유로 토목 공학 회사는 종종 역사 보존 전문가를 고용한 건축가들의 하도급자로 참여한다.

역사적 자재의 올바른 취급. 많은 건축 회사들이 건물 보전, 역사적 재건축, 그리고 보존 계획에 전문화되었다. 그러한 회사들은 역사적 건물들의 특징을 규정하는 형상인 과거의 재료, 시스템, 요소들과 관련된 주제를 다루는 다른 건축 회사와 계획 회사를 돕는 서비스를 제공한다. 많은 건축 회사들이 재건 작업의 경험으로 자신들이 역사적 건물에 관련된 작업을 수행할 수 있다고 생각할 수 있다. 하지만 그들이 진정한 전문가가 아니라면 과거의 자재와 시스템의 불합리한 처리가 현재의 방식에 의해 재건된 건물의 악화 또는 실패를 가속화할 것이라는 사실을 종종 인식하지 못한다.

역사 보존 작업의 출현은 복잡한 방법론과 기술의 발생을 촉진했다. 건축가들은 자주 역사학자나 보존 기술에 전문화된 성장하고 있는 전문가들과 상담을 한다. 그러한 전문가들은 건물의 시기를 파악하고 건물 재료가 본래 사용되었던 정확한 방식을 확인하기 위해 새로운 과학적 기술을 이용한다. 또한 그들은 공급원을 찾아내는 데 도움을 주기도 한다. 인터넷은 특화된 서비스와 제품을 더 쉽게 찾을 수 있도록 정보의 흐름을 도와 왔다.

역사적 보전에 관련된 서비스는 마스터 플래닝, 도시 계획, 대지 분석, 조사와 평가, 프로그래밍, 건축설계, 실시설계도서, 공사 조달, 공사 계약 관리, 그리고 조경 설계를 포함한다.

기술

보존 서비스의 제공은 건물과 다른 역사적 자원의 분석, 인식, 복원의 잘 발전된 능력을 요구한다. 실무자는 역사적 건축 기술과 자재에 관련된 지식, 건축 역사의 전문성, 역사유물에 대한 연구, 현지 조사, 그리고 분석에 있어서의 특수화된 전문적 건축재료를 보존하기 위한 기술의 이해 그리고 건물 인테리어의 마감, 조명, 가구, 장식적 예술을 조사하고, 문서화하고 분석하는 기술과 경험이 필요하다.

훈련과 경험. 몇몇 건축주들은 훈련과 경험 요구사항을 규정하고 있다. 예를 들어 미국 실내 디자인부는 프로젝트가 역사적 건축의 서비스를 제공하는 전문가는 역사구조물을 재건하기 위한 부서의 지침을 만족시켜야 함을 요구한다. 최소한 그들은 건축 실무를 위한 건축의 전문 학위가 있거나 주 면허를 소지하고 있어야 한다. 그리고 거기에 더해서 역사 보존, 미국 건축가, 보존 계획 또는 관련 분야의 1년간의 대학원 연구 또는 역사 보존 프로젝트의 1년간의 풀타임 실무 경험이 있어야 한다. 실내 디자인부의 전문가 자격기준은 1년간의 대학원 연구 또는 실무 경험이 반드시 역사적 건물의 자세한 연구, 역사 구조물 조사 보고의 준비, 그리고 보존 프로젝트를 위한 도면과 시방서의 작성을 포함하고 있어야 한다고 명기하고 있다.

특수한 기술들. 역사 보존의 실무를 담당하는 건축가는 프로젝트의 역사적 중요성에 영향을 끼치는 정부의 프로그램과 함께 해야 한다. 네트워크는 회사가 적절한 전문가를 찾고, 대세에서 더이상 찾아볼 수 없는 서비스의 공급자와 건물 자재를 확인하기 위해서 중요하다.

요구되는 전문가들은 역사학자, 고고학자, 건축 보존가, 역사적 인테리어 전문가를 포함한다. 다른 관련된 분야들은 구조적, 기계적, 전기적 기술자들과 조경 건축가가 있다.

프로세스

종종 역사 보존 프로젝트는 꽤 많은 초기 설계와 연구 시간을 필요로 한다. 법 관련 기관과의 조정은 계획된 작업이 구역 계획 기관 또는 보조금이나 세금 혜택을 관할하는 기관에 수용될 수 있도록 확실히 하기 위해 과정의 초기에 시작되어야 하는 단계이다.

서비스의 영역에 영향을 끼치는 요소들. 역사 보존 프로젝트를 위한 서비스의 영역에 영향을 끼치는 요소들 중에는 보전하고 재건하고 재생하고 또는 재건축하기 위한 노력의 기본적 성향, 역사적 보전 규정들의 적용, 재산과 시설의 중요성, 그리고 구조물의 상태와 통합성이 있다.

팀 작업 접근. 가능하다면 역사적 건물의 보전을 위해서 요구되는 특별한 절차를 경험해본 구조 기술자, 기계 기술자, 전기 기술자, 그리고 조경 건축가와 함께 팀을 짜는 것이 최상이다. 역사적 보전 프로젝트에 관련된 미미한 경험을 가졌거나 경험이 전무

한 건축가들은 반드시 역사 보존 건축가를 팀에 포함시켜야 한다. 이러한 전문가들의 역할은 연구를 진행하고 평가를 진행하며, 필요한 보존 문서를 만들고 과거의 자재와 시스템을 위한 적절한 처리를 위한 기술적 전문성을 제공하는 것이다.

역사 보존 프로젝트의 단계들

초기 디자인과 조사. 여기에 나열된 사항들을 성취하기 위해 규정과 법의 적용에 친숙한 인물 뿐만 아니라 역사적 건축과 역사 연구, 고고학 전문가의 참여가 일반적으로 필요하다.

- 기존의 상태에 대한 예비 분석과 평가
- 대지, 구조, 건물의 의도된 기능과 현재의 사용을 결정하기 위한 프로그래밍
- 법의 요구조건과 규정을 조사하고 제안된 업무의 기술적, 경제적 타당성을 평가하기 위한 사업성 연구
- 현재 상황의 사진과 실측된 도서, 가능하다면 지어진 상태와 계약된 도서와의 비교
- 본래의 공사를 기록한 대형사진과 실측도면(그러한 도서는 의회도서관에 있을 수 있다)을 포함한 역사적 미국건물조사/역사적 미국공학기록(HABS/ HAER) 문서의 준비

실측 도면의 준비는 종종 역사 보존 서비스의 일부분이 된다. Virginia Lorton에 위치한 Pohick Church의 파사드의 이 입면 도면은 건물 상태 평가의 일환으로 제작되었다.

John Milner Associates, Inc., Alexandria, Virginia

- 도서, 오래된 사진 그리고 프로젝트에 관련된 다른 자료들, 프로젝트와 연관된 건축 시공역사 등의 보고서를 공부하고 준비하는 역사적 연구
- 프로젝트의 지역의 선사적, 역사적, 산업적 특성을 조사하고, 특히 역사적으로 중요한 대지에서는 예술품을 되찾고, 복원하고 평가하는 고고학적 연구
- 건물의 어떤 요소가 원래의 것이고 어떤 것이 그렇지 않은지 시공의 순서와 시

건축주에게 이러한 서비스를 제공하는 것을 논의하고 있는 건물설계(17.2)와 실시설계도서-시방서(17.5)를 참고한다

간 모두를 고려한 건축적 기술 조사

- 제안된 개발, 재료, 공학개념, 대안들 그리고 작업의 관련 있는 다른 요소들을 표현하는 설계개념과 초기설계의 개발
- 건축주가 프로젝트 예산을 짜는 데 도움이 되는 예상 비용을 확인하기 위한 초기 비용 계산
- 일반적으로 역사적 구조물의 보고서로 불리는 서면 데이터, 사진 그리고 다른 정보를 포함하고 있는 초기 보고. 이 보고는 국가등록 역사적 장소와 같은 연방, 주, 지방의 목록에 포함되기 위해, 또는 연방, 주 관청을 통해 기금을 모으기 위해 필요로 하는 관련 서류의 준비를 포함하기도 한다.

설계 과정. 역사적 건축에 대한 작업과 관련된 문제는 전체 설계와 공사를 아우르는 건물설계 과정의 표준단계들과 동일하다.

- 건축 설계와 건물의 기술적 발전에 관련된 보존문제의 조정
- 개요 시방서의 제작과 관련된 보존문제의 조정
- 공사 비용의 예상 가격의 준비에 관련된 보존문제의 조정

실시설계도서의 준비와 조달 그리고 공사 계약 관리 서비스를 제공하는 것에 대한 더 자세한 내용은 실시설계도서-도면(17.4)과 공사 조달(17.7), 그리고 계약 관리(17.8)에서 얻을 수 있다.

실시설계도서 단계. 이 단계에서 고려되어야 할 문제는 다음과 같다.

- 도면 작업과 시방서의 작성을 포함한 실시설계도서의 준비와 관련된 보존문제 조정
- 공사의 최종 비용의 산출에 관련된 보존문제 조정
- 입찰 또는 공사 서비스의 조달을 위한 조정에 관련된 보존문제 조정
- 공사 계약 관리
- 공사 감독과 공사 계약 관리 서비스와 관련된 보존 문제 조정

납품도서는 역사적 건물 보고 또는/그리고 평가, 그리고 상황 보고를 포함할 수 있다. 중요한 역사적 프로젝트의 완공 시에는 순환 관리 보고가 종종 행해진다. 자격 결정 또는 효과 설명과 같은 다른 종류의 보고는 지방의 역사적 랜드마크와 역사적 지역 검토회의, 주 역사 보존 담당 공무원과 같은 프로젝트에 대한 관할권을 가진 권위자에 의해 요구될 수 있다.

추가적인 정보

많은 단체들이 역사 보존의 분야에 관련된 세부 정보를 제공하고 있다. 미국건축가협회의 가장 오래된 위원회는 미국건축가협회 역사자원 분과위원회이며 미국건축가협회의 웹사이트 www.aia.org에 정보를 게시하고 있다.

국립 공원 서비스(NPS)는 연방 정부의 보존 프로그램의 고향이다. NPS 웹사이트는 많은 정보와 다른 적절한 사이트로의 링크를 제공하고 있다.

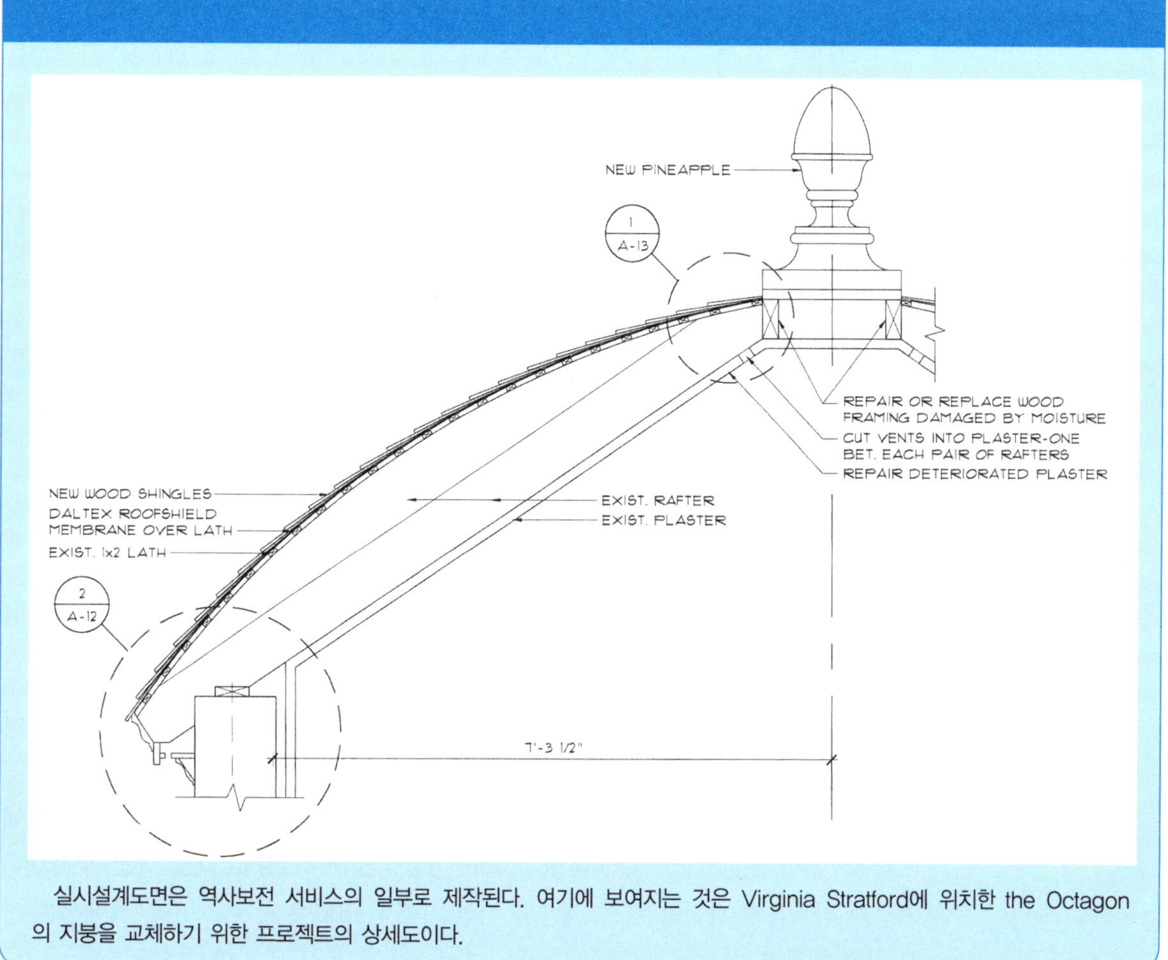

실시설계도면은 역사보전 서비스의 일부로 제작된다. 여기에 보여지는 것은 Virginia Stratford에 위치한 the Octagon의 지붕을 교체하기 위한 프로젝트의 상세도이다.

John Milner Associates, Inc., Alexandria, Virginia

- 기술보존 서비스 사이트 www.cr.nps.gov/tps는 역사 보존 건축의 작업에 종사하는 사람들에게 보존세금혜택에 관한 정보와 마찬가지로, 생생한 필수적인 두 가지 출처-인테리어부장관의 '재건을 위한 표준'과 역사적 건물의 재건을 위한 지침, 그리고 보존요약시리즈를 제공하고 있다. 또한 역사 보존에 관련된 세금상의 혜택 또한 포함하고 있다. 41가지의 보존요약으로 구성되어 있는 전체 내용은 웹사이트를 통해 구할 수 있다. 이는 역사적 건물의 수리와 재건의 특수한 측면에 대한 보다 자세한 정보를 제공한다(예, 지진의 갱신, 접근성, 자세한 자재 보고).
- 보존기술과 훈련을 위한 국립센터(The national Center For Preservation Technology and Training)는 보존 기술의 연구와 훈련, 정보를 제공한다.(www.ncptt.nps.gov)
- 역사적 미국건물 조사/역사적 미국공학보고서(The Historic American Buildings Survey/Historic American Engineering Record)의 웹사이트는 HABS/HAER 문

서의 작성과 관련된 정보를 포함하고 있다. (www.cr.nps.gov/habshaer)

- 역사적 장소의 국가등록부(The National Register of Historic Places) 사이트는 주의 역사 보존 사무실로의 링크뿐만 아니라 역사적 재산으로 등재되기 위한 조건을 제공한다. (www.cr.nps.gov/nr)

버지니아의 알렉산드리아에 있는 국립보존협회(The National Preservation Institute)는 역사 보존과 문화 자원 관리에 대한 세미나를 제공한다. 그 프로그램들은 미국건축가협회의 계속교육 프로그램에 등록되어 있다. 또한 NPI는 기술적인 보존의 원조를 제공한다. 이 비영리 단체에 관련된 보다 많은 정보는 웹사이트를 통해 검색이 가능하다. (www.npi.org)

Virginia의 Fredericksburg에 본부가 위치한 국제 보존기술 연합회(The Association for Preservation Technology International)는 최신의 기술 서적과 보존과 유지 기술과 주제에 관련된 전문화된 훈련과 교육을 제공한다. (www.apti.org)

역사적 건축과 역사 보존, 오래된 건물의 관리 기술에 관련된 많은 서적이 있다. 아직도 보존분야에서 최고의 총람으로 여겨지는 책은 **James Marston Fitch의 역사 보존: 지어진 세계의 관리자의 경영(Historic Preservation: Curatorial Management of the Built World(1990))**이다. 다음은 그 밖의 추선할 만한 관련 서적들이다.

F.G. Matero와 쓴 Martin E. Weaver의 **건물 보존하기: 기술과 재료에 대한 안내(Conserving Buildings: Guide to Techniques and Material, rev. ed. (1997))**은 역사적 건물들의 관리와 재건, 재생을 위한 자재와 절차를 다루고 있다. 책에서는 건물 자재의 특징, 구성, 장식에 관한 실무 관련 정보와 최신 보존 방식의 자세한 설명이 함께 수록되어 있다.

Architectural Graphic Standards(AGS)의 이전 판은 고건물에 관련된 작업을 하는 사람들에게 유용할 수 있다. 초판은 **Architectural Graphic Standards for Architects, Engineers, Decorators, Builders and Draftsmen, 1st facsimile ed. (1990)**처럼 복제판으로 구해볼 수 있다. 고건물에 일하고 있는 모든 사람들에게 전통 건축상세의 근원으로 통하는 1932~51년에 출간된 AGS의 발췌록은 **건물복구, 개조 그리고 복원을 위한 전통상세들(Traditional Details: For Building Restoration, Renovation, and Rehabilitation(1998))**이다.

William G. Foulks에 의해 편집된 **역사적 건물들의 파사드: 관리와 복원을 위한 지침서(Historic Building Facades: The Manual for Maintenance and Rehabilitation (1997))**은 모든 시기의, 모든 스타일의, 모든 자재들의 역사적인 건물을 검사, 관리, 재건하기 위한 최신의 정보와 방법론을 제공하는 전문가들에게 인정받은 완벽한 참고 서적이다.

역사 보존의 실무를 하고 있는 건축가들의 흥미를 끄는 새로운 서적으로 Swanke Hayden Connell Architects에서 출간한 **역사 보존: 프로젝트 계획과 견적(Historic**

Preservation: Project Planning and Estimating(2000))이 있다. 이 서적은 역사구조물의 보존과 복원을 하는 사람들을 초점을 두었다. 특히 건축가, 도급자, 건축주, 시설 관리자, 개발업자, 그리고 도시 계획가에 초점을 맞추고 있다. 저자는 역사 보존 프로젝트를 위한 예산, 자세한 견적 만들기, 그리고 검증받은 도급자를 선정하는 과정에 관련된 지침을 제공한다.

17.11 지속성 있는 건물 설계

Muscoe Martin, AIA

지속 가능한 건물의 설계는 건물 설계의 전 과정에서 환경적 요소들의 여러 전문 분야에 걸친 고려를 필요로 한다. 주요 관심사는 에너지 효율, 실내 공기 품질, 자원 효율성 등이다.

요약

지속 가능한 설계와 분석 서비스

왜 건축주는 이러한 서비스를 필요로 하는가?

- 건강에 좋고 보다 생산적인 주거를 창조하기 위해
- 환경적인 윤리에 대한 책임을 장려하거나 참여하기 위해
- 입안된 환경적 요구사항을 충족하기 위해

요구되는 지식과 기술

- 건물 자재와 구성요소, 시스템의 환경적 성능에 대한 지식
- 생태학적이고 생물학적인 과정들의 이해
- 수명주기의 산정 방법론에 대한 친숙도
- 환경 규정에 대한 친숙도

대표적인 진행 업무

- 지속성의 목표를 결정한다.
- 환경 성능을 위한 대상을 설정한다.
- 환경적 고려를 위한 적절한 데이터를 수집한다.
- 적절한 기술을 확인한다.
- 설계 과정을 통해 설계팀의 활동에 참여한다.
- 환경 성능을 증명하기 위한 위원회에 참여한다.
- 환경적 성능을 유지하기 위해 시설 관리 직원에게 운영에 관련된 문제를 교육한다.

포괄적인 의미에서 지속 가능성이란 시스템이 의존하는 자원의 소모나 과부하에 의한 쇠퇴로 이끌려감이 없이 무한한 미래까지 기능을 계속할 수 있는 사회, 생태계 또는 다른 시스템의 능력을 의미한다. 따라서 지속 가능한 건물 설계는 환경의 질적인 보존, 보호, 개선을 위해 노력하고, 인간의 건강을 보호하고 그리고 자연자원의 신중하고 이성적인 이용을 달성하기 위해 노력하는 과정을 의미한다,

종종 "녹색설계(Green Design)"라고 불리기도 하는 지속 가능한 건물설계에서 고려되는 주제로는 대지의 선택과 대지 설계, 에너지 효율, 자원 효율성, 실내 공기 품질, 수질 보존, 고형 폐기물 관리와 재활용, 그리고 건물 운영과 관리가 있다. 지속 가능한 설계 전문가들은 설계의 다른 측면과 연동되는 복합적인 환경과 자원 문제를 고려하는 통합된 설계 과정의 중요성을 강조한다.

지속 가능한 설계는 1980년대 후반 환경과 에너지 효율 혁명의 확장과 통합의 형태로 나타나게 되었다. 친환경적인 설계자들은 에너지 효율, 실내 공기 품질과 자원 효율성을 포함한 더 넓은 범위의 환경 문제에 보다 완벽하게 통합된 접근 방식을 추구하였다.

녹색건물의 실현에 관심을 가지고 있는 조직과 전문가들의 연합인 미국녹색건물 위원회(U.S. Green Buildings Council)에 따르면, 환경 문제와 집단의 책임에 대한 대중의 관심이 상승하고 있기 때문에 이러한 서비스의 시장 전망이 상당히 희망적이라고 한다. 1997년의 Cone Roper Cause-Related Marketing report는 사업가들이 반드시 해결해야 할 최우선 사회 문제 중 하나로 환경을 뽑았다. 신축이나 개조하는 프로젝트

머스코 마틴(Muscoe Martin)은 필라델피아에 소재한 Susan Maxman & Partners사의 사장이다. 그는 미국건축가협회 환경위원회(COTE)의 전임 회장이다. 또한 녹색건축, 지속성 있는 사회, 윤리적이고 지속 가능한 설계, 에너지 효율설계에 관련된 저술과 출강활동을 하고 있다.

모두를 위한 실내 공기 품질 설계 서비스는 특히 요구되는 전문성을 가지고 있는 건축가들에게 그 기회가 빠르게 확대되고 있는 영역이다.

건축주의 요구 사항

건축주들은 에너지 분석과 설계 서비스를 찾는 이유와 유사한 이유로 지속 가능한 설계를 찾게 된다. 공통적인 목표는 운용 비용을 줄이고 설계 품질을 높이고, 대중의 이미지를 높이고, 환경에 대한 조직적인 약속을 만족시키고 증명하며 자원의 수급이 불안정하거나 발전에 대한 지역적 규제가 엄격한 대지에 대응하는 것이다. 평생에 걸쳐 건물을 소유하고 사용하고 있는 큰 정부, 기관들이나 법인건축주들은 장기적인 안목을 가지고 지속성의 목표를 달성하기 위해 추가적인 비용, 시간, 노력을 투자할 가능성이 더 크다. 녹색건물은 장기간 가치와 품질을 보장하고 운영 비용을 절감할 수 있기 때문에 훌륭한 재판매 가치를 지니며 구매자를 자극할 수 있는 특징을 가지고 은행 또한 녹색건물 프로젝트를 위한 융자에 흥미를 가지게 될 수 있다.

몇몇 건축주들은 "녹색" 시설의 표시를 광고 또는 모집의 도구로 사용한다. 예를 들어 극소수의 컴퓨터 프로그래머를 고용하기 위해 경쟁하고 있는 회사들은 잠재적인 직원들의 혜택으로 자사의 건강 시설과 에너지 효율적인 작업 시설을 광고할 것이다. 에너지 분석과 마찬가지로, 지역과 주, 연방 정부 수준의 기관들은 정부시설의 설계 과정의 일부분으로 지속성 문제의 분석을 요구할 수도 있다. 연방 기관들은 행정 명령에 의해 에너지 소모를 줄여야 하는 요구를 받고 있고 환경적 영향은 줄이고 생산성, 안락함, 건물 입주자의 건강을 고려하는 그 밖의 비용 효과적인 장치에 투자하도록 권장하고 있다. 많은 주와 도시 기관들은 매립지를 줄이고 재생된 재료나 재생될 수 있는 재료의 사용을 적극적으로 권장하고 있다.

보다 환경친화적인 조경, 자재 선택, 실내 공기 품질, 재생, 수질 보전은 연방시설 관리자가 에너지 보존에 덧붙여서 고려되도록 권장하고 있는 이슈들이다. 미 해군과 같은 몇몇 국방부 소속 기관들은 설계작업을 수행하는 어떤 회사도 지속성 설계의 경험을 보유하고 있어야 한다는 정책에 특히 혁신적이다.

일부 건축주들은 특정한 관심사 때문에 지속 가능한 설계의 전문성이 있는 설계의 서비스를 찾는다. 개선된 에너지 효율성을 통해 운용 비용을 절감할 수 있는 잠재성은 시장의 지배적인 위치를 유지하게 할 것이다. 공기 품질 문제를 안고 있는 시설을 소유한 건축주들은 보다 건강에 좋은 건물 환경을 만들기 위해 전문가를 찾는다. 홍수 조절과 수자원 보존은 역사적으로 물이 부족했던 서부 지역뿐만 아니라 다른 지역에서도 빠르게 성장하고 있는 관심 영역이다. 침식과 방출은 농업지역, 산업지역, 도시화된 지역 모두의 관심사이다. 화학적으로 예민하고 알레르기가 있는 사람들, 즉 염색제, 접착제, 도료, 방수제, 그리고 마감재로부터 나오는 화학물질에 약한 사람들과 카페트, 단열재, 페인트, 직물, 가구 등과 같이 많은 건물 생산물에서 공기로 방출되는

미국건축가협회 환경위원회(COTE)는 지속 가능한 설계에 관련된 워크숍과 회의를 제공한다. 기술적 자료를 포함한 새로운 이벤트와 과거 이벤트에 대한 정보는 미국건축가협회 웹사이트(www.aia.org)의 COTE 페이지에서 찾아볼 수 있다.

곰팡이 등을 견딜 수 없는 사람들에 대한 전문화된 전문가들도 있다.

지속성 설계가 얼마나 많은 시간과 비용을 필요로 하느냐에 대한 의견은 다양하다. 몇몇 실무자들은 지속성 설계와 시공에 더 많은 비용이나 시간이 들지 않는다고 이야기 한다. 반면 어떤 사람들은 특별한 제품의 사용을 포함하고 있는 특별한 설계는 설계와 공사비용과 프로젝트 일정에 영향을 끼칠 수밖에 없다고 이야기 한다. 새로운 설계 고려사항에는 학습곡선이 있다. 설계자, 공사자, 건축주가 지속성 설계에 경험을 갖게 되면 될수록 효율은 올라가게 된다. 지속 가능한 설계의 비용과 이익을 숫자상으로 계산한다는 것은 매우 어려운 일이다. 비용은 설계 비용, 공사비용, 건물의 수명주기에 따른 운영과 관리 비용을 포함하고 있다. 이익은 환경적, 경제적, 사회적 혜택뿐만 아니라 운영과 관리 비용의 절감을 포함한다.

지속 가능한 설계는 많은 특별한 서비스 또는 에너지 효율적인 설계와 상담, 실내 디자인 품질, 조명설계, 조경, 홍수 관리, 시설 관리 등과 같은 전문 영역을 포함하고 있는 설계 방식이다. 관련된 주제에서의 효과는 지속 가능 설계 서비스에 관심이 있는 건축가 또는 회사를 위해 실용적인 접근을 제안한다. 조금씩 구성 영역에서 전문성을 획득하다 보면 차츰 보다 복잡한 프로젝트를 수행할 수 있을 것이다.

기술

지속 가능한 설계가 다양한 전문성을 요구하기 때문에 프로젝트 관리자는 이상적으로 기본 환경 개념, 다른 팀원에 필요한 추가사항에 대한 폭넓은 지식 배경과 이해를 가져야 한다. 지속 가능한 설계를 위해 필수적인 특별한 전문성은 다양한 정도의 에너지 분석을 수행하고, 수동적인 태양열과 주간 조명 개념을 포함한 에너지 기술을 평가하고, 건물재료의 환경적 특징, 비용과 유용성을 산정할 수 있는 능력을 포함한다. 몇몇 프로젝트는 자재 선택을 위한 비교를 위해 보다 정밀한 환경 수명주기 계산을 필요로 하기도 한다.

▶ 미국건축가협회의 계속교육 시스템(AIA/CES) 프로그램은 주기적으로 지속 가능한 설계에 대한 교육을 진행한다. 최근의 정보를 원한다면 미국건축가협회 웹사이트(www.aia.org)에 방문해 보는 것이 좋다.

프로젝트에 따라서 대지와 조경 설계, 홍수 관리와 수자원 보존, 재생, 실내 공기 품질, 그리고 경제성 분석의 분야에서 전문성이 요구될 수도 있다. 어떤 프로젝트에서는 생물학자, 식물학자, 산업 위생학자 또는 화학적으로 민감한 사람을 위한 설계와 같은 보다 전문화된 서비스를 제공할 수 있는 전문가를 필요로 하기도 한다.

프로세스

지속 가능한 설계 과정은 지속성 변수가 건축 계획과 설계과정을 통해 다른 변수와 함께 고려되고, 분석되고, 통합되는 것을 요구한다. 이를 위해서 몇 가지 중요한 사항이 과정 속에 포함되어야 한다.

첫째로, 지속성의 목표를 정하기 위한 특별한 사전 계획 단계가 있다. 둘째로, 설계

팀의 노력은 선실행되어야 한다. 즉 마지막으로 설계 과정은 완벽하게 통합되어야 한다. 건축가는 통합된 디자인을 보장하는 팀의 리더로서 작업에 임하게 된다.

프로젝트의 영역과 비용을 결정하기 위해서는, 제공될 업무 목록을 작성하고 각각의 항목에 필요한 자원을 배치하는 것이 최선의 방법이다. 지속 가능한, 또는 녹색건물 프로젝트는 세 가지 주 요소를 포함한다.

- 에너지 효율성 기준은 건물 외피설계, 조명 장치설계와 선택, HVAC 시스템 설계, 그리고 조경 설계에 적용된다.
- 실내 공기 품질 기준은 환기 시스템 근원 조절, 자재 선택, 건물 위탁, 그리고 건물 관리에 적용된다.
- 자원 효율성 기준은 건물 재료, 대지와 조경 관리 효율, 그리고 물 관련 문제에 적용된다.

서비스의 업무 목록을 결정하는 것은 사전 계획 단계의 결과물이 될 것이다.

사전 계획. 지속 가능한 건물 설계과정에서 이 단계는 지속성 설계 업무의 목적을 결정하고자 하는 건축주의 대리인과 함께 진행되는 단체 브레인스토밍(토론회) 과정이다. 이 단계의 결과는 전반적인 프로그래밍 과정의 투입 조건으로 이용된다. 프로그래밍이 단편적이거나 분리된 서비스에 의해 제공될 때 지속성의 문제는 프로그래밍 과정에서 통합되어야 한다.

브레인스토밍 단계를 시작하기 위해서 설계자는 보통 건축주에게 적절한 조직적 목적의 설명을 부탁하게 된다. 그리고 비용 절감, 에너지 절감, 건강, 편안과 생산성, 자원 보존과 관리, 공해 방지와 같은 프로젝트의 일반적인 목표들이 조사되고 우선순위가 결정된다. 중요한 프로젝트의 변수가 결정된다. 예를 들어, 변수는 실무 적용 가능성, 전형적인 외양, 시행의 편리성, 방해받지 않는 운영의 필요, 또는 위험의 최소화 등이다. 다음 단계는 기초 정보를 수집하는 것이다. 예를 들어 에너지와 물 소비를 줄이는 목적의 기존 건물의 개조 프로젝트를 위해 설계자는 기존의 에너지와 물의 소비와 비용을 관찰하게 될 것이다. 새로운 건물을 위해 새로운 그러나 관습적인 시설의 평균적인 소비와 비용이 고려될 것이다. 미 녹색건물위원회가 개발 중에 있는 LEED rating system[1)]과 같이 많은 종류의 환경 성능의 비교를 도울 수 있는 건물 평가 도구가 개발 중에 있다. 평가 시스템은 프로젝트의 다양한 녹색 특징들에 점수를 준다.

마지막으로 환경 성능을 위한 목표는 유사한 목적을 가진 다른 프로젝트의 성능을 참고해서 만들어질 수 있다. 예를 들어 포괄적인 지속성 설계 프로그램은 에너지 사용, 물 사용, 실내 공기 품질, 건물과 차량의 배출, 고형 폐기물, 재생, 대지의 수자원, 식물, 야생 동물의 질에 대한 양적 성능을 포함할 수 있다. 다른 건물의 성능 개선 목표는 빛의 품질, 생산성, 그리고 생산자의 만족도와 같이 수치화하기 어렵다. 작업자

건물의 설계에서 높은 수준의 환경 성능을 얻기 위해서는, 환경적 문제들이 건물의 계획, 설계, 공사의 과정에서 고려되어야 한다. 환경적 이슈가 영향을 끼칠 수 있는 관련된 서비스는 프로그래밍(16.1), 건물 설계(17.2), 실시설계도서-도면(17.4)과 실시설계도서-시방서(17.5)에 설명되어 있다.

1) 역주 : 미국녹색건물위원회에서 시행 중인 친환경건축물의 레벨을 결정하는 제도.

의 결근, 질병, 생산성 비율들은 건물이 개선되었을 때 이러한 비율이 개선됨을 보여주었기 때문에 척도로서 사용된다.

잠재적인 절감 요인의 수명주기 비용 분석은 성능의 목적을 설정하고 프로젝트의 예산을 결정하는 요소가 되어야 한다. 사전 계획 작업이 추가 설계시간을 필요로 하는 반면, 건축주는 운영경비 절감 및 다른 이익에서 추가 설계작업의 수행을 위한 비용을 빠르게 회복할 수 있어야 한다.

선실행(Front-Loading). 잘 수행된 지속성 설계는 설계 통합도를 최적화하기 위해 전체 과정의 가능한 한 빠른 시기에 전문가에게 참여하도록 요구한다. 지속 가능 설계팀을 위한 전반적인 설계비는 사전 계획 과정과 기술 전문가들의 보다 빠른 투입에 의해 다소 인상될 수도 있다. 하지만 초반에 더해진 비용은 설계도서의 조정을 개선하고, 특히 수명주기에 따르는 비용을 낮추며 건축주와 사회에 다른 혜택을 제공하면서 균형을 이루게 된다.

설계 통합. 설계팀의 모든 일원들은 전체 건물 환경에 대한 개인의 설계 결정의 효과가 적절하게 산정될 수 있도록 상호 작용하에 작업하고 종종 동시에 업무를 수행해야 할 필요가 있다. 설계자, 전문 상담인, 건축주는 연계되어야 하고 연계된 상태로 존재해야 한다. 에너지 모의 실험과 다른 녹색건물설계 소프트웨어 패키지들은 수명주기 비용과 환경 영향을 수치화하고 설계를 최적화하기 위한 훌륭한 도구가 될 수 있다. 재생되었거나 재생될 수 있는 녹색건물의 자재와 실내 공기 품질을 제공하는 자재와는 구분을 두는 것이 중요하다. 예를 들어 백퍼센트의 사용 후 재생된 자재는 건강 문제를 유발할 수 있는 휘발성의 유기적인 혼합물을 방출할 수 있다.

위임과 운영. 위임은 설치된 시스템이 적절히 작동되는 것을 보장하기 위해 필수적이기 때문에 지속 가능한 설계 프로젝트에서 특히 중요한 요소이다. 마찬가지로 사용자의 교육 또한 몇몇 자원 보존 설계 측면의 장기적인 성능을 결정하는 중요한 요소가 될 수 있다. 사용자의 관리와 소비자의 감시 프로그램은 장기간의 성능을 보장하는 데 도움을 줄 수 있다.

추가적인 정보

지속 가능한 건물기술매뉴얼: 설계, 공사 그리고 운영을 위한 녹색건물실무(The Sustainable Building Technical Manual: Green Building Practices for Design, Construction, and Operations(1999))는 에너지와 자원 효율적인 건물을 위한 단계적인 지침을 제공한다. 미 녹색건물위원회의 웹페이지(www.usgbc.org)를 통해서 온라인으로 구해 볼 수 있다.

지속 가능성의 원칙에 대한 개요를 찾거나 그러한 원칙을 건축주에게 제공하고자 하는 회사는 Dianna Barnett과 William Browing이 쓴 **지속 가능한 건물을 위한 안내서(A Primer of Sustainable Building(1995))**와 **지속 가능한 설계의 원칙가이드(Guiding Principles of Sustainable Design(1993))**를 참조할 수 있다.

시설과 자재 수명주기

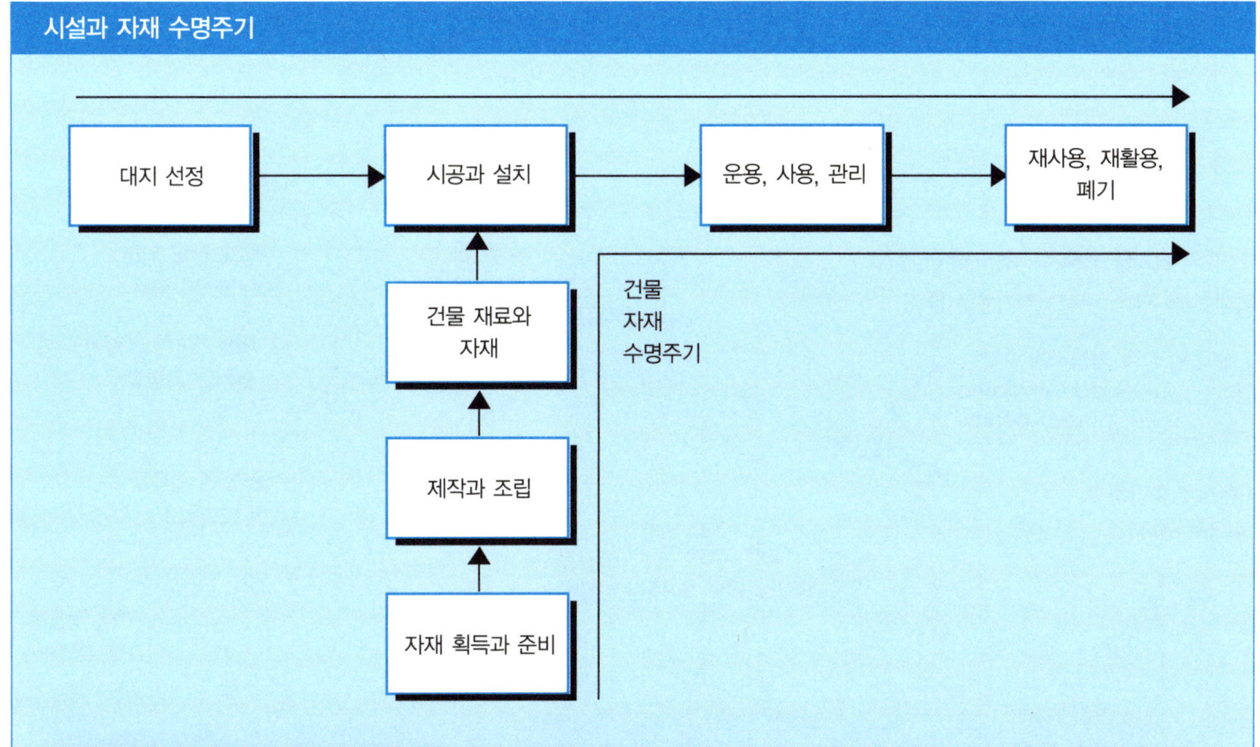

환경적 영향은 건물 공사재료와 자재들을 획득, 생산, 건물에 설치하는 과정의 수명주기에서 일어난다. 설치 이후에 건물의 운영과 사용을 통해 더 큰 영향이 발생할 수 있다.

환경적 프로젝트 팀 조직

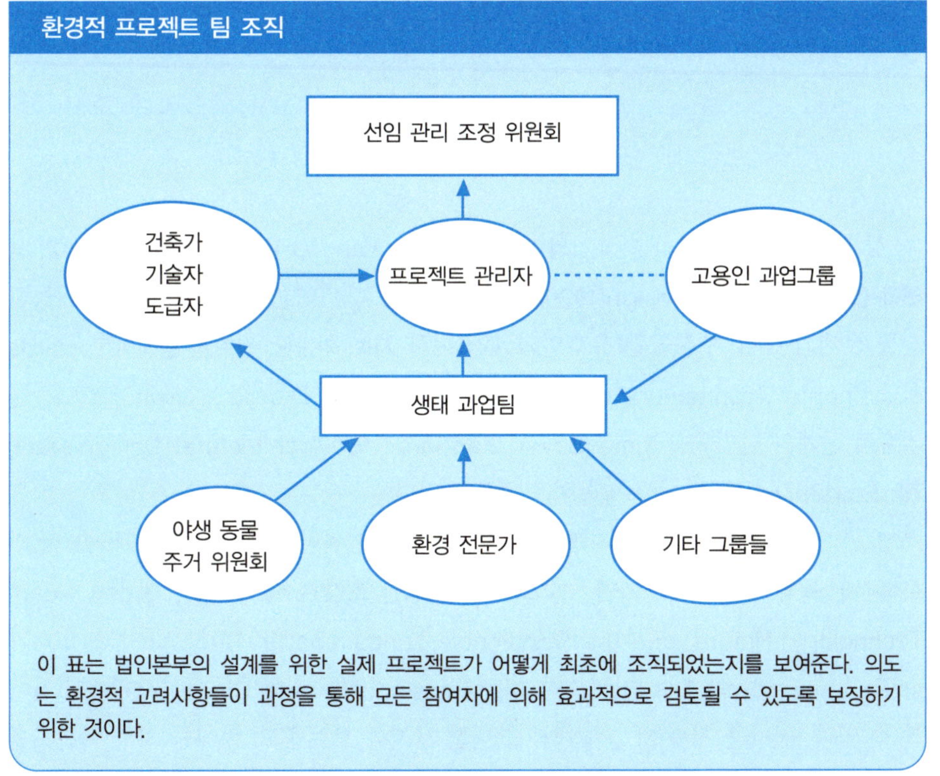

이 표는 법인본부의 설계를 위한 실제 프로젝트가 어떻게 최초에 조직되었는지를 보여준다. 의도는 환경적 고려사항들이 과정을 통해 모든 참여자에 의해 효과적으로 검토될 수 있도록 보장하기 위한 것이다.

미국건축가협회 환경자원 가이드(AIA, Environmental Resource Guide(Wiley, 1997))에서 차용되었다.

지속 가능한 건물의 예: Real Goods Solar Living Center

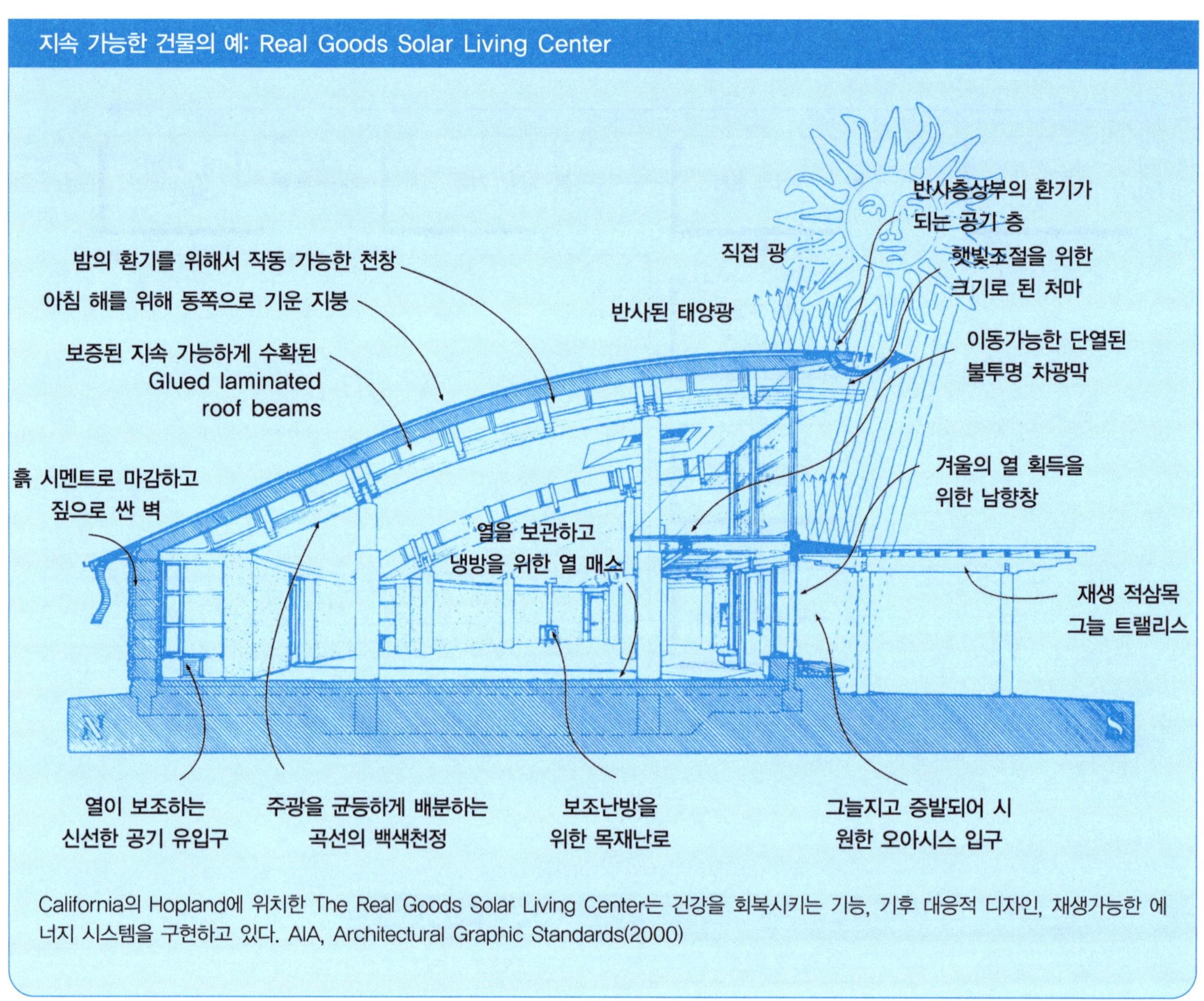

California의 Hopland에 위치한 The Real Goods Solar Living Center는 건강을 회복시키는 기능, 기후 대응적 디자인, 재생가능한 에너지 시스템을 구현하고 있다. AIA, Architectural Graphic Standards(2000)

생태학과 건물 설계의 지속성의 연관성은 Sym Van Der Ryn과 Stuart Cowan의 **생태적 설계(Ecological Design(1996))**에서 다루고 있다. Brian Edwards는 지속 가능한 건물 설계의 주요 부분들을 유럽인의 관점에서 **지속 가능한 건축을 향하여(Towards Sustainable Architecture(1996))**에서 바라보고 있다. Donald Watson, FAIA는 생기후적 설계의 원리들을 **Time-Saver Standards for Architectural Design Data, 7th Ed.(1997)**의 제3장에서 명확히 표현하고 있다.

개인 건물 이상의 규모의 지속성에 관련된 정보를 원한다면 Robert L. Thayer Jr.의 **회색세계, 녹색 마음: 기술, 자연, 그리고 지속 가능한 조경(Grey World, Green Heart: Technology, Nature, and the Sustainable Landscape(1994))**과 Peter Newman과 Jeffery Kenworthy의 **지속 가능성과 도시들(Sustainability and Cities(1999))**에서 찾아볼 수 있다. 전자는 지속 가능한 미래를 위한 골격을 보여주고, 후자는 차량 의존도를 줄이는 것이 도시 규모의 지속성을 추구하는 데 중요하다는 내용을 논의하고 있다.

건물 개발 과정의 지속성은 로키 산악협회(Rocky Mountain Institute)에 의해 **녹색 개발: 생태와 부동산의 통합(Green Development: Integrating Ecology and Real Estate(1998))**에서 논의되고 있다. 이 책은 플래닝, 조닝, 재정, 홍보, 설계, 시공에 연관된 개발 이슈들을 환경적 관점에서 다루고 있다.

미국건축가협회의 **환경자원가이드(AIA Environmental Resource Guide(1998))**는 건축 자재의 사용과 성능에 대한 자세하고 비교적인 정보를 제공한다. 이 정보는 주류의 환경 수명주기 평가 방법론에 기초하여 일련의 프로젝트와 응용 사례, 자재 보고를 통해 제공되고 있다. ERG는 John Wiley & Sons(www.wiley.com)가 발간한 CD-ROM 형식으로 구할 수도 있다.

환경건물소식(Environmental Building News)은 격월로 발간되는 환경적 지속성 설계와 공사에 관련된 내용의 뉴스레터이다. 매년 선택된 독서(Selected Readings)라고 명명된 특별한 이슈로 녹색건물과 관련 주제에 초점을 맞춘 서적들과 정기 간행물, 주소록을 발표한다. 환경건물소식으로 연락할 수 있다: !22 Birge Street, Suite 30, Brattleboro, VT 05301, (802) 257-7300, Fax (802) 257-7304 (www.ebuild.com).

미 에너지부(The U.S Department of Energy)의 지속 가능한 개발을 위한 우수센터(Center of Excellence for Sustainable Development, www.sustainable.doe.gov)는 녹색건물에 대한 정보와 자원을 제공한다. 또한 녹색설계 네트워크도 녹색설계와 공사를 위한 유용한 정보를 제공하고 있다. 사이트는 검색 가능한 데이터베이스와 온라인 녹색 건물 상담자인, 전세계적인 환경대안 Global Environmental Options을 포함하고 있다. (www.geonetwork.org)

서비스

Part 4

제18장 운영 – 유지 서비스

18.1 시설 관리

Robin Ellerthorpe, FAIA

많은 클라이언트들이 집합적인 전략적 계획과 함께 통합된 시설계획의 이익을 인식할 때 고유의 능력을 가지고 있는 건축 사무소들은 그들의 시설 관리 서비스를 크게 확대할 수 있다.

시설 관리 서비스는 전략적 계획과 자산관리에서부터 계획까지에 포함된 설계, 시공 관리, 운영, 유지, 그리고 일반적인 행정 서비스 등 많은 연관된 기능들이 포함된 것으로 정의할 수 있다. 클라이언트의 요구가 변화하면서 시설 관리 서비스의 잠재능력이 확대되어 건축 사무소에 제공되는 현저한 새로운 시장의 기회는 고유한 능력들을 발전시킬 수 있다.

클라이언트의 요구 사항

자신의 건물을 가지고 있는 대부분의 회사들은 시설 관리(FM)나 기업 부동산(CRE) 부서를 가지고 있다. 공간을 임대하였지만 물리적인 건물 관리와 운영의

> **요약**
>
> **시설 관리 서비스**
>
> **왜 클라이언트는 이 서비스를 필요로 하는가?**
> - 물리적 자산의 개요 작성을 위해
> - 시설에 자산의 능률적인 활용을 위해
> - 시설 재정 추적을 위한 시스템 공급을 위해
> - 유지 관리를 위한 도구 제공을 위해
> - 예산 예측을 위한 근거 제공을 위해
>
> **요구되는 지식과 기술**
> - 건물 운영의 이해
> - 재정과 회계 방법의 지식
> - 전략적으로 사고하는 능력
> - 가능성 조사와 목록작성
> - 데이터베이스를 관리하고 창조하는 능력
>
> **대표적인 진행 업무**
> - 클라이언트의 목적 확인
> - 규제요소 확인
> - 목표 달성을 위한 전략 발전
> - 관리에 관한 권장사항 작성
> - 데이터베이스 프로그램안의 시설 정보 취득

로빈 엘러돌프(Robin Ellerthorpe)는 1997년에 시작한 OWP&P Architects, Inc. 그룹의 시설 관리를 감독하고 있다. 그의 다양한 팀은 시설 소유자를 위한 전략적인 계획, 관리의 변화 그리고 운영과 유지의 분야로 특화되어 있다.

책임이 있는 회사들은 시설 관리나 기업부동산 부서를 가지고 있을 것이다. 때문에 시설 관리에는 넓은 범위의 기능들이 포함되고, 많은 회사들은 자사가 갖지 못한 기술들과 전문경험들을 하청한다. 가장 전형적인 시설 관리 클라이언트들은 사무실이나 다용도시설들을 관리한다.

과거에 클라이언트 단체들은 비교적 안정적이었고, 20년 이상 같은 물건을 제조하거나 같은 서비스를 제공하였다. 이러한 환경에서 설계와 건설 산업의 역할은 공간과 관련한 변화에 반응하는 것이었다. 시설 관리 자문 서비스는 종종 새로운 공간의 계획이나 기존 공간의 재구성뿐만 아니라 건물의 운영과 유지 그리고 일반적인 사무실 서비스 등의 전략적인 지원을 제공한다. 대부분의 회사들은 그들의 시설과 시설 관리/기업부동산 부서를 하나의 지출로 간주한다.

지난 10~15년 동안 기업의 순환은 짧아졌고, 기업의 페이스는 급격히 가속되었고, 부동산의 가치는 극적으로 오르내렸다. 결국 더욱 많은 클라이언트들이 그들의 시설 유지에 대한 필요성을 자산이나 수단으로 인식하기 시작했다. 자사의 시설 관리자들은 계속적인 회사의 변화가 혁신, 재구성이나 재편성의 어느 것에서 발생한 것이든 즉각적으로 반응하도록 요구되었다.

현재의 사업 환경에서 클라이언트 조직들은 전략적인 시설 계획을 통하여 변화를 효과적으로 다루어야 한다. 시설 관리 서비스에 대한 수요의 증가는 공동목표 성취에

정보 기술 서비스의 제공

미국 회사들은 시설 관리와 부동산 비용에 인력비용 다음으로 큰 지출을 하고 있음을 알고 있다. 더 많은 클라이언트들이 통합된 전략적 계획과 통합된 시설비용의 이익을 인식할 때, 정보와 기술을 기반으로 제공되는 시설 관리 서비스를 더 많이 찾게 된다. 보다 완벽한 기술을 가진 직원이 있는 건축 사무소들은 이러한 서비스를 제공할 수 있을 것이다.

전략적인 시설 계획은 미래에 필요로 하게 됨. 공간과 비용을 예측하는 능력, 그리고 그들의 향후 수익에 영향을 줄 수 있는 계획된 시설비용에 관한 능력을 필요로 한다. 불행하게도, 이러한 예측을 가능케 하는 정보는 대부분의 조직체에서 쉽게 가능한 것은 아니며, 그것이 가능하다 해도 이는 결코 하나로 통합되어 있지 않으며 데이터베이스에 쉽게 접근할 수도 없다. 대부분의 조직체에서 시설 운영 자료는 설계와 시공 자료와 분리되어 보존되고, 차례로 이는 전체적인 사업 재정 정보와 분리된다. 비록 모든 자료가 전산화, 최신화된다고 해도 전형적으로 데이터베이스들은 조직체 안에서 다른 소프트웨어의 형태로 저장되고 분리된 부서에 의해 운영된다.

개방형 데이터베이스 접속성(ODBC)과 같은 발전과 개체연결 및 삽입(OLE) 기술은 서로 연관된 환경에서 자료가 회복되는 것을 가능하게 하고, 이는 예전에 다양한 형태로 분리되어 저장된 정보의 통합을 도와준다. 예를 들어, 사용자가 사무실공간을 위한 평면계획을 요구할 때, 그리고 사무실 요소 하나하나의 가격과 연도 그리고 감가상각률에 대한 정보의 정정을 위하여 클릭할 때를 대비한 데이터베이스를 만드는 것이 현재 가능하다.

컨설턴트를 위한 기회는 통합된 클라이언트 자료에서 쉽게 사용 가능한 시설정보시스템에 이르는 최초 서비스의 조항과 계속적인 자료 관리 서비스의 조항을 포함한다. 예를 들어 컨설턴트의 서비스는 계속적인 자료 분석의 지원 또한 포함한다. 그러나 많은 조직체에서 현저한 제도적인 장애물들은 극복해야만 하고 상담 전에 이루어진 어느 정도의 신뢰는 소유정보로 남겨두어야 한다. 충분한 보안 시스템은 필수적이다.

컴퓨터를 이용한 시설 관리는 빠르게 발전하고 있고, 유익하게 만들어진 소프트웨어들이 많이 있다. 현재, 정보의 저장과 수정은 이 분야에서 가장 해볼 만한 의미 있는 일이고, 시장은 이러한 일에 직면한 클라이언트에게 도움을 준 컨설턴트에게 보상을 할 것이다.

기여할 수 있는 전략의 발전에 도움을 준다.

한 예로 현재 많은 조직의 시설 목표는 생산력, 융통성과 사원 유지의 극대화와 함께 운영비용의 최소화이다. 융통성이 허락하는 한 조직체들은 더 효과적으로 경제적으로 미래의 요구에 응할 것이므로 융통성은 특히 중요하다.

오늘날 많은 클라이언트들은 수많은 다양한 단기 계획 컨설턴트를 고용하지 않는다. 대신에 그들은 적은 대가를 받고 그들의 회사에서 연장 근무를 하며 그들을 도와줄 컨설턴트와 지속적인 관계를 유지함으로써 효과적인 성장을 찾고 있다. 이런 분위기에서 건축가들은, 1980년대 법인 건축가의 몰락과 임대 사업공간의 두드러진 출현 이전에 많은 회사에서 그들의 역할이었던 조율가, 믿을 만한 조언가로서의 그들 자신을 회복할 수 있는 기회를 가지고 있다.

시설 관리 서비스의 일부분으로 전략적인 시설계획이 제공되는 컨설턴트를 위한 시장은 클라이언트 조직들에게 추가 가능한 가치로 인해 성장을 위한 거대한 잠재력을 보유하고 있다. 이러한 계획 서비스를 제공하는 건축가들과 건축사 사무소들은 그들이 클라이언트들의 필요를 매우 철저하게 이해하게 될 때 클라이언트들에게 연관된 시설 관리 서비스를 제공할 수 있는 좋은 위치에 있게 될 것이다. 연관된 정보 관리 서비스들은 클라이언트들에게 꾸준히 업데이트되고 진행 중인 관리 결정 생산에 도움이 되는 자료를 제공할 수 있다.

시설 관리의 세계

오늘날의 시설 관리자는 전략적 계획과 물리적 건물의 관리, 인테리어 작업뿐만 아니라 일상의 시설과 시설 직원 혹은 계약자의 전술적인 작용을 포함한 조직적 기능의 넓은 범위를 포함할 것이다.

	계획과 관리	전술적인 작용들
물리적 계획	**부동산 관리** • 자산 목록 • 자산 취득, 임대, 매각 • 실행 가능한 연구 • 환경의 연구 **건물 계획과 시공** • 전체적인 단지 계획 • 건축 • 토목	**건축물의 작용과 유지** • 작용 • 건물 작용 • 유지 • FF&E • 임대차물 • 사무실 기구 • 신호계 • 대지 • 공익설비 • 자산공학 • 공간계획 • 재배치 조정 • 통신/자료 분배
인테리어 작용들	**시설 계획** • 전략적 계획과 예산 • 정보 관리 **전술적 계획**	**일반적인 사무실 서비스** • 보완 • 관리 유지 • 쓰레기 • 해충방지 • 안내 • 교환 • 식물대여 • 수합/배분 • 우편함 • 왕복버스 • 음식물 서비스 • 휘트니스 센터 • 신속한 관리 • 조달

동시에 이 시설 관리의 새로운 견해는 발전하는 중이고, 더 많은 시설 관리 서비스를 위한 전통적인 시장은 계속적으로 확장되는 중이다. 부동산, 건물 설계, 시공, 건물 운영, 유지, 일반적인 사무실 서비스를 클라이언트들이 전략적인 시설 관리 관습을 바꾸든 바꾸지 않든 클라이언트들에게 제공하는 건축사 사무소를 위한 기회들은 많이 있다.

움직임(시간에 따른 사람의 이동)의 높은 비율에 따라 클라이언트들은 계속적으로 작업 공간 계획과 설계, 건축과 인테리어 설계 컨설턴트에 대해 필요성을 절감한다. 시설 관리 분야는 1890년대 초반 오피스 자동화에 따른 내부 공간 계획 필요성의 증가를 그 기원으로 한다. 현재 팀을 기초한 작업 과정의 경향과 팀이 각각 새로운 작업으로 꾸려가는 경향이 있다는 사실은 사무실 계획을 많은 조직체로 만들어간다. "우리의 직업은 가능한 한 쉽게 팀을 형성하는 것이다."라고 한 시설 관리자가 언급했다. 1996년 국제 시설 관리 협회(International Facility Management Association)의 조사에 따르면, 클라이언트들의 다른 문제점은 인간공학, 유지력, 재활용, 즉각적인 반응, 전기통신공학, 스마트 빌딩, 그리고 빌딩 증후군과 관계가 있다.

클라이언트를 돕기 위한 최소 운영비용의 서비스들은 커다란 가치와 요구로 계속될 것이다. 벤치마킹은 사업 관리자들과 설계 컨설턴트들 양쪽을 포함한 많은 시설 관리 컨설턴트들에 의해 제공된 서비스이다.

벤치마킹은 사람, 과정, 시스템과 정보의 흐름을 포함하고, 이는 특정한 클라이언트에 의해 산업 기준 혹은 목표 설정에서 비교가 된다. 예를 들어 한 회사는 본사의 공간 비용이 회계 기능의 산업 기준 비용의 2배가 넘을 때, 그 회사의 회계부서를 본사 밖으로 옮긴다. 많은 A/E 회사들은 시설 관리자들이 유지와 운영비용을 최소화하는 것을 돕기 위해서 빌딩 엔지니어링 서비스를 제공한다.

따라서 시설 관리 서비스는 높은 가치가 있는 시장이고, 보수는 종종 전통적인 설계 서비스를 위한 비용보다 비슷하거나 더 높다. 물론 이 높은 보수 수준은 회계회사나 부동산 개발 회사, 그리고 다른 회사를 포함한 시설 관리 부분에 있는 다른 서비스 제공자들에게 매력적이다.

기술

건축의 기술을 사용할 수 있는 새로운 기회를 제공하는 많은 시장의 경우에 처음 서비스를 제공하기 전에 사려 분별력을 발전시키는 것은 중요하다. 확실하게 강력한 성과물을 전달할 수 있도록 하라. 만약 가능하다면 보다 더 경험 있는 제공자들과 한조가 되는 것이다.

시설 관리 서비스를 제공하기 위해, 당신의 조직체의 능력을 분석하는 데에 잠재적인 분야에서 특별한 기술과 능력을 가진 직원들의 배경을 고려하라.

서비스의 범위를 넓힐 때에 시설계획 전략을 발전시키고 성취과정을 관리할 수 있는 전문가가 매우 필요하다. 이는 조직적이고 관리적인 상황을 평가하는, 압박을 규정하는, 그리고 성취되는 상황의 목표를 위한 선택을 발전시키는 능력을 포함한다. 건축가들은 종종 프로젝트나 계약 관리 혹은 인테리어나 건축설계 분야에서의 경험을 통해 조직을 발전시키고 관리능력을 발전시킨다. 건축적인 혹은 다른 전문적인 설계 훈련에 덧붙여, 사업 경영에서의 배경, 자산 관리나 행태과학이 필요하다.

공간 계획 전문지식은 항상 시설 관리를 필요로 한다. 건축가와 인테리어 디자이너들은 작업에 관한 훌륭한 배경지식을 가지고 있다. 공간 프로그래밍 작업을 위한 면담 작업의 설계능력이나 훌륭한 의사소통 기술을 가진 낮은 레벨의 전문가들의 사용을 고려해야 한다.

벤치마킹은 회계 또는 사업 관리 기능이고, 다른 전문가에 의해 이루어질 수 있다. 실제로 디자인 회사들은 이 분야의 사업 관리 컨설팅회사들과의 경쟁에 직면해 있다. 설계회사들은 더 많은 정황과 분석을 통한 벤치마킹 자료를 제공함으로써 이 분야의 경쟁력을 얻을 수 있다.

자료의 획득, 회복, 분석과 유지를 포함한 정보기술 서비스들은 시설 관리 분야에서 새로운 구성요소이다. 클라이언트들이 계속적인 의사결정에 사용할 수 있는 정보시스템으로 자료 통합을 도울 수 있는 소프트웨어 프로그래머들은 프로젝트 팀에게 큰 장점이다. 정보 과학 기술은 오늘날의 시장에서 큰 수요가 있고, 이는 발전과 유지를 위한 도전적인 수단이 될 수 있다.

큰 규모의 A/E 회사들은 건물 작용과 유지범위 혹은 그들의 클라이언트의 시설 관리 지원을 위한 일반적인 사무실 서비스를 제공할 것이다. 건축가들, 기술자들과 함께 이러한 서비스들은 전략적 계획, 시장 분석, 건물 평가, 대지 평가, 자산 평가, 시공, 사무실 관리, 자산 관리, 회관/호텔 관리에서의 개인적인 기술을 요구할 것이다.

프로세스

프로세스에는 자연적으로 특별한 서비스나 대비된 서비스 그룹에 제공되는 시설 관리 서비스가 포함된다. 또한 많은 것은 클라이언트의 특별한 요구, 조직적인 스타일과 경쟁적인 환경에 달려 있다.

준비된 시설 관리 계획으로 접근은 다음과 같은 목적과 제약, 전략적 발전, 관리 권고사항과 자료의 기록의 확인을 포함한다.

목적 확인. 시설 관리서비스가 제공되는 회사는 전략적 시설 계획을 위한 전체적인 목표를 발전시키기 위한 클라이언트의 관리팀과 함께 일을 한다. 이 클라이언트들의 사명과 비전의 진술은 시설의 성과와 연관되어 있다. 예를 들어 클라이언트의 물리적 시설들은 법인 이미지 프로그램의 중요한 부분인가? 예외적인 특별한 직원의 건강과 편리성은 인적자원 정책의 부분인가? 최소한의 운영예산은 관리 자산인가?

제약 확인. 목적 분석은 건물과 운영예산, 건물 실적 한계 등과 같은 좀더 양적인 보

조변수로 변화된다. 이는 종종 요구된 결과를 조심스럽게 약술하고, 의도문서(scope document)의 뼈대가 되는 '요구분석' 으로 불리는 문서로 귀착된다.

전략적 개발. 컨설팅 팀은 압박 속에서 목적을 성취하기 위한 특별한 시설전략을 발전시킨다. 예를 들어 내부의 사무공간 관리를 위한 전략을 발전시키기 위해 그 팀은 내부공간 프로그래밍과 계획을 할 것이다.

그 첫 번째 단계는 클라이언트 조직과 클라이언트의 공간 활용 패턴(전환율과 같은) 안에서 특정한 양과 요구되는 공간의 형태를 결정하는 것이다. 그 컨설턴트들은 예를 들어 운영 예산 혹은 작업 진행과정 능률의 증가와 같은 잠재적인 교환의 선택을 분석할 것이다.

그 다음 단계는 조직체의 작업 방법을 확인함으로써 작업 진행과정을 쉽게 할 수 있도록 그 공간을 계획할 수 있다. 예를 들어, 현재의 경향으로서 많은 조직체에서 특정한 작업의 요구를 수행하여 둘 이상의 분야에 걸치는 팀들을 발전시킬 수 있다. 이 배치를 수용하기 위해서 작업 공간은 팀원들이 프로젝트 기간동안 밀접하게 작업할 수 있도록 그리고 그 후에 다른 프로젝트를 위한 공간이 재구성될 수 있도록 유연해야만 한다. 또한, 팀에 기초한 조직체는 많은 직원들이 그룹의 형태로 그들 대부분의 작업 시간을 활용할 수 있는 편안한 회의실을 필요로 한다. 좀더 직선적인 혹은 계층적인 기능적 형태의 조직체는 이 정도의 유동성을 필요로 하지는 않지만, 오히려 보다 넓은 개인적인 작업공간이 필요할 것이다. 조직체의 작업 방식에 관한 특정한 요구가 결합된 창조적인 선택들을 발전시키기 위한 계획 전문가의 능력은 이 작업 현상에서 가치를 더한다.

> 프로그래밍(16.1)은 프로그래밍 과정을 위한 적절한 인터뷰 기술에 관한 토론을 포함한다.

작업 공간 계획 시 보다 더 특정한 전략을 발전시키기고 정확한 공간 요구를 결정하기 위하여 각 부서 매니저들과 철저한 인터뷰가 행해져야 한다. 이 공간에서 현재 잘 진행되는 것이 무엇인가? 무엇이 작업이 아닌가? 이 정보들은 질적이고 양적인 조건으로 변환된다. 예를 들어, 한 부서 매니저가 작업자들이 너무 많다고 보고를 한다면, 얼마나 많은 작업 공간을 늘여야 될지 그 크기는 얼마가 될지 정확하게 결정할 수 있는 노력이 필요하다. 조직체의 작업 스타일은 특정한 내부 공간이 고려되어야 하고 장점은 발전되어야 한다.

관리 권고사항. 시설 관리계획은 클라이언트 유치와 조직체에서의 공간 사용과 조직체 요구에 직면하게 되는 선택들을 수집하기 위한 모든 정보의 분석을 위한 표시로 준비된다. 또한 그 계획은 법인의 목적과 동시에 최소의 가격과 최대의 유연성을 성취할 수 있는 시설전략을 제시한다. 예를 들어 계획은 현재 평방 피트당 21달러의 가격으로 공간을 차지하고 있는 본사로부터 분리되면 평방 피트당 8달러에서 10달러의 가격으로 공간을 구할 수 있는 회계기능을 제시할 것이다. 다른 예로 조직체는 직선적인 작업 스타일에서 좀더 팀에 기반을 둔 기능적인 조직체로 진화하는 중이다. 이 경우에 계획은 사무실의 공간을 좀더 크게 좀더 편안한 회의실과 이동 가능한 부분으로 점차적인 변형을 제시할 것이다.

자료 기록. 시설 관리 컨설턴트의 가장 큰 가치 중 하나는 클라이언트에게 전략 시설 선택들을 계속적으로 평가할 수 있는 시설 데이터베이스를 기록하고 유지할 수 있는 능력이 있음을 제시할 수 있다는 것이다. 과거에는 몇 달씩 걸렸던 분석이 현재에는 시설 관리 소프트웨어를 사용하여 몇 분 안에 이루어질 수 있다. 이 의사 결정 소프트웨어를 사용하기 위해서, 클라이언트는 현재 공간 요구에 대한 최신의 데이터베이스를 가지고 있어야 한다.

건축사 사무소가 제공하는 시설 관리 서비스는 데이터베이스를 생산할 수 있고 임금에 기반한 클라이언트를—전략적인 시설 계획 서비스는 이미 시설유지 서비스를 제공 받고 있는 회사를 위한 다음 단계가 될 것이다. 전략적인 시설 계획(16.3절)을 참조하라—위한 소프트웨어를 얻을 수 있거나 데이터베이스 유지를 제안할 수 있고, 월별 보유물을 위한 분석 서비스를 제공할 수 있다. 이 합의는 클라이언트를 위한 가치 있는 서비스를 제공할 뿐만 아니라 클라이언트와 이 서비스를 제공하는 회사 간의 지속적인 작업 관계를 수립한다.

추가적인 정보

David G. Gotts는 **The Facility Management Hand Book(1998)**에서 전략적인 시설 사업에서 비용 절약/회피에 이르기까지 시설 관리에 관하여 토론하였다.

Donn W. Brown의 **Facility Maintenance: The Manager's Practical Guide and handbook(1996)**에서는 조직체를 위한 최고수준의 유지 프로그램 생성을 위한 따라하기 쉬운 가이드라인을 제시한다. 예시 형태, 체크리스트, 진단차트를 포함시켰다.

Roger W. Liska의 **Facility Maintenance Standards(1991)**는 유지문제를 풀고 이해하기 위한 지침서이다. 이 책은 형태, 체크리스트, 그리고 작업계획표뿐만 아니라 유지 비용과 수리 작업을 어떻게 예측하고 추정하는지에 대한 정보를 제공한다. **Means Facility Maintenance and Repair Cost Data(2000)**은 예방적인 유지와 수명주기 이용에 관한 정보를 포함한 가격 예측 도구이다.

Harvey H, Kaiser의 **The Facility Manager's Reference: Management, Planning, Building Audits, Estimating(1989)**는 기능적 행동, 조직적인 책임 그리고 시설 부분의 관계를 보여준다. 이는 유지와 대표적인 필요의 평가와 노동력과 재료비용의 산출, 건물 상태의 분석에 관한 가이드라인을 포함한다. 바로 사용할 수 있는 회계 서식(24페이지)이 들어 있다.

The Facilities operations and Engineering Reference(1999)는 본질적인 설계, 시공, 작용과 유지 논점을 다룬 유익한 기술적인 자료를 보여준다.

The Facilities Evaluation Handbook: Safety, Fire Protection and Environmental Compliance, 2nd Ed.(1999)는 시설을 부드럽게 효과적으로 그리고 안전하게 운영할 책임이 있는 사람들의 실질적인 사용을 위해 구성되었다. 포괄적인 시설 평가와 확인된 문제를 실행하기 위한 도구와 정보뿐만 아니라, 시설의 기능이 어떠한지를 평가하기 위한 자가평가 체크리스트가 제공된다.

James E. Piper의 **James E. Piper's Handbook of Facility Management: Tools and Techniques, Formulas and Tables(1995)**는 재료, 전기, 건물 그리고 토지유지뿐만 아니라 에너지 사용에 있어서의 문제 해결과 비용 절감을 위한 정확한 기술을 제공한다. 모든 시설 형태의 이용에 관한 접근법에서 바로 사용할 수 있는 기록용지가 포함되어 있다.

18.2 입주 후 평가

Larry Load, FAIA, and Margaret Serrato, AIA, ASID

클라이언트들은 공간을 비용 측면에서 더욱 효율적으로 이용하고자 하고, 협동 작업의 생산성을 증가하거나 또는 성장하고 있는 입주 후 평가 시장에 창의적인 직원을 유인하면서 경쟁적인 우세를 선점하고 있다.

입주 후 평가 서비스는 시설이 거주자의 생산성, 만족도, 그리고 웰빙과 조직의 목표에 얼마나 공헌하는지를 설명한다. 중요성은 기능적 품질과 거주 및 작업 환경의 효과적인 이용을 평가하는데 있다. 신축 또는 리노베이션 프로젝트의 경우 프로젝트의 프로그램 목적에 대한 실제 기능들이 비교되고 있다. 때로 거주에 대한 연구는 신축 또는 리노베이션 제안의 전주곡처럼 수행되며, 이는 초기 설계 프로그래밍 단계와 매우 흡사하다. 이전 입주 조건들을 새로운 것에 비교할 때 연구명칭을 입주 전 또는 입주 후 평가라 한다.

입주에 관한 연구에 있어서 증가되는 관심은 시설 관리 전문성의 성숙도와 결합하여 발전한 건물 실행을 최대한으로 활용하는 것에 대한 총괄적인 관점으로부터 나오게 된다. 건물의 실행에 관한 범주 내에서 별개의 두 가지 초점이 있다: 건물 재료와 체계의 실행 및 기능적, 행태적, 경제적, 그리고 사회적 또는 문화적 맥락에서의 건물 실행이 있다. 후자의 관점이 본문에서 언급하고 있는 입주 후 평가 서비스에 관한 초점이다.

> **요약**
>
> **입주 전 평가 서비스**
>
> **왜 클라이언트는 이 서비스를 필요로 하는가**
> - 미래 프로젝트의 비용을 감소시키고 건물의 질적 수준을 높이기 위하여
> - 관련된 기능적 관점들을 미리 발견하고 수정하기 위하여
> - 설계의 효율성 또는 배달/납품 결정을 평가하기 위하여
> - 건물 이용자들의 불만사항에 대응하기 위하여
> - 공간 이용에 관한 문제를 능률적이고 비용 측면에서 효과적인 해결 방법을 파악하기 위하여
>
> **요구되는 지식과 기술**
> - 사람의 행태, 환경 또는 조직화 심리에 대한 배경 지식
> - 내부공간 계획에 대한 경험
> - 건물 프로그램, 설계 및 기술에 대한 이해
> - 훌륭한 대화와 인터뷰 기술
> - 특정한 시설 유형에 대한 전문적 지식
>
> **대표적인 진행 업무**
> - 평가 목표에 대한 결정
> - 입주 후 평가 팀의 구성원에 대한 파악
> - 조직들의 목표와 목적에 관한 물리적 환경의 조사 효과
> - 최근 실행 자료에 관한 수집과 분석
> - 변경사항에 대한 건의를 포함한 최종 보고서의 준비

환경에 대응하여 설계 경기에서 발전하여 성장하고 있는 지식의 조직체는 물리적인 환경이 행태, 학습, 실행, 만족, 인간 생산성, 그리고 웰빙에 미치는 영향을 대하여 설명한다. 환경적인 요소의 효과에 대한 인식이 확장할수록, 환경적 설계 서비스 시장이 계속해서 성장할 것으로 예상된다.

라리 로드(Larry Lord)는 아틀랜타 건축 사무소 Lord, Aeck & Sargant 및 종합 건물 의뢰 서비스를 제공하는 회사 Working Buildings, LLC의 설립 대표이다. **마그레이 세라토(Margarey Serrato)**는 Brito Serrato, LLC와 함께 건축가 및 인테리어 설계자이다. 그녀의 전문은 환경 · 행태 연구, 프로그래밍 및 평가이다.

서비스

Part 4

클라이언트의 요구 사항

클라이언트 관점에서는 입주 후 평가는 많은 목적을 제공한다. 특히 반복 작업을 하는 건축가들에게는, 입주 후 평가는 비용을 감소시키고 건물의 질적 수준을 향상시킬 수 있도록 미래 프로젝트에 적용 가능한 "터득된 교훈"을 제공한다. 클라이언트가 또 다른 시공을 의도하는 것과 상관없이 입주 후 평가 연구는 시설 관리 및 리노베이션에 대한 정보를 제공한다.

새로운 시설. 입주 후 평가 서비스를 건물의 설계 및 문서화에 대한 건축주-건축가 간의 동의의 일부로 포함시킴으로써 설계자는 불만사항들이 발생하기 전에 어떠한 기능적인 관계라도 발견하고 수정할 수 있다.

고전적으로 이러한 유형의 입주 후 평가의 초점은 실제 이용되는 시설에 관한 최초의 프로젝트 프로그램의 비교에 있다. 시공 후 연구 또한 프로젝트의 설계 및 납품에 사용되는 특정 아이디어 및 혁신의 효과를 평가한다. 결과물은 실제 조건에 대응하도록 건물을 상세하게 조정하는 데 사용될 수 있다.

새로운 시설에는 불만사항이 있을 시에 흔히 입주 후 평가 연구가 요구된다. 이러한 불만사항들은 건물을 설계한 자와 거주하는 자들 간의 불충분한 대화에서 비롯된다. 새로운 시설의 거주자들이 직면하는 문제의 대부분은 새로운 시설 프로그래밍 과정에서 거주 필요조건들을 철저하게 조사함으로써 모면할 수 있다. 조사에 이어서 의뢰 프로그램의 일부로서 충분한 거주 정보가 뒤따라야 한다. 만약 새로운 시설이 과거의 것과 극적으로 다르다면 거주자들은 새로운 시설에 적응하기 위하여 공식적인 지원 프로그램을 필요로 할 수도 있다. 예를 들어 고용인들이 공식적으로 개인 사무실을 갖추었다가 현재 공개되고 협력적인 공동 공간에서 작업해야 한다면, 새로운 작업 환경에 대하여 처음에는 부정적인 감정을 갖는 것이 정상이다. 입주 후 평가를 제공하는 몇 개의 회사들은 새로운 공간에 적응하도록 입주 전과 후에 거주자들과 더불어 작업하여 입주 보조 또는 변화 관리 서비스 등을 제공한다.

현존하는 시설. 현존하는 건물의 건축주는 공간에 대한 문제점 지각으로 인하여 입주 후 평가를 추구할 수 있다. 조직의 관리자들은 건물이 자신들을 위하여 기능하길 희망하고 또한 공간의 지속적인 시장을 지키는 것에 관심 있는 건축주들은 가능한 해결 방법을 파악하기 위하여 입주 후 평가를 추구할 수 있다. 콘도, 아파트, 기숙사 및 사무실 건물들을 예로 들자면, 거주자들은 소음, 조명, 이웃, 또는 그 외의 요소들에 대하여 불만을 가질 수 있다. 상업, 공공기관, 그리고 정부 클라이언트들은 현존하는 시설의 작업 공간 문제점들을 인식할 수 있으며 기존 공간을 향상시키거나 새로운 시설의 요구를 결정하는 여러 방법에 관심을 가질 수 있다.

기술적인 영향. 많은 시설 건축주들이 작업 공간에서 급변하는 기술력과 함께 공간을 변형하고 변화 가능한 이용자의 요구에 부응해야 할 필요성을 느낀다. 컴퓨터, 팩스, 그리고 이메일은 사람들의 업무 방식 및 사람과 기계의 편의를 도모하도록 공간이

형성되는 방법을 바꾸어 놓았다.

작업 과정의 변화. 업무의 사회적 구조 또한 급변하고 있으며 업무가 조직되고 관리되고 결정이 이루어지고 있는 방법에 영향을 미치고 있다. 작업 과정의 변화는 작업 공간 조직의 변형을 요한다. 오늘날 지식을 기반으로 한 많은 조직체의 성공은 협동으로 작업하는 창의적인 전문가들의 생산성에 의존한다. 예로, 성장하는 기업 및 학문 연구소 및 개발 조직체들은, 시설에 환경적인 설계 기초를 적용하는 데 예리한 관심을 갖고 있다. 그들은 올바르게 설계된 시설이 직원들을 더욱 건강하고 생산적으로 만들고 개인적이고 협력적인 작업 모두를 지원하며 최적의 재능을 유인하도록 돕는다는 것을 이해하고 있다. 어떠한 특정 클라이언트는 입주 후 평가는 (행태적인 심리학 또는 관계된 수양으로 훈련된 자에 의해) 작업 단체의 규모와 스타일이 공간에 가장 순응하는 공간을 결정하도록 거주자 작업 과정의 사정을 포함한다(예로 이론, 서적, 마케팅 개념들).

최종 관점. 클라이언트들은 무엇보다 시설의 모든 가능성을 실현하는 데 관심이 가장 높다. 시설 내에서 발생하는 효능을 높이고 비용의 측면에서 공간을 효율적으로 이용하길 원한다. 예로, 전문대학 및 종합대학에서는 세입을 늘리는 차원에서 효과적인 시설 이용 시간을 확장하는 데 관심이 높다. 대학 기숙사, 주거 건강 보호 시설, 그리고 숙박 사업은 고객의 편의를 유지하면서 가용한 단위 수를 가능한 한 최대로 증대하고자 한다. 1990년대 후반부터는 기존 공간의 최근 거주 패턴에 대하여 평가를 요청하는 조직체 수가 상당히 증가하였고 이러한 경향은 계속 유지될 것으로 전망된다.

불행히도 클라이언트들이 순수하게 경제적인 이유로 입주 후 평가를 추구하는 경우에는 대체적으로 전문적인 관리 컨설턴트 회사, 대규모 회계 회사, 또는 개발자들을 찾는다. 이러한 경쟁사에 직면하는 건축가들은 건물 설계에 대한 자신들의 포괄적인 지식으로 인하여 효과적인 공간 이용에 수용되는 모든 요소를 평가한다는 점에서 보다 나은 자격을 갖추고 있다는 것을 클라이언트에게 지적할 수 있으나 한편으로는 클라이언트의 최소 수익의 필요성에 대하여 충분히 노력하지 않았다는 기존 인식에 맞서야 한다.

건축가의 시각. 건축 회사들은 입주 후 평가 서비스를 위하여 시장에서 많은 경쟁사를 직면할 수 있으며, 이에는 관리 컨설턴트 회사, 회계 회사, 개발업자, 공간 계획 회사, 그리고 행태 및 환경적인 심리학자들이 포함된다. 프로젝트에 따라, 건축 회사는 이러한 가능성을 가진 경쟁사와의 협력을 선택할 수 있다.

설계 건축사가 입주 후 평가를 수행하는 것이 모순적인 관심인가에 대해서 약간의 논쟁의 여지가 있다. 어떤 이들은 설계자가 공정한 평가를 수행하는 데 필요한 공평함이 부족하다는 것을 염려하는 반면에 어떤 이들은 시설 및 시설의 프로그래밍 목표에 대한 최고의 지식자인 이유로 최초의 설계자가 서비스를 수행하는 데 최적의 자질을 갖추고 있다는 사고를 유지하고 있다. 입주 후 평가는 질적인 감독 및 고객 만족에 대한 장기간 책무를 표현하며, 이는 건축가가 설계한 프로젝트에 대하여 책임감 있게 수행되었을 때만이 가능하다. 조직체들은 역동적이기 때문에 건물 설계의 세밀한 조정을 요구하는 프로그래밍 및 입주 사이에 많은 변화가 발생한다. 입주 후 평가는 쉽게 수정할 수 있는 문제들을 파악한다. 수정이 되지 않는다면, 문제를 형편없는 설계 탓으로 돌리는 상황이 발생할 수 있다. 건축가들은 입주 후 평가로부터 많은 것을 습득하고 이를 미래 프로젝트에 적용할 수 있다.

입주 후 평가 서비스는 패키지로서 시장 가치가 높아질 가능성이 있는 서비스의 수와 밀접하게 관계되어 있다. 관계된 서비스는 프로그래밍, 공간 계획 작업, 시스템 성능 보증, 업무 의뢰, 이주 관리, 앞에서 언급된 입주 보조 또는 변화 관리 서비스, 보증서 재확인, 에너지 감시, 실내 공기 품질 감시, 그리고 기록문서의 제작, 운영 안내서, 그리고 운영과 유지 훈련 등이다. 가장 훌륭한 마케팅 전략은 시간에 따른 클라이언트의 투자와 설계자의 지식을 최대한 활용하고, 장기간 동안 클라이언트와 설계자가 협력자로서 관계를 유지하는 것이다.

기술

입주 후 평가 팀은 다양한 기술을 갖춘 사람들을 포함해야 한다. 행태, 환경, 또는 조직체적 심리학 및 내부 공간 계획에 관하여 우수한 배경을 갖춘 사람은 핵심 팀 구성원이 될 것이다. 조직 단체의 관점 또는 목표에 따라 건축가는 프로젝트 관리자로서 합리적인 선택이 될 수 있으며, 이는 건물 프로그램, 건물 설계, 건물 기술에 대한 확고한 이해를 제공하기 때문이다. 프로젝트 관리자는 훌륭한 의사소통과 개인적인 상호교통 기술을 갖추고 있어야 하며, 이는 토론을 조장하고 인터뷰를 수행할 수 있는 능력을 포함한다. 프로젝트에 따라 기술자는 건물 체계 운영에 대한 추가적인 전문성이 요구될 수 있다. 팀의 집합적인 지식은 정보 수집 기술 및 도구에 대하여 전문성을 포함해야 한다. 일반적으로, 상급 직원들은 입주 후 평가 작업을 하도록 요구되어 있으며 특히 클라이언트 접촉 및 자료 분석 작업 부분 또한 그렇다. 초급 전문가 또는 행정 직원은 행정상 및 자료상의 기본 작업을 할 수 있어야 한다.

위에서 기록된 것들은 대부분의 프로젝트의 핵심 팀 구성원들이다. 프로젝트에 따라 그 외 컨설턴트 또는 팀 구성원으로서 추가될 수 있다. 사회학자, 인류학자, 관리컨설턴트, 환경심리학자, 그리고 인간 필요사항, 사고방식, 또한 행태 관련 다른 전문가들이 핵심 팀 구성원의 서비스를 지원하는 데 필요할 수 있다. 수많은 입주 후의 노력은 인테리어 설계자와 마찬가지로 기계, 전기, 그리고 토목 기술자들을 포함할 수 있다. 그 외에 음향 기술자, 네트워크 및 전자통신 관련 컨설턴트, 에너지 전문가, 환경 및 공기 품질 전문가, 산업 위생학자, 그리고 조경 건축가들이 포함될 수 있다. 또한 프로젝트의 성향에 따라 건물 또는 공간의 특정 유형(예로 주방, 재판소, 오락시설)에 전문성을 갖춘 컨설턴트도 요구될 수 있다.

요구되는 장비 및 자원은 컴퓨터, 프로젝트 이용자들이 정보를 제공하고 질의에 응답하는 웹페이지, 카메라, 녹음기, 편견 없는 조사 기구, 공간 구성 분석을 위한 소프트웨어 등이다.

프로세스

서비스의 범주는 클라이언트가 필요로 하는 정보의 유형, 관련된 시설의 규모와 복합성, 포함된 기능의 수, 클라이언트가 요구하는 거주자 인터뷰 수에 따른다.

목표 파악. 첫 단계는 클라이언트 조직 내에 정보를 필요로 하고 사람들을 파악하고 정보가 사용되는 방법을 명백하게 하는 것이다—적용되는 위치와 주체. 철저한 조사를 위하여 최고 수준 관리(예로 재정 및 행정을 위한 수석 간부 또는 상급 부사장)의 조사가 가능하다는 것은 권고 사항들이 실행된다는 것을 보증하기 위하여 타당하다. 입주 후 평가 조사로부터 예기된 혜택(또는 바라는 결과)은 시초에서 명백히 파악되어야 한다.

팀 구성. 이 시점에서 입주 후 평가의 목표가 수립된 것과 더불어 평가 노력을 위한 팀 구성원이 파악될 수 있다. 입주 후 평가 팀을 소집하는 데 있어서 클라이언트가 필요로 하는 정보사항, 특정 시설에 관한 프로그램 요구사항을 이해하는 각 팀 구성원의 능력, 그리고 개별적인 훈련의 유용성에 중요한 고려사항들이 부여된다. 팀은 작업내역을 감독하는 클라이언트 조직단체의 대표들을 포함해야 한다. 팀은 평가 대상의 환경을 점유하고 있는 사람들과 관계를 수립해야 한다. 팀이 거주자에게 협박적인 존재가 되지 않도록 하는 것이 중요하며, 이는 거주자들에 대한 작업 수행에 있어서 컨설턴트들이 그들의 작업 능력에 관한 부정적인 발견요소들을 관리자에게 보고하는 것에 대한 두려움 때문이다.

기초적인 조사. 파악된 조직 내의 팀 구성원과 작업하는 과정에서 컨설턴트 팀은 건물 프로그래밍 문서에 대한 재확인 작업과 다음 내용에 관한 기초적인 이해 습득을 목표로 인터뷰를 수행한다.

- 어떠한 목표의 획득을 돕는 데 요청되는 조직단체의 목표와 목적 및 물리적인 환경의 역할
- 어떠한 조직적인 목표를 획득하는 데 필요로 하는 행태 및 임무
- 어떠한 행태와 임무를 지원하는 데 건물이 수행되어야 하는 방법

자료 수집. 팀은 위에 기록된 요소들을 더욱 잘 이해하기 위한 정보 수집이 그 후에 필요하게 된다. 필요한 설정과 정보에 적합한 자료 수집 방법은 그 후에 선정된다. 방법은 세 가지의 일반적인 수준으로 나뉜다. 가장 공통적이며 복잡하지 않은 수준의 자료 수집은 입주 후 평가 질의 또는 인터뷰이고 이는 거주자들이 공간에 대하여 언급하는 것에 관한 기록문서이다. 두 번째는 견본 추출 및 관찰이며 이는 추가적인 문서 및 세목과 마찬가지로 조사 자료에 대한 검증을 제공한다. 많은 클라이언트들은 견본 추출 및

관찰 작업이 불필요하다고 느끼지만, 자료의 품질을 보증하기 위하여 수행되어야 한다. 세 번째이자 가장 복합적인 수준의 자료 수집은 장기간 입주 후 평가이며 문제의 지역에 더욱 깊게 탐사하는 특수한 연구를 포함할 수 있다. 팀은 또한 기간(예로 일, 월, 또는 연 단위) 차트를 두고 다수 또는 몇몇의 응답자로부터 수집된 자료의 적합성 유무를 결정해야 한다.

POE 과정: 주요 적용 단계

1 기재 및 최초 자료 수집

프로젝트 역사 문서화
조직 전체의 복합적 수준에 대한 지원 획득

2 조사 계획

조사의 목표에 대응
전략 개발
견본 추출
조사 방법의 선택 및 발전
예비 검사
POE 예산 정리

3 자료 수집

자료 수집 절차의 예비조사 및 수립
자료 수집 방법에 대한 충분한 평가
통보된 동의서 확보 및 윤리적인 이슈의 고려

4 자료 분석

적절한 실험의 선정
결과에 대한 이해
자료의 시각화
클라이언트 조직단체와의 접촉 유지

5 정보 발표

관중을 주시
주요 발견요소에 대한 설명
다양한 형식을 활용한 발표

Robert B. Bechtel, Robert W. Marans 및 William Michelson의 Methods in Environmental and Behavioral Research(1987)에 포함된 Craig Zimring의 "Evaluation of Designed Environments: Methods for Post-Occupancy Review"에서 인용

조사결과와 권장사항. 자료가 수집 및 분석된 후에, 초안의 입주 후 평가 보고서에서 발견 및 권고 사항들이 나타난다. 보고서는 희망하는 행태 및 임무를 지원하도록 건물의 능력을 향상시키는 전략을 권장하거나 조직단체의 과제에 공헌하기 위한 건물의 가능성을 인식하도록 행태 및 임무의 변형을 권장할 수 있다. 초안 보고서는 클라이언트 조직단체의 적절한 대표들과 공유된다. 때로는 보고서 조사 및 권고 사항들은 인사과의 함축성을 지니고 있다. 예를 들어 작업 단체가 수행하는 데 있어서 문제점들은 공간적 형상보다는 관리자의 성향과 깊게 관련되어 있을 수 있다. 이러한 이유로, 널리 보급된 보고서에 관해서는 앞서서 어떠한 약속도 하지 않는 것이 상책이다.

클라이언트의 의견을 토대로 입주 후 평가 보고서는 최종 전달을 위하여 교정되고 명확해진다. 우수한 보고서는 명확한 권장사항 및 진술사항을 지닌다.

기타 속행사항. 최종 단계는 권장사항의 결과를 습득하도록 속행하는 것이다.

추가적인 정보

Wolfgang F. E. Preiser, HarveyZ, Rabinowitz 그리고 Edward T. White에 의해 저술된 **Post-Occupancy Evaluation(1990)**은 이 주제를 가장 포괄적으로 다루고 있는 책 중 하나이다.

Time-Saver Standards for Architectural Design Data, 7번째 판(1997)의 20장은 건축물 수행 평가에 대한 우수한 개요 및 토론을 제공한다.

part 5
부록

부록 A Sources

AIA AND RELATED ORGANIZATIONS

The American Institute of Architects
1735 New York Avenue, N.W.
Washington, DC 20006-5292
(202) 626-7300

AIA Advantage Programs
(202) 626-7438

AIA Publications and Information
(800) 365-ARCH

Books, professional development publications, and AIA Documents, as well as books, gifts, posters, and videos sold through the AIA Bookstore, can be ordered with a credit card 24 hours a day, 7 days a week, by calling (800) 365-ARCH (2724).

Information about architects, architecture, and professional practice can be obtained from the AIA Library by calling (202) 626-7492.

AIA Trust (insurance information)
(800) 552-1093

American Architectural Foundation
(202) 626-7318

Association Members Retirement Program
(800) 532-1125

Electronic Documents (AIA Contract Documents: Electronic Format)
(800) 246-5030

MasterSpec and SpecSystems
(800) 424-5080

AIA/ACSA Council on Architectural Research
c/o Association of Collegiate Schools of Architecture
1735 New York Avenue, N.W.
Washington, DC 20006
(202) 785-2324

The American Architectural Foundation (AAF)
1735 New York Avenue, N.W.
Washington, DC 20006
(202) 626-7318

Council of Architecture Component Executives (CACE)
1735 New York Avenue, N.W.
Washington, DC 20006
(202) 626-7377

Society of Architectural Administrators (SAA)
1735 New York Avenue, N.W.
Washington, DC 20006
(202) 626-7300

For the names of AIA state and regional components, call the AIA at (202) 626-7351

COLLATERAL ORGANIZATIONS

The American Institute of Architecture Students (AIAS)
1735 New York Avenue, N.W.
Washington, DC 20006
(202) 626-7472
(202) 626-7414 fax
www.aiasnatl.org

Association of Collegiate Schools of Architecture (ACSA)
1735 New York Avenue, N.W.
Washington, DC 20006
(202) 785-2324
(202) 628-0448 fax
www.acsa-arch.org

National Architectural Accrediting Board (NAAB)
1735 New York Avenue, N.W.
Washington, DC 20006
(202) 783-2007
(202) 783-2822 fax
www.naab.org

National Council of Architectural Registration Boards (NCARB)
1801 K Street, N.W., Suite 1100
Washington, DC 20006
(202) 783-6500
(202) 783-0290 fax
www.ncarb.org

STATE REGISTRATION BOARDS

Alabama Board for Registration of Architects
770 Washington Avenue, Suite150
Montgomery, AL 36104
(334) 242-4179
(334) 242-4531 fax
www.alarchbd.state.al.us

Board of Registration for Architects, Engineers, and Land Surveyors
P.O. Box 110806
Juneau, AK 99811-0806
(907) 465-1676
(907) 465-2974 fax
www.dced.state.ak.us/

Arizona Board of Technical Registration of Architects
1990 West Camelback Road, Suite 406
Phoenix, AZ 85015-3465
(602) 255-4053 ext. 210
(602) 255-4051 fax
www.btr.state.az.us

Arkansas State Board of Architects
101 East Capitol Street, Suite 208
Little Rock, AR 72201
(501) 682-3171
(501) 682-3172 fax
www.state.ar.us/

California Architects Board
400 R Street, Suite 4000
Sacramento, CA 95814
(916) 445-3394
(916) 445-8524 fax
www.cab.ca.gov/

Colorado Board of Examiners of Architects
1560 Broadway, Suite 1340
Denver, CO 80202
(303) 894-7801
(303) 894-7802 fax
www.dora.state.co.us/Architects/

Department of Consumer Protection Occupational and Professional Licensing Division
Architectural Licensing Board
165 Capitol Avenue
Hartford, CT 06106
(860) 713-6145
(860) 713-7239 fax
www.state.ct.us/dcp/

Delaware Board of Architects
861 Silver Lake Boulevard, Suite 203
Dover, DE 19904
(302) 739-4522
(302) 739-2711 fax

D.C. Department of Consumer and Regulatory Affairs
941 North Capitol Street, N.E.,
Room 7200
Washington, DC 20002
(202) 442-4461
(202) 442-4528 fax

Florida Board of Architecture and Interior Design
1940 North Monroe Street, NW Center
Tallahassee, FL 32399-0751
(850) 488-6685
(850) 922-2918 fax
www4.myflorida.com/dbpr/myflorida/business/learn/bureaus/arch/arc_index.html

Georgia State Board of Architects
237 Coliseum Drive
Macon, GA 31217
(912) 207-1400
(912) 207-1410 fax
www.sos.state.ga.us/ebd-architects

Board of Registration for Engineers, Architects and Land Surveyors
Government of Guam
718 N. Marine Drive, Unit D, Suite 308
Upper Tumon, GU 96911
(671) 646-3138
(671) 649-9533 fax

Board of Professional Engineers, Architects, Surveyors and Landscape Architects
P.O. Box 3469
Honolulu, HI 96801
(808) 586-2702
(808) 586-2874 fax

Bureau of Occupational Licenses
Owyhee Plaza
1109 Main Street, Suite 220
Boise, ID 83702
(208) 334-3233
(208) 334-3945 fax
www2.state.id.us/ibol/arc.htm

Illinois Department of Professional Regulation
320 W. Washington Street, 3rd Floor
Springfield, IL 62786
(217) 785-0877
(217) 782-7645 fax
www.state.il.us/dpr

Indiana Professional Licensing Agency
Indiana Government Center South
Room E034, 302 West Washington Street
Indianapolis, IN 46204
(317) 233-6223
(317) 232-2312 fax
http://www.state.in.us/pla/architect

Iowa Architectural Examining Board
1918 S.E. Hulsizer Road
Ankeny, IA 50021
(515) 281-4126
(515) 281-7411 fax
www.state.ia.us/iarch

Kansas State Board of Technical Professions
900 South West Jackson Street, Suite 507
Topeka, KS 66612-1257
(785) 296-3053
www.ink.org/public/

State Board of Examiners and Registration of Architects
841 Corporate Drive, Suite 200
Lexington, KY 40503
(606) 246-2069
(606) 246-2431 fax
www.kybera.com

Louisiana State Board of Architectural Examiners
8017 Jefferson Highway, Suite B2
Baton Rouge, LA 70809
(225) 925-4802
(225) 925-4804 fax
www.lastbdarchs.com

Board of Architects, Landscape Architects, and InteriorDesigners
Office of Licensing and Registration
Maine Department of Professional and Financial Regulation
35 State House Station
Augusta, ME 04333
(207) 624-8522
(207) 624-8637 fax
www.state.me.us/pfr/led/architect/

Maryland Board of Architects
Department of Labor, Licensing and Regulation
500 North Calvert Street, Room 308
Baltimore, MD 21202-3651
(410) 333-6322
(410) 333-6314 fax
www.dllr.state.md.us/

Massachusetts Board of Registration of Architects
239 Causeway Street, Suite 400
Boston, MA 02114
(617) 727-3072
(617) 727-1627 fax
www.state.ma.us/reg/boards/ar

Michigan Board of Architects
P.O. Box 30018
Lansing, MI 48909
(517) 241-9253
(517) 241-9280 fax
www.cis.state.mi.us/bcs/arch

Board of Architecture, Engineering, Land Surveying
85 East 7th Place, Suite 160
St. Paul, MN 55101
(651) 296-2388
(651) 297-5310 fax
www.state.mn.us/ebranch/aelsla

Mississippi State Board of Architecture
239 North Lamar Street, Suite 502
Jackson, MS 39201-1311
(601) 359-6020
(888) 272-2627
(601) 359-6011 fax
www.archbd.state.ms.us

Board for Architects, Professional Engineers and Land Surveyors
P.O. Box 184
Jefferson City, MO 65102
(573) 751-0047
(573) 751-8046 fax
www.ecodev.state.mo.us/pr/moapels

Montana Board of Architects
Arcade Building, Lower Level
P.O. Box 200513
Helena, MT 59620-0513
(406) 841-2390
(406) 841-2305 fax
www.com.state.mt.us/license/pol/index.htm

Board of Professional Licensing
P.O. Box 502078

Saipan, MP 96950
(670) 234-5897
(670) 234-6040 fax

Nebraska Board of Examiners for Engineers and Architects
P.O. Box 95165
Lincoln, NE 68509-5165
(402) 471-2021
(402) 471-0787 fax
www.nol.org/home/

State Board of Architecture Interior Design and Residential Design
2080 E. Flamingo Road, #225
Las Vegas, NV 89119
(702) 486-7300
(702) 486-7304 fax
www.state.nv.us/nsbaidrd

Board of Engineers, Architects, Land Surveyors, Natural Scientists and Foresters
57 Regional Drive
Concord, NH 03301-8518
(603) 271-2219
(603) 271-6990 fax
www.state.nh.us/jtboard/home.ht

NJ Board of Architects and Certified Landscape Architects
P.O. Box 45001
Newark, NJ 07101
(973) 504-6385
(973) 504-6458 fax
www.state.nj.us/lps/ca/arch/arch.htm

Board of Examiners for Architects
P.O. Box 509
Santa Fe, NM 87504
(505) 827-6375
(505) 827-6373 fax
www.nmbea.org

New York State Board for Architecture
State Education Department
Cultural Education Center, Room 3019
Albany, NY 12230
(518) 474-3930
(518) 474-6375 fax
www.op.nysed.gov/arch.htm

North Carolina Board of Architecture
127 West Hargett Street
Raleigh, NC 27601
(919) 733-9544
(919) 733-1272 fax
www.ncbarch.org

North Dakota State Board of Architecture
419 E. Brandon Drive
Bismarck, ND 58501-0410
(701) 223-3184
(701) 223-8154 fax
http://www.governor.state.nd.us/boards/boards_query.asp?Board_ID=10

State of Ohio Board of Examiners of Architects
77 S. High Street, 16th Floor
Columbus, OH 43266-0303
(614) 466-2316
(614) 644-9048 fax
www.state.oh.us/arc

Board of Governors of Licensed Architects and Landscape Architects
11212 N. May Avenue, Suite 110
Oklahoma City, OK 73120-6335
(405) 751-6512
(405) 755-6391 fax

Oregon Board of Architect Examiners
750 Front Street, N.E., Suite 260
Salem, OR 97310
(503) 378-4270
(503) 378-6091 fax
www.architect-board.state.or.us

Pennsylvania State Architects Licensure Board
P.O. Box 2649
124 Pine Street, PA 17101
Harrisburg, PA 17105-2649
(717) 783-3397
(717) 705-5540 fax
www.dos.state.pa.us/bpoa/arcbd/mainpage.htm

Board of Engineers, Architects, Landscape Architects and LandGovernment of Puerto Rico, Department of State
P.O. Box 9023271
San Juan, PR 00902-3271
(787) 722-4816
(787) 722-4818 fax
vargasnunezj@microjuris.com

Boards for Design Professionals
One Capitol Hill, 3rd Floor
Providence, RI 02908
(401) 222-2565
(401) 331-8691 fax

State Board of Architectural Examiners
P.O. Box 11419
(110 Centerview Drive, 29210)
Columbia, SC 29211-1419
(803) 896-4408
(803) 896-4410 fax
www.llr.state.sc.us/bae1.htm

South Dakota State Board of Technical Professions
2040 W. Main Street, Suite 304
Rapid City, SD 57702-2447
(605) 394-2510
(605) 394-2509 fax
www.state.sd.us/dcr/engineer

Tennessee State Board of Architectural and Engineering Examiners
500 James Robertson Parkway
Nashville, TN 37243-1142
(615) 741-3221
(615) 532-9410 fax
www.state.tn.us/commerce/ae.html

Texas Board of Architectural Examiners
P.O. Box 12337
Austin, TX 78711-2337
(512) 305-9000
(512) 305-8900 fax
www.tbae.state.tx.us

Utah Department of Commerce
Division of Occupational and Professional Licensing
P.O. Box 146741
Salt Lake City, UT 84114-6741
(801) 530-6551
(801) 530-6511 fax
www.commerce.state.ut.us/dopl/dopl1.htm

Vermont State Board of Architects
26 Terrace Street, Drawer 09
Montpelier, VT 05609-1106
(802) 828-2373
(802) 828-2465 fax
http://170.222.200.71/architects

Department of Licensing and Consumer Affairs
Golden Rock Shopping Center
Christiansted, St. Croix, VI 00820
(340) 773-2226
(340) 778-8250 fax

Board for Architects, Professional Engineers, Land Surveyors, Certified Interior Designers and Landscape Architects
Department of Professional and Occupational Regulation
3600 West Broad Street
Richmond, VA 23230-4917
(804) 367-8511
(804) 367-2475 fax
www.state.va.us/dpor

Washington State Board of Registration for Architects
P.O. Box 9045
Olympia, WA 98507-9045
(360) 664-1388
(360) 664-2551 fax
www.wa.gov/dol/bpd/arcfront.htm

Lexa C. Lewis
West Virginia Board of Architects
P.O. Box 589
Huntington, WV 25710-0589
(304) 528-5825
(304) 528-5826 fax
www.wvbrdarch.org

Alfred J. Hall Jr.
Wisconsin Bureau of Business and Design Professions
P.O. Box 8935
1400 East Washington Avenue, Room 1424
Madison, WI 53708-8935
(608) 266-5511
(608) 267-3816 fax
www.state.wi.us/agencies/drl

Veronica Skoranski
Wyoming State Board of Architects and Landscape Architects
2020 Carey Avenue, Suite 201
Cheyenne, WY 82002
(307) 777-7788
(307) 777-3508 fax
soswy.state.wy.us/director/boards/arch.htm

OTHER PROFESSIONAL ORGANIZATIONS

Accreditation Board for Engineering and Technology (ABET)
111 Market Place, Suite 1050
Baltimore, MD 21202-4012
(410) 347-7700
(410) 625-2238 fax
www.abet.org

Acoustical Society of America (ASA)
2 Huntington Quadrangle, Suite 1N01
Melville, NY 11747-4502
(516) 576-2360
(516) 576-2377 fax
asa.aip.org

Alliance to Save Energy (ASE)
1200 18th Street, N.W, Suite 900
Washington, DC 20036-1401
(202) 857-0666
(202) 331-9588 fax

American Arbitration Association (AAA)
335 Madison Avenue
New York, NY 10017-4605
(212) 716-5800
(800) 778-7879
(212) 716-5905 fax
www.adr.org

American Association of Engineering Societies (AAES)
1111 19th Street, N.W., Suite 403
Washington, DC 20036
(202) 296-2237
(202) 296-1151 fax
www.aaes.org

American Association of Homes and Services for the Aging (AAHSA)
2519 Connecticut Avenue, N.W.
Washington, DC 20008-1520
(202) 783-2242
(202) 783-2255 fax
www.aahsa.org

American Association of Housing Educators (AAHE)
Illinois State University
Department of Family and Consumer Sciences
Normal, IL 61790-5060
(309) 438-5802
(309) 438-6559 fax
www.cast.ilstu.edu/aahe/

American Bar Association (ABA)
750 North Lake Shore Drive
Chicago, IL 60611
(312) 988-5000
(800) 285-2221
(312) 988-5528 fax
www.abanet.org

American Congress on Surveying and Mapping (ACSM)
5410 Grosvenor Lane, Suite100
Bethesda, MD 20814-2144
(301) 493-0200
(301) 493-8245 fax
www.survmap.com

American Consulting Engineers Council (ACEC)
1015 15th Street, N.W., Suite 802
Washington, DC 20005
(202) 347-7474
(202) 898-0068 fax
www.acec.org

American Council for Construction Education (ACCE)
1300 Hudson Lane, Suite 3
Monroe, LA 71201-6054
(318) 323-2816
(318) 323-2413 fax
www.acce-hq.org/

American Council for an Energy Efficient Economy (ACEEE)
1001 Connecticut Avenue N.W., Suite 801
Washington, DC 20036
(202) 429-8873
(202) 429-2248 fax
www.aceee.org

American Hospital Association (AHA)
1 North Franklin
Chicago, IL 60606
(312) 422-3000
(312) 422-4796 fax
www.aha.org

American Institute for Conservation of Historic and Artistic Works (AIC)
1717 K Street, N.W., Suite 200
Washington, DC 20006
(202) 452-9545
(202) 452-9328 fax
aic.stanford.edu

American National Standards Institute (ANSI)
11 West 42nd Street, 13th Floor
New York, NY 10036
(212) 642-4900
(212) 398-0023 fax
Telex: 424296 ANSI UI
www.ansi.org

American Planning Association (APA)
122 S. Michigan Avenue, Suite 1600
Chicago, IL 60603-6107
(312) 431-9100
(312) 431-9985 fax
www.planning.org

American Society of Civil Engineers (ASCE)
1801 Alexander Bell Drive
Reston, VA 20191-4400
(703) 295-6300
(800) 548-2723
(703) 295-6222 fax
www.asce.org

American Planning Association of Chicago
122 South Michigan Avenue, Suite 1600
Chicago, IL 60603
(312) 431-9100
(312) 431-9985 fax
www.planning.org

American Society for Engineering Education (ASEE)
1818 N Street, N.W., Suite 600
Washington, DC 20036
(202) 331-3500
(202) 265-8504 fax
www.asee.org

American Society of Golf Course Architects (ASGCA)
221 North LaSalle Street
Chicago, IL 60601
(312) 372-7090
(312) 372-6160 fax
www.golfdesign.org

American Society of Heating, Refrigerating and Air-Conditioning Engineers (ASHRAE)
1791 Tullie Circle N.E.
Atlanta, GA 30329
(404) 636-8400
(800) 527-4723
(404) 321-5478 fax
www.ashrae.org

American Society of Landscape Architects (ASLA)
636 I Street, N.W.
Washington, DC 20001-3736
(202) 898-2444
(202) 898-1185 fax
www.asla.org

American Society of Mechanical Engineers (ASME)
3 Park Avenue
New York, NY 10016-5990
(212) 705-7722
(800) 843-2763
(212) 705-7674 fax
www.asme.org

American Society for Quality (ASQ)
P.O. Box 3005
Milwaukee, WI 53201-3005
(414) 272-8575
(800) 248-1946
(414) 272-1734 fax
www.asq.org

American Society for Testing and Materials (ASTM)
100 Barr Harbor Drive
West Conshohocken, PA 19428-2959
(610) 832-9500
(610) 832-9555 fax
www.astm.org

American Solar Energy Society (ASES)
2400 Central Avenue, Suite G-1
Boulder, CO 80301
(303) 443-3130
(303) 443-3212 fax
www.ases.org

American Subcontractors Association (ASA)
1004 Duke Street
Alexandria, VA 22314
(703) 684-3450
(703) 836-3482 fax
www.asaonline.com

Architects/Designers/Planners for Social Responsibility (ADPSR)
175 Fifth Avenue, Suite 2210
New York, NY 10010
(212) 941-9679
(212) 924-7893 fax
www.adpsr.org

Architectural Research Centers Consortium (ARCC)
c/o Walter Grondzik
School of Architecture
Florida A&M University
Tallahassee, FL 32307-4200
(850) 599-8782
(850) 599-8466 fax
gzik@polaris.net

ASFE/Association of Engineering Firms Practicing in the Geosciences
8811 Colesville Road, Suite G106
Silver Spring, MD 20910
(301) 565-2733
(301) 589-2017 fax
www.asfe.org

Associated Builders and Contractors (ABC)
1300 North 17th Street, Suite 80
Rosslyn, VA 22209
(703) 812-2000
(703) 812-8200 fax
www.abc.org

Associated General Contractors of America (AGC)
333 John Carlyle Street, Suite 200
Alexandria, VA 22314
(703) 548-3118
(703) 548-3119 fax
www.agc.org

Associated Specialty Contractors (ASC)
3 Bethesda Metro Center, Suite 1100
Bethesda, MD 20814
(301) 657-3110
(301) 215-4500 fax

Association for Computer-Aided Design in Architecture (ACADIA)
c/o Anton C. Harfmann
P.O. Box 210016
Cincinnati, OH 45221-0016
(513) 556-0487
www.acadia.org

Association of Energy Engineers (AEE)
4025 Pleasantdale Road, Suite 420
Atlanta, GA 30340
(770) 447-5083
(770) 446-3969 fax
www.aeecenter.org

The Association of Higher Education Facilities Officers (APPA)
1643 Prince Street
Alexandria, VA 22314-2818
(703) 684-1446
(703) 549-2772 fax
www.appa.org

Association for Preservation Technology International (APTI)
4513 Lincoln Avenue, Suite 213
Lisle, IL 60532-1290
(630) 968-6400
(888) 723-4242 fax
www.apti.org

Association for Quality and Participation (AQP)
Executive Building #200
2368 Victory Parkway
Cincinnati, OH 45206
(513) 381-1959
(800) 733-3310
(513) 381-0070 fax
www.aqp.org

Association of University Architects (AUA)
Facilities Building, Florida Gulf Coast University
10501 FGCU Boulevard South
Fort Myers, FL 33965-6565
(813) 590-1000
(813) 590-1010 fax

Building Officials and Code Administrators International (BOCA)
4051 West Flossmoor Road
Country Club Hills, IL 60478-5795
(708) 799-4981
(708) 799-4981 fax
www.bocai.org

Building Owners and Managers Association International (BOMA)
1201 New York Avenue, N.W., Suite 300
Washington, DC 20005
(202) 408-2662
(202) 371-0181 fax
www.boma.org

Canadian Home Builders' Association (CHBA)
150 Laurier Avenue West, Suite 500
Ottawa, ON, Canada K1P 5J4
(613) 230-3060
(613) 232-8214 fax
www.chba.ca

Canadian Institute of Planners (CIP)
Institut Canadien des Urbanistes (ICU)
116 Albert Street, Suite 801
Ottawa, ON, Canada K1P 5G3
(613) 237-2138
(613) 237-7526 fax
www.cip-icu.ca

Canadian Society of Landscape Architecture (CSLA)
P.O. Box 870, Station B
Ottowa, ON KIP 5P9
(604) 437-3942
csla@escape.ca

Canadian Standards Association (CSA)
178 Rexdale Boulevard
Toronto, ON, M9W 1R3
Canada
(416) 747-4000
(416) 747-4149 fax
Telex: 06989344
www.csa.ca

Construction Specifications Institute (CSI)
99 Canal Center Plaza, Suite 300
Alexandria, VA 22314
(703) 684-0300
(800) 689-2900
(703) 684-0465 fax
www.csinet.org

Council of Educational Facility Planners, International (CEFPI)
9180 E. Desert Cove Drive, No. 104
Scottsdale, AZ 85260-6231
(480) 391-0840
(480) 391-0940 fax
www.cefpi.com

Council of Landscape Architectural Registration Boards (CLARB)
12700 Fair Lakes Circle, Suite 110
Fairfax, VA 22033
(703) 818-1300
(703) 818-1309 fax
www.clarb.org

Edison Electric Institute (EEI)
701 Pennsylvania Aveue, N.W.
Washington, DC 20004-2696
(202) 508-5000
(202) 508-5360 fax
www.eei.org

EPRI (Electric Power Research Institute)
3412 Hillview Avenue
Palo Alto, CA 94304-1395
(650) 855-2000
(800) 313-3774
(650) 855-2900 fax
www.epri.com

Energy Efficient Building Association (EEBA)
10740 Lyndale Avenue South, Suite 10W
Bloomington, MN 55420-5614
(952) 881-1098
(952) 881-3048 fax
www.eeba.org

Environmental Design Research Association (EDRA)
P.O. Box 7146
Edmond, OK 73083-7146
(405) 330-4863
(405) 330-4150 fax
www.telepath.com/edra/home.html

Foundation for Interior Design Education Research (FIDER)
60 Monroe Center N.W., Suite 300
Grand Rapids, MI 49503-2920
(616) 458-0400
(616) 458-0460 fax
www.fider.org

Gas Technology Institute (GTI)
1700 South Mount Prospect Road
Des Plaines, IL 60018-1804
(773) 399-8100
(773) 399-8170 fax
www.gti.org

Heritage Canada Foundation (HCF)
Observatory Crescent
Box 1358, StationB
Ottawa, ON, Canada K1P 5R4
(613) 237-1066
(613) 237-5987 fax
www.heritagecanada.org

Illuminating Engineering Society of North America (IESNA)
120 Wall Street, 17th Floor
New York, NY 10005-4001
(212) 248-5000
(212) 248-5017 fax
www.iesna.org

Industrial Designers Society of America (IDSA)
1142 East Walker Road, Suite E
Great Falls, VA 22066
(703) 759-0100
(703) 759-7679 fax
www.idsa.org

International Development Research Council (IDRC)
35 Technology Park, Suite 150
Norcross, GA 30092-2901
(770) 446-8955
(770) 263-8825 fax
Telex: 804468 ATL
www.idrc.org

Institute of Electrical and Electronics Engineers (IEEE)
3 Park Avenue, 17th Floor
New York, NY 10016-5997
(212) 419-7900
(212) 752-4929 fax
www.ieee.org

Interior Design Educators Council (IDEC)
9202 North Meridian Street, Suite 200
Indianapolis, IN 46260-1810
(317) 816-6261
(317) 561-5603
www.idec.org

International Association of Lighting Designers (IALD)
The Merchandise Mart
200 World Trade Center, Suite 11-114A
Chicago, IL 60654
(312) 527-3677
(312) 527-3680 fax
www.iald.org

International Conference of Building Officials (ICBO)
5360 Workman Mill Road
Whittier, CA 90601-2298
(562) 699-0541
(800) 284-4406
(562) 695-4694 fax
www.icbo.org

International Council for Building Research, Studies, and Documentation (CIB)
Conseil International du Batiment pour la Recherche, l'Etude et la Documentation (CIB)
Kruisplein 25-G
Postbus 1837
NL-3000 BV Rotterdam, Netherlands
31 10 4110240
31 10 4334372 fax
www.cibworld.nl

International Facility Management Association (IFMA)
c/o Diana Steinman
1 E. Greenway Plaza, Suite 1100
Houston, TX 77046-0194
(713) 623-4362
(800) 359-4362
(713) 623-6124 fax
www.ifma.org

International Institute for Energy Conservation (IIEC)
750 First Street, N.E., Suite 940
Washington, DC 20002
(202) 842-3388
(202) 842-1565 fax

International Union of Architects (UIA)
Union Internationale des Architects
51, rue Raynouard
F-75016 Paris, France
33 1 45243688
33 1 45240278 fax
www.uia-architectes.org

Junior Engineering Technical Society (JETS)
1420 King Street, Suite 405
Alexandria, VA 22314-2794
(703) 548-5387
(703) 548-0769 fax
www.jets.org

Lighting Research Institute (LRI)
P.O. Box 1550
Hendersonville, NC 28793-1550
(704) 692-7388
(704) 692-6820 fax

National Association of Home Builders of the United States (NAHB)
1201 15th Street, N.W.
Washington, DC 20005
(202) 822-0200
(202) 822-0559 fax
Telex(s): 89-2600
www.nahb.com

National Association of Housing and Redevelopment Officials (NAHRO)
630 I Street, N.W.
Washington, DC 20001
(202) 289-3500
(202) 289-8181 fax
www.nahro.org

United States Committee of the International Council on Monuments and Sites (US/ICOMOS)
401 F Street, N.W., Room 331
Washington, DC 20001
(202) 842-1866
(202) 842-1861 fax
www.icomos.org/usicomos/

U.S. Metric Association (USMA)
10245 Andasol Avenue
Northridge, CA 91325-1504
(818) 368-7443
lamar.colostate.edu/~hillger/

Urban Land Institute (ULI)
1025 Thomas Jefferson Street, N.W., Suite 500W
Washington, DC 20007-5201
(202) 624-7000
(800) 321-5011
(202) 624-7140 fax
www.uli.org

Volunteers in Technical Assistance (VITA)
1600 Wilson Boulevard, Suite 710
Arlington, VA 22209
(703) 276-1800
(703) 243-1865 fax
Telex: 440192 VITAUI
www.vita.org

FEDERAL GOVERNMENT

Advisory Council on Historic Preservation
1100 Pennsylvania Avenue, N.W., Suite 809
Washington, DC 20004
(202) 606-8503
achp@.achp.gov

Americans with Disabilities Act Information Office
U.S. Department of Justice
Civil Rights Division
P.O. Box 66738
Washington, DC 20035
(202) 514-0301
www.usdoj.gov/crt/ada/adahoml.htm

Architectural and Transportation Barriers Compliance Board
1331 F Street, N.W., Suite 1000
Washington, DC 20004
(202) 272-5434
www.access-board.gov

The Board on Infrastructure and the Constructed Environment
Harris Building, Room 274
2101 Constitution Avenue, N.W.
Washington, DC 20418
(202) 334-3376
(202) 334-3370 fax
www.nas.edu

Department of Energy (DOE)
Forrestal Building
1000 Independence Avenue, S.W..
Washington, DC 20585
(202) 586-5000
www.energy.gov

Department of Energy Conservation and Renewable Energy Inquiry and Referral Service
P.O. Box 3048
Marrisfield, VA 22116
1-(800) 363-3732

Department of Energy Office of Scientific and Technical Information
Box 62
Oak Ridge, TN 37831
(865) 576-1188
www.osti.gov

Department of Health and Human Services (HHS)
Real Property Branch
Parklawn Building, Room 5B17
5600 Fishers Lane
Rockville, MD 20857
(301) 443-2265
www.os.dhhs.gov

Department of Housing and Urban Development (HUD)
451 7th Street, S.W.
Washington, DC 20410
(202) 708-1112
www.hud.gov

Environmental Protection Agency (EPA)
401 M Street, S.W.
Washington, DC 20460
(202) 260-7751 Public Information Center
(202) 233-9030 Indoor Air Division
(202) 233-9370 Radon Division
(202) 554-1404 Toxic Materials Hotline
www.epa.gov

Federal Bureau of Prisons
Facilities Development Division
320 First Street, N.W., Room 5008
Washington, DC 20534
(202) 514-6652
www.bop.gov

Federal Emergency Management Agency (FEMA)
500 C Street, S.W.
Washington, DC 20472
(202) 646-4600
www.fema.gov

General Services Administration (GSA)
18th and F Streets, N.W.
Washington, DC 20405
(202) 708-5334
www.gsa.gov

Lawrence Berkeley Laboratory (LBL)
1 Cyclotron Road
Berkeley, CA 94720
(510) 486-5388 Lighting Systems Group
(510) 486-5605 Windows and Daylighting Group
(510) 486-6940 fax
www.lbl.gov

National Center for Appropriate Technology
U.S. Department of Energy
3040 Continental Drive
Butte, MT 59702
(800)-275-6228
(496)-494-2905
www.ncat.org

National Endowment for the Arts (NEA)
1100 Pennsylvania Avenue, N.W.
Room 624
Washington, DC 20506
(202) 682-5400
www.arts.endow.gov

National Institute of Corrections
U.S. Department of Justice
1860 Industrial Circle, Suite A
Longmont, CO 80501
(303) 682-0213
www.nicic.org

United States Committee of the International Council on Monuments and Sites (US/ICOMOS)
401 F Street, N.W., Room 331
Washington, DC 20001
(202) 842-1866
(202) 842-1861 fax
www.icomos.org/usicomos/

U.S. Metric Association (USMA)
10245 Andasol Avenue
Northridge, CA 91325-1504
(818) 368-7443
lamar.colostate.edu/~hillger/

Urban Land Institute (ULI)
1025 Thomas Jefferson Street, N.W.,
Suite 500W
Washington, DC 20007-5201
(202) 624-7000
(800) 321-5011
(202) 624-7140 fax
www.uli.org

Volunteers in Technical Assistance (VITA)
1600 Wilson Boulevard, Suite 710
Arlington, VA 22209
(703) 276-1800
(703) 243-1865 fax
Telex: 440192 VITAUI
www.vita.org

FEDERAL GOVERNMENT

Advisory Council on Historic Preservation
1100 Pennsylvania Avenue, N.W.,
Suite 809
Washington, DC 20004
(202) 606-8503
achp@.achp.gov

Americans with Disabilities Act Information Office
U.S. Department of Justice
Civil Rights Division
P.O. Box 66738
Washington, DC 20035
(202) 514-0301
www.usdoj.gov/crt/ada/adahoml.htm

Architectural and Transportation Barriers Compliance Board
1331 F Street, N.W., Suite 1000
Washington, DC 20004
(202) 272-5434
www.access-board.gov

The Board on Infrastructure and the Constructed Environment
Harris Building, Room 274
2101 Constitution Avenue, N.W.
Washington, DC 20418
(202) 334-3376
(202) 334-3370 fax
www.nas.edu

Department of Energy (DOE)
Forrestal Building
1000 Independence Avenue, S.W..
Washington, DC 20585
(202) 586-5000
www.energy.gov

Department of Energy Conservation and Renewable Energy Inquiry and Referral Service
P.O. Box 3048
Marrisfield, VA 22116
1-(800) 363-3732

Department of Energy Office of Scientific and Technical Information
Box 62
Oak Ridge, TN 37831
(865) 576-1188
www.osti.gov

Department of Health and Human Services (HHS)
Real Property Branch
Parklawn Building, Room 5B17
5600 Fishers Lane
Rockville, MD 20857
(301) 443-2265
www.os.dhhs.gov

Department of Housing and Urban Development (HUD)
451 7th Street, S.W.
Washington, DC 20410
(202) 708-1112
www.hud.gov

Environmental Protection Agency (EPA)
401 M Street, S.W.
Washington, DC 20460
(202) 260-7751 Public Information Center
(202) 233-9030 Indoor Air Division
(202) 233-9370 Radon Division
(202) 554-1404 Toxic Materials Hotline
www.epa.gov

Federal Bureau of Prisons
Facilities Development Division
320 First Street, N.W., Room 5008
Washington, DC 20534
(202) 514-6652
www.bop.gov

Federal Emergency Management Agency (FEMA)
500 C Street, S.W.
Washington, DC 20472
(202) 646-4600
www.fema.gov

General Services Administration (GSA)
18th and F Streets, N.W.
Washington, DC 20405
(202) 708-5334
www.gsa.gov

Lawrence Berkeley Laboratory (LBL)
1 Cyclotron Road
Berkeley, CA 94720
(510) 486-5388 Lighting Systems Group
(510) 486-5605 Windows and Daylighting Group
(510) 486-6940 fax
www.lbl.gov

National Center for Appropriate Technology
U.S. Department of Energy
3040 Continental Drive
Butte, MT 59702
(800)-275-6228
(496)-494-2905
www.ncat.org

National Endowment for the Arts (NEA)
1100 Pennsylvania Avenue, N.W.
Room 624
Washington, DC 20506
(202) 682-5400
www.arts.endow.gov

National Institute of Corrections
U.S. Department of Justice
1860 Industrial Circle, Suite A
Longmont, CO 80501
(303) 682-0213
www.nicic.org

National Institute of Standards and Technology (NIST)
100 Bureau Drive
Gaithersburg, MD 20899
(301) 975-6478
(301) 976-1630 fax
www.nist.gov

National Renewable Energy Laboratory (NREL)
1617 Cole Boulevard
Golden, CO 80401
(303) 275-3000
(303) 231-1199 fax
www.nrel.gov

National Technical Information Service (NTIS)
5285 Port Royal Road
Springfield, VA 22161
(703) 605-6000
www.ntis.gov

Occupational Safety and Health Administration (OSHA)
200 Constitution Avenue, N.W., Suite 440
Washington, DC 20210
(202) 693-2000
www.osha.gov

Veterans Administration Architectural Service (VA)
Construction Management Office
Department of Veterans Affairs
811 Vermont Avenue, N.W.
Washington, DC 20020
(202) 233-2688

ARCHITECTURE SCHOOLS (with NAAB-accredited professional degree programs)

Andrews University
Division of Architecture
Berrien Springs, MI 49104-0450
(616) 471-6003
(616) 471-6261 fax
www.andrews.edu/ARCH

University of Arizona
College of Architecture, Planning and Landscape
Tucson, AZ 85721
(520) 621-6754
(520) 621-8700 fax
www.architecture.arizona.edu

Arizona State University
School of Architecture
Tempe, AZ 85287-1605
(602) 965-3536
www.asu.edu/caed/architecture

University of Arkansas
School of Architecture
120 Vol Walker Hall
Fayetteville, AR 72701
(501) 575-4945
(501) 575-7099 fax
comp.uark.edu/~archhome/school.html

Auburn University
College of Architecture, Design and Construction
202 Dudley Commons
Auburn, AL 36849-5313
(334) 844-4524
(334) 844-2735 fax
www.auburn.edu/academic/architecture/arch

Ball State University
College of Architecture and Planning
Muncie, IN 47306-0305
(765) 285-5861
(765) 285-3726 fax
www.bsu.edu/cap

Boston Architectural Center
320 Newbury Street
Boston, MA 02115
(617) 262-5000, ext. 221
(617) 536-5829 fax
www.the-bac.edu

University of California at Berkeley
Department of Architecture and Urban Design
232 Wurster Hall
Berkeley, CA 94720
(510) 642-4942
(510) 643-5607 fax
www.ced.berkeley.edu:80/arch

University of California at Los Angeles
Department of Architecture and Urban Design
1317 Perloff Hall
Los Angeles, CA 90095-1467
(310) 825-7857
(310) 825-8959 fax
www.aud.ucla.edu

California College of Arts and Crafts
School of Architectural Studies
450 Irwin Street
San Francisco, CA 94107
(415) 703-9516
(415) 703-9524 fax
www.ccac-art.edu

California Polytechnic State University, San Luis Obispo
College of Architecture and Environmental Design
San Luis Obispo, CA 93407
(805) 756-1316
(805) 756-1500 fax
www.calpoly.edu/~arch

California State Polytechnic University, Pomona
Department of Architecture
3801 West Temple Avenue
Pomona, CA 91768-4048
(909) 869-2683
(909) 869-4331 fax
www.csupomona.edu/~arc/

Carnegie Mellon University
School of Architecture
201 College of Fine Arts
Pittsburgh, PA 15213-3890
(412) 268-2355
(412) 268-7819 fax
www.arc.cmu.edu

Catholic University of America
620 Michigan Avenue, N.E.
Washington, DC 20064
(202) 319-5188
(202) 319-5728 fax
www.acad.cua.edu/apu

University of Cincinnati
School of Architecture and Interior Design
Cincinnati, OH 45221-0016
(513) 556-6426
(513) 556-1230 fax
www.daap.uc.edu

City College of the City University of New York
School of Architecture and Environmental Studies
Shepard Hall 103
138th Street at Convent Avenue
New York, NY 10031
(212) 650-6889
(212) 650-5388 fax
www.ccny.cuny.edu

Clemson University
College of Architecture, Arts and Humanities
Clemson, SC 29634-0503
(864) 656-3938
(864) 656-1810 fax
hubcap.clemson.edu/aah

University of Colorado at Denver/Boulder
College of Architecture and Planning
Campus Box 126
P.O. Box 173364
Denver, CO 80217-3364
(303) 556-3382
(303) 556-3687 fax
www.cudenver.edu/public/AandP

Columbia University
Graduate School of Architecture, Planning and Preservation
New York, NY 10027
(212) 854-3510
(212) 864-0410 fax
www.arch.columbia.edu/

Cooper Union
The Irwin S. Chanin School of Architecture
Cooper Square
New York, NY 10003-7183
(212) 353-4220
(212) 353-4009 fax
www.cooper.edu/architecture/arch.text.html

Cornell University
Department of Architecture
143 East Sibley
Ithaca, NY 14853-6701
(607) 255-5236
(607) 255-0291 fax
www.aap.cornell.edu/index.htm

University of Detroit, Mercy
School of Architecture
P.O. Box 19900
Detroit, MI 48219-0900
(313) 993-1532
(313) 993-1512 fax
www.udmercy.edu

Drexel University
Department of Architecture
Philadelphia, PA 19104
(215) 895-2409
(215) 895-4921 fax
www.coda.drexel.edu/departments/architecture

Drury College
Hammons School of Architecture
Springfield, MI 65802
(417) 873-7288
(417) 873-7446 fax
www.drury.edu

University of Florida
Department of Architecture
P.O. Box 115702
Gainesville, FL 32611-5702
(352) 392-0205
(352) 392-4606 fax
www.arch.ufl.edu/

Florida A&M University
School of Architecture
1936 S. Martin Luther King Jr. Boulevard
Tallahassee, FL 32307
(850) 599-3244
(850) 599-3436 fax
http://168.223.36.3/acad/colleges/soa/

Florida Atlantic University
School of Architecture
220 South East Second Avenue, Room 616M
Fort Lauderdale, FL 33301
(954) 762-5654
(954) 762-5673 fax
www.fau.edu/divdept/cupa/

Florida International University
School of Architecture
University Park
Miami, FL 33199
(305) 348-3181
(305) 348-2650 fax
www.fiu.edu/index.htm

Frank Lloyd Wright School of Architecture
Taliesin West
Scottsdale, AZ 85261-4430
(602) 860-2700
(602) 391-4009 fax
www.taliesin.edu

Georgia Institute of Technology
College of Architecture
Atlanta, GA 30332-0155
(404) 894-4053
(404) 894-0572 fax
www.arch.gatech.edu

Hampton University
Department of Architecture
Hampton, VA 23668
(757) 727-5440
(757) 728-6680 fax
www.hamptonu.edu

Harvard University
Department of Architecture
48 Quincy Street
Cambridge, MA 02138
(617) 495-2591
(617) 495-8916 fax
www.gsd.harvard.edu

University of Hawaii at Manoa
School of Architecture
2410 Campus Road
Honolulu, HI 96822
(808) 956-7225
(808) 956-7778 fax
web1.arch.hawaii.edu

University of Houston
Gerald D. Hines College of Architecture
Houston, TX 77204-4431
(713) 743-2400
(713) 743-2358 fax
www.arch.uh.edu

Howard University
School of Architecture and Design
2366 6th Street, N.W.
Washington, DC 20059
(202) 806-7420
(202) 462-2158 fax
www.imappl.org/CEACS/Departments/Architecture/index.html

University of Idaho
Department of Architecture
Moscow, ID 83844-2451
(208) 885-6781
(208) 885-9428 fax
www.aa.uidaho.edu/arch

University of Illinois at Chicago
School of Architecture
845 West Harrison Street, M/C 030
Chicago, IL 60607-7024
(312) 996-3335
(312) 413-4488 fax
www.uic.edu:80/depts/arch/homepage.html

University of Illinois at Urbana-Champaign
School of Architecture
Temple Hoyne Buell Hall
611 Taft Drive
Champaign, IL 61820-6921
(217) 333-1330
(217) 244-2900 fax
www.arch.uiuc.edu

Illinois Institute of Technology
College of Architecture
S. R. Crown Hall
3360 South State Street
Chicago, IL 60616
(312) 567-3230
(312) 567-5820 fax
www.iit.edu/~arch

Iowa State University
Department of Architecture
156 College of Design
Ames, IA 50011-3093
(515) 294-4717
(515) 294-1440 fax
www.arch.iastate.edu

University of Kansas
School of Architecture and Urban Design
206 Marvin Hall
Lawrence, KS 66045
(785) 864-4281
(785) 864-5393 fax
www.arce.ukans.edu/scharch/scharch.htm

Kansas State University
College of Architecture, Planning and Design
Manhattan, KS 66506-2901
(913) 532-5953
(913) 532-6722 fax
aalto.arch.ksu.edu

Kent State University
School of Architecture and Environmental Design
200 Taylor Hall
Kent, OH 44242
(330) 672-2917
(330) 672-3809 fax
www.saed.kent.edu/SAED

University of Kentucky
College of Architecture
Pence Hall
Lexington, KY 40506-0041
(606) 257-7619
(606) 323-9966 fax
www.uky.edu/Architecture

Lawrence Technological University
College of Architecture and Design
21000 West Ten Mile Road
Southfield, MI 48075
(810) 204-2805
(810) 204-2900 fax
www.ltu.edu/architecture/

University of Louisiana at Lafayette
School of Architecture
Lafayette, LA 70504-3850
(318) 482-6225
(318) 482-5907 fax
arts.louisiana.edu/depts/architecture

Louisiana State University
College of Design
136 Atkinson Hall
Baton Rouge, LA 70803-5710
(225) 388-6885
(225) 388-2168 fax
www.cadgis.lsu.edu/design/index.html

Louisiana Tech University
School of Architecture
P.O. Box 3147
Ruston, LA 71272
(318) 257-2816
(318) 257-4687 fax
www.latech.edu/tech/arch/

University of Maryland
School of Architecture
College Park, MD 20742-1411
(301) 405-6284
(301) 314-9583 fax
www.inform.umd.edu/arch

Massachusetts Institute of Technology
Department of Architecture
77 Massachusetts Avenue, Room 7-337
Cambridge, MA 02139
(617) 253-7791
(617) 253-8993 fax
sap.mit.edu

University of Miami
School of Architecture
P.O. Box 249178
Coral Gables, FL 33124
(305) 284-5000
(305) 284-5245 fax
www.arc.miami.edu

Miami University
Department of Architecture
101 Alumni Hall
Oxford, OH 45056
(513) 529-7210
(513) 529-7009 fax
www.muohio.edu

University of Michigan
College of Architecture and Urban Planning
Ann Arbor, MI 48109-2069
(734) 764-1300
(734) 763-2322 fax
www.caup.umich.edu

University of Minnesota
Department of Architecture
89 Church Street, SE
Minneapolis, MN 55455
(612) 624-7866
(612) 624-5743 fax
www.gumby.arch.umn.edu

Mississippi State University
School of Architecture
P.O. Drawer AQ
Mississippi State, MS 39762
(601) 325-2202
(601) 325-8872 fax
www.sarc.msstate.edu

Montana State University
School of Architecture
Bozeman, MT 59717
(406) 994-4256
(406) 994-4257 fax
www.montana.edu/wwwarch

Institute of Architecture and Planning
Morgan State University
Baltimore, MD 21239
(443) 885-3225
(410) 319-3786 fax
www.morgan.edu/academic/schools/archit/archit.htm

University of Nebraska
College of Architecture
210 Architecture Hall
Lincoln, NE 68588-0106
(402) 472-9212
(402) 472-3806 fax
www.unl.edu/archcoll/index.html

University of Nevada, Las Vegas
School of Architecture
4505 Maryland Parkway
Las Vegas, NV 89154-4018
(702) 895-3031
(702) 895-1119 fax
www.nscee.edu/unlv/Colleges/Fine_Arts/Architecture

New Jersey Institute of Technology
School of Architecture
University Heights
Newark, NJ 07102
(973) 596-3080
(973) 596-8296 fax
www.njit.edu/Directory/Academic/SOA

University of New Mexico
School of Architecture and Planning
2414 Central Southeast
Albuquerque, NM 87131
(505) 277-3133
(505) 277-0076 fax
www.unm.edu/~saap

New York Institute of Technology
School of Architecture and Design
Education Hall
Old Westbury, NY 11568
(516) 686-7593
(516) 686-7921 fax
www.nyit.edu/schools/architecture/welcome.html

The Newschool of Architecture
1249 F Street
San Diego, CA 92101-6634
(619) 235-4100 ext. 101
(619) 235-4651 fax
www.newschoolarch.edu

University of North Carolina at Charlotte
College of Architecture
Charlotte, NC 28223
(704) 547-2358
(704) 547-3353 fax
www.coa.uncc.edu

North Carolina State University
College of Design
Department of Architecture
Box 7701
Raleigh, NC 27695-7701
(919) 515-8350
(919) 515-7330 fax
www.ncsu.edu/design

North Dakota State University
Department of Architecture and Landscape Architecture
SU Station, P.O. Box 5285
Fargo, ND 58105
(701) 231-8614
(701) 231-7342 fax
www.ndsu.nodak.edu/arch

Norwich University
Division of Architecture and Art
Northfield, VT 05663
(802) 485-2620
(802) 485-2623 fax
www.norwich.edu

University of Notre Dame
School of Architecture
110 Bond Hall
Notre Dame, IN 46556-5652
(219) 631-6137
(219) 631-8486 fax
www.nd.edu/~arch/

Ohio State University
Austin E. Knowlton School of Architecture
Columbus, OH 43210
(614) /292-1012
(614) 292-7106 fax
www.arch.ohio-state.edu/

University of Oklahoma
Division of Architecture
Norman, OK 73019-0265
(405) 325-3990
(405) 325-0108 fax
www.ou.edu/architecture/darch

Oklahoma State University
School of Architecture
Stillwater, OK 74078-5051
(405) 744-6043
(405) 744-6491 fax
www.master.ceat.okstate.edu

University of Oregon
School of Architecture and Allied Arts
Eugene, OR 97403
(541) 346-3656
(541) 346-3626 fax
www.architecture.uoregon.edu/windex.html

Parsons School of Design
Department of Architecture
66 Fifth Avenue
New York, NY 10011
(212) 229-8955
(212) 229-8937 fax
www.parsons.edu

University of Pennsylvania
Graduate School of Fine Arts
207 Meyerson Hall
Philadelphia, PA 19104-6311
(215) 898-5728
(215) 573-2192 fax
www.upenn.edu/gsfa/arch/index.htm

Pennsylvania State University
Department of Architecture
College of Arts and Architecture
206 Engineering Unit C
University Park, PA 16802-1425
(814) 865-9535
(814) 865-3289 fax
www.arch.psu.edu

Philadelphia University
(formerly Philadelphia College of Textiles and Science)
School of Architecture and Design
School House Lane and Henry Avenue
Philadelphia, PA 19144-5497
(215) 951-2896
(215) 951-2110 fax
www.philacol.edu/archdes/ad.htm

Polytechnic University of Puerto Rico
New School of Architecture
P.O. Box 192017
San Juan, PR 00919-2017
(787) 754-8000 ext. 451
(787) 281-8342 fax

Prairie View A&M University
School of Architecture
P.O. Box 4207
Prairie View, TX 77446-4207
(409) 857-2014
(409) 857-2350 fax
www.pvamu.edu/

Pratt Institute
School of Architecture
200 Willoughby Avenue
Brooklyn, NY 11205
(718) 399-4304
(718) 399-4332 fax
www.pratt.edu/arch/index.html

Princeton University
School of Architecture
Princeton, NJ 08544
(609) 258-3741
(609) 258-4740 fax
www.princeton.edu

University of Puerto Rico
School of Architecture
P.O. Box 21909
San Juan, PR 00931-1909
(787) 250-8581
(787) 763-5377 fax

Rensselaer Polytechnic Institute
110 8th Street
Troy, NY 12180-3590
(518) 276-6460
(518) 276-3034 fax
www.rpi.edu/dept/arch/

Rhode Island School of Design
Department of Architecture
2 College Street
Providence, RI 02903
(401) 454-6281
(401) 454-6299 fax
www.risd.edu

Rice University
School of Architecture
6100 Main Street, MS #50
Houston, TX 77005-1892
(713) 527-4044
(713) 285-5277 fax
www.arch.rice.edu

Roger Williams University
School of Architecture
One Old Ferry Road
Bristol, RI 02809
(401) 254-3605
(401) 254-3565 fax
www.arch.rwu.edu/

Savannah College of Art and Design
201 W. Charlton Street
Savannah, GA 31401
(912) 238-2450
(912) 238-2428 fax
www.scad.edu

University of South Florida
School of Architecture and
Community Design
3702 Spectrum Boulevard, Suite 180
Tampa, FL 33612-9421
(813) 974-4031
(813) 974-2557 fax
www.arch.usf.edu

University of Southern California
School of Architecture
Los Angeles, CA 90089-0291
(213) 740-2723
(213) 740-8884 fax
www.usc.edu/dept/architecture

Southern California Institute of Architecture
5454 Beethoven Street
Los Angeles, CA 90066
(310) 574-1123, ext. 318
(310) 574-3801 fax
www.sciarc.edu

Southern Polytechnic State University
School of Architecture
1100 S. Marietta Parkway
Marietta, GA 30060-2896
(770) 528-7253
(770) 528-5484 fax
www2.spsu.edu/architecture/index.htm

Southern University and A&M College
School of Architecture
Baton Rouge, LA 70813
(225) 771-3015
(225) 771-4709 fax
www.subr.edu

State University of New York at Buffalo
School of Architecture and Planning
112 Hayes Hall
3435 Main Street, Building 1
Buffalo, NY 14214-3087
(716) 829-3483
(716) 829-3256 fax
www.ap.buffalo.edu

Syracuse University
School of Architecture
103 Slocum Hall
Syracuse, NY 13244-1250
(315) 443-2256
(315) 443-5082 fax
mirror.syr.edu/soa.html

Temple University
Architecture Program
12th and Norris Streets
Philadelphia, PA 19122-1803
(215) 204-8813
(215) 204-5418 fax
www.temple.edu/architecture

University of Tennessee, Knoxville
College of Architecture and Design
Knoxville, TN 37996-2400
(423) 974-5265
(423) 974-0656 fax
www.arch.utk.edu/

University of Texas at Arlington
School of Architecture
Box 19108
Arlington, TX 76019
(817) 272-2801
(817) 272-5098 fax
www.uta.edu/architecture

University of Texas at Austin
School of Architecture
Goldsmith Hall 2.308
Austin, TX 78712
(512) 471-1922
(512) 471-0716 fax
www.ar.utexas.edu

University of Texas at San Antonio
Division of Architecture and
Interior Design
6900 North Loop 1604 West
San Antonio, TX 78249-0642
(210) 458-4299
(210) 458-4760 fax
cofah.utsa.edu/cofah/

Texas A&M University
Department of Architecture
College Station, TX 77843-3137
(409) 845-0129
(409) 862-1571 fax
archone.tamu.edu

Texas Tech University
College of Architecture
P.O. Box 42091
Lubbock, TX 79409-2091
(806) 742-3136
(806) 742-4017 fax
www.arch.ttu.edu/Architecture/

Tulane University
School of Architecture
Richardson Memorial Hall
New Orleans, LA 70118-5671
(504) 865-5389
(504) 862-8798 fax
www.tulane.edu/~tsahome

Tuskegee University
School of Engineering, Architecture and Physical Sciences
Tuskegee, AL 36088
(334) 727-8329
(334) 724-4198 fax
www.tusk.edu/colleges/CEAPS/index.html

University of Utah
Graduate School of Architecture
375 South 1530 East, Room 235
Salt Lake City, UT 84112-0370
(801) 581-8254
(801) 581-8217 fax
www.arch.utah.edu

University of Virginia
School of Architecture
Campbell Hall
Charlottesville, VA 22903
(804) 924-3715
(804) 982-2678 fax
www.virginia.edu/~arch

Virginia Polytechnic Institute and State University
College of Architecture and Urban Studies
Blacksburg, VA 24061-0205
(540) 231-6416
(540) 231-9938 fax
www.caus.vt.edu

University of Washington
Department of Architecture
Box 355720
Seattle, WA 98195-5720
(206) 543-4180
(206) 616-4992 fax
www.caup.washington.edu/HTML/ARCH

Washington State University
School of Architecture
P.O. Box 642220
Pullman, WA 99164-2220
(509) 335-5539
(509) 335-6132 fax
www.arch.wsu.edu

Washington University
School of Architecture
One Brookings Drive
St. Louis, MO 63130
(314) 935-6200
(314) 935-7656 fax
www.arch.wustl.edu

Wentworth Institute of Technology
Department of Architecture
550 Huntington Avenue
Boston, MA 02115-5998
(617) 989-4450
(617) 989-4571 fax
www.wit.edu

University of Wisconsin, Milwaukee
Department of Architecture
P.O. Box 413
Milwaukee, WI 53201
(414) 229-4016
(414) 229-6976 fax
www.sarup.uwm.edu

Woodbury University
Department of Architecture
7500 Glenoaks Boulevard
Burbank, CA 91510-7846
(818) 767-0888
(818) 504-9320 fax
www.woodburyu.edu

Yale University
School of Architecture
180 York Street
New Haven, CT 06520-8242
(203) 432-2296
(203) 432-7175 fax
www.yale.edu

TRADE PRESS

Architectural Record
Two Penn Plaza
New York, NY 10121-2298
(212) 904-2594
(212) 904-4256
www.architecturalrecord.com

Architecture
1515 Broadway
New York, NY 10036
www.architecturemag.com

Building Design and Construction
1350 E. Touhy Avenue
Des Plaines, IL 60018-3358
(847) 390-2120
(847) 390-2152 fax
www.bdcmag.com

Construction Specifier
Construction Specifications Institute (CSI)
99 Canal Center Plaza, Suite 300
Alexandria, VA 22314
(800) 689-2900
(703) 684-0300
(703) 684-0465 fax
www.csinet.org

CRIT: The Journal of the American Institute of Architecture Students
1735 New York Avenue, N.W.
Washington, DC 20006
(202) 626-7472

ENR: Engineering News-Record
Two Penn Plaza, 9th Floor
New York, NY 10120
(212) 904-3249
(212) 904-3150 fax
www.enr.com

Journal of Architectural Education
Association of Collegiate Schools of Architecture
1735 New York Avenue, N.W.
Washington, DC 20006
(202) 785-2324
(202) 628-0448 fax
www.acsa-arch.org

부록 B 용어 해설

가치향상설계(Value-enhanced design) 건축 설계상 각 요소들을 비용-효과적 측면에서 초기에 제안된 자재나 시스템 대신 대체품이나 보다 저렴한 자재 혹은 시스템을 제시하여 분석하는 과정(이것을 "가치공학(value engineering)"이라고 칭하기도 한다).

간접비(용)(Indirect expense) 간접적으로 발생하여 특정 프로젝트와 직접적인 관계가 없는 비용. "overhead expense(경상비)"라고 불리기도 한다.

간접비 계수(Indirect expense factor) 기본급여비 혹은 직접인건비와 모든 간접비 간의 비율, 프로젝트 회계에 있어서 회사가 어느 정도의 연금(수당)을 책정하느냐에 따라 좌우된다. 이 값은 DSE(기본급여비) 혹은 DPE(직접인건비)의 백분율(예를 들어, 250%) 또는 DSE 혹은 DPE의 배수(예를 들어, 2.50배) 등으로 나타낼 수 있다.

간접비 할당(Indirect expense allocation) 일관성이 있는 기준을 가지고 회사의 간접 비용을 각 프로젝트에 할당 혹은 안분하는 과정.

간접손실(Consequential loss) 재산상의 손해로 인해 발생하지는 않았지만, 이와 같은 손해를 입은 결과로서 나타날 수 있는 손해. 예를 들면, 지붕의 누수로 인해 건물의 다른 부분 또는 그 부분의 내용물에 미치는 손해.

감가상각(비)(Depreciation) 자산의 "유용 수명"으로 정해진 기간 동안 일어나는 장기(고정) 자산 가치의 상각(감소), 가치 감소(상각)가 끝난 후에는 자산에 잔존 가치만이 남아있게 된다. 이와 같은 가치의 상각은 시간의 경과, 노후화, 열화, 마모, 또는 소비의 결과로 일어나며, 회사의 비용으로 처리하기 위해 주기적으로 기록된다. 세금 과표 금액에서 제외하기 위한 목적으로 얻어지는 감가상각의 합계 금액은 어떠한 실질적인 가치나 유용성의 감소와는 상관이 없을 수도 있으며; 결과적으로, 감가상각률은 소득세나 여타 유형 세금의 절감 목적이나 자본지출계획, 채무금액 확정과 같은 관리 목적에 따라 변할 수도 있다.

감독관(Superintendent) 공사 현장에서 지속적인 현장 감독과 통솔, 공사작업의 완성 및 공사 도급자가 여타 다른 사람을 서면상으로 지정하여 건축주와 건축사에게 공지하지 않는 한 공사 현장의 사고예방까지 책임을 지는 공사 도급자의 대리인 혹은 대표자.

감정인(Expert witness) 특정 분야나 주제에 관한 경험, 교육훈련, 숙련, 또는 지식을 가지고 있어서, 해당 분야 또는 주제와 관련된 사건에 있어서 해박한 견해의 진술을 할 수 있을 것으로 자격이 인정된 증인.

개괄 시방서(Outline specifications) 명세 요구조건들을 간략화하여 집성한 것으로 대개 설계 개발 문서나 기본 계획이 포함되어 있다.

개인 상해 책임 보험(Personal injury liability coverage) 개인 상해 보험은 불법체포, 단지 피고자를 훼방하기 위해 자행되는 무고한 기소, 고의적인 구속 또는 감금, 중상/명예훼손, 비방/모함, 인격모독, 불법적인 퇴거명령, 사생활 침해, 또는 가택 침입과 같은 행위들이 포함되어 있는 보험에 가입된 특정 행위에 의해 타인에게 미친 상해 또는 손실의 범위를 포괄하고 있다. 때에 따라 "개인 상해"는 보험 증권에 있는 정의에 의해 신체적인 상해를 포함하기도 한다.

개인기업(Proprietorship) 개인 한 사람이 전체 소유를 하고 있는 사업의 형태.

개인적 상해(Personal injury) 사람에게 가해진 신체적 또는 정신적 상해.

개찰(Bid opening) 봉인된 입찰 문서를 입찰 요건에 지정된 시간에 따라서 물리적으로 개방하고 순위 통계를 내기 위한 표를 만드는 것. 이 용어는 "bid letting(입찰하청 혹은 입찰통과)"보다 바람직한 용어이다.

개찰(Opening of bids) 개찰(Bid opening) 참조.

거래할인(Trade discount) 판매자의 등재 판매 가격과 구매자의 실제 구입 비용과의 차이. 직불에 의한 할인은 제외.

건물공사의 선취특권(Mechanic's lien) 비관급 공사에 노동력, 자재, 또는 용역서비스를 제공한 사람이 노동력, 자재, 또는 용역서비스 가치가 투입된 실물 자산의 판매를 통해 매환할 수 있도록 법적으로 인정되는 실물 재산에 대한 권리. 지역에 따라 건축사나 엔지니어에게도 이러한 우선특권을 주장할 수 있는 권리가 주어질 수 있다. 재산에 대한 투명한 권원은 이에 대한 청구권 문제가 해결되기 전까지는 확보할 수 없다.

건물점유 허가(증명)서(Certificate of occupancy) 건물의 지정된 부분에 대하여 정해진 용도로 사용이 허가되었음을 확인해주는 정부기관이 발행하는 허가문서.

건물조사관(Building inspector) 법규집행관(Code enforce-ment official) 참조.

건설관리(Construction management) 설계단계, 건축(공사)단계, 또는 둘 모두의 단계에서 필수적인 훈련과 경험을 소유하고 있는 개인 혹은 주체를 통해 프로젝트의 소유주(건축주)에게 제공하는 공사경영 용역서비스. 이와 같은 공사경영 서비스에는 설계 시간과 비용 및 건축 의사결정의 결과에 대한 자문과 일정계획수립, 비용 통제, 계약조건 협상의 조정과 계약자의 선정, 핵심 자재 및 납기가 긴 자재의 적기 구매와 제반 건축(공사) 활동의 통솔 및 조정이 포함된다.

건설관리자(Construction manager) 건축(공사작업)의 관리 서비스를 제공하는 개인 혹은 주체. 이 주체는 건축공사 기간 동안 자문역으로(CMa) 남아 있을 수도 있고, 혹은 공사도급자(CMc)가 될 수도 있다.

건축가, 건축사(Architect) 건축 관련 용역 서비스를 수행하기 위해 전문적인 자격을 구비하고 합법적으로 공인을 받은 개인 또는 조직을 지정하기 위해 법적으로 예비된 지명/지위.

건축공사 고정 한도비용(Fixed limit of construction cost) 건축주와 건축사 간 맺은 계약서에 확정되어 있는 건축공사의 최대 비용.

건축공사 도급자의 제안(Proposal, contractor's) 입찰(Bid) 및 입찰서식(Bid form) 참조.

건축공사변경지시서(Construction change directive) 공사작업의 변경에 대한 지시와, 만일 건축공사 계약금액이나 계약기간에 변경이 있을 경우, 수정에 필요한 기본적인 제시안을 설명하기 위해 건축사가 작성하고 건축주와 건축사가 서명한 서면 지시.

건축 공사비 초기내역/예비내역(Preliminary estimate of construction cost) 기본계획의 기획설계, 설계개발 및 건축공사 문서 서비스의 일환으로 건축사가 작성하는 건축 비용의 추정금액. AIA 문서 B141에 의하면, 이 추정금액은 현재의 지역, 크기, 또는 서로 유사한 개념적인 추정기법에 의거 산출된다.

건축공사예산(Construction budget) 프로젝트의 건축공사를 위해 건축주가 마련하는 금액, 건축공사 중의 변경사항과 입찰관련 예비비도 포함된다. 프로젝트 예산(Project budget) 참조.

건축법규(Building code) 법규(Codes) 참조.

건축사-컨설턴트 계약/약정(Architect-consultant agreement) 건축사와 다른 회사 간의 전문 용역 서비스에 관한 약정(예를 들면, 공학기술자, 전문가, 다른 건축사, 또는 다른 컨설턴트).

건축주-건축사 간 계약(Owner-architect agreement) 건축주와 건축사 간 맺은 전문 용역 서비스 계약.

건축주-도급자 계약(Owner-contractor agreement) 건축주와 건축공사 도급자 간에 프로젝트 건축공사 또는 그 일부에 대하여 맺은 공사 수행 계약.

건축주 및 건축공사 도급자 보호 책임 범위(Owner's and contractor's protective liability coverage) 건축공사과정 중에 발생할 수 있는 제3자가 가진 법적 책임 청구권으로부터 건축주와 건축 계약자를 보호하기 위한 제3자 법적 책임 보험 보상범위.

건축주, 소유주(Owner) 건물 설계 서비스 및 건축 계약 또는 가구, 집기비품 및 설비에 대한 용역 서비스를 보유하고 있는 개인 혹은 주체; 이러한 개인 혹은 주체는 전형적으로 건축 현장이나 건물 부동산의 소유자이거나 임차인이므로 이렇게 불린다.

건축주의 감독자(Owner's inspector) 건축주에게 고용되어 그를 대신하여 건축 공사를 감사, 감독하는 사람; 때로 "건축 공사작업 서기(사무원)"로 불리기도 한다.

건축주의 대리인(Owner's representative) 프로젝트와 관련하여 건축주의 공식적인 대리인으로 지정된 사람.

건축주 책임보험(Owner's liability insurance) 자산에 대한 소유권으로 인해 발생하는 권리청구(클레임)로부터 건축주(소유주)를 보호하기 위한 보험. '상업상 일반 책임보험'과 '건축주 및 건축공사 도급자 책임 포괄범위 보호' 참조.

건축 허가(서)(Building permit) 건축 서류의 승인과 함께 프로젝트의 건축공사를 허가하는 해당 관공서에서 발행하는 인허가(서).

검사(Inspection) (1) 계약서에 지정된 요건대로 진행이 이루어지고 있는지의 여부를 판정하기 위해 완료되거나 진행 중인 건축공사작업에 대한 검사. 건축사가 건축공사작업 과정에서 공사현장을 수시로 방문하여 행하는 일반적인 감독 관찰과는 구별됨; (2) 공무원, 건축주의 대리인, 또는 기타 다른 사람에 의한 검사.

검사목록(Inspection list) 완료가 되어야 하거나 실질적인 건축공사작업 완료 후 교정이 이루어져야 할 건축공사작업 항목의 목록; 때로는 "punch list(펀치리스트)"로 불리기도 한다.

견적(금액)(Quotation) 건축(공사)도급자, 하도급자, 자재공급자 또는 자재, 노동력 또는 둘 모두를 공급하는 하청업체가 제시한 견적 가액.

견책/경고(공식적인) (Censure) 관할 사법상 등록 위원회(또는 여타 관리감독기관)가 해당 관할 구역 내에서의 전문 업무 수행상 규준의 위반에 대해 또는 AIA가 자체적인 윤리 강령이나 전문 업무 수행 규준의 위반에 대해 공적으로 발행하는 공식적인 경고 또는 견책. 경고(Admonition) 참조.

결산보고(Statement of account) 미지불 송장(입수되었으나 고객에게 아직 지불이 이루어지지 않은 송장)의 요약서; 흔히 총 수입 수익, 총 지불액 및 총 미지급금을 볼 수 있다. 미지불 송장은 때에 따라서 번호, 일자 또는 금액순으로 목록을 정렬하여 기록한다.

결손(Loss) 회계 기간 중 일어난 수익 대비 지출이 초과한 경우.

경고, 계고, 충고, 훈계(Admonition) 관할 사법상 등록 위원회(또는 여타 관리감독기관)가 해당 관할 구역 내에서의 전문 업무 수행상 규준의 위반에 대해 또는 AIA가 자체적인 윤리 강령이나 전문 업무 수행 규준의 위반에 대해 개별적으로 발행하는 공식적인 경고 또는 견책. 견책(Censure) 참조.

경상비(용)(Overhead expense) Indirect 간접비(expense) 참조.

계약(또는 약정)의 이행(Execution of the contract(or agreement)) (1) 계약 또는 약정을 그 정해진 조항/조건에 따라 수행하는 것;

(2) 계약서 또는 약정서를 구성하는 문서 또는 서류에 서명을 하고 (상대 당사자에게) 인도하는 것.

계약(Contract) 둘 혹은 그 이상의 당사자 간에 법적으로 강제력이 주어지는 약정. 계약/약정(Agreement) 참조.

계약, 동의, 약정, 합의, 협약, 협정(Agreement) (1) 합의; (2) 법적 강제력이 있는 둘 또는 그 이상의 사람들 간의 약속 또는 약정 사항; (3) 예를 들면 건축주와 건축사, 건축사와 컨설턴트, 또는 건축주와 컨설턴트와 같은 당사자 사이에 맺은 계약 조항들을 명시하고 있는 문서. "Agreement(약정/협약)"과 "contract(계약)"은 의미상의 차이 없이 흔히 같은 용어로 사용된다.

계약관리서비스(Contract administration services) 건축공사계약의 일반적인 이행 업무가 포함된 건축사의 용역 서비스. 공사도급자가 부담해야 할 계약금액의 검토 및 확인, 공사도급자 제출문서의 승인, 변경 지시 사항의 준비 및 실질적이고 최종적인 공사완료일자를 판단하기 위한 현장 조사지휘/시행 등의 업무가 포함된다.

계약기간(Contract time) 건축공사작업의 실질적인 완료를 하기 위해 건축공사 계약서 내에 할당된 기간, 허락을 받은 필요 조정 기간까지 포함. 만일 공사작업일수로 지정이 이루어지면, 달력 일자나 작업 일수가 규정되어야 한다.

계약기간(건축공사계약의 핵심요소로서)(Time (as the essence of a construction contract)) 계약서에 지정된 시한 또는 기간. 건축공사 계약서에 있는 조항처럼 "계약기간은 계약상 핵심 요소이다"라는 것은 각 계약 당사자들이 계약에 정해진 시한 또는 기간 이내에 엄격하게 시간을 준수하는 공사작업의 수행이 공사작업의 매우 중요한 부분임을 의미하는 것이고, 적시 공사완료에 실패하였을 경우에는 계약 위반이 되어 이로 인해 손해를 입은 당사자는 손해를 입은 금액만큼 지속 손실에 대한 권리를 가지게 된다.

계약문서, 계약서류(Contract documents) 여기에는 건축주와 공사도급자 간 약정한 사항; 계약상 조건들(일반조항, 보충 조항 및 기타 조항); 도면 시방서 및 계약 서명날인 이전에 발행된 첨부 부록; 기타 계약서에 나열된 문서; 그리고 계약 서명날인 이후 이루어진 수정사항이 포함된다.

계약불이행(Default) 계약에 약정된 중요 의무의 실질적인 불이행.

계약상 책임(Contractual liability) 계약에 의해 지게 되는 혹은 부과되는 개인 혹은 주체의 책임. 배상(보상, 변상)금이나, 계약서의 면책보장조항(hold-harmless clause) 등이 계약상 책임의 실례이다.

계약서 양식(Form of agreement) 계약 일반조항이 정해져 인쇄되어 있는 문서로, 특정 프로젝트에 관한 데이터를 삽입할 수 있는 여백이 함께 구비되어 있다.

계약위반(Breach of contract) 합법적인 정당성이 없이 서면 혹은 구두 계약(약정) 사항의 전체 혹은 일부를 구성하고 있는 책무를 이행하지 않거나 못하는 것. 계약의 불이행은 의도적이거나, 부주의, 혹은 당사자의 과실로 인해 일어날 수 있다.

계약일자(Contract date) 계약일자(Date of agreement) 참조.

계약일자(Date of agreement) 계약서에 쓰여 있는 날짜. 만일 일자가 명시되어 있지 않을 경우, 개인 혹은 주체가 마지막으로 계약서에 서명 날인을 한 날짜가 강제적인 계약서로서 효력을 가지는 날짜가 된다.

계약자(Contractor) (1) 계약을 체결하는 사람; (2) 건축공사 용어로, 건축공사 계약상 공사작업 수행에 책임을 지는 개인 혹은 주체.

계약자 선택권(Contractor's option) 계약 합계금액에 영향을 미치지 않는 범위 내에서 특정한 자재, 방법, 혹은 시스템을 계약자의 선택권을 가지고 선택할 수도 있도록 한 계약서의 조항.

계약자 진술서(Contractor's affidavit) 건축주 보호를 위해 정해진 증빙을 요하는 부채 또는 권리청구에 대한 지불, 우선적 선취특권의 양도/포기, 또는 이와 유사한 사항과 관련하여,

적법하게 공증을 통해 작성된, 만일 거짓일 경우 위증에 의한 형사 고발이나 기소를 받는 진술서.

계약자 책임보험(Contractor's liability insurance) 계약자가 당면할 수 있는 재산손실, 신체적 상해, 또는 사망과 관련된 권리청구를 보상하기 위해 계약자가 구매하고 유지하는 보험.

계약조건(Conditions of the contract) 계약을 체결하는 각 당사자 및 건축공사에 관련된 다른 사람의 권리와 책임을 정의하고 있는 계약서 내의 일부분. 계약조건에는 일반 조건, 부수적 조건 및 기타 조건이 포함된다.

계약책임자(Contracting officer) 프로젝트 관련 정해진 권한과 함께 건축주 대신 활동을 할 수 있도록 위임을 받은 공식적인 대표자 혹은 대리인.

계약한도(Contract limit) (1) 공사도급자에게 현장 부지의 건축공사를 위해 도면상에 정해진 경계선 또는 한계선 혹은 계약문서에 정의된 물리적인 경계; (2) 계약에 정해진 금전적인 한계.

계정(회계)(Account) 특정 항목 또는 분류된 항목들의 표기된 금융거래 기록; 회사 금융 거래상 세부 항목들의 분류 또는 기록을 위해 사용된다.

계정과목(일람)표(Chart of accounts) 회사 법인의 회계장부를 유지하기 위해 사용하는 계정의 목록. 대개 자산, 부채, 소유주지분, 수익 및 (지출)비용으로 분류된다.

계정잔고, 계정잔액회계전표(Account balance) 하나의 계정 또는 분류 계정과목의 총 차변 전표항목들과 대변 전표항목들의 차이. 만일 차변이 대변을 초과할 경우, 그 차이는 차변잔고가 되고 대변이 차변을 초과할 경우 그 차이는 대변잔고가 됨. 수익과 지출 계정이 마감되면 잔고는 초과되는 부분을 대차대조표 계정의 어느 하나로 옮겨 차변과 대변의 금액을 동일하게 만들어 제로가 되도록 함.

계획설계(Schematic design) 건축사가 건축주와 건물 프로젝트의 요구조건들을 확실하게 확인하고 건축주의 승인을 얻기 위해서 건물 각 요소의 스케일(크기)과 상호관계가 도시되어 있는 기타 정보와 도면으로 이루어진, 개략적인 설계검토를 준비하는 용역 서비스. 건축사는 현재 상태의 구역, 용적, 또는 기타 유사한 추정 기법을 사용하여 건축공사비용의 사전 추정금액을 건축주에게 제공한다.

계획설계도서(Schematic design documents) 프로젝트 각 구성 요소의 스케일과 상호 관계를 도시하는 도면과 기타 문서류.

계획 예치금(Plan deposit) 입찰서류예치금(Deposit for bidding documents) 참조.

고객/의뢰인(건축주)(Client) 건축사로부터 전문 용역서비스를 제공받는 개인 혹은 개인의 집단. 제공되는 용역서비스와 관련된 자산을 소유 혹은 임대하는 사람도 고객에 포함되며, 이러한 자산을 사용, 조작/운전 혹은 유지보수하는 개인도 포함될 수 있다. 계약서상의 문맥에서 보면, "건축주/소유주"의 용어는 건축사와 계약을 체결하는 개인 혹은 주체를 나타낸다. 건축주, 소유주(Owner) 참조.

고용주 책임 보험(Employers' liability insurance) 고용주가 고용인 보상 법령으로도 충당할 수 없는 고용인의 신체적 상해로부터 야기되는 고용주에 대한 권리청구에 대응하기 위해 고용주가 구매하는 방책용 보험. 이 보험은 흔히 고용주의 근로자산재(보상)보험 보증과 동일한 형태로 제공된다.

고정비용(Fixed fee) 일시 지급 기준으로 책정되어 있는 전문 용역 서비스 혹은 건축공사 용역 서비스의 보수 금액. 특별히 지정되어 있는 경우를 제외하고 프로젝트의 범위나 기타 변수의 영향을 받지 않는다.

고정자산(Fixed assets) (가구, 설비, 건물 및 자동차 등과 같이) 유형의, 물리적인 실체가 있고 상대적으로 영구적인 본질적 특성을 가지고 있는 자산으로 사업 운영에 사용되며 일년 이내에 소진될 수 없는 자산. 유동자산(Current assets) 참조.

공개입찰(Open bidding) 건축 프로젝트나 프로젝트 일부 지정 부분에 대해 입찰 서류와 함께 응찰 요청을 공시하고 이에 응한 입찰자들로부터 입찰을 받는 입찰 방법; 대부분 공공 프로젝트와 관련된 법적 준수 요건을 충족하기 위해 공공기금 사용처나 프로젝트의 해당 부문이 있는 주요 일간지의 정치 · 경제면에 게재된다. 지명입찰자(Invited bidders) 참조.

공공책임보험(Public liability insurance) 피보험자의 과실로 인해 발생하는 고용인이 아닌 외부 개인의 신체적인 상해, 질병 또는 사망 및/또는 피보험자의 소유나 관리감독, 유치 또는 통제하에 있지 아니하는 재산의 손괴에 따르는 법적 책임을 보상하기 위한 보험. 상업용 일반 책임보험(Commercial general liability insurance) 및 도급자 책임보험(contractor' s liability insurance) 참조.

공급보증증서(Supply bond) 물품 또는 자재가 공급자로부터 공급될 것을 보증인이 보장하는 증서/채권.

공급자(Supplier) 공사작업에 필요한 자재 또는 특별하게 설계가 이루어진 설비까지 공급하되 공사현장에서 일을 하지는 않는 개인 혹은 주체.

공동보험(Coinsurance) 피보험자가 보험으로 보장받고자 하는 재산 가치의 지정된 비율만큼만 보험으로 가져갈 것을 요구하거나 혹은 손실이 발생할 경우에 벌과금을 부담하도록 요구하는 보험증서의 조항. 이 벌과금은 보험에 든 재산을 일부 보험의 보상대상이 되도록 하여 보험회사에서 지급해야 할 보험금을 직접적인 비율로 감액시켜준다.

공사/용역(AIA 문서에 규정된) (Work (in the AIA documents)) 계약문서에 따라 요구된 건축공사 및 용역 서비스 --완전하게 완료가 되었거나 혹은 부분적으로 완료가 되었거나-- 공사도급자의 의무를 이행하기 위해서 공사도급자가 제공한 또는 제공하게 될 모든 노동력, 자재, 설비 및 용역서비스가 포함됨. 공사/서비스용역은 그 자체로 전체적인 혹은 부분적인 프로젝트를 구성한다.

공사가격(Contract sum) 건축공사 계약상의 건축공사작업의 대가로 건축주가 건축공사 도급자에게 지급하기로 건축주-공사도급자 간 맺은 계약서에 명시되어 있는 대가 금액의 최고 한도.

공사감독(건축공사 작업 중) (Supervision (during construction)) 건축공사 도급자 측 사람에 의한 건축공사작업 지시.

공사개시일(Date of commencement of the work) 계약자에게 보내는 통지문에 건축공사 작업 진행을 위해 확정되어 있는 날짜. 혹은 이러한 통지문이 없을 경우, 건축공사계약서상의 날짜 또는 계약서 내에 별도로 확정될 수도 있는 날짜.

공사비내역(Estimate of construction cost) 건축공사(작업)비용의 예상금액.

공사비 상세내역(Detailed estimate of construction cost) 자재, 노동력 및 공사 작업의 기타 모든 항목의 세부적인 분석에 의거하여 작성된 건축공사비용의 예상치로서 유동적인 범위, 용적, 또는 유사한 개념적 추정 기법에 의거한 건축비용의 예비 추정치와 구별.

공사비용(Construction cost) 건축사의 용역서비스 대가 계산을 위해 사용된다. 또는 건축주-건축사 간 계약의 고정된 한도금액으로서, 이 금액은 건축주에게 있어서 건축사가 설계하고 지정한 프로젝트 내의 모든 요소들과 현재 시장 임률에 의거한 임금, 건축주가 마련해야 할 자재비와 지정된, 선택된, 설계된 또는 건축사가 특별히 제공하는 설비비가 포함된 총 비용 또는 총 추정 비용이 된다(여기에 공사도급자의 총 경비와 이익금에 충당되어야 할 합리적인 수당이 추가된다). 또한 입찰 시점의 시장 상황에 대응하기 위한 예비비와 건축공사 중 건축공사작업의 변경에 대응하기 위한 합리적인 충당금도 포함한다; 그러나, 건축사나 건축사의 컨설턴트에 대한 보수, 또는 토지 비용, 통행료, 자금조달, 혹은 건축주가 책임을 져야 할 기타비용은 포함되지 않는다.

공사의 사소한 변경(Minor changes in the work) 계약 금액의 조정이나 계약 기간의 연장 등이 필요치 않고 계약 문서에 정한 의도나 취지와 일치하는 건축 공사 작업상 사소한 변경. 사소한 변경 작업은 건축사의 서면 지시로 효력을 발휘한다.

공사(작업) 사무원(Clerk of the work) 건축주의 감사인, 또는 공사 현장의 대리인 등 다양한 의미로 사용되는 용어.

공사중지(건축사의) (Rejection of work(by the architect)) 계약 문서에 정해진 요구조건에 일치하지 아니하는 공사 작업을 중지하는 행위.

공사의 관찰(Observation of the work) 부분적으로 완성된 공사 현장을 주기적으로 건축사가 방문하여 공사 전반에 대한 진행과 완료된 공사 품질을 확인하고 일반적으로 진행 중인 공사가 완료 시 건축공사 계약서에 정해진 모든 조건들을 충족할 수 있는 방향으로 진행되는지 여부를 확인하기 위한 감수.

공사 전 단계(디자인-빌드)(Preconstruction (design-build)) 디자인-빌드 프로젝트의 예비적인 설계 및 예산 산정 단계.

공사 조달서비스(Construction procurement services) 건축사가 경쟁적으로 협상이 이루어진 제안서를 건축주가 입수하도록 하거나 건축공사를 위한 계약의 준비 또는 계약자 선정을 하기 위해 건축주를 지원하는 건축사의 서비스.

공사진도에 따른 지불대금(Progress payment) 작업의 진척에 따라 지불되는 분할 지급 대금.

공사진행 공정표(Progress schedule) 공사작업에 포함되어 있는 다양한 구성요소별 실제 시작시간과 계획시간 및 완료시간을 보여주는 도표, 그래프, 그림으로 나타낸 또는 기록으로 나타낸 일정.

공사진행 통지(문)(Notice to proceed) 건축주가(건축공사) 계약자에게 공사 개시일 확정을 위한 작업을 진행할 수 있도록 위임을 하는, 서면으로 작성할 수도 있는 통신(문).

공사현장 관찰(On-site observation) 공사작업의 감수(Observation of the work) 참조.

공소시효(Statute of limitations) 주장하는 손괴, 상해 또는 기타 법적 구제를 받기 위해 필요한 법률 행위를 반드시 취해야 할 기한을 정한 법령. 기간의 길이는 법률 행위의 유형에 따라 주마다 다르다.

공제(감액)대체입찰(Deductive(또는 deduct) alternate) 대안 입찰(Alternate bid) 참조.

과실(Negligence) 여건에 따라 주어지는 의무상 주의 이행의 실패. 이러한 주의 이행에 대한 과실이 다른 사람이나 주체에 손상을 입힌 원인이 되는 경우, 이렇게 태만한 행위를 한 행위자가 태만하지 않아야 할 법적인 의무를 가지고 있으면 법적인 책임이 부과된다.

과실보험(Errors and omissions insurance) 전문용역서비스 책임 보험(Professional liability insurance) 참조.

과실행위 또는 해태(Negligent act 또는 omission) 법적으로, 주의 의무 이행 실패 또는 이를 포함하는 행위.

관례적 및 의무 수당(혜택)(Customary and mandatory benefits) 고용자의 수당/혜택(Benefits, employee) 참조.

관할기관(Public authority) 공사작업 또는 프로젝트 관할권을 행사하는 지역, 주, 또는 연방 정부의 실체.

구역(개발)허가(Zoning permit) 해당 관할 정부기관에서 발행하는 대지의 특정 목적 전용(사용)을 인가하는 허가(증).

국가면책(Sovereign immunity) 정부 주체가 스스로의 동의나 찬성 혹은 승인 없이 피소될 수 없다고 하는 취지를 가진 항구적인 법리. 연방법과 주법은 특정한 상황하에서 정부기관에 대해 소송을 제기할 수 있도록 허락하고 있다.

굿윌/영업권(Goodwill) 회사로 이미 지불이 이루어졌거나 지불이 이루어져야 할 금액보다 높은 가치를 나타내고 실제 순값어치보다 높은 가치를 가진 자산. 이것은 한 회사를 혹은 그 회사 내에 있는 이권을 다른 회사가 구매하려고 할 때 흔히 그것이 지닌 장부가치 이상의 가격으로 드러난다. 사들인 회사는 굿윌 그 자체를 생성할 수는 없다. 굿윌은 사들인 회사 장부에 자산으로 기재되어 유지될 수도 있지만, 절세 목적으로 상각 혹은 청산할 수는 없다.

권리청구/클레임(Claim) 권리상의 문제로서, 계약 조항의 해석 또는 조정, 금전의 지급, 기한의 연장, 또는 계약에 있는 조항/조건 관련 기타 구제수단 등을 바라는 당사자가 계약을 근거로 한 주장 혹은 요구.

권리청구관련비용(Claim expense) 보험 증권에 정의되어 있는 바와 같이, 권리청구 처리와 관련하여 발생되는 비용. 이 비용은 대개 변호사 방어 수수료, 조사비용 및 전문가 증언비용 등을 포함한다. 보험회사 소속 직원이 그들의 의무 이행에 따라 발생할 수도 있는 직접비용이나 급여는 대개 포함되지 않는다.

근거 불충분 권리청구(Meritless claim) 논쟁이나 증빙이 없이 명백하게 근거가 불충분하여 권면상으로 마땅히 기각될 수밖에 없는 권리청구/클레임.

근로소득세(Payroll taxes) 사회보장(복지) 세금처럼 급여와 같은 근로소득을 기준으로 하여 책정되는 세금.

근로자보상보험(Workers' compensation insurance) 근로자(고용인/종업원)의 상해, 질병, 질환, 또는 고용 중 사망으로 야기되는 보상 및 기타 혜택과 같은 근로자 보상법에 의해 요구되는, 고용주의 근로자에 대한 책임을 보증하기 위한 보험. 예전에는 "근로작업자보상보험(workmen's compensation insurance)"으로 칭하였음.

금반언(Estoppel) 개인이 법의 운용에 의해 생성된 어떠한 다른 이유나 혹은 그 자신의 행위 때문에 법적 입장을 우기는 것을 방지하기 위한 법적 금지.

급료/임금(Salary) 직원에게 정규 지급하는 해당 서비스에 대한 급료; 기업주 또는 파트너(동업자)가 회사로 제공한 그들의 전문 용역서비스에 대한 대가 충당을 위해 정규 인출하는 것을 지칭하기 의해 사용되기도 된다.

기물파괴보상보험(Vandalism and malicious mischief insurance) 보험계약자의 재산에 미친 의도적이고 악의적인 파괴나 손상으로 인한 손실의 보상을 위한 보험.

기본급여비(Direct salary expense, DPE)) 건축사(건축가) 전 직원의 직접 급여총액, 부가(적)급부(임금부담분)는 제외.

기본급여비의 배수(Multiple of direct salary expense(또는 DSE multiple)) 직접 인원의 급료에 간접 비용 산출을 위해 상호 합의한 직접 급료의 인수를 곱하여 간접비용이나 이익을 산출하는 방법에 의거한 용역서비스 비용의 계산 방법.

기본입찰금액(Base bid) 입찰자가 입찰서류에 기술되어 있는 공사작업의 수행을 하기 위해 제출한 입찰서에 기재되어 있는 입찰금액의 합계, 대안 입찰을 감안한 조정금액은 제외.

기업합병, 통합(Merger) 두 사업체가 결합하여 한 사업체는 전체 혹은 그 일부 존재가 사라지고 나머지 한 사업체만이 살아 남는 것: ("합병(Consolidation)"은 새 회사를 만들기 위하여 두 사업체가 완전이 융합하는 것을 말함). "기업취득(인수)(Acquisition)"는 한 사업체가 다른 사업체의 결합을 나타내기 위해 사용하는 일반적인 용어임).

기여(적) 과실(Contributory negligence) 통상적인 주의를 게을리하여 상해 또는 손해 발생에 기여한 원고 또는 권리 청구인(의 과실); 미합중국 주에 따라 원고의 기여(조성)적 과실은 손해에 대한 복구를 금지하기도 한다. 비교(적)과실(Comparative negligence) 참조.

기획설계(디자인-빌드) (Preliminary design (design-build)) 프로그램 검토, 예비 프로그램 평가, 설계 및 건축과 관련된 대안적 방법론의 검토 및 예비설계 문서 등을 포함하는 디자인-빌드 프로젝트 제1파트 계약하에서 행해지는 건축사의 서비스. 최종 설계(Final design) 참조.

기획설계도면(Preliminary drawings) 프로젝트 설계 초기 단계에서 만들어지는 도면.

기획설계도서(디자인-빌드)(Preliminary design documents(design-build)) 기획설계도면, 개략적 사양 명세서 및 기타 디자인-빌드 프로젝트의 규모, 품질 및 특성을 확정하고 기술하는 문서로, 건축, 구조, 기계 및 전기 시스템과 자재 및 적절한 프로젝트 구성요소까지 포함하기도 한다.

낙찰(Contract award) 제시된 입찰가 또는 협상이 이루어진 제안을 수용하겠다는 건축주의 의사표시. 낙찰은 당사자 간에 법적 의무를 생성시킨다.

낙찰자(Responsible bidder) 최저가공사낙찰

자(Lowest responsible bidder) 참조.

낙찰자(Successful bidder) 건축공사계약을 맺기 위해 건축주에 의해 선정된 입찰자. "선정입찰자(Selected bidder)"로 칭하기도 한다.

날인(Seal) (1) 설계 전문가가 도면과 사양/시방서에 작업을 완료하였거나 수행하였음을 나타내기 위해 등록된 증빙 목적으로 사용하는 엠보싱 장비나 스탬프 또는 기타 장비. (2) 예전에 왁스나 종이, 또는 박판 위에 날인증명이나 계약서와 같은 공식적이고 합법적인 문서에 날인을 하기 위한 목적으로 사용되었던 각인으로 구성된 장비. 날인(서명)이 이루어진 계약 문서에 적용할 수 있는 공소 시효는 그렇지 않은 계약 문서보다 길 수도 있다.

날인(증서에 의한)계약/서약(Covenant) 둘 이상의 당사자 간에 어떤 일이 이루어졌고, 이루어지도록 하며 혹은 이루어지지 않도록 하자고 하는(예를 들면, 서약에 대해 소송을 제기하지 않겠다고 하는) 서명이 이루어진 서면상의 약정.

납입자본금(Paid-in capital) 회사 법인에 있어서, 주주로부터 회사로 투자된 액면가 이상의 자본 금액을 나타내는 소유주의 지분 계정. 자본잉여금으로도 알려져 있다.

누적주의 회계(Accrual accounting) 현금 지급이 이루어지는 시기에 관계 없이 용역서비스가 이루어지고 이와 관련된 지출이 인식되어 이에 상응하는 수익이 인식되었을 경우에 회계 기록을 작성 유지하는 방법. 자금주의 회계(Cash accounting) 참조.

내부 프로젝트 예산(Internal project budget) 특정 프로젝트와 관련된 설계 회사의 책무를 수행하기 위해 설계 회사에 의해 할당된 자원.

내역총괄표(Schedule of values) 각 공사작업에 할당된 건축공사 계약 금액의 부분을 나타내며, 지급 청구내역을 검토하기 위해 건축사에게 제출하는 내역총괄표 이 용어는 " contractor' s breakdown(공사 도급자의 명세내역)" 보다 바람직한 용어이다.

단가(Unit price) 제시된 계약 문서나 입찰 서류에 기술된 것과 같이 계량 단위별 자재 또는 용역 서비스의 한 단위에 대해서 책정된 입찰 서류에 명시된 값의 금액.

단가계약(Unit price contract) 프로젝트의 다양한 부분별 견적 단가 및 이 견적 단가의 통합적인 적용 승인에 의거한 계약.

단계(전문 용역서비스의)(Phase (of profess-ional services)) 전문 용역서비스 수행을 위해 건축기사가 설정하는 개발단계 또는 추가분.

단기(재무관리)(Short-term(in financial management)) 일년 이내; 예를 들면, 단기 대출은 만기가 12개월 이내에 도래하게 된다.

단일계약(Single contract) 단 한 명의 주 계약자(원청 계약자)만이 전체 공사작업에 책임을 가지고 있는 프로젝트 건축공사 계약.

담보/저당(물)(Mortgage) 차용/대출에 대한 보증으로 채권자에게 제시하는 저당물/재산의질권; 차용금의 변제를 하기 위한 저당물의 명세가 기록된 계약서. 저당물로 보증을 받은 어음 또는 대출금의 채권자 혹은 대출인은 저당권자/담보권자; 저당물을 담보로 어음 또는 대출금을 빌리는 사람은 저당권설정자/담보제공자.

당사자관계(Privity) 계약에 대해 각 계약 당사자 간 맺어진 직접적인 관계. 당사자관계는 계약상의 권리를 이어받은 후속 당사자가 있을 경우 존속한다.

당사자병합(Joinder) 둘 또는 그 이상 요소들을 하나로 병합하는 것, 예를 들면 중재 내지는 소송에서 공동 원고 또는 공동 피고가 되도록 당사자들을 병합하는 것.

대가/보상(Compensation) (1) 제공된 용역서비스, 제품 또는 공급된 자재 또는 납품된 자재에 대한 대가; (2) 발생한 손해에 대한 권리청구에 대해 지급되는 보상금; (3) 급여, 보너스, 이익배분 및 회사 소유주나 고용인으로부터 지급되는 기타의 소득.

대금지급청구(서)(Request for payment) 지불 요청서(Application for payment) 참조.

대금청구시간(Billable time) 프로젝트로 청구된 투입 시간(직접시간)으로, 궁극적으로는 고객에게 송장으로 보내진다. 시간은 프로젝트로 청구될 수 있지만 계산서 발행은 되지 않을 수도 있는데, 다시 말하면, 시간은 계약된 용역서비스를 만들어내기 위해 필요하지만 이것의 결과가 수익으로 연결되지는 않기 때문이다.

대리(Subrogation) 법적 권리와 관련하여 권리의 회복과 같이 한 개인을 다른 개인으로 대체하는 것. 예를 들면, 보험회사와 같은 경우에 있어서, 제3자가 다른 사람의 법적 권리에 대한 빚이나 권리청구(클레임)의 채무를 변제하였을 경우에 채무자나 권리청구를 당한 그 다른 사람의 권리를 또 다른 사람에게 대항할 수 있도록 이어받는 것을 말한다.

대리인(Agent) 다른 사람을 위해 또는 대신하여 일을 하는 사람 또는 주체.

대리인(Attorney-in-fact) 다른 사람 혹은 주체를 위하여 혹은 대신하여 위임장으로 알려진 서면 증서에 지정된 범위 내에서 행동을 하도록 권한 위임을 받은 사람.

대리책임(Vicarious liability) 당사자가 책임을 져야 할 사람 혹은 다른 사람의 행위 또는 해태로 인해 당사자에게 부과되는 간접적 책임.

대안(Alternate) 계약서에 명시되어 있는 공사작업에 대해(있을 수 있는) 제시된 시공상의 대체; 건축주에게 자재, 상품, 시스템의 대안에 대한 선택권 또는 공사작업 일정부분에 대한 추가나 삭제에 대한 선택권을 제시하여 이루어진다.

대안 입찰(Alternate bid) 만일 기본 입찰 문서에 기재된 작업의 변경이 허용되었을 경우, 이와 상응하여 입찰 문서에 기재되는 증가 또는 감소하는 금액. 입찰자의 기본 입찰문서에 기준하여 대체 입찰 금액이 증가하였을 경우, 증가 대체 입찰(또는 "부가") 금액, 대체 입찰 금액이 감소하였을 경우 공제 대체 입찰(또는 "차감") 금액.

대차대조표(Balance sheet) 특정 일자를 기준으로 회사 법인의 재무 상태를 보여주는 계산표. 이 계산표는 한편에 있는 자산 계정과 또 다른 편에 있는 부채 및 순자산가치(주주지분)의 차이를 비교하여 보여준다.

대체물품(Substitution) 지정된 자재, 제품, 또는 설비의 항목 대신 대체되는 것.

대출한도/신용한도(Line of credit) 은행이 회사에게 빌려주기로 동의한 자금의 최대 금액에 대한 은행과 회사 간의 약정. 회사는 필요에 따라서 자금을 약정된 최대 금액까지 대출하여 사용하고 이자는 대출금액과 미상환 금액에 대해서만 변제한다.

대표(회사)(Principal) 건축회사에 있어서, 대부분의 경우 경영주 또는 회사 지분을 가지고 있는 사람(회사 법인의 주식을 소유하고 있거나, 공동경영(합명회사)의 파트너 또는 조합관계상의 조합원). 경우에 따라 사업에 대해 일정 비율 이상을 소유한 소유권자로 한정; 또는 회사의 지도자 역할에 현저한 능력을 가진 임의의 개인도 포함.

대표 책임자(Principal-in-charge) 주어진 프로젝트와 관련하여 회사의 용역 서비스 책임을 담당하는 건축사.

도면(Drawings) 프로젝트를 구성하는 각 구성요소의 설계, 위치 및 치수를 기술하는 그림 혹은 도해적 문서. 도면 내에는 일반적으로 (건축)평면도, 정면도(입면도), 단면도, 세부사항, 일정 및 도표가 포함되어 있다. 대문자로 표기가 이루어질 경우, 계약 문서 중 그림이나 도해적인 서류를 의미하는 용어가 된다.

독점규제 법안(Antitrust) 불법적인 제약이나 독점 또는 부당한 상거래 관행으로부터 통상 및 무역을 보호하기 위한 법.

동등 승인, 대체 승인(Approved equal) 계약 당사자가 제시하고, 공사작업에 투입 또는 사용하기 위해 계약문서에 명시된 각각의 사양, 속성 및 방법과 핵심적으로 동등함을 건축사가 승인한 자재, 설비 또는 공사 방법.

등록 건축사(Registered architect) 건축가/건축사(Architect) 참조.

등재 건축사(Architect of record) 해당 건축 프로젝트의 관할권을 가지는 감독기관의 허가 발행에 의해 건축물에 이름의 등재가 허락된 건축가의 이름. 건물의 계약자는 일반적으로 도면 및 사양을 사용하기 위한 사용 승인 청구서를 제출한다. 관할 지역에 따라서는, 건축가가 사용 승인과 관련된 계획을 제출하기도 한다. (주: 한 건물에 대해 여러 명의 건축가가 용역서비스를 제공하는 경우, 하나 이상의 사용 승인이 있을 수 있다. 예를 들어, 만일 한 건축사는 건물의 중심과 외부를 설계하고, 다른 건축기사는 임차 개발 설계를 하였다면 등재 건축사는 둘이 된다.)

디자인-빌드/설계-시공방식(Design-build) 건축주가 직접 설계 및 건축 프로젝트의 건축공사 작업 서비스의 책임을 질 수 있는 하나의 주체와 계약을 하여 프로젝트를 완성하는 방법.

마스터포맷(MasterFormat) 건축물 상품 및 시스템을 자재와 거래(업자)별로 구분하기 위한 시스템. 예를 들면, 콘크리이트, 조적공사, 열 및 습기 방호(공사) 등. 유니포맷(Uniformat) 참조.

맞고소(Counterclaim) 민사상 피고가 원고에 대응하여 작성한 요구 또는 행위의 독립적 원인. 이것은 피고가 원고에 대응하여 권리청구 서류를 제출한 경우에 발생한다.

매매증서(Bill of sale) 판매자나 재산의 양도인이 양도인의 재산 소유권 및 재산상의 기타 이권을 매수인 혹은 양수인에게 양도하기 위해 작성 및 서명을 한 문서.

매출채권 평균회수기간(Average collection period) 외상매출금(미수금)을 일평균 청구액으로 나눈 것; 송장을 발행한 후 대금 수입이 이루어지는 평균 기간의 일수.

면책(Indemnification) 계약을 맺은 개인 혹은 주체가 정해진 책임으로부터 야기되는 타인의 손해, 손실을 배상하기로 하는 계약상의 책무.

면책(묵시적)(Indemnification, implied) 명시적인 계약에 의해 발생하여 제공되는 보상이 아닌 묵시적인 법에 의한 보상 혹은 (손해)배상.

면허보유 건축가(Licensed architect) 건축가, 건축사(Architect) 참조.

면허보유 공사도급자(Licensed contractor) 건축공사 계약에 참여할 수 있도록 정부기관에 의해 공인을 받은 개인 혹은 주체.

면허보유 기술자(Licensed engineer) 전문 기술자(Professional engineer) 참조.

명백한 하자(Patent defect) 합리적으로 신중한 감사를 통해서 드러날 수 있는 자재, 설비 또는 완료된 공사 작업에 있는 하자 또는 결함. 잠재적 하자(Latent defect) 참조.

명시적 보증(Express warranty) 보증인/담보자가 만든 사실 혹은 약속의 명백한 확인. 보증인이 제공하거나 동의한 자재 또는 설비, 혹은 샘플이나 모형에 대한 기술은 명시적 보증을 생성할 수가 있다.

무한 보험(All-risk insurance) 손해보상지정 보험-특수형태(Causes of loss-special form) 참조.

묵시적 보증(Implied warranty) 명시적 보증이 없더라도, 다른 이와 당사자 사이 관계의 결과로 법에 의해 당사자에게 부과된 사실의 확인 혹은 약속(의 확인). 명시적 보증(Express warranty) 참조.

미비용항목(Nonexpense items) 직접 또는 간접비용의 계정으로 상환청구를 할 수 없는 회사의 자산, 부채, 또는 순자산가치에만 영향을 미치는 지출. 거의 대부분의 경우 이 비목은 자본자산의 구입을 위한 지출이다.

미실현수익(Unearned revenue) 주문잔고, 주문잔량, 주문잔액. 회사가 제공하기로 서명하였으나 아직 실행하지 아니한 용역서비스로부터 벌어들일 수익.

미지급금, 외상매입금, 지급계정(Accounts payable) 회사가 납품업자, 컨설턴트, 또는 다른 상품이나 용역서비스에 대해 지불해야 할 외상계정 또는 단기 여신으로 구분되는 금액

미청구수익(Unbilled revenue) 이미 발생되어 있지만 고객이 아직 송장을 수령하지 못한 수익. 진행 중인 공사(Work in process) 참조.

민사소송(Civil action) 사적 권리의 강제 혹은 보호를 위한 법정에서의 소송.

반-보상법, 반-배상법(Anti-indemnification statutes) 손실과 관련하여 보상을 받았거나 이에 대한 피해가 없는 당사자와 관련된 계약 조항이나 약관을 무효화하거나 이러한 조항의 활용을 제한하는 주법.

발생(사고의)(보험용어)(Occurrence (insurance terminology)) 사고 (신체상의 상해나 재산상의 손실로 귀착되는, 시간과 장소 확인이 가능한, 예기치 못하고 의도하지 않은 사건) 또는 이러한 상해나 손실로 이어지는 조건에 연속적이고 반복적으로 노출되는 것.

배상청구기준 보험증권(Claims-made policy) 단지 다음과 같은 사항만을 보상하기 위해 책정된 보험증권 (a) 보험증권 적용기간 중 최초로 이루어진 보험금 청구 및 (b) 보험증권에 지정된 기간 중에 보험금 청구를 발생시킨 서비스가 행하여졌을 경우.

배심원/심사원(Jury) (1) 설계 작업을 평가하고, 설계 경쟁(입찰)과 관련하여 낙찰자를 지명하기 위한 위원회; (2) 법정에 의해 소집되어 민사 또는 형사 사건에 대한 평결을 내리기로 서약을 한 일단의 심의위원.

백분율 수수료(Percentage fee) 건축공사 예산의 백분율 적용에 의한 보상금; 건축공사 계약이나 전문 용역서비스에 적용할 수 있다.

법규(Codes) 건축공사 및 건축물의 점유 입주 사용과 관련된 규제, 법령, 정부 단위기관 지정 법정 요건, 일반적으로 공공의 건강, 안전 및 복지 보호를 위해 채택되고 관리 감독이 이루어진다.

법규집행관(Code enforcement official) 건축공사가 공사관련 해당 법규, 규제, 법령에 따라서 이루어지는지를 감사하고, 요건에 대한 인허가를 하기 위해 고용된 정부 감독기관의 대표자/대리인.

법인(Corporation) 특별히 정해진 관할(사법)권의 법에 의해 조직된 법적 주체. 이 주체는 기업의 주주, 소유주, 관리자, 사무원, 경영인, 혹은 고용인과는 별도의 법적 정체성을 가진다. 회사 법인은 그 법인이 설립된 미 합중국 주 내에서 "주내" 법인이며 다른 주에서는 "주외" 법인이 된다.

법적 책임(Legal liability) 계약 또는 법의 운용으로부터 발생하는 법적인 책무.

법적 책임한계(Limitation of liability) 법규 또는 약정에 근거하여 개인 또는 주체가 다른 개인 또는 주체에게 부담해야 할 법적 책임의 금전적 한계.

법정채권(Statutory bond) 채권의 양식과 포함된 내용이 법에 의해 정해진 채권.

변경요청(서)(Request for a change) 제안 청구서(Proposal request) 참조.

변상(Remedies) 손실 또는 상해를 보상하거나 발생 방지를 위해 계약 당사자가 취할 수 있는 합법적인 조치.

별도계약(Separate contract) 여러 개의 설계 또는 건축공사 주 계약(원청 계약) 중 하나의 계약.

별도계약자(Separate contractor) 건축주와 직접 건축공사 계약을 맺은 공사도급자와 건축주 간 맺은 약정 내에 나타난 계약자 외 건축공사 프로젝트의 공사도급자.

보고연장기간(Extended reporting period) 원래 보험증서의 유효기한 만료 후에 보험계약을 한 피보험자가 원래 보험 보상 유효기한 내에 일어난 행위로 인한 권리청구 보고를 할 수 있는 기간으로, 이와 같은 권리청구는 이에 의거 보상범위에 포함된다.

보류입찰자목록, 탈락입찰자목록(Closed bidders list) 지명입찰자(Invited bidders) 참조.

보상금액/배상금액(Indemnity payment) 보험회사 및/또는 피보험자가 피보험자의 권리청구 보상금액으로 제3자에게 지불하는 금액.

보상적 손해배상(Compensatory damages) (민사상) 원고가 입은 신체적 상해를 보상해주기 위해 재정된 손해배상; 직접적인 현금 손실과 진통 및 고통에 대한 보상도 포함된다.

보상하다, 보호하다(Indemnify) 손실 또는 손해에 대한 보호 혹은 손실이나 손해에 대한 보상을 약속하는 것. 보상을 하기 위한 책무는 일반 법률, 법령, 혹은 계약에 의해 생성될 수도 있다. 손실 또는 손해로부터 보상을 받아야 하는 당사자는 피보상자/피배상자이고; 보상을 제공하는 당사자는 보상자/배상자임.

보수(Fee) 지정된 용역서비스를 제공하는 사람에게 지급되는 보수금액을 지칭하기 위해 사용되는 용어; 때에 따라서 제공된 모든 종류의 용역서비스에 대한 보상금의 의미를 나타내기 위해 사용되기도 한다. 약정 요금은 전체 보수금액 혹은 그 일부일 수도 있다.

보유, 추가, 부록(Addendum (pl. addenda)) 건축사가 건축 계약을 시행하기 전에 원 입찰문건의 수정 또는 해석상 목적으로 추가, 삭제, 명료화 또는 정정을 통해 발행하는 서면 또는 도해 문서.

보증(서)(Bond) 보증계약의 경우, 한 당사자(보증인)가 다른 당사자(의뢰인)에게 제3자 혹은 제3의 주체(채권자/권리자)를 위한 지정된 의무 이행 보장에 동의를 함에 따르는 책무. 입찰보증서(bid bond), 완료보증서(completion bond), 이중채권자채권(dual obligee bond), 지불보증(payment bond), 이행보증(performance bond), 법정채권(statutory bond) 및 공급보증증서(supply bond) 참조.

보증(Guarantee) Warranty(보증(서)) 참조.

보증(서)(Warranty) 생산품이나 제작물의 품질 혹은 성능 또는 질적으로 만족스러운 성능 유지기간에 대해 법적으로 강제 또는 주장할 수 있는 보증.

보증동의(Consent of surety) 계약사항의 변경, 예치금의 감액, 공사도급자에게 지불되어야 할 최종 지불금액 이월, 또는 계약 변경사항의 통지 면제 등과 같은 변경에 대하여 보증인의 (계약)이행보증 및 지불보증, 또는 이 모두에 대한 서면상의 동의. 이 용어는 입찰보증서에 기재되어 있는 기한 연장과 관련하여 마찬가지로 사용된다.

보증서/영수증(Vouchers) 지불금액의 존재를 인식시켜 주는 영수증 혹은 공술서 서식으로 현금 지출을 정당화해 주고, 회사가 진 빚에 대한 증빙으로 사용된다.

보증인(Surety) 서면으로 다른 사람의 의무 이행을 보장해주는 개인 혹은 주체.

보증증서(Surety bond) 채권(Bond) 참조.

보증채권(Fidelity bond) (채권) 증서의 조건 조항에 포함된 개인 혹은 주체의 부정직한 행위의 이유로 인정되는 손실에 대하여 증서에 기명되어 있는 채권자에게 손실에 대한 배상을 해주는 (공사완성) 보증증서.

보증최고액(Guaranteed maximum price(GMP)) 건축주와 공사도급자 간 맺은 계약에 명시되어 있는 금액으로, 건축주가 지정된 건축공사 작업의 수행에 대한 보수로서 임금, 자재비 및 일반관리비와 이익이 포함된 기준으로 공사도급자에게 지불하기로 한 최대 보수금액.

보험 불입금(Premium) 보험계약자(피보험자)가 보험회사로 지불하는 보험 보상(포괄) 범위에 대한 불입금.

보험각서(Memorandum of insurance) 보험증서(Certificate of insurance) 참조.

보험대리의 권리포기(양도)(Waiver of subrogation) 보험사업자로 하여금 보험 증서를 가진 보험계약자(피보험자)를 대신하여 발생한 손해를 보상하도록 하는 권리를 보험계약자가 양도(포기)하는 것.

보험사용 발생 손실(Loss of use insurance) 사업소득 손해보상(Business income coverage) 참조.

보험증명서(Certificate of insurance) 보험회사의 인가받은 대표자/대리인이 지정된 피보험자에게 발행하는 보험의 유형, 보상금액 및 유효기한 등이 적혀있는 문서.

보호, 감독/관리 혹은 통제(보험용어)(Care, custody, 또는 control(insurance terminology)) 책임보험 보상범위의 표준적인 예외사항으로 피보험자가 어떠한 이유로든지 물리적인 통제를 받고 있는 상황하에서의 재산상 손해에 대한 책임보험의 보상이 적용되지 않는 것을 의미.

복식부기(Double-entry bookkeeping) 회계업무에서 회계장부를 기록 유지하는 시스템으로 항상 모든 거래에 있어서 대변과 차변의 두 항목이 기재된다.

본질적 과실(Negligence per se) 논쟁이나 증거의 필요 없이도 법으로 정해진 표준 주의 의무를 위반하였거나, 또는 상식적인 분별기준에 명백하게 반하는 그 자체 본질적으로 과실로 간주되는 행위 또는 해태.

부가 서비스(건축사의) (Additional services (of the architect)) 건축주-건축사 간 맺은 계약에 명시된 기본 서비스 또는 지정 서비스 외에 건축가가 건축주의 서면 승인 또는 위임에 의해 제공할 수도 있는 전문적인 용역 서비스. 지정 서비스(Designated services) 참조.

부가 혜택(Fringe benefits) 고용주가 고용인에게 지급하는 직접 보수금액 이외의 혜택; 흔히 건강복지, 퇴직 및 장애보험 등이 포함된다.

부기(Bookkeeping) 재무상 거래를 회사 법인의 회계장부에서 체계적으로 분석, 분류 및 기록하는 절차.

부담(Burden) 일반경비 혹은 간접비용을 의미하는 또 다른 용어. 수익을 창출하는 회사 법인의 직접적인 노력은 불가피하게 발생하는 간접비용의 "부담"을 받게 된다.

부당이득(Unjust enrichment) 계약 당사자가 당연한 수혜 권리가 없는 금전적 이익을 받는 것을 방지하기 위한 법률적 개념.

부분적 점유(Partial occupancy) 건축공사 완료 이전에 건축주가 건물 설비 또는 시설의 일부를 점유하는 것.

부분지불(대금)(Partial payment) 공사진도에 따른 지불대금(Progress payment) 참조.

부수적 약정(Contingent agreement) 일반적으로 건축사와 건축주 사이에 맺어지는 약정으로, 건축사 보수의 일부분이 특별하게 정해지는 조건. 예를 들면, 정부기관의 허가 여부 혹은 건축주의 프로젝트 자금확보 여부 등에 따라 부수적으로 결정되도록 하는 약정.

부실채권, 불량채권(Bad debt) 회수가 불가능한, 회사 법인이 가지고 있는 부채(예를 들어, 건축주의 지급 불능에 의한 외상매출금의 손실).

부적합공사(Nonconforming work) 계약 문서에 정해진 요구 조건을 충족시키지 못하는 공사 작업. 때에 따라 "불량 공사"로 지칭한다.

부지(Site) 프로젝트의 지리적 위치, 대개 법적 경계선을 통해서 정의된다.

부지분석서비스(건축사의)(Site analysis services(of the architect)) 일부 AIA 서식문서 내 지정 서비스 일정에 기술되어 있는 서비스로서, 부지 관련 제약조건과 건물 건축 프로젝트의 요구조건을 확정하기 위해 필요한 서비스.

부채, 채무(Debt) 약정된 계약의 결과로 금전, 물품, 또는 용역서비스를 다른 당사자에게 지불해야 하는 당사자 한편의 의무. 건축 용어에서 부채는 흔히 유동부채와 장기부채로 이루어진다(어음과 담보물).

부채, 책임(Liabilities) 회사 법인이 타인에 대해 가지고 있는 부채 혹은 채무. 이것은 유동부채(일년 이내에 만기가 돌아오는 것)와 장기부채(만기 상환일이 일년 이상 지난 후에 도래하는 부채)로 나누어질 수 있다. 불확정책임(Contingent liabilities) 참조.

분개장(Journal) 회계 처리업무 근원 기장 항목의 분개장. 분개장은 일일 발생하는 재무상의 거래를 순서대로 기록한다. 주기적으로, 포함된 계정과 관련하여 무작위로 기장이 이루어진 분개장의 기장 항목은 원장에 "등재" 된다. 현금 분개장(Cash journals) 및 임금 지급대장(Payroll journal) 참조.

분야(Division) 마스터포맷(MasterFormat)이 사용되었을 경우, 프로젝트 시방서 중 16개의 기본적인 조직 구성부문 중의 하나.

분쟁해결대안(Alternative dispute resolution (ADR)) 중재나 법적 소송에 의하지 않고 대신 분쟁을 해결하는 방법 (중개, 간단한 심리, 또는 분쟁자문 기관 등).

불량공사, 하자(Defective work) 부적합공사(Nonconfor-ming work) 참조.

불법행위(Tort) 법의 운용에 의해 생성된 권리의 위반; 사적 또는 민사상의 죄 혹은 침해

불확정책임(Contingent liability) 절대적인 책임이 아니고 고정되어 있으나, 어떠한 불확실한 미래 사건이나 혹은 불확실한 어떠한 특별한 조건의 존재 여부에 좌우되는 종속적인 책임.

비결탁 진술서(Noncollusion affidavit) 입찰 금액이 어떠한 공모나 유착, 또는 결탁이 없이 작성되었다는 입찰자의 서약 진술.

비교(적)과실(Comparative negligence) 발생한 손해에 대해서 손해에 영향을 미친 과실의 비율에 따른 민사상 원고와 피고 간 책임의 비례적 분담. 비교과실에 의한 책임 분담이 모든 사안에 대해 허용되는 것은 아님. Contributory negligence(기여(적)과실) 참조.

비용(Expense) (1) 명사의 의미: 현금 회계 처리에 있어서, 자산의 취득, 이익의 분배, 또는 부채의 감축이 아닌 물품, 용역서비스 대가 지불을 위한 실제 현금의 지불. 누적주의 회계 처리에서는, 비용은 지불이 이루어진 날짜에 관계없이 그것이 발생하였을 때에 인식될 수도 있다. (2) 동사의 의미: 자산으로 간주되었던 금액(예를 들면, 미수금/외상매출금)을 비용 계정이나 혹은 손익계정으로 이기하는 것. 이 경우, 이 금액은 "비용화" 되었다고 한다.

비용가산식 전문용역비(Professional fee plus expenses) 반제 상환해야 할 비용, 컨설턴트 서비스 비용 및 이와 유사한 확인된 항목들과 전문 용역서비스를 구분하여 전문 용역서비스를 보상하기 위한 방법.

비용-한정 권리청구(Expense-only claim) 보험회사가 발생한 청구 비용만 지불하는 것만으로 권리청구 처리가 끝나는 것; 이외에 다른 어떤 보상금 지급은 이루어지지 않음.

사고 보험증권(Occurrence policy) 수립된 보험증권이 더 이상 존재하지 않을 경우라도, 피보험자에 대한 보험금 청구가 처음 이루어진 것과 무관하게 확정 수립된 보험증권의 적용기간 중에 발생한 행위 또는 해태까지 보장하기 위한 보험증권; 흔히 일반 책임보험과 관련되어 있다.

사업계획(Business plan) 사업 주체의 전략적 및 전술적 지향점이 기술되어 있는 계획. 전략적인 안건으로는 기업 인수 합병, 지리적 위치, 연구 및 개발, 시장 침투, 미래 예측, 신제품 도입 및 사업 통합 등이 포함된다. 전술적인 고려사항으로는 제품 및 수량 정보, 여론 조사, 하도급계약, 물류/자재조달 및 업무처리 프로세스(절차) 등이 있다. 사업 계획은 전략적 시설계획의 근거를 형성한다. 전략적 시설계획(Strategic facilities plan) 참조.

사업소득 손해보험(Business income coverage) 보험에 가입한 위험 요인에 의해 파괴되었거나 손상을 입은 재산의 교체 혹은 수리에 필요한 시간 동안에 발생하는 재무적 손실에 대한 보상을 해주는 보험.

사전설계 서비스(Predesign services) 건축공사와 관련하여 건축사가 통상 정해진 기본 용역서비스를 제공하기 전에 건축주에게 건축 프로그램의 수립, 재무 및 시간적인 요구조건 및 프로젝트 한계 등이 포함된 서비스를 제공하는 것.

사전 행위(Prior acts) 소급보상보험(Retro-active coverage) 참조.

상계처리하기(Write off) 자산으로 간주되었던 금액(예를 들면, 미수금/외상매출금)을 비용 계정이나 손익계정으로 이기하는 것. 이 경우, 이 금액은 "비용화" 되었다고 한다.

상당한 주의(Due care) 처한 상황하에서의 합리적인 주의, 숙련, 능력 및 판단을 나타내는 용어. 전문가의 의무와 서비스 행위는 반드시 해당 지역과 당해 기간 내에 존재하는 인정받을 수 있는 전문가의 합리적인 주의, 숙련 및 판단의 수준과 모순이 없이 일관성이 있어야 한다.

상세(Detail) 한 도면에 대해 보다 큰 축척으로 설계, 위치, 구성 및 각 구성 요소와 자재간의 상관 관계를 상세하게 나타내는 또 다른 설명적인 도면.

상업용 일반책임보험(Commercial general liability insurance) 신체적 상해, 재산의 손실을 하나의 보험증서로 묶어서 새로운 그리고 알려지지는 않았으나 드러날 수도 있는 사업상 책임의 리스크에 대해 보장해주는 광범위한 형태의 책임보험(특별히 지정된 리스크는 제외됨). 상업용 일반책임보험은 자동적으로 특정 유형의 계약과 개인의 신체적 상해에 대한 보상과 관련된 계약상의 보장 책임을 포함한다. 제조물 배상책임, 완성작업 배상책임 및 보다 광범위한 계약상의 보장 책임을 선택적으로 가용할 수가 있다. 이 보험증서는 사고발생시점기준 보상형태나 사고접수시점기준 보상형태로 작성될 수 있다. 배상청구기준보험증권(Claims-made policy) 참조.

상여금지급조항(Bonus clause) 건축공사계약문서 내에 지정 일자보다 앞당겨 공사 완료를 한 공사도급자에게 보상으로서 지급하기로 한 부가적인 지불금을 약정한 조항.

상환비용(Reimbursable expenses) 관련 약정 조항에 따라 건축주에게 상환해야 하는 프로젝트 계정 내에서 혹은 프로젝트 계정으로 지출된 금액.

샘플, 견본(Samples) 공사 작업의 판정을 받기 위해 사용될 자재, 설비, 또는 (제품의)완성된 품을 예시하거나 표준을 설정하기 위해 구비된 물리적인 견본.

생산물배상 책임보험(Products liability insurance) 제조, 판매, 취급 또는 유통된 상품 또는 제조품으로 인해 발생한 사건으로 인한 손실에 대해 부과되는 책임을 감당하기 위해 피보험자 또는 보험 계약자 명의를 가지고 거래를 하는 타인을 위한 보험. 보험 대상이 될 사건은 반드시 해당 물품의 점유 이전이 타인에게 완료된 후 및 해당 물품의 소유권이 피보험자로부터 완전히 제거된 후에 발생해야 한다.

샵드로잉/시공도(Shop drawings) 각각 담당 부분의 공사작업을 기술하기 위해서 공사도급자, 하도급자, 2차하도급자, 제조업자, 공급자, 또는 유통업자가 특별히 작성하는 도면, 도표, 일정계획 및 기타 데이터.

서신약정서(Letter form of agreement (or letter agreement)) 발신인과 수신인 사이 오간 서신에 약정한 계약의 모든 중요한 조항이 명시되어 있는 편지. 이러한 서신이 서신 내용에 아무런 변경사항이 없이 상대방의 확인 서명과 함께 회신이 이루어지면 계약으로 성립하게 된다.

선의입찰(Bona fide bid) 법적 권한이 있는 책임 당사자의 서명이 이루어진 완전한 입찰문서와 함께 선의로 제출된 입찰.

선정입찰자(Selected bidder) 건축주가 건축공사계약 지정 가능성과 관련하여 검토 협의를 하기 위해 선택한 입찰자.

선취특권양도(증서)(Release of lien) 프로젝트를 위해 노동력, 자재, 또는 전문 용역서비스를 제공한 개인 혹은 주체가 프로젝트 재산에 대해서 가지고 있는 우선특권/선취특권이나 우선특권을 주장할 수 있는 권리를 포기하겠다고 서명한 증서.

설계변경지시(Change order) 건축주, 건축사 및 공사도급자가 서명한 건축공사계약에 대한 수정으로 공사작업상의 변경, 건축공사계약금액 또는 계약기간의 변경 혹은 둘 모두의 변경을 인가하는 것.

설계-시공방식/디자인-빌드(Design-build) 건축주가 직접 설계 및 건축 프로젝트의 건축공사작업 서비스의 책임을 질 수 있는 하나의 주체와 계약을 하여 프로젝트를 완성하는 방법.

설계전문직(Design professions) 환경설계전문직(Environmental design professions) 참조.

설명도면(Clarification drawing) 건축사가 작성 발행하는 도면이나 혹은 다른 계약문서의 도해적 해석.

성실한 책무수행(Faithful performance) 적절한 숙련도와 근면성을 가지고 계약상의 책무를 수행하는 것.

소급보상보험(Retroactive coverage) 보험 증서가 만들어지기 이전의 발생 사건으로 인한 권리청구에 따른 법적 책임까지 소급하여 보상하는 보험증권; "prior acts coverage(행위소급보상보험)"으로 불리기도 한다. 경우에 따라 특정 일자로부터 소급 보상이 적용되는 경우,

그 일자를 "retroactive date(소급일자)"로 칭하며, 이 날짜는 권리청구예비보험증권(claims-made policy)의 개시일 또는 개시일보다 이전에 정해진 합의된 날짜 중 하나가 된다.

소득, 수입(Income) 수익으로부터 지출을 차감한 후 남아 있는 이익.

소액현금(Petty cash) 수표를 사용하여 지불하기에는 턱없이 부족한 수준에 있는 소액의 현금.

소환장(Subpoena) 선서, 증언, 심리, 재판, 또는 사전 중재청문을 위해서 관할 법원이나 중재자로부터 발행된 영장.

소환장(Summons) 피고가 된 사람에 대해서 법률 행위상 사용되는 법적 문서로 피고가 된 사람에게 법률 위반사항이나 원고의 고소 내용에 대한 답변을 하도록 공지하는 것; 비당사자 증인에게 재판심리, 사전 중재청문, 또는 선서증언을 위해서 출석을 요구하는 데 사용되기도 한다.

손실 위험(Exposure) 어떠한 위험, 우발적 사건, 또는 상황에 의해 손실을 입을 수 있는 확률의 추정치; 임의의 개인 또는 그룹 혹은 계층의 손실 또는 사고를 보상해주는 보험에서 보험업자 책임의 추정치를 나타내는 데에도 사용된다.

손익계산서(Income statement) 해당 회계기간 중 회사 법인의 운영 활동을 보여주는 기본적인 경영상의 재무제표; 수익, 지출 및 이에 따른 수입(이익)을 보여줌. "이익-손실-계산서(=손익계산서)(profit-and-loss statement)" 혹은 "수익-지출-계산서(=손익계산서)(revenue and-expense statement)"로 불리기도 한다.

손익분기(점)(Break-even) (1) 이익이나 손실이 존재하지 않는 지점의 달러(통화) 표시 수익, 즉, 수익이 고정비용과 변동비용의 합계와 일치하는 지점; (2) 생애주기비용분석(수명주기비용분석)에 있어서 두 개의 상호 배타적인 설계상의 대안이 동일한 생애주기비용을 가지는 지점.

손익분기승수(Break-even multiplier) 이익을 제외하고, 직접급여지출비용과 간접비용의 보상에 필요한 금액을 산정하기 위해, 건축사의 직접인건비, 기본급여비, 상환되어야 할 비용, 또는 자문비용에 곱하는 관련 인수(계수). 승수(Multiplier) 및 순 승수(Net multiplier) 참조.

손해방지보장(Hold harmless) 면책(Indem-nificat-ion) 참조.

손해배상액(Damages) 불법행위, 과실, 또는 계약상 약정사항의 불이행으로 발생하여 지속된 상해, 또는 재산상의 손해를 보상하기 위해 청구된 금액 또는 이를 보상하기 위한 보상금액으로 인정된 금액.

손해보상지정보험-일반형태(Causes of loss - broad form) 보상받을 수 있는 위험을 일일이 지정하여 기재하면서 보험 계약을 작성하는 방법. 때로 "기명 위험 보험(named perils insurance)"으로 불리기도 한다. 손해보상지정보험-특수형태(Causes of loss-special form) 참조.

손해보상지정보험-특수형태(Causes of loss-special form) 손해를 유발하는 위험과 관련, 별도 지정된 위험을 제외한 다른 모든 원인에 의해 발생한 손해에 대해서 보장을 해주는 보험 형태. 손해보상지정보험-일반형태(Causes of loss broad form) 참조.

송장(Invoice) 청구되는 상품 또는 서비스의 각 항목별 명세를 정리한 상세내역 표.

수당/혜택(Benefits, employee) 법에 의해 요구된 직원 수당/혜택(고용세금이나 기타 법령으로 정해진 고용자 혜택 수당) 및 관례적인 혜택(보험, 병가, 휴일, 휴가, 연금 및 이와 비슷한 부담금 및 수당). 때로 "관례적 및 의무복지 혜택(customary and mandatory benefits)"으로 불린다.

수량산출(Quantity survey) 프로젝트 구성에 필요한 모든 자재 및 설비 항목의 세부적인 수량(적산서/수량서)을 나열하고 정리하는 것.

수량산출서(Bill of quantities) 수량산출(Quantity survey) 참조.

수명주기비용(Life cycle cost) 건물의 추정 수명 기간 동안의 건축 항목 또는 시스템에 소요

부록

Part 5

되는 자본과 운전 비용.

수익(Margin) 차이의 정도; 재무상 보고서 작성시, 이익 마진은 수익과 지출의 차이가 된다. ("마진"은 선물(상품)시장과 증권시장에서 서로 다른 의미를 가지고 있다.)

수익, 수입(Revenue) 회사가 고객에게 제공한 용역서비스 결과로 고객으로부터 수취한 가치(운전수익); 장기(고정) 자산의 판매로부터 얻은 자본 이득의 가치 또는 회사의 본업 이외의 활동이나 부분에서 얻은 가치, 예를 들면 임대 자산의 임대 또는 설계 로열티 등(비운전수익).

수익성(Profitability) 회사가 제공한 용역서비스로 생성된 수익에서 이익(수입)을 만들어 낼 수 있는 상태 또는 그 질적인 상태.

수정(계약 문서의)(Modification(to the contract documents)) (1) 각 당사자 서명 계약에 대한 서면 수정; (2) 변경 명령; (3) 건축공사 변경 지시; (4) 건축사가 서면으로 작성한 건축공사 작업상 사소한 변경 지시.

수주잔고, 주문잔고(Backlog) 계약이 이루어진 프로젝트로부터 기대되는 대금은 아직 미수 상태에 있는 예상 수익의 통화(달러화) 가치(즉, 공사작업의 수행에 관한 계약이 체결되었으나 아직 실행이 이루어지지 않은 경우). 수주잔고는 해당 기간 중에 벌어들인 수익의 가치에 따라서 축소될 수도 있고, 새로운 주문에 따라 증가할 수도 있다.

수행(Performance) (건축공사) 계약 이행의 완성(충족).

수혜적 점유(Beneficial occupancy) 프로젝트 혹은 프로젝트의 일부분을 의도한 용도로 사용하는 것.

순운전(운영)자본(Net working capital) 현 자산에서 현 부채를 차감한 것(이 정의는 일부 재무 관리자들이 "운영 자본"으로 사용한다).

순자산(가치)(Net worth) 회사 소유주 (투자)지분의 가치로 기본적으로 장부가(자산-부채); (개인기업의) 소유권에 있어서는 소유자의 자산 계정; 합명회사나 조합의 경우 조합 자산 계정의 총계; 법인(주식회사)의 경우 전체 자본 주식(지불 액면가) 더하기 납입 자본금(액면가 이상으로 공여된 자본) 더하기 유보이익(이익잉여금).

승계인(Successor) 지위, 유산 또는 직무(부서)를 승계한 개인 혹은 주체.

승수/계수(Multiplier) 전문 용역서비스 비용이나 이에 대해 지정된 일부분 또는 여타 프로젝트 지출 비용을 산정하기 위해, 건축사의 직접 인건비, 직접임금, 상환되어야 할 비용, 또는 자문비용에 곱하는 관련 계수. 손익분기승수(Break-even multiplier) 참조.

시간급요율(Hourly billing rate) 개별 직원의 용역서비스 대가 청구서를 계산하기 위해 시간 기준으로 설정한 요율.

시간활용(도)(Time utilization) Utilization ratio(이용률) 참조.

시공자위험보험(Builder's risk insurance) 건축공사 작업 중 일어날 수 있는 손해 또는 손실 범위에 대해 보장을 해주는 손해 보험의 특별한 형태.

시방서(Specifications) 프로젝트 매뉴얼에 포함되어 있는 계약문서의 일부로 자재, 설비, 건축공사시스템, 제 표준 및 완성된 품에 대한 기록된 요구조건들로 이루어져 있다.

시산표(Trial balance) 총 계정원장에 있는 각 계정의 대변과 차변의 수지 리스트(목록). 시산표 작성 목적은 총 대변의 수지가 총 차변의 수지와 일치하는지 확인하는 데에 있다.

시설계획(Facilities planning) 집기비품, 설비, 운용, 유지보수, 개조, 확장 및 생애주기 계획 등이 포함될 수 있는 건축물의 장기 사용을 위한 계획.

시설수명주기(Facility life cycle) 건축물 시설이 그 생애 기간 동안 지나가며 통과하는 일련의 단계 혹은 증분. 각 단계는 다양한 방법을 통해 구성될 수 있다. 예를 들면, 기획, 구체화, 설계, 건축, 입주, 사용 및 (폐기) 처분 등의 단계를 포함할 수 있다.

시운전(Commissioning) 완성된 건축물과 부속 시스템의 성능이 설계 요구사항과 건축주의 요구조건들을 충족하도록 완성, 검증 및 문서로 기록화하는 과정. (전통적으로 "시운전"은 건축주의 수락 이전에 건축물의 난방, 환기 및 냉방 시스템에 대해 확정된 표준에 따라 테스트하고 조정을 하는 과정을 의미하였다. 그러나, 시운전의 범위는 다른 시스템까지 포괄하는 것으로 확장되었다.)

신용(Credit) (1) 복식부기 시스템에서 우변에 기재되는 차변과 구별되는 대변 항목, 약자는 CR. (2) 회사의 지급능력(부채를 적기에 적절한 방법으로 변제할 수 있는 능력)과 관련된 평판으로, 회사가 물품이나 용역서비스를 대가 지불을 위해 허용된 시간을 가지고 구매할 수 있게 한다.

신체적 상해(보험용어)(Bodily injury (insurance terminology)) 개인에게 미치는 질환, 질병, 신체적 상해 혹은 사망.

실비정산 보수가산식 계약(Cost-plus-fee agreement) (건축주와 공사도급자 간 맺은 계약의) 계약자 또는 (건축주와 건축사 간 맺은 계약의) 건축사가 계약상 정해진 작업 수행에 들어간 규정된 직간접 비용을 변제받고, 이외에 추가로 용역 서비스에 대한 보수를 받을 것을 약정한 계약.

실시도면(Working drawings) Drawings(도면) 참조.

실시설계도서(Construction documents) 프로젝트의 건축공사를 위한 제반 요건들을 세부적으로 설정 및 정리해놓은 도면 및 시방서.

실시설계문서용역(Construction documents services) 승인된 중간설계도서를 가지고 건축(공사)문서를 준비하거나 입찰문서를 만들어 건축주를 지원하는 등의 건축사가 제공하는 용역서비스.

실질적 완공증서(Certificate of substantial completion) 건축사가 점검 조사를 근거로 발행하는 증명서로 (1) 지정된 부분에 대한 건축공사작업이 실질적으로 완료되었음을 확인하고; (2) 실 공사 완료일자를 확정하며; (3) 건축주와 공사도급자에게 안전, 유지보수, 난방용열원, 유틸리티, 공사작업상의 손해 및 보험에 대한 각각의 책임을 설명하고; (4) 포함된 미완료 공사작업 항목에 대해 공사도급자가 완성해야 할 시한을 확정하는 내용이 포함된다.

실질적인 공사 완료일자(Date of substantial completion) 실질적인 준공(Substantial completion) 참조.

실질적인 준공(Substantial completion) 공사작업 또는 그 지정된 일부분이 충분하게 계약문서에 정해진 대로 완료가 되어 건축주가 의도한 용도에 맞추어 그 부분을 점유하거나 활용할 수 있는 공사작업 진척과정 중의 단계.

실현수익(Earned revenue) 건축사가 제공한 용역서비스에 의한 수익으로 정당하게 청구되어 고객이 지불해야 할 금액. 실현수익은 청구가 아직 이루어지지 않았거나, 청구되었으나 지불이 안 되었을 수도 있고, 또는 청구되어 실현이 되었을 수도 있다.

액면가(주식)(Par value) 회사가 발행한 주식자본에 반드시 지불되어야 할 최소 달러 가치. 이 금액은 주식의 거래 가격과 무관하게 회사가 동일하게 고정하여 유지한다. 주식의 액면가와 거래가 사이에 어떠한 필요 관계가 있는 것은 아니다.

엄격책임주의(Strict liability) 과실의 증빙이 필요치 아니하고, 하나 혹은 그 이상의 조건적 요건에 따른 책임.

업무상재해(Occupational accident) 고용자 지위 유지 과정에서 직업 고유의 또는 직업과 관련된 원인으로 발생한 사고.

여유/예비비(Allowance) 자금 여유/예비비(Cash allowance) 참조.

연금계획(Pension plan) 고용주가 고용인을 위해 각 고용인의 고용기간 동안 기금을 체계적으로 적립하고 투자를 하기 위해 만들어 유지하는 연금 계획; 연금 수혜 금액은 해당 고용인에게 퇴직 후 여러 해 동안에 걸쳐 지급된다. 연금 계획에 필요한 자금의 조달은 이익-분배 계획과 같이 기업 이익을 임으로 처분하여 조달할 수는 없다. 연금 계획은 법적 규제 대상이다.

연대책임(Joint and several liability) 복수의 피고를 그들의 과실 정도에 관계 없이 집합적으로 및 개별적으로 책임을 지울 수 있는 법적 개념.

예비비(Contingency allowance) 건축 시공상 예기치 못하였거나 발견하지 못한 공사작업 또는 시공상의 변경을 메우기 위하여 프로젝트 예산에 포함된 금액.

예산(Budget) 주어진 목적에 사용하기 위해 책정된 총금액. 건축공사예산(Construction budget), 프로젝트예산(Project budget) 및 내부 프로젝트예산(Internal project budget) 참조.

예산편성(Budgeting) (1) 대개 재무상 회계 연도나 특정 프로젝트에 대한 수익, 지출 및 소득(이익)의 추계와 같이 회사 법인의 미래 사업활동을 예상하는 것; (2) 미래에 하고자 원하는 (사업)활동들을 달성하기 위한 계획을 전개하고 진전시키는 것; (3) 시간과 금전의 지출을 계획하는 것. 이와 같은 정의는 건축공사 또는 프로젝트 비용 혹은 전문용역서비스 제공 회사 비용의 예산 편성에도 마찬가지로 적용할 수 있다.

예정계획, 시간표, 일정, 공정표, 스케줄(Schedule) (1) 도면목록: 대개 차트 형식으로 되어 있는 프로젝트 시스템, 하위 시스템 또는 시스템 일부의 보조 목록. (2) 시방서 목록: 각 시방서에 포함된 세부적으로 기록된 목록; (3) 과업 및 마감기한별 일정.

오자 정오표(Erratum (복수. errata)) 인쇄, 타자 또는 편집상 실수의 교정.

완료보증채권(Completion bond) 프로젝트가 우선적 선취특권으로부터 자유롭게 완성될 것을 대주(채권자)에게 보증하는 채권.

완료시간(Time of completion) 계약에 정한대로 확정되는 실질적인 공사작업의 완료시점을 달력 일자나 공사작업의 달력상 일수로 나타내는 날짜.

완료일자(Completion date) 실질적인 준공(Substantial completion) 참조.

완료작업 배상책임보험(Completed operations insurance) 작업이 완성된 후 발생하는 신체상의 상해나 재산상 손실을 보상하기 위한 책임보험 (a) 계약에 정한 모든 작업이 완성된 후 혹은 그로부터 철수한 후, (b) 한 프로젝트 현장의 모든 작업이 완성된 후, 또는 (c) 신체적 상해나 재산상의 손실이 유발된 작업의 부분이 다 이루어진 후 개인 혹은 조직에 의해 그 의도된 용도를 위해 사용되었을 경우. 완료작업 배상책임보험은 완성된 작업 그 자체에 발생한 손실에 대해 보상을 해주지는 않는다.

외상매출금, 미수금, 미수계정(Accounts receivable) 회사가 제공한 용역서비스에 대해 고객이 회사로 상환 또는 변제해야 할 금액. 외상매출금 계정은 해당 금액이 상환/변제될 때까지 혹은 상환/변제가 불확실한 것이 명확하게 될 때까지 기표되어 있다가 삭제된다.

용역서비스 문서(Instruments of service) 도면, 시방서 및 건축사가 설계 과정의 일부로 제출하는 기타 문서. 건축공사서류를 구성하는 도면, 시방서 외에 추가되는 용역서비스 문서는 스케치나, 예비도면, 개괄 시방서, 계산, 연구검토, 분석, 모형 및 렌더링 등을 포함하는 임의의 매체로 제공될 수 있다.

운영자본(Working capital) 현금으로부터 재공/진행 중(공사)작업(미청구수익)으로 및 미수금/외상매출금까지, 또 이로부터 다시 현금으로의 자본의 흐름을 유지하기 위해 필요한 유동자본의 최소 합계금액에 예비비를 더한 금액.

운용률(Utilization ratio) (1) 시간 이용률은 보고된 총 시간 대비 프로젝트 관련 비용 청구가 이루어진 직접 시간의 비율; (2) 임금 사용효율은 총 급여 지출비용 대비 직접 임금 지출비용의 비율. 이 지수는 개인, 그룹 또는 회사 전체적으로 계산할 수도 있다.

위약금액(Penal sum) 계약에 정해진 의무사항이 수행되지 않았을 경우 계약에 서명한 서명자가 발생한 책임에 대해 지불해야 할 계약서 또는 보증 채권에 기재된 금전상의 한계 금액.

위약조항(Penalty clause) 건축계약 당사자에게 지정한 기일 이내에 건축공사를 완료하지 못하였거나 계약상 지정된 조건을 충족하지 못하였을 경우에 대하여 보상 청구와 관련하여 계약문서에 마련된 조항. 만일 벌과금이 너무 과도할 경우에는 강제하지 못할 수도 있다.

위임장/위임권(Power of attorney) 개인 또는 주체를 다른 사람을 위한 대리인으로 위임하는 문서.

유니포맷(UniFormat) 건축물 제품 및 시스템을 기능적 하위시스템으로 분류하기 위한 시스템; 예를 들어, 하위구조, 상위구조, 외장마감(폐쇄) 등. 마스터포맷(MasterFormat) 참조.

유동부채(Current liability) 부채(Liabilities) 참조.

유동비율(Current ratio) 유동자산을 유동부채로 나눈 것; 유동성을 평가하는 척도로 간주.

유동자산(Current assets) 현금이나 대개 일년 이내에 현금화가 가능한 자산; 유동자산의 실례로는 현금, 외상매출금, 받을 어음, 재공품, 또는 미청구수익과 단기 선급금 등이 있다. 고정자산(Fixed assets) 참조.

유동자산(Liquid assets) 시장 가치로 즉시 환산 가능하며 가치의 현저한 손실이 없이 상대적으로 용이하게 현금화할 수 있는 항목. 현금, 어음, 유가증권, 예금증서 등의 항목이 전형적인 유동자산이다.

유치권/선취특권(Lien) 건물공사의 선취특권(Mechanic' s lien) 참조.

유치권 포기(증서)(Waiver of lien) 또 다른 재산에 대해 우선적 선취특권을 가지거나 가질 수도 있는 개인 혹은 주체는 이 문서에 의해 그 권리를 양도/포기하게 된다.

유통주식(Outstanding stock) 출자가 완전하게 이루어져 주주가 보유하고 있는 회사 법인 주식의 총합계.

윤리(Ethics) 전문직 윤리강령(Professional ethics) 참조.

의무, 책무(Duty) 법 또는 계약에 의해 부과되는 책임.

의무위반(Breach of duty) 법 혹은 계약에 의해 생성된 책무 이행에 실패 하는 것.

의향서(Letter of intent) 공식적인 계약을 체결하겠다는 의향을 나타내는 문면/서신, 대개 제시된 계약의 핵심적인 조항을 정하고 있다.

이동평균(선)(Moving average) 앞에 있는 평균치의 첫 단위를 제외하고 뒤에 오는 평균치의 첫 단위를 포함하여 계산이 이루어진 일련의 평균치. 재무 관리자가 평균 회수 주기의 비율이나 통계량 등을 계산하는 데 사용한다.

이연/거치 수익(Deferred revenue) 기표가 되었으나 수입 실현은 되지 않은 수익의 가치.

이윤(Profit margin) 수익(Margin) 참조.

이윤분배계획(Profit-sharing plan) 벌어들인 회사 이익의 일정 부분을 해당 회계기간 내 또는 멀지 않은 장래에 고용인원에게 배분하거나 (현재이익분배계획) 또는 향후 고용인에게 혜택을 주기 위해 비축하는 메커니즘(이연 이익배분계획). 이익배분계획의 가장 우선되는 목적 중의 하나는 현 상황의 이익을 실현하는 업무수행능력에 대한 관심을 높이는 데에 있는데, 그 이유는 이익을 낼 수 있을 때에만 이러한 기여를 할 수 있기 때문이다.

이익/이윤(Profit) 회계 기간 중 일어난 수익 대비 지출이 초과한 경우. 현금 회계에서 이익은 현금 유입(수입)이 현금 지불(지출)을 초과한 것을 말하고; 발생주의 회계의 경우, 수익은 수입 수익(수취 시기가 언제가 되든지 무관)이 발생 지출(지출 시기에 무관)을 초과한 경우를 말함. "수입/소득" 으로 칭하기도 함.

이익배당금(Dividend) 영위가 이루어지고 있는 회사법인에서, 순소득에서 주주 몫으로 지불되는 금액(이익). 지급액은 각 주주가 가지고 있는 주식의 수에 비례하여 책정되며 흔히 주식 또는 현금으로 지급된다.

이익잉여금(Retained earnings) 순수입(소득)의 일부(소득세 후 소득)로 배당금으로 지급되지 않고 회사 내에 축적된 금액.

이익잉여금(Earned surplus) 회사 회계시스템에서 실현수익, 유보수익, 또는 유보소득(이익); 납입자본금, 주식 자본과 함께 주주 지분의 일부분이 된다.

이자(Interest) 자본의 사용 대가로 지불되는 금전의 금액, 대개 비율로 표기함(백분율). 단리(단순이자율)는 대출 원금에 대해서 계산이 이루어지고; 복리(복합이자율)는 대출 원금에 전기에 발생하여 더해진 이자가 합해진 금액에 대하여 계산한다.

이중채권자채권(Dual obligee bond) 두 명의 채권자 존재가 가능하도록 하여, 둘 중 어느 누구라도 권리를 행사할 수 있도록 설정된 채권. 예를 들어, 공사도급자가 제공한(계약) 이행보증채권에서 자금을 조달하는 주체로 기명이 이루어진 주체는 건축주와 함께 부가적인 채권자가 된다.

이행보증(채권/금)(계약) (Performance bond) 건축공사 도급자와 보증인이 계약문서에 정해진 대로 건축공사가 수행될 것을 보장하기 위해 건축주에게 제공하는 (보증) 채권. 공사이행 채권은 지불채권/지급채권과 동일한 양식으로 포함될 수 있다.

인출금액(Draw) (1) 소유주 혹은 동업자(파트너)가 사업으로부터 인출한 현금의 금액. 소유주나 동업자가 그들이 개인적으로 제공한 용역서비스에 대해 벌어들인 주간, 격주간, 혹은 월간 수입 금액으로 간주할 수 있다. 재무상의 회계기간 만료 시에 해당 기간 동안의 사업 결과 벌어들인 소득(이익)의 배분을 위해 "추가" 인출 금액이 만들어질 수도 있다. (2) 건축공사 총 대출 금액을 대출받은 대출자에게 배분되는 총 대출 금액의 부분적 지급(금액).

인턴/교육실습생(Intern) 등록위원회의 교육훈련 요건들을 만족시키기 위한 과정에 있는 개인; 인정받는 건축관련 프로그램을 이수한 졸업자나, 졸업 전에 인정받을 수 있는 훈련을 받은 건축학도, 그리고 기타 등록위원회에 의해 자격이 인정된 개인을 포함.

인허가(Permit) 건축허가(서)(Building permit), 점유허가(서)(Occupancy permit) 그리고 구역(개발)허가(서)(Zoning permit) 참조.

일급요율(Daily billing rate) 개별 직원의 용역서비스 대가 청구서를 계산하기 위해 일일 기준으로 설정한 요율.

일반분개장(수기표)(General journal) 회계 처리 업무 근원 기장 항목의 장부. 현금 분개장이나 임금 지급대장에 기입되지 않는 조정 또는 마감 기장 항목과 거래 내역은 가장 먼저 이 장부에 기록된다.

일반적 요구조건(General requirements) 마스터포맷(MasterFormat)이 사용되는 경우, 시방서의 Division 1의 표제.

일반 조건(건축공사 계약의) (General conditions (of the contract for construction)) 수많은 권리, 책임 및 당사자 간의 관계, 특히 공통적으로 다른 건축공사계약에도 적용 가능한 조항들을 정해놓은 건축공사 계약문서의 일부분.

임금 및 자재대금 지급보증(Labor and material payment bond) 지불보증(채권)(Payment bond) 참조.

임금 지급 대장(Payroll journal) 회사의 임금지출 비용의 상세 내역이 기록되어 있는 현금 전표 장부와 유사한 "원본 임금 전표"의 장부.

임금 활용(도)(Payroll utilization) 이용률(Utilization ratio) 참조.

입주 후 제공 용역서비스(Postoccupancy services) (1) 건축사와 건축주 간 맺는 전통적인 계약서 양식에는 최종 대금 지급확인서 발행 후, 또는 최종 대금 지급확인서가 없을 경우 실질적인 건축공사 완료시점으로부터 60일까지 건축사가 건축물에 대한 서비스를 제공하거나; (2) 계약문서에 지정되어 있는 서비스 형식을 통해, 건물 입주 및 건축물의 설비 사용과 관련하여 건축주에게 필요한 서비스를 제공한다.

입주 후 평가(Postoccupancy evaluation) 건축물의 성능에 대한 건축사의 평가. 건물에 대한 사용 양상은 범위가 넓고 다양하므로 이러한 평가는 건축물에 대한 입주 이후 임의의 시점에서 행할 수가 있고, 건축물의 성능 관련 하나 이상의 양상에 대해 언급할 수가 있다.

입증책임(Burden of proof) 당사자가 제기한 권리청구의 실체적 핵심을 심리자(판사)에게 확신시키기 위한 주장의 입증 혹은 쟁점을 제기해야 하는 당사자의 의무; 권리청구 소송에서 우위를 확보하기 위해 필요.

입찰가격(Bid price) 입찰문서에 명시된 금액.

입찰공고(Advertisement for bids) 건축 프로젝트나 프로젝트 일부 지정 부분에 대해 입찰서류와 함께 응찰을 요청하는 공시; 대부분 공공 프로젝트와 관련된 법적 준수 요건을 충족하기 위해 공공기금 사용처나 프로젝트의 해당 부문이 있는 주요 일간지의 정치 면에 게재된다.

입찰공고(Invitation to bid) 당해 건축 프로젝트에 대해 경쟁 입찰 참가를 청원하는 입찰서류의 일부.

입찰기간(Bidding period) 입찰서류의 발행과 함께 시작되어 지정된 입찰시간에 끝나는 시점까지의 달력상의 기간.

입찰보증금(Bid security) 현금, 지불보증수표, 자기앞수표, 주식 혹은 채권, 우편환, 입찰문서와 함께 제출한 입찰보증서 등을 입찰자가 만일 계약자로 낙찰될 경우 입찰 서류에 있는 요건에 따라서 계약을 체결하기 위해 예치하는 것.

입찰보증서(Bid bond) 입찰자 본인이 지정 기한 이내에 입찰 공사계약을 하겠다는 보장을 하기 위해 및 요구되는 여타 보증 채권을 제출하겠다는 보증을 하기 위해 서명한 입찰 보증서. 입찰보증금(Bid security) 참조.

입찰서(Bid) 건축공사 또는 지정된 공사의 일부분을 수행하기 위한 목적으로 입찰 조건에 맞추어 제시된 금액 또는 각각 규정된 금액이 함께 기재, 포함되어 제출된 완전하고 적절히 서명된 제안서.

입찰서류(Bidding documents) 총체적으로, 입찰문서 접수 전에 작성된, 임의의 부속서류(부록)가 포함된 입찰요건과 제시된 계약문서.

입찰서류예치금(Deposit for bidding documents) 입찰서류 한 세트를 얻기 위해 요구되는 기탁 예치금.

입찰시간(Bid time) 건축주 혹은 건축사가 입찰문서를 접수한 일시.

입찰양식(Bid form) 입찰요건에 정해진 대로 작성하고 완료된 후, 서명을 하고 입찰자의 입찰문서로 제출될 서식.

입찰요구 서류(들)(Bidding requirements) 총체적으로, 광고 혹은 입찰공고(내용), 입찰자 유의사항, 견본 서식, 입찰 서식 및 입찰요건과 관련된 부속서류 부분.

입찰일자(Bid date) 입찰시간(Bid time) 참조.

입찰자(Bidder) 건축주와 주 계약을 체결하기 위해 입찰문서를 제출하는 개인 혹은 주체; 하도급 입찰자는 주 계약 입찰자에게 입찰문서를 제출하는 점에서 구별이 된다.

입찰자 사전 자격 심사(Prequalification of bidders) 유망 입찰자에 대하여 입찰 프로젝트 관련 각 입찰자의 경험, 가용성 및 능력에 의거하여 각 입찰자의 자격을 조사하고, 이에 따라 입찰자를 인가하는 과정.

입찰자 유의사항(Instructions to bidders) 건축공사 프로젝트 혹은 그 지정된 일부에 대한 입찰의 준비 또는 제출에 필요한 입찰서류에 포함되어 있는 지시 또는 안내 공지문.

입찰자 통지(문)(Notice to bidders) 프로젝트에 대한 입찰 기회를 가진 유망 입찰자에게 입찰과 입찰을 하기 위한 절차를 구비하도록 알려주는 입찰서류에 포함된 통지.

자금 분개장(일지)(Cash journals) 현금 입수 및 현금 사용 분개장. 이것은 돈을 받거나 지출하는 모든 거래가 이루어진 시간적인 순서에 의해 처음으로 기록이 이루어지는 것으로서 "원본 기입항목"의 장부가 된다.

자금 여유/예비비(Cash allowance) 계약에 포함되었으나 세부적으로 명세가 드러나지 아니한 정해진 항목의 지출 금액을 보정하기 위해서, 이 금액과 최종적으로 결정된 금액 간의 차이를 총 계약금액의 적절한 조절을 위한 변경지시로 반영될 수 있는 조항을 통해 총계약 금액에 산입될 수 있도록 계약에 명시된 금액.

자금 예산(Cash budget) 미래의 운영 목적으로 필요하게 될 자금 계획. 대개 한달 또는 수개월 이전에 수립하며; 초기 자금 잔고, 기대 자금 수입 및 기대 자금 지출 금액을 계산하여 자금 잉여 또는 자금 부족액의 크기와 시점을 결정한다.

자금 추정 정산표(Cash projection worksheet) 회계 기초의 자금과, 해당 회계 기간 중의 자금 유입과 유출 및 이에 따른 회계 기말의 자금을 볼 수 있는 서식.

자금 회전(Cash cycle) (작업이 진행 중인) 전문 용역서비스를 제공하기 위해 급료와 기타 상품 및 서비스 용역에 대해 지출하기 위한 현금의 사용 및 수입 금액을 현금화하여 급료, 상품 또는 용역서비스 대가로 치루기 위해 고객에게 이러한 서비스 용역의 값(외상매출금/미수금)에 대한 청구서를 송부하고 청구서/송장을 수집하는 것.

자금주의 회계(Cash accounting) 수익과 지출이 현금으로 들어오거나 지불이 이루어진 후에만 인식하여 회계기록을 작성 유지하는 방법. 누적주의 회계(Accrual accounting) 참조.

자금흐름(Cash flow) 주어진 기간 동안의 회사 자금 계정의 변화. 양적인 자금흐름(지출한 자금보다 많은 자금의 유입)은 자금 계정 금액의 증가로 이어지고, 역으로 음적인 자금흐름은 현금 계정 금액의 감소로 이어진다.

자금흐름표(Cash flow statement) 주어진 기간 동안의 회사 자금의 입수처와 사용처 분석을 위해 작성되는 계산서/보고서.

자기자본, 주주자본(Equity capital) 소유주, 파트너(동업자) 혹은 주주로부터 사업상 조달된 자금의 일부분; 나머지 차액은 타인자본(대출자본)이 되며 채권자가 제공한다.

자본(금)(Capital) (1) 가장 광범위한 관점에서 보면, 대차대조표상에 기재되어 있는 회사 법인 총자산의 가치; (2) 가장 좁은 관점에서 보면, 소유주 지분계정의 순자산가치; (3) 전형적으로, 일년 이상의 기간 동안 회사가 조달할 것으로 예상되는 자금(의 수요). 자기자본과 타인자본을 포함한다.

자본(금)계정(Capital accounts) (1) 파트너십(합명회사/동업자/조합)의 경우, 이 계정은 각 파트너가 회사로부터 인출해 갈 수도 있는 급여 이외의 각 파트너가 가진 회사 내 지분을 보여준다; (2) 주식회사 법인의 경우, 세 가지의 계정으로 나타나는 주주의 투자금액을 기록하는 계정: 자본금(액면가 보통주 혹은 우선주), 납입-자본금(주식의 기표가치나, 액면가 이상의 가치로 출자된 자본금) 및 이익잉여금.

자본적 지출(Capital expenditure) 토지, 건물, 집기비품, 설비 및 자동차 등과 같은 고정자산(장기자산)을 위해 사용되는 지출.

자산(Asset) 회사가 보유하고 있는 유형, 무형의 금전적인 가치를 부여할 수 있는 자원.

작업책임자/팀장(Job captain) 건축 사무소에서 건축공사 관련 서류 준비 책임을 지고 있는 사람을 흔히 지칭하는 용어.

잠재적 하자(Patent defect) 합리적으로 신중한 감사를 통해서 드러나기 어려운 자재, 설비 또는 완료된 공사 작업에 있는 하자 또는 결함; 합리적이고 신중한 감사를 통해 일반적으로 발견될 수 있는 명백한 하자와 대비되는 하자 또는 결함.

장기(의)(Long-term) 일년 이상(예를 들면, 장기 부채는 기표일로부터 12개월 이후에 만기가 도래하는 부채 또는 부채 중 이에 해당하는 부분).

장기 외상 매출금/미수계정(Aged accounts receivable) 각 과목의 청구가 확정된 시점을 기준하여 기간별로 분류된 외상매출금/미수금 계정. 장기 미수계정의 분석은 지불 기일이 지난 과목에 초점을 맞추어 이루어진다.

장려금 조항(Incentive clause) 건축주와 공사 도급자 간 합의된 방식을 따라서 비례적으로 분배되는 유보금으로 건축공사 작업이 수행되었을 때에 보증 최고공사비와 더불어 공사비용(원가) 더하기 보수액을 계산하는 기준에 의해 보증 최고공사비와 실제 들어간 프로젝트 공사비와의 차이 금액으로부터 계산하여 산출한다. 장려금 조항 항목은 대부분 건축주와 공사도급자 간 계약서에 포함되어 있다.

장부가액(Book value) (1) 회사 법인 자산의 장부상에 있는 가치의 순합계금액(예를 들어, 건물은 원가와 개선비용이 추가 기장되고 감가상각 비용은 차감 기장된다); 이 금액은 해당 항목의 시장 가치 혹은 본질적 가치와 같지 않을 수도 있다. (2) 회사의 순자산가치를 나타내는 소유주의 지분 계정.

재물손괴보험, 재물손해보험(Property damage insurance) 유형 재물의 손괴 및 이에 따른 손실에 의해 발생한 피보험자로의 권리청구에 관한 법적 책임을 보상하기 위한 보험으로, 대개 피보험자의 감독하에 있거나, 유치 또는 통제하에 있는 물품의 손괴에 대한 것은 포함되지 않는다.

재보험(Reinsurance) 한 보험회사가 다른 보험회사가 발행한 보험 증권에 약정한 손실 위험의 전체 혹은 일부를 떠맡기로 정하는 두 보험회사 간의 상호 조정.

재산손해보험(Property insurance) 재산의 손실 또는 손상을 보상하기 위한 보험. 시공자위험보험(Builder' s risk insurance), 손해보상지정보험-일반형태(Causes of loss-broad form), 손해보상지정보험-특수형태(Causes of loss-special form), 확장보상(손해)보험(Extended coverage insurance), 특별위험보험(Special hazards insurance) 참조.

저가 입찰(Low bid) 둘 이상의 입찰자가 해당 공사작업 및 선택된 대체(추가) 작업까지 포함하여 수행하기 위해 입찰서류와 함께 최저 금액으로 제출하는 입찰.

저작권(Copyright) 미합중국 연방 법령에 의해, 예를 들어 설계계획 등과 같은 제작물이나 저작에 대해 한정된 기간 동안 복제물을 만들어 낼 수 있도록 저작자에게 허가된 배타적 권리.

적기완료(Timely completion) 공사작업 또는 그 지정된 일부분을 요구된 일자 이전 또는 그 일자에 맞추어 완료하는 것.

적기통지(Timely notice) 계약에 정한 시간 한도 이내에서 또는 충분한 시간을 주어 통지를 받는 당사자가 적절한 행위를 할 수 있도록 공지되는 통지(문).

전략적 시설계획(Strategic facilities plan) 실제 필요한 물리적 공간, 공간 확보 선택권, 공간의 위치 및 예산과 일정을 예측하여 시설 계획을 회사 조직의 전략적 사업계획에 맞추어 통합하는 것. 전략적 시설 계획은 시업계획상의 목표에 기반하고 있다. 사업계획(Business plan) 참조.

전문가(Professional) 타인에게 교육 및 경험을 통해 습득한 자문이나 서비스를 제공할 수 있는 지식과 솜씨가 있다고 인정되는 사람.

전문 기술자(Professional engineer) 대개 법적으로 지정 선택을 하는 것이 정해져 있고, 전문자격과 정당한 자격 면허를 가지고 구조, 기계, 전기, 위생, 토목 등 분야의 기술 용역 서비스를 수행할 수 있는 사람.

전문 스폰서(Professional sponsor) 인턴 양성 프로그램에 있어서 회사 또는 조직에 소속되어 있으면서 매일 인턴을 감독하고, 정규적으로 인턴의 노력을 사정하며 주기적으로 인턴 훈련 활동의 문서화 인증을 해주는 사람.

전문 용역서비스 대가(Professional fee) 보수(Fee) 참조.

전문 용역서비스 책임보험(Professional liability insurance) 전문 용역서비스 수행시 실수, 해태, 과실 등의 결과로 발생한 손실에 대해 타인으로부터 제기된 권리청구에 따른 전문가의 법적 책임에 대하여 피보험 전문가를 보장해 주기 위한 보험.

전문 자문가(Professional advisor) (1) 건축사간 설계 경쟁을 지휘하여 선택을 하기 위한 목적으로 건축주가 참여시킨 건축사; (2) 인턴 양성 프로그램에 있어서 인턴 회사에 속하지 않으면서 주기적으로 인턴과 만나 경력 목표를 토의하고 훈련 과정을 검토해주는 등록된 건축사.

전문직 윤리강령(Professional ethics) 전문가 사회 또는 전문 직업 수행업무를 관장하는 공공 기관에 의해 각 소속원이나 자격 면허자를 가이드하기 위해 선포된 원리 및 원칙이 들어 있는 선언문.

점유허가(서)(Occupancy permit) 건물점유 허가(증명)서(Certificate of occupancy) 참조.

정가의/최종의/순~(Net) (1) 명사로, 지정된 공제 이후 남아 있는 액수. 순소득은 수익으로부터 모든 지출이 차감된 후 남아있는 소득(이익)을 말함; 자산의 순감가상각 가치는 자산에 할당된 가치보다 작은 자산의 비용을 의미한다. (2) 동사로, 정미 수치를 산정하기 위해 값어치를 다른 것으로부터 빼는 것을 말함.

정지시효/법정책임기간(Statute of repose) 상해가 발생하지 않았거나 또는 이미 발견된 것과 무관하게 어떠한 대응 행위를 취할 수 있는 시간을 어느 한도 이내로 제한하는 법령. 이 시간은 예를 들면 프로젝트의 실질적인 완료와 같은 특정 사건이 일어나면 시작되며, 정지시효는 이미 어떠한 행위를 유발하는 원인이 일어나기 이전에 이에 대한 구제책을 소멸시킬 수도 있다.

제3의 수혜자(Third-party beneficiary) 계약 당사자가 아니지만 계약상의 전체 혹은 일부 조건에 직접적인 이해관계를 가지고 있는 사람.

제3자(Third party) 계약, 권리청구, 또는 어떠한 행위의 원래 당사자가 아닌 타인.

제안 청구서(Proposal request) 건축계약 성사 이후 건축사가 작성 제출하는 문서로 공사작업의 변경사항에 대한 제안을 요청하는 도면이나 기타 정보가 들어있을 수도 있음; 경우에 따라 "변경 요청서(request for a change)" 또는 "회보(bulletin)"로 불리기도 함.

제외/예외(Exclusions) 보험증서 또는 보증채권 내에 명시되어 있는 손실, 위해, 또는 보험증서나 채권의 보장범위에 포함되지 아니하는 상황의 목록.

제품 자료(Product data) 건축계약자가 공사작업 일부에 들어가는 자재, 제품 또는 시스템을 설명하기 위해 제공하는 도해, 표준일정, 공사작업차트, 브로셔, 다이어그램 및 기타 정보.

제한입찰(Qualified bid) 입찰자가 조건을 부여하였거나 어떤 방식으로 제한을 준 입찰.

제한입찰(Restricted bid) 제한입찰(Qualified bid) 참조.

제한입찰자목록, (Restricted list of bidders) 지명입찰자(Invited bidders) 참조.

제휴건축사(Associate(or associated) architect) 다른 건축사와 한 프로젝트 혹은 일련의 프로젝트에 대한 용역서비스 수행을 공동으로 협력하여 수행하는 협약을 맺은 건축사.

조사(Survey) (1) 건축공사 현장 부지의 경계, 국소적 부분, 및/또는 유틸리티 특징을 매핑(사상)하는 것; (2) 기존 건축물 측량; (3) 공간 사용을 하기 위한 건물 분석; (4) 프로젝트에 대한 건축주의 요구조건을 확정하기; (5) 프로젝트에 필요한 데이터의 조사 및 보고.

조인트벤처(Joint venture) 합명회사/조합계약이 가진 특징과 유사한 특징을 가지고 있는 둘 혹은 그 이상의 개인 혹은 주체로 이루어지는 사업상의 관계.

종결비용(전문용역서비스)(Termination expenses (professional services)) 전문 용역서비스 계약의 종결에 들어가는 비용, 종결 시점까지 발생한 용역서비스에 대한 보수 허용금액까지 포함.

종료(계약의)(Termination) 당사자 한편에 의한 계약의 폐지; 당사자 다른 편에 대한 통지와 함께 이루어짐; 계약서에 정한 조항, 관할법률 및 실제적인 상황에 따라서 이와 같은 계약의 폐지는 계약을 종결시키는 당사자의 권리에 속할 수도 있고 속하지 않을 수도 있다.

주 계약(Prime contract) 건축주와 건축공사 도급자 간의 건축공사 수행 또는 이중 지정된 일부 공사 수행에 관한 계약. 하도급(Subcontract) 참조.

주 계약자, 원청 계약자(Prime contract) 건축주와 직접적으로 프로젝트에 대해 맺은 계약을 가지고 있는 건축공사 도급자. 하도급자(Subcontract) 참조.

주 계약 전문가(Prime professional) 건축주와 직접적으로 전문 용역서비스에 관해 맺은 계약을 보유하고 있는 개인 혹은 주체.

주당순이익(Earnings per share) 순소득(수익)을 주주가 보유하고 있는 주식의 수로 나는 것.

주식(Share) 증권(Stock) 참조.

주의의무기준(Standard of care) 사려 깊은 전문가가 어느 상황하에서 요구되는 주의를 기울일 수 있는 일반적이고 합리적인 정도. 합리적이고 사려 깊은 건축사가, 동시에 어느 한 공동체 내에서, 유사한 상황을 접하였을 때에 행동 내지는 반응할 수 있을 것으로 생각되는 정도로 정의된다. 이것은 법적 의무 또는 권리를 결정함에 있어서 행위를 판정하는 척도가 된다.

주체(Entity) 사람, 동업자/조합원, 회사법인, 지위/재산, 정부의 단위기구(체), 또는 기타 조직.

준공도면(As-built drawings) 기존 건물에 대해 현장 측량을 하고 이에 의거하여 만들어진 도면. 일반적으로, 이러한 도면에는 건물의 가시적인 요소만 기록된다. 이 도면에 포함된 측량의 수준과 세부 내역은 도면의 용도에 따라 좌우된다. 준공도면은 기록 도면과 혼동하면 안된다. 기록도면(Record drawings) 참조.

준공도면(Record drawings) 건축 공사과정 중에 이루어진 현저한 변경사항을 보여주기 위해 수정된 건축도면. 흔히 표기가 이루어진 인쇄물, 도면 및 공사도급자가 건축사에게 제공한 기타 데이터에 의거하여 작성된다. 이 용어는 "준공도면(as-built drawings)"보다 바람직한 용어이다.

중간설계도서(Design development documents) 건축, 구조, 기계 및 전기 시스템과 같은 전체적인 프로젝트의 특징과 규모 등이 확정 기술되어 있는 도면 또는 기타 서류; 및 기타 적절한 연관이 있는 요소들.

중간설계 용역서비스(Design development services) 건축주의 승인을 얻기 위해 건축주에게 제출하는 승인된 기본설계계획을 검토하여 설계개발문서를 작성하는 건축사의 용역서비스.

중개/중재(Mediation) 당사자간 분쟁 또는 권리주장 문제를 해결할 수 있도록 도와주는 독립적인 주체가 행하는 노력. 중개자는 관련 진행과정에 공평하게 참가하며 관련 당사자에게 자문과 조언을 제공한다. 중개자는 문제 해결(안)을 강요할 수 없으며 단지 각 당사자가 각자의 해결 방안을 스스로 성취할 수 있도록 인도하기 위한 방안을 모색할 수 있다.

중재(Arbitration) 중재인, 또는 중재 심의위원이 각 당사자의 입장별 장단점에 대한 평가를 하고 관련 의사 결정안을 제출하여 분쟁을 타결하는 방법.

증거개시(절차)(Discovery) 법정소송 당사자 간에 재판 심리 전에 상대방에게 법정에서 제시하고자 하는 모든 제출물의 일부로서 사용하고자 하는 모든 증거 혹은 상대방의 권리청구와 관련되어 가지고 있는 것 혹은 항변 물건을 공개하는 절차.

증권(Stock) (1) 회사 법인이 지분을 팔아 자본금을 조달하고 그 지분 소유주에게 소유권을 지분만큼 인정해주기 위한 것; (2) 회사 법인에 대한 소유권의 증빙서.

증액(또는 부가) 대안(Additive (or add) alternate) 대안 입찰(Alternate bid) 참조.

증언(Testimony) 증인이 진술하는 구두 증거 또는 구두 증빙.

증언녹취(서)(Deposition) 사실심(리) 전의 당사자 또는 증인에 대한 구두 질문 및 대답으로 이루어진 증언/증거. 증언녹취(서)는 서약을 통해 취해지며, 재판 심리 또는 중재 과정에서 사용될 수 있다.

지급불능/파산(Insolvency) 만기가 된 재무상의 지불 의무를 이행하지 못하는 회사의 상태. 회사는 부채의 금액을 초과하는 가치가 있는 자산을 가지고 있을 수도 있으나 일시적으로 만기가 된 채무를 변제하지 못할 수도 있는데, 그 이유는 자산이 쉽게 현금화될 수 없기 때문이다; 혹은 회사가 부채가 자산보다 많을 경우에는 파산에 이르게 될 수 있다.

지급 증명서(Certificate for payment) 건축사가 지정된 기간 동안의 건축 공사작업의 완성을 위해 혹은 적절하게 보관된 자재나 설비에 대해 공사도급자에게 지불되거나 지불되어야 할 금액을 건축주에게 확인해주는 문건.

지명입찰(자)(Invited bidders) 건축주가 건축사의 자문을 받은 후 지명 입찰자로 선정한 개인 혹은 주체.

지명 피보험자/지명 보험가입자(Named insured) 상황에 따라 비록 이름이 거명되지는 않았어도 보험 수급 혜택을 받는 사람과 구별되는 보험 증권상 특별히 이름이 지정된 임의의 개인 혹은 주체.

지분비에 따른(Pro rata) 예를 들면, 세 명의 파트너가 각각 30퍼센트, 30퍼센트, 40퍼센트의 소유 지분을 가지고 있고, 이익을 소유권 비례에 따라 배분한다면, 위의 비율대로 배분이 이루어진다.

지분/순가치(소유주)(Equity) 부채를 초과하는 회사의 자산 가치; 만일 모든 자산을 대차대조표상에 있는 가치로 청산하고 모든 부채를 대차대조표에 있는 대로 반제할 경우에, 소유주가 사업체의 가치로서 권리청구를 할 수 있는 총금액.

지불능력/채무변제능력(Solvency) 각각 만기가 도래한 것에 맞추어 회사가 재무적인 책임을 해결할 수 있는 능력.

지불보증(채권)(Payment bond) 건축공사 도급자와 보증인이 건축공사 수행에 들어가는 임금 및 자재 비용의 지불을 보장하기 위해 건축주에게 제공하는 (보증) 채권. (보증) 채권의 수혜 권리자는 채권에 청구인으로 기록(정의)된다. 지불 채권은 때로는 "임금 및 자재 지불 채권" 으로 불린다.

지불예치금(Retainage) 건축공사 진척도에 따라 지불되어야 할 금액을 예치한 것으로 건축주와 공사도급자 간에 합의한 약정에 따라서 향후에 지급될 금액.

지불요청서(Application for payment) 해당 공사작업 완료 부분에 대해 계약자의 인증된 지급 청구, 만일 계약 조항이 구비 되었을 경우, 공사 작업에 투입하기 위해 적절하게 예비된 자재 또는 설비도 해당.

지불 청구(Payment request) 지불요청서(Application for payment) 참조.

지역권(Easement) 개인 소유의 대지의 무제한적인 사용에 대해서 법적으로 생성된 제한.

지정 서비스(건축사의)(Designated services (of the architect)) 건축사 직접 혹은 컨설턴트를 통해 수행하기로 약정한 용역서비스. 확정된 용역서비스의 목록이 있는 일부 AIA 서식문서가 특별히 사용되기도 한다.

지정시방서(Closed specifications) 대체품의 준비 필요 없이 특정의 또는 전매 제품만 사용할 것을 지정하고 있는 시방서.

지질조사(혹은 지표면 하부 조사)(Geotechnical investigation(or subsurface investigation)) 지표면 하부의 프로파일과 상대적 강도, 압축성 및 건물의 설계에 영향을 미칠 수도 있는, 깊이에 따라 달라지는 다양한 지층의 기타 특성들을 확인하기 위한 지반의 천공 및 샘플링 작업과 함께 이루어지는 실험실의 관련 테스트.

지질조사/지표하부조사(Subsurface investigation) 지질조사(Geotechnical investigation) 참조.

지출/경비(Expenditure) 회사가 회사를 위해 사용된 대가에 대한 비용을 일으키는 것. 자본의 지출은 비용이 자본화하게 된다－자산으로 정해진다. 자본화되지 않는 자본의 지출은 비용이 되어 해당 회계기간 내에 수익을 창출하게 된다.

직무상 과실(Malpractice) 전문 용역서비스를 제공하는 자의 직업상 의무 불이행, 여기서 의무 불이행은 타인에게 상해, 손실 또는 손상을 일으키는 주 원인을 말함.

직접비(Direct expense) 특정한 프로젝트, 할당된 일, 또는 과업에 구체적으로 명확하게 발생 비용 대응이 가능하게 지출이 이루어진 모든 항목.

직접원인(Proximate cause) 자연적이고 연속으로 이어져 일어나며, 법적으로 인식되는 어떠한 간섭에 의하지 않으면서, 이에 의하지 않고서는 어떠한 다른 결과가 일어나지 않는 상해를 발생시키는 상해 또는 손상의 원인. 주 원인의 존재는 다음 두 경우를 포함한다 (a) 실제적인 원인(작용) 또는 인과관계, 즉, 범죄자 또는 과실자가 상해 또는 손실을 만들어 낸 경우 및 (b) 범죄자/과실자가 실제 책임이 있다고 공연하게 결정이 이루어진 경우.

직접인건비(Direct personnel expense, DPE) 건축사(건축가)에게 고용되어 프로젝트에 종사하고 있는 직원의 직접적인 급여와 이와 관련된 고용자 고용복지금액의 해당부분.

직접인건비의 배수(Multiple of direct personnel expense(또는 DPE multiple)) 직접 인원의 인건비에 간접 비용 산출을 위해 상호 합의한 직접인건비의 인수를 곱하여 간접 비용이나 이익을 산출하는 방법에 의거한 용역서비스 비용의 계산 방법.

진술서(Brief) 주로 변호사가 작성하며, 권리청구에 대한 방어 또는 쟁점에 대해 법정을 설득하기 위한 사실, 법적인 요점 및 권한 등이 설명되어 있는 서면상의 주장(논쟁).

진행 중인 공사/용역(Work in process) 회사가 고객을 위하여 진행 중인 (건축공사) 작업으로서 완료에 따른 청구서 발행이 멀지 않은 작업. 진행 중인 작업은 유동자산으로서 비용으로 기표하거나 혹은 기대 수익 값으로 기장할 수도 있으며, 이 경우에 "미청구수익"으로 칭할 수 있다.

질문(서)(Interrogatories) 실제 재판 심리 전에 당사자 혹은 증인에 대한 사법 조사과정에서 사용되는 일련의 서면상의 질문; 법적 소송 상황에 있는 각 당사자 간에 반드시 선서를 통한 대답을 하게 되어 있는 상호 교환된 일련의 질문.

징벌적 손해 배상금(Punitive damages) 밝혀진 손실(보상받아야 할 손해액) 외에 추가되는 배상금으로 타인에 대한 본보기와 피고에 대한 징벌로 사정될 수 있는 금액.

차변, 부채(항목)(Debit) 복식부기 시스템에서 좌변에 기재되는 대변과 구별되는 차변 항목, 약자는 DR. 차변 항목은 자산을 감소시키고 부채와 소유주지분을 증가시킨다. 모든 차변 항목은, 반드시 이에 상응하는 대변 혹은 일련의 대변 항목들이 있어서 둘의 합은 같다.

차이(Variance) 예산 편성시의 가치 혹은 계획된 가치 대비 실제 가치의 차이.

차입자본(Borrowed capital) 회사 법인의 장기 채권자로부터 제공된 총 자본 금액의 부분. 자기자본(Equity capital) 참조.

창업비용(Organizational expense) 회사 법인을 구성하기 위해 발생하는 비용(예를 들면, 변호사 및 회계사 수수료, 법인세 및 수수료, 주권인쇄비용 등). 이와 같은 비용은 또 다른 자산으로 회계처리를 하고 수년간에 걸쳐 상각처리를 하는데, 그 이유는 이와 같은 지출로 인한 혜택이 법인의 생애에 걸쳐 일어나고 있다고 생각되기 때문이다.

책임보험(Liability insurance) 보험회사가 보험계약자 개인 혹은 주체의 실제적인 또는 부수적인 수혜자가 되는 제3자가 주장하는 의무나 책무 이행의 실패로부터 야기되는 피보험자에 대한 권리청구를 보호하기로 동의한 계약. 상업용 일반책임보험(Commercial general liability insurance); 완료작업 배상책임보험(Completed operations insurance); 건축주 책임보험(Owner' s liability insurance); 전문용역서비스 책임보험(Professional liability insurance); 재물손괴보험(Property damage insurance); 공공책임보험(Public liability insurance); 및 특별위험보험(Special hazards insurance) 참조.

책임보험금(Limit of liability) 손실이 발생했을 경우 보험회사가 지급해야 할 책임을 가지고 있는 최대 보험금액.

청구급률(Billing rate) 고객에게 청구되는 계약체결 프로젝트 수행 참여 직원((회사)본인 혹은 고용인)의 단위시간당(시간, 일, 주) 가격(급률).

체선료, 초과할증금(Demurrage) 철도 또는 이와 유사한 차량이나 장소로부터 배송되었거나 선적이 이루어진 물품의 하적, 제거 또는 적재를 하기 위해 허용된 시간을 초과하여 발생한 시간에 대해 청구되는 비용.

초과배상 책임보험(Excess liability insurance) 첫 번째의 보험에서 보장해 줄 수 있는 피보험자 보상 항목의 범위에 비해 더 높은 한도의 책임까지 보장해주는 보험. 초과배상 책임보험의 보상 조건은 첫째 보험증서의 보상범위에 비해 절대로 그 폭이 넓을 수는 없다.

총계정원장, 원장(General ledger) 전체 회계 시스템에서 사용되는 계정 과목들의 장부. 이것은 각 별도 계정의 모든 거래들의 요약을 포함하는 최종 "기장 항목"의 장부가 된다.

총도급(General contract) (1) 단일 계약 시스템하에서, 공사도급자의 자력으로 하도급 공사도급자와 함께 완성할 수 있는 전체 공사작업에 대한 건축주와 공사도급자 간의 계약; (2) 별개의 계약 시스템하에서, 건축 공사작업 및 구조 공사작업으로 나누어진 일반적인 건축 공사작업을 위한 건축주와 건축 공사도급자 간에 맺은 건축공사계약.

총액계약(Lump sum agreement) 한도금액약정계약(Stipulated sum agreement) 참조.

최소경락가격(Upset price) 보증최고공사비(Guaranteed maximum price) 참조.

최저가 근접 입찰(금액)(Lowest responsive bid) 입찰문서의 요구조건에 부합하고 금액에 근접한 최저가 입찰금액.

최저가공사 낙찰자(Lowest responsible bidder) 최저가의 신실한 입찰금액을 제시하여 건축주와 건축사로부터 입찰에 응한, 건축 공사를 수행하기 위한 자격이 있고 전반적인 책임을 질 수 있다고 인정받은 입찰자.

최종검사(Final inspection) 건축사가 건축공사작업의 최종적인 완료가 이루어졌는지의 여부를 결정하기 위해 수행하는 최종적인 검토; 최종적인 지급 청구를 하기 위한 확인서를 발행하기 전에 수행된다.

최종설계(디자인-빌드)(Final design(design-build)) AIA 계약문서 양식을 사용한 디자인-빌드(설계-건축) 프로젝트를 위한 최종적인 설계 용역서비스, 예비(적) 설계 용역서비스 종료 이후에 수행이 이루어진다.

최종승인(Final acceptance) 건축공사의 최종 완성에 대해 건축사의 인증을 거친 후에 건축주의 공사도급자로부터 프로젝트에 대한 최종적인 승인. 최종승인은 최종 지불금의 지급 시점을 별도로 규정해 놓지 않은 한, 최종 지불금의 지급을 통해 확정된다.

최종완료(Final completion) 건축공사 작업이 계약서에 정해진 조항과 요건에 따라서 완료가 이루어졌음을 나타내는 용어.

최종지불(Final payment) 건축주가 건축공사 도급자에게 지불하는 지급금으로, 건축사가 발행하는 최종 지급청구를 위한 확인서에 따라서, 변경 지시 등에 의해 건축공사계약금 중 전체적으로 남아있는 미지급금에 대한 최종적인 지불.

추가사항(Extra) 추가 비용이 포함되는 부가적인 공사작업의 항목을 지칭하는 데 때때로 사용되는 용어.

추가승인(전문 용역서비스)(Supplemental authorization(professional services)) 전문 용역서비스 계약의 수정을 승인하는 서면상 약정.

추가용역 서비스(건축사의)(Supplemental services(of the architect)) 일부 AIA 서식문서 내에서, 각종 문서 제출, 가치분석, 에너지 연구, 프로젝트홍보, 전문가의 인증 등과 같은 일반적인 건축사의 일련의 용역서비스(사전 설계로부터 공사 사후까지) 외에 부가적으로 추가되어 건축공사일정 내에 기술되어 지정되어 있는 용역서비스.

추가조건(항목)(Supplementary conditions) 계약서 내 일반 조건의 수정, 변경, 부가, 또는 삭제까지 할 수 있도록 보완역할을 하는 계약문서의 일부.

추정(의)(Pro forma) 정해진 형식을 통해 사전에 구비된 것. 예를 들어, 추정 손익계산서는 예상된 또는 예산 계획이 수립된 손익계산서(이익 계획)로서, 주어진 계획 기간 내에서의 계획된 재무 활동이 일어난 것과 같은 예상치를 보여준다. 흔히, 부동산 재무 타당성 연구의 일부로 여러 개의 추정 결과물이 만들어진다.

출자금, 출연금/부담금, 기여(도)(Contribution) 직접비용 지출 후 남아있는 수익으로 회사법인의 간접비용을 상계하고 수입(이익)으로 추가할 수 있는 범위; 달러(통화)나 수익의 비율로 표시될 수 있다.

캐드(CAD 혹은 CADD)(CAD(또는 CADD)) 컴퓨터 이용 설계(Computer-aided design) 참조.

컨설턴트(Consultant) 자문이나 용역서비스를 제공하는 개인 혹은 주체.

컴퓨터 이용 설계(일반적인 약자는 CAD 또는 CADD(컴퓨터 이용 설계 및 제도))(Computer-aided design) 도해적 화상을 생성하기 위해 컴퓨터의 통합된 하드웨어와 소프트웨어를 이용하여 설계 및 제도를 하는 기술 혹은 시스템에 적용되는 용어.

타당성 조사/사업성 검토(Feasibility study) 제시된 프로젝트에 대해 재무적, 경제적, 기술적 또는 기타 적부를 결정하기 위해 행해지는 세부적인 조사 및 분석.

턴키/일괄도급(Turnkey) 일방의 당사자가 다른 한편의 당사자에게 완전하게 완성된 프로젝트를 인도하는 것을 합의한 건축공사의 프로세스로, 다른 한편의 당사자는 "키를 받아 돌려서" 건축물의 점유 및 사용을 할 수 있도록 준비가 완료된 프로젝트 완성물을 인도받게 된다.

토양조사(Soil survey) 지질조사(Geotechnical investigation) 참조.

투자세액공제(Investment credit) 새로운 사업상 자본적 지출의 일정 백분율을 과세 책임을 면하는 세액 공제금액으로 허용하는 미합중국 연방 제정 세법. 미 국세청은 이 백분율에 관한 규칙, 다양한 지출 형태별 적용, 그리고 해당 자산이 기대 유용 수명의 종료 이전에 조기 처분되는 경우의 세액 환입 등과 같은 규칙을 제정한다.

특별위험보험(Special hazards insurance) 손해보험에 포함되는 부가적인 위해 또는 위험으로 인한 손실을 보상하기 위한 보험(계약자의 요청 또는 건축주의 선택권). 특별위험보험의 사례로 스프링클러 누수, 건축공사물의 붕괴, 수해 및 부지로 운송되는 자재 혹은 부지 밖에 보관되어 있는 자재에 대한 보상 등이 흔히 포함된다.

특별조항(Special conditions) 일반 조항이나 보조적인 조항 외에 특정 프로젝트마다 독특하게 존재하는 조건조항을 기술할 수 있는 계약문서의 제반 조건조항이 있는 부분.

파산, 부도(Bankruptcy) 채무자의 파산 발생시 채권자 보호를 위한 인수자 또는 수탁자의 통제하에 있게 되어 지급불능 상태에 있는 것.

파트너십(Partnership) 공동 소유주로서 기업을 공동으로 운영하는 둘 이상의 개인 혹은 주체의 조합 또는 연합.

판결(Judgment) 소송에 임한 각 당사자들의 권리에 관한 법정의 최종적인 의사결정. 즉결심판은 사실의 핵심적인 쟁점에 관한 아무런 이견이 없는 소송에서 실제 재판 심리전에 내리는 법정의 의사결정.

패스트 트랙(Fast track) 건축주가 프로젝트 전체 혹은 일부를 조기에 점유(입주)할 수 있도록 하기 위해 건축사의 설계용역 서비스의 일부를 건축공사와 함께 중복시켜서 진행하는 과정.

펀치리스트(Punch list) 검사목록(Inspection list) 참조.

포괄배상 책임보험(Umbrella liability insurance) 기존의 책임보험 증서 이상의 금액 보상범위를 제공하는 보험으로 때에 따라 기존 보험에 들어있지 않은 손실까지도 직접 보상범위에 포함한다; 흔히 정해진 차감 가능한 금액을 필요로 한다.

포스-어카운트, 개산처리(Force account) 흔히 급박한 상황하에서 공사도급자가 수행해야 할 공사작업의 지시가 일괄 금액 또는 단가에 대한 사전 합의 없이 이루어지고, 건축공사비용에 대한 청구는 임금, 자재비 및 설비, 보험료, 세금 등을 포함하고 약정된 백분율의 총 경비와 이익을 포함하는 경우에 사용되는 용어; 때에 따라서 건축주 자체의 지배력으로 유사한 방식을 통해 수행이 이루어진 작업을 기술하는 데에도 사용된다.

표준상법(Uniform commercial code(UCC)) 미국 루이지애나주를 제외하고 여타 모든 주가 채택한 상거래 관련 모델 법령. UCC 조항은 일반적으로 전문 용역서비스에 대해서 적용되지는 않는다.

프로그램(건축 또는 시설)(Program(architectural or facilities)) 설계목적, 제약조건 및 필요 공간을 포함하여 프로젝트의 기준과 제반 관계, 융통성, 확장성, 특수 설비 및 시스템, 그리고 현장 부지의 요구조건 등이 설정되어 기록된 공술문.

프로그램 관리(Program management) 대규모의 공적 또는 사적 프로젝트를 관리하는 학문과 실무.

프로젝트(Project) 고객을 위해 설정된 업무 목표 또는 그 집합을 달성하기 위한 건축사의 용역 서비스 또는 그 집합이 포함되어 있는 계획된 사업적 업무행위. 프로젝트는 궁극적으로 실질적인 물리적 공간을 생성할 수도 또는 그렇지 않을 수도 있다. (이 용어는 AIA의 계약문서에서는 대문자로 되어있다.)

프로젝트 건축사(Project architect) 프로젝트 관리자(Project manager) 참조.

프로젝트 관리자(Project manager) (1) 주어진 프로젝트에 관련하여 회사가 제공하는 서비스를 관리하기 위해 지정된 개인을 나타낼 때 사용되며 흔히 "프로젝트 건축사"와 상호 혼용되어 사용된다. 일반적으로 이러한 서비스는 관리적인 책임과 기술적인 책임을 포함하고 있다. 경우에 따라 지명된 최고 담당 책임자(principal-in-charge)가 있을 수도 있다. (2) 공사도급자 또는 건축공사 경영자에 대한 경우, 이 용어는 각각 해당 주체의 활동 관리를 위해 지정된 개인을 의미한다.

프로젝트 대표자(Project representative) 건축(공사)계약의 운영관리 지원을 위해 프로젝트 현장에서 일하는 건축사의 대표자/대리인.

프로젝트 매뉴얼(Project manual) 대개 건축공사 작업시 활용 목적으로 편집된 책자로 입찰요건, 샘플 서식 혹은 양식, 계약조건 및 사양 또는 규격의 시방서나 명세서 등이 포함되어 있다.

프로젝트 비용(Project cost) 건축(공사) 비용, 전문 용역서비스 보수, 대지 비용, 설비 및 시설비용, 금융비용 및 기타 청구비용 등이 포함되는, 프로젝트 실현을 위해 소요되는 전체 비용.

프로젝트 비용(Project expense) 직접비(Direct expense) 참조.

프로젝트 수익(Project revenues) 제공 (또는 제공 예정인) 용역서비스에 대해서 건축주로부터 수취한 (또는 수취가 예상되는) 가치. 변제 지출 비용에 의해 상쇄되는 상환되어야 할 수익은 제외한다.

프로젝트 예산(Project budget) 건축주가 전체 프로젝트 추진을 위해 마련하는 금액의 총합계, 예를 들어 건물 건축 프로젝트는 건축공사 예산, 대지비용, 가구 집기비품 및 설비비용, 금융비용, 전문 용역서비스 비용 및 수수료; 건축주 자체구비 물품비용과 서비스 비용; 예비비용; 및 이와 유사한 비목의 확정된 또는 추정된 비용들이 포함된다. 건축공사예산(Construction budget) 및 내부 프로젝트 예산(Internal project budget) 참조.

프로젝트 인도 시스템(Project delivery system) 설계 완성, 건축(공사) 문서 준비, 건축공사 및 건축 프로젝트 관리를 하는 각 당사자 간에 역할, 책임, 위험 및 보상 등을 할당 배분하기 위해 선택된 방법.

프로젝트 작업 계획(Project work plan) (1) 건축주의 예산한도 이내에서 및 회사의 프로젝트 예산한도 이내에서 프로젝트를 적시에 만들어내기 위한 의도로 구현된 책략; (2) 이러한 책략의 세부사항들이 상세하게 적시되어 있는 문서.

프로젝트 체크리스트(Project checklist) 건축사가 취해야 할 활동을 기록하는 데 사용되는 목록, 건축주와의 계약 성사 이전에 시작되고, 건축주를 위해 제공하는 용역서비스 범위 내에서 기록 유지된다. 건물 설계 및 건축 용역 서비스의 경우, AIA 문서 D-200에 사전설계, 설계 및 공사작업의 건축 중분 관련 활동의 목록이 들어 있다.

프로젝트 총마진(Project gross margin) 프로젝트 총수입을 사용하여 얻은 수익의 백분율 (간접비의 차감 전에 수익으로부터 직접비만을 차감한 후의 이익).

프로젝트 클로즈-아웃(Project closeout) 최종 검사, 필요 문서의 제출, 승인 및 프로젝트 최종 잔금 지급 등을 위해 계약문서에 설정된 요건.

프로젝트의 총수익(Gross income from projects) 프로젝트 수익(금)으로부터 직접(프로젝트)비용을 차감하고 난 후에 남아있는 수익(금).

피보험이익(Insurable interest) 재산상에 미치는 손해가 피보험자에게 금전적인 손실의 원인이 되는 특성을 가지고 있는 재산의 혹은 이와 관련된 이익. 만일 보험계약을 하는 피보험자 당사자가 어떠한 피보험 이익을 가지고 있지 않으면, 보험계약은 공익에 반하는 불법적인 도박 거래로 취급될 수 있다.

하도급 (계약)(Subcontract) 주 도급자와 하도급계약자 사이에 맺은 건축공사의 정해진 부분의 공사작업 수행에 대한 약정. 주 계약(Prime contract) 참조.

하도급자(Subcontractor) 건축공사 도급자와 공사현장의 임의의 작업 수행과 관련된 직접 계약을 맺은 개인 혹은 주체. 주 계약자(Prime contract) 참조.

하도급자(Sub-subcontractor) 건축공사 하청업자와 공사현장의 임의의 작업 수행과 관련된 직접 계약을 맺은 개인 혹은 주체.

하도급입찰자(Sub-bidder) 공사작업의 일정 부분에 대해서 입찰자에게 노동 혹은 자재에 관한 입찰서류를 제출하는 개인 혹은 주체.

한도금액 약정계약(Stipulated sum agreement) 계약에 약정한 행위 이행에 대한 지불 대가의 총금액을 특정한 금액으로 설정한 계약. 총액(약정) 계약이라고 불리기도 한다.

합리적 직원배치(Staff leveling) 프로젝트 서비스로 인해 발생한 직원이 필요함에 따라 가용할 수 있는 출처로 맞추어주는 과정 또는 아직 서비스를 기다리고 있는 곳이나 낮은 직원활용도를 최소화하기 위한 시도.

합리적인 주의 및 숙련(Reasonable care and skill) 상당한 주의(Due care) 참조.

합의(Settlement) 권리청구(클레임) 문제를 해결하기 위한 자발적인 합의. 이것이 책임의 인정은 아니다.

현장 관찰(Site observation) 공사의 관찰(Observation of the work) 참조.

현장 부지(Job site) 부지(Site) 참조.

협박 소송/경박한 소송(Frivolous suit) 면목상 총체적으로 아무런 실익이 없는 민사 소송으로 악의나 고소인 측의 부적절한 동기를 보여주는 소송.

확인판결(Declaratory judgment) 계약이나 법과 관련된 질의에 대하여 일방의 당사자에게 권리를 확정짓는 법정의 지시.

확장보상(손해)보험(Extended coverage insurance) 화재, 폭풍우를 동반한 번개, 우박, 소요, 폭동, 폭발(스팀보일러 제외), 항공기, 차량, 자동차, 매연 등과 같은 기본적 원인 외의 위험까지 포괄하는 보상범위가 확대된 손해보험.

확정손해배상금액/지체상금(Liquidated damages) 대개 일일 일정한 금액으로 정하며, 건축(공사)계약자의 과실로 정해진 기간 내에 건축공사를 완료하지 못해 발생하는 손실 금액을 사전에 설정하여 건축주에게 지불하기로 건축 계약서에 명시된 금액.

환경설계전문직(전문가)(Environmental design professions) 건축, 도시계획, 사람의 신체적 환경의 설계에 종합적인 책임이 있는 직군/직업 및 이와 유사한 환경 관련 직업/직군.

환금성/유동성(Liquidity) 가치의 현저한 손실 없이 자산을 상대적으로 쉽고 빠르게 현금화할 수 있는 능력.

회계감사, 감사(Audit) 회계 연도 기간 중 발생한 회사 법인의 자산, 부채 및 자본과 재무상의 거래 실적 계산표를 공식적으로 검증하는 방법. 이에 따른 조사는 감사로 하여금 모든 재무상 거래 처리가 정확하게 이루어졌고, 일반적으로 공인된 회계원칙(=일반회계원칙)에 따라서 기록되었다는 것을 말할 수 있도록 충분히 세부적으로 이루어져야 한다. 감사는 회계 실무와 관련하여 효율성을 높이고, 자산을 보호하며, 혹은 재무적인 운영개선을 위해 개선된 혹은 대안적인 절차를 제시할 수도 있다.

회계기간, 사업 연도(Accounting period) 각 재무제표 작성 기준이 되는 대상 소요 기간.

회계 연도(Fiscal year) 재무상의 활동 보고 또는 예산 편성의 기준으로 사용되는 일련의 연속되는 12개월. 이 기간은 달력상의 일년과 일치할 수도 있거나 혹은 일년 중의 임의의 날짜로부터 기산되어 12개월 후의 날짜에 종료될 수도 있다.

CPM 방법/최적경로방법(Critical path method, CPM) 주어진 과정을 완성하기 위해 수행되어야 할 각 작업과 앞으로 일어나야 할 모든 사상에 대하여 각 작업의 최적 순서 및 최적 수행기간을 결정할 수 있는 형태로 제공되는 도표 혹은 일정(계획의 방법).

DPE 계수/직접인건비(Direct Personnel Expense) 계수(DPE factor) 간접비용 계수(Indirect expense factor) 참조.

DSE 계수/기본급료비(Direct Salary Expense) 계수(DSE factor) 간접비용 계수(Indirect expense factor) 참조.

부록 C 문서서식 찾기

건축 프로젝트와 이에 수반되는 여러 가지의 관련 업무 사항들은 수많은 다양한 방식으로 구조화될 수 있다. 주어진 납품 선택 사항별 각양 각색의 스펙트럼이 있어도, AIA 문서는 특수한 납품 인도 방법에도 적용할 수 있도록 "계열"로 구분되는 그룹으로 구성될 수 있다. 각 계열 내에 있는 각 문서는, 건축 프로젝트와 설계상의 주요 관계 사항을 지원하기 위한 일관성 있는 구조－및 일관성 있는 문장과 정의－를 제공한다. 주어진 프로젝트에 대해 가장 적합한 AIA 문서를 찾고자 하는 건축사나 건축주가 가장 먼저 해야 할 선택은 해당 건축 프로젝트가 속해 있는 문서의 계열을 선택하는 것이다. 문서 계열은 여섯 개로 나누어져 있고, 이 중 일부 계열은 변형된 것도 포함하고 있다.

1. A201 계열
   - 가격상승 적용 부문
   - 약식 부문
   - 건축사-CM 부문
   - 프로젝트 대표/대리인 부문
   - 지정 용역 서비스 부문
   - 주택 부문
   - 특별 용역 서비스 부문
2. 소규모 프로젝트 계열
3. 인테리어 계열
   - 약식 부문
4. 조언자로서 건설 경영(CMa) 계열-CMa 프로젝트 서식
5. 공사 경영-공사도급자(CMc) 계열
6. 디자인-빌드 계열

이 외에도, 각 계열에서 모두 사용할 수 있는 일반 계약문서와 서식들이 있다. 또한 AIA 문서는 알파벳 순서대로 묶여져 있다. 각 문서의 견본은 핸드북에 포함된 CD-ROM에 참조용으로 제공되어 있다. AIA 문서는 AIA 서점이나 지방, 특약 총판 서점 등을 통해 구입할 수 있다. 새로운 혹은 개정된 문서를 발행함과 동시에 받아보고자 할 경우, (800) 36S-ARCH (2724)의 문서 보급 서비스부(Documents Supplement Service)로 전화 또는 팩시밀리[번호 (800) 246-S030]를 사용하여 신청하면 된다. AIA 각 문서는 본 핸드북보다 더 자주 이루어지는 개정 기준에 의거하여 주기적으로 개정이 이루어지고 있으므로, AIA 문서를 사용하기 전에 AIA로부터 현재 시점의 각 AIA 문서 가격 일람표나 문서 개요를 구해 보는 것이 바람직하다. 건축주의 프로젝트가 건축사와의 설계 계약과 한 명 혹은 그 이상의 도급자와의 건축공사계약과 같이 여러 개

의 분할된 계약으로 나뉘는 경우, A201 계열 혹은 이 중에 포함된 변형된 문서 중 하나를 사용하는 것이 적절하다. 이것은 일련의 설계-입찰-시공으로 이어지는 일반적인 납품 서비스 접근방식에 적합하게 만들어져 있어서, 가장 많이 공통적으로 사용되는 문서 계열이다. 건축주의 건축 프로젝트가 (1) 주택 개량이나 증축과 같이 소규모이고; (2) 직접적인 설계가 필요하며; (3) 프로젝트 팀 중에서 양호한 업무 관계를 가진 팀과 함께 프로젝트를 진행하도록 확정되고; (4) 기간이 짧고－설계 개시로부터 건축공사 완성까지 일년 이내에 종료되는 경우 및 (5) 경쟁 입찰과 같은 납품과 관련하여 복잡한 사항이 없을 경우, 소규모 프로젝트 계열을 사용하는 것이 적절하다. 이 계열의 문서는 주택 개량이나 증축 및 기타 비용이 상대적으로 낮고 기간이 짧은 프로젝트와 같은 소규모 프로젝트의 표준 계약에 대한 점증하는 필요성을 충족시키기 위해서 1993년에 소개되었다. 건축주의 프로젝트가 설계나 상업용 혹은 공공기관의 각 집기비품 및 설비(FF&E)의 구매 계약으로 나누어지는 경우에는 인테리어 계열 또는 이 중에 있는 약식의 변형된 문서를 사용하는 것이 적절하다. A201 계열과 개념적으로 유사하게, 설계 용역 서비스 계약과 별도로 인테리어 계열의 문서는 FF&E를 조달하여 이와 같은 물품의 판매와 관련되는 금전적인 이해관계로부터 건축사의 독립성을 유지해준다.

인테리어 계열의 문서는 주요 임차용 건물 개발과 같은 건축공사용의 A201 계열 문서와는 유사하지 않다. 건축주의 건축 프로젝트 팀에 제4의 주요 역할자(건축주, 건축사 및 공사도급자, 별도의 또 다른 관련자)가 설계 및 건축상의 진행 과정을 통해 건축 관리상의 일과 같은 독립적인 자문 역할을 하기 위해 게재되어 있을 경우, 조언자로서의 건설경영자(CMa) 계열의 문서를 사용하는 것이 적절하다. 조언자로서의 건설경영자는 이론적으로, 프로젝트의 개시로부터 종결에 이르기까지 건축공사 관리에 적용되는 전문성의 수준을 향상시킨다. 그 자체적인 순수한 형태에 있어서, 조언자로서의 건설경영자 접근 방법은 건축공사작업상의 실제 임금이나 자재와 관련된 금전적인 이해관계로부터 건설경영자가 영향을 받는 것을 방지하여 주므로 건설경영자의 독립적인 판단을 유지할 수 있게 해준다. 건축주의 건축 프로젝트에 건설경영상 단순한 자문 제공의 범위를 넘어 보증 최고액 건축공사비나 도급계약의 서명 체결과 같은 건축 프로젝트의 재정적 위험까지 감수할 수 있는 건설경영자가 고용 되었을 경우에는, 도급자로서 건설경영자 계열의 문서를 사용하는 것이 바람직하다. 도급자로서 건설경영자 체제하에서는, 도급자의 역할과 건설경영자의 역할이 통합되어 GMP의 제시 혹은 제시 없이 하도급업체와 직접 계약을 체결하여 건축공사작업 전반에 대한 전형적인 통제를 할 수 있는 한 사람 또는 주체에게 부여된다. 건축주의 프로젝트에 설계와 건축공사 책임이 하나의 계약으로 통합되어 있는 경우에는, 디자인-빌드 계열의 문서를 활용하는 것이 적절하다. 이와 같이 단순화된 형태의 납품 방식을 택함에 있어서 면허와 윤리적인 문제가 복잡하게 게재되는데, 그 이유는 디자인-빌드 과정 중의 공사 측면에서 발견될 수도 있는 재정적 위험을 택함으로써 전문가의 독립적인 판단이 흐려질 수 있기 때문이다.

A201 계열: 관례적 접근방법

AIA 문서 계열 중에서 가장 많이 공통적으로 사용되는 계열은 A201 계열의 "건축공사계약의 일반조건"으로 집중된다. 이 문서는 다음과 같은 건축공사 프로젝트에 참여하는 주요 구성원들의 의무, 책임 및 상호관계를 규정하고 있다: 건축주, 건축사 및 주 공사도급자 및 하도급자와 보증인 및 보험회사.

AIA 문서 A201 계열은 설계-입찰-시공 접근방법을 사용하여 납품이 이루어지는 프로젝트를 위한 건축업계의 전반적 실무를 제공하며, 다음에 열거된 것들은 일반적으로 이와 같은 유형의 프로젝트로 볼 수 있다.

- 건축주가 한 계약은 건축사와 또 다른 하나의 계약은 공사도급자와 두 개의 주 계약을 체결하는 경우.
- 건축사가 설계 개발을 하여 건축공사 입찰 참가 혹은 건축공사계약 협상의 기초가 되는 한 세트의 실

Part 5 부록

시설계도서를 만드는 경우.

- 건축공사에 대해 정해진 총액 또는 실비정산 보수 지급 기준을 가진 건축공사 프로젝트가 하나 혹은 그 이상의 공사도급자로 구성되는 경우(보증공사최고가격 조건 감안 혹은 비감안).
- 건축사가 건축주를 위해 공사계약을 총괄 관리하는 경우.

설계-입찰-시공 납품 접근방법에 대해 기술하고 분석한 내용이 프로젝트 납품 선택사항에 포함되어 있다(10.1). 물론 이러한 "규칙"에는 적용할 수 있는 수많은 변형이 있다. A201 계열의 문서는 사용할 수 있는 수많은 계약 형식을 제공하며, 이것은 각각의 상황에 맞추기 위해 수정하여 사용할 수가 있다. A201 계열에 있는 다양한 형태의 계약문서는 A201에 통합되어 있어서 참조로 사용할 수 있는 점이 중요한데, 다시 말하면, 계약의 일반 조건은 다양한 계약서류에 쓰여 있거나 혹은 부속되어 있는 것처럼 합법적으로 계약서류의 일부분이 된다.

A201 계열 건축주–공사도급자 관계

A101 건축주–공사도급자 계약서 서식: 규정된 공사비 총액

이것은 건축주와 공사도급자 간에 규정된 총액(고정 비용)의 공사비를 기준으로 건축공사계약을 체결하는 경우 사용되는 건축공사계약의 표준 서식이다. A101 문서는 참조적으로 적용할 수 있고 AIA 문서 A201 건축공사계약의 일반 조건과 함께 사용할 수 있도록 고안되어 있어서, 이에 따라 한 쌍으로 통합되어 있는 합법적인 문서를 제공하게 된다. 이 두 가지를 함께 사용하는 경우, 대부분의 프로젝트에 적절하게 적용할 수가 있다. 제한된 범위를 가진 프로젝트의 경우라면, AIA 문서 A107 의 사용을 검토해 볼 수 있다.

A201 공사계약의 일반 조건

공사계약의 일반 조건들은 건축주, 공사도급자 및 건축사의 권한, 책임 및 상호 관계를 규정하고 있는 점에서 건축공사계약의 통합적인 부분이 된다. 건축사는 건축공사 관련 건축주와 공사도급자 간에 체결된 건축공사계약의 당사자가 아니지만, 계약서류의 준비에 참여하고 일반 조건에 상세하게 기술되어 있는 일정한 책임과 의무를 수행한다. 이 문서는 전형적으로 건축주-건축사 간의 계약, 건축주-공사도급자 간의 계약 및 공사도급자-하도급자 간의 계약과 같은 기타 다른 AIA 문서에서도 참조로 채택되어 사용된다. 다른 계열의 문서에 한 문서가 참조적으로 채택되어 사용되는 경우, 이 문서는 그 다른 문서에 기록되어 있는 것처럼 법에 따라 완전하게 구속되어 있는 것과 같은 취급을 받게 된다. 주 계약에 대해 참조적으로 채택되는 문서가 되는 A201의 중심적인 역할은 계약관계를 서로 결합시키게 만드는 것이다. 이 때문에 종종 이것은 "키스톤(keystone; 쐐기돌)" 문서로 불린다. 계약상의 조건들은 지방에 따라, 프로젝트에 따라 서로 다양하게 달라지므로, 각 개별적인 프로젝트마다 요구되는 일반 조건을 수정하거나 그 일정한 부분을 보완하기 위해서 흔히 보완 조건들이 추가된다. 보완 조건을 만들어 내기 위해 호환성 있게 사용되는 A511에서 A201의 가이드를 참조할 수 있다.

A201/SC 연방정부 건축공사계약의 보완 조건

A201/SC은 연방정부의 지원을 받는 건축공사 프로젝트용으로 사용하기 위한 것이다. 이와 같은 프로젝트에 있어, A201/SC은 (1) 건축공사계약 일반 조건에 대해 필요한 수정을 가하고, (2) 추가 조건 및 (3) 연방정부의 지원을 받는 건축공사 프로젝트의 보험 계약상의 요건들을 제공하는 것으로 A201에 통합 적용된다.

A401 공사도급자와 하도급자 간 계약서 표준 서식

이 문서는 공사도급자와 하도급자 간의 계약관계를 확정시키기 위한 목적으로 사용되는 것이다. 여기에는 양 계약 당사자의 책임에 대해서 상세하게 설명되어 있고, AIA 문서 A201에 쓰여져 있는 것과 유사한 당사자 각자의 의무가 열거되어 있다. 당사자 간의 계약에 보다 세부적인 사항을 추가할 수 있도록 공란도 예비되어 있다. A401은 하도급자-2차하도급자 간의 계약에 사용할 수 있도록 수정될 수도 있다.

A511 보완 조건 수립 가이드

A511은 건축공사계약의 일반 조건들을 개별적인 상황에 따라 적용할 수 있도록 A201을 지원하기 위한 모델 조항과 이에 관한 상세한 주석을 포함하고 있는 지침서이다. 이 지침서에 사용되는 번호 부여 방식은 A201에서 사용하고 있는 번호 부여 방식을 따르고 있다. A511에서 사용되는 대부분의 표현은 A201/CMa, A271 및 A107과 A271에 포함되어 있는 약식 일반 조건을 수정하는 데에 마찬가지로 적용할 수 있도록 되어 있다. AIA는 제한된 면허 조건으로 특정 프로젝트의 보완 조건들을 만들어내기 위한 용도로 사용될 모델 문장의 복제를 위한 문서의 발췌 사용을 허락하고 있다.

A701 입찰자를 위한 지침서

이 문서는 프로젝트의 건축공사를 위해 경쟁입찰이 고시될 경우에 사용된다. A201 및 관련 문서와 함께 사용될 수 있도록, A701은 입찰자들이 입찰을 준비하고 제출하는 데 따라야 할 지침과 절차를 포함하고 있다. 공사금액이나 보증의 유형과 같은 특정 지침이나 특별한 요건들은 보완 조건으로서 A701에 부속되도록 이루어져 있다.

변형 서식(Variations)

A107 약식 건축주–공사도급자 계약서 서식: 제한적 범위의 공사 프로젝트를 위한 공사비 총액이 규정된 경우

이것은 건축주와 공사도급자 간에 체결하는 건축공사계약서의 약식 서식으로, 총액의 공사비를 기준으로 건축공사계약을 체결하는 경우 사용된다. 이것은 AIA 문서 A101과 A201을 조합하여 사용할 경우 길어지는 계약 내용과 이에 따른 복잡성이 요구되지 않는 제한적인 건축공사 프로젝트에 적절하게 사용할 수 있다. A107에는 AIA 문서 A201에 기반하고 있는 건축공사 일반 계약조건을 간략화한 조건들이 포함되어 있다. 이 문서는 건축주와 공사도급자가 이전에 건축공사 작업상 관계를 맺은 적이 있는 경우(예를 들어, 유사한 성격의 이전 건축공사 프로젝트)나 혹은 프로젝트 자체의 세부 사항이 단순하거나 프로젝트 기간이 길지 않을 경우에 사용될 수 있다.

A111 건축주–공사도급자 계약서 서식: 보증된 최고 공사비가 있거나 없는 경우의 보수가중 건축공사비

이 건축주와 공사도급자 간의 계약서 표준 서식은 공사도급자에게 지불할 건축공사비의 대금이 건축공사작업 비용과 규정된 또는 건축공사작업 비용의 백분율로 정해지는 보수가 더해져 책정되는 경우에 적절하게 사용할 수 있다. 보증된 최고 공사비가 지정될 수도 있고, 지정되어 있을 경우 보증된 최고 공사비 이하의 예치금 분배에 관한 계약 조항도 있을 수 있다. A111은 참조용으로 채택하여 사용하며, AIA 문서 A201과 함께 한 쌍으로 통합된 합법적인 문서로 사용할 수 있도록 만들어졌다.

A201 계열 건축주–건축사 관계

B141 건축사 용역 서비스 표준 서식 포함 건축주–건축사 간의 계약서 표준 서식

B141은 융통성 있게 사용할 수 있는 계약서 패키지로서 개념 정립으로부터 프로젝트의 종결 및 그 이후까지 프로젝트 수명의 전 기간에 걸쳐서 건축사가 제공할 수 있는 광범위한 용역 서비스를 제안할 수 있게 만들어 준다. 이것은 다음과 같은 계약문서 양식을 이루고 있는 여러 부분으로 구성되어 있는데, 계약서 표준 서식으로 개시 정보, 계약 조건, 보수 및 다음과 같은 건축사의 용역 서비스에 사용되는 표준 용역 서비스 서식이 있다: 건축사의 용역 서비스 범위를 정의하는 설계 및 건축공사계약 총괄관리. 용역 서비스 범위를 건축주-건축사 간 계약의 나머지 부분으로부터 분리함에 따라서 사용자는 각 용역 서비스의 대안적인 범위를 자유롭게 선택할 수가 있다. AIA는 B141의 조건과 상관관계가 있는 건축사 용역 서비스의 추가적인 대안적 범위를 출판하려 하고 있다.

B511 AIA 문서 B141 의 수정 지침서

이 문서는 각 개별적인 프로젝트의 특정 상황에 맞추어 B141을 적절하게 적용할 수 있도록 선택적 계약 조항의 모델 문장을 포함하고 있다. 그러나 이 문장은 모든 프로젝트에 표준화된 조항으로 적용될 필요까지는 없다.

변형 서식(Variations)

B144/ARCH-CM 건축주-건축사 계약건설경영 용역 서비스의 수정을 위한 표준 서식

B144/ARCH-CM은 건축사가 건설경영 용역 서비스를 패키지로 확장하고 보완적인 건축사의 설계 및 기타 공사 총괄관리 서비스를 AIA 문서 B141의 건축주와 건축사간 표준 계약서 서식에 기술되어 있는 것과 같이 혼합하여 건축주에게 제공하기로 동의한 경우와 같은 상황에서 사용되는 수정안이다. 이 수정안은 건축주에게 B141과 A201의 건축공사계약 일반 조건에 규정된 것과 같은 자문역으로서의 건축사의 정상적인 역할을 상세하게 기술하고 유지해준다. 이 수정안은, 건축사가 건축주에게 보증된 최고 공사비(GMP)를 제시하거나 건축공사와 관련된 방법, 수단 또는 안전상의 요건에 관해 주장을 할 수 있도록 의도하고 있지는 않다. 비록 이 문서가 AIA의 조언자로서의 건설경영자(CMa) 문서와 철학적으로 비슷하기는 하지만, 다른 CMa 문서와 함께 사용되면 안 되는데 그 이유는 B144/ARCH-CM의 저면에 깔린 전제 조건으로서 프로젝트에 다음과 같은 세 명의 주요 역할자만을 가정하고 있기 때문이다: 건축주, 건축사(건설경영 용역 서비스를 제공) 및 공사도급자. 이와 대조적으로, CMa 문서에는 다음과 독립적인 조언자로서의 건설경영자와 같은 제4의 역할자를 가정하고 있다.

B151 약식 건축주-건축사 계약서 서식

이 약식의 건축주-건축사 계약서는 간결하고 읽기가 편한 계약서가 필요하나 B141의 세부 항목과 용역 서비스는 필요치 않을 경우와 같은 제한적 범위의 프로젝트에 대해 사용할 수 있도록 만들어졌다. B151은 B141에서 다섯 가지의 용역 서비스 단계를 제공하는 것에 비해 세 가지의 서비스단계를 제공하고 있다. 이 B151은 건축주와 공사도급자가 이전에 건축공사 작업상 관계를 맺은 적이 있는 경우(예를 들어, 유사한 성격의 이전 건축공사 프로젝트) 나 혹은 프로젝트 자체의 세부적인 사항이 단순하거나 프로젝트 기간이 길지 않을 경우에 적절하게 사용할 수 있다.

B163 건축주와 건축사 간에 지정된 용역 서비스에 관한 계약서 표준 서식

B163은 AIA 건축주-건축사 간 계약 서식 중에서 가장 포괄적인 것이다. 세 부분으로 나누어져 있는 이 문서는 다른 어느 것보다도, 기획-설계로부터 보완적 용역 서비스까지 포괄하는 아홉 단계로 나누어진 용역 서비스의 완전한 목록을 포함하고 있다. 건축사의 과업을 정밀하게 세분화함으로써, B163은 건축사로 하여금 특정 프로젝트를 수행하는 데 요구되는 개인적인 비용과 시간을 보다 정확하게 추정할 수 있도록 해준다. 이에 따라 건축사의 보수는 B163에 제공되어 있는 작업표를 사용하여 시간/비용 기준에 의거, 책정될 수도 있다. 이 문서의 첫 번째 부분은 건축사의 보수나 용역 서비스의 범위와 같은 건축주-건축사 간 계약의 전형적인 변수들을 다루고 있다. 용역 서비스의 범위는 각 당사자로 하여금 서로가 동의하는 용역 서비스와 책임의 지정을 가능하게 하는 표의 사용을 통해 그 한계가 정해진다. 두 번째 부분에는 첫 번째 파트의 표에서 볼 수 있는 특정 용역 서비스에 관한 또 다른 설명이 포함되어 있다. 세 번째 부분에는 각 당사자의 의무와 책임에 관하여 일반적으로 기술되어 있다. B163에 있는 용역 서비스 목록은 건설경영과 인테리어 부문이 포함됨으로써 이전의 문서 이상으로 확대되었다.

B181 건축주와 건축사 간의 주택 용역 서비스에 관한 계약서 표준 서식

이 문서는 미국 주택 및 도시개발부와 기타 연방정부 주택 관련 기관의 지원과 함께 만들어졌다. 약식의 건축주-건축사 간 계약서인 AIA 문서 B151과 유사하게, 이 문서는 건축사가 아닌 건축주로 하여금 공사비 내역 용역 서비스를 제공하도록 하는 것과 같은 독특한 특징들을 가지고 있다. B181은 AIA 문서 A201의 건축공사계약의 일반 조건을 참조 문서로 채택하여 이와 함께 사용된다.

B188 건축주와 건축사 간의 주택 프로젝트를 위한 제한적인 건축 용역 서비스에 관한 계약서 표준 서식

B188은 AIA의 계약 문서 모음 중에서도 독특하게 추가된 것이다. 이와는 먼 사촌격인 B181과는 다르게, B188은 주택 프로젝트와 관련하여 제한적인 건축 용역 서비스를 제공하고자 하는 상황하에 있는 건축사가 사용할 수 있도록 만들어졌다. 이 문서는 건축주가 프로젝트 관리 전반에 걸쳐서 주택 개발자나 주택건축 공사자와 유사한 능력을 가지고 프로젝트의 광범위한 통제를 하고 있을 것을 기대하고 있다. 결과적으로, 건축주나 건축주에 의해 고용된 별도의 컨설턴트가 다른 여러 가지의 프로젝트 책무 중에서 공학적인 서비스의 제공, 브랜드 명이나, 자재 및 설비의 지정, 그리고 공사도급자에게 지불되는 대금의 총괄 관리를 할 것으로 전제된다. B188은 AIA의 다른 표준 서식의 계약서와 함께 사용되지는 않는다.

B352 건축사의 프로젝트 대리인의 의무, 책임 및 권한의 제한

만일, 혹은 건축주가 건축공사 현장에서 정규 또는 시간급으로 일할 프로젝트 대리인을 추가적으로 원하는 경우에, B141과 AIA의 건축주-건축사 간 계약서 참조 문서 B352를 사용하여 프로젝트 대리인의 의무, 책임 및 권한의 제한에 대해 약정할 수 있다. 이 프로젝트 대리인은 건축사가 고용하고 감독하게 된다. 1950년대 초까지만 하더라도, B352의 이전 문서에서는 이 대리인을 "공사의 사무원 혹은 감사"로 불렀는데, 그 이유는 이 사람을 건축주가 고용하였지만, 건축사가 감독을 하였기 때문이다. 이와 같이 고용과 감독의 책임이 분리되어 있음에 따라 수많은 문제가 발생하였으나, 이러한 문제를 B352에 정한 바와 같이 건축사가 고용인과 감독인의 역할을 하도록 하여 해결하게 되었다. B352는 B141과 A201 모두와 함께 완벽하게 사용할 수 있다.

B727 건축주와 건축사 간의 특별 용역 서비스에 관한 계약서 표준 서식

B727은 AIA의 건축주-건축사 간 계약 서식 중에서 가장 제한 없이 수정 가능한 서식 문서로, 용역 서비스에 관한 기술은 계약 당사자가 독창적으로 고안하여 채워 넣을 수 있도록 남겨져 있다. 그 외에, 많은 계약상의 조건들은 AIA 문서 B141에서 볼 수 있는 것과 매우 유사하다. B727은 종종 계획 수립, 타당성 조사 및 B141이나 다른 AIA 문서에 규정된 것과 같이 완전하게 단계별로 이루어진 순서를 따를 필요가 없는 기타 (공사관리와 같은) 용역 서비스에 사용된다. 만일 공사관리와 같은 용역 서비스를 제공하기로 한 경우에는, 일반 건축공사 계약조건들과 B727을 함께 사용할 때 반드시 주의를 해야 한다.

A201 계열 건축사-컨설턴트 관계

C로 시작되는 시리즈의 문서(건축사-컨설턴트 간 계약)가 A201 계열로 분류되어 있기는 하지만, 이 문서는 소규모 프로젝트 계열의 문서만 예외로 하고 다른 계열의 문서와 함께 사용될 수가 있는데, 그 이유는 소규모 프로젝트에 요구되는 것과 같은 단순화된 상황을 충족할 수 있도록 만들어지지 않았기 때문이다. C계열 서식 문서를 사용할 경우, 프로젝트에서 사용될 특정한 일반 조건과 가장 핵심적인 주 계약사항 내에 적절한 상호-참조를 삽입할 경우에는 반드시 주의를 기울여야 한다.

C141 건축사와 컨설턴트 간의 계약서 표준 서식

이것은 건축사와 컨설턴트 간에 각자의 책임과 상호간의 권한을 규정할 수 있는 계약서의 표준 서식이다. C141은 기술자들에게 가장 적합한 서식인 동시에 AIA 문서 B141에 기술된 것과 같이 다섯 단계로 구분된 용역 서비스를 건축사에게 제공하는 다른 분야의 컨설턴트도 사용할 수 있다. 이 서식에 있는 계약 조항들은 B141과 A201, 건축공사 계약의 일반 조건에 있는 것들과 일치하고 있다.

변형 서식(Variations)

C142 약식 건축사-컨설턴트 간 계약서 서식

이것은 건축사-컨설턴트 간 계약 문서의 약식화된 서식으로, 건축주와 건축사 간 계약 문서에 있는 핵심적인 주요 계약조건들을 참조하여 채택하고 있다. 이 서식은 가장 우선적인 주요 핵심 계약이 AIA 문서 B141에 근거를 두도록 의도하고 있다.

C727 건축사와 컨설턴트 간의 특별 용역 서비스에 관한 계약서 표준 서식

이 서식은 건축사와 컨설턴트 간 특별 용역 서비스에 관한 계약서의 표준 서식으로, 여타 C 시리즈의 서식 문서 사용이 부적절할 경우에 대신 사용할 수 있도록 고안된 것이다. 이것은 종종 계획 수립, 타당성 조사, 입주 후 조사 및 특화된 설명을 요하는 기타 용역 서비스에 사용된다.

C801 전문 용역 서비스용 조인트벤처 계약

이 문서는 각자의 권한과 의무를 제공하려 하는 둘 혹은 그 이상의 당사자가 사용할 수 있다. 이 서식은 일단 조인트벤처가 설립되면, 전문적인 용역 서비스를 제공하기 위한 프로젝트 계약을 건축주와 체결하도록 만들어져 있다. 각 당사자는 모든 건축사, 모든 기술자, 건축사와 기술자의 조합, 또는 기타 전문가들의 조합이 될 수가 있다. 이 문서는 조인트벤처 운영 관련 두 가지의 방법 중 하나의 선택을 할 수 있게 되어 있다. "보수금액의 분할" 방법은 프로젝트 시작 시점에 결정된 비율에 의거하여 각 당사자가 용역 서비스를 제공하고 이에 따라 지급된 보수 금액을 나누어 가질 수 있도록 만들어져 있다. 각 당사자의 수익성은 이에 따라 사전 할당된 과업의 이행 성과에 의존하게 되며, 다른 당사자의 성과와 직접적으로 결속이 이루어져 있지는 않게 된다. "이익과 손실의 분할" 방법은 일반관리비를 위한 실비정산 명목상의 경비 기준으로 용역 서비스를 제공하고, 이에 의거하여 보수가 될 금액을 청구하는 조인트벤처에 속한 각 당사자의 작업 성과에 기초하고 있다. 조인트벤처의 궁극적인 이익과 손실은 프로젝트 종료 시에 당사자 각각의 이해관계에 의거하여 배분이 이루어진다.

소규모 프로젝트 계열

소규모 프로젝트 서식 문서는 다음과 같은 세 가지의 조건이 만족되는 경우, 곧바로 설계가 이루어지는 프로젝트에 우선적으로 사용된다.

- 단 한 명의 공사도급자가 경쟁 입찰이 아닌 수의 계약 방식으로 선정되는 경우.
- 주거나 소규모 상업용 사무실과 같이 제한적인 변경으로 그 구조상 효과적인 변경을 하고자 하는 경우.
- 프로젝트의 총 소요 기간이 일년을 넘기지 않을 경우.

간결한 서식을 만들기 위해서 AIA의 다른 장문의 서식에서 공통적으로 발견할 수 있는 수많은 조항들이 제거되었고, 결과적으로 이 때문에 각 당사자를 위해 마련된 보호 수준도 부수적으로 축약되었다. 따라서, 프로젝트 초기부터 모든 당사자 간에 양호한 작업 수행 관계를 만들어 놓는 것이 중요한 필수조건이 된다. 특히 주지해야 할 사항은 이 계열의 문서에는 분쟁 해결 절차가 포함되어 있지 않다는 것이다. 만일 상호간의 권리청구나 분쟁을 중재, 중개, 혹은 다른 대체적 분쟁 해결 방법을 통해 해결하고자 할 경우에는 문서의 서식을 수정하여 적절한 조항을 추가하도록 해야 한다. 소규모 프로젝트용 서식 문서는 단순한 표현의 형태로 이루어져 있기 때문에, AIA의 보다 심도 깊은 계약상의 완벽성이나 복잡성이 필요하지 않은 상황에서 적합하다. 반면에, AIA 문서에서 볼 수 있는 것과 같은 완벽성이나 세부적인 요건들을 요구하게 될 경우에는, 소규모 프로젝트용 서식 문서가 적절하지 못할 수도 있다.

A105 건축주와 공사도급자 간의 소규모 프로젝트 표준 계약서 서식

이것은 건축주와 공사도급자 간에 규정된 금액 혹은 고정 비용의 보수금액 지정 방법을 채택한 소규모 프로젝트 건축공사 계약을 위한 표준 계약서 서식이다. 이 서식은 A205 일반 계약조건 서식과 B155 건축주-건축사 계약서 서식과 관련하여 함께 사용될 수 있도록 만들어졌다.

A205 소규모 프로젝트 공사 계약의 일반 조건

A201에 있는 계약상의 일반 조건을 모델로 만들어졌으므로, A205 문서 역시 건축주, 건축사 및 공사도급자 간의

권리, 책임 및 상호관계에 대해 규정하고 있으나, A201에 비해 간략하고 단순한 표현 형태로 만들어졌다. A205 문서는 A105 및 B155 계약문서 서식에 참조로 채택될 수 있으며, 법적으로 이들 문서 내에 직접적으로 쓰여져 속해 있는 것과 같은 취급을 받게 된다.

B155 건축주와 건축사 간의 소규모 프로젝트 표준 계약서 서식

소규모 프로젝트용 건축주-건축사 간 계약서는 A105과 A205처럼 보수 금액의 규정된 총액(고정 비용) 규정 방식에 의거하고 있고 단순한 표현으로 쓰여져 있는 간략한 형태의 서식이다. A105 건축주-공사도급자 간의 계약서와 같이, B155 문서는 A205에 있는 계약 일반 조건들을 참조하여 함께 사용되며, 이에 따라 A205가 직접적으로 건축주-건축사 간 계약서 내에 쓰여져 있는 것처럼 취급을 받는 것과 같게 된다.

인테리어 계열

인테리어 계열의 문서는 가구, 집기비품 및 설비의 설계 및 조달을 위한 용도로 출판되었다. 개념적으로 A201 계열의 문서와 일부분이 유사하기는 하지만, 인테리어 계열 문서는 AIA 문서 A271과 같은 계약 일반 조건 문서의 주위에 집중되어 있다. 계열 내에 있는 다양한 계약 문서로 참조되는 형태로 이루어지는 공동 사용을 통해서, A271은 인테리어 프로젝트에서 규정되는 책임과 상호관계를 조정하는 장치가 된다. A201 계열의 문서와는 달리, 이 계열의 문서는 구조적인 요소의 개조나 추가와 같이 신중한 건축공사를 위한 용도로 만들어지지는 않았다. 이와 같은 인테리어 공사의 경우, A201 계열의 문서를 사용한 계약이 별도로 체결 수립되는 것을 가정하고 있다. 인테리어 계열 문서에 있어서 독특한 것은 바로 이러한 가정인데, 왜냐하면 FF&E가 계약상 규정된 대부분의 작업을 구성하고 있기 때문이고, 미 연방정부의 통일 상법(UCC)이 상거래에 적용된다. 미 연방정부의 대부분의 주에서 통일 상법의 버전을 채택하였으며, 제2조는 부동산으로 한정되지 않은 모든 물품의 판매에 대해 규율하고 있다. UCC는 법령을 통해서 서면 계약상에 있을 수 있는 어떠한 누락된 조항이 있더라도 완전한 상거래를 위해 이를 제공한다. UCC내에 있는 일부 묵시적인 조항들은 각 직업별 또는 산업별 현존 실무와 일치하지 않을 수도 있기 때문에–예를 들면, "실질적 공사 완료의 개념"과 같은 것–A271은 이와 유사한 실무 사례를 취하여 UCC를 보완할 수 있도록 고안되었다. 인테리어 계열 문서의 사용자들은 FF&E의 조달과 관련하여 적용될 수 있는 UCC 제2조의 조항을 숙지하고 있어야 한다. UCC의 복사본은 법률 서적 서점이나 상무성 또는 (800) 328-9352의 웨스트 퍼블리싱 컴퍼니(West Publishing Company)로 전화하여 구할 수 있다.

인테리어 계열 건축주–공사도급자 관계

A171 건축주–공사도급자 간의 계약서 서식: 규정된 총액 —가구, 집기비품 및 설비 (조달)

이것은 건축주와 공사도급자 간에 규정된 총액(고정 비용)의 비용을 기준으로 가구, 집기비품 및 설비 조달 계약을 체결하는 경우 사용되는 계약서의 표준 서식이다. A171 문서는 AIA 문서 A271의 가구, 집기비품 및 설비(조달) 계약의 일반 조건을 참조로 취하여 함께 사용될 수 있도록 만들어졌다. 이 문서는 건축주와 공사도급자 간에 경쟁 입찰이나 협상을 통해 사전에 FF&E 비용이 확정되어 있는 임의의 계약 체결에 사용할 수 있다.

A271 가구, 집기비품 및 설비 계약의 일반 조건

A271은 계약의 범위가 가구, 집기비품 및 설비의 범위로 한정되어 있을 경우에, A201이 건축공사 프로젝트 전용으로 만들어져 사용되는 것과 유사하게 이와 같은 계약에 사용될 수 있도록 만들어졌다. 미 연방정부 통일 상법(UCC)이 실질적으로 모든 사법 관할권 내에 채택되어 있기 때문에, A271은 UCC 제2조에 규정되어 있는 상거래 표준을 인정하기 위해 고안되었고 UCC 표준 용어의 일부를 사용하고 있다. 주가 되지 아니하는 사소한 공사작업을 제외하고, A271 문서는 생명 보호 시스템이나 건축물의 구조적 요소와 같은 건축공사 계약에 사용 해서는 안된다.

A571 인테리어 보완 조건 수립 가이드

A511과 유사하게, AIA 문서 A571은 인테리어 프로젝트의 보완 조건들을 마련해야 하는 실무자를 돕기 위해 만들어졌다. AIA 문서 A571은 A271의 가구, 집기비품 및 설비 계약이 사용되는 경우, 지방에 따라서 프로젝트 요건들이 변형되는 것을 다루기 위한 부가적인 정보를 제공해준다.

A771 인테리어 입찰자 입찰지침서

A701과 유사하게, A771은 A271에 대해 일관성 유지를 위한 사소한 변경사항만을 포함하고 FF&E 문서와 관련되어 있는 경쟁입찰의 경우에 사용된다.

변형 서식(Variations)

A177 건축주-공사도급자 약식 계약서 서식: 규정된 총액—가구, 집기비품 및 설비 (조달)

A177은 근본적으로 대부분의 포함된 내용이 보다 복잡하고 내용이 긴 A171과 A271 문서의 조합으로부터 파생된 약식 문서이다. 이 문서에 있는 약식의 조건들은 가구, 집기비품 및 설비 계약을 하는 공사도급자가 건축주와 사전에 공사작업상의 관계가 있을 경우 혹은 프로젝트의 세부사항이 상대적으로 단순하거나 또는 기간이 길지 않을 경우에 사용될 수 있다. 주의사항: 이 문서는 사람의 생명 안전 시스템이나 구조적인 구성 요소와 같은 주요 공사작업상의 계약에 사용하기 위해 만들어진 것은 아니다.

인테리어 계열 건축주-건축사 관계

B171 건축주와 건축사 간 인테리어 용역 서비스에 관한 계약서 표준 서식

B171 문서는 건축사가 가구, 집기비품 및 설비의 조달과 관련하여 그 설계와 조달상의 총괄관리에 관한 용역 서비스를 건축주에게 제공하기로 동의가 이루어진 경우에 사용하기 위해 만들어졌다. 건축물의 설계에 사용되는 B141 문서와 달리, 이 문서는 인테리어 공간의 프로그래밍과 요건들을 기본 용역 서비스 패키지의 일부로 포함하고 있다. 조달 물품에 대한 기각 권한은 건축사 아닌 건축주가 가지고 있는데, 그 이유는 물품의 조달이 UCC에 의해 규율되고 있어서 건축사가 물품에 대해 실수로 기각하거나 승인하는 것(에 대한 책임)이 건축주에게 구속되기 때문이다. B171은 AIA 문서 A271의 가구, 집기비품 및 설비 계약의 일반 조건을 참조 문서로 채택하여 이와 함께 사용된다. B171이 사용되는 경우, A271 문서는 건축주와 공사도급자 간에 체결되는 FF&E 계약의 일부를 구성하게 된다.

변형 서식(Variations)

B177 건축주와 건축사 간의 인테리어 용역 서비스에 관한 약식 계약서 서식

B177은 B171과 유사하지만 세부 항목이 적고 덜 복잡한 약식의 서식이다. 이 문서는 건축주와 공사도급자가 이전의 공사작업으로부터 함께 지속적인 관계를 영위하고 있거나 혹은 프로젝트의 세부 사항이 상대적으로 단순 하거나 기간이 길지 않을 경우에 사용할 수 있다.

조언자로서의 건설경영자 계열

조언자로서의 건설경영자 문서는 건축 설계로부터 시작하여 건축공사작업의 종결에 이르기까지 건축주에게 독립적인 직업상의 전문가로서 건축공사상의 방법과 수단에 관련된 금전적인 이해관계와 무관하게 제공하는 건설경영상의 용역 서비스에 근거하고 있다. 조언자로서의 건설경영자 계약은, 건설경영자가 건축주에게 보증 최고 공사액(GMP)을 제시하거나 또는 건축공사상의 임금 혹은 자재계약을 체결하는 것을 가정하고 있지는 않다. 대신에, 건축주가 건축공사작업과 관련하여 하나 혹은 그 이상의 공사도급자와 직접 계약을 체결한다. 이와 같은 약속의 결과로서 제4의 주요 역할자(건설경영자)가 프로젝트에 합류하게 된다. 이 특징이 조언자로서의 건설경영자 계열의 문서를 AIA 문서 중에서 독특하게 만들고 있다. 이와 같은 독특성으로 인해, 조언자로서의 건설경영자 계열의 문서는 특히 CM-공사도급자 계열의 문서와 같은 다른 어떠한 계열의 문서와 혼용하여 사용하면 안된다. 조언자로서의 건설경영자 접근방법의 변형 서식은 A201 계열 내에서 AIA 문서 B144/ARCH - CM과 같이 새롭게 수정된 표준 서식을 통해 볼 수 있다. 이 수정된 서식을 사용할 경우, 건설경영자의 용역 서비스를 건축사의 전형적인 기본 용역 서비스와 통합할 수가 있고, 이에 따라 프로젝트 팀 내에 제4의 당사자가 있어야 할 필요성을 제거할 수가 있다.

조언자로서의 건설경영자 계열: 건축주 – 공사도급자 관계

A101/CMa 건축주–공사도급자 계약 규정된 공사비 총액 —건설경영자–자문역 판

A101/CMa 문서는 공사대금 지급 기준이 규정된 공사비 총액(고정 비용)으로 정해져 있고, 공사도급자와 건축사 외에 건설경영자가 설계와 건축공사 과정에서 자문 역할로 건축주를 지원하고 있을 경우에 건축주와 공사도급자 간에 체결되는 계약서의 표준 서식이다. 이 문서는 AIA 문서 A201/CMa "건축주 – 공사도급자 간 계약 일반 조건–조언자로서의 건설경영자 판"과 함께 사용될 수 있도록 만들어졌다. 이렇게 통합된 한 세트의 문서는 건설경영자가 건축사의 자문 역할과 달리 건축주에게 자문 역할만을 수행하는 프로젝트가 있을 경우에 적절하게 사용할 수가 있다(후자의 관계는 AIA 문서 A121/CMc에 나타나 있다). A101/CMa 문서는 건축공사비용이 경쟁입찰이나 협상을 통해서 사전에 확정된 프로젝트의 건축주와 공사도급자 간의 어떤 계약에라도 사용하기에 적합하게 되어 있다.

A201/CMa 건축공사 계약의 일반 조건—조언자로서의 건설경영자 판

A201/CMa 문서는 제4의 역할자로서 건설경영자가 건축주, 건축사 및 공사도급자로 이루어진 프로젝트 팀 내에 합류하는 경우에 사용할 수 있도록 A201 문서를 응용하여 만들어진 것이다. A201/CMa 문서에서는, 건설경영자가 건축주에게 독립적인 자문역의 역할을 가지고 있다. A201과 A201/CMa 간의 주요 차이점은 제2조 "건축공사 계약의 관리"에 나타나 있는데, 이것은 건축사와 조언자로서의 건설경영자의 의무와 책임에 관해 다루고 있다. A201/CMa에 묵시적으로 나타나있는 또 다른 주요 차이점은 거래 계약자들과 직접적으로 복수의 건설경영계약을 활용하는 것이다.

주의사항: A201/CMa는 건설경영자가 건축주에게 보증 공사비 최고액을 제시하거나 프로젝트에 노동력이나 자재를 공급하는 사람과 직접적으로 계약을 체결하는 것과 같은 도급자의 역할까지 맡아 하는 것으로 정해진 경우에 사용하는 계약 서식과 함께 사용하면 안된다는 점을 주지하고 있는 것이 중요하다.

A511/CMa 보완 조건 수립 가이드—조언자로서의 건설경영자 판

A511과 유사하게, A511/CMa 문서는 건축공사계약-조언자로서의 건설경영자 판(AIA 문서 A201/CMa)의 일반 계약조건들을 보충하기 위한 모델 조항에 대한 가이드이다. A511/CMa 문서는–A201/CMa도 마찬가지–건설경영자가 자문 역할을 가지고 (CMa 문서에 지정되어 있는 것과 같이) 건축주를 위해 일을 하는 경우에만 사용할 수 있도록 해야 하며, 건설경영자가 도급자의 역할까지 맡아 하는 (CMc 문서에 의거한 관계) 경우에 사용하면 안된다. A511과 유사하게, 이 문서는 보완 조건들을 위한 정해진 표현을 적절한 용례에 관한 주석을 포함하고 있다. 그러나 여타 조언자로서의 건설경영자 문서와 일관성을 확보하기 위해 수많은 주요한 특징적인 사항들이 만들어져 있다.

조언자로서의 건설경영자 계열: 건축주 – 건축사 관계

B141/CMa 건축주와 건축사 간의 계약서 표준 서식, 조언자로서의 건설경영자 판

B141/CMa는 건설경영 용역 서비스가 건축주가 맺은 별

도 계약에 의거하여 제공되는 건축 프로젝트의 경우에 건축주와 건축사 간 계약서의 표준 서식으로 사용된다. 이 문서는 프로젝트 전체 과정을 통해서 건설경영자가 독립적이고 직업상의 전문적인 자문 역할을 가지고 건축주를 위해 일을 하는 경우에 사용되는 AIA 문서 B801/CMa "건축주와 공사도급자 간의 계약"과 함께 사용된다. B141/CMa 과 B801/CMa 문서 둘 모두 각각 별개의 공사도급자가 건축주와 건축공사계약을 맺는 것을 가정하고 있다. 건축주-공사도급자간의 계약은 AIA 문서 A201/CMa "건축공사계약의 일반 조건-조언자로서의 건설경영자 판"에 의거하여 건축사와 조언자로서의 건설경영자에 의해 공동으로 총괄관리가 이루어진다. B141/CMa는 건설경영자가 AIA 문서 A121/CMc에 기술되어 있는 바와 같은 도급자(즉, 공사도급자)의 역할도 하는 경우에 사용되는 문서와 대등하게 사용할 수 없으며 이러한 문서와 함께 사용하면 안된다. 건축사가 설계는 물론 건설경영 용역 서비스까지 확장된 용역 서비스를 제공하게 되는 경우는 AIA 문서 A201 계열에 있는 B144/ARCH-CM을 참조한다.

조언자로서의 건설경영자 계열:
건축주 – 건설경영자 관계

B801/CMa 건축주와 조언자로서의 건설경영자 간의 계약서 표준 서식

이 계약서의 표준 서식은 건축사 및 공사도급자와는 별도의 자문역(CMa)을 하는 독립적인 주체가 프로젝트 전체과정을 통해 건축주를 위해 단순히 자문 역할만 하는 건설경영 용역 서비스가 제공되는 프로젝트에 사용하기 위해 만들어졌다. B801/CMa는 AIA 문서 B141/CMa "건축주와 건축사 간 계약서의 표준 서식, 조언자로서의 건설경영자 판"과 동등하게 사용된다. B801/CMa과 B141/CMa는 건축주와 맺은 건축공사계약이 건축사와 AIA 문서 A201/CMa의 "건축공사 계약의 일반 조건-조언자로서의 건설경영자 판"에 의한 건설경영자에게 공동으로 총괄관리를 받게 되는 별도의 공사도급자(복수의 공사도급자)가 있다는 전제에 의거하여 만들어진 것이다. B801/CMa는 건설경영자가 AIA 문서 A121/CMc에 기술되어 있는 바와 같은 도급자(즉, 공사도급자)의 역할도 하는 경우에 사용되는 문서와 대등하게 사용할 수 없으며 이러한 문서와 함께 사용하면 안된다. 건축사가 설계는 물론 건설경영 용역 서비스까지 확장된 용역 서비스를 제공하게 되는 경우는 AIA 문서 A201 계열에 있는 B144/ARCH-CM을 참조한다.

CMa 프로젝트 서식

G701/CMa 설계변경 지시서-조언자로서의 건설경영자 판

이 문서의 사용 목적은 G701의 그것과 동일하다. 주요한 차이점이라고 할 수 있는 것은 변경지시를 유효하게 만들기 위해서는 조언자로서의 건설경영자의 서명이 건축주, 건축사 및 공사도급자의 그것과 함께 필요하다는 것이다.

G702/CMa 공사대금 지급 신청 및 인증서-조언자로서의 건설경영자 판; AIA 문서 G703의 연속 서식(Continuation Sheet)

G702/CMa의 사용 및 그 목적이 실질적으로 G702의 그것과 유사하기는 하지만, "조언자로서의 건설경영자 판"에서는 공사대금 지급에 대한 인증에 건축사와 건설경영자 양자를 포함하도록 책임을 확대하고 있다. 이와 유사하게, 건축사와 건설경영자 양자 모두 각각 서로 다른 숫자로 변경되고 이에 대한 설명이 함께 덧붙여져 당초 신청 금액과는 서로 다른 금액을 인증할 수도 있다. G703 표준 분급 서식은 G702/CMa의 서식과 함께 사용하기에 적합하다.

G 714/CMa 건축공사 변경 지시, 조언자로서의 건설경영자 판

G714/CMa는 G714의 개요에 기술되어 있는 것과 같은 공사작업상의 본질적인 변경과 동일한 유형의 변경에 대해 효력을 주기 위해 고안된 것이다. 이 양자간의 차이점은 그 목적에 있는 것이 아니라 실행에 있다: 변경 지시서가 계약상의 유효한 문서가 되도록 하기 위해 건축주와 건축사 양자가 반드시 G714에 서명을 해야만 하는 것에 비해,

G714/CMa는 건축주, 건축사 및 건설경영자가 실행을 할 것을 요구한다.

G722/CMa G723/CMa 프로젝트 신청서 및 공사대금 지급용 프로젝트 인증서 및 프로젝트 신청서 요약

이 문서들은 그 사용 목적에 있어서 G702 및 G703의 조합과 유사하나 건설경영 프로젝트에서 사용함에 있어서는 그렇지 않다. 공사도급자들은 각각의 G702CMa/G703CMa 문서를 각 공사도급자 신청서의 요약 역할을 하는 G723CMa를 완성하기 위해 이 문서들을 수집하고 정리하는 건설경영자에게 제출한다. 프로젝트의 전체 합계는 이에 따라 G722CMa 문서로 이기된다. 건설경영자는 이에 따라 서식에 서명을 하고, 결재를 한 후에, (각 공사도급자들의 G702 서식이 딸려있는) G723CMa 문서와 함께 건축사에게 제출하여 검토 및 후속 조치가 이루어질 수 있도록 한다.

도급자로서 건설경영자 계열

도급자로서 건설경영자(CMc) 문서는 건설경영 용역 서비스가 건축공사작업을 이행하기 위한 하도급공사계약 및 노동 및 자재의 구매 조달까지 포함하는 공사도급자의 위험-감수 역할까지 통합하고 있는 프로젝트에서 사용할 수 있도록 만들어진 것이다. 아래에 설명된 두 CMc 문서에서 건설경영자의 보수는 두 부분으로 나누어져 있다: 건축공사 착수 전 단계에서, CM은 총액, 백분율, 또는 시간급 기준으로 보수를 받을 수도 있지만, 건축공사 진행 단계에서는 A111과 유사한 "실비정산 보수금액"의 기준에 의거하여 보수를 받게 된다. 프로젝트의 건축공사 착수이전 단계에서는 도급자로서 건설경영자의 책임이 조언자로서의 건설경영자(CMa)와 유사하기는 하지만, 도급자로서 건설경영자는 건축 설계가 충분하게 정의되어서 보증된 최고 공사비(GMP)나 혹은 확고한 통제 금액 추정치를 건축주의 승인을 얻기 위해 제시할 수 있게 되는 경우에는 기업가의 포지션으로 위상이 전환된다. 만일 건축주가 GMP 제시안이나 통제 금액의 추정치를 승인하지 않을 경우에는, 각 당사자는 서로 각자의 길을 가야 하고 건축주는 프로젝트를 가져가기 위한 다른 방법을 모색해야 한다. 만일 각 당사자가 서로 동의를 하는 경우, 도급자로서 건설경영자는 프로젝트를 이룩하기 위해 계속 진행을 하고 건축공사의 수단과 방법에 관한 책임을 떠맡게 된다. 도급자로서 건설경영자 문서는 조언자로서의 건설경영자 계열의 문서에서 가정하고 있는 그것과는 현저하게 다른 변수에 기반하여 만들어져 있음을 알고 있는 것이 중요하다. 어떠한 상황 하에서라도 CMc 문서는 CMa 문서와 함께 사용할 수 없다.

도급자로서 건설경영자 계열: 건축주-건설경영자 관계

A121/CMc 건설경영자가 도급자이기도 한 경우의 건축주와 건설경영자 간 계약서 표준 서식

이 문서는 미국건축사협회(AIA)와 미국공사도급자연합회(AGCA)의 공동 노력을 보여주고 있다. AIA 는 이 문서를 A121/CMc로 지정하였고 AGC에서는 AGC 565로 지정하고 있다. 건설경영자는 건축주가 승인, 기각, 혹은 협상을 할 수 있는 보증된 최고 공사금액을 건축주에게 제시한다. 제시된 안에 대해서 건축주가 수정안의 실행을 통한 승인을 하게 되면, 건설경영자는 프로젝트 이행을 위한 노동력과 자재를 제공해야 할 계약상의 책임을 지게 된다. 이 문서는 건설경영자의 용역 서비스를 두 단계로 구분한다. 공사착수이전 단계와 건축공사진행 단계로 구분하며, 각 부분은 프로세스를 신속하게 처리하기 위해 동시 진행이 이루어질 수도 있다. A121/CMc 문서는 AIA 문서 A201 "건축공사 계약의 일반 조건"과 B141 "건축주와 건설경영자 간의 계약서 표준 서식"과 함께 대등하게 사용할 수 있도록 만들어졌다.

주의사항: 혼동 및 애매 모호성을 피하려면, 이 건설경영자 문서를 다른 어떤 AIA 혹은 AGC의 건설경영자 문서와 함께 사용하는 것은 피해야 한다.

A121/CMc-a 건설경영자가 도급자이기도 한 경우의 건축주와 건설경영자 간 계약서 표준 서식의 수정 서식

이 문서는 A121/CMc와 함께 포함되어 있으며, A121/CMc 및 AGC 문서 565의 1991년 판을 수정 대체하기 위해 만들어졌다. 이 문서를 사용할 경우, A121/CMc와 AGC문서 565의 1991년 판을 A201-1997 및 B141-1997과 일치하도록 확보할 수 있다.

A131/CMc 건설경영자가 도급자이고; 공사대금의 지급 기준이 건축공사비 더하기 보수금액으로 되어 있고, 건축공사비에 대한 보증이 없는 경우

건축주와 건설경영자 간의 계약서 표준 서식 A121/CMc와 유사하게, 이 계약서 표준 서식은 건축공사 방법 및 수단에 대한 전형적인 도급자의 책임과 건설경영자의 용역 서비스의 통합에 근거하고 있다. A121/CMc와는 달리, 건축주가 보증된 최고 공사비(GMP)를 건축공사비의 최고 한도 비용으로 받지 않았기 때문에, 건축주에게 건축공사 계약에 있는 건축공사단계의 일부분을 편의에 따라 (즉, 그 이유를 나타낼 필요 없이) 종결할 수 있는 권한이 주어져 있다.

A131/CMc-a 건설경영자가 도급자인 건축주와 건설경영자 간 계약서 표준 서식의 수정 서식: 코스트 플러스 보수금액, 건축공사 비용에 대한 보증이 없는 경우

이 문서는 A131/CMc와 함께 포함되어 있으며, A131/CMc 및 AGC 문서 566의 1994년 판을 수정 대체하기 위해 만들어졌다. 이 문서를 사용할 경우, A131/CMc 와 AGC 문서 566의 1991년 판을 A201-1997 및 B141-1997과 일치하도록 확보할 수 있다.

디자인-빌드 계열

디자인-빌드 문서는 건축주가 설계와 건축에 대해 한 주체-디자인-빌로서 단일한 책임을 지기를 원하는 경우에 적절하게 사용할 수 있다. 디자인-빌드의 경우, 건축주는 설계 및 건축 용역 서비스 둘 다를 포괄하는 하나의 계약 A191에 서명을 하게 된다. 디자인-빌더는 건축사, 공사도급자, 개발자, 혹은 이와 같은 계약을 체결할 수 있는 합법적인 능력을 가지고 있는 다른 개인이나 주체가 될 수 있다. 디자인-빌더는 모든 용역 서비스 그 자체를 수행하거나, 설계 용역 서비스를 수행하기 위해 건축사와 또는 건축공사 용역 서비스를 수행하기 위해 공사도급자와 각각 개별적인 계약을 선택하여 체결할 수도 있다. 디자인-빌드 계열의 문서는 이와 같은 수많은 형태의 계약이 가능하게 이루어질 수 있도록 충분한 융통성을 가지고 있다. 디자인-빌드를 통한 프로젝트 납품 방식은 건축공사 작업 팀의 일부 전통적인 역할과 책임에 있어서 개조된 점이 있음을 알고 있는 것이 중요하다. 예를 들면, A201 계열의 문서에서 볼 수 있는 관례적인 접근방법과는 달리, 디자인-빌드의 경우, 건축사의 계약상 의무는 건축주가 아닌 디자인-빌더의 이해관계에 따라서 정해진다. 이 외에도, 일부 사법권 내에서는 디자인-빌드 방식을 사용하는 프로젝트 납품을 금지하거나 제약을 두는 곳도 있다. 디자인-빌드 방식의 계약을 포함하고자 생각하는 각 당사자는 신중하게 이 방식과 관련된 법적 문제와 보험 관계에 대한 전문적인 자문을 구하는 것이 바람직하다.

A191 건축주와 디자인-빌더 간 계약서 표준 서식

이 문서에는 설계와 건축공사 용역 서비스에 대한 단일화된 책임을 가질 개인 혹은 주체와 계약을 체결하는 건축주가 차례대로 사용하는 두 개의 계약서가 포함되어 있다. 첫 번째의 계약 서식은 예비 설계 및 예산 산출 용역 서비스에 관한 것이고, 두 번째의 계약 서식은 최종 설계 및 건축공사에 대한 것이다. 비록 첫 번째의 계약을 건축주와 체결하는 디자이너-빌더가 두 번째의 계약도 건축주와 체결할 수 있을 것으로 기대할 수는 있지만, 각 당사자는 이렇게 해야 할 의무가 지워진 것은 아니므로 양 당사자 간의 관계는 첫 번째의 계약이 완성된 후에 마무리될 수도 있다.

A491 디자인-빌더와 공사도급자 간 계약서 표준 서식

이 문서는 디자이너-빌더와 공사도급자가 차례로 사용하게 될 두 개의 계약 서식을 포함하고 있다. 첫 번째의 계약 서식은 프로젝트의 예비 설계 및 예산 산출 단계에서 제공될 컨설팅 서비스를 포괄하고 있으며, 두 번째의 서식은 건축공사를 포괄하고 있다. 여기에서 디자이너-빌더는 건축주와 설계 및 건축공사 용역 서비스에 관해서 AIA 문서 A191에 있는 계약을 사전에 체결한 것으로 전제되어 있다. 비록 첫 번째의 계약을 디자이너-빌더와 체결하는 공사도급자가 두 번째의 계약도 디자이너-빌더와 체결할 수 있을 것으로 기대할 수는 있지만, 각 당사자는 이렇게 해야 할 의무가 지워진 것은 아니므로, 양 당사자 간의 관계는 첫 번째의 계약이 완성된 후에 마무리될 수도 있다. 양 당사자가 첫 번째의 계약 체결을 생략하고 직접 두 번째의 계약 체결로 직행하는 것도 가능하다.

B901 디자인-빌더와 건축사 간 계약서 표준 서식

이 문서는 디자이너-빌더와 건축사가 차례로 사용하게 될 두 개의 계약 서식을 포함하고 있다. 첫 번째의 계약 서식은 예비 설계를, 두 번째의 계약 서식은 최종 설계를 포괄한다. 여기에서 디자이너-빌더는 건축주와 설계 및 건축공사 용역 서비스에 관해서 AIA 문서 A191에 있는 계약을 사전에 체결한 것으로 전제되어 있다. 비록 첫 번째의 계약을 디자이너-빌더와 체결하는 건축사가 두 번째의 계약도 디자이너-빌더와 체결할 수 있을 것으로 기대할 수는 있지만, 각 당사자는 이렇게 해야 할 의무가 지워진 것은 아니므로, 양 당사자 간의 관계는 첫 번째의 계약이 완성된 후에 마무리될 수도 있다. 이 문서에 있는 계약을 디자이너-빌더와 체결하기 이전에, 건축사는 그들의 법률문제에 관한 자문과 보험 문제 및 경영 관리 자문의 조언을 받는 것이 바람직하다.

사무 및 프로젝트 계약 서식

일부 AIA 문서들은 어떤 특정 계열의 문서와도 함께 묶여 있지 않으므로 다소간에 프로젝트 납품 방식과 관련된 다양한 용도로 사용할 수가 있다. 예를 들면, 대부분의 경우, 건축주가 자격 및 기타 요인을 가지고 건축사나 공사도급자를 찾고 있을 경우, 프로젝트 납품상의 수많은 방식들은 서로 유사한 점들을 가지고 있다. A, B 및 G 시리즈 내에 있는 여러 가지의 서식들은 이러한 경우에 도움을 줄 수가 있다. 이 외에도, 건축사가 조사연구자나 지질기술자와 직접 계약을 체결하는 건축주를 돕기 위한 촉진자로서의 단순한 역할만을 하는 경우, 이러한 용도로 G 시리즈 내에 만들어진 특별한 계약 서식을 활용할 수도 있다. 그리고 다양한 프로젝트 납품 방식에 맞추어 건축사무소에서 건축공사과정을 총괄 관리하기 위한 용도로 사용할 수 있는 무수한 서식이 구비되어 있다.

A305 공사도급자 자격 진술서

입찰공고를 준비하거나 건축공사 프로젝트의 계약자를 지명하고자 하는 건축주는 검토 대상에 오른 공사도급자의 배경, 이력, 실적 및 재무적인 안정도 등과 같은 사항을 검증할 수 있는 매개물을 필요로 한다. 건축주에 있어서 건축공사 시간의 틀과 공사도급자의 능력, 이력, 경험 및 재무적인 안정도는 조사가 이루어져야 할 주요한 요인 들이다. 이 서식은 공사도급자의 자격과 관련하여 중요한 측면들을 상세하게 밝힐 수 있는 적절한 부속 서식과 함께 공사도급자의 서약 및 서명이 이루어진 진술을 볼 수 있도록 만들어져 있다.

A310 입찰 보증서

입찰 보증서는 지명된 입찰자(낙찰자)가 계약 체결을 하지 못하고 요구된 이행 사항과 지급 보증을 하지 못한 경우에 건축주에게 귀속되는 벌과금의 최고 금액을 설정하는 데 사용된다. 단순한 한쪽의 서식으로 만들어져 있고 보증회사가 보증서의 합법성과 승낙을 보장하기 위해 입력되는 기입란이 구비되어 있다.

A312 계약 이행 보증서 및 지급 보증서

이 서식은 공사도급자의 계약 이행과 및 하도급자나 기타 자재비 혹은 임금의 지급 의무를 포괄하는 두 보증서를 통합한 것이다. 이 A312 문서는 보증인으로 하여금 공사도급자의 계약의무 불이행이 예상되거나 또는 이를 방지하기 위한 의도로 이루어지는 협의를 하기 위한 건축주의 요구에 따라서 행동할 수 있도록 의무를 지운다. 공공 프로젝트를 위해 이 문서를 사용하여 계약을 체결하기 이전에, 이 계약 문서의 사용자는 법적인 자문을 받아 A312 문서가 지역마다 서로 다른 법적 요건에 부합하는지 확인을 해야 한다.

A501 건축공사의 경쟁입찰 과정과 낙찰자 지명관련 권장 가이드

이 가이드는 건물 및 건축공사 관련 총액 경쟁 입찰이 요구되는 경우, 적절한 입찰 절차와 낙찰자 지명에 대한 개요를 제공하기 위해 만들어졌다. 이 가이드는 AIA와 (미국)공사도급자연합회(AGC)가 공동으로 출판한 것이다.

A521 주제(해당안건)별 균등한 배치(도)

A521은 건축 프로젝트에서 사용자로 하여금 관례적으로 사용되는 정보를 적절하게 배치하고 용례를 확인할 수 있도록 가이드하기 위해 사용되는 도표이다. 이 문서는 위치와 해당 안건에 대한 문서 대 문서 언어 표현의 균일성 유지의 중요성을 보여준다. (건축)구역에 대한 비일관성도 또한 혼동을 유발하거나 예상치 못한 법적 문제를 야기할 수도 있다. A521은 AIA 그리고 (미)전국기술자협회, (미)컨설팅엔지니어평의회 및 (미)토목기술자협회로 구성된 (미)기술자공동계약문서위원회(EJCDC)가 공동으로 출판한 것이다. 이와 같은 조직들의 의견 일치에 의해서, AIA와 EJCDC 문서는 다양한 계약 및 입찰 문서 중에서 주제(당면안건)별 배치에 A521의 도표 가이드를 따르고 있다.

B431 건축사 자격 진술서

이것은 특정 프로젝트에 대해서 건축주가 건축사를 선정하기 전에 검토할 수도 있는 정보를 표준화한 개요이다. 이 서식은 제안 요청서(RFP)의 일부로 사용될 수도 있고 혹은 건축사의 신임장에 대한 최종 점검의 용도로 활용될 수도 있다. 상황에 따라 B431은 건축주-건축사 간 계약서에 첨부될 수도 있는데, 예를 들면, 직업전문가나 컨설턴트들이 건축주의 프로젝트에 고용되기를 기대하고 있는 것과 같은 경우이다.

D101 건축 면적 및 건물 용적

이 문서는 건축 면적과 건물의 용적 계산 방법을 정의하는 데 사용된다. 또한 틈새 면적, 점유자-일인당-순-할당 면적 및 순-저장-할당-면적 등도 포괄한다.

D200 프로젝트 체크리스트

프로젝트 체크리스트는 주어진 프로젝트에 대해 실무자가 수행해야 할 과업들이 열거되어 있는 편리한 목록이다. 이 체크리스트는 건축사로 하여금 필요한 과업을 인지하고 할당된 책임을 완성하기 위해 필요한 데이터의 소재를 찾는 데 도움을 준다. 일자별로 수행한 활동을 기록할 수 있는 여백도 제공되어 있으므로, D200은 건축주, 공사도급자 및 건축사의 활동과 의사결정에 대한 영구기록으로도 활용할 수 있다.

G601 토지 측량 계약서

이 문서는 건축주가 견적을 요청하고 부수적으로 토지 측량 용역 서비스에 관한 계약 체결을 하기 위해 사용하는 서식이다. 이 서식은 해당 부지에 대해 공인된 토지 측량을 해야 하는 건축주의 책임을 규정하고 있는 건축주-건축사 간 계약 조항과 관련하여 사용되어야 한다. G601 문서는 건축주로 하여금, 건축사의 자문과 함께, 해당 건축공사작업 부지에 대한 토지 측량상 요건들을 확정하고 토지 측량 계약을 체결하기 이전에 접수된 견적을 평가할 수 있도록 해준다.

G602 지반조사 용역 서비스 계약서

이 문서는 건축주가 견적을 요청하고 부수적으로 지반조사 용역 서비스에 관한 계약 체결을 하기 위해 사용하는 서식이다. 이 서식은 지질공학기술자의 용역 서비스를 통한 지반조사를 해야 하는 건축주의 책임을 규정하고 있는 건축주-건축사 간 계약 조항과 관련하여 사용되어야 한다. G602 문서는 건축주로 하여금, 건축사와 구조공학기술자의 자문과 함께, 프로젝트에서 요구되는 지질공학적 용역 서비스를 확정하고 지반조사 계약을 체결하기 이전에 접수된 견적을 평가할 수 있도록 해준다.

G605 전문용역 서비스 계약 수정의 통지

이 문서는 건축사가 건축주에게 B141이나 B151과 같은 대부분의 AIA의 건축주-건축사간 계약 체결사항의 수정을 통지하고자 할 경우에 사용되는 것이다.

G606 전문용역 서비스 계약의 수정

이 문서는 건축사가 B141이나 B151과 같은 대부분의 AIA의 건축주-건축사 간 계약에 있는 전문용역 서비스 조항의 수정을 하고자 할 경우에 사용되는 것이다.

G607 컨설턴트 용역 서비스 계약의 수정

이 문서는 건축사나 컨설턴트가 C141이나 C142과 같은 대부분의 AIA의 건축사-컨설턴트 간 계약에 있는 전문용역 서비스 조항을 수정하고자 할 경우에 사용되는 것이다.

G701 공사작업 변경 지시

G701은 건축주와 공사도급자가 상호 합의한 건축공사작업이나 계약금액 또는 계약기간의 변경에 대한 문서화된 서류로서 사용될 수 있다. G701에는 건축주, 건축사 및 공사도급자의 서명과 변경사항에 대한 완전한 기술을 할 수 있는 여백이 구비되어 있다.

G702/G703 공사대금 지급 및 분급 신청서와 인증서

이 문서들은 공사도급자로 하여금 공사대금 지급 신청을 하거나 건축사로 하여금 지급 기일이 도래한 공사대금에 대한 인증을 간편하고 완전하게 행할 수 있는 서식을 제공하고 있다. 이 서식은 공사도급자로 하여금 완료된 건축공사작업에 해당하는 금액과 남아있는 금액, 예치금의 금액, 이전까지 지급이 이루어진 총 공사대금의 금액, 공사작업 변경지시 사항의 요약 및 현재 필요로 하는 공사대금을 포함하여 신청하는 해당 일자까지의 계약금액을 보여주도록 하고 있다. G703 분급 서식은 계약 금액을 계약의 일반 조건에 의해 요구된 대로 공사작업 일정에 따라 나눠어진 공사작업의 부분에 해당하는 금액의 일정으로 분할한다. 이 서식은 공사도급자의 대금 지급 신청용 또는 건축사의 인증용의 두 용도로 사용된다. 이 서식을 사용하게 되면 공사대금의 지급을 촉진하게 되며, 실수 발생 가능성을 줄여준다. 신청서가 건축사가 받아볼 수 있도록 올바르게 작성이 완료되면, 건축사가 건축주에게 서명을 하고 인증을 하여 신청 금액이 공사대금으로 공사도급자에게 지급되어야 함을 알려주게 된다. 이 서식은 건축사가 신청금액과는 다른 별도의 금액을 이에 대한 설명과 함께 인증하는 데 사용할 수도 있다.

G 704 실질적 공사완료 인증서

G704는 공사작업 혹은 이중 지정된 부분에 대해 실질적인 완료일자를 기록하기 위한 표준 서식이다. 공사도급자가 완료되어야 하거나 교정이 이루어져야 할 항목의 목록을 준비하고, 건축사는 이 목록을 검증하고 수정을 하게 된다. 만일 건축사가 해당 작업이 실질적으로 완료된 것을 확인하였을 경우에는, 이 서식을 공사도급자가 건축주의 승인을 받기 위한 용도로 사용하게 된다. 완료되어야 할 항목과 교정이 이루어져야 할 항목에 대한 목록이 이 서식에 첨부되어 있다. 이 서식은 각 항목의 완료 혹은 교정에 필요한 기간, 건축주가 공사작업 혹은 그 일부분에 대해 완료 후 점유할 수 있는 일자를 합의하거나, 건축물의 유지보수, 난방용 열원, 유틸리티 및 보험에 대한 책임을 기술하는 데에 사용된다.

G 704/CMa 실질적인 공사완료 인증서, 조언자로서의 건설경영자 판

이 서식은 실질적인 공사완료 인증 책임 소재에 건축사와 건설경영자가 포함되도록 확대한 것이다.

G706 부채 및 권리청구에 대한 공사도급자의 지급 보증 선서

공사도급자는 이 선서문을 최종 공사대금 지급 청구서와 함께 제출하여 건축주가 귀결적인 책임을 질 수도 있는 건축공사와 관련된 모든 임금, 자재 및 설비에 대한 청구비용 및 기타 부채를 이미 지급하였거나 혹은 변제하겠다는 진술을 해야 한다. G706 서식은 공사도급자로 하여금 건축공사와 관련하여 아직 지불이 이루어지지 않았거나 그렇지 않을 경우 변제가 되어야 하는 모든 부채와 알려진 권리청구 사항을 모두 열거하고 각각의 예외사항과 관련하여 건축주를 보호하기 위한 우선적 유치권 보증서나 배상 보증서를 구비하도록 요구한다.

G 706A 유치권(우선적 선취특권) 양도에 대한 공사도급자의 선서

이 문서는 건축주가 공사도급자로부터 유치권에 대한 모든 권리 포기 및 양도가 접수되었음을 서약적인 진술을 통해 확보하고자 요구하는 경우, AIA 문서 G706을 지원하는 용도로 유용하다. 이와 같은 경우에, 공사도급자는 건축주의 재산에 대해 설정될 수가 있는 공사도급자, 하도급자 및 기타 모든 관련자의 유치권에 대한 권리양도 혹은 권리포기 증서가 첨부된 G706과 G706A를 건축주에게 제출하여야 한다. 공사도급자는 G706A에 구비된 서약 진술서를 통해서 어떠한 예외사항이 있을 경우 이를 나열할 것이 요구되며, 이러한 예외 사항과 관련하여 건축주를 보호하기 위해 유치권 보증서나 배상 보증을 구비하고 제공해야 한다.

G707 최종 공사대금 지불 청구에 대한 보증인의 동의서

공사도급자 및 그 계약에 대한 최종 공사대금 지급과 관련하여 보증인의 승낙을 얻었으나 공사대금의 최종 지급으로도 보증인의 어떠한 의무가 면제되지 않을 경우, 건축주는 보증 담보하에 있는 그의 권리를 유보할 수도 있다.

G707A 예치금의 감축 혹은 부분적인 양도에 대한 보증인의 동의서

이 서식은 보증회사가 게재되어 있고, 건축주-공사도급자 간에 체결된 계약에 건축공사 프로젝트 과정에서 예치금이 감액된다는 조항이 포함되어 있는 경우에 사용하는 표준 서식이다. 적법하게 계약 체결이 이루어졌을 경우, 이 서식은 건축주에게 이러한 예치금의 감액이나 그 일부의 양도로 인해 보증인이 그의 의무로부터 면제받지 않음을 보증한다.

G709 제안(견적) 요청서

이 서식은 공사작업의 변경 지시에 관한 협상에서 요구되는 견적 가격을 입수하기 위해 사용된다. G709는 공사작업의 변경지시나 공사작업을 진행해야 할 방향의 제시는 아니며, 단순히 건축공사 계약 내에서 이루어질 변경사항과 관련된 정보를 얻기 위해 공사도급자로 보내는 요청서이다.

G710 건축사의 보완적 지침서

보완적 지침서는 공사상의 추가적인 지침이나 해석을 발행하거나 또는 사소한 공사작업상의 변경을 행하기 위해 건축사가 사용한다. 이 서식은 건축주-건축사 간 체결된 계약 및 계약 일반 조건과 관련하여 계약서의 계약요건에 대한 해석자로서 의무를 수행하는 건축사를 지원하기 위해 만들어졌다. 이 서식은 계약금액이나 계약기간을 변경하기 위해 사용하면 안된다. 만일 계약자가 계약금액이나 계약기간에 변경 사항이 포함되어 있다고 믿고 있을 경우에는 반드시 다른 G 시리즈의 서식을 사용해야 한다.

G711 건축사의 현장 보고서

이 서식은 건축사의 프로젝트 대리인이 건축공사현장 방문시의 간략한 기록 유지를 위해 사용하거나, 혹은 상주 프로젝트 대리인일 경우에 건축공사활동의 일일 일지로서 사용할 수 있는 표준 서식이다.

G712 작업도(샵드로잉) 및 샘플 보고서

이것은 건축사가 작업도면과 샘플에 대한 관찰과 일정을 수립하는 데 사용할 수 있는 표준 서식이다. 작업도면을 만드는 과정은 복잡하게 되는 경향이 있으므로, 작업도면의 제출과 관련된 진행사항을 보여주는 이 일정표를 사용하면, 공사작업의 순서에 따른 진행에 기여할 수 있고, 공사작업 과정에 대한 시간적인 영구기록으로 활용할 수가 있다.

G714 작업 변경 지시서

이 문서는 AIA 문서 G713 "작업 변경 인가(서)"를 대체한다. G714는 만일 신속하게 이행이 이루어지지 않아 프로젝트를 지연시킬 수가 있을 경우, 작업상의 변경을 지시하기 위한 지시서로 개발되었다. 작업 변경 지시서인 AIA 문서 G701과는 대조적으로, 건축주와 공사도급자가, 이유를 불문하고, 공사계약금액이나 공사계약기간에 대해 제시된 변경 사항에 대해서 합의에 도달하지 못한 경우에 사용된다. 작성이 완료된 G714의 접수가 이루어진 즉시,

공사도급자는 반드시 신속하게 이 서식에 기재된 내용대로 변경된 작업을 진행해야 한다.

G715 지침서 용지 및 보험 ACORD 인증서용 부속 서식

이 ACORD 서식 인증서는 A201 및 기타 AIA 문서에 있는 조건으로 계약을 맺은 계약자가의 보험 보장범위를 인증하는 데 광범위하게 사용된다. ACORD 인증서는 이와 같은 AIA 문서에서 요구되는 모든 보장범위를 보여줄 수 있는 여백이 없으므로, 이러한 정보를 ACCORD 인증서에 부가할 수 있는 보완적인 부속 서식이 사용된다.

G805 하도급자 목록

AIA 문서 G805는 입찰서류에 요구된 바와 같이 프로젝트에 고용되도록 제시된 하도급 건축공사 계약자와 기타 사람들을 열거하기 위한 용도로 사용되는 서식이다. 이 서식은 공사도급자가 기재한 후에 건축사에게 반송한다.

한글

ㄱ

ㄴ

ㄷ

ㅅ

ㅇ

ㅈ

ㅎ

영문

역자

이상준 현) 연세대학교 공과대학 건축도시공학부 건축공학과 명예교수
서울대학교 졸업
(미) 펜실베니아대학 건축석사
(미) 프린스턴에서 Kelbaugh & Lee 설계사무소 운영
인천국제공항 여객터미널 책임건축가
미국 건축사(AIA) 자격
sjohn@yonsei.ac.kr

김정곤 현) 건국대학교 건축대학 교수
서울대학교 졸업
(미) 펜실베니아 대학교 건축대학원 졸업
미국 건축사(AIA), 한국 건축사 자격
(미) 펜실베니아 대학교 건축대학 교환교수
jgkim@konkuk.ac.kr

김형우 현) 홍익대학교 건축공학과 명예교수
홍익대학교 졸업
프랑스 파리 – 빌멩 건축대학원 졸업
1988년 제7회 대한민국 건축대전 대상 수상
1986년 파리 라데팡스 건축대학 Dugas 도시건축연구소 근무
Archtext1@korea.com

신춘규 현) CGS 건축사사무소 대표
연세대학교 졸업
(미) 오하이오 주립대학교 건축석사, 도시계획 석사
미국 건축사(AIA), 한국 건축사 자격
성균관대학교 겸임교수(전), 연세대학교 겸임교수
cgsaa@chollian.net

심재현 현) 세종대학교 건축학과 교수
(미) 메릴랜드대학교 졸업
(미) M. Arch, Yale University 건축대학원 졸업
미국 건축사(AIA) 자격
삼우설계, RTKL Assoc. Inc. 근무
jhshim@sejong.ac.kr

여영호 현) 고려대학교 건축학과 교수
고려대학교 졸업
(미) 유타주립대학교 건축대학원 졸업
시카고 Skidmore, Owings & Merrill, LLP에서 근무
시카고 illinois Institute of Technology 건축대학원 재직
미국 건축사(AIA) 자격, 시카고 건축가협회(AIC) 회원
yhyeo@korea.ac.kr

이상진 현) 숭실대학교 공과대학 건축학부 교수
서울대학교 졸업
(미) Michigan University 건축대학원 졸업
미국 건축사(AIA), 한국 건축사 자격
건설교통부 중앙심의위원
sjl54@ssu.ac.kr

정재욱 현) 단국대학교 건축대학 건축학과 교수
(미) U C Berkeley 건축학과 졸업
(미) Harvard University 건축대학원 졸업
미국 건축사(AIA) 자격
ARCASIA 건축교육협의회(ACAE) 부의장
cjuk@dankook.ac.kr

전체 교정 및 검토

홍광근 현) 아키포건축사사무소 대표
서울대학교 졸업
(미) Michigan University 건축대학원 졸업
미국건축사(AIA), 한국건축사 자격
가천대학교 겸임교수(전)
archifour@hotmail.com

건축설계실무 핸드북

초판 1쇄 발행 | 2006년 2월 6일
초판 2쇄 발행 | 2013년 3월 15일
초판 3쇄 발행 | 2017년 3월 15일

저자 | Joseph A. Demkin
역자 | 이상준 김정곤 김형우 신춘규
심재현 여영호 이상진 정재욱
발행인 | 김호석
발행처 | 도서출판 대가
등록 | 제 311-47호
주소 | 경기도 고양시 일산동구 장항동 776-1 로데오메탈릭타워 405호
전화 | (02) 305-0210, (02) 306-0210
FAX | (02) 305-0224
이메일 | dga1023@hanmail.net
홈페이지 | www.bookdaega.com
정가 | 30,000원

ISBN 89-90999-33-2 93540